理论力学

编著 ⊙ 邹春伟

参编 ⊙ 杜金龙 唐松花 刘丽丽 宁明哲

THEORETICAL
MECHANICS

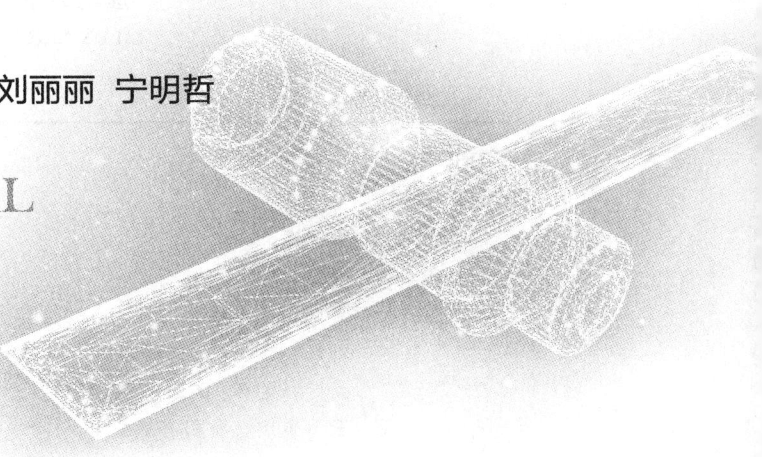

中南大學出版社
www.csupress.com.cn
·长沙·

图书在版编目(CIP)数据

理论力学 / 邹春伟编著. —长沙：中南大学出版社，2022.8

ISBN 978-7-5487-4871-7

Ⅰ. ①理… Ⅱ. ①邹… Ⅲ. ①理论力学—高等学校—教材 Ⅳ. ①O31

中国版本图书馆 CIP 数据核字(2022)第 058690 号

理论力学

LILUN LIXUE

邹春伟　编著

□出 版 人　吴湘华
□责任编辑　韩　雪
□封面设计　李芳丽
□责任印制　唐　曦
□出版发行　中南大学出版社
社址：长沙市麓山南路　　邮编：410083
发行科电话：0731-88876770　　传真：0731-88710482
□印　　装　长沙市宏发印刷有限公司

□开　　本　787 mm×1092 mm　1/16　□印张 28.5　□字数 726 千字
□互联网+图书　二维码内容　字数 29 千字
□版　　次　2022 年 8 月第 1 版　□印次 2022 年 8 月第 1 次印刷
□书　　号　ISBN 978-7-5487-4871-7
□定　　价　68.00 元

内容简介

本书按照教育部力学基础课程教学指导分委员会最新制订的“力学基础课程教学基本要求”，以第一版为基础进行编写的，包含了理论力学的基本教学内容，并加入了一些工程实例和适当提高的内容；采取由浅入深、便于教学的风格，将适当提高的内容和工程实例编写在每一章的“分析与讨论”中，以便不同层次要求的读者取舍。全书结构清晰，表述精炼，内容具有一定的深度和广度，起点较高，注重了工程问题力学模型的建立，强调了工程背景与实际应用，介绍讨论了较深入的理论问题及解题方法。书中精选了很多有代表性的例题，其中很多是编著者长期教学中凝练的精华，很有典型性、代表性，是不可多得的教学辅导材料，能满足工科各个专业人才培养的要求。

全书分为5篇共16章。第一篇静力学包括：力的投影、力矩与力偶、力系的简化、力系的平衡、桁架的内力分析和摩擦平衡问题；第二篇运动学包括：点的运动与刚体的基本运动、点的合成运动、刚体的平面运动和机构运动分析；第三篇动力学包括：质点动力学、动量定理、动量矩定理、动能定理、达朗贝尔原理；第四篇分析力学基础包括：分析静力学、分析动力学基础；第五篇动力学专题包括：碰撞和机械振动基础。每一章都精选了适量的习题，附录包含了必要的数据、公式以及习题参考答案等。

本书可作为高等学校工科理论力学通用教材，适用于工程力学、机械、土木、动力、采矿、材料、化工、水利等各专业，也可作为高等学校学生的辅导教材，以及供有关工程技术人员参考使用。

作者简介

邹春伟，1963 年生，中南大学教授，毕业于原中南工业大学力学系，获固体力学硕士学位。

长期从事工程力学及道路工程的教学、科研及工程技术研究工作，讲授理论力学、材料力学、弹性力学、断裂力学等本科生及研究生课程三十余年，主持或参加国家自然科学基金项目、省部级及其他科研项目 10 多项，主持或参加省部级及其他教学研究项目 20 余项，主编《理论力学》《工程力学》等教材多部，获教育教学成果奖 2 项，发表科研、教学论文 20 多篇。

前　言

理论力学是高等学校工科专业的技术基础课，研究的内容是物体机械运动的一般规律，及其在工程实际中的应用，是后续课程如材料力学、机械设计、结构计算的重要理论基础，一直受到工科专业的重视。

本书根据教育部高等学校力学教学指导委员会力学基础课程教学指导分委员会最新制订的力学基础课程教学基本要求，结合编者多年的教学经验编写而成，力图反映编者对理论力学课程教学要求的理解，以及理论力学教学内容改革的成果。在保持理论力学理论严谨、逻辑清晰的基础上，采用由浅入深、便于教学的风格，对理论力学的教学内容和教材结构进行了重新编排，精炼了基本内容，增加了部分较为深入的内容，将这些较为深入的内容编写在每一章的“分析与讨论”中，以便不同层次要求的读者取舍，使本书满足目前工科各专业理论力学课程的教学要求。在编写过程中作了以下考虑：

1. 精炼内容，提高起点，避免与相关课程内容的重复。

2. 强调工程背景与实际应用，注重工程问题的建模能力培养。

3. 在保证理论严谨、逻辑清晰的前提下，重组了理论力学教学内容，对教学基本内容进行了精炼，增加了部分较为深入的内容，精选了有代表性的例题作解题方法介绍，结构安排由浅入深，注重教学的方便性，力图通俗易懂。

4. 注重理论联系实际。根据典型工程实例的研究，讲述理论的应用，以及处理工程问题的一般方法，培养创新意识。

5. 精选了有代表性的、足量的习题供教师选用和学生练习，并附有参考答案。

根据不同专业和学时进行必要的取舍，本书可作为高等学校工科理论力学通用教材，适用于工程力学、机械、土木、动力、采矿、材料、化工等各专业，也可作为成教、网络教育的辅导教材。

本书由邹春伟编著，刘丽丽、唐松花、杜金龙、宁明哲参与了本书的编写，其中刘丽丽编写静力学及机械振动基础，唐松花编写运动学，杜金龙编写动力学，宁明哲编写达朗贝尔原理、虚位移原理，邹春伟编写动力学普遍方程和拉格朗日方程、碰撞、附录，并负责全书的统稿工作。

本书的编写参考了大量的国内外有关教材，吸取了它们的许多长处，还通过网络参考了一些图片资料，在此对原作者表示感谢。同时本书的出版得到了中南大学的资助，得到了中南大学土木工程学院以及力学系老师们的大力支持，在此表示感谢。

由于编者水平有限，书中疏漏与谬误之处难免，恳请广大读者批评指正。

编者

2022 年 3 月

目　录

第二篇　运动学

第三篇　动力学

第五篇 动力学专题

绪 论

一、理论力学的研究对象

力学是研究物体宏观机械运动的科学，不仅可以用来解释与分析物体机械运动，而且也是研究物体其他运动形式的基础。**理论力学研究物体机械运动的一般规律。**机械运动是指物体的空间位置随时间的变化，如固体的运动与变形、流体的流动等，它是宇宙间物质运动最基本、最普遍的一种形式，任何比较复杂的物质运动形式总是与机械运动存在着或多或少的联系。

物体的机械运动都服从某些一般规律，这些一般规律就是理论力学的研究内容。

理论力学属于以牛顿提出的基本定律为基础的经典力学范畴，只限于以宏观物体为研究对象，运动速度必须远小于光速，即宏观、低速运动物体。随着现代工业的进步，航天飞机、卫星、导弹、巨型轮船、高速列车等出现，速度得到很大提升，但对其的研究仍然属于经典力学的范畴，还是可以应用理论力学的方法去研究的。

二、理论力学的研究方法

与任何一门科学一样，理论力学的研究方法也遵循认识过程的客观规律。即先从观察、实践和科学实验出发，经过分析、综合和归纳，总结出力学最基本的概念和规律，如“力”和“力矩”的基本概念，以及“二力平衡”“杠杆原理”“力的平行四边形法则”“万有引力定律”等基本规律。然后在对事物观察和试验的基础上，经过抽象化建立力学模型。在建立力学模型的基础上，从基本规律出发，利用数学工具推理演绎，得出正确的结论和定理。将通过实践得来的感性认识上升为理性认识，构成力学理论，如根据物体间相互限制的实际情况，提出约束模型；从牛顿定律出发，推导出动力学普遍定理；等等。最后再回到实践中去验证理论的正确性，并指导实践，同时完善理论本身。

在研究物体宏观机械运动时，必须根据不同的研究目的建立合理的力学模型。当物体运动范围远远大于其本身的大小，或它的形状对其运动的影响可以忽略不计时，可将该物体简化为有质量而无几何尺寸的点，称为**质点**。例如在研究天体或卫星在空间的运行轨迹时，可以将它们的力学模型定义为质点。如果将物体看成质点会失去其研究意义，则可将物体定义为由多个质点组成的系统，该模型称为**质点系**。在研究物体的运动时，若物体的变形可忽略不计，则该物体力学模型为一种特殊的质点系，称为**刚体**。多个刚体组成的系统称为**刚体系**。例如在对机械、机构运动进行分析时，当构成工程对象各部件的变形对其运动状态的影响可忽略不计时，各部件的力学模型可定义为刚体，整个对象为刚体系。质点、质点系、刚体与刚体系通称为**离散系统**，它是理论力学的研究对象。

理论力学要研究的不仅仅是建立力学基本概念与理论，更重要的是要得到解决工程实际中力学问题的基本方法。所以，理论力学尽管起源于物理学的一个独立分支，但其研究内容与方法已大大超出物理学中的相关内容，所解决的问题也是工程中常见的，其研究方法是工程中通用的。

三、理论力学的研究内容及学习目的

理论力学的研究内容包括三部分：

静力学——研究物体的受力分析、力系的简化与平衡条件及其应用。

运动学——研究点和刚体运动的几何性质(包括位移、轨迹、速度和加速度)，不考虑引起物体运动的物理原因。

动力学——研究物体的运动与受力之间的关系。

理论力学研究力学中最普遍、最基本的规律，是一门理论性较强的技术基础课，对训练逻辑思维有很大的帮助；通过理论力学的学习，可以建立工程意识，直接解决许多工程实际问题。同时，理论力学还是工科专业一系列后续课程如材料力学、结构力学、弹性力学、流体力学、振动学、机械原理及设计等的重要基础，一些新兴的力学学科如生物力学、物理力学等也是以理论力学为基础的。

理论力学课程的系统性和实践性较强，学习过程中不仅要掌握基本概念，理会公式的推导依据、物理意义、应用条件及范围，还要重视分析问题与解决问题的方法，善于抓住工程问题的本质，建立合理的力学模型，培养抽象和逻辑思维能力。通过新颖灵活、不同层次的习题训练，培养综合分析和创新能力，为今后解决工程实际问题、从事科学研究工作打下坚实的基础。

第一篇

静力学

静力学主要研究作用于物体上力系的简化与平衡规律。平衡是指物体相对于惯性参考系(如地面)处于静止，或做匀速直线运动。

在静力学中把物体看作刚体，故称为刚体静力学。刚体是指在任何受力情况下都不产生变形的物体，是一个理想的力学模型。

力是物体间相互的机械作用。力对物体的作用效应有两方面：一方面使物体的运动状态发生改变，这种效应称为运动效应或外效应；另一方面使物体形状或尺寸发生改变，这种效应称为变形效应或内效应。由于静力学中只研究刚体，因而只研究力的运动效应。

力有三要素：大小、方向(包括方位与指向)、作用点。故力是矢量。常用黑体字母 $\boldsymbol{F}$ 表示力矢量。力的单位是牛顿(N)或千牛(kN)。

在静力学中将研究以下三个问题。

1. 物体的受力分析：分析物体所受外力，作出受力图。

2. 力系的简化(或合成)：在保持对物体作用效果不变的前提下，用一个简单力系(甚至用一个力)等效替换一个复杂力系。

3. 力系的平衡条件：使物体处于平衡的力系必须满足的条件。

静力学在工程中应用非常广泛，任何机械和工程结构的设计都需要应用静力学理论进行受力分析和静力学方面的计算。静力学基础是理论力学学习的基石。

第1章

静力学基础

本章主要介绍静力学公理与静力学模型、工程中常见的约束类型及其约束力分析，并对生产生活及工程实际中的一些特殊问题进行讨论分析。

§1-1　静力学基本概念

1. 力与力系

力是矢量，常用黑体字母 $\boldsymbol{F}$ 表示力矢量。力对物体的移动效应用力矢量来度量。力对物体的运动效应使物体的运动状态发生改变(包括移动和转动)，力对物体的转动效应用力矩来度量。

力系是指作用于物体上的一群力。

工程中常见的力系，按力的作用线的位置，可分为平面力系和空间力系。若力系中所有力的作用线都处于同一平面内，则称为**平面力系**；若力系中各力的作用线不处于同一平面内，则称为**空间力系**。按力的作用线的相互关系，可分为平面汇交力系、平面平行力系和平面任意力系。若力系中各力的作用线均汇交于一点，则称为**汇交力系**；若力系中各力的作用线都互相平行，则称为**平行力系**；若力系中各力的作用线任意分布，则称为**任意力系**。

如果物体在一力系作用下保持平衡，则称这个力系为**平衡力系**。如果两个力系的作用效果完全相同，则称这两个力系为**等效力系**。如果一个力与一个力系等效，则这个力称为这个力系的**合力**；而力系中的力称为此合力的**分力**。

2. 力在直角坐标轴上的投影

已知力 $\boldsymbol{F}$ 作用在 O 点，坐标系如图 1-1 所示。若用 $\boldsymbol{i}$、$\boldsymbol{j}$、$\boldsymbol{k}$ 分别表示 x、y、z 三个坐标轴方向的单位矢量，则力 $\boldsymbol{F}$ 在这三个坐标轴上的**投影**分别为

$$\begin{cases} F_x = F\cos(\boldsymbol{F},\ \boldsymbol{i}) \\ F_y = F\cos(\boldsymbol{F},\ \boldsymbol{j}) \\ F_z = F\cos(\boldsymbol{F},\ \boldsymbol{k}) \end{cases} \tag{1-1}$$

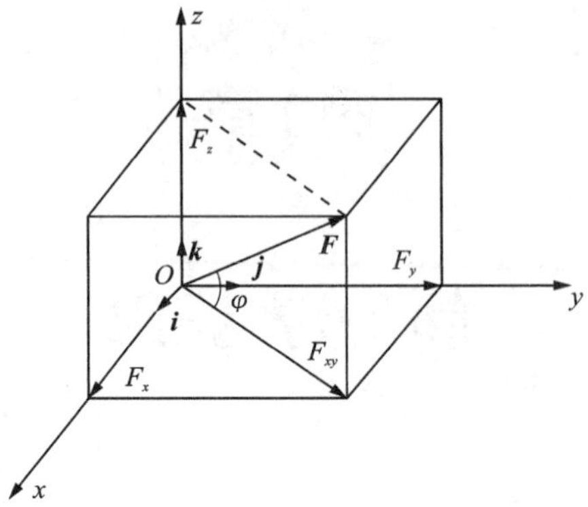

图 1-1

将力 $\boldsymbol{F}$ 分解为沿三个直角坐标轴方向的分力 $\boldsymbol{F}_x$、$\boldsymbol{F}_y$、$\boldsymbol{F}_z$(图 2-1)，则

$$\boldsymbol{F}=\boldsymbol{F}_x+\boldsymbol{F}_y+\boldsymbol{F}_z=F_x\boldsymbol{i}+F_y\boldsymbol{j}+F_z\boldsymbol{k} \tag{1-2}$$

上式表明，力在直角坐标轴方向的分量的大小等于力在该直角坐标轴上的投影。式(1-2)为力 $\boldsymbol{F}$ 的解析表达式。

如果已知力 $\boldsymbol{F}$ 的作用线与 xOy 面的夹角为 φ，如图 1-1 所示，则力 $\boldsymbol{F}$ 在 xOy 面上的投影为

$$\boldsymbol{F}_{xy}=\boldsymbol{F}\cos\varphi \tag{1-3}$$

显然，力在平面上的投影是矢量。此时求力 $\boldsymbol{F}$ 在三个坐标轴上的投影，可先将力投影到 xOy 平面上，然后把在该平面上的投影 $\boldsymbol{F}_{xy}$ 再投影到轴上，如图 1-1 所示。于是得到：

$$\begin{cases}F_x=F_{xy}\cos(\boldsymbol{F}_{xy},\ \boldsymbol{i})\\F_y=F_{xy}\cos(\boldsymbol{F}_{xy},\ \boldsymbol{j})\\F_z=F\cos(\boldsymbol{F},\ \boldsymbol{k})\end{cases} \tag{1-4}$$

此方法称为**二次投影法**。

若已知力 $\boldsymbol{F}$ 在三个坐标轴的投影分别为 F_x、F_y、F_z，则力 $\boldsymbol{F}$ 的大小和方向余弦可求出：

$$\begin{cases}F=\sqrt{F_x^2+F_y^2+F_z^2}\\\cos(\boldsymbol{F},\ \boldsymbol{i})=\dfrac{F_x}{F},\ \cos(\boldsymbol{F},\ \boldsymbol{j})=\dfrac{F_y}{F},\ \cos(\boldsymbol{F},\ \boldsymbol{k})=\dfrac{F_z}{F}\end{cases} \tag{1-5}$$

3. 力系的主矢

假设作用在物体上的力系由 n 个力 $\boldsymbol{F}_1$，$\boldsymbol{F}_2$，$\boldsymbol{F}_3$，…，$\boldsymbol{F}_n$ 组成，作用点分别为 A_1，A_2，A_3，…，$\boldsymbol{A}_n$(图 1-2)。将这 n 个矢量的矢量和称为力系的**主矢**，表示为

$$\boldsymbol{F}_{\mathrm{R}}=\boldsymbol{F}_1+\boldsymbol{F}_2+\boldsymbol{F}_3+\cdots+\boldsymbol{F}_n=\sum_{i=1}^{n}\boldsymbol{F}_i \tag{1-6}$$

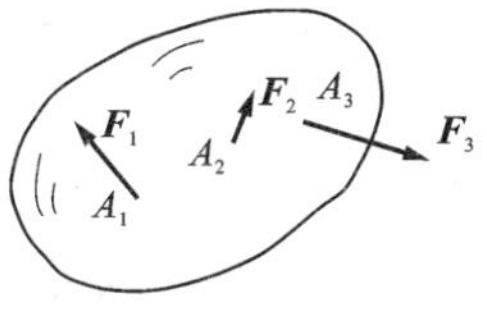

图 1-2

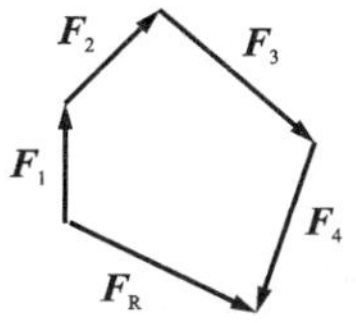

图 1-3

将 $\boldsymbol{F}_1$，$\boldsymbol{F}_2$，$\boldsymbol{F}_3$，…，$\boldsymbol{F}_n$ 顺次首尾相连，由 $\boldsymbol{F}_1$ 的始端引向 $\boldsymbol{F}_n$ 的末端的矢量即为力系的主矢 $\boldsymbol{F}_R$（图 1-3）。

已知力系中各个力的大小和方向，则可以求出主矢 $\boldsymbol{F}_R$。在直角坐标系 $Oxyz$ 中，将主矢表示为

$$\boldsymbol{F}_R = F_{Rx}\boldsymbol{i}+F_{Ry}\boldsymbol{j}+F_{Rz}\boldsymbol{k} \tag{1-7}$$

有

$$F_{Rx} = \sum_{i=1}^{n} F_{ix} = \sum F_x,\ F_{Ry} = \sum_{i=1}^{n} F_{iy} = \sum F_y,\ F_{Rz} = \sum_{i=1}^{n} F_{iz} = \sum F_z \tag{1-8}$$

主矢的大小为

$$F = \sqrt{(\sum F_x)^2 + (\sum F_y)^2 + (\sum F_z)^2} \tag{1-9}$$

主矢的方向余弦为

$$\cos(\boldsymbol{F}_R, \boldsymbol{i}) = \frac{\sum F_x}{F_R},\ \cos(\boldsymbol{F}_R, \boldsymbol{j}) = \frac{\sum F_y}{F_R},\ \cos(\boldsymbol{F}_R, \boldsymbol{k}) = \frac{\sum F_y}{F_R} \tag{1-10}$$

需要注意的是，主矢和合力是不同的概念。主矢是力系中各力的矢量和，是力系使物体产生移动的总效应。它只与力系中各力的矢量大小、方位有关，与空间不同的点的位置无关，主矢是一个不变量。而合力是与力系等效的一个力，合力作用线的位置是一定的。

4. 力矩

力对点之矩是力使物体绕某点转动效应的度量。

用扳手拧紧螺钉时，力可以使扳手绕螺钉中心转动，且力愈大，螺钉就拧得愈紧；力的作用线距螺钉中心的距离（力臂）愈远，就愈省力。这说明力使物体绕某点（矩心）的转动效应，取决于力的大小及力臂的大小。

（1）力对点之矩

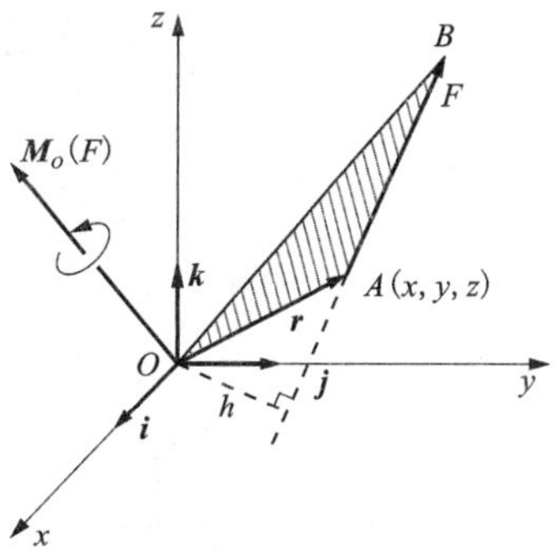

图 1-4

作用于 A 点的力 $\boldsymbol{F}$ 使刚体绕矩心 O 转动（图 1-4），其转动效应不仅与力矩的大小、转向有关，还与由力的作用线与矩心所组成的平面的方位有关。所以力对点之矩是矢量，叫**力矩矢**，用 $\boldsymbol{M}_O(\boldsymbol{F})$ 表示。$\boldsymbol{M}_O(\boldsymbol{F})$ 的大小等于力的大小与矩心到力作用线的垂直距离 h（力臂）的乘积，其方位和该力与矩心组成的平面的法线方位相同，其指向由右手螺旋规则来确定，如图 1-4 所示。从图中可知力矩的大小为

$$M_O(\boldsymbol{F})=Fh$$

若以 $\boldsymbol{r}$ 表示力作用点 A 的矢径，则矢积 $\boldsymbol{r}\times\boldsymbol{F}$ 的大小和方向与力矩矢 $\boldsymbol{M}_O(\boldsymbol{F})$ 的大小和方向分别相同，故可得

$$\boldsymbol{M}_O(\boldsymbol{F})=\boldsymbol{r}\times\boldsymbol{F} \tag{1-11}$$

上式为力对点之矩的矢积表达式，即力对点的力矩矢等于矩心到该力作用点的矢径与该力的矢积。

5. 力系的主矩

设物体上有力系 $\boldsymbol{F}_1$，$\boldsymbol{F}_2$，…，$\boldsymbol{F}_n$，其作用点的矢径分别为 $\boldsymbol{r}_1$，$\boldsymbol{r}_2$，…，$\boldsymbol{r}_n$（图 1-5），将力系中各力对点 O 的矩的矢量和定义为力系对点 O 的**主矩**，用 $\boldsymbol{M}_O$ 表示，有

$$\boldsymbol{M}_O=\sum_{i=1}^{n}\boldsymbol{M}_O(\boldsymbol{F}_i)=\sum_{i=1}^{n}\boldsymbol{r}_i\times\boldsymbol{F}_i \tag{1-12}$$

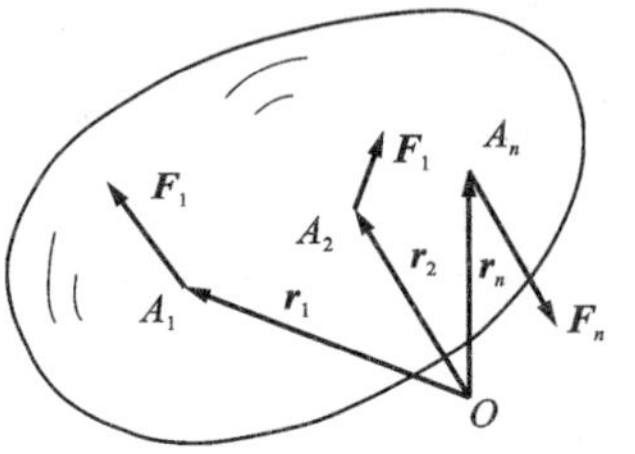

图 1-5

力系的主矩是力系使物体绕该点转动的总效应。由于力对点之矩与矩心选择有关，因此，力系的主矩也与矩心选择有关。

§1-2 静力学公理与静力学模型

1. 静力学公理

公理是人们在生活和生产实践中长期积累的经验的总结，经实践反复验证，被确认为符合客观实际的普遍规律。静力学公理是静力学的理论基础。

公理 1（二力平衡公理）　作用在刚体上的两个力，使刚体处于平衡的必要且充分条件是这两个力等值、反向、共线。如图 1-6 所示。注意，等值、反向、共线的两个力作用下的变形体却不一定平衡。如软绳只能在等值、反向、共线的拉力作用下平衡，而不能在一对压力作用下平衡，所以对于变形体的平衡只是必要条件而非充分条件。二力平衡公理给出了最简单的力系平衡条件。受两个力作用处于平衡的刚体称为**二力构件（二力杆）**。

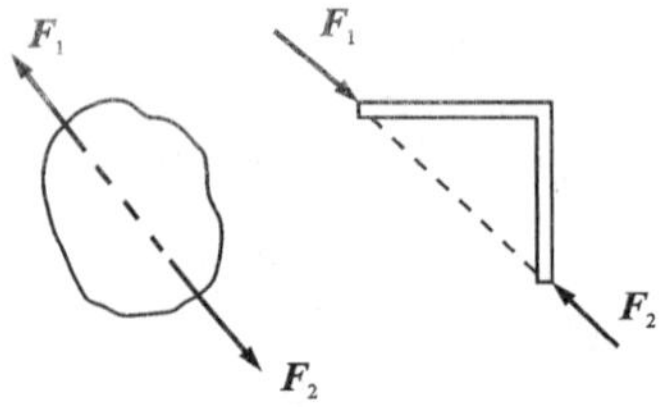

图 1-6

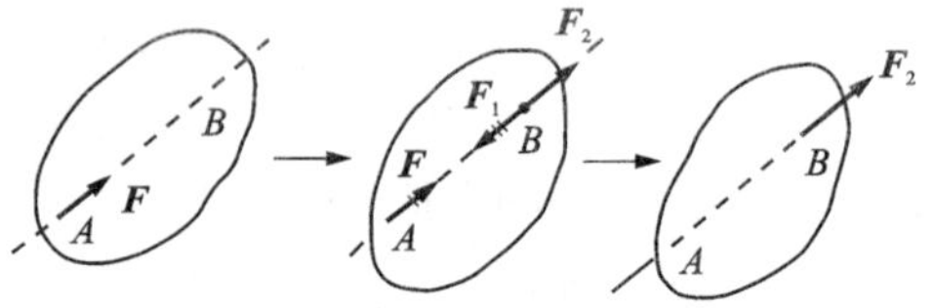

图 1-7

公理 2（加减平衡力系公理）　在作用于刚体上的力系中加上或减去任一平衡力系，不会改变原力系对刚体的作用效应。这是力系简化的重要依据。这一公理应用于某一物体，力系

对物体的运动效应不会改变，但会改变对物体的变形效应，故仅适用于刚体。由此公理还可得出如下重要推论。

推论 1（力的可传性原理）　作用在刚体上的力可沿其作用线移到刚体内的任一点，并不会改变其对刚体的运动效应。对于刚体，力的三要素是大小、方向、作用线，力是滑动矢量。这一推论可由图 1-7 的等效变换得以证明。

公理 3（力的平行四边形法则）　作用在物体上同一点的两个力，其合力作用点仍在该点，而合力的大小和方向由这两个力为邻边所构成的平行四边形的对角线来确定。如图 1-8（a）所示，即

$$\boldsymbol{F}_R=\boldsymbol{F}_1+\boldsymbol{F}_2 \tag{1-13}$$

应用公理 3 求两个汇交于 A 点的力的合力时，以 A 为起点，以 $\boldsymbol{F}_1$、$\boldsymbol{F}_2$ 为边，首尾相连作**一力三角形**，第三边 $\boldsymbol{F}_R$，即代表合力的大小和方向，如图 1-8（b）、图 1-8（c）所示。这种合成法称为力三角形法则，或称为首尾相连法则。这一公理是力系合成和分解的理论基础。

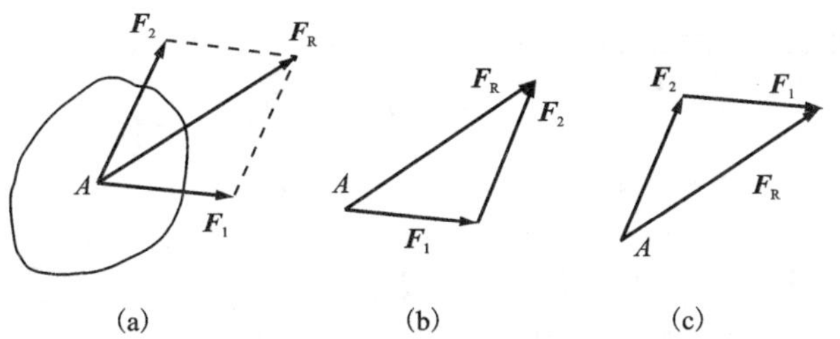

图 1-8

推论 2（三力平衡汇交定理）　刚体受三个力作用处于平衡，若其中两个力作用线相交，则这三个力必共面，且第三个力作用线必过汇交点。

证明：刚体受三个力 $\boldsymbol{F}_1$、$\boldsymbol{F}_2$、$\boldsymbol{F}_3$ 作用处于平衡，如图 1-9（a）所示，其中 $\boldsymbol{F}_1$ 与 $\boldsymbol{F}_2$ 的作用线相交于 O 点。由力的可传性原理，将 $\boldsymbol{F}_1$、$\boldsymbol{F}_2$ 分别沿其作用线滑移至交点 O[图 1-9（b）]，再由平行四边形法则求得其合力 $\boldsymbol{F}_{12}$。由于刚体是平衡的，故 $\boldsymbol{F}_{12}$ 与 $\boldsymbol{F}_3$ 必满足二力平衡公理，二力共线。即有 $\boldsymbol{F}_3$ 的作用线必定过交点 O，且与 $\boldsymbol{F}_1$、$\boldsymbol{F}_2$ 共面。

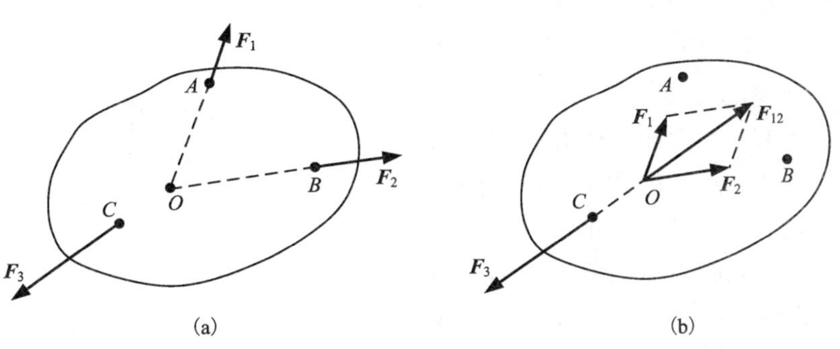

图 1-9

三力平衡汇交定理常用于确定三力问题中第三个力作用线的位置。由于在证明过程中应

用了力的可传性原理，故该定理也只适用于刚体。

公理4(作用与反作用定律)　作用力和反作用力总是同时存在，且大小相等、方向相反，沿同一条直线分别作用在两个相互作用的物体上。

图 1-10 中的 $\boldsymbol{F}_N$ 和 $\boldsymbol{F}_N'$ 就是作用力与反作用力的关系。注意，作用力与反作用力虽等值、反向、共线，但分别作用在两个不同的物体上，因而不能互相平衡。该公理是物体系统受力分析的依据。

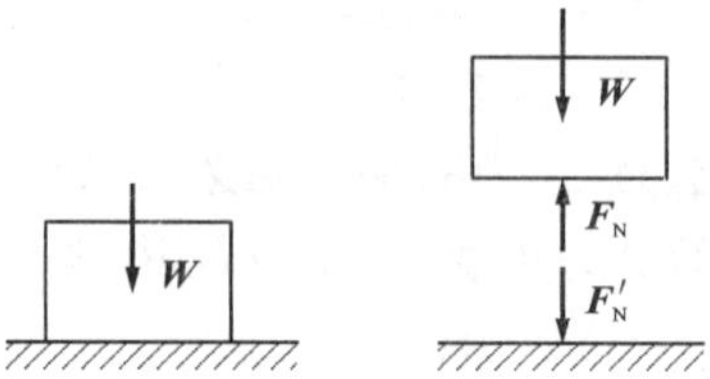

图 1-10

公理5(刚化公理)　变形体在某一力系作用下处于平衡，若把变形体刚化为刚体，则其平衡状态不变。

刚化公理建立了刚体与变形体平衡条件的联系，提供了用刚体模型研究变形体平衡的依据。注意，刚体平衡条件对变形体来说为必要而非充分条件。如图 1-11 所示的刚体受压力平衡，相应变形体(软绳)受同样压力却不平衡。

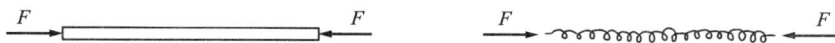

图 1-11

2. 静力学模型

静力学研究物体受力的分析方法和物体在力系作用下处于平衡的条件。在对实际力学问题进行分析计算时，往往需要对实际物体或问题进行合理抽象与简化，得到**静力学模型**，形成概念，在基本规律的基础上，经过逻辑推理和数学演绎，建立理论体系。力学问题的研究首先是对研究对象进行模型化。在教材中，多是以模型化后的问题进行分析。利用静力学模型分析实际问题，既形象化了模型，又可以学习如何去分析问题，达到学以致用的目的。

静力学模型主要包括：物体的合理抽象与简化，受力的抽象与简化，以及接触与连接方式的抽象与简化。

静力学把所研究的物体都看作是刚体。所谓**刚体**，是指在外界的任何作用下形状和大小都始终保持不变的物体；或者在力的作用下，任意两点间的距离保持不变的物体。刚体是一种理想的力学模型。物体的变形很小时，变形对物体的运动和平衡影响甚微，因而在研究力的运动效应时，可以忽略不计。这时的物体就可以抽象为刚体。一个物体能否视为刚体，不仅取决于变形的大小，而且与研究问题本身的要求有关。例如图 1-12 所示起重机结构，若研究起重机吊起重物后不致倾倒，确定所需配重，此时可以把起重机视为刚体；若研究起重机和组成起重机的每一根杆件是否安全，此时则需要把起重机视为变形体。

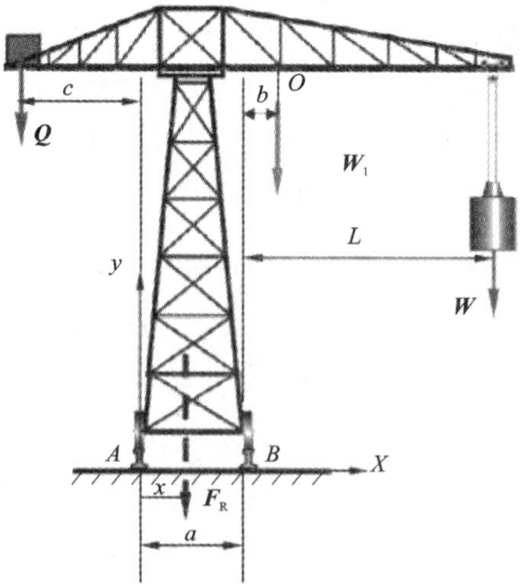

图 1-12

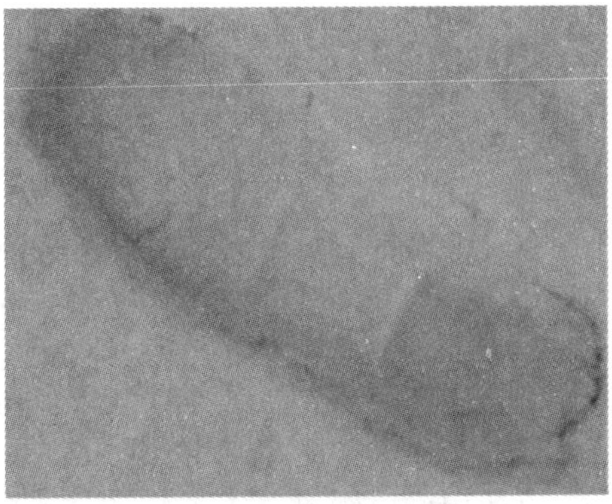

图 1-13

力是物体间的相互作用，力的作用点是指抽象化的物体间相互机械作用的位置。实际物体在受力时，其相互作用位置并不是一个点，而是具有一定尺寸的接触面。因此，不论是施力物体还是受力物体，其接触面所受的力都是作用在接触面积上的分布力，如重力、水压力等。在很多情况下，这种分布力比较复杂。例如，人的脚对地面的作用力以及地面对脚掌上各点的支撑力都是不均匀的(见图 1-13)。

如果分布力的作用面积与物体的几何尺寸相比很小，可以忽略不计，则该分布力的作用效果可近似表示为作用于一点的合力。该合力称为集中力，该点称为力的作用点。例如研究静止的汽车与路面间的受力情况，轮胎与路面接触面积相比汽车几何尺寸很小，可忽略不计，故汽车通过轮胎对路面的作用力可视为集中力[图 1-14(a)]；若一钢梁放在地面上，钢梁与地面间的作用面积不能忽略，则钢梁施加在地面上的力为分布力[图 1-14(b)]。

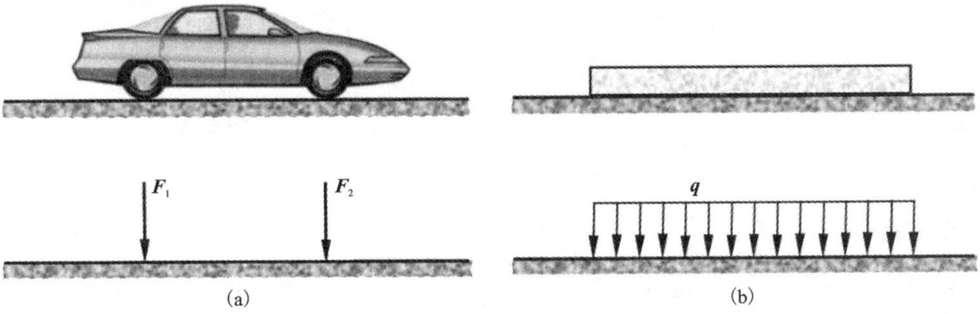

图 1-14

工程中的机器和结构都是由若干零件和构件通过相互接触或连接而成的，连接方式多样且复杂。因此需要将接触和连接方式进行理想化，抽象为一些典型的模型，约束则是接触和连接方式的简化模型。

在建立静力学模型时，要抓住关键、本质方面，忽略次要方面。例如，对于物体的连接方式，在摩擦力不大的时候，可忽略摩擦与微变形，将其简化成一系列理想约束。

§1-3　约束与约束力

物体的位移不受限制，可在空间自由地运动，这样的物体称为**自由体**。但工程中大多数物体在空间的位移总受到这样或那样的限制，如电机转子只能绕轴承转动，位移受轴承限制；重物用钢索吊住，不能下落等。这些位移受到限制的物体称为**非自由体**。对非自由体的运动预加限制的周围物体称为**约束**。如轨道对于车辆，轴承对于电机转子，钢索对于被起吊的重物等，都是约束。

工程中的约束种类有很多。约束阻碍了非自由体的位移，改变了物体的运动状态，这种机械作用称为**约束力**。约束力有大小、方向和作用线三要素，其大小与物体所受主动力有关，须由平衡条件来求出。其方向总是与约束所能阻止的被约束物体的位移方向相反，其作用线一般过接触点。下面分别介绍工程中常见的约束类型和相应的约束力。

1. 柔索类约束

工程中常见的钢丝绳、皮带、链条等构件，都属于这类约束。其约束力只能是过接触点并沿柔索方向的拉力，一般用 $\boldsymbol{F}_{\mathrm{T}}$ 表示。如图 1–15 所示重物，除受重力 $\boldsymbol{P}$ 外，还受到绳索过接触点 A 的拉力 $\boldsymbol{F}_{\mathrm{T}}$ 作用。

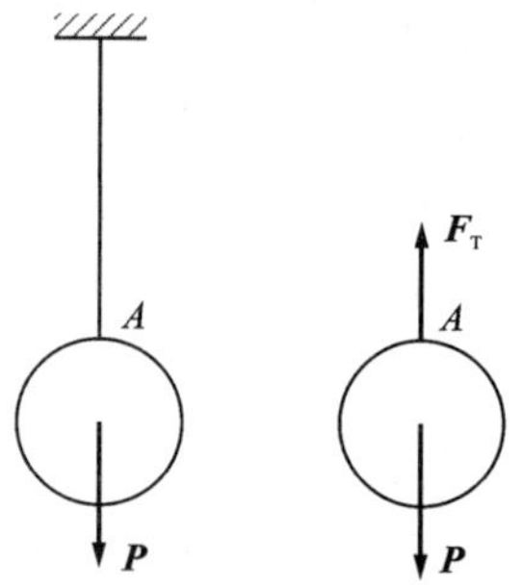

图 1–15

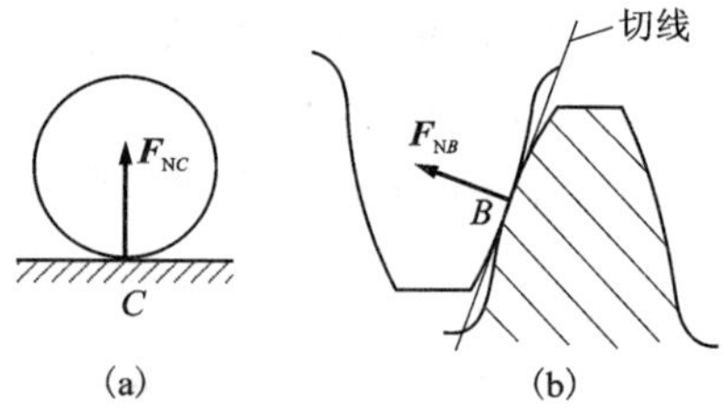

图 1–16

2. 光滑接触面类约束

不计摩擦的固定面、机床导轨、啮合齿轮的齿面等，都属于这类约束。这类约束只能阻碍物体沿接触面法线朝着约束内部的位移，故其约束力只能是过接触点沿公法线的压力，称为**法向约束力**，通常用 $\boldsymbol{F}_{\mathrm{N}}$ 表示。如图 1–16 中的 $\boldsymbol{F}_{\mathrm{N}C}$、$\boldsymbol{F}_{\mathrm{N}B}$。

3. 光滑铰链类约束

用光滑圆柱形销钉将钻有相同直径的圆柱形孔的两个或多个构件连接在一起，构成光滑铰链类约束。三铰拱结构中的 A、B、C 处如图 1–17(a)所示，其结构如图 1–18(a)所示。由于不计摩擦，销钉与圆孔之间实质上是光滑接触面约束。即限制物体在圆孔直径平面内的移动，不能限制转动，只有一个过接触点 K 的法向约束力。但两者的接触点随主动力的不同并不能预先确定，故通常用两个正交分力来表示其约束力，如图 1–17(b)所示。这些分力交于圆孔的中心，指向可任意假定，最后实际方向由计算结果的正负确定。在工程中，光滑铰链可细分为如下几种。

(1) **中间铰链** 连接两个构件，如图 1–18(a)中的 C 处。在分析约束力时，通常将销钉 C 固连在其中任意一个构件上。图 1–18(b)中 $\boldsymbol{F}_{Cx}$ 与 $\boldsymbol{F}'_{Cx}$、$\boldsymbol{F}_{Cy}$ 与 $\boldsymbol{F}'_{Cy}$ 互为作用力与反作用力。

(2) **固定铰支座** 所连接的二构件有一个固定在地面或机架上，如图 1–18(a)中的 A、B 处。

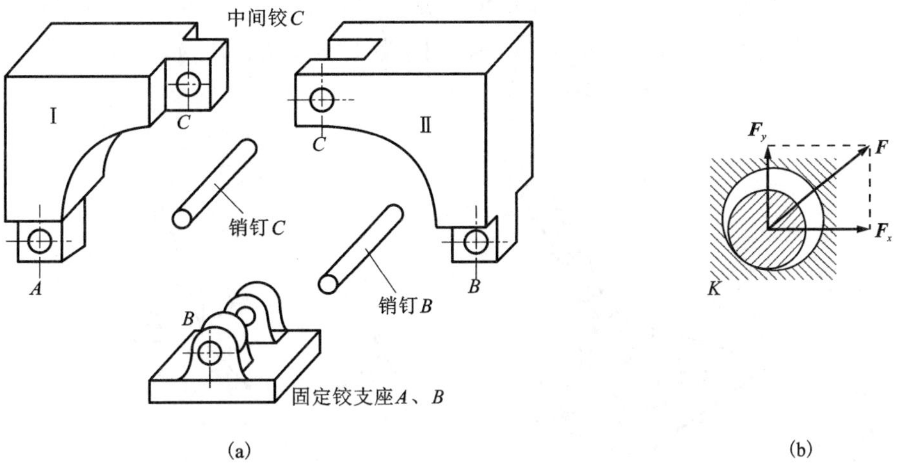

图 1-17

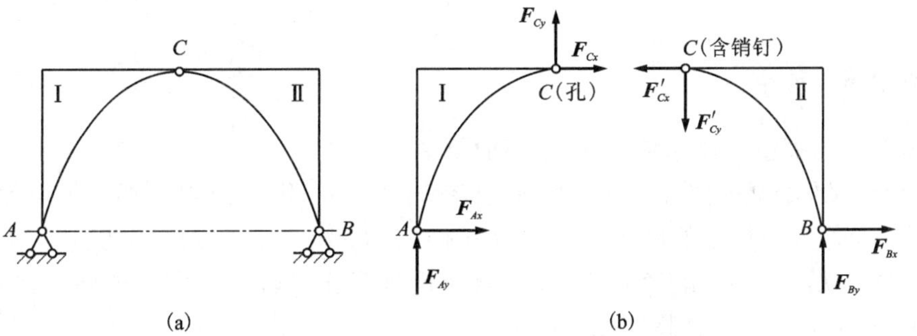

图 1-18

(3) **可动铰支座**　在固定铰支座底部安装几个辊轴构成，如图 1-19(a) 所示。图 1-19(b) 所示为可动铰支座的三种力学简图，由于水平方向的位移没有受到限制，故只有法向约束力 $\boldsymbol{F}_{Ay}$。

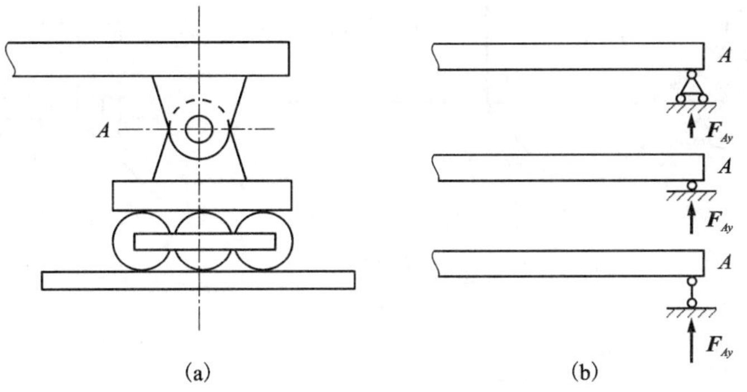

图 1-19

(4)**球铰** 一方为球头，另一方为相应的球窝，如图 1-20(a)所示。它限制了物体在空间三个方向的移动，但不能限制转动。图 1-20(b)为力学简图，其约束力简化为过球心的大小和方向待定的空间三个力[图 1-20(c)]。

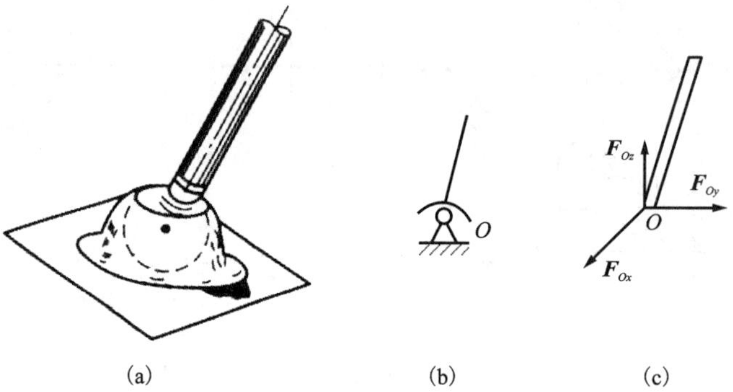

图 1-20

4. 光滑轴承类约束

光滑轴承类约束包括径向轴承和止推轴承。

径向轴承(又称向心轴承)，与光滑圆柱铰链相似不能阻止沿轴向的移动，其约束力为轴横截面内的方向、大小待定的两个正交分力[图 1-21(a)]。图 1-21(b)为其力学简图。

止推轴承，既阻止了轴沿径向的移动，还单向地阻止了轴沿轴向的位移。因此它比径向轴承增加了一个轴向约束力[图 1-21(c)]。

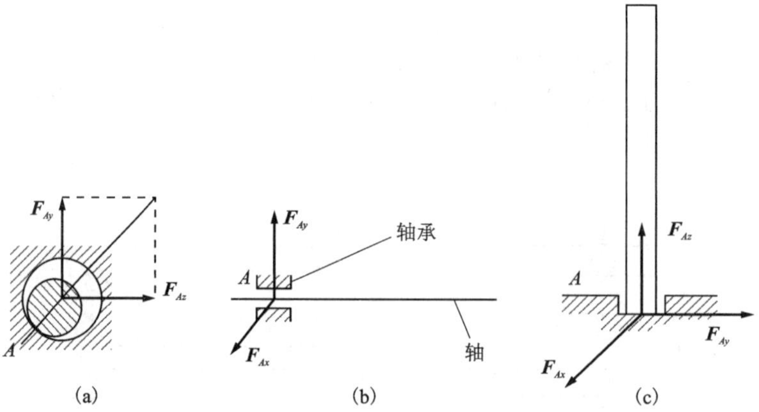

图 1-21

5. 其他约束

(1)链杆约束

不计自重的刚性杆两端用光滑铰链与其他构件连接，如图 1-22(a)中的 *CD* 杆。显然 *CD*

杆只受两端的两个约束力作用而处于平衡(故链杆又称为**二力杆**)，作为约束，*CD* 杆对 *AB* 杆的约束力沿 *C*、*D* 两点连线，如图 1-22(b)所示。

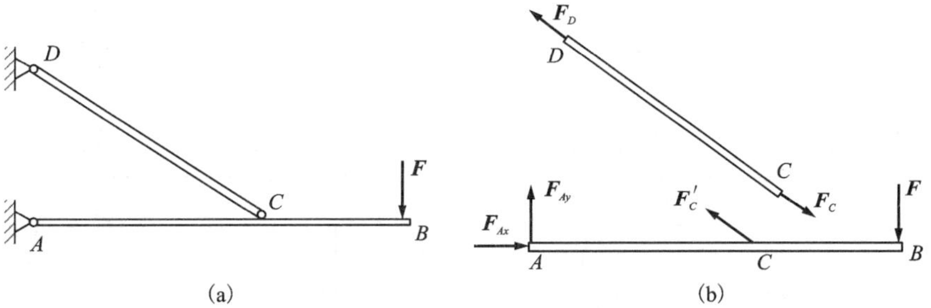

图 1-22

(2)滑槽与销钉的约束

构成铰链约束的一个构件通过销钉与另一构件滑槽连接，如图 1-23(a)所示。由于销钉可在滑槽内自由滑动不受约束，故约束力在垂直于滑槽的方向上，指向待定，如图 1-23(b)所示。

图 1-23

上述为工程实际中常见的约束类型。对未述及的约束，可以参照前述分析约束力的方法进行分析。总的来说，在分析工程实际中各种结构的约束给被约束物体的约束力时，只需分析被约束物体在空间的六种可能运动或在平面内的三种可能运动(沿两个坐标轴方向的移动和绕坐标原点的转动)中，有哪几种受到约束的限制，从而就可以确定有哪些约束力。

§1-4　物体的受力分析

物体的受力分析，即分析物体所受的外力。物体所受的外力包括主动力和约束力，主动力一般是已知的，如重力、风力等；约束力一般是未知的。对工程结构进行受力分析时，首先根据问题的需要，选定其中的某个构件或某几个构件的组合体作为研究对象，把它从整体中分离出来，画出其简图，称为取**分离体**；其次画上已知的主动力；最后逐个解除约束，代之相应的约束力，得到表示物体受力的简明图形，称为**受力图**。

例 1-1 画出如图 1-24(a)所示平面刚架的受力图，刚架自重不计。

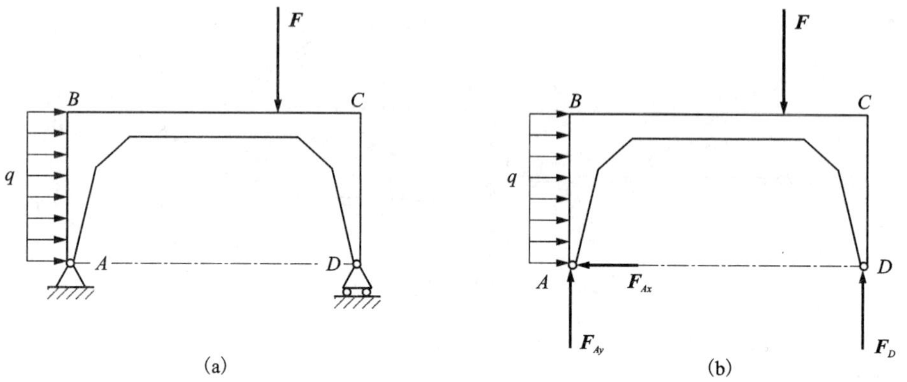

图 1-24

解：刚架受力如图 1-24(b)所示。先在分离体上画出主动力，即集中力 $\boldsymbol{F}$ 和均布荷载 q，再画约束力。A 处为固定铰支座，用两个约束力分量代替；D 处活动铰支座，约束力的方向垂直支撑面。刚架受力构成一平面任意力系。

例 1-2 如图 1-25(a)所示门板，板重为 $\boldsymbol{G}$，还受到主动力 $\boldsymbol{F}_1$、$\boldsymbol{F}_2$ 作用，试画出该门板的受力图。

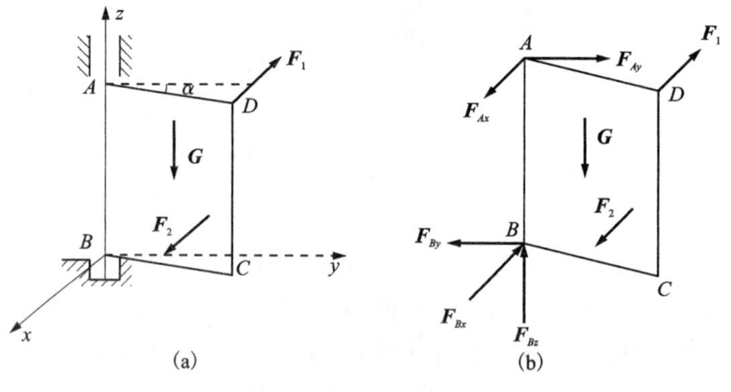

图 1-25

解：门板受力如图 1-25(b)所示。A 处为径向轴承，用两个约束力代替；B 处为止推轴承，用三个约束力代替。门板所受力构成一空间任意力系。

例 1-3 在如图 1-26(a)所示提升系统中，各构件自重不计，试分别画出 BC 杆、D 轮、AD 杆连同 D 轮的受力图。

解：各构件或构件组合的受力如图 1-26(b)所示。其中 BC 为二力杆；在画 AD 杆连同 D 轮的受力图时，中间铰 D 的约束力是内力，不需要画出，$\boldsymbol{F}'_C$是 $\boldsymbol{F}_C$ 的反作用力。

例 1-4 如图 1-27(a)所示，重为 $\boldsymbol{G}$ 的三个相同圆柱体垒在一起处于平衡状态，试分别画出三个圆柱体的受力图。

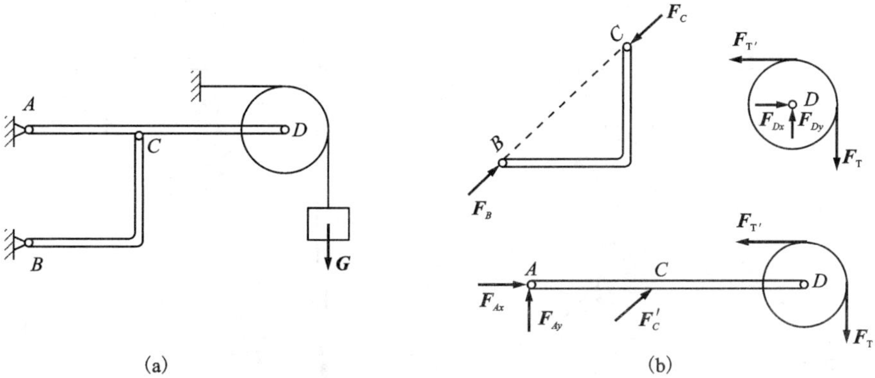

图 1-26

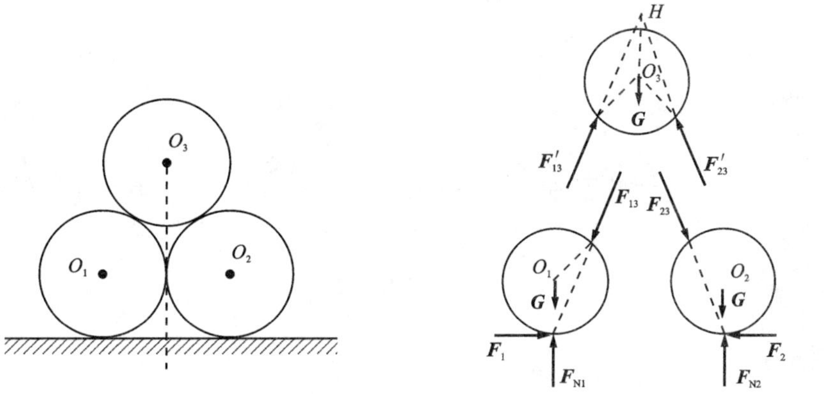

图 1-27

解：三个圆柱体的受力如图 1-27(b)所示。在这个问题中，三个相同圆柱体组成的系统处于图示平衡状态，圆柱体之间、圆柱体与地面之间肯定有摩擦，故应分析摩擦力；而 O_1、O_2 之间有分开的趋势，无相互作用力。O_1、O_2 圆柱体是四力汇交，O_3 圆柱体是三力汇交。

例 1-5　试画出图 1-28(a)所示结构中各构件及整个物体的受力图，不计构件自重。

解：整体受力如图 1-28(b)所示。以组合构件为研究对象，*C* 处为固定支座，可用两个约束力表示；*D* 处为光滑接触面约束，用一个法向约束力表示。

在该结构中，*A* 的铰链将三个构件铰接在一起，这样的铰链称为**复合铰链**，简称**复铰**。在分析复铰时，先应确定销钉的位置，即确定销钉附在其中某一构件的位置，再进行受力分析。图中圆圈表示销钉附着位置。

AC 杆(将销钉 *A*、*C* 均附在 *AC* 杆上)受力如图 1-28(c)所示。销钉 *C* 将 *AC* 杆 *BC* 杆与固定支座铰接在一起，直接约束三个构件的运动，因此三个构件对销钉 *C* 均有作用力。将销钉 *C* 附在 *AC* 杆上作为研究对象，销钉 *C* 与 *AC* 杆之间的作用力属于内力，受力图中不用画出。因此 *C* 处受固定支座和 *BC* 杆施加的约束力，该两力方向均不能确定，各用两个分力表示；同理，*A* 处受 *AD* 杆和 *AB* 杆施加的约束力，各用两个分力表示。

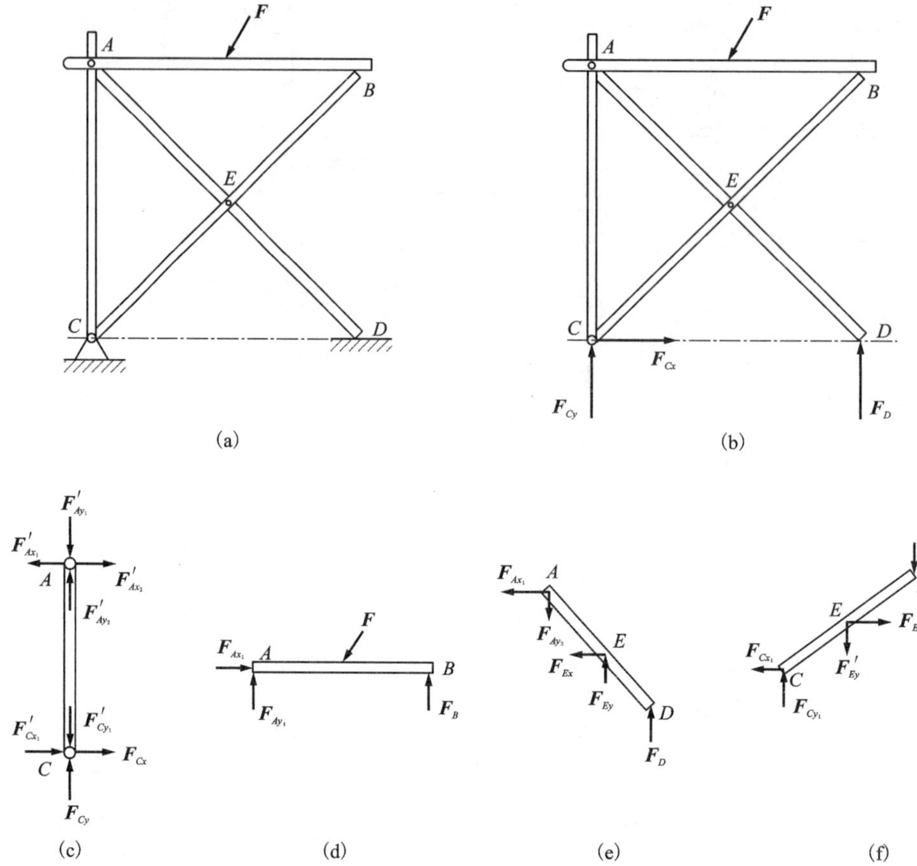

图 1-28

AB 杆受力如图 1-28(d)所示。除主动力 $\boldsymbol{F}$ 外，根据作用力与反作用力的关系，*A* 处受到销钉施加的约束力，以及 *B* 处光滑接触面约束，用一个约束力表示。

AD 杆受力如图 1-28(e)所示。*A* 处受销钉施加的约束力，与 *AD* 杆对销钉的约束力互为作用力与反作用力；*E* 处为中间铰，用两个方向约束力表示；*D* 处为光滑接触面约束，用一个约束力表示。

BC 受力如图 1-28(f)所示。*C* 处受销钉的约束力，与 *BC* 对销钉的约束力互为作用力与反作用力，用两个方向约束力表示；根据作用力与反作用力的关系，*E* 处中间铰也用两个方向约束力表示，*B* 处用一个方向约束力表示。

注意，若将销钉附在 *AC* 杆上作为研究对象，那么分析 *BC* 杆的作用力时，*C* 处仅受销钉 *C* 施加的约束力，而固定支座对 *BC* 杆是没有作用力的；也就是说，固定支座对 *BC* 杆的作用力是通过销钉 *C* 来施加的。

从上述例题可知，作受力图可分为以下四个步骤：

(1)根据问题明确研究对象，取分离体；

(2)画出所有主动力；

(3)画出所有约束力，逐个解除约束，代替相应的约束力；

(4) 检查，是否遗漏或正确。

作受力图时应注意以下几点：

(1) 充分利用二力平衡和三力平衡汇交确定约束力的方位；

(2) 力的滑移和简化局限在一个物体上进行；

(3) 未知约束力的指向可任意假定；

(4) 作用力与反作用力必等值、反向、共线，并分别作用在两个相互作用的物体上；

(5) 画整体或构件组合的受力图时内力不需要画出。

(6) 局部受力图与整体受力图保持一致。

§1-5　分析与讨论

1. 关于二力体

受两个力作用并处于平衡的物体称为二力构件，简称二力体、二力杆。如果一个物体在某两点各受一个汇交力系作用处于平衡，由于汇交力系的合力是通过汇交点的一个力，根据二力体定义，这个物体仍然是二力体，如图 1-29 所示。

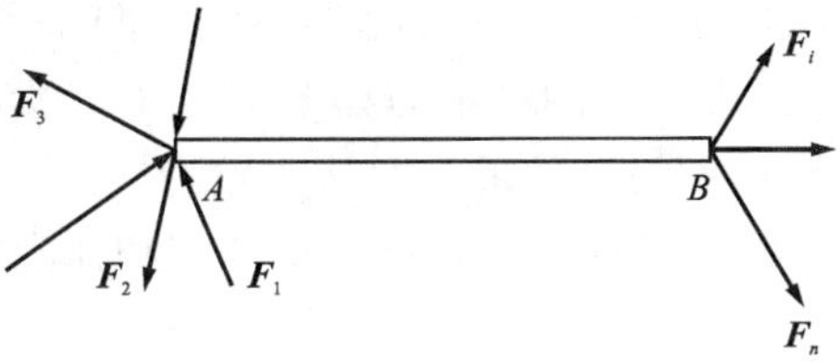

图 1-29

2. 关于加减平衡力系公理

静力学公理是静力学的理论基础，用于定理的证明、结论的推导。

例如，有两同向平行力 $\boldsymbol{F}_1$、$\boldsymbol{F}_2$ 分别作用在同一刚体的 A、B 两点，如图 1-30 所示，求这个平行力系的合成。

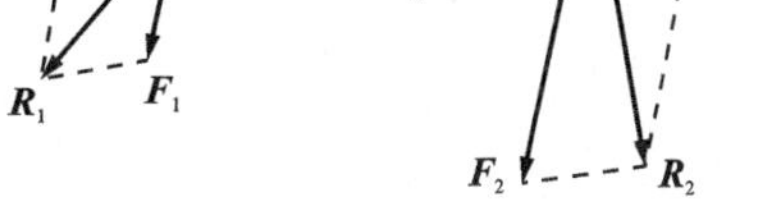

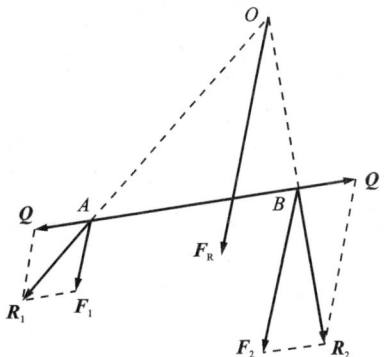

图 1-30

根据加减平衡力系公理，在 A、B 两点加上一对平衡力系 $\boldsymbol{Q}$、$\boldsymbol{Q}'$，分别与 $\boldsymbol{F}_1$、$\boldsymbol{F}_2$ 合成，得等效力系 $\boldsymbol{R}_1$、$\boldsymbol{R}_2$。若求 $\boldsymbol{R}_1$、$\boldsymbol{R}_2$ 的合力 $\boldsymbol{F}_R$，则

$$\boldsymbol{F}_R=\boldsymbol{F}_1+\boldsymbol{F}_2$$

合力的作用线与原两力的作用线平行，指向相同。进一步分析可确定合力作用线的位置。

3. 关于力可以沿其作用线任意移动

根据力的可传性原理，作用在刚体的力是滑动矢量。但该结论如果用于刚体系统，则会改变刚体的受力。如图 1-31(a)所示，将作用在点 K 的力沿其作用线移到另一个刚体的点 H，刚体系统中各刚体的受力肯定不同。如同样，图 1-31(b)所示作用在 AC 杆上 K 点的力，沿其作用线移到 BC 杆上 H 点，刚体系统中杆刚体的受力会发生改变。

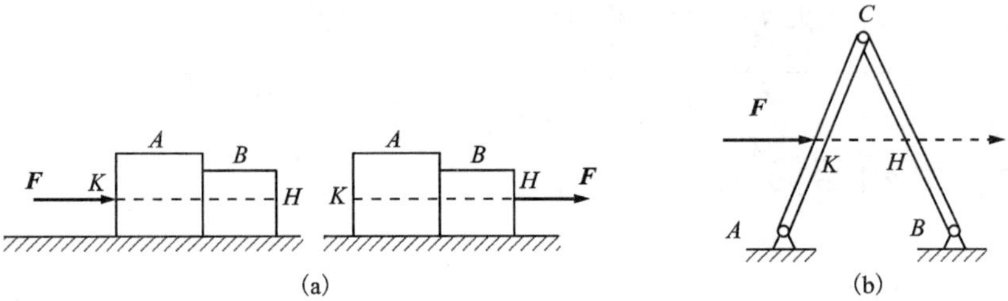

图 1-31

4. 关于研究对象

在对物体进行受力分析时，可选择不同的物体作为研究对象，可以是单个物体，也可以是某几个物体。选取研究对象的不同，受力情况亦不同。图 1-32(a)所示为皮带轮传动系统；从动轮受到的柔性体约束，即皮带的约束力如图 1-32(b)所示。这显然是取从动轮和与该轮相接触的皮带一起为研究对象的。如果单取从动轮为研究对象，皮带对轮的作用力就很复杂，如图 1-32(c)所示。巧取研究对象可以避开物体与物体间复杂的内力。

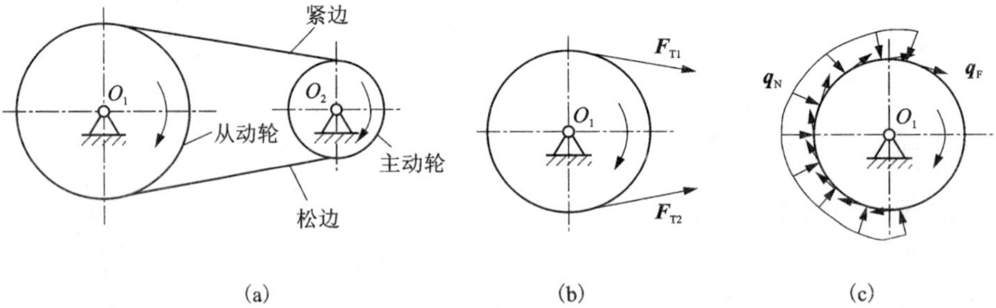

图 1-32

习　题

1-1　已知力 $\boldsymbol{F}=4\boldsymbol{i}+6\boldsymbol{j}+3\boldsymbol{k}$ N，试求：

(1)力在三个坐标方向的投影；(2)力在三个坐标方向的分力；

(3)力的大小；(4)力的方向余弦。

1-2　已知 $F_1=100$ N，$F_2=50$ N，$F_3=30$ N，$F_4=80$ N，各力方向如图题 1-2 所示，求各力分别在 x、y 轴上的投影。

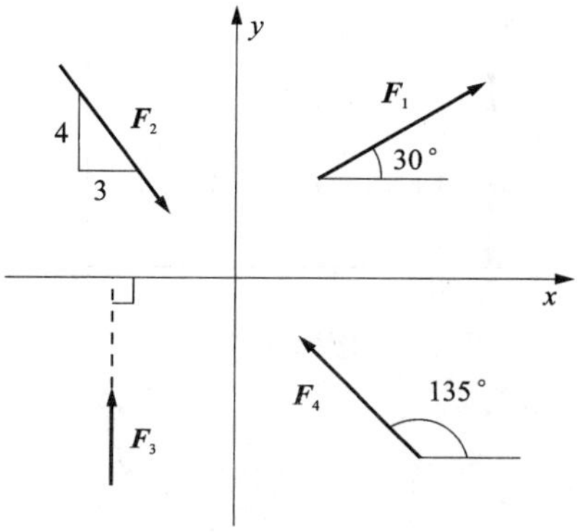

图题 1-2

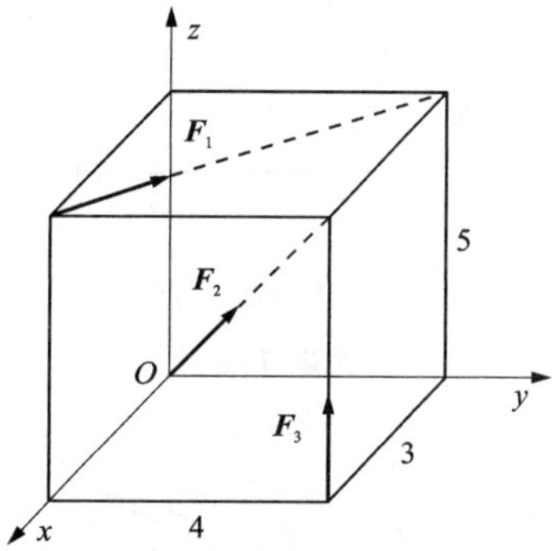

图题 1-3

1-3　已知 $F_1=2$ kN，$F_2=1$ kN，$F_3=3$ kN，方向如图题 1-3 所示，计算各力分别在 x、y、z 轴的投影。

1-4　铆接薄板在孔心 A、B、C 处受三力作用，如图题 1-4 所示。$F_1=100$ N，沿铅直方向；$F_3=50$ N，沿水平方向，并通过点 A；$F_2=50$ N，力的作用线也通过 A 点。尺寸如图题 1-4 所示，求此力系的合力。

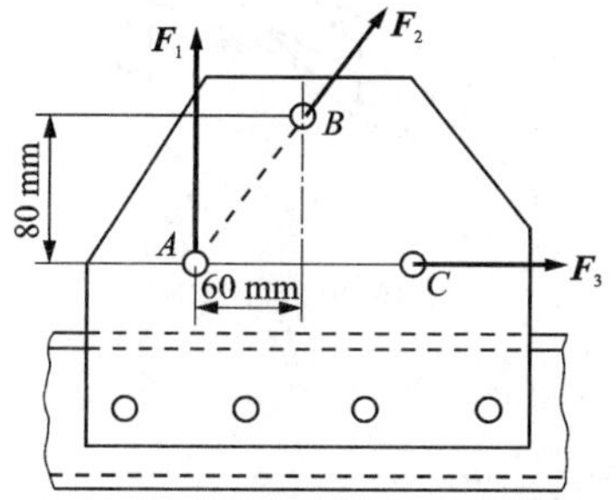

图题 1-4

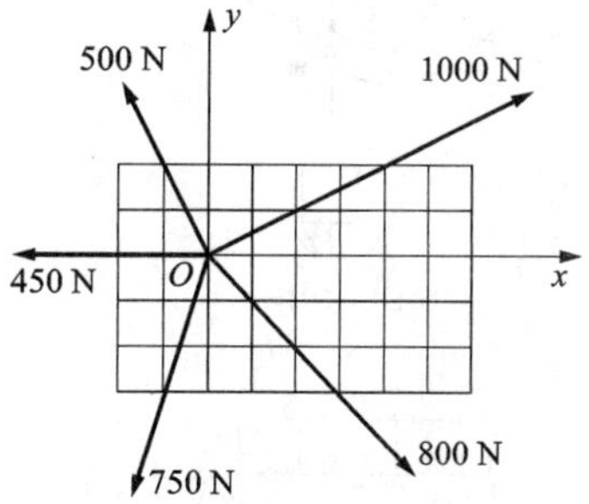

图题 1-5

1-5　五个力作用于一点，如图题 1-5 所示。图中方格的边长为 10 mm，求此力系的合力。

1-6　等边三角形 ABC 的边长为 L，在三个顶点处各作用一大小相等的力 F，方向如图题 1-6 所示，$\theta=60°$。求该力系主矢的大小以及对 O 点的主矩的大小。

1-7　如图题 1-7 所示，作用在边长为 $2a$ 的正方形板的平面力系中，$F_1=F_2=F_3=F_4=F$，$M=2Fa$。求此力系主矢及对 A 点的主矩大小。

1-8　画出指定物体或物体系统的受力图，未画重力的物体其重量不计，各处摩擦不计。

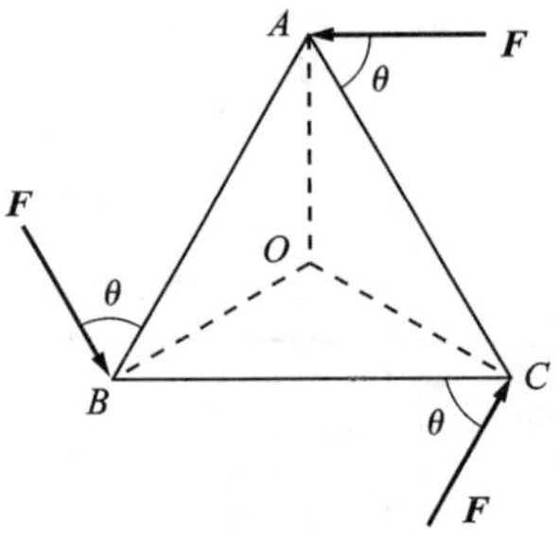

图题 1-6

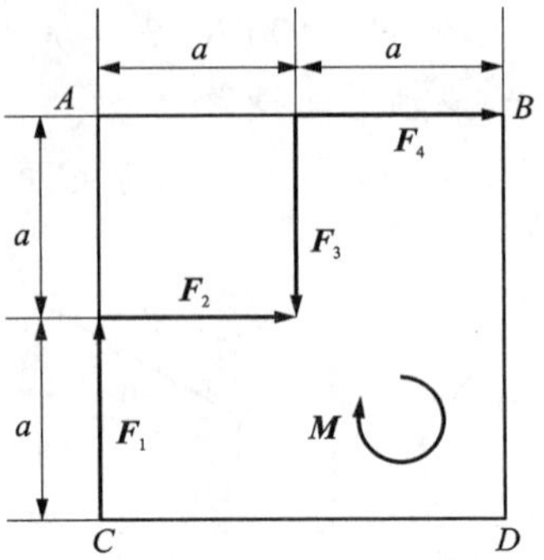

图题 1-7

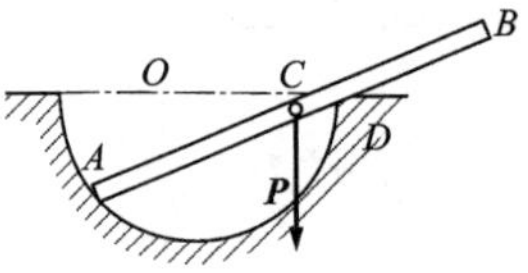

(1) 杆AB

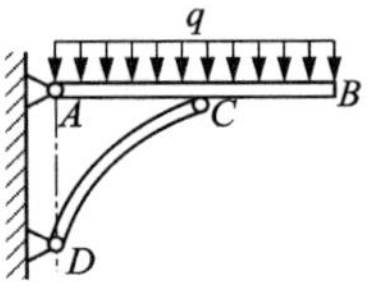

(2) 梁AB、杆CD

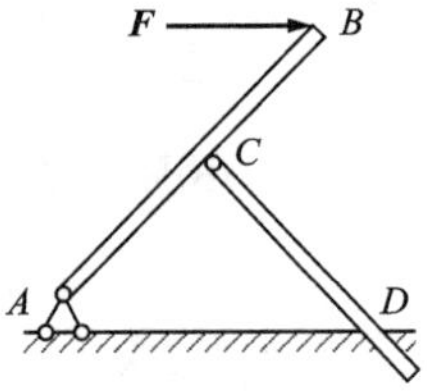

(3) 杆AB、CD

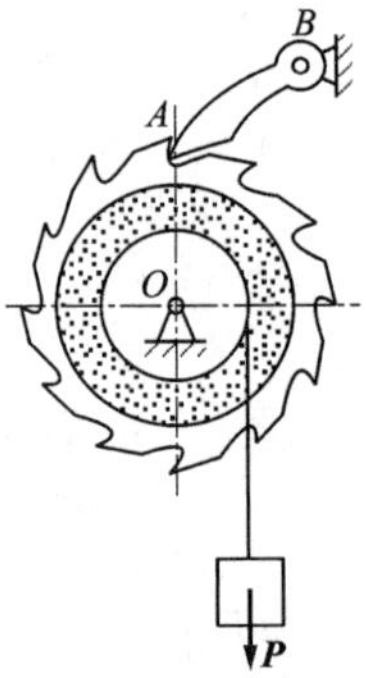

(4) 轮O、AB撑子

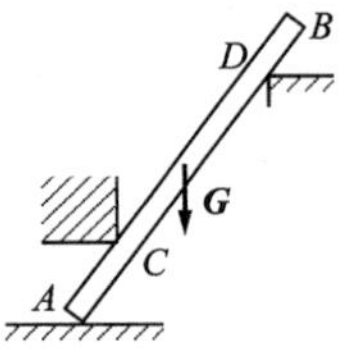

(5) 杆AB

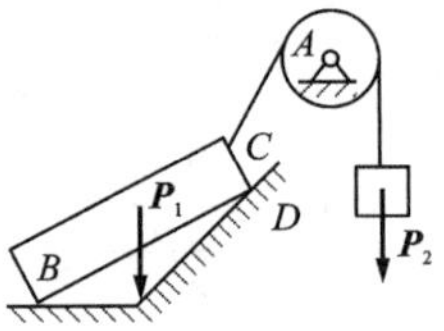

(6) 轮A，杆BC

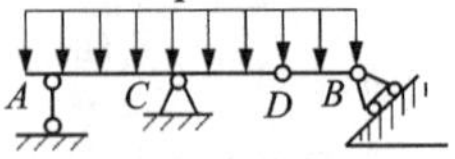

(7) 梁AD、梁DB

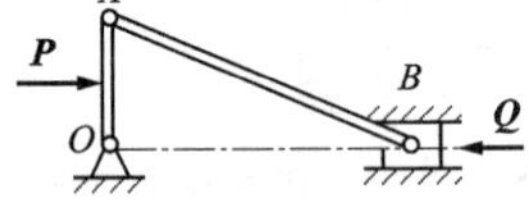

(8) 曲柄OA，滑块B

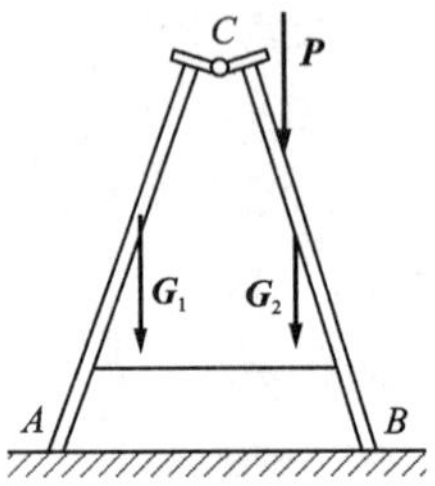

(9) 折梯整体，AC部分，BC部分

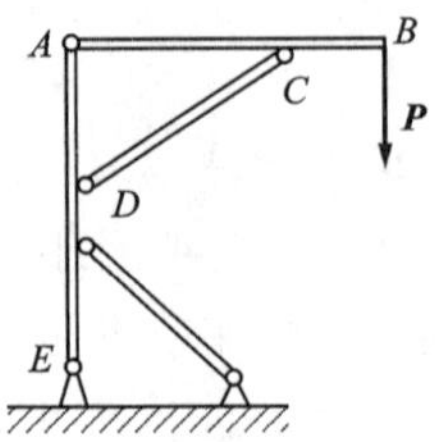

(10) 横梁AB，立柱AE，整体

图题 1-8

1-9　画出图题 1-9 中每个物体及整体的受力图，未画重力的物体其重量不计，各处摩擦不计。

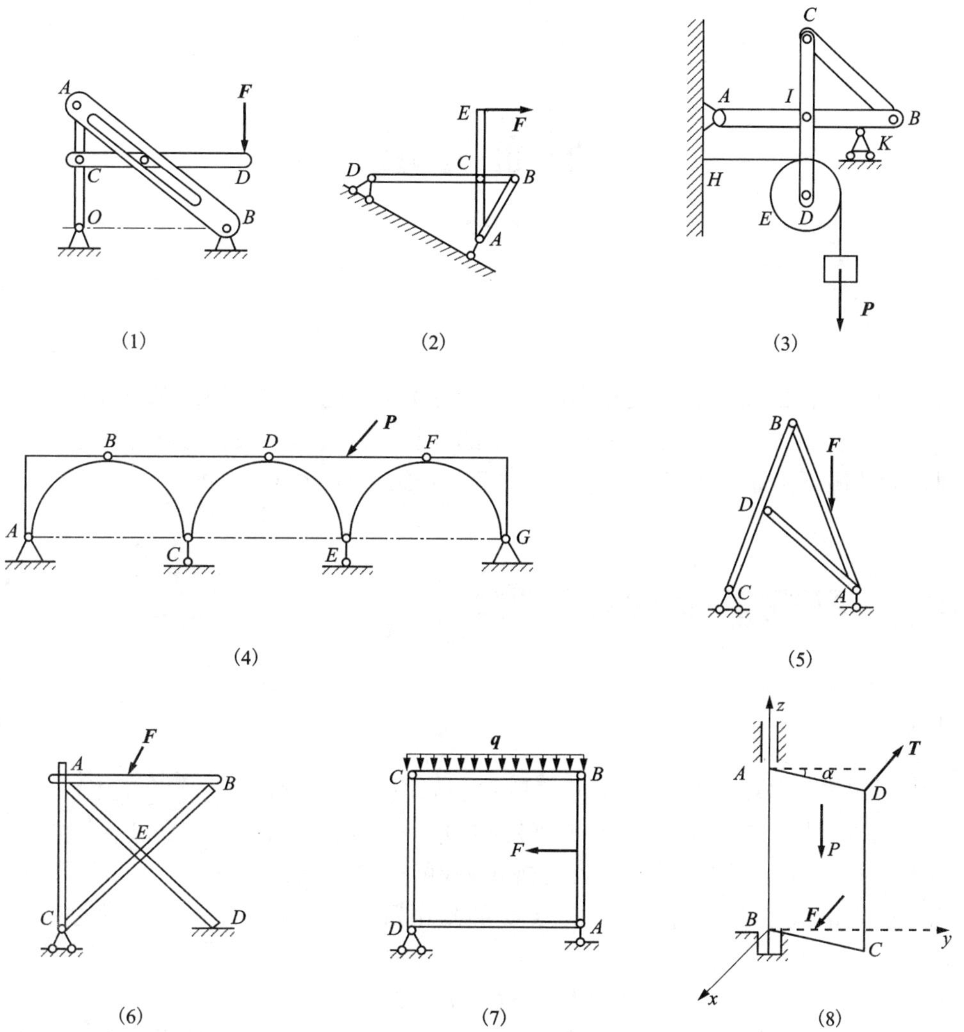

图题 1-9

第2章

平面力系

工程问题中物体的受力是比较复杂的，如果物体所受的力之作用线都处于同一平面，则称该力系为**平面力系**。本章先介绍力对点之矩的计算、力偶的性质，再研究力系的简化与平衡，得到一般情况下力系的平衡条件、平衡方程，介绍工程应用。

§2-1 平面力对点之矩和力偶

1. 力矩

在平面问题中，力对点 O 之矩是一代数量。如图 2-1 所示，力对点 O 之矩的作用面在力 $\boldsymbol{F}$ 与点 O 所确定的同一平面内，它的绝对值等于力的大小与力臂的乘积。通常规定使刚体绕矩心逆时针转动的力矩为正，反之为负。力 $\boldsymbol{F}$ 对点 O 的矩用符号 $M_O(\boldsymbol{F})$ 表示，即

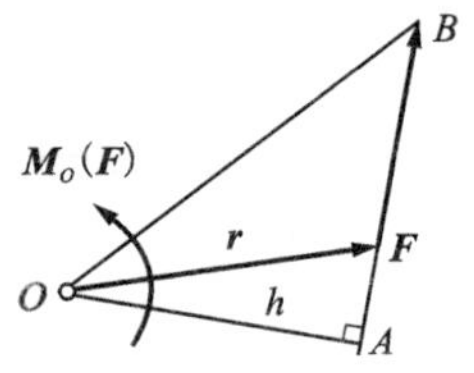

图 2-1

$$M_O(\boldsymbol{F}) = \pm F \cdot h = \pm 2S_{\triangle OAB} \tag{2-1}$$

其中，$S_{\triangle OAB}$ 为△OAB 的面积。力矩的单位是 N · m 或 kN · m。显然，当力的作用线通过矩心时，它对矩心的力矩等于零。

力对点之矩可以按其定义，用式(2-1)计算。如果力臂的计算麻烦，可按照下面的合力矩定理计算。

如图 2-2 所示，力 $\boldsymbol{F}$ 沿 x、y 轴方向的分量为 $\boldsymbol{F}_x$、$\boldsymbol{F}_y$，选坐标原点 O 为矩心，力的作用点 A 的矢径为 $\boldsymbol{r}$，则合力 $\boldsymbol{F}$ 对 O 点的力矩为

$$M_O(\boldsymbol{F}) = |\boldsymbol{r}\times\boldsymbol{F}| = |\boldsymbol{r}\times(\boldsymbol{F}_x+\boldsymbol{F}_y)| = |\boldsymbol{r}\times\boldsymbol{F}_x| + |\boldsymbol{r}\times\boldsymbol{F}_y| = M_O(\boldsymbol{F}_x) + M_O(\boldsymbol{F}_y) \tag{2-2}$$

即**合力对某点之矩等于其各分力对同一点之矩的代数和**，这就是**合力矩定理**。显然，这一定理对于任何有合力存在的力系都成立。

如果力 $\boldsymbol{F}$ 与 x 轴夹角为 θ，作用点为 A 的坐标为(x，y)，力 $\boldsymbol{F}$ 沿坐标轴方向的投影为

$$F_x = F\cos\theta,\ F_y = F\sin\theta$$

所以

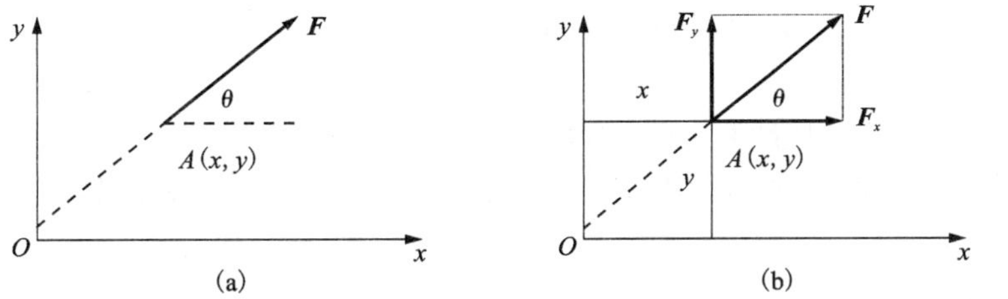

图 2-2

$$M_O(\boldsymbol{F}) = xF_y - yF_x \tag{2-3}$$

式(2-3)即为**力对点之矩的解析表达式**。

例 2-1　如图 2-3 所示，直角折杆 OAB 在 B 端受力 $\boldsymbol{F}$ 作用，试求力 $\boldsymbol{F}$ 对 O 点之矩。

解：在这一问题中，把力 $\boldsymbol{F}$ 分解成两个分力 $\boldsymbol{F}_x$、$\boldsymbol{F}_y$。分力 $\boldsymbol{F}_x$ 的作用线过矩心，分力 $\boldsymbol{F}_y$ 的力臂非常明显，由合力矩定理有

$$M_O(\boldsymbol{F}) = M_O(\boldsymbol{F}_x) + M_O(\boldsymbol{F}_y)$$
$$= F\sin\beta \cdot \sqrt{a^2+b^2}$$

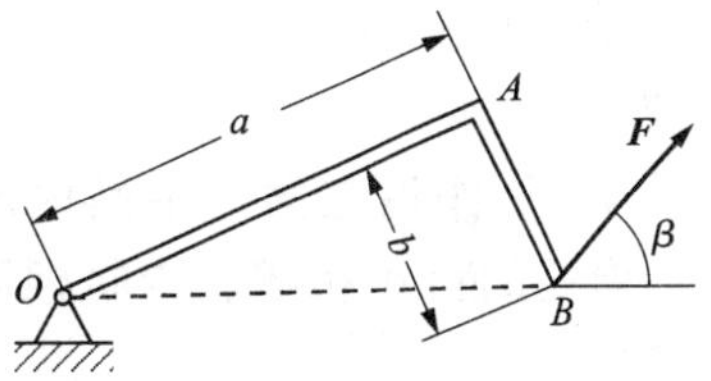

图 2-3

2. 力偶

(1) 力偶、力偶矩

在工程实际中，当我们转动方向盘或用丝锥攻螺丝时，两手加于方向盘或丝锥铰手上的力可视为一对等值、反向而不共线的平行力 $\boldsymbol{F}$、$\boldsymbol{F}'$，如图 2-4(a)所示。这种由大小相等、方向相反、平行而不共线的两个力组成的力系，称为**力偶**，记为($\boldsymbol{F}$、$\boldsymbol{F}'$)，如图 2-4(b)所示。力偶中两力之间的垂直距离 d 称为**力偶臂**，力偶所在的平面称为**力偶作用面**。

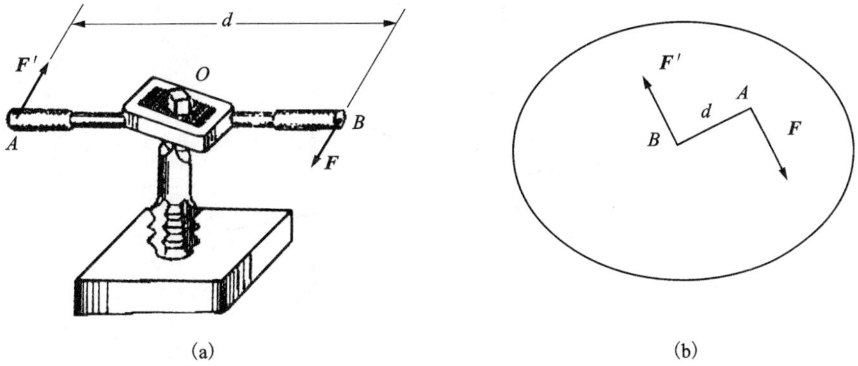

图 2-4

力偶不能合成为一个力，不能用一个力来等效替换。因此，力和力偶是静力学中的两个基本元素。

力偶不是平衡力系，它对物体的作用效应是使物体产生转动，用力偶矩来度量，即

$$M=\pm Fd \tag{2-4}$$

一般地，规定逆转的力偶矩为正，顺转的力偶矩为负。

力偶矩有以下三要素：力偶中力与力偶臂乘积的大小、力偶的转向和力偶作用面的方位。

(2)力偶的性质

性质1　力偶对其所在平面内任一点的矩恒等于力偶矩，而与矩心的位置无关，因此力偶对刚体的作用效应用力偶矩度量。

如图 2-5 所示，任选一点 O 为矩心，将力偶中各力对点 O 取矩

$M_O(\boldsymbol{F},\boldsymbol{F}')=M_O(\boldsymbol{F})+M_O(\boldsymbol{F}')=-F(x+d)+F'\cdot x=-F\cdot d=M(\boldsymbol{F},\boldsymbol{F}')$

即证。

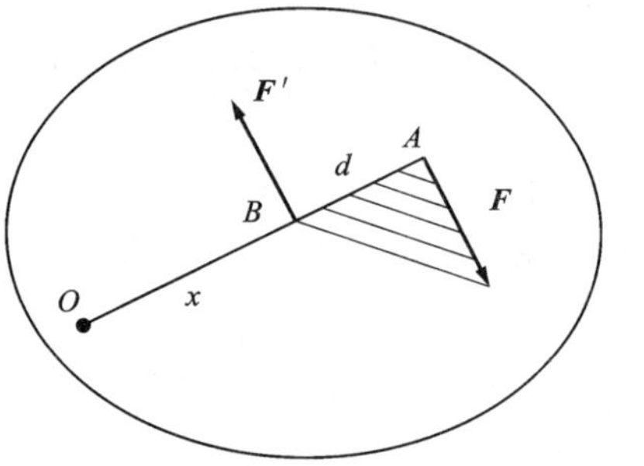

图 2-5

性质2　作用在同一平面内的两个力偶，只要它的力偶矩的大小相等、转向相同，则该两个力偶彼此等效。

证明：设两力偶 $M(\boldsymbol{F},\boldsymbol{F}')=M(\boldsymbol{F}_0,\boldsymbol{F}_0')$，下面证明它们等效。

如图 2-6 所示，将力移至 A、B 点。因为两力偶的力偶矩相等，所以 $\triangle ABC$ 与 $\triangle ABD$ 的面积相等。因此，$CD/\!/AB$，$C'D'/\!/AB$。分解 $\boldsymbol{F}_0$ 力，使得

$$\boldsymbol{F}_0=\boldsymbol{F}+\boldsymbol{F}_1,\ \boldsymbol{F}_0'=\boldsymbol{F}'+\boldsymbol{F}_1'$$

因为平行四边形 AF_1CD 与平行四边形 $BF_1'C'D'$ 全等，所以

$$\boldsymbol{F}_1=\boldsymbol{F}_1'$$

所以，在力偶$(\boldsymbol{F},\boldsymbol{F}')$上加上一对平衡力 $\boldsymbol{F}_1$，$\boldsymbol{F}_1'$，就得到力偶$(\boldsymbol{F}_0,\boldsymbol{F}_0')$。由加减平衡力系公理可知，两力偶等效。

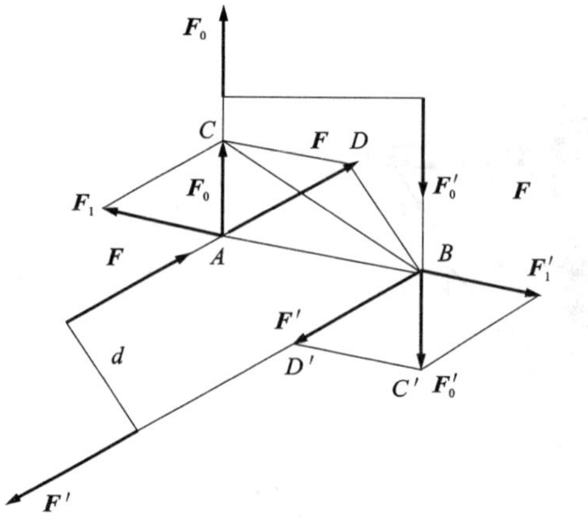

图 2-6

由上述证明可得下列两个推论：

推论 1　力偶可以在其作用面内任意移动，而不影响它对刚体的作用效应。

推论 2　只要保持力偶矩的大小和转向不变，可以任意改变力偶中力的大小和相应力偶臂的长短，而不改变它对刚体的作用效应。

(3) 平面力偶系

若作用于物体的力系由若干个力偶组成，则该力系称为**力偶系**。

如图 2-7(a) 所示，设同一平面内有两个力偶($\boldsymbol{F}_1$，$\boldsymbol{F}_1'$) 和($\boldsymbol{F}_2$，$\boldsymbol{F}_2'$)，其力偶臂分别为 d_1 和 d_2，力偶矩分别为 M_1 和 M_2。在保证力偶矩不变的情况下，同时改变这两个力偶的大小和力偶臂的长短，使它们具有相同的臂长 d，并将它们在平面内移转，使力的作用线重合，如图 2-7(b) 所示。于是得到与原力偶等效的两个新力偶($\boldsymbol{F}_3$，$\boldsymbol{F}_3'$) 和($\boldsymbol{F}_4$，$\boldsymbol{F}_4'$)，即

$$M_1=F_1d_1=F_3d,\ M_2=-F_2d_2=-F_4d$$

分别将作用在 A 点和 B 点的力合成(假设 $F_3>F_4$)，得

$$F=F_3-F_4,\ F'=F_3'-F_4'$$

由于 $\boldsymbol{F}=\boldsymbol{F}'$，所以构成了与原力偶系等效的合力偶($\boldsymbol{F}$，$\boldsymbol{F}'$)，如图 2-7(c) 所示故

$$M=Fd=(F_3-F_4)d=F_3d-F_4d=M_1+M_2 \tag{2-5}$$

M 即为力偶系合成的结果，称为**合力偶矩**。

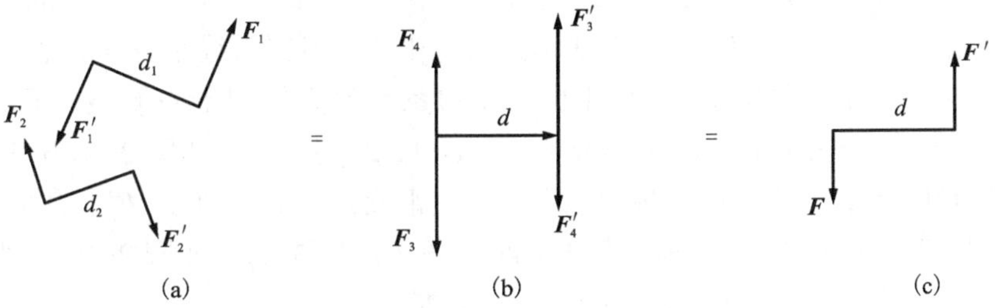

图 2-7

若平面力偶系由两个以上的力偶组成，则可以按照上述方法简化。平面力偶系合成的结果是一个合力偶，合力偶的力偶矩等于各分力偶矩的代数和，这就是合力偶矩定理，可写为

$$M=\sum M_i \tag{2-6}$$

§2-2　平面任意力系的简化

物体受到的力的作用线处于同一平面且作用线是任意分布的，称为**平面任意力系**。下面研究其简化方法。

1. 平面任意力系的简化

(1) 力线平移定理

设力 $\boldsymbol{F}$ 作用于刚体上点 A[图 2-8(a)]。由加减平衡力系公理可知，在任意一点 B 加上

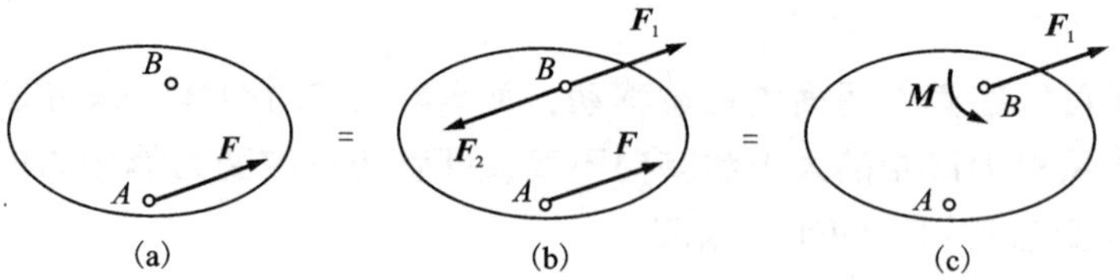

图 2-8

等值、反向且与力 $\boldsymbol{F}$ 平行的两力 $\boldsymbol{F}_1$ 和 $\boldsymbol{F}_2$，并使 $F_1=F_2=F$，如图 2-8(b)所示。而力系 $\boldsymbol{F}$、$\boldsymbol{F}_1$、$\boldsymbol{F}_2$ 可看作是作用在点 B 的力 $\boldsymbol{F}_1$ 和一个力偶($\boldsymbol{F}$，$\boldsymbol{F}_2$)，此力偶的力偶矩大小为

$$M=Fd$$

其中，d 为力偶臂，也是 B 点到力 $\boldsymbol{F}$ 作用线的垂直距离，故原力 $\boldsymbol{F}$ 对点 B 之矩的大小也为

$$M_B(\boldsymbol{F})=Fd$$

而且 M 与 $M_B(\boldsymbol{F})$ 的方位和转向都相同，如图 2-8(c)所示。因此有

$$M=M_B(\boldsymbol{F})$$

以上说明：**作用在刚体上的力可以平移到该刚体的任一点，但必须附加一个力偶，附加力偶的力偶矩等于原力对新作用点之矩**。这就是**力线平移定理**，它是力系简化的理论基础。

(2)平面任意力系向一点的简化

设一平面任意力系由 $\boldsymbol{F}_1$，$\boldsymbol{F}_2$，…，$\boldsymbol{F}_n$ 组成，如图 2-9(a)所示。这些力的作用线既不全平行，也不全相交于同一点。任选一点 O 作为简化中心，根据力线平移定理，将各力向 O 点平移，同时附加一个相应的力偶。这样平面任意力系等效为作用于 O 点的平面汇交力系[$\boldsymbol{F}'_i=\boldsymbol{F}_i(i=1, 2, \cdots n)$]和平面力偶系[$M_i=M_O(\boldsymbol{F}_i)(i=1, 2, \cdots n)$]，如图 2-9(b)所示。将平面汇交力系[$\boldsymbol{F}'_i=\boldsymbol{F}_i(i=1, 2, \cdots n)$]合成，一定是通过汇交点 O 的一个力 $\boldsymbol{F}'_{\mathrm{R}}$；将平面力偶系[$M_i=M_O(\boldsymbol{F}_i)(i=1, 2, \cdots n)$]合成，一定是同平面内的一个力偶 M_O，如图 2-9(c)所示。即

$$\begin{cases}\boldsymbol{F}'_{\mathrm{R}}=\boldsymbol{F}'_1+\boldsymbol{F}'_2+\cdots\boldsymbol{F}'_n=\sum\boldsymbol{F}\\ M_O=M_1+M_2+\cdots M_n=\sum M_O(\boldsymbol{F}_i)\end{cases} \tag{2-7}$$

显然，$\boldsymbol{F}'_{\mathrm{R}}$ 等于力系的**主矢**；M_O 等于该力系对简化中心 O 的**主矩**。

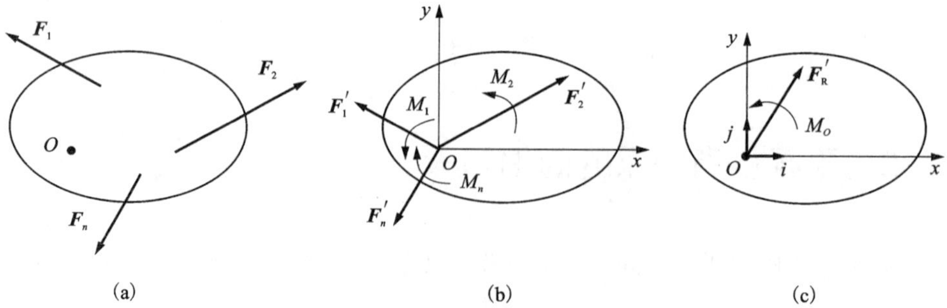

图 2-9

力系的主矢可用几何法和解析法确定。

将力系中各力矢按首尾相连的法则顺次画出，则连接第一个力矢的始端与最后一个力矢

的末端的矢量，就是力系的主矢 $\boldsymbol{F}'_R$，如图 2-10 所示。这样画出的多边形称为**力多边形**。

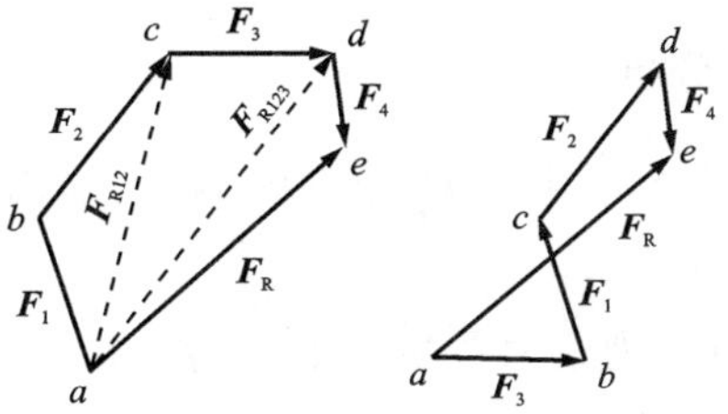

图 2-10

取坐标系如图 2-9(c)所示，主矢的大小和方向可根据式(2-8)和(2-9)来计算，即

$$\begin{cases} F'_R = \sqrt{F'^2_{Rx} + F^{2'}_{Ry}} = \sqrt{\left(\sum F_x\right)^2 + \left(\sum F_y\right)^2} \\ \cos(\boldsymbol{F}'_R, \boldsymbol{i}) = \dfrac{\sum F_x}{F'_R},\ \cos(\boldsymbol{F}'_R, \boldsymbol{j}) = \dfrac{\sum F_y}{F'_R} \end{cases} \tag{2-8}$$

显然，力系的简化结果中，主矢 $\boldsymbol{F}'_R$ 与简化中心无关，而主矩 M_O 一般与简化中心有关，因此简化结果须指明简化中心。

可见，一般情况下，平面任意力系向作用平面内任一点 O 简化，得到一个力和一个力偶。这个力等于原力系的主矢，作用在简化中心；这个力偶为原力系对 O 点的主矩。

2. 平面固定端约束的约束力

在工程实际中，常见车刀夹持在刀架上、工件夹持在卡盘上、电线杆插入地基以及悬臂梁插入墙体中。车刀、工件、电线杆以及悬臂梁固定不动，既不能移动，也不能转动，这种约束叫**固定端**。其简图如图 2-11(a)所示。

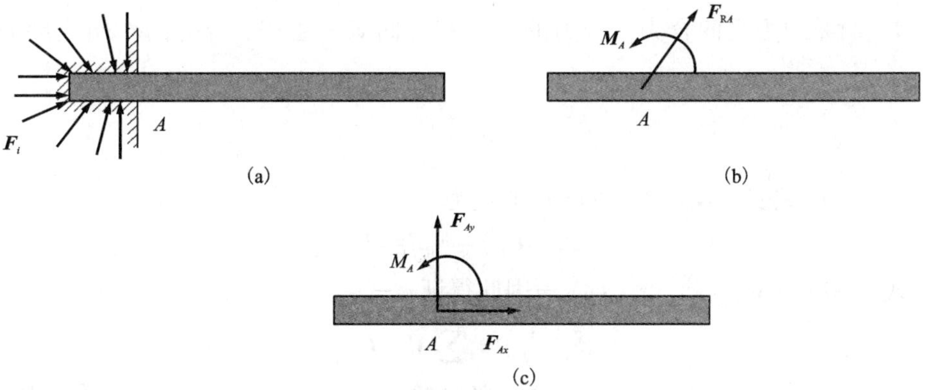

图 2-11

很明显，这群约束力构成一平面任意力系，如图 2-11(a)所示。将这群力向作用平面内点 A 简化，得到一个力和一个力偶[图 2-11(b)]。一般情况下，这个力的大小和方向均为未

知量，可用两个未知分力来代替。因此固定端 A 处的约束力可简化为两个约束力 $\boldsymbol{F}_{Ax}$、$\boldsymbol{F}_{Ay}$ 和一个矩为 M_A 的约束力偶，如图 2-11(c)所示。

3. 平面任意力系简化结果分析

平面任意力系向任一点简化后，主矢 $\boldsymbol{F}_R'$ 和主矩 M_O 可能出现几种不同情况，现分别讨论如下。

①主矢 $\boldsymbol{F}_R'=0$，主矩 $M_O\neq0$，则原力系与一个力偶等效，力系简化为一个合力偶，其合力偶矩等于原力系对简化中心的主矩 M_O。由于力偶矩与矩心位置无关，因此在这种情形下，主矩与简化中心的位置无关。

②主矢 $\boldsymbol{F}_R'\neq0$，主矩 $M_O=0$，则原力系与一个力等效，力系简化为一个合力，合力的大小和方向与原力系的主矢 $\boldsymbol{F}_R'$ 相同，作用线通过简化中心。

③主矢 $\boldsymbol{F}_R'\neq0$，主矩 $M_O\neq0$，这种情形可进一步简化。如图 2-12(b)所示，将力偶 M_O 用两个力 $\boldsymbol{F}_R$ 和 $\boldsymbol{F}_R''$ 表示，并令 $\boldsymbol{F}_R=\boldsymbol{F}_R'=-\boldsymbol{F}_R''$；取掉一对平衡力 $\boldsymbol{F}_R'$ 和 $\boldsymbol{F}_R''$，将作用在 O 点的力 $\boldsymbol{F}_R'$ 和力偶 M_O 合成为一个作用在 O' 点的合力 $\boldsymbol{F}_R$，如图 2-12(c)所示。

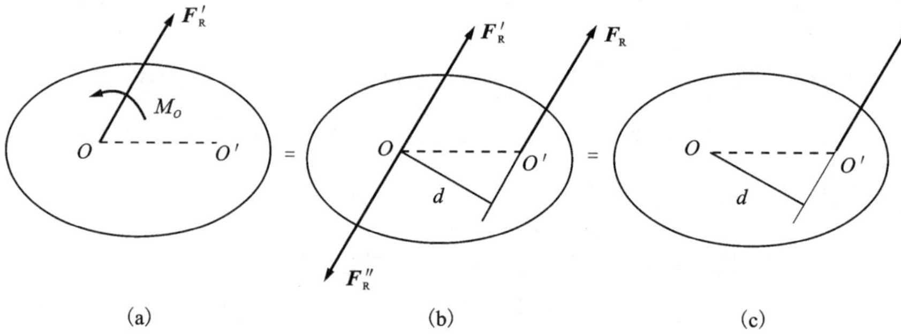

图 2-12

这个 $\boldsymbol{F}_R$ 就是原力系的合力。合力的大小和方向等于主矢，合力的作用线到 O 点的距离为

$$d=\frac{|M_o|}{F_R}$$

由图 2-12(b)易见，合力 $\boldsymbol{F}_R$ 对点 O 的矩为

$$M_O(\boldsymbol{F}_R)=F_Rd=M_O$$

而由式(2-7)知 $M_O=\sum M_O(\boldsymbol{F}_i)$。因此得证

$$M_O(\boldsymbol{F}_R)=\sum M_O(\boldsymbol{F}_i) \qquad (2-9)$$

由于简化中心是任选的，故式(2-9)有普遍意义，可叙述如下：若平面任意力系可以简化为一个合力，则该合力对作用面内任一点的矩等于力系中各力对同一点的矩的代数和。这就是**合力矩定理**。

④主矢 $\boldsymbol{F}_R'=0$，主矩 $M_O=0$，则原力系为一平衡力系，将在下一节详细讨论。

例 2-2　图 2-13(a)所示为平面任意力系 $F_1=40\sqrt{2}$ N，$F_2=80$ N，$F_3=40$ N，$F_4=110$ N，$M=2$ N·m，各力作用位置如图 2-13(a)所示，图中尺寸的单位为 mm。求：(1)力系向 O 点简化的结果；(2)力系合力的大小、方向及合力作用线的方程。

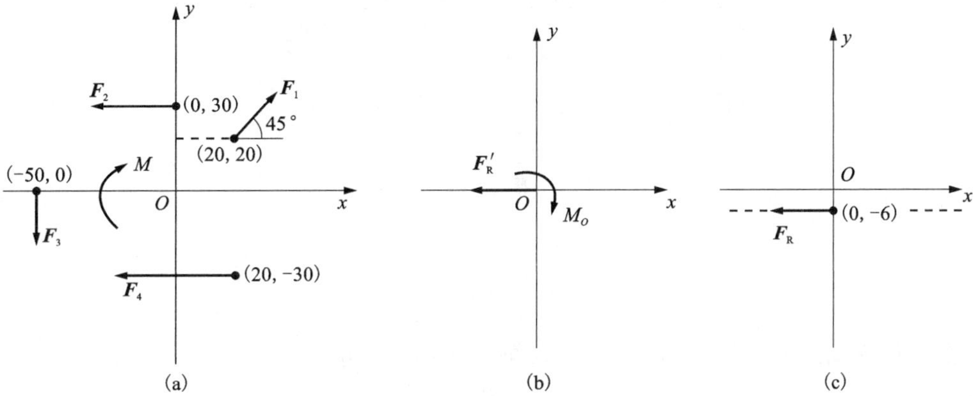

图 2-13

解：(1)力系向 O 点简化

由已知可得

$$\sum F'_{Rx}=F_1\cos 45°-F_2-F_4=40\sqrt{2}\times\frac{\sqrt{2}}{2}-80-110=-150(\mathrm{N})$$

$$\sum F'_{Ry}=F_1\sin 45°-F_3=40\sqrt{2}\times\frac{\sqrt{2}}{2}-40=0$$

$$\begin{aligned}M_O&=F_1\sin 45°\times0.02-F_1\cos 45°\times0.02+F_2\times0.03+F_3\times0.05-F_4\times0.03-M\\&=-0.9\ \mathrm{N\cdot m}\end{aligned}$$

所以力系向 O 点简化的主矢 $\boldsymbol{F}'_R=-150\boldsymbol{i}$ N，其大小为 150 N，与 x 轴平行指向负向；主矩 $M_O=-0.9$ N·m，顺时针转向，如图 2-13(b)所示。

(2)力系合力的大小、方向及合力作用线的方程

合力 $\boldsymbol{F}_R$ 的大小和方向与主矢 $\boldsymbol{F}'_R$ 相同，其作用点到 x 轴的距离为

$$d=\frac{M_O}{F'_R}=\frac{0.9}{150}=0.006(\mathrm{m})=6(\mathrm{mm})$$

所以合力作用线的方程为

$$y=-6$$

如图 2-13(c)所示。

例 2-3　如图 2-14 所示，水平梁 AB 受按三角形分布的载荷作用，载荷的最大值为 q，梁的长度为 l。试求该分布力系的合力大小及作用线的位置。

解：将分布力系看成是由无数个微小平行力构成，在梁上距 A 端为 x 的微段 dx 上，作用力的大小为 q'dx，其中 q'为该处的载荷强度。由图 2-14 可知，$q'=\frac{x}{l}q$。故分布载荷的合力大小为

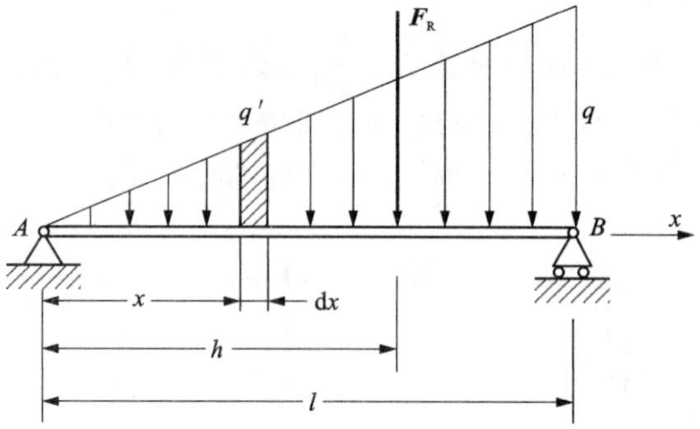

图 2-14

$$F_R = \int_0^l q' \mathrm{d}x = \frac{1}{2}ql$$

设合力作用线距 A 端的距离为 h，根据合力矩定理，有

$$F_R \cdot h = \int_0^l q'x \cdot \mathrm{d}x$$

将数值代入，得

$$h = \frac{2}{3}l$$

以上计算结果说明：三角形分布载荷合力的大小等于分布载荷集度的最大值与三角形分布载荷作用长度的乘积的二分之一，合力作用线通过该三角形的几何中心。

§2-3 平面力系的平衡

1. 平面力系的平衡条件与平衡方程

平面任意力系的平衡方程 从上节可知，平面任意力系向任一点简化，当简化结果 $\boldsymbol{F}'_R = 0$ 且 $M_O = 0$ 时，说明原力系平衡。所以，平面任意力系平衡的必要且充分条件是：力系的主矢和对于任一点的主矩都等于零，即

$$\boldsymbol{F}'_R = 0$$
$$M_O = 0$$

根据式(2-7)、式(2-8)可得

$$\begin{cases} \sum F_x = 0 \\ \sum F_y = 0 \\ \sum M_O(\boldsymbol{F}) = 0 \end{cases} \tag{2-10}$$

式(2-10)为**平面任意力系的平衡方程**，即平面任意力系平衡的必要且充分条件是：所有各力在各坐标轴上的投影代数和等于零，以及这些力对于任一点的矩的代数和也等于零。

式(2-10)有三个独立的平衡方程，可求解三个未知量。式(2-10)是平面任意力系平衡方程的基本形式，又称一矩，还有另外两种形式为平衡方程。

二矩式

$$\begin{cases} \sum F_x = 0 \\ \sum M_A(\boldsymbol{F}) = 0 \\ \sum M_B(\boldsymbol{F}) = 0 \end{cases} \tag{2-11}$$

其中，x 轴不得垂直于 A、B 两点的连线。

三矩式

$$\begin{cases} \sum M_A(\boldsymbol{F}) = 0 \\ \sum M_B(\boldsymbol{F}) = 0 \\ \sum M_C(\boldsymbol{F}) = 0 \end{cases} \tag{2-12}$$

其中，A、B、C 三点不得共线。

上述两种形式的平衡方程能满足力系平衡的必要和充分条件。以二矩式为例，必要性是很显然的；至于充分性，如果力系对 A 点的主矩等于零，则这个力系不可能简化为一个合力偶。因此只有两种可能：简化为过 A 点的合力或者平衡；力系对另一点 B 的主矩为零，则力系如果简化为合力，那么合力一定过 A、B 两点的连线。又已知 $\sum F_x = 0$，则力系如果简化为合力，则合力一定与 x 轴垂直。而二矩式的附加条件"x 轴不得垂直于 A、B 两点的连线"完全排除了力系简化为合力的可能性，因此所研究的力系必为平衡力系。类似的方法可以证明三矩式。

2. 平面特殊力系的平衡方程

(1)平面汇交的平衡方程

由于平面汇交力系合成的结果是一个合力，显然，平面汇交力系平衡的必要和充分条件是：该力系的合力等于零。用矢量形式可表示为

$$\boldsymbol{F}_{\mathrm{R}} = \sum \boldsymbol{F}_i = 0 \tag{2-13}$$

在平衡条件下，力多边形中最后一力的终端与第一力的起点重合，力的多边形自行封闭。这就是平面汇交力系平衡的几何条件。

由式(2-8)有

$$F_{\mathrm{R}} = \sqrt{\left(\sum F_x\right)^2 + \left(\sum F_y\right)^2} = 0$$

欲使上式成立，必须同时满足

$$\begin{cases} \sum F_x = 0 \\ \sum F_y = 0 \end{cases} \tag{2-14}$$

式(2-14)为**平面汇交力系的平衡方程**。这是两个独立的平衡方程，可以求解两个未知量。

(2)平面力偶系的平衡方程

由平面力偶系的合成结果可知，力偶系平衡时，其合力偶的力偶矩等于零。因此，平面

力偶系平衡的必要和充分条件时，各力偶的力偶矩的代数和等于零，即

$$\sum M=0 \tag{2-15}$$

式(2-15)为**平面力偶系的平衡方程**。可见，平面力偶系只有一独立的平衡方程，可求解一个未知量。

(3)平面平行的平衡方程

平面平行力系为平面任意力系的特殊情况，当它平衡时，也应满足平面任意力系的平衡方程。选如图2-15所示的坐标，令y轴与各力的作用线平行，则$\sum F_x=0$自然满足。**平面平行力系的平衡方程为：**

$$\begin{cases}\sum F_y=0\\ \sum M_O(\boldsymbol{F})=0\end{cases} \tag{2-16}$$

平面平行力系的平衡方程也可以写成二矩式，即

$$\begin{cases}\sum M_A(\boldsymbol{F})=0\\ \sum M_B(\boldsymbol{F})=0\end{cases} \tag{2-17}$$

其中，A、B两点之间的连线不与各力作用线平行。

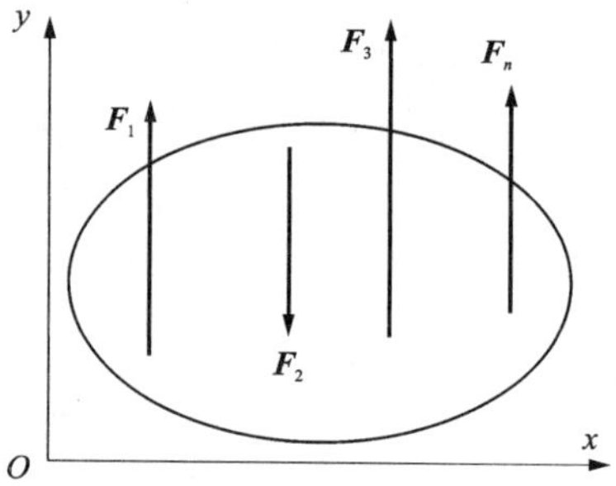

图 2-15

3. 平衡方程的应用

应用平衡方程求解作用在物体上的未知力，需要对具体的研究对象写出力的投影方程和力矩方程。这就必须将研究对象的受力分析清楚，并简单、明了地表示出来，即画出物体的受力图。

在受力分析、画受力图的基础上，列出物体的平衡方程，解方程，即可求得未知力。

例 2-4 如图2-16(a)所示，水平梁CAB受均布载荷q和集中力$\boldsymbol{F}_P$作用，A为固定铰支座，B为可动铰支座。设$F_P=qa$，试求支座A、B的约束力。

解： 取梁CAB为研究对象，画受力图，如图2-16(b)所示。其中均布载荷可简化成虚线所示的集中力$\boldsymbol{Q}$，其大小为$4qa$，作用线过AB的中点。本题属于平面一般力系问题。列平衡方程

$$\sum F_x=0,\ F_{Ax}-F_B\cdot\sin 60^\circ=0 \tag{2-18}$$

$$\sum F_y=0,\ F_{Ay}+F_B\cdot\cos 60^\circ-F_P-4qa=0 \tag{2-19}$$

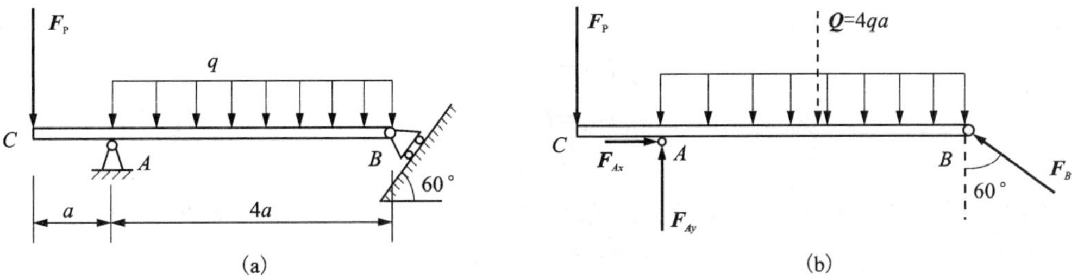

图 2–16

$$\sum M_A(\boldsymbol{F}) = 0,\ F_B \cdot \cos 60^\circ \cdot 4a + F_P \cdot a - 4qa \cdot 2a = 0 \tag{2-20}$$

解方程，得

$$F_{Ax} = \frac{7\sqrt{3}}{4}qa,\ F_{Ay} = \frac{13}{4}qa,\ F_B = \frac{7}{2}qa$$

本题也可列二矩式、三矩式平衡方程求解。以二矩式为例：除式(2–18)、式(2–20)外，方程

$$\sum M_B(\boldsymbol{F}) = 0,\ F_P \cdot 5a + 4qa \cdot 2a - F_{Ay} \cdot 4a = 0 \tag{2-21}$$

同样求得结果。可以看出，用未知力的交点为力矩中心列平衡方程，其求解过程更简单。

例 2–5　在图 2–17(a)所示刚架中，已知 $q = 3$ kN/m，$F = 6\sqrt{2}$ kN，$M = 10$ kN·m，不计刚架的自重。求固定端 A 处的约束力。

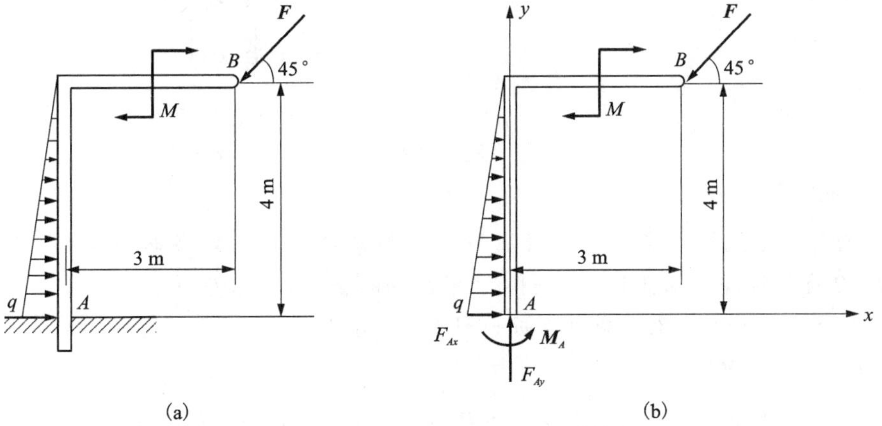

图 2–17

解：取刚架作研究对象，受力如图 2–17(b)所示。A 处约束力有三个：F_{Ax}、F_{Ay} 和 M_A。所有力构成一平面任意力系。建立图示坐标系，列出平衡方程

$$\sum F_x = 0,\ F_{Ax} + \frac{q}{2} \times 4 - F\cos 45^\circ = 0$$

$$\sum F_y = 0,\ F_{Ay} - F\sin 45^\circ = 0$$

$$\sum M_O(\boldsymbol{F}) = 0,\ M_A - M + F\cos 45^\circ \times 4 - F\sin 45^\circ \times 3 - \frac{q}{2} \times 4 \times \frac{4}{3} = 0$$

代入数据，解上述方程，得

$$F_{Ax}=0$$

$$F_{Ay}=6(\text{kN})$$

$$M_A=12(\text{kN}\cdot\text{m})$$

例 2-6 图 2-18(a)所示为起重机，已知起重机不计平衡锤时自重 $P_1=700$ kN，重心在两支点中心处，两突臂到重心作用线的距离分别为 12 m 和 6 m，最大起重量 $P_2=200$ kN。求：起重机能安全工作时，平衡锤重 P_3 的值。

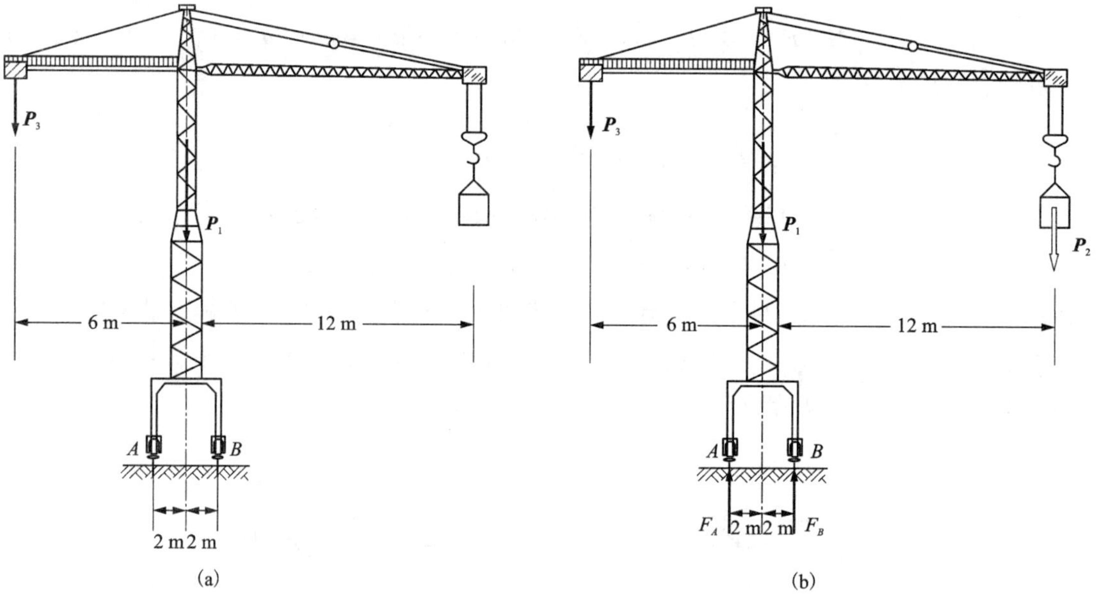

图 2-18

分析：起重机可能的不安全情况有 2 种。①满载时绕支点 B 顺时针翻倒，不翻倒的条件：$F_A\geqslant 0$；②空载时绕支点 A 逆时针翻倒，不翻倒的条件：$F_B\geqslant 0$。

解：取起重机为研究对象，受力分析如图 2-18(b)所示。

(1)满载时，$P_2=200$ kN。

$$\sum M_B(F)=0,\ P_3\times 8+P_1\times 2-F_A\times 4-P_2\times 10=0$$

解得

$$F_A=\frac{1}{4}(8P_3+2P_1-10P_2)$$

满载时，若使起重机不绕支点 B 顺时针翻倒，须满足

$$F_A=\frac{1}{4}(8P_3+2P_1-10P_2)\geqslant 0$$

因此

$$P_3\geqslant\frac{1}{8}(10P_2-2P_1)=75(\text{kN})$$

(2)空载时，$P_2=0$。

$$\sum M_A(F)=0,\ P_3\times 4-P_1\times 2+F_B\times 4=0$$

解得

$$F_B=\frac{1}{4}(2P_1-4P_3)$$

空载时，若使起重机不绕支点 A 顺时针翻倒，须满足

$$F_B=\frac{1}{4}(2P_1-4P_3)\geqslant 0$$

因此，起重机可以安全工作时，平衡锤重 75 kN$\leqslant P_3\leqslant$350 kN。

§2-4　物体系统的平衡

工程结构通常由多个物体组成，当系统的未知量数目不超过独立平衡方程的数目时，所有未知量都能由平衡方程求出，这样的问题称为**静定问题**。在工程实际中，有时为了提高结构的刚度和坚固性，常常增加多余的约束，导致这些结构的未知量的数目多于独立平衡方程的数目，未知量不能全部由平衡方程求出，这样的问题称为**静不定问题或超静定问题**。

在求解物体系统的平衡问题时，如何结合受力分析来判断问题是否静定呢？设系统由 n 个物体组成，每个物体受平面任意力系作用，且每个物体可以列出含有三个平衡方程的方程组，故系统的独立平衡方程数为 $3n$ 个。当未知量数不超过 $3n$ 时，系统为静定的；否则为静不定的。如图 2-19 所示，两个系统都只有两个构件，独立平衡方程数各有 $3\times2=6$ 个。在图 2-19(a)中，A、B、C 处各两个未知力，共 6 个，故系统是静定的；而在图 2-19(b)中，由于 A 处为固定端约束，有三个未知力，故整个系统有 7 个未知力，比独立平衡方程数多一个，所以系统是静不定的。

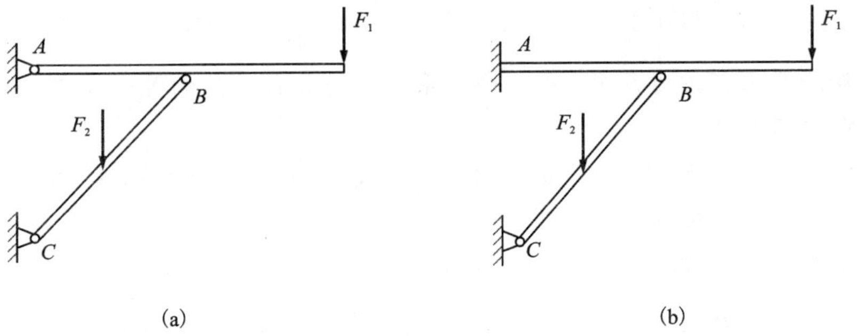

图 2-19

对于静不定问题，必须考虑物体因受力作用而产生的变形。对于加列某些补充方程后，才能使方程的数目等于未知量的数目，将在材料力学和结构力学中研究。

例 2-7 如图 2-20(a)所示结构，轮重大小为 P，半径为 r，BDE 为一直角折杆，A 为固定铰链，B、E 为中间铰链，D 处为可动铰链，$BC=CA=l/2$。不计杆重和摩擦，求 A、B、D 处的约束力及轮作用在 ACB 杆上的压力。

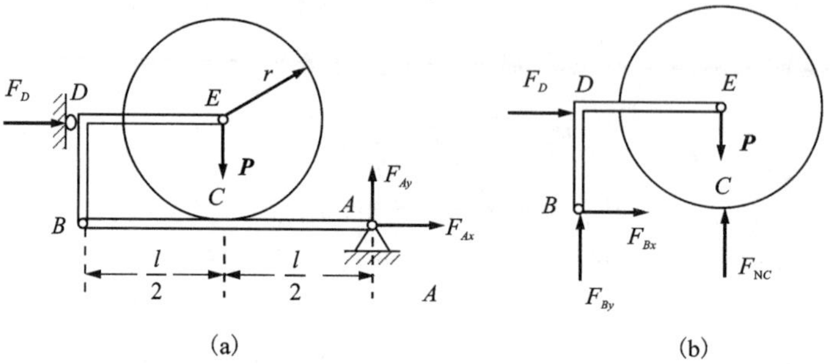

图 2-20

解：先取整体为研究对象，受力如图 2-20(a)所示，所受力系为一平面任意力系。

$$\sum M_A(\boldsymbol{F})=0,\ P\cdot\frac{l}{2}-F_D\cdot r=0,\ F_D=\frac{Pl}{2r}$$

$$\sum F_x=0,\ F_D+F_{Ax}=0,\ F_{Ax}=-\frac{Pl}{2r}$$

$$\sum F_y=0,\ F_{Ay}-P=0,\ F_{Ay}=P$$

再研究 BDE 杆及轮，受力如图 2-20(b)所示，所受力系也为一平面任意力系。

$$\sum F_x=0,\ F_D+F_{Bx}=0,\ F_{Bx}=-\frac{Pl}{2r}$$

$$\sum M_C(\boldsymbol{F})=0,\ -F_{By}\cdot\frac{l}{2}-F_D\cdot r=0,\ F_{By}=-P$$

$$\sum M_B(\boldsymbol{F})=0,\ (F_{NC}-P)\cdot\frac{l}{2}-F_D\cdot r=0,\ F_{NC}=2P$$

在该题的两个平面任意力系中，第一个力系的平衡方程采用的是一矩式，第二个力系的平衡方程采用的是二矩式。

例 2-8 组合梁 ACB 如图 2-21(a)所示。已知 $q=2\ \text{kN/m}$，$F=4\ \text{kN}$，$M=4\ \text{kN}\cdot\text{m}$，$a=2\ \text{m}$，$\alpha=30°$。试求 A、B 处的约束力。

解：先研究 CB 杆，受力如图 2-21(b)所示。

$$\sum M_C(\boldsymbol{F})=0,\ F_B\cos\alpha\cdot 4a-qa\cdot\frac{a}{2}-M-F\sin\alpha\cdot 3a=0$$

代入数值得

$$F_B=2.89(\text{kN})$$

再研究整个组合梁，受力如图 2-21(a)所示。

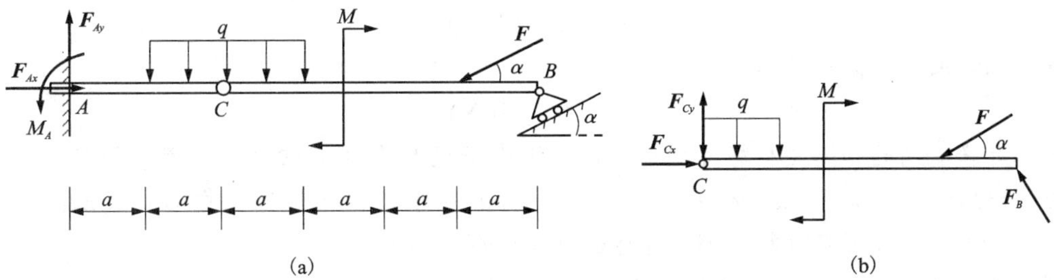

图 2-21

$$\sum F_x = 0,\ F_{Ax} - F\cos\alpha - F_B\sin\alpha = 0$$

$$\sum F_y = 0,\ F_{Ay} + F_B\cos\alpha - q\cdot 2a - F\sin\alpha = 0$$

$$\sum M_A(\boldsymbol{F}) = 0,\ M_A - q\cdot 2a\cdot 2a - M + F_B\cos\alpha\cdot 6a - F\sin\alpha\cdot 5a = 0$$

代入数值解上述方程组得

$$F_{Ax} = 4.91(\text{kN});\ F_{Ay} = 7.5(\text{kN});\ M_A = 26(\text{kN}\cdot\text{m})$$

例 2-9　三铰拱由 T 形杆 ACD 和三角块 BDE 构成，尺寸及所受载荷如图 2-22(a)所示。已知 $F_1 = 100$ N，$F_2 = 120$ N，$M = 250$ N·m，$q = 20$ N/m，$\alpha = 60°$，求铰链支座 A 和 B 处的约束力。

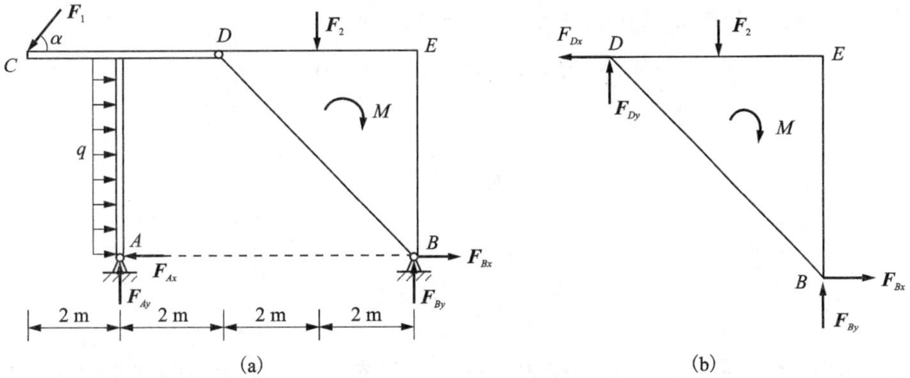

图 2-22

解： 先取整体为研究对象，受力如图 2-22(a)所示。列平衡方程

$$\sum M_A = 0,\ F_{By}\times 6 + F_1\cos\alpha\times 4 + F_1\sin\alpha\times 2 - M - F_2\times 4 - 4q\times 2 = 0 \quad (2-22)$$

$$\sum F_y = 0,\ F_{Ay} + F_{By} - F_1\sin\alpha - F_2 = 0 \quad (2-23)$$

$$\sum F_x = 0,\ F_{Bx} + 4q - F_{Ax} - F_1\cos\alpha = 0 \quad (2-24)$$

由式(2-22)、式(2-23)解得

$$F_{By} = 86.13(\text{N}),\ F_{Ay} = 120.47(\text{N})$$

再取三角块 BDE 为研究对象，受力如图 2-22(b)所示。列平衡方程

$$\sum M_D = 0,\ F_{By}\times 4 - M - F_2\times 2 + F_{Bx}\times 4 = 0$$

代入数据得

$$F_{Bx}=36.37(\mathrm{N})$$

将所得结果代入式(2-24)得

$$F_{Ax}=66.37(\mathrm{N})$$

本题是静定问题，但没有静定构件，取整体为研究对象也有四个未知量，但其中有三个未知力的作用线交于同一点。根据力矩方程的特点，可取该点位力矩中心，求出某些未知量，再取其他构件为研究对象求解，这样避免了解联立方程。

例 2-10 结构受力如图 2-23(a)所示，不计自重，求 A、B、D 处的约束力。

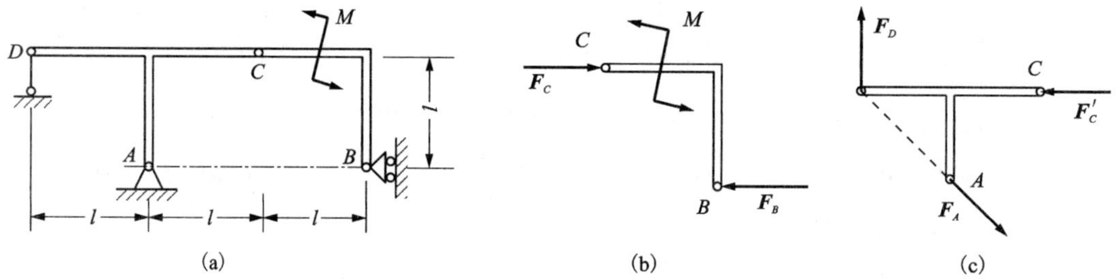

图 2-23

解：先取构件 BC 为研究对象。构件所受主动力为一力偶，故 B、C 两处铰链的约束力将构成一对力偶，其受力如图 2-23(b)所示。列平衡方程

$$\sum M=0,\ M-F_C\cdot l=0$$

解得

$$F_C=\frac{M}{l}$$

即

$$F_B=\frac{M}{l}$$

再取构件 ACD 为研究对象。其上受力为一平面汇交力系，其受力如图 2-23(c)所示。列平衡方程

$$\sum F_x=0,\ F_A\cos 45^\circ-F'_C=0$$

$$\sum F_y=0,\ -F_A\sin 45^\circ+F_D=0$$

解得

$$F_A=\sqrt{2}\frac{M}{l},\ F_D=\frac{M}{l}$$

还可用几何法画出力三角形，求构件 ACD 上的未知力 F_A、F_D。

本题中的两构件所受力系分别为平面力偶系和平面汇交力系，应注意其约束力的特点。

例 2-11 如图 2-24(a)所示，构架由垂直杆 AB、斜杆 AC、水平杆 DEH 和滑轮组成。杆 DEH 上的销子 E 可在杆 AC 的光滑槽内滑动，杆端用销钉 H 连了一滑轮。滑轮上套有绳索，

一端系在杆 AC 的 K 点，并保持水平，另一端吊起重为 $F_P=4$ kN 的重物。不计各杆的自重和各处摩擦，求杆 AB 上铰链 A、D 和 B 所受的力。

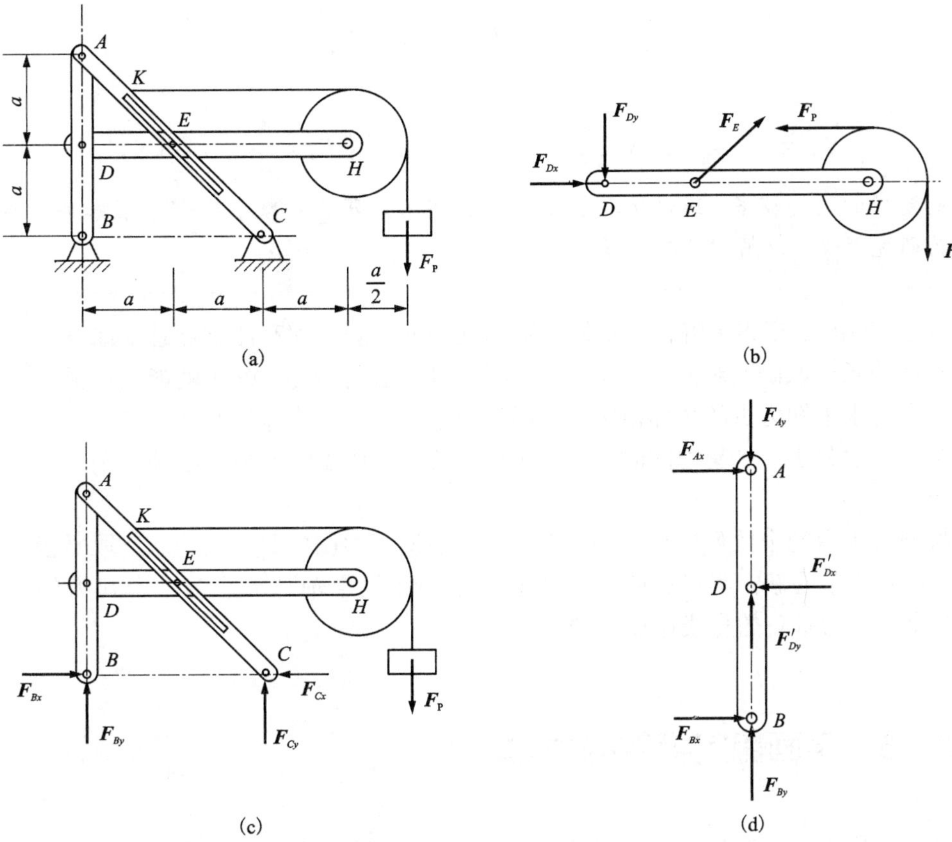

图 2-24

解：先取 DEF 为研究对象，其受力如图 2-24(b)所示。列平衡方程

$$\sum F_x=0,\ F_{Dx}+F_E\cos 45^\circ-F_P=0$$

$$\sum F_y=0,\ -F_{Dy}+F_E\sin 45^\circ-F_P=0$$

$$\sum M_D(\boldsymbol{F})=0,\ F_E\sin 45^\circ\cdot a+F_P\cdot\frac{a}{2}-F_P\cdot\frac{7a}{2}=0$$

解得

$$F_E=3\sqrt{2}F_P=12\sqrt{2}\,(\text{kN}),\ F_{Dx}=-2F_P=-8\,(\text{kN}),\ F_{Dy}=2F_P=8\,(\text{kN})$$

再取整体为研究对象，其受力如图 2-24(c)所示。列平衡方程

$$\sum M_C(\boldsymbol{F})=0,\ -F_{By}\cdot 2a-F_P\cdot\frac{3a}{2}=0$$

解得

$$F_{By}=-\frac{3}{4}F_P=-3\,(\text{kN})$$

最后取杆 ADB 为研究对象，其受力如图 2-24(d)所示。列平衡方程

$$\sum M_A(\boldsymbol{F}) = 0,\ F_{Bx} \cdot 2a - F'_{Dx} \cdot a = 0$$

$$\sum F_x = 0,\ F_{Ax} + F_{Bx} - F'_{Dx} = 0$$

$$\sum F_y = 0,\ -F_{Ay} + F_{By} + F'_{Dy} = 0$$

解得

$$F_{Bx} = -F_{\mathrm{P}} = -4(\mathrm{kN}),\ F_{Ax} = -F_{\mathrm{P}} = -4(\mathrm{kN}),\ F_{Ay} = \frac{5}{4}F_{\mathrm{P}} = 5(\mathrm{kN})$$

本例题中的构件较多，通过选取静定构件和整体为研究对象求出部分未知力，再取合适的构件为研究对象，求解过程较简单。

综合上述例题，现将求解物体系统的平衡问题的一般步骤和注意点总结如下：

①根据题意选取研究对象。这是很关键的一步，选得恰当，解题就能简捷顺利。一般可先取系统中待求未知力少的物体研究，再逐步向未知力多的物体过渡。

②进行受力分析。画受力图时，只画研究对象本身所受的外力。必须弄清每一个力的性质和来历。

③按照待求力的个数列出足够的平衡方程，根据受力图的具体特点，选取平衡方程的适当形式，使其简单易解。另外，还要灵活选取矩心和投影轴。常选多个未知力的交点作矩心；与多个未知力垂直的直线作投影轴。

§2-5 平面静定桁架的内力

桁架广泛应用于大跨度的建筑物和大尺寸的机械设备中，如房屋的屋架、高压输电线塔、飞机的主梁结构等，具有自重轻、承载能力强的特点。桁架的内力计算属于一种特殊的物系平衡问题，其研究对象的选取具有特殊的规律性。

1. 桁架内力计算模型

由许多根直杆在两端按一定的约束方式(如焊接、铆接、螺栓、铰链等)彼此连接而成的几何形状不变的结构称为**桁架**。其构成方式为三根直杆组成的三角形，如图 2-25 所示。桁架中各杆轴线的交点称为**节点**。

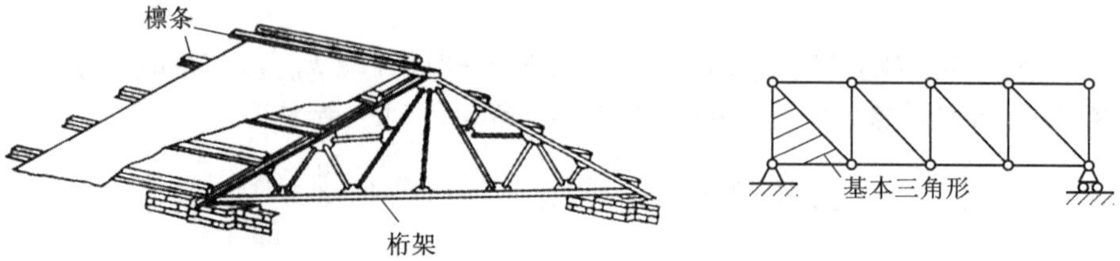

图 2-25

设计桁架结构，首先要根据作用于结构的载荷确定每一根杆件所受的力，即**内力**。能用静力学的方法求出所有杆件内力的桁架，称为**静定桁架**。

为了简化桁架的计算，工程中常采用如下基本假设：①各杆均为直杆。②杆件两端用光滑的铰链连接，铰的中心就是节点的位置。③所有载荷(包括约束力)都作用在节点上。④如果需要考虑杆件的自重，则将其平均分配到杆件两端的节点上；如果载荷不直接作用在节点上，则对承载杆作受力分析，确定杆端受力，再将其作为等效节点载荷施加于节点上。

满足以上假设条件的桁架称为**理想桁架**。显然，理想桁架的所有杆件都是只在两端受力的二力杆，即各杆只受拉力或压力。

毫无疑问，按上述理想桁架模型计算得到的桁架的内力与实际情况并不相符。但是实验结果以及进一步的研究都表明，对于一般的工程结构物，采用上述理想桁架模型计算的结果偏于保守，精度也可以满足要求。对于一些重要的桁架结构，可用来进行初步设计，然后再进一步完善。因此，理想桁架模型在工程中有很好的实用性。

计算桁架内力时，可先假设各杆内力均为拉力，即指向背离节点。计算结果为正值时表示杆件受拉，负值时则表示杆件受压。

2. 桁架的内力计算

(1)节点法

以桁架中的每个节点为研究对象，逐个考虑其受力和平衡，从而求得全部杆件内力的方法称为**节点法**。通常先求出桁架支座的约束力，从含有已知力并且不多于两个未知力的节点入手，依次选取每一个节点为研究对象，求出所有杆件的内力。节点法适用于欲求全部杆件内力的情形。

例 2-12　试求如图 2-26 所示的平面桁架各杆的内力。设尺寸 d 和载荷 $\boldsymbol{F}_{\mathrm{P}}$ 均已知。

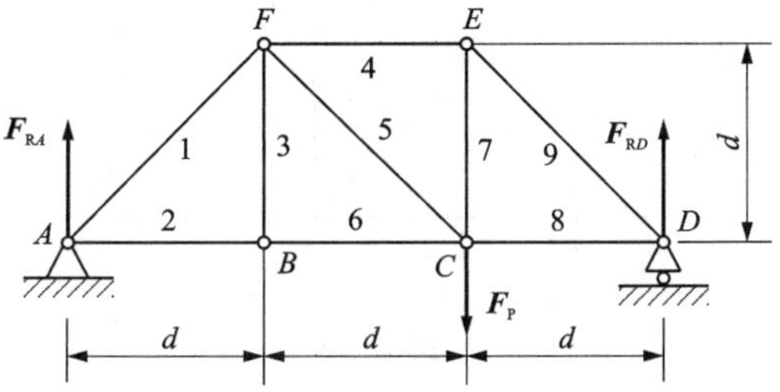

图 2-26

解：先求出桁架的支座约束力。取整体为研究对象，列平衡方程

$$\sum M_A = 0,\ F_{\mathrm{R}D} \cdot 3d - F_{\mathrm{P}} \cdot 2d = 0$$

$$\sum F_y = 0,\ F_{\mathrm{R}A} + F_{\mathrm{R}B} = 0$$

得

$$F_{RA} = \frac{1}{3}F_{\mathrm{P}},\ F_{\mathrm{R}D} = \frac{2}{3}F_{\mathrm{P}}$$

取节点 A 为研究对象，其受力如图 2-27(a)所示。有

$$\sum F_x = 0,\ F_{S2} = \frac{1}{3}F_P(\text{拉})$$

$$\sum F_y = 0,\ F_{S1} = \frac{\sqrt{2}}{3}F_P(\text{压})$$

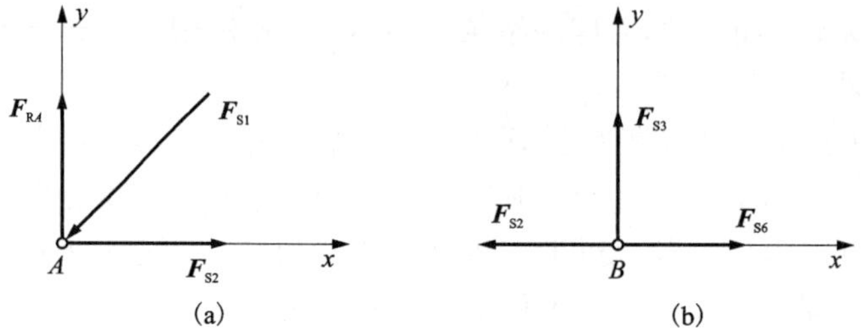

图 2-27

取节点 B 为研究对象，其受力如图 2-27(b) 所示。显然有

$$\sum F_y = 0,\ F_{S3} = 0$$

杆 3 的内力为零，工程上把内力为零的杆件称为**零杆**。

继续从左向右，或者从右向左，或者二者同时进行，分析有关节点，求出各杆内力。现将最后计算结果标注于图 2-28 中。其中，“+”表示受拉(拉杆)；“-”表示受压(压杆)；“0”表示零杆。

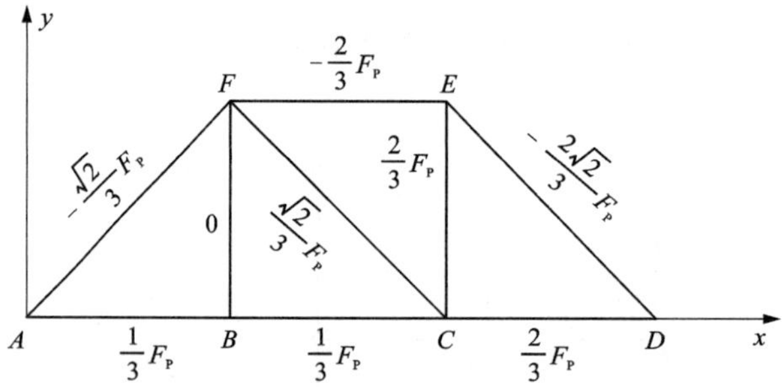

图 2-28

(2) 截面法

假想用一截面(平面或曲面均可)将桁架截断成两部分，考虑其中任一部分桁架的平衡，求出被截断杆件内力的方法，称为**截面法**。截面法适用于求解桁架中部分杆件内力的情形。

例 2-13 试用截面法求图 2-12 中杆 4、5、6 的内力。

解：首先用图 2-29 所示的假想截面将桁架截为两部分。考虑左部的受力与平衡，有

$$\sum M_F(\boldsymbol{F}) = 0,\ F_{RA} \cdot d - F_{S6} \cdot d = 0$$

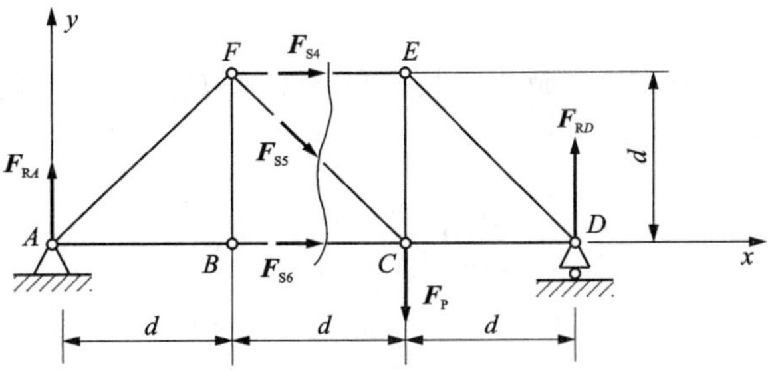

图 2-29

$$\sum M_C(\boldsymbol{F}) = 0,\ F_{RA} \times 2d + F_{S4} \cdot d = 0$$

$$\sum F_y = 0,\ F_{RA} - F_{SS} \times \frac{\sqrt{2}}{2} = 0$$

解得

$$F_{S6} = F_{RA} = \frac{1}{3}F_P(\text{拉}),\ F_{S4} = -2F_{RA} = -\frac{2}{3}F_P(\text{压}),\ F_{S5} = \frac{\sqrt{2}}{3}F_P(\text{拉})$$

由于每一个研究对象上作用的一般为任意力系，因此每次截断的内力未知的杆件数目不宜多于三个。对于一些复杂的静定桁架，需要综合运用上述两种基本方法求解。

例 2-14　悬臂桁架的几何尺寸及受力如图 2-30(a)所示，试求桁架中杆 DG、DF 及 EF 三杆的内力。

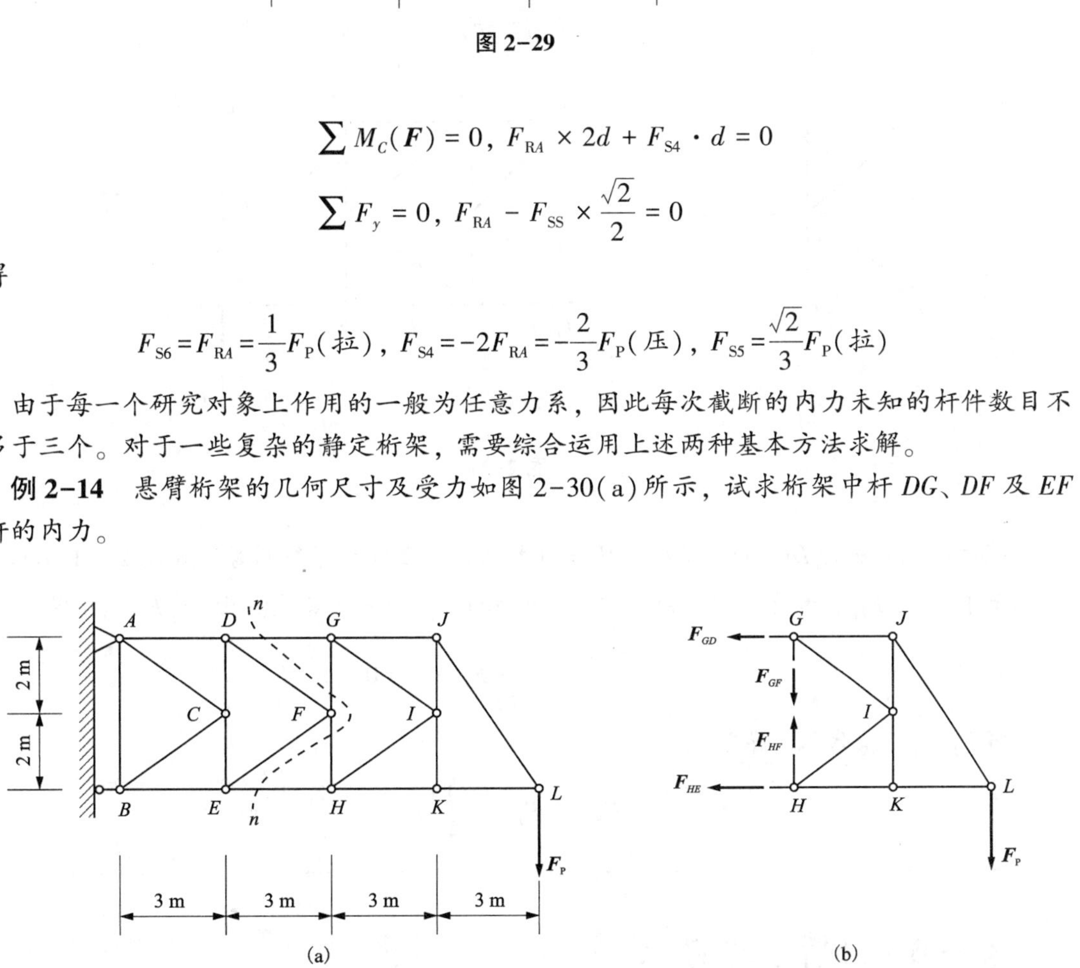

图 2-30

解： 由于本题的特殊性，可不必先求约束力，而用截面 n-n 将 DG 及 FG、FH、EH 各杆截断，取右边部分作为研究对象，如图 2-30(b)所示。虽然出现 4 个未知内力，但 F_{GF}、F_{HF}、F_{HE} 相交于 H 点。因此，以 H 点为矩心，由 $\sum M_H(\boldsymbol{F}_i) = 0$ 可得

$$4F_{GD} - 6F_P = 0$$

即

$$F_{GD} = 1.5F_P$$

为求 DF 及 EF 的内力，可用截面法将杆 DG、DF、EF、EH 截断。根据已求得的 F_{GD}，用截面法不难求解。

本题也可联合应用节点法与截面法直接求解 F_{FD} 及 F_{FE}。先取节点 F 为研究对象，如图 2-31(a)所示。由 $\sum F_{ix}=0$ 有

$$-\frac{3}{\sqrt{13}}F_{FD}-\frac{3}{\sqrt{13}}F_{FE}=0$$

解得

$$F_{FD}=-F_{FE}$$

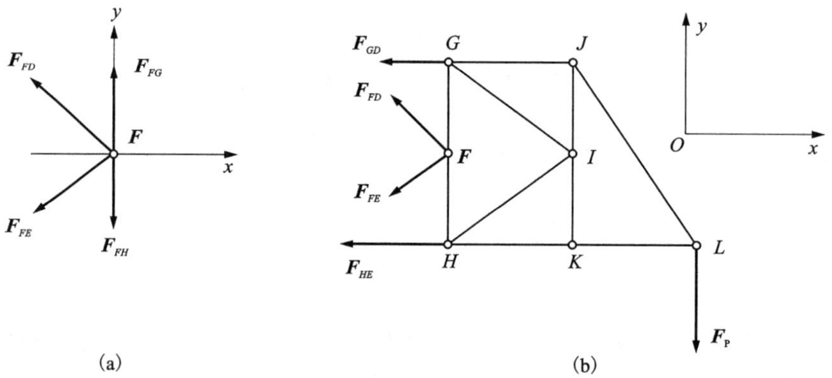

图 2-31

然后用截面法将 DG、DF、EF、EH 各杆截断，取右边为考察对象，如图 2-31(b)所示。因只要求 F_{FD}、F_{FE}，为避免 F_{GD} 和 F_{HE} 出现在方程中，取 y 轴铅直。由 $\sum F_{iy}=0$ 得

$$\frac{2}{\sqrt{13}}F_{FD}-\frac{2}{\sqrt{13}}F_{FE}-F_{\mathrm{p}}=0$$

将 $F_{FD}=-F_{FE}$ 代入，解得

$$F_{FD}=-F_{FE}=\frac{\sqrt{13}}{4}F_{\mathrm{p}}$$

§2-6 分析与讨论

1. 零杆的判断

根据桁架结构的特点，考察节点平衡，零杆可以直接判断出来。

①两杆节点无载荷、且两杆不在一条直线上时，该两杆是零杆。

②三杆节点无载荷、其中两杆在一条直线上，另一杆必为零杆。

③两杆节点受外载荷，且外载荷沿其中一根杆作用，则另一根杆为零杆。

④四杆节点无载荷、其中两两在一条直线上，同一直线上两杆内力等值、同性。

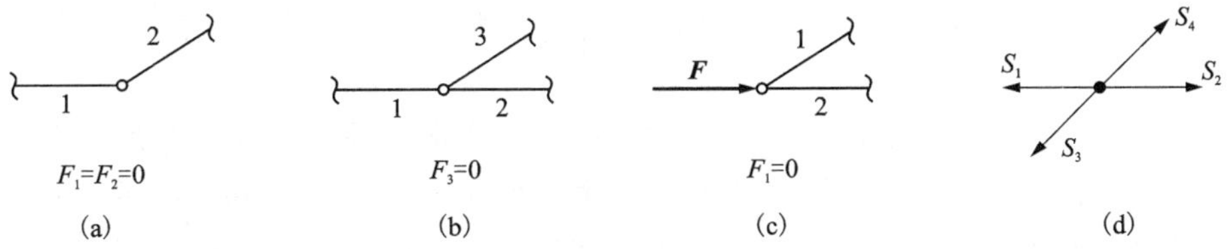

图 2-32

零杆虽然是桁架在某种载荷情况下内力等于零的杆件，但它是保证桁架的几何形状不变的必不可少的存在，因此不能因为它在这种受力状况下的内力等于零而去掉这些杆件。计算其他杆件内力时，可不考虑零杆，以简化计算。

用零杆判别法确定图 2-33 所示桁架中的零杆。

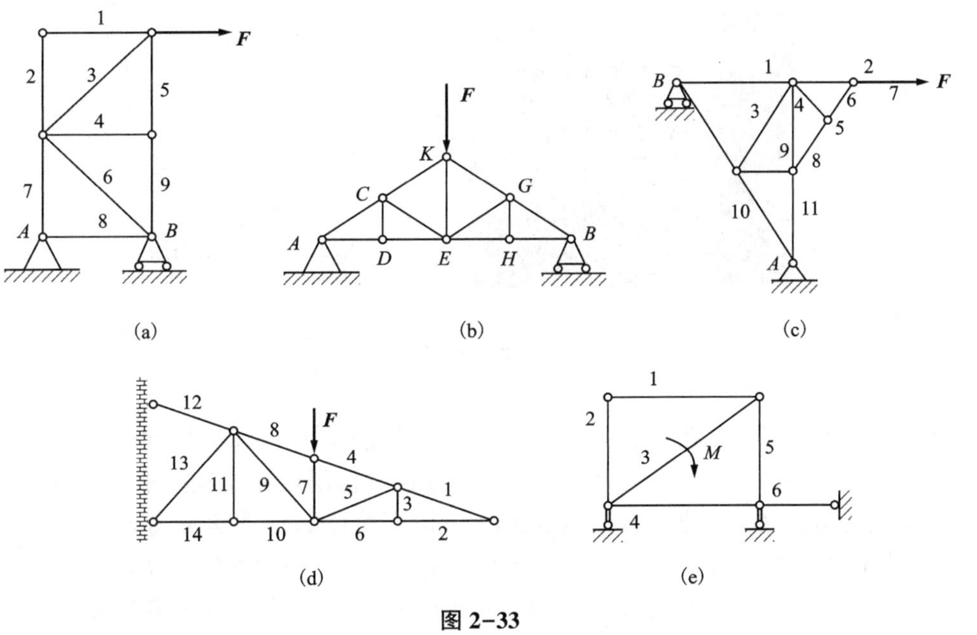

图 2-33

根据图 2-32 零杆的三种形式，可知：

①图 2-33(a)中，1、2、4 杆为零杆；

②图 2-33(b)中，*CD*、*CE*、*HG*、*GE*、*EK* 杆为零杆；

③图 2-33(c)中，4、5、6、7、8、9、11 杆为零杆；

④图 2-33(d)中，1、2、4、5、6、8、11 杆为零杆；

⑤图 2-33(e)中，1、2、4、6 杆为零杆。

2. 关于静定结构与静不定结构

实际中的工程结构物一般都是很复杂的，在对其进行受力计算时都要做必要的简化。即考虑主要因素，忽略次要因素，但求得的结果与构件实际的受力是有差别的。一般来说，模型越简单，差别越大。

在力学计算中，我们把构件与构件相连接的地方称为约束。约束的类型要依照实际情况客观地确定。

如图 2-34(a)所示，钢结构厂房的立柱上连了一根水平横梁，横梁与立柱用四颗螺丝紧紧地连在一起，毫无疑问应该是固定端约束；由于横梁悬挑出去很长，还承受较大的荷载，故还用一根斜杆将横梁拉住，斜杆两端用铰链连接，不计自重，斜杆为二力杆。这样，在求横梁的受力时，这个问题为一个一次静不定问题[图 2-34(b)]。用材料力学、结构力学介绍的方法可以很容易地求得各构件的受力，所得结果有足够的精确度。

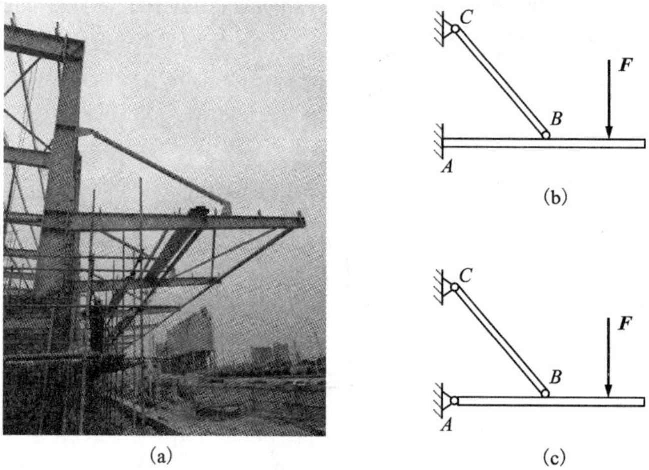

图 2-34

如果考虑到水平横梁很细长，横梁与立柱间的固定端约束力偶对斜杆受力的贡献有限，则可以忽略固定端约束力偶，把横梁与立柱间的连接看作固定铰支座[图 2-34(c)]。这样，在求横梁的受力时，这个问题成了静定问题，可以用简单的静力学平衡方程求得结果。当然，求得结果的准确度远远不如上述一次静不定模型求得结果的准确度高。

可见，计算工程结构物的受力时，考虑的问题越全面，计算模型就越复杂，要求的力学理论、专业知识就越深广，计算也会更复杂。如果只考虑主要因素，计算模型可能就很简单，理论知识的要求也不高，计算也简便，但是所得结果的可信度就会大打折扣。

习　题

2-1　分别计算图题 2-1 中分布载荷对 A 点的力矩。

2-2　如图题 2-2 所示，曲杆上作用两个力偶，试求其合力偶；若令此合力偶的两力分别作用在 A、B 两点，则这两力的方向应该怎样才能使力为最小?

2-3　三力作用在正方形上，各力的大小和方向及位置如图题 2-3 所示，试求合力的大小、方向及作用点位置。分别以 O 点和 B 点为简化中心，讨论选不同的简化中心对简化结果的影响。

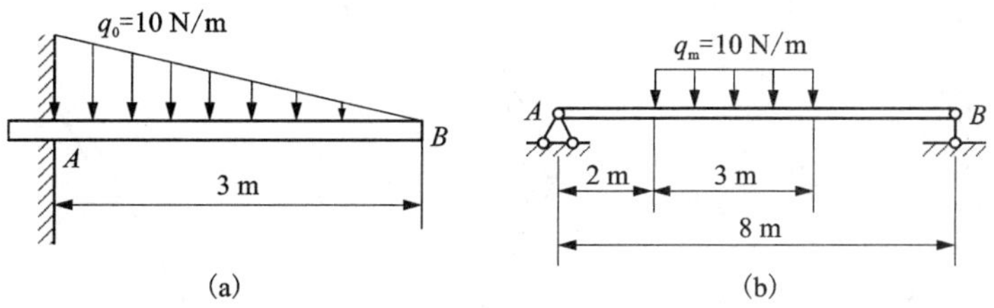

图题 2-1

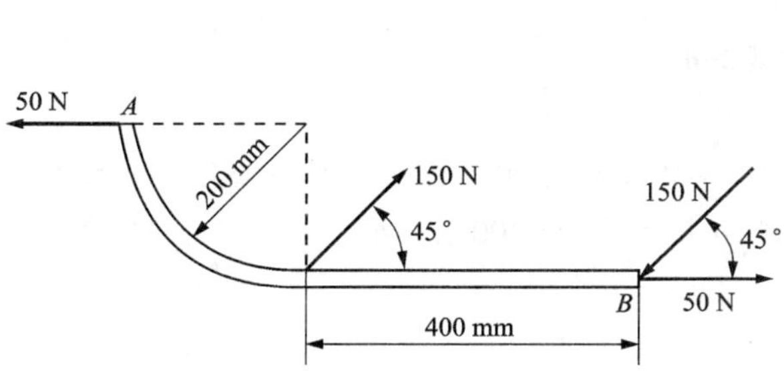

图题 2-2

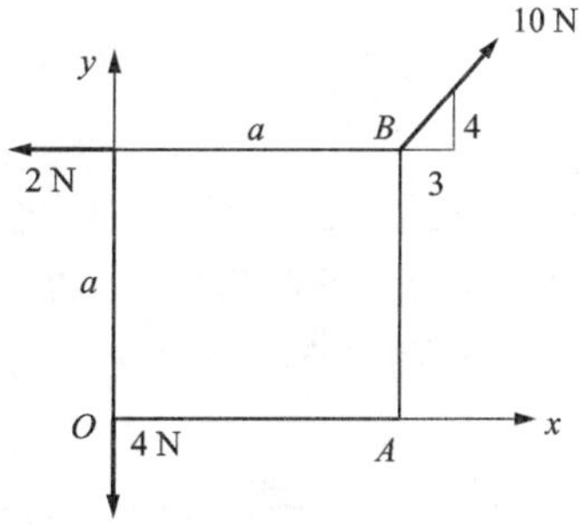

图题 2-3

2-4　如图题 2-4 所示，等边三角形 ABC，边长为 a。在其三顶点沿三边作用三个力，且 $F_1=F_2=F_3=F$，试求此力系的简化结果。

2-5　重力坝受力情形如图题 2-5 所示。设 $P_1=450$ kN，$P_2=200$ kN，$F_1=300$ kN，$F_2=70$ kN。求力系的合力 $\boldsymbol{F}_R$ 的大小和方向余弦、合力与基线 OA 的交点到点 O 的距离 x，以及合力作用线方程。

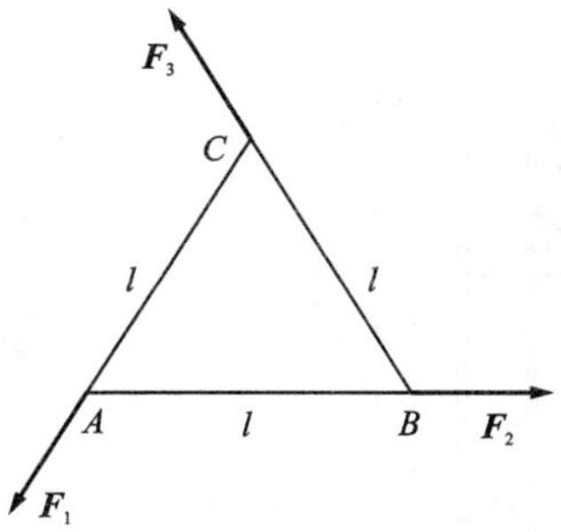

图题 2-4

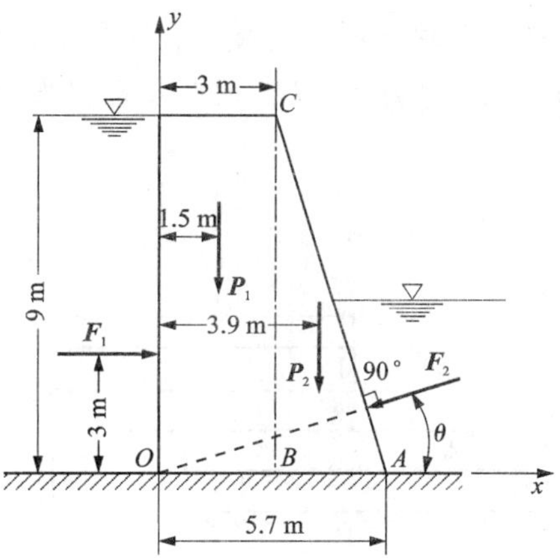

图题 2-5

2-6　如图题 2-6 所示三种结构，构件自重不计，忽略摩擦，$\alpha=60°$，$AC=BC=DC$。B 处作用有相同的水平力 $\boldsymbol{F}$，求铰链 A 处的约束反力。

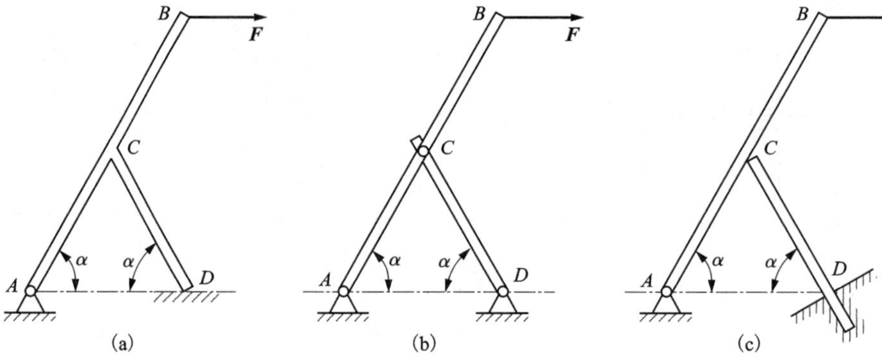

图题 2-6

2-7 如图题 2-7 所示，输电线 ACB 架在两电线杆之间，形成一下垂曲线，下垂距离 $CD=f=1$ m，两电线杆间距离 $AB=40$ m。电线 ACB 段重 $P=400$ N，可近似认为沿 AB 线均匀分布。求电线的中点和两端的拉力。

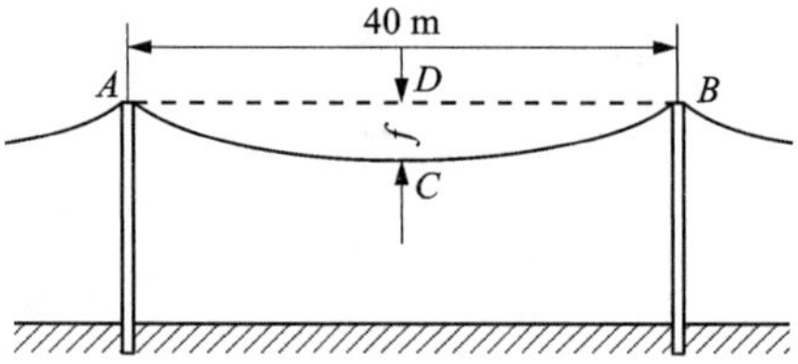

图题 2-7

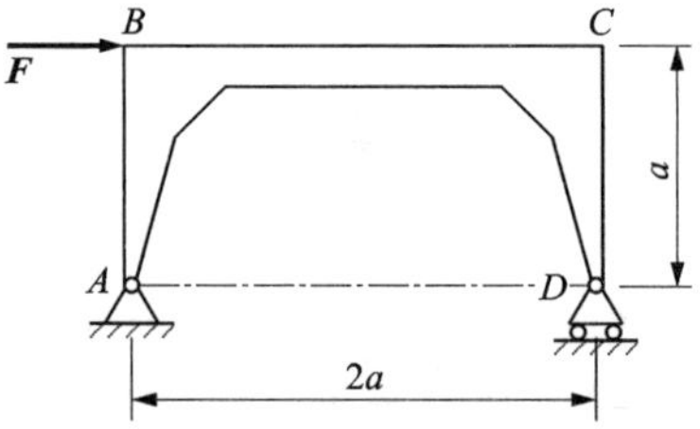

图题 2-8

2-8 在图题 2-8 所示钢架 B 点作用一水平力 F，钢架重量忽略不计，求支座 A、D 处的约束力。

2-9 四块相同的均质板，各重大小 P，长 $2b$，叠放如图题 2-9 所示。在板 I 右端点 A 挂重物 B，其重大小为 $2P$。欲使各板都平衡，求每块板可伸出的最大距离。

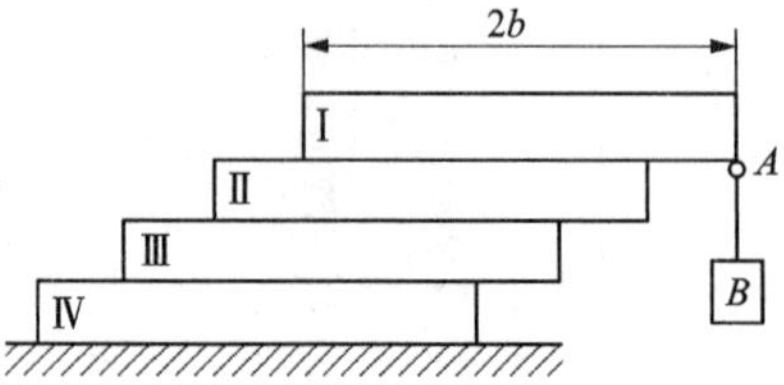

图题 2-9

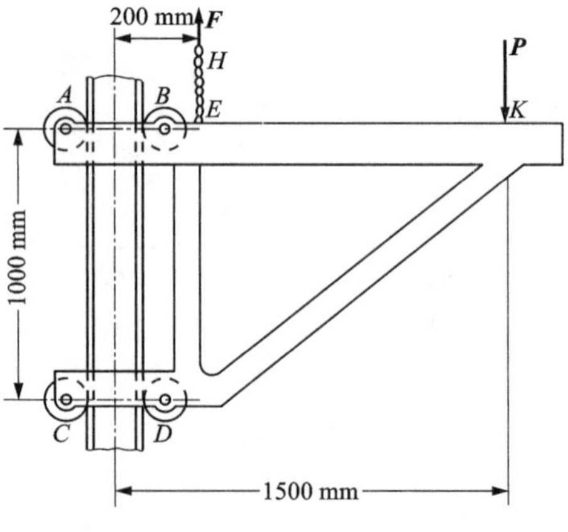

图题 2-10

2-10　图题 2-10 所示为自动焊机起落架，EH 为提升起落架的钢索。在提升起落架时，导轮 A、D 沿固定立柱滚动。如已知作用在起落架上的总重量 $P=9\ \mathrm{kN}$，尺寸如图所示，不计摩擦，求平衡时钢索的拉力和导轮 A、D 的约束力。

2-11　如图题 2-11 所示，杆 AB 上装有两个滑轮，挂有重物，放在铅垂平面间。设杆长为 l，重物重大小为 P，杆及滑轮自重不计，假设接触处光滑，求 A、B 两点的反力。

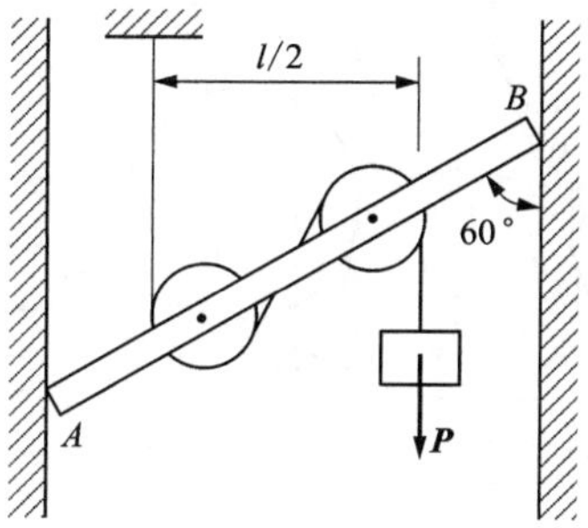

图题 2-11

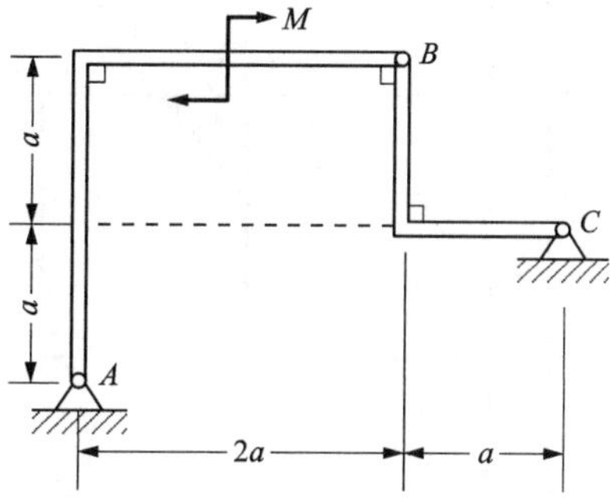

图题 2-12

2-12　在图题 2-12 所示结构中，各构件的自重不计。在构件 AB 上作用一矩为 M 的力偶，求支座 A 和 C 的约束力。

2-13　结构受力如图题 2-13 所示，求结构 A、B、C 处的约束力。

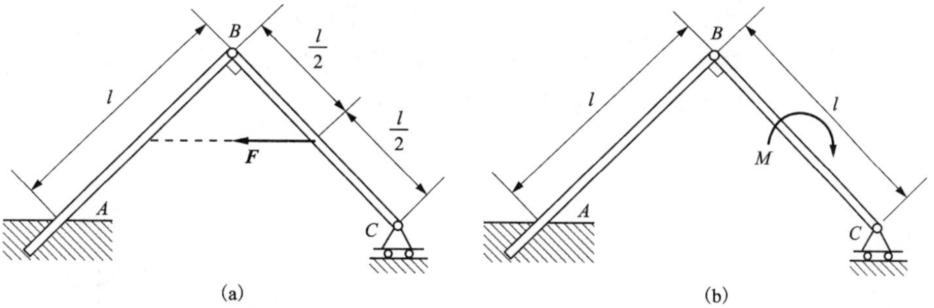

(a)　　(b)

图题 2-13

2-14　三铰拱受力如图题 2-14 所示，已知 $AD=DC=CE=EB=a$，求刚架 A、B、C 处的约束力。

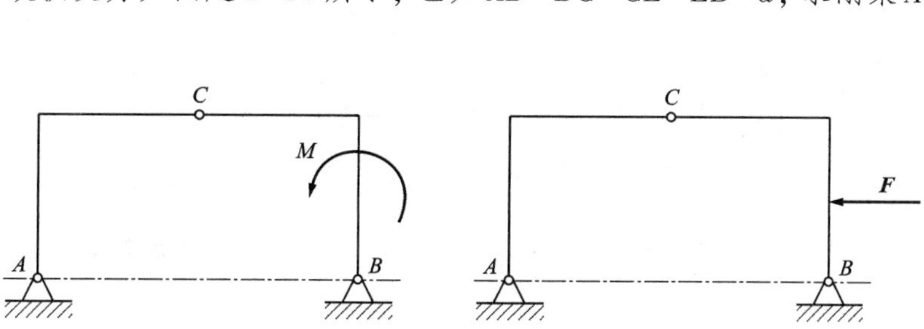

(a)　　(b)

图题 2-14

2-15　如图题 2-15 所示，起重机的铅直支柱 AB 由止推轴承 B 和径向轴承 A 支持。起重机上有载荷大小为 P_1 和 P_2 作用，它们与支柱的距离分别为 a 和 b。如 A、B 两点间的距离为 c，求轴承 A 和 B 的约束力。

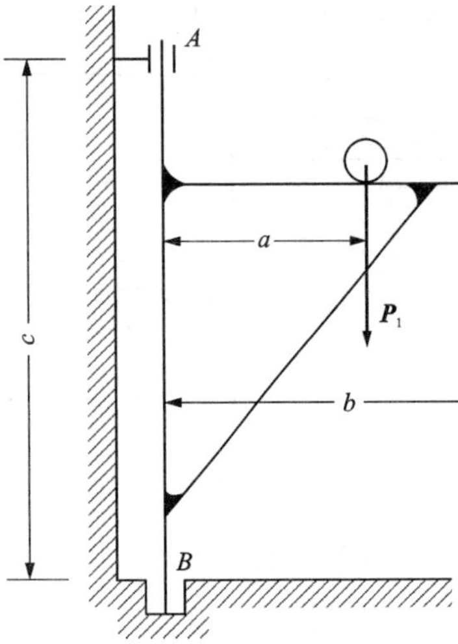

图题 2-15

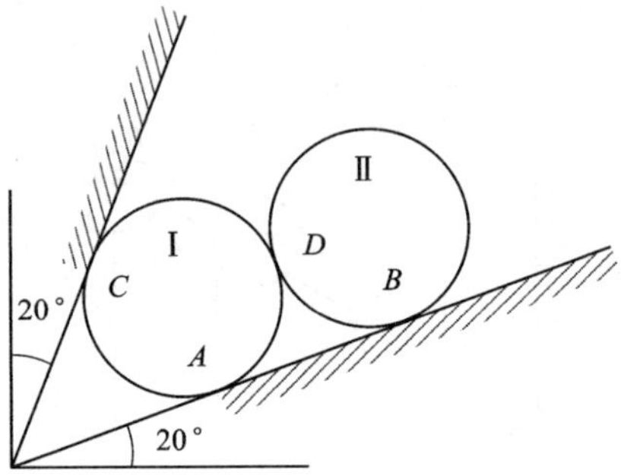

图题 2-16

2-16　如图题 2-16 所示，大小相等重量为 19.6 N 的两个光滑小球Ⅰ和Ⅱ，在两光滑平面间处于平衡，求两球受到的约束反力和两球之间的相互作用的力。

2-17　如图题 2-17 所示液压机构中，D 为固定铰链，B、C、E 为活动铰链。已知力 $\boldsymbol{F}$，机构平衡时角度如图所示，求此时工件 H 所受的压紧力。

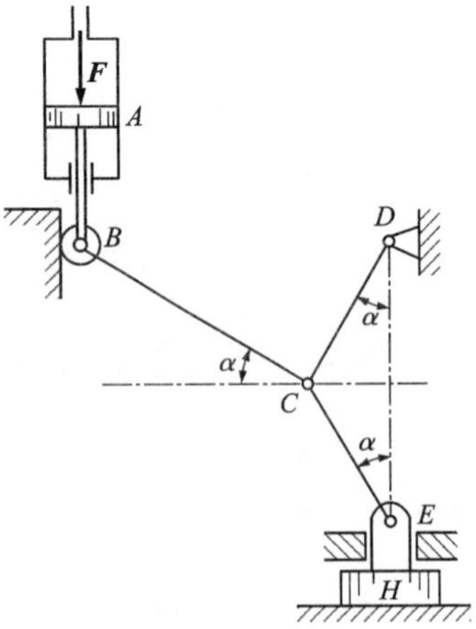

图题 2-17

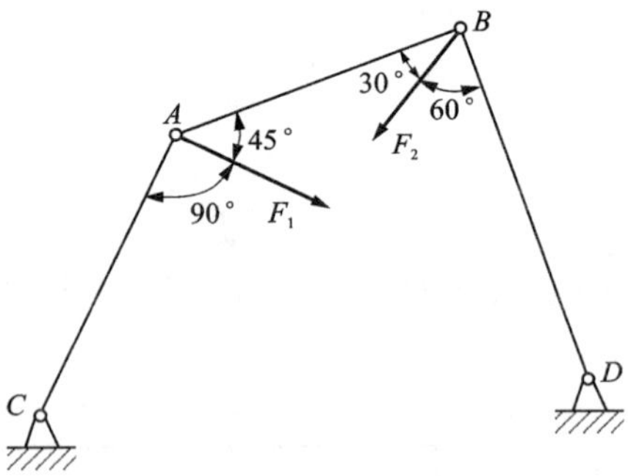

图题 2-18

2-18　铰链四杆机构 $CABD$ 的 C、D 处固定，在铰链 A、B 处有力 $\boldsymbol{F}_1$、$\boldsymbol{F}_2$ 作用，如图题 2-18 所示。该机构在图示位置平衡，杆重略去不计，求力 $\boldsymbol{F}_1$ 与 $\boldsymbol{F}_2$ 的关系。

2-19　在图题 2-19 所示机构中，曲柄 *OA* 上作用一力偶，其矩为 *M*；滑块 *D* 上作用水平力 ***F***。机构尺寸如图所示，不计杆重，求当机构平衡时，力 *F* 与力偶矩 *M* 的关系。

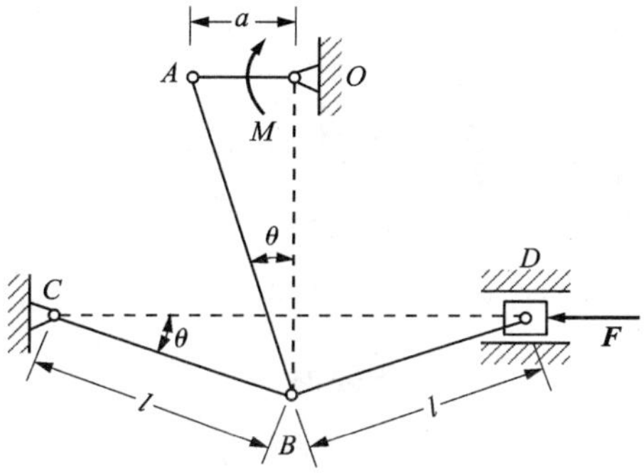

图题 2-19

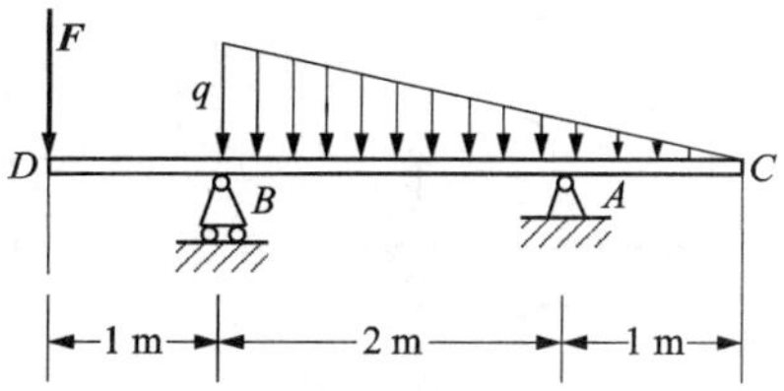

图题 2-20

2-20　无重水平梁 *DBAC* 的支承和载荷如图题 2-20 所示。$F=2$ kN，三角形分布载荷的最大值 $q=1$ kN/m。试求支座约束力。

2-21　图题 2-21 所示为悬臂梁 *AB*，在自由端装有滑轮以匀速吊起重物 *D*，重物重量大小为 *W*，*AB* 长为 *b*，斜绳与铅直线夹角为 θ。若不计梁、滑轮及绳的自重，试求固定端的约束力。

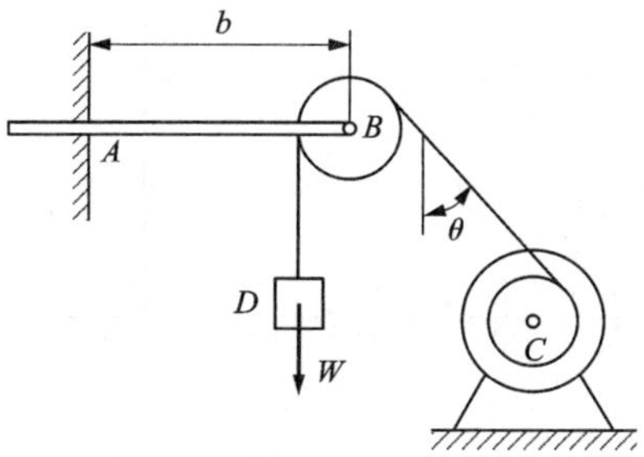

图题 2-21

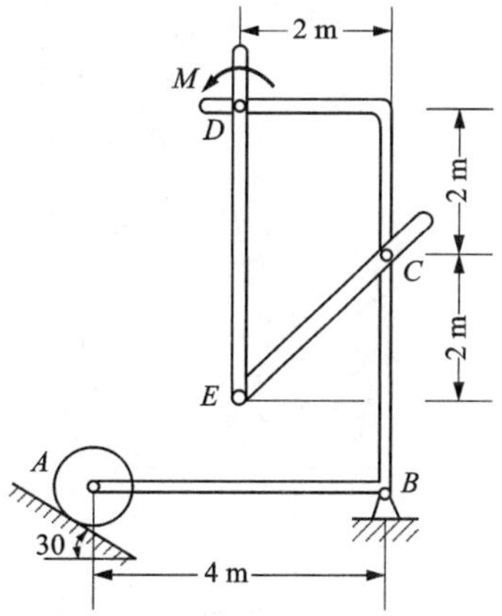

图题 2-22

2-22　直角弯杆 *ABCD* 与直杆 *DE* 及 *EC* 铰接如图题 2-22 所示。作用在 *DE* 杆上力偶的力偶矩 $M=40$ kN · m。不计杆重和摩擦，尺寸如图，求支座 *A*、*B* 处的约束力及 *EC* 杆的受力。

2-23　如图题 2-23 所示，行动式起重机不计平衡锤的重量为 $P=500$ kN，其重心在离右轨 1.5 m 处。起重机的起重量 $P_1=250$ kN，突臂伸出离右轨 10 m。跑车本身重量略去不计，欲使跑车满载或空载时起重机均不致翻倒，求平衡锤 P_2 的最小重量以及平衡锤到右轨的最大距离 *x*。

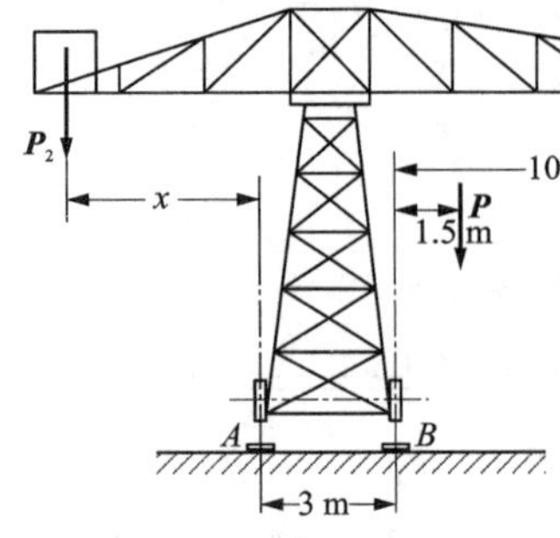

图题 2–23

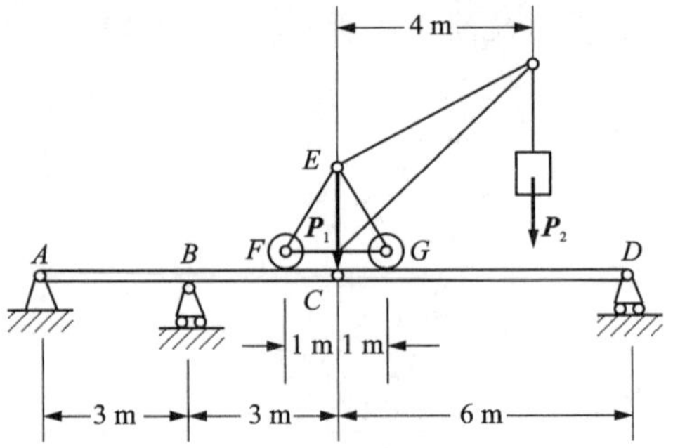

图题 2–24

2–24　如图题 2–24 所示，组合梁由 AC 和 DC 两段铰接构成，起重机放在梁上。已知起重机重 $P_1=50$ kN，重心在铅直线 EC 上，起重载荷 $P_2=10$ kN。如不计梁重，求支座 A、B 和 D 处的约束力。

2–25　飞机起落架的尺寸如图题 2–25 所示。A、B、C 均为铰链，杆 OA 垂直于 A、B 连线。当飞机等速直线滑行时，地面作用于轮上的铅直正压力 $F_N=30$ kN，水平摩擦力和各杆自重都比较小，可略去不计。求 A、B 两处的约束力。

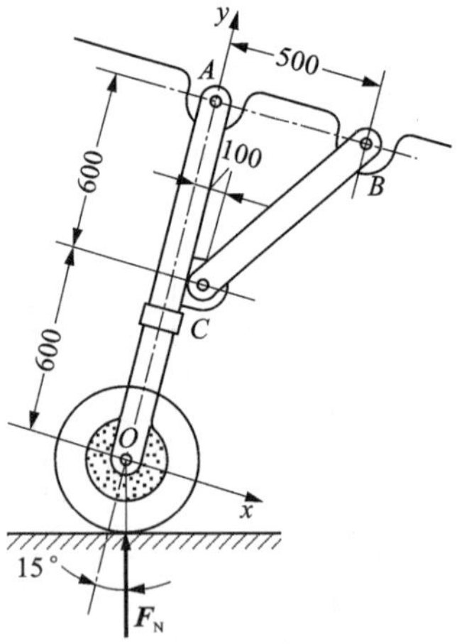

图题 2–25

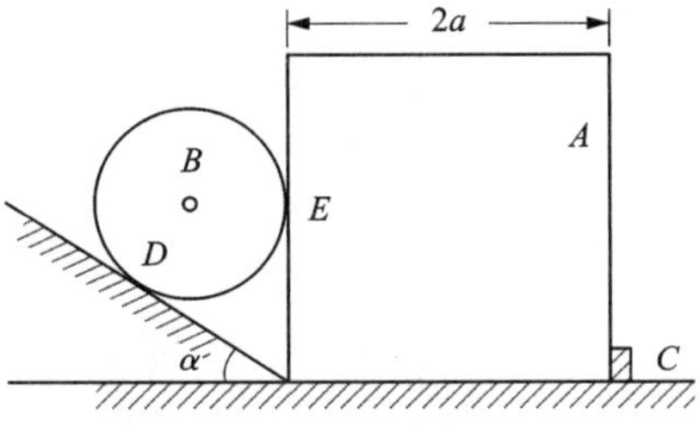

图题 2–26

2–26　如图题 2–26 所示，重 Q 边长为 $2a$ 的匀质立方体 A 靠着挡板 C 静止在光滑的水平面上，半径为 R 重为 P 的圆柱体 B 放在与水平面成 α 倾角的光滑的斜面上，且与立方体相接触。设图示平面即为圆柱体和立方体的对称面，挡板 C 的尺寸不计。试求圆柱体不致绕 C 翻倒时立方体 A 应该有的重量。

2–27　图题 2–27 为一滑道连杆机构，在滑道连杆上作用水平力 $\boldsymbol{F}$。已知 $OA=r$，滑道倾角为 β，机构重量和各处摩擦均不计。试求当机构平衡时，作用在曲柄 OA 上的力偶的矩 M 与角 θ 之间的关系。

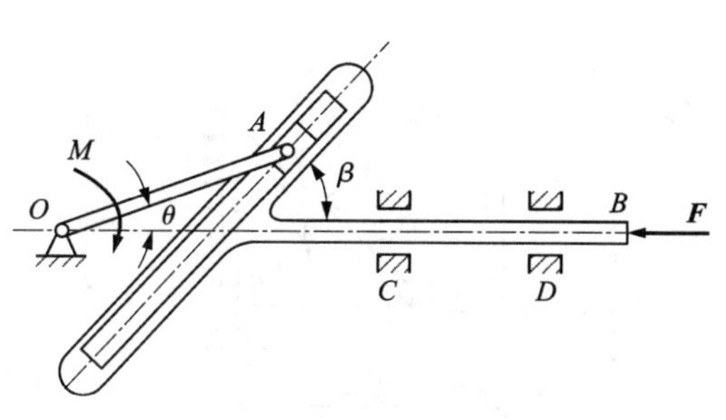

图题 2-27

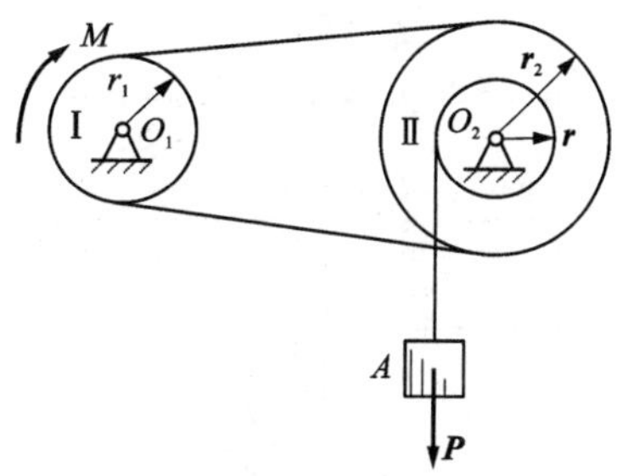

图题 2-28

2-28　图题 2-28 所示为传动机构。已知皮带轮 Ⅰ，Ⅱ 的半径为 r_1、r_2，鼓轮半径为 r。物体 A 重为 P，两轮的重心均位于转轴上。求匀速提升 A 物时在 Ⅰ 轮上所需施加的力偶的矩 M。

2-29　在图题 2-29(a)～图题 2-29(e) 所示的各连续梁中，已知 q、M、a 及 α，不计梁重，求各连续梁在 A、B、C 三处的约束力。

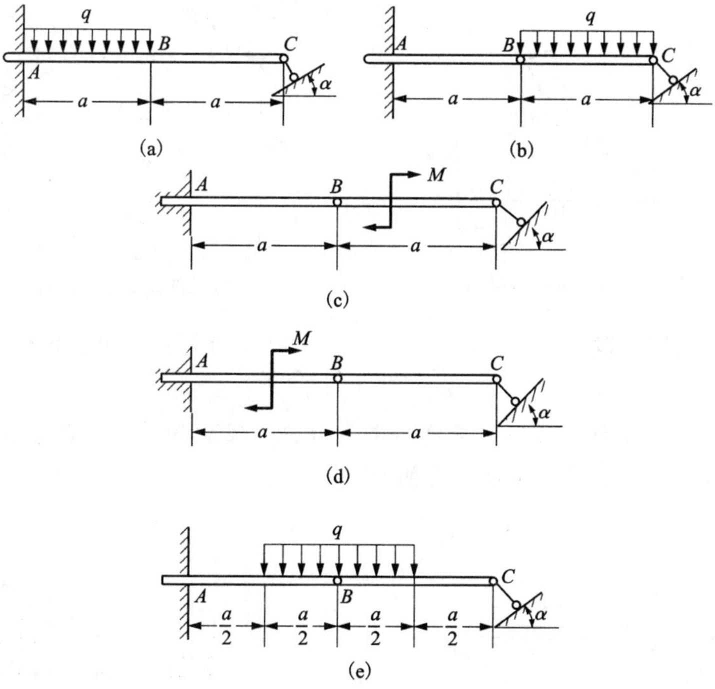

图题 2-29

2-30　图题 2-30 所示构架中，物体 P 重 1200 N，由细绳跨过滑轮 E 而水平系于墙上，尺寸如图。不计杆和滑轮的重量，求支承 A 和 B 处的约束力，以及杆 BC 的内力 F_{BC}。

2-31　结构如图题 2-31 所示。作用在结构上的力 $P=10$ kN，力偶矩 $M=12$ kN · m，分布载荷的最大值 $q=0.4$ kN/m。求支座 A、B 的约束反力和 C 点的受力。

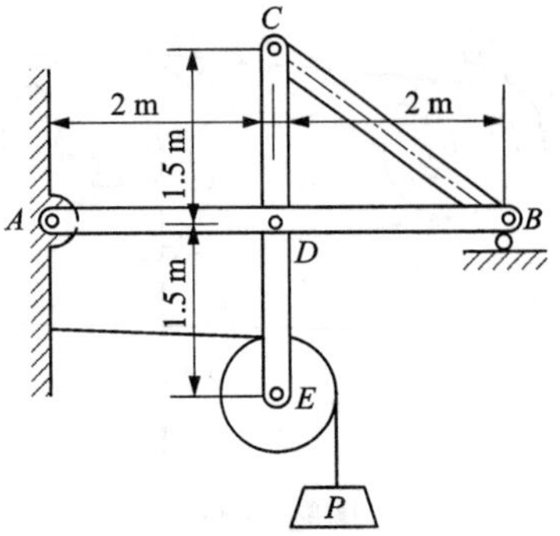

图题 2-30

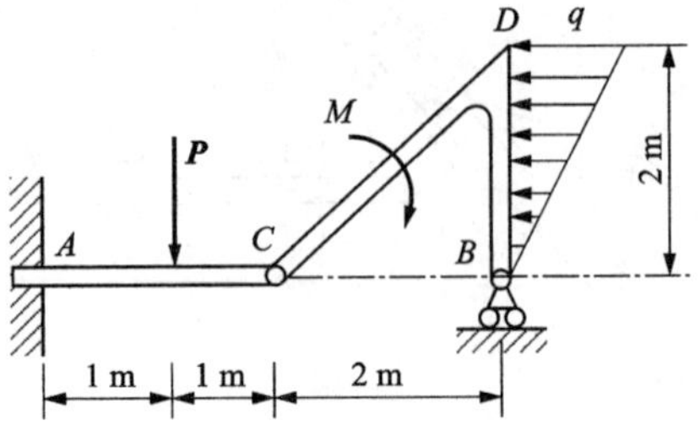

图题 2-31

2-32　图题 2-32 所示构件由直角弯杆 *EBD* 及直杆 *AB* 组成。不计各杆的自重，已知 $q=10$ kN/m，$F=50$ kN，$M=6$ kN · m，各尺寸如图。求固定端 *A* 处及支座 *C* 的约束力。

2-33　三铰拱架尺寸及所受载荷如图题 2-33 所示。已知 $F_1=100$ N，$F_2=120$ N，$M=250$ N · m，$q=20$ N/m，$\alpha=60°$，求铰链支座 *A* 和 *B* 处的约束力。

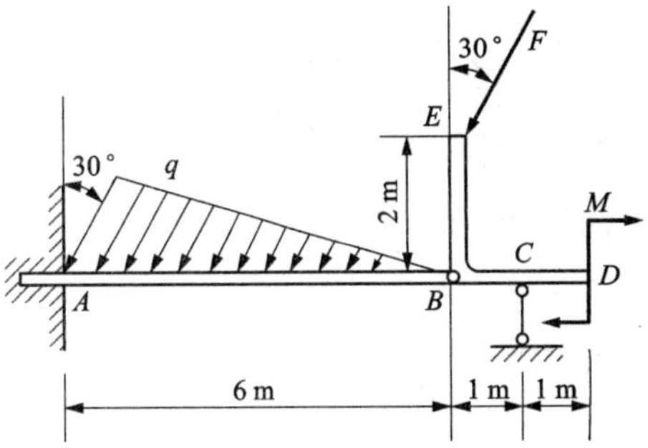

图题 2-32

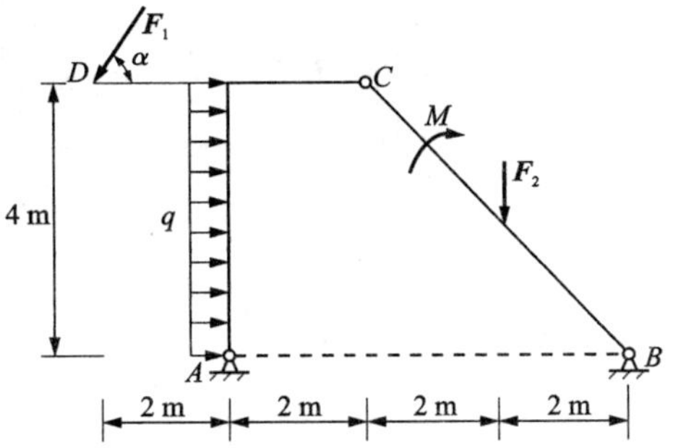

图题 2-33

2-34　如图题 2-34 所示系统中滑轮的重量为 P_1，绳索悬挂的物体重量为 P_2，杆重和滑块重量不计，摩擦不计。试求杆 *CD* 所受的力。

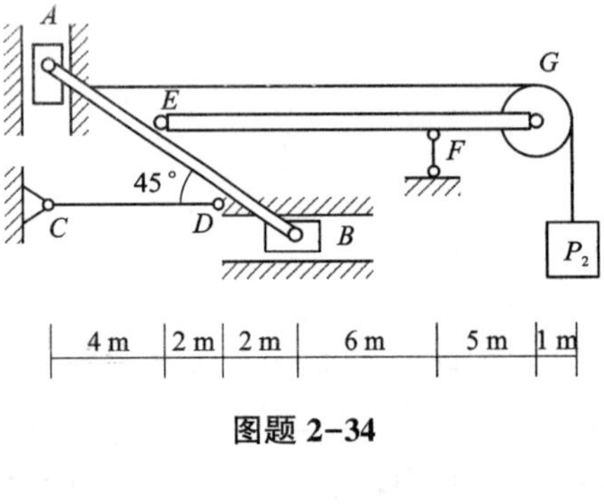

图题 2-34

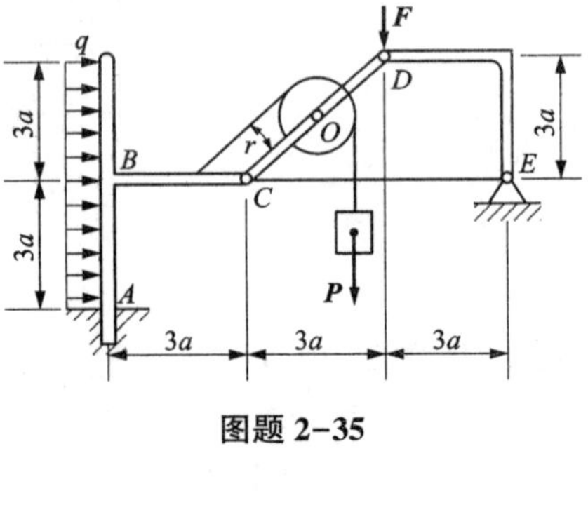

图题 2-35

2-35　由直角曲杆 ABC、DE，直杆 CD 及滑轮组成的结构如图题2-35所示。AB 杆上作用有水平均布载荷 q。不计各构件的自重，在 D 处作用一铅垂力 $\boldsymbol{F}$，在滑轮上悬吊一重为 P 的重物。滑轮的半径 $r=a$，且 $P=2F$，$CO=OD$。求支座 E 及固定端 A 的约束力。

2-36　图题2-36所示为三层铰结构。不计各构件自重，$F_1=F_2=F$，试求铰支座 A、B 处约束力。

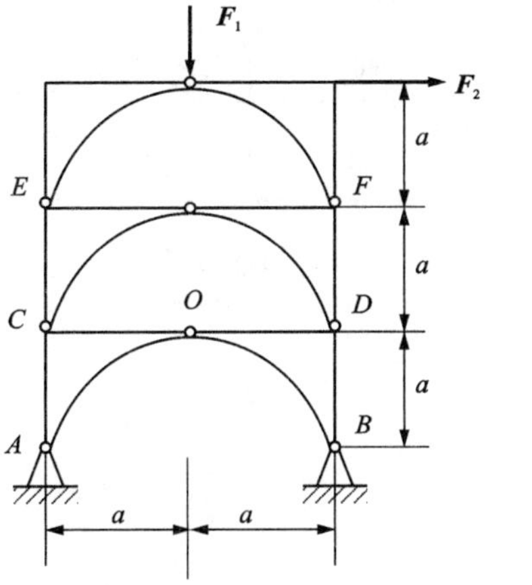

图题 2-36

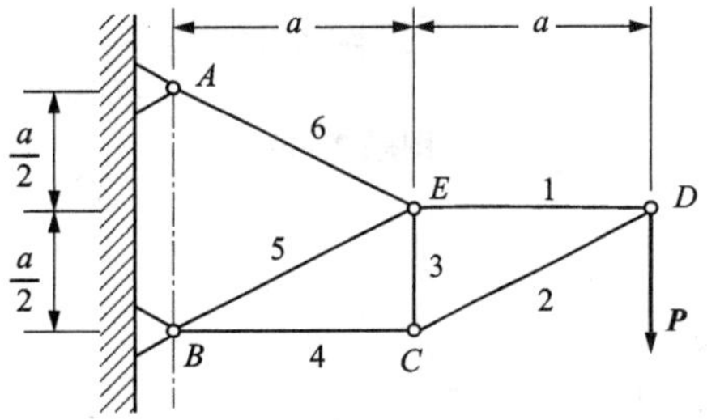

图题 2-37

2-37　平面桁架结构如图题2-37所示。节点 D 上作用一载荷 P，求各杆内力。

2-38　试用节点法求图题2-38所示桁架中各杆的内力。P 为已知，除2、8两杆外，其余各杆长度均相等。

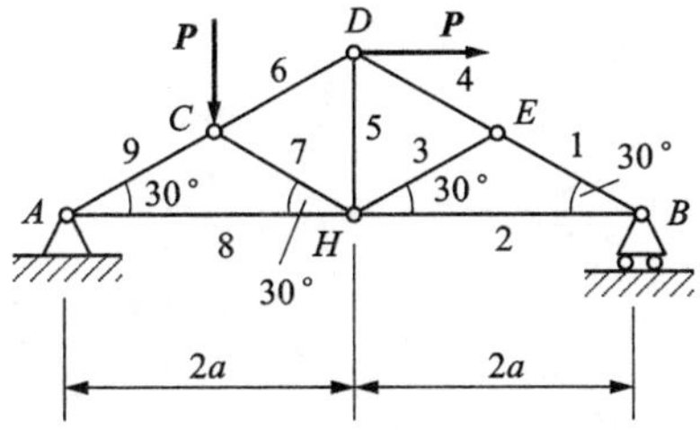

图题 2-38

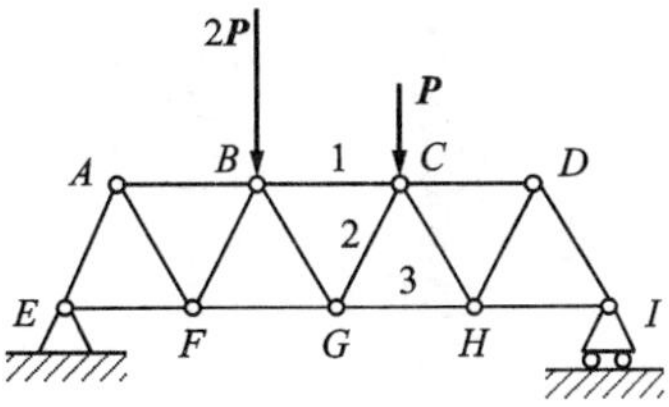

图题 2-39

2-39　如图题2-39所示，P 为已知，各杆长度相等，试用截面法求1、2、3各杆的内力。

2-40　试求图题2-40所示桁架各杆的内力(长度单位为米)。

2-41　复合桁架如图题2-41所示，其载荷为 P，求 AB 杆的内力。

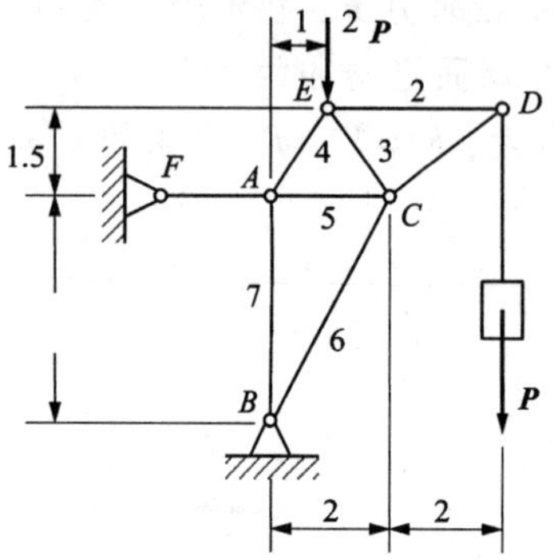

图题 2-40

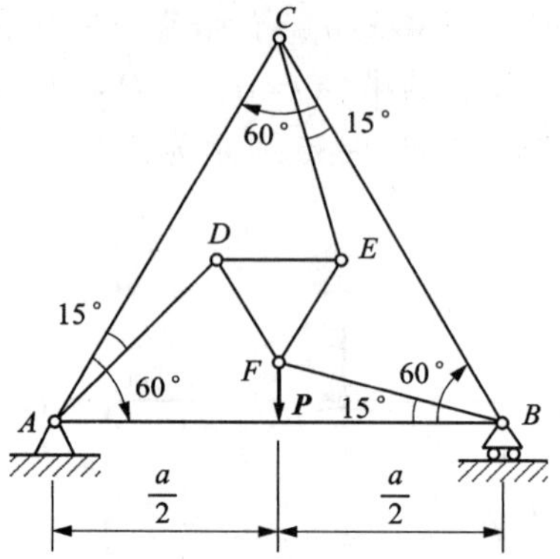

图题 2-41

第3章

空间力系

如果物体所受的力之作用线不处于同一平面内，则称该力系为**空间力系**。本章研究空间力对点之矩的计算、力偶的性质，根据空间力系的简化与平衡，得到一般情况下力系的平衡条件、平衡方程，介绍工程应用。

§3-1　空间力对点之矩和力偶

1. 力矩

(1)力对点之矩的解析表达式

空间力对点之矩是矢量，叫**力矩矢**，用 $\boldsymbol{M}_O(\boldsymbol{F})$ 表示。

$$\boldsymbol{M}_O(\boldsymbol{F})=\boldsymbol{r}\times\boldsymbol{F} \tag{3-1}$$

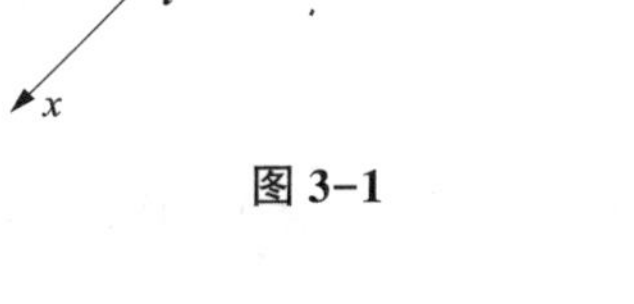

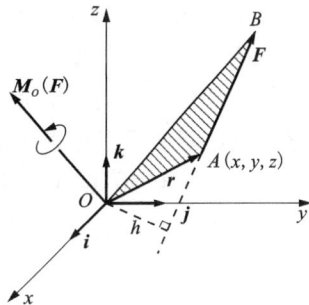

图 3-1

在矩心 O 点作空间直角坐标系 $Oxyz$，如图 3-1 所示。坐标轴 x、y、z 方向的单位矢量分别为 $\boldsymbol{i}$、$\boldsymbol{j}$、$\boldsymbol{k}$。根据力作用点 A 的坐标为 $A(x, y, z)$，力在三个坐标轴上的投影分别为 F_x、F_y、F_z，则矢径 $\boldsymbol{r}$ 和力 $\boldsymbol{F}$ 可分别解析表达为

$$\boldsymbol{r}=x\boldsymbol{i}+y\boldsymbol{j}+z\boldsymbol{k}$$

$$\boldsymbol{F}=F_x\boldsymbol{i}+F_y\boldsymbol{j}+F_z\boldsymbol{k}$$

代入式(3-1)，得

$$\boldsymbol{M}_O(\boldsymbol{F})=\boldsymbol{r}\times\boldsymbol{F}=\begin{vmatrix}\boldsymbol{i} & \boldsymbol{j} & \boldsymbol{k}\\ x & y & z\\ F_x & F_y & F_z\end{vmatrix}=(yF_z-zF_y)\boldsymbol{i}+(zF_x-xF_z)\boldsymbol{j}+(xF_y-yF_x)\boldsymbol{k} \tag{3-2}$$

式(3-2)为力矩矢 $\boldsymbol{M}_O(\boldsymbol{F})$ 的解析表达式，$\boldsymbol{i}$、$\boldsymbol{j}$、$\boldsymbol{k}$ 前面的三个系数分别为 $\boldsymbol{M}_O(\boldsymbol{F})$ 在三个坐标轴上的投影。

(2)空间力对轴之矩

工程中，经常遇到刚体绕定轴转动的情形。为了度量力使刚体绕定轴转动的作用效果，

必须引入力对轴之矩的概念。

如图 3-2(a)所示，力 $\boldsymbol{F}$ 使门绕固定轴 z 转动。现将力 $\boldsymbol{F}$ 分解为平行于 z 轴分力 $\boldsymbol{F}_z$ 和垂直于 z 轴的分力 $\boldsymbol{F}_{xy}$(此力即为力 $\boldsymbol{F}$ 在垂直于 z 轴的平面 Oxy 上的投影)。由经验可知，分力 $\boldsymbol{F}_z$ 不能使门绕 z 轴转动，故力 $\boldsymbol{F}_z$ 对 z 轴的力矩为零；只有分力 $\boldsymbol{F}_{xy}$ 才能使门绕 z 轴转动。现用 $M_z(\boldsymbol{F})$ 表示力 $\boldsymbol{F}$ 对 z 轴的矩，点 O 为平面 Oxy 与 z 轴的交点，h 为点 O 到力 $\boldsymbol{F}_{xy}$ 作用线的距离。因此，力 $\boldsymbol{F}$ 对 z 轴的力矩就是分力 $\boldsymbol{F}_{xy}$ 对点 O 的力矩，即

$$M_z(\boldsymbol{F}) = M_O(\boldsymbol{F}_{xy}) = \pm F_{xy}h \tag{3-3}$$

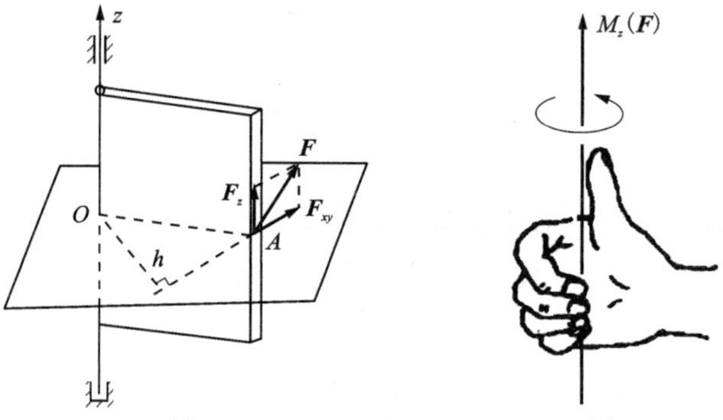

图 3-2

因此，**力对轴之矩**是力使刚体绕该轴转动效应的度量，是一个代数量。其绝对值等于该力在垂直于该轴平面上的投影对于这个平面与该轴的交点之矩的大小，按右手螺旋法则来确定其正负号，如图 3-2(b)所示。拇指指向与 z 轴正向一致为正，反之为负。

从上述定义可知，当力 $\boldsymbol{F}$ 与轴相交(此时 $h=0$)或与轴平行(此时 $F_{xy}=0$)时，力对轴之矩为零。即当力与轴在同一平面时，力对该轴的矩等于零。

力对轴之矩也可以用解析表达式表示。如图 3-3 所示，力 F 在三个坐标轴上的投影分别为 F_x、F_y、F_z，力作用点 A 的坐标为 $A(x, y, z)$。根据力对轴之矩的定义，可得

$$M_z(\boldsymbol{F}) = M_O(\boldsymbol{F}_{xy}) = M_O(\boldsymbol{F}_x) + M_O(\boldsymbol{F}_y)$$

即

$$M_z(\boldsymbol{F}) = xF_y - yF_x$$

同理可得 $M_y(\boldsymbol{F})$、$M_x(\boldsymbol{F})$ 的表达式。三式合写为

$$\begin{cases} M_x(\boldsymbol{F}) = yF_z - zF_y \\ M_y(\boldsymbol{F}) = zF_x - xF_z \\ M_z(\boldsymbol{F}) = xF_y - yF_x \end{cases} \tag{3-4}$$

以上三式是计算**力对轴之矩的解析式**。

(3) 力对点之矩与力对通过该点的轴之矩的关系

对比式(3-2)和式(3-4)可看出，力对点的矩矢 $\boldsymbol{M}_O(\boldsymbol{F})$ 在三个坐标轴上的投影与力对相应坐标轴之矩相等。即

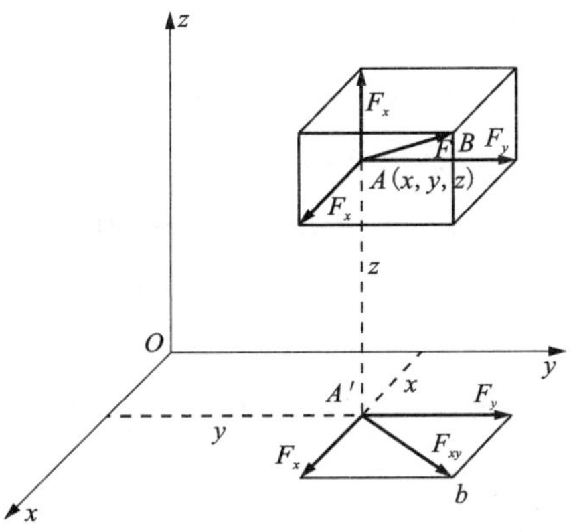

图 3-3

$$\begin{cases}[\boldsymbol{M}_O(\boldsymbol{F})]_x=\boldsymbol{M}_x(\boldsymbol{F})\\ [\boldsymbol{M}_O(\boldsymbol{F})]_y=\boldsymbol{M}_y(\boldsymbol{F})\\ [\boldsymbol{M}_O(\boldsymbol{F})]_z=\boldsymbol{M}_z(\boldsymbol{F})\end{cases} \tag{3-5}$$

力对点的矩矢在通过该点的某轴上的投影，等于力对该轴之矩，称为**力矩关系定理**。

式(3-5)建立了力对点之矩与力对轴之矩之间的关系。如果力对通过点 O 的直角坐标轴 x、y、z 的矩是已知的，则可求得该力对点 O 之矩的大小和方向余弦为

$$\begin{cases}|\boldsymbol{M}_O(\boldsymbol{F})|=\sqrt{[M_x(\boldsymbol{F})]^2+[M_y(\boldsymbol{F})]^2+[M_z(\boldsymbol{F})]^2}\\ \cos\alpha=\dfrac{M_x(\boldsymbol{F})}{|\boldsymbol{M}_O(\boldsymbol{F})|},\ \cos\beta=\dfrac{M_y(\boldsymbol{F})}{|\boldsymbol{M}_O(\boldsymbol{F})|},\ \cos\gamma=\dfrac{M_z(\boldsymbol{F})}{|\boldsymbol{M}_O(\boldsymbol{F})|}\end{cases} \tag{3-6}$$

式中，α、β、γ 分别为力矩矢 $\boldsymbol{M}_O(\boldsymbol{F})$ 与 x、y、z 轴间的夹角。

反之，若要求力对某轴之矩，而力臂不是很明了，则可先计算力对该轴上一点之矩，再把这力矩矢投影到该轴上去。

例 3-1　构件结构、尺寸如图 3-4(a)所示。在 C 点作用主动力 $P=2$ kN，方向如图，且已知 C 点在 Oxy 平面内，求力 $\boldsymbol{P}$ 对点 O 的矩。

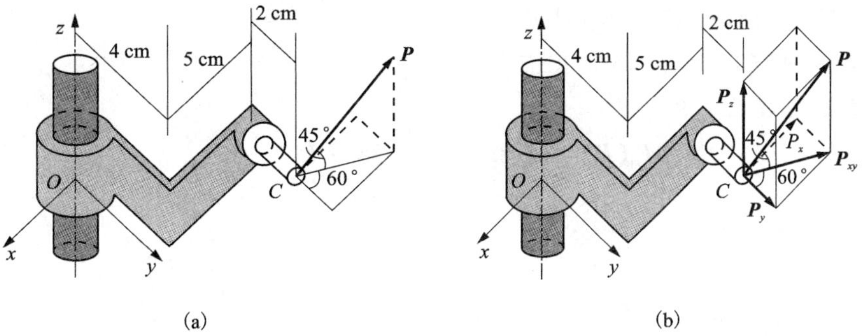

图 3-4

解：方法一，直接利用力对点的矩的定义求解。

将力向坐标轴方向分解[图 3-4(b)]，则

$$P_z=P\cdot\sin 45°=\sqrt{2}\,(\text{kN})$$
$$P_{xy}=P\cdot\cos 45°$$
$$P_x=-P\cos 45°\cdot\sin 60°$$
$$P_y=P\cdot\cos 45°\cdot\cos 60°$$

力的作用点坐标

$$x=-5(\text{cm}),\ y=6(\text{cm}),\ z=0$$

所以

$$\boldsymbol{M}_O(\boldsymbol{F})=\boldsymbol{r}\times\boldsymbol{P}=\begin{vmatrix}\boldsymbol{i} & \boldsymbol{j} & \boldsymbol{k}\\ x & y & z\\ P_x & P_y & P_z\end{vmatrix}=(yP_z-zP_y)\boldsymbol{i}+(zP_x-xP_z)\boldsymbol{j}+(xP_y-yP_x)\boldsymbol{k}$$
$$=6\cdot P\sin 45°\cdot\boldsymbol{i}+5\cdot P\sin 45°\cdot\boldsymbol{j}+(-5P\cos 45°\cdot\cos 60°+6P\cos 45°\cdot\sin 60°)\boldsymbol{k}$$
$$=6\sqrt{2}\,\boldsymbol{i}+5\sqrt{2}\,\boldsymbol{j}+\left(-\frac{5\sqrt{2}}{2}+3\sqrt{6}\right)\boldsymbol{k}$$
$$=84.8\boldsymbol{i}+70.7\boldsymbol{j}+38.2\boldsymbol{k}(\text{N}\cdot\text{m})$$

(2)方法二，利用力矩关系定理求解。

将力向坐标轴方向分解[图 3-4(b)]，则

$$P_z=P\cdot\sin 45°$$
$$P_{xy}=P\cdot\cos 45°$$
$$P_x=-P\cdot\cos 45°\cdot\sin 60°$$
$$P_y=P\cdot\cos 45°\cdot\cos 60°$$

力 $\boldsymbol{P}$ 对三个坐标轴的矩分别为

$$M_z(\boldsymbol{P})=M_z(\boldsymbol{P}_x)+M_y(\boldsymbol{P}_y)+M_z(\boldsymbol{P}_z)=6\times P_x+(-5\times P_y)+0$$
$$=6P\cos 45°\sin 60°-5P\cos 45°\cos 60°=38.2(\text{N}\cdot\text{m})$$
$$M_x(\boldsymbol{P})=M_x(\boldsymbol{P}_x)+M_y(\boldsymbol{P}_y)+M_z(\boldsymbol{P}_z)=0+0+6\boldsymbol{P}_z$$
$$=6\boldsymbol{P}\sin 45°=84.8(\text{N}\cdot\text{m})$$
$$M_y(\boldsymbol{P})=M_y(\boldsymbol{P}_x)+\boldsymbol{M}_y(\boldsymbol{P}_y)+M_y(\boldsymbol{P}_z)$$
$$=0+0+5P_z=5P\sin 45°=70.7(\text{N}\cdot\text{m})$$

根据力矩关系定理，有

$$\boldsymbol{M}_O(\boldsymbol{P})=84.8\boldsymbol{i}+70.7\boldsymbol{j}+38.2\,\boldsymbol{k}(\text{N}\cdot\text{m})$$

---

2. 力偶

(1)力偶、力偶矩矢

空间问题中，由力 $\boldsymbol{F}$、$\boldsymbol{F}'$构成的力偶记为($\boldsymbol{F}$、$\boldsymbol{F}'$)，如图 3-5(a)所示。按右手法则，用**力偶矩矢**来度量力偶对刚体的转动效应，用 $\boldsymbol{M}$ 表示。

如用矢积表达，则

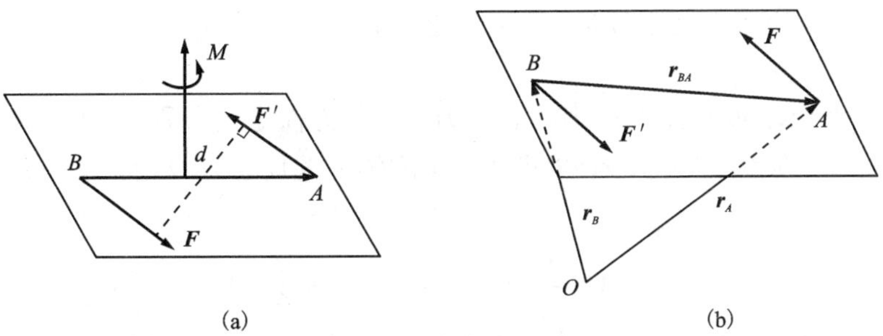

图 3-5

$$\begin{cases} \boldsymbol{M}=\boldsymbol{r}_{AB}\times\boldsymbol{F} \\ \boldsymbol{M}=\boldsymbol{r}_{BA}\times\boldsymbol{F}' \end{cases} \tag{3-7}$$

$\boldsymbol{M}$ 的大小为 $M=Fd$，其方位沿力偶作用面的法线，指向按右手螺旋法则确定，如图 3-5(a)所示。

(2)力偶的性质

性质 1　力偶中的两力对任意点的力矩之和等于力偶矩矢。

如图 3-5(b)所示，$\boldsymbol{r}_A$、$\boldsymbol{r}_B$ 分别为任一点 O 到 $\boldsymbol{F}$ 和 $\boldsymbol{F}'$作用点 A、B 的矢径，则这两个力对 O 点之矩的矢量和为

$$\begin{aligned} \boldsymbol{M}_O(\boldsymbol{F})+\boldsymbol{M}_O(\boldsymbol{F}') &= \boldsymbol{r}_A\times\boldsymbol{F}+\boldsymbol{r}_B\times\boldsymbol{F}' \\ &= \boldsymbol{r}_A\times\boldsymbol{F}+\boldsymbol{r}_B\times(-\boldsymbol{F}) \\ &= (\boldsymbol{r}_A-\boldsymbol{r}_B)\boldsymbol{F} \\ &= \boldsymbol{r}_{BA}\times\boldsymbol{F} \\ &= \boldsymbol{M} \end{aligned}$$

由此可见，力偶对空间任一点的矩矢都等于力偶矩矢，与矩心位置无关。

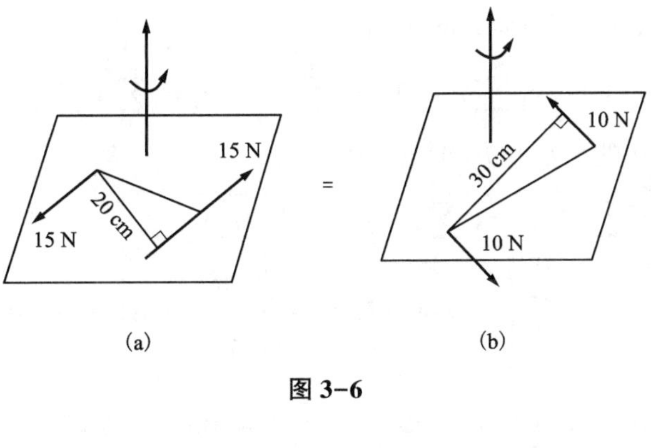

图 3-6

性质 2　只要保持力偶矩的大小和转向不变，力偶可以在其作用面内改变力的作用点、方向，并调节力和力偶臂的大小。如图 3-6(a)、图 3-6(b)所示的两个力偶是等效的。

性质 3　只要力偶矩的大小和转向不变，力偶可从一个平面移至刚体内另一个平行的平面内。

如我们用螺丝刀拧螺钉时，只要力偶矩的大小和转向保持不变，长螺丝刀和短螺丝刀的效果是一样的。即力偶的作用面可以垂直于螺丝刀的轴线平行移动，而并不影响拧螺钉的效果。

性质 2 和性质 3 说明力偶矩矢是一**自由矢量**，且具有等效性。

(3)空间力偶系

如图 3-7(a)所示，设刚体上作用有 n 个力偶，其力偶矩矢分别为 $\boldsymbol{M}_1$，$\boldsymbol{M}_2$，…，$\boldsymbol{M}_n$。由于力偶矩矢为一自由矢量，将这 n 个力偶都移至刚体上的任意点 O，如图 3-7(b)所示。再按矢量求和法则，可得

$$\boldsymbol{M} = \boldsymbol{M}_1 + \boldsymbol{M}_2 + \cdots + \boldsymbol{M}_n = \sum_{i=1}^{n} \boldsymbol{M}_i \tag{3-8}$$

其中，$\boldsymbol{M}$ 即为力偶系合成的结果，称为**合力偶矩矢**。上式表明：力偶系合成的结果是一个合力偶，其力偶矩矢等于各分力偶矩矢的矢量和，这就是**合力偶矩定理**。

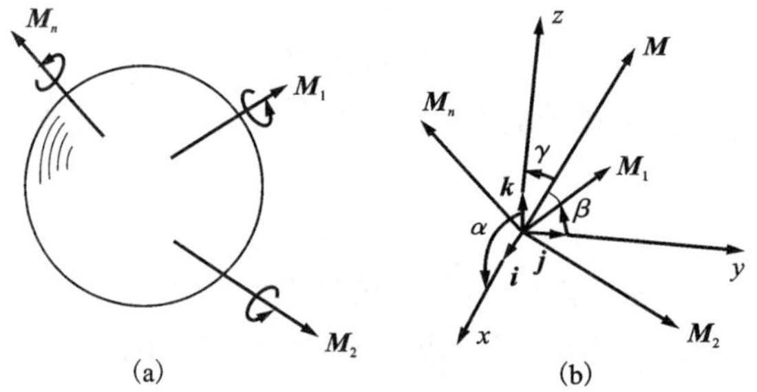

图 3-7

合力偶矩矢可按类似力多边形的矢量求和方法得到，也可用解析法求得。

设合力偶矩矢 $\boldsymbol{M}$ 在 x、y、z 轴上的投影分别用 M_x、M_y、M_z 表示，则 $\boldsymbol{M}$ 的解析表达为

$$\boldsymbol{M} = M_x\boldsymbol{i} + M_y\boldsymbol{j} + M_z\boldsymbol{k}$$

当然，任意一个分力偶也可解析表达为

$$\boldsymbol{M}_i = M_{ix}\boldsymbol{i} + M_{iy}\boldsymbol{j} + M_{iz}\boldsymbol{k}$$

将各个解析式都代入式(3-8)，得

$$M_x = \sum_{i=1}^{n} M_{ix},\ M_y = \sum_{i=1}^{n} M_{iy},\ M_z = \sum_{i=1}^{n} M_{iz} \tag{3-9}$$

于是合力偶矩矢 $\boldsymbol{M}$ 的大小和方向余弦为

$$\begin{cases} M = \sqrt{(\sum M_{ix})^2 + (\sum M_{iy})^2 + (\sum M_{iz})^2} \\ \cos(\boldsymbol{M},\ \boldsymbol{i}) = \dfrac{\sum M_{ix}}{M},\ \cos(\boldsymbol{M},\ \boldsymbol{j}) = \dfrac{\sum M_{iy}}{M},\ \cos(M,\ k) = \dfrac{\sum M_{iz}}{M} \end{cases} \tag{3-10}$$

例 3-2 三力偶如图 3-8 所示。已知 $F_1 = F_1' = 100$ N，力偶臂 $d_1 = 200$ mm，$F_2 = F_2' = 120$ N，力偶臂 $d_2 = 300$ mm，$F_3 = F_3' = 80$ N，力偶臂 $d_3 = 180$ mm。求其合力偶矩。

解：三个分力偶的力偶矩大小分别为：

$$M_1 = 100 \times 0.2 = 20(\text{N} \cdot \text{m})$$

$$M_2 = 120 \times 0.3 = 36(\text{N} \cdot \text{m})$$

$$M_3 = 80 \times 0.18 = 14.4(\text{N} \cdot \text{m})$$

根据式(3-9)得

$$M_x = M_3 \sin 30° = 7.2(\mathrm{N \cdot m})$$

$$M_y = M_1 = 20(\mathrm{N \cdot m})$$

$$M_z = M_2 + M_3 \cos 30° = 48.5(\mathrm{N \cdot m})$$

再根据式(3-10)合力偶矩矢得出大小和方向余弦分别为

$$M = \sqrt{M_x^2 + M_y^2 + M_z^2} = \sqrt{7.2^2 + 20^2 + 48.5^2} = 52.95(\mathrm{N \cdot m})$$

$$\cos(\boldsymbol{M}, \boldsymbol{i}) = \frac{\sum M_{ix}}{M} = \frac{7.2}{52.95} = 0.1360$$

$$\cos(\boldsymbol{M}, \boldsymbol{j}) = \frac{\sum M_{iy}}{M} = \frac{20}{52.95} = 0.3777$$

$$\cos(\boldsymbol{M}, \boldsymbol{k}) = \frac{\sum M_{iz}}{M} = \frac{48.5}{52.95} = 0.9160$$

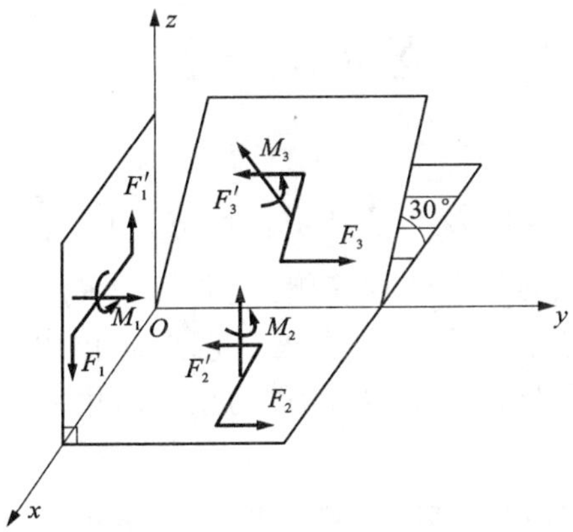

图 3-8

§3-2　空间任意力系的简化

工程中最常见、最复杂的力系是**空间任意力系**，力系中各力的作用线既不全在同一平面内，又不全相交，也不全平行。

1. 空间任意力系的简化

设刚体上作用有空间任意力系 $\boldsymbol{F}_1$，$\boldsymbol{F}_2$，…，$\boldsymbol{F}_n$，如图 3-9(a)所示。任选一点 O 作为简化中心，根据力线平移定理，将各力向 O 点平移，同时附加一个相应的力偶。与平面力系不同的是，力偶矩以矢量表示。这样，原来的空间任意力系由空间汇交力系 $\boldsymbol{F}_1'$，$\boldsymbol{F}_2'$，…，$\boldsymbol{F}_n'$和空间力偶系 $\boldsymbol{M}_1$，$\boldsymbol{M}_2$，…，$\boldsymbol{M}_n$ 两个简单力系等效替换，如图 3-9(b)所示，且有

$$\boldsymbol{F}_i = \boldsymbol{F}_i', \ \boldsymbol{M}_i = \boldsymbol{M}_O(\boldsymbol{F}_i) \quad (i=1, 2, \cdots, n)$$

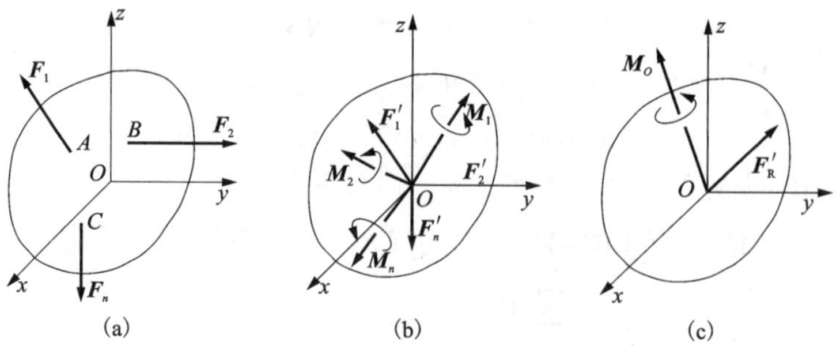

(a) (b) (c)

图 3-9

将上述两个简单力系分别合成，便得到一个作用于 O 点的力和一个力偶，如图 3-9(c)所示。该力矢和力偶矩矢分别为

$$\begin{cases}\boldsymbol{F}'_{\mathrm{R}}=\sum_{i=1}^{n}\boldsymbol{F}'_i=\sum_{i=1}^{n}\boldsymbol{F}_i=\sum_{i=1}^{n}F_{ix}\boldsymbol{i}+\sum_{i=1}^{n}F_{iy}\boldsymbol{j}+\sum_{i=1}^{n}F_{iz}\boldsymbol{k}\\ \boldsymbol{M}_O=\sum_{i=1}^{n}\boldsymbol{M}_i=\sum_{i=1}^{n}\boldsymbol{M}_O(\boldsymbol{F}_i)=\sum_{i=1}^{n}(\boldsymbol{r}_i\times\boldsymbol{F}_i)\end{cases} \tag{3-11}$$

根据力矩的解析表达式(3-2)，有

$$\boldsymbol{M}_O=\sum_{i=1}^{n}(y_iF_{iz}-z_iF_{iy})\boldsymbol{i}+\sum_{i=1}^{n}(z_iF_{ix}-x_iF_{iz})\boldsymbol{j}+\sum_{i=1}^{n}(x_iF_{iy}-y_iF_{ix})\boldsymbol{k} \tag{3-12}$$

由此可见，空间任意力系向任一点 O 简化，可得一力 $\boldsymbol{F}'_{\mathrm{R}}$和一力偶 $\boldsymbol{M}_O$。力 $\boldsymbol{F}'_{\mathrm{R}}$作用在简化中心 O 处，其大小和方向等于原力系的**主矢**。它与简化中心的位置无关，类似地可由式(1-5)确定其大小和方向余弦。力偶 $\boldsymbol{M}_O$ 为原力系对简化中心 O 点的**主矩**，它与简化中心的位置有关。

式(3-12)中，单位矢量 $\boldsymbol{i}$、$\boldsymbol{j}$、$\boldsymbol{k}$ 前的系数，即主矩 $\boldsymbol{M}_O$ 沿 x、y、z 轴的投影，也等于力系中各力对 x、y、z 轴之矩的代数和 $\sum M_x(\boldsymbol{F}_i)$、$\sum M_y(\boldsymbol{F}_i)$、$\sum M_z(\boldsymbol{F}_i)$。主矩 $\boldsymbol{M}_O$ 的大小和方向余弦为

$$\left.\begin{aligned}&M_O=\sqrt{\left[\sum M_x(\boldsymbol{F}_i)\right]^2+\left[\sum M_y(\boldsymbol{F}_i)\right]^2+\left[\sum M_z(\boldsymbol{F}_i)\right]^2}\\&\cos(\boldsymbol{M}_O,\boldsymbol{i})=\frac{\sum M_x(\boldsymbol{F}_i)}{M_O}\\&\cos(\boldsymbol{M}_O,\boldsymbol{j})=\frac{\sum M_y(\boldsymbol{F}_i)}{M_O}\\&\cos(\boldsymbol{M}_O,\boldsymbol{k})=\frac{\sum M_z(\boldsymbol{F}_i)}{M_O}\end{aligned}\right\} \tag{3-13}$$

2. 空间固定端约束的约束力

固定端对物体的约束[图 3-10(a)]，实际是在作用面上作用的一群约束力。这群力构成一个空间任意力系，将这空间任意力系向 A 点简化，得一个力和一个力偶。由于力和力偶的

大小及方向均为未知量，可分别用沿坐标轴方向的三个分力和分力偶矩来代替，所以固定端的约束力有六个：F_{Ax}、F_{Ay}、F_{Az}、M_{Ax}、M_{Ay}、M_{Az}，如图 3-10(b)所示。

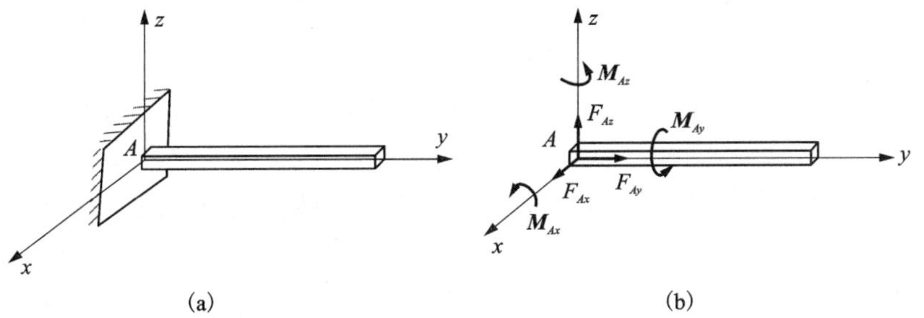

图 3-10

3. 空间任意力系的简化结果分析

空间任意力系向任一点简化后，主矢 $\boldsymbol{F}'_R$ 和主矩 $\boldsymbol{M}_O$ 可能出现以下几种不同情况。

①主矢 $\boldsymbol{F}'_R=0$，主矩 $\boldsymbol{M}_O\neq0$，则原力系与一个力偶等效，力系简化为一个合力偶，其合力偶矩矢等于原力系对简化中心的主矩 $\boldsymbol{M}_O$。由于力偶矩矢与矩心位置无关，因此，在这种情形下，主矩与简化中心的位置无关。

②主矢 $\boldsymbol{F}'_R\neq0$，主矩 $\boldsymbol{M}_O=0$，则原力系与一个力等效，力系简化为一个合力，合力的大小和方向与原力系的主矢 $\boldsymbol{F}'_R$ 相同，作用线通过简化中心。

③主矢 $\boldsymbol{F}'_R\neq0$，主矩 $\boldsymbol{M}_O\neq0$，则原力系简化为作用在简化中心的一个力和一个力偶。这种情形一般还可进一步简化为以下几种。

a. 若 $\boldsymbol{F}'_R\perp\boldsymbol{M}_O$[图 3-11(a)]，这时，力 $\boldsymbol{F}'_R$ 和力偶矩矢为 $\boldsymbol{M}_O$ 的力偶($\boldsymbol{F}''_R$，$\boldsymbol{F}_R$)(令 $\boldsymbol{F}''_R=\boldsymbol{F}_R=\boldsymbol{F}'_R$，可确定 d 值)在同一平面内[图 3-11(b)]。在图 3-11(b)中去掉平衡力系 $\boldsymbol{F}'_R$、$\boldsymbol{F}''_R$，最终得到作用于 O' 的一个力 $\boldsymbol{F}_R$[图 3-11(c)]。此力即为原力系的合力，其大小和方向等于原力系的主矢，即

$$\boldsymbol{F}_R=\sum_{i=1}^{n}\boldsymbol{F}_i$$

由图 3-11(b)可知，力偶($\boldsymbol{F}''_R$，$\boldsymbol{F}_R$)的矩 $\boldsymbol{M}_O$ 等于合力 $\boldsymbol{F}_R$ 对点 O 的矩，即

$$\boldsymbol{M}_O=\boldsymbol{M}_O(\boldsymbol{F}_R)$$

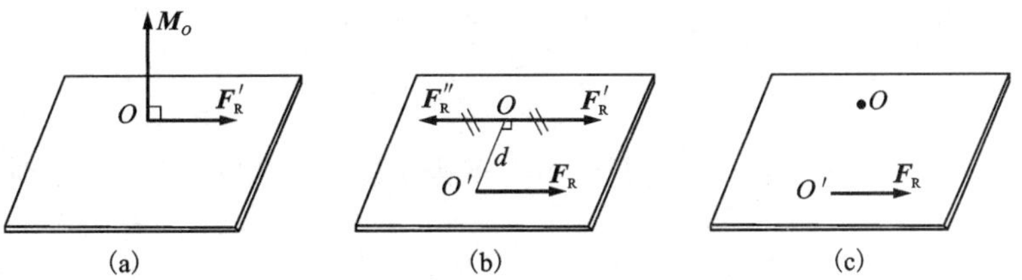

图 3-11

根据式(3-11)，有

$$M_O = \sum_{i=1}^{n} M_O(F_i)$$

所以有

$$M_O(F_R) = \sum_{i=1}^{n} M_O(F_i) \qquad (3-14)$$

即空间任意力系的合力对于任一点之矩等于各分力对同一点之矩的矢量和。这就是空间任意力系的**合力矩定理**。

根据力对点之矩与力对轴之矩的关系，把式(3-14)投影到通过点 O 的任一轴上，可得

$$M_z(F_R) = \sum_{i=1}^{n} M_z(F_i) \qquad (3-15)$$

式(3-15)表示空间任意力系的合力对任一轴之矩等于各分力对同一轴之矩的代数和。

b. 若 $F_R'//M_O$，即力和力偶作面相互垂直。如图 3-12 所示，这种结果称为**力螺旋**。力螺旋是由一个力和一个力偶构成的力系，其中的力垂直于力偶作用面，力螺旋的力作用线称为该力螺旋的**中心轴**。用起子拧螺钉、电钻钻孔等都是力螺旋的实例。

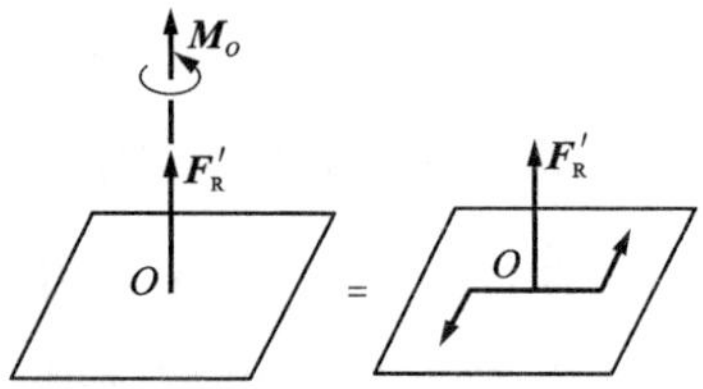

图 3-12

c. 若主矢 F_R'与主矩 M_O 斜交，即两者既不平行也不垂直，如图 3-13(a)所示，这是最一般的情形。将 M_O 分解为两个分力偶 M_O'和 M_O''，它们的作用面分别垂直于 F_R'和平行于 F_R'，如图 3-13(b)所示，则M_O'' 和 F_R'可用作用于点 O'的力来代替。由于力偶矩矢是自由矢量，故可将 M_O'平行移动，使之与 F_R 共线，得到力螺旋。其中心轴不在简化中心点 O，而是通过另一点 O'，如图 3-13(c)所示。O、O'两点间的距离为

$$d=\frac{M_O''}{F_R'}=\frac{M_O\sin\alpha}{F_R'}$$

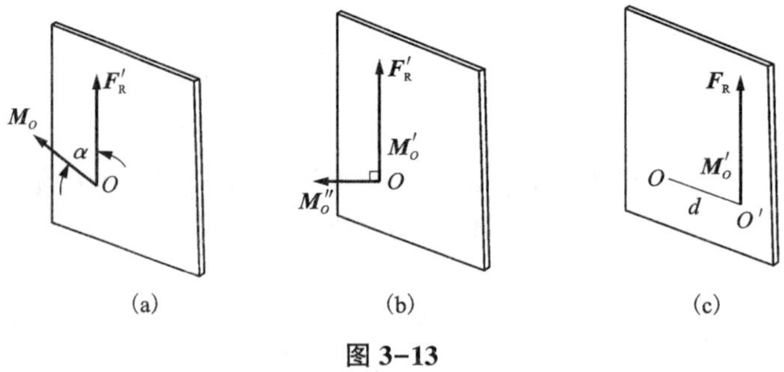

图 3-13

④主矢 $F_R'=0$，主矩 $M_O=0$，则原力系为一平衡力系。此将在第三节详细讨论。

例 3-3 如图 3-14 所示力系，各力大小皆为 F，沿正方体棱边作用(各力的方向都分别与坐标轴的正方向同向)，正方体棱边长为 a。求力系向 O 点简化的主矢和主矩，并说明该力系的最终简化结果。

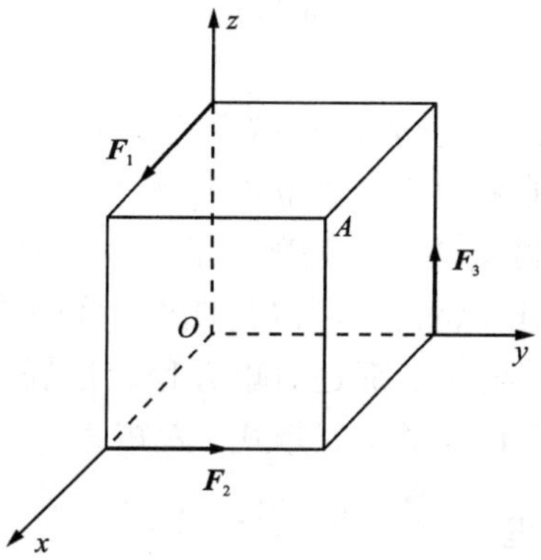

图 3-14

解：力系的主矢 $\boldsymbol{F}_R = \sum \boldsymbol{F}_i = F_1\boldsymbol{i} + F_2\boldsymbol{j} + F_3\boldsymbol{k} = F\boldsymbol{i} + F\boldsymbol{j} + F\boldsymbol{k}$

力系的主矩 $\boldsymbol{M}_O = \sum \boldsymbol{M}_O(\boldsymbol{F}_i) = Fa\boldsymbol{i} + Fa\boldsymbol{j} + Fa\boldsymbol{k}$

由于主矢、主矩都不等于零，且 $\boldsymbol{F}_R \cdot \boldsymbol{M}_O > 0$，则力系最终简化结果为一力螺旋(右旋)，作用线过 O 点，沿 OA 方向。

---

§3-3　空间力系的平衡

1. 空间任意力系的平衡条件与平衡方程

从上节可知，空间任意力系向任一点简化，当简化结果 $\boldsymbol{F}'_R = 0$ 且 $\boldsymbol{M}_O = 0$ 时，说明原力系平衡。所以，空间任意力系平衡的必要且充分条件是：力系的主矢和对于任一点的主矩都等于零，即

$$\boldsymbol{F}'_R = 0$$
$$\boldsymbol{M}_O = 0$$

根据式(3-11)、式(3-13)可得

$$\begin{cases} \sum F_x = 0 \\ \sum F_y = 0 \\ \sum F_z = 0 \\ \sum M_x(\boldsymbol{F}) = 0 \\ \sum M_y(\boldsymbol{F}) = 0 \\ \sum M_z(\boldsymbol{F}) = 0 \end{cases} \tag{3-16}$$

式(3-16)为**空间任意力系的平衡方程**，即空间任意力系平衡的必要且充分条件是：所有各力在三个坐标轴中每一轴上的投影代数和等于零，以及这些力对于每一坐标轴之矩的代数和也等于零。

式(3-16)中的六个方程联解，最多可求解六个未知量。对于一个受空间任意力系作用而平衡的刚体，可以列出且仅能列出六个独立的平衡方程，六个独立平衡方程之外的任何方程都将是这六个独立方程的线性组合而不是独立的。六个平衡方程中的投影方程个数和力矩方程个数的变化，根据力系的具体情况，可以是四个力矩方程、两个投影方程，也可以是五个力矩方程、一个投影方程，甚至六个都是力矩方程。根据力矩方程的个数将空间任意力系的平衡方程的形式分为三矩式、四矩式、五矩式、六矩式。

2. 空间特殊力系的平衡方程

(1)空间汇交力系的平衡方程

如图 3-15 所示，力系 $\boldsymbol{F}_1$, $\boldsymbol{F}_2$, …, $\boldsymbol{F}_n$ 汇交于 O 点，以 O 点为原点，建立坐标系，则所有的力与三个坐标轴都相交。式(3-16)中的三个力矩方程自动成立，只剩下三个投影方程。故**空间汇交力系的平衡方程**为

$$\left\{\begin{aligned}\sum F_x &= 0\\ \sum F_y &= 0\\ \sum F_z &= 0\end{aligned}\right. \tag{3-17}$$

三个方程联解，可求解三个未知量。

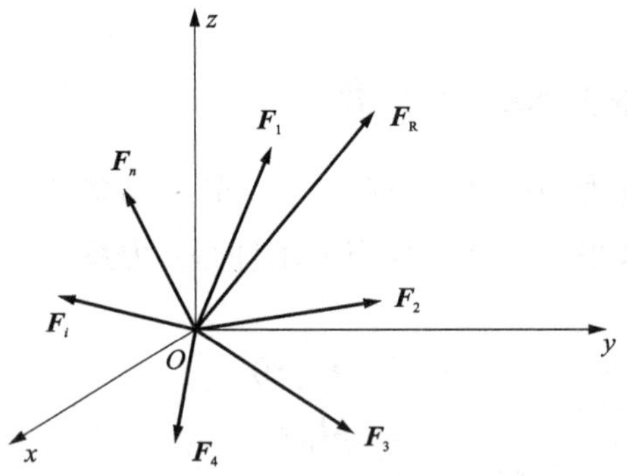

图 3-15

(2)空间力偶系的平衡方程

由于空间力偶系的主矢等于零，故式(3-16)中的三个投影方程自动成立，而主矩就等于该力偶系的合力偶矩，所以，**空间力偶系的平衡方程**为

$$\left.\begin{aligned}\sum M_x &= 0\\ \sum M_y &= 0\\ \sum M_z &= 0\end{aligned}\right\} \tag{3-18}$$

即力偶系中各力偶矩矢在三个坐标轴上投影的代数和分别等于零。

(3)空间平行力系的平衡方程

如图3-16所示，令 z 轴与空间平行力系各力的作用线平行，则各力对 z 轴之矩等于零，且在 x、y 上的投影都等于零，式(3-16)中的三个方程自动成立，故**空间平行力系的平衡方程**为

$$\left.\begin{aligned}\sum F_z=0\\\sum M_x(\boldsymbol{F})=0\\\sum M_y(\boldsymbol{F})=0\end{aligned}\right\}\qquad(3-19)$$

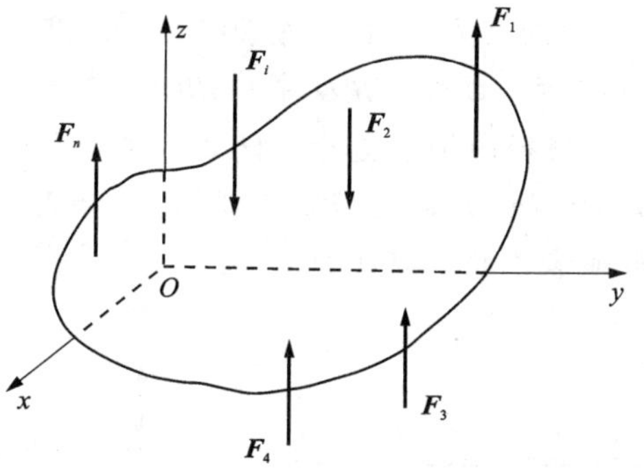

图3-16

例3-4　图3-17(a)所示空间构架由三根无重直杆组成，在 D 端用球铰链连接。A、B 和 C 端则用球铰链固定在水平地板上。如果挂在 D 端的重物 $P=10$ kN，试求铰链 A、B 和 C 处的约束力。

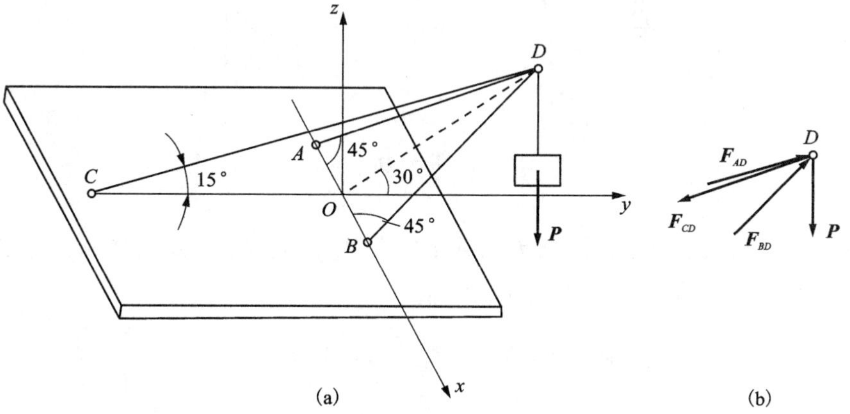

图3-17

解：因为不计杆重，所以杆 AD、BD、CD 均为二力杆，力都沿杆的轴线方向作用。设 AD、BD 为压杆、CD 为拉杆，取销钉 D 为研究对象，受力如图3-17(b)所示，$\boldsymbol{F}_{AD}$、$\boldsymbol{F}_{BD}$ 和 $\boldsymbol{F}_{CD}$ 分别为杆 AD、BD、CD 施加给销钉 D 的力，在数值上也分别等于铰链 A、B 和 C 处的约束力。

销钉 D 所受力构成一个空间汇交力系。

取坐标轴如图 3-17 所示，根据式(3-18)，列平衡方程

$\sum F_x = 0,\ F_{AD}\cos 45^\circ - F_{BD}\cos 45^\circ = 0$

$\sum F_y = 0,\ F_{AD}\sin 45^\circ\cos 30^\circ + F_{BD}\sin 45^\circ\cos 30^\circ - F_{CD}\cos 15^\circ = 0$

$\sum F_z = 0,\ F_{AD}\sin 45^\circ\sin 30^\circ + F_{BD}\sin 45^\circ\sin 30^\circ - F_{CD}\sin 15^\circ - P = 0$

联解上面三个平衡方程，得

$$F_{AD} = F_{BD} = 26.39(\mathrm{kN})$$

$$F_{CD} = 33.46(\mathrm{kN})$$

所以，铰链 A、B 和 C 处的约束力分别为 26.39 kN、26.39 kN、33.46 kN。

例 3-5 如图 3-18(a)所示，曲杆 $ABCD$ 中，ABC 段在水平面内，BCD 段在铅直面内。杆的 D 端用球铰链固定，A 端用径向轴承支持。杆上分别作用有矩 M_1、M_2 和 M_3 的力偶，它们的作用面分别垂直于 AB、BC 和 CD 段。假定力偶矩 M_2 和 M_3 的大小已知，不计曲杆重量，试求 M_1 的大小和铰链 D 与轴承 A 的约束反力。

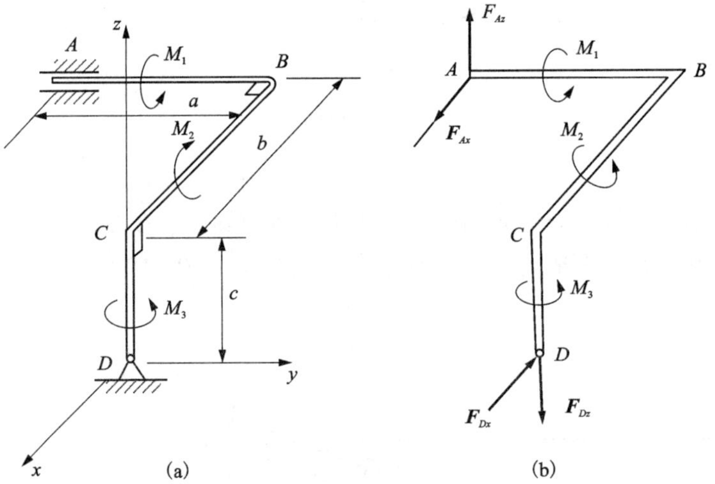

图 3-18

解：研究整个曲杆，由主动力及力偶系平衡条件可知，A、D 处的约束力必构成力偶，受力如图 3-18(b)所示，且有 $F_{Az} = F_{Dz}$，$F_{Ax} = F_{Dx}$。

$$\sum M_z = 0:\ M_3 + F_{Ax}\cdot a = 0,\ F_{Ax} = F_{Dx} = -\frac{M_3}{a}$$

$$\sum M_x = 0:\ M_2 - F_{Az}\cdot a = 0,\ F_{Az} = F_{Dz} = \frac{M_2}{a}$$

$$\sum M_y = 0:\ M_1 + F_{Ax}\cdot c + F_{Az}\cdot b = 0$$

$$M_1 = \frac{c}{a}M_3 - \frac{b}{a}M_2$$

例 3-6　绞车的卷筒 AB 上绕有绳子，绳上挂重物 P_2。轮 C 装在轴上，轮的半径为卷筒半径的 6 倍，其他尺寸如图 3-19 所示。绕在轮 C 上的绳子沿轮与水平线成 30°角的切线引出，绳跨过轮 D 后挂以重物 $P_1=60$ N。各轮和轴的重量都不计，求平衡时物 P_2 的重量，以及轴承 A 和 B 的约束力。

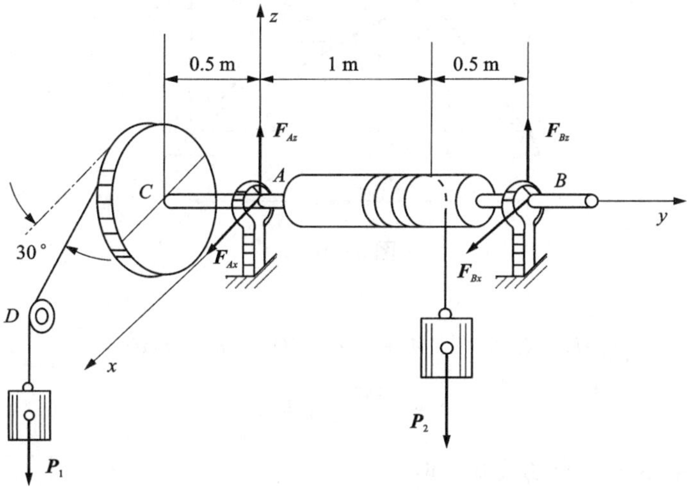

图 3-19

解：取整体为研究对象，受力如图 3-19 所示，建立图示坐标系。所有的力构成一个空间任意力系。

$$\sum M_y(\boldsymbol{F})=0,\ P_1\cdot R-P_2\cdot r=0$$

$$P_2=\frac{R}{r}P_1=6\times 60=360\ \text{N}$$

$$\sum M_z(\boldsymbol{F})=0,\ P_1\cos 30^\circ\times 0.5-F_{Bx}\times 1.5=0$$

$$F_{Bx}=10\sqrt{3}\ \text{N}$$

$$\sum M_x(\boldsymbol{F})=0,\ F_{Bz}\times 1.5-P_2\times 1+P_1\sin 30^\circ\times 0.5=0$$

$$F_{Bz}=230(\text{N})$$

$$\sum \boldsymbol{F}_x=0,\ F_{Bx}-F_{Ax}+P_1\cos 30^\circ=0$$

$$F_{Ax}=40\sqrt{3}\ \text{N}$$

$$\sum \boldsymbol{F}_z=0,\ F_{Az}+F_{Bz}-P_1\sin 30^\circ-P_2=0$$

$$F_{Az}=160\ \text{N}$$

例 3-7　边长为 a 的等边三角形板 ABC 用三根铅直杆 1、2、3 和三根与水平面成 30°角的斜杆 4、5、6 撑在水平位置。在板的平面内作用一力偶，其矩为 M，方向如图 3-20 所示。如板和杆的重量不计，求各杆内力。

解：取三角板为研究对象，各支杆均为二力杆，设它们都为拉杆。板受力如图 3-20 所示。

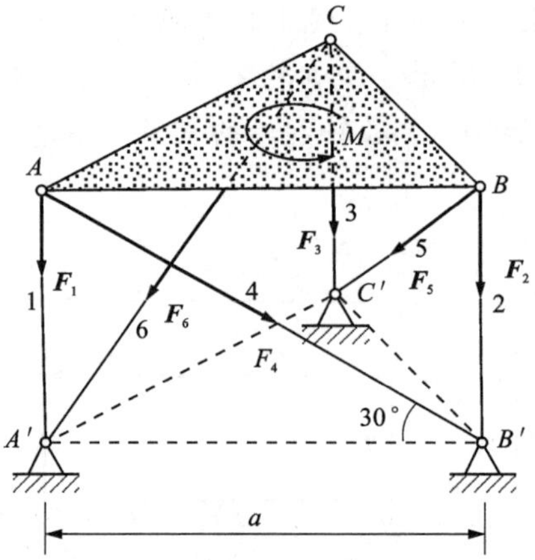

图 3-20

$$\sum M_{AA'}(\boldsymbol{F}) = 0,\ M + F_5\cos 30° \times a\sin 60° = 0$$

$$F_5 = -\frac{4M}{3a}\ (\text{压杆})$$

不难看出，4、5、6 杆的内力相同，即

$$F_4 = F_6 = F_5 = -\frac{4M}{3a}$$

$$\sum M_{BA}(\boldsymbol{F}) = 0,\ (F_3 + F_6\cos 60°) \times a\sin 60° = 0$$

$$F_3 = \frac{2M}{3a}\ (\text{拉杆})$$

不难看出，1、2、3 杆的内力相同，即

$$F_1 = F_2 = F_3 = \frac{2M}{3a}$$

§3-4 重心

1. 平行力系的中心

设作用于刚体上的力 $\boldsymbol{F}_1$，$\boldsymbol{F}_2$，$\boldsymbol{F}_3$，…，$\boldsymbol{F}_n$ 组成空间同向平行力系，如图 3-21 所示。将力系中的力两两合成，最终成为一合力。合力的作用线与力系中各力的作用线平行，大小为

$$F_R = F_1 + F_2 + F_3 + \cdots + F_n = \sum_{i=1}^{n} F_i$$

设合力的作用点用 C 表示，其矢径为 $\boldsymbol{r}_C$，力 $\boldsymbol{F}_1$，$\boldsymbol{F}_2$，$\boldsymbol{F}_3$，…，$\boldsymbol{F}_n$ 作用点的矢径分别为 $\boldsymbol{r}_1$，$\boldsymbol{r}_2$，$\boldsymbol{r}_3$，……，$\boldsymbol{r}_n$。根据合力矩定理，有

$$\boldsymbol{r}_C \times \boldsymbol{F}_R = \sum_{i=1}^{n} \boldsymbol{r}_i \times \boldsymbol{F}_i$$

引入各力的作用线方向的单位矢量 $\boldsymbol{e}$，则上式可改写为

$$\boldsymbol{r}_C \times F_{\mathrm{R}}\boldsymbol{e} = \sum_{i=1}^{n} \boldsymbol{r}_i \times F_i\boldsymbol{e}$$

即

$$(F_{\mathrm{R}}\boldsymbol{r}_C - \sum_{i=1}^{n} F_i\boldsymbol{r}_i) \times \boldsymbol{e} = 0$$

所以

$$F_{\mathrm{R}}\boldsymbol{r}_C - \sum_{i=1}^{n} F_i\boldsymbol{r}_i = 0$$

或

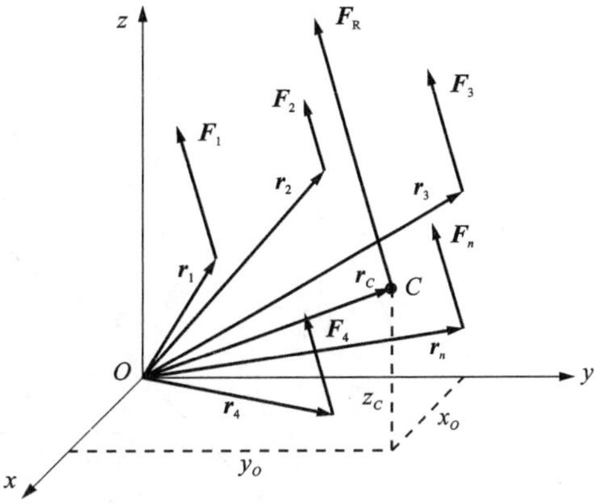

图 3-21

$$\boldsymbol{r}_C = \frac{\sum_{i=1}^{n} F_i\boldsymbol{r}_i}{F_{\mathrm{R}}} \tag{3-20}$$

式(3-20)所确定的合力作用点 C 称为**平行力系中心**。如果力系中包含反向平行力，只要力系有合力，仍有类似的结论，此时的合力取代数和。将式(3-20)投影到如图 3-21 所示的三个坐标轴上，得平行力系中心的坐标(x_C，y_C，z_C)的公式为

$$x_C = \frac{\sum_{i=1}^{n} F_i x_i}{\sum_{i=1}^{n} F_i},\ y_C = \frac{\sum_{i=1}^{n} F_i y_i}{\sum_{i=1}^{n} F_i},\ z_C = \frac{\sum_{i=1}^{n} F_i z_i}{\sum_{i=1}^{n} F_i} \tag{3-21}$$

式中，x_i、y_i、z_i 为第 i 个力 F_i 作用点的坐标。

2. 重心的概念及其坐标公式

物体都受到地球对它的引力作用，即物体的重力。重力作用于物体内每一微小部分，是一个分布力系。考虑工程中的物体一般都远小于地球，故这一分布力系可近似地视为空间平行力系。所谓物体的重力，就是这个空间平行力系的合力，而平行力系的中心就是物体的**重心**。重心在工程实际中具有重要的意义：重心位置影响物体的平衡与稳定性；对于高速旋转机械，若重心不在转轴上，将会引起剧烈振动，甚至引起破坏。所以，确定重心的位置很重要。

如图 3-22 所示，将物体分割成许多微小体积，每小块体积为 ΔV_i，所受重力为 $\boldsymbol{P}_i$，作用点坐标为(x_i，y_i，z_i)，代入式(3-21)，则重心 C 的坐标(x_C，y_C，z_C)的公式为

$$x_C = \frac{\sum_{i=1}^{n} P_i x_i}{\sum_{i=1}^{n} P_i},\ y_C = \frac{\sum_{i=1}^{n} P_i y_i}{\sum_{i=1}^{n} P_i},\ z_C = \frac{\sum_{i=1}^{n} P_i z_i}{\sum_{i=1}^{n} P_i} \tag{3-22}$$

式中，$\sum P_i$ 为整个物体的重量 P。物体分割得越多，即每一小块体积越小，计算得到的重心位置愈准确。在极限情况下可用积分计算。

如果物体是均质的，单位体积的重量为 γ = 常值，ΔV_i 表示微小体积，则物体总体积为

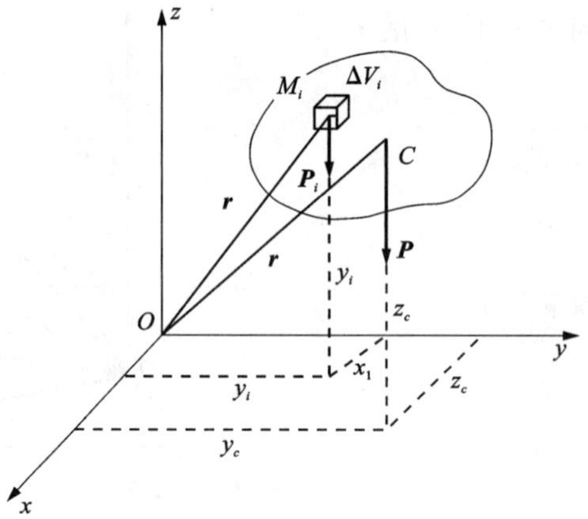

图 3-22

$V=\sum_{i=1}^{n}\Delta V_i$。将 $P_i=\gamma\Delta V_i$、$P=\gamma V$ 代入式(3-22)，得

$$x_C=\frac{\sum_{i=1}^{n}x_i\Delta V_i}{\sum_{i=1}^{n}\Delta V_i},\ y_C=\frac{\sum_{i=1}^{n}y_i\Delta V_i}{\sum_{i=1}^{n}\Delta V_i},\ z_C=\frac{\sum_{i=1}^{n}z_i\Delta V_i}{\sum_{i=1}^{n}\Delta V_i} \tag{3-23}$$

式(3-23)的积分形式为

$$x_C=\frac{\int_V x\mathrm{d}V}{V},\ y_C=\frac{\int_V y\mathrm{d}V}{V},\ z_C=\frac{\int_V z\mathrm{d}V}{V} \tag{3-24}$$

可见，均质物体的重心与其单位体积的重量(比重)无关，仅决定于物体的形状。这时的重心称为**体积的重心**。

如果物体是面密度为 ρ 的均质等厚薄平板，将板置于 xOy 平面，约去板厚度，由式(3-24)得面积形心的坐标公式为

$$x_C=\frac{\sum_{i=1}^{n}x_iA_i}{S}=\frac{\int_S x\mathrm{d}A}{S}$$
$$y_C=\frac{\sum_{i=1}^{n}y_iA_i}{S}=\frac{\int_S y\mathrm{d}A}{S} \tag{3-25}$$

由上可知，均质物体的重心就是几何中心，通常称**形心**。

3. 确定物体重心的方法

(1)简单几何形状物体的重心

很多常见简单几何形状物体往往具有一定的对称性，它们有对称面、或对称轴、或对称中心。凡具有对称面、或对称轴、或对称中心的均质形体，其重心必相应地在对称面、或对称轴、或对称中心上。简单形状物体的重心可从工程手册中查到，附录 B 列出了常见的几种

简单形状物体的重心。工程中常见型钢截面的形心，也可以从型钢表中查到。

(2)用组合法求重心

①分割法。

若一个物体由几个简单几何形状的部分组合而成，且每一个简单几何形状的部分的重心是已知的或易求的，则整个物体的重心就可用式(3-25)直接求得。这种方法称为**分割法**。

例 3-8　角钢截面的尺寸如图 3-23 所示(单位：mm)，试求其形心的位置。

解：建立 Oxy 坐标系如图示，角钢截面可如图中虚线所示分割成两个矩形。两矩形的形心位置 C_1 和 C_2 是显见的，其面积 A_1、A_2 和形心坐标分别为

$A_1=(200-20)\times 20=3600(\mathrm{mm}^2)$，$x_1=10$，$y_1=20+\dfrac{200-20}{2}=110$

$A_2=150\times 20=3000\ \mathrm{mm}^2$，$x_2=75$，$y_2=10$

代入式(3-25)得该角钢截面形心的坐标为

$$x_C=\frac{x_1A_1+x_2A_2}{A_1+A_2}=39.5(\mathrm{mm})$$

$$y_C=\frac{y_1A_1+y_2A_2}{A_1+A_2}=64.5(\mathrm{mm})$$

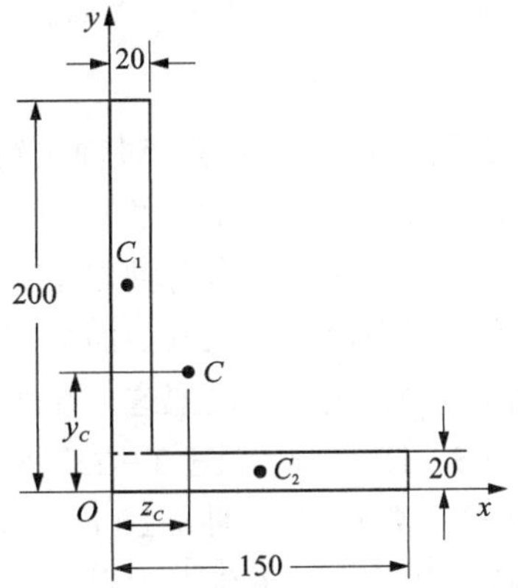

图 3-23

②负面积(体积)法。

如果在规则物体或薄板内切去一简单几何形状部分，则在求这类物体的重心时，仍可应用分割法来求得，只是把切去部分的面积或体积取为负值，故称为**负面积(体积)法**。

例 3-9　试求图 3-24 所示截面的形心。(单位：mm)

解：将截面看作由三个部分组成，即边长为 50 mm、20 mm 的矩形 A_1，半径为 10 mm 的半圆 A_2，半径为 5 mm 的小圆 A_3。因 A_3 是切去的部分，所以面积应取负值。建立如图所示的坐标系，x 轴为对称轴，$y_C=0$。设 x_1、x_2、x_3 分别是 A_1、A_2、A_3 形心的 x 坐标，则

$$A_1=50\times 20=1000(\mathrm{mm}^2),\quad x_1=25$$

$$A_2=\frac{\pi\times 10^2}{2}=50\pi(\mathrm{mm}^2),\quad x_2=-\frac{4\times 10}{3\pi}=-\frac{40}{3\pi}$$

$$A_3=-\pi\times 5^2=-25\pi(\mathrm{mm}^2),\quad x_3=40$$

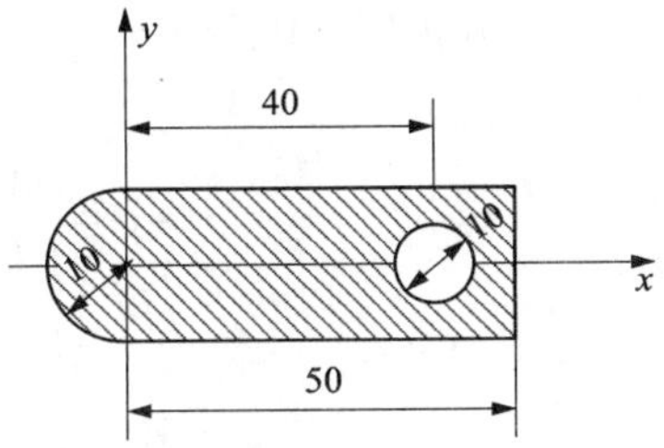

图 3-24

代入式(3-25)得该截面形心的 x 坐标为

$$x_C=\frac{x_1A_1+x_2A_2+x_3A_3}{A_1+A_2+A_3}=\frac{1000\times 25+50\pi\times\left(-\dfrac{40}{3\pi}\right)+(-25\pi)\times 40}{1000+50\pi+(-25\pi)}=19.7(\mathrm{mm})$$

(3)用实验方法测定重心的位置

工程中一些外形复杂或质量分布不均的物体很难用计算方法求其重心，此时可用实验方法测定重心位置。常用的方法有**悬挂法**和**称重法**。悬挂法是先将物体悬挂于某一点，根据二力平衡条件，重心必在过悬挂点的铅直线上的原理，在物体上画出此线；然后再将物体悬挂于另一点，同样画出另一条直线；两直线的交点，就是重心。关于称重法，在此不做详细介绍，读者可参阅有关书籍。

§3-5 分析与讨论

关于力对点之矩与力对轴之矩——复杂问题举例

空间力对点之矩的计算可以按解析表达式计算；也可以用合力矩定理，将力分解为垂直坐标轴方向，分别求力对轴之矩，得到各分量。

若要求力对某轴之矩，而力臂不是很明了，且用上述两种方法都不简便，则可先计算力对该轴上一点之矩，再把这力矩矢投影到该轴上去。

例 3-10 试求图 3-25 所示力 $\boldsymbol{F}$ 对 OD 之矩。$F=10$ kN，各边长分别为 20 cm、30 cm、40 cm。

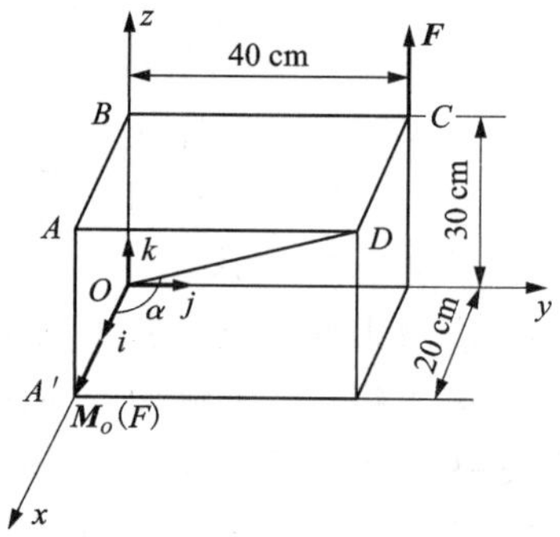

图 3-25

解：由于力对 OD 之力臂不是很明了，故先求出力对 O 点之矩，再将其投影到 OD 上去，即

$$[M_O(\boldsymbol{F})]_{OD}=M_{OD}(\boldsymbol{F})$$

从图 3-25 可知，$x=0$，$y=0.4$ m，$z=0.3$ m，则

$$F_x=0,\ F_y=0,\ F_z=10(\text{kN})$$

由式(3-2)得

$$M_O(\boldsymbol{F})=0.4\times10\boldsymbol{i}=4\boldsymbol{i}(\text{kN}\cdot\text{m})$$

而

$$\cos\alpha=\frac{OA'}{OD}=\frac{20}{\sqrt{20^2+30^2+40^2}}=\frac{20}{53.85}=0.371$$

所以

$$M_{OD}(\boldsymbol{F})=M_O(\boldsymbol{F})\cdot\cos\alpha=4\times0.371=1.484(\text{kN}\cdot\text{m})$$

习 题

3-1 已知 $\boldsymbol{F}=4\boldsymbol{i}+3\boldsymbol{j}+5\boldsymbol{k}$，$\boldsymbol{r}=3\boldsymbol{i}+2\boldsymbol{j}+4\boldsymbol{k}$，求：

(1)力 $\boldsymbol{F}$ 对 A 点之矩；(2)力 $\boldsymbol{F}$ 对 B' 之矩；(3)力 $\boldsymbol{F}$ 对三个坐标轴之矩。

3-2 图题 3-2 中 A 点作用三个与坐标轴方位一致的分力，试求其合力对原点 O 点的力矩以及合力对 z 轴的力矩。

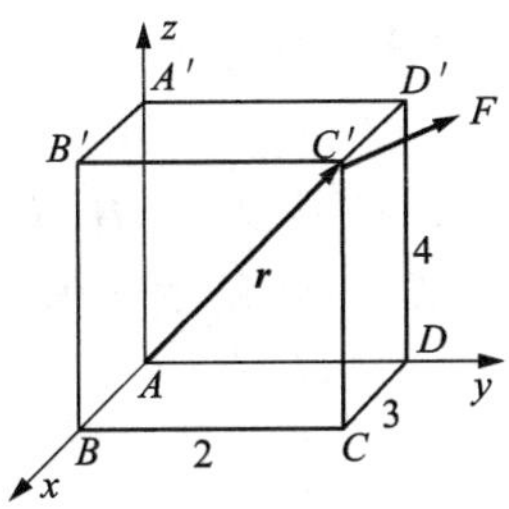

图题 3-1

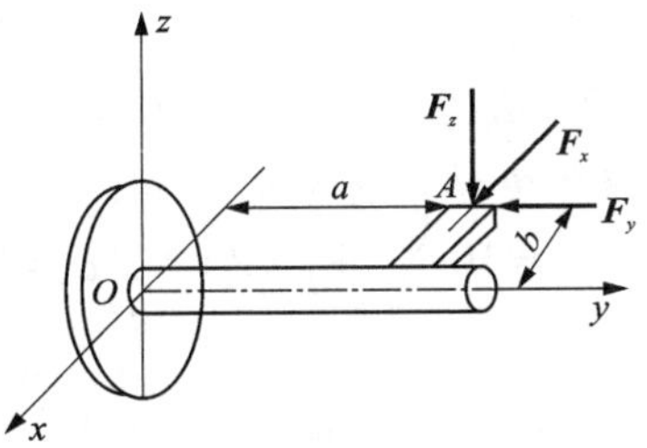

图题 3-2

3-3 水平圆盘的半径为 r，外缘 C 处作用有已知力 $\boldsymbol{F}$。力 $\boldsymbol{F}$ 位于铅直平面内，且与 C 处圆盘切线夹角为 60°，其他尺寸如图题 3-3 所示。求力 $\boldsymbol{F}$ 对 x、y、z 轴的力矩。

3-4 求图题 3-4 所示力 $F=1000$ N 对于 z 轴的力矩。

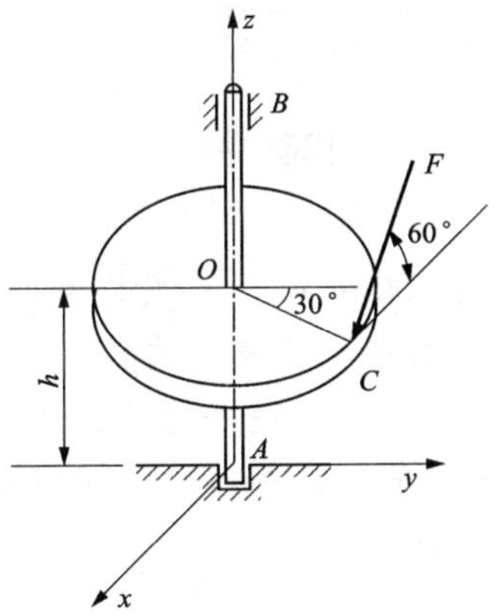

图题 3-3

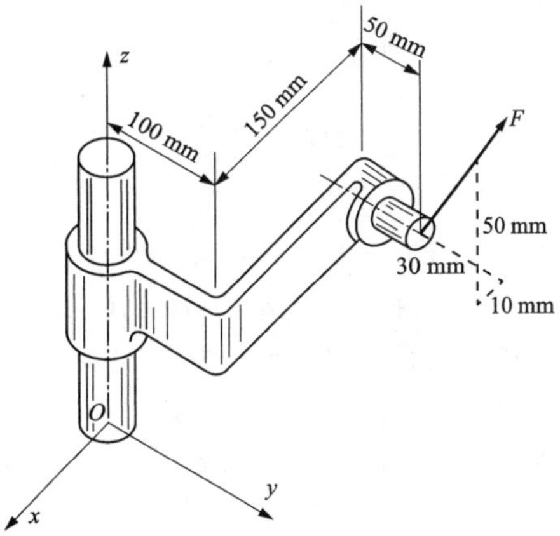

图题 3-4

3-5 图题 3-5 所示力偶 M_1、M_2 分别作用于平面 ABC 和 ADC，已知 $M_1=M_2=M$，求合力偶矩。

3-6 如图题 3-6 所示，齿轮箱上作用有三个力偶和一个水平力，求：(1)作用在坐标原点且与此力系等效的力和力偶；(2)说明力系合成的最后结果。

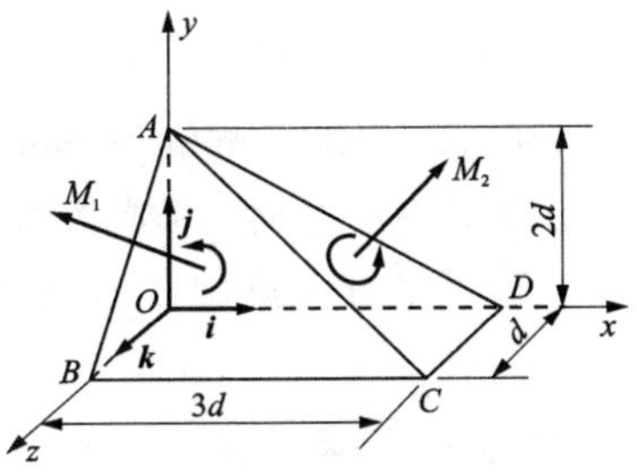

图题 3-5

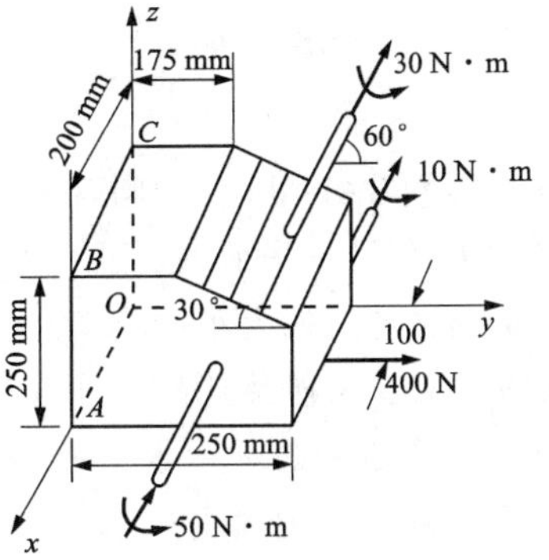

图题 3-6

3-7　图题 3-7 所示力系的三力分别为 $F_1=350$ N、$F_2=400$ N 和 $F_3=600$ N，各力的作用线位置如图所示，试将力系向原点 O 简化。

3-8　长方体棱边分别为 $a=1$ m，$b=6$ m，$c=2$ m，在四个顶点 A、B、C、E 上作用四个力，$F_1=30$ N，$F_2=10$ N，$F_3=20$ N，$F_4=20$ N，方向如图题 3-8 所示。试求此力系的简化结果。

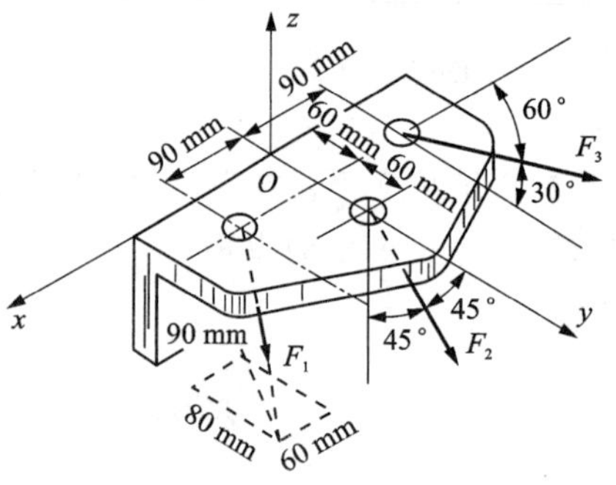

图题 3-7

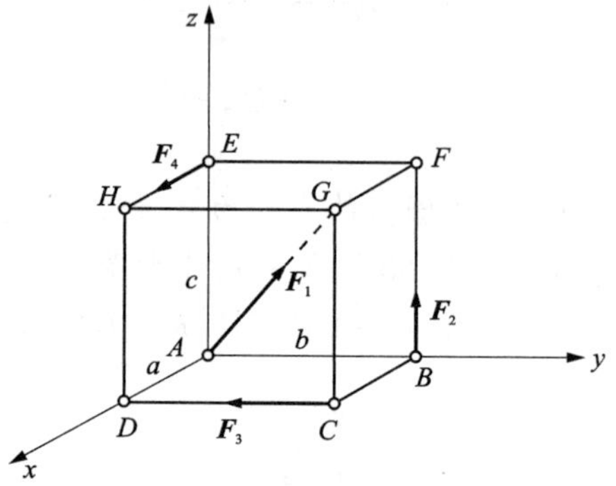

图题 3-8

3-9　图题 3-9 所示为均匀圆环，重量为 200 N，直径为 200 mm，用三根长为 250 mm 的绳悬挂在天花板上。若 $\alpha=120°$，$\beta=150°$，$\gamma=90°$，试确定求每根绳所受的拉力。

3-10　图题 3-10 所示空间桁架由六根杆构成。在节点 A 上作用一力 F，此力在矩形 $ABDC$ 平面内，且与铅直线成 45°角。$\triangle EAK=\triangle FBM$。等腰三角形 EAK、FBM 和 NDB 在顶点 A、B 和 D 处均为直角，又 $EC=CK=FD=DM$。若 $F=10$ kN，求各杆的内力。

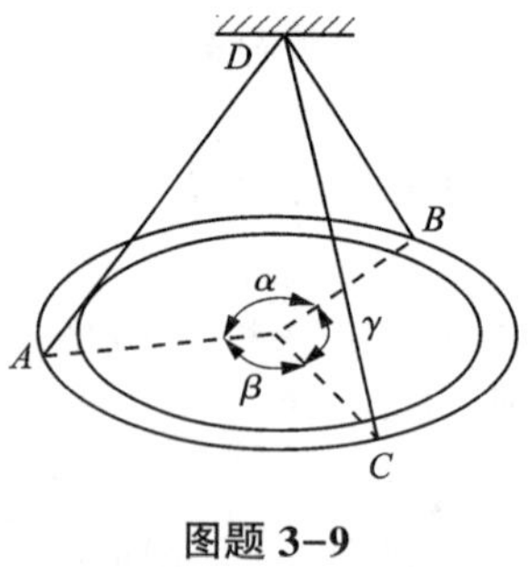

图题 3-9

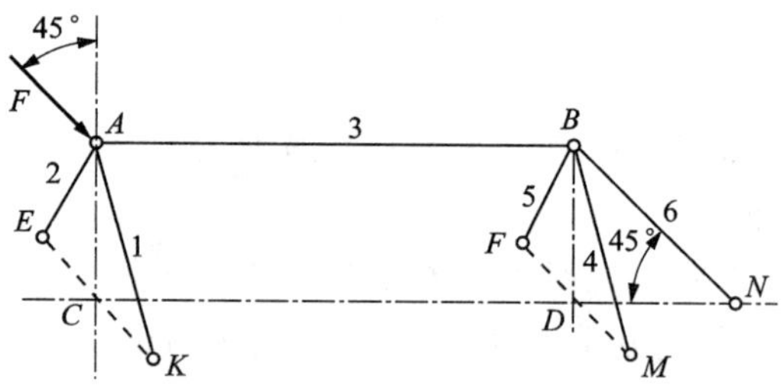

图题 3-10

3-11　图题 3-11 所示三圆盘 A、B 和 C 的半径分别为 150 mm、100 mm 和 50 mm。三轴 OA、OB 和 OC 在同一平面内，$\angle AOB$ 为直角。在这三圆盘上分别作用力偶，组成各力偶的力作用在轮缘上，它们的大小分别等于 10 N、20 N 和 F。如这三圆盘所构成的物系是自由的，不计物系的重量，求能使此物系平衡的力 F 的大小和角 α。

3-12　图题 3-12 所示水平轴放在轴承 A 和 B 上，在轴上 C 处装有轮子，其半径等于 200 mm。在此轮上用细绳挂一重锤 $P_2=250$ N。在轴上 D 处装有杆 DE，此杆垂直地固结在轴 AB 上，杆端套重锤 $P_1=1000$ N。轴的尺寸如图题 3-12 所示。在平衡时，杆 DE 与铅直线成 30°角。不计轴和轮的重量，求重锤 P_1 的重心 E 到轴 AB 的距离 l 以及轴承 A 和 B 的反作用力。

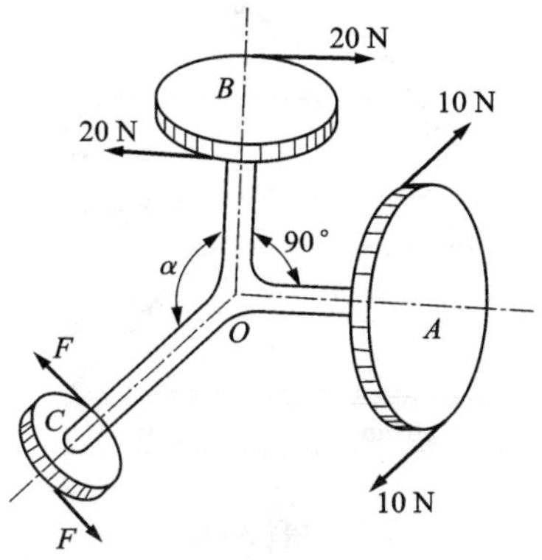

图题 3-11

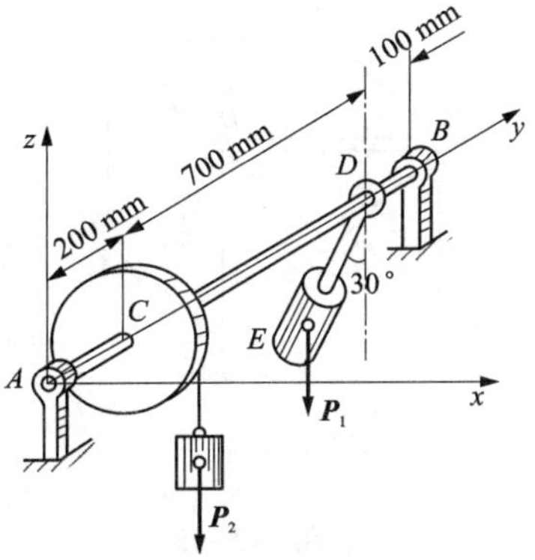

图题 3-12

3-13　作用在齿轮上的啮合力 $\boldsymbol{F}$ 推动皮带轮绕水平轴 AB 匀速转动。已知皮带紧边的拉力为 200 N，松边的拉力为 100 N，尺寸如图题 3-13 所示，单位为 mm。试求力 $\boldsymbol{F}$ 的大小和轴承 A、B 的约束力。

3-14　均质三棱柱 $ABCDEF$，重 $P=1000$ N，$\angle AED$ 为直角，$AE=ED$，由六根杆支撑，如图题 3-14 所示。在 $CDEF$ 平面上作用一力偶，其力偶矩 $M=500$ N · m。已知 $a=2$ m，试求 1、2、3 杆的内力。

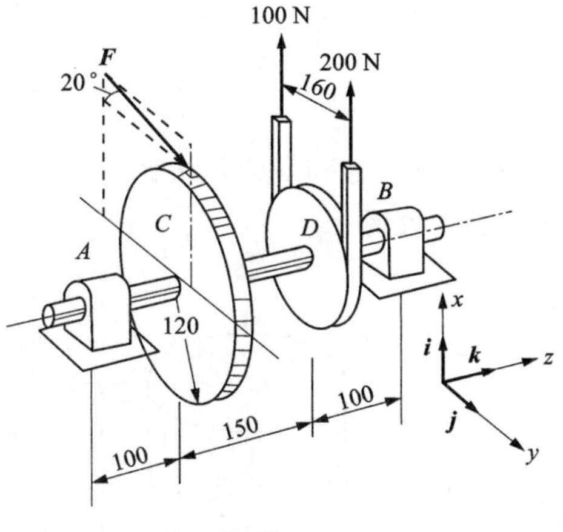

图题 3-13

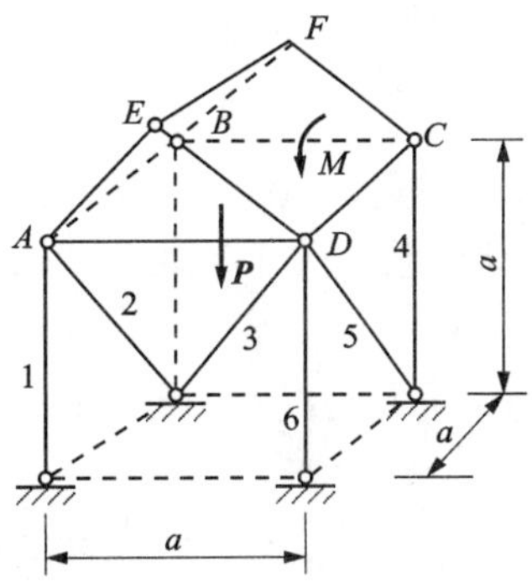

图题 3-14

3-15　图题 3-15 所示六杆支撑一正方形板于水平位置，板角 A 处受水平力 $\boldsymbol{F}$ 作用。设板和杆的自重不计，求各杆的内力。

3-16　图题 3-16 所示薄板由形状为矩形、三角形和四分之一的圆形的三块等厚薄板组成，尺寸如图所示。求此薄板重心的位置。

3-17　求图题 3-17 所示各截面形心的位置。(单位：mm)

3-18　均质块尺寸如图题 3-18 所示，求其重心的位置。

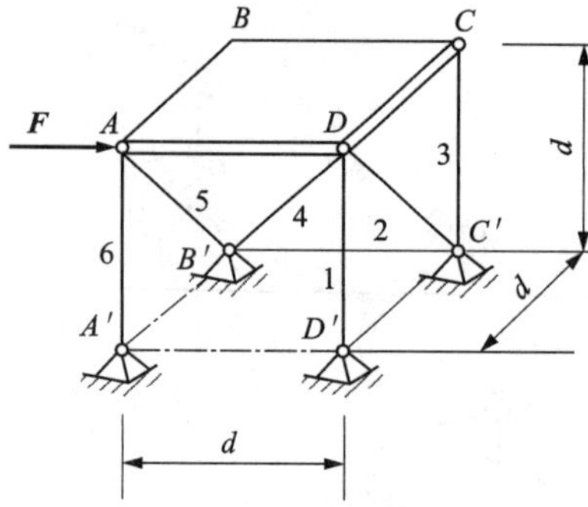

图题 3-15

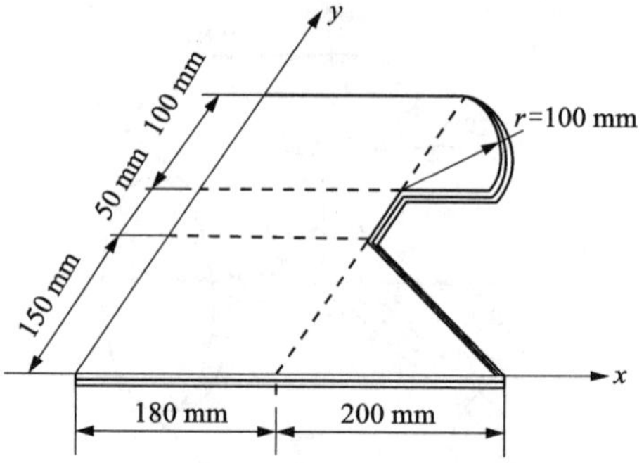

图题 3-16

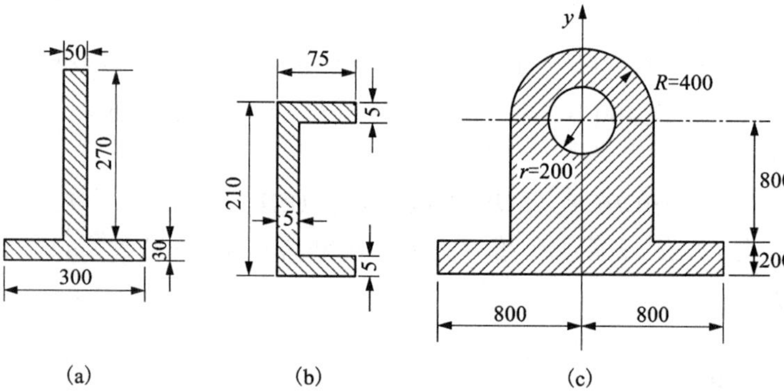

图题 3-17

3-19　图题 3-19 所示均质物体由半径为 r 的圆柱体和半径为 r 的半球体相结合组成。如均质物体的重心位于半球体的大圆的中心点 C，求圆柱体的高。

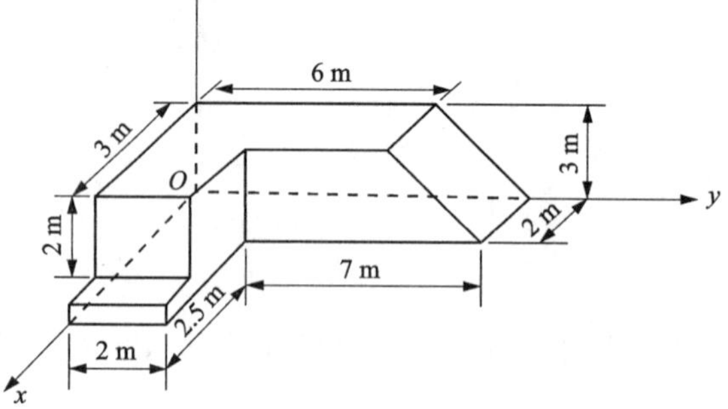

图题 3-18

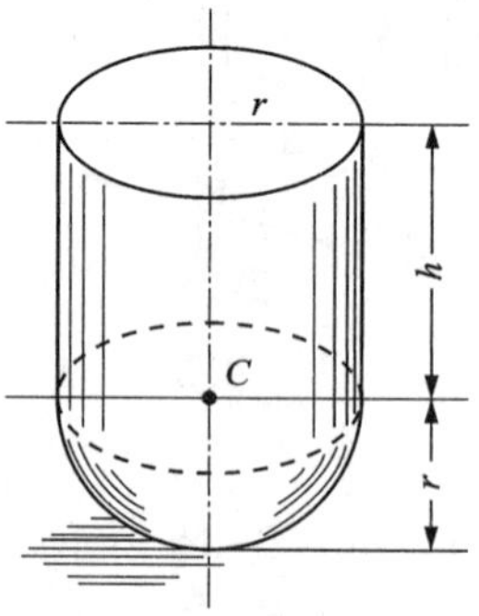

图题 3-19

第4章

考虑摩擦的平衡问题

两个相互接触的物体产生相对运动或具有相对运动趋势时，彼此在接触处会产生一种阻碍相对运动的作用，即存在**摩擦**现象。摩擦是普遍存在的。如果在所研究的问题中，摩擦所起的作用不占主导地位，就可以忽略摩擦的影响，采用理想的光滑接触面约束模型；反之，则必须考虑摩擦的影响。

摩擦是十分复杂的物理现象，涉及物体接触面的弹塑性变形，以及接触面材料的物理、化学性能和润滑等多种因素。本节仅介绍以库仑摩擦定律为基础的经典摩擦理论，用以解决一般工程问题。

§4-1 滑动摩擦

1. 静滑动摩擦力

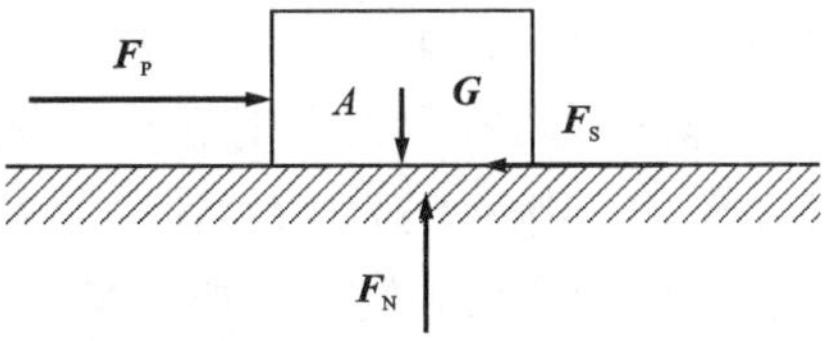

图 4-1

在粗糙的水平面上放置一重为 G 的物体，如图 4-1 所示。若在物体上作用一大小由零逐渐增大的水平力 F_P，物体有向右滑动趋势；在作用力 F_P 较小，没有超过某一限度时，物体仍能保持静止。此时，水平支承面对物体除有法向反力 F_N 外，还有阻碍物体相对滑动的切向力 F_S，其大小由平衡方程 $\sum F_x = 0$ 求得

$$F_S = F_P \tag{4-1}$$

这种沿接触面产生的切向约束力称为**静滑动摩擦力**(简称**静摩擦力**)。静摩擦力具有一般约束力的性质，即大小随主动力的增大而增大，由平衡方程确定，其方位沿接触面切线方向。

但是，静摩擦力与一般约束力不同，它不能随外力的增大而无限增大。当力 F 的大小增大到某一限定值时，物体将处于向右滑动而尚未滑动的临界平衡状态，再略微增大作用力，物体将开始向右滑动。在临界平衡状态下，静摩擦力 F_S 达到最大值 F_{max}，称为**最大静滑动摩擦力**(简称**最大静摩擦力**)。故静摩擦力的大小只能介于零与最大静摩擦力之间，即

$$0 \leqslant F_S \leqslant F_{max} \tag{4-2}$$

根据库仑摩擦定律，最大静摩擦力的大小与接触物体之间的法向压力成正比，即

$$F_{max} = f_S F_N \tag{4-3}$$

式中，比例系数 f_S 是无量纲量，称为**静滑动摩擦系数**(简称**静摩擦系数**)。静摩擦系数的大小主要取决于两物体接触表面的材料性质和物理状态(如粗糙度、温度、湿度等)，与接触面积的大小无关，由实验确定。常见材料的静摩擦系数见附录 C。

2. 动滑动摩擦力

当物体沿 $\boldsymbol{F}_P$ 方向滑动时，其接触面上仍能产生阻碍相对滑动的阻力，这种阻力称为**动滑动摩擦力**，简称**动摩擦力**，用 $\boldsymbol{F}_d$ 表示。在干摩擦状态下，当物体滑动后，$\boldsymbol{F}_S$ 突然下降至 $\boldsymbol{F}_d$，此后基本上不随 $\boldsymbol{F}_P$ 变化，保持常数。

根据库仑摩擦定律，动摩擦力的大小与接触面之间的正压力成正比，即

$$F_d = f F_N \tag{4-4}$$

式中，f 称为**动滑动摩擦系数**，简称**动摩擦系数**。与 f_S 相同，f 也是取决于物体接触表面的材料性质与物理状态(光滑程度、温度、湿度等)，与接触面积的大小无关，但 f 与物体相对滑动速度有关。一般情况下动摩擦系数 f 小于静摩擦系数 f_S。

§4-2 摩擦角与自锁

1. 摩擦角

处于水平面上的物体在合外力 $\boldsymbol{F}_Q$ 作用下静止时，其上所受的约束力有法向反力 $\boldsymbol{F}_N$ 与静摩擦力 $\boldsymbol{F}_S$。将两约束力合成为 $\boldsymbol{F}_R$，简称**全反力**，如图 4-2(a)所示。物体则可看作是在主动力 $\boldsymbol{F}_Q$ 与全反力 $\boldsymbol{F}_R$ 两力作用下处于平衡，即等值、反向、共线。改变主动力 $\boldsymbol{F}_Q$，全反力 $\boldsymbol{F}_R$ 也随之改变。当静摩擦力 $\boldsymbol{F}_S$ 到达最大静摩擦力时，全反力 $\boldsymbol{F}_R$ 与接触面法线的夹角 α 达到最大值 φ_m，称为两接触物体的**摩擦角**。可以看出

$$\tan \varphi_m = \frac{F_{max}}{F_N} = \frac{f_S F_N}{F_N} = f_S \tag{4-5}$$

即摩擦角的正切值等于静摩擦系数。

在保证其他条件不变的情况下，当物体沿接触面的滑动趋势方向变化时，全反力 $\boldsymbol{F}_R$ 的作用线的方位也不断改变，将在空间画出一个顶角为 $2\varphi_m$、对称轴为公法线的正圆锥，称为**摩擦锥**，如图 4-2(b)所示。

2. 自锁

因为静摩擦力总是小于或等于最大静摩擦力，所以摩擦锥是全反力在三维空间的作用范围。即在任何种情况下，全反力 $\boldsymbol{F}_R$ 与接触面法线的夹角 φ 总满足

$$\varphi \leqslant \varphi_m$$

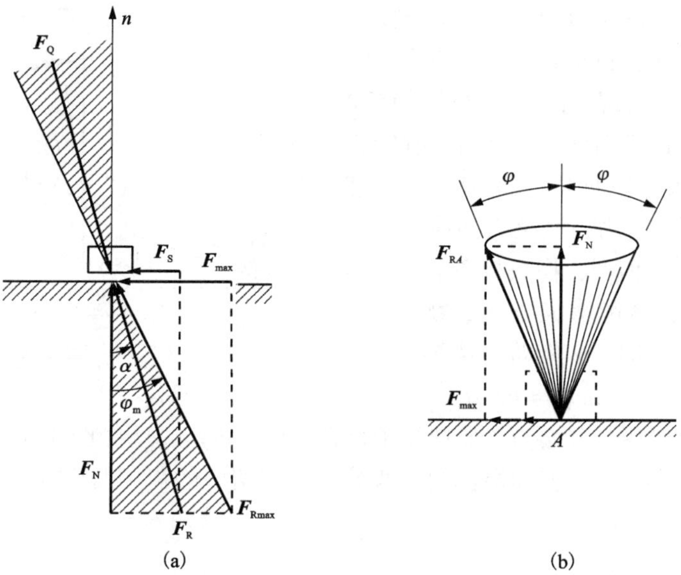

图 4-2

当物体所受主动力的合力 F_Q 的作用线位于摩擦锥以内，即

$$0 \leqslant \alpha \leqslant \varphi_m \tag{4-6}$$

无论主动力 $\boldsymbol{F}_Q$ 多大，总有相应大小的全反力 $\boldsymbol{F}_R$ 与之共线，如图 4-3(a)所示。物体的受力满足二力平衡公理，恒处于平衡状态，这种现象称为**自锁**，式(4-6)称为**自锁条件**。此时，$0 \leqslant F_S \leqslant F_{max}$，静摩擦力与一般约束力的性质完全相同。

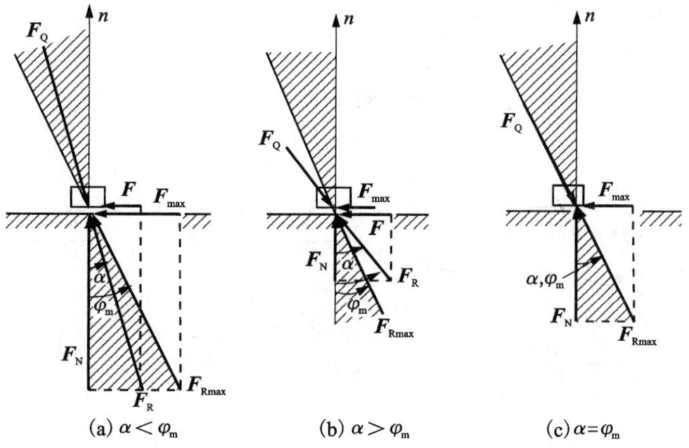

图 4-3

当主动力的合力 $\boldsymbol{F}_Q$ 的作用线位于摩擦锥以外时，无论 $\boldsymbol{F}_Q$ 力多小，由于二力不能共线，物体无法保持平衡，如图 4-3(b)所示。图 4-3(c)为**临界平衡状态**，此时，主动力合力 $\boldsymbol{F}_Q$ 的作用线与法线间的夹角刚好是摩擦角 φ_m。

两物体之间的静摩擦系数可以利用摩擦角的概念进行测定。如图 4-4 所示，将待测定摩擦系数的材料分别制成可绕 O 点转动的斜面 OB 和物块 A，或在接触表面粘贴上待测静摩擦系数的材料。缓慢抬起斜面 OB，令斜面倾角 α 从零开始逐渐增大，使物块总是有下滑的趋势。当物块静止时，重力与全反力共线，$\alpha=\varphi$；当斜面倾角达到某一值时，物块处于临界平衡状态，此时 $\alpha=\varphi_m$；继续增大 α 角，物块则下滑。故临界平衡状态时，α 角即为待测的摩擦角 φ_m。静摩擦系数 $f_S=\tan\varphi_m=\tan\alpha$。

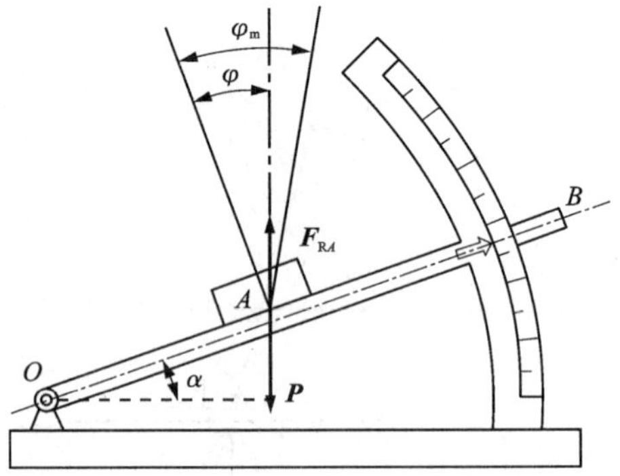

图 4-4

工程中一些机械零件和装置，如螺旋千斤顶（图 4-5）、楔块（图 4-6）等，其螺旋角、顶角 α 必须小于摩擦角 φ。而变速器的滑动齿轮、水闸闸门的启闭装置等，应避免出现自锁现象，并根据自锁条件设计的。

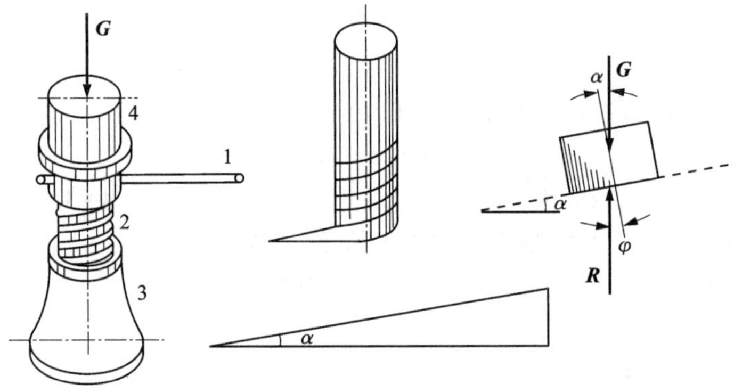

图 4-5

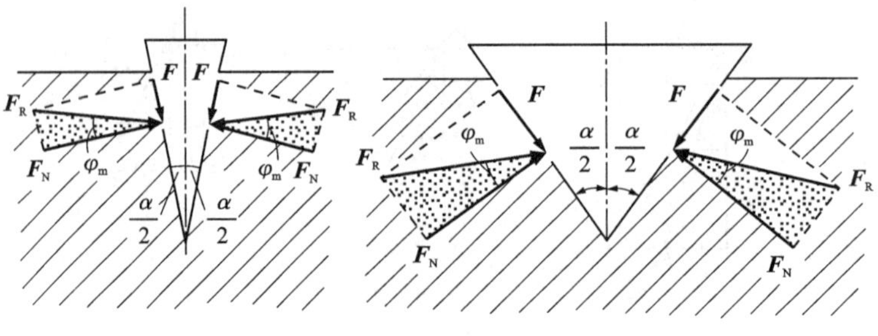

图 4-6

§4-3 考虑摩擦时的物体平衡问题

考虑摩擦的平衡问题也是用平衡方程来解决的，只是在受力分析时必须考虑摩擦力。静滑动摩擦力虽有约束力的性质，却不等同于一般的约束力，它不会超过其最大值。因此考虑摩擦的平衡问题时须有平衡范围。求解时一般考虑临界平衡状态，加入最大静摩擦力定律作为补充方程求解。

例 4-1 如图 4-7(a)所示，倾斜角为 α 的斜面上放一重为 $\boldsymbol{G}$ 的物体，物体与斜面之间的摩擦角为 φ_m，且 $\alpha>\varphi_m$。试求维持物体在斜面上静止所需的水平推力 $\boldsymbol{F}$ 的大小。

解： 取物体为研究对象。由题意知 $\alpha>\varphi_m$，如果不加水平力 $\boldsymbol{F}$，物体将向下滑动。当 $\boldsymbol{F}$ 较小时，物体有向下滑动的趋势；当 $\boldsymbol{F}$ 较大时，物体有向上滑动的趋势。在临界状态下，所受静摩擦力都达到最大值。故本例应分为以下两种情况进行分析。

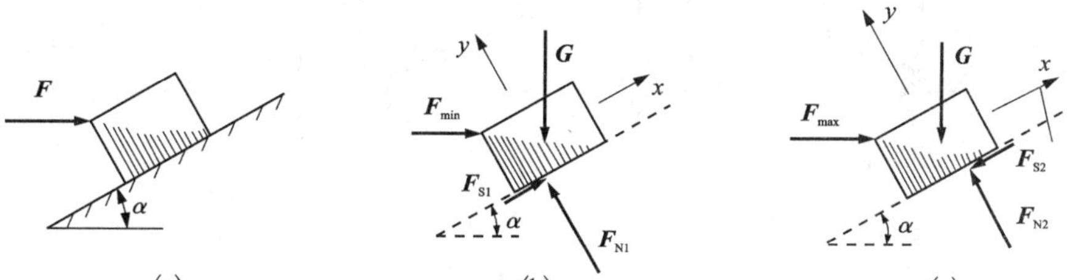

图 4-7

(1) 求 $\boldsymbol{F}$ 的最小值 F_{min}。此时静摩擦力 $\boldsymbol{F}_{S1}$ 的方向应沿斜面向上，物体受力如图 4-7(b)所示。取坐标轴 x、y 如图所示，由平衡方程

$$\sum F_x = 0,\ F_{min}\cos\alpha - G\sin\alpha + F_{S1} = 0$$

$$\sum F_y = 0,\ -F_{min}\sin\alpha - G\cos\alpha + F_{Nl} = 0$$

及关于摩擦力的补充方程

$$F_{S1} = f \cdot F_{Nl} = F_{Ni}\tan\varphi_m$$

解得

$$F_{min} = G\frac{\tan\alpha - f}{1 + f\tan\alpha} = G\tan(\alpha - \varphi_m)$$

(2) 求 $\boldsymbol{F}$ 的最大值 F_{max}。此时静摩擦力的方向应沿斜面向下，物体受力如图 4-7(c)所示。取坐标轴 x、y 如图所示，由平衡方程

$$\sum F_x = 0,\ F_{max}\cos\alpha - G\sin\alpha - F_{S2} = 0$$

$$\sum F_y = 0,\ -F_{max}\sin\alpha - G\cos\alpha + F_{N2} = 0$$

及补充方程

$$F_{S2}=fF_{N2}=F_{N2}\tan\varphi_m$$

解得

$$F_{max}=G\tan(\alpha+\varphi_m)$$

因此

$$G\tan(\alpha-\varphi_m)\leqslant F\leqslant G\tan(\alpha+\varphi_m)$$

本题若用几何法求解更简单。

在求 $\boldsymbol{F}_{min}$ 时，把法向反力 $\boldsymbol{F}_{N1}$ 和摩擦力 $\boldsymbol{F}_{S1}$ 用全反力 $\boldsymbol{F}_{R1}$ 表示，作用线在接触面公法线的左侧，与公法线的夹角为 φ_m。这样物体在 $\boldsymbol{G}$、$\boldsymbol{F}_{min}$、$\boldsymbol{F}_{R1}$ 三力作用下处于平衡[图 4-8(a)]，作力三角形如图 4-8(b)所示，解该力三角形可得

$$F_{min}=G\tan(\alpha-\varphi_m)$$

同理，求 $\boldsymbol{F}_{max}$ 时把法向反力 $\boldsymbol{F}_{N2}$ 和摩擦力 $\boldsymbol{F}_{S2}$ 用全反力 $\boldsymbol{F}_{R2}$ 表示[图 4-8(c)]，解其力三角形可得

$$F_{max}=G\tan(\alpha+\varphi_m)$$

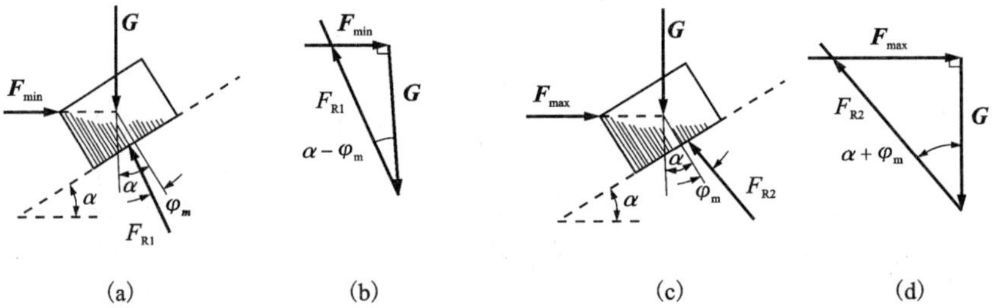

图 4-8

同样可得

$$G\tan(\alpha-\varphi_m)\leqslant F\leqslant G\tan(\alpha+\varphi_m)$$

由上可知，当水平推力 $\boldsymbol{F}$ 的大小在 $F_{min}\leqslant F\leqslant F_{max}$ 范围内变化时，物体在斜面上总保持静止。这就是水平推力 $\boldsymbol{F}$ 的大小。

例 4-2　某变速机构中滑移齿轮如图 4-9(a)所示。在力 $\boldsymbol{F}_P$ 推动下，齿轮能沿轴顺利地向左滑动。已知齿轮孔与轴之间的摩擦系数为 f，齿轮孔与轴接触面的长度为 b。设齿轮的重量忽略不计，求作用在齿轮上的 $\boldsymbol{F}_P$ 力到轴中心线的距离 a 为多大时，齿轮才不至于被卡住(即不会自锁)。

解： 根据题意，可先求被卡住的范围值，此范围之外就是不被卡住的范围。

齿轮孔与轴之间总有一定的间隙，齿轮在 $\boldsymbol{F}_P$ 力的推动下要发生倾侧，可以认为此时齿轮与轴仅在以 A、B 两点处接触。

(1) 用平衡方程求解

以齿轮为研究对象，假定齿轮处于将要向左滑动的临界状态，受力如图 4-9(b)所示。取坐标轴 x、y，列出平衡方程

$$\sum F_x=0,\ F_{SA}+F_{SB}-F_P=0 \qquad (4-7)$$

$$\sum F_y=0,\ F_{NA}-F_{NB}=0 \qquad (4-8)$$

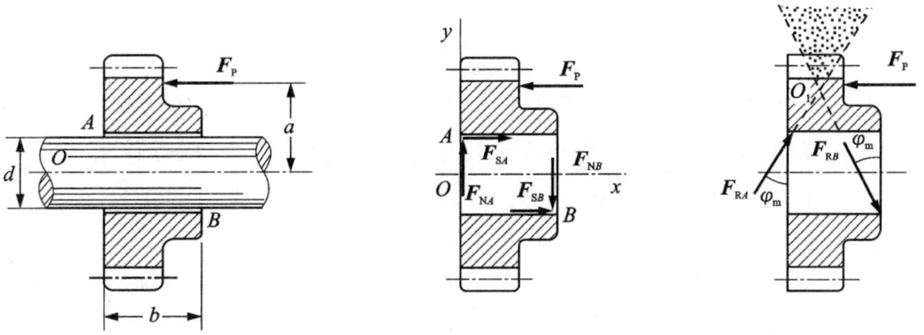

图 4-9

$$\sum M_O(\boldsymbol{F}_i)=0,\ F_{\mathrm{P}}a-F_{\mathrm{NB}}b-F_{\mathrm{SA}}d/2+F_{\mathrm{SB}}\,d/2=0 \qquad (4-9)$$

临界状态下，有

$$F_{\mathrm{SA}}=fF_{\mathrm{NA}} \qquad (4-10)$$

$$F_{\mathrm{SB}}=fF_{\mathrm{NB}} \qquad (4-11)$$

联立式(4-7)～式(4-11)，求得

$$a=\frac{b}{2f}$$

此为临界平衡状态下距离 a 应满足的条件。由观察知，距离 a 愈小，齿轮愈易沿轴滑动；反之，距离 a 愈大，则愈易被卡住。此时求得的 a 是齿轮被卡住时的最小值，即平衡时 a 满足的范围是

$$a\geqslant\frac{b}{2f}$$

上述平衡范围也可以更简捷地得出，即通过把补充条件式(4-10)、式(4-11)写成不等式

$$F_{\mathrm{SA}}\leqslant fF_{\mathrm{NA}},\ F_{\mathrm{SB}}\leqslant fF_{\mathrm{NB}}$$

代入平衡方程，用不等式求解。

要保证齿轮不被卡住(即不会自锁)，a 不能在满足平衡的范围内取值，必须取

$$a<\frac{b}{2f}$$

上式即为所求的 a 值。它也有一个变化范围

$$0<a<\frac{b}{2f}$$

(2)用几何法求解

将接触点 A、B 处的反力分别用 $\boldsymbol{F}_{\mathrm{RA}}$、$\boldsymbol{F}_{\mathrm{RB}}$ 表示。因摩擦力已达最大值，全反力与接触面法线的夹角应为摩擦角 φ_{m}。齿轮受三个力作用，故平衡时 $\boldsymbol{P}$ 力作用线必定通过两全反力的交点 O_1[图 4-9(c)]，则

$$\left(a+\frac{d}{2}\right)\tan\varphi_{\mathrm{m}}+\left(a-\frac{d}{2}\right)\tan\varphi_{\mathrm{m}}=b$$

故可解得

$$a=\frac{b}{2\tan\varphi_m}=\frac{b}{2f}$$

根据受力图，如三力作用线的汇交点在点 O_1 上的阴影区域内任何一点时，$\boldsymbol{F}_{RA}$、$\boldsymbol{F}_{RB}$ 的作用线都不超出其摩擦角 φ_m，说明齿轮必定处于平衡(自锁)。如 $\boldsymbol{P}$ 力作用线通过点 O_1 下面的区域，由于 $\boldsymbol{F}_{RA}$、$\boldsymbol{F}_{RB}$ 不能超出其摩擦角，三力的作用线没有共同的汇交点，因而不能维持平衡，即齿轮不会被卡住。故所求的 a 满足不等式

$$a<\frac{b}{2f}$$

此结果与解析法所得完全相同。

例 4-3 如图 4-10(a)所示，物块 A 重 $P_A=300$ N，均质轮 B 半径为 R，重 $P_B=600$ N。物块 A 与轮 B 接触处的静滑动摩擦系数 $f_{S1}=0.3$，轮 B 与地面间的静滑动摩擦系数 $f_{S2}=0.5$。不考虑滚动摩擦阻力，求能拉动轮 B 的水平拉力 $\boldsymbol{F}$ 的最小值。

解： 轮 B 与 A 及地面有接触，当有一处到达临界状态时，轮 B 将开始运动。先假设某一处先到达临界状态，再假设另一处先到达临界状态，分别求出拉力 $\boldsymbol{F}$ 的大小，较小者即为所求。

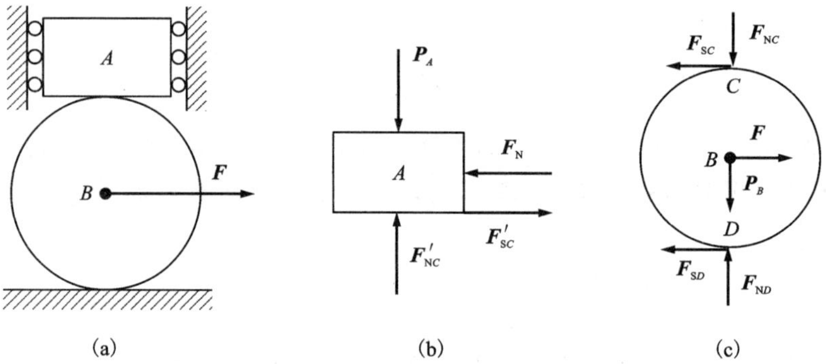

图 4-10

取物块 A 为研究对象，其受力如图 4-10(b)所示。显然

$$F'_{NC}=P_A=300(\text{N})$$

再取轮 B 为研究对象，其受力如图 4-10(c)所示。列平衡方程

$$\sum F_x=0,\ F-F_{SC}-F_{SD}=0 \tag{4-12}$$

$$\sum F_y=0,\ F_{ND}-P_B-F_{NC}=0 \tag{4-13}$$

$$\sum \boldsymbol{M}_B=0,\ F_{SC}\cdot R-F_{SD}\cdot R=0 \tag{4-14}$$

设 C 处先到达临界滑动状态，则有

$$F_{SC}=f_{S1}\cdot F_{NC}=90(\text{N}) \tag{4-15}$$

解得

$$F=180(\text{N})$$

再设 D 处先到达临界滑动状态，则有

$$F_{SD}=f_{S2}\cdot F_{ND}=450(\text{N}) \tag{4-16}$$

解得

$$F=900(\mathrm{N})$$

故能拉动轮 B 的水平拉力 $\boldsymbol{F}$ 的最小值为

$$F_{\min}=180(\mathrm{N})$$

也可假设某一处先到达临界状态，求得结果，再验证另一处摩擦力是否超过对应的最大静滑动摩擦力。如没有超过，则表明假设正确；如果超过，则应按另一处先到达临界状态，再求得结果。

如设 C 处先到达临界滑动状态，解得 $F=180$ N。由式(4-12)、式(4-13)解得

$$F_{\mathrm{N}D}=900(\mathrm{N}),\ F_{\mathrm{S}D}=90(\mathrm{N})$$

此时

$$F_{D\max}=f_{\mathrm{S2}}\cdot F_{\mathrm{N}D}=450(\mathrm{N})$$

即

$$F_{\mathrm{S}D}<F_{D\max}$$

表明此时 D 处没有到达临界状态，得

$$F_{\min}=180(\mathrm{N})$$

当然，对于有多处接触的摩擦问题，也有可能出现接触处同时到达临界状态的情况，这时必须考虑所有可能出现的情况，一一求解。

例 4-4　某设备重为 $\boldsymbol{G}$，置于水平面上，如图 4-11(a)所示。其上点 D 作用一拉力 $\boldsymbol{F}_{\mathrm{P}}$，与水平面夹角为 θ。已知设备底面的宽度为 a，重心位置尺寸为 b、c，点 D 的位置尺寸为 d、e，设备与水平面间的静滑动摩擦系数为 f。求平衡时 $\boldsymbol{F}_{\mathrm{P}}$ 的最大值。

解：设备失去平衡的方式有两种：滑动和翻倒。前者由滑动摩擦力是否达到最大值为界限；后者由支承面法向反力 $\boldsymbol{F}_{\mathrm{N}}$ 的作用线是否向右移到边缘 B 点为界限。求出设备不滑动时的最大力和不绕 B 点翻倒时的最大力，其中较小者即为维持设备平衡的 $\boldsymbol{F}_{\mathrm{P}}$ 力。

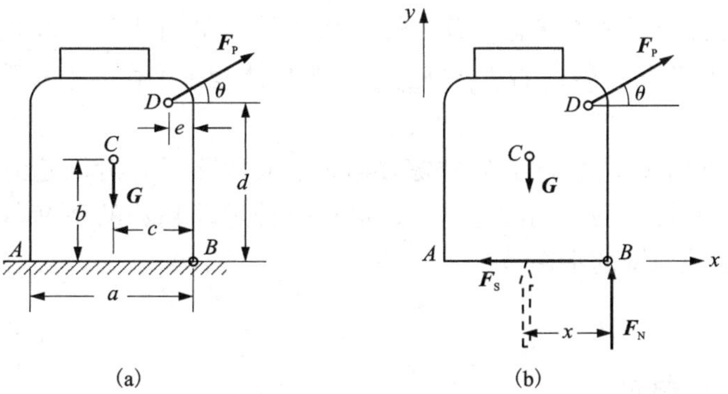

图 4-11

取设备整体为研究对象，先求不使设备滑动的最大 $\boldsymbol{F}_{\mathrm{P}}$ 力。

从图 4-11(b)中容易看出，在 $\boldsymbol{F}_{\mathrm{P}}$ 的作用下，设备有沿水平面向右滑动的趋势，故摩擦力 F_{S} 方向向左。假定正压力作用在距 B 点 x 处，其受力如图 4-11(b)所示。选取坐标轴 x、y，列平衡方程

$$\sum F_x = 0,\ F_P\cos\theta - F_S = 0$$

$$\sum F_y = 0,\ F_N - G + F_P\sin\theta = 0$$

假设摩擦力达最大值，故有补充条件

$$F_S = fF_N$$

将上面三式联立求解可得

$$F_P = \frac{fG}{\cos\theta + f\sin\theta} \tag{4-17}$$

这是保证设备不沿水平面滑动的最大 $\boldsymbol{F}_P$ 值。

再求不使设备翻倒的最大 $\boldsymbol{F}_P$ 力。

随着 $\boldsymbol{F}_P$ 力的增大，设备底面与水平面间的压力分布情况在变化，因而正压力 $\boldsymbol{F}_N$ 的作用线逐渐向右移动，使 x 值变小。在极限情况下，$\boldsymbol{F}_N$ 移至 B 点，而 x 为零。这时的 $\boldsymbol{F}_P$ 值便是保证设备不会翻倒的最大值，故取

$$\sum M_B(\boldsymbol{F}_i) = 0,\ G\cdot c - F_P\cos\theta\cdot d - F_P\sin\theta\cdot e = 0$$

可解得

$$F_P = \frac{cG}{d\cos\theta + e\sin\theta} \tag{4-18}$$

这是保证设备不会绕 B 点翻倒的最大 $\boldsymbol{F}_P$ 值。

要保证设备既不滑动，又不翻倒，则取其中较小的值，即平衡时 $\boldsymbol{F}_P$ 的最大值。

由以上各例可以看出，分析考虑摩擦的平衡问题时应注意以下几点。

(1)判断静摩擦力的方向。在一般情况下，静摩擦力的方向可以根据相对滑动的趋势来确定。如果相对滑动的趋势不能简单地判断出来，可先假设静摩擦力的方向，然后由其计算值的正负号来确定。

(2)检验物体是否处于平衡状态。首先假设物体处于平衡状态，算出接触面的法向反力 $\boldsymbol{F}_N$ 和摩擦力 $\boldsymbol{F}_S$，然后进行比较。若 $F_S \leqslant F_{max}$，表明物体处于平衡状态；反之，若 $F_S > F_{max}$，则物体是不平衡的。

(3)当系统具有两个或两个以上的摩擦接触面，或者除了有滑动趋势外，还有翻倒的趋势时，须分析该系统有哪几种运动的趋势，确定每一种运动趋势的平衡范围，综合比较各种平衡范围，最后确定该系统的平衡范围。

§4-4 滚动摩阻

众所周知用滚动代替滑动可以省力。如图 4-12 所示，半径为 R、重为 $\boldsymbol{P}$ 的圆轮置于水平面上处于平衡。今在轮心 O 点施加一水平力 $\boldsymbol{F}$，设水平面能提供足够大的静摩擦力 $\boldsymbol{F}_S$，保证圆轮不滑动。由

$$\sum F_X = 0,\ F_S = F$$

即力 $\boldsymbol{F}_S$ 和 $\boldsymbol{F}$ 组成一力偶，此时圆轮受力不满足力矩平衡条件，将向右滚动。事实上，当力 $\boldsymbol{F}$ 不太大时，圆轮既不滑动，也不滚动。其原因是圆轮与水平面之间并非刚性接触，接触点存在变形，阻止了圆轮的滚动。

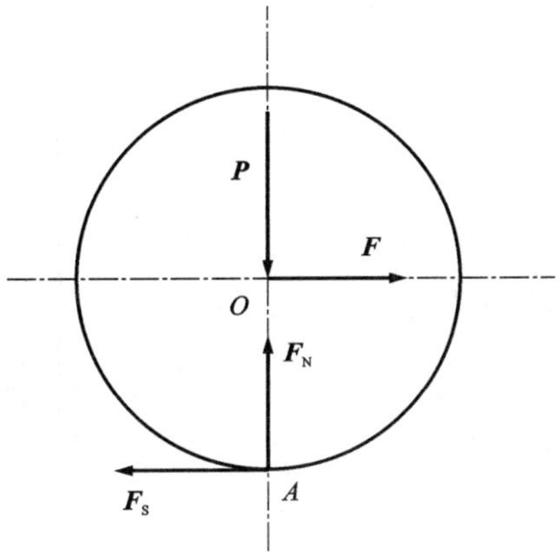

图 4–12

假设圆轮不变形，只有地面变形，如图 4–13(a)所示。地面的约束力是一分布力系，向 A 点简化，得法向反力 $\boldsymbol{F}_N$、摩擦力 $\boldsymbol{F}_S$ 和阻力偶 M，如图 4–13(b)、4–13(c)所示。接触面之间产生的这种阻碍滚动趋势的阻力偶称为**静滚动摩擦阻力偶**，简称**静滚阻力偶**。其大小 $M=FR$，与主动力有关；转向与圆轮相对滚动趋势相反，作用于圆轮接触部位。

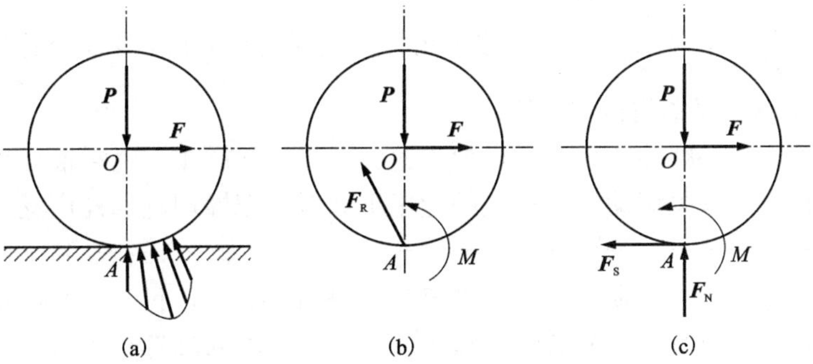

图 4–13

当 $\boldsymbol{F}$ 力逐渐增大时，圆轮会达到一种欲滚而未滚动的临界平衡状态。此时，M 达到最大静滚阻力偶 M_{max}，微小的扰动即使圆轮向右滚动。因此，静滚阻力偶 M 应满足下述条件

$$0 \leqslant M \leqslant M_{max} \tag{4-19}$$

实验表明，最大静滚动摩阻力偶与接触物体之间的法向反力成正比。即

$$M_{max}=\delta F_N \tag{4-20}$$

式(4–20)称为**滚动摩擦定律**。δ 称为**滚动摩阻系数**，是具有长度的量纲，单位为厘米(cm)或毫米(mm)，主要取决于物体接触面的变形程度，而与接触面的粗糙程度无关。例如，自行车的轮胎气压不足时，骑车人感到很费劲；同样的自行车在柏油路和在沙土路上骑行的

感觉也不一样；这说明了滚动摩阻系数的特点。

根据力系简化方法，将 $\boldsymbol{F}_N$ 与 M_{max} 合成为一个力 $\boldsymbol{F}_N'$，$\boldsymbol{F}_N'=\boldsymbol{F}_N$，作用线平移一段距离 d，如图 4-14 所示。这表明，滚动摩擦使正压力向滚动前进方向平移，平移的距离正好等于滚动摩阻系数。这就是滚动摩阻系数的几何意义。

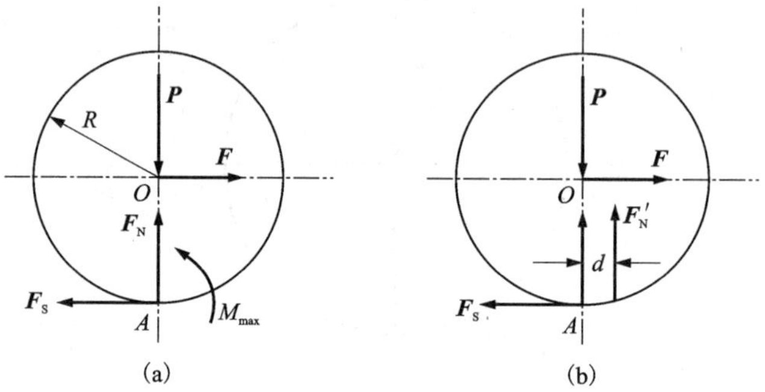

图 4-14

圆轮滚动的临界平衡条件为

$$\sum M_A(F)=0,\ F_{滚}=\frac{M_{max}}{R}=\frac{\delta F_N}{R}=\frac{\delta}{R}P$$

圆轮滑动的临界平衡条件为

$$\sum F_x=0,\ F_{滑}=F_{max}=f_S P$$

一般情况下，$\frac{\delta}{R}\ll f_S$，故 $F_{滚}\ll F_{滑}$，即圆轮总是先到达滚动临界平衡状态。这就是克服滚动摩擦比克服滑动摩擦要省力得多的原因。

注意，上述关于滚动摩擦的理论是近似理论，在某些问题中，用它推导出的结论与实际情况未必相符。因此，有关滚动摩擦理论的应用不如滑动摩擦理论那样广泛。

例 4-5 在搬运重物时，常在板下垫辊子，如图 4-15(a) 所示。设重物重 F_G，辊子重 $F_{G1}=F_{G2}$，半径为 r，辊子与重物间的滚动摩阻系数为 δ_1，与地面间的滚动摩阻系数为 δ_2。求即将拉动重物时水平力 $\boldsymbol{F}_P$ 的大小。

解： 本题考虑滚动摩阻的平衡问题。在即将拉动重物的临界状态时，滚阻力偶矩到达最大值。

先以整体为研究对象，其受力如图 4-15(b) 所示。列平衡方程

$$\sum F_x=0,\ F_P-F_{S1}-F_{S2}=0 \tag{4-21}$$

$$\sum F_y=0,\ F_{N1}+F_{N2}-F_G-F_{G1}-F_{G2}=0 \tag{4-22}$$

再以辊子 O_1 为研究对象，其受力如图 4-15(c) 所示。列平衡方程

$$\sum M_A(\boldsymbol{F}_i)=0,\ M_1+M_A-F_{S1}\cdot 2r=0 \tag{4-23}$$

$$\sum F_y=0,\ F_{N1}-F_{NA}-F_{G1}=0 \tag{4-24}$$

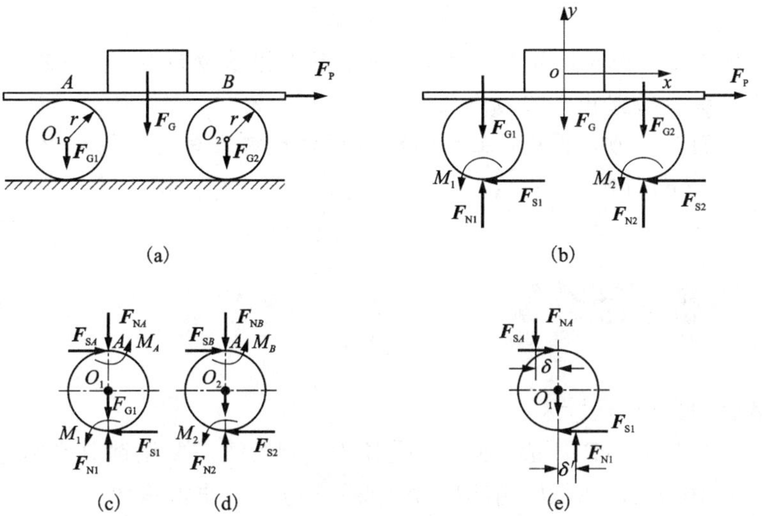

图 4-15

以辊子 O_2 为研究对象，其受力如图 4-15(d)所示。列平衡方程

$$\sum M_B(\boldsymbol{F}_i)=0,\ M_2+M_B-F_{S2}\cdot 2r=0 \tag{4-25}$$

$$\sum F_y=0,\ F_{N2}-F_{NB}-F_{G2}=0 \tag{4-26}$$

列补充方程

$$M_1=\delta_2\cdot F_{N1} \tag{4-27}$$

$$M_A=\delta_1\cdot F_{NA} \tag{4-28}$$

$$M_2=\delta_2\cdot F_{N2} \tag{4-29}$$

$$M_B=\delta_1\cdot F_{NB} \tag{4-30}$$

将 M_1、M_A 代入式(4-23)，得

$$F_{N1}\delta_2+F_{NA}\delta_1-F_{S1}\cdot 2r=0$$

将式(4-24)中的 F_{NA} 代入上式，得

$$F_{N1}(\delta_2+\delta_1)-F_{G1}\delta_1-F_{S1}\cdot 2r=0 \tag{4-31}$$

将 M_2、M_B 代入式(4-25)，得

$$F_{N2}\delta_2+F_{NB}\delta_1-F_{S2}\cdot 2r=0$$

将式(4-26)中的 F_{NB} 代入上式，得

$$F_{N2}(\delta_2+\delta_1)-F_{G2}\delta_1-F_{S2}\cdot 2r=0 \tag{4-32}$$

将式(4-31)与式(4-32)相加，得

$$(F_{N1}+F_{N2})(\delta_2+\delta_1)-(F_{S1}+F_{S2})\cdot 2r-2F_{G1}\delta_1=0$$

将式(4-21)、式(4-22)代入上式，得

$$(F_G+2F_{G1})(\delta_2+\delta_1)-F_P\cdot 2r-2F_{G1}\delta_1=0$$

解得

$$F_P=\frac{F_G(\delta_2+\delta_1)+2F_{G1}\delta_2}{2r}$$

取 $F_G=10$ kN，$\delta_1=0.05$ cm，$\delta_2=0.2$ cm，$r=8$ cm，且 $F_{G1}=F_{G2}=0$，代入上式，

$$F_P=156(\mathrm{N})$$

可以看到，如果把重物直接放在地面上，设滑动摩擦系数为 0.5，那么就需要的 5 kN 拉力。这比放在辊子上拉动重物所需的力大得多。

画辊子的受力图时，也可根据滚阻力偶矩的转向判定法向反力偏离中心线的位置(左边或右边)，如图 4-15(e)所示。

§4-5 分析与讨论

锚具夹片的受力分析与设计

桥梁工程、结构工程中常用钢绞线来承受拉力，钢绞线需要用锚具紧紧地锚住才能保持住预拉力，如图 4-16 所示。所以，结构工程中锚具是一个非常重要的器件。下面简要说明其设计原理。

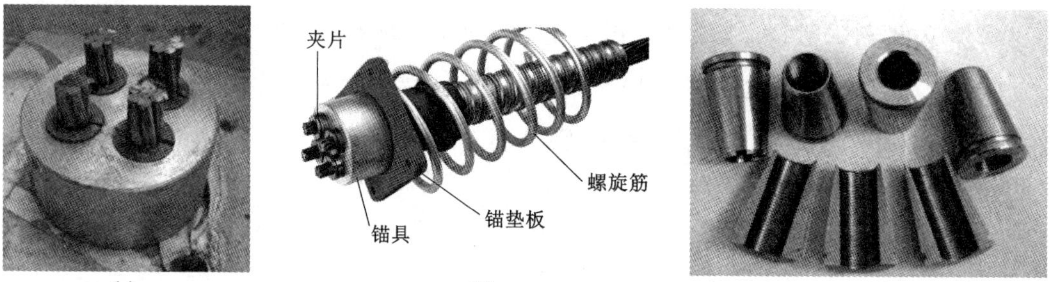

(a) (b) (c)

图 4-16

假设楔形夹片倾角为 θ，对楔形夹片进行受力分析，如图 4-17 所示。钢绞线对夹片的全反力为 $\boldsymbol{F}_{R1}$，锚座对夹片的全反力为 $\boldsymbol{F}_{R2}$。在临界状态时摩擦力已达最大值，全反力与接触面法线的夹角应为摩擦角。根据几何关系，有

$$\varphi_1=\theta+\varphi_2$$

因此，为保证锚具能将钢缆紧紧地锚住，在设计夹片时，φ_1 要尽量大，φ_2 尽量小。所以，夹片与钢绞线接触的面有意加工得很粗糙，而与锚座接触的面非常光滑。

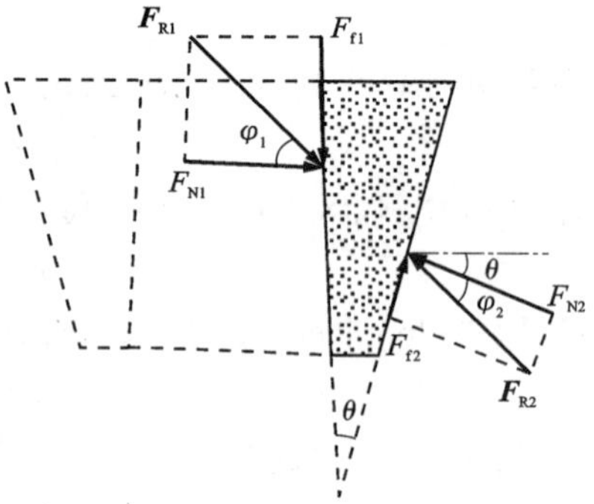

图 4-17

习　题

4-1　圆柱体 B 重 $P=50$ N，已知圆柱体与水平面间摩擦系数 $f=0.25$，而铅垂墙光滑。设绳悬挂物块重 $Q=30$ N，求地面对圆柱的滑动摩擦力(图题 4-1 中长度单位为毫米，滚阻不计)。

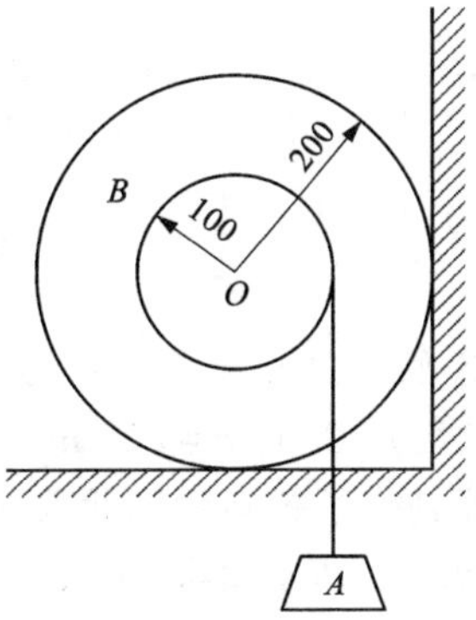

图题 4-1

4-2　自重 900 N 的滑门放在轨道上，如图题 4-2 所示。若 A、B 两支点与轨道之间的静摩擦系数各为 0.2 和 0.3，试分别求出滑门向左和向右滑动时，作用于手把 C 处的水平力 $\boldsymbol{P}$ 的大小。

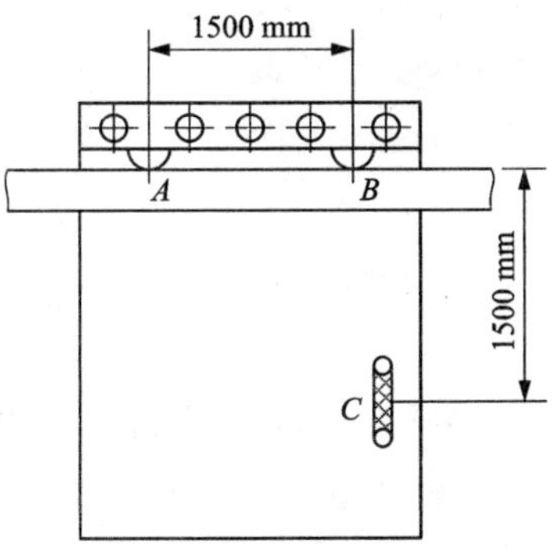

图题 4-2

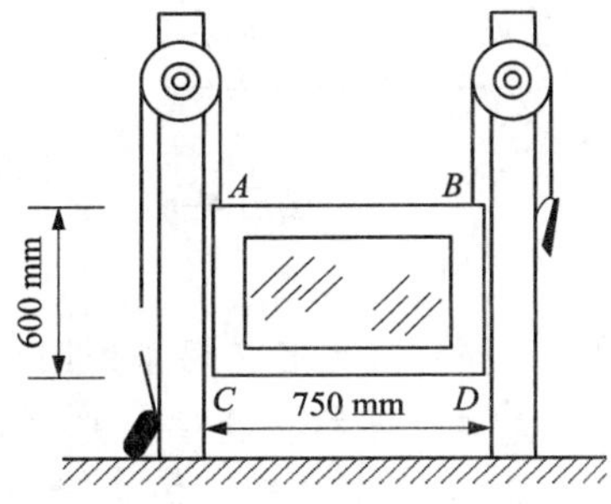

图题 4-3

4-3　矩形活动木窗重 60 N 可沿导槽上下移动，木窗由细绳跨过滑轮，用两个 30 N 的平衡重吊住。今左边细绳突然被拉断。问木窗与导槽间的静摩擦系数 f 为多大时，木窗才不致滑下。(假定木窗与导槽间有微小间隙，当左边细绳被拉断时木窗在 A、D 两点接触。)

4-4　欲转动一置于 V 形槽中的棒料，如图题 4-4 所示，须作用一力偶矩 $M=15$ N · m 的力偶。已知棒料重 $G=400$ N，直径 $D=0.25$ m，试求棒料与 V 形槽间的摩擦系数 f。

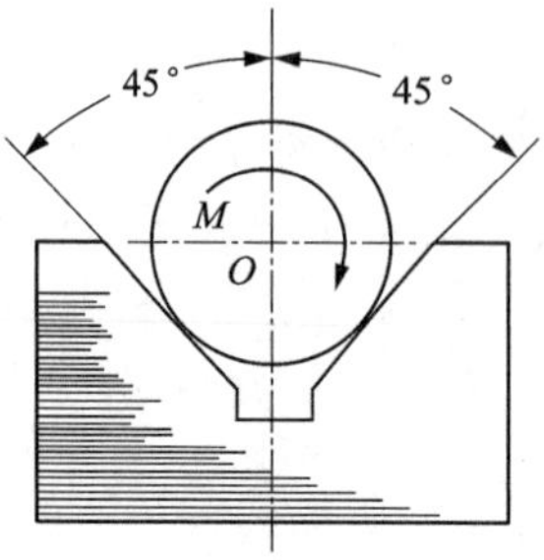

图题 4-4

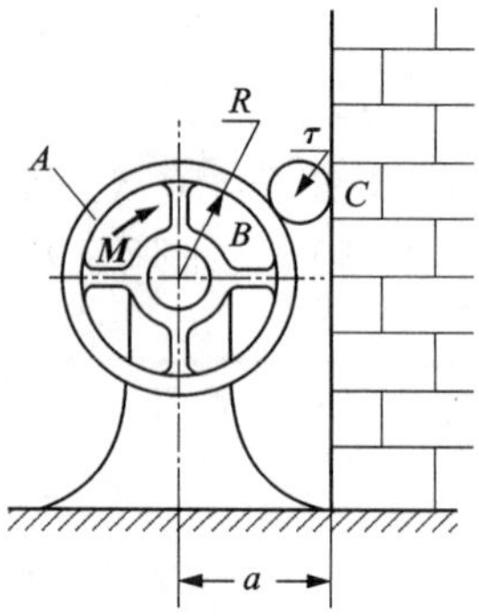

图题 4-5

4-5　为了防止轮 A 顺时针方向转动，将一个可以忽略重量的小圆柱放在轮与墙壁之间。设接触点 B 和 C 处的静摩擦系数都是 $f=0.3$，$a=225$ mm，$R=200$ mm，滚阻不计。求不论在轮 A 上施加多大的力矩 $\boldsymbol{M}$ 也不会引起轮子转动的圆柱最大半径 R。

4-6　水平板放在直角 V 形槽内，如图题 4-6 所示。板长 l，略去板重，板与两个槽面间的摩擦角均为 φ。若有一个人在板上走动，试分析不使板滑动时人的走动范围。

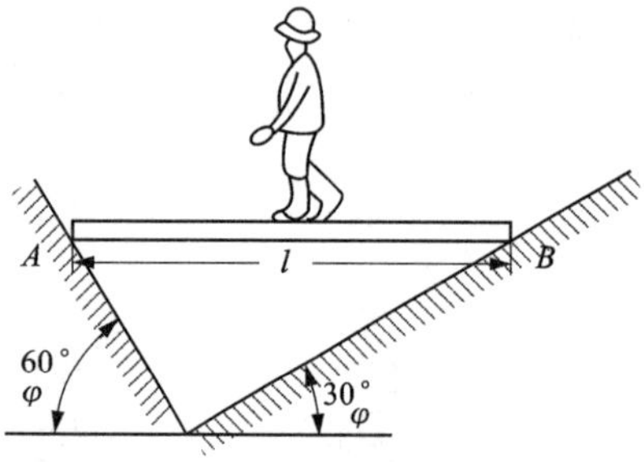

图题 4-6

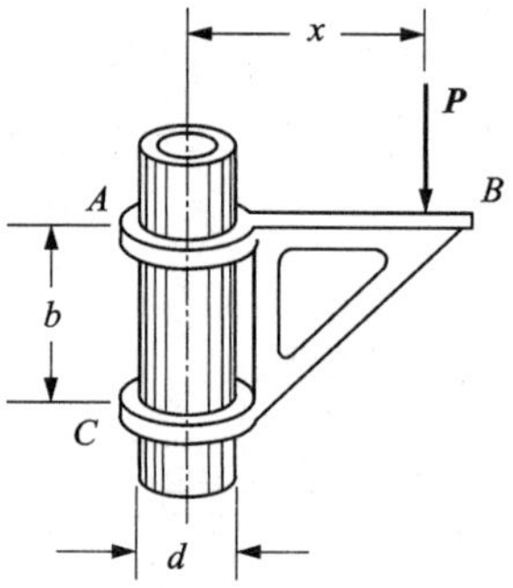

图题 4-7

4-7　悬挂臂架环套在铅垂的圆柱上，可以上下移动。在悬架上作用的铅垂力 $\boldsymbol{P}$ 离开圆柱较远时，悬挂臂架将被圆柱上的摩擦力卡住不能移动。设套环与圆柱间的摩擦角皆为 φ，不计架重。求悬挂臂架不被卡住时，$\boldsymbol{P}$ 力离开圆柱的最大距离。

4-8　起重绞车的制动器由带制动块的手柄和制动轮所组成。已知制动轮半径 $R=0.5$ m，鼓轮半径 $r=0.3$ m，$a=0.6$ m，$b=0.1$ m。不计手柄和制动轮的重量，求能够制动所需 $\boldsymbol{P}$ 力的最小值。

4-9　图题 4-9 所示为机床夹具中常用的偏心夹紧装置。转动偏心轮手柄，就可使杠杆一端 O_1 升高，从而压紧工件。已知偏心轮半径为 r，与台面间摩擦系数为 f。若不计偏心轮和杠杆的自重，在图题 4-9 所示位置夹紧工件后不致自动松开，偏心矩 $\boldsymbol{e}$ 应为多少？

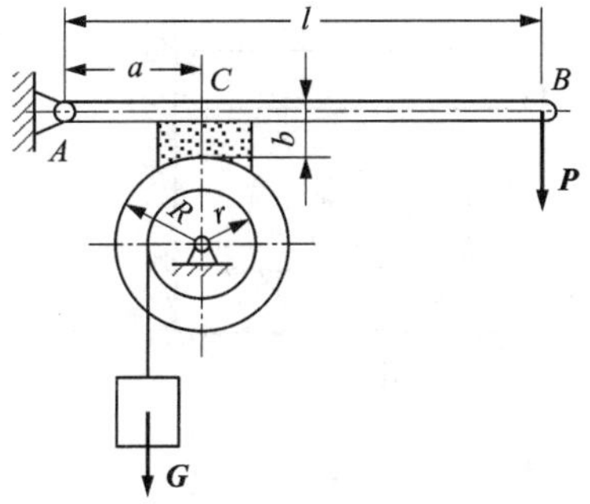

图题 4-8

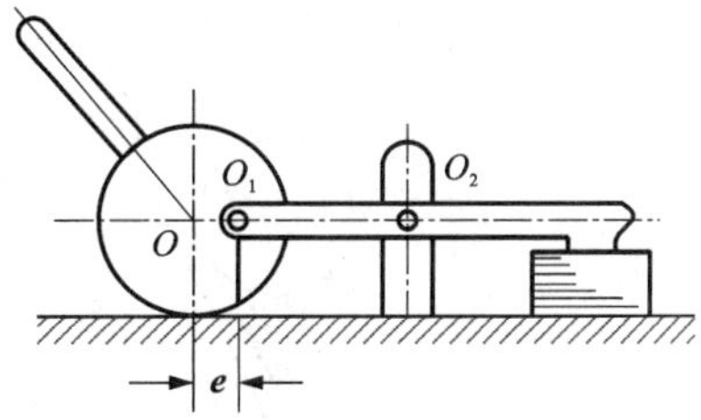

图题 4-9

4-10　立柜重 $W=1$ kN，如图题 4-10 所示，$h=1.2$ m，$a=0.9$ m。设滚轮与地面间滑动摩擦系数 $f=0.3$，滚阻不计。若(1)滚轮 A 不能自由转动；(2)滚轮 B 不能自由转动；(3)两滚轮都不能自由转动；试求推动该柜平动的最小水平力 P，并校核会不会翻倒。

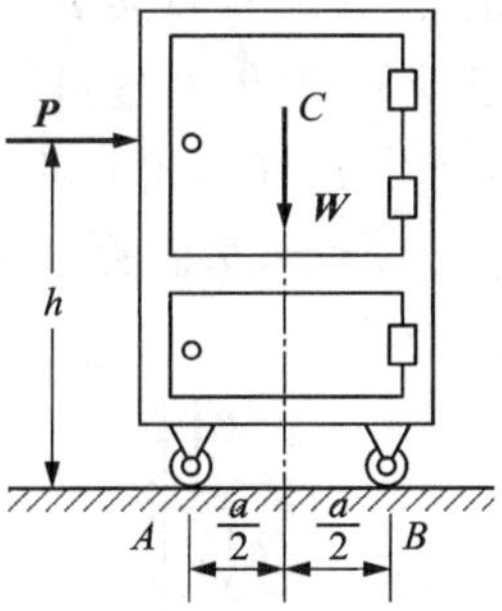

图题 4-10

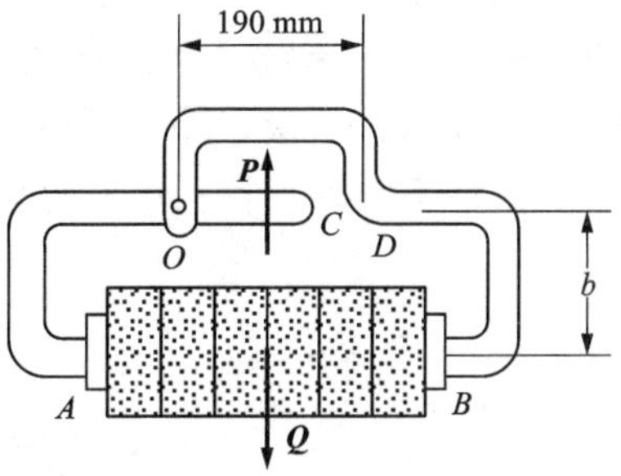

图题 4-11

4-11　提砖用的砖夹是由曲杆 AOC 与 ODB 铰接而成。设砖总厚 $AB=250$ mm，总量为 Q；砖夹与砖之间的摩擦系数为 0.5；工人在 OD 的中点施力。若不计杆重，试问能把砖匀速提起的尺寸 b 应为多少？

4-12　两木板 AO 与 BO 用铰链连接于水平轴 O 上，$\angle AOB=2a$，两板间放一均质圆柱如图题 4-12 所示。圆柱重 Q，半径为 a，圆柱与木板之间摩擦系数为 f。今在 A、B 各加一水平力 $\boldsymbol{P}$ 及 $\boldsymbol{P}'$，且 $P=P'$，木板重量及厚度不计。试求维持圆柱在这一位置平衡时，$\boldsymbol{P}$ 和 $\boldsymbol{P}'$ 的大小范围。

4-13　重 600 N 的物块 C 放置在绕线轮上，物体两端用滚柱约束在两墙之间。已知绕线轮重 500 N；接触处 A、B 的滑动摩擦系数为 $f_A=0.3$ 和 $f_B=0.5$；轮子和轴的半径分别是 $r_1=0.4$ m，$r_2=0.2$ m。假定滚阻不计，试求能使绕线轮运动的最小水平拉力 $\boldsymbol{P}$。

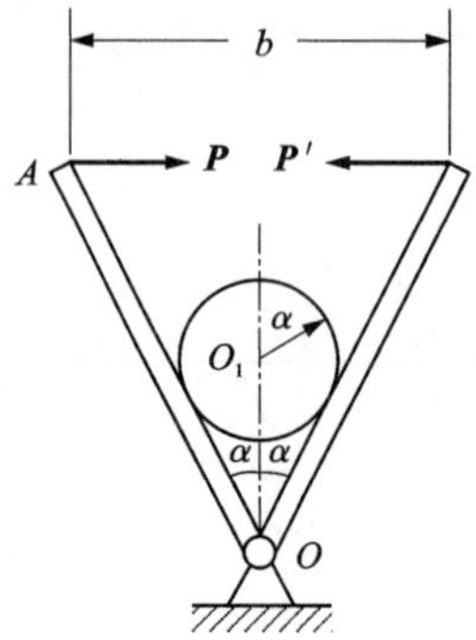

图题 4-12

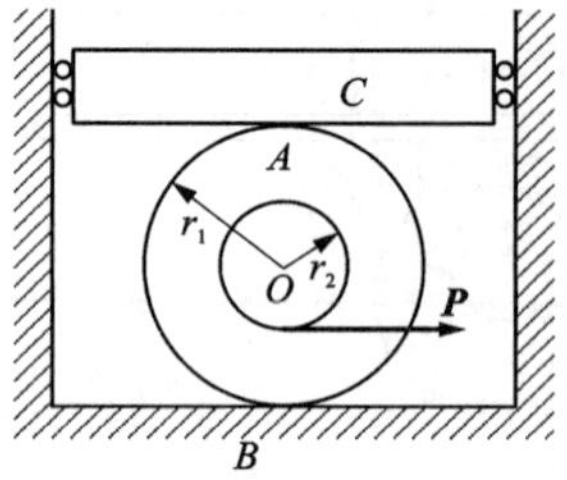

图题 4-13

4-14　一半径为 R，重为 $\boldsymbol{P}$ 的轮静止在水平面上，如图题 4-14 所示。在轮中心有一半径为 r 的轴，轴上缠有细绳。此细绳跨过光滑的小滑轮 A，在端部吊一重为 Q 的物体。绳的 AB 部分与铅垂线成 α 角。求轮与水平面接触点 C 处的滚阻力偶矩、滑动摩擦力和法向反作用力。

4-15　地面放一均质圆轮 A，重 $Q=4$ N，半径 $R=60$ mm，以连杆与滑块 B 相连。滑块靠在光滑铅垂墙上，并受铅垂力 $P=8$ N 作用。绕在轮上的绳子受水平力 $\boldsymbol{T}$ 作用。轮与地面间滑动摩擦系数 $f=0.3$，滚动摩阻系数 $\delta=1$ mm，杆与墙成 30°角，连杆和滑块重量不计。求：(1) 使系统保持平衡时，水平力 $\boldsymbol{T}$ 的最大值；(2) 此时地面对轮的滑动摩擦力与滚阻力偶矩。

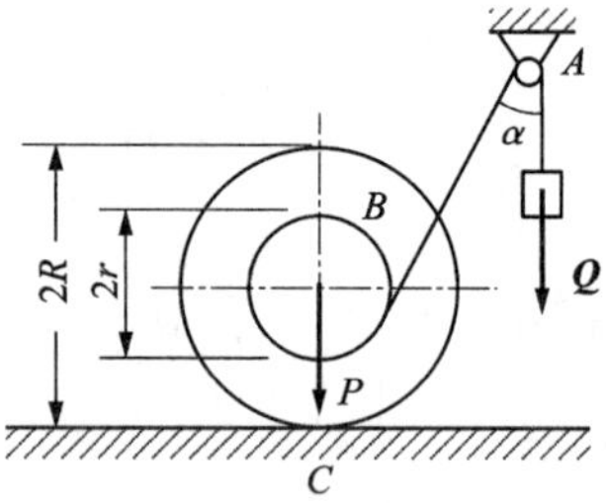

图题 4-14

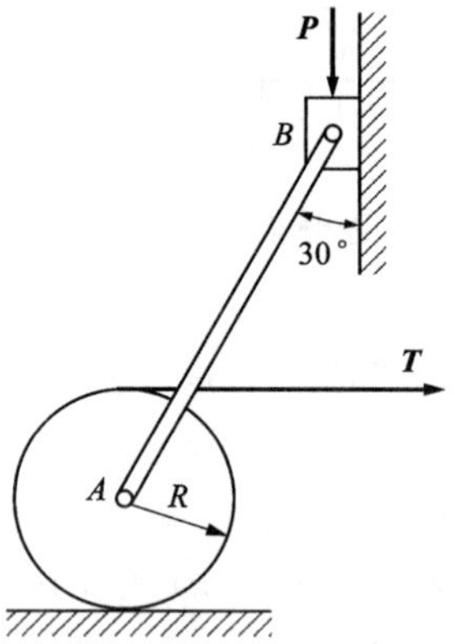

图题 4-15

第二篇

运动学

刚体受非平衡力系作用时，其运动状态将发生改变。为了研究的方便，运动学不考虑运动和作用力之间的关系，只研究物体运动的几何特征，包括轨迹、速度、加速度等，提供物体运动分析的一般方法。

运动学不仅为动力学提供基础，也直接用于机构运动分析和自动装置的设计。例如自动化仪表中的构件一般受力很小，要考虑的是它的运动是否满足一定要求。这样就不需要分析和计算力，只作运动分析便可。

物体的机械运动是指物体的位置随时间而变化，这种变化依据所选参考物体的不同而不同，这就是**运动的相对性**，所选参考物体称为**参考体**。运动学中，固连于参考体上的坐标系称为**参考系**。同一物体的运动，采用不同的参考系来描述可得到不同的结果。因此任何物体的运动，都是相对一定的参考系而言的。对一般工程问题，若不特别说明，参考系都与固定地面固连。

在分析物体的运动时，若物体的形状和大小不是主要因素，可把这个物体抽象为只有质量而无大小的几何点，称为**质点**。例如研究卫星的轨迹时，可将卫星视为质点，但在研究卫星相对其质心运动时，卫星则应视为具有一定尺寸的刚体。

运动学主要研究两个方面的问题：点的运动与点的合成运动，刚体的基本运动与刚体的平面运动。它的研究方法主要有**几何法**与**解析法**，前者通过建立各瞬时物体运动量的几何关系，分析特定瞬时的运动特性；后者从建立运动方程出发，通过数学求导获得速度和加速度及运动特征，研究运动的时间历程，便于计算机求解。

本篇用几何法研究物体的运动，解析法在附录中简单介绍。

第5章

运动学基础

点在空间的位置随时间的变化规律，称为点的运动规律，包括点的轨迹、运动方程，以及点在任意时刻的速度、加速度。刚体的基本运动为平动和绕定轴转动，是研究刚体复杂运动的基础。本章介绍点的运动规律的研究方法，根据刚体基本运动形式的特征，描述刚体的运动规律，从而建立刚体运动规律与其上任意点的运动规律的关系。

§5-1　点的运动

点的运动研究运动的点相对某一个参考系的几何位置随时间变化的一般规律，包括点的轨迹、速度、加速度。

1. 矢量法

设动点 M 在空间做曲线运动，取参考体上某点 O 为原点，则动点 M 在任一瞬时 t 的位置可用原点指向 M 点的矢量 $\boldsymbol{r}$ 表示，称为动点 M 的**矢径**，也称位置矢量，如图 5-1 所示。动点 M 沿曲线运动时，矢径 $\boldsymbol{r}$ 随时间 t 连续变化，即

$$\boldsymbol{r}=\boldsymbol{r}(t) \tag{5-1}$$

式(5-1)称为矢量法表示的点的**运动方程**。

点 M 在运动过程中，其矢径端点在空间描绘出的连续曲线称为**矢径端图**。显然，它就是点的运动**轨迹**。

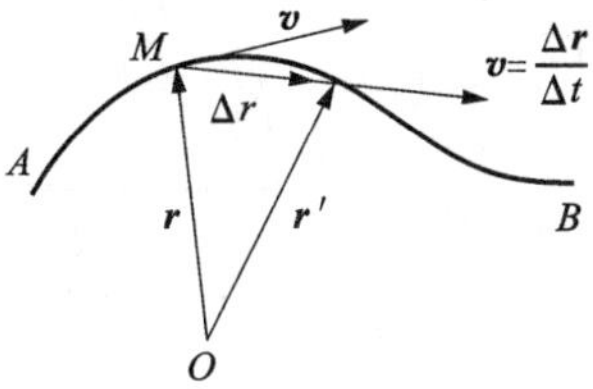

图 5-1

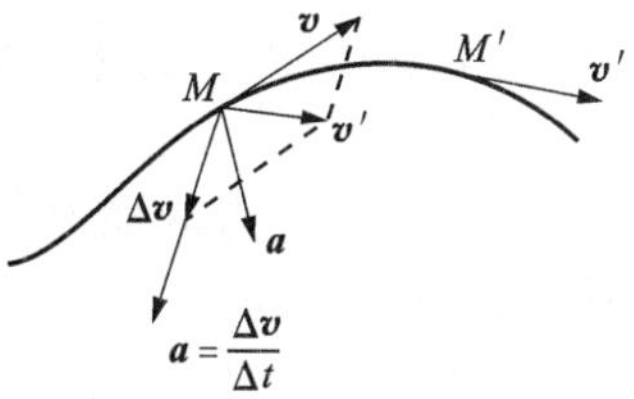

图 5-2

按定义，点的**速度**等于动点的矢径对时间的一阶导数，即

$$\boldsymbol{v}=\lim_{\Delta t\to 0}\frac{\Delta \boldsymbol{r}}{\Delta t}=\frac{\mathrm{d}\boldsymbol{r}}{\mathrm{d}t}=\dot{\boldsymbol{r}} \tag{5-2}$$

$\boldsymbol{v}$ 是一个矢量，其方向沿轨迹上点的切线方向，与运动方向一致，如图 5-1 所示，其国际单位为 m/s。

点的**加速度**等于其速度矢量对时间的一阶导数，即

$$\boldsymbol{a}=\lim_{\Delta t\to 0}\frac{\Delta \boldsymbol{v}}{\Delta t}=\frac{\mathrm{d}\boldsymbol{v}}{\mathrm{d}t}=\frac{\mathrm{d}^2\boldsymbol{r}}{\mathrm{d}t^2}=\ddot{\boldsymbol{r}} \tag{5-3}$$

加速度也是矢量，它的方向总是指向轨迹的凹向，如图 5-2 所示，其国际单位为 $\mathrm{m/s^2}$。点的瞬时加速度描述点在该瞬时速度大小和方向随时间的变化率。

2. 直角坐标法

通过固定点 O 建立直角坐标系，如图 5-3 所示，则动点的矢径可表示为

$$\boldsymbol{r}=x\boldsymbol{i}+y\boldsymbol{j}+z\boldsymbol{k} \tag{5-4}$$

式中，x、y、z 表示动点的三个坐标；$\boldsymbol{i}$、$\boldsymbol{j}$、$\boldsymbol{k}$ 表示三个坐标轴方向的正向单位矢量。

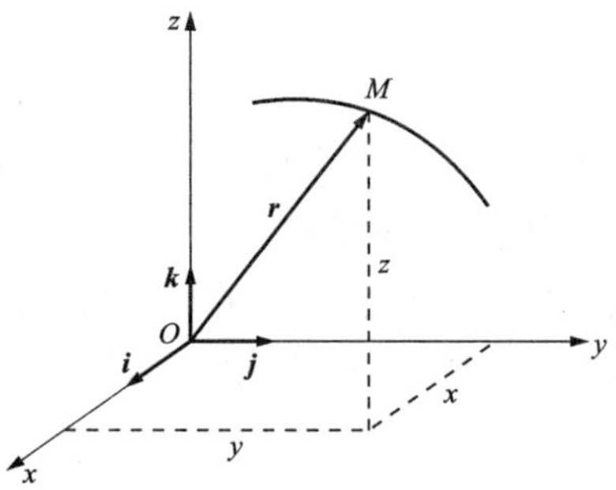

图 5-3

点运动时，x、y、z 是时间 t 的单值连续函数，即

$$\begin{cases}x=f_1(t)\\ y=f_2(t)\\ z=f_3(t)\end{cases} \tag{5-5}$$

式(5-5)称为**点的直角坐标形式的运动方程**。从方程组中消去时间 t，便可得到点的轨迹方程。

将式(5-4)代入式(5-2)，由于 $\boldsymbol{i}$、$\boldsymbol{j}$、$\boldsymbol{k}$ 是大小、方向都不变的恒矢量，有

$$\boldsymbol{v}=\frac{\mathrm{d}\boldsymbol{r}}{\mathrm{d}t}=\frac{\mathrm{d}x}{\mathrm{d}t}\boldsymbol{i}+\frac{\mathrm{d}x}{\mathrm{d}t}\boldsymbol{j}+\frac{\mathrm{d}x}{\mathrm{d}t}\boldsymbol{k}$$

设动点的速度 $\boldsymbol{v}$ 在 x、y、z 轴上投影分别为 $\boldsymbol{v}_x$，$\boldsymbol{v}_y$，$\boldsymbol{v}_z$，则

$$\boldsymbol{v}=v_x\boldsymbol{i}+v_y\boldsymbol{j}+v_z\boldsymbol{k}$$

因此

$$v_x=\frac{\mathrm{d}x}{\mathrm{d}t},\ v_y=\frac{\mathrm{d}y}{\mathrm{d}t},\ v_z=\frac{\mathrm{d}z}{\mathrm{d}t} \tag{5-6}$$

式(5-6)表明，动点的速度在某直角坐标轴上的投影等于点的相应坐标对时间的一阶导数。

如果已求得 v_x、v_y、v_z，则点的速度大小和方向就可完全确定。

同理，设 a_x、a_y、a_z 为动点的加速度 $\boldsymbol{a}$ 在 x、y、z 轴上的投影，如图 5-4 所示。则

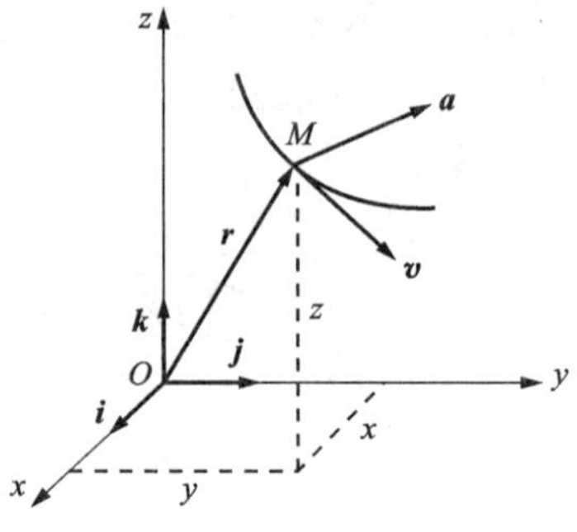

图 5-4

$$\begin{aligned}\boldsymbol{a}&=\frac{\mathrm{d}\boldsymbol{v}}{\mathrm{d}t}=\frac{\mathrm{d}v_x}{\mathrm{d}t}\boldsymbol{i}+\frac{\mathrm{d}v_y}{\mathrm{d}t}\boldsymbol{j}+\frac{\mathrm{d}v_z}{\mathrm{d}t}\boldsymbol{k}\\&=a_x\boldsymbol{i}+a_y\boldsymbol{j}+a_z\boldsymbol{k}\end{aligned}$$

有

$$\begin{cases} a_x = \dfrac{\mathrm{d}v_x}{\mathrm{d}t} = \dfrac{\mathrm{d}^2 x}{\mathrm{d}t} \\ a_y = \dfrac{\mathrm{d}v_y}{\mathrm{d}t} = \dfrac{\mathrm{d}^2 y}{\mathrm{d}t} \\ a_z = \dfrac{\mathrm{d}v_z}{\mathrm{d}t} = \dfrac{\mathrm{d}^2 z}{\mathrm{d}t} \end{cases} \tag{5-7}$$

即动点的加速度在某直角坐标轴上的投影等于点的相应坐标对时间的二阶导数。同样，如果已求得 a_x、a_y、a_z，则点的加速度大小和方向就可完全确定。

3. 自然坐标法

(1) 自然轴系

设动点 M 沿空间曲线运动，如图 5-5 所示。M 点的邻近点为 M_1，过 M 和 M_1 分别作切线，两切线单位矢量分别为 $\boldsymbol{\tau}$ 和 $\boldsymbol{\tau}_1$。将 $\boldsymbol{\tau}_1$ 平移至 M 点，$\boldsymbol{\tau}$ 和 $\boldsymbol{\tau}_1$ 决定一平面。当 M_1 趋近于 M 点时，$\boldsymbol{\tau}_1$ 的方位不断改变，所做的平面也将绕切线单位矢量 $\boldsymbol{\tau}$ 连续转动；当 M_1 无限接近 M 时，这个平面趋于一极限位置，这个极限平面称为曲线在 M 点的**密切面**。

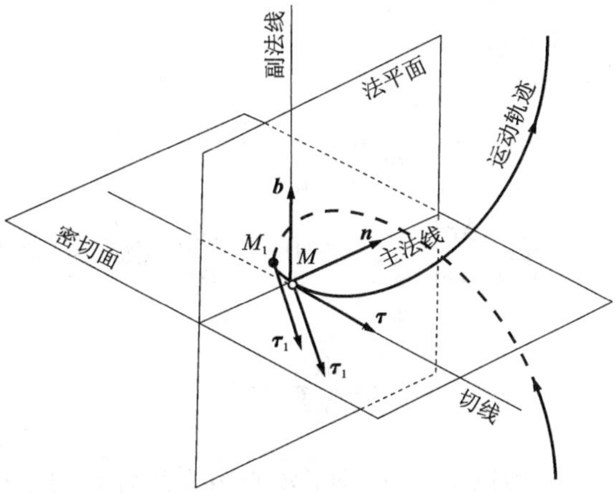

图 5-5

过 M 点作垂直于切线的平面，称为曲线在 M 点的**法平面**；密切面与法平面的交线称为 M 点的**主法线**。法平面上与主法线垂直的直线称为**副法线**，设 $\boldsymbol{\tau}$、$\boldsymbol{n}$ 和 $\boldsymbol{b}$ 分别表示沿切线、主法线和副法线的单位矢量，以 M 点为原点，以其切线、主法线、副法线为坐标轴所建立的正交坐标系称为 M 点的**自然轴系**，其正向规定如下：切线的正向与 M 点运动方向一致；主法线的正向指向曲线的曲率中心；副法线的正向由右手法则确定，即

$$\boldsymbol{b} = \boldsymbol{\tau} \times \boldsymbol{n}$$

当动点 M 沿曲线运动时，自然轴系随动点运动，$\boldsymbol{\tau}$、$\boldsymbol{n}$ 和 $\boldsymbol{b}$ 大小都不变，但方向会不断变化，如图 5-6 所示。

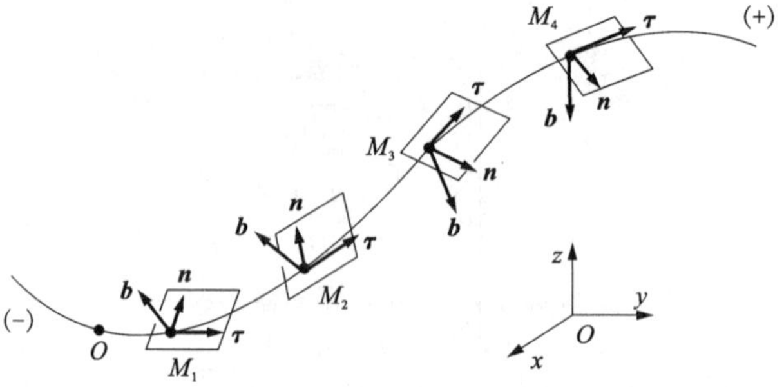

图 5-6

(2)弧坐标

若动点 M 的运动轨迹为一已知空间曲线 AB，在曲线上任取一点 O 为原点，并沿曲线定出正负方向，如图 5-7 所示，则动点的位置可由弧坐标 s 确定。弧坐标是一个代数量，它是时间 t 的单值连续函数，即

$$s=s(t) \tag{5-8}$$

式(5-8)即为用**自然坐标法建立的点的运动方程**。

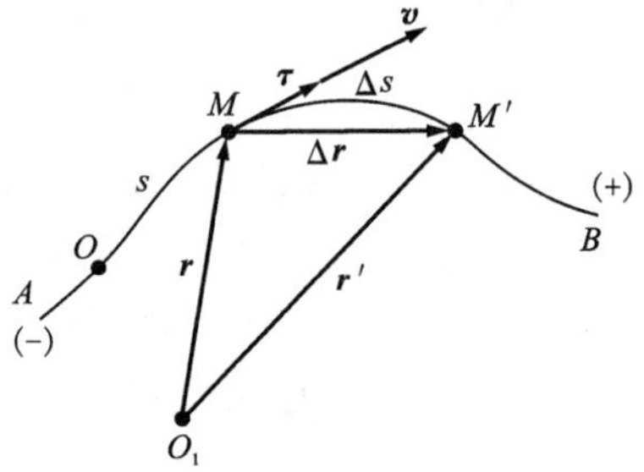

图 5-7

(3)自然坐标法表示点的速度

根据式(5-2)，点的速度为

$$\boldsymbol{v}=\frac{\mathrm{d}\boldsymbol{r}}{\mathrm{d}t}=\frac{\mathrm{d}\boldsymbol{r}}{\mathrm{d}s}\cdot\frac{\mathrm{d}s}{\mathrm{d}t}$$

其中，$\frac{\mathrm{d}\boldsymbol{r}}{\mathrm{d}s}$的大小为$\left|\frac{\mathrm{d}\boldsymbol{r}}{\mathrm{d}s}\right|=\lim\limits_{\Delta s\to 0}\left|\frac{\Delta\boldsymbol{r}}{\Delta s}\right|=1$，$\Delta s\to 0$ 时，$\frac{\Delta\boldsymbol{r}}{\Delta s}$的极限方向为 $\boldsymbol{\tau}$ 的方向，即$\frac{\mathrm{d}\boldsymbol{r}}{\mathrm{d}s}=\boldsymbol{\tau}$。所以

$$\boldsymbol{v}=\frac{\mathrm{d}s}{\mathrm{d}t}\boldsymbol{\tau}=v\boldsymbol{\tau} \tag{5-9}$$

式中，$v=\frac{\mathrm{d}s}{\mathrm{d}t}$表示速度在切线上的投影；$v>0$ 时，动点沿弧坐标正向运动；$v<0$ 时，则相反。

(4)自然坐标法表示点的加速度

根据式(5-3)，注意到 $\boldsymbol{v}$、$\boldsymbol{\tau}$ 都是变量，点的加速度为

$$\boldsymbol{a}=\frac{\mathrm{d}\boldsymbol{v}}{\mathrm{d}t}=\frac{\mathrm{d}(v\boldsymbol{\tau})}{\mathrm{d}t}=\frac{\mathrm{d}v}{\mathrm{d}t}\boldsymbol{\tau}+v\frac{\mathrm{d}\boldsymbol{\tau}}{\mathrm{d}t} \tag{5-10}$$

式(5-10)右边两项都是矢量。第一项$\frac{\mathrm{d}v}{\mathrm{d}t}\boldsymbol{\tau}$ 的方向为切线方向，反应速度大小变化，称为**切向加速度**，用 $\boldsymbol{a}_\tau$ 表示，即

$$\boldsymbol{a}_\tau=\frac{\mathrm{d}v}{\mathrm{d}t}\boldsymbol{\tau}=\frac{\mathrm{d}^2 s}{\mathrm{d}t^2}\boldsymbol{\tau} \tag{5-11}$$

第二项 $\boldsymbol{v}\frac{\mathrm{d}\boldsymbol{\tau}}{\mathrm{d}t}$反映了速度方向的改变。由于 $v\frac{\mathrm{d}\boldsymbol{\tau}}{\mathrm{d}t}=v\frac{\mathrm{d}\boldsymbol{\tau}}{\mathrm{d}s}\cdot\frac{\mathrm{d}s}{\mathrm{d}t}=v^2\frac{\mathrm{d}\boldsymbol{\tau}}{\mathrm{d}s}$，其中$\frac{\mathrm{d}\boldsymbol{\tau}}{\mathrm{d}s}$的方向如图 5-8

所示。因为$\frac{d\boldsymbol{\tau}}{ds}=\lim\limits_{\Delta s\to 0}\frac{\Delta\tau}{\Delta s}=\lim\limits_{\Delta s\to 0}\frac{\boldsymbol{\tau}'-\boldsymbol{\tau}}{\Delta s}$，所以$\frac{d\boldsymbol{\tau}}{ds}$位于 M 点的密切面内。当 M' 趋近于 M 时，$\Delta s\to O$，$\Delta\varphi\to O$，$\frac{d\boldsymbol{\tau}}{ds}\perp\boldsymbol{\tau}$，即$\frac{d\boldsymbol{\tau}}{ds}$在主法线上，总是指向轨迹凹向一方，与 $\boldsymbol{n}$ 方向相同。(加速度也是矢量，它的方向总是指向轨迹的凹向，如图 5-2 所示，其国际单位为 m/s^2。)

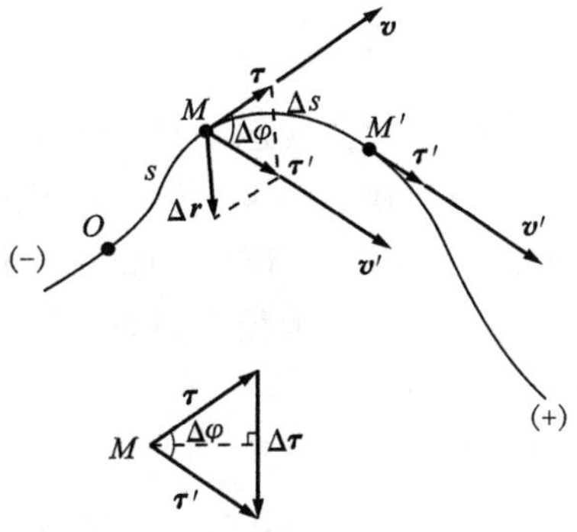

图 5-8

$\frac{d\boldsymbol{\tau}}{ds}$的大小：

由于 $\left|\frac{d\boldsymbol{\tau}}{ds}\right|=\lim\limits_{\Delta s\to 0}\frac{|\Delta\boldsymbol{\tau}|}{\Delta s}$，而 $|\Delta\boldsymbol{\tau}|=2|\boldsymbol{\tau}|\sin\frac{\Delta\varphi}{2}=2\sin\frac{\Delta\varphi}{2}$，$\Delta\varphi\to O$ 时，$\sin\frac{\Delta\varphi}{2}\to\frac{\Delta\varphi}{2}$，所以

$$\left|\frac{d\boldsymbol{\tau}}{ds}\right|=\lim_{\Delta s\to 0}\frac{\Delta\varphi}{\Delta s}=\frac{d\varphi}{ds}=\frac{1}{\rho}$$

ρ 为曲线在 M 点的曲率半径，即$\left|\frac{d\boldsymbol{\tau}}{ds}\right|$表示动点运动轨迹曲线上动点 M 处的曲率。

由此可得$\frac{d\boldsymbol{\tau}}{ds}=\frac{1}{\rho}\boldsymbol{n}$。故

$$v\frac{d\boldsymbol{\tau}}{ds}=\frac{v^2}{\rho}\boldsymbol{n}$$

即动点加速度的第二项 $v\frac{d\boldsymbol{\tau}}{dt}=\frac{\boldsymbol{v}^2}{\rho}\boldsymbol{n}$ 反应速度方向的变化，称为**法向加速度**，用 $\boldsymbol{a}_n$ 表示，即

$$\boldsymbol{a}_n=\frac{v^2}{\rho}\boldsymbol{n} \tag{5-12}$$

所以，动点的加速度可表示为

$$\boldsymbol{a}=\boldsymbol{a}_\tau+\boldsymbol{a}_n=\frac{dv}{dt}\boldsymbol{\tau}+\frac{v^2}{\rho}\boldsymbol{n} \tag{5-13}$$

式(5-13)表明：动点的加速度等于其切向加速度与法向加速度的矢量和，它们均在密切面内，在副法线上分量总是为零。

若已知动点的切向加速度和法向加速度，可求得

$$a=\sqrt{a_\tau^2+a_n^2} \tag{5-14}$$

称为 M 点的**全加速度**，它与法线间夹角的正切为

$$\tan\theta=\frac{a_\tau}{a_n} \tag{5-15}$$

当 $\boldsymbol{a}$ 与 $\boldsymbol{\tau}$ 夹角为锐角时，θ 为正，否则为负，如图 5-9 所示。

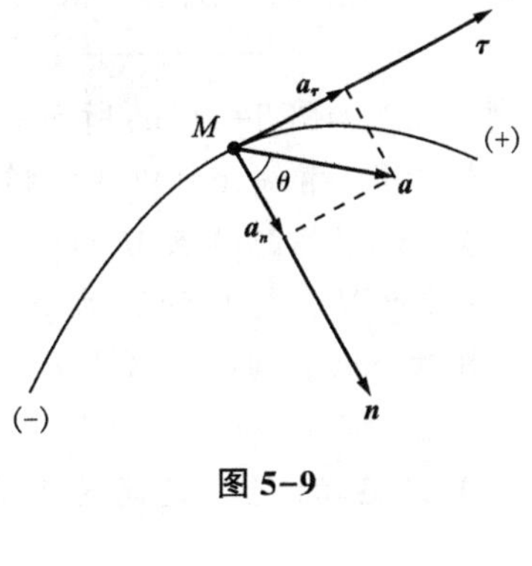

图 5-9

4. 极坐标法

当点作平面曲线运动时，也可以用极坐标描述其运动。

在平面上建立一极坐标系：固定点 O 为**极点**，OA 为**极轴**，动点 M 在任意瞬时的位置可用极坐标 ρ 和极角 φ 确定，如图 5-10 所示。其中 $\rho=OM$ 为极半径，φ 为极角（幅角），极角以逆时针为正。沿极半径方向取单位矢量 $\boldsymbol{\rho}_0$，沿与 $\boldsymbol{\rho}_0$ 垂直的方向取 $\boldsymbol{\varphi}_0$ 为单位矢量，动点的矢径表示为 $\boldsymbol{r}=\rho\boldsymbol{\rho}_0$。

（1）运动方程

$$\begin{cases}\rho=f_1(t)=\rho(t)\\ \varphi=f_2(t)=\varphi(t)\end{cases} \tag{5-16}$$

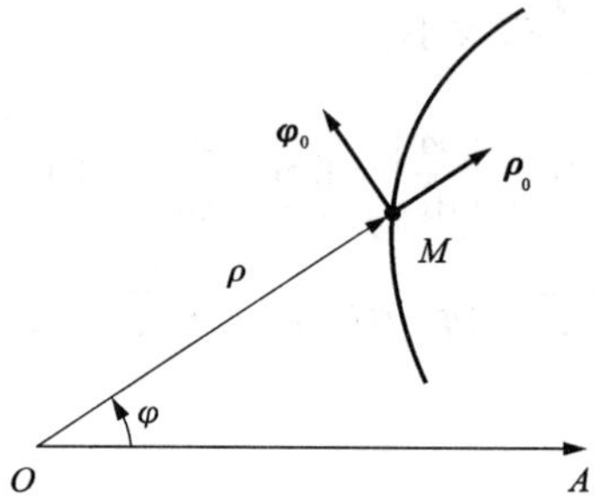

图 5-10

（2）点的速度

$$\boldsymbol{v}=\frac{\mathrm{d}\boldsymbol{r}}{\mathrm{d}t}=\frac{\mathrm{d}(\rho\boldsymbol{\rho}_0)}{\mathrm{d}t}=\frac{\mathrm{d}\rho}{\mathrm{d}t}\boldsymbol{\rho}_0+\rho\frac{\mathrm{d}\boldsymbol{\rho}_0}{\mathrm{d}t}$$

可以证明

$$\frac{\mathrm{d}\boldsymbol{\rho}_0}{\mathrm{d}t}=\frac{\mathrm{d}\varphi}{\mathrm{d}t}\boldsymbol{\varphi}_0$$

于是有

$$\boldsymbol{v}=\frac{\mathrm{d}\rho}{\mathrm{d}t}\boldsymbol{\rho}_0+\rho\frac{\mathrm{d}\varphi}{\mathrm{d}t}\boldsymbol{\varphi}_0=\dot{\rho}\boldsymbol{\rho}_0+\rho\dot{\varphi}\boldsymbol{\varphi}_0 \tag{5-17}$$

（3）点的加速度

$$\boldsymbol{a}=\frac{\mathrm{d}\boldsymbol{v}}{\mathrm{d}t}=\frac{\mathrm{d}^2\rho}{\mathrm{d}t^2}\boldsymbol{\rho}_0+\frac{\mathrm{d}\rho}{\mathrm{d}t}\frac{\mathrm{d}\boldsymbol{\rho}_0}{\mathrm{d}t}+\frac{\mathrm{d}\rho}{\mathrm{d}t}\frac{\mathrm{d}\varphi}{\mathrm{d}t}\boldsymbol{\varphi}_0+\rho\frac{\mathrm{d}\varphi}{\mathrm{d}t}\frac{\mathrm{d}}{\mathrm{d}t}\boldsymbol{\varphi}_0+\rho\ddot{\varphi}\boldsymbol{\varphi}_0$$

可以证明

$$\frac{\mathrm{d}}{\mathrm{d}t}\boldsymbol{\varphi}_0=-\frac{\mathrm{d}\varphi}{\mathrm{d}t}\boldsymbol{\rho}_0$$

于是有

$$\boldsymbol{a}=(\ddot{\rho}-\rho\dot{\varphi}^2)\boldsymbol{\rho}_0+(\rho\ddot{\varphi}+2\dot{\rho}\dot{\varphi})\boldsymbol{\varphi}_0 \tag{5-18}$$

某些问题用极坐标描述点的运动很方便。

点的运动还可以用柱坐标法、球坐标法表示，具体参阅有关书籍。

例 5-1 如图 5-11(a)所示的正弦机构中，曲柄 $OA=r$，以 $\varphi=\omega t$(rad)的规律绕轴 O 转动，ω 为常量。滑块 A 可以在滑槽 BD 内滑动，带动槽杆 BDM 沿水平导轨运动。设 r、l、ω 都是已知量，试求槽杆端点 M 的运动方程、速度和加速度。

解： 很明显，点 M 的运动为水平方向的直线运动。沿点 M 的轨迹以 O 为原点作坐标轴 Ox，在任意瞬时 t，曲柄 OA 与铅垂线之间的夹角为 $\varphi=\omega t$，则点 M 的坐标为

$$x=OA\sin\varphi+l=r\sin\varphi+l \tag{5-19}$$

即为点 M 的运动方程，是简谐运动。点 M 的速度和加速度分别为

$$v=\frac{\mathrm{d}x}{\mathrm{d}t}=r\omega\cos\omega t \tag{5-20}$$

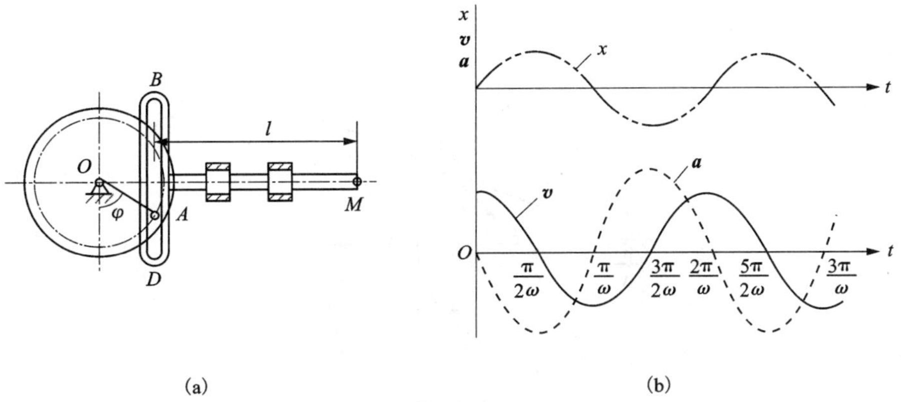

图 5-11

$$a=\frac{\mathrm{d}v}{\mathrm{d}t}=-r\omega^2\sin\omega t \qquad (5-21)$$

可见点 M 的速度和加速度也按时间 t 的余弦函数或正弦函数的规律变化。

若以时间 t 为横坐标，分别以 x、v 及 a 为纵坐标，可作出式(5-19)~式(5-21)的函数图形，如图5-11(b)所示。由曲线图可以看出点 M 运动的全过程具有下述特点。

①点 M 由位置 $x=l$($\varphi=0$ 时)开始运动，往返于 $x=l+r$ 及 $x=l-r$ 这两个极限位置之间。$x=l$ 这一位置称为点 M 的简谐运动中心。点 M 离开运动中心的最大距离 r 称为简谐运动的**振幅**。振幅大小取决于曲柄 OA 的长度。

②往复运动一次的时间是 $t=\frac{2\pi}{\omega}$ 秒，称为简谐运动的**周期**。周期长短与常数 ω 有关。周期的倒数 $\frac{\omega}{2\pi}$ 称为**频率**，表示每秒钟内点 M 往复运动的次数。

③点 M 经过运动中心时速度最大，加速度为零；经过两极限位置时加速度最大，速度为零。点 M 从运动中心向两边运动时是减速运动，从两边向中心运动时是加速运动。因此，简谐运动的加速度始终是指向简谐运动中心的。

例 5-2 机构中的小环 M，同时活动地套在半径为 R 的大圆环和摇杆 OA 上，如图5-12所示。摇杆 OA 绕 O 轴以等角速度 ω 转动。当运动开始时，摇杆在水平位置。求小环 M 的速度与加速度。

解：因大圆环相对于地面固定，故小环 M 的运动轨迹已知。本题可用自然法和直角坐标法求小环 M 的速度与加速度。

(1)直角坐标法

取图5-12所示坐标系 Oxy，则 M 点以直角坐标表示的运动方程为

$$x=R+R\cos\alpha=R+R\cos 2\omega t$$
$$y=R\sin\alpha=R\sin 2\omega t$$

M 点的速度为

$$v_x=\frac{\mathrm{d}x}{\mathrm{d}t}=-2R\omega\sin 2\omega t$$

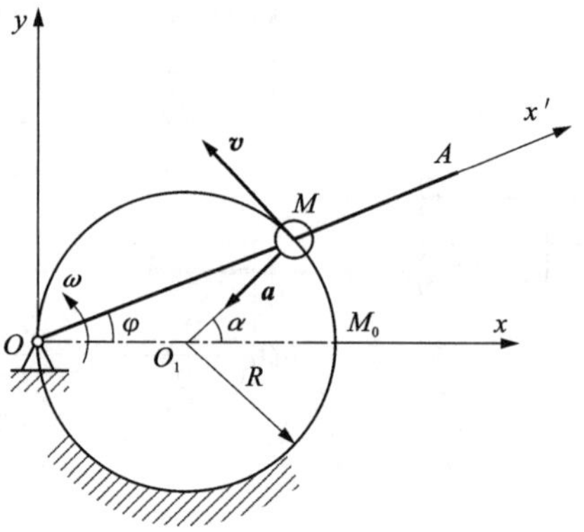

图 5-12

$$v_y = \frac{dy}{dt} = 2R\omega\cos 2\omega t$$

于是速度大小为

$$v = \sqrt{v_x^2 + v_y^2} = 2R\omega$$

速度方向为

$$\cos(v,\ v_x) = \frac{v_x}{v} = -\sin 2\omega t$$

即与 x 轴夹角为$\angle(\boldsymbol{v},\ \boldsymbol{v}_x) = 90° + 2\omega t$，与 MO_1 垂直，指向转动方向。

M 点的加速度

$$a_x = \frac{dv_x}{dt} = -4R\omega^2\cos 2\omega t$$

$$a_y = \frac{dv_y}{dt} = -4R\omega^2\sin 2\omega t$$

于是全加速度大小为

$$a = \sqrt{a_x^2 + a_y^2} = 4R\omega^2$$

全加速度方向为

$$\cos(\boldsymbol{a},\ \boldsymbol{a}_x) = \frac{a_x}{a} = -\cos 2\omega t$$

即与 x 轴夹角为$\angle(\boldsymbol{a},\ \boldsymbol{a}_x) = 180° + 2\omega t$，沿 MO_1，指向 O_1 点。

(2)自然法

由题意，$t=0$ 时，M 点在 M_0 处。取 M_0 为弧坐标原点，并规定逆时针方向为弧坐标的正方向，如图 5-12 所示。以任意时刻 OA 杆转过的角度 $\varphi = \omega t$ 为参变量，由图 5-12 可知，$\alpha = 2\varphi = 2\omega t$；则任意时刻，$M$ 点以弧坐标表示的运动方程为

$$s = M_0M = O_1M \cdot \alpha = R \cdot 2\omega t = 2R\omega t$$

M 点的速度大小为

$$v = \frac{ds}{dt} = 2R\omega$$

其方向沿 M 点的切线，与弧坐标正向一致，如图 5-12 所示。

M 点的切向加速度大小为

$$a_\tau=\frac{\mathrm{d}v}{\mathrm{d}t}=0$$

M 点的法向加速度大小为

$$a_n=\frac{v^2}{R}=\frac{4R^2\omega^2}{R}=4R\omega^2(\text{指向 } O_1 \text{ 点})$$

M 点的全加速度的大小为

$$a=\sqrt{a_\tau^2+a_n^2}=4R\omega^2(\text{指向 } O_1 \text{ 点})$$

例 5-3　用雷达跟踪一进入轨道后的火箭，如图 5-13 所示。设雷达与火箭轨道在同一平面内，当 $\varphi=67.5°$ 时，测得 $\rho=28.2$ km，$\dot{\rho}=1.43$ km/s，$\dot{\varphi}=-0.0133$ rad/s，而火箭的加速度为 $g=9.71$ m/s^2，方向垂直向下。试求在图示位置火箭速度的大小 v 及 $\ddot{\rho}$ 与 $\ddot{\varphi}$。

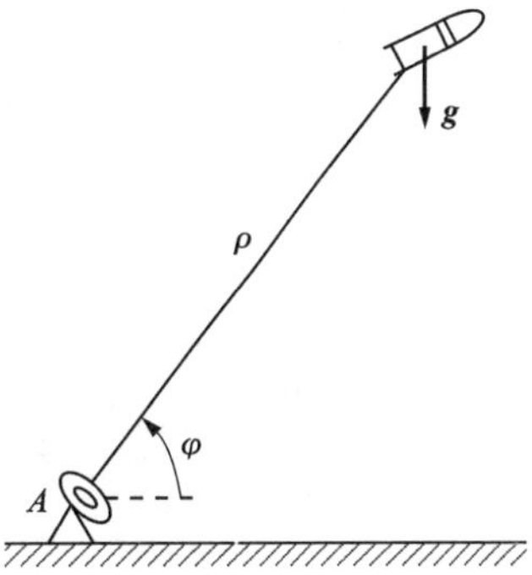

图 5-13

解： 由已知条件，本题宜采用极坐标表示法求解。

由式(5-17)，得

$$v=\sqrt{\dot{\rho}^2+(\rho\dot{\varphi})^2}$$
$$=\sqrt{1.43^2+(-28.2\times0.0133)^2}=1.489(\text{km/s})$$

由所给条件，有

$$a_r=-g\cos(90°-\varphi)=-9.71\cos 22.5°=-8.97(\text{m/s}^2)$$
$$a_\varphi=-g\cos\varphi=-9.71\cos 67.5°=-3.72(\text{m/s}^2)$$

根据式(5-18)得

$$\ddot{\rho}-\rho\dot{\varphi}^2=-8.97(\text{m/s}^2)$$
$$\rho\ddot{\varphi}+2\dot{\rho}\dot{\varphi}=-3.72(\text{m/s}^2)$$

将已知条件代入，求得

$$\ddot{r}=-3.98(\text{m/s}^2)$$
$$\ddot{\varphi}=0.00122(\text{rad/s}^2)$$

§5-2　刚体的基本运动

刚体可以视为由无数个质点组成的不变质点系。刚体的运动形式很多，其中平行移动(平动或平移)和定轴转动是刚体最简单的运动形式，是研究刚体复杂运动的基础；而点的合成运动更离不开刚体上点的速度、加速度分析。

1. 刚体的平动

刚体运动时，若其体内任意两点的连线始终与其初始位置保持平行，则这种运动称为刚体的平行移动，简称**刚体平动**(或平移)。

在平动刚体上任意取两点 A、B，其相对定参考系的矢径分别为 $\boldsymbol{r}_A$ 和 $\boldsymbol{r}_B$，它们都是时间 t 的单值连续函数，如图 5-14 所示。$\boldsymbol{r}_A$ 和 $\boldsymbol{r}_B$ 两矢量关系为

$$\boldsymbol{r}_A=\boldsymbol{r}_B+\overrightarrow{BA}$$

其中，$\overrightarrow{BA}$ 为 B 点指向 A 点的矢量。由于刚体平动，故$\overrightarrow{BA}$ 为常矢量。将 B 点轨迹沿$\overrightarrow{BA}$ 方向平移距离 BA，就可与 A 点的轨迹完全重合。

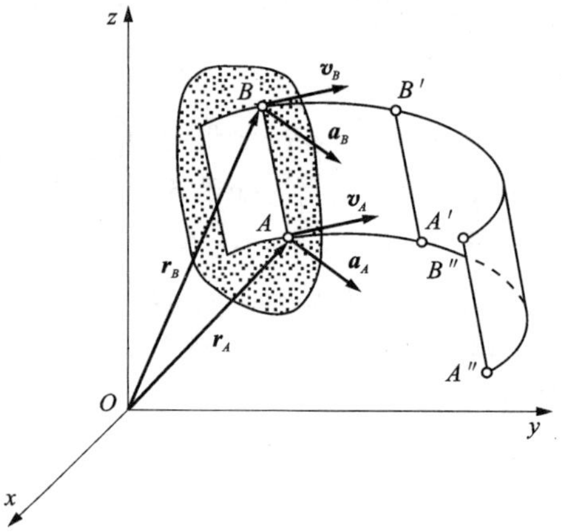

图 5-14

用上式对时间 t 连续求两阶导数，注意到常矢量$\overrightarrow{BA}$ 对时间的导数为零，有

$$\boldsymbol{v}_A=\boldsymbol{v}_B \quad \boldsymbol{a}_A=\boldsymbol{a}_B \tag{5-22}$$

即刚体平动时，其上各点的轨迹形状相同，且相互平行；在同一瞬时，各点速度相同，加速度也相同。

所以，刚体平动问题可归结为刚体上任一点的运动问题来研究。

例 5-4 搅拌机机构如图 5-15 所示，其中 $AB=O_1O_2$，$O_1A=O_2B=25$ cm。若 O_1A 绕 O_1 轴转动的转速 $n=384$ r/min，试分析 M 点的轨迹、速度和加速度。

解： 因 O_1ABO_2 为平行四边形机构，故构件 ABM 作曲线平动，M 点的轨迹与点 A 相同，为 $r=O_1A$ 的圆周。

M 点的速度 $\boldsymbol{v}_M$ 和加速度 $\boldsymbol{a}_M$ 分别为

$$v_M=O_1A\times\frac{n\pi}{30}=25\times\frac{384\pi}{30}=100.5(\text{cm/s})=1(\text{m/s})$$

$$a_M=a_n=v_M^2/r=1^2/0.25=4(\text{m/s}^2)$$

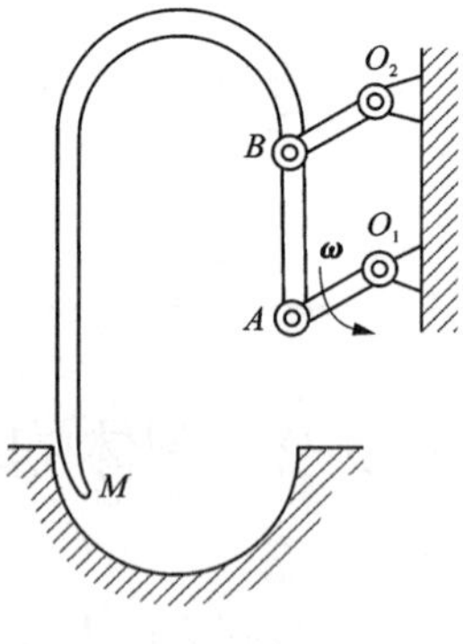

图 5-15

---

2. 刚体定轴转动

刚体运动时，若其体内或其延伸部分有某两点的连线始终固定不动，则这种运动称为**刚体定轴转动**，简称**转动**，这条不动的直线称为**转轴**。例如车床主轴、电机转子的运动都是刚体的定轴转动。

(1) 转动方程

如图 5-16 所示，若刚体绕 z 轴转动，过 z 轴作固定平面 Ⅰ 和与刚体固连的动平面 Ⅱ，则刚体在任一瞬时的位置可由两平面间夹角 φ 确定。φ 称为**转角**或角位移，它是时间 t 的单值连续函数，即：

$$\varphi=\varphi(t) \tag{5-23}$$

式(5-23)为**刚体定轴转动方程**，φ 单位为弧度(rad)。

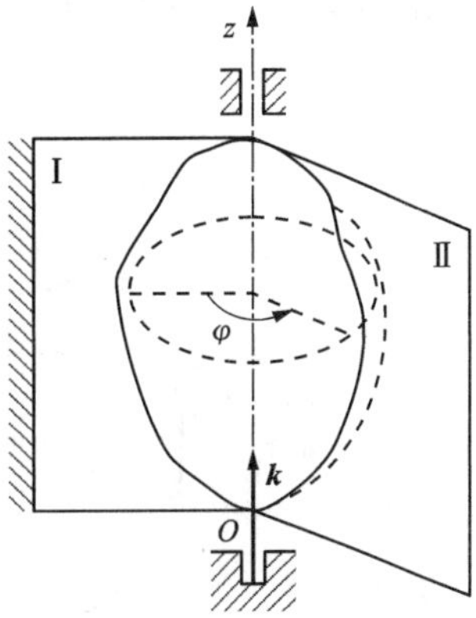

图 5-16

(2) 角速度

转角对时间的一阶导数称为刚体瞬时的**角速度**，用 ω 表示。它描述刚体瞬时转动的快慢，即

$$\omega=\frac{\mathrm{d}\varphi}{\mathrm{d}t} \tag{5-24}$$

ω 单位为弧度/秒(rad/s)。

如果取转轴 z 的单位矢量为 $\boldsymbol{k}$，按右手法则将角速度表示成为矢量形式

$$\boldsymbol{\omega}=\omega\boldsymbol{k} \tag{5-25}$$

它位于转轴 z 上，其起点可在轴线上任取，如图 5-16 所示。即

$$\boldsymbol{\omega}=\frac{\mathrm{d}\varphi}{\mathrm{d}t}\boldsymbol{k}=\omega\boldsymbol{k} \tag{5-26}$$

机器中转动零部件在稳定工作时，一般为匀速转动。工程中常用每分钟的转数表征转动的快慢，称为**转速**，用 n 表示，其单位为转/分(r/min)。角速度 ω 与转速 n 之间关系为

$$\omega=\frac{2\pi n}{60}=\frac{\pi n}{30} \tag{5-27}$$

(3) 角加速度

角速度对时间的一阶导数称为刚体瞬时的**角加速度**，用 $\boldsymbol{\alpha}$ 表示，即

$$\boldsymbol{\alpha}=\frac{\mathrm{d}\boldsymbol{\omega}}{\mathrm{d}t}=\frac{\mathrm{d}(\omega\boldsymbol{k})}{\mathrm{d}t}=\frac{\mathrm{d}\omega}{\mathrm{d}t}\boldsymbol{k}=\alpha\boldsymbol{k} \tag{5-28}$$

其中

$$\alpha=\frac{\mathrm{d}\omega}{\mathrm{d}t}=\frac{\mathrm{d}^2\varphi}{\mathrm{d}t^2} \tag{5-29}$$

角加速度描述角速度瞬时变化快慢，其单位为弧度/秒^2(rad/s^2)。若 α 与 ω 同号，刚体作加速转动；若 α 与 ω 异号，刚体作减速转动。

角速度矢量和角加速度矢量均是转轴 z 上的滑动矢量。

3. 定轴转动刚体上点的运动

定轴转动刚体的转角、角速度、角加速度是表示刚体整体运动情况的物理量，与刚体上点的位置无关，但刚体上点的速度、加速度与它们有一定的关系。

(1) 定轴转动刚体上点的轨迹、运动方程

在刚体内任取一点 M，该点到转轴的距离为 R。点的运动轨迹是以转轴与点的运动平面 N 的交点 O_1 为圆心、R 为半径的圆，如图 5-17 所示。若以 $\varphi=0$ 时点的初始位置 M_0 为原点，

根据点的运动的自然坐标法，M 点的运动方程为

$$s=M_0M=R\varphi$$

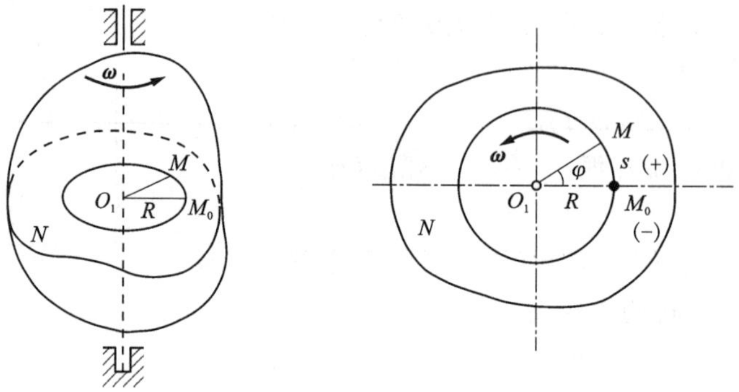

图 5-17

(2)定轴转动刚体上点的速度

根据点的运动的自然坐标法，M 点的速度大小为

$$v=\frac{\mathrm{d}s}{\mathrm{d}t}=\frac{\mathrm{d}(R\varphi)}{\mathrm{d}t}=R\frac{\mathrm{d}\varphi}{\mathrm{d}t}=R\omega$$

方向沿切线，即垂直于半径 O_1M，指向由 ω 的转向确定。

若在刚体的转动轴线上任选一点 O 为原点，动点 M 的矢径以 $\boldsymbol{r}$ 表示，如图 5-18 所示，则 M 点的速度可用角速度矢量与其矢径的矢量积表示

$$\boldsymbol{v}=\boldsymbol{\omega}\times\boldsymbol{r} \tag{5-30}$$

它的方向垂直于 $\boldsymbol{\omega}$ 与 $\boldsymbol{r}$ 组成的平面，在动点 M 轨迹的切线方向，正好与 M 点速度方向相同，大小为

$$|\boldsymbol{\omega}\times\boldsymbol{r}|=|\boldsymbol{\omega}|\cdot|\boldsymbol{r}|\cdot\sin\theta=\omega R$$

式中，θ 是角速度矢量 $\boldsymbol{\omega}$ 与矢径 $\boldsymbol{r}$ 的夹角，R 为动点 M 到转动轴的距离。

因此，可得出结论：**绕定轴转动刚体上任一点的速度矢量等于刚体的角速度矢与该点矢量径的矢积。**

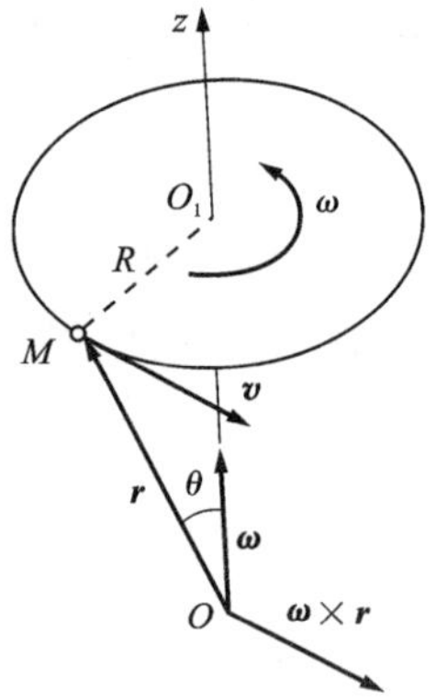

图 5-18

(3)定轴转动刚体上点的加速度

定轴转动刚体上点的加速度可分为切向加速度和法向加速度。将(5-30)式两边同时对时间 t 求一阶导数，得 M 点的加速度

$$\boldsymbol{a}=\frac{\mathrm{d}}{\mathrm{d}t}(\boldsymbol{\omega}\times\boldsymbol{r})=\frac{\mathrm{d}\boldsymbol{\omega}}{\mathrm{d}t}\times\boldsymbol{r}+\boldsymbol{\omega}\times\frac{\mathrm{d}\boldsymbol{r}}{\mathrm{d}t}$$

由于$\frac{\mathrm{d}\boldsymbol{\omega}}{\mathrm{d}t}=\boldsymbol{\alpha}$，$\frac{\mathrm{d}\boldsymbol{r}}{\mathrm{d}t}=\boldsymbol{v}$，所以

$$\boldsymbol{a}=\boldsymbol{\alpha}\times\boldsymbol{r}+\boldsymbol{\omega}\times\boldsymbol{v} \tag{5-31}$$

式(5-31)右端第一项的方向垂直于 $\boldsymbol{\alpha}$ 和 $\boldsymbol{r}$ 所决定的平面，指向如图 5-19(a)所示。该方

向正好与 M 点的切向加速度方向一致，大小为：

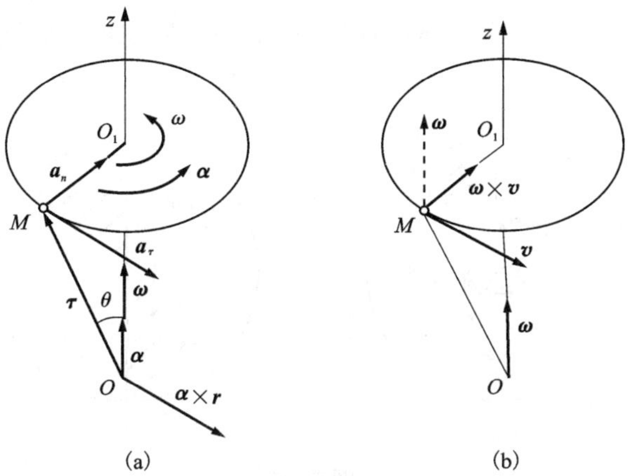

图 5-19

$$|\boldsymbol{\alpha}\times\boldsymbol{r}|=|\boldsymbol{\alpha}|\cdot|\boldsymbol{r}|\sin\theta=\alpha\cdot R$$

即 M 点的切向加速度 $\boldsymbol{a}_\tau$。

式(5-31)右端第二项方向垂直于 $\boldsymbol{\omega}$ 和 $\boldsymbol{v}$ 决定的平面，指向由右手法则确定，如图 5-19(b)所示。该方向正好沿 M 点轨迹法线，与 M 点的法向加速度方向一致，大小为

$$|\boldsymbol{\omega}\times\boldsymbol{v}|=\omega v\sin 90^\circ=\omega(R\omega)=R\omega^2$$

即 M 点的法向加速度 $\boldsymbol{a}_n$。故式(5-31)可写为

$$\boldsymbol{a}=\boldsymbol{\alpha}\times\boldsymbol{r}+\boldsymbol{\omega}\times\boldsymbol{v}=\boldsymbol{a}_\tau+\boldsymbol{a}_n \tag{5-32}$$

因此，可得出结论：**转动刚体内任一点的切向加速度等于刚体角加速度矢量与该点矢径的矢积；而其法向加速度等于刚体的角速度矢量与该点速度矢量的矢积。**

4. 平面图形内各点的速度和加速度

若用一个垂直于轴线的平面截取定轴转动的刚体，便得到一个横截面图形，该图形的运动相当于在平面内绕定点转动。由于每一瞬时，刚体的角速度 $\boldsymbol{\omega}$ 与角加速度 $\boldsymbol{\alpha}$ 都是一个确定值，故根据以上讨论可求得平面图形内各点的速度和加速度的规律。

(1)速度

当平面图形绕 O 点以角速度 $\boldsymbol{\omega}$ 转动时，离转轴为 r 的点 M 的速度大小为

$$v_M=r\omega$$

方向垂直于该点所在半径，在过点 M 的半径上的各点，其速度方向也都垂直于该半径，各点的速度大小按线性规律变化，如图 5-20 所示。将各速度矢端点连成直线，该线通过轴心。

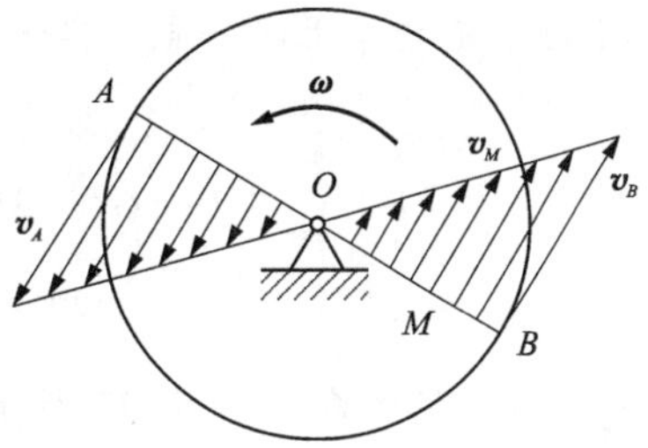

图 5-20

(2)加速度

平面图形内各点的加速度方向如图 5-21(a)所示。切向加速度与该点所在半径垂直，大

小与该点到转轴的距离成正比，即 $a_\tau=r\alpha$；法向加速度指向转轴，大小为 $a_n=r\omega^2$；全加速度的方向均与该点所在半径成 θ 角，大小为 $a=r\sqrt{\alpha^2+\omega^4}$。平面图形内任一通过轴心的直线上，各点的加速度呈线性规律变化，如图 5-21(b)所示。将各加速度矢端点连成直线，该线通过轴心。

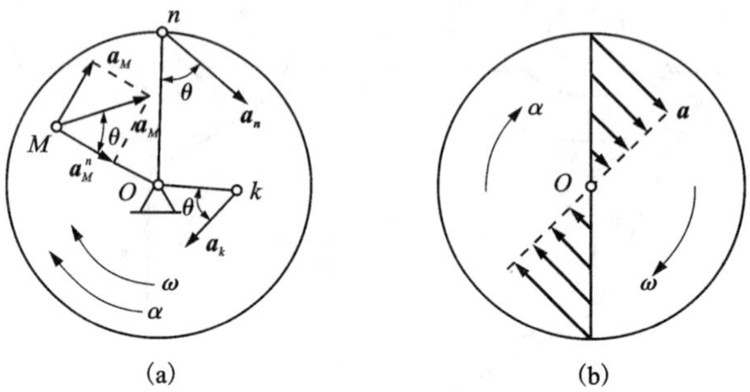

(a) (b)

图 5-21

例 5-5 半径 $r=160$ mm 的卷扬机鼓轮绕轴 O 转动，其运动规律为 $\varphi=0.1t^3$ rad，其中 t 以秒计。求 $t=2$ s 时轮缘上一点 M 及重物 A 的速度和加速度(图 5-22)。设缆绳不可伸长。

解：鼓轮作定轴转动，求点 M 和重物 A 的运动，须首先分析鼓轮的运动。

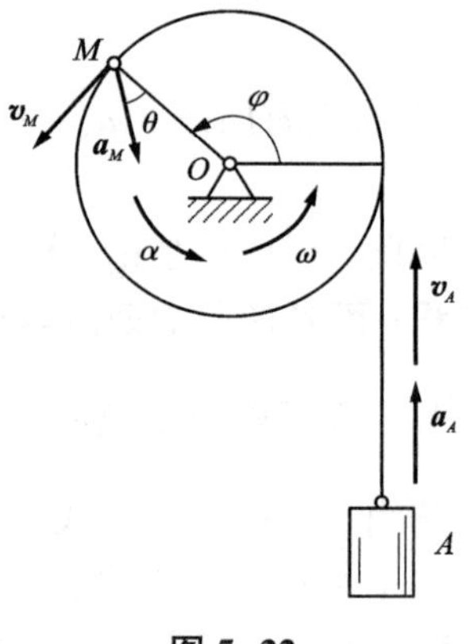

图 5-22

(1)鼓轮的运动分析

已知鼓轮的运动方程 $\varphi=0.1t^3$，则其角速度为

$$\omega=\dot{\varphi}=0.3t^2$$

角加速度为

$$\alpha=\ddot{\varphi}=0.6t$$

当 $t=2$ s 时，鼓轮的角速度和角加速度分别为

$$\omega=0.3\times2^2=1.2(\text{rad/s})$$

$$\alpha=0.6\times2=1.2(\text{rad/s}^2)$$

ω 与 α 的代数值均为正，说明鼓轮作逆时针加速转动。

(2)点 M 的运动分析

M 为鼓轮轮缘上的一点，其速度和加速度分别为

$$v_M=r\omega=0.16\times1.2=0.192(\text{m/s})$$

$$a_M=r\sqrt{\alpha^2+\omega^4}=0.16\sqrt{1.2^2+1.2^4}=0.5(\text{m/s}^2)$$

$$\tan\theta=\frac{\alpha}{\omega^2}=\frac{1.2}{1.2^2}=0.833,\ \theta=39.8°$$

v_M 和 a_M 的方向如图 5-22 所示。

(3)重物 A 的运动分析

因为缆绳不可伸长，故 A 点的速度与 M 点的速度大小相等；A 点的加速度与 M 点的切向加速度大小相等，即

$$v_A=v_M=0.192(\text{m/s})$$

$$a_A = a_M^{\tau} = r\alpha = 0.16\times1.2 = 0.192(\mathrm{m/s^2})$$

方向均铅垂向上。

例 5-6　设两个圆柱齿轮分别绕 O_1 和 O_2 轴转动，如图 5-23 所示。它们的两个节圆相切。若其啮合节圆半径分别为 R_1、R_2，齿数分别为 Z_1 和 Z_2，主动齿轮 Ⅰ 绕 O_1 轴转动角速度为 ω_1，从动齿轮 Ⅱ 绕 O_2 轴转动角速度为 ω_2。求两轴的传动比。

解： 设两轮在各自接触点分别为 A 和 B，齿轮啮合点没有相对滑动，所以 $v_A = v_B$，即

$$R_1\omega_1 = R_2\omega_2$$

$$\frac{\omega_1}{\omega_2} = \frac{R_2}{R_1}$$

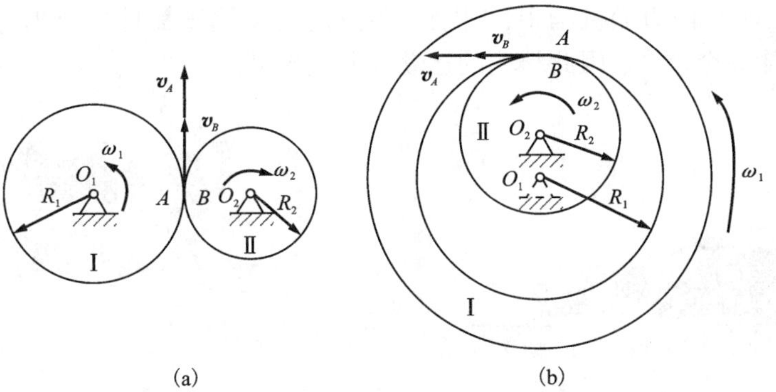

图 5-23

齿轮正常啮合，两齿轮相邻齿距必须相等，即

$$\frac{2\pi R_1}{Z_1} = \frac{2\pi R_2}{Z_2}$$

所以

$$\frac{\omega_1}{\omega_2} = \frac{R_2}{R_1} = \frac{Z_2}{Z_1}$$

设齿轮 Ⅰ 是主动轮，齿轮 Ⅱ 为从动轮，令 $i_{12} = \dfrac{\omega_1}{\omega_2}$ 为两齿轮的传动比，则

$$i_{12} = \frac{\omega_1}{\omega_2} = \frac{R_2}{R_1} = \frac{Z_2}{Z_1}$$

即两啮合齿轮的传动比等于两齿轮角速度大小之比，与两齿轮节圆半径或齿数成反比。

上述结论不仅适用于圆柱齿轮传动，还适用于传动轴线呈任意角的圆锥齿轮传动，以及摩擦轮传动和皮带轮传动。

齿轮外啮合时，两齿轮角速度转向相反，如图 5-23(a) 所示。内啮合时，两齿轮角速度转向相同，如图 5-23(b) 所示。故传动比可用正、负号表示两者区别，正号表示内啮合，负号表示外啮合；传动比可视为代数量，即

$$i_{12} = \pm\frac{\omega_1}{\omega_2} = \pm\frac{R_2}{R_1} = \pm\frac{Z_2}{Z_1}$$

§5-3 分析与讨论

1. 关于刚体的直线平动与曲线平动

刚体平动时，刚体内各点的运动轨迹完全相同。根据运动轨迹的形式，刚体的平动可分为直线平动和曲线平动两种类型。运动轨迹为直线的刚体平动称为直线平动。例如，在平直公路上行驶的汽车车身的运动(图 5-24)。运动轨迹为曲线的刚体平动称为曲线平动。例如，在图 5-25 所示的平行四边形机构中，料槽上各点的运动轨迹都是半径相同的圆弧，通过平移，这些圆弧都能完全重合，因此料槽的运动为曲线平动。

图 5-24

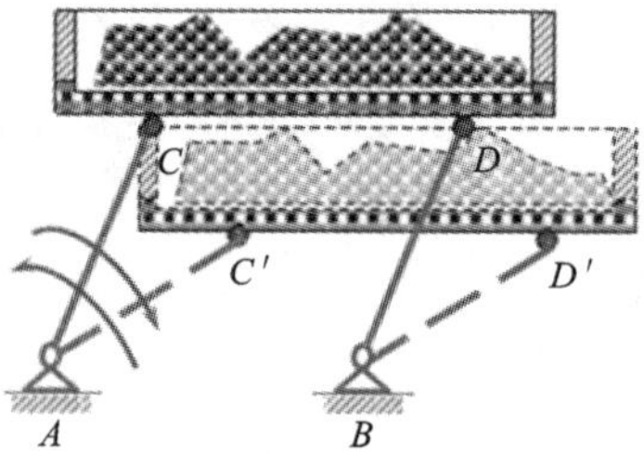

图 5-25

2. 刚体定轴转动和曲线平动的区分

按照定义，刚体运动时，若其体内或其延伸部分有某两点的连线始终固定不动，则这种运动为刚体定轴转动；若其体内任意两点的连线始终与其初始位置保持平行，则这种运动称为刚体平动。秋千的运动为定轴转动，浪木的运动为曲线平动，如图 5-26 所示。

(a) (b)

图 5-26

习　题

5-1　点 M 沿曲线运动时，试就图题5-1中所设的速度 $\boldsymbol{v}$ 和加速度 $\boldsymbol{a}$ 的情况，指出哪些是加速运动？哪些是减速运动？哪些是不可能的运动？

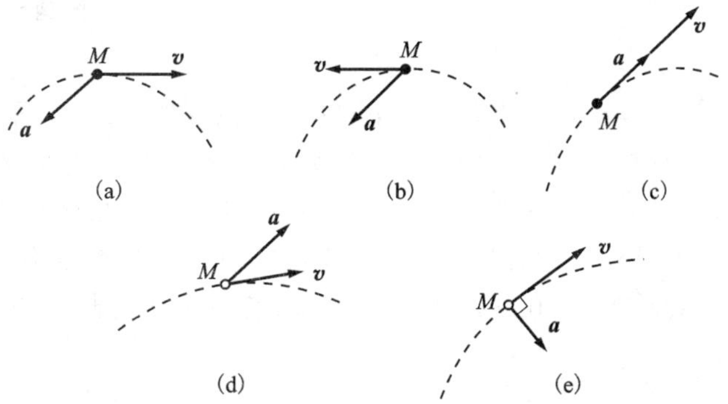

图题5-1

5-2　杆 AB 长 l，铰接于滑块 B 上，并按 $\varphi=\omega t$ 的规律绕滑块 B 转动。而滑块 B 在水平面上按 $s=a+b\sin\omega t$ 的规律沿直线作简谐运动，其中 a、b、ω 皆为常量。试求点 A 的轨迹方程。

5-3　V形发动机两排汽缸的轴线之间的夹角 $\alpha=90°$。曲柄 OA 绕轴 O 转动，转角 $\varphi=\omega t$，其中 ω 为常量。已知曲柄长 $OA=r$，连杆长 $AB=AC=l$。试分别建立活塞 B 和 C 的运动方程。

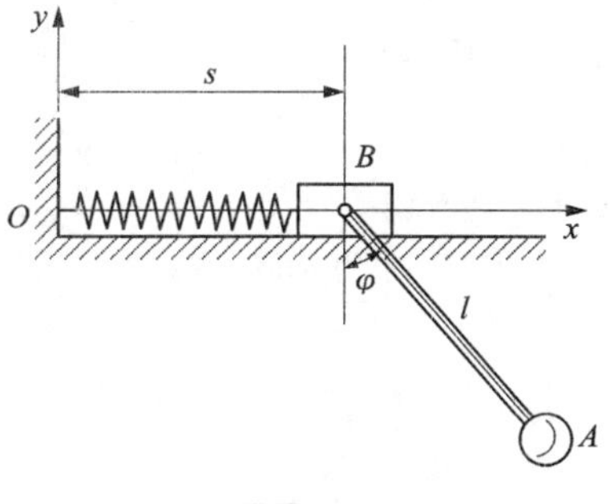

图题5-2

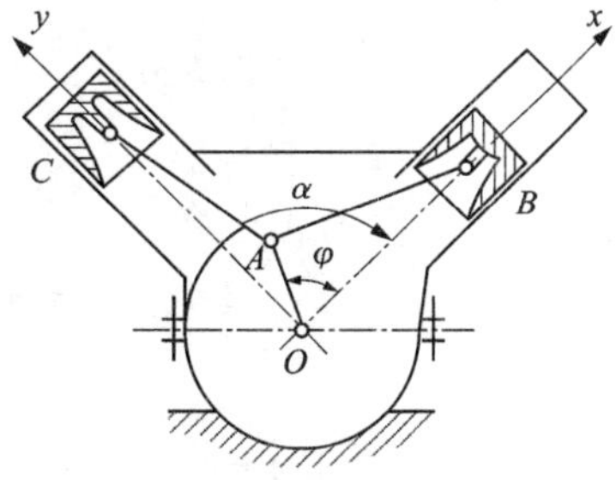

图题5-3

5-4　图题5-4所示，螺线画规由一根铰接于曲柄 OA 并穿过定轴套管 B 的直杆 QQ' 组成。杆 QQ' 上有一点 M，距离 $AM=b$。设以点 B 为极坐标的极点，直线 BO 为极轴，且已知幅角 $\varphi=\omega t$，其中 ω 为常量，$BO=AO=c$。试求点 M 的极坐标形式的运动方程和轨迹方程。

5-5　AC 杆穿过可绕 B 轴转动的套筒，如图题5-5所示。杆的 A 端以匀速 v_o 沿水平直线向右运动。设 $AM=OB=a$，求杆上的 M 点的轨迹和速度[表示为角度 $\varphi(t)$ 的函数]。

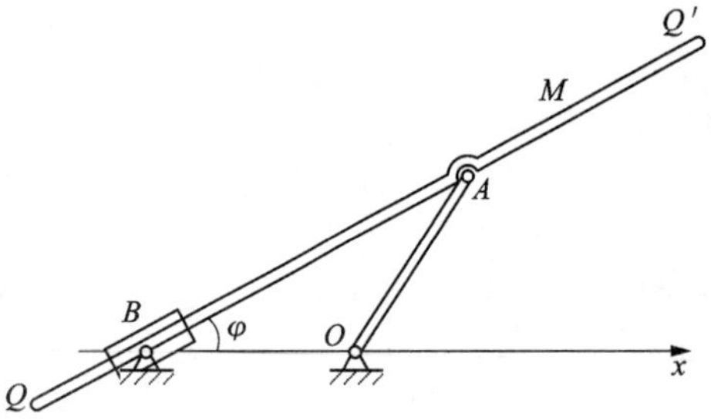

图题 5-4

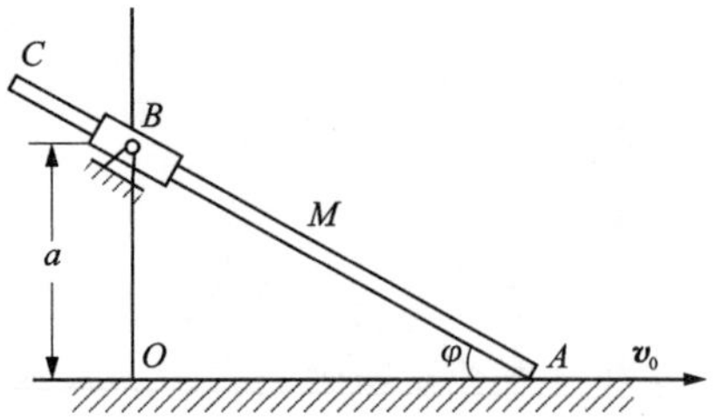

图题 5-5

5-6　一动点在半径 $R=1$ m 的圆周上按 $\boldsymbol{v}=20-ct$ 的规律运动，如图题 5-6 所示。其中 v 以 m/s 计，t 以 s 计，c 为待定常数。已知动点经过 A、B 两点时的速度分别为 $v_A=10$ m/s，$v_B=5$ m/s，A、B 两点位置如图示。试求动点由 A 到 B 的时间以及在点 B 处的加速度 $\boldsymbol{a}_B$。

5-7　图题 5-7 所示摇杆机构的导杆 AB 在某段时间内以匀速 $\boldsymbol{v}$ 向上运动。假设摇杆长 $OC=b$，距离 $OB=l$，在初瞬时 $\varphi=0$。试用自然法建立摇杆 OC 上点 C 的运动方程，并求点 C 在 $\varphi=\dfrac{\pi}{4}$ 时速度 s 的大小。

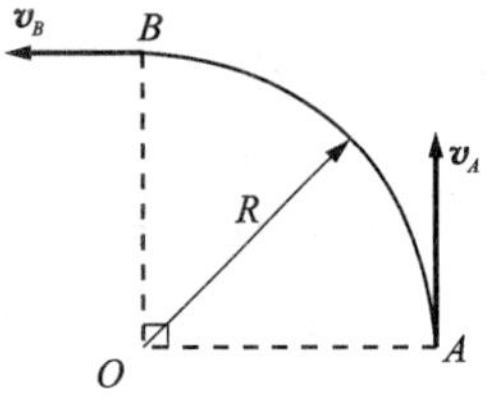

图题 5-6

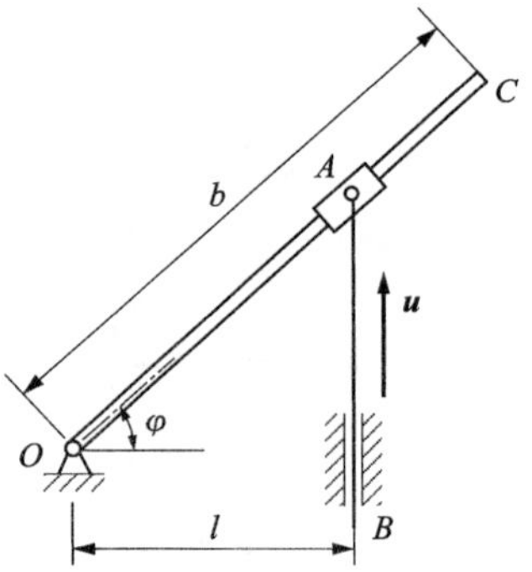

图题 5-7

5-8　一汽车在点 A 由静止开始沿水平轨道 ABC 运动，如图题 5-8 所示。在运动中其切向加速度 $a_\tau=0.2t$ m/s²，其中 t 以秒计。试求该汽车运动到点 B 时的加速度 $\boldsymbol{a}_B$。

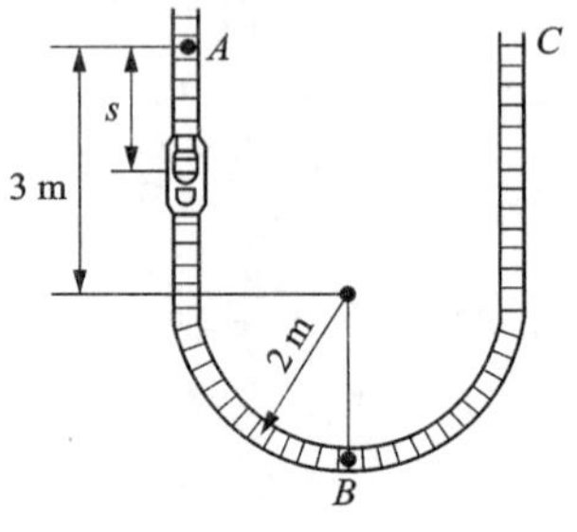

图题 5-8

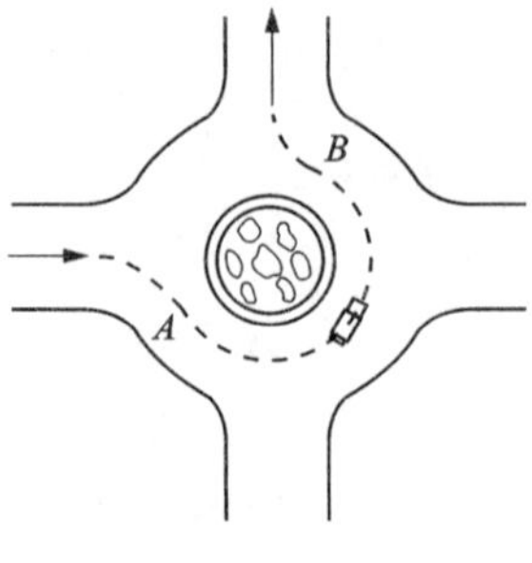

图题 5-9

5-9　如图题 5-9 所示，若一汽车由西开来，经过十字路口转弯向北开去。在转弯时，即由 A 至 B 的这一段路程中，车厢的运动是平动还是定轴转动？刚体做定轴转动时，转轴是否一定通过刚体本身？

5-10　试画出图题 5-10 中标有字母各点的速度方向和加速度方向。

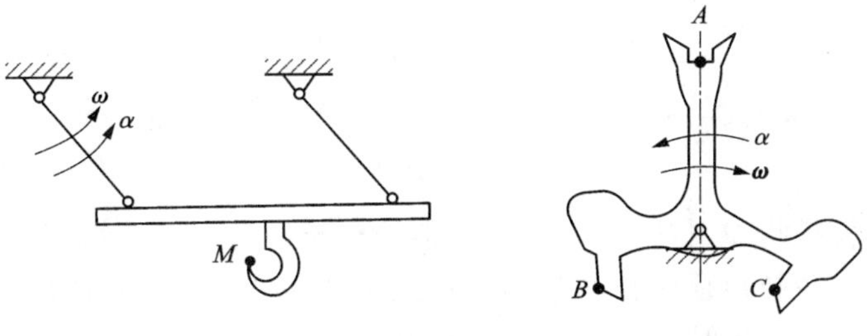

图题 5-10

5-11　滑座 B 沿水平面以匀速 v_0 向右移动，其上固连的销钉 C 带动槽杆 OA 绕轴 O 转动，如图题 5-11 所示。开始时槽杆 OA 恰在铅垂位置，即 $\varphi_O=0$；销钉 C 位于 C_O，$OC_O=b$。试求槽杆的转动方程、角速度和角加速度。

5-12　刨床摇杆机构如图题 5-12 所示，已知 $OA=r$，$OO_1=a$。$\varphi=\omega t$，其中 ω 为常量。试推导出摇杆 O_1B 的转动方程及角速度表达式，并讨论其运动特点。

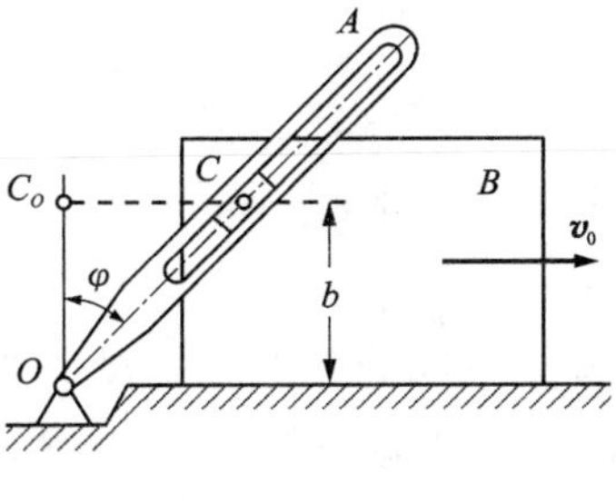

图题 5-11

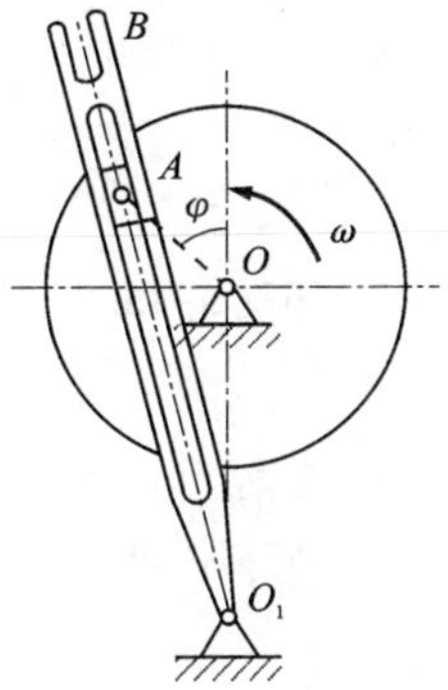

图题 5-12

5-13　如图所示齿条 A 由两个半圆半径 $r=250$ mm 的齿轮带动。在某一瞬时，齿条具有向右的加速度 $a_A=0.5\ \mathrm{m/s^2}$，齿轮节圆上任一点的全加速度 $a=3\ \mathrm{m/s^2}$。试求该瞬时齿条的速度 $\boldsymbol{v}_A$。

5-14　如图题 5-14 所示，揉茶机的揉桶由三个曲柄支持，曲柄的支座 A、B、C 构成一等边三角形。各曲柄均长 $l=150$ mm，互相保持平行并以相同的转速 $n=45$ r/min 绕其支座转动。试求揉桶中心 O 的速度和加速度。

5-15　有一直径 $D=500$ mm 的飞轮绕轴 O 作加速转动。某瞬时轮缘上一点 A 的加速度的大小 $a_A=1.5\ \mathrm{m/s^2}$，它与半径的夹角 $\alpha=60°$，如图题 5-15 所示。试求该瞬时距 O 为 200 mm 处点 B 的加速度 a_B，以及飞轮的角速度 ω 和角加速度 α。

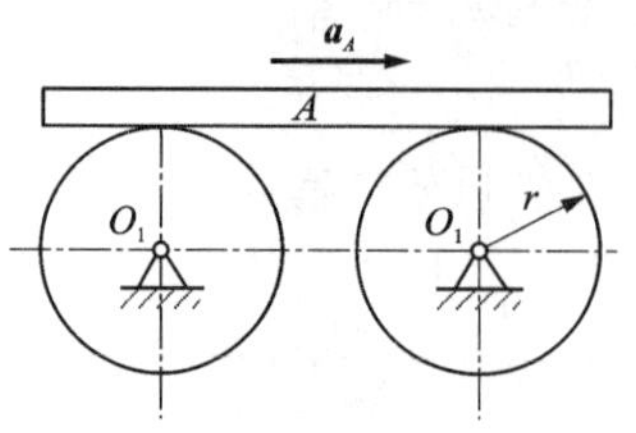

图题 5-13

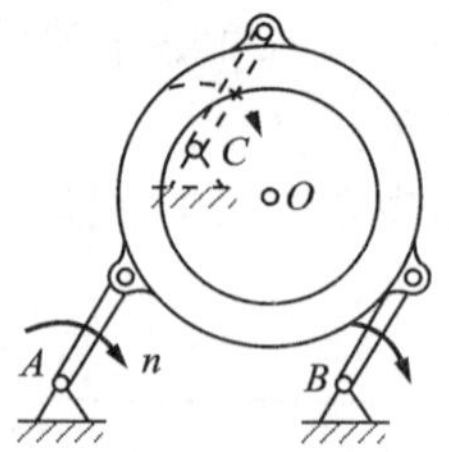

图题 5-14

5-16　凸轮顶板机构如图题 5-16 所示。偏心凸轮半径为 R，偏心距 $OC=e$；凸轮以匀角速度 ω 绕 O 轴转动，并带动顶板作平动，$t=0$ 时，OC 水平。试建立顶板的运动方程，并求顶板在任一瞬时的速度、加速度。

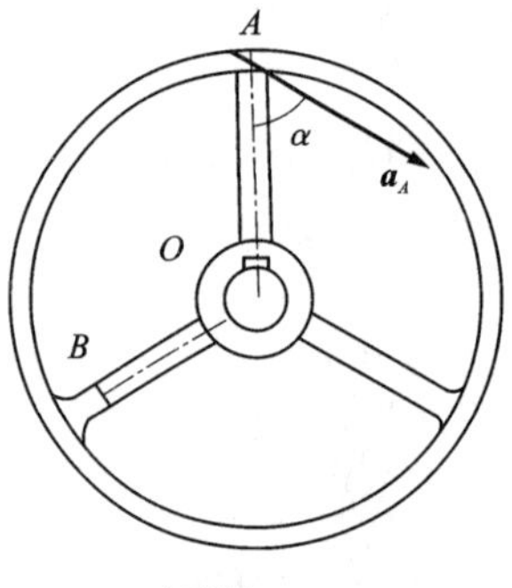

图题 5-15

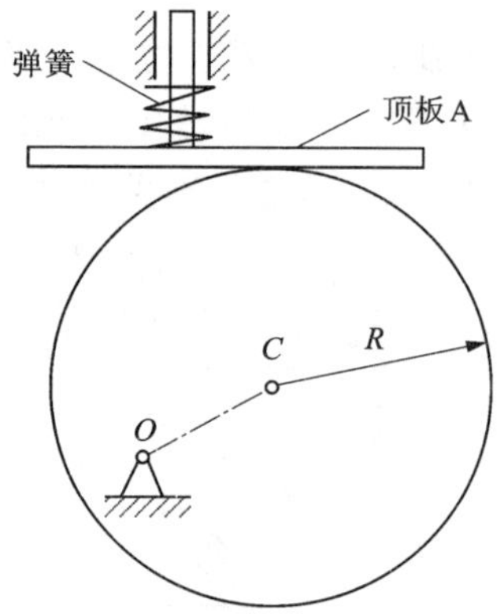

图题 5-16

5-17　如图题 5-17 所示，半圆形凸轮以匀速 $v_o=1$ cm/s 水平朝左运动，推动活塞杆 AB 沿铅垂方向运动。初始时，活塞杆 A 端在凸轮的最高点。已知凸轮半径 $R=8$ cm，求活塞 B 的运动方程、速度。

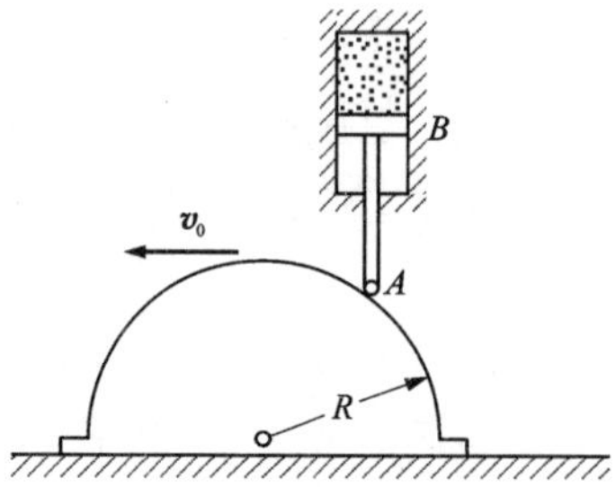

图题 5-17

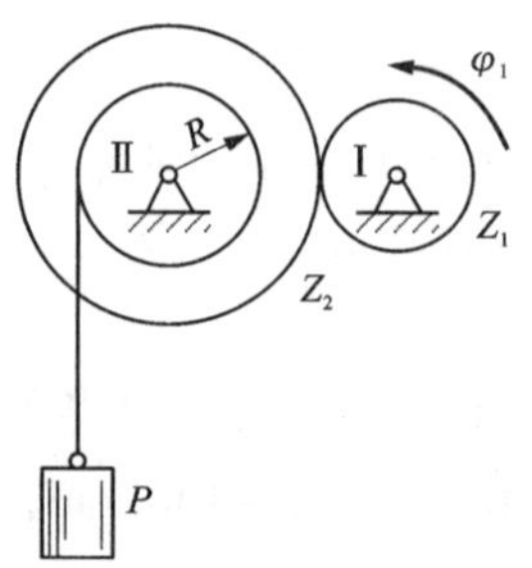

图题 5-18

5-18　如图题 5-18 所示，提升重物的绞车，通过主动轴Ⅰ上小齿轮和从动轴Ⅱ上大齿轮相互啮合，使鼓轮转动提升重物。设小齿轮的齿数为 Z_1，大齿轮的齿数为 Z_2，鼓轮半径为 R。已知主动轴Ⅰ的转动方程 $\varphi_1=2\pi t^2$ rad，试求重物 P 的运动方程、速度和加速度。

5-19　摩擦传动机构的主动轮 1 以匀转速 $n_1=600$ r/min 转动，并同时沿轴向左按 $d=100-5t$（t 以秒计，d 以毫米计）规律移动。已知轮 1 半径 $r=50$ mm，轮 2 半径 $R=150$ mm。求轮 2 的角加速度和 $d=r$ 时轮缘上点 B 的全加速度。

5-20　图题 5-20 所示为连续印刷过程中使用的纸盘。纸厚为 b，以匀速度 v 水平输送。试以纸盘半径 r 表示纸盘的角加速度。

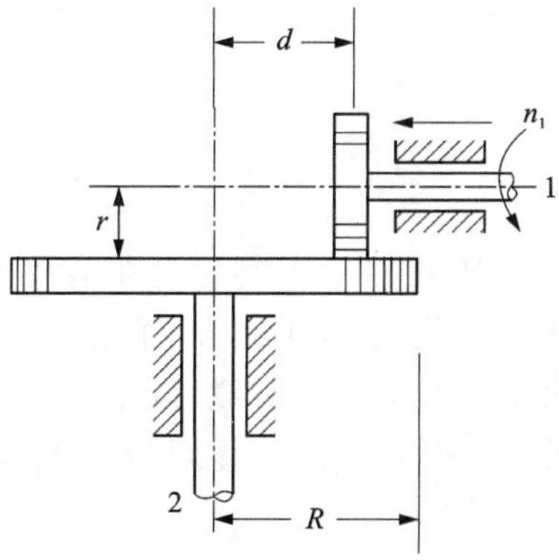

图题 5-19

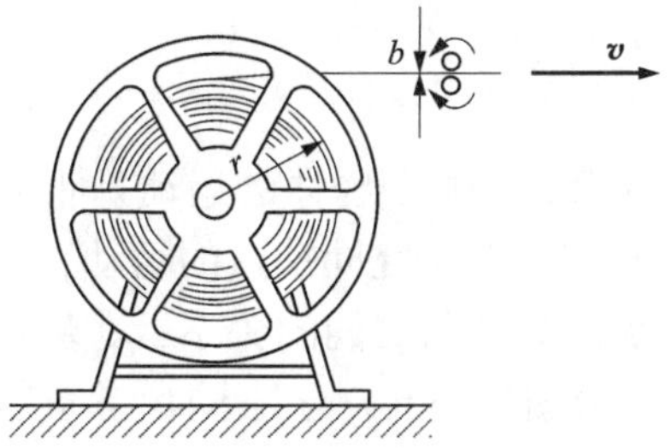

图题 5-20

第6章

点的合成运动

工程实际问题中，物体的运动是很复杂的。同一物体相对于不同参考系有不同的运动。如果在不同参考系研究同一点的运动，再考虑各参考系之间的相对运动规律，可得到物体相对不同参考系运动量之间的关系，复杂问题将得以简化。本章将研究物体相对于不同参考系的运动，并分析物体相对于不同参考系运动之间的关系，得到点的速度合成定理与加速度合成定理。

§6-1　合成运动的概念

1. 合成运动

运动具有相对性，对于不同的参考体，物体的运动是不相同的。例如，工厂车间的桥式起重机。如图 6-1 所示，当吊车梁 AB 不动时，小车 D 在吊车梁上向右运动，同时小车上的卷扬机带动工件向上运动。站在地面观察工件的运动，工件作平面曲线运动；但对于固结在小车上的动参考系 $O'x'y'$来说，工件作铅垂方向的直线运动；而小车又相对于地面在水平方向平动。又如图 6-2 所示，沿直线轨道滚动的车轮，其轮缘上点 M 的运动对于地面上的观察者来说，点的轨迹是旋轮线；对于车上的观察者来说，点的轨迹则是一个圆。可见同一个点在不同参考系中观察到的运动不同。

相对于某一参考体的运动可以由相对其他参考体的运动组合而成，这种运动称为**合成运动**。

2. 绝对运动、相对运动、牵连运动

为了研究动点相对两个不同参考系运动量之间的数量关系，可选定两个坐标系：一个是**定坐标系** $Oxyz$，通常选与地球固连的坐标系，简称定系或静系；另一个是与相对于定系有运动的**动坐标系** $O'x'y'z'$，简称**动系**，如图 6-1 中固连于小车的参考系。两个坐标系构成动点的如下三种运动：**动点相对于定系的运动**，称为动点的**绝对运动**；**动点相对于动系的运动**，称为动点的**相对运动**；**动系相对定系的运动**，称为**牵连运动**。如图 6-1 所示，选工件上的 M

点为动点，固连于小车上的坐标系 $O'x'y'$ 为动系时，M 点的绝对运动是沿 MM_1 的曲线运动；M 点的相对运动是沿垂直方向的直线运动；小车水平方向的平移则是牵连运动。

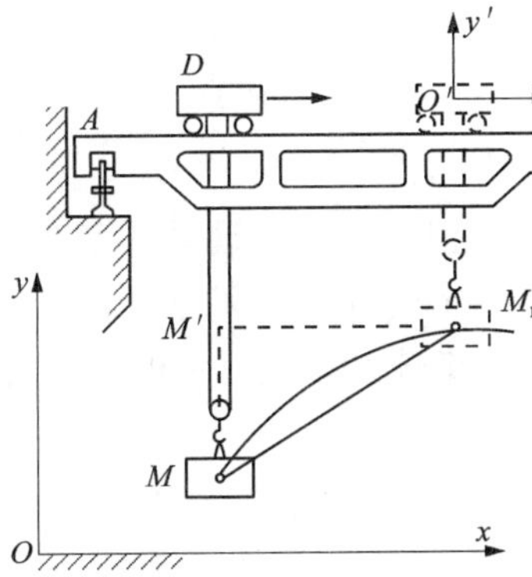

图 6-1

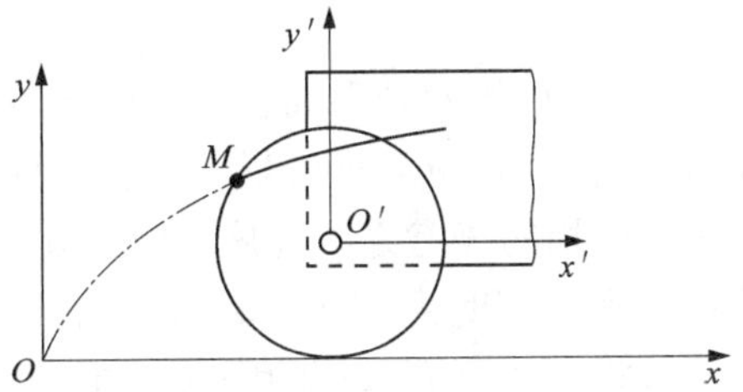

图 6-2

必须指出，动点的绝对运动和相对运动都为点的运动，它们可以是直线运动，也可以是任何形式的曲线运动。而牵连运动则是指动系(相当于刚体)的运动，可以是平动、定轴转动或其他刚体运动。

3. 动点的运动方程、三种速度和加速度

为了寻找动点相对于定系和动系的运动量之间的关系，需要在动系上找一个确定的参考点，通常把**某瞬时动系上与动点重合的点选为参考点**，并称为**牵连点**。注意，牵连点在某瞬时是动系上的固定点，它随动系运动，与动系没有相对运动，但与动点之间存在相对运动；在动点运动的不同瞬时，牵连点有不同的位置。根据点的三种运动的概念，可进一步定义动点的运动方程、三种速度和三种加速度。

如图 6-3 所示，分别在定系和动系中任选一确定点 O 和 O'。动点 M 在两个坐标系中的位置变化可分别用其矢径表示，即动点的绝对运动矢径为

$$\boldsymbol{r}=\boldsymbol{r}(t) \tag{6-1}$$

动点的相对运动矢径为

$$\boldsymbol{r}'=\boldsymbol{r}'(t)$$

点 O' 相对定点 O 的矢径为

$$\boldsymbol{r}_{O'}=\boldsymbol{r}_{O'}(t)$$

任一瞬时 t 的三矢径存在如下关系

$$\boldsymbol{r}(t)=\boldsymbol{r}'(t)+\boldsymbol{r}_{O'}(t) \tag{6-2}$$

式(6-2)为动点 M 的矢量形式运动方程。

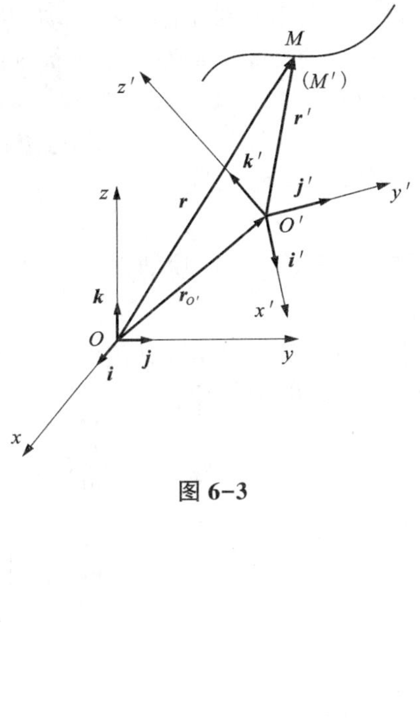

图 6-3

动点相对于定参考系的速度和加速度称为动点的**绝对速度**和**绝对加速度**。绝对速度用 $\boldsymbol{v}_{\mathrm{a}}$ 表示，绝对加速度用 $\boldsymbol{a}_{\mathrm{a}}$ 表示，即

$$\boldsymbol{v}_{\mathrm{a}}=\frac{\mathrm{d}\boldsymbol{r}}{\mathrm{d}t},\ \boldsymbol{a}_{\mathrm{a}}=\frac{\mathrm{d}\boldsymbol{v}_{\mathrm{a}}}{\mathrm{d}t} \tag{6-3}$$

动点相对于动参考系的速度和加速度称为动点的**相对速度**和**相对加速度**。相对速度、相对加速度分别用 $\boldsymbol{v}_{\mathrm{r}}$ 和 $\boldsymbol{a}_{\mathrm{r}}$ 表示，即

$$\boldsymbol{v}_{\mathrm{r}}=\frac{\tilde{\mathrm{d}}\boldsymbol{r}'}{\mathrm{d}t},\ \boldsymbol{a}_{\mathrm{r}}=\frac{\tilde{\mathrm{d}}\boldsymbol{v}_{\mathrm{r}}}{\mathrm{d}t} \tag{6-4}$$

注意，式(6-4)均对动系而言，即动点 M 的相对矢径 $\boldsymbol{r}'$ 和相对速度 $\boldsymbol{v}_{\mathrm{r}}$ 相对动系的变化率，在求导时，$\boldsymbol{i}'$、$\boldsymbol{j}'$、$\boldsymbol{k}'$ 应为常矢量，所求导数也为**相对导数**，在导数符号上加"~"表示。

牵连点相对于定系的速度、加速度称为动点的**牵连速度**和**牵连加速度**，一般是刚体上一点的速度和加速度，分别用 $\boldsymbol{v}_{\mathrm{e}}$ 和 $\boldsymbol{a}_{\mathrm{e}}$ 表示。

在分析点的合成运动问题时，首先要选好动点、动系，然后确定运动量的矢量的方位。这就需要正确地找出动点的**绝对轨迹**、**相对轨迹**和**牵连点的绝对轨迹**。例如，图 6-4 所示的摇杆机构中，OA 杆以角速度 $\boldsymbol{\omega}$ 匀速转动，如果选套在 OA 杆和圆圈上的小环 M 为动点，动系与杆 OA 固连，则 M 点的绝对运动为绕圆圈的圆周运动，相对运动为沿 OA 杆的直线运动，牵连运动为 OA 杆上与 M 点重合的点的运动(在此瞬时，牵连点是以 O 为圆心、OM 为半径为圆周运动)；相应的轨迹、速度、加速度便可容易地确定。

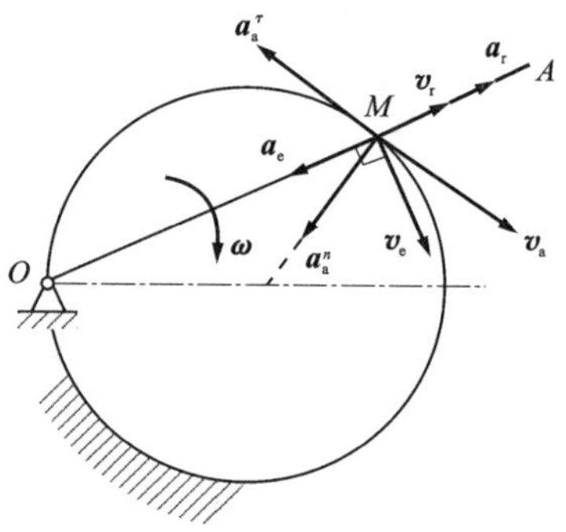

图 6-4

§6-2 点的速度合成定理

设有一动点相对于固结在运动的物体上的动系 $O'x'y'z'$ 运动，如图 6-3 所示。$Oxyz$ 为固结在地面上的静系。动系三个坐标轴的单位矢量分别用 $\boldsymbol{i}'$、$\boldsymbol{j}'$、$\boldsymbol{k}'$ 表示，静系三个坐标轴的单位矢量分别用 $\boldsymbol{i}$、$\boldsymbol{j}$、$\boldsymbol{k}$ 表示。故有

$$\boldsymbol{r}'=x'\boldsymbol{i}'+y'\boldsymbol{j}'+z'\boldsymbol{k}',\ \boldsymbol{r}=\boldsymbol{r}_M=x\boldsymbol{i}+y\boldsymbol{j}+z\boldsymbol{k}$$

根据式(6-2)，有

$$\boldsymbol{r}_M=\boldsymbol{r}'+\boldsymbol{r}_{O'}$$

如果 M' 为动系上与动点 M 重合的点，则在图示瞬时，$\boldsymbol{r}_M=\boldsymbol{r}_{M'}$，其中 $\boldsymbol{r}_{M'}$ 表示牵连点的矢径。

按定义，动点的绝对速度是动点相对于静系的速度，动系三个坐标轴的单位矢量 $\boldsymbol{i}'$、$\boldsymbol{j}'$、$\boldsymbol{k}'$ 的方向均随时间变化，有

$$v_{\mathrm{a}}=\frac{\mathrm{d}r_M}{\mathrm{d}t}=\frac{\mathrm{d}}{\mathrm{d}t}(r_{O'}+r')=\dot{r}_{O'}+x'\dot{i}'+y'\dot{j}'+z'\dot{k}'+\dot{x}'i'+\dot{y}'j'+\dot{z}'k'$$

动点的相对速度为

$$v_{\mathrm{r}}=\frac{\mathrm{d}r'}{\mathrm{d}t}=\frac{\mathrm{d}}{\mathrm{d}t}(x'i'+y'j'+z'k')=\dot{x}'i'+\dot{y}'j'+\dot{z}'k'$$

由于动点 M 和牵连点 M'并不是同一点，根据牵连点的概念，其在动系中的坐标 x'、y'、z'是不变的，故动点的牵连速度为

$$v_e=\frac{\mathrm{d}r_{M'}}{\mathrm{d}t}=\frac{\mathrm{d}}{\mathrm{d}t}(r_{O'}+r')=r_{O'}+x'\dot{i}'+y'\dot{j}'+z'\dot{k}'+\dot{x}'i'+\dot{y}'j'+\dot{z}'k'$$
$$=\dot{r}_{O'}+x'\dot{i}'+y'\dot{j}'+z'\dot{k}'$$

综合以上各式，得

$$\boldsymbol{v}_a=\boldsymbol{v}_e+\boldsymbol{v}_r \tag{6-5}$$

即**在任意瞬时，动点的绝对速度等于牵连速度与相对速度的矢量和**。这就是**点的速度合成定理**。

上述定理推导过程中，未对动坐标系的运动做任何限制，因此该定理适用于牵连运动是任何运动的情况。

事实上，点的速度合成定理也可以用简单的几何方法推导出来。如图 6-5 所示，在瞬时 t，物体在位置Ⅰ，动点 M 重合于曲线 AB 的 m 点。经过一段时间 Δt 后，物体（动系）运动到位置Ⅱ，曲线 AB 随同动系运动到另一位置 $A'B'$，同时动点 M 沿曲线 AB（相对轨迹）由点 M 运动到 M'（与曲线 $A'B'$上的点 n 重合）。在瞬时 t，动系上与动点重合的点（曲线 AB 上的点 m）随同动系一起运动到 m'点。

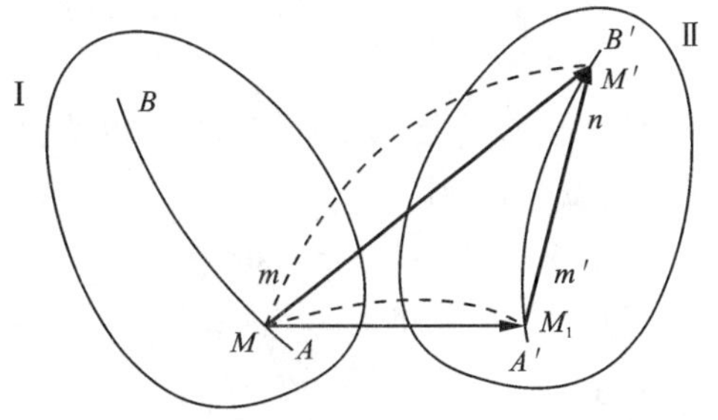

图 6-5

在这一运动过程中，MM'为动点相对于静系运动的绝对轨迹，M_1M'为动点相对于动系运动的相对轨迹。假设动点 M 相对于物体（动系）不动，则在此运动过程中，动点将伴随该物体上 t 瞬时与动点重合的点（图 6-5 中的 m 点，即牵连点）一起运动。所以，MM_1 是在瞬时 t 动坐标系上与动点相重合的一点在 Δt 时间内的运动轨迹。

将动点的绝对位移$\overrightarrow{MM'}$、相对位移$\overrightarrow{M_1M'}$和牵连点的牵连位移$\overrightarrow{MM_1}$表示出来，很明显有

$$\overrightarrow{MM'}=\overrightarrow{MM_1}+\overrightarrow{M_1M'}$$

将上式各项同除以 Δt，并取 $\Delta t\to 0$ 时的极限，得

$$\lim_{\Delta t\to 0}\frac{\overrightarrow{MM'}}{\Delta t}=\lim_{\Delta t\to 0}\frac{\overrightarrow{MM_1}}{\Delta t}+\lim_{\Delta t\to 0}\frac{\overrightarrow{M_1M'}}{\Delta t}$$

按照速度的定义，上式中左边项即为动点 M 在瞬时 t 的绝对速度，右边第一项即为牵连点 M'在瞬时 t 的牵连速度，右边第二项即为动点 M 在瞬时 t 的相对速度。于是

$$\boldsymbol{v}_a=\boldsymbol{v}_e+\boldsymbol{v}_r$$

同样得到点的速度合成定理。

式(6-5)是一个平面矢量方程，包含 $\boldsymbol{v}_a$、$\boldsymbol{v}_e$ 和 $\boldsymbol{v}_r$ 三个矢量的大小和方向，共六个量。只要已知其中任意四个量，就可求出剩下的两个未知量。

例 6-1 曲柄滑杆机构如图 6-6 所示，曲柄 $OA=0.1\ \text{m}$，以角速度 $\omega=6t\ \text{rad/s}$ 绕 O 轴转动，A 点铰接的滑块在 T 形滑道的水平滑槽内滑动。当 $t=1\ \text{s}$ 时，曲柄与垂线的夹角 $\varphi=30°$。求此时滑杆 BC 的速度 v。

解： 选取滑块 A 为动点，动系连于滑道 BC 上，定系连于机架。则

绝对运动为绕 O 点的圆周运动；相对运动为滑块 A 点在水平直线 BC 方向的运动；牵连运动为随 T 形杆的平动。

绝对速度 $v_a=OA\cdot\omega=0.1\times4=0.4\ \text{m/s}$，方向垂直曲柄 OA；相对速度沿水平方向、大小未知；牵连速度垂直方向、大小未知。相应的速度方向如图 6-6 所示。

根据速度合成定理，作出速度四边形，如图 6-6 所示。$\varphi=30°$时，有

$$v_e=v_a\sin\varphi$$

即滑杆 BC 的速度 $v=v_e=v_a\sin\varphi=0.4\sin 30°=0.2\ \text{m/s}$。

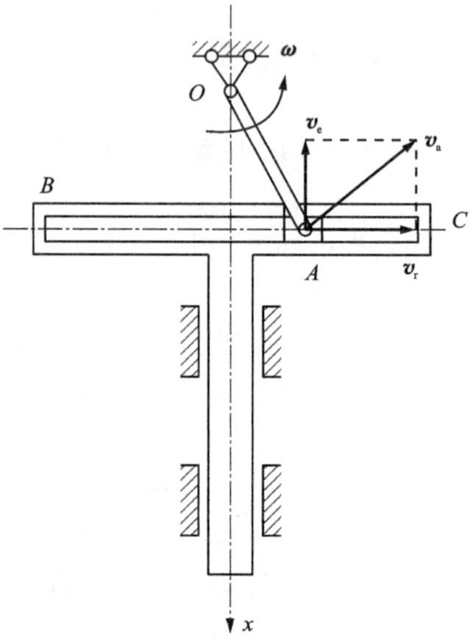

图 6-6

例 6-2 内燃机汽阀凸轮机构如图 6-7 所示。顶杆 AB 的端点 A 由弹簧压紧在凸轮表面上，当凸轮绕轴 O 转动时，推动顶杆沿铅垂导槽上下平动。设凸轮以匀角速度 ω 转动，已知 $OA=r$，凸轮轮廓曲线在点 A 处的法线 An 与 AO 的夹角为 θ，曲率半径为 ρ。试求该瞬时顶杆 AB 的速度。

解： 取顶杆的端点 A 为动点，动系 $Ox'y'$连于凸轮，静系连于机架。动点 A 的绝对运动是沿铅垂导槽的直线运动；相对运动是沿凸轮轮廓曲线的运动，凸轮轮廓曲线是动点 A 的相对轨迹；牵连运动是凸轮绕定轴 O 的转动。

作出速度四边形，如图 6-7 所示，得绝对速度

$$v_a=v_e\tan\theta$$

又

$$v_e=r\cdot\omega$$

即顶杆 AB 的速度 $v_a=r\omega\tan\theta$。

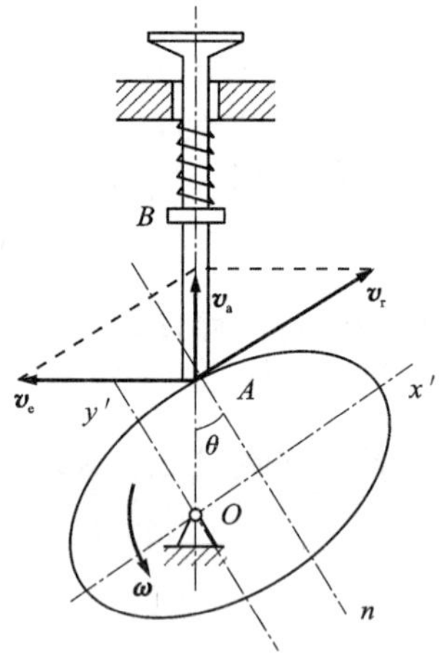

图 6-7

例 6-3 牛头刨床机构如图 6-8(a)所示，曲柄 OA 以匀角速度 ω_0 转动。已知 $OA=r$，$OO_1=\sqrt{3}r$，$O_1C=2\sqrt{3}r$，如图 6-8(b)所示。求当曲柄位于水平位置时，摆杆 O_1D 的角速度和滑块 E 的速度。

解：(1) 先求摆杆 O_1D 的角速度 ω。

选滑块 A 为动点，动系连于摆杆 O_1D，定系连于机架。绝对运动为滑块 A 绕 O 轴的圆周

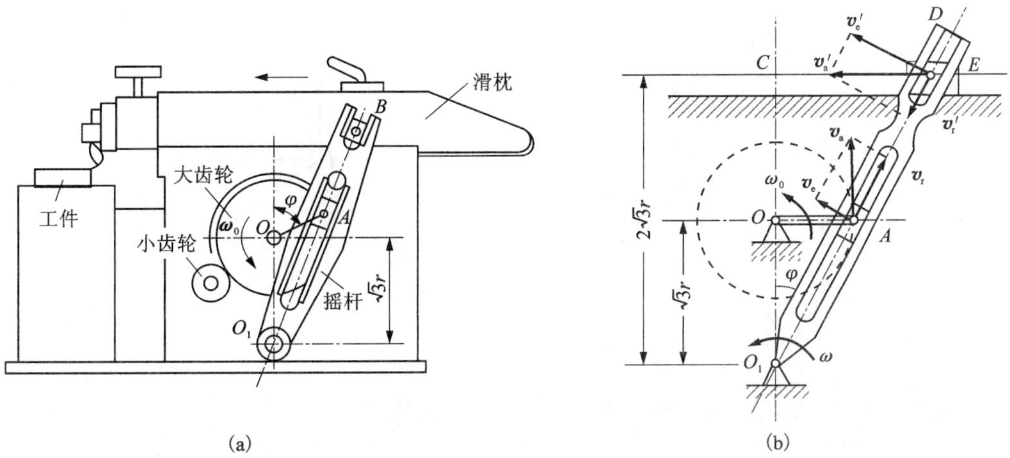

图 6-8

运动，$\boldsymbol{v}_a=r\omega_0$，方向垂直曲柄 OA，指向与 ω_0 一致；相对运动为滑块 A 沿摆杆上导槽的直线运动，大小未知，方向沿导槽轴线；牵连运动为摆杆 O_1D 绕定轴 O_1 的转动，大小未知，方向垂直摆杆轴线 O_1A。

由点的速度合成定理 $\boldsymbol{v}_a=\boldsymbol{v}_e+\boldsymbol{v}_r$，作出速度四边形，如图 6-8(b)所示。根据几何关系，有

$$\tan\varphi=\frac{OA}{OO_1}=\frac{r}{\sqrt{3}r}=\frac{\sqrt{3}}{3};\ \varphi=30°$$

故

$$\boldsymbol{v}_e=\boldsymbol{v}_a\sin\varphi=\frac{1}{2}r\omega_0$$

于是摆杆的角速度 ω 为

$$\omega=v_e/O_1A=\frac{1}{2}r\omega_0/\sqrt{r^2+(\sqrt{3}r)^2}=\frac{\omega_0}{4}$$

(2)求滑块 E 的速度。

取滑块 E 为动点，动系仍为摆杆。绝对运动为滑块 E 沿水平导轨的直线运动，大小未知，方向沿水平导轨；相对运动为滑块 E 沿摆杆导槽的直线运动，大小未知，方向沿摆杆轴线；牵连运动为摆杆绕定轴 O_1 的转动，$v_e'=O_1E\cdot\omega$，方向垂直摆杆轴线。根据速度合成定理和已知条件作点的速度平行四边形，由图 6-8(b)几何关系可得

$$v_a'=v_e'/\cos\varphi=\omega\cdot O_1E/\cos\varphi=\frac{O_1C}{\cos\varphi}\cdot\frac{\omega_0}{4}/\cos\varphi=\frac{2\sqrt{3}}{3}r\omega_0$$

例 6-4　汽车 A 以 $v_A=40$ km/h 的速度沿直线道路行驶，汽车 B 以 $v_B=56.6$ km/h 的速度沿另一岔道行驶，如图 6-9(a)所示。试求在汽车 B 上观察到的汽车 A 的速度。

解：取汽车 A 为动点，将动系连于汽车 B，静系连于地面。动点 A 的绝对速度 $v_a=v_A=40$ km/h；牵连速度 $v_e=v_B=56.6$ km/h；在汽车 B 上观察到的汽车 A 的速度，即为动点 A 的相对速度 v_r。由速度合成定理

$$\boldsymbol{v}_a=\boldsymbol{v}_e+\boldsymbol{v}_r$$

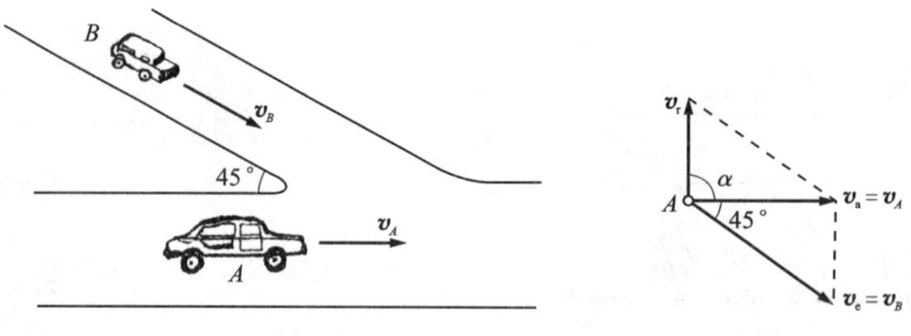

(a) (b)

图 6-9

作出速度平行四边形，如图 6-9(b)所示。由余弦定理得

$$v_r=\sqrt{v_a^2+v_b^2-2v_a v_e \cos 45°}=\sqrt{40^2+56.6^2-2\times40\times56.6\times0.707}=40(\text{km/h})$$

v_r 与 v_a 间的夹角 α 可由正弦定理求得

$$\sin\alpha=\frac{v_e}{v_r}\sin 45°=\frac{56.6}{40}\sin 45°=1$$

即

$$\alpha=90°$$

§6-3 点的加速度合成定理

根据上节的结果，将点的速度合成定理两边同对时间求导，得

$$\boldsymbol{a}_a=\frac{d\boldsymbol{v}_a}{dt}=\frac{d\boldsymbol{v}_e}{dt}+\frac{d\boldsymbol{v}_r}{dt} \tag{6-6}$$

注意，式(6-6)中速度对时间求导并不一定是动点对应的牵连加速度和相对加速度。下面根据牵连运动为绕定轴转动的情形，推导出点的加速度合成定理。

如图 6-10 所示，设动系 $O'x'y'z'$ 以角速度矢 $\boldsymbol{\omega}_e$ 绕定轴转动，动系三个坐标轴的单位矢量分别为 $\boldsymbol{i}'$、$\boldsymbol{j}'$、$\boldsymbol{k}'$，它们是随时间变化的。动点的相对加速度为

$$\boldsymbol{a}_r=\frac{d^2x'}{dt^2}\boldsymbol{i}'+\frac{d^2y'}{dt^2}\boldsymbol{j}'+\frac{d^2z'}{dt^2}\boldsymbol{k}'$$

式中，x'、y'、z'为动点在动系中的坐标。

根据前一章的研究，牵连点的速度和加速度用矢量积表示为

$$\boldsymbol{v}_e=\boldsymbol{\omega}_e\times\boldsymbol{r}$$

$$\boldsymbol{a}_e=\boldsymbol{\alpha}_e\times\boldsymbol{r}+\boldsymbol{\omega}_e\times\boldsymbol{v}_e$$

式中，$\boldsymbol{\alpha}_e$ 为动系的角加速度矢；$\boldsymbol{r}$ 为动点 M 在定系中的矢径。

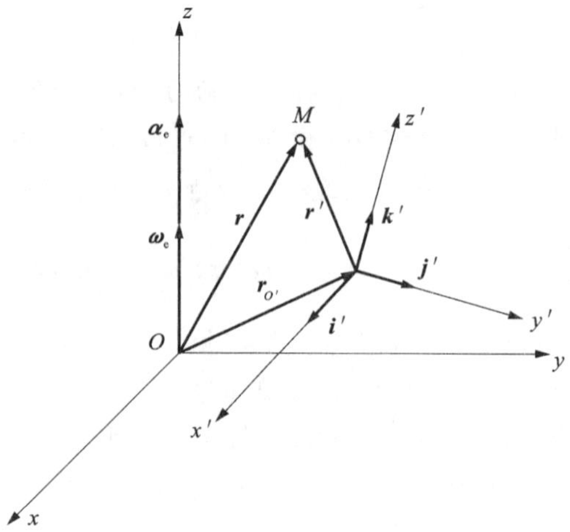

图 6-10

于是，式(6-6)右端第一项

$$\frac{\mathrm{d}\boldsymbol{v}_{\mathrm{e}}}{\mathrm{d}t}=\frac{\mathrm{d}}{\mathrm{d}t}(\boldsymbol{\omega}_{\mathrm{e}}\times\boldsymbol{r})=\frac{\mathrm{d}\boldsymbol{\omega}_{\mathrm{e}}}{\mathrm{d}t}\times\boldsymbol{r}+\boldsymbol{\omega}_{\mathrm{e}}\times\frac{\mathrm{d}\boldsymbol{r}}{\mathrm{d}t}$$

其中$\frac{\mathrm{d}\boldsymbol{\omega}_{\mathrm{e}}}{\mathrm{d}t}=\boldsymbol{\alpha}_{\mathrm{e}}$；$\frac{\mathrm{d}\boldsymbol{r}}{\mathrm{d}t}=\boldsymbol{v}_{\mathrm{a}}=\boldsymbol{v}_{\mathrm{e}}+\boldsymbol{v}_{\mathrm{r}}$，代入上式得

$$\frac{\mathrm{d}\boldsymbol{v}_{\mathrm{e}}}{\mathrm{d}t}=\boldsymbol{\alpha}_{\mathrm{e}}\times\boldsymbol{r}+\boldsymbol{\omega}_{\mathrm{e}}\times(\boldsymbol{v}_{\mathrm{e}}+\boldsymbol{v}_{\mathrm{r}})=\boldsymbol{\alpha}_{\mathrm{e}}\times\boldsymbol{r}+\boldsymbol{\omega}_{\mathrm{e}}\times\boldsymbol{v}_{\mathrm{e}}+\boldsymbol{\omega}_{\mathrm{e}}\times\boldsymbol{v}_{\mathrm{r}}=\boldsymbol{a}_{\mathrm{e}}+\boldsymbol{\omega}_{\mathrm{e}}\times\boldsymbol{v}_{\mathrm{r}} \tag{6-7}$$

式(6-7)中除了牵连点的加速度外，还有附加项 $\boldsymbol{\omega}_{\mathrm{e}}\times\boldsymbol{v}_{\mathrm{r}}$。它是因为相对运动引起牵连速度改变而产生的。

式(6-6)右端第二项

$$\begin{aligned}\frac{\mathrm{d}\boldsymbol{v}_{\mathrm{r}}}{\mathrm{d}t}&=\frac{\mathrm{d}}{\mathrm{d}t}\left(\frac{\mathrm{d}x'}{\mathrm{d}t}\boldsymbol{i}'+\frac{\mathrm{d}y'}{\mathrm{d}t}\boldsymbol{j}'+\frac{\mathrm{d}z'}{\mathrm{d}t}\boldsymbol{k}'\right)\\&=\frac{\mathrm{d}^2x'}{\mathrm{d}t^2}\boldsymbol{i}'+\frac{\mathrm{d}^2y'}{\mathrm{d}t^2}\boldsymbol{j}'+\frac{\mathrm{d}^2z'}{\mathrm{d}t^2}\boldsymbol{k}'+\frac{\mathrm{d}x'}{\mathrm{d}t}\frac{\mathrm{d}\boldsymbol{i}'}{\mathrm{d}t}+\frac{\mathrm{d}y'}{\mathrm{d}t}\frac{\mathrm{d}\boldsymbol{j}'}{\mathrm{d}t}+\frac{\mathrm{d}z'}{\mathrm{d}t}\cdot\frac{\mathrm{d}\boldsymbol{k}'}{\mathrm{d}t}\\&=\boldsymbol{a}_{\mathrm{r}}+\frac{\mathrm{d}x'}{\mathrm{d}t}\times\frac{\mathrm{d}\boldsymbol{i}'}{\mathrm{d}t}+\frac{\mathrm{d}y'}{\mathrm{d}t}\times\frac{\mathrm{d}\boldsymbol{j}'}{\mathrm{d}t}+\frac{\mathrm{d}z'}{\mathrm{d}t}\times\frac{\mathrm{d}\boldsymbol{k}'}{\mathrm{d}t}\end{aligned} \tag{6-8}$$

可见，式(6-8)中除了动点的相对加速度外，还有附加项。此附加项要通过对$\frac{\mathrm{d}\boldsymbol{i}'}{\mathrm{d}t}$、$\frac{\mathrm{d}\boldsymbol{j}'}{\mathrm{d}t}$、$\frac{\mathrm{d}z'}{\mathrm{d}t}$的研究进行简化。

设转动轴为定系的 z 轴，定点 O 到动系原点 O' 及 $\boldsymbol{k}'$ 的矢端 A 的矢径分别为 $\boldsymbol{r}_{O'}$ 和 $\boldsymbol{r}_A$，如图 6-11 所示，显然

$$\boldsymbol{k}'=\boldsymbol{r}_A-\boldsymbol{r}_{O'}$$

将上式两边同对时间求导

$$\frac{\mathrm{d}\boldsymbol{k}'}{\mathrm{d}t}=\frac{\mathrm{d}\boldsymbol{r}_A}{\mathrm{d}t}-\frac{\mathrm{d}\boldsymbol{r}_{O'}}{\mathrm{d}t}=\boldsymbol{v}_A-\boldsymbol{v}_{O'}$$

由于 $\boldsymbol{v}_A=\boldsymbol{\omega}_{\mathrm{e}}\times\boldsymbol{r}_A$，$\boldsymbol{v}_{O'}=\boldsymbol{\omega}_{\mathrm{e}}\times\boldsymbol{r}_{O'}$，故上式可写成

$$\frac{\mathrm{d}\boldsymbol{k}'}{\mathrm{d}t}=\boldsymbol{\omega}_{\mathrm{e}}\times\boldsymbol{r}_A-\boldsymbol{\omega}_{\mathrm{e}}\times\boldsymbol{r}_{O'}=\boldsymbol{\omega}_{\mathrm{e}}\times(\boldsymbol{r}_A-\boldsymbol{r}_{O'})=\boldsymbol{\omega}_{\mathrm{e}}\times\boldsymbol{k}'$$

同样可得 $\boldsymbol{i}'$、$\boldsymbol{j}'$ 对时间导数。合写为

$$\left.\begin{aligned}\frac{\mathrm{d}\boldsymbol{i}'}{\mathrm{d}t}&=\boldsymbol{\omega}_{\mathrm{e}}\times\boldsymbol{i}'\\\frac{\mathrm{d}\boldsymbol{j}'}{\mathrm{d}t}&=\boldsymbol{\omega}_{\mathrm{e}}\times\boldsymbol{j}'\\\frac{\mathrm{d}\boldsymbol{k}'}{\mathrm{d}t}&=\boldsymbol{\omega}_{\mathrm{e}}\times\boldsymbol{k}'\end{aligned}\right\} \tag{6-9}$$

式(6-9)称为**泊松公式**。将式(6-9)代入式(6-8)有

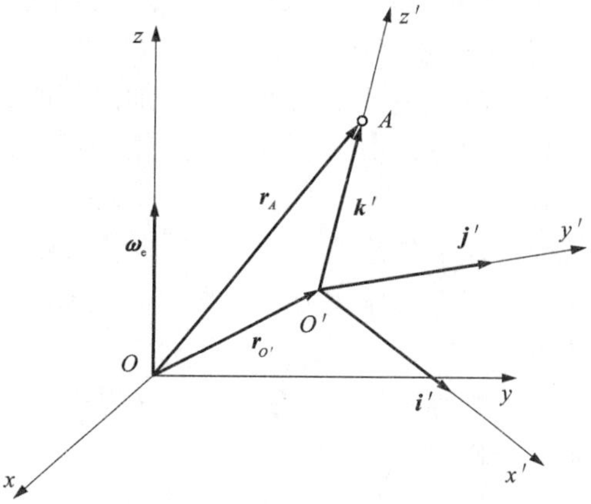

图 6-11

$$\begin{aligned}\frac{\mathrm{d}\boldsymbol{v}_{\mathrm{r}}}{\mathrm{d}t}&=\boldsymbol{a}_{\mathrm{r}}+\frac{\mathrm{d}x'}{\mathrm{d}t}(\boldsymbol{\omega}_{\mathrm{e}}\times\boldsymbol{i}')+\frac{\mathrm{d}y'}{\mathrm{d}t}(\boldsymbol{\omega}_{\mathrm{e}}\times\boldsymbol{j}')+\frac{\mathrm{d}z'}{\mathrm{d}t}(\boldsymbol{\omega}_{\mathrm{e}}\times\boldsymbol{k}')\\&=\boldsymbol{a}_{\mathrm{r}}+\boldsymbol{\omega}_{\mathrm{e}}\times\left(\frac{\mathrm{d}x'}{\mathrm{d}t}\boldsymbol{i}'+\frac{\mathrm{d}y'}{\mathrm{d}t}\boldsymbol{j}'+\frac{\mathrm{d}z'}{\mathrm{d}t}\boldsymbol{k}'\right)\\&=\boldsymbol{a}_{\mathrm{r}}+\boldsymbol{\omega}_{\mathrm{e}}\times\boldsymbol{v}_{\mathrm{r}}\end{aligned}\tag{6-10}$$

式中，附加项 $\boldsymbol{\omega}_{\mathrm{e}}\times\boldsymbol{v}_{\mathrm{r}}$ 是由于牵连转动引起相对速度方向($\boldsymbol{i}'$, $\boldsymbol{j}'$, $\boldsymbol{k}'$)改变而产生的。

将式(6-7)和式(6-10)代入式(6-6)，得

$$\boldsymbol{a}_{\mathrm{a}}=\boldsymbol{a}_{\mathrm{e}}+\boldsymbol{a}_{\mathrm{r}}+2\boldsymbol{\omega}_{\mathrm{e}}\times\boldsymbol{v}_{\mathrm{r}}$$

令

$$\boldsymbol{a}_{\mathrm{C}}=2\boldsymbol{\omega}_{\mathrm{e}}\times\boldsymbol{v}_{\mathrm{r}}\tag{6-11}$$

$\boldsymbol{a}_{\mathrm{C}}$ 称为**科氏加速度**，是法国科学家科里奥利在 1832 年发现的，被命名为科里奥利加速度，简称科氏加速度。它等于动系角速度矢与动点相对速度矢的矢积的两倍，是由于牵连运动与相对运动相互影响而产生的。

于是，有

$$\boldsymbol{a}_{\mathrm{a}}=\boldsymbol{a}_{\mathrm{e}}+\boldsymbol{a}_{\mathrm{r}}+\boldsymbol{a}_{\mathrm{C}}\tag{6-12}$$

式(6-12)即**点的加速度合成定理：动点在某瞬时的绝对加速度等于该瞬时的牵连加速度、相对加速度与科氏加速度的矢量和。**

式(6-12)虽是根据牵连运动为转动的情况推出的，但可以用于当牵连运动为任意复杂刚体运动的情形，它是点的加速度合成定理的普遍形式。

当牵连运动为平动时，$\boldsymbol{\omega}_{\mathrm{e}}=0$，因此 $\boldsymbol{a}_{\mathrm{C}}=0$，有

$$\boldsymbol{a}_{\mathrm{a}}=\boldsymbol{a}_{\mathrm{e}}+\boldsymbol{a}_{\mathrm{r}}\tag{6-13}$$

式(6-13)表明，**当牵连运动为平动时，动点在某瞬时的绝对加速度等于该瞬时的牵连加速度、相对加速度的矢量和。**

根据矢量矢积运算规则，科氏加速度 $\boldsymbol{a}_{\mathrm{C}}$ 垂直于 $\boldsymbol{\omega}_{\mathrm{e}}$ 和 $\boldsymbol{v}_{\mathrm{r}}$，指向由右手法则确定，见图 6-12。其大小为

$$a_{\mathrm{C}}=2\omega_{\mathrm{e}}v_{\mathrm{r}}\sin\theta$$

式中，θ 为 $\boldsymbol{\omega}_{\mathrm{e}}$ 与 $\boldsymbol{v}_{\mathrm{r}}$ 两矢量之间的最小夹角。当 $\boldsymbol{\omega}_{\mathrm{e}}$ 与 $\boldsymbol{v}_{\mathrm{r}}$ 平行时($\theta=0°$或 $180°$)，$a_{\mathrm{C}}=0$；当 $\boldsymbol{\omega}_{\mathrm{e}}$ 与 $\boldsymbol{v}_{\mathrm{r}}$ 垂直时($\theta=90°$)，$a_{\mathrm{C}}=2\omega_{\mathrm{e}}v_{\mathrm{r}}$；此时，将 $\boldsymbol{v}_{\mathrm{r}}$ 按 $\boldsymbol{\omega}_{\mathrm{e}}$ 转向转动 90°就是 $\boldsymbol{a}_{\mathrm{C}}$ 的方向。

在自然界中可以观察到科氏加速度所表现出的现象。由于地球绕地轴转动，只要地球上物体相对地球运动的方向不与地轴平行，对于其他恒星而言，该物体有科氏加速度。

在北半球，河水向北流动时，河水的科氏加速度 $\boldsymbol{a}_{\mathrm{C}}$ 朝西，即指向左侧，如图 6-13 所示。水流有向左的加速度，必然是受到了右岸对水流的向左作用力。根据作用与反作用定律，河水必对右岸有反作用力。北半球向北流动的江河，其右岸均受到较明显的冲刷，这也是地理学中的一项规律。

由于地球自转角速度很小，所以一般工程问题都忽略其自转的影响，只有在某些特殊情形下才加以考虑。

在运用点的加速度合成定理时，一般应先进行速度分析，由速度合成定理，再求出各种速度(特别是相对速度 $\boldsymbol{v}_{\mathrm{r}}$)。一般情况下，加速度合成定理可以写为

$$\boldsymbol{a}_{\mathrm{a}}^{n}+\boldsymbol{a}_{\mathrm{a}}^{\tau}=\boldsymbol{a}_{\mathrm{e}}^{n}+\boldsymbol{a}_{\mathrm{e}}^{\tau}+\boldsymbol{a}_{\mathrm{r}}^{n}+\boldsymbol{a}_{\mathrm{r}}^{\tau}+\boldsymbol{a}_{\mathrm{C}}\tag{6-14}$$

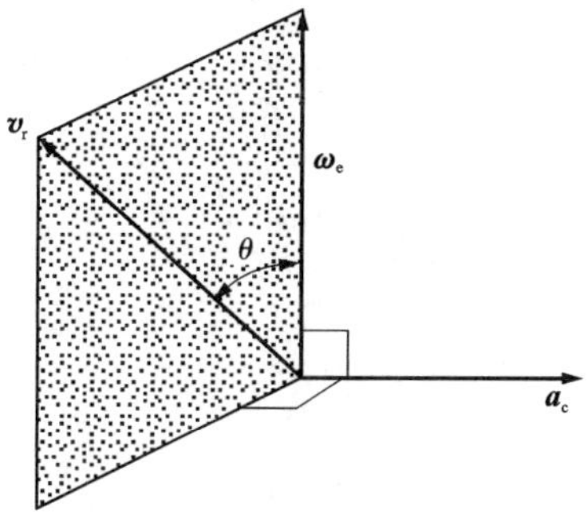

图 6-12

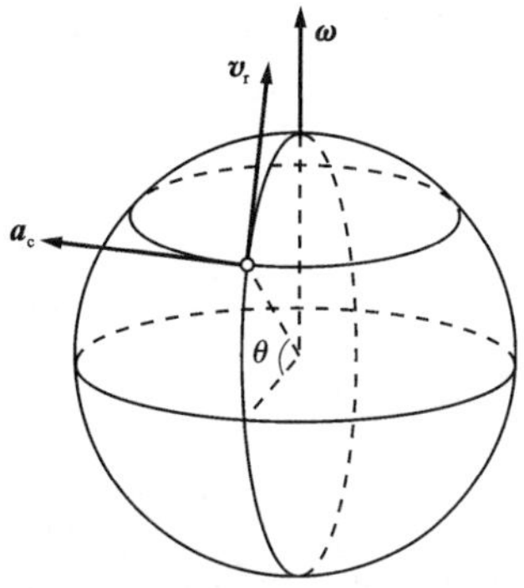

图 6-13

式(6-14)中每一项矢量均有大小和方向两个要素。由于切向加速度方向总是沿相应曲线的切线方向，法向加速度总是根据相应速度大小和其曲率半径求出，科氏加速度大小和方向也由牵连角速度和相对速度完全确定，故各种法向加速度和科氏加速度都可求出。因此在加速度合成定理式(6-14)中，只有三项切向加速度大小可能是未知量。在运用式(6-14)之前，首先作出各项加速度矢量图，通过矢量方程在某合适轴上的投影求解未知量。

例 6-5　滑块 A 由一绕定轴 O 转动的摇杆 OB 带动沿直线导轨运动，如图 6-14(a)所示。设该瞬时摇杆的角速度 ω、角加速度 α，轴 O 至直线导轨的距离为 h。试求滑块 A 的加速度。

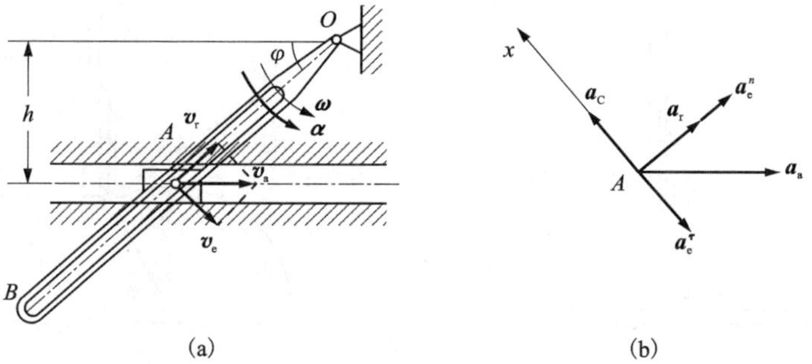

图 6-14

解：先对速度进行求解，取滑块 A 为动点，动系连于摇杆 OB，静系连于地面。动点 A 的牵连速度 $v_e=OA\cdot\omega=\dfrac{h}{\sin\varphi}\cdot\omega$，由速度合成定理

$$\boldsymbol{v}_a=\boldsymbol{v}_e+\boldsymbol{v}_r$$

作出速度平行四连形，如图 6-14(a)所示，可得相对速度

$$v_r=\frac{v_e}{\tan\varphi}=\frac{h\cos\varphi}{\sin^2\varphi}\cdot\omega$$

因为动系摇杆 OB 做定轴转动，滑块具有科氏加速度。由加速度合成定理

$$\boldsymbol{a}_a=\boldsymbol{a}_e+\boldsymbol{a}_r+\boldsymbol{a}_C=\boldsymbol{a}_e^n+\boldsymbol{a}_e^\tau+\boldsymbol{a}_r+\boldsymbol{a}_C$$

作出加速度矢量合成图，如图 6-14(b)所示将以上矢量式投影到 x 轴方向，可得

$$-a_a\sin\varphi=-a_e^\tau+a_C$$

又

$$a_e^\tau=OA\cdot\alpha=\frac{h}{\sin\varphi}\cdot\alpha,\ a_C=2\omega v_r=\frac{2h\cos\varphi}{\sin^2\varphi}\cdot\omega^2$$

则滑块 A 的加速度

$$a_a=\frac{a_e^\tau-a_C}{\sin\varphi}=\frac{h}{\sin^2\varphi}\cdot\alpha-\frac{2h\cos\varphi}{\sin^3\varphi}\cdot\omega^2$$

例 6-6 半圆形凸轮在水平地面上向右运动，竖直滑道内的顶杆 AB 始终与凸轮相接触，如图 6-15 所示。设该瞬时凸轮的速度为 v_0、加速度为 a_0，A 点所在半径 AC 与水平线的夹角为 φ。试计算顶杆 AB 的加速度。

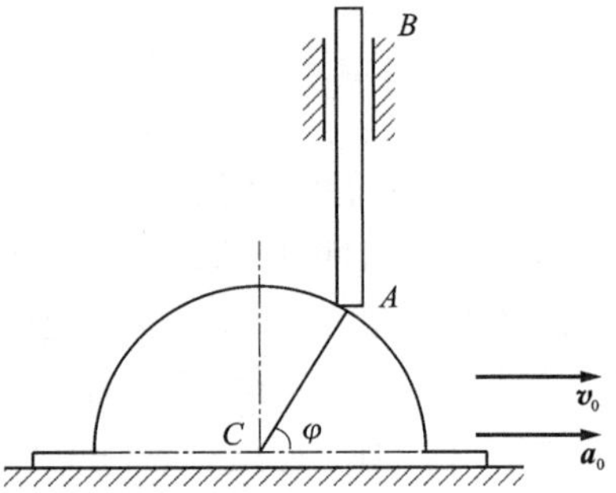

图 6-15

解：取顶杆上 A 点为动点，动系与凸轮固连，静系为地面。根据速度分析作出速度矢量合成图，如图 6-16(a)所示，可求得相对速度

$$v_r=\frac{v_e}{\sin\varphi}=\frac{v_0}{\sin 60°}=\frac{2}{\sqrt{3}}v_0$$

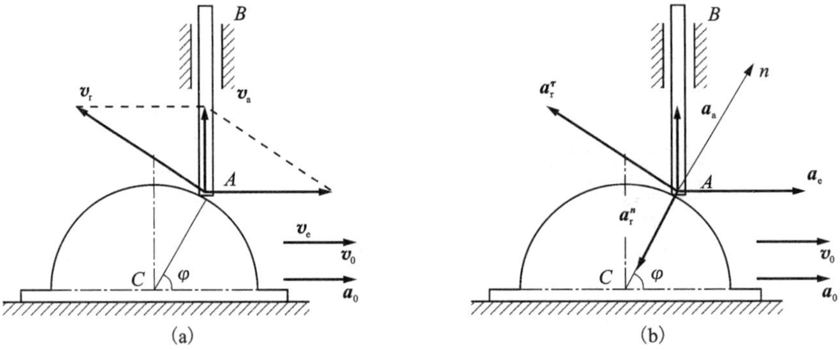

图 6-16

因牵连运动为平动，加速度矢量合成定理

$$\boldsymbol{a}_a=\boldsymbol{a}_e+\boldsymbol{a}_r^n+\boldsymbol{a}_r^\tau$$

各加速度矢量方向如图 6-14(b)所示，大小分别为 a_a 未知，$a_e=a_0$，$a_r^n=\frac{v_r^2}{R}=\left(\frac{2}{\sqrt{3}}v_0^2\right)/R=\frac{4v_0^2}{3R}$，$a_r^\tau$ 未知。

将加速度合成定理矢量方程投影到法线 n 的方向，可得

$$a_a\sin\varphi=a_e\cos\varphi-a_r^n+0$$

所以

$$a_a=(a_e\cos\varphi-a_r^n)\sin\varphi=(a_e\cos 60°-a_r^n)\sin 60°$$

即顶杆的加速度 $a_{AB}=a_{\mathrm{a}}=\frac{\sqrt{3}}{3}\left(a_0-\frac{8}{3}\frac{v_0^2}{R}\right)$。

例 6-7　试求例 6-2 中顶杆 AB 的加速度。

解： 取顶杆的端点 A 为动点，动系 $Ox'y'$ 连于凸轮，静系连于机架。根据例 6-2 中速度分析作出速度四边形，如图 6-17(a)所示，求得相对速度

$$v_{\mathrm{r}}=\frac{v_{\mathrm{e}}}{\cos\theta}=r\omega\sec\theta$$

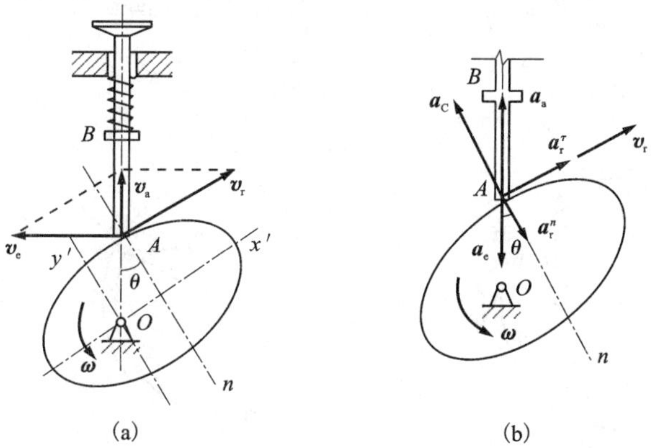

图 6-17

在图 6-17(b)所示位置，动点 A 的绝对加速度 $\boldsymbol{a}_{\mathrm{a}}$ 沿铅垂方向，大小待求；相对加速度的切向分量 $\boldsymbol{a}_{\mathrm{r}}^{\tau}$ 沿凸轮轮廓线在点 A 处的切线方向，大小皆待求；相对加速度的法向分量 $\boldsymbol{a}_{\mathrm{r}}^{n}$ 沿凸轮轮廓线在点 A 处的法线方向，并指向其曲率中心，大小为 $a_{\mathrm{r}}^{n}=\frac{v_{\mathrm{r}}^2}{\rho}=\frac{r^2\omega^2}{\rho}\sec^2\theta$；动点 A 的牵连加速度的大小为

$$a_{\mathrm{e}}=a_{\mathrm{e}}^{n}=r\omega^2$$

方向沿 AO 并指向 O。科氏加速度

$$a_{\mathrm{C}}=2\omega v_{\mathrm{r}}\sin 90°=2\omega v_{\mathrm{r}}=2r\omega^2\sec\theta$$

方向垂直于 v_{r}，指向由 ω 的转向确定，显然 a_{C} 与 a_{r}^{n} 的指向相反。各加速度矢量如图 6-17(b)所示。

由加速度合成定理

$$\boldsymbol{a}_{\mathrm{a}}=\boldsymbol{a}_{\mathrm{e}}+\boldsymbol{a}_{\mathrm{r}}+\boldsymbol{a}_{\mathrm{C}}$$

将各加速度矢量投影到 An 轴上，得

$$-a_{\mathrm{a}}\cos\theta=a_{\mathrm{e}}\cos\theta+a_{\mathrm{r}}^{n}-a_{\mathrm{C}}$$

可解得

$$\begin{aligned}a_{\mathrm{a}}&=-\frac{1}{\cos\theta}\left(r\omega^2\cos\theta+\frac{r^2\omega^2}{\rho}\sec^2\theta-2r\omega^2\sec\theta\right)\\&=-r\omega^2\left(1+\frac{r}{\rho}\sec^3\theta-2\sec^2\theta\right)\end{aligned}$$

因顶杆 AB 沿竖直导槽作平动，故在图示瞬时，顶杆 AB 的加速度

$$a_{AB}=a_{a}=-r\omega^{2}\left(1+\frac{r}{\rho}\sec^{3}\theta-2\sec^{2}\theta\right)$$

在设计顶杆 AB 压紧弹簧时，必须考虑其加速度。

例 6-8 点 M 以大小不变的相对速度 $\boldsymbol{v}_r$ 沿管子运动，如图 6-18(a)所示。此管子的中部弯成半径为 R 的半圆周，并绕 AB 轴以匀角速度 ω 转动。在点 M 由点 C 运动至点 D 的时间内管绕 AB 轴转过半周。试求点 M 的绝对加速度的大小(表示为角 φ 的函数)。

解：取点 M 为动点，动系连于管子，静系连于机架，则点 M 沿管子的圆周运动为相对运动，管子绕 AB 轴的转动为牵连运动；点 M 的绝对运动为空间曲线运动。

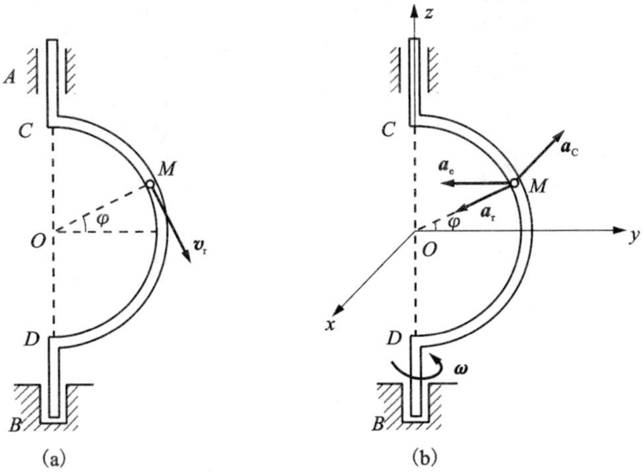

图 6-18

由题意知，在点 M 由点 C 运动到点 D 的时间内，管子绕 AB 轴转过半周，所以管子绕 AB 轴转动的角速度

$$\omega=\frac{\pi}{\pi R/v_{r}}=\frac{v_{r}}{R}$$

角加速度

$$\alpha=0$$

由点的加速度合成定理

$$\boldsymbol{a}_{a}=\boldsymbol{a}_{e}+\boldsymbol{a}_{r}+\boldsymbol{a}_{C}$$

式中，$a_{e}=a_{e}^{n}=R\cos\varphi\cdot\omega^{2}=\dfrac{v_{r}^{2}}{R}\cos\varphi$；$a_{r}=a_{r}^{n}=\dfrac{v_{r}^{2}}{R}$；$a_{C}=2\omega v_{r}\sin(180^\circ-\varphi)=2\cdot\dfrac{v_{r}}{R}\cdot v_{r}\sin\varphi=\dfrac{2v_{r}^{2}}{R}\sin\varphi$。

各加速度矢量如图 6-18(b)所示。建立坐标系 $Oxyz$，将加速度矢量式分别投影到三个坐标轴上，得

$$a_{ax}=-a_{C}=-\frac{2v_{r}^{2}}{R}\sin\varphi,\quad a_{ay}=-a_{r}\cos\varphi-a_{e}=-\frac{2v_{r}^{2}}{R}\cos\varphi,\quad a_{az}=-a_{r}\sin\varphi=-\frac{v_{r}^{2}}{R}\sin\varphi$$

故 M 点的绝对加速度的大小为

$$a_{a}=\sqrt{a_{ax}^{2}+a_{ay}^{2}+a_{az}^{2}}=\frac{v_{r}^{2}}{R}\sqrt{4+\sin^{2}\varphi}$$

例 6-9　如图 6-19(a)所示机构中，圆盘与导杆 OA 可绕同一 O 轴分别转动；销钉 M 可沿两导槽相对运动，并由圆盘上的导槽与导杆 OA 上的滑槽控制运动。已知圆盘和导杆的角速度分别为 $\omega_1=9\ \mathrm{rad/s}$，$\omega_2=3\ \mathrm{rad/s}$。试求图 6-19(b)所示位置销钉 M 的加速度大小。

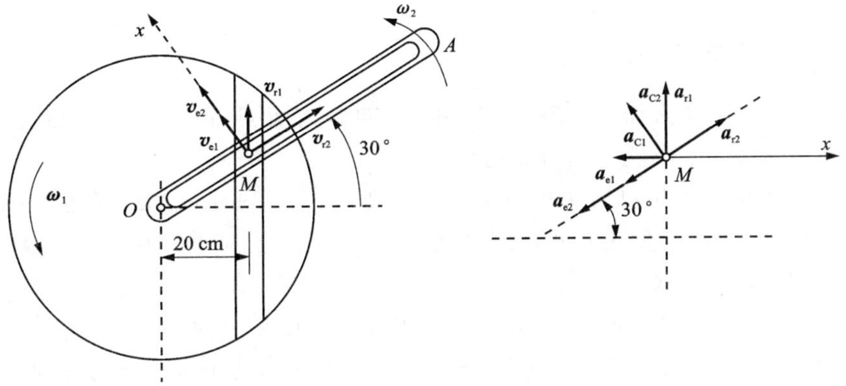

(a)　　(b)

图 6-19

解：本题中导槽和导杆与销钉 M 均有接触，销钉 M 的运动由两物体控制，故须分别研究动点相对于两个物体的运动才能求解。分别选圆盘和导杆为动系，销钉 M 为动点，速度如图 6-18(a)所示。由

$$\boldsymbol{v}_M=\boldsymbol{v}_{e1}+\boldsymbol{v}_{r1}=\boldsymbol{v}_{e2}+\boldsymbol{v}_{r2} \tag{6-15}$$

式中，$v_{e1}=OM\cdot\omega_1=120\sqrt{3}\,(\mathrm{cm/s})$；$v_{e2}=OM\cdot\omega_2=40\sqrt{3}\,(\mathrm{cm/s})$。

式(6-15)在图示 x 轴上投影得

$$v_{e2}=v_{e1}+v_{r1}\cos 30°$$

代入数据得

$$v_{r1}=-160(\mathrm{cm/s})$$

将式(6-15)在 OM 方向投影，得

$$v_{r2}=v_{r1}\cos 60°=-80(\mathrm{cm/s})$$

动点 M 的加速度如图 6-19(b)所示。由

$$\boldsymbol{a}_M=\boldsymbol{a}_{e1}+\boldsymbol{a}_{r1}+\boldsymbol{a}_{C1}=\boldsymbol{a}_{e2}+\boldsymbol{a}_{r2}+\boldsymbol{a}_{C2} \tag{6-16}$$

式中，$a_{e1}=OM\omega_1^2=1080\sqrt{3}\,(\mathrm{cm/s^2})$；$a_{e2}=OM\omega_2^2=120\sqrt{3}\,(\mathrm{cm/s^2})$；

$a_{C1}=2\omega_1 v_{r1}=-2880(\mathrm{cm/s^2})$；$a_{C2}=2\omega_2 v_{r2}=-480(\mathrm{cm/s^2})$。

将式(6-16)向 x 轴投影，得

$$a_{r2}\cos 30°-a_{e2}\cos 30°-a_{C2}\cos 60°=-a_{C1}-a_{e1}\cos 30°$$

代入已知数据得

$$a_{r2}=800\sqrt{3}\,(\mathrm{cm/s^2})$$

故

$$a_M=\sqrt{(a_{r2}-a_{e2})^2+a_{C2}^2}=1272(\mathrm{cm/s^2})$$

§6-4 分析与讨论

1. 关于动点、动系的选择

①动点、动系和静系必须分别属于三个不同的物体，否则绝对运动、相对运动和牵连运动中就因缺少一种运动，不能成为合成运动。

②动点相对于动系的相对运动轨迹应简单直观、易于判断(已知绝对运动和牵连运动求解相对运动的问题除外)。如果相对轨迹是曲线，应是曲率已知的简单曲线；否则，相对加速度的大小就难以确定，导致问题无法求解。

以例 6-2 和例 6-6 的问题为例，如果选取顶杆上的接触点为动点，凸轮为动系，则相对运动轨迹为凸轮的轮廓线，相对速度和加速度容易确定；如果选取凸轮上的接触点为动点，顶杆为动系，则相对运动轨迹为复杂的平面曲线，相对速度和加速度难以确定。

具体问题可按下述原则选择：

①求两个不相关的动点的相对速度、加速度。选其中之一为动点，动系为铰接于另一点的平动坐标系。参考例 6-4。

②运动的刚体上有一个相对刚体运动的点。取该点为动点，动系固结于运动刚体上。

③如果一个刚体与另一个刚体保持接触，并有相对滑动，当刚体上一个不变的点总是与另一个刚体接触，取刚体上这个不变的点为动点，另一个刚体为动系。参考例 6-2。

④如果一个刚体与另一个刚体保持接触，并有相对滑动，当相接触两个物体的接触点都随时间不断变化，应选择特殊的非接触点为动点。

例如，平底顶杆凸轮机构如图 6-20(a)所示。顶杆 AB 可沿导轨上下移动，偏心凸轮以等角速度 ω 绕 O 轴转动，O 轴位于顶杆的轴线上，工作时顶杆的平底始终接触凸轮表面。设凸轮半径为 R，偏心距 $OC=e$，OC 与水平线的夹角为 α。试求当 $\alpha=45°$时，顶杆 AB 的速度和加速度。

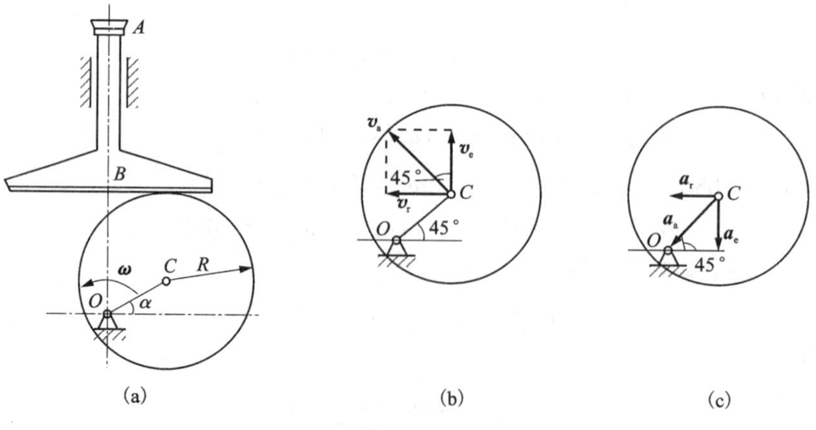

图 6-20

解：为易于判断动点的相对轨迹，取凸轮的中心 C 点为动点，动系连于顶杆 AB，静系连于地面。因动点 C 到顶杆 AB 平底距离始终为 R，故动点 C 的相对运动为直线运动；动点 C 的绝对运动是以 O 为圆心的圆周运动；牵连运动为顶杆 AB 的平动。

由点的速度合成定理

$$\boldsymbol{v}_{a}=\boldsymbol{v}_{e}+\boldsymbol{v}_{r}$$

式中，$\boldsymbol{v}_{a}=e\boldsymbol{\omega}$，方向垂直于 OC；$\boldsymbol{v}_{e}$ 沿铅垂方向；$\boldsymbol{v}_{r}$ 沿水平方向。

作速度平行四边形如图 6-20(b)所示，由几何关系得

$$v_{e}=v_{a}\cos 45^{\circ}=\frac{\sqrt{2}}{2}e\omega$$

因顶杆 AB 作平动，所以

$$v_{AB}=v_{e}=\frac{\sqrt{2}}{2}e\omega$$

其方向竖直向上。

注意到牵连运动为平动，由加速度合成定理，有

$$\boldsymbol{a}_{a}=\boldsymbol{a}_{e}+\boldsymbol{a}_{r}$$

式中，$\boldsymbol{a}_{a}=\boldsymbol{a}_{a}^{n}=e\boldsymbol{\omega}^{2}$ 方向由 C 点指向 O 点；$\boldsymbol{a}_{e}$ 沿铅垂方向；$\boldsymbol{a}_{r}$ 沿水平方向。

作加速度矢量图形如图 6-20(c)所示。由几何关系得

$$a_{e}=a_{a}\cos 45^{\circ}=\frac{\sqrt{2}}{2}e\omega^{2}$$

因顶杆 AB 作平动，所以

$$a_{AB}=a_{e}=\frac{\sqrt{2}}{2}e\omega^{2}$$

其方向竖直向下。

2. 关于牵连点及其运动分析

若牵连速度、加速度为该瞬时牵连点的速度、加速度，而牵连点是该瞬时动系上与动点重合的点，则确定牵连速度、加速度时要先确定牵连点的运动轨迹。

如图 6-21(a)所示，直角形曲柄 OBC 绕垂直于图面的轴 O 在一定范围内以匀角速度 ω 转动，带动套在固定直杆 OA 上的小环 M 沿直杆滑动。求小环 M 的速度。

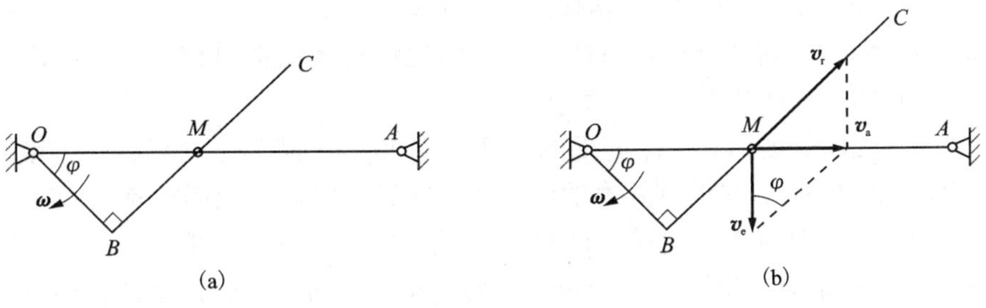

图 6-21

取小环 M 为动点，动系连于直角形曲柄 OBC，定系连于固定直杆 OA。牵连运动是直角

形曲柄绕轴 O 点的转动，牵连点的运动轨迹是以 O 点为圆心的圆弧线。故牵连速度应该垂直 OM 向下，如图 6-21(b)所示。

又如图 6-22(a)所示，半径为 r 的半圆形凸轮沿水平面向右运动；铰接于 O 点的杆 OA 靠在凸轮上，杆与凸轮始终保持接触。求图示瞬时杆 OA 的角速度、角加速度。

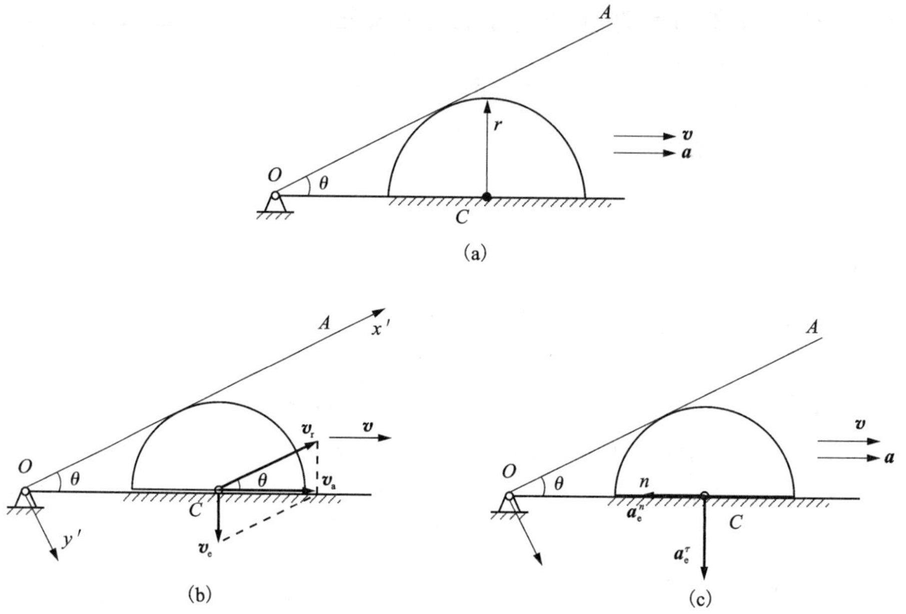

图 6-22

选半圆形凸轮的轮心 C 为动点，杆 OA 为动系。动点的相对运动轨迹为平行于杆 OA 的直线，该瞬时牵连点为杆 OA 扩展部分上的与点 C 重合的点，即绕 O 点定轴转动刚体上的与 C 点重合的点。其速度、加速度方向如图 6-22(b)、6-22(c)所示。

3. 关于科氏加速度

(1)傅科摆

科氏加速度是由于动系存在转动时，牵连运动与相对运动相互影响而产生的。由于地球做定轴转动，在地球上运动的物体将具有科氏加速度。

图 6-23 所示为法国物理学家让·傅科为证明地球自转的傅科摆实验，从这个实验中可以观察到科氏加速度的影响。

图 6-23 中单摆的长度为 67 m，底部的摆锤是重 28 kg 的铁球，铁球的下方镶嵌了一枚细长的尖针。当钟摆摆动时，在没有外力的作用下，它似乎保持固定的摆动平面。但由于地球在自转，单摆具有科氏加速度，使单摆的摆动平面顺时针旋转。经过长时间的摆动运动后，可以明显地看到摆动平面产生顺时针旋转。实验证实了相对于地球运动的物体具有科氏加速度这一结论。

生活中有许多科氏加速度的例子。在北半球，田径比赛的中长跑项目中，运动员从直道跑向弯道时都是向左转弯，从空中往下看，为逆时针跑动。运动员在跑动时将具有指向左侧的科氏加速度，因此向左转弯会比较省力。将盛满水的水槽的塞子打开，会发现水流的漩涡呈逆时针旋转的方向，这也是科氏加速度的影响效应。

(2)科氏加速度的确定

科氏加速度按 $\boldsymbol{a}_C = 2\boldsymbol{\omega}_e \times \boldsymbol{v}_r$ 计算，其矢量的方向依据右手法则确定。

如果是平面问题，科氏加速度的矢量方向可以按简便方法确定。将动点的相对速度矢量按牵连动系转动的方向转动 90°，便是动点科氏加速度矢量的方向。

图 6-23

例 6-10　在如图 6-24(a)所示的具有摆动式汽缸的曲柄机构中，曲柄长 $OA=0.10$ m，以 $\omega=10\pi$(rad/s)的匀角速度转动。若在摆动式汽缸上固连一动坐标系，在图 6-24(a)所示位置时，活塞 B 的科氏加速度是多少？AB 杆上所有点的科氏加速度是多少？

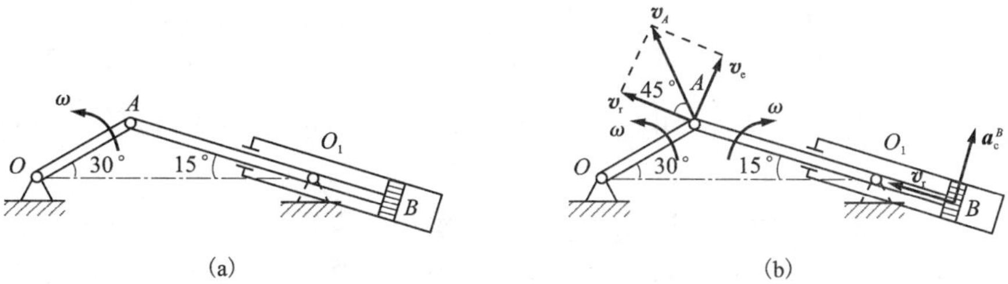

图 6-24

解：取 AB 杆上 A 点为动点，动系连于汽缸，静系连于地面。A 点的相对速度 $\boldsymbol{v}_r$ 沿 AB 杆方向，牵连速度 $\boldsymbol{v}_e$ 的方向垂直于 AB 杆，绝对速度 $\boldsymbol{v}_A$ 的方向垂直于 OA 杆，如图 6-24(b)所示。由速度平行四边形可得

$$v_r = v_A\cos 45° = OA\cdot\omega\cos 45°$$

$$v_e = v_A\sin 45° = OA\cdot\omega\sin 45°$$

则

$$\omega_e = \frac{v_e}{O_1A} = \frac{OA\cdot\omega\sin 45°}{O_1A}\quad (\text{顺时针})$$

B 点的科氏加速度

$$a_C^B = 2\omega_e v_r = 2\,\frac{OA^2\omega^2\cos 45°\sin 45°}{O_1A} = \frac{OA^2}{O_1A}\omega^2$$

方向沿相对速度方向顺时针转 90°，如图 6-24(b)所示。

因为 AB 杆上各点的相对速度和牵连角速度都与 B 点相同，所以 AB 杆上各点科氏加速度的大小、方向都一样。

习　题

6-1　如图题6-1所示，内圆磨床砂轮直径 $d=60$ mm，转速 $n_1=10000$ r/min；工件孔径 $D=80$ mm，转速 $n_2=500$ r/min，转向与 n_1 相反。求磨削时，砂轮相对工件的速度。

6-2　曲柄滑杆机构如图题6-2所示，曲柄 $OA=0.1$ m，以角速度 $\omega=4t$ rad/s 绕 O 轴转动；滑杆上有圆心在套杆 BC 上、半径 $R=0.1$ m 的圆弧形滑道。当 $t=1$ s 时，曲柄与水平线夹角 $\varphi=30°$。求此时滑杆 BC 的速度 v。

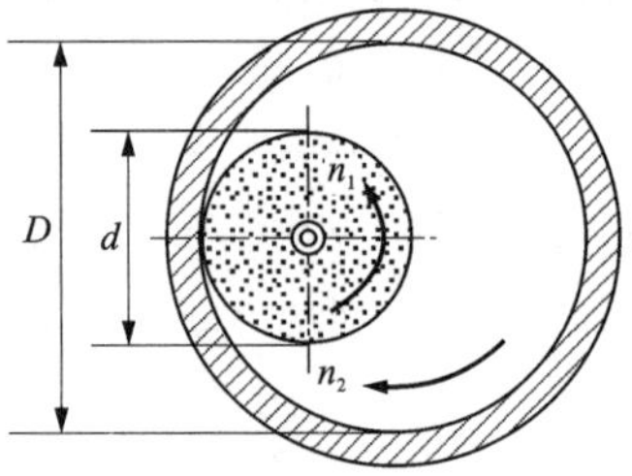

图题 6-1

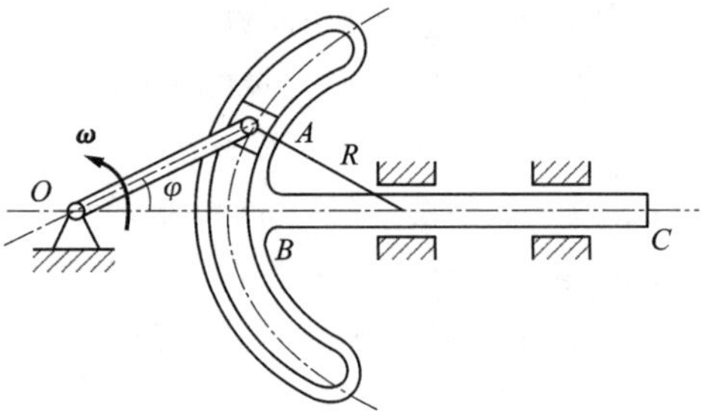

图题 6-2

6-3　图题6-3所示两种机构中，已知 $O_1O_2=a=200$ mm，$\omega_1=3$ rad/s。求图示位置时杆 O_2A 的角速度。

6-4　谷物联合收割机的拨禾轮传动机构在铅垂面的投影为平行四连杆机构，如图题6-4所示。曲柄 $OA=O_1B=570$ mm，OA 转速 $n=36$ r/min，收割机前进速度 $\boldsymbol{v}=2$ km/h。试求 $\varphi=60°$时，AB 杆端点 M 的水平速度和铅垂速度。

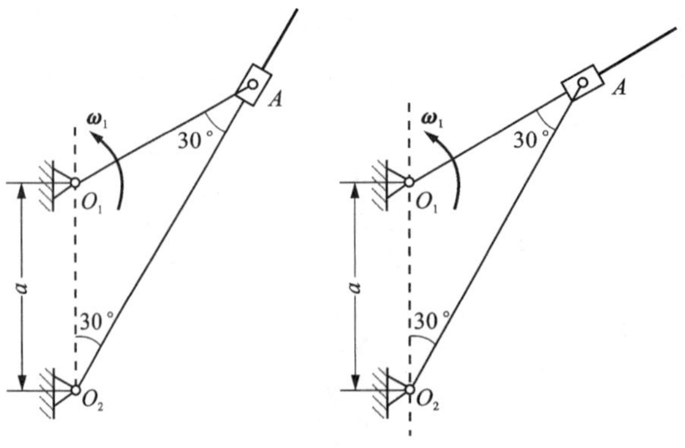

图题 6-3

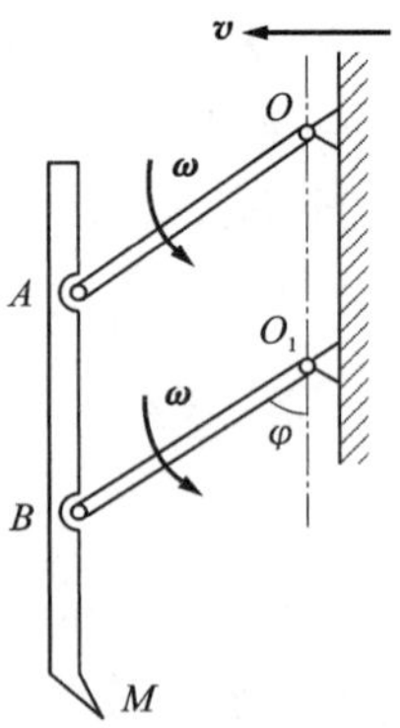

图题 6-4

6-5　如图题6-5所示，砂石料从传送带 A 落到另一传送带 B 的绝对速度 $v_1=4$ m/s，其方向与铅直线成30°。设传送带 B 与水平面成15°，其速度 $v_2=2$ m/s。求此时砂石料对传送带 B 的相对速度，以及当传送带 B 的速度为多大时，砂石料的相对速度才能与传送带 B 相垂直。

6-6 图题 6-6 所示机构中，摇杆 OC 绕 O 轴转动，通过固定在齿条 AB 上的销子 K 带动齿条平动，而齿条又带动半径为 10 cm 的齿轮 D 绕定轴转动。若 $l=40$ cm，摇杆的角速度 $\omega=0.5$ rad/s。求当 $\varphi=30°$时，齿轮的角速度。

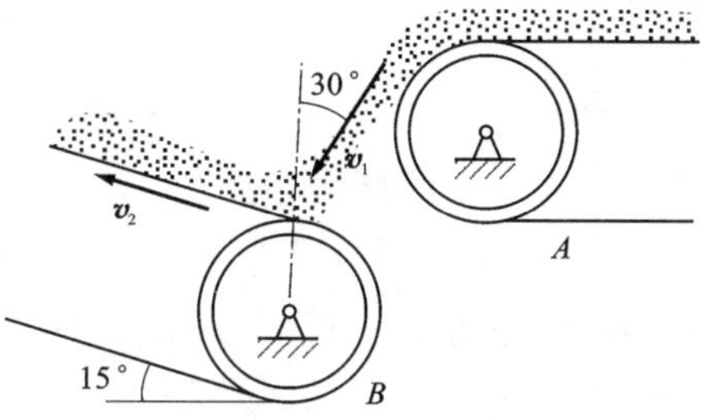

图题 6-5

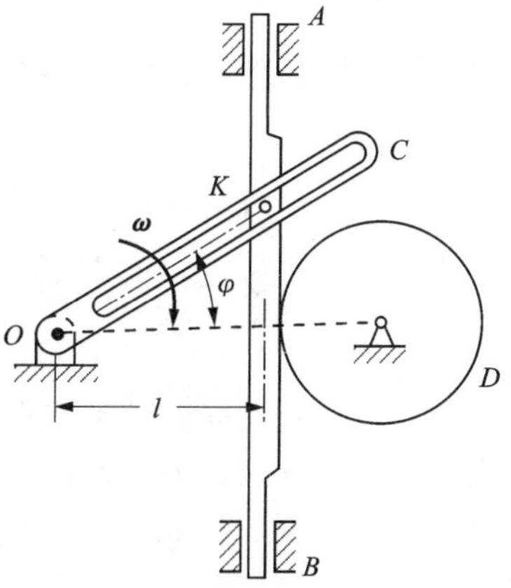

图题 6-6

6-7 直杆 OA 长 l，由推杆 BCD 推动而在图面内绕轴 O 转动。假定推杆的速度为 v，其弯头长 $BC=b$。试求在 $OC=x$ 的瞬时，直杆 A 端的速度的大小(表示为 x 的函数)。

6-8 在离心式水泵中，水沿着泵轴的轴线方向进入叶片后，立即转为径向流出。已知水泵转速 $n=1450$ r/min，水流相对叶道以 5 m/s 的速度沿叶片离开叶轮，叶轮直径 $D=200$ mm，叶片出水角 $\beta=30°$(出水角为叶片在轮缘处切线与叶轮在该点切线的夹角)。试求水流刚要离开叶轮时的绝对速度。

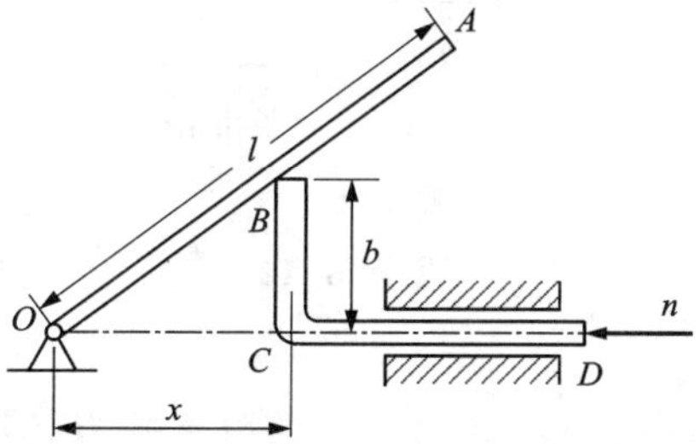

图题 6-7

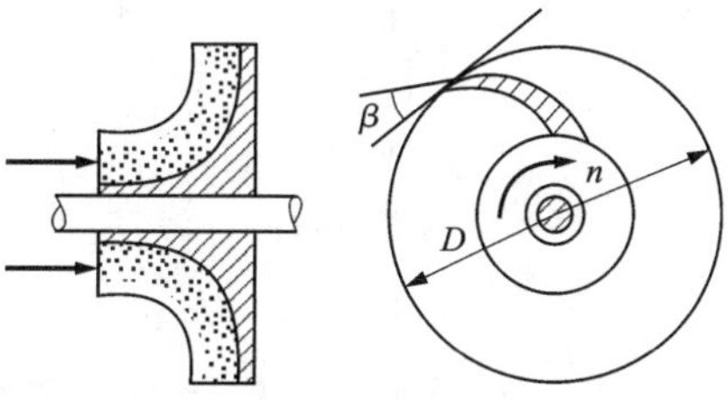

图题 6-8

6-9 如图题 6-9 所示，直杆 AB 以速度 v_1 沿垂直于 AB 的方向向上移动，直杆 CD 在同一平面内以速度 v_2 沿垂直于 CD 的方向向左上方移动。如两直杆的交角为 α，试求套在该两直杆交点处的小环 M 的速度大小。

6-10 图题 6-10 所示机构中，滑块 B 带动摇杆 O_1C 绕垂直于图面的轴 O_1 转动。设 $\varphi=\omega t$，$\omega=\pi/3$，$OA=AB=0.15$ m，$OO_1=0.20$ m，$O_1C=0.50$ m。试求当 $t=7$ s 时，摇杆 O_1C 的端点 C 的速度 v_c。

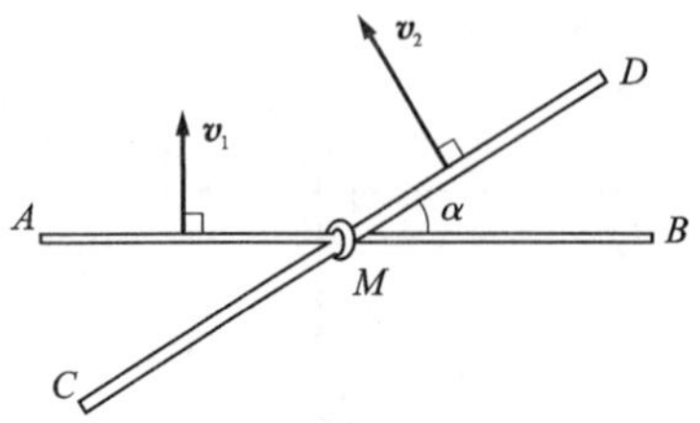

图题 6-9

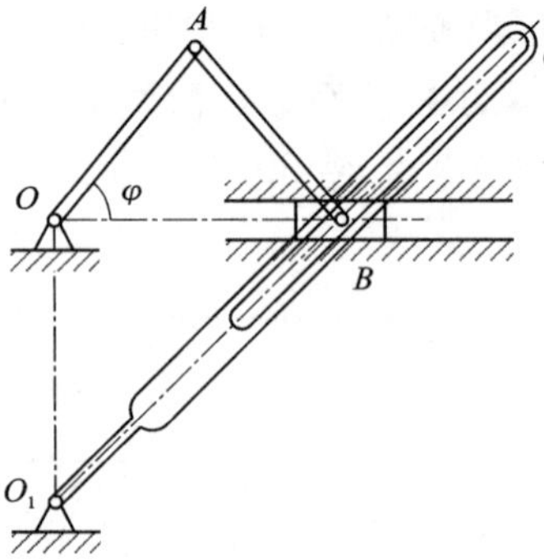

图题 6-10

6-11　图题 6-11 所示铰接平行四连杆机构中，$O_1A = O_2B = 0.10$ m，$O_1O_2 = AB$。杆 O_1A 以匀角速度 $\omega = 2$ rad/s 绕轴 O_1 转动。杆 AB 上有一套筒 C 与杆 CD 铰接，机构各部分在同一平面内。试求 $\varphi = 60°$时，杆 CD 的速度和加速度。

6-12　如图题 6-12 所示，曲柄 OA 长 0.40 m，以匀角速度 $\omega = 0.5$ rad/s 绕轴 O 逆时针方向转动，通过曲柄的 A 端推动滑杆 BC 沿铅直方向运动。试求当曲柄 OA 与水平线的夹角 $\varphi = 30°$时，滑杆 BC 的速度和加速度。

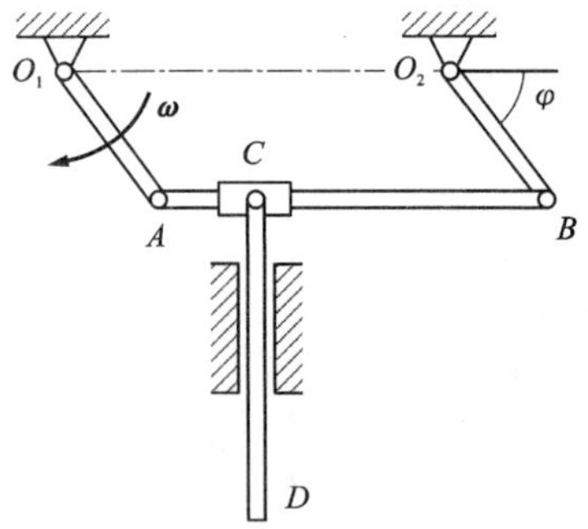

图题 6-11

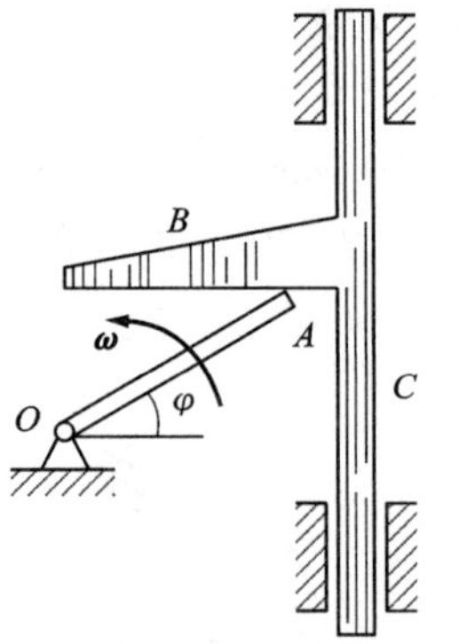

图题 6-12

6-13　半径 $r = 400$ mm 的半圆形凸轮 A 沿水平面向右运动，并推动直杆 BC 沿倾角为 30°的导槽运动。图题 6-13 所示位置，凸轮的速度和加速度分别为 $v_A = 200$ mm/s，和 $a_A = 100$ mm/s^2。求此时 BC 杆的速度和加速度。

6-14　导槽 BC 和 EF 之间放一小圆柱销 M，导槽 BC 运动时带动小圆柱销 M 在固定导槽 EF 中运动，如图题 6-14 所示。已知曲柄 AB 以 $\varphi = \varphi_o \sin \omega t$ 的规律绕轴 A 左右摆动，$\varphi_o = 60°$，$\omega = 1$ rad/s，且 $AD = BC$，$AB = DC = r = 0.20$ m。试求当 $\varphi = 30°$时，小圆柱销 M 在导槽 EF 及 BC 中的速度和加速度。

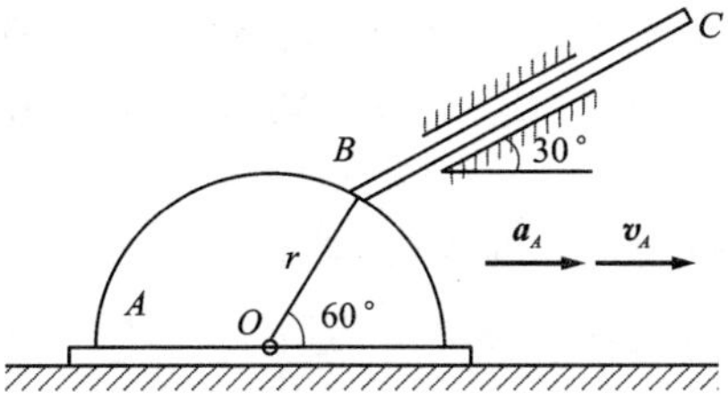

图题 6-13

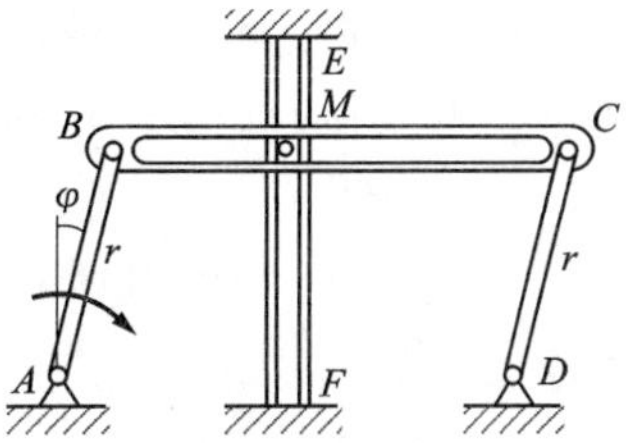

图题 6-14

6-15　图题 6-15 所示曲柄滑道机构中，曲柄长 $OA = 10$ cm，并以匀角速度 $\omega = 20$ rad/s 绕 O 轴转动，通过滑块 A 使杆 BCE(BC 水平，$BC \perp DE$)作往复运动。试求当曲柄与水平线交角分别为 $\varphi = 0$、30°、90°时，BCE 杆的速度和加速度。

6-16　水平直杆 AB 在半径为 r 的固定圆圈上以匀速 v 铅直向下平动，如图题 6-16 所示。试求套在该直杆和圆圈上交点处的小环 M 的速度和加速度(表示为 φ 的函数)。

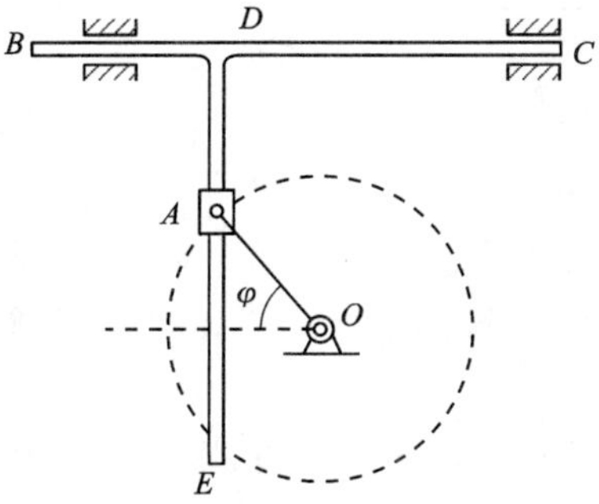

图题 6-15

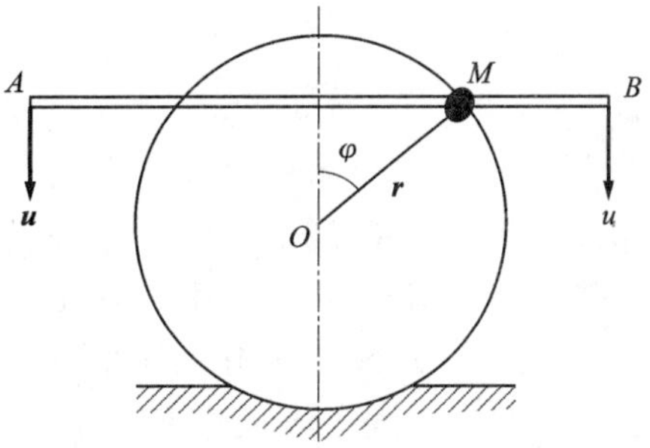

图题 6-16

6-17　曲柄 OA 长 200 mm，其 A 端与套在 BC 杆上的套筒铰接。已知曲柄 OA 以匀角速度 $\omega_0 = 4$ rad/s 绕 O 轴转动。图题 6-17 所示瞬时曲柄转至水平位置，$l = 200$ mm，摇杆 BC 与水平线夹角 $\theta = 45°$。求该瞬时摇杆 BC 的角速度和角加速度。

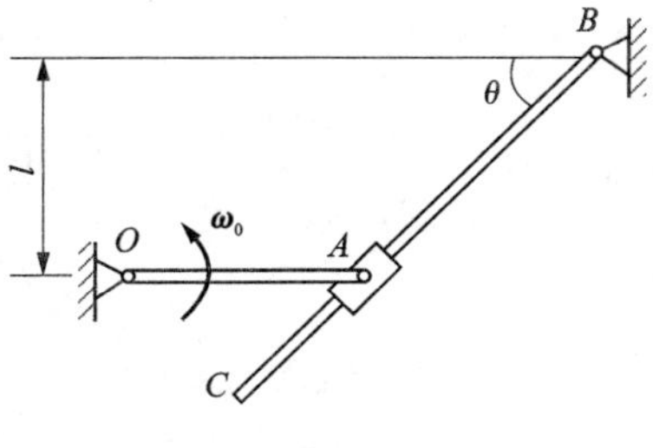

图题 6-17

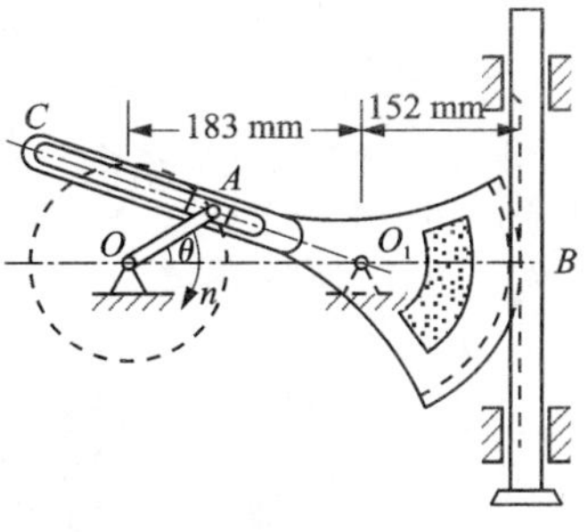

图题 6-18

6-18 在如图题6-18所示的插床急回机构中，曲柄 OA 以匀速 $n=90$ r/min 转动。滑块 A 带动扇形齿轮的导杆 CO_1 绕 O_1 轴摆动，带动齿条 B 作铅垂的上下往复运动。设 O、O_1 轴在同一水平线上，曲柄长 $OA=r=76$ mm，其余尺寸如图示。试求当 $\theta=30°$时，齿条 B 的速度和加速度。

6-19 偏心轮摇杆机构如图题6-19所示。摇杆 O_1A 借助弹簧压在半径为 R 的偏心轮上，偏心轮绕 O 轴以匀角速度 ω 摆动，带动摇杆 O_1A 绕 O_1 摆动。设图示瞬时，$CO\perp O_1O$，$\theta=60°$。试求此时摇杆 O_1A 的角速度和角加速度 α_1。

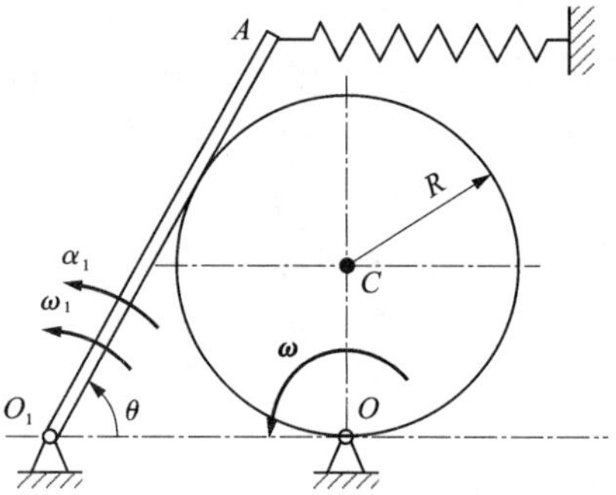

图题6-19

6-20 一半径 $r=0.20$ m 的圆盘，绕通过点 A 垂直于图面的轴转动。动点 M 以匀速 $v_r=0.40$ m/s 沿圆盘边缘运动。在图题6-20所示位置，圆盘的角速度 $\omega=2$ rad/s，角加速度 $\alpha=4$ rad/s^2。试求在该瞬时动点 M 的绝对加速度。

6-21 一列火车在北半球纬度为 φ 处沿经线自南向北以匀速 v_r 行驶，如图题6-21所示。考虑地球自转的影响，试求在图示瞬时这列火车的加速度。

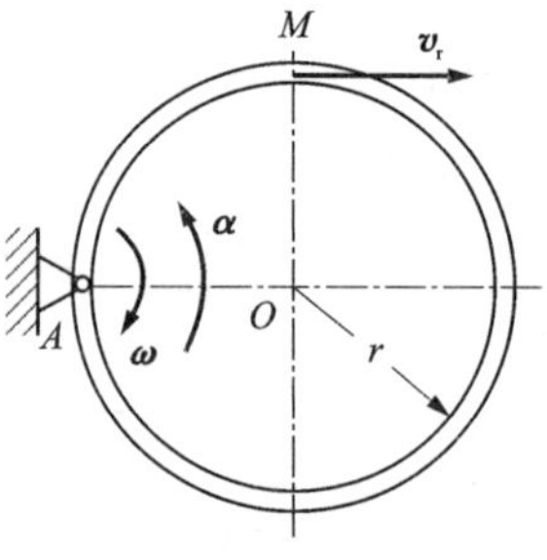

图题6-20

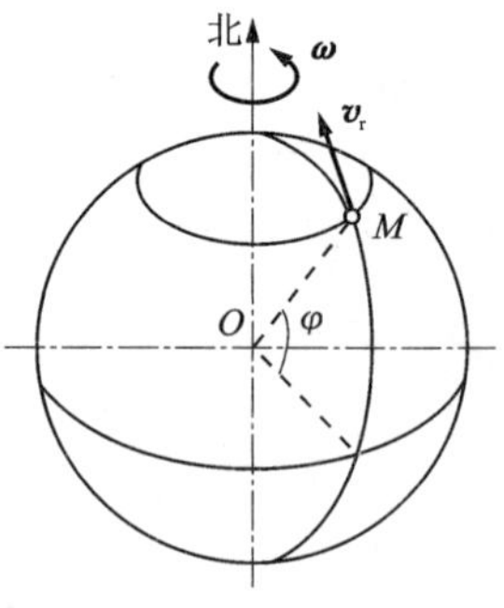

图题6-21

6-22 空气压缩机的工作轮以匀角速度 ω 绕垂直于图面的轴 O 顺时针转动。空气以大小不变的相对速度 v_r 沿弯曲气道 AB 流出，如图题6-22所示。若弯曲气道 AB 在点 C 处的曲率半径为 ρ，通过点 C 的法线 Cn 与工作轮半径之间的夹角为 φ，且 $CO=r$。试求在点 C 处空气分子 M 的绝对加速度。

6-23 杆 CD 以匀角速度 $\omega=2$ rad/s 绕垂直图面的轴 C 转动，并通过其上的销钉 A 带动

槽杆 OBE 绕轴 O 转动，如图题 6-23 所示。试求在图示瞬时槽杆 OBE 的角速度和角加速度。

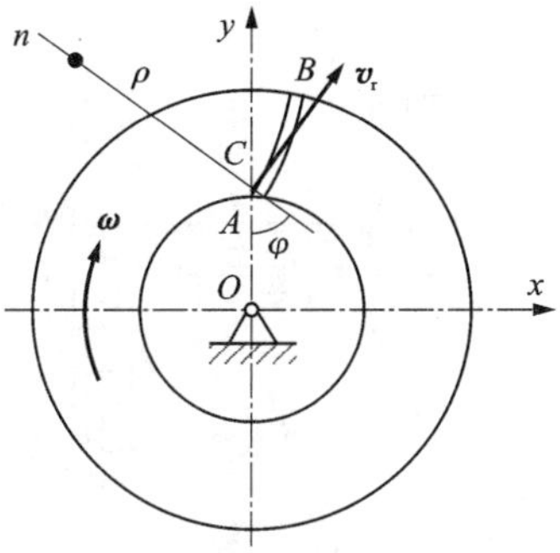

图题 6-22

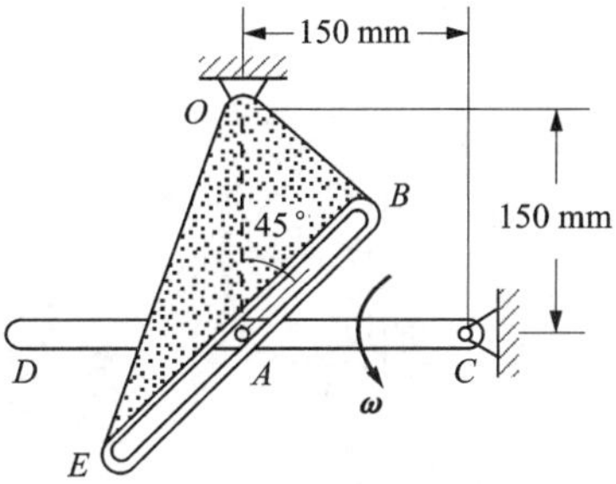

图题 6-23

6-24　图题 6-24 示机构中，圆盘以匀角速度 $\omega_1 = 3$ rad/s 绕其中心轴 O_1 转动。当圆盘转动时，通过圆盘上的销钉 M_1 带动与导槽 AB 相固连的水平杆 CD 作往复直线平动。同时，CD 杆上的销钉 M_2 又带动摇杆 O_2E 绕轴 O_2 摆动。已知 $r=0.20$ m，$l=0.30$ m，设当 $\theta=30°$ 时，$\varphi=30°$。试求该瞬时摇杆 O_2E 的角速度和角加速度。

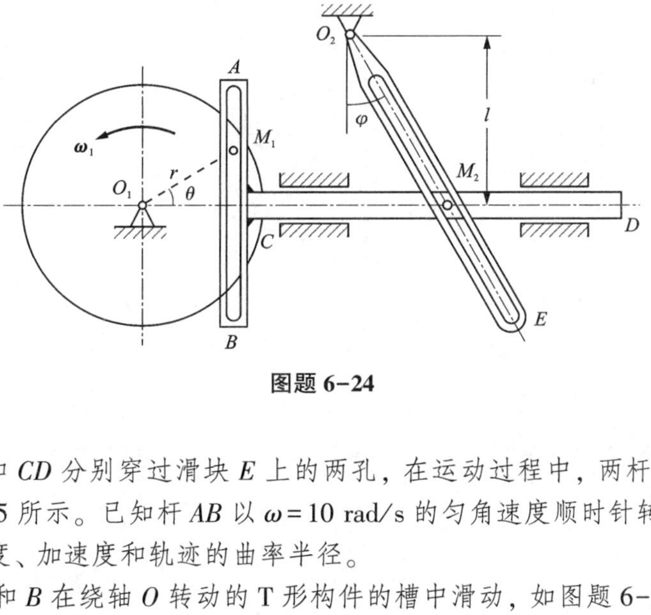

图题 6-24

6-25　杆 AB 和 CD 分别穿过滑块 E 上的两孔，在运动过程中，两杆之间的夹角始终保持 45°，如图题 6-25 所示。已知杆 AB 以 $\omega=10$ rad/s 的匀角速度顺时针转动，试求在图示位置时，滑块 E 的速度、加速度和轨迹的曲率半径。

6-26　滑块 A 和 B 在绕轴 O 转动的 T 形构件的槽中滑动，如图题 6-26 所示。设滑块 A 以匀速 $v_{Ar}=3$ m/s 相对于槽滑动，在图示位置时，滑块 B 相对于槽的速度 $v_{Br}=3$ m/s，加速度 $a_{Br}=0.3$ m/s²，方向如图示。此时 T 形构件的角速度 $\omega=10$ rad/s，角加速度 $\alpha=6$ rad/s²。试求在该瞬时滑块 A 和滑块 B 的绝对加速度，以及滑块 B 相对于滑块 A 的加速度。

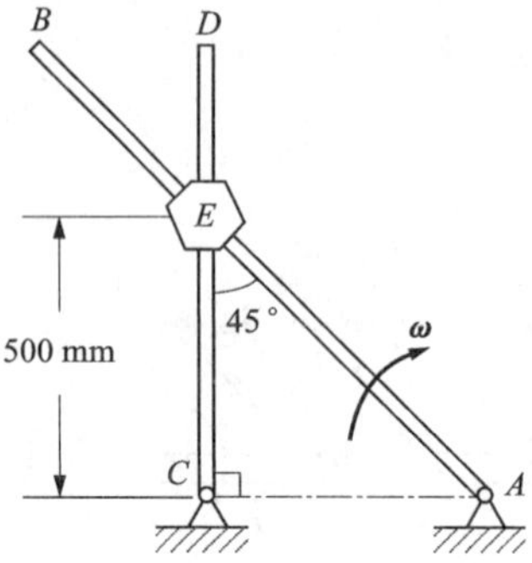

图题 6-25

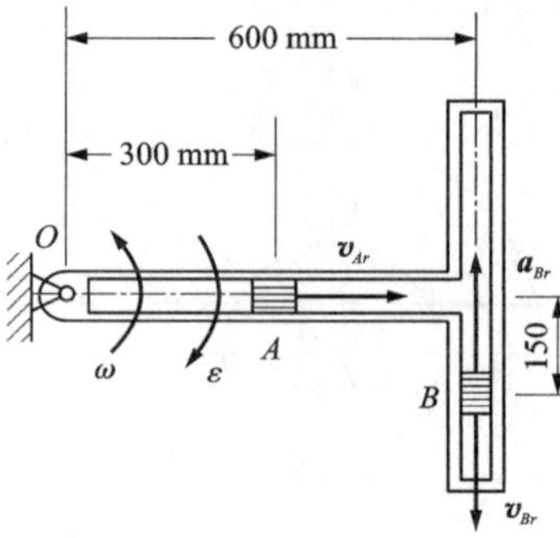

图题 6-26

6-27　两架喷气飞机 A 和 B 在同一高度飞行，如图题 6-27 所示。飞机 A 沿直线轨道飞行，飞机 B 沿半径 $R=400$ km 的圆弧轨道飞行。在图示瞬时，$v_A=700$ km/h，$a_A=50$ km/h^2；$v_B=600$ km/h，$a_B^\tau=100$ km/h^2，方向如图示。两飞机间的距离 $r=4$ km。试求在瞬时，飞机 A 相对于飞机 B 的速度和加速度。

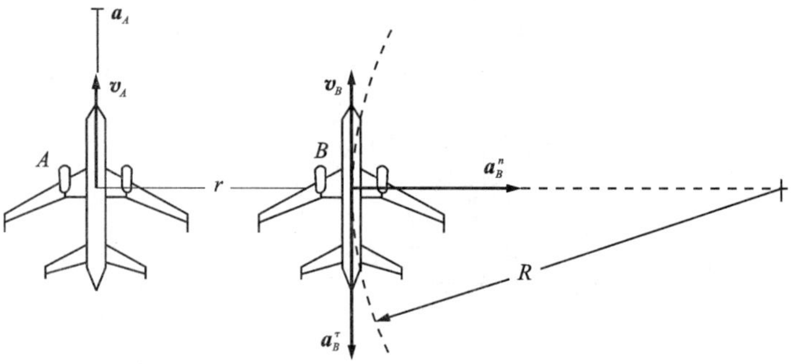

图题 6-27

6-28　圆盘绕轴 AB 转动，其角速度 $\omega=2t$ rad/s。动点 M 沿圆盘半径离开中心点 O 向外运动，其运动规律为 $s=OM=40t^2$ mm，半径线 OM 与轴 AB 成 60°夹角。试求当 $t=1$ s 时，动点 M 的绝对加速度。

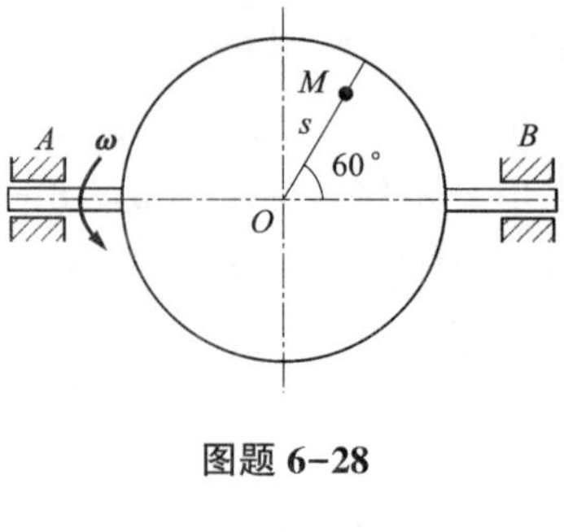

图题 6-28

6-29　在半径 $R=180$ mm 的环形管内，流体质点按方程 $s=AM=60t$ mm 相对于环形管运动，如图题 6-29 所示。环形管以匀角速度 $\omega=1/3$ rad/s 绕同平面内的定轴 O 转动，距离 $OC=270$ mm。试求在 $t=\pi$ s 时，流体质点 M 的绝对速度和绝对加速度。

6-30　螺线画规由一根铰接于曲柄 OA 并穿过定轴套管 B 的直杆 QQ' 组成，如图题 6-30 所示。杆 QQ' 上有一点 M，距离 $AM=b$。若取点 B 为极坐标的极点，直线 BO 为极轴，已知幅角 $\varphi=\omega t$，其中 ω 为常数，又 $BO=AO=c$。设点 M 的极坐标形式的运动方程为 $\varphi=\omega t$，$r=b+2c\cos\omega t$。试求在图示瞬时，点 M 的速度和加速度。

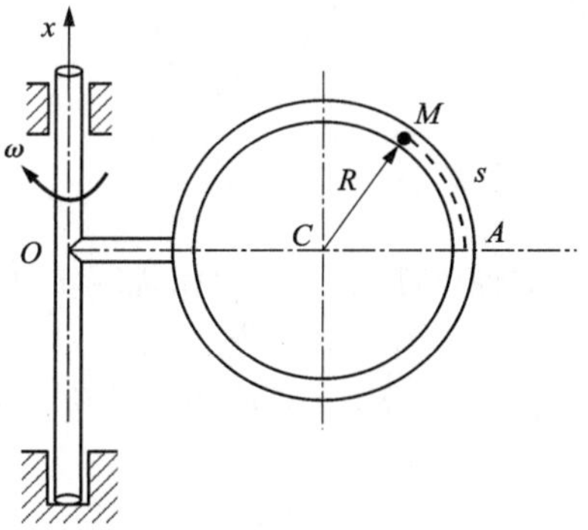

图题 6-29

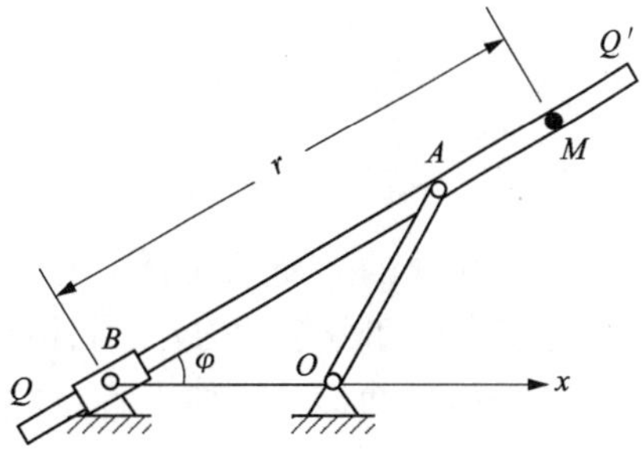

图题 6-30

第7章

刚体的平面运动

工程问题中刚体的运动常为复杂的平面运动。本章根据刚体的平动和绕定轴转动的基本理论，应用运动合成和分解的方法，将刚体的平面运动分解为平动和绕定轴转动。然后用合成运动的方法分析平面运动刚体上各点的速度、加速度，以及刚体运动的角速度、角加速度。

§7-1　刚体平面运动概述

1. 刚体平面运动简化模型

工程中经常遇到刚体的平面运动。例如车轮沿直线轨道滚动，曲柄连杆机构中连杆 AB 的运动[图 7-1(a)、图 7-1(b)]等。这些刚体在运动时，其内找不到始终与原来方向平行的直线，也找不到永久不动的直线。可见这些刚体的运动既不是平动，也不是定轴转动。但是这些运动具有一个共同的特征：**刚体运动时，刚体内任意一点至某一固定平面的距离始终不变**。这种运动称为**刚体平面运动**。显然，刚体作平面运动时，刚体上各点都在平行于某一固定平面的平面内运动，各点的运动轨迹为平面曲线，但形状不完全相同。

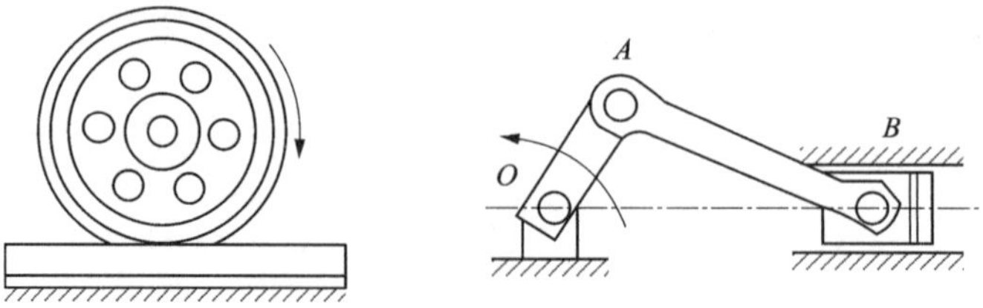

(a)　(b)

图 7-1

设平面运动刚体平行于平面 P_0 运动，作平面 P 与平面 P_0 平行并与刚体相截，得一平面图形 S，如图 7-2 所示。显然，平面图形 S 始终保持在平面 P 内运动。过平面图形 S 内任意

点 C，作与平面图形垂直的直线 C_1C_2，则 C_1C_2 的运动是平动。根据平动的特点，直线 C_1C_2 与平面图形 S 的交点 C 的运动即可完全代表全部直线 C_1C_2 的运动，平面图形 S 内各点的运动即可代表全部刚体的运动。这就是刚体平面运动的简化模型，即**刚体平面运动可以简化为平面图形在其自身平面内的运动来研究**。

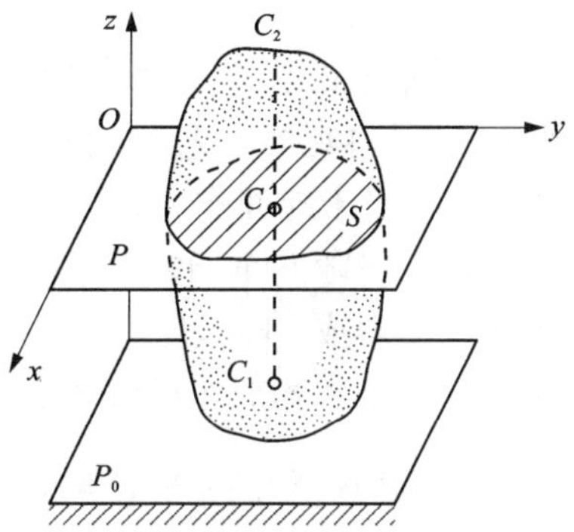

图 7-2

2. 刚体平面运动的分解

为了描述平面图形 S 在平面 P 内的运动，在平面 P 内取静坐标系 Oxy，在图形上任取一点 O' 为**基点**，并取线段 $O'M$，如图 7-3(a) 所示。只要确定了基点 O' 的坐标 $x_{O'}$、$y_{O'}$ 和 $O'M$ 与 x 轴的夹角 φ，则这条线段的位置以及平面图形的位置就完全确定了。

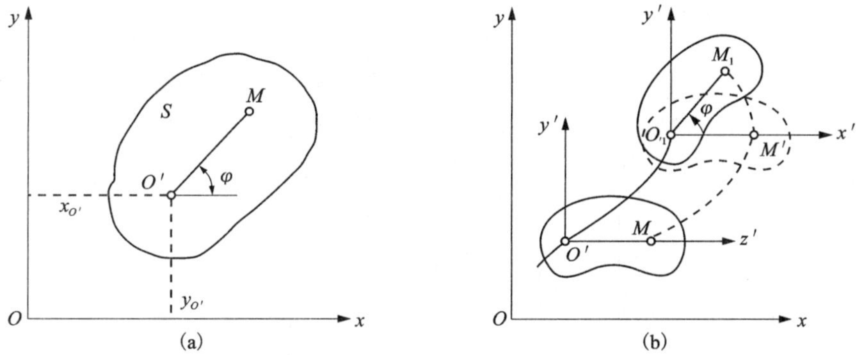

图 7-3

当平面图形运动时，点 O' 的坐标 $x_{O'}$、$y_{O'}$ 和 φ 角都是时间 t 的单值连续函数，即

$$\begin{cases} x_{O'}=f_1(t) \\ y_{O'}=f_2(t) \\ \varphi=f_3(t) \end{cases} \tag{7-1}$$

式(7-1)称为**刚体平面运动方程**。

由式(7-1)可以看出，若平面图形上点 O' 固定不动，则刚体做定轴转动；若平面图形上角 φ 保持不变，则刚体作平动。一般情况下点 O' 的坐标 $x_{O'}$、$y_{O'}$ 和角 φ 都随时间 t 而变，可见，平面图形的运动是由平动和转动两部分组合而成的。

在平面图形上的基点 O' 假想地安装一动坐标系 $O'x'y'$，如图 7-3(b) 所示。该动坐标系只在点 O' 与平面图形铰接，在运动过程中，x'、y' 轴分别一直与 x、y 轴保持平行。也就是说，动坐标系 $O'x'y'$ 随同基点 O' 作平动，平面图形相对于动坐标系 $O'x'y'$ 的相对运动是平面图形绕基点 O' 的转动。所以，**刚体平面运动可以看作随同基点的平动和绕基点转动的运动的合成**。

以沿直线轨道滚动的车轮为例，如图 7-4 所示。站在地面上的人，观察车轮的运动是平面运动，坐在车厢内观察，则车轮相对于车厢定轴转动，而车厢相对于地面作平动。这样车轮的平面运动可以看作车轮随同车厢的平动和车轮相对于车厢绕轮轴转动的合成，即车轮的平面运动可以分解为随同车厢的平动和相对车厢绕轮心的转动。

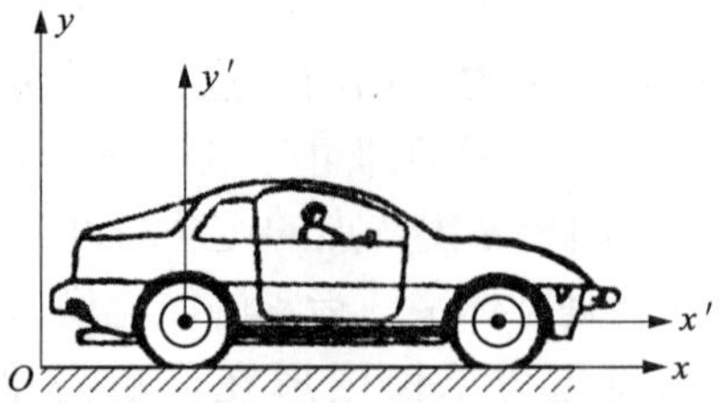

图 7-4

3. 刚体平面运动的角速度和加速度

在平面图形内任取两点 A、B 连成直线 AB，如图 7-5 所示。假设经过 Δt 时间后，直线 AB 改变到位置 A_1B_1。过 A_1、B_1 分别作 A_1B_2、A_2B_1 与 AB 平行，则在 Δt 时间内平面图形分别以 A_1、B_1 为基点转动的角位移各为 $\Delta\varphi_1$ 及 $\Delta\varphi_2$。

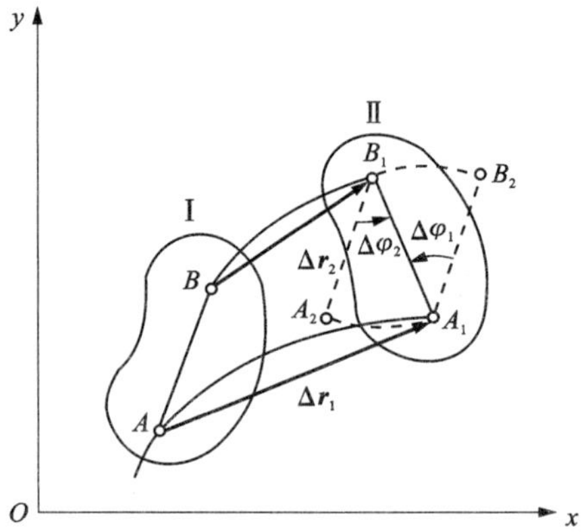

图 7-5

显然，$\Delta\varphi_1=\Delta\varphi_2$，且转向相同，故

$$\omega_A=\lim_{\Delta t\to 0}\frac{\Delta\varphi_A}{\Delta t}=\lim_{\Delta t\to 0}\frac{\Delta\varphi_B}{\Delta t}=\omega_B$$

$$\alpha_A=\frac{\mathrm{d}\omega_A}{\mathrm{d}t}=\frac{\mathrm{d}\omega_B}{\mathrm{d}t}=\alpha_B$$

由此可见，在同一瞬时，平面图形绕 A、B 两点转动的角速度相等，角加速度也相等。由于 A、B 两点是任意选择的两点，故**平面图形的角速度与角加速度、基点的选择无关**。也就是说，平面图形的角速度、角加速度对平面内任何一点都是一样的。因此以后称 $\boldsymbol{\omega}$、$\boldsymbol{\alpha}$ 为平面图形的角速度和角加速度，无须指明是针对哪个基点而言的。

由于动参考系是随基点的平动，故平面运动刚体在任意瞬时的角速度、角加速度，无论相对静参考系还是相对动参考系，都是相同的。

坐标 $x_{O'}$、$y_{O'}$ 对时间 t 的一阶导数和二阶导数分别为基点 O' 的速度和加速度在 x、y 轴上的投影。由于基点 O' 是任选的，且平面图形上各点的速度和加速度一般是不相同的，因此**动参考系平动的速度和加速度与基点的选择有关。**

§7-2　平面图形上各点的速度分析

点的速度合成定理是求平面图形上各点速度的基本方法。在实际运用时，可视不同情况采用下面三种方法。

1. 基点法

如图 7-6(a)所示，设平面图形在某瞬时的角速度为 $\boldsymbol{\omega}$，平面图形上 A 点的速度为 $\boldsymbol{v}_A$。取 A 点为基点，则平面图形的牵连运动是随同基点 A 的平动。图形上任意点 B 的牵连速度 $\boldsymbol{v}_e$ 等于基点 A 的速度 $\boldsymbol{v}_A$，即

$$\boldsymbol{v}_e=\boldsymbol{v}_A$$

平面图形的相对运动是绕基点 A 的转动。B 点的相对速度等于 B 点以 AB 为半径绕 A 点做圆周运动的速度，用 $\boldsymbol{v}_{BA}$ 表示，即

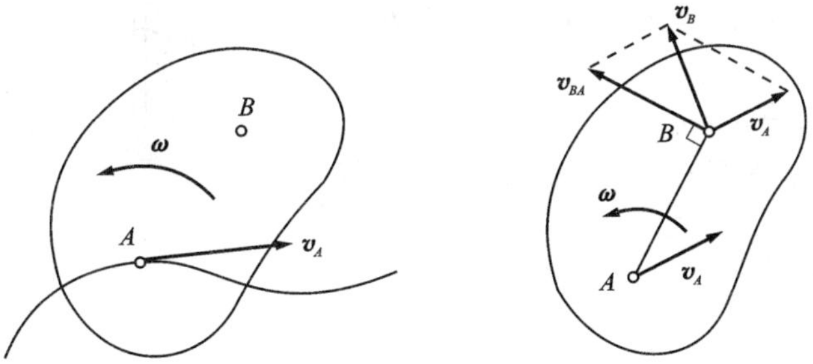

(a)　(b)

图 7-6

$$\boldsymbol{v}_r=\boldsymbol{v}_{BA}$$

其方向垂直于 AB，且与 ω 的转向一致，如图 7-6(b)所示。其大小为

$$v_{BA}=AB\cdot\omega$$

根据速度合成定理，B 点的绝对速度 $\boldsymbol{v}_B$ 等于其牵连速度 $\boldsymbol{v}_A$ 与相对速度 $\boldsymbol{v}_{BA}$ 的矢量和，即

$$\boldsymbol{v}_B=\boldsymbol{v}_A+\boldsymbol{v}_{BA} \qquad (7-2)$$

由此得到结论：**刚体平面运动时，在任一瞬时，其上任一点的速度等于基点的速度与该点相对于基点随同图形绕基点转动速度的矢量和。**

在平面图形的运动中，基点 A 的速度 $\boldsymbol{v}_A$ 大小、方向是已知的，B 点的相对速度 $\boldsymbol{v}_{BA}$ 的方向总是已知的，必垂直于 AB。故只要再知道其他任何一个要素，便可作出速度平行四边形。然后利用几何关系或解三角形的方法，求解剩下的两个要素。

例 7-1　如图 7-7 所示，滚子 A 沿水平面作纯滚动，通过连杆 AB 带动滑块 B 沿铅垂轴向上滑动。设连杆长 $l=0.8$ m，轮心速度 $v_0=3$ m/s。求当连杆 AB 与铅垂线夹角 $\theta=30°$时，滑块 B 的速度及连杆 AB 的角速度。

解: 杆 AB 作平面运动，点 A 的速度为轮心速度 v_0。取点 A 为基点，点 B 的速度

$$\boldsymbol{v}_B=\boldsymbol{v}_A+\boldsymbol{v}_{BA}$$

各矢量方向如图 7-7 所示。根据几何关系求得

$$v_B=v_A\tan 30°=\sqrt{3}\,(\text{m/s})$$

$$v_{BA}=2\sqrt{3}\,(\text{m/s})$$

故连杆的角速度

$$\omega_{AB}=\frac{v_{BA}}{AB}=\frac{2\sqrt{3}}{0.8}=\frac{5}{2}\sqrt{3}\,(\text{rad/s})$$

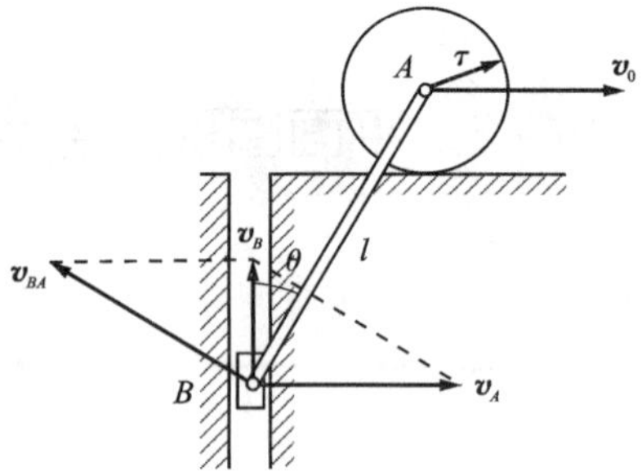

图 7-7

例 7-2 图 7-8 所示的平面机构中，曲柄 OA 长 100 mm，以角速度 $\omega=2$ rad/s 转动。连杆 AB 长 800 mm，带动摇杆 CD 绕点 C 转动。设 $CD=3CB$，求此瞬时点 D 的速度和连杆 AB 的角速度。

解: 曲柄 OA 做定轴转动，点 A 的速度

$$v_A=\omega\cdot OA=2\times100\times10^{-3}=0.2\,(\text{m/s})$$

连杆 AB 作平面运动，取点 A 为基点，点 B 的速度为

$$\boldsymbol{v}_B=\boldsymbol{v}_A+\boldsymbol{v}_{BA}$$

各矢量方向如图 7-8 所示。根据几何关系求得

$$v_{BA}=v_A\tan 30°=0.2\frac{\sqrt{3}}{3}=\frac{\sqrt{3}}{15}(\text{m/s})$$

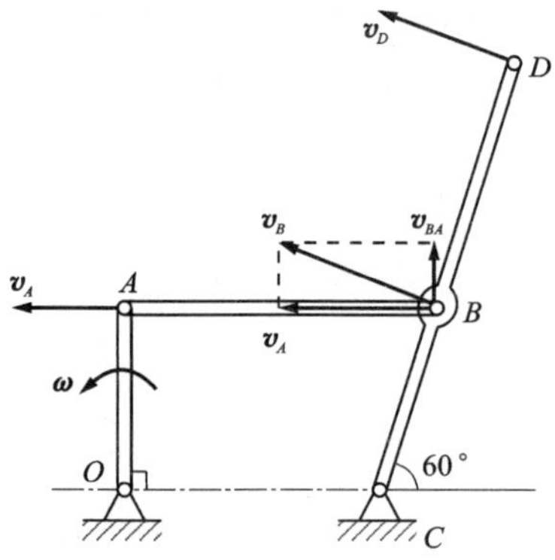

图 7-8

$$v_B=\frac{v_A}{\cos 30°}=\frac{2\sqrt{3}}{15}(\text{m/s})$$

故

$$\omega_{AB}=\frac{v_{BA}}{AB}=\frac{2\sqrt{3}}{0.8}=\frac{5}{2}\sqrt{3}\,(\text{rad/s})$$

点 D 的速度

$$v_D=\frac{v_B}{CB}\cdot CD=3v_B=\frac{2\sqrt{3}}{5}(\text{m/s})$$

例 7-3 车轮沿固定直线轨道只滚不滑(又称纯滚动)，如图 7-9(a)所示。轮的半径为 R，轮心速度为 $\boldsymbol{v}_O$，试求轮缘上的点 D、A 和 B 的速度。

解: 先求车轮的角速度 ω。车轮作平面运动，研究与地面接触点 P 的速度。

轮心 O 速度已知，取为基点，如图 7-9(a)所示。由基点法求得点 P 的速度为

$$\boldsymbol{v}_P=\boldsymbol{v}_O+\boldsymbol{v}_{PO}$$

由于轮只滚不滑，$\boldsymbol{v}_P=0$，将速度矢量式投影到水平方向可得

$$v_O-v_{PO}=0$$

$$v_{PO}=\omega R=v_O$$

则轮的角速度

$$\omega=\frac{v_O}{R}。$$

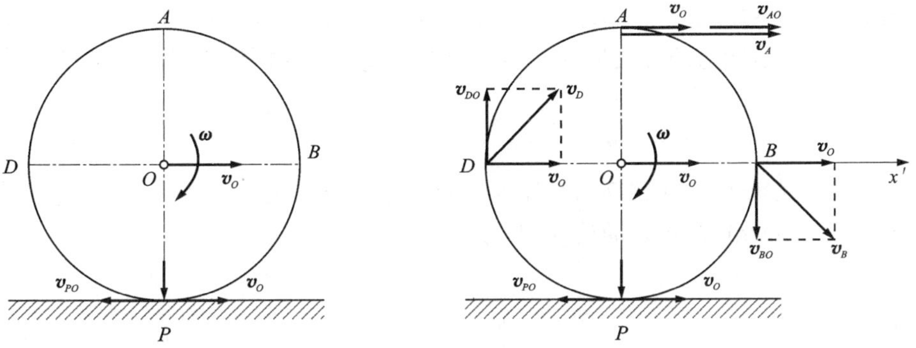

(a)　　(b)

图 7-9

再求点 D、A 和 B 的速度。如图 7-9(b)所示，选 O 点为基点，由基点法得

$$\boldsymbol{v}_D=\boldsymbol{v}_O+\boldsymbol{v}_{DO}$$

注意到

$$v_{DO}=v_{AO}=v_{BO}=\omega R=v_O$$

故

$$v_D=\sqrt{v_O^2+v_{DO}^2}=\sqrt{v_O^2+(R\omega)^2}=\sqrt{2}v_O$$

方向与水平成 45°角。

同样的方法可得点 A、B 的速度，如图 7-9(b)所示。

如果取点 P 为基点，由于 $v_P=0$，故点 D、A 和 B 相对点 P 的速度即为点 D、A 和 B 的速度。即

$$v_D=\sqrt{2}v_O,\ v_D=2v_O,\ v_B=\sqrt{2}v_O$$

方向如图 7-9(c)所示。

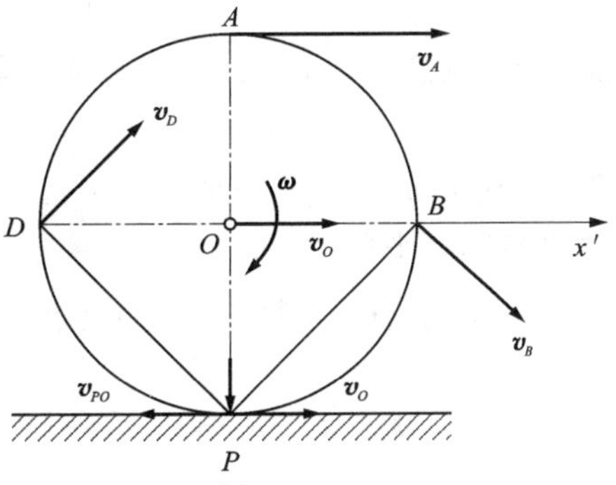

(c)

图 7-9

---

2. 速度投影法

由图 7-6(b)可以看到，$\boldsymbol{v}_{BA}$ 总是垂直于 AB 连线。也就是说，它在 AB 连线上的投影等于零，因此把矢量方程式(7-2)两边向 AB 连线投影，可得到

$$[\boldsymbol{v}_B]_{AB}=[\boldsymbol{v}_A]_{AB}$$

即

$$v_A\cos\theta=v_B\cos\varphi \qquad (7-3)$$

式中，θ、φ 分别为速度 v_A、v_B 与直线 AB 的夹角，如图 7-10 所示。式(7-3)说明，**当刚体平面运动时，其上任意两点的速度在这两点连线上的投影相等**，这一结论称为**速度投影定理**。速度投影定理不仅在刚体平面运动时成立，而且在刚体做任何运动时也成立。

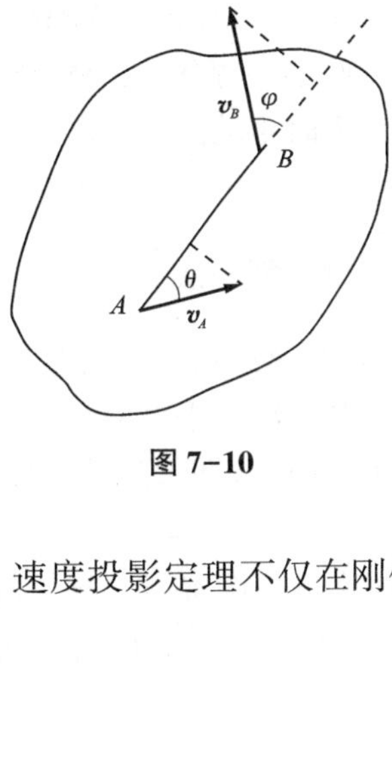

图 7-10

若已知平面运动刚体上一点的速度大小和方向，以及另一点的速度方向，则应用速度投影，即式(7-3)，在不知道两点之间的距离及刚体角速度的情况下，可以方便地求出该点速度的大小。

例 7-4 曲柄连杆机构如图 7-11 所示，$OA=r$，$AB=\sqrt{3}r$。如曲柄 OA 以匀角速度 ω 转动，求当 $\varphi=0$，60°和 90°时点 B 的速度。

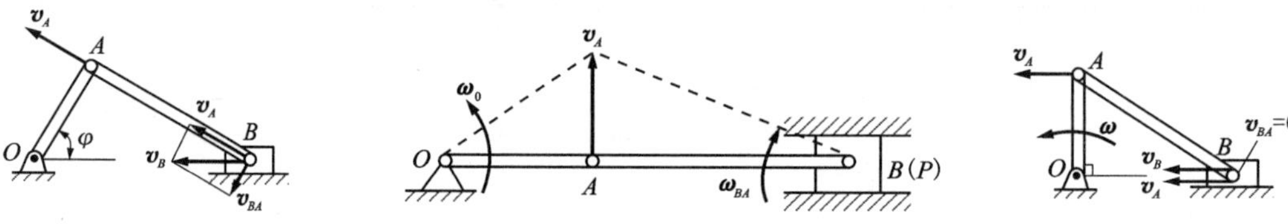

图 7-11

解：连杆 AB 作平面运动，以点 A 为基点，点 B 的速度为

$$\boldsymbol{v}_B=\boldsymbol{v}_A+\boldsymbol{v}_{BA}$$

其中，$v_A=\omega r$，方向与 OA 垂直；$\boldsymbol{v}_B$ 沿 OB 方向，$\boldsymbol{v}_{BA}$ 与 AB 垂直。上式中四个要素已知，可以作出其速度平行四边形。

当 $\varphi=60°$时，由于 $AB=\sqrt{3}r$，OA 恰好与 AB 垂直，由图 7-11(a)可得

$$v_B=\frac{v_A}{\cos 30°}=\frac{2\sqrt{3}}{3}\omega r$$

当 $\varphi=0$ 时，$\boldsymbol{v}_A$ 与 $\boldsymbol{v}_{BA}$ 均垂直于 OB，也垂直于 $\boldsymbol{v}_B$。根据速度平行四边形合成法则，应有 $\boldsymbol{v}_B=0$，如图 7-11(b)所示。

当 $\varphi=90°$时，$\boldsymbol{v}_A$ 与 $\boldsymbol{v}_B$ 方向一致，$\boldsymbol{v}_{BA}$ 垂直于 AB，其速度平行四边形应为一直线段，如图 7-11(c)所示。显然有

$$v_B=v_A=\omega r$$

由于 $\boldsymbol{v}_{BA}=0$，此时杆 AB 的角速度为零，A、B 两点的速度大小与方向都相同，连杆 AB 具有平动刚体的特征。但杆 AB 只在此瞬时有 $\boldsymbol{v}_B=\boldsymbol{v}_A$，其他时刻 $\boldsymbol{v}_B$ 与 $\boldsymbol{v}_A$ 并不相同，因而此时的连杆作**瞬时平动**。

3. 速度瞬心法

(1)速度瞬心的概念

用基点法求平面图形上点的速度时，选取不同的基点便有不同的牵连速度。某瞬时如果平面图形内(或图形延伸部分)能找到速度为零的一点 P，并取为基点，则式(7-2)可简化为

$$\boldsymbol{v}_M=\boldsymbol{v}_{MP}$$

即图形上任一点 M 的速度 $\boldsymbol{v}_M$ 就是点 M 绕基点 P 转动速度 $\boldsymbol{v}_{MP}$。在此瞬时，图形上各点速度分布规律与绕基点 P 作瞬时转动一样，图形上各点速度可由相对转动求出。如图 7-12 所示。

在某一瞬时平面图形上速度等于零的点称为**瞬时速度中心**，简称**速度瞬心**或**瞬心**。

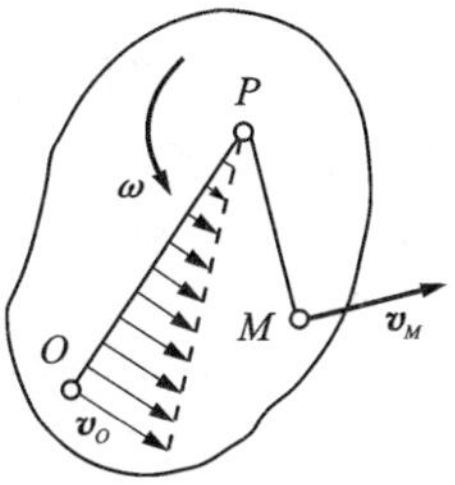

图 7-12

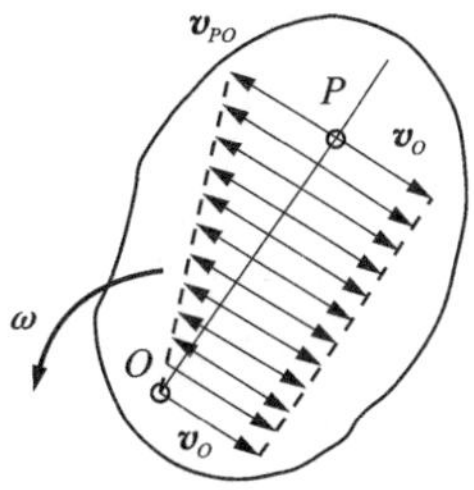

图 7-13

刚体平面运动的任意瞬时，在平面图形(或其延伸部分)都存在速度等于零的一个点，即速度瞬心。

设在某一瞬时，平面图形的角速度为 ω，其上一点 O 的速度为 $\boldsymbol{v}_O$，如图 7-13 所示。于是，平面图形上任一点 P 的速度为

$$\boldsymbol{v}_P=\boldsymbol{v}_O+\boldsymbol{v}_{PO}$$

其中，$v_{PO}=OP\cdot\omega$，方向垂直于线段 OP。

若点 P 就是速度等于零的点，则有

$$\boldsymbol{v}_O+\boldsymbol{v}_{PO}=0$$

即

$$\boldsymbol{v}_{PO}=-\boldsymbol{v}_O$$

可见，点 P 的速度为零的条件是：其相对速度与牵连速度等值反向。要满足此项条件，点 P 必然过在点 O、且垂直于 $\boldsymbol{v}_O$ 的直线上(图 7-13)，点 P 与点 O 的距离为

$$PO=\frac{v_O}{\omega} \tag{7-4}$$

按此式确定的点 P 即平面图形在此瞬时的速度瞬心。

平面图形的速度瞬心不一定在具体的平面图形上，可以在平面图形的延伸部分上。平面图形的延伸部分可以是与具体平面图形固连并随平面图形一起运动的无限大的平面。

在不同瞬时，平面图形瞬心的位置不同。因此平面图形的运动可视为绕一系列速度瞬心的瞬时转动。

应用速度瞬心求平面图形上各点速度的方法，称为**速度瞬心法**，简称**瞬心法**，它实质上是基点法的特殊情况。

(2)速度瞬心的确定

应用速度瞬心法求平面图形上各点的速度，其关键在于确定平面图形上速度瞬心的位置和平面图形的角速度。下面按照平面图形的运动情况，介绍确定其速度瞬心位置的几种方法。

①已知平面图形上任意两点的速度方向。

根据以上分析，速度瞬心的位置必在通过平面图形上一点并与该点的速度垂直的直线上。所以，只要知道平面图形上任意两点的速度方向，过这两点分别作其速度的两条垂线，则这两条垂线的交点就是速度瞬心[见图 7-14(a)]。有时速度瞬心也可能在平面图形的延伸部分[图 7-14(b)]。

②平面图形上 A、B 两点的速度矢量同时与这两点连线垂直。

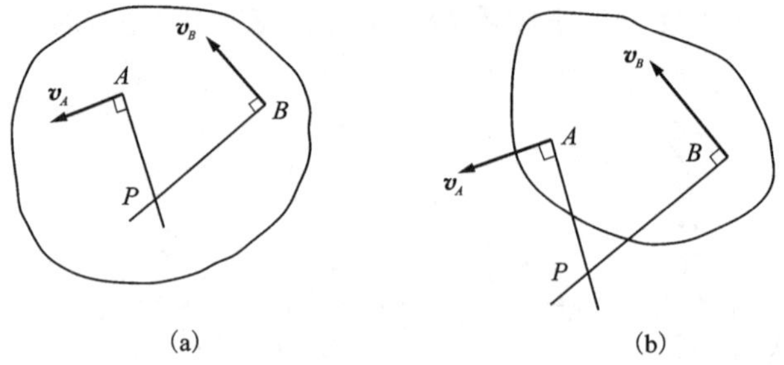

图 7-14

如图 7-15(a)、7-15(b)所示，此时速度瞬心必在连线 AB 与速度矢量 $\boldsymbol{v}_A$ 和 $\boldsymbol{v}_B$ 端点连线的交点上。只要知道 $\boldsymbol{v}_A$ 和 $\boldsymbol{v}_B$ 的大小，就可确定速度瞬心的位置和图形瞬时角速度 ω 的大小。

$$\omega=\frac{v_A}{AP}=\frac{v_B}{BP}$$

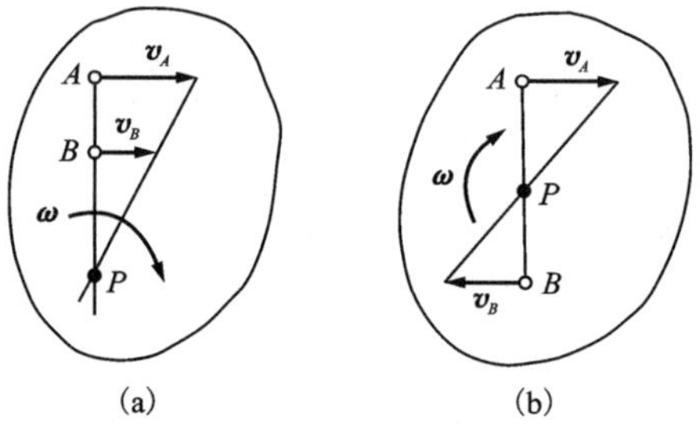

图 7-15

③平面图形上 A、B 两点速度方向相同，但 A、B 两点的连线与 A、B 两点的速度方向不垂直，如图 7-16 所示。

此时速度瞬心在无穷远处，平面图形的角速度 ω 等于零。应用速度投影定理，易知此时 A、B 两点的速度相等。实际上，此瞬时平面图形上各点速度都相同，这种情形称为瞬时平动。

注意，刚体作瞬时平动时，该瞬时各点速度相同，但各点加速度不相同。

④平面图形沿某一固定表面作无滑动的滚动(又称为纯滚动)。

如图 7-17 所示，图形与固定表面的接触点无相对滑动，其绝对速度为零，故接触点 P 即为平面图形的瞬心。

毫无疑问，速度瞬心的位置不是固定的，它是随时间改变的，故速度瞬心的加速度并不等于零。在由若干个作平面运动的构件组成的平面机构中，每一个作平面运动的构件都有其自身的速度瞬心和角速度，不可混淆。

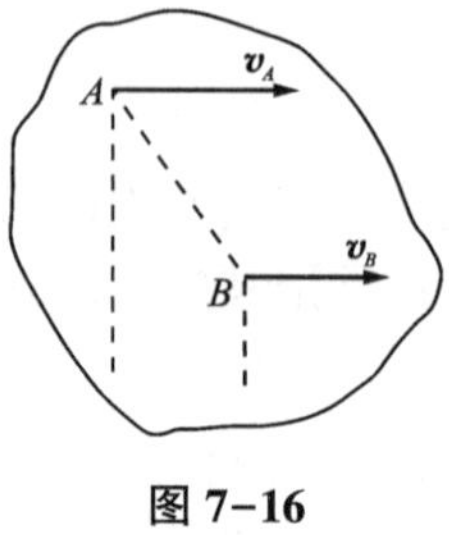

图 7-16

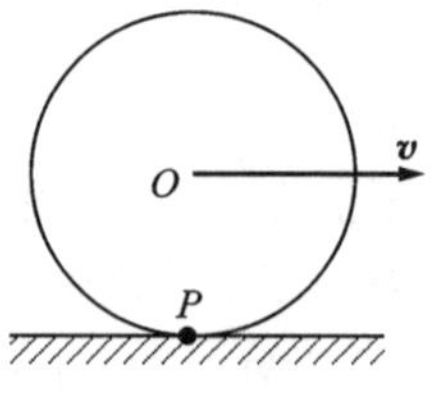

图 7-17

在运用速度瞬心法求平面图形上各点速度时，可按照上述方法先确定瞬心位置，再求出平面图形在此瞬时的角速度，最后求出平面图形上各点速度。

例 7-5　用速度瞬心法求解例 7-1。

解：过 A、B 两点分别做速度方向的垂线，其交点 P 就是杆 AB 的速度瞬心，如图 7-18 所示。

故

$$\omega_{AB}=\frac{v_A}{PA}=\frac{5}{2}\sqrt{3}\,(\mathrm{rad/s})$$

$$v_B=\omega_{AB}\cdot PB=\frac{v_A}{PA}\cdot PB=v_A\tan 30°=\sqrt{3}\,(\mathrm{m/s})$$

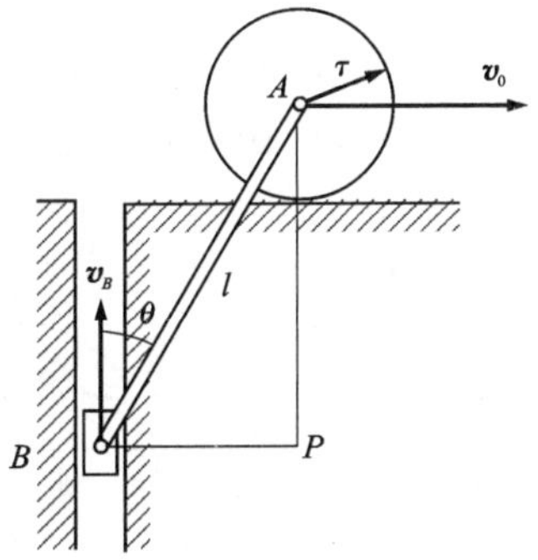

图 7-18

例 7-6　剪床机构如图 7-19 所示。已知曲柄 OA 以匀角速度 $\omega=2\pi$ rad/s 绕轴 O 转动，$OA=200$ mm，$AB=BC=BD=600$ mm。当 OA 与水平线成 30° 角时，连杆 AB 处于水平位置，摇杆 BD 与铅垂线成 30°角。求此时连杆 BC 的角速度及剪刀 C 的速度。

解：连杆 AB 上点 A 及 B 的速度方向均已知，故过 A、B 两点分别作出 v_A、v_B 的垂线，则两垂线的交点 P_1 为连杆 AB 的瞬心(图 7-19)。

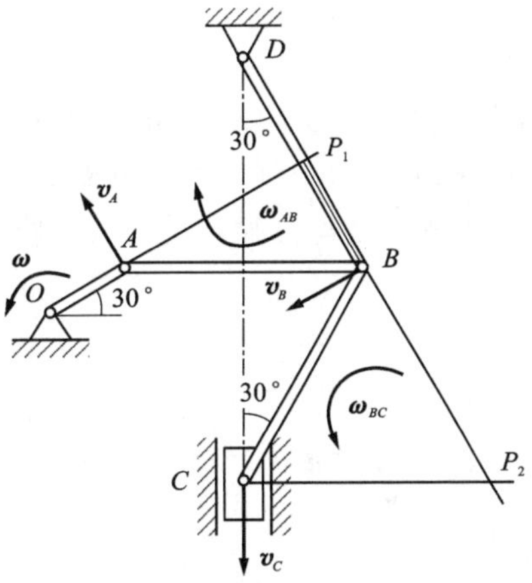

图 7-19

连杆的角速度为

$$\omega_{AB}=\frac{v_A}{AP_1}=\frac{OA\cdot\omega}{AB\cdot\cos 30°}$$

因此点 B 的速度为

$$\begin{aligned}v_B&=BP_1\cdot\omega_{AB}=AB\cdot\omega_{AB}\cdot\sin 30°\\&=OA\cdot\omega\cdot\tan 30°=200\times2\pi\tan 30°\\&=726\,(\mathrm{mm/s})\end{aligned}$$

方向如图 7-19 所示。

连杆 BC 上点 B 的速度 $\boldsymbol{v}_B$ 已知。点 C 的速度 v_C 的方向为沿滑道中心的铅垂线。同理可确定连杆 BC 的瞬心 P_2。由几何关系知，$\triangle BP_2C$ 为等边三角形(图 7-19)，故 $BP_2=CP_2=BC$。于是连杆的角速度为

$$\omega_{BC}=\frac{v_B}{BP_2}=\frac{726}{600}=1.21\,(\mathrm{rad/s})$$

点 C 的速度为

$$v_C=CP_2\cdot\omega_{BC}=CP_2\cdot\frac{v_B}{BP_2}=v_B=726\,(\mathrm{mm/s})$$

方向铅垂向下。

若本题只需求剪刀 C 的速度，则应用速度投影法求解将更为简便。

对于连杆有

$$v_A\sin 30°=v_B\cos 30°$$

对于连杆有

$$v_B\cos 30°=v_C\cos 30°$$

故

$$v_C=\frac{\sin 30°}{\cos 30°}v_A=OA\cdot\omega\cdot\tan 30°=726(\text{mm/s})$$

例 7-7 两个齿轮 A 和 B 由连杆 AC 连接，可在固定齿条上滚动[图 7-20(a)]。当 $\varphi=0$ 时，齿轮 B 的中心的速度 $v_B=200$ mm/s。设 $r=70$ mm，$e=30$ mm，求此时齿轮 A 的角速度。

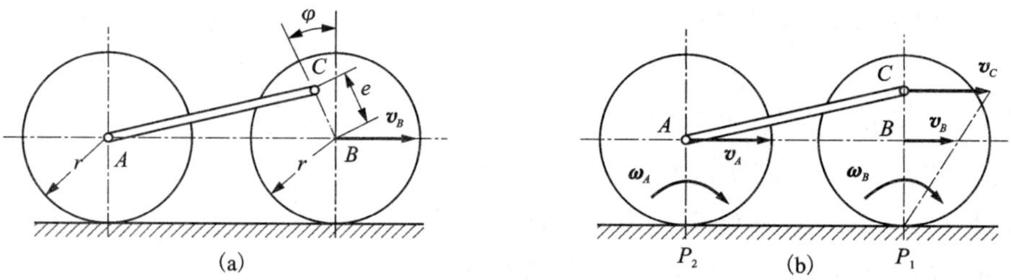

图 7-20

解：齿轮 A、B 及连杆 AC 均作平面运动，欲求齿轮 A 的角速度 ω_A，必须先求点 A 的速度 v_a；而欲求 v_A，则必须先求点 C 的速度 v_C。点 C 为连杆与齿轮 B 的连接点。取齿轮 B 研究对象。因它沿固定齿条作纯滚动，故瞬心在接触点 P_1 处，如图 7-20(b)所示。于是，其角速度为

$$\omega_B=\frac{v_B}{BP_1}=\frac{v_B}{r}$$

ω_B 为顺时针转向。当 $\varphi=0$ 时，点 C 在最高位置，如图 7-20(b)所示。因此，其速度为

$$v_C=CP_1\cdot\omega_B=\frac{r+e}{r}v_B$$

方向为水平向右。

连杆 AC 上点 A 的速度 $\boldsymbol{v}_A$ 的方向由齿轮 A 决定，为沿水平方向。故连杆 AC 为瞬时平动，它的角速度 $\omega_{AC}=0$，且

$$v_A=v_C=\frac{r+e}{r}v_B$$

由于齿轮 A 作纯滚动，故其速度瞬心在接触点 P_2 处，求得其角速度为

$$\omega_A=\frac{v_A}{AP_2}=\frac{r+e}{r^2}v_B=\frac{50+30}{50^2}\times 200=6.4(\text{rad/s})$$

方向为顺时针转向。

§7-3　平面图形上各点的加速度分析

如图 7-21 所示，设平面图形在某瞬时的角速度为 ω，角加速度为 α，其上任一点 A 的加速度为 $\boldsymbol{a}_A$。取 A 为基点，则另一点 B 的加速度等于牵连加速度与相对加速度的矢量和。由于牵连运动是随基点 A 的平动，因此点 B 的牵连加速度等于基点 A 的加速度 $\boldsymbol{a}_A$；相对运动是点 B 相对于基点 A 的圆周运动，所以点 B 的相对加速度 $\boldsymbol{a}_{BA}$ 由切向加速度 $\boldsymbol{a}_{BA}^{\tau}$ 和法向加速度 $\boldsymbol{a}_{BA}^{n}$ 两个分量组成，其中 $\boldsymbol{a}_{BA}^{\tau}$ 的大小为

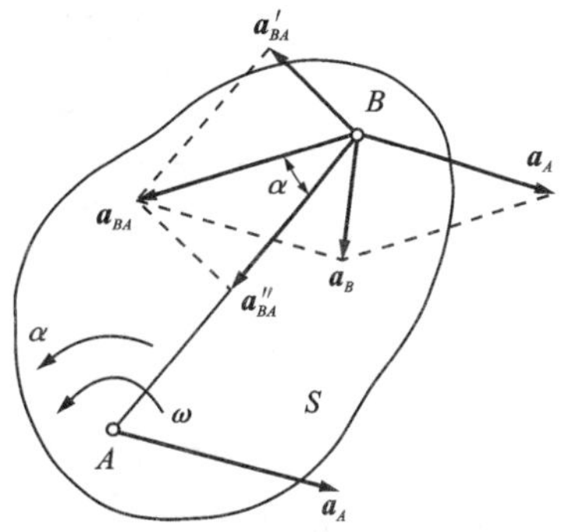

图 7-21

$$a_{BA}^{\tau}=AB\cdot\alpha$$

其方向与连线 AB 垂直，与角加速度 α 转向一致。$\boldsymbol{a}_{BA}^{n}$ 大小为

$$a_{BA}^{n}=AB\cdot\omega^2$$

其方向沿直线 BA 指向点 A。

注意到牵连运动为平动，由点的加速度合成定理，可得

$$\boldsymbol{a}_B=\boldsymbol{a}_A+\boldsymbol{a}_{BA}^{\tau}+\boldsymbol{a}_{BA}^{n} \tag{7-5}$$

即平面图形内任一点的加速度等于基点的加速度与该点绕基点转动的切向加速度和法向加速度的矢量和。

式(7-5)为一个矢量式。式中有八个要素，只要已知其中六个要素，就能求解剩下两个要素。用它求解平面图形上点的加速度时，其步骤与速度分析的基点法基本类似。一般可将式(7-5)投影到两个相交的坐标轴上，得到两个代数方程，从而求解两个未知量。下面举例说明。

例 7-8　列车车轮在水平轨道上纯滚动，已知在图示瞬时列车的速度为 v_0，加速度为 a_0，轮子的半径为 r[图 7-22(a)]。试求轮缘与地面接触点 P 的加速度。

解：车轮作平面运动，轮心 O 的速度和加速度与列车相同。取点 O 为基点，则点 P 的加速度为

$$\boldsymbol{a}_P=\boldsymbol{a}_O+\boldsymbol{a}_{PO}+\boldsymbol{a}_{PO}^{n}$$

其中，$\boldsymbol{a}_O$ 的大小及方向已知，$\boldsymbol{a}_{PO}^{\tau}$ 及 $\boldsymbol{a}_{PO}^{n}$ 的方向已知。为求 $\boldsymbol{a}_{PO}^{\tau}$ 及 $\boldsymbol{a}_{PO}^{n}$ 的大小，须先求出轮子的角速度 ω 与角加速度 α。因为轮子作纯滚动，轮子的速度瞬心即为点 P，所以其角速度为

$$\omega=\frac{v_O}{r}$$

当 v_O 随时间 t 改变时，ω 也随之而改变。因此上式是 ω 和 v_O 的函数关系式，故轮子的角加速度为

$$\alpha=\frac{\mathrm{d}\omega}{\mathrm{d}t}=\frac{1}{r}\,\frac{\mathrm{d}v_O}{\mathrm{d}t}=\frac{a_O}{r}$$

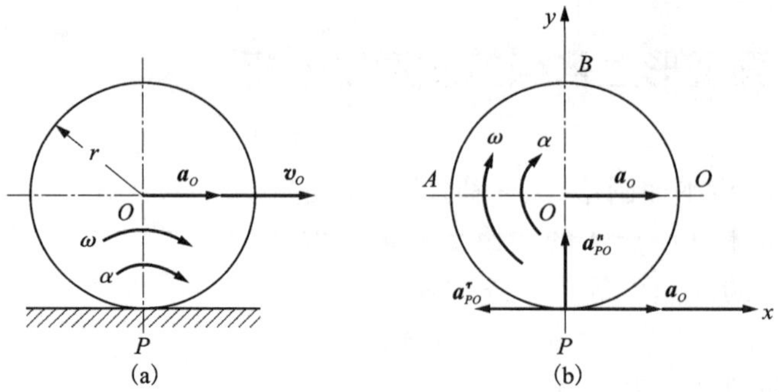

图 7-22

ω 和 α 的转向分别由 v_O 和 a_O 的指向决定，应都是顺时针转向[图 7-22(a)]。这样，$\boldsymbol{a}^\tau_{PO}$ 和 $\boldsymbol{a}^n_{PO}$ 的大小应分别为

$$a^\tau_{PO}=r\alpha=r\cdot\frac{a_O}{r}=a_O$$

$$a^n_{PO}=r\omega^2=r\left(\frac{v_O}{r}\right)^2=\frac{v_O^2}{r}$$

各加速度分量的方向如图 7-22(b)所示。

取直角坐标系 Pxy 如图 7-22(b)所示，把矢量方程式分别向两坐标轴上投影得

$$a_{Px}=a_O-a^\tau_{PO}=a_O-a_O=0$$

$$a_{Py}=a^n_{PO}=\frac{v_O^2}{r}$$

于是

$$a_P=\frac{v_O^2}{r}$$

方向为沿 PO 指向点 O。可见速度瞬心 P 点的加速度并不等于零。

例 7-9 曲柄-滑块机构如图 7-23 所示。曲柄 OA 长为 r，它以等角速度 ω_0 绕点 O 转动。连杆 AB 长为 l。试求曲柄转角 $\varphi=\varphi_0$(图 7-23，$OA\perp AB$)和 $\varphi=0$[图 7-24(a)、图 7-24(b)，$OA/\!/AB$]两种情形下，滑块 B 的加速度 a_B 与连杆 AB 的角加速度 α_{AB}。

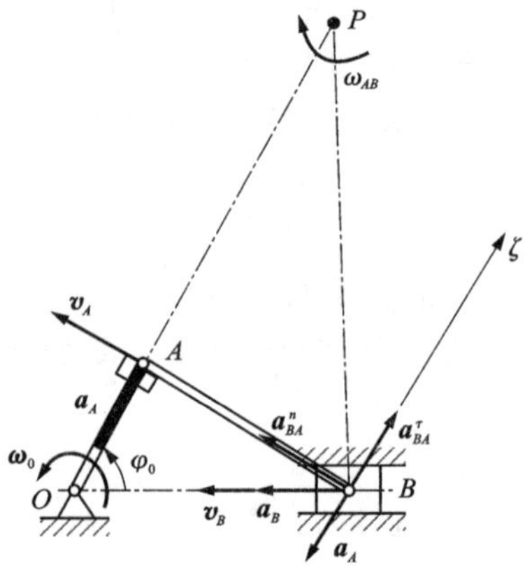

图 7-23

解: (1)连杆 AB 作平面运动，先用速度瞬心法分析速度。

已知点 A 的速度 v_A 垂直于 OA，$v_A=r\omega_0$。点 B 的速度方向沿滑道，大小未知。过点 A、B 分别作 v_A 与 v_B 的垂线并使之延长相交，可求得连杆 AB 的瞬心 P，则连杆的角速度为

$$\omega_{AB}=\frac{v_A}{AP}=\frac{r\omega_0}{l^2/r}=\frac{r^2}{l^2}\omega_0 \tag{7-6}$$

用基点法求点 B 的加速度。以点 A 为基点。据式(7-11)，点 B 的加速度为

$$\boldsymbol{a}_B=\boldsymbol{a}_A+\boldsymbol{a}_{BA}^{\tau}+\boldsymbol{a}_{BA}^{n} \tag{7-7}$$

式中，点 A 的加速度 $a_A=r\omega_0^2$，点 B 的相对切向加速度 $a_{BA}^{\tau}=\alpha_{AB}l$，相对法向加速度

$$a_{BA}^{n}=AB\cdot\omega_{AB}^2=\frac{r^4}{l^3}\omega_0^2$$

将式(7-7)中各项向 AB 线段投影，得

$$a_B\sin\varphi_0=a_{BA}^{n}=\frac{r^4}{l^3}\omega_0^2 \tag{7-8}$$

$$a_B=\frac{r^4\omega_0^2}{l^3\sin\varphi_0} \tag{7-9}$$

$\boldsymbol{a}_B$ 的方向如图 7-23 所示。

再将式(7-7)中各项向 AB 线段的垂线(图 7-23 中 ζ 轴)上投影，有

$$-a_B\cos\varphi_0=-a_A+a_{BA}^{\tau} \tag{7-10}$$

$$a_{BA}^{\tau}=\alpha_{AB}\cdot l=r\omega_0^2-\frac{r^4}{l^3}\omega_0^2\cot\varphi_0$$

于是，连杆 AB 的角加速度

$$\alpha_{AB}=\frac{r}{l}\omega_0^2\left(1-\frac{r^3}{l^3}\cot\varphi_0\right) \tag{7-11}$$

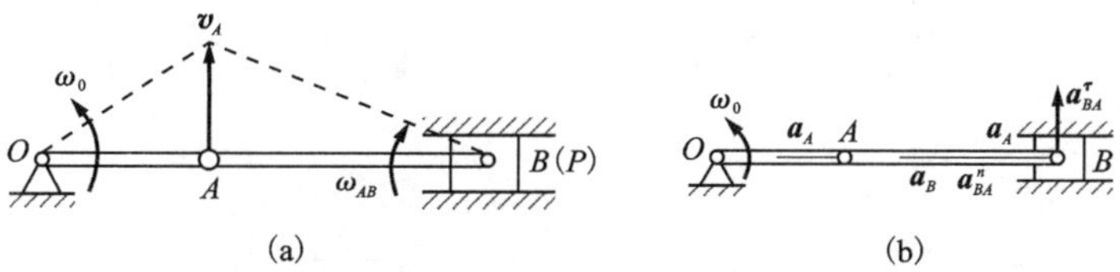

图 7-24

(2)$\varphi=0$ 时，机构如图 7-24(a)所示。用瞬心法分析速度，过 A、B 两点分别作 $\boldsymbol{v}_A$ 与 $\boldsymbol{v}_B$ 的两条垂线并延长，恰好相交于滑块上的点 B。因此，点 B 就是速度瞬心 P。连杆 AB 的角速度为

$$\omega_{AB}=\frac{v_A}{l}=\frac{r\omega_0}{l}$$

这种情形下，a_A 的表达式与 $\varphi=\varphi_0$ 时相同，但 $a_{BA}^{n}=AB\cdot\omega_{AB}^2=\frac{r^2}{l}\omega_0^2$，方向均如图 7-24(b)所示。

将式(7-7)中各项向线段 AB 投影，得

$$a_B=a_A+a_{BA}^{n}=r\omega_0^2+\frac{r^2}{l}\omega_0^2=r\omega_0^2\left(1+\frac{r}{l}\right) \tag{7-12}$$

在 AB 的垂线方向上只有 a_{BA}^{τ} 一个量，所以有

$$a_{BA}^{\tau}=0,\ \alpha_{AB}=0$$

§7-4 机构运动分析

一个运动机构或运动系统是由多种运动的点和刚体组成，各构件之间通过铰链、套筒、销钉、滑块等连接点传递运动。由已知运动的构件，通过对某些连接点和刚体的运动分析，确定机构中所有构件的运动，称为**机构运动分析**。分析机构运动时，先应分析各构件作什么运动，计算各连接点的速度和加速度，再计算待求未知量。

分析某点运动可以通过建立点的运动方程求点的速度和加速度；或者通过确定刚体的运动与其上一点的运动关系，用点的合成运动或刚体平面运动理论分析相关的两个点在某瞬时的速度和加速度。

分析同一平面运动刚体上两个点之间的速度和加速度可用刚体平面运动理论；当两个刚体接触而又有相对滑动时，应用点的合成运动理论分析两刚体上相重合点的速度和加速度。复杂机构中，同时有点的合成运动和刚体平面运动问题，可分别分析，综合运用点的合成运动和刚体平面运动理论求解。

下面通过几个典型例题说明这些方法的综合运用。

例 7-10 一摆动导杆机构的尺寸和角度如图 7-25(a)所示。已知角速度 $\omega_0=1$ rad/s，求滑块 C 的速度 v_C。

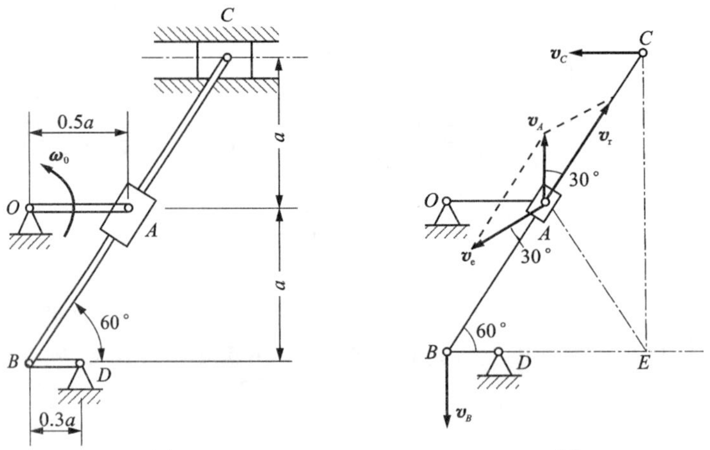

(a) (b)

图 7-25

解： OA 定轴转动，A 点的速度为

$$v_A=\omega\cdot OA=1\times0.5a=0.5a$$

其方向如图 7-25(b)所示。

摆杆 BC 作平面运动。因为 C 点速度为水平方向，B 点速度为垂直方向；v_C 与 v_B 的垂线交于 E 点，故知摆杆瞬心为 E 点；摆杆上 A 点速度 v_e 垂直 AE。通过求 v_e，可得出 C 点速度 v_C。

利用速度合成定理求摆杆 A 点速度 v_e。取滑块为动点，摇杆为动参考系，则

$$\boldsymbol{v}_A=\boldsymbol{v}_e+\boldsymbol{v}_r$$

式中，$v_A=0.5a$，其方向垂直于 OA；v_e 的大小未知，其方向垂直于 AE；v_r 的大小未知，其方向平行于 BC。作速度四边形如图 7-25(b)所示，得

$$v_e=v_A$$

利用瞬心法求摆杆上端滑块 C 的速度。因为摆杆瞬心为 E 点，故

$$\frac{v_C}{v_e}=\frac{CE}{AE}$$

所以

$$v_C=v_e\frac{CE}{AE}=v_A\cdot\frac{2a}{\dfrac{a}{\cos 30^\circ}}=0.5a\cdot 2\cos 30^\circ=0.866a$$

$\boldsymbol{v}_C$ 方向为水平向左，如图 7-25(b)所示。

例 7-11　行星齿轮减速机构如图 7-26 所示。太阳轮 1 绕轴 O_1 转动，带动行星轮 2 沿固定齿圈 3 滚动，行星轮 2 又带动其轴架 H(称为系杆)绕轴 O_H 转动。因轴 O_1 与轴 O_H 的转速不同，从而实现变速要求。已知各齿轮的节圆半径 r_1、r_2、r_3，求传动比 i_{1H}(即 ω_1/ω_H)。

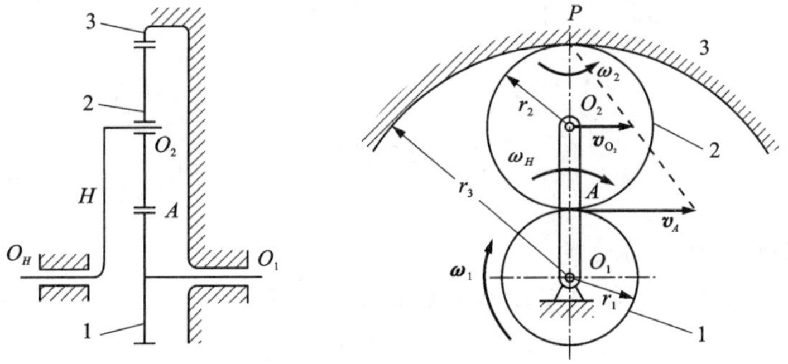

图 7-26

解：在机构中，轮 1 和系杆 H 做定轴转动，而行星轮 2 做平面运动。由于行星轮 2 沿固定齿圈 3 滚动(无相对滑动)，故两齿轮的啮合点 P 就是行星轮 2 的速度瞬心。

轮 1 与轮 2 的啮合点 A 的速度

$$v_A=O_1A\cdot\omega_1=AP\cdot\omega_2$$

即

$$r_1\omega_1=2r_2\omega_2 \tag{7-13}$$

如果 ω_1 为顺时针转向，则 ω_2 应是逆时针转向。

轮 2 与系杆 H 的连接点 O_2 的速度 $v_{O_2}=O_2P\cdot\omega_2=O_1O_2\cdot\omega_H$

即

$$r_2\omega_2=(r_1+r_2)\omega_H \tag{7-14}$$

ω_H 应时顺时针转向。

联立式(7-13)和式(7-14)消去 ω_2，得

$$r_1\omega_1=2(r_1+r_2)\omega_H \tag{7-15}$$

考虑到 $2(r_1+r_2)=r_1+r_3$，且在齿轮传动中相啮合齿轮的齿数与半径成正比，故由式(7-15)可得传动比

$$i_{1H}=\frac{\omega_1}{\omega_H}=\frac{r_1+r_3}{r_1}=\frac{z_1+z_2}{z_3}$$

式中，z_1、z_3 分别为齿轮 1 和齿圈 3 的齿数。

例 7-12 导槽滑块机构如图 7-27(a)所示。已知：曲柄 $OA=r$，匀角速度 ω 转动；连杆 AB 的中点 C 处连接一滑块 C 可沿导槽 O_1D 滑动，$AB=l$；图示瞬时 O、A、O_1 三点在同一水平线上，$OA\perp BA$，$\angle AO_1C=30°$。求该瞬时摇杆 O_1D 的角速度和角加速度。

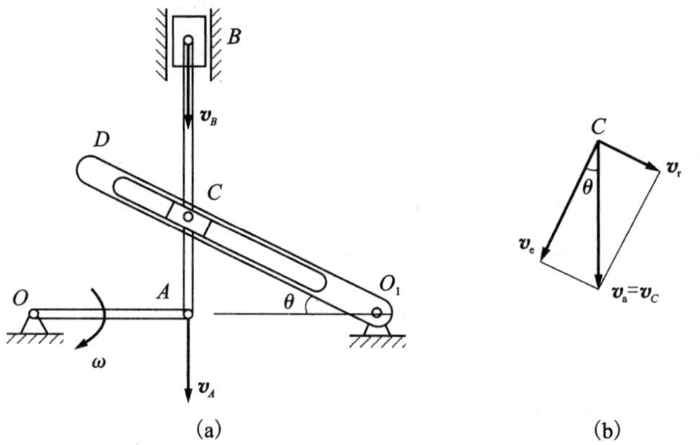

图 7-27

解：(1)求摇杆 O_1D 的角速度

先研究杆 AB。点 A 为定轴转动刚体 OA 上的点，有

$$v_A=r\cdot\omega$$

$\boldsymbol{v}_B$ 与 $\boldsymbol{v}_A$ 在一条直线上，所以杆 AB 作瞬时平动，如图 7-27(a)所示。此时

$$v_C=v_B=v_A=r\cdot\omega$$

选取滑块 C 为动点，杆 O_1D 为动系，根据速度合成定理

$$\boldsymbol{v}_a=\boldsymbol{v}_e+\boldsymbol{v}_r$$

作速度平行四边形，如图 7-27(b)所示。有

$$v_e=v_C\cdot\cos\theta=r\omega\cos 30°=\frac{\sqrt{3}}{2}r\omega$$

又

$$v_e=O_1C\cdot\omega_{O_1D}$$

杆 O_1D 的角速度

$$\omega_{O_1D}=\frac{v_e}{O_1C}=\frac{\sqrt{3}/2}{\frac{l}{2}/\sin\theta}r\omega=\frac{\sqrt{3}r}{2l}\omega\ (逆时针)$$

相对速度

$$v_r = v_a \cdot \sin\theta = \frac{1}{2} r\omega$$

(2) 求摇杆 O_1D 的角加速度

为求摇杆 O_1D 的角加速度 α_{O_1D}，必须先求得杆 AB 上点 C 的加速度 a_C^{AB}(为了区别于科氏加速度)，然后运用点的加速度合成定理求得结果。取杆 AB 为研究对象，以点 A 为基点求点 C 的加速度时，由于杆 AB 的角加速度大小未知，列出的加速度矢量方程中会有三个未知量，故无法求出点 C 的加速度。考虑到点 B 的加速度方向沿垂直滑道方向，可以取点 A 为基点求点 B 的加速度，列出矢量方程，通过求得杆 AB 的角加速度大小，求得点 C 的加速度。

如图 7-28 所示，以点 A 为基点，点 B 的加速度为

	$\boldsymbol{a}_B$	=	$\boldsymbol{a}_A$	+	$\boldsymbol{a}_{BA}^{\tau}$	+	$\boldsymbol{a}_{BA}^{n}$
大小	?		√		?		√
方向	√		√		√		√

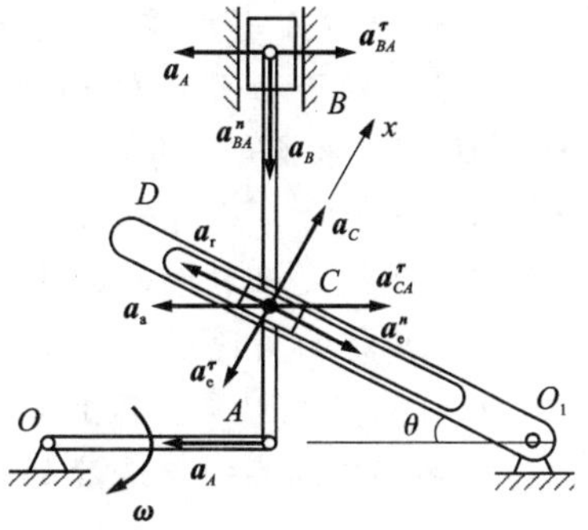

图 7-28

各加速度矢量方向如图 7-28 所示，大小分别为

$$a_A = r\omega^2,\ a_{BA}^n = AB \cdot \omega_{AB}^2 = 0$$

投影到水平方向，可得 $0 = \boldsymbol{a}_{BA}^{\tau} - \boldsymbol{a}_A$，

故

$$\alpha_{AB} = \frac{a_{BA}^{\tau}}{AB} = \frac{a_A}{AB} = \frac{r\omega^2}{l}\text{(顺时针)}$$

以点 A 为基点，点 C 的加速度为

	$\boldsymbol{a}_C^{AB}$	=	$\boldsymbol{a}_A$	+	$\boldsymbol{a}_{CA}^{\tau}$	+	$\boldsymbol{a}_{CA}^{n}$
大小	?		√		√		√
方向	?		√		√		√

各加速度矢量方向如图 7-28 所示，大小分别为

$$a_A = r\omega^2,\ a_{CA}^n = AC \cdot \omega_{AB}^2 = 0,\ a_{CA}^{\tau} = AC \cdot \alpha_{AB} = \frac{1}{2} r\omega^2$$

分别向水平、垂直方向投影，可求得

$$a_C^{AB} = \frac{1}{2} r\omega^2$$

方向水平向左。

取滑块 C 为动点，杆 O_1D 为动系，根据点的加速度合成定理

	$\boldsymbol{a}_a$	=	$\boldsymbol{a}_r$	+	$\boldsymbol{a}_e^{\tau}$	+	$\boldsymbol{a}_e^{n}$	+	a_C
大小	√		?		?		√		√
方向	√		√		√		√		√

各加速度矢量方向如图 7-28 所示，大小分别为

$$a_{AB}^C = 2v_r\omega_{O_1D} = \frac{\sqrt{3}r^2}{2l}\omega^2,\ a_a = a_{AB}^C = \frac{1}{2} r\omega^2,\ a_e^n = O_1C \cdot \omega_{O_1C}^2$$

将加速度矢量方程向 x 轴投影可得

$$-a_a \sin\theta = 0 - a_e^{\tau} + 0 + a_C$$

$$a_e^\tau = a_C + a_a \sin\theta = \left(\frac{\sqrt{3}r^2}{2l} + \frac{r}{4}\right)\omega^2$$

杆 O_1D 的角加速度

$$\varepsilon_{O_1D} = \frac{a_e^\tau}{l} = \left(\frac{\sqrt{3}r^2}{2l^2} + \frac{r}{4l}\right)\omega^2(\text{逆时针})$$

由于杆 AB 的角加速度大小未知，以点 A 为基点直接求点 C 的加速度时遇到了困难，必须借助点 B 求出杆 AB 的角加速度，才能求得 C 点的加速度。注意本例题解题过程的特点。

例 7-13 图 7-29 所示机构中，AB 杆一端连接滚子 A，滚子的中心 A 以速度 $v_A = 16$ cm/s 沿水平方向匀速运动。AB 杆活套在可绕 O 轴转动的套管 C 内，结构尺寸如图所示。求 AB 杆的角速度和角加速度。

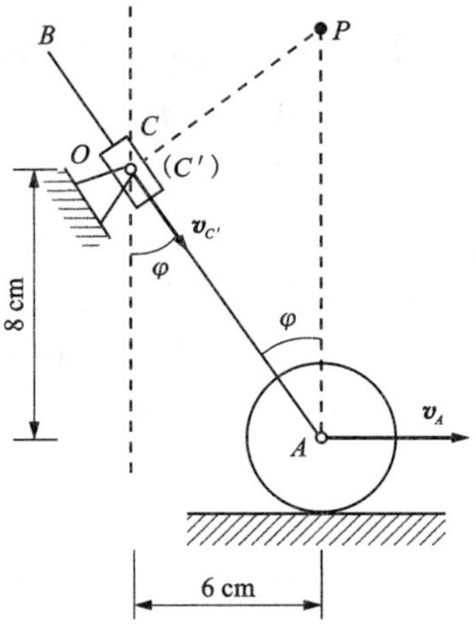

图 7-29

解： AB 杆和轮 A 都作平面运动，通过铰链 A 连接。AB 杆又相对于绕定轴转动的套管 C 在运动。

(1) 求 AB 杆的角速度

以 AB 杆为研究对象，其上 A 点的速度 v_A 大小、方向已知，若知 AB 杆某一点速度的方向，则可确定出 AB 杆的瞬心。

考察 AB 杆上与套管 C 重合的那一点 C'。以 C' 点为动点，动系固定在套筒上。因 C' 点的牵连速度为零，所以 $v_{C'} = v_r$，AB 杆上 C' 点的速度方向沿 AB 杆。

AB 杆作平面运动，由 $\boldsymbol{v}_A$ 和 $\boldsymbol{v}_{C'}$ 方向已知，确定其瞬心在 P 点，如图 7-29 所示，则 AB 杆的角速度为

$$\omega_{AB} = \frac{v_A}{PA}$$

其中，$PA = \dfrac{AC'}{\cos\varphi} = \dfrac{AC'^2}{8} = 12.5(\text{cm})$

所以

$$\omega_{AB} = \frac{v_A}{PA} = \frac{16}{12.5} = 1.28(\text{rad/s})$$

$$v_{C'} = PC' \cdot \omega_{AB} = AC' \cdot \tan\varphi \cdot \omega_{AB} = \sqrt{8^2+6^2} \cdot \frac{6}{8} \times 1.28 = 9.6(\text{cm/s})$$

(2) 求 AB 杆的角加速度

取 AB 杆为研究对象。选 A 为基点，其上 C' 点的加速度为

$$\boldsymbol{a}_{C'} = \boldsymbol{a}_A + \boldsymbol{a}_{C'A}^\tau + \boldsymbol{a}_{C'A}^n \qquad (7\text{-}16)$$

	$\boldsymbol{a}_{C'}$	$\boldsymbol{a}_A$	$\boldsymbol{a}_{C'A}^\tau$	$\boldsymbol{a}_{C'A}^n$
大小	?	0	?	√
方向	?	0	√	√

其中 $a_A = 0$，$a_{C'A}^\tau = C'A \cdot \alpha_{AB}$，$\alpha_{AB}$ 待求，方向垂直于 $C'A$；$a_{C'A}^n = C'A \cdot \omega_{AB}^2$，沿 $C'A$ 方向指向 A 点，$a_{C'}$ 大小、方向均未知。各加速度矢量如图 7-30(a) 所示。

式(7-16)有三个未知要素，故不能求解，须另找补充方程。

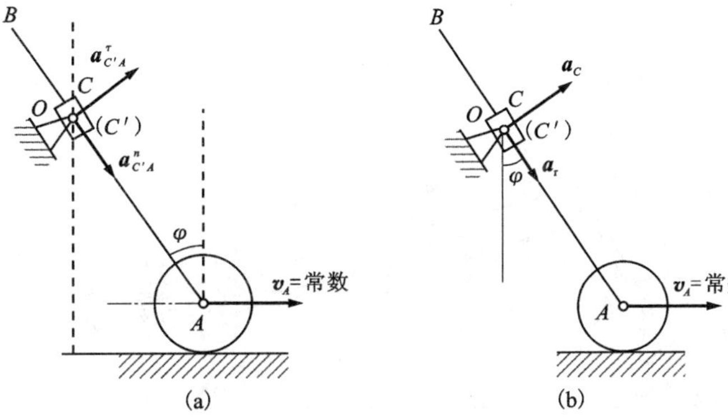

图 7-30

运用点的合成运动分析法，取 AB 杆上 C' 点为动点，动系固定在套筒上，加速度合成定理为

$$\boldsymbol{a}_{C'} = \boldsymbol{a}_e + \boldsymbol{a}_r + \boldsymbol{a}_C \tag{7-17}$$

	$\boldsymbol{a}_{C'}$	$\boldsymbol{a}_e$	$\boldsymbol{a}_r$	$\boldsymbol{a}_C$
大小	?	0	?	√
方向	?	0	√	√

其中 $a_e=0$，a_r 的大小未知，方向沿 BA，假设图示方向；因为套管和杆 AB 始终在同一直线上，转角相同，故 $\omega_e=\omega_{AB}=1.28$ rad/s。相对速度 v_r 沿 AB 方向，前面已求出 $v_r=v_C=9.6$ cm/s，ω_e 与 v_r 垂直，所以

$$a_{C'}=2\omega_e\cdot v_r=2\times1.28\times9.6=24.576(\text{cm/s}^2)$$

各加速度矢量如图 7-30(b)所示。可见式(7-17)也有三个未知要素。

由式(7-16)、式(7-17)相等

$$\boldsymbol{a}_A + \boldsymbol{a}^{\tau}_{C'A} + \boldsymbol{a}^{n}_{C'A} = \boldsymbol{a}_e + \boldsymbol{a}_r + \boldsymbol{a}_C \tag{7-18}$$

	$\boldsymbol{a}_A$	$\boldsymbol{a}^{\tau}_{C'A}$	$\boldsymbol{a}^{n}_{C'A}$	$\boldsymbol{a}_e$	$\boldsymbol{a}_r$	$\boldsymbol{a}_C$
大小	√	?	√	√	?	√
方向	√	√	√	√	√	√

式(7-18)只有两个未知要素，故可求解。

将式(7-18)向 $a^{\tau}_{C'A}$ 方向投影得

$$0+a^{\tau}_{C'A}+0=0+0+\boldsymbol{a}_C$$

得

$$a^{\tau}_{C'A}=a_C=24.576\ \text{cm/s}^2$$

故

$$\alpha_{AB}=\frac{a^{\tau}_{C'A}}{C'A}=\frac{24.576}{\sqrt{8^2+6^2}}=2.4576(\text{rad/s}^2)$$

转向为顺时针。

例 7-14　图 7-31 所示为具有控制摇杆 O_1B 的曲柄槽杆机构。曲柄 OA 以 $\omega=20$ rad/s 做匀速转动，当绕顺时针方向转到铅垂向上位置时，控制摇杆 O_1B 与水平线成角 60°。此时其角速度和角加速度分别为 $\omega_1=3$ rad/s，$\alpha_1=6$ rad/s²，且都是顺时针转向。已知 $OA=$

232 mm，$O_1B=700$ mm 及 $O_1O=1000$ mm。求此瞬时槽杆 BC 的角加速度及滑块 A 相对于槽杆 BC 的加速度。

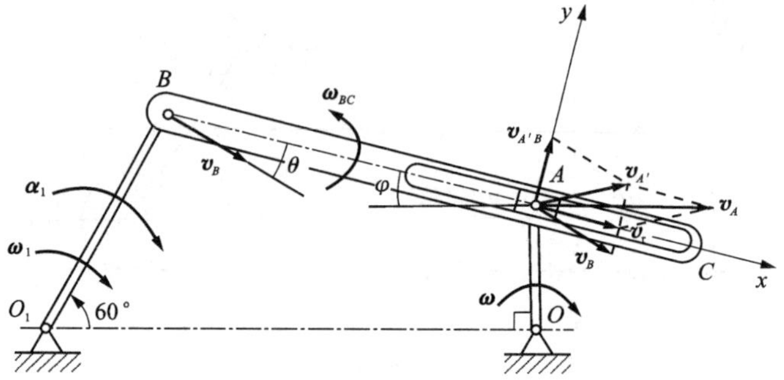

图 7-31

解：(1) 速度分析

取曲柄 OA 上的 A 为动点，动系连于杆 BC 上，于是动点 A 的绝对速度为

$$\boldsymbol{v}_A=\boldsymbol{v}_e+\boldsymbol{v}_r \tag{7-19}$$

式中，$\boldsymbol{v}_e$ 为动系上与动点 A 重合的点 A' 的速度，即 $\boldsymbol{v}_e=\boldsymbol{v}_{A'}$。由于 $\boldsymbol{v}_e$ 大小、方向均未知，$\boldsymbol{v}_r$ 大小未知，无法直接求解，必须另列方程。

以杆 BC 为研究对象。取 B 为基点，其上与连接滑块的销钉 A 重合的点 A' 的速度为

$$\boldsymbol{v}_{A'} = \boldsymbol{v}_B + \boldsymbol{v}_{A'B} \tag{7-20}$$

	$\boldsymbol{v}_{A'}$	$\boldsymbol{v}_B$	$\boldsymbol{v}_{A'B}$
大小	?	√	?
方向	?	√	√

将式(7-20)代入式(7-19)，注意 $\boldsymbol{v}_e=\boldsymbol{v}_{A'}$，有

$$\boldsymbol{v}_A = \boldsymbol{v}_B + \boldsymbol{v}_{A'B} + \boldsymbol{v}_r \tag{7-21}$$

	$\boldsymbol{v}_A$	$\boldsymbol{v}_B$	$\boldsymbol{v}_{A'B}$	$\boldsymbol{v}_r$
大小	√	√	?	?
方向	√	√	√	√

式中，有两个未知量，可以求解。

取投影轴 x、y 如图 7-31 所示，并假设 $\boldsymbol{v}_{A'B}$ 和 $\boldsymbol{v}_r$ 的指向。将式(7-21)投影于两轴，得

$$v_A\cos\varphi=v_B\cos\theta+v_r \tag{7-22}$$

$$v_A\sin\varphi=-v_B\sin\theta+v_{A'B} \tag{7-23}$$

式中，$v_A=OA\cdot\omega=0.232\times20=4.64$，m/s；$v_B=O_1B\cdot\omega_1=0.5\times3=1.5$，m/s；$v_{A'B}=A'B\cdot\omega_{BC}$，$\omega_{BC}$ 为待求的杆 BC 的角速度。

由图 7-31 中的几何关系求得

$$A'B=\sqrt{(O_1O-O_1B\cos60°)^2+(O_1B\sin60°-OA)^2}=0.776(\text{m})$$

$$\tan\varphi=\frac{O_1B\sin60°-OA}{O_1O-O_1B\cos60°}=0.268$$

$$\varphi=15° \quad \angle O_1BC=90°+\theta=30°+75° \quad \theta=15°=\varphi$$

将已知量代入式(7-22)、式(7-23)分别解得

$$v_r = v_A \cos\varphi - v_B \cos\theta = 3.03(\mathrm{m/s})$$

$$\omega_{BC} = \frac{v_{A'B}}{A'B} = \frac{v_A \sin\varphi + v_B \sin\theta}{AB'} = 2(\mathrm{rad/s})$$

由于所求结果均为正值，故 v_r 的指向和 ω_{BC} 的转向与假设的一致，如图 7-31 所示。

(2)加速度分析

与分析速度的方法相似，取 A 为动点，动系连于杆 BC 上，于是动点 A 的绝对加速度可表示为

$$\boldsymbol{a}_A = \boldsymbol{a}_e + \boldsymbol{a}_r + \boldsymbol{a}_C \tag{7-24}$$

式中，$\boldsymbol{a}_e = \boldsymbol{a}'_A$，同样无法直接求解。再以杆 BC 为研究对象，取 B 为基点，其上点 A' 的加速度为

$$\boldsymbol{a}_{A'} = \boldsymbol{a}_B^\tau + \boldsymbol{a}_B^n + \boldsymbol{a}_{A'B}^\tau + \boldsymbol{a}_{A'B}^n \tag{7-25}$$

	$\boldsymbol{a}_{A'}$	$\boldsymbol{a}_B^\tau$	$\boldsymbol{a}_B^n$	$\boldsymbol{a}_{A'B}^\tau$	$\boldsymbol{a}_{A'B}^n$
大小	?	√	√	?	√
方向	?	√	√	√	√

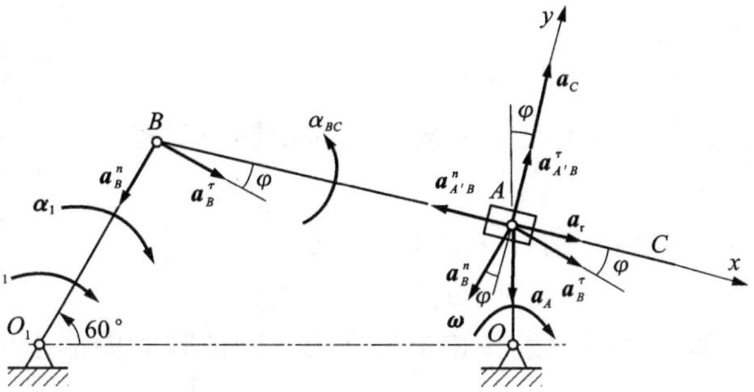

图 7-32

将式(7-25)代入式(7-24)，有

$$\boldsymbol{a}_A = \boldsymbol{a}_B^\tau + \boldsymbol{a}_B^n + \boldsymbol{a}_{A'B}^\tau + \boldsymbol{a}_{A'B}^n + \boldsymbol{a}_r + \boldsymbol{a}_C \tag{7-26}$$

	$\boldsymbol{a}_A$	$\boldsymbol{a}_B^\tau$	$\boldsymbol{a}_B^n$	$\boldsymbol{a}_{A'B}^\tau$	$\boldsymbol{a}_{A'B}^n$	$\boldsymbol{a}_r$	$\boldsymbol{a}_C$
大小	√	√	√	?	√	?	√
方向	√	√	√	√	√	√	√

式中，$\boldsymbol{a}_A$、$\boldsymbol{a}_B^\tau$、$\boldsymbol{a}_B^n$ 和 $\boldsymbol{a}_{A'B}^n$ 的大小及方向均已知，科氏加速度的大小及方向可确定，即

$$\boldsymbol{a}_C = 2\omega_{BC} \times \boldsymbol{v}_r$$

$\boldsymbol{a}_{A'B}^\tau$ 和 $\boldsymbol{a}_r$ 的方向也已知，指向待定，只有大小未知，可以求解。

取投影轴 x、y 如图 7-32 所示，并假设 $\boldsymbol{a}_{A'B}^\tau$ 和 $\boldsymbol{a}_r$ 的指向。将式(7-26)投影于两轴，得

$$a_A \sin\varphi = a_B^\tau \cos\varphi - a_B^n \sin\varphi - a_{A'B}^n + a_r \tag{7-27}$$

$$-a_A \cos\varphi = -a_B^\tau \sin\varphi - a_B^n \cos\varphi + a_{A'B}^\tau + a_C \tag{7-28}$$

式中，各已知加速度的大小分别为

$$a_A = a_A^n = OA \cdot \omega^2 = 0.232 \times 20^2 = 92.8(\mathrm{m/s^2}),\ a_B^\tau = O_1B \cdot \alpha_1 = 0.5 \times 6 = 3(\mathrm{m/s^2})$$

$$a_B^n = O_1B \cdot \omega_1^2 = 0.5 \times 3^2 = 4.5(\mathrm{m/s^2}),\ a_{A'B}^n = A'B \cdot \omega_{BC}^2 = 0.776 \times 2^2 = 3.1(\mathrm{m/s^2})$$

$$a_C = 2\omega_{BC} \cdot v_r = 2 \times 2 \times 3.03 = 12.12(\mathrm{m/s^2})$$

而 $a_{A'B}^\tau = A'B \cdot \alpha_{BC}$，其中 α_{BC} 为待求的杆 BC 的角加速度。

将已知量代入式(7-27)、式(7-28)分别求得

$$a_r=(a_A+a_B^n)\sin\varphi-a_B^\tau\cos\varphi+a_{A'B}^n=25.4(\mathrm{m/s^2})$$

$$\alpha_{BC}=\frac{a_{A'B}^\tau}{A'B}=\frac{(a_B^n-a_A)\cos\varphi+a_B^\tau\sin\varphi-a_C}{A'B}=-125(\mathrm{rad/s^2})$$

§7-5 分析与讨论

1. 关于加速度投影定理

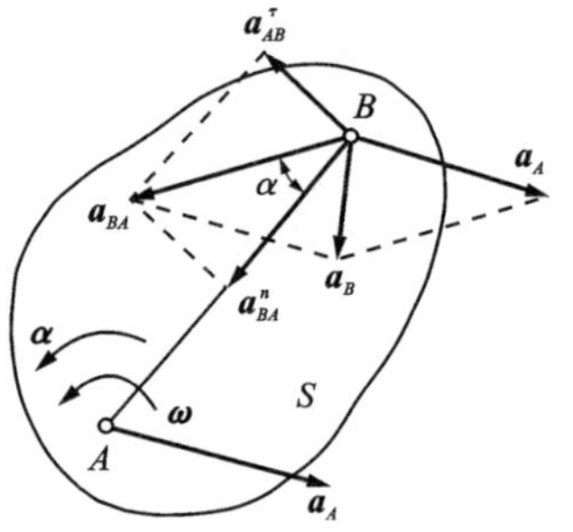

图 7-33

如图 7-33 所示，由加速度合成定理可求得 B 点的加速度

$$\boldsymbol{a}_B=\boldsymbol{a}_A+\boldsymbol{a}_{BA}^\tau+\boldsymbol{a}_{BA}^n$$

式中，$\boldsymbol{a}_{AB}^n$ 总是在 B 点指向 A 点的方向。故将上述矢量方程往 AB 连线上投影，一般情况下

$$[a_A]_{AB}=[a_B]_{AB}+a_{BA}^n$$

即图形上任意两点 A、B 的加速度在 AB 连线上的投影一般是不相等的。

若某瞬时图形角速度 $\omega=0$，则有 $a_{BA}^n=0$，此时有

$$[a_A]_{AB}=[a_B]_{AB}$$

即若平面图形在运动过程中某瞬时的角速度等于零，则该瞬时图形上任意两点的加速度在这两点连线上的投影相等。

加速度投影定理在一般情况下应用的意义不大，但在 $\omega=0$ 的特殊瞬时，巧用加速度投影定理可大大地简化解题过程。

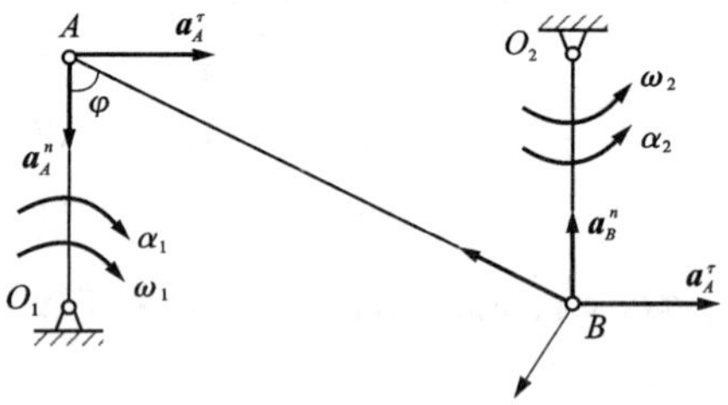

图 7-34

如图 7-34 所示，机构运动的该瞬时，杆 AB 作瞬时平动，角速度等于零，$O_1A=O_2B$，则杆 O_1A、O_2B 的角速度 ω_1、ω_2 大小相等，而角加速度 α_1、α_2 不相等。

由于杆 AB 作瞬时平动，A 点和 B 点的加速度在 AB 连线上的投影相等。即

$$O_1A\cdot\alpha_1\sin\varphi+O_1A\cdot\omega_1^2\cos\varphi=O_2B\cdot\alpha_2\sin\varphi-O_2B\cdot\omega_2^2\cos\varphi$$

$$\alpha_2=\alpha_1+2\omega_1^2\cot\varphi$$

所以

$$\alpha_1\neq\alpha_2$$

例 7-15　曲柄 OA 以恒定的角速度 ω 绕轴 O 转动，并借助连杆 AB 驱动半径为 r 的轮子在半径为 R 的圆弧槽中作无滑动的滚动，如图 7-35(a)所示。设 $OA=AB=R=2r$，求图示瞬时点 B 的速度、加速度，以及轮子 B 和杆 AB 的角加速度。

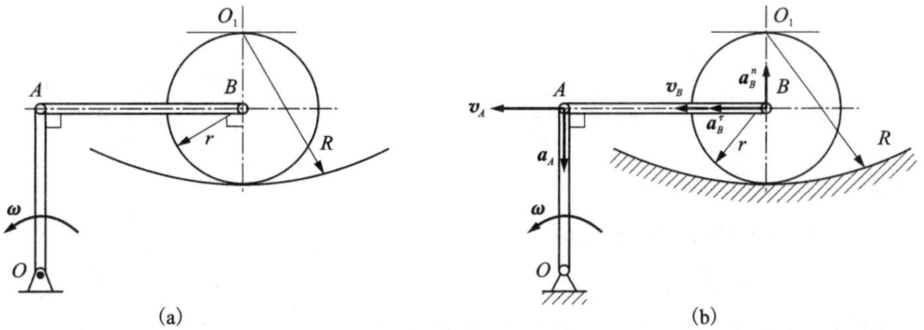

图 7-35

解：杆 AB 作瞬时平动，如图 7-35(b)所示，$v_B=v_A=2r\omega$。

OA 匀速转动，$a_A=2r\omega^2$，方向如图 7-35(b)所示。轮心 B 做圆周运动，法向、切向加速度如图 7-35(b)所示，且 $a_B^n=\dfrac{v_B^2}{r}=\dfrac{4r^2\omega^2}{r}=4r\omega^2$。

由加速度投影定理可知

$$a_B^\tau=0$$

所以点 B 的加速度

$$a_B=4r\omega^2(\uparrow)$$

轮子 B 的角加速度

$$\alpha_B=\frac{a_B^\tau}{r}=0$$

如图 7-35(b)所示，在连杆 AB 上选取 A 点为基点，则 B 点的加速度为

$$a_B=a_A+a_{BA}^\tau+a_{BA}^n$$

投影到竖直方向

$$a_B=-a_A+AB\cdot\alpha_{AB}$$

$$\alpha_{AB}=\frac{1}{AB}(a_B+a_A)=3\omega^2(\text{逆时针})$$

---

2. 关于加速度瞬心法

某一瞬时，若平面图形内部或延伸部分有一个点的加速度等于零，则此点为该瞬时平面图形的瞬时加速度中心，简称为**加速度瞬心**。以加速度瞬心为基点求平面图形任意点的加速度的方法称为加速度瞬心法。

可以证明，平面图形在任意瞬时都存在加速度瞬心。如图 7-36 所示，平面图形的角速度为 $\boldsymbol{\omega}$，角加速度为 $\boldsymbol{\alpha}$，A 点的加速度为 $\boldsymbol{a}_A$。设 Q 为加速度瞬心，由基点法可得

$$\boldsymbol{a}_Q=\boldsymbol{a}_A+\boldsymbol{a}_{QA}^n+\boldsymbol{a}_{QA}^\tau=0$$

$$\boldsymbol{a}_{QA}^n+\boldsymbol{a}_{QA}^\tau=-\boldsymbol{a}_A$$

$$(a_{QA}^n)^2+(a_{QA}^\tau)^2=a_A^2$$

又

$$a_{QA}^{n}=\omega^{2}\cdot QA,\ a_{QA}^{\tau}=\alpha\cdot QA$$

可得

$$QA=\frac{a_A}{\sqrt{\alpha^2+\omega^4}},\ \tan\varphi=\frac{\alpha}{\omega^2}$$

加速度瞬心的位置得以确定。

由确定加速度瞬心位置的公式可知

$$a_A=\sqrt{\alpha^2+\omega^4}\cdot QA$$

即任一点的加速度与该点到加速度瞬心的距离成正比，且任一点的加速度与该点和加速度瞬心连线的夹角是相同的。

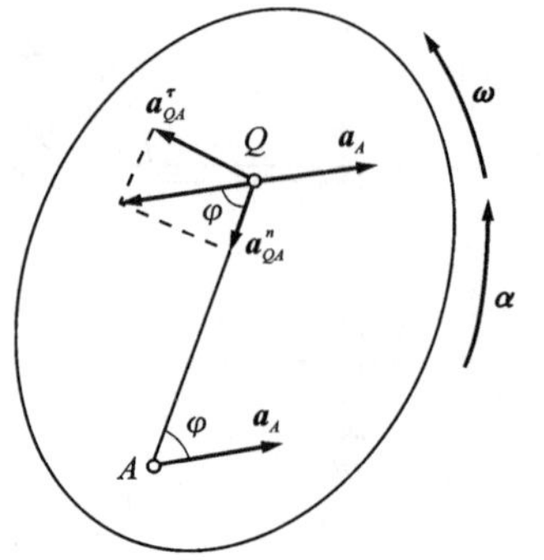

图 7-36

如果 Q 为平面图形的加速度瞬心，则该瞬时图形上各点的加速度如图 7-37(a)、7-37(b)所示。

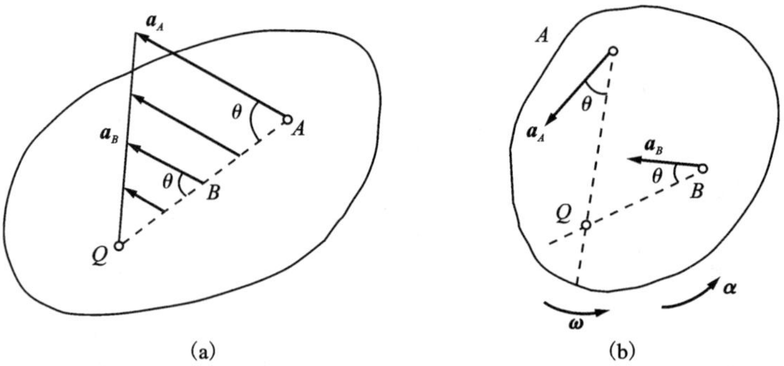

图 7-37

由于一般情况下加速度瞬心难以确定，因而较少采用加速度瞬心来求平面运动刚体上点的加速度。如果刚体运动的某一瞬时，其内部或延伸部分有一个点的加速度等于零，则该点就是刚体的加速度瞬心，这时应用加速度瞬心法就很方便。

例 7-16 如图 7-38(a)所示，轮子 A 沿水平面以不变的角速度做纯滚动，通过连杆 AB 带动滑块 B 沿铅垂轴向上滑动。试求杆 AB 的角加速度，并分析杆 AB 上各点和轮子 A 轮缘上各点的加速度。

解： P 为杆 AB 的速度瞬心，如图 7-38(a)所示。杆 AB 的角速度为

$$\omega_{AB}=\frac{v_A}{PA}=\frac{r\omega}{l}\cos\theta$$

由于点 A 做匀速直线运动，其加速度为零，故点 A 为轮子的加速度瞬心，也是杆的加速度瞬心。点 B 的加速度如图 7-38(b)所示，法向加速度为

$$a_B^n=\omega_{AB}^2\cdot AB=\frac{r^2\omega^2}{l}\cos^2\theta$$

全加速度

$$a_B=\frac{a_B^n}{\cos\theta}=\frac{r^2\omega^2}{l}\cos\theta$$

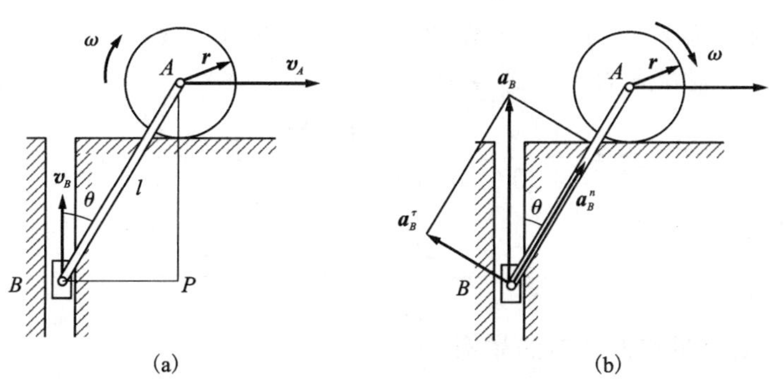

图 7-38

切向加速度

$$a_B^{\tau}=\frac{a_B^n}{\tan\theta}=\frac{r^2\omega^2}{l}\sin\theta\cos\theta=\frac{r^2\omega^2}{2l}\sin 2\theta$$

杆 AB 的角加速度为

$$\alpha_{AB}=\frac{a_B^{\tau}}{AB}=\frac{r^2\omega^2}{2l^2}\sin 2\theta$$

杆 AB、A 轮轮缘上各点的加速度如图 7-39(a)、7-39(b)所示。

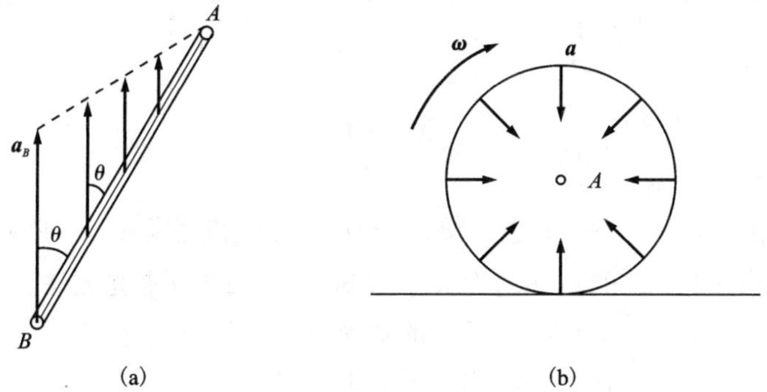

图 7-39

例 7-17　如图 7-40 所示，三角板在滑动过程中其顶点 A 和 B 始终与铅垂墙面以及水平地面相接触。已知 $AB=BC=AC=b$，$v_B=v_0$ 为常数，AC 水平。求此时顶点 C 的加速度。

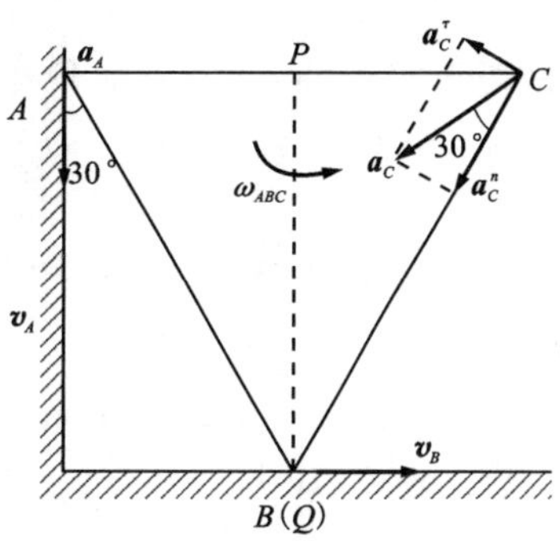

图 7-40

解：已知三角板的速度瞬心为 P 点，如图 7-40 所示。则三角板的角速度

$$\omega_{ABC}=\frac{v_B}{PB}=\frac{2v_0}{\sqrt{3}b}\text{（逆时针）}$$

显然，B 点为三角板的加速度瞬心。

A 点的加速度方向沿墙面向下，与 *AB* 连线的夹角为 30°，那么 *C* 点的加速度方向与 *CB* 连线的夹角也为 30°，则顶点 *C* 的加速度为

$$a_C=\frac{a_C^n}{\cos 30^\circ}=\frac{\omega_{ABC}^2\cdot CB}{\cos 30^\circ}=\frac{8v_0^2}{3\sqrt{3}b}=\frac{8\sqrt{3}}{9}\frac{v_0^2}{b}$$

其方向如图 7-40 所示。

---

3. 平面机构运动分析的便捷方法举例

导槽滑块机构如图 7-41(a)所示。已知：曲柄 $OA=r$，匀角速度 ω 转动；连杆 AB 的中点 C 处连接一滑块 C 可沿导槽 O_1D 滑动，$AB=l$；图示瞬时 O、A、O_1 三点在同一水平线上；$OA\perp BA$，$\angle AO_1C=30^\circ$。求该瞬时 O_1D 的角速度和角加速度(见例 7-12)。

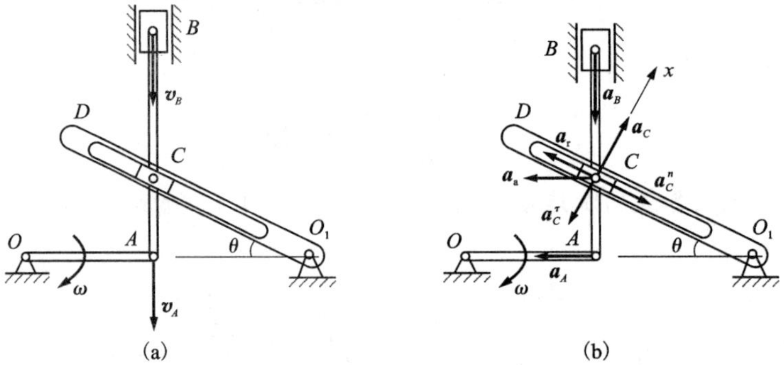

图 7-41

根据前面的分析、求解发现，要想求得摇杆 O_1D 的角加速度 α_{O_1D}，必须先求得杆 AB 上点 C 的加速度 $a_C^{(AB)}$。由于杆 AB 的角加速度大小未知，点 C 的加速度无法直接求出，必须借助点 B 求出杆 AB 的角加速度，才能求得点 C 的加速度。

巧用上述简便方法，可以很快地求出 C 点的加速度。

在机构运动的该瞬时，杆 AB 瞬时平动，a_A 水平向左，a_B 垂直向下，如图 7-41(b)所示。根据加速度投影定理，$a_B=0$，故点 B 为杆 AB 的加速度瞬心。点 C 为杆 AB 的中点，$AC=\frac{1}{2}AB$，故可直接得到

$$a_a=a_C^{(AB)}=\frac{1}{2}a_A=\frac{1}{2}r\omega^2(\text{水平向左})$$

求得点 C 的加速度后，运用点的加速度合成定理求 O_1D 的角加速度，方法与前述解法相同。

习　题

7-1　在四连杆机构中，曲柄 OA 的角速度 $\omega_0 = 3$ rad/s。当它在图题 7-1 所示水平位置时，曲柄 O_1B 恰好在铅垂位置。设 $OA = O_1B = \frac{1}{2}AB = l$。求此时连杆 AB 和 O_1B 的角速度。

7-2　如图题 7-2 所示，椭圆规尺 AB 由曲柄 OC 带动，曲柄 OC 以匀角速度 $\omega = 2$ rad/s 绕 O 轴转动。已知 $OC = BC = AC = 12$ cm，求当 $\varphi = 45°$ 时，A 与 B 点的速度。

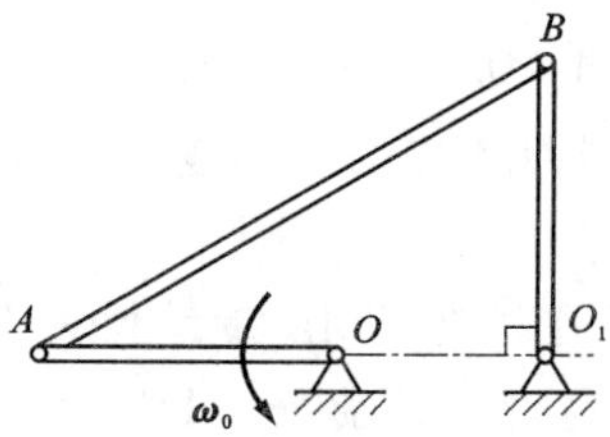

图题 7-1

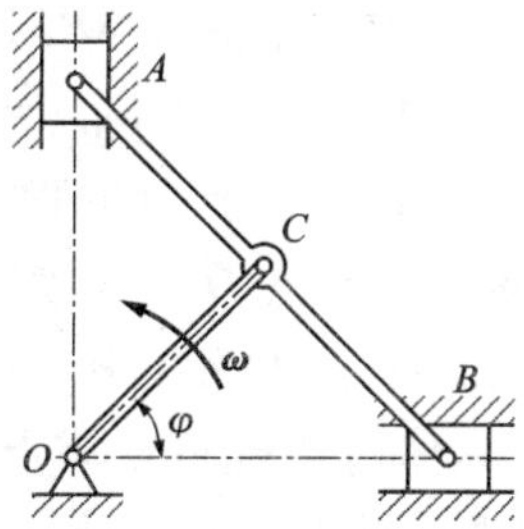

图题 7-2

7-3　杆 AB 的一端 A 以匀速 v_0 沿水平向右运动，且其运动时恰与一不动滚子相切。滚子半径为 r，如图题 7-3 所示。试求当杆 AB 与水平线的夹角为 θ 时，杆 AB 的角速度。

7-4　平面四连杆机构如图题 7-4 所示，各杆用铰链连接，长度均为 $l = 0.4$ m。图示位置时，杆 OA 的角速度 $\omega_{OA} = 5$ rad/s，杆 O_1D 转动角速度 $\omega_{O_1D} = 3$ rad/s。求此瞬时杆 AB 和杆 BD 的角速度。

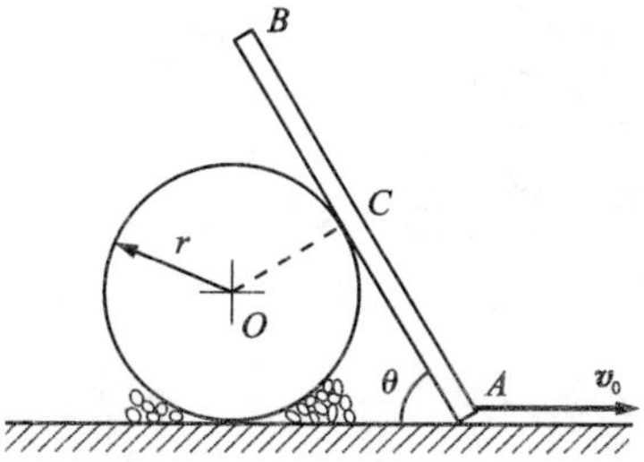

图题 7-3

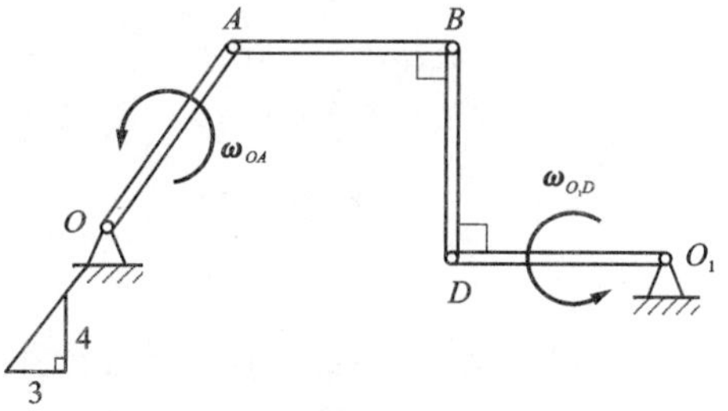

图题 7-4

7-5　伞齿轮刨床中，刨刀的运动传递机构如图题 7-5 所示。曲柄 OA 以匀角速度 ω_0 绕轴 O 转动，通过齿条 AB 带动齿轮 I 绕轴 O_1 摆动。设 $OA = R$，$O_1C = \frac{1}{2}R$。求当 $\alpha = 60°$、$O_1C \perp AB$ 时，齿轮 I 的角速度。

7-6　图题 7-6 所示曲柄槽杆机构中，曲柄 OA 以匀速度 $\omega = 50$ rad/s 绕轴 O 转动，带动槽杆 AB 在固定销子 C 上滑动。设 $OA = 30$ mm，$AB = 175$ mm，$OC = 75$ mm。求当 $\varphi = 90°$ 时槽杆的角速度和点 B 的速度。

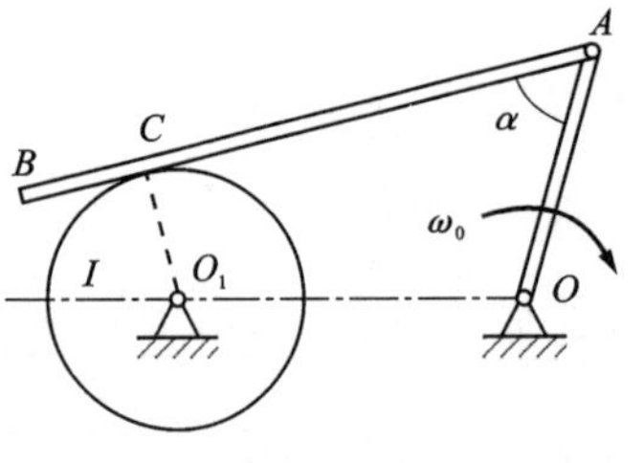

图题 7-5

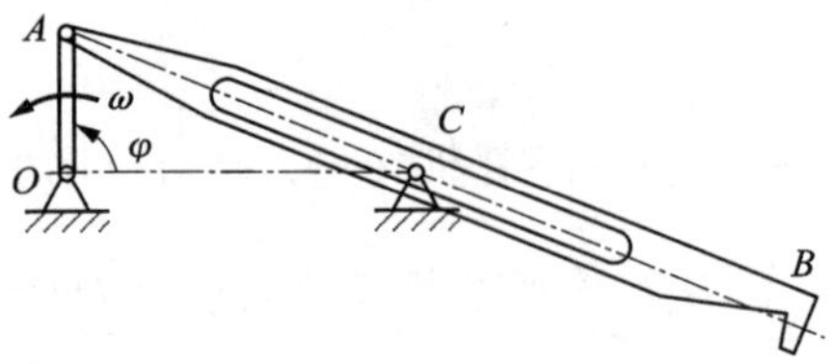

图题 7-6

7-7　四连杆机构中，连杆 AB 上固连一块三角板 ABD，如图题 7-7 所示。机构由曲柄 O_1A 带动。已知曲柄的角速度 $\omega_{O_1A}=2$ rad/s，曲柄 $O_1A=0.1$ m；水平距离 $O_1O_2=0.05$ m；$AD=0.05$ m。当 O_1A 铅直时，AB 平行于 O_1O_2，且 AD 与 O_1A 在同一直线上。当 $\varphi=30°$时，求三角板 ABD 的角速度和点 D 的速度。

7-8　插齿机传动机构如图题 7-8 所示。曲柄 OA 通过连杆 AB 带动摆杆 BC 绕轴 O_1 摆动，与摆杆连成一体的扇齿轮带动齿条使插刀 H 上下运动。设曲柄 OA 长为 r，其角速度为 ω。求在图示位置时插刀 H 的速度。

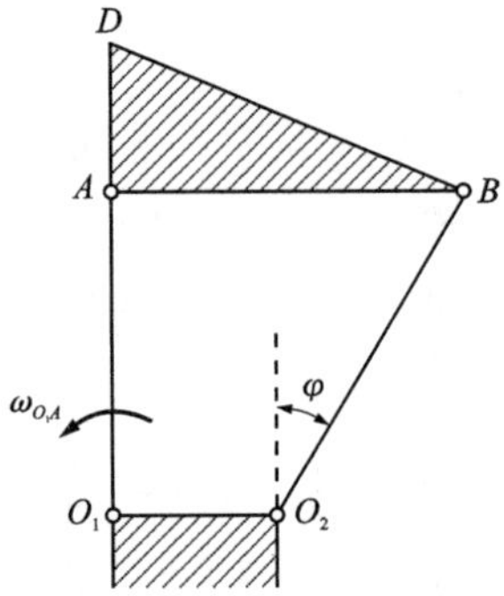

图题 7-7

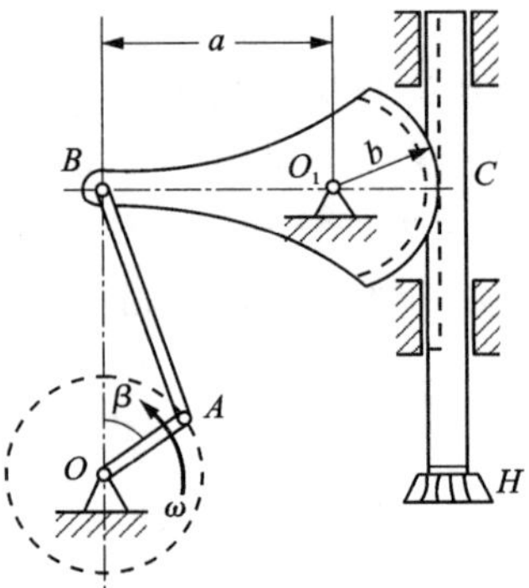

图题 7-8

7-9　直径为 $60\sqrt{3}$ mm 的滚子在水平面上作纯滚动，如图题 7-9 所示。杆 BC 一端与滚子铰接，另一端与滑块 C 铰接。设杆 BC 在水平位置时，滚子的角速度 $\omega=12$ rad/s，$\alpha=30°$；$\beta=60°$；$BC=270$ mm。试求该瞬时杆 BC 的角速度和点 C 的速度。

7-10　继电器的结构如图题 7-10 所示。由半径为 r 的齿轮 A 带动伞齿轮 B，推动杠杆 CD 使触点 F 周期性启闭。设 $r=20$ mm，$R=110$ mm，$a=50$ mm；图示位置($\alpha=30°$)时齿轮 A 的角速度 $\omega=6$ rad/s，作顺时针转动。求该瞬时触点 F 的开启速度。

7-11　图题 7-11 所示行星机构中，半径 $r_1=300$ mm 的大齿轮 A 以匀角速度 $\omega_1=2$ rad/s 顺时针转动，带动半径 $r_2=150$ mm 的小齿轮 B 及摇杆 CD 运动。齿轮间无相对滑动，点 C 处为铰接。已知 $BC=100$ mm，$CD=400$ mm。求当小齿轮中心 B 与 CD 共线时，点 C 的速度和小齿轮 B 及摇杆 CD 的角速度。

7-12　杆 AB 靠在一半径 $r=0.5$ m 的滚子 O 上，如图题 7-12 所示。点 A 以匀速 $\boldsymbol{v}_A=0.6$

m/s 沿水平面运动时，带动滚子在平面上滚动。设滚子与杆 AB 及水平面之间均无相对滑动，求当 $\theta=60°$ 时滚子 O 及杆 AB 的角速度。

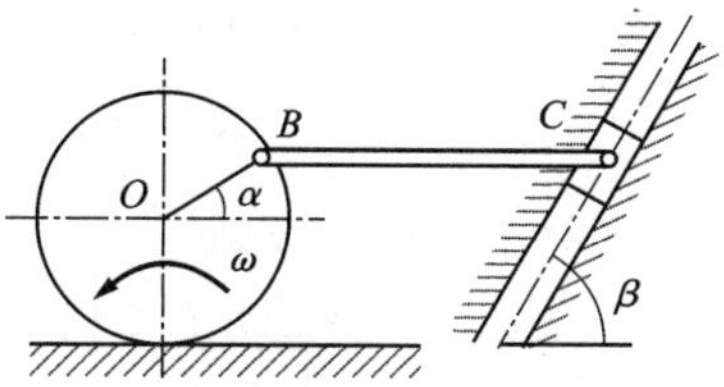

图题 7-9

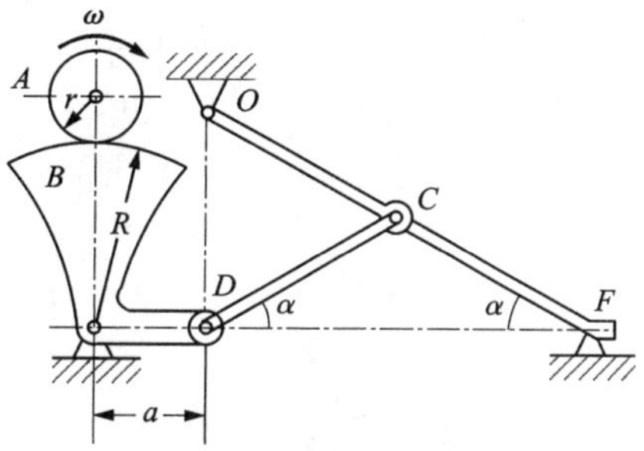

图题 7-10

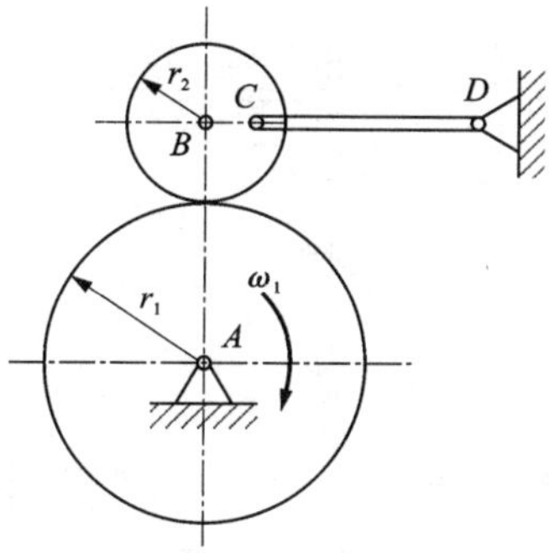

图题 7-11

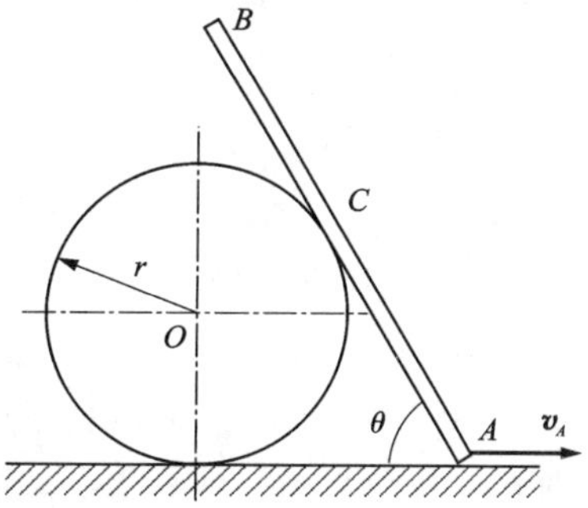

图题 7-12

7-13　如图题 7-13 所示，平面机构的曲柄 OA 长为 $2a$，以角速度 ω_0 绕轴 O 转动。在图示位置时，$AB=BO$，且 $\angle OAD=90°$。求此时套筒 D 相对杆 BC 的速度。

7-14　图题 7-14 所示曲柄连杆机构通过滑块 D 带动摇杆 O_1C 绕 O_1 摆动。曲柄长 $OA=50$ mm，以匀角速度 $\omega=10$ rad/s 绕轴 O 转动。当 $\varphi=90°$时，$\theta=60°$；$O_1D=70$ mm。求此时摇杆 O、C 的角速度。

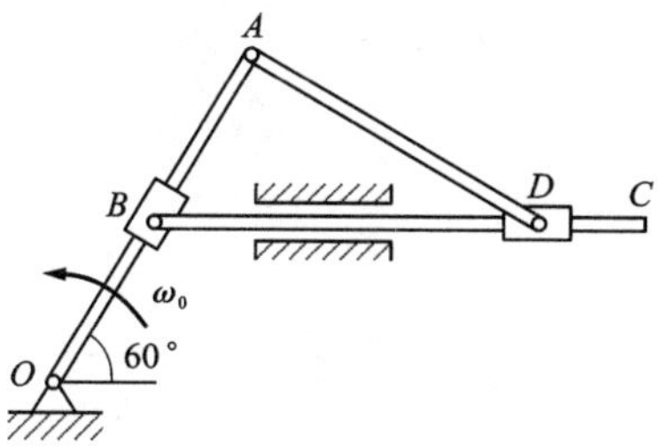

图题 7-13

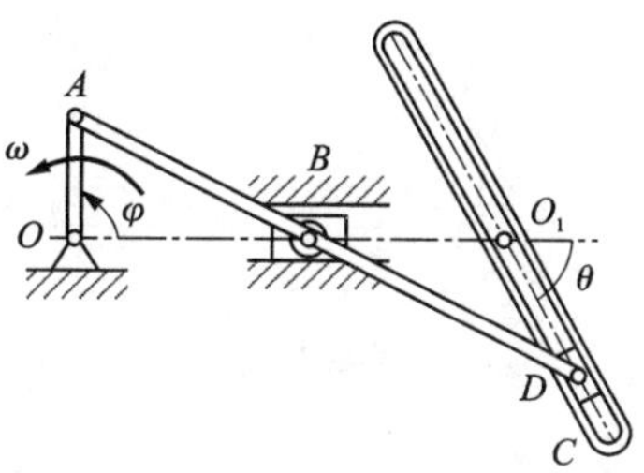

图题 7-14

7-15　汽缸 C 与飞轮 O 在 A 处铰接，活塞杆的末端 B 铰支，如图题 7-15 所示。由于飞

轮绕中心轴 O 转动，通过汽缸而带动活塞摆动。已知飞轮的转角为 φ，速度为 $\dot{\varphi}$；尺寸 $OA=e$，$OB=l$。求活塞 P 相对于汽缸的速度。

7-16　图题 7-16 所示机构中，曲柄 AB 以匀角速度 $\omega=1.5$ rad/s 绕轴 A 转动；控制杆 DC 可沿水平方向移动，其端点 C 位置由坐标 x 决定。当曲柄 AB 处于图示水平位置时，点 C 的坐标 $x=150$ mm，速度 $v_C=100$ mm/s，方向水平指向右方。设 $AB=100$ mm，$l=250$ mm。求此时活塞 P 相对于唧筒 H 的速度和唧筒的角速度。

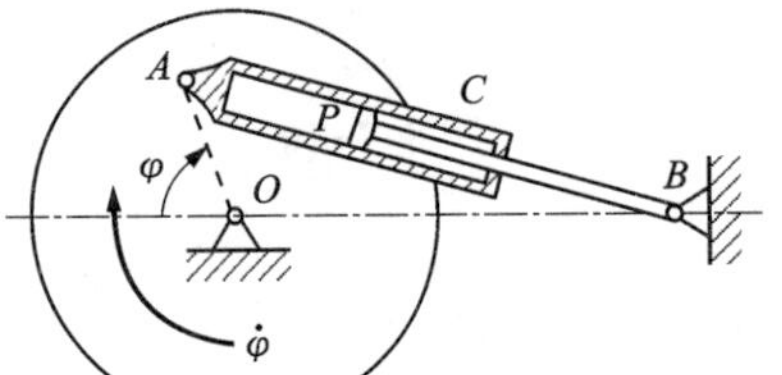

图题 7-15

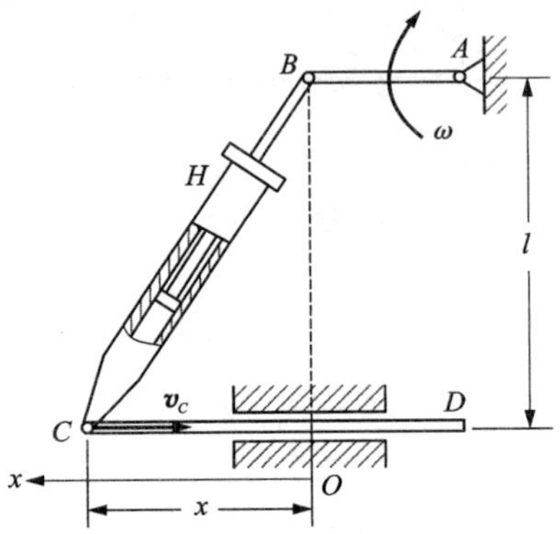

图题 7-16

7-17　牛头刨床机构如图题 7-17 所示，曲柄 $OA=r$，以匀角速度 ω_O 绕轴 O 转动。当曲柄 OA 处于图示水平位置时，连杆 BC 与铅垂线的夹角 $\varphi=30°$。求此时滑块 C 的速度。

7-18　如图题 7-18 所示，曲柄 OA 长 0.2 m，以匀角速度 $\omega_0=10$ rad/s 绕轴 O 转动；连杆 $AB=1$ m。当曲柄 OA 与连杆 AB 相互垂直并与水平线各成 $\alpha=\beta=45°$时，求此时连杆 AB 的角速度和角加速度以及滑块 B 的加速度。

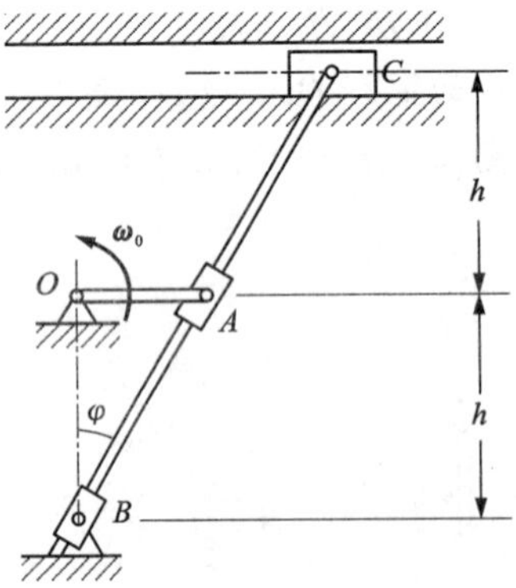

图题 7-17

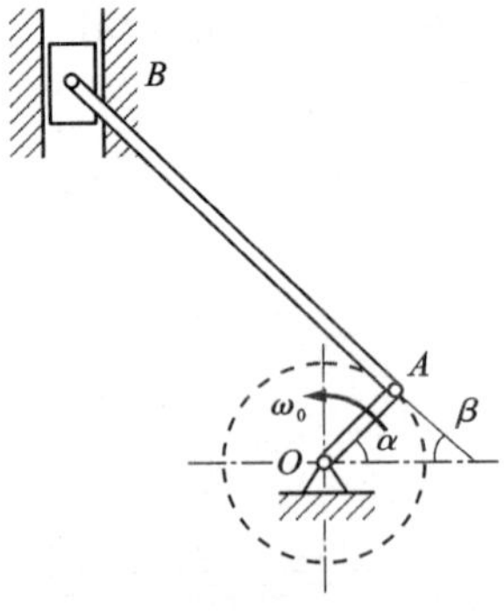

图题 7-18

7-19　曲柄 OA 以匀角速度 $\omega=2$ rad/s 绕轴 O 转动，并借助连杆 AB 驱动半径为 r 的轮子在半径为 R 的圆弧槽中作无滑动的滚动。设 $OA=AB=R=2r=1$ m，求图题 7-19 所示瞬时 B 点和 C 点的速度和加速度。

7-20　图题 7-20 所示机构中，曲柄 OA 长为 r，绕 O 轴以匀角速度 ω_0 转动；$AB=6r$，$BC=3\sqrt{3}r$。求图示位置时，滑块 C 的速度和加速度。

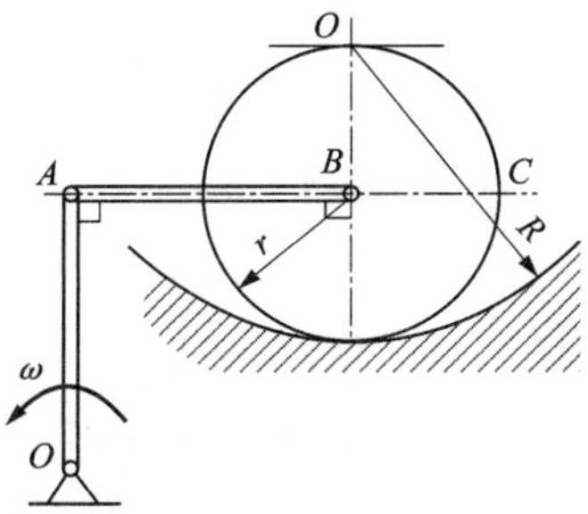

图题 7-19

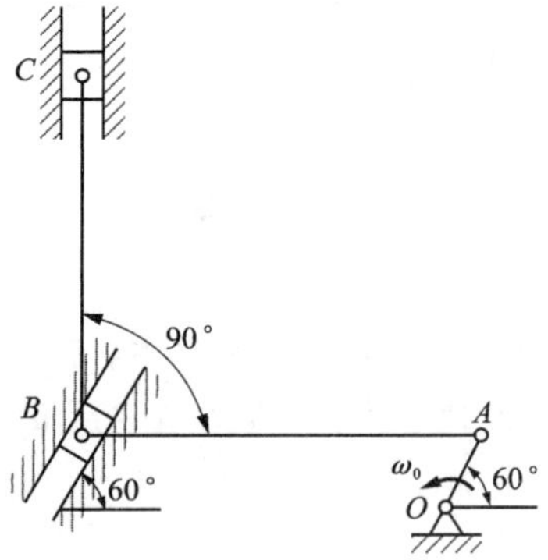

图题 7-20

7-21　内齿轮圈 β 以匀角速度 $\omega_\beta=100$ rad/s 在固定齿轮 α 的周围作无滑动的滚动，如图题 7-21 所示。已知两轮的节圆半径分别为 $r_1=70$ mm，$r_2=105$ mm。求齿轮圈 β 的中心 C 和它与齿轮 α 的啮合点 C' 的加速度。

7-22　V 形汽缸轴线夹角为 90°，曲柄 OA 以匀角速度 $\omega_0=10$ rad/s 转动，如图题 7-22 所示。设 $OA=100$ mm，$AB=AC=100\sqrt{2}$ mm。求 $\varphi=90°$ 时活塞 B、C 的速度和加速度。

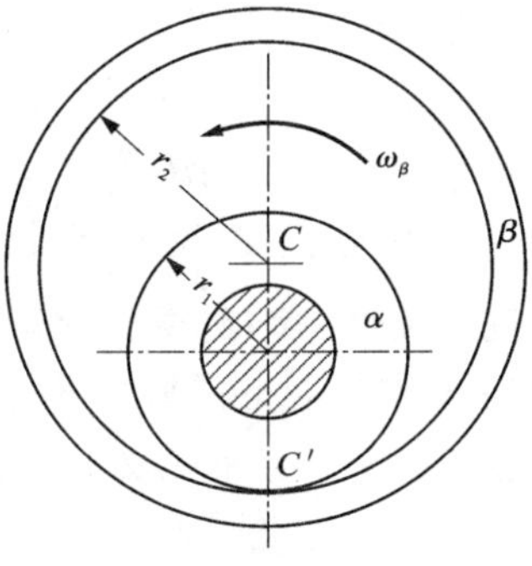

图题 7-21

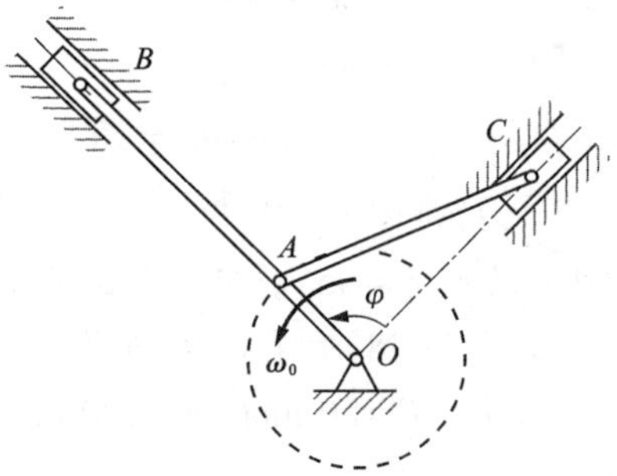

图题 7-22

7-23　图题 7-23 所示四连机构中，曲柄 AB 以匀角速度 ω_0 绕轴 A 转动，且 $AB=CD=r$。当 $\angle BAD=90°$，$\angle ABC=\angle ADC=45°$ 时，求此时点 C 的加速度和杆 CD 的角加速度。

7-24　通过曲柄连杆机构，使平台 I 作往复直线运动，如图题 7-24 所示。已知曲柄 OA 转速 $n=60$ r/min，$OA=100$ mm，$AB=300$ mm，齿轮 C、D 上下均与齿条啮合。求当 $\varphi=90°$ 时平台 I 的速度和加速度。

7-25　机构如图题 7-25 所示，滑块 A 的速度为常值，$v_A=0.2$ m/s，$AB=0.4$ m。求当 $AC=CB$，$\theta=30°$ 时杆 CD 的速度和加速度。

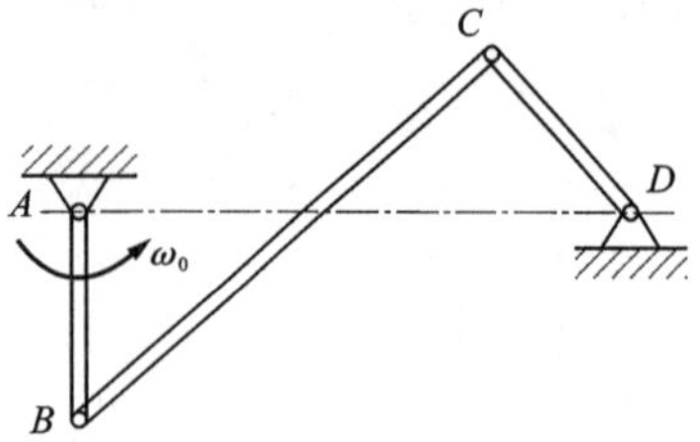

图题 7-23

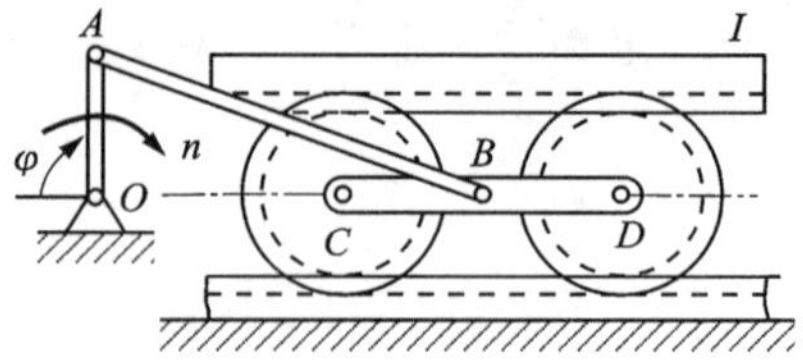

图题 7-24

7-26　如图题 7-26 所示，机构中 $AB=0.1$ m，$BC=0.3$ m，滑块 D 与 DG 杆铰接。当 $\angle BAC=45°$ 时，曲柄 AB 的角速度 $\omega=10$ rad/s，角加速度 $\alpha=0$。试求此杆 DG 的加速度和连杆 BC 的角加速度。

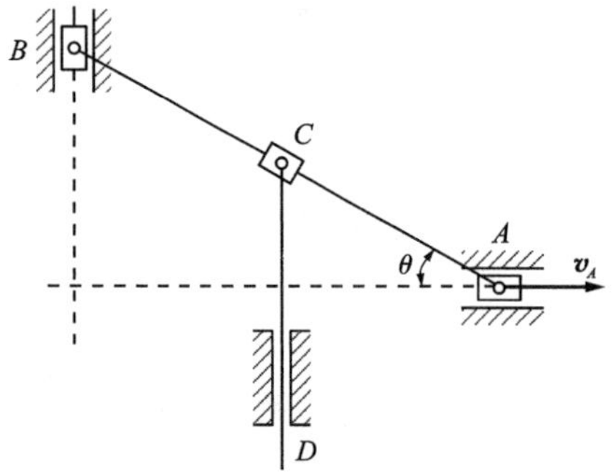

图题 7-25

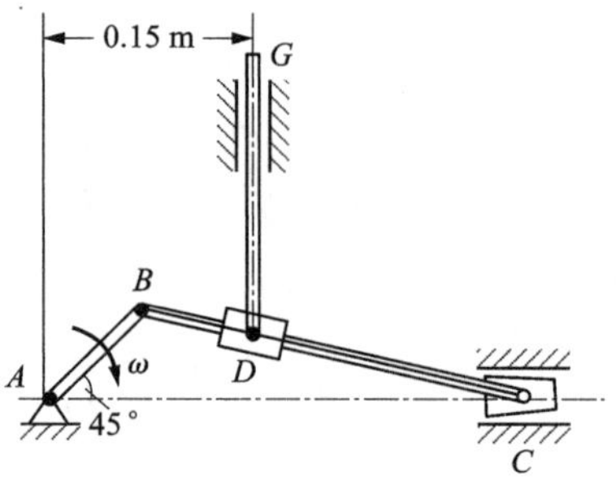

图题 7-26

7-27　在某一瞬时，机构处于图题 7-27 所示位置。此时导杆 AB 具有向下的速度 $v=2$ m/s 和向下的加速度 $a=6$ m/s^2。设齿扇和固定齿条的啮合点 C 无相对滑动。已知 $r=300$ mm，$OB=\sqrt{2}r$，$\varphi=45°$。求此时连杆 BO 的角加速度、点 O 的加速度和齿扇的角加速度。

7-28　图题 7-28 所示四连机构中，曲柄 OA 以 $n=150$ r/min 作匀速转动。设 $OA=40$ mm，$AB=160$，$BP=80$ mm，$h=100$ mm。当曲柄和摇杆在图示铅垂位置时，求此时点 P 的速度和加速度。

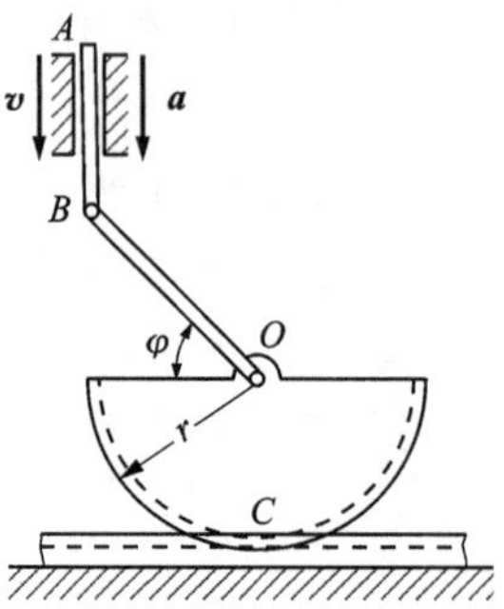

图题 7-27

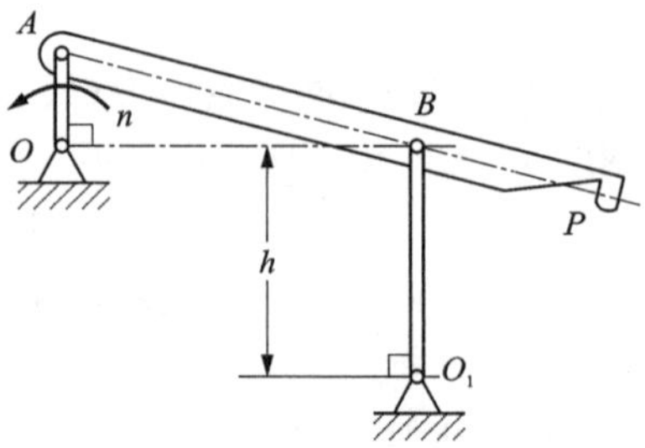

图题 7-28

7-29　如图题 7-29 所示平面机构中，杆 AB 以不变的速度 v 沿水平方向运动。若套筒 B 与杆 AB 的端点铰接，套在绕 O 轴转动的杆 OC 上，并可沿该杆滑动。已知 AB 和 OE 两平行线间垂直距离为 b。求在图示位置($\gamma=60°$, $\beta=30°$, $OD=DB$)时杆 OC 的角速度和角加速度，以及滑块 E 的速度和加速度。

7-30　图题 7-30 所示行星轮传动机构中，曲柄 OA 以匀角速度 ω_0 绕 O 轴转动，使与齿轮 A 固结在一起的杆 BD 运动。杆 BE 与 BD 在 B 点铰接，并且杆 BE 在运动时始终通过固定铰支的套筒 C。如定齿轮 A 的半径为 $2r$，动齿轮的半径为 r，且 $AB=\sqrt{3}r$。图示瞬时，曲柄 OA 在铅直位置，ADB 在水平位置，杆 BE 与水平线成角 $\varphi=45°$。求此时杆 BE 上与 C 重合一点的速度和加速度。

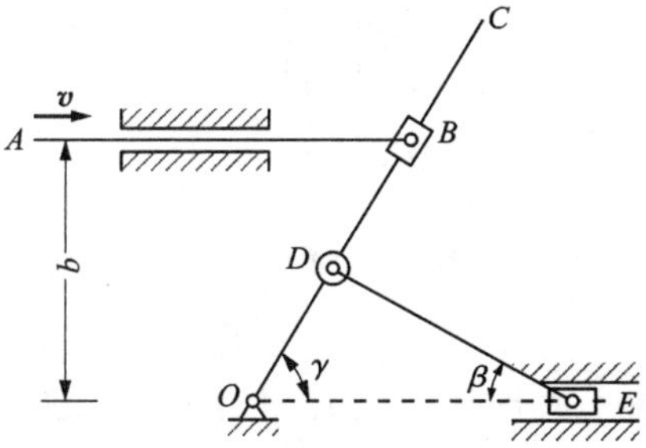

图题 7-29

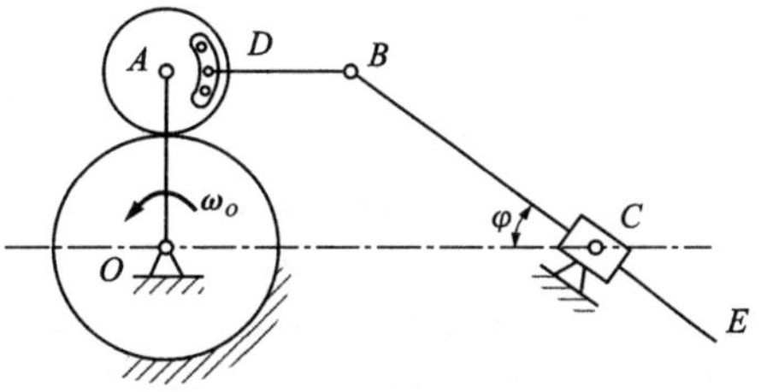

图题 7-30

7-31　图题 7-31 所示机构中，导杆向上作加速运动，当 $\alpha=30°$时，速度 $v_1=10\sqrt{3}$ mm/s，加速度 $a_1=10\sqrt{3}$ mm/s^2。此时控制杆 2 的一端 B 与杆 1 的导杆相距 $BO=30$ mm，且杆 2 具有向左的速度 $v_2=50$ mm/s 和减速度 $a_2=10$ mm/s^2。求此时槽杆 3 的角加速度和滑块 B 相对于槽杆 3 的加速度。

7-32　半径 $R=0.2$ m 的两个相同的大环沿地面向相反方向无滑动地滚动，如图题 7-32 所示。环心的速度为常数 $v_A=0.1$ m/s，$v_B=0.4$ m/s。当$\angle MAB=30°$时，求套在两个大环上的小环 M 相对于每个大环的速度和加速度，以及小环的绝对速度和绝对加速度。

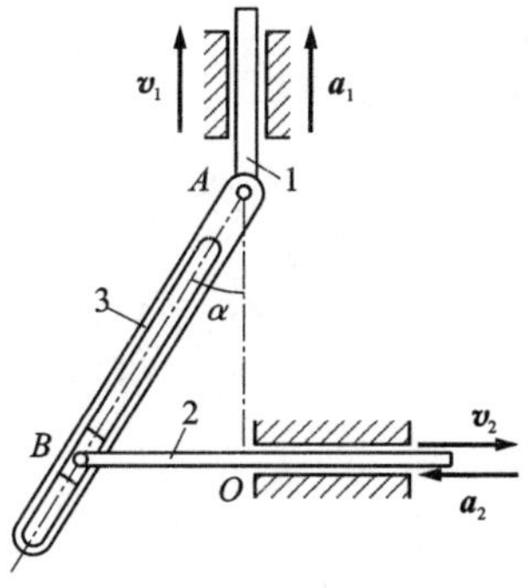

图题 7-31

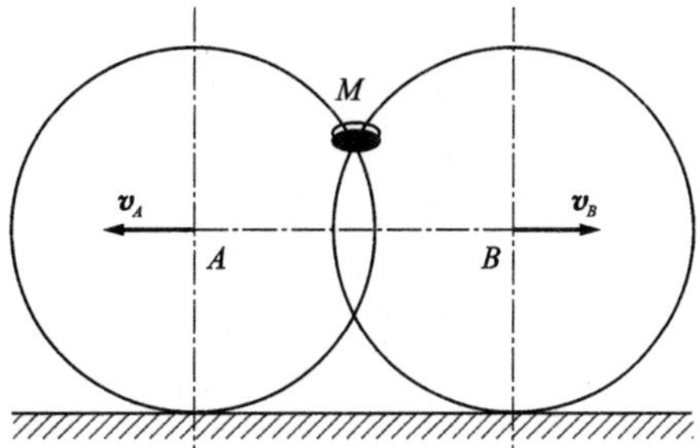

图题 7-32

7-33　如图题 7-33 所示，曲柄导杆机构的曲柄长 $OA=120\ \text{mm}$，$\angle AOB=90°$时，曲柄的角速度 $\omega=4\ \text{rad/s}$，角加速度 $\alpha=2\ \text{rad/s}$。设 $OB=160\ \text{mm}$。试求此时导杆 AC 的角加速度及导杆 AC 相对于套筒 B 的加速度。

7-34　齿数分别为 65 和 45 的齿轮 1 和齿轮 2 空套在框架 3 上。框架的转速为 142 r/min，齿轮 2 以同样的转动方向绕自身轴线转动的相对转速为 78 r/min。求齿轮 1 的转速。

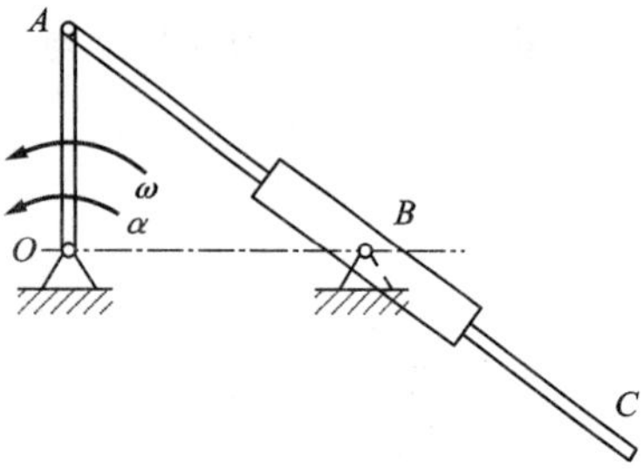

图题 7-33

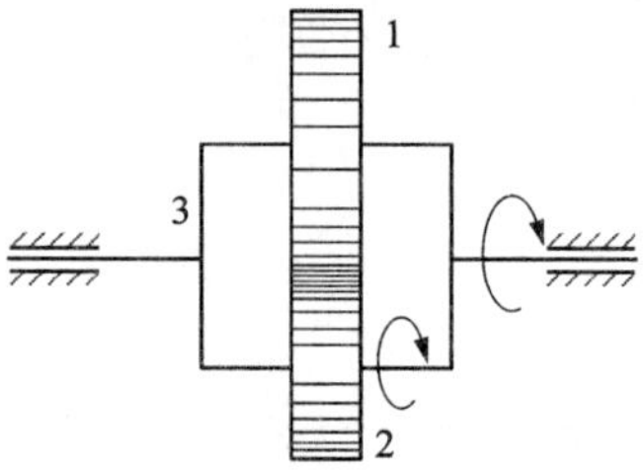

图题 7-34

7-35　图题 7-35 所示为风钻行星减速器，中心轮Ⅰ的齿数 $z_I=10$，转速 $n_1=1200\ \text{r/min}$；它推动齿数 $z_2=18$ 的行星齿轮Ⅱ在固定的内齿轮Ⅲ上滚动，并带动钻杆 H 转动。试求钻杆 H 的输出转速 n_H。

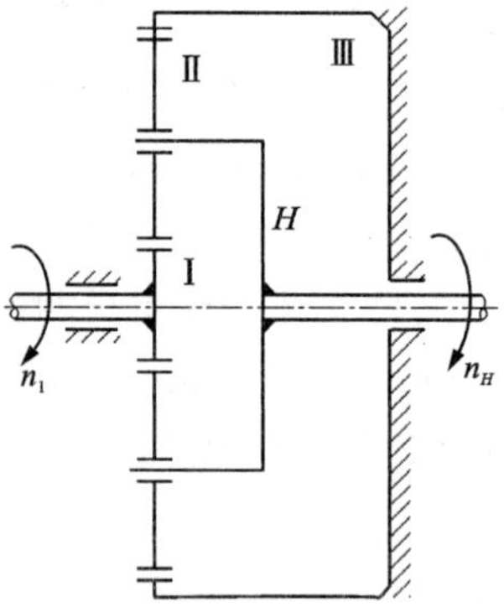

图题 7-35

第三篇

动力学

静力学研究作用于物体上的力系的简化和平衡问题，考虑的是物体平衡时的状态，未涉及物体运动的变化。运动学研究物体空间的位置随时间的变化规律，未考虑物体的受力的影响。动力学则研究作用于物体的力与物体机械运动之间的关系，即研究作用于物体上的力与其运动状态变化之间的关系，得到物体机械运动的普遍规律。

动力学把所研究的物体抽象为质点和质点系。**质点**是指具有一定质量而无大小的几何点；有限个或无限个相互联系的质点的集合，称为**质点系**。当物体的尺寸大小并不影响所研究的结果时，可以把该物体视为质点；否则，应视为质点系。刚体可以看成是由无数个质点组成的、且任意两质点间的距离保持不变的特殊质点系，故又称刚体为不变质点系。如果质点系中各质点的运动不受任何约束，则该质点系称为自由质点系；反之，称为非自由质点系。

动力学的主要研究对象是质点系，其基本问题有两类：①已知物体的运动规律，求作用在物体上的力；②已知作用在物体上的力，求物体的运动规律。这两类问题的解决方法是根据经典力学的基本原理，对所研究的对象建立将作用力与物体运动联系起来的运动微分方程，通过解微分方程求出未知的力或物体的运动规律。

本篇将从牛顿力学基本定律出发，经过适当的演绎，归纳出**动量定理、动量矩定理**和**动能定理**，即动力学普遍定理。解决实际力学问题时，既可直接引用牛顿定律，也可有选择地或综合地运用动力学普遍定理，建立运动微分方程求解。

动力学基本规律的另一叙述方法称为**达朗贝尔原理**，可看作牛顿第二定律的演变，同时，它也是分析力学基本原理的一个组成部分。根据达朗贝尔原理发展的动静法是解决工程问题的一个简便、实用的方法。

第8章

质点动力学

如果物体受到非平衡力系的作用，其运动状态将发生变化。本章根据牛顿定律研究质点在惯性参考系与非惯性参考系中的动力学问题。

§8-1 惯性参考系中的质点动力学

1. 牛顿定律

动力学基本定律，也称**牛顿定律**，是牛顿总结前人的研究成果，在其重要著作《自然哲学的数学原理》中明确提出的，是动力学的基础。

第一定律(惯性定律)：不受力作用的质点，将保持静止或做匀速直线运动。

第二定律(力与加速度之间的关系定律)：质点受到力的作用而获得的加速度，其大小与力的大小成正比，与质点的质量成反比，其方向和作用力的方向相同。

如以 $\boldsymbol{F}$ 表示作用在质点上的力的合力，m 表示质点的质量，$\boldsymbol{a}$ 表示质点的加速度，则第二定律可表示为

$$\boldsymbol{F}=m\boldsymbol{a} \tag{8-1}$$

即质点的质量与加速度的乘积等于作用在质点上的力系的合力。此关系为瞬时矢量关系。

第三定律(作用力与反作用定律)：两个物体间的作用力和反作用力大小相等，分别作用在这两个物体上，沿同一作用线，方向相反。

这个定律在静力学中已经运用过，对运动中的物体仍然适用。

2. 质点的运动微分方程

由运动学可知，质点运动的加速度可表示为

$$\boldsymbol{a}=\frac{\mathrm{d}\boldsymbol{v}}{\mathrm{d}t}=\frac{\mathrm{d}^2\boldsymbol{r}}{\mathrm{d}t^2}$$

因此，可将公式(8-1)写为

$$m\frac{d^2\boldsymbol{r}}{dt^2}=\boldsymbol{F} \tag{8-2}$$

式(8-2)即为矢量形式表示的**质点运动微分方程**。在应用此式进行计算时，通常写成以下两种投影形式。

(1)直角坐标形式

设质量为 m 的质点 M 沿某轨迹运动，如图 8-1 所示。选取直角坐标系 $Oxyz$，将式(8-2)投影到 x、y、z 轴上，得直角坐标形式的质点运动微分方程

$$m\frac{d^2x}{dt^2}=F_x,\ m\frac{d^2y}{dt^2}=F_y,\ m\frac{d^2z}{dt^2}=F_z \tag{8-3}$$

式中，x、y、z 是质点 M 直角坐标，即质点的运动方程；F_x、F_y、F_z 分别是合力 $\boldsymbol{F}$ 在各坐标轴上的投影。

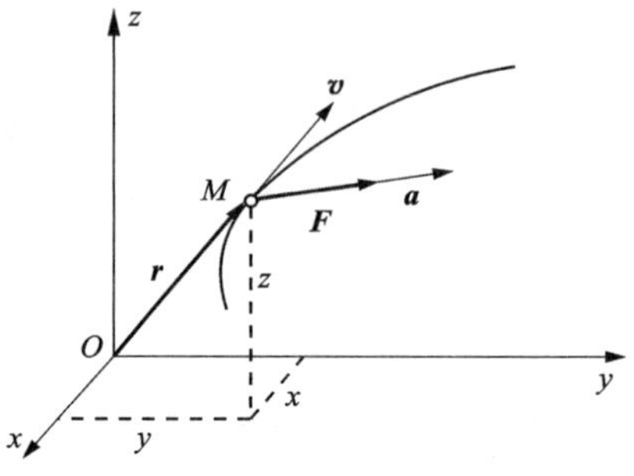

图 8-1

(2)自然坐标形式

设质点 M 的运动轨迹为已知，并采用自然坐标轴系，如图 8-2 所示。将式(8-2)投影到轨迹的切线、主法线和副法线上，便得到自然坐标形式的质点运动微分方程

$$m\frac{d^2s}{dt^2}=F_\tau,\ m\frac{\boldsymbol{v}^2}{\rho}=F_n,\ 0=F_b \tag{8-4}$$

式中，F_τ、F_n、F_b 分别为合力 $\boldsymbol{F}$ 在切线、主法线和副法线轴上的投影；$\frac{d^2s}{dt^2}$，$\frac{\boldsymbol{v}^2}{\rho}$则分别是质点的加速度 $\boldsymbol{a}$ 在切线和主法线轴上的投影。

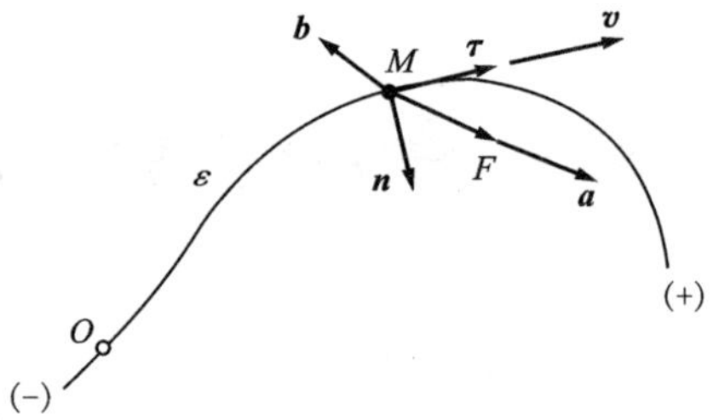

图 8-2

3. 质点动力学的两类问题

应用质点运动微分方程可以解决质点动力学的两类问题：已知质点的运动规律，求作用于质点上的力；已知质点上所受的力，求质点的运动规律。已知质点上所受的力，求质点的运动规律时，一般按质点运动的初始条件和力的函数关系对运动微分方程进行求解。从数学角度看，是解微分方程或求积分，并确定相应的积分常数的问题。对于这些问题，可视运动微分方程形式的不同，采取不同的方法求解：如果是线性微分方程，数学上有比较完善的解法，如特征根法、拉普拉斯变换法；如果是某些特殊类型的非线性微分方程，可采用分离变量积分法等，如

(1)力是速度的函数 $\boldsymbol{F}=f(\boldsymbol{v})$，

$$m\frac{d^2\boldsymbol{r}}{dt^2}=f(\boldsymbol{v}),\ m\frac{d\boldsymbol{v}}{dt}=f(\boldsymbol{v}),\ m\int\frac{d\boldsymbol{v}}{f(\boldsymbol{v})}=\int dt$$

$$\boldsymbol{v}=\boldsymbol{v}(t),\ \boldsymbol{r}=\int\boldsymbol{v}(t)\,dt,\ \boldsymbol{r}=\boldsymbol{r}(t)$$

(2)力是位置的函数 $\boldsymbol{F}=f(\boldsymbol{r})$

$$m\frac{\mathrm{d}^2\boldsymbol{r}}{\mathrm{d}t^2}=f(\boldsymbol{r}),\ m\frac{\mathrm{d}\boldsymbol{v}}{\mathrm{d}\boldsymbol{r}}\cdot\frac{\mathrm{d}\boldsymbol{r}}{\mathrm{d}t}=f(\boldsymbol{r}),\ m\int\boldsymbol{v}\mathrm{d}\boldsymbol{v}=\int f(\boldsymbol{r})\,\mathrm{d}\boldsymbol{r}$$

$$\boldsymbol{v}=\boldsymbol{g}(r),\ \frac{\mathrm{d}\boldsymbol{r}}{\mathrm{d}t}=\boldsymbol{g}(\boldsymbol{r}),\ \int\frac{\mathrm{d}\boldsymbol{r}}{\boldsymbol{g}(r)}=\int\mathrm{d}t$$

下面举例说明这两类问题的求解方法。

例 8-1 设有一质量为 m 的火箭从地球表面以初速度 $\boldsymbol{v}_0$ 铅垂向上发射，如图 8-3 所示。不计空气阻力，求火箭在地球引力作用下的运动速度。

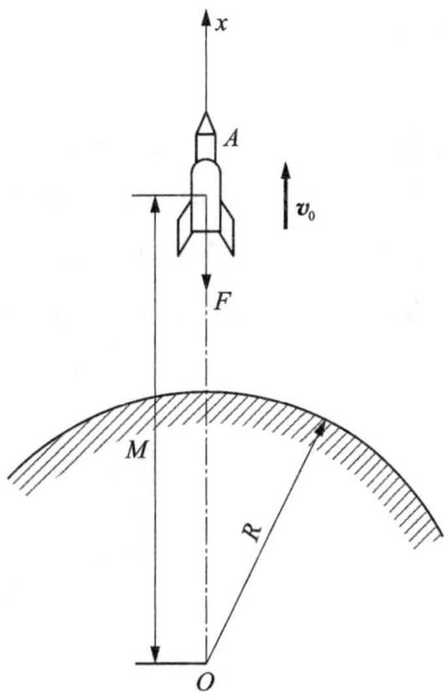

图 8-3

解：把火箭看作质点 A，并取其为研究对象。

根据万有引力定律，地球对火箭的引力与火箭到地心的距离的平方成反比。选地心为坐标原点，坐标轴 x 铅垂向上，如图 8-3 所示。地球对火箭的引力 $\boldsymbol{F}$ 大小为

$$F=G\frac{Mm}{x^2} \tag{8-5}$$

式中，G 为万有引力常数；M 为地球质量；x 为火箭到地心的距离；m 为火箭的质量。

因为火箭在地面附近（$x\approx R$）受到的引力近似地等于它的重量，故

$$mg=G\frac{Mm}{R^2}$$

由此得出引力常数为 $G=\dfrac{R^2g}{M}$，所以，式(8-5)可写成

$$F=\frac{R^2g}{M}\cdot\frac{Mm}{x^2}=\frac{R^2mg}{x^2}$$

可见引力是火箭位置的函数。

火箭的运动微分方程为

$$m\frac{\mathrm{d}^2x}{\mathrm{d}t^2}=-\frac{mgR^2}{x^2}\text{或}\frac{\mathrm{d}v}{\mathrm{d}t}=-\frac{gR^2}{x^2}$$

将上式进行如下交换

$$\frac{\mathrm{d}\boldsymbol{v}}{\mathrm{d}x}\cdot\frac{\mathrm{d}x}{\mathrm{d}t}=-\frac{gR^2}{x^2}\text{或 }v\mathrm{d}v=-gR^2\ \frac{\mathrm{d}x}{x^2}$$

积分

$$\int_{v_0}^{v}v\mathrm{d}v=-gR^2\int_R^x\frac{\mathrm{d}x}{x^2}$$

即

$$\frac{1}{2}(v^2-v_0^2)=gR^2\left(\frac{1}{x}-\frac{1}{R}\right)\text{或 }v^2=v_0^2-2gR^2\left(\frac{1}{R}-\frac{1}{x}\right)$$

这就是火箭速度与位置关系的表示式。

火箭的速度为

$$v=\sqrt{v_0^2-2gR+\frac{2gR^2}{x}}$$

当 $x\to\infty$ 时，$v=0$，有

$$v_0=\sqrt{2gR}$$

此速度为火箭脱离地球引力范围所需的最小初速度，即**第二宇宙速度**。取 $g=9.8\ \mathrm{m/s^2}$，$R=6371\ \mathrm{km}$，得

$$v_0=11.2(\mathrm{km/s})$$

例 8-2 离心式转速计工作原理如图 8-4(a)所示。弹性细绳 ACD 系住的小球质量为 m，细绳穿过套管 CD，其末端固结在 D 处。小球固连在质量可略去不计的杆 AB 的 A 端，杆 B 端铰接在转动着的铅垂轴 BE 上。弹性细绳的原长(未受力时的长度)为 CD，弹簧常数为 k。设 $AB=CB=l$，试求转速计稳定转动时，其转动轴的角速度 ω 与偏角 θ 的关系以及杆 AB 所受的力。

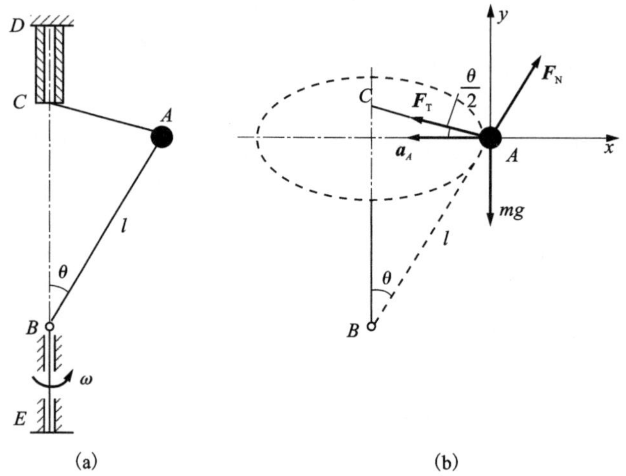

图 8-4

解：取小球 A 为研究对象，其受力有重力 $m\boldsymbol{g}$，细绳的弹性力 $\boldsymbol{F}_{\mathrm{T}}$ 和杆的反力 $\boldsymbol{F}_{\mathrm{N}}$[图 8-4(b)]。

转速计稳定转动时，可认为 ω 和 θ 皆为常量。

先求小球的加速度。在转速计稳定转动时，角加速度为零，故

$$a_A=a_A^n=AB\sin\theta\cdot\omega^2=l\sin\theta\cdot\omega^2 \tag{8-6}$$

方向垂直于转轴，即水平向左，如图 8-4(b)所示。

细绳的弹性力 $\boldsymbol{F}_{\mathrm{T}}$ 沿 AC 线，大小为

$$F_{\mathrm{T}}=k\cdot CA=k\cdot 2l\sin\frac{\theta}{2} \tag{8-7}$$

取坐标系 Axy，列出小球 A 的运动微分方程

$$F_{\mathrm{N}}\sin\theta-F_{\mathrm{T}}\cos\frac{\theta}{2}=-ma_A$$

$$F_N\cos\theta+F_T\sin\frac{\theta}{2}-mg=0$$

将式(8-6)、式(8-7)代入，有

$$F_N\sin\theta-2kl\sin\frac{\theta}{2}\cdot\cos\frac{\theta}{2}=-ml\omega^2\sin\theta \qquad (8-8)$$

$$F_N\cos\theta+2kl\sin^2\frac{\theta}{2}-mg=0 \qquad (8-9)$$

如果 $\sin\theta\neq0$，则由式(8-8)可解得

$$F_N=l(k-m\omega^2)$$

故杆 AB 所受的力的大小为 $l(k-m\omega^2)$，方向与 $\boldsymbol{F}_N$ 相反。

再将 $\boldsymbol{F}_N$ 的值代入式(8-9)，注意到三角关系，可解得

$$\omega=\sqrt{\frac{kl-mg}{ml\cos\theta}}$$

即为所求的 ω 与 θ 的关系。系统稳定转动时的最小角速度为

$$\omega_{\min}=\sqrt{\frac{kl-mg}{ml}}$$

如果 $\omega<\omega_{\min}$，系统的运动情况将如何？

§8-2　非惯性参考系中的质点动力学

众所周知，牛顿运动定律只能适应于惯性参考系。在一般的工程问题中，把固定于地面的坐标系或相对于地面作匀速直线平移的坐标系作为惯性参考系，可以得到相当精确的结果。在研究人造卫星的轨道、洲际导弹的弹道等问题时，地球自转的影响不可忽略，则应选取以地心为原点，三轴指向三个恒星的坐标系作为惯性参考系。在研究天体的运动时，地心运动的影响也不可忽略，应取太阳为中心，三轴指向三个恒星的坐标系作为惯性参考性。在本书中，如无特别说明，均取固定在地球表面的坐标系为惯性参考系。对于非惯性参考系中质点的运动问题，物体有不同形式的运动规律。本节讨论非惯性参考系中的质点动力学问题。

1. 基本方程

为建立非惯性系中质点动力学基本方程，可首先利用合成运动定理得到非惯性系中质点加速度和惯性系中质点加速度的关系，然后在惯性系中应用牛顿第二定律得到质点动力学基本方程，进而得到非惯性系中质点动力学方程。

设有质量为 m 的质点 M 在合外力 $\boldsymbol{F}$ 的作用下相对于动参考系 $O'x'y'z'$运动，如图8-5所示。由运动学的加速度合成定理

$$\boldsymbol{a}=\boldsymbol{a}_r+\boldsymbol{a}_e+\boldsymbol{a}_C$$

式中，$\boldsymbol{a}$ 为质点的绝对加速度；$\boldsymbol{a}_r$、$\boldsymbol{a}_e$、$\boldsymbol{a}_C$ 分别为质点的相对、牵连、科氏加速度。将上式代入牛顿第二定律

$$\boldsymbol{F}=m\boldsymbol{a}=m(\boldsymbol{a}_{\mathrm{r}}+\boldsymbol{a}_{\mathrm{e}}+\boldsymbol{a}_{\mathrm{C}})$$

或表示为

$$m\boldsymbol{a}_{\mathrm{r}}=\boldsymbol{F}-m\boldsymbol{a}_{\mathrm{e}}-m\boldsymbol{a}_{\mathrm{C}}$$

令：$\boldsymbol{F}_{\mathrm{Ie}}=-m\boldsymbol{a}_{\mathrm{e}}$，$\boldsymbol{F}_{\mathrm{IC}}=-m\boldsymbol{a}_{\mathrm{C}}$，分别称为**牵连惯性力**和**科氏惯性力**，则质点相对于动参考系$O'x'y'z'$的运动规律可表示为

$$m\boldsymbol{a}_{\mathrm{r}}=\boldsymbol{F}+\boldsymbol{F}_{\mathrm{Ie}}+\boldsymbol{F}_{\mathrm{IC}} \tag{8-10}$$

式(8-10)为**质点相对运动的动力学方程**。如果质点相对非惯性参考系的矢径为$\boldsymbol{r}'$，则

$$m\frac{\mathrm{d}^2\boldsymbol{r}'}{\mathrm{d}t^2}=\boldsymbol{F}+\boldsymbol{F}_{\mathrm{Ie}}+\boldsymbol{F}_{\mathrm{IC}} \tag{8-11}$$

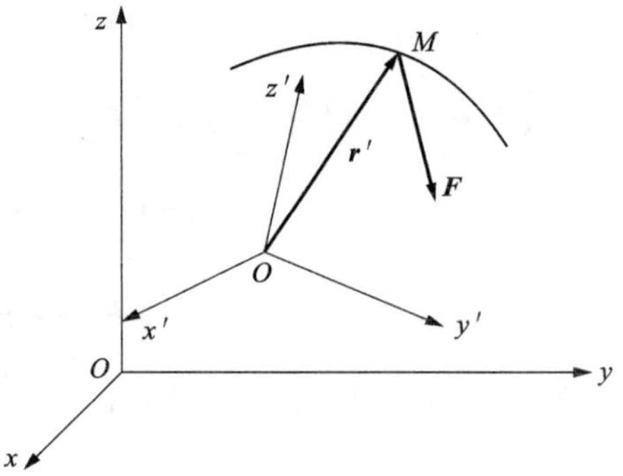

图 8-5

式(8-11)为**质点相对运动微分方程**。它表明，在质点上假想地加上质点的牵连惯性力和科氏惯性力后，牛顿第二定律可推广到非惯性参考系。惯性系与非惯性系动力学基本方程的差别就在于是否考虑惯性力。

式(8-11)还表明，在非惯性参考系中所观察到的质点的加速度，不仅仅决定于作用在质点上的力，而且与参考系本身的运动有关。

必须指出：牵连惯性力和科氏惯性力不存在施力物体，也不存在反作用力，因此不符合“力是两物体之间的作用”的定义。从这个意义上理解，它们都不是真实力。但它们对物体的作用效果可在非惯性参考系中确实被感觉到，或被测量出来。因此，从作用效果看，它们与真实力又难以区分。

当非惯性参考系作平动时，科氏加速度$\boldsymbol{a}_{\mathrm{C}}=0$，因而科氏惯性力$\boldsymbol{F}_{\mathrm{IC}}=0$，式(8-11)成为

$$m\boldsymbol{a}_{\mathrm{r}}=\boldsymbol{F}+\boldsymbol{F}_{\mathrm{Ie}} \tag{8-12}$$

当非惯性参考系作匀速直线平动时，牵连加速度$\boldsymbol{a}_{\mathrm{e}}$和科氏加速度$\boldsymbol{a}_{\mathrm{C}}$均等于零。于是有

$$m\boldsymbol{a}_{\mathrm{r}}=\boldsymbol{F} \tag{8-13}$$

即质点的相对运动动力学方程与绝对运动动力学方程完全相同。由此可以得出结论：在一个系统内部所做的任何力学试验，都不能确定这一系统是静止的还是在做匀速直线平动。这一结论称为**经典力学的相对性原理**，也称为伽利略相对性原理。

当质点相对于动参考系做匀速直线运动时，质点的相对加速度$\boldsymbol{a}_{\mathrm{r}}=0$，于是

$$\boldsymbol{F}+\boldsymbol{F}_{\mathrm{Ie}}+\boldsymbol{F}_{\mathrm{IC}}=0 \tag{8-14}$$

即当质点处于相对平衡状态时，作用于质点上的力$\boldsymbol{F}$与牵连惯性力$\boldsymbol{F}_{\mathrm{Ie}}$及科氏力$\boldsymbol{F}_{\mathrm{IC}}$成平衡。

当质点相对于动参考系静止不动时，质点的相对加速度$\boldsymbol{a}_{\mathrm{r}}$等于零，且质点的相对速度$\boldsymbol{v}_{\mathrm{r}}$也等于零，即科氏加速度$\boldsymbol{a}_{\mathrm{C}}=0$。因此有

$$\boldsymbol{F}+\boldsymbol{F}_{\mathrm{Ie}}=0 \tag{8-15}$$

即当质点处于相对静止状态时，作用于质点上的力$\boldsymbol{F}$与牵连惯性力$\boldsymbol{F}_{\mathrm{Ie}}$成平衡。

例 8-3　如图 8-6(a)所示，固定在铅垂杆CD上的直管AB绕轴线以匀角速度ω转动，直管轴线与转动轴成45°角，管内有一小球由相对静止状态开始运动。设小球的起始位置到O点的距离为a。忽略摩擦，求小球沿直管的运动方程。

解：取小球为研究对象，其受力有重力$m\boldsymbol{g}$、直管AB的约束力$\boldsymbol{F}_{\mathrm{N}z}$、$\boldsymbol{F}_{\mathrm{N}y}$，以及牵连惯性力

$\boldsymbol{F}_{Ie}$和科氏惯性力$\boldsymbol{F}_{IC}$。其中约束力$\boldsymbol{F}_{Nz}$、$\boldsymbol{F}_{Ny}$和科氏惯性力$\boldsymbol{F}_{IC}$的方向均垂直于直管轴线，即均垂直于x'轴，如图8-6(b)所示；$F_{Ie}=mx'\dfrac{\sqrt{2}}{2}\omega^2$。质点的相对运动动力学方程在$x'$方向的投影式为

$$m\ddot{x}'=-mg\frac{\sqrt{2}}{2}+F_{Ie}\frac{\sqrt{2}}{2}=-mg\frac{\sqrt{2}}{2}+\frac{1}{2}x'm\omega^2$$

即

$$\ddot{x}'-\frac{\omega^2}{2}x'=-\frac{g}{\sqrt{2}} \tag{8-16}$$

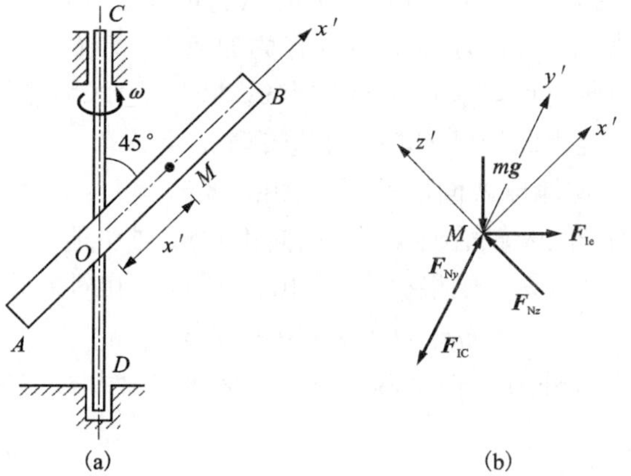

图8-6

该微分方程的解可表示为

$$x'=x_1'+x_2'$$

其中x_1'为式(8-16)的齐次方程$\ddot{x}'-\dfrac{\omega^2}{2}x'=0$的解

$$x_1'=c_1\mathrm{e}^{-\frac{\omega t}{\sqrt{2}}}+c_2\mathrm{e}^{\frac{\omega t}{\sqrt{2}}}$$

x_2'为式(8-16)的非齐次方程的特解

$$x_2'=\frac{g}{\sqrt{2}}\frac{2}{\omega^2}=\frac{\sqrt{2}g}{\omega^2}$$

于是

$$x'=x_1'+x_2'=c_1\mathrm{e}^{-\frac{\omega t}{\sqrt{2}}}+c_2\mathrm{e}^{\frac{\omega t}{\sqrt{2}}}+\frac{\sqrt{2}g}{\omega^2}$$

根据初始条件$t=0$，$x_0'=a$，$\dot{x}_0'=0$得

$$x_0'=a=c+c+\frac{\sqrt{2}g}{\omega^2},\ \dot{x}_0'=0=-\frac{\omega}{\sqrt{2}}c_1+\frac{\omega}{\sqrt{2}}c_2$$

解得

$$c_1=c_2=\frac{1}{2}\left(a-\frac{\sqrt{2}g}{\omega^2}\right)$$

故

$$x' = \frac{1}{2}\left(a - \frac{\sqrt{2}g}{\omega^2}\right)\left(e^{-\frac{\omega}{\sqrt{2}}t} + e^{\frac{\omega}{\sqrt{2}}t}\right) + \frac{\sqrt{2}g}{\omega^2}$$

---

2. 质点相对地球的运动

对于大多数工程问题而言，以地球作为惯性参考系，直接应用牛顿定律计算，可得到较为满意的结果。但有些力学现象不能以地球为惯性参考系来解释，在精度要求高，或时间间隔长的情况下，如洲际导弹的轨迹问题，就必须考虑地球的自转的影响。即把**地心系**作为惯性参考系，地球非惯性参考系。下面建立考虑地球自转时质点相对地球运动的动力学方程。

取地心系为惯性参考系，即以地球中心 O 作为原点，三轴（X，Y，Z 轴）分别指向三颗恒星。由于地球的自转，当研究地球表面附近质点运动时，地球为非惯性参考系。动系 $OXYZ$ 与地球固结，牵连运动为绕南北极轴 OZ 的匀速转动。

设质量为 m 的质点 P 在地球表面以速度 $\boldsymbol{v}_r$ 相对地球运动，以 P 为原点建立地理坐标系。其中 x 轴沿纬线切向指向正东，y 轴沿经线切向指向正北，z 轴由地心 O 点指向质点 P，如图 8-7 所示。由于 $\boldsymbol{a}_e = \boldsymbol{\omega} \times \boldsymbol{v}_e$，$\boldsymbol{a}_C = 2\boldsymbol{\omega} \times \boldsymbol{v}_r$，则根据式(8-10)，质点 P 相对地球运动的动力学方程为

$$m\boldsymbol{a}_r = \boldsymbol{F} + m\boldsymbol{\omega} \times \boldsymbol{v}_e + 2m\boldsymbol{\omega} \times \boldsymbol{v}_r \tag{8-17}$$

实际上，质点 P 所受合外力 $\boldsymbol{F}$ 包括两部分：一是地球引力 $\boldsymbol{G}_0$，二是其他外力 $\boldsymbol{F}_i$ 的合力。则式(8-9)表示为

$$m\boldsymbol{a}_r = \sum \boldsymbol{F}_i + \boldsymbol{G}_0 - m\boldsymbol{\omega} \times \boldsymbol{v}_e - 2m\boldsymbol{\omega} \times \boldsymbol{v}_r \tag{8-18}$$

其中地球引力 $\boldsymbol{G}_0$ 和牵连惯性力（$-m\boldsymbol{\omega} \times \boldsymbol{v}_e$）之和为质点在地球表面表现出的重力 $\boldsymbol{G}$，如图 8-8 所示，称为表观重量，即

$$\boldsymbol{G} = \boldsymbol{G}_0 - m\boldsymbol{\omega} \times \boldsymbol{v}_e = m\boldsymbol{g} \tag{8-19}$$

将式(8-18)代入式(8-17)，质点 P 相对地球运动的动力学方程可写为

$$m\boldsymbol{a}_r = \sum \boldsymbol{F}_i + \boldsymbol{G} - 2m\boldsymbol{\omega} \times \boldsymbol{v}_r \tag{8-20}$$

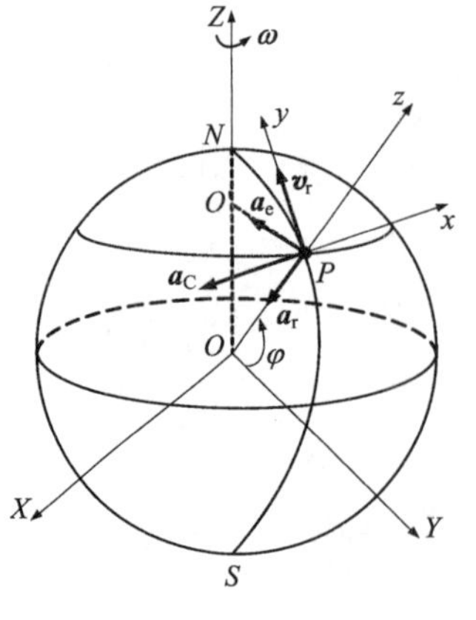

图 8-7

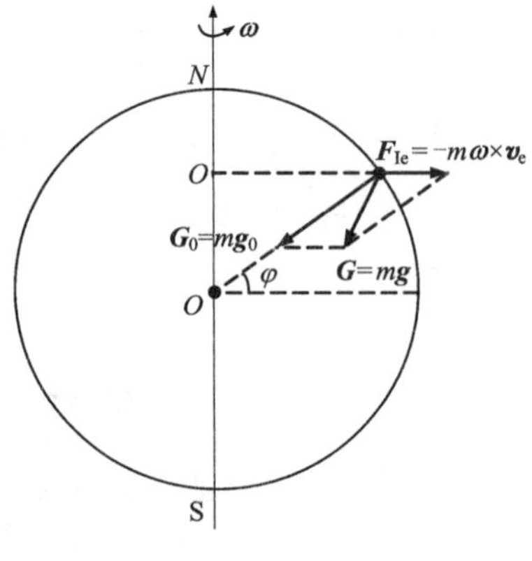

图 8-8

例 8-4　北京位于地球表面北纬 $\varphi=40°$ 处，在北京的上空 $h=100$ m 处有一质量为 m 的质点自由下落。求由于地球自转的影响，落体到达地面时对于铅垂线的偏移量。

解： 选取固结于地球的非惯性参考系为 $Oxyz$。其中 z 轴近似通过地球中心，铅直向上；x 轴水平向东；y 轴水平向北，如图 8-9 所示。科氏惯性力为

$$\begin{aligned}\boldsymbol{F}_{\mathrm{IC}} &= -2m\boldsymbol{\omega}\times\boldsymbol{v}_{\mathrm{r}}\\ &= -2m\begin{vmatrix}\boldsymbol{i} & \boldsymbol{j} & \boldsymbol{k}\\ 0 & \omega\cos\varphi & \omega\sin\varphi\\ \dot{x} & \dot{y} & \dot{z}\end{vmatrix}\\ &= 2m\omega[(\dot{y}\sin\varphi-\dot{z}\cos\varphi)\boldsymbol{i}-\dot{x}\sin\varphi\boldsymbol{j}+\dot{x}\cos\varphi\boldsymbol{k}]\end{aligned}$$

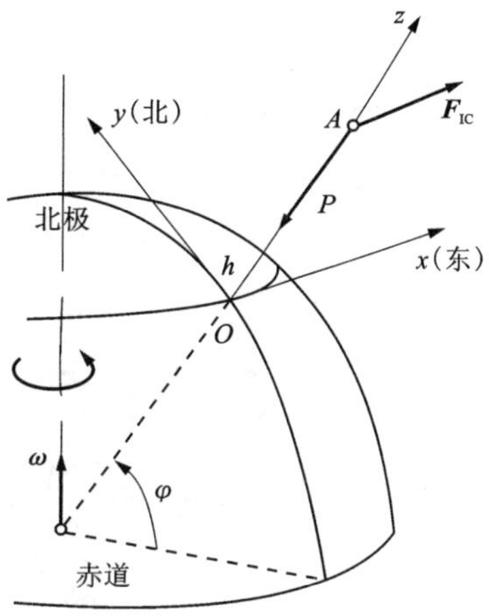

图 8-9

忽略空气阻力，质点的相对运动微分方程

$$m\frac{\mathrm{d}^2\boldsymbol{r}}{\mathrm{d}t^2}=\boldsymbol{G}+\boldsymbol{F}_{\mathrm{IC}}$$

其投影形式为

$$\begin{cases}m\ddot{x}=2m\omega(\dot{y}\sin\varphi-\dot{z}\cos\varphi)\\ m\ddot{y}=-2m\omega\dot{x}\sin\varphi\\ m\ddot{z}=-mg+2m\omega\dot{x}\cos\varphi\end{cases}\tag{8-21}$$

采用逐次逼近法解上述微分方程，由于地球自转的角速度 ω 很小，在最初的计算中，可取 $\omega=0$，则式(8-21)的零次近似方程为

$$\begin{cases}\ddot{x}=0\\ \ddot{y}=0\\ \ddot{z}=-g\end{cases}\tag{8-22}$$

初始条件为，$t=0$ 时

$$\dot{x}=0,\ \dot{y}=0,\ \dot{z}=0$$
$$x=0,\ y=0,\ z=h$$

式(8-22)积分一次得零次近似的速度为

$$\begin{aligned}\dot{x}&=0\\ \dot{y}&=0\\ \dot{z}&=-gt\end{aligned}\tag{8-23}$$

将式(8-23)代入式(8-21)，得一次近似的微分方程

$$\begin{cases}\ddot{x}=2\omega gt\cos\varphi\\ \ddot{y}=0\\ \ddot{z}=-g\end{cases}\tag{8-24}$$

将式(8-24)积分一次，得一次近似速度为

$$\begin{cases}\dot{x}=\omega gt^2\cos\varphi\\ \dot{y}=0\\ \dot{z}=-gt\end{cases}\tag{8-25}$$

再积分一次，得一次近似的运动方程为

$$x=\frac{1}{3}\omega g t^3\cos\varphi$$

$$y=0$$

$$z=h-\frac{1}{2}gt^2$$

由此解可看出，落体已不再沿 z 轴下落，而在 x 方向有偏离，偏距与时间 t 的三次方成正比。因此，下落距离愈大，偏距也就愈大。将 $\varphi=40°$，$h=100$ m 代入，得偏离量为

$$\delta=\frac{1}{3}\omega g t^3\cos\varphi$$

$$=\frac{1}{3}\omega g\left(\frac{2h}{g}\right)^{\frac{3}{2}}\cos\varphi$$

$$=\frac{1}{3}\omega\sqrt{\frac{8h^3}{g}}\cos\varphi=1.68\text{ cm}$$

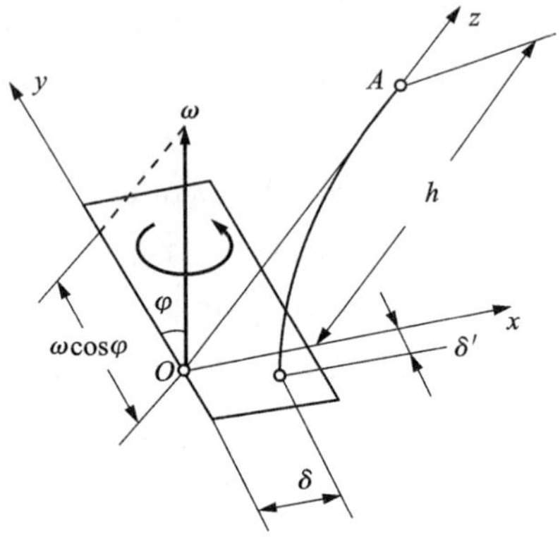

图 8-10

偏离 x 正向，即东偏，如图 8-10 所示。

以上为一次近似的结果，多次近似后，落体沿 y 方向的偏离量 δ' 不会为零，如图 8-10 所示。

当不考虑地球自转而把地面视为惯性系时，做自由落体运动的质点在地球引力作用下沿地球半径方向落到地面。当考虑地球自转，在地面参考系(非惯性系)中，质点下落时除受表观重力外，还要受科氏力作用。自由落体质点不再沿竖直方向下落，质点落地位置较垂足偏东，这种现象称为“落体偏东”。

§8-3 分析与讨论

1. 跳伞运动员落地时的速度

跳伞运动中，质量为 m 的运动员自空中自由下落[图 8-11(a)]，运动员除受重力 mg 作用外，还受到空气介质阻尼力 F_r 的作用。忽略水平气流的作用，其力学模型可简化为质量为 m 的质点 M 在黏性介质中的自由下落问题，如图 8-11(b)所示。设质点受到的阻尼力 $\boldsymbol{F}_r$ 与质点的速度 $\boldsymbol{v}$ 成正比，即 $\boldsymbol{F}_r=-c\boldsymbol{v}$，$c$ 称为黏度系数，简称黏度。通过研究质点 M 的运动方程可以确定运动员在落地时的速度。

取质点 M 为研究对象，设质点无初速度下落。以起落点为坐标原点，建立图示坐标系。在任意位置上，有

$$m\frac{\mathrm{d}^2x}{\mathrm{d}t^2}=mg-c\frac{\mathrm{d}x}{\mathrm{d}t} \tag{8-26}$$

即

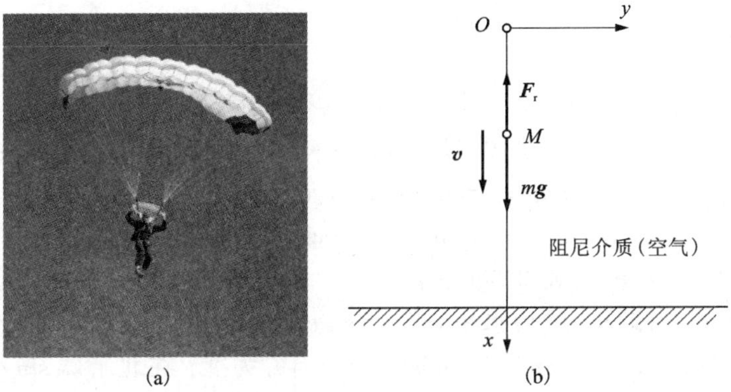

图 8-11

$$\frac{v'}{g}\frac{\mathrm{d}^2x}{\mathrm{d}t^2}=v'-\frac{\mathrm{d}x}{\mathrm{d}t}\ 或\ \frac{v'}{g}\frac{\mathrm{d}v}{\mathrm{d}t}=v'-v \tag{8-27}$$

其中

$$v'=\frac{mg}{c} \tag{8-28}$$

采用变量分离法，考虑运动初始条件：$t=0$，$x_0=0$，$v_0=0$，对式(8-27)积分一次

$$\int_0^v \frac{1}{v'-v}\mathrm{d}v=\int_0^t \frac{g}{}\mathrm{d}t$$

$$\ln\frac{v'-v}{v'}=-\frac{g}{v'}t \qquad 即 \qquad \mathrm{e}^{-\frac{g}{v'}t}=\frac{v'-v}{v'}$$

于是

$$\boldsymbol{v}=\boldsymbol{v}'(1-\mathrm{e}^{-\frac{g}{}t}) \tag{8-29}$$

式(8-29)的速度如图 8-12(a)所示，跳伞运动员自起跳后，垂直方向开始做加速运动。随着时间的增加，速度增大，垂直方向的加速度逐渐减小。当 $t\to\infty$ 时，速度图形趋于一渐近线，$v=v'=\frac{mg}{c}$。即跳伞运动员的下落速度最终为一常数，此速度为跳伞运动的**极限速度**。

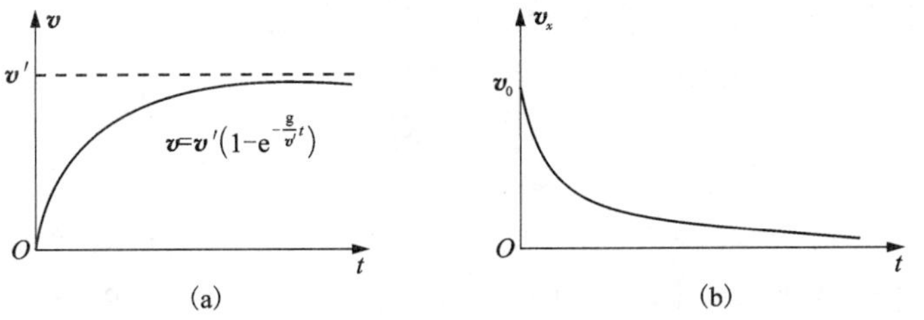

图 8-12

事实上，跳伞运动员一般是从飞机上起跳的，初始具备较大的水平速度 $\boldsymbol{v}_0$。用上述类似的

方法分析可得，由于阻尼的作用，水平速度 $\boldsymbol{v}_0$ 最终趋于零，其速度变化如图 8-12(b)所示。

2. 台风成因分析

台风的形成与科氏惯性力对质点水平运动的影响有关。

设质点质量为 m，在水平 Oxy 面内运动(图 8-7)，其速度为 $\boldsymbol{v}_r$。质点受科氏力为

$$\begin{aligned}-2m\boldsymbol{\omega}\times\boldsymbol{v}_r &= -2m(-\omega\cos\varphi\boldsymbol{i}+\boldsymbol{\omega}\sin\varphi\boldsymbol{k})\times\boldsymbol{v}_r\\ &=2m\boldsymbol{\omega}\cos\varphi\boldsymbol{i}\times\boldsymbol{v}_r-2m\boldsymbol{\omega}\sin\varphi\boldsymbol{k}\times\boldsymbol{v}_r\end{aligned}$$

式中，右侧第一项，因 $\boldsymbol{i}\times\boldsymbol{v}_r$ 沿竖直方向，它与重力和水平面支撑力平衡，对质点的水平运动没有直接影响；上式右侧第二项沿水平方向，将造成水平运动的偏转，因此，科氏力对水平运动的影响体现在 $-2m\boldsymbol{\omega}\sin\varphi\boldsymbol{k}\times\boldsymbol{v}_r$。以面向运动的前方为准，在北半球 $\sin\varphi>0$，科氏力造成水平运动的右偏效应；而在南半球 $\sin\varphi<0$，科氏力造成水平运动的左偏效应。科氏力对水平运动的影响与纬度 φ 有关，在赤道处为零，在两极处影响最大。

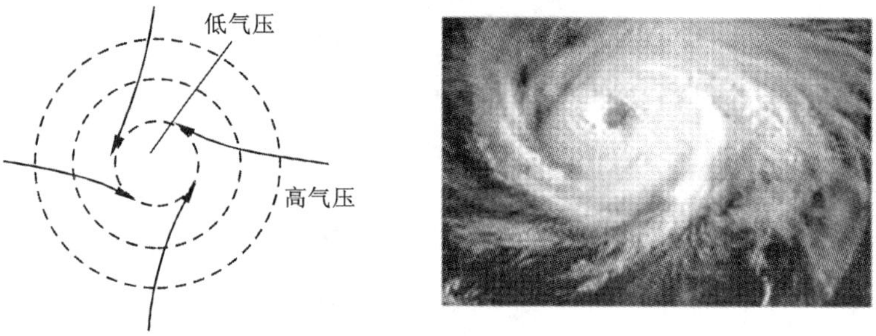

图 8-13　台风形成

台风是诞生在热带海洋上风速达到 32.7 m/s 以上的大气涡旋，其半径可达数百公里。它在不同地方有不同称谓，发生在西北太平洋和南海上的，称为台风；在北大西洋，加勒比海、墨西哥湾以及东北太平洋上的，称为飓风；在印度洋和孟加拉湾上的，称为热带风暴；在澳大利亚的，称为热带气旋。从力学角度看，台风的形成是大尺度流体运动不稳定的过程。当局部地面或海面温度很高时，空气受热上升，形成低压中心。根据科氏力对水平运动的影响，在北半球，质点在科氏惯性力的作用下，空气在向低压中心移动时会逐渐偏右，最后形成右旋气流，即台风；在南半球则形成左旋气流。

这便是北半球的台风总是为一个逆时针转向的气旋的原因。

习　题

8-1　在如图题 8-1 所示的曲柄滑槽机构中，活塞和活塞杆共重 500 N，曲柄长 $OA=$ 30 cm，绕 O 轴做匀速转动，其转速 $n=120$ rpm。求当 $\varphi=0°$ 及 $\varphi=90°$ 时，作用在活塞上的水平力。

8-2　一质量为 m 的物块放在匀速转动的水平转台上，其重心距转轴的距离为 r，如图题 8-2 所示。如物块与台面之间的摩擦系数为 f，求物块不致因转台旋转而滑出的最大速度 $v_{\max}$。

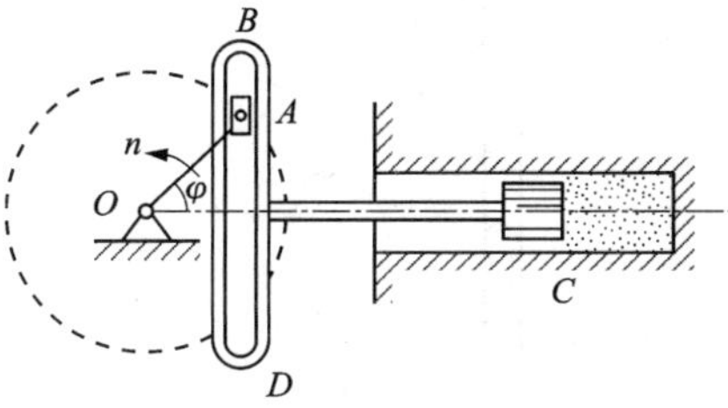

图题 8-1

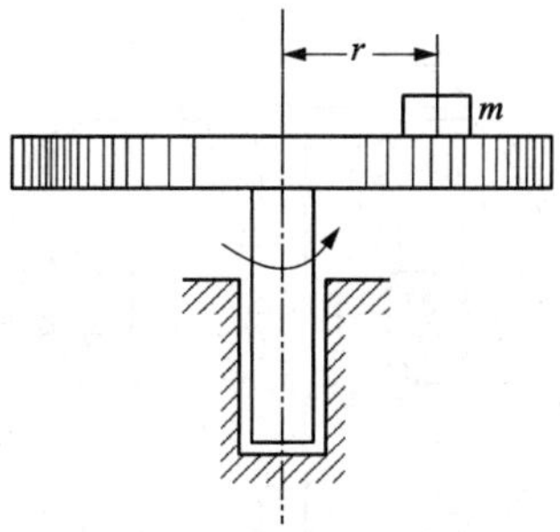

图题 8-2

8-3　电机 A 重 0.6 kN，通过连接弹簧放在重 5 kN 的基础上，如图题 8-3 所示。电机沿铅垂线按规律 $y=B\cos\frac{2\pi}{T}t$ 作简谐运动。其中振幅 $B=0.1$ cm，周期 $T=0.1$ s，弹簧的重量不计。试求支承面 CD 所受压力的最大值和最小值。

8-4　小球质量为 m，由两根绳子挂起，如图题 8-4 所示。若将绳 AB 突然剪断，则小球开始运动。试求小球开始运动的瞬间 AC 绳中的拉力，以及小球运动到铅垂位置时绳中的拉力。

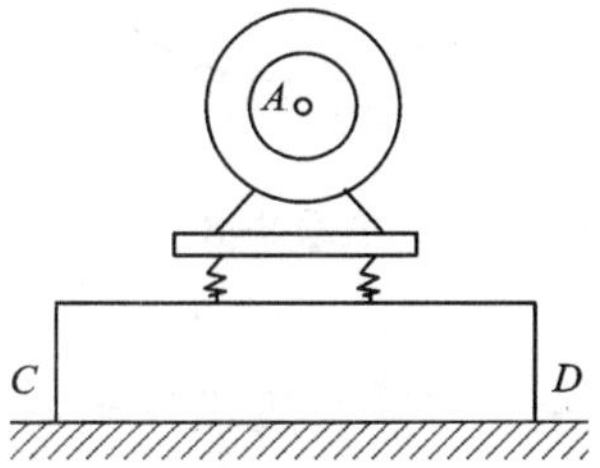

图题 8-3

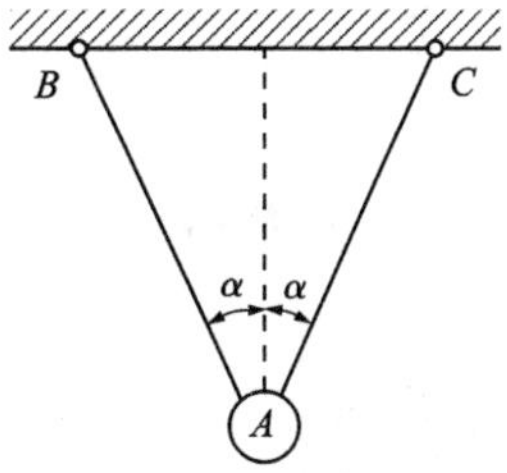

图题 8-4

8-5　调速器内有两重块 A、B，质量各为 30 kg，可沿调速器的直径方向 MN 滑动。两重块分别用弹簧连接在 M、N 两点，其重心分别同弹簧的末端重合。弹簧的刚度 $k=19.6$ kN/m，弹簧在没有变形时其末端到 O 轴的距离等于 0.05 m。当调速器以 $n=120$ r/min 绕铅垂轴 O 匀速转动时，求重块的重心到 O 轴的距离。

8-6　如图题 8-6 所示，质量为 m 的小球 M，用两根各长 l 的杆支持，此物系以不变的角速度 ω 绕铅垂铅垂轴 AB 转动。如 $AB=2a$，两杆的各端均铰接，并且杆重忽略不计，求杆的内力。

8-7　胶带运输机卸料时，物料以初速度 v_0 脱离胶带。设 v_0 与水平线夹角为 α，试求物体脱离胶带后，在重力作用下的运动方程。

8-8　质量 $m=2$ kg 的小物块放置在半径 $r=0.5$ m 的光滑圆柱的顶点，如图题 8-8 所示。设给物块以水平初速度 $\boldsymbol{v}_0=1$ m/s 使其沿圆柱表面运动。试求物块开始离开圆柱表面时的角度 θ_{max}。

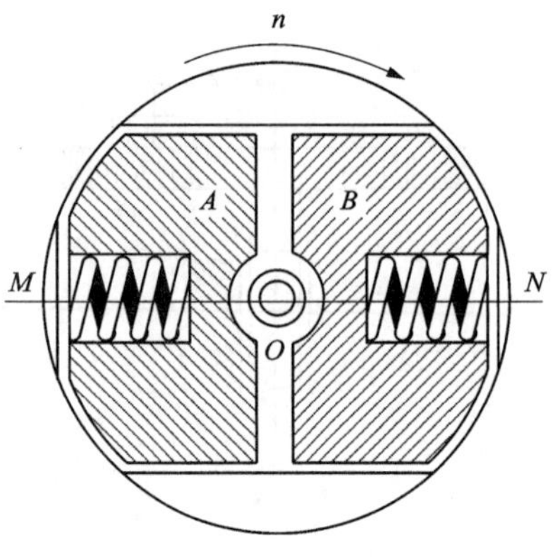

图题 8-5

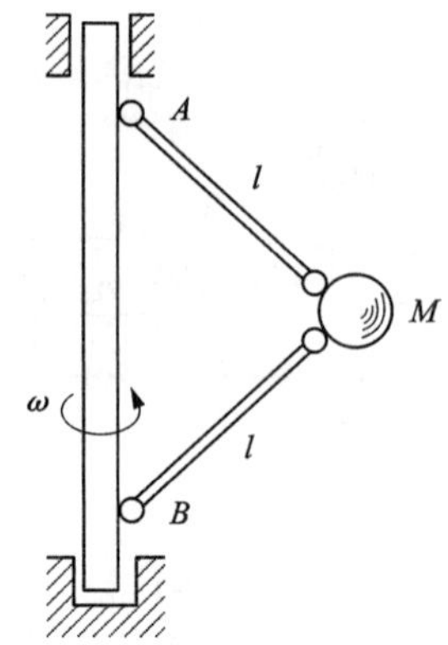

图题 8-6

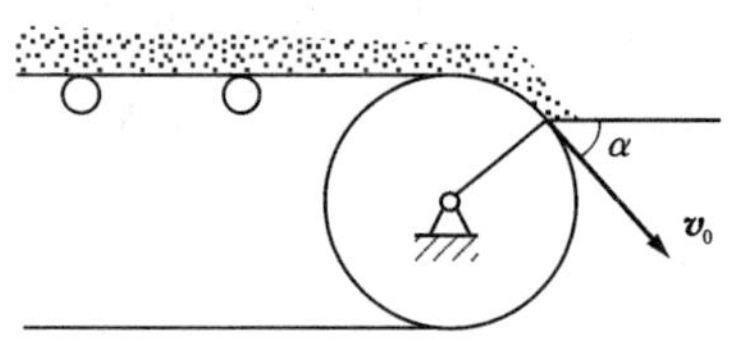

图题 8-7

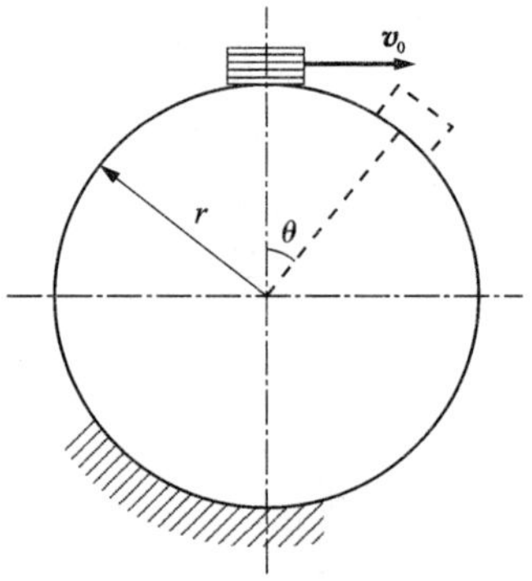

图题 8-8

8-9　飞机 A 以速度 v_1 在距地面高度 H 处水平等速飞行。当飞机飞到一个炮台 B 的正上方时，炮台向飞机发射一炮弹，如图题 8-9 所示。若不计空气阻力，试问要能打中飞机，则

(1) 炮弹的初速度 v_0 应满足什么条件？

(2) 求射击仰角 α 与 v_0 之间的关系。

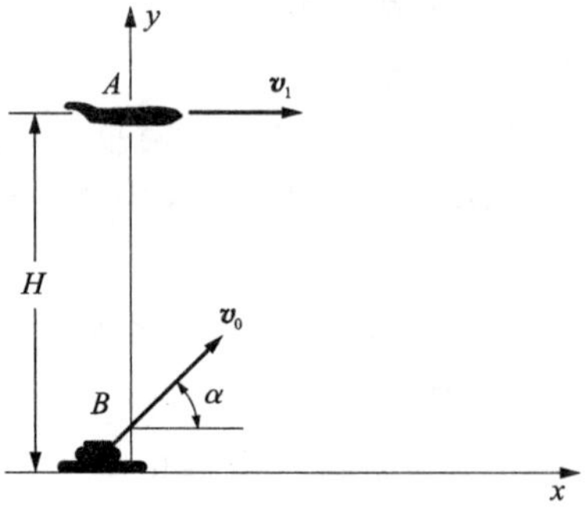

图题 8-9

8-10　设有质量为 10 kg 的质点 A 受到的作用力是 $F=98(1-t)$ N。该质点由 x 轴的原点 O 出发，以初速度 $v_0=20$ cm/s，沿轴线运动。假设受力方向与速度方向相同，问经过多少时间后，质点 A 停止运动。

8-11　质量为 m 的质点受按规律 $F=F_0\cos\omega t$ 变化的力作用而沿直线运动，其中 F_0、ω 为常数。当质点开始运动时，初速度为 v_0。试求此质点的运动微分方程。

8-12　滑翔机受空气阻力 $\boldsymbol{R}=-km\boldsymbol{v}$ 作用，其中 k 为比例系数，m 为滑翔机质量，$\boldsymbol{v}$ 为滑翔机的速度。若 $t=0$ 时，$v=v_0$，假定滑翔机是沿水平线飞行的。试求滑翔机由瞬时 $t=0$ 到任意瞬时 t 所飞过的距离。

8-13　一物体从地球表面上以速度 v_0 铅直上抛。假定空气阻力的大小为 $R=kmv^2$，其中 k 是常数，m 是物体质量。试求物体返回地面时的速度。

8-14　一重物自离地 $h=3200$ km 的高度无初速地下落到地面，如图题 8-14 所示。若不计空气阻力，考虑地球对重物引力的变化，试求重物到达地面时的速度以及所需的时间。(地球的半径 $R=6371$ km)。

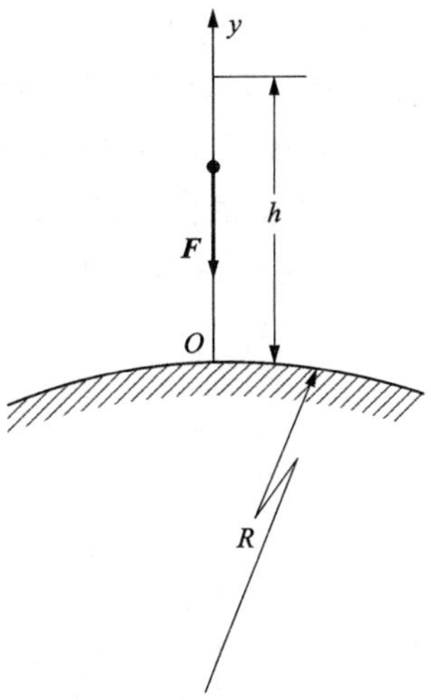

图题 8-14

8-15　一物体质量为 9.8 kg，在不均匀的介质中做水平曲线运动，阻力大小按规律 $R=\dfrac{2v^2}{3+s}g$（单位：N）而变化。其中 v（单位：m/s）为速度，s（单位：m）为经过的路程，g 为重力加速度。设 $t=0$ 时物体的初速度 $v_0=5$ m/s，$s_0=0$。试求物体经过的路程与时间的关系。

8-16　楔块从静止开始以匀加速度 a 沿光滑水平面向左运动。楔块斜面上放一质量为 m 的小物块 M。略去物体与斜面间的摩擦。欲使 M 对楔块保持相对静止，楔块的加速度应为多少？若物块 M 与斜面间摩擦系数为 f，当楔块以匀加速度 a 向左运动时，欲使物块保持相对静止，楔块楔角 α 最大可达多少？

8-17　如图题 8-1 所示为离心调速器构造。在铅垂轴 AB 的上端 A，用铰链连接着两根长度都是 l 的细杆；杆的下端装有重球 M，靠近下端又用铰链与另外两根等长的细杆相连。下端 B 带有可以沿转轴上下滑动的套筒 S。设调速器以匀角速 ω 转动，求球杆的偏角 α 与调速器的角速度之间的关系（视重球为质点，机构其他部分质量略去不计）。

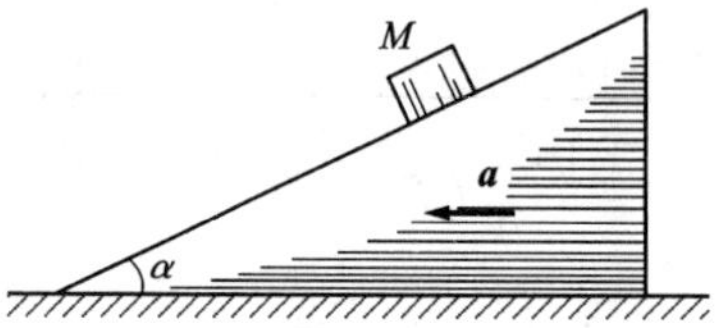

图题 8-16

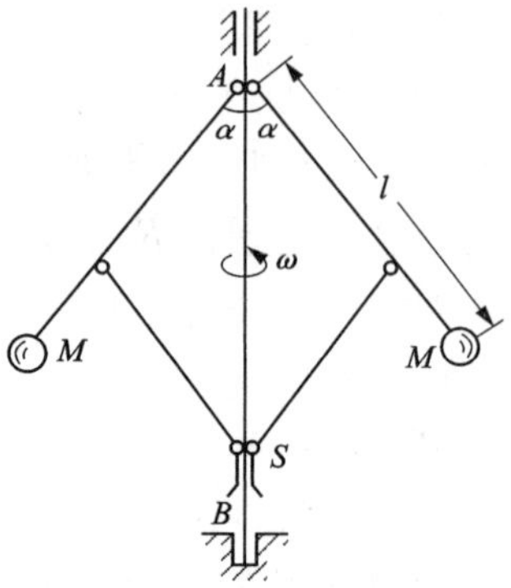

图题 8-17

8-18　如图题 8-18 所示，小球 A 的质量为 1 kg，可在平板的光滑斜槽中运动。设平板的水平加速度 $a=8$ m/s，且为常数，求小球相对于斜槽的加速度和斜槽对小球的约束力。若开始时小球处于位置 O 处，且相对于斜槽的初速度为零，试求其沿斜槽的运动规律。

8-19　一圆盘在水平面 Oxy 内以匀角速度 ω 绕其中心轴 Oz 转动，如图题 8-19 所示。沿盘的直径刻有一槽，有质量为 m 的质点 M 在槽内运动。运动开始时，质点 M 与盘心 O 相距 a，其初速度等于零。求质点沿槽的相对运动规律及所受的水平反作用力 F_N。如果直径为 $4a$，求质点逸出槽的时间 t_1。

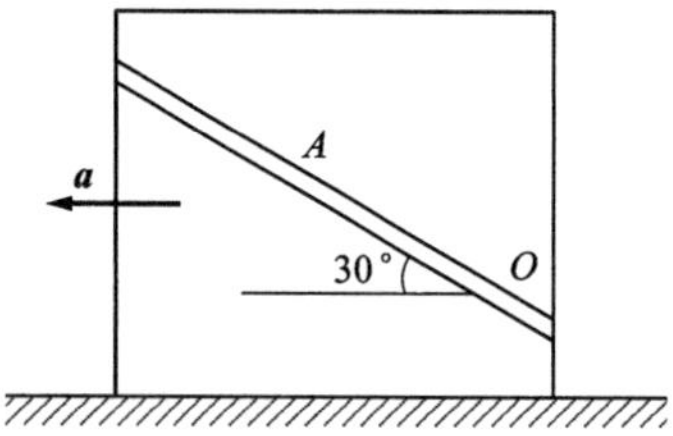

图题 8-18

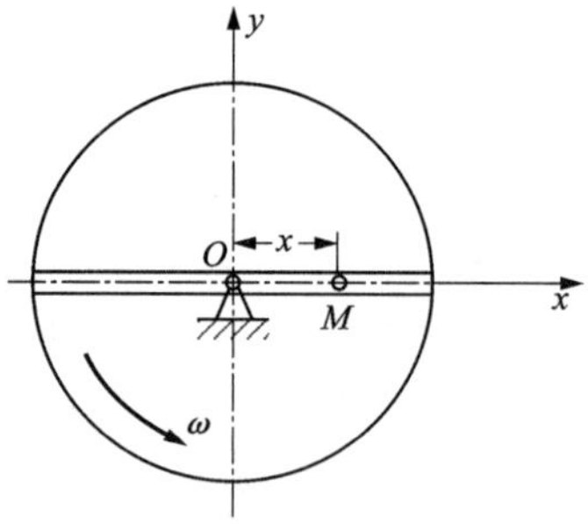

图题 8-19

第9章

动量定理

质点系的动力学问题，可以应用动力学基本方程对质点系中的每个质点建立运动微分方程，再根据足够的已知条件求出所需的未知量。由于存在很大的数学困难，且很多实际问题并不需要研究质点系中每个质点的运动，因此质点系的动力学问题一般采用**动量定理、动量矩定理和动能定理**求解。这些定理称为**动力学普遍定理**。它们给出了质点系的运动量(动量、动量矩、动能)与力对质点系的作用量(力的冲量、力矩和力的功)之间的关系，简化了质点系动力学问题的计算，能更深刻地反映机械运动的普遍规律。

§9-1　动量定理

1. 质点系的动量与力的冲量

(1)质点系的动量

质点的质量 m 与其速度 $\boldsymbol{v}$ 的乘积 $m\boldsymbol{v}$ 称为该质点的**动量**。质点的动量是矢量，它的方向与质点速度的方向相同。它的国际单位是 kg · m/s。

质点的动量是质点运动的基本特征量之一，用来度量该瞬时物体机械运动量的强弱。例如，子弹的质量很小，但由于速度很大，能将钢板击穿；轮船靠码头时，速度虽小，但由于它的质量很大，可以撞坏码头。这都说明将质点的质量和速度这两个量综合为动量来度量运动的效应，具有明显的物理意义。

设质点系由 n 个质点组成，各质点的质量分别为 m_1，m_2，…，m_n，各质点的速度分别为 $\boldsymbol{v}_1$，$\boldsymbol{v}_2$，…，$\boldsymbol{v}_n$。质点系中各质点动量的矢量和称为该质点系的**动量主矢**，简称**动量**，用 $\boldsymbol{p}$ 表示。即

$$\boldsymbol{p} = \sum_{i=1}^{n} m_i \boldsymbol{v}_i \tag{9-1}$$

质点系的动量是度量质点系整体运动的基本特征量之一，它是自由矢量，只有大小和方向两个要素，是整个质点系运动强弱的一种度量。

(2)质点系动量的计算

根据上述定义，将质点系中各质点的动量矢量求和，即得到质点系的动量。例如由物块、绳索、滑轮组成的系统，如图 9-1 所示。如不计绳索和滑轮的质量，在如图 9-1(a) 所示的运动瞬时，系统的动量为 $\boldsymbol{p}=m_A\boldsymbol{v}+m_B\boldsymbol{v}$，方向如图 9-1(b) 所示。

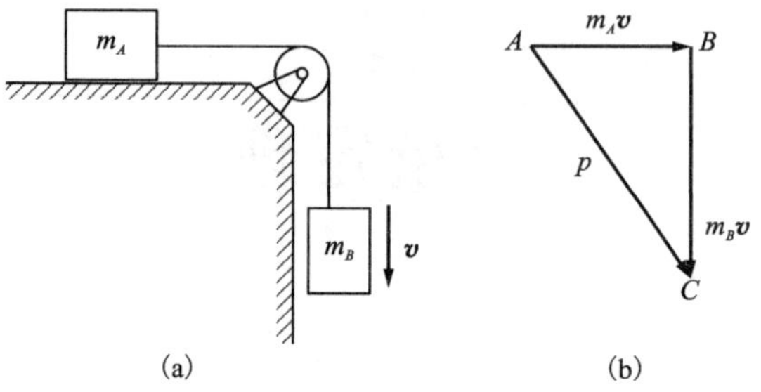

图 9-1

对于由 n 个质点组成任意质点系，将质心坐标公式

$$\boldsymbol{r}_C=\frac{\sum m_i\boldsymbol{r}_i}{m} \tag{9-2}$$

写成 $m\boldsymbol{r}_C=\sum m_i\boldsymbol{r}_i$，两边对时间求一阶导数。由于质量是不变的，有

$$\frac{\mathrm{d}(m\boldsymbol{r}_C)}{\mathrm{d}t}=m\frac{\mathrm{d}\boldsymbol{r}_C}{\mathrm{d}t}=m\boldsymbol{v}_C,\quad \frac{\mathrm{d}}{\mathrm{d}t}\sum m_i\boldsymbol{r}_i=\sum m_i\frac{\mathrm{d}\boldsymbol{r}_i}{\mathrm{d}t}=\sum m_i\boldsymbol{v}_i=\boldsymbol{p}$$

即

$$\boldsymbol{p}=m\boldsymbol{v}_C \tag{9-3}$$

式(9-3)表明，**质点系的动量等于质心速度与其全部质量的乘积，方向与质心速度方向相同**。这相当于将质点系的总质量集中于质心时系统的动量，反映的是全部质量随同质心 C 一起平动的运动情况。例如，图 9-2 所示坦克的履带质量为 m，车轮的半径为 R。如果坦克前进速度为 $\boldsymbol{v}$，坦克的履带的动量为 $\boldsymbol{p}=m\boldsymbol{v}_C=m\boldsymbol{v}$，方向水平向右。

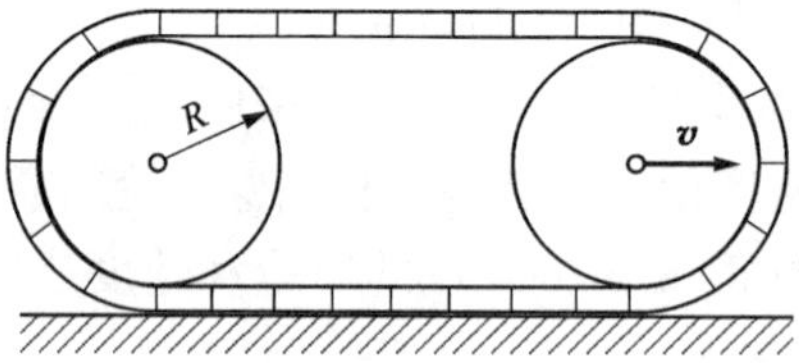

图 9-2

在直角坐标系中，质点系的动量可表示为

$$\boldsymbol{p}=p_x\boldsymbol{i}+p_y\boldsymbol{j}+p_z\boldsymbol{k}=mv_{C_x}\boldsymbol{i}+mv_{C_x}\boldsymbol{j}+mv_{C_z}\boldsymbol{k} \tag{9-4}$$

式中，p_x，p_y，p_z 和 v_{C_x}，v_{C_y}，v_{C_z} 分别是质点系的动量 $\boldsymbol{p}$ 和质心速度 $\boldsymbol{v}_C$ 在各相应坐标上的投影。

对刚体而言，质心是由无限多个质点组成的不变质点系内的某一确定点。对于质量均匀分布的规则刚体，其质心即几何中心。故用式(9-3)可非常方便地计算出刚体的动量。

例 9–1　在图 9–3 所示的曲柄滑机构中，曲柄 OA 以匀角速度 ω 转动，滑块 B 沿 x 轴滑动。若 OA、AB 皆为均质杆，长度均为 l，质量皆为 m；滑块 B 的质量也为 m，求此系统的动量。

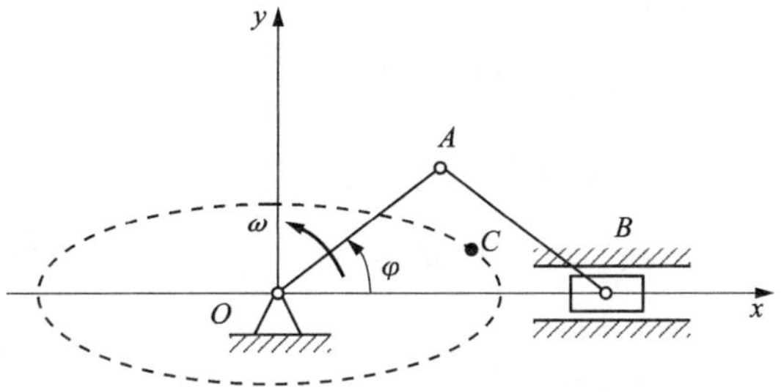

图 9–3

解：设 $t=0$ 时 OA 杆水平，则有 $\varphi=\omega t$。质心 C 的坐标为

$$\begin{cases} x_C=\dfrac{m_1\dfrac{l}{2}+m_1\dfrac{3l}{2}+2m_2l}{2m_1+m_2}\cos\omega t=\dfrac{4}{3}l\cos\omega t \\ y_c=\dfrac{2m_1\dfrac{l}{2}}{2m_1+m_2}\sin\omega t=\dfrac{1}{3}l\sin\omega t \end{cases} \tag{9-5}$$

质心的速度

$$\begin{cases} v_{Cx}=\dfrac{\mathrm{d}x_C}{\mathrm{d}t}=-\dfrac{4}{3}l\omega\sin\omega t \\ v_{Cy}=\dfrac{\mathrm{d}y_C}{\mathrm{d}t}=\dfrac{1}{3}l\omega\cos\omega t \end{cases}$$

此系统的动量为

$$\boldsymbol{p}=p_x\boldsymbol{i}+p_y\boldsymbol{j}=-\frac{4}{3}ml\omega\sin\omega t\boldsymbol{i}+\frac{1}{3}ml\omega\cos\omega t\boldsymbol{j}$$

例 9–2　行星轮系由均质的系杆 OA、中心齿轮 1、行星齿轮 2 及固定的内齿圈 3 组成（图 9–4）。已知齿轮 1、2 的半径分别为 r_1 和 r_2；质量分别为 m_1 和 m_2，系杆的质量为 m；以角速度 ω 绕轴 O 转动。求轮系的动量。

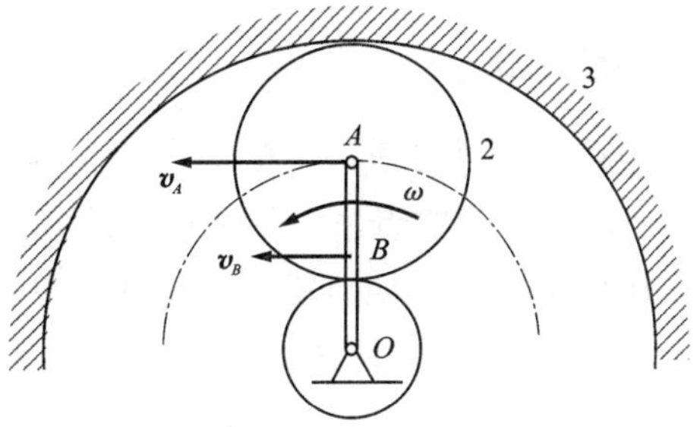

图 9–4

解：轮系的动量等于齿轮 1、2 及系杆 OA 的动量的矢量和，即

$$\boldsymbol{p}=\boldsymbol{p}_1+\boldsymbol{p}_2+\boldsymbol{p}_{OA}$$

齿轮 1 的质心通过转轴 O，其质心的速度大小 $v_0=0$，故动量为

$$\boldsymbol{p}_1=m_1\boldsymbol{v}_0=0$$

齿轮 2 的质心为轮心 A，其动量为

$$\boldsymbol{p}_2=m_2\boldsymbol{v}_A$$

系杆 OA 的质心在它的中点 B，其动量为

$$\boldsymbol{p}_{OA}=m\boldsymbol{v}_B$$

因 v_A 和 v_B 同垂直于系杆 OA，且

$$v_A=OA\cdot\omega=(r_1+r_2)\omega$$

$$v_B=OB\cdot\omega=\frac{r_1+r_2}{2}\omega=\frac{1}{2}v_A$$

故 $\boldsymbol{p}_2$ 和 $\boldsymbol{p}_{OA}$ 也垂直于系杆 OA，指向与 $\boldsymbol{v}_A$ 和 $\boldsymbol{v}_B$ 一致。因此，轮系的动量 $\boldsymbol{p}$ 的方向与 $\boldsymbol{v}_A$ 相同，其大小为

$$\begin{aligned}p&=p_2+p_{OA}\\&=\frac{2m_2+m}{2}\cdot v_A=\frac{1}{2}(2m_2+m)(r_1+r_2)\omega\end{aligned}$$

---

(3) 力的冲量

物体在力的作用下引起的运动变化，不仅与力的大小和方向有关，还与力作用的时间长短有关。例如人力推动车厢沿铁轨运动，经过一段时间可使车厢得到一定的速度；如改用机车牵引车厢，只需很短的时间便能达到同样的速度。如果作用力是常量，用力与作用时间的乘积来衡量力在这段时间内积累的作用。作用力与作用时间的乘积称为常力的冲量。以 $\boldsymbol{F}$ 表示此常力，作用的时间为 t，则此力的冲量为

$$\boldsymbol{I}=\boldsymbol{F}t \tag{9-6}$$

冲量是矢量，它的方向与常力的方向一致。

如果作用力 $\boldsymbol{F}$ 是变量，在微小时间间隔 $\mathrm{d}t$ 内，力 $\boldsymbol{F}$ 的冲量称为元冲量，即

$$\mathrm{d}\boldsymbol{I}=\boldsymbol{F}\mathrm{d}t$$

而力 F 在作用时间 t 内的冲量是矢量积分

$$\boldsymbol{I}=\int_0^t\boldsymbol{F}\mathrm{d}t \tag{9-7}$$

在国际单位制中，冲量的单位是 N · s。

2. 动量定理

作用在质点系各质点上的力可分为内力和外力。内力是指同一质点系内各质点间的相互作用力；外力是指质点系以外的质点或物体作用在该质点系各质点上的力。

设质点系由 n 个质点组成，质点系中的任一质量为 m_i、速度为 $\boldsymbol{v}_i$ 的质点 M_i 的动量表示为 $m_i\boldsymbol{v}_i$；该质点所受内力的合力为 $\boldsymbol{F}_i^{(i)}$，所受外力的合力为 $\boldsymbol{F}_i^{(e)}$。对于质点 M_i，根据质点动力学基本方程，有

$$m_i\boldsymbol{a}_i=m_i\frac{\mathrm{d}\boldsymbol{v}_i}{\mathrm{d}t}=\boldsymbol{F}_i^{(e)}+\boldsymbol{F}_i^{(i)}$$

因为质量 m_i 为常量，故上式可改写为

$$\frac{\mathrm{d}}{\mathrm{d}t}(m_i\boldsymbol{v}_i)=\boldsymbol{F}_i^{(e)}+\boldsymbol{F}_i^{(i)}$$

对质点系中的 n 个质点都写出上述方程，并将等式两边相加，有

$$\sum \frac{\mathrm{d}}{\mathrm{d}t}(m_i\boldsymbol{v}_i) = \sum \boldsymbol{F}_i^{(e)} + \sum \boldsymbol{F}_i^{(i)} \text{ 或 } \frac{\mathrm{d}}{\mathrm{d}t}\sum(m_i\boldsymbol{v}_i) = \sum \boldsymbol{F}_i^{(e)} + \sum \boldsymbol{F}_i^{(i)}$$

式中，$\sum(m_i\boldsymbol{v}_i)$ 为质点系各质点动量的矢量和，即质点系的动量。

由于质点系的内力总是成对出现的，它们的矢量和恒等于零，即 $\sum \boldsymbol{F}_i^{(i)} = 0$。于是有

$$\frac{\mathrm{d}\boldsymbol{p}}{\mathrm{d}t} = \sum \boldsymbol{F}_i^{(e)} \tag{9-8}$$

式中，$\sum \boldsymbol{F}_i^{(e)}$ 为作用在质点系上外力系的主矢。

式(9-8)即为**微分形式的质点系动量定理：质点系动量对时间的一阶导数等于作用在该质点系上外力的主矢量。**

可以看出，质点系动量的变化仅决定于外力系的主矢，内力不能改变质点系的动量。

将式(9-8)投影到固定的直角坐标轴上，得到微分形式的质点系动量定理的投影形式

$$\frac{\mathrm{d}p_x}{\mathrm{d}t} = \sum F_x,\ \frac{\mathrm{d}p_y}{\mathrm{d}t} = \sum F_y,\ \frac{\mathrm{d}p_z}{\mathrm{d}t} = \sum F_z \tag{9-9}$$

如以 $\boldsymbol{p}_1$、$\boldsymbol{p}_2$ 分别表示质点系在瞬时 t_1 和 t_2 的动量，将式(9-8)写成

$$\mathrm{d}\boldsymbol{p} = \sum \boldsymbol{F}_i^{(e)}\mathrm{d}t = \sum \mathrm{d}\boldsymbol{I}_i^{(e)}$$

两边积分，便得

$$\boldsymbol{p}_2 - \boldsymbol{p}_1 = \sum \int_{t_1}^{t_2} \boldsymbol{F}\mathrm{d}t = \sum \boldsymbol{I}_i^{(e)} \tag{9-10}$$

式(9-10)即为**积分形式的质点系动量定理：在任一时间间隔内，质点系动量的改变等于作用在该质点系所有外力在同一时间间隔内冲量的矢量和。**

将式(9-10)投影到固定的直角坐标轴上，可得积分形式的质点系动量定理的投影形式

$$\begin{cases} \boldsymbol{p}_{2x} - \boldsymbol{p}_{1x} = \sum \int_{t_1}^{t_2} F_x\mathrm{d}t = \sum I_x \\ \boldsymbol{p}_{2y} - \boldsymbol{p}_{1y} = \sum \int_{t_1}^{t_2} F_y\mathrm{d}t = \sum I_y \\ \boldsymbol{p}_{2z} - \boldsymbol{p}_{1z} = \sum \int_{t_1}^{t_2} F_z\mathrm{d}t = \sum I_z \end{cases} \tag{9-11}$$

例 9-3　如图 9-5 所示，电动机外壳固定在水平基础上。设定子和外壳的质量为 m_1，转子质量为 m_2；定子和机壳质心 O_1，转子质心 O_2，$O_1O_2=e$，角速度 ω 为常量。求基础的水平及铅直约束力。

解：取电动机外壳与转子组成质点系，受力如图 9-5 所示。外力包括定子和外壳的重力 m_1g，转子重力 m_2g，基础视为固定端，约束力有 F_y，F_x 和 M_O。设 $t=0$ 时，O_1O_2 铅垂，有 $\varphi=\omega t$。由于整个质点系只有转子运动，质点系动量等于转子的动量，即

$$p_x = m_2\omega e\cos\omega t,\ p_y = m_2\omega e\sin\omega t \tag{9-12}$$

由质点系动量定理投影式(9-9)，得

$$\frac{\mathrm{d}p_x}{\mathrm{d}t} = F_x,\ \frac{\mathrm{d}p_y}{\mathrm{d}t} = F_y - m_1g - m_2g \tag{9-13}$$

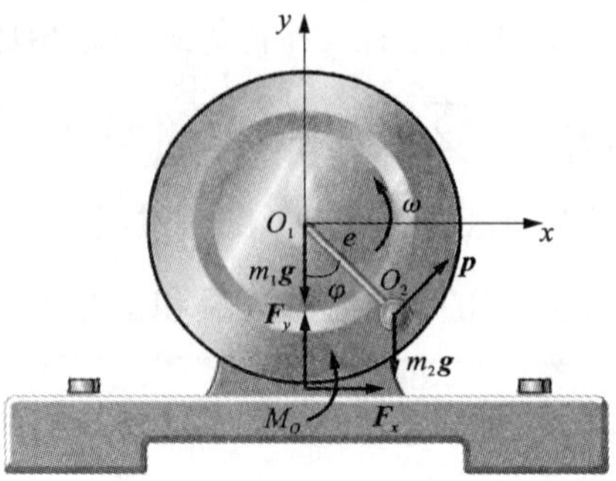

图 9-5

将式(9-12)代入式(9-13)，解得基础约束力

$$F_x=-m_2\omega^2 e\sin\omega t,\ F_y=(m_1+m_2)g+m_2\omega^2 e\cos\omega t$$

上述因转子转动产生的基础约束力称为**动约束力**。当转子不转时，即 $\omega=0$，可得 $F_x=0$，$F_y=(m_1+m_2)g$，称为基础的**静约束力**。动约束力和静约束力的差称为**附加动约束力**。本例中，**由于转子偏心而引起 x 方向附加动约束力**$-m_2\omega^2 e\sin\omega t$ 和 y 方向附加动约束力 $m_2\omega^2 e\cos\omega t$ 都是交变力，将引起电机和基础的振动。实际工程中进行电机基础设计时，应考虑附加动约束力的影响。

基础受到的约束力偶 M_O，不能利用动量定理求出，须利用后续章节中的动量矩定理或达朗贝尔原理进行求解。

例 9-4 设有不可压缩的理想流体在管道内流动，如图 9-6 所示。由于管道常改变方向，流体的动量要发生改变，因而会对管壁施加动压力。试用质点系动量定理分析流体对弯曲管道管壁的动压力。

解：如图 9-6 所示，取一段弯曲管道 $ABCD$ 中所含流体作为质点系来研究。其上受力有：流体重力 $\boldsymbol{W}$，管壁对流体的压力 $\boldsymbol{N}$，管道进口处和出口处相邻流体的压力 $\boldsymbol{P}_1$、$\boldsymbol{P}_2$。

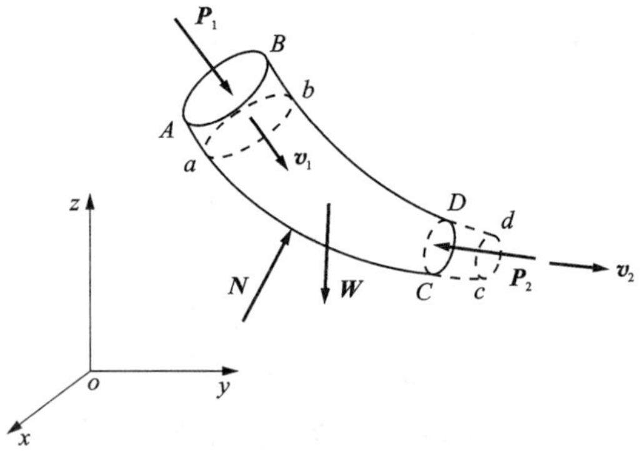

图 9-6

设在 t 瞬时管道中的流体在 $ABCD$ 位置，经过 Δt 时间后，即在 $t+\Delta t$ 瞬时，这部分流体运动到新的位置 $abcd$。在时间间隔 Δt 内，这部分流体的动量改变就等于在 $ABCD$ 位置时流体的动量与在 $abcd$ 位置时流体动量之差。即

$$\Delta\boldsymbol{p}=\boldsymbol{p}_{abcd}-\boldsymbol{p}_{ABCD}=(\boldsymbol{p}_{CcdD}+\boldsymbol{p}_{aCDb})-(\boldsymbol{p}_{AabB}+\boldsymbol{p}_{aCDb})=\boldsymbol{p}_{CcdD}-\boldsymbol{p}_{AabB}$$

设进口截面(AB 面)、出口截面(CD 面)上流体质点的速度分别为 $\boldsymbol{v}_1$，$\boldsymbol{v}_2$，容积 $ABab$ 及容积 $CDcd$ 内流体的质量 $m=\rho Q\Delta t$。其中，ρ 是流体密度，Q 是单位时间内流入(或流出)管道的流体体积，即流量。于是

$$\begin{aligned}\Delta\boldsymbol{p}&=\boldsymbol{p}(t+\Delta t)-\boldsymbol{p}(t)=\boldsymbol{p}_{abcd}-\boldsymbol{p}_{ABCD}\\&=(\rho Q\Delta t)\boldsymbol{v}_2-(\rho Q\Delta t)\boldsymbol{v}_1\end{aligned}$$

当 $\Delta t\to 0$ 时，有

$$\frac{d\boldsymbol{p}}{dt}=\lim_{\Delta t\to 0}\frac{\Delta \boldsymbol{p}}{\Delta t}=\rho Q(\boldsymbol{v}_2-\boldsymbol{v}_1)$$

根据质点系动量定理，有

$$\rho Q(\boldsymbol{v}_2-\boldsymbol{v}_1)=\boldsymbol{W}+\boldsymbol{P}_1+\boldsymbol{P}_2+\boldsymbol{N}$$

即

$$\boldsymbol{N}=-\boldsymbol{P}_1-\boldsymbol{P}_2-\boldsymbol{W}+\rho Q(\boldsymbol{v}_2-\boldsymbol{v}_1)$$

显然，当管道内流体处于静止时，$v_1=v_2=0$，则 $N_1=-P_1-P_2-W$，这是管壁对流体的静反力；当流体稳定流动时，因流体动量改变所引起的附加动反力 $\boldsymbol{N}_{动}$ 为

$$\boldsymbol{N}_{动}=\rho Q(\boldsymbol{v}_2-\boldsymbol{v}_1)$$

根据作用与反作用力定律可知，流体对管壁的动压力与上述压力等值、反向。

例如，一喷射水流以速度为 4.5 m/s 沿水平方向射入一光滑固定叶板，如图 9-7 所示。设水流的流量为 0.05 m^3/s，则流体所受的动压力为

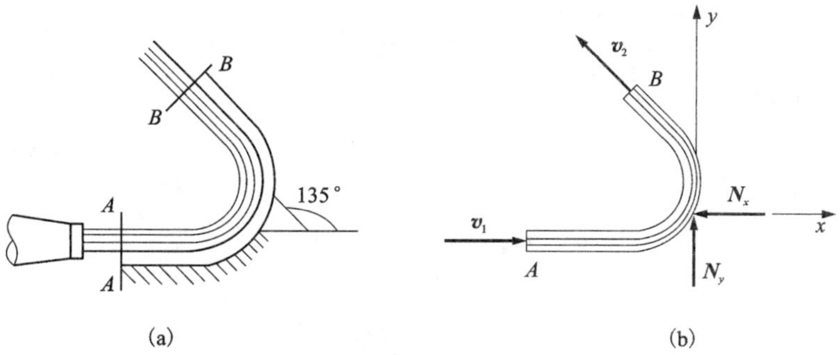

图 9-7

$$\boldsymbol{N}_x=1000\times 0.05(-4.5\cos 45°-4.5)=-384(\text{N})$$

$$\boldsymbol{N}_y=1000\times 0.05\times 4.5\sin 45°=159(\text{N})$$

负号表示 $\boldsymbol{N}_x$ 方向与 x 轴正向相反。

3. 动量守恒

由质点系动量定理可知，质点系动量的改变只与外力有关而与内力无关。如果作用在质点系上的所有外力的矢量和，即外力的主矢量恒为零，则该质点系动量的大小和方向均保持不变(常矢量)。即

$$\frac{dp}{dt}=0$$

$$p=\sum(m_i\boldsymbol{v}_i)=常矢量 \tag{9-14}$$

若作用在质点系上的所有外力在某个轴上的投影的代数和恒为零，则该质点系的动量在同一轴上的投影保持不变。即

$$\frac{dp_x}{dt}=0$$

$$p_x=\sum m_i v_i=常量 \tag{9-15}$$

以上两个结论称为**质点系动量守恒定律**。

注意，内力虽不能改变质点系的动量，但是可改变质点系中各质点的动量。

例 9-5 物块 A 可沿光滑水平面自由滑动，其质量为 m_A；小球 B 的质量为 m_B，以细杆与物块铰接，如图 9-8 所示。设杆长为 l，质量不计，初始时系统静止，并有初始摆角 φ_0；释放后，细杆近似以 $\varphi=\varphi_0\cos kt$ 规律摆动（k 为已知常数）。求物块 A 的最大速度。

解：取物块和小球为研究对象，其上的重力以及水平面的约束反力均为铅垂方向。此系统水平方向不受外力作用，则沿水平方向动量守恒。

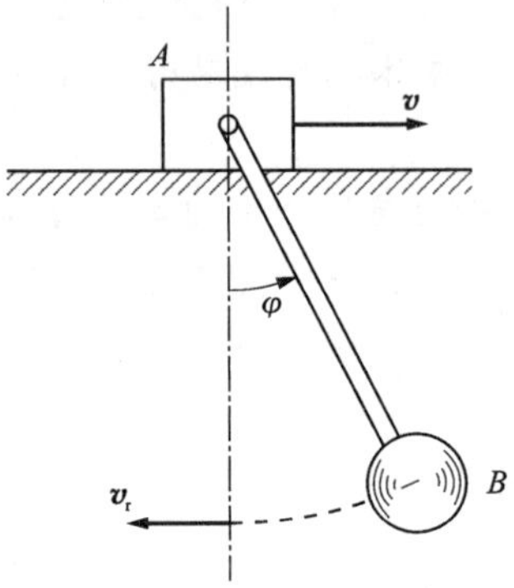

图 9-8

细杆角速度为 $\omega=\dot{\varphi}=-k\varphi_0\sin kt$，当 $\sin kt=1$ 时，其绝对值最大；此时应有 $\cos kt=0$，即 $\varphi=0$。由此，当细杆铅垂时小球 B 相对于物块 A 有最大的水平速度，为

$$v_r=l\omega_{max}=k\varphi_0 l$$

当此速度 $\boldsymbol{v}_r$ 向左时，物块 A 应有向右的绝对速度，设为 $\boldsymbol{v}$；而小球 B 向左的绝对速度值为

$$v_a=v_r-v$$

根据动量守恒条件，有

$$m_A v-m_B(v_r-v)=0$$

解出物块 A 的速度为

$$v=\frac{m_B v_r}{m_A+m_B}=\frac{km_B\varphi_0 l}{m_A+m_B}$$

当 $\sin kt=-1$ 时，也有 $\varphi=0$。此时小球相对于物块 A 向右的最大速度为 $k\varphi_0 l$，可求得物块 A 向左的最大速度为 $\dfrac{km_B\varphi_0 l}{m_A+m_B}$。

§9-2 质心运动定理

1. 质心运动定理

质点系的动量等于质点系的质量与质心速度的乘积。将式(9-3)代入式(9-6)，动量定理的微分形式可写成

$$\frac{d\boldsymbol{p}}{dt}=\frac{d(m\boldsymbol{v}_C)}{dt}=m\frac{d\boldsymbol{v}_C}{dt}=\sum \boldsymbol{F}_i^{(e)}$$

即

$$m\boldsymbol{a}_C=\sum \boldsymbol{F}_i^{(e)} \tag{9-16}$$

式中，$\boldsymbol{a}_C$ 是质心 C 的加速度。式(9-16)为质点系**质心运动定理：质点系的质量与其质心加速度的乘积，等于作用在质点系上的外力系的主矢（所有外力的矢量和）**。

例如，水平冰面上有一均质杆 AB，如在 A 点作用一水平力，则其质心 C 的加速度 $a_C=\frac{F}{m}$，方向为沿力 F 的作用线方向，如图 9-9 所示。A 点的加速度与质心 C 是不一样的。

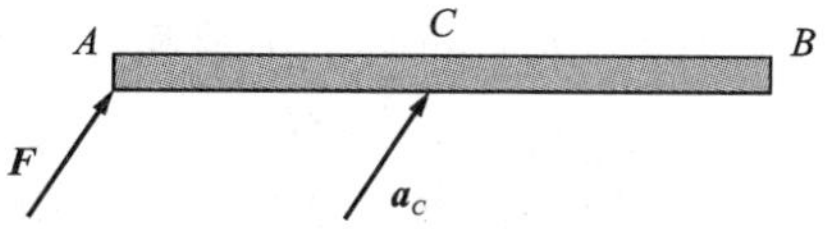

图 9-9

将式(9-16)两边对时间求二阶导数，有

$$m\boldsymbol{a}_C=\sum m_i\boldsymbol{a}_{Ci}$$

于是，得到质心运动定理的另一种表达式

$$\sum m_i\boldsymbol{a}_{Ci}=\sum \boldsymbol{F}_i^{(e)} \tag{9-17}$$

式中，m_i、$\boldsymbol{a}_{Ci}$ 分别是系统中第 i 个质点的质量和加速度。由于刚体的质心容易确定，故该式常用于求刚体系统动力学问题。

将质心运动定理与质点动力学基本方程比较可知：质点系质心的运动可看作一个质点的运动，这个质点集中了整个质点系的质量及其所受的外力。

将式(9-16)投影到直角坐标轴上，则得

$$\begin{cases}ma_{Cx}=\sum F_x\\ ma_{Cy}=\sum F_y\\ ma_{Cz}=\sum F_z\end{cases} \tag{9-18}$$

式中，a_{Cx}，a_{Cy}，a_{Cz} 分别表示质心加速度 $\boldsymbol{a}_C$ 在 x，y，z 轴上的投影；$\sum F_x$，$\sum F_y$，$\sum F_z$ 分别表示作用在质点系上的外力在 x，y，z 轴上的投影的代数和。

式(9-18)可表示为

$$m\frac{\mathrm{d}^2x_C}{\mathrm{d}t^2}=\sum F_x,\ m\frac{\mathrm{d}^2y_C}{\mathrm{d}t^2}=\sum F_y,\ m\frac{\mathrm{d}^2z_C}{\mathrm{d}t^2}=\sum F_z \tag{9-19}$$

式(9-19)即微分形式的质心运动定理的直角坐标表示式。

类似地，式(9-16)在自然轴上的投影形式为

$$m\frac{\mathrm{d}v_C}{\mathrm{d}t}=\sum F_\tau^{(e)},\ m\frac{v_C^2}{\rho}=\sum F_n^{(e)},\ 0=\sum F_b^{(e)} \tag{9-20}$$

质心运动定理在质点系动力学中具有重要意义。在很多实际问题中，质心的运动往往是问题的主要方面，只要知道了作用于质点系的外力，即可确定质心的运动规律。一旦掌握了质心的运动规律，可将质心选为基点，将刚体的运动分解为随着质心的平移和相对于质心的转动两部分，进而求出刚体上任一点的运动规律。如果刚体相对于质心的转动为次要因素，则该刚体的运动完全决定于质心的运动。例如研究卫星的运行轨迹、炮弹的弹道问题等。

根据以上讨论可以看出，要改变质点系的动量或质点系质心的运动，必须有主矢量不等于零的外力才行。质点系运动时，其质心的加速度完全决定于系统上的外力主矢量。例如停

在光滑冰面上的汽车，由于摩擦力几乎等于零，故无论如何加大油门，都不能使汽车前进。因为发动机汽缸内的燃气压力对汽车整体而言是内力，不能改变汽车质心的运动。唯有地面与轮子间存在摩擦力时，汽车才能前进。

注意：质点系的内力虽不能改变质点系质心的运动，但却可以改变质点系质点的运动。例如，分别站在两台不计摩擦力的滑板车上的两个小孩相互一推，各自沿不同方向运动两小孩组成的质点系的质心运动没有改变，但每个小孩的运动却发生了变化。

质心运动定理实际上是用质心表达的质点系动量定理。由于刚体的质心容易确定，所以将动量定理应用于单个刚体时，主要采用质心运动定理形式。由若干个刚体构成的系统中的每个刚体的质心比整个系统的质心容易确定，所以一般采用式(9-17)形式的质心运动定理形式。

例 9-6 均质曲柄 AB 长 r，质量为 m_1。假设受力偶作用以不变的角速度 ω 转动，并带动滑槽连杆以及与它固连的活塞 D，如图 9-10(a)所示。滑槽、连杆、活塞总质量为 m_2。如果作用在活塞上的力为 $\boldsymbol{F}$，不计摩擦，求作用在曲柄轴 A 处的水平分力 F_x。

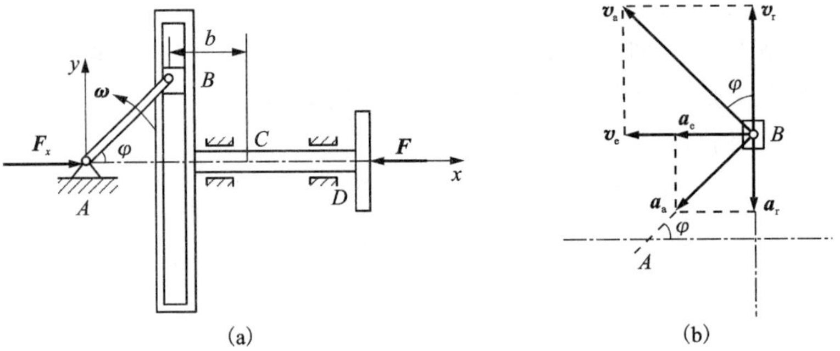

图 9-10

解：本题可用动量定理、质心运动定理求解。先对机构进行运动分析，如图 9-10(b)所示。曲柄 AB 的质心 C_1 和滑槽连杆以及与它固连的活塞的质心 C_2 速度和加速度分别为

$$v_{C_1x}=\frac{r}{2}\omega\sin\varphi,\ a_{C_1x}=\frac{r}{2}\omega^2\cos\varphi$$

$$v_{C_2x}=v_e=r\omega\sin\varphi,\ a_{C_2x}=\boldsymbol{a}_e=r\omega^2\cos\varphi$$

注意到力偶的合力为零，故作用在水平方向的外力有 $\boldsymbol{F}$ 和 $\boldsymbol{F}_x$。

(1)用动量定理求解

选取整个机构为研究的质点系。质点系的动量在 x 轴上的投影为

$$p_x=\sum m_i v_{Ci}=m_1 v_{C_1x}+m_2 v_{C_2x}=m_1\frac{r}{2}\omega\sin\varphi+m_2 r\sin\varphi=\left(\frac{m_1}{2}+m_2\right)r\omega\sin\varphi$$

代入动量定理的微分形式[式(9-12)]

$$\frac{\mathrm{d}}{\mathrm{d}t}\left[\left(\frac{m_1}{2}+m_2\right)r\omega\sin\varphi\right]=F-F_x$$

得

$$F_x=F-\left(\frac{m_1}{2}+m_2\right)r\omega\cos\varphi$$

(2) 用质心运动定理求解

由式(9-17)，有

$$m_1a_{C_1x}+m_2a_{C_2x}=F-F_x$$

所以

$$F=F-(m_1a_{C_1x}+m_2a_{C_2x})=F-\left(m_1\cdot\frac{r}{2}\omega^2\cos\varphi+m_2r\omega^2\cos\varphi\right)$$

$$=F-r\omega^2\left(\frac{m_1}{2}+m_2\right)\cos\varphi$$

本题也可用质心运动定理(9-16)式求解。先计算质心的坐标，如图 9-10(a)所示，有

$$x_C=\left[m_1\frac{r}{2}\cos\varphi+m_2(r\cos\varphi+b)\right]\cdot\frac{1}{m_2+m_1}$$

然后把它对时间取二阶导数

$$a_{Cx}=\frac{\mathrm{d}^2x_C}{\mathrm{d}t^2}=\frac{-r\omega^2}{m_2+m_1}\left(\frac{m_1}{2}+m_2\right)\cos\omega t$$

列出质心运动定理在 x 轴上的投影式

$$(m_2+m_1)a_{Cx}=F_x-F$$

解得

$$F_x=F-r\omega^2\left(\frac{m_1}{2}+m_2\right)\cos\omega t$$

---

2. 质心运动守恒

当外力主矢量为零时，有 $\boldsymbol{a}_C=0$，所以

$$\boldsymbol{v}_C=\text{常矢量} \tag{9-21}$$

说明如果质点系上的所有外力的矢量和恒等于零，则质点系的质心将作惯性运动。也就是说，如果运动开始时质心是静止的，则它始终保持静止不动。

当外力在某个轴(如 x 轴)上投影的代数和恒为零时，有 $a_{Cx}=0$，所以

$$v_{Cx}=\text{常量} \tag{9-22}$$

说明如果作用在质点系上的所有外力系在某个轴上的投影代数和恒为零，则质心的速度在该轴上的投影保持不变。如果运动开始时质心的速度在该轴上的投影等于零，则质点系在运动过程中的质心的速度在该轴上的投影始终保持为零。

以上称为**质心运动守恒定律。**

生活中很多现象可用质心运动定理和质心运动守恒定律来解释。例如，作用在刚体上的力偶，其作用效应是使物体绕质心的转动，这是因为外力系(力偶)的矢量和等于零，因此不可能改变刚体质心的运动；投掷出去的手榴弹的质心将沿一抛物线运动(不计空气阻力)，它在空中爆炸后，成为许多碎片，四向纷飞，但是所有弹片的质心仍然按爆炸前的抛物线轨迹运动，直到有一碎片碰到其他物体为止，这是因为爆炸力是内力，不可能改变它的质心的运动；跳远运动员起跳后，总是将上身后仰，两下肢前伸，以使其脚落在质心的前面；人在小船

上往岸上跳，如果还是按照在地面上的习惯，他的脚必将踏到水里；等等。

例 9–7 如图 9–11(a)所示，半径为 r、质量为 M 的光滑圆柱放在光滑水平面上，一质量为 m 的小球从圆柱顶点无初速地下滑。试求小球离开圆柱前的轨迹。

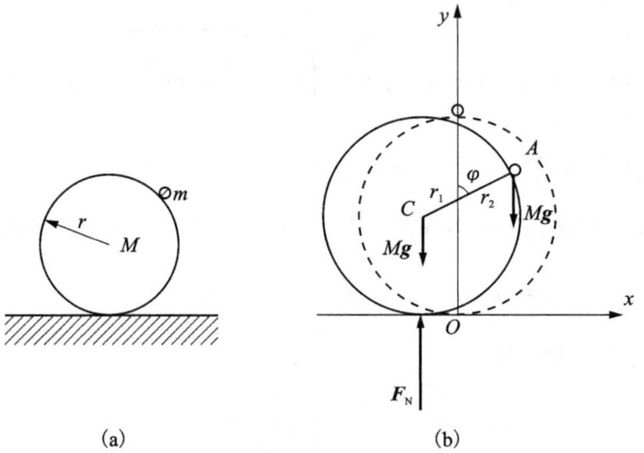

图 9–11

解： 取圆柱和小球为研究对象，系统所受外力有圆柱和小球的重力和地面的反力，如图 9–11(b)所示。由于系统在水平方向无外力，且系统的初速度为零，故系统的质心在水平方向守恒。

取坐标系 Oxy，在初始位置时，系统的质心在 Oy 轴上。由于质心在水平方向守恒，故运动后，系统的质心仍应在 Oy 轴上。故有

$$x_C = 0$$

设瞬时 t，小球由圆柱顶点下滑到圆柱上 A 点，此时圆柱质心与小球的连线与 Oy 轴的夹角为 φ[图 9–11(b)]。则由系统质心坐标公式有

$$x_C = \frac{\sum m_i x_i}{\sum m_i} = \frac{-Mr_1\cos\varphi + mr_2\cos\varphi}{M+m} = 0$$

即

$$-Mr_1 + mr_2 = 0$$

因为 $r = r_1 + r_2$，代入上式得

$$r_2 = \frac{Mr}{M+m}$$

于是小球的运动方程为

$$\left.\begin{aligned} x &= r_2\sin\varphi = \frac{M}{M+m}r\sin\varphi \\ y &= r + (r_1+r_2)\cos\varphi = r + r\cos\varphi \end{aligned}\right\}$$

从上面两式中消去 φ，得小球离开圆柱前的轨迹为

$$\frac{x^2}{\left(\frac{M}{M+m}r\right)^2}+\frac{(y-r)^2}{r^2}=1$$

得轨迹为以$\frac{M}{M+m}r$和 r 为半轴的椭圆弧。

§9-3　变质量质点的运动微分方程

动量定理所研究的对象是总质量不随时间变化的，或质点的个数不变的质点系。但有些问题，如火箭飞行过程中，由于不断地喷出燃料燃烧后产生的气体，所以火箭的质量是不断的减小的；又如不断地喷出燃气的喷气式飞机；正在下落过程的雨滴；等等。其质量在运动过程都是不断变化的。

当变质量物体作平动，或只研究它们质心的运动时，可简化为变质量质点来研究。

如图 9-12 所示，变质量质点在瞬时 t 的质量为 m，速度为 $\boldsymbol{v}$。在瞬时 $t+\Delta t$，有微小质量 Δm 并入，这时质点的质量为 $m+\Delta m$，速度为 $v+\Delta v$。微小质量 Δm 在尚未并入瞬时 t，速度为 $\boldsymbol{u}$。

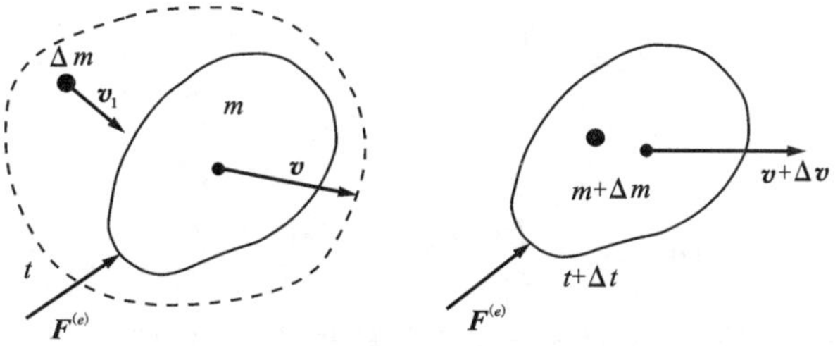

图 9-12

以原质点及并入的微小质量所构成的系统为研究对象，设作用于质系的外力为 $F^{(e)}$，应用动量定理

$$(m+\Delta m)(v+\Delta v)-(mv+\Delta mu)=F^{(e)}\Delta t$$

展开，得

$$mv+m\Delta v+\Delta mv+\Delta m\Delta v-mv-\Delta mu=F^{(e)}\Delta t$$

略去高阶微量后，有

$$m\Delta v=F^{(e)}\Delta t+\Delta m(u-v)$$

$\Delta t\to 0$ 时，得

$$m\frac{\mathrm{d}v}{\mathrm{d}t}=F^{(e)}+\frac{\mathrm{d}m}{\mathrm{d}t}(u-v) \tag{9-19}$$

式中，$u-v=v_{\mathrm{r}}$ 为微小质量 Δm 在并入前对于质点 m 的相对速度。

令

$$\Phi=\frac{\mathrm{d}m}{\mathrm{d}t}v_{\mathrm{r}}$$

则式(9-19)可写为**变质量质点的运动微分方程**

$$m\frac{\mathrm{d}v}{\mathrm{d}t}=F^{(e)}+\Phi \tag{9-23}$$

式中，m 为变量，$\frac{\mathrm{d}m}{\mathrm{d}t}$为代数量。当$\frac{\mathrm{d}m}{\mathrm{d}t}=0$ 时，式(9-23)为质心运动定理。

由式(9-23)可看出，除作用于系统的外力 $F^{(e)}$ 外，还有一力 $\Phi=\frac{\mathrm{d}m}{\mathrm{d}t}v_r$ 作用于系统上。即使外力 $F^{(e)}=0$，也能改变系统的运动状态，这就是火箭推进的原理。对于火箭$\frac{\mathrm{d}m}{\mathrm{d}t}<0$，$\Phi$ 的方向与燃气喷出火箭的相对速度 v_r 方向相反，称为反推力。火箭和喷气式飞机就是依靠反推力作为动力飞行的。

例 9-8 如图 9-13 所示，火箭垂直于地面发射。已知开始发射时火箭的质量为 m_0，燃料燃尽时火箭的质量为 m_f。设燃气喷射的相对速度 v_r 为常数，忽略重力及空气阻力。求火箭所能达到的最大速度 v_f。

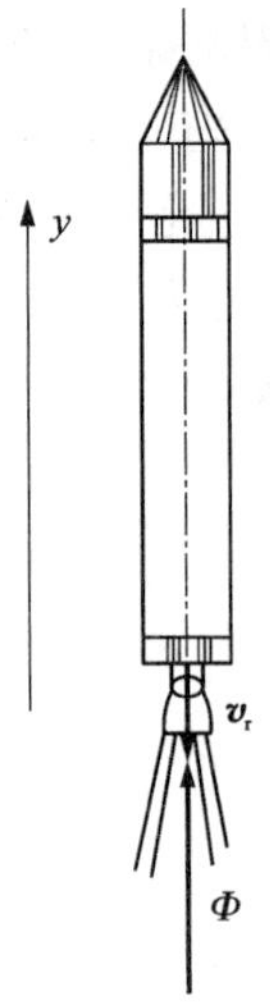

图 9-13

解：应用变质量质点运动微分方程在 y 轴上的投影式，有

$$m\frac{\mathrm{d}v}{\mathrm{d}t}=-\frac{\mathrm{d}m}{\mathrm{d}t}v_r$$

$$\mathrm{d}\boldsymbol{v}=-\frac{\mathrm{d}m}{m}v_r$$

积分，有

$$\int_0^{v_f}\mathrm{d}v=-v_r\int_{m=0}^{m_f}\frac{\mathrm{d}m}{m}$$

式中，积分的下限是由火箭初始速度 $\boldsymbol{v}_0=0$ 及初始质量 m_0 决定。得

$$v_f=v_r\ln\frac{m_0}{m_f}$$

由以上结果可以看出：

(1) 速度的增量与喷气速度 v_r 及质量比 m_0/m_f 有关系。喷气速度由燃料的特性及发动机品质决定。

(2) 火箭燃料与壳体的质量比$\frac{m_0-m_f}{m_f}=\frac{m_0}{m_f}-1$ 越大，所获得的速度增量也越大。如其比为 10，v_f 可达到 5~7 km/s，尚未达到第一宇宙速度。因此用火箭运送人造卫星或宇宙飞船进入轨道，需要利用多级火箭。

例 9-9 砂子从不动的漏斗中垂直落入运动的货车车厢内，如图 9-14 所示。每秒落入车厢内的砂子质量为 q_m。不计摩擦欲使车厢匀速运动，速度为 v，需加多大的外力？

解：视车厢为变质量质点，应用变质量质点运动微分方程在水平方向的投影，得

$$m\frac{\mathrm{d}v}{\mathrm{d}t}=F^{(e)}+v_{rx}\frac{\mathrm{d}m}{\mathrm{d}t}$$

由于车厢匀速运动，故式中 $\frac{\mathrm{d}v}{\mathrm{d}t}=0$，在水平方向 $v_{rx}+v=0$，所以

$$\frac{\mathrm{d}m}{\mathrm{d}t}=q_m$$

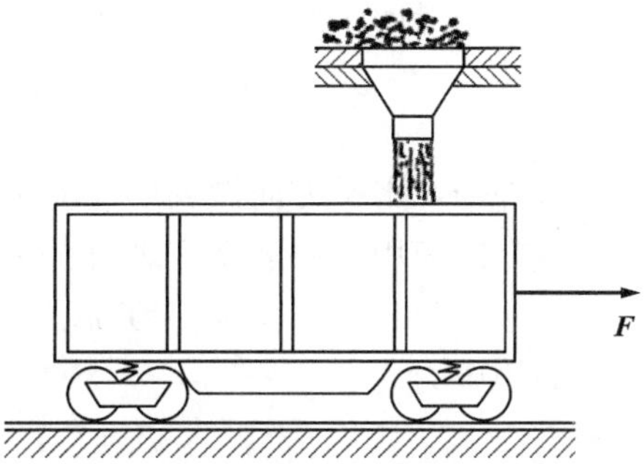

图 9-14

于是有

$$F^{(e)}=vq_m$$

§9-4　分析与讨论

1. 蛤蟆夯的工作原理

蛤蟆夯在建筑工地上用于夯实地基，工作时利用偏心飞轮的运动，使得夯架像蛙跳一样自动地一跳一跳向前运动。蛤蟆夯利用跳起来再砸下去的冲击力将软弱地基夯实，如图 9-15 所示。

蛤蟆夯的运动与没有螺栓固定的电动机的运动相似。

如图 9-16 所示，假设电动机放置在光滑的刚性基础上，在水平方向没有受到外力，初始时静止。设其外壳和定子的总质量为 m_1，质心位于转子转轴的中心 O_1；转子质量为 m_2，质心 O_2 的偏心距 $O_1O_2=e$。

图 9-15

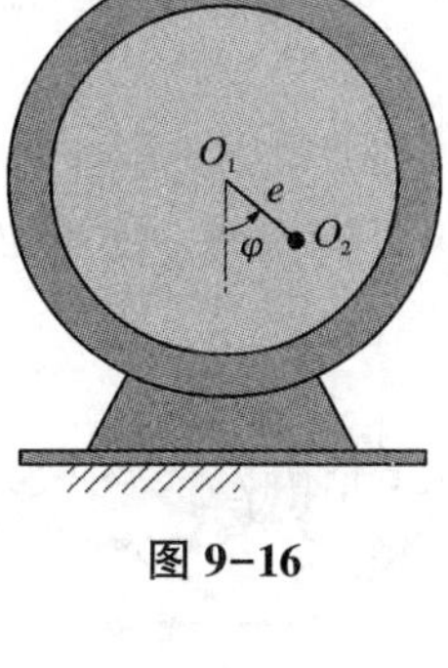

图 9-16

若转子以等角速度 ω 转动，系统质心的坐标 x_C 将保持不变。建立坐标系如图 9-17 所示，设初始时 $f=0$，系统质心的水平分量 $x_C(0)=L$。设转子转动后转轴中心偏移了 s，根据质心计算公式有

$$x_C(t)=\frac{m_1(L-s)+m_2(L+e\sin\varphi-s)}{m_1+m_2}$$

因为在水平方向质心守恒，所以有 $x_C(0)=x_C(t)$，解得

$$s=\frac{em_2}{m_1+m_2}\sin\varphi$$

电动机外壳在水平方向做周期性的正弦运动。

在竖直方向应用质心运动定理(图 9-18)，得

$$m_1\cdot 0+m_2\cdot e\omega^2\cos\omega t=F_y-m_1g-m_2g$$

机座的约束力为

$$F_y=(m_1+m_2)g+m_2e\omega^2\cos\omega t$$

可知

$$F_{y\min}=(m_1+m_2)g-m_2e\omega^2$$

当 $m_2e\omega^2>(m_1+m_2)g$ 时，有 $F_{y\min}<0$，此时电动机将会跳起来。

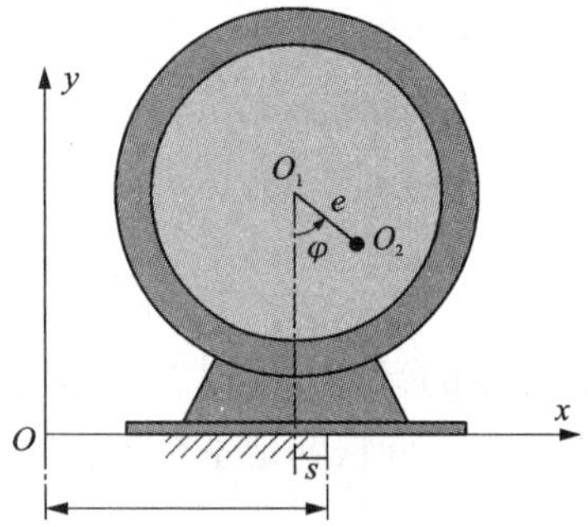

图 9-17

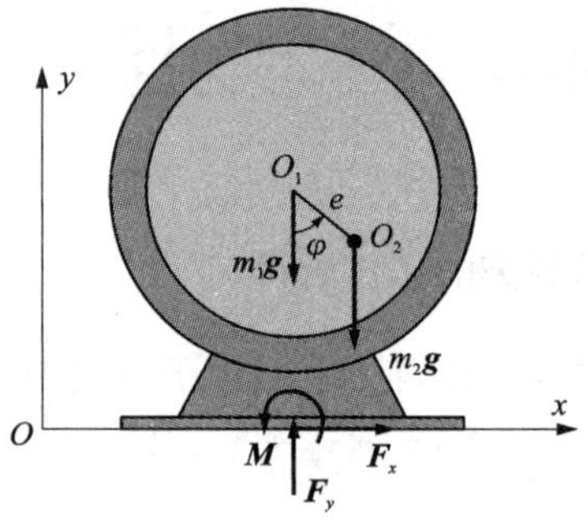

图 9-18

可以通过增加转速、加大转子偏心距和加大转子的质量使蛤蟆夯跳起，由于转速太高不好控制，故可以利用偏心质量块来实现。

由于地面有足够的摩擦力作用，蛤蟆夯与地面接触时不会移动，离开地面后摩擦力消失，整体向前移动。蛤蟆夯还利用偏心飞轮的运动带动夯架上下前后运动，夯实地基。

2. 太空拔河比赛

两宇航员在太空中拔河，已知他们的质量和力气不同，求两人胜负。

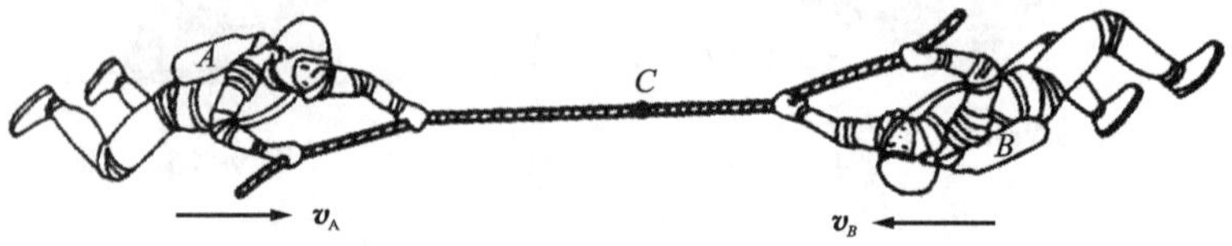

图 9-19

假设两名宇航员的质量分别为 m_A 和 m_B，取由两人和绳子组成的质点系为研究对象。该系统不受外力作用，动量守恒。如果开始时，两人在太空中保持静止，则有

$$\boldsymbol{p}=m_A\boldsymbol{v}_A+m_B\boldsymbol{v}_B=(m_A+m_B)\boldsymbol{v}_C=0$$

式中，$\boldsymbol{v}_A$ 和 $\boldsymbol{v}_B$ 分别为宇航员 A 和宇航员 B 在拔河过程中的速度；$\boldsymbol{v}_C$ 为系统质心 C 的速度。

上式表明，拔河中两人同时相互被对方拉动，各自速度的大小与其质量成反比，但系统的质心速度始终为零，即 C 点保持不动，因此两人同时到达质心 C 处。

若以先到达质心 C 为判断胜负的标准，则两人不分胜负。若以开始时两人的中点作为判定胜负的标准，则由于系统的质心偏于质量大的宇航员一边，故质量大的宇航员取胜。

习　题

9-1　炮弹飞出炮膛后，如无空气阻力，质心沿抛物线运动。炮弹爆炸后，质心运动规律不变。若有一块碎片落地，质心是否还沿原抛物线运动？为什么？

9-2　设各物体质量为 m。试求图题 9-2 中各均质物体的动量。

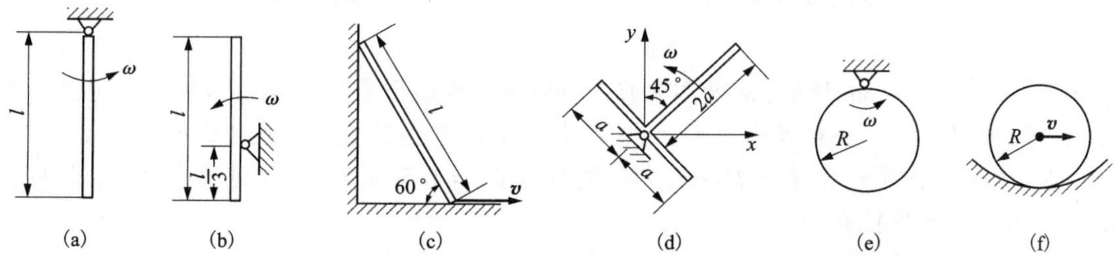

图题 9-2

9-3　图题 9-3 所示坦克的履带质量为 m_1，两个车轮的质量为 m_2。设车轮为均质圆盘，半径为 R；坦克前进速度为 v。计算此质点系的动量。

9-4　在图题 9-4 所示系统中，均质杆 OA、AB 与均质轮的质量均为 m，OA 杆的长度为 l_1，AB 杆的长度为 l_2，轮的半径为 R，轮沿水平面作纯滚动。在图示瞬时，OA 杆的角速度为 $\boldsymbol{\omega}$。求整个系统的动量。

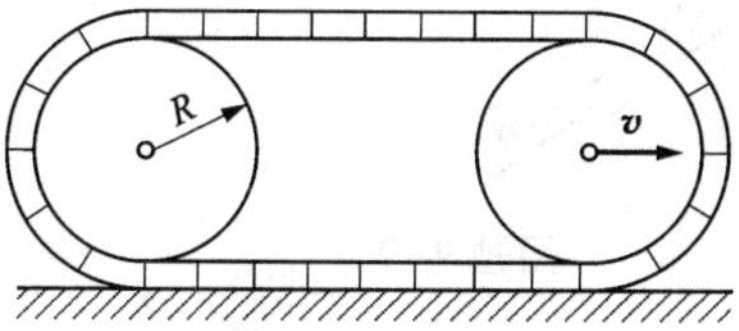

图题 9-3

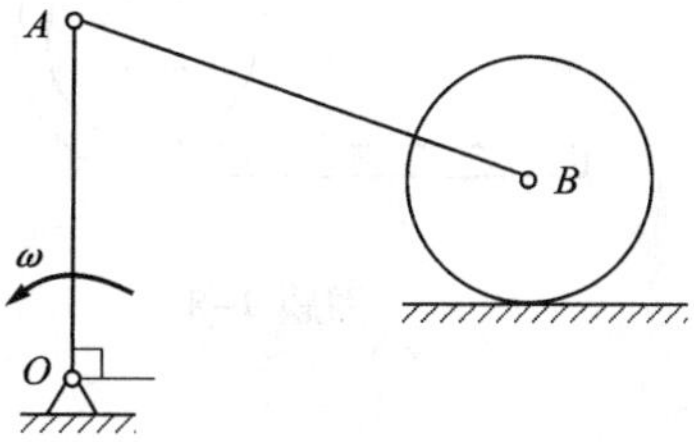

图题 9-4

9-5　如图题 9-5 所示的椭圆机构中，规尺 AB 质量为 $2m_1$，曲柄 OC 质量为 m_1，滑块 A 和 B 质量均为 m_2。曲柄以匀角速度 $\boldsymbol{\omega}$ 绕轴 O 转动。设各物体为均质，$OC=AC=CB=l$。试求机构质心的运动方程及系统的动量。

9-6　如图题 9-6 所示，质量为 m_1 的物体 A 借助于滑轮装置和质量为 m_2 的物体 B 提升。滑轮 D 和 E 的质量分别为 m_3 和 m_4，质心与形心重合。绳索质量忽略不计，物体 B 以加速度 a 下降。试求定滑轮 E 的轴承 O 的反力。

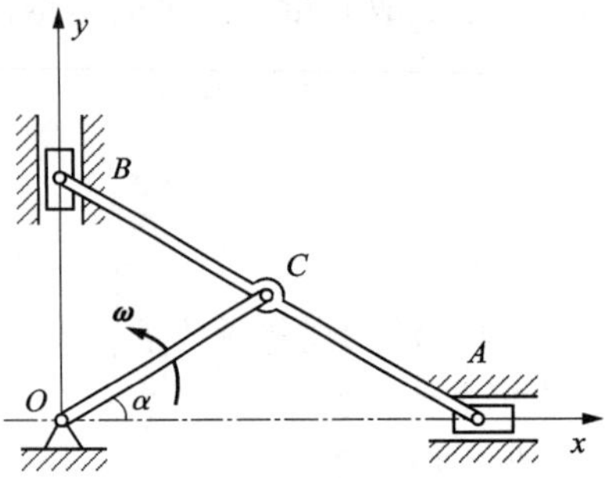

图题 9-5

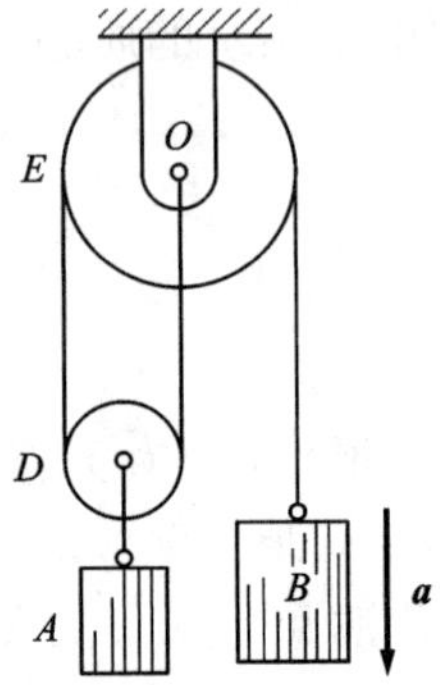

图题 9-6

9-7　口径为 75 mm 的炮，以出口速度为 900 m/s 发射质量为 7 kg 的炮弹。此炮装置在质量为 15 t 的飞机上。将炮弹向前直射时，飞机的前进速度要减少多少才安全？

9-8　自动传送带运煤量为 7200 kg/h，胶带速度 v= 1. 5 m/s。求匀速度传动时，胶带作用于煤块上的总水平推力。

9-9　如图题 9-9 所示，设已知水的流量为 Q m³/s，密度为 ρ kg/m³，水打在叶片上的水平速度 v_1 m/s，流出速度 v_2 m/s 与水平线成角 α rad。求水柱对涡轮固定叶片动压力的水平分量。

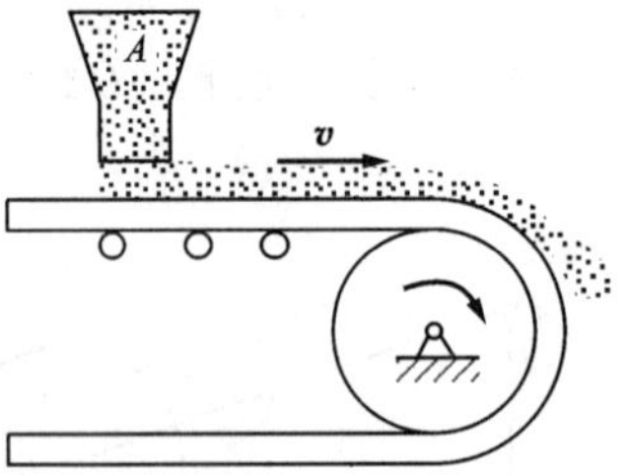

图题 9-8

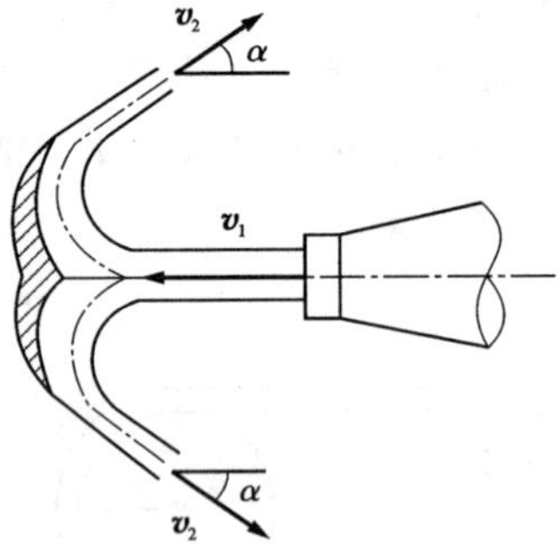

图题 9-9

9-10　一出口直径 d=25 mm 的水管喷出速度 v=20 m/s 的水柱，并沿水平方向射入一成角 90°的光滑叶片，如图题 9-10 所示。(1)若叶片固定不动；(2)若叶片沿水平方向以匀速度 u=10 m/s 向左运动。试分别求上述两种情形水柱对叶片的附加动压力。

9-11　如图题 9-11 所示，浮动起重机自身的质量为 m_2=20000 kg，被吊起重物的质量为 m_1=2000 kg，起重臂长 OA=8 m，质量不计。开始起重时起重臂与铅垂线夹角 α_0=60°，起重过程中水的阻力不计，试求起重臂转到与铅垂线夹角 α_0=30°时，起重机移动的距离。

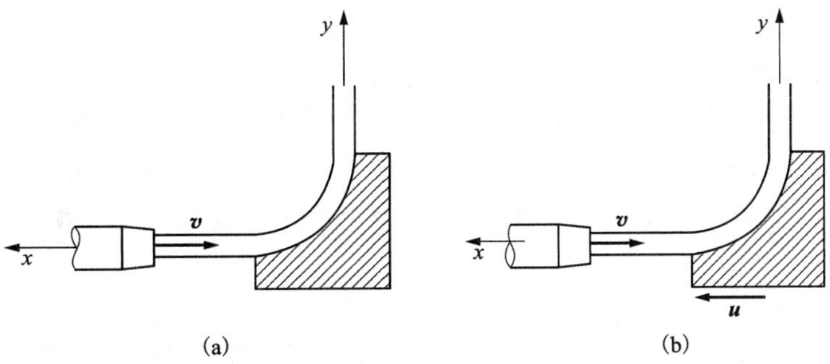

图题 9–10

9–12　质量为 m 的直角三棱柱放在光滑的水平面上；物体 A 和 B 的质量分别为 m_1 和 m_2，并由一根绕过滑轮 C 的不可伸长的绳索相连，可在棱柱体的光滑斜面上滑动，如图题 9–12 所示。设 $m=4m_1=16m_2$，不计绳索及滑轮的质量，开始时系统静止。当物体 A 下滑高度 $h=100$ mm 时，求三棱柱沿水平面的位移。

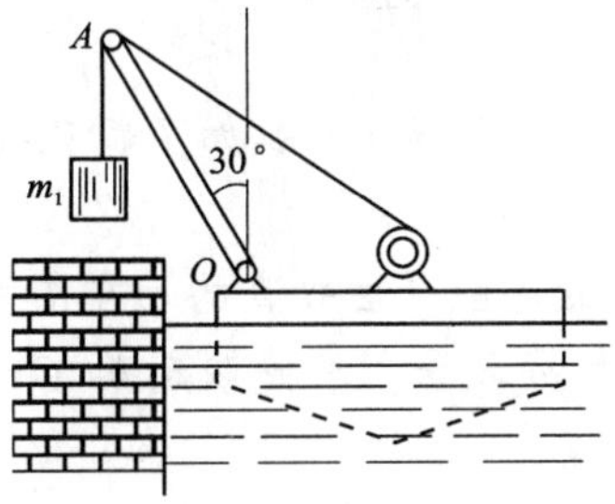

图题 9–11

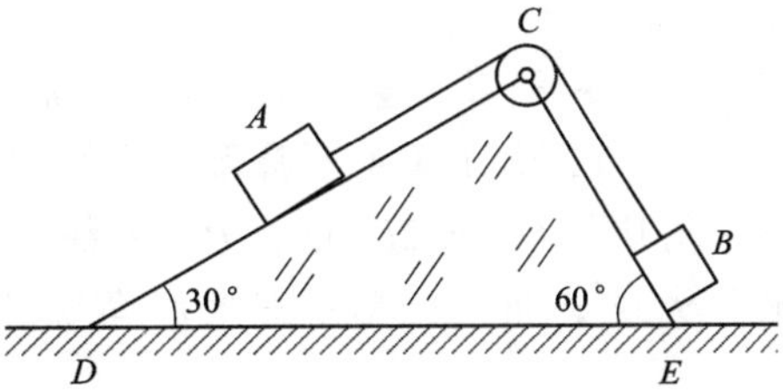

图题 9–12

9–13　均质杆 AB 长 $2l$，B 端置于光滑的水平面上。当杆与水平面成角 φ_0 时自由倒下，求点 A 的轨迹方程。

9–14　一电机重 P，放在光滑的水平基础上，如图题 9–14 所示。电机转轴 O 上装有一重 Q 的胶带轮，由于质量不均匀，胶带轮的质心 C 不在轴 O 上，偏心距 $OC=e$。转子以匀角速度 ω 转动，求电机的水平运动规律。

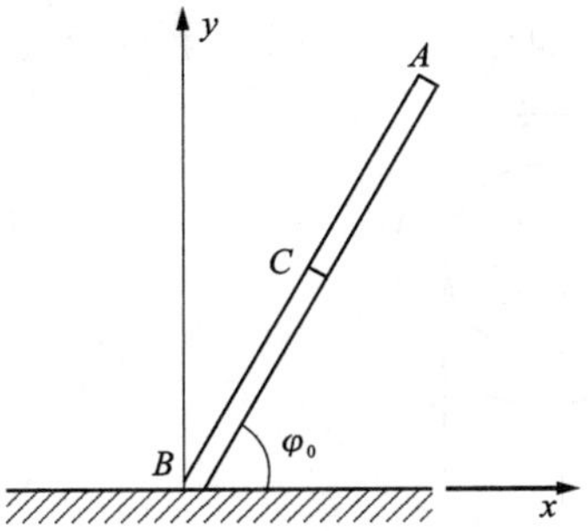

图题 9–13

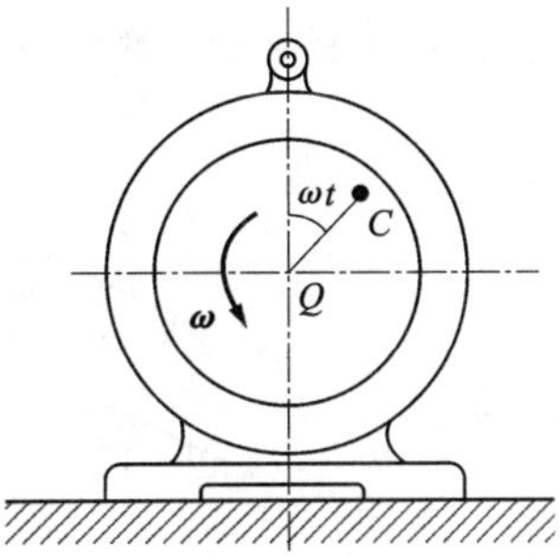

图题 9–14

9-15　图题 9-15 示凸轮机构中，凸轮以等角速度 ω 绕定轴 O 转动。质量为 m_2 的滑杆借右端弹簧拉力使其顶到凸轮上，当凸轮转动时滑杆作往复运动。设凸轮为一均质圆盘，质量为 m_1，半径为 r，偏心距为 e。求在任意瞬时机座螺钉的总反力与附加动反力。

9-16　如图题 9-16 所示，一重量为 Q 的小车 A，下面悬有一摆锤 B。已知摆锤规律 $\varphi=\varphi_0\cos kt$ 摆动。设摆锤 B 的重量为 P，摆长为 l，摆杆的重量及各处的摩擦不计。试求小车的运动方程。

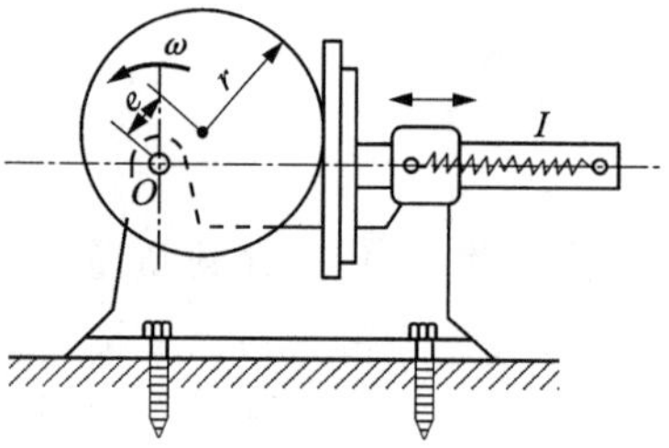

图题 9-15

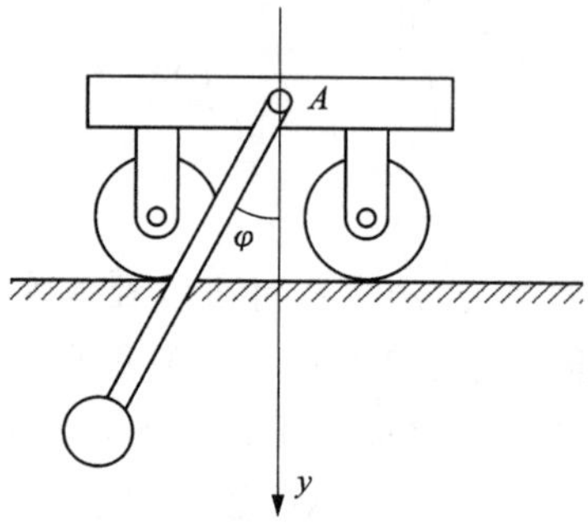

图题 9-16

9-17　物块 A 和 B 质量分别为 m_A 和 m_B，从初始静止开始运动，如图题 9-17 所示。如 B 向左的速度为 v，试计算 A 沿斜面下滑的相对速度为 v_r。

9-18　均质杆 OA 长 $2l$，重为 P。杆绕着通过 O 端的与图平面垂直的轴在图平面内转动，当杆与水平线成 φ 角时，其角速度和角加速度分别为 ω 及 ε。求此瞬时轴 O 对杆的约束反力。

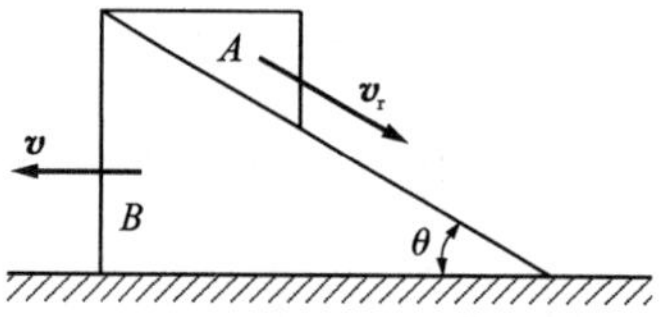

图题 9-17

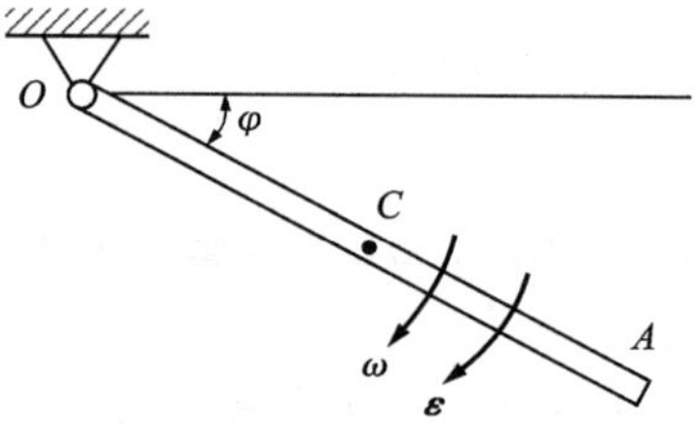

图题 9-18

9-19　图题 9-19 所示机构中，鼓轮 A 质量为 m_1，转轴 O 为其质心；重物 B 的质量为 m_2；重物 C 的质量为 m_3；斜面光滑，倾角为 θ。已知 B 物的加速度为 a，求轴承 O 处的约束反力。

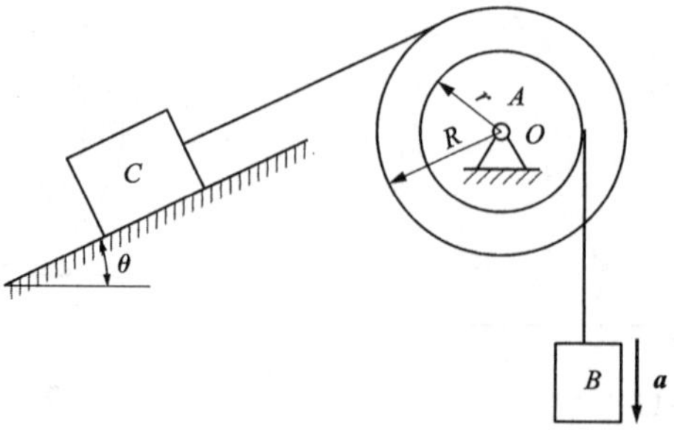

图题 9-19

9-20　如图题9-20所示，一小车原静止于水平轨道上，车上装有水箱和水泵。水泵将水箱中的水打出，从一直径 $d=50$ mm 的喷口向车后水平方向喷出，流量 $Q=85\times10^6$ mm^3/s，小车的原质量 $m_0=6.8$ t。不计轨道阻力，求一分钟以后的车速。

9-21　地板上有链条全长为 l，若用力 $\boldsymbol{P}$ 以匀速度 $\boldsymbol{v}$ 铅垂向上拉起，如图题9-21所示。设链条单位长度的质量为 γ，求所需力 $\boldsymbol{P}$ 的大小及当链条被拉起过程中地板的反力。

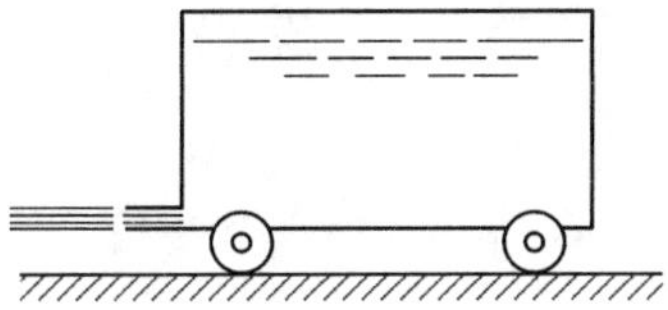

图题 9-20

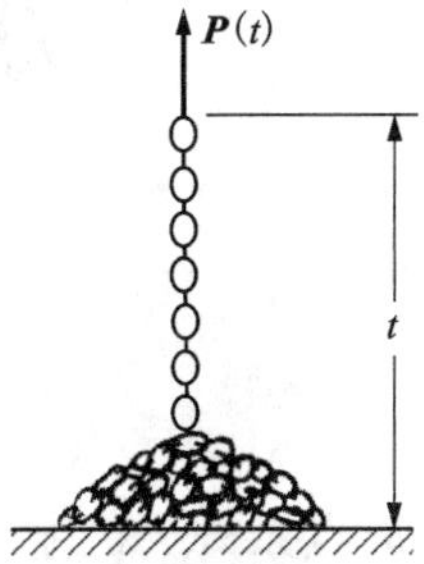

图题 9-21

9-22　火箭在均匀重力场(g=常数)内沿铅垂方向上升，喷射气体的相对速度 $\boldsymbol{v}_r=2$ km/s。火箭质量随时间变化的规律为 $m=m_0(1-\alpha t)$，其中 $\alpha=0.01(1/s)$。设火箭在地面时速度为零，空气阻力不计，求火箭上升时的运动方程及 $t=10$ s 时达到的高度。

第10章

动量矩定理

动量定理建立了质点系外力的主矢量与质点系动量变化，以及质点系质心运动之间的关系；揭示了质点系机械运动规律的一个侧面，但不是全貌，它不能说明质点系绕质心转动的运动情况。动量矩定理建立了质点系对某一点动量矩的变化与外力对同一点的主矩之间的关系，可以方便地解决质点系相对于某点或某轴转动的动力学问题。

§10-1 质点系的动量矩定理

1. 质点系的动量矩

(1) 动量矩的概念

设质点 M 的质量为 m，在力 $\boldsymbol{F}$ 的作用下沿空间曲线运动(图 10-1)。以 $\boldsymbol{r}$ 表示质点 M 对固定点 O 的矢径，质点对 O 点的**动量矩**为

$$\boldsymbol{M}_O(m\boldsymbol{v})=\boldsymbol{r}\times m\boldsymbol{v} \tag{10-1}$$

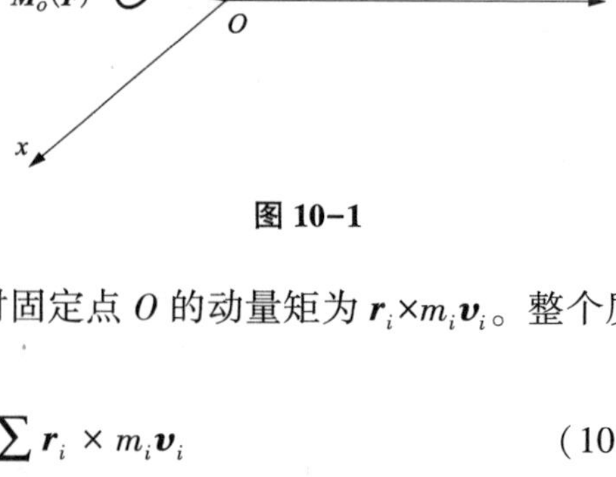

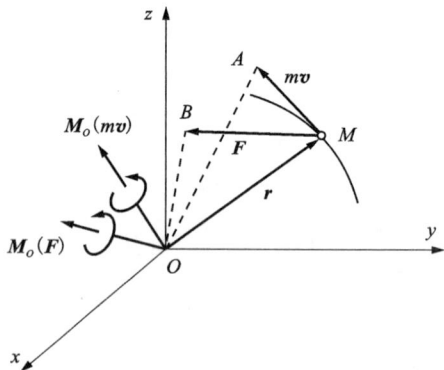

图 10-1

动量矩是一个矢量，是质点绕某点转动时的运动特征量。它垂直于 $\boldsymbol{r}$ 和 $m\boldsymbol{v}$ 所构成的平面，其指向按右手螺旋法则确定。在国际单位制中，动量矩的单位为 $kg\cdot m^2/s$。

很明显，质点的动量矩与力对点的矩相似。

(2) 质点系的动量矩

设质点系由 n 个质点组成，其中第 i 个质点 m_i 的动量为 $m_i\boldsymbol{v}_i$。它对固定点 O 的矢径为 $\boldsymbol{r}_i$，对固定点 O 的动量矩为 $\boldsymbol{r}_i\times m_i\boldsymbol{v}_i$。整个质点系对固定点 O 的动量矩 $\boldsymbol{L}_O$ 为

$$\boldsymbol{L}_O=\sum \boldsymbol{M}_O(m_i\boldsymbol{v}_i)=\sum \boldsymbol{r}_i\times m_i\boldsymbol{v}_i \tag{10-2}$$

即质点系的动量对点 O 的主矩。

与力系对点之矩和对通过该点的轴之矩的关系类似，将式(10-2)向原点为 O 的固定直角坐标系 $Oxyz$ 各轴投影，得到质点系对各坐标轴的动量矩

$$\boldsymbol{L}_x=\sum M_x(m_i\boldsymbol{v}_i),\ \boldsymbol{L}_y=\sum M_y(m_i\boldsymbol{v}_i),\ \boldsymbol{L}_z=\sum M_z(m_i\boldsymbol{v}_i) \tag{10-3}$$

且有

$$\boldsymbol{L}_O=L_x\boldsymbol{i}+L_y\boldsymbol{j}+L_z\boldsymbol{k}$$

注意，动量矩反映了质点系中各质点绕某一点运动的动力学特征。故必须用各质点的动量取矩后再求矢量和，而不能用质点系的动量取矩。例如，匀质圆轮绕固定质心轴转动，其动量等于零，但动量矩并不等于零。

刚体平移时

$$\boldsymbol{L}_O=\sum\bar{\boldsymbol{r}}_i\times m_i\bar{\boldsymbol{v}}_i=\sum m_i\bar{\boldsymbol{r}}_i\times\bar{\boldsymbol{v}}_C=\bar{\boldsymbol{r}}_C\times m\bar{\boldsymbol{v}}_C \tag{10-4}$$

即可将全部质量集中于质心，作为一个质点计算其动量矩。

刚体绕定轴 z 以角速度为 ω 转动时，如图 10-2 所示，刚体对转轴 z 的动量矩为

$$\boldsymbol{L}_z=\sum M_z(m_i\boldsymbol{v}_i)=\sum m_i\boldsymbol{r}_i\omega\cdot\boldsymbol{r}_i=\sum m_i\boldsymbol{r}_i^2\omega=\omega\sum m_i\boldsymbol{r}_i^2$$

令 $\boldsymbol{J}_z=\sum m_i\boldsymbol{r}_i^2$，称为刚体对转动轴 z 的**转动惯量**。

于是

$$\boldsymbol{L}_z=\boldsymbol{J}_z\omega \tag{10-5}$$

即刚体对转轴的动量矩等于刚体对转轴的转动惯量与角速度的乘积。

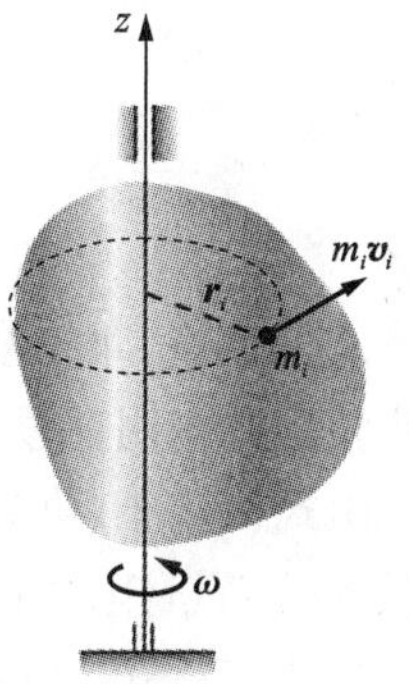

图 10-2

2. 动量矩定理

设质点系由 n 个质点组成，质点系中的任一质量为 m_i、速度为 $\boldsymbol{v}_i$ 的质点 m_i 对定点 O 的动量矩表示为 $\boldsymbol{M}_O(m_i\boldsymbol{v}_i)$；作用在该质点上的力(包括内力和外力) $\boldsymbol{F}_i$ 对同一点的矩为 $\boldsymbol{M}_O(\boldsymbol{F}_i)$。将式(10-1)两边对时间 t 求导数，得

$$\frac{\mathrm{d}}{\mathrm{d}t}\boldsymbol{M}_O(m_i\boldsymbol{v}_i)=\frac{\mathrm{d}}{\mathrm{d}t}(\boldsymbol{r}_i\times m\boldsymbol{v}_i)=\frac{\mathrm{d}\boldsymbol{r}_i}{\mathrm{d}t}\times m\boldsymbol{v}_i+\boldsymbol{r}_i\times\frac{\mathrm{d}(m\boldsymbol{v}_i)}{\mathrm{d}t}$$

由于 O 为定点，在上式右端第一项中，$\boldsymbol{r}_i$ 为质点 m_i 在该瞬时的绝对矢径，即 $\boldsymbol{v}_i$ 为绝对速度，所以

$$\frac{\mathrm{d}\boldsymbol{r}_i}{\mathrm{d}t}\times m\boldsymbol{v}_i=\boldsymbol{v}_i\times m\boldsymbol{v}_i=0$$

第二项中

$$\frac{\mathrm{d}(m\boldsymbol{v}_i)}{\mathrm{d}t}=\boldsymbol{F}_i,\ \boldsymbol{r}_i\times\boldsymbol{F}_i=\boldsymbol{M}_O(\boldsymbol{F}_i)$$

所以

$$\frac{\mathrm{d}}{\mathrm{d}t}\boldsymbol{M}_O(m_i\boldsymbol{v}_i)=\boldsymbol{M}_O(\boldsymbol{F}_i)$$

对质点系中的 n 个质点都写出上述方程，并将等式两边相加，有

$$\sum \frac{\mathrm{d}}{\mathrm{d}t}\boldsymbol{M}_O(m_i\boldsymbol{v}_i) = \sum \boldsymbol{M}_O(\boldsymbol{F}_i)$$

而

$$\sum \boldsymbol{M}_O(\boldsymbol{F}_i) = \sum \boldsymbol{M}_O(\boldsymbol{F}_i^{(i)}) + \sum \boldsymbol{M}_O(\boldsymbol{F}_i^{(e)})$$

式中，$\sum \boldsymbol{M}_O(\boldsymbol{F}_i^{(i)})$ 表示质点系的所有内力对 O 点之间的矢量和；$\sum \boldsymbol{M}_O(\boldsymbol{F}_i^{(e)})$ 表示作用在质点系的所有外力对 O 点之矩的矢量和。由于质点的内力总是成对出现，且等值、反向、共线，故

$$\sum \boldsymbol{M}_O(\boldsymbol{F}_i^{(i)}) = 0$$

于是

$$\frac{\mathrm{d}}{\mathrm{d}t}\sum \boldsymbol{M}_O(m_i\boldsymbol{v}_i) = \sum \boldsymbol{M}_O(\boldsymbol{F}_i^{(e)})$$

即

$$\frac{\mathrm{d}\boldsymbol{L}_o}{\mathrm{d}t} = \sum \boldsymbol{M}_O(\boldsymbol{F}_i^{(e)}) \tag{10-6}$$

式(10-6)即**矢量形式的质点系动量矩定理：质点系对任何一固定点的动量矩对时间的导数，等于作用在质点系上的所有外力对同一点之矩的矢量和(即外力系对同一点的主矩)**。

由式(10-6)可以看出，内力不能改变质点系的动量矩，只有作用于质点系的外力才能使质点系的动量矩发生变化。

将式(10-6)投影到以固定点 O 为原点的直角坐标轴上，得质点系对固定轴的动量矩定理

$$\frac{\mathrm{d}L_x}{\mathrm{d}t} = \sum M_x(\boldsymbol{F}_i^{(e)}),\ \frac{\mathrm{d}L_y}{\mathrm{d}t} = \sum M_y(\boldsymbol{F}_i^{(e)}),\ \frac{\mathrm{d}L_z}{\mathrm{d}t} = \sum M_z(\boldsymbol{F}_i^{(e)}) \tag{10-7}$$

即质点系对任一固定轴的动量矩对时间的导数，等于作用在质点系的所有外力对同一轴之矩的代数和。

例 10-1 在手柄 AB 上施加转矩 M_O，通过鼓轮 D 上缠绕的绳索使物体 C 移动，如图 10-3(a)所示。已知鼓轮为均质圆柱，半径为 r，质量为 m_1，$J_z=\frac{1}{2}m_1r^2$；物体 C 的质量为 m_2，它与水平面的动摩擦系数为 f'。手柄、转轴和绳索的质量以及轴承摩擦都忽略不计，试求物体 C 的加速度。

解： 取鼓轮 D、绳索、物体 C 组成的系统为研究对象，其受力如图 10-3(b)所示。

鼓轮 D 绕铅垂轴 Oz 做定轴转动，设其角速度为 ω；物体 C 沿水平面作直线平动，设其速度为 v，则

$$\omega = \frac{v}{r}$$

系统对转轴 z 的动量矩为

$$\begin{aligned} L_z &= J_z\omega + m_2vr \\ &= \frac{1}{2}m_1r^2\ \frac{v}{r} + m_2vr = \left(\frac{1}{2}m_1 + m_2\right)rv \end{aligned}$$

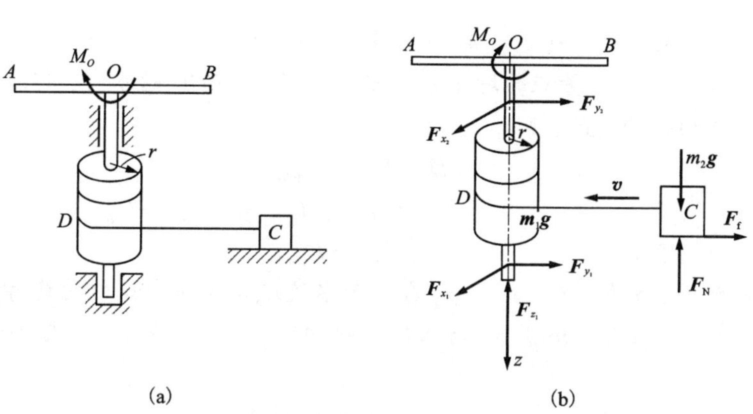

图 10-3

系统所受外力对转轴 z 的矩为

$$M_z(F_i^{(e)})=M_O-Fr=M_O-f'm_2gr$$

由式(10-7)

$$\frac{\mathrm{d}L_z}{\mathrm{d}t}=M_z(F_i^{(e)})$$

得

$$\frac{\mathrm{d}}{\mathrm{d}t}\left[\left(\frac{1}{2}m_1+m_2\right)rv\right]=M_O-f'm_2gr$$

考虑到$\frac{\mathrm{d}v}{\mathrm{d}t}=a$，得到物块 C 的加速度

$$a=\frac{\mathrm{d}v}{\mathrm{d}t}=\frac{2(M_O-f'm_2\boldsymbol{g}r)}{(m_1+2m_2)r}$$

例 10-2　水涡轮以等角速度 ω 绕通过 O 点的铅垂轴 z 转动，试求从涡轮叶片间流过的水流带给涡轮转子的转动力矩。

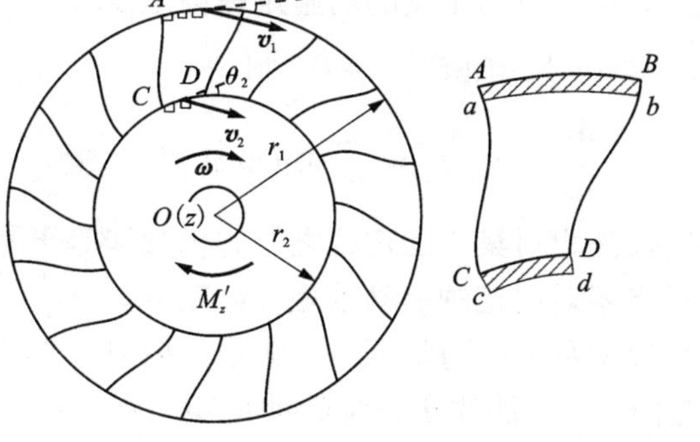

图 10-4

解：取两叶片间的水流 $ABCD$(质点系)为研究对象(图 10-4)。作用于质系上的外力有重力和叶片的约束力，重力平行于 z 轴，对转动轴之矩为零。所以水流作用于涡轮的转动力

矩与叶片对水流的约束力对 z 轴之矩 M_z 大小相等、转向相反。

先计算 $\mathrm{d}t$ 时间间隔内动量矩的增量 $\mathrm{d}L$。设 t 瞬时至 $ABCD$ 的水流，经过 $\mathrm{d}t$ 时间间隔后，运动至 $abcd$。设流动是稳定的，则

$$\begin{aligned}\mathrm{d}L_x &= L_{abcd} - L_{ABCD} \\ &= (L_{abCD} + L_{CDcd}) - (L_{ABab} + L_{abCD}) \\ &= L_{CDcd} - L_{ABab}\end{aligned}$$

设 Q 为体积流量，ρ 为密度，$\boldsymbol{v}_1$ 和 $\boldsymbol{v}_2$ 分别为水流进口处和出口处的绝对速度，r_1 和 r_2 分别为涡轮外圆和内圆的半径，θ_1 为 $\boldsymbol{v}_1$ 与涡轮外圆切线的夹角，θ_2 为 $\boldsymbol{v}_2$ 与涡轮内圆切线的夹角，则

$$L_{CDcd} = Q,\ c\mathrm{d}t\boldsymbol{v}_2 r_2 \cos\theta_2$$

$$L_{ABab} = Q,\ c\mathrm{d}t\boldsymbol{v}_1 r_1 \cos\theta_1$$

由动量矩定理

$$\frac{\mathrm{d}L_z}{\mathrm{d}t} = M_z^{(e)}$$

得

$$M_z = Q,\ O(\boldsymbol{v}_2 r_2 \cos\theta_2 - \boldsymbol{v}_1 r_1 \cos\theta_1)$$

M_z 为叶片作用于水流上的力矩。水流作用于涡轮的转动力矩 M_z' 的方向与 $\boldsymbol{M}_z$ 方向相反，即

$$M_z' = -M_z = Q\rho(v_1 r_1 \cos\theta_1 - v_2 r_2 \cos\theta_2)$$

以上结果称为**欧拉涡轮方程**。

---

3. 动量矩守恒

从式(10-6)可看出，如果 $\sum M_O(\boldsymbol{F}_i^{(e)}) = 0$，则

$$\boldsymbol{L}_O = \sum \boldsymbol{M}_O(m_i \boldsymbol{v}_i) = \text{常矢量} \tag{10-8}$$

即当作用于质点系上的所有外力对某一固定点之矩的矢量和等于零时，质点系对该固定点的动量矩保持不变。这就是**质点系对固定点的动量矩守恒定律。**

从式(10-7)可看出，如果 $\sum \boldsymbol{M}_z(\boldsymbol{F}_i^{(e)}) = 0$，则

$$\frac{\mathrm{d}L_z}{\mathrm{d}t} = 0,\ L_z = \sum M_z(m_i \boldsymbol{v}_i) = \text{常量} \tag{10-9}$$

即当作用在质点系上的所有外力对某一固定轴之矩的代数和等于零时，质点系对固定轴的动量矩保持不变。这就是**质点系对固定轴的动量矩守恒定律。**

用动量矩守恒定律可以解释某些力学现象。火炮发射时，若以炮身和炮弹作为一个质点系，则火药爆炸的压力是内力，不能改变系统的动量矩。系统在射击前处于静止，动量矩为零。在射击后，炮膛的来复线使炮弹高速旋转，炮身应向相反方向转动，以保持系统的动量矩守恒。但是由于炮身被固定在炮架上，其转动被轴瓦所阻碍，因此在发射炮弹时炮身对轴瓦作用着附加动反力。花样滑冰运动员的高速旋转表演，是利用人体对转轴的动量矩近似守恒，即 $J_z\omega \approx$ 常量。当手足收拢时，人体的转动惯量减小，转动的角速度提高。

例 10-3　在图 10-5 所示机构中，系统绕铅垂轴 z 自由转动，质量均为 m 的小球 A、B 以细绳相连。忽略摩擦和其余构件质量。如果初始时系统的角速度为 ω_0，试求当细绳突然断裂后，各杆与铅垂线成 θ 角时系统的角速度 ω。

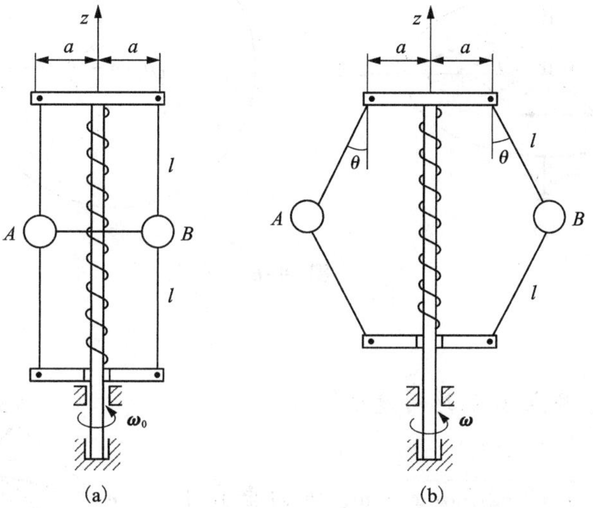

图 10-5

解： 取整个质点系为研究对象，作用在该质点系上的外力有小球 A、B 的重力和轴承处的反力。这些力对转轴 z 的力矩都等于零。因此，质点系对转轴 z 的动量矩保持不变。

开始时[图 10-5(a)]，质点系对 z 轴的动量矩为

$$L_{z1}=2(ma\omega_o)a=2ma^2\omega_o \tag{10-10}$$

绳拉断后[图 10-5(b)]，质点系对 z 轴的动量矩为

$$L_{z2}=2m(a+l\sin\theta)^2\omega \tag{10-11}$$

由于动量矩保持不变，有

$$2ma^2\omega_o=2m(a+l\sin\theta)^2\omega$$

解得

$$\omega=\frac{a^2}{(a+l\sin\theta)^2}\omega_0$$

例 10-4　水平圆板可绕 z 轴转动，如图 10-6(a)所示。在圆板上有一质点 M 作半径为 r 的圆周运动，已知其速度的大小 v_O 为常量，质点 M 的质量为 m，圆心距 z 轴为 l，M 点在圆板上的位置由 φ 确定。若圆板对 z 轴的转动惯量为 J，并且当 M 点离 z 轴最远时，圆板的角速度为零。轴的摩擦和空气阻力略去不计，试求圆板的角速度与 φ 角的关系。

解： 取水平圆板和其上的质点 M 为研究的质点系。由于系统所受的外力(包括圆板的重力，质点 M 的重力和轴承反力)对 z 轴的矩为零，所以系统对 z 轴的动量矩守恒。

当质点 M 处于 M_O 位置，即离 z 轴最远时，圆板的角速度 $\omega_O=0$。此时系统对 z 轴的动量矩为

$$L_{zO}=m\boldsymbol{v}_O(l+r)$$

当质点在圆板上沿半径为 r 的圆周走过 φ 角时，此时质点 M 的绝对速度为 v，圆板的角

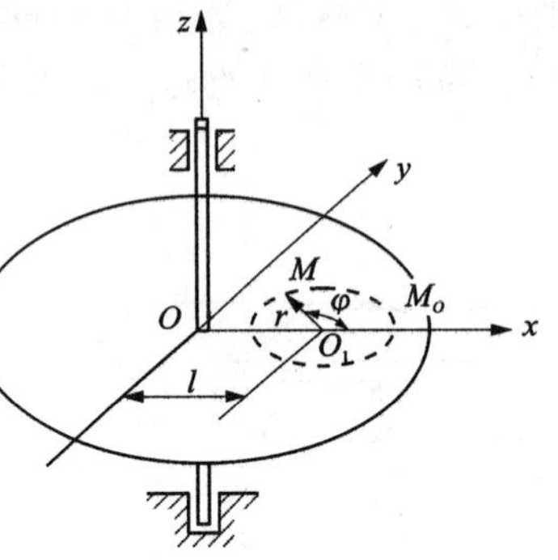

(a)

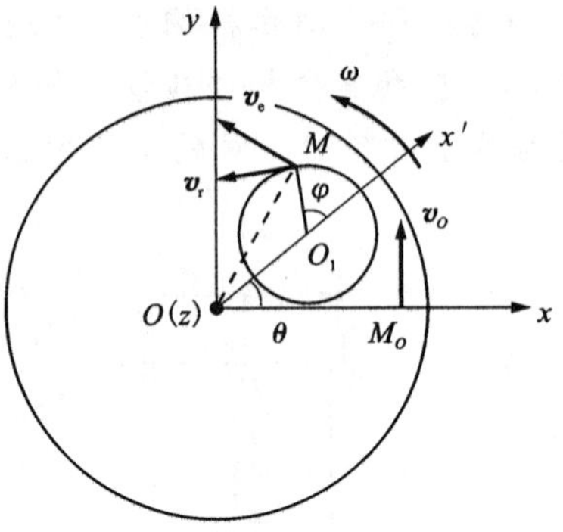

(b)

图 10-6

速度为 ω。

由速度合成定理，质点 M 的绝对速度

$$v=v_e+v_r$$

式中，$v_e=OM\cdot\omega=\sqrt{r^2+l^2+2rl\cos\varphi}\cdot\omega$，方向垂直于 OM，指向与 ω 转向一致，如图 10-6(b)所示；$v_r=v_O$，方向垂直于 O_1M，故此时系统对 z 轴动量矩（参考图 10-7）为

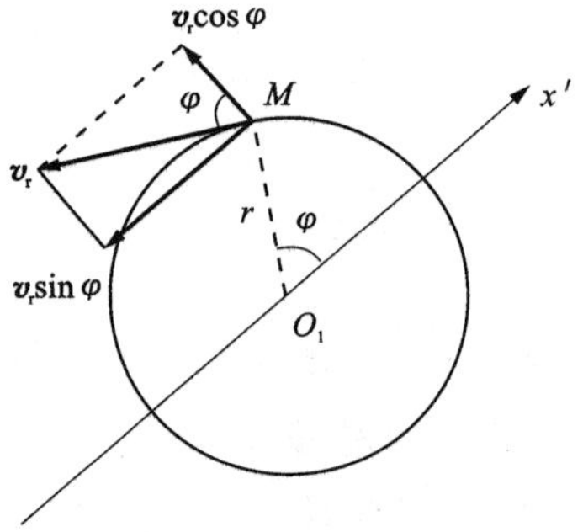

图 10-7

$$\begin{aligned}L_z&=J\omega+|\overrightarrow{OM}\times mv|\\&=J\omega+mv_e\cdot OM+mv_r\sin\varphi\cdot r\sin\varphi+mv_r\cos\varphi\\&\quad(OO_1+r\cos\varphi)\\&=J\omega+m(r^2+l^2+2rl\cos\varphi)\cdot\omega+mv_Or\sin^2\varphi+mv_O\cos\varphi(l+r\cos\varphi)\\&=J\omega+m(r^2+l^2+2rl\cos\varphi)\omega+mv_Or+mv_Ol\cos\varphi\end{aligned}$$

因为系统动量矩守恒，故

$$L_z=L_{zO}=\text{常量}$$

即

$$J\omega+m(r^2+l^2+2rl\cos\varphi)\omega+mv_Or+mv_Ol\cos\varphi=mv_O(l+r)$$

解得

$$\omega=\frac{mv_Ol(1-\cos\varphi)}{J+m(r^2+l^2+2rl\cos\varphi)}$$

§10-2 绕定轴转动刚体的运动微分方程

工程中有很多零件的运动是绕定轴转动，如机器中的齿轮轴、皮带轮轴等。应用质点系动量矩定理可解决这类物体的动力学问题。

1. 刚体的转动惯量

(1)转动惯量的物理意义

刚体对 z 轴的转动惯量等于刚体内各质点的质量与质点到转动轴的垂直距离平方的乘积之和，即

$$J_z = \sum m_i r_i^2 \tag{10-12}$$

如果刚体的质量是连续分布的，则可写成积分形式

$$J_z = \int_m r^2 \mathrm{d}m \tag{10-13}$$

其中的积分范围遍及整个刚体的质量。

刚体转动惯量的大小不仅与整个刚体的质量大小、质量分布有关，而且与转轴的位置有关，它是刚体转动时惯性的度量。在设计机器的飞轮和仪表的指针时，都考虑了刚体的转动惯量。在国际单位制中，转动惯量的单位为 $\mathrm{kg \cdot m^2}$。

(2)回转半径的概念

为了使具有不同几何形状的刚体能用统一的转动惯量计算式，工程中把转动惯量表示成刚体质量 m 与某个当量长度 ρ 的平方的乘积，即

$$J_z = m\rho_z^2 \quad 或 \quad \rho_z = \sqrt{\frac{J_z}{m}} \tag{10-14}$$

式中，ρ_z 称为刚体对 z 轴的**回转半径或惯性半径**。它表示：设想把刚体的质量 m 都集中于与 z 轴相距为 ρ_z 的一点上，则此集中质量对 z 轴的转动惯量与原刚体对 z 轴的转动惯量相同。

(3)平行移轴定理

如图 10-8 所示，设 C 为刚体的质心。刚体对于过质心的轴 z 的转动惯量为

$$J_{zC} = \sum m_i r_i^2 = \sum m_i(x_i^2 + y_i^2)$$

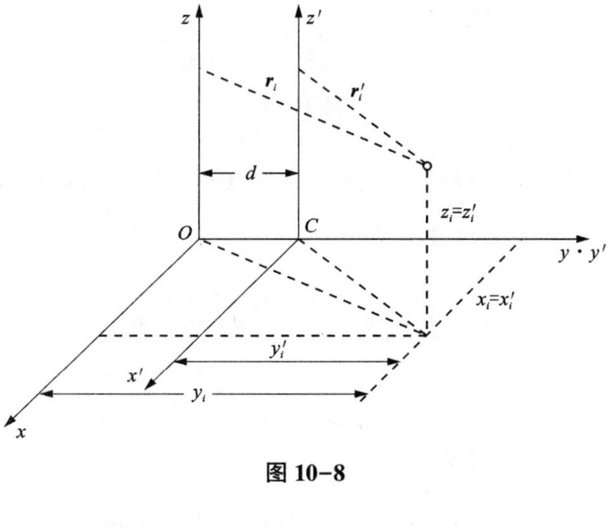

图 10-8

对于与 z 轴平行的另一轴 z'的转动惯量为

$$J_{z'} = \sum m_i \boldsymbol{r}_i'^2 = \sum m_i (x_i'^2 + y_i'^2)$$

由于 $x_i'=x_i$，$y_i'=y_i+d$，d 为 z 轴与 z'轴的距离。于是上式变为

$$\begin{aligned} J_{z'} &= \sum m_i \mid x_i^2 + (y_i + d)^2 \mid = \sum m_i \mid x_i^2 + y_i^2 + 2dy_i + d^2 \mid \\ &= \sum m_i (x_i^2 + y_i^2) + 2d \sum m_i y_i + d^2 \sum m_i \end{aligned}$$

式中，第二项 $\sum m_i y_i = m y_C = 0$，于是得

$$J_{z'} = J_{zC} + md^2 \tag{10-15}$$

上式表明：**刚体对于任一轴的转动惯量等于刚体对于通过质心、并与该轴平行的轴的转动惯量，加上刚体的质量与两轴间距离平方的乘积**，称为转动惯量的**平行移轴定理**。

工程手册中查到的转动惯量，一般都是刚体对于通过质心轴的转动惯量(见附录B)。如果需要求刚体对于与质心轴相平行的另一轴的转动惯量，则可运用上述定理求解。显然，刚体对于过质心轴的转动惯量最小。

(4)转动惯量计算

一般均质的简单形状刚体的转动惯量可直接利用式(10-13)进行积分计算；对于组合形状刚体的转动惯量，则可利用式(10-15)，用类似于求组合形状物体重心的方法(例如分割法)来计算；对于不规则形状的刚体，工程中常用实验的方法测定其转动惯量，常用的方法有扭转振动法、复摆法、落体观测法等。

例 10-5 设有质量为 m、长度为 l 的等截面均质细杆。试计算该杆对通过杆端并与杆轴相垂直的 z 轴的转动惯量，以及对通过质心并与 z 轴相平行的 z_C 轴的转动惯量。

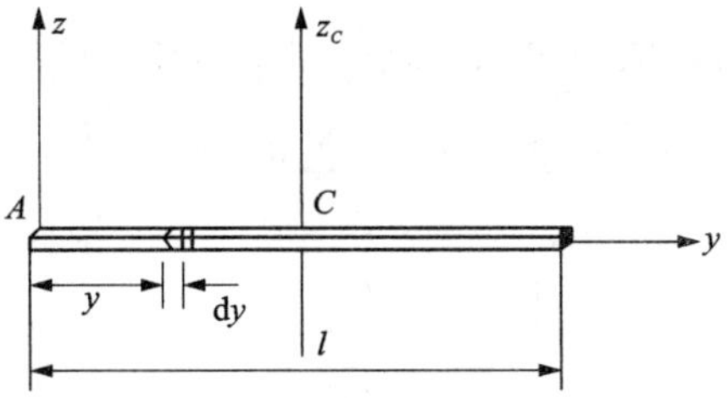

图 10-9

解：取杆端 A 为坐标原点，杆轴为 y 轴，如图 10-9 所示。沿杆长取一微段 dy，其质量 $dm=\frac{m}{l}dy$，则细杆对 z 轴的转动惯量为

$$J_z = \int_M y^2 dm = \int_0^l y^2 \frac{m}{l} dy = \frac{1}{3} ml^2$$

根据平行轴定理

$$J_z = J_C + md^2$$

均质细杆对 z_C 轴的转动惯量为

$$J_C = J_Z - md^2 = \frac{1}{3}ml^2 - m\left(\frac{l}{2}\right)^2 = \frac{1}{12}ml^2$$

例 10-6 已知圆形薄板 J_z，半圆板质量为 m。求半圆形板对 z_C 轴的转动惯量。

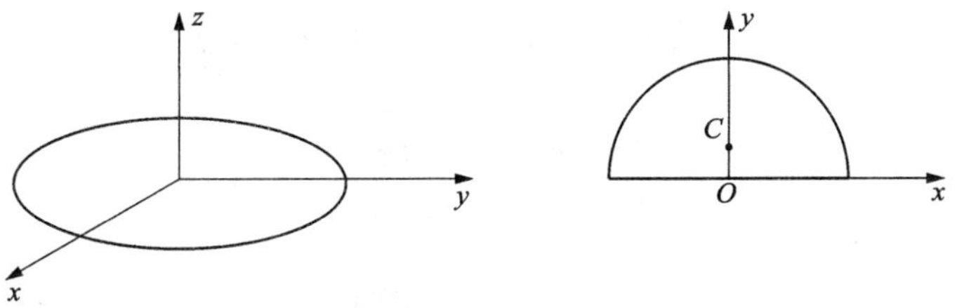

图 10-10

解：圆形薄板可以视为两个半圆板之和，因此有 $J_z=2J_O$，即

$$J_O=\frac{1}{2}J_z=\frac{1}{2}mr^2$$

图 10-10 所示半圆板，其质心 C 的 y 坐标为 $y_C=\frac{4r}{3\pi}$，根据平行移轴定理

$$J_C=J_O-md^2=\frac{1}{2}mr^2-m\left(\frac{4r}{3\pi}\right)^2=\frac{1}{18\pi^2}(9\pi^2-32)mr^2$$

2. 刚体绕定轴转动的微分方程

刚体绕定轴转动时，刚体对 z 轴的动量矩为 $L_z=J_z\omega$，代入质点系动量矩定理表达式(10-7)，并注意到 J_z=常量，可得

$$\frac{\mathrm{d}}{\mathrm{d}t}(J_z\boldsymbol{\omega})=J_z\frac{\mathrm{d}\boldsymbol{\omega}}{\mathrm{d}t}=\sum M_z(\boldsymbol{F}_i^{(e)})$$

式中，$\boldsymbol{\omega}$ 为角速度；$\frac{\mathrm{d}\boldsymbol{\omega}}{\mathrm{d}t}=\boldsymbol{\alpha}$ 为刚体的角加速度；$\sum M_z(\boldsymbol{F})$ 为外力系对 z 轴之矩的代数和。于是

$$J_z\boldsymbol{\alpha}=\sum M_z(\boldsymbol{F}_i^{(e)})\quad 或\quad J_z\frac{\mathrm{d}^2\boldsymbol{\varphi}}{\mathrm{d}t^2}=\sum M_z(\boldsymbol{F}_i^{(e)})\tag{10-16}$$

式(10-16)即**刚体绕定轴转动的微分方程**，它建立了绕定轴转动刚体在任一瞬时的角加速度与外力矩之间的关系。

由式(10-16)可见，如果外力对 z 轴之矩的代数和等于零，即 $\sum M_z(\boldsymbol{F}_i^{(e)})=0$，则 $\boldsymbol{\alpha}=0$，$\boldsymbol{\omega}$=常量，刚体做匀速转动或静止；如果外力对 z 轴之矩的代数和等于常量，即 $\sum M_z(\boldsymbol{F}_i^{(e)})$=常量，则 $\boldsymbol{\alpha}$=常量，刚体作匀变速转动。

例 10-7　如图 10-11 所示，刚体在重力作用下绕水平轴 O 转动，称为复摆或物理摆。水平轴称为摆的悬挂轴(或悬点)。设摆的质量为 m，质心为 C，a 为质心到悬挂轴的距离。若已测得复摆绕其平衡位置摆动的周期 T，求刚体对通过质心并平行于悬挂轴的轴的转动惯量。

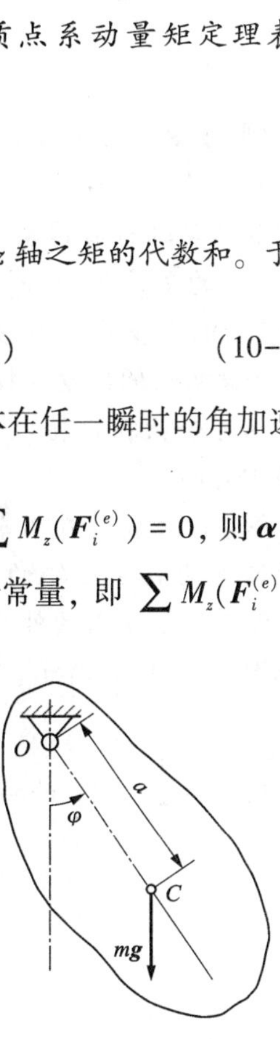

图 10-11

解：刚体在任意位置的受力如图 10-11 所示，刚体绕定轴转动微分方程为

$$J_O\ddot{\varphi}=-mga\sin\varphi$$

根据平行轴定理

$$J_O=J_C+ma^2=m\rho_C^2+ma^2=m(\rho_C^2+a^2)$$

有

$$m(\rho_C^2+a^2)\ddot{\varphi}=-mga\sin\varphi$$

或

$$\ddot{\varphi}+\frac{ga}{\rho_C^2+a^2}\sin\varphi=0$$

当微幅摆动时，可取 $\sin\varphi\approx\varphi$，运动微分方程为

$$\ddot{\varphi}+\frac{ga}{\rho_C^2+a^2}\varphi=0$$

这与单摆的运动微分方程相似。其通解为

$$\varphi=\varphi_o\sin\left(\sqrt{\frac{ga}{\rho_C^2+a^2}}t+\alpha\right)$$

由此得复摆微小摆动的周期为

$$T=2\pi\sqrt{\frac{\rho_C^2+a^2}{ga}}$$

若已测得复摆摆动的周期，可求出刚体的转动惯量

$$J_C=m\rho_C^2=mga\left(\frac{T^2}{4\pi^2}-\frac{a}{g}\right)$$

例 10-8 轮 A 质量 m_1，半径 r_1，可绕 OA 杆的 A 端转动。若将轮 A 放在质量为 m_2 的 B 轮上，B 轮的半径为 r_2，可绕其转动轴自由转动，如图 10-12 所示。两轮开始接触时，A 轮的角速度为 ω_0，B 轮处于静止。A 轮放在 B 轮上后，A 轮的重量由 B 轮支持。略去轴承摩擦和杆 OA 的重量，并设两轮间的动摩擦系数为 f，且两轮都可看作均质圆盘。从 A 轮放在 B 轮上起到两轮没有相对滑动时为止，需经多少时间？

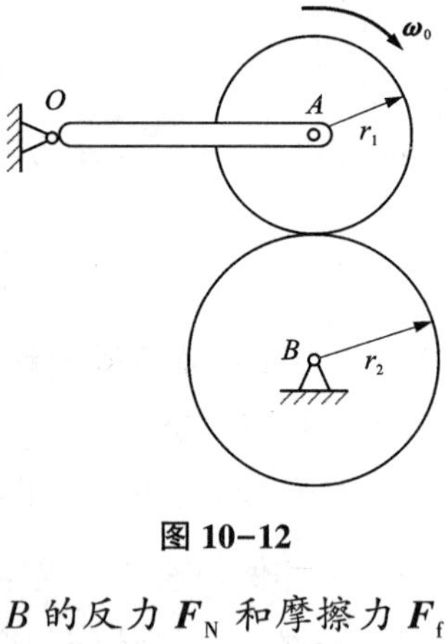

图 10-12

解： 设 A 轮放在 B 轮之上到两轮无相对滑动时，A 轮的角速度为 ω_1；B 轮的角速度为 ω_2。先取轮 A 为研究对象，作用于轮 A 上的外力有：重力 $m_1\boldsymbol{g}$，轴承反力 $\boldsymbol{F}_{Ax}$、$\boldsymbol{F}_{Ay}$，轮 B 的反力 $\boldsymbol{F}_{\mathrm{N}}$ 和摩擦力 $\boldsymbol{F}_{\mathrm{f}}$，受力如图 10-13(a)所示。轮 A 做定轴转动，由刚体定轴转动微分方程有

$$J_A\alpha_1=F_{\mathrm{f}}r_1$$

将 $J_A=\frac{1}{2}m_1r_1^2$，$F_{\mathrm{f}}=fF_{\mathrm{N}}=fm_1g$（因不计 OA 杆重，故 $F_{\mathrm{N}}=m_1g$）代入上式得

$$\frac{1}{2}m_1r_1^2\alpha_1=fm_1gr_1$$

解得

$$\alpha_1=\frac{2gf}{r_1}=\text{常量} \tag{10-17}$$

α_1 为逆时针转向，与 ω_1 转向相反。

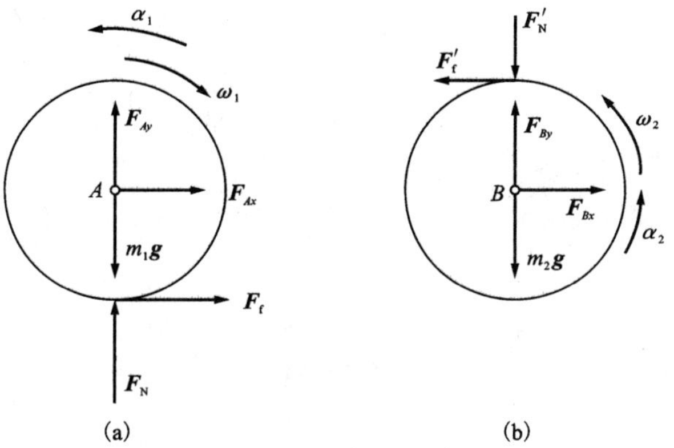

图 10-13

再取轮 B 为研究对象，作用于轮 B 上的外力有：重力 $m_2\boldsymbol{g}$，轮 A 对它的压力 $\boldsymbol{F}'_N$，摩擦力 $\boldsymbol{F}'_f$，轴承反力 $\boldsymbol{F}_{Bx}$、$\boldsymbol{F}_{By}$，受力如图 10-13(b)所示。轮 B 绕 B 轴转动。由刚体定轴转动微分方程，有

$$J_B\alpha_2=F'_f r_2$$

将 $J_B=\dfrac{1}{2}m_2r_2^2$，$F'_f=F_f=fm_1\boldsymbol{g}$ 代入上式得

$$\alpha_2=\frac{2gf}{r_2}\cdot\frac{m_1}{m_2}=\text{常量} \tag{10-18}$$

设从轮 A 放在 B 轮上起到两轮间无滑动为止所需的时间为 t，则两轮的角速度分别为

$$\omega_1=\omega_0-\alpha_1t\text{（轮 }A\text{ 作匀减速转动）}$$

$$\omega_2=0+\alpha_2t$$

由于两轮间无滑动，则有

$$r_1\omega_1=r_2\omega_2$$

即

$$r_1(\omega_0-\alpha_1t)=r_2\alpha_2t \tag{10-19}$$

将式(10-17)和式(10-18)的 α_1 和 α_2 代入式(10-19)得

$$r_1\omega_0-2gft=2gf\frac{m_1}{m_2}t$$

解得

$$t=\frac{r_1\omega_0}{2gf\left(1+\dfrac{m_1}{m_2}\right)}$$

例 10-9　图 10-14(a)所示提升装置中，轮 A、B 的重量分别为 P_1、P_2，半径分别为 r_1、r_2，可视为均质圆盘；物体 C 的重量为 P_3。轮 A 上作用常力偶矩 M_1。求物体 C 上升的加速度。

解：(1)取轮 A 为研究对象，运动、受力分析如图 10-14(b)所示。列绕定轴 O_1 转动的微

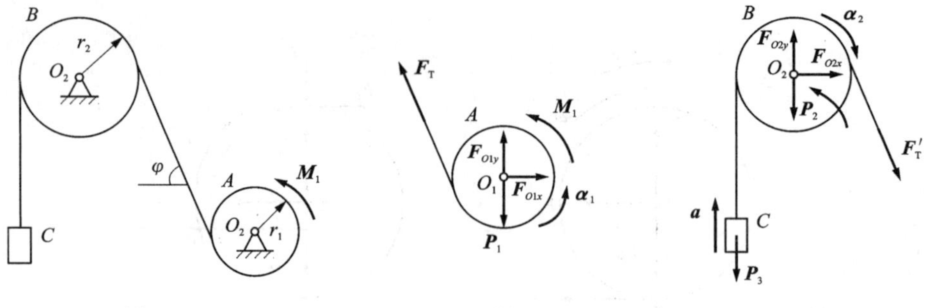

图 10-14

分方程，有

$$\frac{1}{2}\frac{P_1}{g}r_1^2 \cdot \alpha_1 = M_1 - F_T r_1 \tag{10-20}$$

(2)取轮 B 连同物体 C 为研究对象，运动、受力分析如图 10-14(c)所示，由对定轴 O_2 的动量矩定理，有

$$\frac{\mathrm{d}}{\mathrm{d}t}\left(\frac{1}{2}\frac{P_2}{g}r_2^2 \cdot \omega_2 + \frac{P_3}{g}vr_2\right) = F_T' r_2 - Pr_2 \tag{10-21}$$

补充运动学条件

$$r_2\omega_2 = v,\ r_2\alpha_2 = a = r_1\alpha_1 \tag{10-22}$$

联立式(10-20)～式(10-22)求解得

$$a = \frac{2g(M_1 - P_3 r_1)}{r_1(P_1 + P_2 + 2P_3)}$$

§10-3 质点系对质心的动量矩定理

1. 质点系的动量矩

根据定义，质点系的动量矩按式(10-2)计算。如果质点系作比较复杂的一般运动，则动量矩的计算量大。此时，质点系的动量矩可以通过研究质点系相对于固定点 O 的动量矩与相对于质心 C 的动量矩之间的关系得以简化。

如图 10-15 所示的质点系相对定参考系 $Oxyz$ 作一般运动，C 为质点系的质心，对任一质点 m_i，有

$$\boldsymbol{r}_i = \boldsymbol{r}_C + \boldsymbol{r}_i'$$

其中，$\boldsymbol{r}_i'$为质点 m_i 在相对参考系中的矢径，质点系对于固定点 O 的矩为

$$\begin{aligned}\boldsymbol{L}_O &= \sum \boldsymbol{M}_O(m_i\boldsymbol{v}_i) = \sum \boldsymbol{r}_i \times m_i\boldsymbol{v}_i \\ &= \sum(\boldsymbol{r}_C + \boldsymbol{r}'_i) \times m_i\boldsymbol{v}_i\end{aligned}$$

$$=\boldsymbol{r}_C\times\sum m_i\boldsymbol{v}_i+\sum\boldsymbol{r}'_i\times m_i\boldsymbol{v}_i$$
$$=\boldsymbol{r}_C\times m\boldsymbol{v}_C+\sum\boldsymbol{r}'_i\times m_i\boldsymbol{v}_i$$

即

$$\boldsymbol{L}_O=\boldsymbol{L}_C+\boldsymbol{r}_C\times m\boldsymbol{v}_C \tag{10-23}$$

其中

$$\boldsymbol{L}_C=\sum\boldsymbol{r}'_i\times m_i\boldsymbol{v}_i \tag{10-24}$$

式中，为质点系相对质心 C 的动量矩；$\boldsymbol{v}_i$ 为质点相对于定参考系的绝对速度；$\boldsymbol{L}_O$、$\boldsymbol{L}_C$ 都是质点系的绝对运动动量矩。

式(10-23)表明：**质点系对任意定点 O 的动量矩，等于质点系对质心的动量矩与将质点系的动量集中于质心对于 O 点动量矩的矢量和。**

对于一般运动的质点系，用质点 m_i 的绝对速度 $\boldsymbol{v}_i$ 来计算质点系相对于质心的动量矩并不方便，可引入相对运动的动量矩简化问题。**质点系对某点的相对运动动量矩，一般指该质点系在随该点平动的参考系中的动量对于该点的矩。**

取固结于质心的平动参考系 $Cx'y'z'$，如图 10-15 所示。以 $\boldsymbol{v}'_i$表示质点 m_i 对于平动参考系的相对速度。由速度合成定理，有

$$\boldsymbol{v}_i=\boldsymbol{v}_C+\boldsymbol{v}'_i$$

所以

$$\boldsymbol{L}_C=\sum\boldsymbol{r}'_i\times m_i(\boldsymbol{v}_C+\boldsymbol{v}'_i)$$
$$=\sum m_i\boldsymbol{r}'_i\times\boldsymbol{v}_C+\sum\boldsymbol{r}'_i\times m_i\boldsymbol{v}'_i$$

平动参考系的原点固结于质心 C，有 $\boldsymbol{r}'_C=0$，即 $\sum m_i\boldsymbol{r}'_i\times\boldsymbol{v}_C=m\boldsymbol{r}'_C\times\boldsymbol{v}_C=0$，于是得

$$\boldsymbol{L}_C=\sum\boldsymbol{r}'_i\times m_i\boldsymbol{v}'_i \tag{10-25}$$

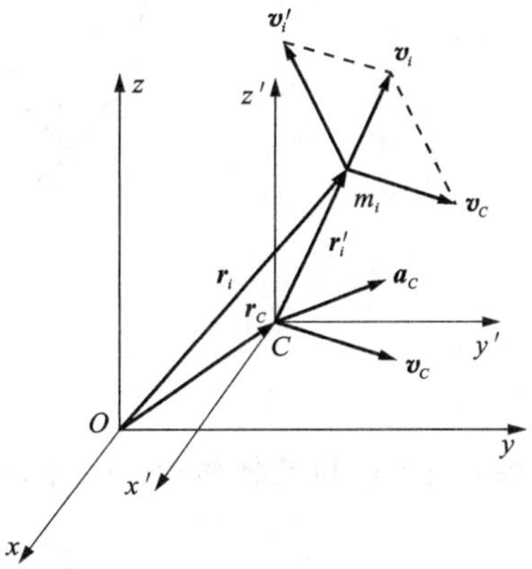

图 10-15

比较式(10-24)和式(10-25)可知，质点系对质心的绝对运动动量矩，等于质点系对质心的相对运动动量矩。即

$$\boldsymbol{L}_C=\boldsymbol{L}_{Cr} \tag{10-26}$$

式中，$\boldsymbol{L}_{Cr}=\sum\boldsymbol{r}'_i\times m_i\boldsymbol{v}'_i$，**为质点系对质心的相对运动动量矩。**

所以，在计算质点系对于质心的动量矩时，用质点相对于惯性参考系的绝对速度 $\boldsymbol{v}_i$，或用质点相对于固结在质心上的平动参考系的相对速度 $\boldsymbol{v}'_i$的所得结果相同。

根据以上结果可方便地求出刚体的动量矩。

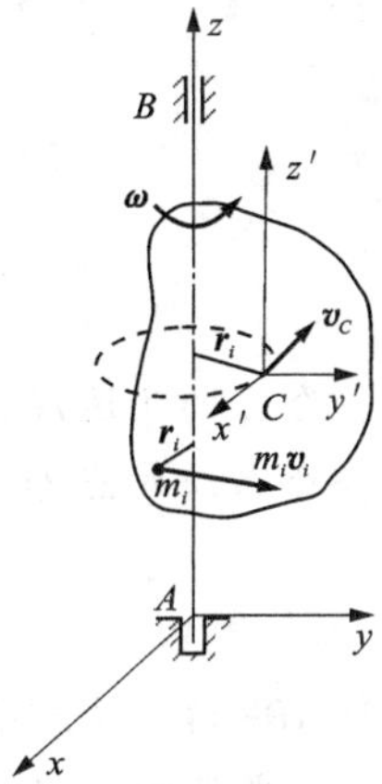

图 10-16

如图 10-16 所示，刚体绕定轴转动时，如果绕定轴 z 转动刚体的质心位于 C 点，根据运动学的分析，对于随质心 C(基点)平动的参考系，有 $\omega_r=\omega_a=\omega$，所以由式(10-23)、式(10-25)，有

$$L_z=L_{Cr}+r_C\cdot mv_C=J_{C_{z'}}\omega+r_C\cdot mr_C\omega$$
$$=(J_{C_{z'}}+mr_C^2)\omega$$

即

$$L_z = J_z\omega$$

所得结果与式(10-5)相同。

刚体平面运动时，由式(10-23)得

$$\boldsymbol{L}_O = \boldsymbol{r}_C \times m\boldsymbol{v}_C + \boldsymbol{L}_C = \overrightarrow{OC} \times m\boldsymbol{v}_C + \boldsymbol{L}_C \tag{10-27}$$

式中，$\boldsymbol{L}_C = \boldsymbol{J}_C\omega$；$\boldsymbol{J}_C$ 为平面运动刚体对于过质心、且与刚体运动平面垂直的轴的转动惯量。

式(10-27)表明，平面运动刚体对运动平面内某一固定点的动量矩等于刚体随质心平动的动量矩与刚体绕垂直于运动平面的质心轴转动的动量矩之和。

例 10-10 已知半径为 r 的均质轮，在半径为 R 的固定凹面上只滚不滑，如图 10-17 所示。轮的质量为 3 m，均质杆 OC 的质量为 m，杆长 l。设 $R=3r$，在图示瞬时杆 OC 的角速度为 $\boldsymbol{\omega}$。求系统在该瞬时对 O 点的动量矩。

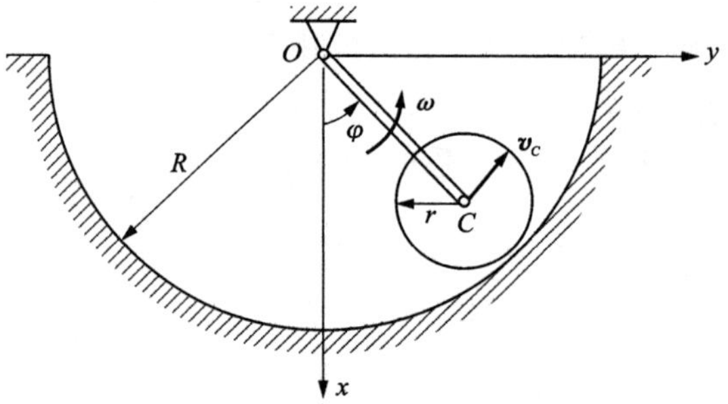

图 10-17

解： 杆 OC 作定轴转动，故杆 OC 对点 O 的动量矩为

$$(L_O)_{OC} = J_O\omega = \frac{1}{3}ml^2 \cdot \omega = \frac{4}{3}mr^2\omega$$

方向由右手法则确定，为垂直纸面向上。

轮 C 作平面运动，对点 O 的动量矩由式(10-27)确定

$$\begin{aligned} L_O &= -J_C\omega_C + 3m \cdot v_C(R-r) \\ &= -\frac{1}{2}3mr^2 \cdot \frac{l\omega}{r} + 3m \cdot l^2\omega = -3mr^2\omega + 12mr^2\omega \\ &= 9mr^2\omega \end{aligned}$$

式中，轮 C 的角速度 ω_C 为顺时针方向，根据右手法则，方向应为垂直纸面向里，故有负号。

整个系统对点 O 的动量矩为两部分之和，即

$$L_O = (L_O)_{OC} + (L_O)_C = \frac{4}{3}mr^2\omega + 9mr^2\omega = \frac{31}{3}mr^2\omega$$

例 10-11 均质圆轮在地面上做纯滚动，轮心速度为 $\boldsymbol{v}_O$，如图 10-18 所示。已知圆轮质量为 m，半径为 r，A、B 分别为图示固定点。求该瞬时圆轮对 A、B 点的动量矩的大小。如果 D 为轮缘上的点，试求圆轮对于 D 点的绝对运动动量矩和相对运动动量矩。

解： 将均质圆轮的纯滚动看作随质心的平动和绕质心的转动。根据式(10-27)得

$$L_A = r_C \times m v_C + L_C = \overrightarrow{AC} \times m v_0 + L_C$$

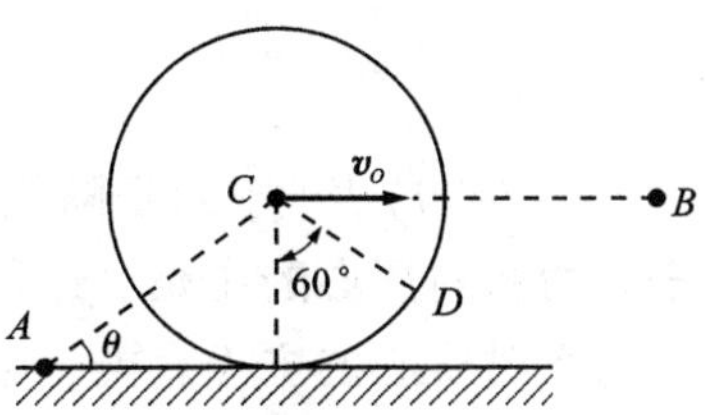

图 10-18

所以

$$L_A = \overrightarrow{AC} \cdot \sin\theta \cdot m v_0 + J_C \omega = r m v_0 + \frac{1}{2} m r^2 \cdot \frac{v_0}{r} = \frac{3}{2} m r v_0$$

$$L_B = J_C \omega = \frac{1}{2} m r^2 \cdot \frac{\boldsymbol{v}_0}{r} = \frac{1}{2} m r \boldsymbol{v}_0$$

圆轮对于 D 点的绝对运动动量矩

$$L_D = \overrightarrow{DC} \times m v + L_C = r \cdot m v_0 \cdot \sin 30° + J_C \omega = \frac{1}{2} r m v_0 + \frac{1}{2} m r^2 \cdot \frac{v_0}{r} = m r v_0$$

圆轮对于 D 点的相对运动动量矩

$$L_D^r = J_D \omega = \frac{3}{2} m r^2 \cdot \frac{v_0}{r} = \frac{3}{2} m r v_0$$

---

2. 质点系相对质心的动量矩定理

前面阐述的动量矩定理只适应于相对惯性参考系为固定点或固定轴的情形。对于一般的动点或动轴，动量矩定理具有更复杂的形式；对于质点系的质心或通过质心的轴，动量矩定理为简单的形式。

将质点系动量矩的表达式［式(10-23)］代入质点系动量矩定理［式(10-6)］中，由于 $\frac{\mathrm{d}\boldsymbol{r}_C}{\mathrm{d}t} = \boldsymbol{v}_C$，$\boldsymbol{r}_i = \boldsymbol{r}_C + \boldsymbol{r}'_i$，有

$$\frac{\mathrm{d}\boldsymbol{L}_O}{\mathrm{d}t} = \frac{\mathrm{d}\boldsymbol{L}_C}{\mathrm{d}t} + \frac{\mathrm{d}\boldsymbol{r}_C}{\mathrm{d}t} \times m\boldsymbol{v}_C + \boldsymbol{r}_C \times m\frac{\mathrm{d}\boldsymbol{v}_C}{\mathrm{d}t} = \frac{\mathrm{d}\boldsymbol{L}_C}{\mathrm{d}t} + \boldsymbol{r}_C \times m\boldsymbol{a}_C$$

外力对于 O 点的矩可以写成

$$\sum \boldsymbol{M}_O(\boldsymbol{F}_i^{(e)}) = \sum \boldsymbol{r}_i \times \boldsymbol{F}_i^{(e)} = \sum (\boldsymbol{r}_C + \boldsymbol{r}'_i) \times \boldsymbol{F}_i^{(e)} = \boldsymbol{r}_C \times \sum \boldsymbol{F}_i^{(e)} + \sum \boldsymbol{r}'_i \times \boldsymbol{F}_i^{(e)}$$

式中，$\sum \boldsymbol{F}_i^{(e)}$ 为外力系的主矢量；$\sum \boldsymbol{r}'_i \times \boldsymbol{F}_i^{(e)} = \sum \boldsymbol{M}_C(\boldsymbol{F}_i^{(e)})$ 为外力系对质心 C 的主矩。由此得

$$\frac{\mathrm{d}\boldsymbol{L}_C}{\mathrm{d}t} + \boldsymbol{r}_C \times m\boldsymbol{a}_C = \boldsymbol{r}_C \times \sum \boldsymbol{F}_i^{(e)} + \sum \boldsymbol{M}_C(\boldsymbol{F}_i^{(e)})$$

由质心运动定理知

$$m\boldsymbol{a}_C = \sum \boldsymbol{F}_i^{(e)}$$

即

$$\boldsymbol{r}_C \times m\boldsymbol{a}_C = \boldsymbol{r}_C \times \sum \boldsymbol{F}_i^{(e)}$$

所以得

$$\frac{\mathrm{d}\boldsymbol{L}_C}{\mathrm{d}t} = \sum \boldsymbol{M}_C(\boldsymbol{F}_i^{(e)}) \tag{10-28}$$

或

$$\frac{\mathrm{d}\boldsymbol{L}_{Cr}}{\mathrm{d}t}=\sum \boldsymbol{M}_C(\boldsymbol{F}_i^{(e)}) \tag{10-29}$$

式(10-29)表明，**对于随质心平动坐标系，质点系对质心的动量矩对于时间的一阶导数，等于外力系对质心的主矩**。这称为**质点系相对质心的动量矩定理**。质点系相对质心的运动只与外力系对质心的主矩有关，与内力无关；当外力系相对质心的主矩为零时，质点系相对质心的动量矩守恒。

例如，轮船必须有舵才能转弯，当舵有偏角时，流体推力对质心的力矩使轮船对质心的动量矩改变。又如跳水运动员跳水表演时要翻跟头，必须脚蹬跳板以获得转动的初速度；因为在空中时，重力过质心，对质心的力矩为零，质点系对质心的动量矩守恒；运动员通过将身躯缩紧和展开，改变其对质心的转动惯量，达到改变转动的角速度，从而实现空中转体、垂直入水的目的。

如果将质点系的运动分解为跟随质心的平动和相对质心的运动，则可分别用质心运动定理和相对质心动量矩定理来建立这两种运动与外力系的关系。对于刚体，确定了质心的运动和相对质心的运动，也就确定了整个刚体的运动。故可采用这种方法解决刚体的平面运动问题。

§10-4 刚体平面运动微分方程

设刚体所受外力为作用在通过刚体质量对称面的平面图形上的平面力系 $\boldsymbol{F}_1$，$\boldsymbol{F}_2$，…，$\boldsymbol{F}_n$，如图 10-19 所示。取质心 C 为基点，则刚体的质心运动定理和相对质心的动量矩定理可描述为

$$m\boldsymbol{a}_C=\sum \boldsymbol{F}_i^{(e)}$$

$$\frac{\mathrm{d}\boldsymbol{L}_C}{\mathrm{d}t}=\sum \boldsymbol{M}_C(\boldsymbol{F}_i^{(e)})$$

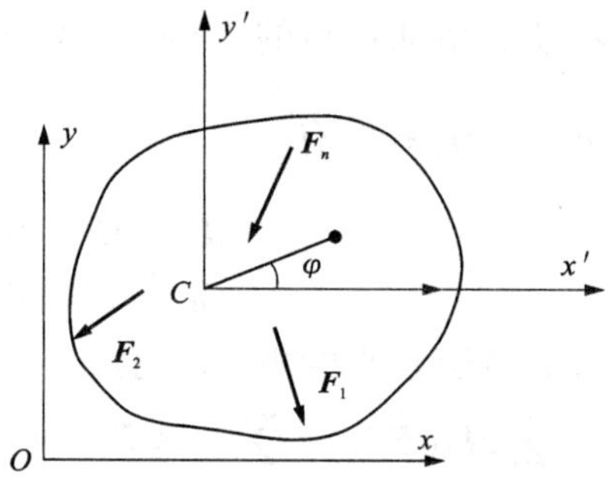

图 10-19

将以上两式投影到 x、y 轴上，便得

$$ma_{Cx}=\sum F_x,\ ma_{Cy}=\sum F_y,\ J_C\alpha=\sum M_C(F_i^{(e)}) \tag{10-30}$$

或

$$m\frac{\mathrm{d}^2x_C}{\mathrm{d}t^2}=\sum F_x,\ m\frac{\mathrm{d}^2y_C}{\mathrm{d}t^2}=\sum F_y,\ J_C\frac{\mathrm{d}^2\varphi}{\mathrm{d}t^2}=\sum M_C(F_i^{(e)}) \tag{10-31}$$

式(10-31)即为**刚体平面运动的微分方程**。它可以求解刚体平面运动的两类问题，即已知力通过积分求运动或已知运动通过微分求力。

例 10-12 质量为 m、半径为 R 的均质圆轮置放于倾角为 φ 的斜面上，在重力作用下由静止开始运动，如图 10-20(a)所示。设轮与斜面间的静、动滑动摩擦系数为 f、f'，不计滚动摩阻，试分析轮的运动。

解：取均质圆轮为研究对象，建立坐标系 Oxy，受力及运动分析如图 10-20(b)所示。

①假设斜面足够粗糙，圆轮作纯滚动。设角加速度为 α，质心 C 加速度为 a_C，所受摩擦

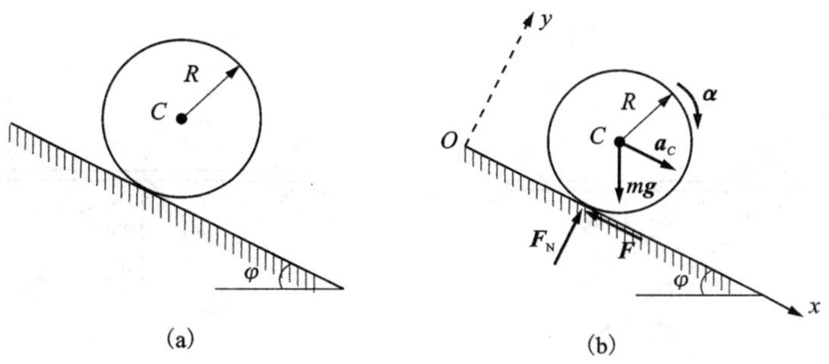

图 10-20

力为 F。在 Oxy 坐标系下，有

$$a_{Cx}=a_C,\ a_{Cy}=0$$

根据平面运动微分方程，有

$$ma_C=mg\sin\varphi-F \tag{10-32}$$

$$0=-mg\cos\varphi+F_N \tag{10-33}$$

$$J_C\alpha=FR \tag{10-34}$$

由于假设圆轮作纯滚动，因此补充运动学条件

$$a_C=R\alpha \tag{10-35}$$

联立式(10-32)～式(10-35)，求解得

$$F_N=mg\cos\varphi;\ F=\frac{1}{3}mg\sin\varphi$$

$$a_C=\frac{2}{3}g\sin\varphi;\ \alpha=\frac{2}{3R}g\sin\varphi$$

圆轮作纯滚动的力学条件为 $F\leqslant fF_N$，即

$$\frac{1}{3}mg\sin\varphi\leqslant fmg\cos\varphi$$

可得

$$f\geqslant\frac{1}{3}\tan\varphi$$

这就是圆轮作纯滚动摩擦系数须满足的条件。

②若 $0<f<\frac{1}{3}\tan\varphi$，此时静摩擦条件无法满足，圆轮将在斜面上滚滑，摩擦力为动滑动摩擦力，$F=f'F_N=f'mg\cos\varphi$。将其代入式(10-32)和式(10-34)，得

$$a_C=(\sin\varphi-f'\cos\varphi)\boldsymbol{g};\ \alpha=\frac{2f'}{R}g\cos\varphi$$

③若 $f=0$，说明接触面为光滑面，此时摩擦力 $F=0$，由式(10-32)、式(10-34)得

$$a_C=g\sin\varphi;\ \alpha=0$$

由于圆轮初始静止，角速度 $\omega=0$，因此圆轮在斜面上无滚动加速下滑。

例 10-13　在图 10-21(a)所示机构中，已知均质杆 AB 的质量为 m，$\theta=30°$，$\beta=60°$。求当绳子 OB 剪断瞬时滑槽的约束力(滑块 A 的重量不计，滑槽光滑)及杆 AB 的角加速度。

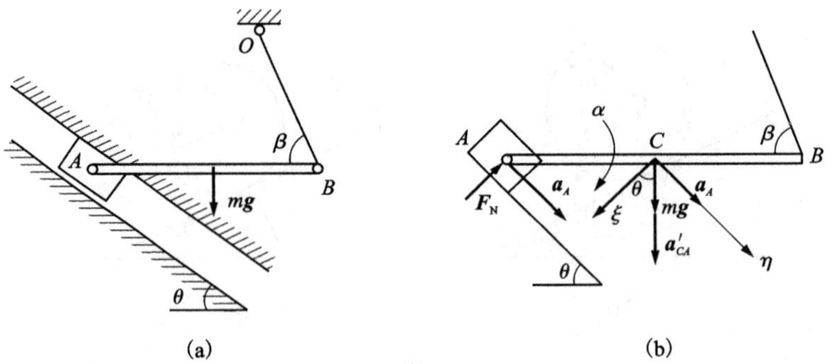

图 10-21

解：在绳 OB 剪断瞬时，杆 AB 的角速度为零，但角加速度不为零。该瞬时杆 AB 受力如图 10-21(b)所示。取 ξ 轴垂直于斜面，η 轴平行于斜面，建立杆 AB(设杆长为 l)的平面运动微分方程为

$$ma_{C\xi}=mg\cos\theta-F_{\mathrm{N}} \tag{10-36}$$

$$ma_{C\eta}=mg\sin\theta$$

$$\frac{m}{12}l^2\cdot\alpha=F_{\mathrm{N}}\cos\theta\cdot\frac{l}{2} \tag{10-37}$$

由运动学知，$\boldsymbol{a}_C=\boldsymbol{a}_A+\boldsymbol{a}_{CA}^{\tau}(a_{CA}^{n}=0)$。由于点 A 只能沿斜面运动，因此 $\boldsymbol{a}_A$ 方向平行于斜面。将此式投影到 ξ 轴上，有

$$a_{C\xi}=a_{CA}^{\tau}\cos\theta$$

利用 $a_{CA}^{\tau}=\alpha\dfrac{l}{2}$，得

$$a_{C\xi}=\alpha\frac{l}{2}\cos\theta \tag{10-38}$$

式(10-36)~式(10-38)中的未知量为 $a_{C\xi}$，F_{N} 及 α 共 3 个，方程也是 3 个，则

$$\alpha=\frac{6g\cos^2\theta}{l(1+3\cos^2\theta)}=\frac{18g}{13l}$$

$$F_{\mathrm{N}}=\frac{mg\cos\theta}{1+3\cos^2\theta}=0.266mg$$

例 10-14 重物 A 质量为 m_1，系在绳子上。绳子跨过不计质量的固定滑轮 D，并绕在鼓轮 C 上，如图 10-22(a)所示。由于重物下降，带动了轮 C 沿水平轨道纯滚动。设鼓轮短半径为 r，长半径为 R，总质量为 m_2，对于其水平轴 O 的回转半径为 ρ。求重物 A 的加速度。

解：分别取重物 A 和鼓轮 C 为研究对象，受力分析和运动分析如图 10-22(b)、10-22(c)所示。对重物 A，有

$$m_1a_A=m_1g-F_{\mathrm{T}} \tag{10-39}$$

鼓轮 C 作平面运动，列平面运动微分方程，有

$$m_2a_O=F_{\mathrm{T}}'-F \tag{10-40}$$

$$m_2\rho^2\alpha=F_{\mathrm{T}}'\cdot r+FR \tag{10-41}$$

式中，$F_{\mathrm{T}}=F_{\mathrm{T}}'$。

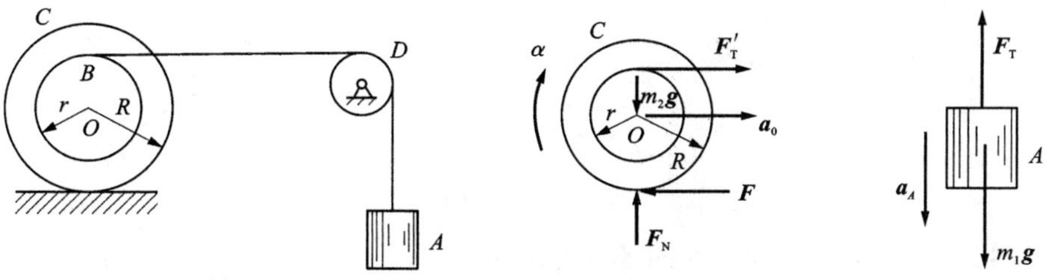

图 10-22

因为轮子作纯滚动，所以 $a_O=R\alpha$，$a_A=(r+R)\alpha$。联解式(10-39)~式(10-41)得

$$a_A=\frac{m_1g(r+R)^2}{m_1(R+r)^2+m_2(\rho^2+R^2)}$$

例 10-15　绕 A 点转动的 AB 杆上有一导槽，套在沿水平面作纯滚动的轮子的 O 轴上，如图 10-23(a)所示。已知 AB 杆的质量为 $m_1=24$ kg，重心离 A 点 8 cm，对于 A 轴的回转半径 $\rho_A=10$ cm；轮子的质量为 $m_2=16$ kg，半径为 $r=6$ cm，对于轮心的回转半径为 $\rho_O=3$ cm；除轮子与地面有足够大的摩擦力外，其余各处的摩擦力皆略去不计。试求轮子在图示位置无初速地开始运动时的角加速度 $\boldsymbol{\alpha}$。

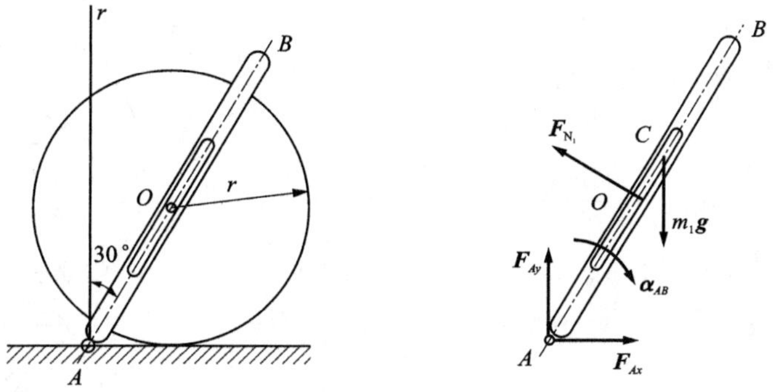

图 10-23

解：取 AB 杆为研究对象，其上所受外力有重力 m_1g，轮轴的反力 $\boldsymbol{F}_{N_1}$，A 处的反力 $\boldsymbol{F}_{Ax}$，$\boldsymbol{F}_{Ay}$，如图 10-21(b)所示。杆 AB 做定轴转动，设其角加速度为 $\boldsymbol{\alpha}_{AB}$，由刚体定轴转动微分方程有

$$m_1\rho_A^2\alpha_{AB}=m_1g\cdot AC\sin 30°-F_{N1}\cdot AO \tag{10-42}$$

再取轮子为研究对象，其所受外力有：重力 $m_2\boldsymbol{g}$，AB 杆的反力 $\boldsymbol{F}_{N1}'$，地面反力 $\boldsymbol{F}_{N2}$ 和摩擦力 $\boldsymbol{F}$，受力如图 10-24 所示。轮作平面运动，设轮心 O 点的加速度 $\boldsymbol{a}_O$，轮子的角加速度为 $\boldsymbol{\alpha}$。

轮子平面运动微分方程为

$$\begin{cases} m_2 a_O = \sum F_x \\ J_O \alpha = \sum M_O(F) \end{cases}$$

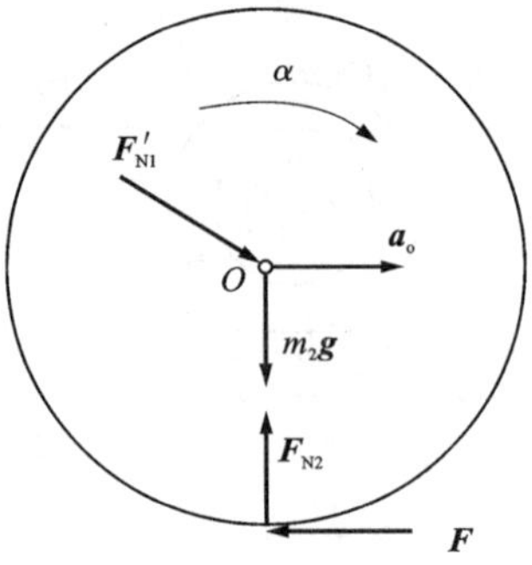

图 10-24

即

$$m_2 a_O = F'_{N1}\cos 30° - F \qquad (10-43)$$

$$m_2 \rho_o^2 \alpha = Fr \qquad (10-44)$$

式(10-42)~式(10-44)中共含有五个未知量，即 $\boldsymbol{\alpha}_{AB}$、F_{N1}、α、a_O 和 F。须应用运动学关系，补充两个方程。

因轮子沿地面作纯滚动，故有

$$a_O = r\alpha \qquad (10-45)$$

应用点的合成运动方法，取轮心 O 为动点，动系连于杆 AB，静系连于地面。由加速度合成定理，有

$$a_a = a_e^\tau + a_e^n + a_r + a_C$$

式中，$a_a = a_O$，方向水平向右；a_r 沿 AB 方向。

$a_e^\tau = AO \cdot \alpha_{AB}$，方向垂直于 AO，指向 α_{AB} 转向一致。

因在图示位置，系统初速度等于零。所以 $\omega_{AB}=0$，$\boldsymbol{v}_r=0$，故

$$a_e^n = AO \cdot \omega_{AB}^2 = 0$$

$$a_C = 2\boldsymbol{\omega}_{AB}\boldsymbol{v}_r \sin 90° = 0$$

各加速度矢量如图 10-25 所示。将加速度合成式向 x' 轴投影，得

$$a_o \cos 30° = a_e^\tau$$

即

$$a_O = \frac{AO\alpha_{AB}}{\cos 30°} \qquad (10-46)$$

式(10-42)~式(10-46)，由于 $m_1=24$ kg，$m_2=16$ kg，$\rho_A=10$ cm，$\rho_o=3$ cm，$r=6$ cm，$AC=8$ cm，$AO=\dfrac{r}{\cos 30°}$，可解得

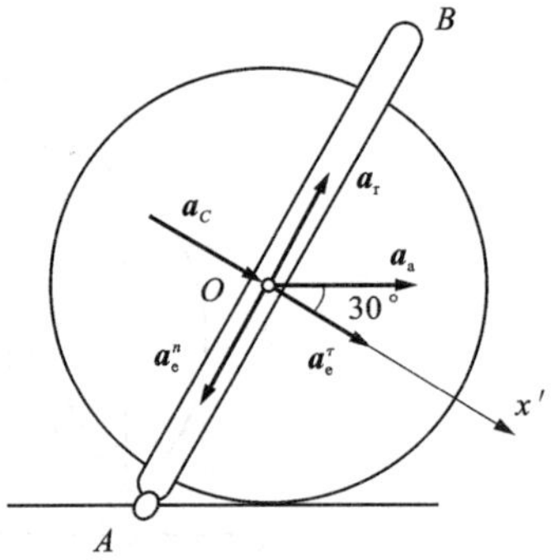

图 10-25

$$\alpha = \frac{m_1 g \cdot AC \cdot \sin 30°}{m_1\rho_A^2 \dfrac{r\cos 30°}{AO} + \dfrac{m_2 \cdot AO}{\cos 30°}\left(r + \dfrac{\rho_o^2}{r}\right)} = 34.1(\text{rad/s}^2)$$

---

§10-5 分析与讨论

1. 质点系动量矩定理的一般形式及应用

前面给出了质点系对定点和对质心的动量矩定理，下面研究质点系对任意动点的动量矩定理，得到质点系动量矩定理的一般形式。

取惯性参考系为定参考系 $Oxyz$，建立一平移参考系 $Ax'y'z'$，如图 10-26 所示。坐标原点 A 相对惯性参考系运动，速度为 $\boldsymbol{v}_A$。质点系中第 i 个质点在两个参考系中的矢径有关系式

$$\boldsymbol{r}_i=\boldsymbol{r}_A+\boldsymbol{r}'_i \tag{10-47}$$

由速度合成定理

$$\boldsymbol{v}_{ai}=\boldsymbol{v}_{ei}+\boldsymbol{v}_{ri}=\boldsymbol{v}_A+\boldsymbol{v}_{ri} \tag{10-48}$$

质点系对定参考系 O 点的动量矩为

$$\boldsymbol{L}_O=\sum_{i=1}^{n}\boldsymbol{r}_i\times m_i\boldsymbol{v}_{ai}$$

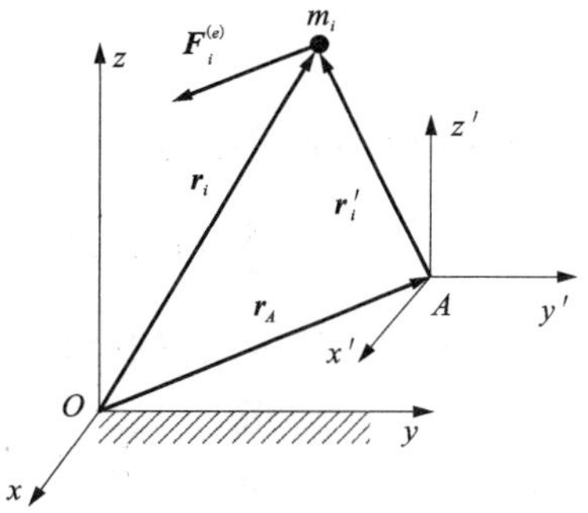

图 10-26

设质点系的总质量为 $m=\sum_{i=1}^{n}m_i$，质点系的动量为 $\boldsymbol{p}=\sum_{i=1}^{n}m_i\boldsymbol{v}_{ai}$，将式（10-47）和式（10-48）代入上式，得

$$\begin{aligned}\boldsymbol{L}_O&=\sum_{i=1}^{n}(\boldsymbol{r}_A+\boldsymbol{r}'_i)\times m_i(\boldsymbol{v}_A+\boldsymbol{v}_{ri})\\&=\sum_{i=1}^{n}\boldsymbol{r}_A\times m_i(\boldsymbol{v}_A+\boldsymbol{v}_{ri})+\sum_{i=1}^{n}(m_i\boldsymbol{r}'_i)\times\boldsymbol{v}_A+\sum_{i=1}^{n}\boldsymbol{r}'_i\times m_i\boldsymbol{v}_{ri}\\&=\boldsymbol{r}_A\times\left(\sum_{i=1}^{n}m_i\boldsymbol{v}_{ai}\right)+\boldsymbol{r}_{AC}m\times\boldsymbol{v}_A+\boldsymbol{L}_A^{r}\end{aligned}$$

式中，$\boldsymbol{L}_A^r=\sum_{i=1}^{n}\boldsymbol{r}'_i\times m_i\boldsymbol{v}_{ri}$ 为质点系在动参考系中对 A 点的动量矩，即相对运动动量矩；$\boldsymbol{r}_{AC}$ 为质点系质心在动参考系中的矢径。

上式可写为

$$\boldsymbol{L}_O=\boldsymbol{r}_A\times\boldsymbol{p}+\boldsymbol{r}_{AC}\times m\boldsymbol{v}_A+\boldsymbol{L}_A^r \tag{10-49}$$

设质点系质心在定参考系中的矢径为 $\boldsymbol{r}_C$（图 10-27），则 $\boldsymbol{r}_C=\boldsymbol{r}_A+\boldsymbol{r}_{AC}$。式（10-49）可写为

$$\boldsymbol{L}_O=\boldsymbol{r}_A\times\boldsymbol{p}+\boldsymbol{r}_C\times m\boldsymbol{v}_A-\boldsymbol{r}_A\times m\boldsymbol{v}_A+\boldsymbol{L}_A^r$$

将上式在定参考系对时间求导

$$\frac{\mathrm{d}\boldsymbol{L}_O}{\mathrm{d}t}=\boldsymbol{v}_A\times\boldsymbol{p}+\boldsymbol{r}_A\times\frac{\mathrm{d}\boldsymbol{p}}{\mathrm{d}t}+\boldsymbol{v}_C\times m\boldsymbol{v}_A+\boldsymbol{r}_C\times m\boldsymbol{a}_A-\boldsymbol{v}_A\times m\boldsymbol{v}_A-\boldsymbol{r}_A\times m\boldsymbol{a}_A+\frac{\mathrm{d}\boldsymbol{L}_A^r}{\mathrm{d}t}$$

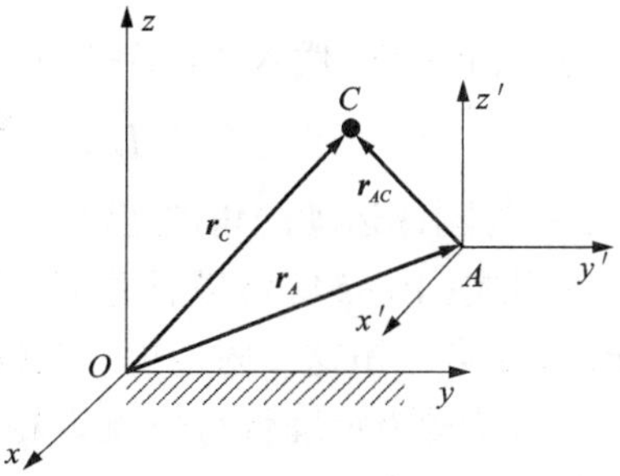

图 10-27

由于 $\boldsymbol{p}=m\boldsymbol{v}_C$，上式中等号右端第一项和第三项可以消去，第五项为零；利用关系式 $\boldsymbol{r}_C-\boldsymbol{r}_A=\boldsymbol{r}_{AC}$，上式可表示为

$$\frac{\mathrm{d}\boldsymbol{L}_O}{\mathrm{d}t}=\boldsymbol{r}_A\times\frac{\mathrm{d}\boldsymbol{p}}{\mathrm{d}t}+\boldsymbol{r}_{AC}\times m\boldsymbol{a}_A+\frac{\mathrm{d}\boldsymbol{L}_A^r}{\mathrm{d}t} \tag{10-50}$$

根据质点系动量定理

$$\frac{\mathrm{d}\boldsymbol{p}}{\mathrm{d}t}=\sum\boldsymbol{F}_i^{(e)}$$

再根据质点系对固定点 O 的动量矩定理

$$\frac{\mathrm{d}\boldsymbol{L}_O}{\mathrm{d}t}=\sum(\boldsymbol{r}_i\times\boldsymbol{F}_i^{(e)})$$

所以式(10-50)可以写为

$$\sum(\boldsymbol{r}_i\times\boldsymbol{F}_i^{(e)})=\boldsymbol{r}_A\times(\sum\boldsymbol{F}_i^{(e)})+\boldsymbol{r}_{AC}\times m\boldsymbol{a}_A+\frac{\mathrm{d}\boldsymbol{L}_A^{\mathrm{r}}}{\mathrm{d}t} \tag{10-51}$$

将式(10-47)代入式(10-51)，得

$$\begin{aligned}\frac{\mathrm{d}\boldsymbol{L}_A^{\mathrm{r}}}{\mathrm{d}t}&=\sum(\boldsymbol{r}_i\times\boldsymbol{F}_i^{(e)})-\boldsymbol{r}_A\times(\sum\boldsymbol{F}_i^{(e)})-\boldsymbol{r}_{AC}\times m\boldsymbol{a}_A\\&\sum[(\boldsymbol{r}_i+\boldsymbol{r}'_i)\times\boldsymbol{F}_i^{(e)}]-\sum(\boldsymbol{r}_A\times\boldsymbol{F}_i^{(e)})-\boldsymbol{r}_{AC}\times m\boldsymbol{a}_A\\&=\sum(\boldsymbol{r}'_i\times\boldsymbol{F}_i^{(e)})+\boldsymbol{r}_{AC}\times(-m\boldsymbol{a}_A)\end{aligned}$$

即

$$\frac{\mathrm{d}\boldsymbol{L}_A^{\mathrm{r}}}{\mathrm{d}t}=\sum M_A(\boldsymbol{F}_i^{(e)})+\boldsymbol{r}_{AC}\times(-m\boldsymbol{a}_A) \tag{10-52}$$

式(10-52)为质点系**相对动点 A 的动量矩定理**。该定理表明，质点系相对动点 A 的动量矩对时间的导数，等于作用于质点系上的外力对动点 A 的主矩与作用于质心的惯性力(牵连惯性力 $\boldsymbol{F}_i^{(e)}=-m\boldsymbol{a}_A$)对 A 点之矩的矢量和。可以看出，在一般情况下，对惯性参考系中固定点的动量矩定理和对运动点的动量矩定理形式是不同的。

若所研究的质点系为一个具有质量对称面的刚体，则在作用面与质量对称面重合的平面力系或其等效力系的作用下，其质量对称面沿自身所在的平面运动。设 A 为刚体质量对称面或其延拓部分上的某一确定点，则

$$\boldsymbol{L}_A^{\mathrm{r}}=J_A\boldsymbol{\omega} \tag{10-53}$$

式中，J_A 为刚体对过点 A，且垂直于质量对称面的轴的转动惯量，为某一常数；$\boldsymbol{\omega}$ 为刚体运动的角速度。

将式(10-53)代入式(10-52)，得

$$J_A\boldsymbol{\alpha}=\sum\boldsymbol{M}_A(\boldsymbol{F}_i^{(e)})+\boldsymbol{r}_{AC}\times(-m\boldsymbol{a}_A) \tag{10-54}$$

式中，$\boldsymbol{\alpha}$ 为刚体运动的角加速度。

运用式(10-54)可以任意点为矩心求解刚体动力学问题，但要注意牵连惯性力 $\boldsymbol{F}_i^{(e)}=-m\boldsymbol{a}_A$ 对 A 点之矩这一附加项。在以下的几种特殊情形中，这一附加项会等于零，质点系相对动点的动量矩定理就与质点系相对定点的动量矩定理有相同的形式，这时运算起来就很方便。

(1)若 $\boldsymbol{a}_A=0$，即点 A 固定不动，或者做匀速直线运动，或者为该平面运动刚体的加速度瞬心，式(10-54)变为

$$J_A\boldsymbol{\alpha}=\sum\boldsymbol{M}_A(\boldsymbol{F}_i^{(e)}) \tag{10-55}$$

(2)若点 A 取为刚体的质心 C，则式(10-54)变为

$$J_C\boldsymbol{\alpha}=\sum\boldsymbol{M}_C(\boldsymbol{F}_i^{(e)}) \tag{10-56}$$

(3)若在某一瞬时，点 A 的加速度 $\boldsymbol{a}_A$ 矢量通过刚体的质心 C，则 $\boldsymbol{r}_{AC}\times(-m\boldsymbol{a}_A)=0$，则式(10-54)变为

$$J_A\boldsymbol{\alpha} = \sum \boldsymbol{M}_A(\boldsymbol{F}_i^{(e)})$$

(4)若在不同瞬时，平面运动刚体的速度瞬心 P 与刚体质心 C 的距离 $|\boldsymbol{r}_{PC}|$ 恒等于某一常数，则速度瞬心 P 的加速度矢量一定通过刚体的质心 C，式(10-54)变为

$$J_P\boldsymbol{\alpha} = \sum \boldsymbol{M}_P(\boldsymbol{F}_i^{(e)}) \tag{10-57}$$

即当平面运动刚体的速度瞬心 P 与刚体质心 C 的距离恒保持不变时，平面运动刚体对速度瞬心的动量矩定理具有质点系相对定点的动量矩定理相同的形式。均质圆盘沿水平地面或固定不动曲面作平面纯滚动，以及均质直杆的两端分别沿在同一平面内相互垂直的两条固定直线运动，是刚体的速度瞬心与其质心距离恒保持不变的最常见例子，如图 10-28 所示。

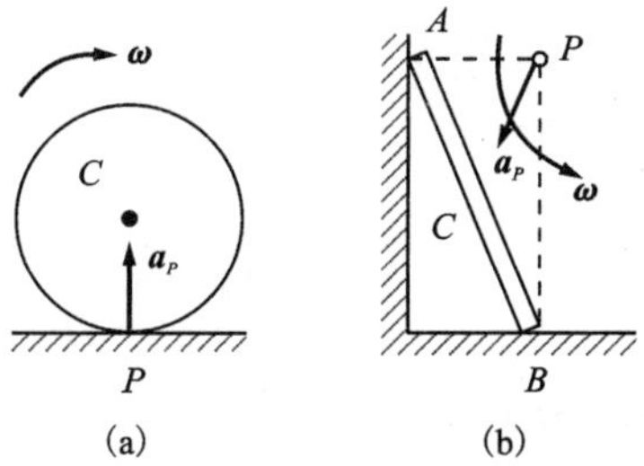

图 10-28

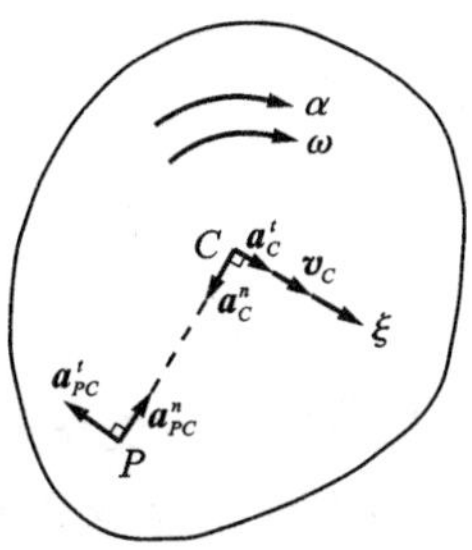

图 10-29

上述结论证明如下：

设在不同瞬时，平面运动刚体的速度瞬心 P 与刚体质心 C 的距离 $|\boldsymbol{r}_{PC}|$ 恒等于常数 b，则 $\boldsymbol{v}_C=b\boldsymbol{\omega}$，且为通式。因此，$\boldsymbol{a}_C^t=b\boldsymbol{\alpha}$。根据平面运动刚体的两点加速度关系

$$\boldsymbol{a}_P=\boldsymbol{a}_C^t+\boldsymbol{a}_C^n+\boldsymbol{a}_{PC}^t+\boldsymbol{a}_{PC}^n \tag{10-58}$$

将该式沿图 10-29 所示 ξ 轴(其正向与 $\boldsymbol{v}_C$ 相同)投影得

$$a_{P\xi}=b\alpha-b\alpha=0 \tag{10-59}$$

因为 PC 与 ξ 轴垂直，说明 $\boldsymbol{a}_P \parallel \boldsymbol{r}_{PC}$，即速度瞬心 P 的加速度矢量一定通过刚体的质心 C。证毕。

例 10-16　长为 L、质量为 m 的均质杆 AB 的 A 端用光滑柱铰链悬挂在以加速度 $\boldsymbol{a}$ 下降的电梯上，如图 10-30(a)所示。试建立杆 AB 相对电梯的运动微分方程。

解：建立平移参考系 $Ax'y'$，其坐标原点固连在铰链 A 上；动系随电梯一起运动，动点 A 的加速度与电梯的加速度相同。应用相对动点的动量矩定理式(10-52)，有

$$\frac{\mathrm{d}\boldsymbol{L}_A^r}{\mathrm{d}t}=\boldsymbol{r}_{AC}\times m\boldsymbol{g}+\boldsymbol{r}_{AC}\times\boldsymbol{F}_e$$

在动参考系 $Ax'y'$ 上看，杆 AB 做定轴转动，因此它对转轴 A 的动量矩为 $L_A^r=\dfrac{1}{3}mL^2\dot{\theta}$，牵连惯性力 $\boldsymbol{F}_e$ 作用于杆 AB 的质心 C 上，方向与电梯加速度 a 的方向相反[图 10-30(b)]，其大小为 $F_e=ma$。上矢量式可表示成

$$\frac{1}{3}mL^2\ddot{\theta}=-mg\,\frac{L}{2}\sin\theta+ma\,\frac{L}{2}\sin\theta$$

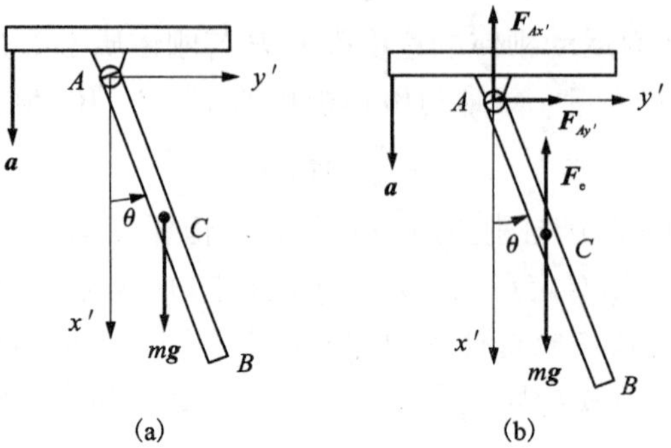

图 10-30

整理后可得

$$\ddot{\theta}=\frac{3}{2L}(a-g)\sin\theta$$

上式即杆 AB 相对电梯的运动微分方程。

运用质点系对动点的动量矩定理，可以大大地简化解题过程。

例 10-17 长度为 l、质量为 m 的杆件 AB、在两端 A、B 处分别由不计重量的细绳悬挂（图 10-31）。试计算当右边细绳突然断开瞬时杆 AB 的角加速度。

解： 如图 10-31 所示，右边绳断瞬时绳子角速度等于零，A 点加速度 $\boldsymbol{a}_A$ 只能是切向的，且通过质心 C。故根据相对动点的动量矩定理[式(10-26)]有

$$\frac{\mathrm{d}\boldsymbol{L}_A}{\mathrm{d}t}=\sum M_A(\boldsymbol{F}_i^{(e)})$$

即

$$\frac{1}{3}ml^2\alpha=mg\,\frac{l}{2}$$

故

$$\alpha=\frac{3}{2}\,\frac{g}{l}$$

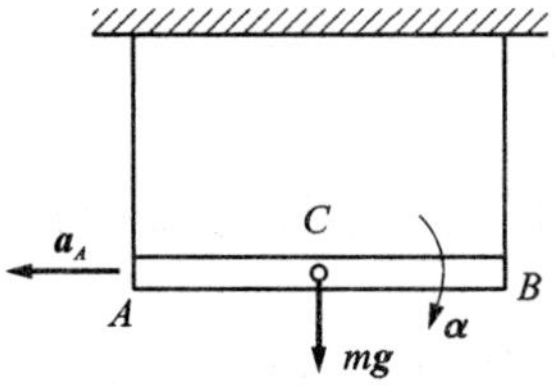

图 10-31

例 10-18 半径为 r 质量为 m 的均质圆轮受到轻微扰动后，在半径为 R 的圆弧上往复滚动，如图 10-32 所示。设圆弧表面足够粗糙，使圆轮在滚动时无滑动，求任意瞬时轮子的角加速度。

解： 圆轮运动及受力分析如图 10-32 所示。由于圆轮作纯滚动，圆轮与圆弧曲面接触点 P 为速度瞬心。圆轮质心 C 到瞬心 P 的距离不变，根据式(10-57)，有

$$J_P\boldsymbol{\alpha}=\sum \boldsymbol{M}_P(\boldsymbol{F}_i^{(e)})$$

即

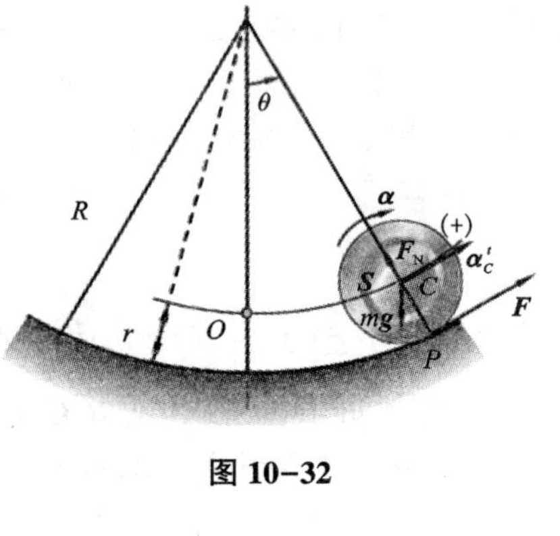

图 10-32

$$\frac{3}{2}mr^2\alpha=-mgr\sin\theta$$

得

$$\alpha=-\frac{2g}{3r}\sin\theta$$

例 10-19 如图 10-33(a)所示，处于铅垂平面内、与地面无摩擦的均质细长杆 AB 质量为 m、长度为 l。从图 10-33(b)所示位置无初速释放，试求释放瞬时 AB 杆的角加速度。

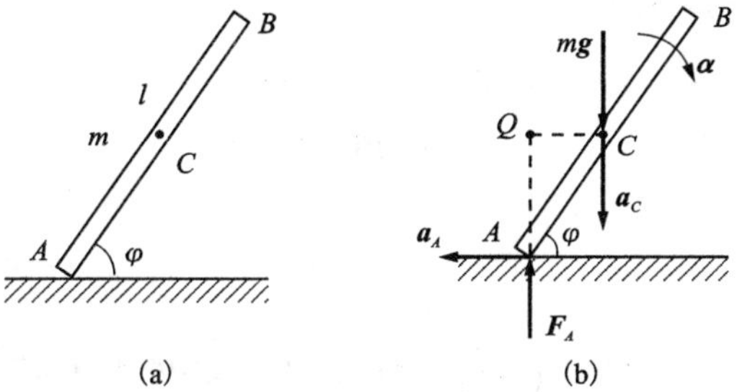

图 10-33

解： 由于地面无摩擦，杆 AB 水平方向不受外力作用，故水平方向质心运动守恒。又因为初始速度为零，故质心 C 竖直向下运动。C 点加速度 a_C 竖直向下，A 点角速度 a_A 水平向左。运动及受力分析如图 10-33(b)所示。由运动学分析可知，初瞬时 Q 点为杆 AB 的加速度瞬心，根据式(10-57)，有

$$J_Q\alpha=mg\cdot\frac{l}{2}\cos\varphi \tag{10-60}$$

其中

$$J_Q=\frac{1}{12}ml^2+m\left(\frac{l}{2}\cos\varphi\right)^2=\frac{1}{12}ml^2(1+3\cos^2\varphi)$$

代入式(10-60)，得

$$\frac{1}{12}ml^2(1+3\cos^2\varphi)\alpha=mg\cdot\frac{l}{2}\cos\varphi$$

从而

$$\alpha=\frac{6\cos\varphi}{(1+3\cos^2\varphi)l}g$$

例 10-20 均质细杆 AB 长为 l，质量为 m_1。杆 AB 上端 B 靠在光滑的墙上，下端 A 以铰链和圆柱体的中心相连。圆柱体质量为 m_2，半径为 R，放在粗糙的地面上，如图 10-34(a)所示。系统自某一位置开始运动，轮 A 作纯滚动。求杆 AB 与垂直墙面脱离前，轮 A 的角加速度。

解：(1)选杆 AB 为研究对象，运动分析和受力分析如图 10-34(b)所示。杆 AB 作平面运动，点 P_1 为速度瞬心。由于 P_1 到杆 AB 质心 C 的距离不变，可利用对速度瞬心的动量矩定理，由式(10-57)得

$$J_{P1}\boldsymbol{\alpha}_1=\sum \boldsymbol{M}_{P1}(\boldsymbol{F}_i^{(e)})$$

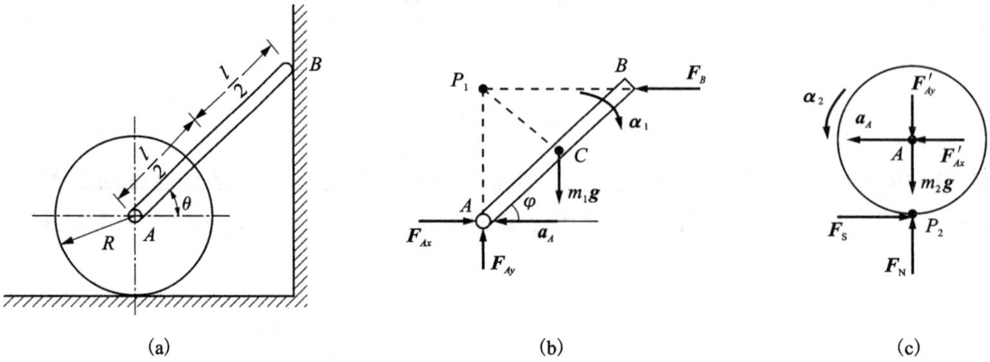

图 10-34

即

$$\left[\frac{1}{12}m_1l^2+m_1\cdot\left(\frac{1}{2}l\right)^2\right]\alpha_1=m_1g\cdot\frac{l}{2}\cos\varphi-F_{Ax}l\sin\varphi$$

化简后为

$$\frac{1}{3}m_1l\alpha_1=\frac{1}{2}m_1g\cos\varphi-F_{Ax}\sin\varphi \tag{10-61}$$

(2)以圆柱体为研究对象，运动分析和受力分析如图 10-34(c)所示。圆柱体作纯滚动，点 P_2 为速度瞬心，其与圆柱体质心 A 距离不变，由式(10-57)得

$$J_{P2}\boldsymbol{\alpha}_2=\sum M_{P2}(\boldsymbol{F}_i^{(e)})$$

即

$$\frac{3}{2}m_2R^2\alpha_2=F_{Ax}R(注意：F_{Ax}=F'_{Ax})$$

化简后为

$$3m_2R\alpha_2=2F_{Ax} \tag{10-62}$$

式(10-61)、式(10-62)三个未知数，因此需要补充运动学方程。观察可知，点 A 既在杆 AB 上，又在圆柱体上，两者求出的点 A 的加速度应相等。分析杆 AB，有 $a_A=l\sin\varphi\cdot\alpha_1$；分析圆柱体，有 $a_A=R\alpha_2$，因此得

$$R\alpha_2=l\sin\varphi\cdot\alpha_1 \tag{10-63}$$

联立式(10-61)~式(10-63)求解，得

$$\alpha_2=\frac{m_1\sin 2\varphi}{4\left(\frac{1}{3}m_1+\frac{3}{2}m_2\sin^2\varphi\right)R}g$$

例 10-21 一系统位于铅垂平面内，已知：匀质杆 AB 和 BD 用铰链 B 铰接，重量均为 P，长均为 L，约束与连接如图 10-35(a)所示。今用一细绳将 B 点拉住，使杆 AB 和 BD 位于一直线上，该直线与水平线间的夹角等于 30°，系统保持平衡。摩擦和滑块 D 的质量及大小略去不计。试求剪断细绳的瞬时，滑槽对滑块 D 的约束力。

解： 细绳剪断瞬时，系统运动分析如图 10-35(b)所示。杆 AB 做定轴转动，滑块 D 作平

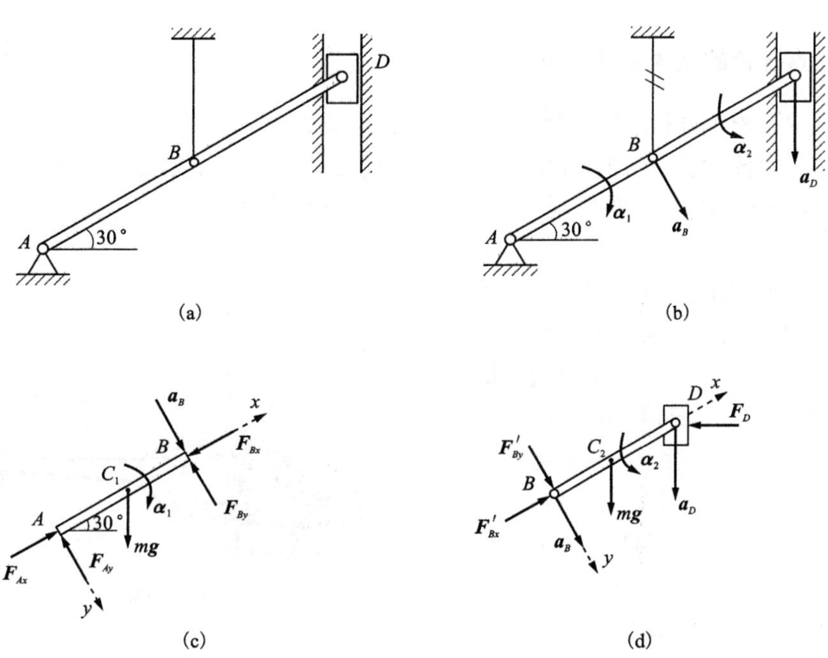

图 10-35

移，杆 BD 作平面运动。由于系统初始静止，剪断瞬时 $\omega_{AB}=\omega_{BD}$。

①以 AB 杆为研究对象，运动、受力分析如图 10-35(c)所示。由定轴转动运动微分方程，有

$$\frac{1}{3}ml^2\alpha_1=\frac{1}{2}mgl\cos 30°-F_{By}l \tag{10-64}$$

②以 BD 杆和滑块 D 为研究对象，运动、受力分析如图 10-35(d)所示。以点 B 为基点建立点 D 加速度表达式，并向 x 轴投影，可得 $a_D=0$，表明点 D 为杆 BD 在细绳剪断瞬时的加速度瞬心。因此，很容易就可以得到 $\alpha_1=\alpha_2$。

由对加速度瞬心的动量矩定理式(10-57)，得

$$\frac{1}{3}ml^2\alpha_2=\frac{1}{2}mgl\cos 30°+F'_{By}l \tag{10-65}$$

联立式(10-64)、式(10-65)求解，得

$$F_{By}=0;\ \alpha_1=\alpha_2=\frac{3\sqrt{3}}{4}\frac{g}{l}$$

由质心运动微分方程 $ma_{C2x}=\sum F_x$，得

$$m\cdot\frac{l}{2}\alpha_2=mg\cos 30°-F_D\sin 30°$$

可就得

$$F_D=\frac{\sqrt{3}}{4}mg$$

2. 单旋翼直升机的空中悬停问题

具有单个旋翼的直升机，启动时旋翼转动。由于系统的动量矩不变，机身向相反方向转动。为了防止这种转动，同时起到舵的作用，故要在其尾部装上螺旋桨。即使考虑空气阻力，由于系统动量矩不守恒，空气阻力仍不能完全阻止机身的转动，因此尾部的螺旋桨仍然有作用。

直升机的旋翼转动时，空气对飞机产生升力，故它又称为升力螺旋桨。现假设升力与重力相平衡，即直升机处于悬停状态，旋翼以角速度 ω 绕定轴 z 转动(图 10-36)。

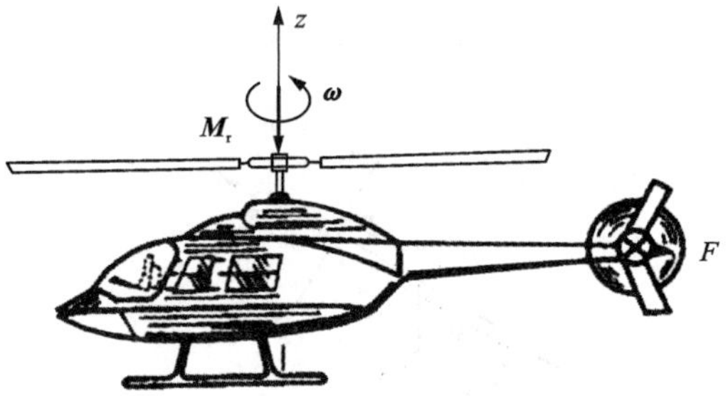

图 10-36

先考察直升机整体系统。空气除对其产生升力外，还产生气动阻力偶 $\boldsymbol{M}_r$。$\boldsymbol{M}_r$ 作用在旋翼上，即作用在整体系统上，其方向与 $\boldsymbol{w}$ 相反。根据式(10-6)，如果没有尾浆，机身将在 $\boldsymbol{M}_r$ 作用下，产生与角速度 $\boldsymbol{w}$ 反向的旋转。而尾浆旋转时，空气对其叶片产生垂直于纸面向内的气动力 $\boldsymbol{F}$，并使该力对轴 z 之矩与阻力偶 $\boldsymbol{M}_r$ 大小相等，方向相反，即 $\boldsymbol{M}_z(\boldsymbol{F})=\boldsymbol{M}_r$，以使机身在空中保持平衡。

上述问题还可以将整体系统分为旋翼与机身两个子系统进行分析(图 10-37)。旋翼受气动阻力偶 $\boldsymbol{M}_r$ 与发动机的内主动力偶(对现在的考察对象则为外主动力偶) $\boldsymbol{M}$ 作用。因 $\boldsymbol{M}_r=-\boldsymbol{M}$，故据式(10-16)，旋翼以等角速 $\boldsymbol{w}$ 旋转。另外，机身上受到反作用力偶 $\boldsymbol{M}'$的作用，若要维持飞机在空中悬停，即要尾浆提供上述力 $\boldsymbol{F}$，以使$\boldsymbol{M}'=-\boldsymbol{M}_z(\boldsymbol{F})$。

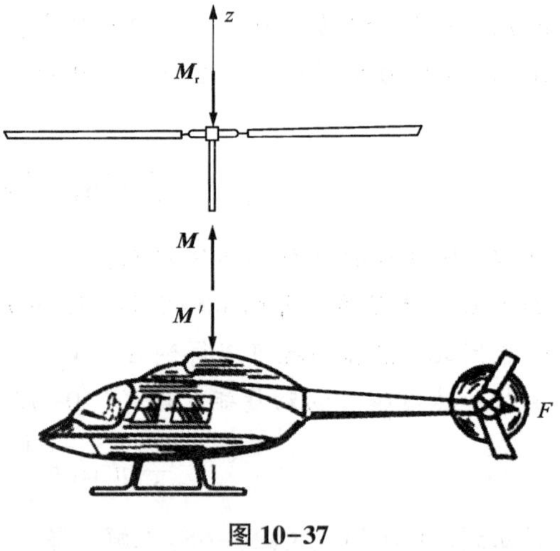

图 10-37

以上只对尾浆产生气动力矩 $\boldsymbol{M}_z(\boldsymbol{F})$ 用以平衡旋翼上的气动阻力偶 $\boldsymbol{M}_r$ 的作用作了分析。尾浆的其他功能如操纵航向并使其保持稳定等不再赘述。

此外，根据动量定理，作用在尾浆上的气动力 $\boldsymbol{F}$ 会使直升机的质心产生由纸面向纸内的运动。这可由倾斜主旋翼轴产生的另一与之相反方向的气动力与之平衡来解决。

习　题

10-1　设物块 A 和 B 的质量均为 m，速度大小为 v，均质滑轮质量为 M，半径为 R，不计柔绳质量。试计算图题 10-1 所示质点系对 O 轴的动量矩。

10-2　如图题 10-2 所示，两球 C、D 的质量均为 m，用直杆 CD 连接。杆 CD 的中点 O

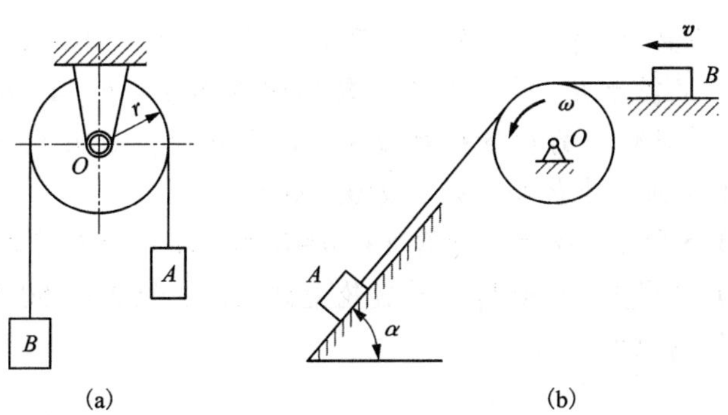

图题 10-1

固结在铅直轴 AB 上，杆 CD 与轴 AB 的夹角为 α。若不计杆的质量，当杆以匀角速度 ω 绕 AB 轴转动时，求此质点系对 AB 轴的动量矩。

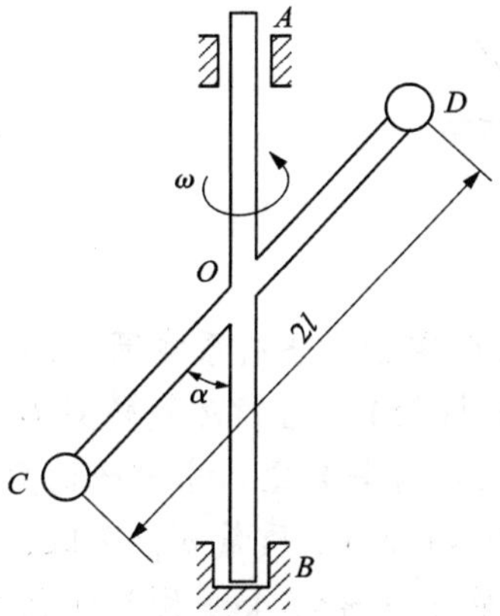

图题 10-2

10-3　质量不计的杆 OA 以角速度 ω_0 绕 O 轴转动，在其端部有质量 $m=25$ kg、半径 $R=0.2$ m 的均质圆盘以三种不同的方式与杆 OA 相连，如图题 10-3 所示。在图题 10-3(a)中，圆盘与杆焊接在一起；在图题 10-3(b)和题 10-3(c)中，圆盘与杆铰接，且相对杆以角速度 ω_r 分别逆时针和顺时针转动；如果 $\omega_O=\omega_r=\omega=4$ rad/s，试计算三种情况下圆盘对轴 O 的动量矩。

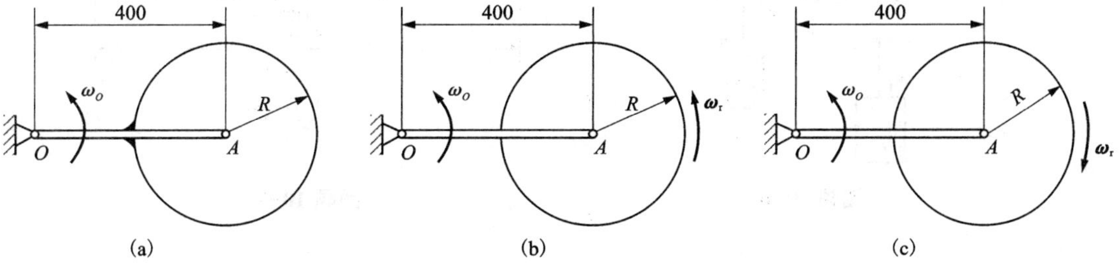

图题 10-3

10-4　质量为 m 的偏心轮在水平面上作平面运动，如图题 10-4 所示。轮子轴心为 A，质心为 C，$AC=e$；轮子半径为 R，对轴心 A 的转动惯量为 J_A；C、A、B 三点在同一直线上。(1) 当轮子作纯滚动时，求轮子的动量和对地面点的动量矩，设 $\boldsymbol{v}_A$ 已知；(2) 当轮子又滚又滑时，求轮子的动量和对地面点的动量矩，设 $\boldsymbol{v}_A$、$\boldsymbol{\omega}$ 已知。

10-5　如图题 10-5 所示，绞车鼓轮的直径 $d=0.50$ m，鼓轮对其转轴 O 的转动惯量 $J_O=0.064\ \mathrm{kg\cdot m^2}$，重物 A 的质量 $m=50$ kg。若鼓轮受到主动转矩 $M=150\ \mathrm{N\cdot m}$ 的作用，求重物上升的加速度和钢丝绳的拉力。

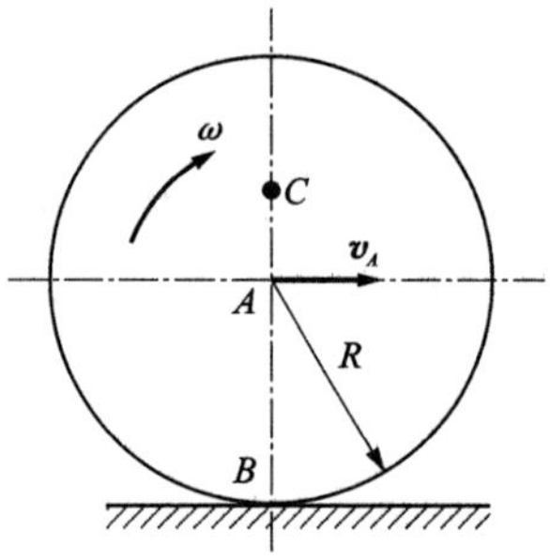

图题 10-4

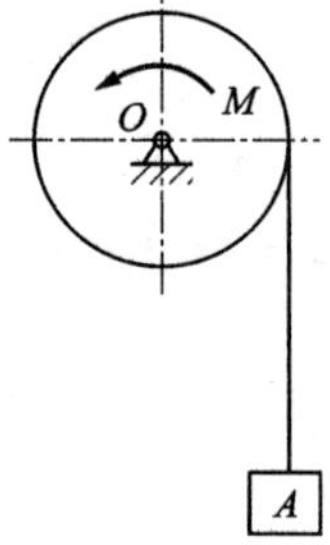

图题 10-5

10-6　质量各为 m_1 和 m_2 的两重物，分别系在两条绳上。两绳分别绕在半径为 r_1 和 r_2 并装在同一轴上的两鼓轮上(简称塔轮)。已知两鼓轮对 O 轴的转动惯量为 J_0，系统在重力作用下运动。假设绳不可伸长，且不计其自重。求鼓轮的角加速度 α。

10-7　水平均质杆 AB，长 $2L=1.8$ m，质量 $m_0=2$ kg，可绕铅垂的质心轴 Oz 转动，如图题 10-7 所示。两球 M_1 和 M_2 质量各为 $m=5$ kg，固连于两个相同的弹簧的末端，可沿杆 AB 移动。今使杆以转速 $n_1=64$ r/min 绕 Oz 轴转动，且令两球与轴对称，相距 $2l_1=0.72$ m。两球用细线连接，然后将细线割断，两球在弹性和摩擦力作用下经若干次振动后，保持在新的位置上，相距 $2l_2=1.08$ m。设两球可看作质点，不计弹簧质量。求此时杆的转速 n_2。

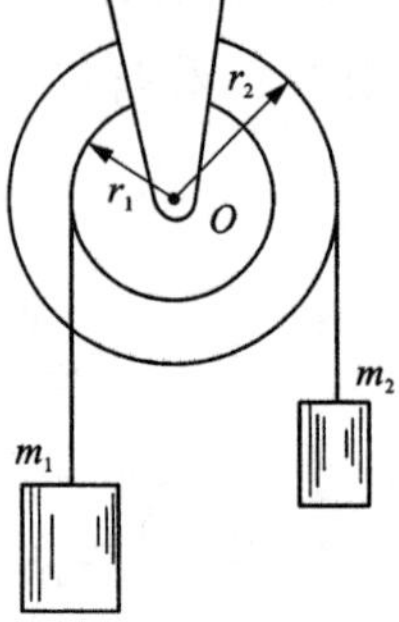

图题 10-6

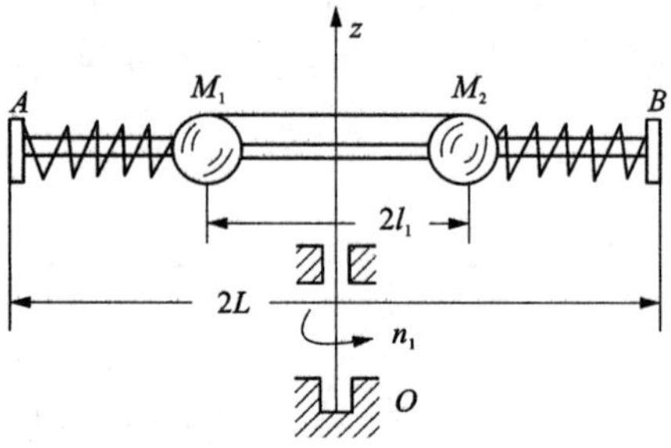

图题 10-7

10-8　如图题 10-8 所示，水平杆 BA 以角速度 ω 绕铅垂轴 Oz 转动。杆上有用一细绳连接且质量分别为 $m_A=2$ kg 和 $m_B=0.5$ kg 的物块 A 和 B，两物块可沿水平杆滑动。细绳长为 $l=1$ m。已知当物块 A 离 Oz 轴的距离 $r_A=0.6$ m 时，它相对于水平杆的速度 $v_{Ar}=0.4$ m/s，方向沿 Ox 轴；此时水平杆绕 Oz 轴的角速度 $\omega=0.5$ rad/s，水平杆和细绳的质量以及轴承的摩擦均略去不计。试求该瞬时水平杆的角加速度 α。

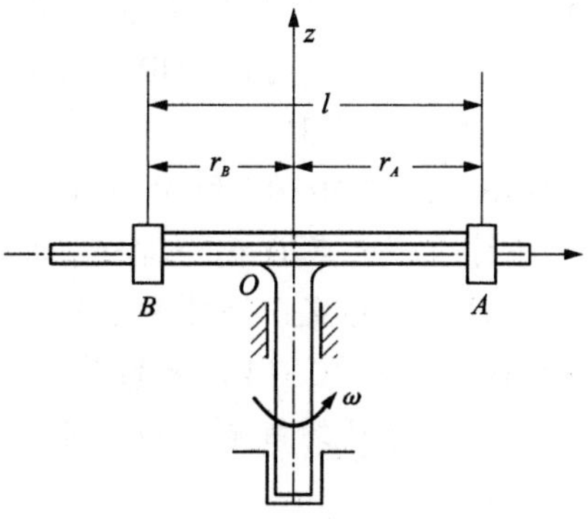

图题 10-8

10-9　质量为 m 的均质圆盘平放在光滑的水平面上，其受力情况如图题 10-9 所示。如果开始时圆盘静止，且有 $r=R/2$。试说明图题 10-9 中各圆盘将如何运动。

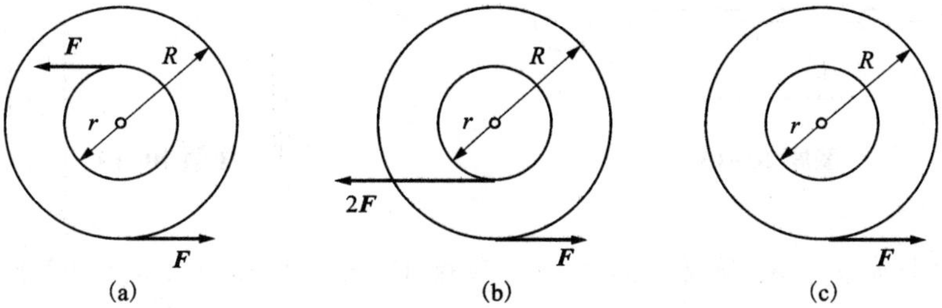

图题 10-9

10-10　设质量为 m 的均质细杆 OA，对其质心 C 的回转半径为 ρ_C。O 端为光滑铰链，A 端用细绳将杆 OA 悬挂在水平位置上，如图题 10-10 所示。在某瞬时突然将绳剪断，求剪断时杆 OA 的角加速度和铰链的约束反力。

10-11　飞轮在力矩 $M=M_O\cos\omega t$ 作用下绕垂直于图面的定轴 O 转动，其中 M_O 和 ω 皆为常量。沿飞轮的轮辐有质量皆为 m 的两个物块各做周期性的运动。在初瞬时，两物块 m 离轴 O 的距离 $r=r_O$。r 应满足什么条件，才能使飞轮以匀角速度 ω 转动。

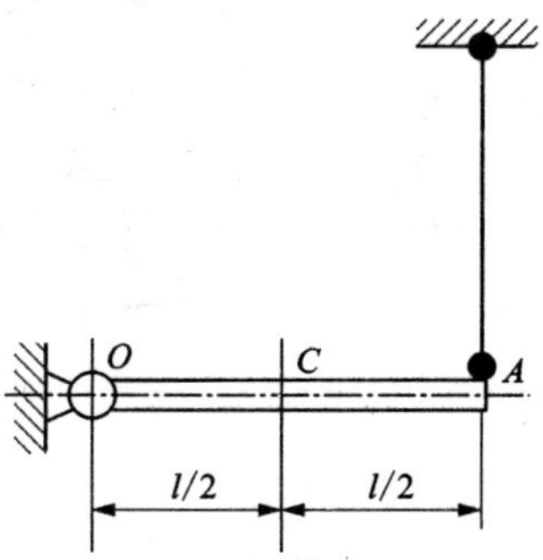

图题 10-10

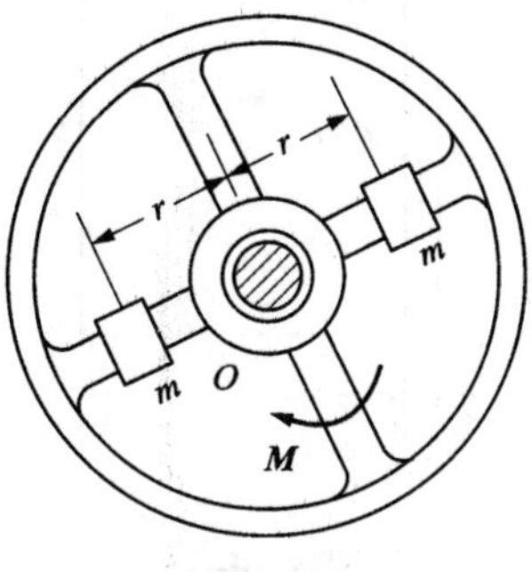

图题 10-11

10-12　为求轴承中的摩擦力矩，在轴上装一质量 $m=500$ kg、回转半径 $\rho=1.5$ m 的飞轮。使飞轮的转速达到 $n=240$ r/min，然后任其自转，飞轮在 10 min 后停止。设轴承的摩擦力矩 M_f 为常量，求 M_f。

10-13　图题 10-13 所示均质杆 AB 长 l，质量为 m_1。杆的 B 端固连质量为 m_2 的小球，其大小不计。杆上点 D 连一弹簧，刚度系数为 k，使杆在水平位置保持平衡。设初始静止，求给小球 B 一个铅直向下的微小初位移 δ_0 后杆 AB 的运动规律和周期。

10-14　图题 10-14 所示机构中，鼓轮 A 质量为 m_1，对转动轴的转动惯量为 J，转轴 O 为其质心。重物 B 的质量为 m_2，重物 C 的质量为 m_3。设斜面光滑，倾角为 θ。求重物 B 物的加速度 a。

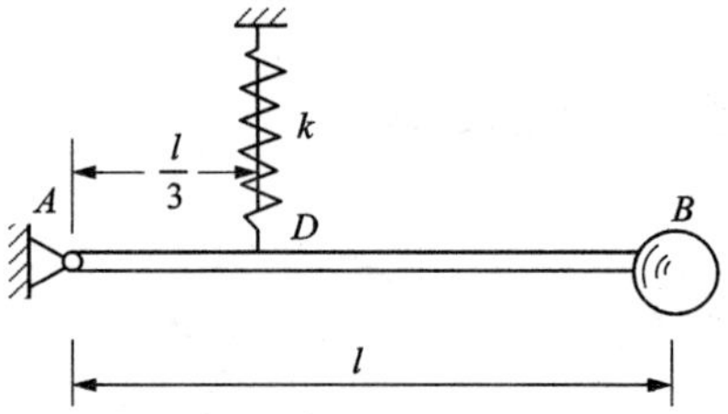

图题 10-13

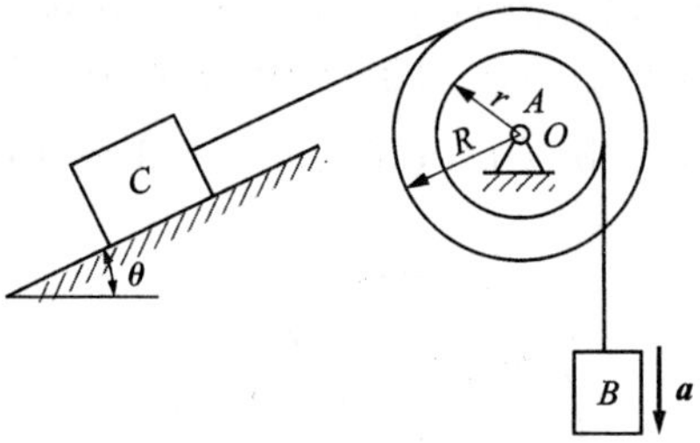

图题 10-14

10-15　边长为 a 和 b，质量为 m 的矩形薄板 $ABCD$ 绕铅垂轴 AB 以匀角速度 ω_0 转动，如图题 10-15 所示。此时薄板的每一部分都受到空气阻力作用，阻力的方向垂直于薄板平面，其大小与面积及速度平方成正比，比例系数为 k。经过多少时间后，薄板的角速度减为初角速度的二分之一。

10-16　两皮带轮用皮带传动，其半径为 R_1 和 R_2，质量为 m_1 和 m_2，可视为均质圆盘。如在轮Ⅰ上作用一转矩 M，在轮Ⅱ上作用一阻力矩 M'，略去皮带的重量和轴承摩擦，求轮Ⅰ的角加速度。

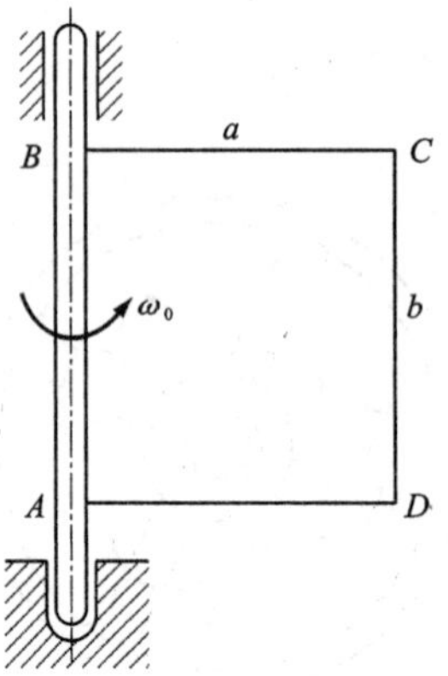

图题 10-15

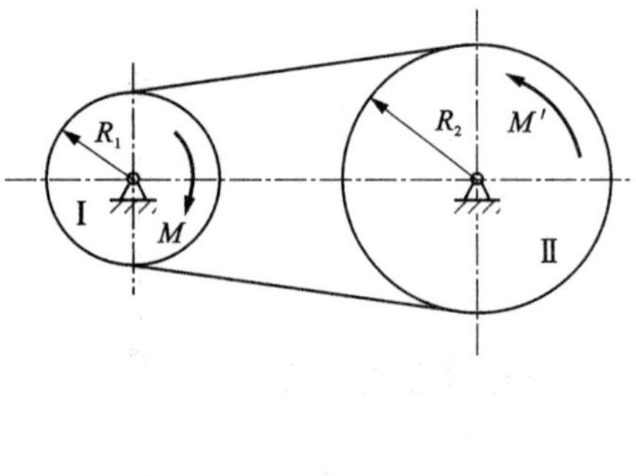

图题 10-16

10-17　如图题 10-17 所示，绞车提升一质量为 m 的物体 A，主动轴上作用有不变的转

矩 M。已知主动轴和从动轴部件对各自转轴的转动惯量分别为 J_1 和 J_2，传动比 $z_2/z_1=k$，鼓轮半径为 R。略去轴承摩擦及吊索重量，求重物 A 的加速度。

10-18　均质圆盘重为 P，半径为 r，以角速度 ω 绕水平轴转动，如图题 10-18 所示。今在闸杆一端施加一铅垂力 Q，以使圆盘停止转动。设杆与圆盘间的摩擦系数为 f，不计闸杆自重，问圆盘转多少周后才停止运动？

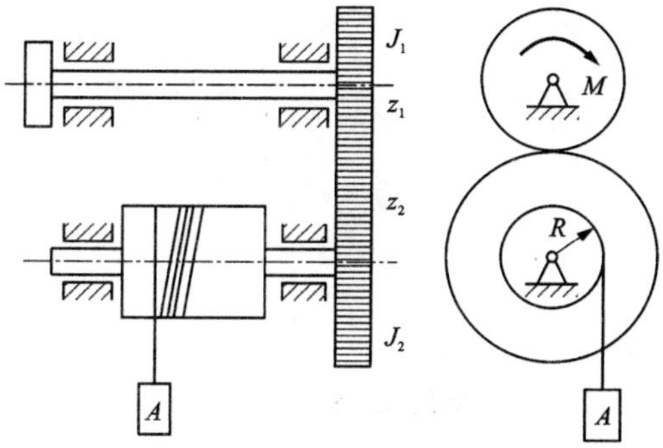

图题 10-17

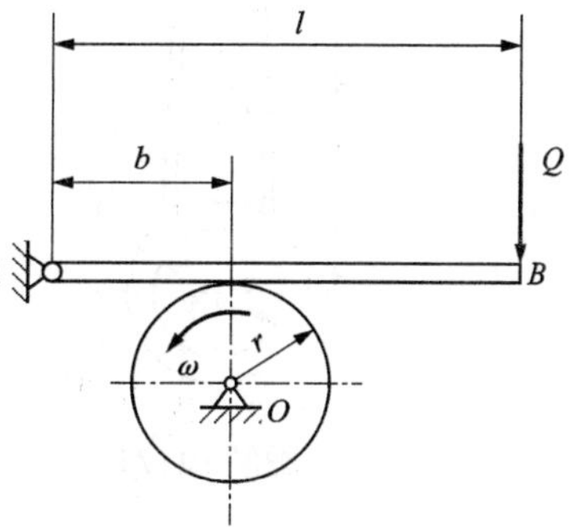

图题 10-18

10-19　由均质细杆 OA 和圆盘 C 组成图题 10-19 所示试验摆。已知杆 OA 长为 l，质量为 m；圆盘 C 直径为 d，质量为 m_2。求摆动通过杆端 O 并与盘面垂直的 z 轴的转动惯量。

10-20　图题 10-20 所示连杆的质量为 m，质心在点 C。若 $AC=a$，$CB=b$，连杆对 B 轴的转动惯量为 J_B。求连杆对 A 轴的转动惯量。

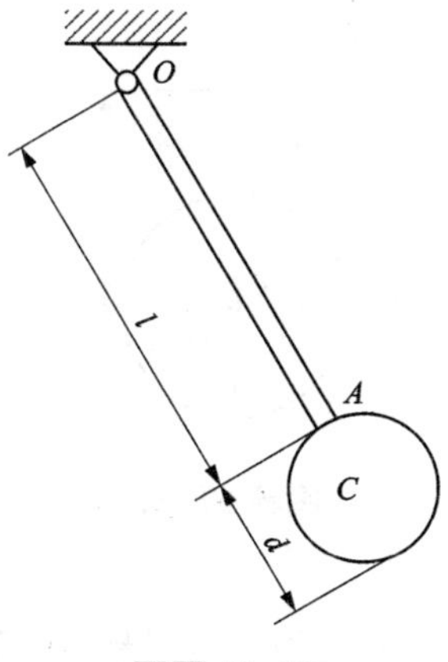

图题 10-19

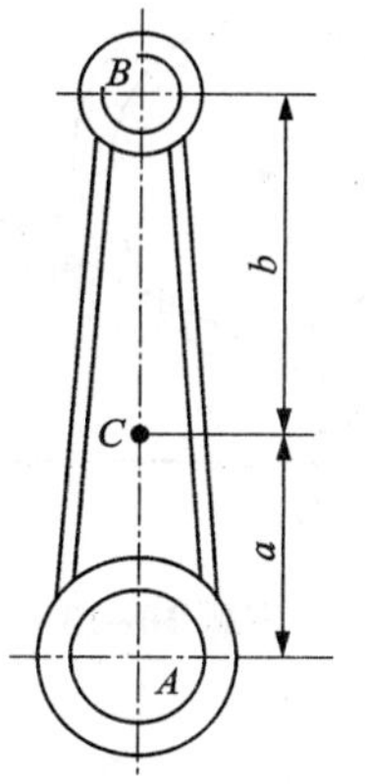

图题 10-20

10-21　连杆的质量 $m=1.40$ kg，质心在 C 点。已知 $d_1=30$ mm，$d_2=70$ mm，$a=180$ mm，$b=120$ mm，测得连杆绕刃口支座作微振动的周期 $T=1.0$ s。试求连杆对于曲柄轴 O 的转动惯量 J_O。

10-22　已知均质三角形薄板的质量为 m，高为 h，如图题 10-22 所示。求该三角形薄板对其底边的转动惯量 J_x。

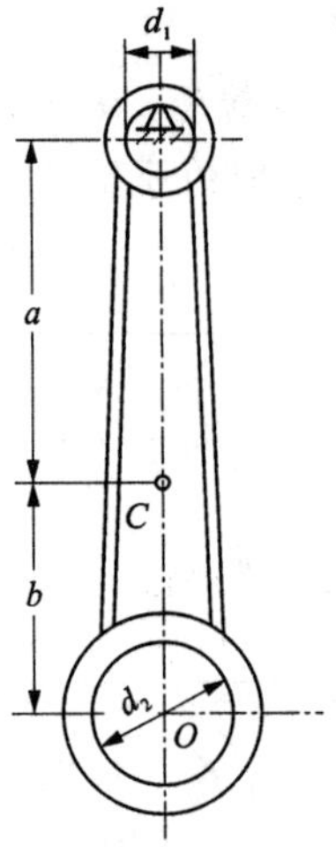

图题 10-21

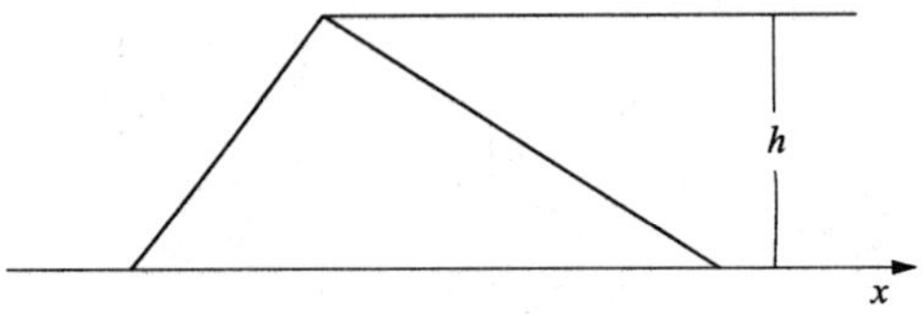

图题 10-22

10-23　均质圆柱体沿倾斜角为 α 的斜面滚下，圆柱与斜面间的摩擦系数至少为多大时才不会发生滑动。

10-24　如图题 10-24 所示，均质圆柱 A 的质量为 m。在其中部绕以细绳，绳的一端固定，圆柱体因绳子解开而下降，其初速为零。求当圆柱体的轴心降落了高度 h 时轴心的速度和绳子的拉力。

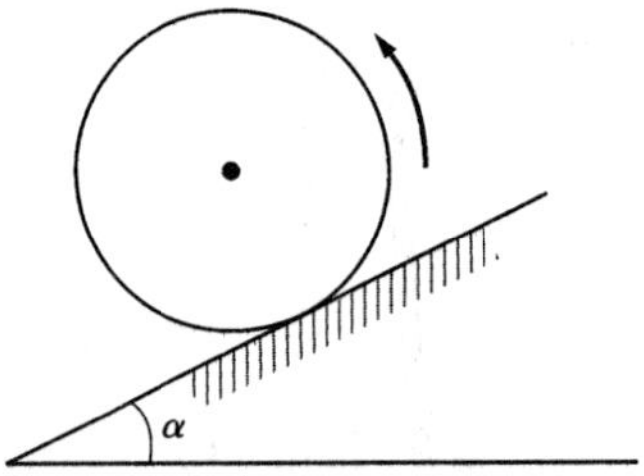

图题 10-23

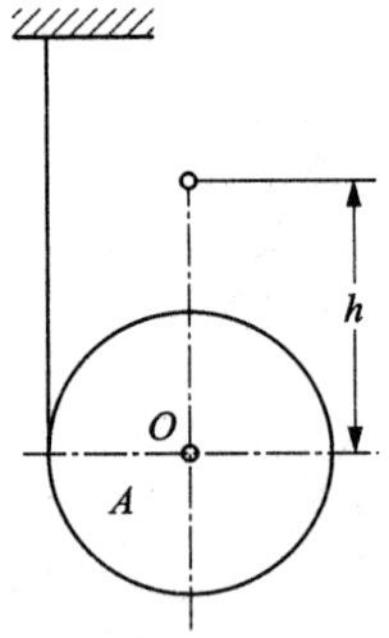

图题 10-24

10-25　平板质量为 m_1，受水平力 F 的作用而沿水平面运动，如图题 10-25 所示。板与水平面间的动摩擦系数为 f'。平板上放一质量为 m_2 的均质圆柱，它对平板只滚动而不滑动。求平板的加速度。

10-26　均质圆柱体和薄铁环质量均为 m，半径都等于 r。两者用直杆 AB 相连接，无滑动地沿斜面滚下，如图题 10-26 所示。斜面与水平面成角 α，如杆的质量略去不计，求 AB 杆的加速度 a 和杆的内力 F_S。

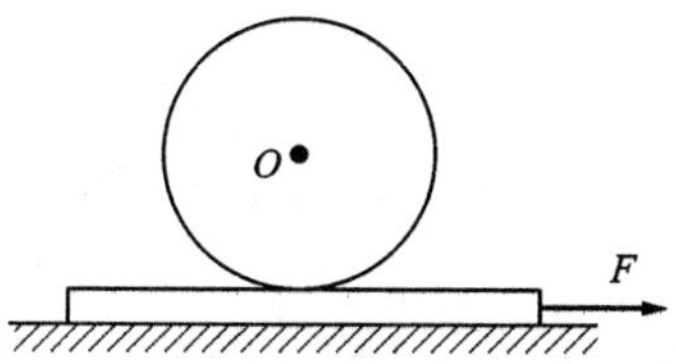

图题 10-25

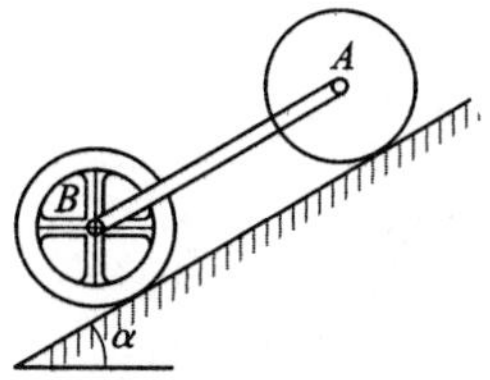

图题 10-26

10-27 均质圆柱体半径为 r，质量为 m，放在粗糙的水平面上。设其质心 C 的初速度为 v_0，方向水平向右，同时有图示方向的转动，其初角速度为 ω_0，且 $r\omega_0<v_0$。如圆柱体与水平面间的动摩擦系数为 f'，则经过多少时间，圆柱体才能只滚不滑地向前运动，且该瞬时质心 C 的速度是多少？

10-28 如图题 10-28 所示，均质圆柱体质量为 m，半径 r，放在倾角为 60° 的斜面上。一细绳绕在圆柱体上，其一端定于 A 点，绳的引出部分与斜面平行。如圆柱体与斜面间摩擦系数为 $f=1/3$，求圆柱体的质心 C 沿斜面落下的加速度。

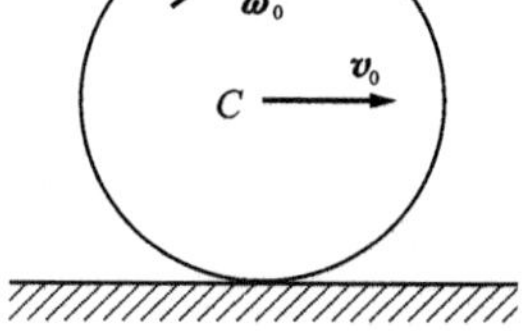

图题 10-27

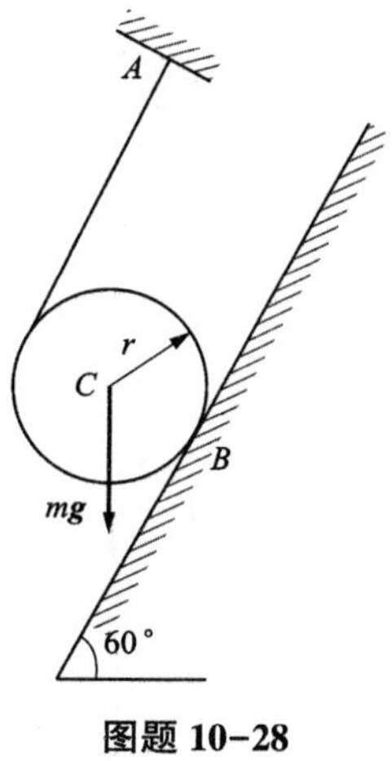

图题 10-28

10-29 均质杆 AB 质量为 m，长为 l。在铅垂平面内 A 端沿着水平地面，B 端沿着竖直墙壁由与铅垂方向成 θ 角的位置无初速地滑下。不计接触处的摩擦力，试求在杆开始滑动的瞬时，地面与墙壁对杆的约束反力。

10-30 长 l 重 W 的均质细杆 AB 在 A 和 P 处用销钉连接在圆盘上，如图题 10-30 所示。设圆盘在铅垂平面内以等角速度 ω 顺时针转动。当杆 AB 处于水平位置的瞬时，销钉 P 突然被抽掉，因而杆 AB 可以绕销钉 A 自由转动。试求在销钉 P 刚刚被抽掉的瞬时，杆 AB 的角加速度和销钉 A 处的反力。

10-31 两个相同的均质轮子 A 和 B，质量各为 $m=8$ kg，半径 $r=90$ mm，用细绳缠绕连接，如图题 10-31 所示。轮 A 可绕定轴 O 转动，试求轮 B 下落时其质心 C 的加速度以及细绳的拉力。

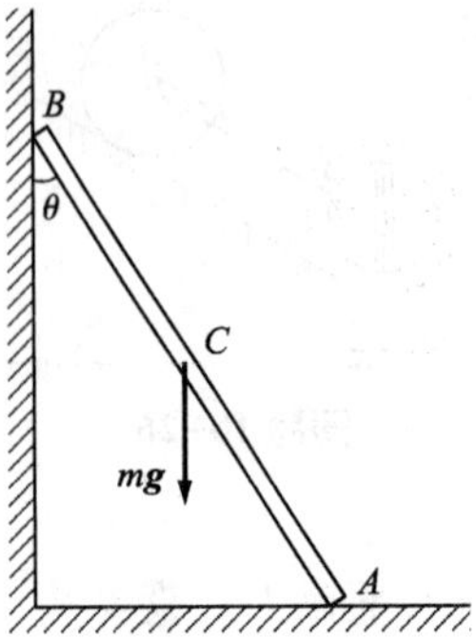

图题 10-29

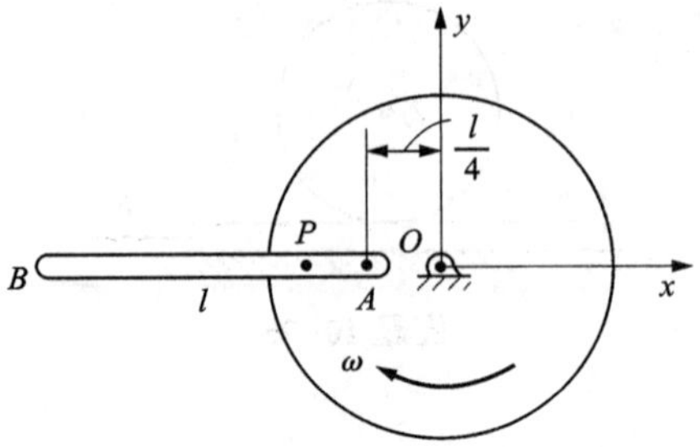

图题 10-30

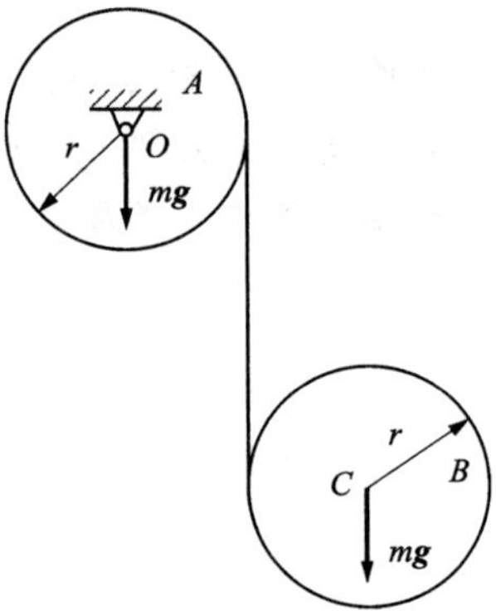

图题 10-31

第11章

动能定理

物体的机械运动强弱可以有不同的度量方法，前面两章中介绍的动量和动量矩是物体机械运动量的一种度量，动能则是物体机械运动量的另一种度量。在物理学中，能量是各种运动形式的度量，动能是与机械运动相关的一种特殊形式的能量。

能量转换与功之间的关系是自然界中各种形式运动的普遍规律，在机械运动中则表现为动能定理。动能定理从能量的角度来分析质点系的动力学问题。

功和能是物理学中的重要概念。功是能量变化的度量，能是物质运动的度量。动能定理只限于研究机械运动中物体动能的变化与作用于其上的力的功之间的关系。它广泛应用于解决工程实际问题。

§11-1　质点系的动能与力的功

1. 质点系的动能

质点系的**动能**等于质点系中各质点动能的算术和。即

$$T=\sum \frac{1}{2}m_i v_i^2 \tag{11-1}$$

动能 T 是标量，永远为正值。在国际单位制中，动能的单位是焦耳(J)。

通常情况下，将质点系的运动看作随质心的平动和相对质心的运动的合成，据此计算质点系的动能比较方便。

设质点系的质心速度为 $\boldsymbol{v}_C$，质点系内任意点 m_i 的速度 $\boldsymbol{v}_i$ 可由速度合成定理表示为

$$\boldsymbol{v}_i=\boldsymbol{v}_C+\boldsymbol{v}_{ri}$$

于是

$$v_i^2=v_i\cdot v_i=(v_C+v_{ri})\cdot(v_C+v_{ri})=v_C^2+2\cdot v_C\cdot v_{ri}+v_{ri}^2$$

故

$$T=\sum \frac{1}{2}m_i v_i^2=\frac{1}{2}\sum m_i v_C^2+\frac{1}{2}\sum m_i v_{ri}^2+\sum m_i v_C\cdot v_{ri}=\frac{1}{2}mv_C^2+\frac{1}{2}\sum m_i v_{ri}^2+v_C\cdot\sum m_i v_{ri}$$

在随质心平动的动参照系中，$v_{rC}=0$，由于 $\sum m_i v_{ri} = m v_{rC}$

因此

$$v_C \cdot \sum m_i v_{ri} = v_C \cdot m v_{rC} = 0$$

于是

$$T = \frac{1}{2} m v_C^2 + \frac{1}{2} \sum m_i v_{ri}^2 \tag{11-2}$$

即质点系的动能等于随质心平移的动能与相对其质心运动的动能之和，称为**柯尼希定理**，用以计算质点系的动能。

例 11-1 坦克以速度 $\boldsymbol{v}_0$ 向右运动，其履带的质量为 m，车轮的半径为 R，两车轮轴间的距离为 πR，如图 11-1 所示。试计算履带的动能。

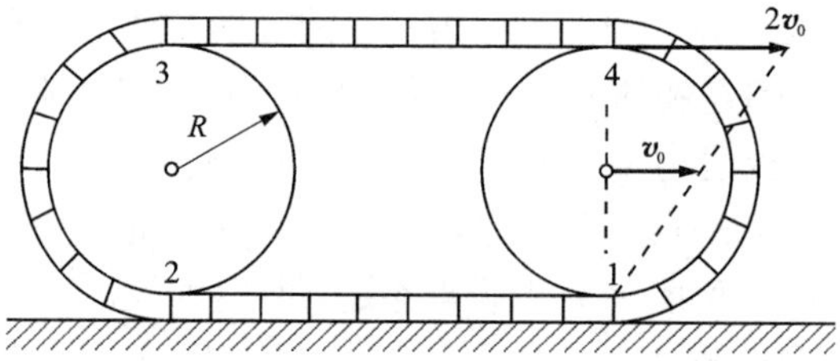

图 11-1

解： 将履带看成由四部分组成，即 1-2、2-3、3-4、4-1，如图 11-1 所示。1-2 部分的质量为 $m/4$，速度为零；3-4 部分的质量为 $m/4$，速度为 $2v_0$；2-3 和 4-1 两部分合成一个圆环，质量为 $m/2$，在垂直面内作平面运动，圆心速度为 v；各质点相对圆心的运动速度为 v。于是

$$T_{1-2}=0$$

$$T_{3-4}=\frac{1}{2} \cdot \frac{1}{4} m (2v_0)^2 = \frac{1}{2} m v_0^2$$

根据柯西尼定理，2-3 和 4-1 两部分动能为

$$T_{2-3} + T_{4-1} = \frac{1}{2} \cdot \frac{m}{2} v_c^2 + \frac{1}{2} \sum m_i v_{ri}^2 = \frac{1}{2} \cdot \frac{m}{2} \cdot v_0^2 + \frac{1}{2} \cdot \frac{m}{2} \cdot v_0^2 = \frac{1}{2} m v_0^2$$

故履带的动能

$$T = T_{1-2} + T_{2-3} + T_{3-4} + T_{4-1} = m v_0^2$$

2. 刚体的动能

在工程中，刚体是最常见的质点系，其动能表达式更简洁。

(1) 刚体平动时的动能

当刚体作平动时，因刚体内各质点都具有与质心 C 相同的速度，故

$$T = \frac{1}{2} \sum m_i v_i^2 = \frac{1}{2} v_C^2 \sum m_i = \frac{1}{2} m v_C^2 \tag{11-3}$$

即平动刚体的动能等于刚体的总质量与其质心速度平方乘积的一半。

(2)刚体定轴转动时的动能

设刚体绕定轴 z 转动，在某一瞬时其角速度为 ω。刚体内第 i 个质量为 m_i 的质点的速度大小为 $v_i = r_i\omega$，其中 r_i 是第 i 个质点到转轴的距离。于是

$$T = \frac{1}{2}\sum m_i v_i^2 = \frac{1}{2}\omega^2\sum m_i r_i^2 = \frac{1}{2}J_z\omega^2 \tag{11-4}$$

即绕定轴转动刚体的动能，等于刚体对定轴的转动惯量与其角速度平方乘积的一半。

(3)刚体作平面运动时的动能

刚体作平面运动时，其上各点的运动可看作随质心 C 的平动和绕质心 C 转动的合成。设作平面运动的刚体在某一瞬时的质心速度为 v_c，角速度为 ω，根据柯西尼定理

$$T = \frac{1}{2}J_C\omega^2 + \frac{1}{2}m\boldsymbol{v}_C^2 \tag{11-5}$$

式中，J_C 是刚体对过质心并垂直于运动平面的轴的转动惯量。式(11-5)说明，平面运动刚体的动能，等于刚体随质心平动的动能与刚体绕质心转动的动能之和。

如果平面运动刚体的速度瞬心为 P，刚体对过瞬心 P 且与运动平面相垂直的轴的转动惯量为 J_P，根据 $J_P = J_C + ml^2$，$v_C = l\omega$，有

$$T = \frac{1}{2}J_P\omega^2 \tag{11-6}$$

其形式更简洁。

例 11-2 如图 11-2 所示，均质轮Ⅱ由 OA 杆带动在固定的轮Ⅰ上纯滚动。设两轮的半径分别为 R、r，且 $R=2r$，OA 杆和均质轮的质量分别为 m_1，m_2，且 $m_2 = 2m_1 = 2m$。如果 OA 杆转动的角速度为 ω_0，试求系统的动能。

解 按题意，OA 杆绕定轴转动，轮Ⅱ作平面运动，其上 A 点的速度 $\boldsymbol{v}_A = (R+r)\omega_0$，转动的角速度 $\omega = (R+r)\omega_0/r$，故系统的动能为

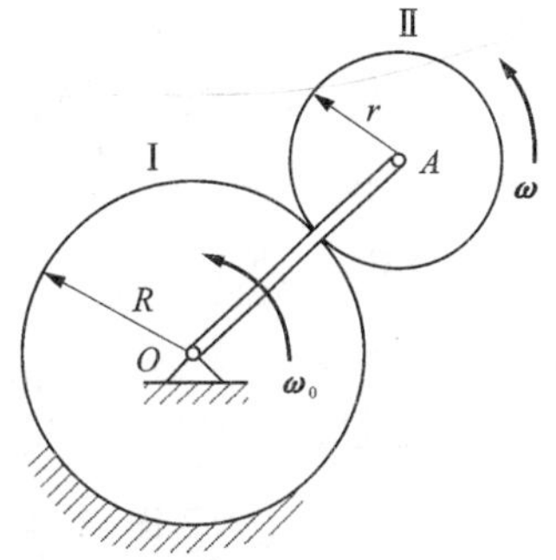

图 11-2

$$\begin{aligned}T &= \frac{1}{2}J_O\omega_0^2 + \left(\frac{1}{2}m_2 v_A^2 + \frac{1}{2}J_A\omega^2\right)\\ &= \frac{1}{2}\cdot\frac{1}{3}m_1(R+r)^2\omega_0^2 + \left[\frac{1}{2}m_2(R+r)^2\omega_0^2 + \frac{1}{2}\cdot\frac{1}{2}m_2 r^2\frac{(R+r)^2}{r^2}\omega_0^2\right]\\ &= 15mr^2\omega_0^2\end{aligned}$$

3. 功的概念

力的功是力在一段路程上对物体作用的积累效应。

如图 11-3 所示，质点 M 在变力 $\boldsymbol{F}$ 作用下沿曲线运动。将质点 M 走过的路程曲线 M_1M_2 分为无限多个微小弧段 ds，其相应的微小位移用 $d\boldsymbol{r}$ 表示；ds 足够小时，其上的力 $\boldsymbol{F}$ 可看作常力，于是力 F 在 ds 上做的功为

$$\delta W = \boldsymbol{F}\cdot d\boldsymbol{r} = F\cdot ds\cdot\cos(\boldsymbol{F}\cdot\boldsymbol{\tau}) = F_\tau ds \tag{11-7}$$

δW 称为变力 $\boldsymbol{F}$ 的**元功**。利用矢量分析式

$$\boldsymbol{F}=F_x\boldsymbol{i}+F_y\boldsymbol{j}+F_z\boldsymbol{k}, \quad \mathrm{d}\boldsymbol{r}=\mathrm{d}x\boldsymbol{i}+\mathrm{d}y\boldsymbol{j}+\mathrm{d}z\boldsymbol{k}$$

可得元功的分析式

$$\delta W=F_x\mathrm{d}x+F_y\mathrm{d}y+F_z\mathrm{d}z \tag{11-8}$$

变力 $\boldsymbol{F}$ 在曲线 M_1M_2 上所做的总功等于在此段路程中所有元功的和

$$W=\int_{M_1}^{M_2}\boldsymbol{F}\cdot\mathrm{d}\boldsymbol{r}=\int_{M_1}^{M_2}F\cdot\cos(\boldsymbol{F},\boldsymbol{\tau})\,\mathrm{d}s=\int_{M_1}^{M_2}F_\tau\mathrm{d}s \tag{11-9}$$

或

$$W=\int_{M_1}^{M_2}(F_x\mathrm{d}x+F_y\mathrm{d}y+F_z\mathrm{d}z) \tag{11-10}$$

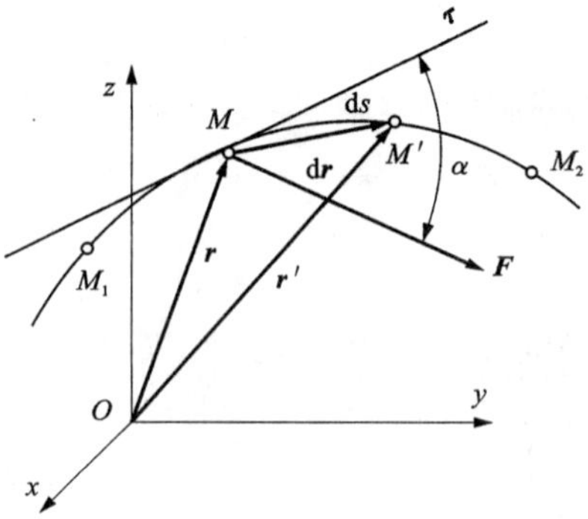

图 11-3

功的国际单位制单位为 N · m，称焦耳(J)，1J = 1 N · 1 m = 1N · m = 1 kg · $\mathrm{m}^2/\mathrm{s}^2$，可见，功和能有相同的量纲。

4. 常见力的功

(1) 重力的功

如图 11-4 所示，设质点受重力 mg 作用沿空间任意曲线自 M_1 运动到 M_2，在图示坐标中

$$F_x=F_y=0, \quad F_z=-mg$$

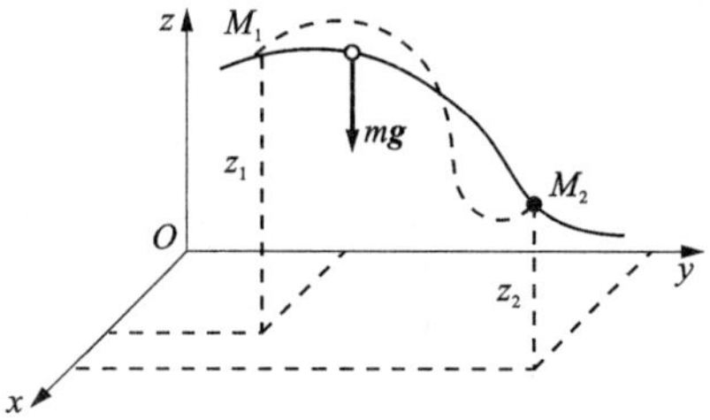

图 11-4

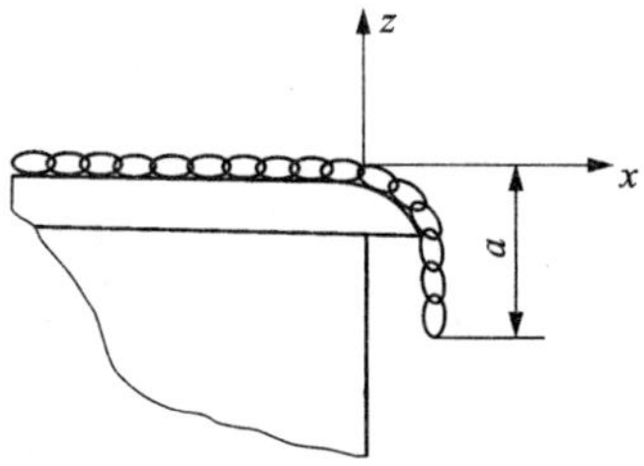

图 11-5

故重力的功为

$$W_{1,2}=\int_{M_1}^{M_2}(F_x\mathrm{d}x+F_y\mathrm{d}y+F_z\mathrm{d}z)=\int_{z_1}^{z_2}-mg\mathrm{d}z=mg(z_1-z_2) \tag{11-11}$$

即重力的功只与质点的重量及其起始和终了位置的高度差 z_1-z_2 有关，而与质点的运动路径无关。当 $z_1>z_2$ 时，重力做正功；当 $z_1<z_2$ 时，重力做负功。

对于质点系，所有质点重力做功之和为

$$\sum W_{12}=\sum m_i g(z_{i1}-z_{i2})$$

由质心坐标公式，有

$$mz_C=\sum m_i z_i$$

由此可得

$$\sum W_{12}=mg(z_{C1}-z_{C2}) \tag{11-12}$$

式中，m 为质点系的质量；$z_{C1}-z_{C2}$ 为质点系运动起始与终了位置质心的高度差。所以质点系重力的功也与质心运动路径无关。

例如，如图 11-5 所示，铁链长 l，展开放在光滑桌面上，由桌边垂下一段长度 a 开始运动。开始时质心坐标为

$$z_{C1}=\frac{0+\frac{a}{l}m\cdot\left(-\frac{a}{2}\right)}{m}=-\frac{a^2}{2l}$$

到铁链全部离开桌面时，质心坐标为 $z_{C2}=-\frac{l}{2}$，则重力做的功为

$$W=mg(z_{C1}-z_{C2})=\frac{1}{2l}mg(l^2-a^2)\text{。}$$

(2) 弹性力的功

设质点 M 受指向固定点的弹性力作用沿曲线 M_1M_2 运动，如图 11-6 所示。取 O 为原点，质点 M 的矢径表示为 $\boldsymbol{r}=r\boldsymbol{r}_0$，其中 $\boldsymbol{r}_0$ 为沿矢径方向的单位矢量。在弹簧的弹性极限内，质点 M 受到的弹性力可表示为

$$\boldsymbol{F}=-k(r-l_0)\boldsymbol{r}_0$$

式中，k 为弹簧的刚度系数；l_0 为弹簧原长，当弹簧伸长时，$r>l_0$；力 $\boldsymbol{F}$ 与 $\boldsymbol{r}_0$ 的方向相反。

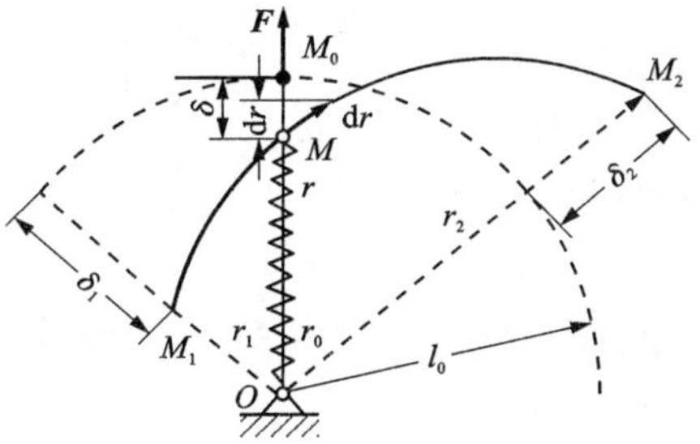

图 11-6

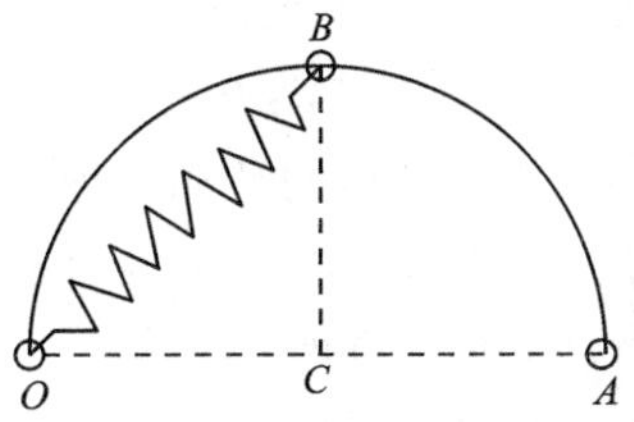

图 11-7

当弹簧被压缩时，$r<l_0$，力 $\boldsymbol{F}$ 与 $\boldsymbol{r}_0$ 的方向一致。因此，上式是弹簧伸长或压缩时弹性力 $\boldsymbol{F}$ 的通用表达式。

应用式(11-9)，得到弹性力在 M_1M_2 路程上的功为

$$W=\int_{M_1}^{M_2}\boldsymbol{F}\cdot\mathrm{d}\boldsymbol{r}=\int_{M_1}^{M_2}-k(r-l_0)\boldsymbol{r}_0\cdot\mathrm{d}\boldsymbol{r}$$

其中 $\boldsymbol{r}_0\cdot\mathrm{d}\boldsymbol{r}=\frac{\boldsymbol{r}}{r}\cdot\mathrm{d}\boldsymbol{r}=\frac{1}{2r}\mathrm{d}(\boldsymbol{r}\cdot\boldsymbol{r})=\frac{1}{2r}\mathrm{d}r^2=\mathrm{d}r$，代入上式得

$$W=\int_{M_1}^{M_2}-k(r-l_0)\mathrm{d}r=-\frac{k}{2}\int_{M_1}^{M_2}\mathrm{d}(r-l_0)^2=\frac{k}{2}[(r_1-l_0)^2-(r_2-l_0)^2]=\frac{k}{2}(\delta_1^2-\delta_2^2) \tag{11-13}$$

式中，$\delta_1=r_1-l_0$，$\delta_2=r_2-l_0$ 分别表示质点在起始和终了位置时弹簧的变形。

由式(11-13)可知，弹性力的功只与弹簧在初始和终了位置的变形有关，与质点运动的路径无关。当 $\delta_1>\delta_2$ 时，弹性力做正功；$\delta_1<\delta_2$ 时，弹性力做负功。应用式(11-13)时，无须

再考虑功的正负号。

例如，如图 11-7 所示，弹簧原长 $l_0=R$，刚度 k。其一端固定在 O 点，此点在半径为 R 的圆周上。如果 C 点为圆心，$BC\perp OA$，则当弹簧的另一端由 B 沿圆弧运动至 A 时弹性力所作的功为

$$W=\frac{1}{2}k(\delta_1^2-\delta_2^2)=\frac{k}{2}[(\sqrt{2}R-R)^2-(2R-R)^2]=-(\sqrt{2}-1)kR^2$$

(3)定轴转动刚体上作用力的功

如图 11-8 所示，当刚体绕 z 轴转动一微小角度 $\mathrm{d}\varphi$ 时，力 $\boldsymbol{F}$ 作用点的微小位移为 $\mathrm{d}s=r\mathrm{d}\varphi$，其中 r 是力的作用点 M 到转轴的距离。按式(11-8)，力 $\boldsymbol{F}$ 在此微小路程 $\mathrm{d}s$ 上的元功为

$$\delta W=F_\tau \mathrm{d}s=F_\tau r\mathrm{d}\varphi$$

其中，F_τ 是力 $\boldsymbol{F}$ 在 M 点位移方向的投影。由于

$$F_\tau r=M_z(F)=M_z$$

于是

$$\delta W=M_z\mathrm{d}\varphi$$

力 F 在有限转动 $\varphi_2-\varphi_1$ 中所做的功为

$$W=\int_{\varphi_1}^{\varphi_2}M_z\mathrm{d}\varphi \qquad (11-14)$$

若 M_z 为常量，上式可写成

$$W=M_z(\varphi_2-\varphi_1) \qquad (11-15)$$

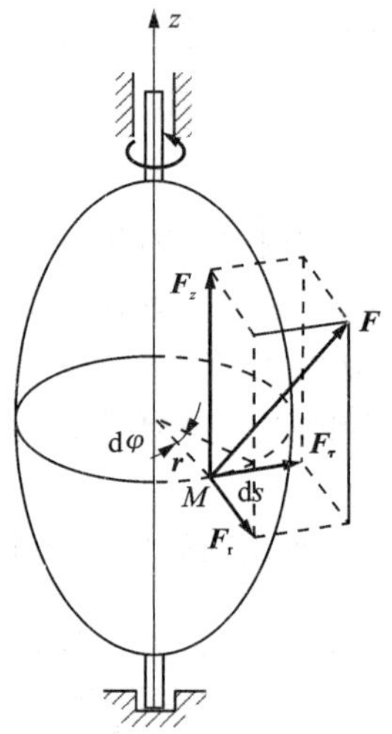

图 11-8

当力 $\boldsymbol{F}$ 对转轴 z 之矩的转向与刚体转动方向相同时，其功为正，反之为负。转角 φ 的单位为 rad。

如果作用在定轴转动刚体上的是一个力偶，且其作用面与转轴垂直，则只要将 M_z 换成力偶矩 M，就可得力偶所做的功。

(4)平面运动刚体上力系的功

设平面运动刚体上受有多个力作用。当刚体有无限小位移时，质心有无限小位移 $\mathrm{d}\boldsymbol{r}_C$，力 $\boldsymbol{F}_i$ 的作用点 M_i 绕质心 C 有微小转动位移 $\mathrm{d}\boldsymbol{r}_{iC}$，如图 11-9 所示。则力 $\boldsymbol{F}_i$ 的作用点的位移为

$$\mathrm{d}\boldsymbol{r}_i=\mathrm{d}\boldsymbol{r}_C+\mathrm{d}\boldsymbol{r}_{iC}$$

力 $\boldsymbol{F}_i$ 在点 M_i 位移上所做元功为

$$\delta W_i=\boldsymbol{F}_i\cdot\mathrm{d}\boldsymbol{r}_i=\boldsymbol{F}_i\cdot\mathrm{d}\boldsymbol{r}_C+\boldsymbol{F}_i\cdot\mathrm{d}\boldsymbol{r}_{iC}$$

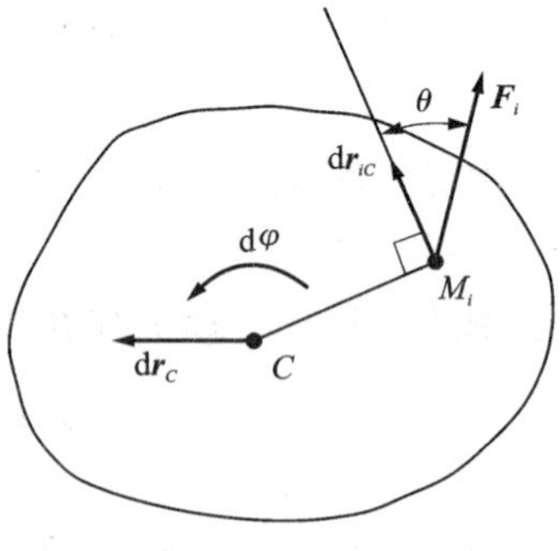

图 11-9

如刚体无限小转角为 $\mathrm{d}\varphi$，则转动位移 $\mathrm{d}\boldsymbol{r}_{iC}\perp M_iC$，大小为 $M_iC\cdot\mathrm{d}\varphi$。因此，上式后一项

$$\boldsymbol{F}_i\cdot\mathrm{d}\boldsymbol{r}_{iC}=F_i\cos\theta\cdot M_iC\cdot\mathrm{d}\varphi=M_C(\boldsymbol{F}_i)\mathrm{d}\varphi$$

式中，θ 为力 $\boldsymbol{F}_i$ 与转动位移 $\mathrm{d}\boldsymbol{r}_{iC}$ 间的夹角；$M_C(\boldsymbol{F}_i)$ 为力 $\boldsymbol{F}_i$ 对质心的矩。

作用在刚体上的全部力的元功为

$$\delta W=\sum\delta W_i=\sum\boldsymbol{F}_i\cdot\mathrm{d}\boldsymbol{r}_c+\sum M_C(\boldsymbol{F}_i)\cdot\mathrm{d}\varphi=\boldsymbol{F}'_R\cdot\mathrm{d}\boldsymbol{r}_C+M_C\mathrm{d}\varphi$$

式中，$\boldsymbol{F}'_R$ 为力系主矢；M_C 为力系对质心的主矩。在有限路程上力系做的功为

$$W_{12}=\int_{C_1}^{C_2}\boldsymbol{F}'_R\cdot \mathrm{d}\boldsymbol{r}_C+\int_{\varphi_1}^{\varphi_2}M_C\mathrm{d}\varphi \tag{11-16}$$

即平面运动刚体上力系的功等于力系向质心简化所得的力和力偶做功之和。这个结论也适用于作一般运动的刚体，基点也可以是刚体上的其他任意一点。

例 11-3　如图 11-10(a)所示，均质圆柱体质量为 m，半径为 r。将其放在倾角为 60°的斜面上，一细绳绕在圆柱体上。其一端定于 A 点，绳的引出部分与斜面平行。如圆柱体与斜面间摩擦系数为 $f=1/3$，求圆柱体的质心 C 沿斜面落下 S 时，作用在轮上的所有力的功。

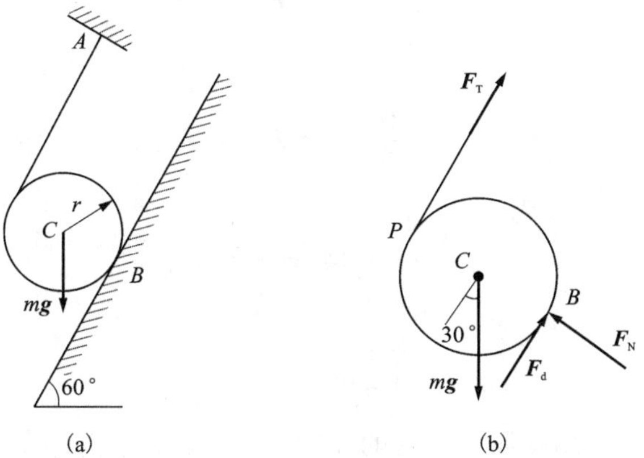

图 11-10

解：圆柱体在绳子的牵引下在斜面上运动，圆柱体与绳子接触点 P 速度为零(绳索不可伸长)，是速度瞬心。圆柱体相对绳子作纯滚动，在斜面上又滚又滑。圆柱体受力如图 11-10(b)所示。可利用两种方法计算作用在轮上的所有力的功。

①利用定义的方法。分别计算出各力所做的功，然后求代数和。图 11-10(b)中 $\boldsymbol{F}_{\mathrm{T}}$、$\boldsymbol{F}_{\mathrm{N}}$ 作用点处没有与之对应的位移，不做功。只有重力 mg 和滑动摩擦力 $\boldsymbol{F}_{\mathrm{d}}$ 做功。由运动学分析可知，圆柱体的质心 C 沿斜面下落 S 时，$\boldsymbol{F}_{\mathrm{d}}$ 作用点的位移为 $2S$。因此，作用在轮上的所有力的功为

$$W=mg\cos 30°\cdot S-2SF_{\mathrm{d}}$$

其中 $F_{\mathrm{d}}=fF_{\mathrm{N}}=fmg\sin 30°$。代入上式，得

$$W=\left(\frac{\sqrt{3}}{2}-f\right)mgS$$

②利用力系向质心简化计算所有力的功。将做功的力向质心 C 简化(不做功的力可不考虑)，得到主矢和主矩，由式(11-16)，得

$$W=(mg\cos 30°-F_{\mathrm{d}})\cdot S-F_{\mathrm{d}}r\cdot\frac{S}{r}=mg\cos 30°\cdot S-2F_{\mathrm{d}}\cdot S$$

同样可得

$$W=\left(\frac{\sqrt{3}}{2}-f\right)mgS$$

---

§11-2 动能定理

1. 质点系的动能定理

设质点的质量为 m，受到的力为 $\boldsymbol{F}$。矢量形式的质点运动微分方程为

$$m\frac{\mathrm{d}\boldsymbol{v}}{\mathrm{d}t}=\boldsymbol{F}$$

两边点乘 $\mathrm{d}\boldsymbol{r}$，得

$$m\frac{\mathrm{d}\boldsymbol{v}}{\mathrm{d}t}\cdot\mathrm{d}\boldsymbol{r}=\boldsymbol{F}\cdot\mathrm{d}\boldsymbol{r}$$

由于 $\mathrm{d}\boldsymbol{r}=\boldsymbol{v}\mathrm{d}t$，故上式可写成

$$m\boldsymbol{v}\cdot\mathrm{d}\boldsymbol{v}=\boldsymbol{F}\cdot\mathrm{d}\boldsymbol{r}$$

或

$$\mathrm{d}\left(\frac{1}{2}mv^2\right)=\delta W \tag{11-17}$$

即质点动能的微分，等于作用在质点上力的元功。可见，动能并不等于功，只是动能的变化在数量上等于功。

设质点系由 n 个质点组成，其中任一质点的质量为 m_i，速度为 $\boldsymbol{v}_i$。根据式(11-17)有

$$\mathrm{d}\left(\frac{1}{2}m_iv_i^2\right)=\delta W_i$$

其中 δW_i 是作用在任一质点上所有力(包括内力和外力)的元功之和。对于质点系中每个质点都写出上式，将它们相加，得

$$\sum\mathrm{d}\left(\frac{1}{2}m_iv_i^2\right)=\sum\delta W_i \text{ 或 } \mathrm{d}\sum\left(\frac{1}{2}m_iv_i^2\right)=\sum\delta W_i$$

即

$$\mathrm{d}T=\sum\delta W_i \tag{11-18}$$

质点系动能定理的微分形式：质点系动能的微分等于作用在质点系上所有力的元功之和。

对式(11-13)积分，用 T_1、T_2 分别表示质点系在某一段运动过程的起始和终了位置的动能，有

$$T_2-T_1=\sum W_{12} \tag{11-19}$$

质点系动能定理的积分形式：在某一段运动过程中，质点系动能的改变，等于作用在质点系上的所有力在此过程中所做功之和。

必须指出，作用在质点系上的所有力包括外力和内力，而质点系内力做功之和一般不等于零。因此在运用动能定理时，将作用力分为外力和内力并不方便。然而在绝大多数情况下，约束力不做功，或做功之和等于零。因此，运用动能定理时将作用力分为主动力与约束力比较方便。

2. 质点系内力的功

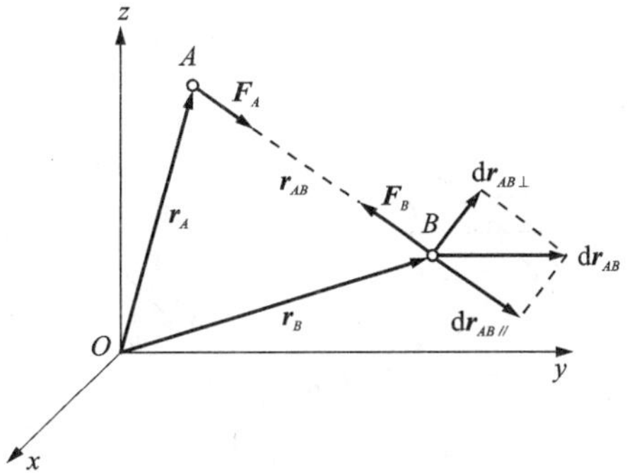

图 11-11

如图 11-11 所示，A、B 两质点间有相互作用的内力 $\boldsymbol{F}_A$ 和 $\boldsymbol{F}_B$，$\boldsymbol{F}_A=-\boldsymbol{F}_B$。两质点对于固定点 O 的矢径分别为 $\boldsymbol{r}_A$ 和 $\boldsymbol{r}_B$，$\boldsymbol{F}_A$ 和 $\boldsymbol{F}_B$ 的元功之和为

$$\begin{aligned}\delta W &= \boldsymbol{F}_A\cdot \mathrm{d}\boldsymbol{r}_A+\boldsymbol{F}_B\cdot \mathrm{d}\boldsymbol{r}_B\\ &= \boldsymbol{F}_A\cdot \mathrm{d}\boldsymbol{r}_A-\boldsymbol{F}_B\cdot \mathrm{d}\boldsymbol{r}_B\\ &= \boldsymbol{F}_A\cdot \mathrm{d}(\boldsymbol{r}_A-\boldsymbol{r}_B)\end{aligned}$$

$\boldsymbol{r}_A-\boldsymbol{r}_B=\boldsymbol{r}_{BA}$，考虑到 $\boldsymbol{F}_A$ 与 $\mathrm{d}\boldsymbol{r}_{BA}$ 方向相反，所以有

$$\delta W=-F_A\mathrm{d}(BA)$$

上式表明，当质系内质点间的距离 AB 可变化时，内力的元功之和不为零。如汽车发动机汽缸内膨胀的气体对活塞和汽缸的作用力都是内力，由于活塞相对缸体有运动，内力的功的和不为零，内力的功使汽车的动能增加；再如，机器中轴与轴承之间相互作用的摩擦力对于整个机器是内力，它们做负功，总和为负。运用动能定理时都要考虑这些内力所作的功。

3. 理想约束

工程中常见的约束，其约束力一般不做功。如光滑固定面和辊轴约束，其约束力垂直于作用点的位移，约束力不做功；光滑铰链或轴承约束，由于约束力的方向恒与位移的方向垂直，所以约束力的功为零。如图 11-12 所示。

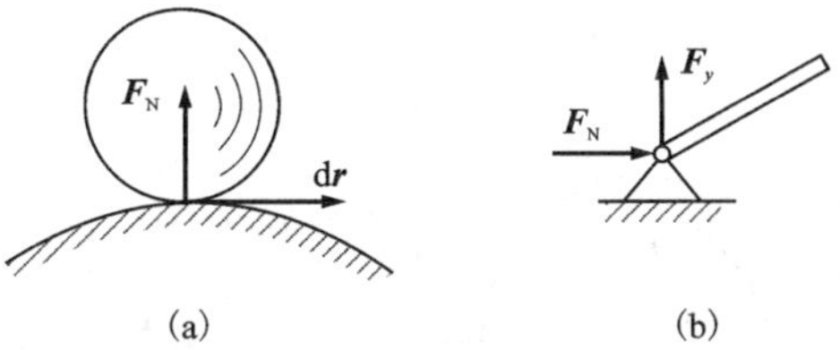

图 11-12

刚性连接的约束，如连接两个刚体的铰点、不可伸长的绳索约束等。其单一的约束力不一定不做功，但一对约束力做功之和等于零。如图 11-13(a)所示，两个刚体相互间的约束力，大小相等、方向相反，即 $\boldsymbol{F}'=-\boldsymbol{F}$，两力在 O 点的微小位移 $\mathrm{d}\boldsymbol{r}$ 上的元功之和等于零。

在图 11-13(b)中，绳索两端的约束力 $\boldsymbol{F}_1$ 和 $\boldsymbol{F}_2$ 大小相等，即 $F_1=F_2$。由于绳索不可伸长，所以 A、B 两点的微小位移 $\mathrm{d}\boldsymbol{r}_1$ 和 $\mathrm{d}\boldsymbol{r}_2$ 在绳索中心线上的投影必相等，即

$$\mathrm{d}r_1\cos\varphi_1=\mathrm{d}r_2\cos\varphi_2$$

因此不可伸长的绳索的约束力元功之和等于零。

同理，刚体内力元功之和也恒等于零，如图 11-13(c)所示。

约束力元功的代数和等于零的约束称为理想约束。

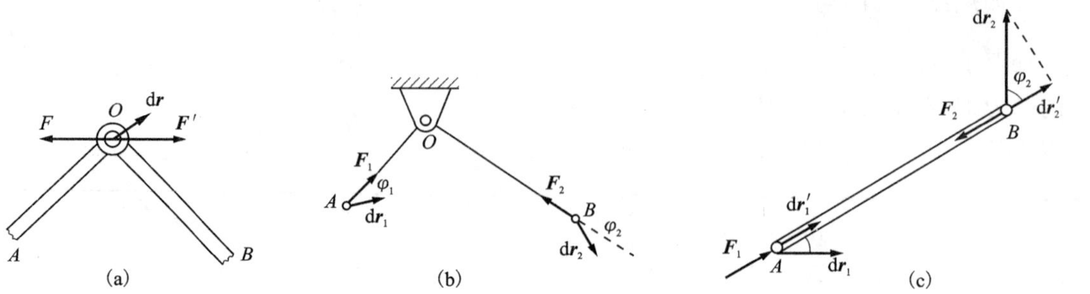

图 11-13

4. 动能定理的应用

质点系动能定理建立了质点系的质量 m、速度大小 $\boldsymbol{v}$、作用力 $\boldsymbol{F}$ 和质点的路程 s 之间的关系。因此，对于具有理想约束的质点系，当作用力为常力或位置的函数时，动能定理方程式中不会出现约束力，应用动能定理求解很方便。此外，通过动能定理对时间求导，方程式中将出现加速度，故动能定理常被用来求解物体运动的速度和加速度。动能定理只有一个标量方程，它只能求解一个未知量。

例 11-4 处于铅垂平面内的偏心轮机构如图 11-14 所示。偏心轮受大小不变的力偶 M 作用，绕轴 O_1 转动，使从动杆件 D 作往复运动。弹簧 E 保证从动杆件始终与偏心轮接触，其刚性系数为 k。当从动杆件在极左位置时，机构静止，此时弹簧已有压缩变形 $\delta_0=0.2r$。设偏心轮质量为 m，半径为 r，偏心距 $e=\dfrac{r}{2}$。不计从动杆件的质量，求从动杆件运动到极右位置时，偏心轮的角速度 ω。

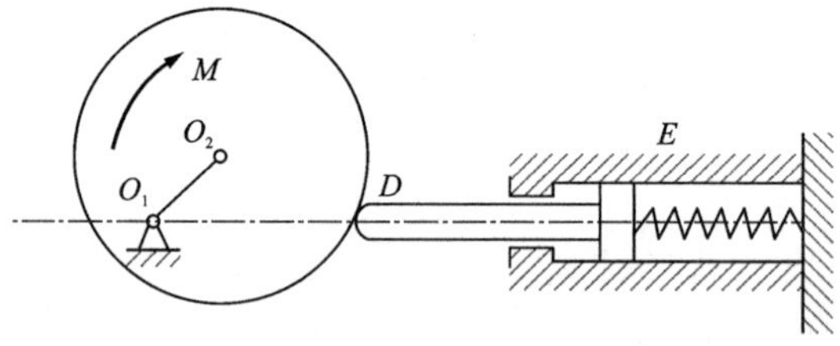

图 11-14

解：由题意，系统的初动能 $T_1=0$；从动杆件运动到极右位置时，系统的动能

$$T=\frac{1}{2}J_{O_1}\omega^2=\frac{1}{2}\left[\frac{1}{2}mr^2+m\left(\frac{r}{2}\right)^2\right]\omega^2=\frac{3}{8}mr^2\omega^2$$

在此运动过程中，偏心轮转过的角度为 180°，重力做功和等于零；力偶做正功；弹性力做负功。故

$$W_{12}=M\cdot\pi-\left(\frac{1}{2}k\delta_{\max}^2-\frac{1}{2}k\delta_0^2\right)$$

注意到弹簧的最大压缩量为

$$\delta_{\max}=\delta_0+2e=1.2r$$

由动能定理

$$T_2-T_1=W_{12}$$

$$\frac{3}{8}mr^2\omega^2-0=M\cdot\pi-\left[\frac{1}{2}k(1.2r)^2-\frac{1}{2}k(0.2r)^2\right]$$

解得

$$\omega=\sqrt{\frac{8(M\pi-0.7kr^2)}{3mr^2}}$$

例 11-5　如图 11-15(a)所示，均质杆 AB 的质量为 m，长为 l，B 端靠墙，A 端沿地面下滑。设开始时，杆 AB 在铅垂位置，初速为零。若不计摩擦，试求杆 AB 运动到图 11-15(b)所示位置时的角速度、角加速度。

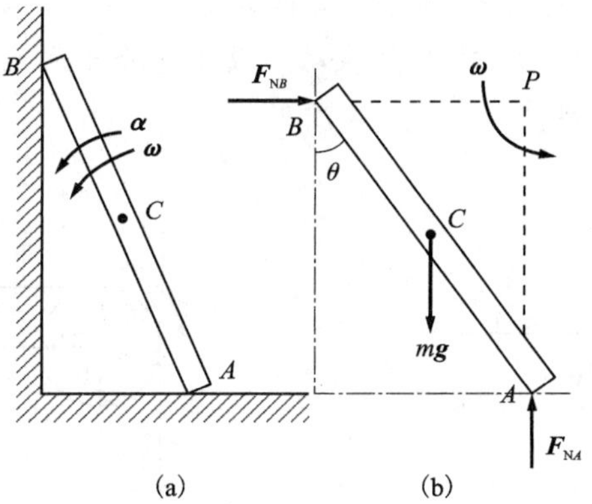

图 11-15

解： 取杆 AB 为研究对象，其受力如图 11-15(b)所示。在运动过程中只有重力做功，即

$$\sum W_{12}=mg\cdot\frac{l}{2}(1-\cos\theta) \tag{11-20}$$

当杆 AB 在铅垂位置时，其动能为

$$T_1=0 \tag{11-21}$$

当杆 AB 在图 11-15(b)所示位置时，其动能为

$$T_2=\frac{1}{2}mv_C^2+\frac{1}{2}J_C\omega^2$$

其中 $J_C=\frac{1}{12}ml^2$。杆 AB 的瞬心在 P，故

$$v_C=\frac{l}{2}\cdot\omega$$

ω 为杆 AB 在图 11-15(b)所示位置的角速度。于是

$$T_2=\frac{1}{2}m\frac{l^2}{4}\omega^2+\frac{1}{2}\cdot\frac{1}{12}ml^2\omega^2=\frac{1}{6}ml^2\omega^2 \tag{11-22}$$

将式(11-20)~式(11-22)代入式(11-19)，得

$$\frac{1}{6}ml^2\omega^2-0=mg\cdot\frac{l}{2}(1-\cos\theta)$$

$$\omega^2=\frac{3g}{l}(1-\cos\theta) \tag{11-23}$$

即
$$\omega=\sqrt{\frac{3g}{l}(1-\cos\theta)}$$

将式(11-23)对 t 求导，得

$$2\omega\alpha=\frac{3g}{l}\sin\theta\frac{\mathrm{d}\theta}{\mathrm{d}t}$$

故
$$\alpha=\frac{3g}{2l}\sin\theta$$

例 11-6 如图 11-16(a)所示，轮 A、B 质量均为 m，半径均为 r，其质量沿边缘均匀分布。不可伸长且重量不计的绳子绕过轮 A，其两端分别与轮 B 和质量为 $2m$ 的重物 C 相连。重物 C 向下运动，带动轮 A 转动、轮 B 纯滚动。设绳与轮 A 间无相对滑动，轮 A 轴上摩擦不计。试求重物 C 下降的加速度。

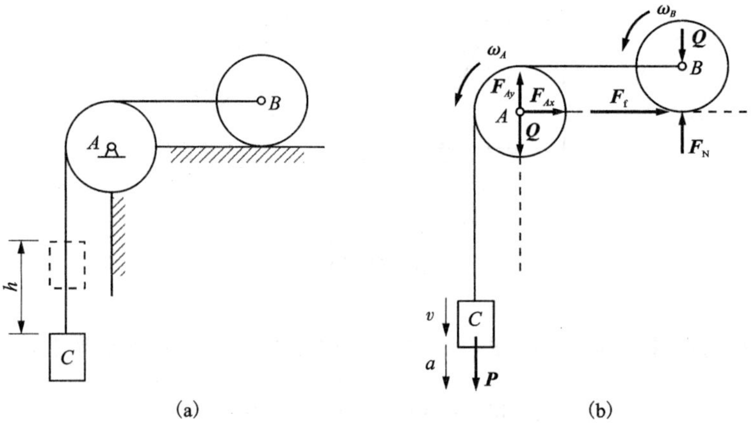

图 11-16

解：取轮 A、B，重物 C 和绳组成的系统为研究对象，其受力如图 11-16(b)所示。其中重物 A、B 的重力用 Q 表示，重物 C 的重力用 P 表示。运动过程中主动力的元功和为

$$\sum\delta W_i=P\cdot\mathrm{d}h=2mg\cdot\mathrm{d}h$$

设重物 C 下降速度为 v、轮 A、B 的角速度分别为 ω_A、ω_B，则系统的动能为

$$T=\frac{1}{2}(2m)v^2+\frac{1}{2}J_A\omega_A^2+\frac{1}{2}mv_B^2+\frac{1}{2}J_B\omega_B^2$$

其中 $J_A=J_B=mr^2$，$v_B=v$，$\omega_A=\frac{v}{r}$，$\omega_B=\frac{v_B}{r}=\frac{v}{r}$，于是

$$T=\frac{5}{2}mv^2$$

根据动能定理的微分形式 $\mathrm{d}T=\sum\delta W_i$，有

$$\frac{5}{2}m\cdot 2v\mathrm{d}v=2mg\cdot \mathrm{d}h$$

两边同时除 $\mathrm{d}t$，由于 $\frac{\mathrm{d}v}{\mathrm{d}t}=a$，$\frac{\mathrm{d}h}{\mathrm{d}t}=v$，可得

$$a=\frac{2}{5}g$$

§11-3　功率与功率方程

1. 功率

在工程中，力做功的快慢程度，即**单位时间力所做的功**，称为**功率**。功率是衡量机器性能的一项重要指标。若用 P 表示功率，则

$$P=\frac{\delta W}{\mathrm{d}t} \tag{11-24}$$

其中 δW 为力 F 的元功，故

$$P=\frac{\boldsymbol{F}\cdot \mathrm{d}\boldsymbol{r}}{\mathrm{d}t}=\boldsymbol{F}\cdot\boldsymbol{v}=F_\tau\cdot v \text{ 或 } P=\frac{M_z\mathrm{d}\varphi}{\mathrm{d}t}=M_z\omega \tag{11-25}$$

式中，$\boldsymbol{v}$ 是力 $\boldsymbol{F}$ 作用点的速度；F_τ 是 $\boldsymbol{F}$ 在 $\boldsymbol{v}$ 方向的投影；M_z 是力对 z 轴的矩；ω 是角速度。

显然，当 P 一定时，F_τ 越大，$\boldsymbol{v}$ 越小；反之，$\boldsymbol{v}$ 越大，F_τ 越小。例如，汽车启动或上坡时，由于需要较大的牵引力，这时就要使用低速挡。即在发动机功率一定的条件下，产生最大的牵引力。

在国际单位制中，功率的单位是焦耳/秒(J/s)，称为瓦特(W)，1W＝1 J/s＝1 N・m/s。

在工程中，一般用转速 n(rpm)表示物体转动的快慢，力矩或力偶矩 M 的单位是 N・m。当功率 P 用 kW 表示时，由式(11-24)得

$$M=\frac{P\times 1000}{\omega}=\frac{1000P\times 30}{\pi\times n}=9550\,\frac{P}{n}(\mathrm{N\cdot m}) \tag{11-26}$$

2. 功率方程

将动能定理的微分形式

$$\mathrm{d}T=\sum\delta W_i=\sum\boldsymbol{F}_i\cdot\mathrm{d}\boldsymbol{r}_i=\sum\boldsymbol{F}_i\cdot\boldsymbol{v}_i\cdot\mathrm{d}t$$

两边同时除以 $\mathrm{d}t$，由于 $\boldsymbol{F}_i\boldsymbol{v}_i=P_i$，得

$$\frac{\mathrm{d}T}{\mathrm{d}t}=\sum P_i \tag{11-27}$$

式(11-27)称为**功率方程**，为瞬时关系；等式右边应包括所有作用于质点系的力的功率。对机器而言，每瞬时所有力的功率包括：输入功率 $P_{输入}$，即作用于机器的主动力的功率；

输出功率 $P_{有用}$，即作用于机器的工作阻力的功率，也称为有用功率；无用功率 $P_{无用}$，即机器克服运动阻力(如摩擦力)消耗的功率；后两者应取负号。于是

$$\frac{dT}{dt}=P_{输入}-P_{有用}-P_{无用} \tag{11-28}$$

式(11-28)表明了机器动能的变化与三种功率之间的关系：当机器启动或加速运转时，$\frac{dT}{dt}>0$，故有 $P_{输入}>P_{有用}+P_{无用}$；当机器匀速运转时，$\frac{dT}{dt}=0$，应有 $P_{输入}=P_{有用}+P_{无用}$；当机器停止工作时 $P_{输入}=0$，$P_{有用}$也等于零，机器在无用阻力作用下逐渐停止运转。

运用功率方程的瞬时关系可求解质点系的某些动力学问题。

3. 机械效率

机械在稳定运转时，**有用输出功率与输入功率之比称为机械效率**，用 η 表示，即

$$\eta=\frac{P_{有用}}{P_{输入}}\times100\% \tag{11-29}$$

机械效率说明机械对于输入能量的有效利用程度，是评价机械质量的指标之一。它与机械的传动方式、制造精度与工作条件有关，一般情况下 $\eta<1$。

例 11-7 车床电动机的功率 $P=4.5$ kW，当稳定运转时主轴的转速为 $n=42$ r/min，如图 11-17 所示。设转动时由于摩擦而损耗的功率是输入功率的 30%，工件的直径 $d=100$ mm，求此转速下的切削力。

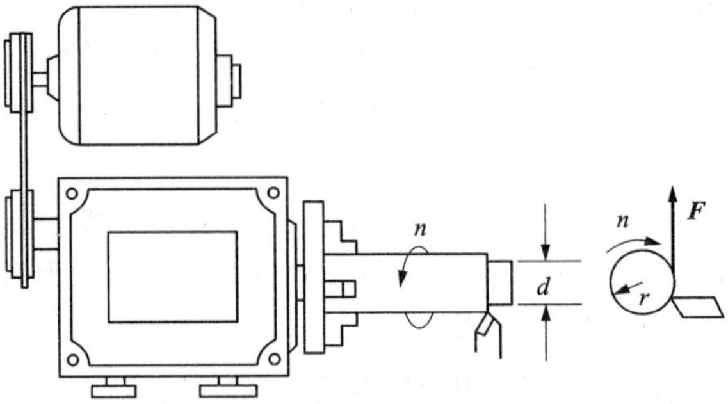

图 11-17

解：车床稳定运转时，$\frac{dT}{dt}=0$，输入功率与输出功率相等。即

$$P_{输入}=P_{有用}+P_{无用}$$

而 $P_{无用}=0.3P_{输入}$，代入上式得

$$P_{有用}=0.7P_{输入}=0.7\times4.5\times1000=3150(\text{W})$$

$P_{有用}$表示切削力的功率，如图 11-17 所示。即

$$P_{有用}=F\cdot v=F\cdot\frac{d}{2}\omega=F\times\frac{100}{2\times1000}\times\frac{2\pi\times42}{60}=0.22F(\text{N}\cdot\text{m/s})$$

得

$$F=\frac{3150}{0.22}=1.43\times10^4(\mathrm{N})=14.3(\mathrm{kN})$$

例 11-8　如图 11-18 所示结构中，质量为 m 的物块被不计质量的细绳跨过滑轮与弹簧相连。弹簧原长为 l_0，刚度系数为 k，质量不计。滑轮半径为 R，转动惯量为 J。不计轴承摩擦，试建立此系统的运动微分方程。

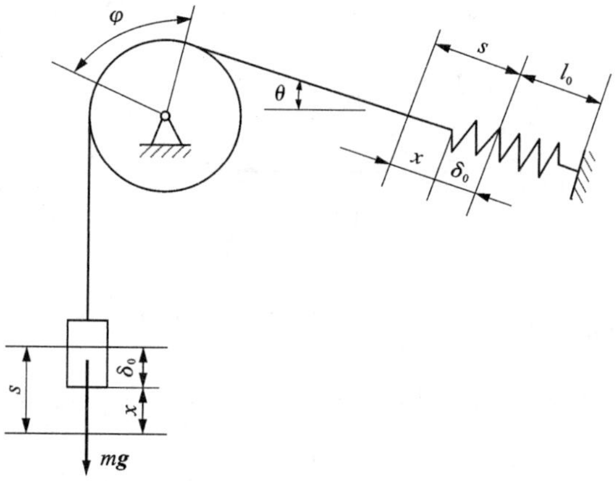

图 11-18

解：如弹簧由自然位置拉长任一长度 s，滑轮转过 φ 角，物块下降 s，显然有 $s=R\varphi$。此时系统的动能为

$$T=\frac{1}{2}m\left(\frac{\mathrm{d}s}{\mathrm{d}t}\right)^2+\frac{1}{2}J\left(\frac{\mathrm{d}\varphi}{\mathrm{d}t}\right)^2=\frac{1}{2}\left(m+\frac{J}{R^2}\right)\left(\frac{\mathrm{d}s}{\mathrm{d}t}\right)^2$$

重物下降速度 $\boldsymbol{v}=\frac{\mathrm{d}s}{\mathrm{d}t}$，重力功率为 $mg\frac{\mathrm{d}s}{\mathrm{d}t}$；弹性力大小为 ks，其功率为 $-ks\frac{\mathrm{d}s}{\mathrm{d}t}$。代入功率方程，得

$$\frac{\mathrm{d}T}{\mathrm{d}t}=\left(m+\frac{J}{R^2}\right)\frac{\mathrm{d}s}{\mathrm{d}t}\frac{\mathrm{d}^2s}{\mathrm{d}t^2}=mg\frac{\mathrm{d}s}{\mathrm{d}t}-ks\frac{\mathrm{d}s}{\mathrm{d}t}$$

两端各消去 $\frac{\mathrm{d}s}{\mathrm{d}t}$，得到对于坐标 s 的运动微分方程

$$\left(m+\frac{J}{R^2}\right)\frac{\mathrm{d}^2s}{\mathrm{d}t^2}=mg-ks$$

如此系统静止时弹簧拉长量为 δ_0，而 $mg=k\delta_0$。以平衡位置为参考点，物体下降 x 时弹簧拉长量为 $s=\delta_0+x$，代入上式，得

$$\left(m+\frac{J}{R^2}\right)\frac{\mathrm{d}^2x}{\mathrm{d}t^2}=mg-k\delta_0-kx=-kx$$

移项后，得到对于坐标 x 的运动微分方程

$$\left(m+\frac{J}{R^2}\right)\frac{\mathrm{d}^2x}{\mathrm{d}t^2}+kx=0$$

这是系统自由振动微分方程的标准形式。由上述计算可见，弹簧倾斜角度θ与系统运动微分方程无关。

例 11-9 质量为m的杆置于两个半径为r，质量为$\frac{m}{2}$的实心圆柱上。圆柱放在水平面上。设接触处都有摩擦，而无相对滑动。求当杆上施加水平力P时，杆的加速度。

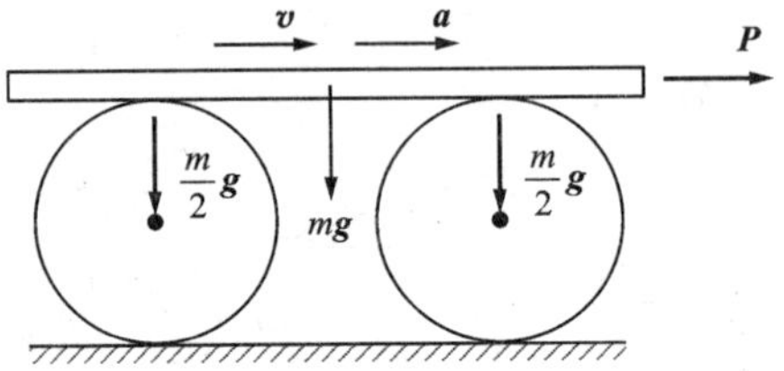

图 11-19

解： 取系统为研究对象，杆作平动，圆柱体作平面运动。设任一瞬时，杆的速度为v，则圆柱体质心速度为$\frac{v}{2}$，角速度$\omega=\frac{v}{2r}$。系统的动能为

$$T=\frac{1}{2}mv^2+2\left[\frac{1}{2}\cdot\frac{m}{2}\left(\frac{v}{2}\right)^2+\frac{1}{2}\cdot\left(\frac{1}{2}\cdot\frac{m}{2}r^2\right)\left(\frac{v}{2r}\right)^2\right]=\frac{11}{16}mv^2 \tag{11-30}$$

由于主动力的功率为$P\boldsymbol{v}$，根据功率方程，有

$$\frac{\mathrm{d}T}{\mathrm{d}t}=Pv$$

将式(11-30)代入上式，得

$$\frac{\mathrm{d}}{\mathrm{d}t}\left(\frac{11}{16}mv^2\right)=Pv$$

解得杆的加速度为

$$a=\frac{8P}{11\ m}$$

§11-4 势力场与势能、机械能守恒定律

1. 势力场与有势力

如果质点在空间任一位置都受到完全取决于该质点位置的力作用，即质点所受力矢量是位置的单值、有界且可微的函数，则这部分空间称为**力场**。例如，地面附近空间为重力场；远离地球的空间为万有引力场。力场对质点的作用力称为**场力**。

当质点在某力场中运动时，场力所做的功与质点运动的路径无关，而只决定于质点的起始位置与终了位置，则该力场称为**势力场**。这些力场的场力称为**有势力**。例如重力、万有引力及弹性力都是有势力，而重力场、万有引力场、弹性力场都是势力场。

2. 势能

作用在位于势力场中某一给定位置 $M(x, y, z)$ 的质点的有势力，相对于任一选定的零位置 $M_0(x_0, y_0, z_0)$ 的做功能力，称为质点在给定位置 M 的**势能**，以 $V(x, y, z)$ 表示。它是位置坐标的单值连续函数，称为**势能函数**。势能函数值相等的各点所组成的曲面称为**等势面**。因为零势能位置 $M_0(x_0, y_0, z_0)$ 是任意选定的，当质点位于某一确定位置时，对于不同的零势能位置，势能一般不相同。所以，在讲到势能时，必须指明零位置才有意义。

根据势能的定义，当质点从某一位置 $M(x, y, z)$ 运动到零位置 $M_0(x_0, y_0, z_0)$ 时，有势力 $\boldsymbol{F}$ 所作的功即为质点在 M 位置的势能

$$V(x, y, z) = W_{M \to M_0} = \int_M^{M_0} \boldsymbol{F} \cdot \mathrm{d}\boldsymbol{r} = \int_M^{M_0} (F_x \mathrm{d}x + F_y \mathrm{d}y + F_z \mathrm{d}z) \tag{11-31}$$

这一积分是沿质点运动的路径曲线的积分。因有势力所做的功与质点运动路径无关，又由高等数学知，当这一积分与曲线形状无关时，被积函数可表示为某一单值连续函数的全微分，即

$$F_x \mathrm{d}x + F_y \mathrm{d}y + F_z \mathrm{d}z = -\mathrm{d}V \tag{11-32}$$

而势能函数 V 全微分的数学表达式为

$$\mathrm{d}V = \frac{\partial V}{\partial x}\mathrm{d}x + \frac{\partial V}{\partial y}\mathrm{d}y + \frac{\partial V}{\partial z}\mathrm{d}z \tag{11-33}$$

比较式(11-32)与式(11-33)，有

$$F_x = -\frac{\partial V}{\partial x},\ F_y = -\frac{\partial V}{\partial y},\ F_z = -\frac{\partial V}{\partial z}$$

于是有势力可表示为

$$\boldsymbol{F} = -\left(\frac{\partial V}{\partial x}\boldsymbol{i} + \frac{\partial V}{\partial y}\boldsymbol{j} + \frac{\partial V}{\partial z}\boldsymbol{k}\right) \tag{11-34}$$

式(11-34)表明，有势力 F 等于势能函数在该点的梯度。满足式(11-34)的力为有势力，也称为**保守力**。

质点或质点系在常见势力场中的势能有如下几种。

(1)重力场

任选一坐标原点，z 轴铅垂向上。以 z_0 表示零势能位的坐标，则点 M 的势能为

$$V = \int_z^{z_0} - mg\mathrm{d}z = mg(z - z_0) \tag{11-35}$$

对于质点系，则有

$$V = mg(z_C - z_{C_0}) \tag{11-36}$$

式中，m 为整个质点系的质量。

(2)弹性力场

取弹簧自然长度的末端(即 $r = l_0$ 处)为零势能位，则有

$$-\mathrm{d}V = \mathrm{d}W = -\frac{k}{2}\mathrm{d}(r - l_0)^2$$

积分得到弹性力势能为

$$V=\frac{k}{2}(r-l_0)^2=\frac{k}{2}\delta^2 \tag{11-37}$$

式中，δ 表示质点在该位置时弹簧的净变形量。

(3) 万有引力场

当质量为 m_0 的质点处在质量为 m 的物体的万有引力场中时，若取无穷远处为零势能位，则

$$-\mathrm{d}V=\mathrm{d}W=\boldsymbol{F}\cdot\mathrm{d}\boldsymbol{r}=GM_0m\mathrm{d}\left(\frac{1}{r}\right)$$

将上式积分，得

$$V=-\frac{GM_0m}{r} \tag{11-38}$$

例 11-10 地震仪简化模型如图 11-20 所示。已知摆的质量为 m，质心 A 到轴 O 的距离 $OA=l$，摆对轴 O 的回转半径为 ρ，弹簧的刚度为 k。其质量略去不计，弹簧的联结点 B 到轴 O 的距离为 $OB=b$。求系统在偏离其平衡位置某一微小角度 φ 时的势能。

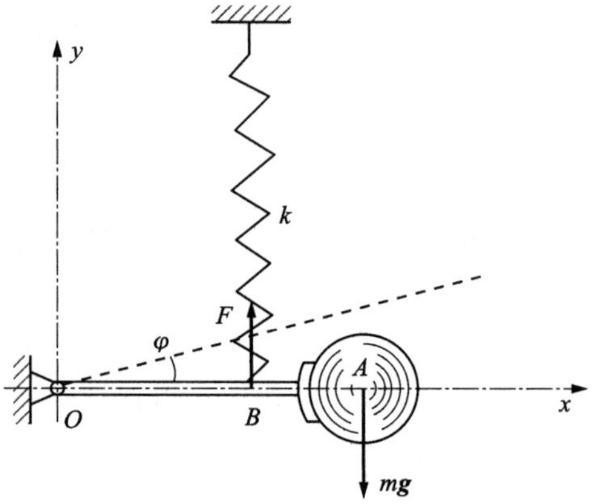

图 11-20

解： 取水平平衡位置为势能的零位置，即当 $\varphi=0$ 时 $V=0$。在水平平衡位置弹簧具有静变形 δ_s，由静力平衡条件 $mgl=F_sb=k\delta_sb$ 可得

$$\delta_s=\frac{mgl}{kb}$$

当摆由平衡位置摆过微小角度 φ 时，重力 mg 的势能和弹性力 F 的势能分别为

$$V_P=mgl\varphi$$

$$V_F=\left(-\frac{1}{2}k\delta_s^2\right)-\left[-\frac{1}{2}k(\delta_s-b\varphi)^2\right]=\frac{1}{2}k[(\delta_s-b\varphi)^2-\delta_s^2]$$

$$=\frac{1}{2}k(b^2\varphi^2-2b\varphi\delta_s)=\frac{1}{2}kb^2\varphi^2-mgl\varphi$$

故总势能为

$$V=V_P+V_F=\frac{1}{2}kb^2\varphi^2$$

对于弹簧振子系统，取其平衡位置为零势能位置，其势能表达式比较简单。

---

3. 机械能守恒定律

若质点系在势力场中运动，在任意两位置 1 和 2 的动能分别为 T_1 和 T_2，势能分别为 V_1 和 V_2，则该质点系由位置 1 运动到位置 2 的过程中，有势力的总功为

$$W=V_1-V_2$$

根据质点系动能定理，有

$$W=T_1-T_2$$

所以

$$V_1-V_2=T_2-T_1$$

即

$$T_1+V_1=T_2+V_2=\text{常数} \tag{11-39}$$

这一结论称为**机械能守恒定律**。它表明：**质点系在势力场中运动时，动能与势能之和为常量**。即质点系在势力场中运动时，动能与势能可以相互转换。动能的减少（或增加），必然伴随着势能的增加（或减少），而且减少和增加的量相等，总的机械能保持不变。这样的系统称为**保守系统**。

而当质系在非保守力作用下运动时，则机械能不守恒。例如摩擦力做功时总是使机械能减少。但是减少的能量并未消失，而是转化为另一形式的能量（热能），总能量仍然是守恒的。如果考虑了各种形式能量（如电磁能、化学能、热能等）的转化，对于整个系统来说，总的能量仍是守恒的。这就是普遍形式的能量守恒定律，机械能守恒定律只不过是它的特殊情形。

例 11-11　两根均质杆 AC 和 BC 长度都为 l，由光滑铰链 C 连接，在竖直平面内运动，如图 11-21(a) 所示。点 A 和点 B 与光滑平面接触。如果初始时点 C 离水平面的高度为 h，然后无初速地释放整个系统，则点 C 着地时的速度是多少？

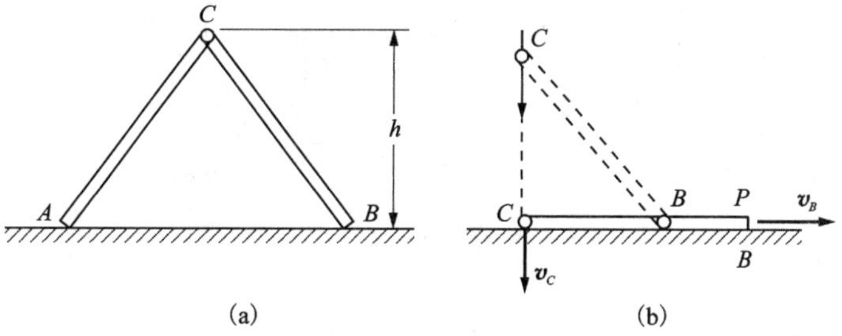

图 11-21

解：系统所受的约束力不做功，而主动力皆为有势力。

取水平面为势能零位置，则初始系统的势能为

$$V_1=2\left(mg\frac{h}{2}\right)=mgh$$

式中，m 为杆的质量。

由于初始时系统静止，故动能

$$T_1=0$$

系统开始运动后，杆 AC 和 BC 都作平面运动。因为点 A 和 B 处的接触为光滑接触，系统不受水平外力作用，故销钉 C 必沿铅垂线运动。杆 AC 和 BC 的运动完全相似，只需取其一来研究其运动。

取杆 BC 为研究对象，当点 C 着地时，杆 BC 的速度瞬心 P 与点 B 重合，如图 11-21(b) 所示。若杆 BC 的角速度为 ω，则有 $v=l\omega$。此瞬时系统的动能为

$$T_2=2\left(\frac{1}{2}J_P\omega^2\right)=2\left(\frac{1}{2}\cdot\frac{1}{3}ml^2\omega^2\right)=\frac{1}{3}ml^2\omega^2=\frac{1}{3}mv_C^2$$

系统的势能为

$$V_2=0$$

根据机械能守恒定律，有

$$mgh+0=0+\frac{1}{3}mv_C^2$$

由此得

$$v_C=\sqrt{3gh}$$

这就是点 C 着地时的速度大小。

例 11-12 重为 m、半径为 r 的圆柱体在一个半径为 R 的大圆槽内作纯滚动，如图 11-22 所示。如不计滚动摩擦力偶，求圆柱在平衡位置附近作摆动的方程。

解： 圆柱体的受力如图 11-22 所示。在这些力中，法向力 $\boldsymbol{F}_N$、摩擦力 $\boldsymbol{F}_f$ 均不做功，故可运用机械能守恒定律求解。

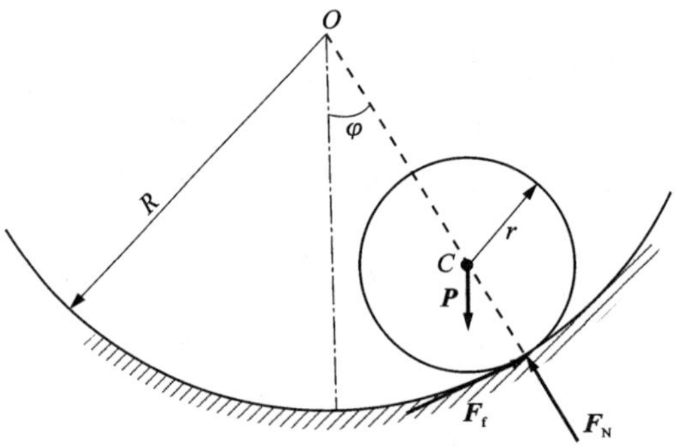

图 11-22

研究自平衡位置起的任意角度为系统的一般位置。圆柱体作平面运动，其动能为

$$T=\frac{1}{2}mv_C^2+\frac{1}{2}J_C\omega^2=\frac{1}{2}m(R-r)^2\dot{\varphi}^2+\frac{1}{2}\cdot\frac{1}{2}mr^2\cdot\frac{(R-r)^2}{r^2}\dot{\varphi}^2=\frac{3}{4}m(R-r)^2\dot{\varphi}^2$$

选最低位置处为势能的零位置，势能为

$$V=mgz_C=mg(R-r)(1-\cos\varphi)$$

根据机械能守恒定律

$$\frac{3}{4}m(R-r)^2\dot{\varphi}^2+mg(R-r)(1-\cos\varphi)=常数$$

两边对时间求导

$$\frac{3}{4}m(R-r)^2\cdot 2\dot{\varphi}\cdot\ddot{\varphi}+mg(R-r)\sin\varphi\cdot\dot{\varphi}=0$$

$$\ddot{\varphi}+\frac{2g}{3(R-r)}\sin\varphi=0$$

作微幅摆动时有 $\sin\varphi\approx\varphi$，故

$$\ddot{\varphi}+\frac{2g}{3(R-r)}\varphi=0$$

§11-5　动力学普遍定理的综合应用

动力学普遍定理包括动量定理、动量矩定理和动能定理。它们都是从动力学基本方程推导出来的，以不同的形式建立了质点系的运动与受力之间的关系。动量定理和动量矩定理分别建立了质点系动量和动量矩与质点系所受外力系的主矢量和主矩之间的关系，它们是矢量形式的。动能定理建立了质点系的动能与作用于质点系上的力的功之间的关系，是标量形式的。

应用动力学普遍定理求解质点系动力学问题时，要根据实际情况运用不同的定理。有的问题只能用某一定理求解，而有的问题可以有多种解法，还有一些复杂的问题需要同时运用几个定理、定律才能求出全部结果。一般而言，对于具有理想约束的一个自由度系统，可用动能定理或机械能守恒定律求系统的运动。确定系统的运动规律后，用动量或动量矩定理求未知约束力；对于刚体系统，也可直接运用刚体平面运动微分方程求解。在分析运动时，还应注意动量和动量矩守恒问题，作出正确判断。

下面举例说明。

例 11-13　如图 11-23(a)所示系统中，物块及两均质轮的质量皆为 m，轮半径皆为 R。滚轮上缘绕一刚度系数为 k 的无重水平弹簧，轮与地面间无滑动。现于弹簧的原长处自由释放重物，试求重物下降 h 时的速度、加速度以及滚轮与地面间的摩擦力。

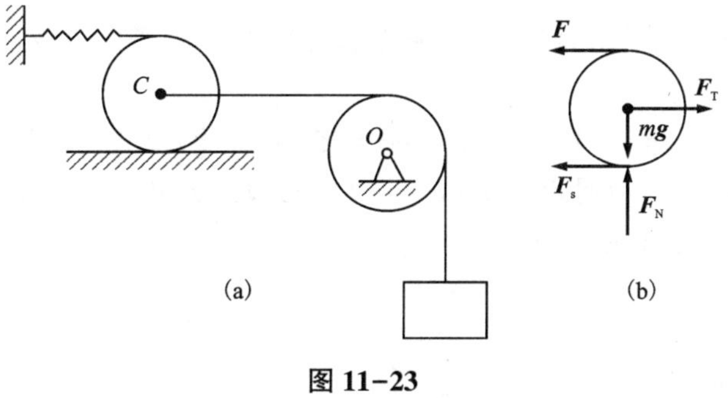

图 11-23

解：为求重物下降 h 时的速度和加速度，可用动能定理。系统初始动能为零，当物块有速度 $\boldsymbol{v}$ 时，两轮的角速度皆为 $\omega=v/R$，系统动能为

$$T=\frac{1}{2}m\boldsymbol{v}^2+\frac{1}{2}\cdot\frac{1}{2}mR^2\omega^2+\frac{1}{2}\left(mv^2+\frac{1}{2}mR^2\omega^2\right)=\frac{3}{2}mv^2$$

重物下降 h 时弹簧拉长 $2h$，重力和弹簧力做功和为

$$W=mgh-\frac{1}{2}k(2h)^2=mgh-2\ kh^2$$

由动能定理

$$\frac{3}{2}mv^2-0=mgh-2kh^2 \tag{11-40}$$

求得重物的速度

$$v=\sqrt{\frac{2(mg-2kh)h}{3m}}$$

为求重物加速度，可用动能定理的微分形式或功率方程求解。式(11-40)已给出速度 v 与下降距离 h 之间的函数关系，两端对时间 t 求一次导数，得

$$3mv\frac{\mathrm{d}\boldsymbol{v}}{\mathrm{d}t}=(mg-4kh)\frac{\mathrm{d}h}{\mathrm{d}t}$$

求得重物加速度

$$\boldsymbol{a}=\frac{g}{3}-\frac{4kh}{3m}$$

为求地面摩擦力，可取滚轮为研究对象，如图 11-23(b)所示。其中弹簧力 $F=2kh$。应用对质心 C 的动量矩定理，即

$$\frac{\mathrm{d}}{\mathrm{d}t}\left(\frac{1}{2}mR^2\cdot\frac{v}{R}\right)=(F_s-F)R \tag{11-41}$$

求得地面摩擦力

$$F_s=F+\frac{1}{2}ma \tag{11-42}$$

代入 F 及 a 的值，得地面摩擦力

$$F_s=\frac{mg}{6}+\frac{4}{3}kh$$

由此例可见，为求系统运动时的作用力，须先计算加速度，可用动能定理求解。求作用力时，应用动量定理或动量矩定理。对此问题，也可以分别列出各重物相应的微分方程，再联立求解力与加速度。

例 11-14 如图 11-24(a)所示，质量 $m_1=15$ kg 的均质轮与质量 $m_2=6$ kg、长 $l=24$ cm 的均质杆 AB 在 B 处铰接。由图示位置($\varphi_0=30°$)无初速释放，试求系统通过最低位置时 B' 点的速度及在初瞬时支座 A 的反力。

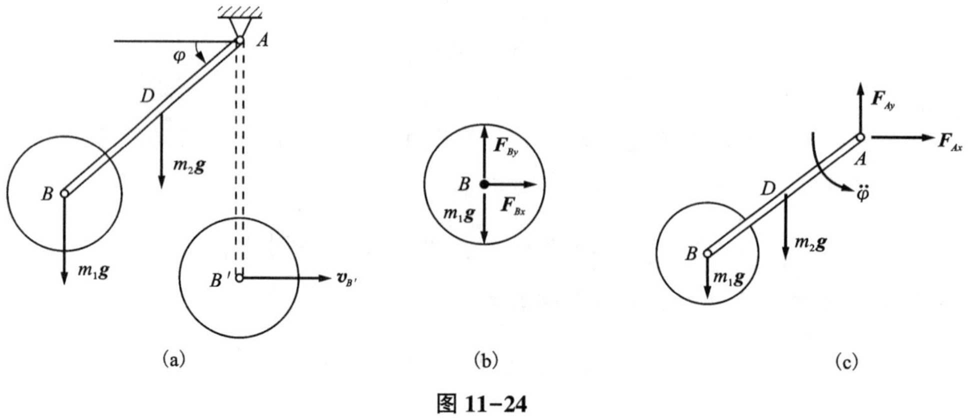

图 11-24

解：杆 AB 做定轴转动，选 φ 为转动的坐标。本题单用动能定理无法求解，还须运用其他

定理作补充。

先取 B 轮为研究对象，其受力分析如图 11-24(b)所示。B 轮对质心 B 的动量矩守恒，即 B 轮作平移。由此，对系统运用动能定理

$$T_2 - T_1 = \sum W_i$$

$$\frac{1}{2}J_A\dot{\varphi}^2+\frac{1}{2}m_1v^2B'-0=m_2g\frac{l}{2}(1-\sin\varphi_0)+m_1gl(1-\sin\varphi_0)$$

其中 $J_A=\frac{1}{3}m_2l^2$，$\dot{\varphi}=\frac{v_{B'}}{l}$整理后得

$$v_{B'}=\sqrt{\frac{3(m_2+2m_1)l(1-\sin\varphi_0)}{m_2+3m_1}g}=1.578(\text{m/s})$$

要求初瞬时支座 A 处的反力，首先须求出该瞬时的加速度。因 B 轮作平动，系统对 A 点运用动量矩定理[图 11-24(c)]

$$\frac{\mathrm{d}\boldsymbol{L}_A}{\mathrm{d}t}=\sum M_A(\boldsymbol{F}_i^{(e)})$$

$$\frac{\mathrm{d}}{\mathrm{d}t}[J_A\dot{\varphi}+m_1v_Bl]=m_2g\frac{l}{2}\cos\varphi_0+m_1gl\cos\varphi_0$$

其中 $\boldsymbol{v}_B=\dot{\varphi}l$，代入上式得

$$\ddot{\varphi}=\frac{3(m_2+2m_1)}{2(m_2+3m_1)}\frac{g}{l}\cos\varphi_0=37.443(\text{rad/s}^2)$$

求支座 A 处的反力，对系统运用质心运动定理

$$\sum m_ia_{Ci}=\sum F_i^{(e)}$$

有
$$m_2\boldsymbol{a}_D+m_1\boldsymbol{a}_B=m_1\boldsymbol{g}+m_2\boldsymbol{g}+\boldsymbol{F}_{Ax}+\boldsymbol{F}_{Ay}$$

分别向 x、y 轴投影，由于初瞬时 $\dot{\varphi}=0$，$\boldsymbol{a}_D$、$\boldsymbol{a}_B$ 只有切向分量，有

$$m_2\frac{l}{2}\ddot{\varphi}\sin\varphi_0+m_1l\ddot{\varphi}\sin\varphi_0=F_{Ax}$$

得
$$F_{Ax}=\left(\frac{m_2}{2}+m_1\right)l\ddot{\varphi}\sin\varphi_0=82.53(\text{N})$$

$$m_2\cdot\frac{l}{2}\cos\varphi_0+m_1l\ddot{\varphi}\cos\varphi_0=m_2g+m_1g-F_{Ay}$$

得
$$F_{Ay}=m_2g+m_1g-\left(\frac{m_2}{2}+m_1\right)l\ddot{\varphi}\cos\varphi_0=67.06(\text{N})$$

例 11-15　如图 11-25(a)所示，均质刚杆 AB 长为 l，质量为 m，起初紧靠在铅垂墙壁上。由于微小干扰，杆 AB 绕点 B 倾倒。若不计摩擦，求：①B 端未脱离墙时杆 AB 的角速度、角加速度及 B 处的约束力；②B 端脱离墙壁时的 θ_1；③杆 AB 着地时质心 C 的速度及杆的角速度。

解：①B 端未脱离墙时，杆 AB 如同定轴转动。当转过任意角度 θ 时，由动能定理有

$$\frac{1}{2}\cdot\frac{ml^2}{3}\omega^2=mg\cdot\frac{l}{2}(1-\cos\theta) \tag{11-43}$$

得
$$\omega=\sqrt{\frac{3g}{l}(1-\cos\theta)}$$

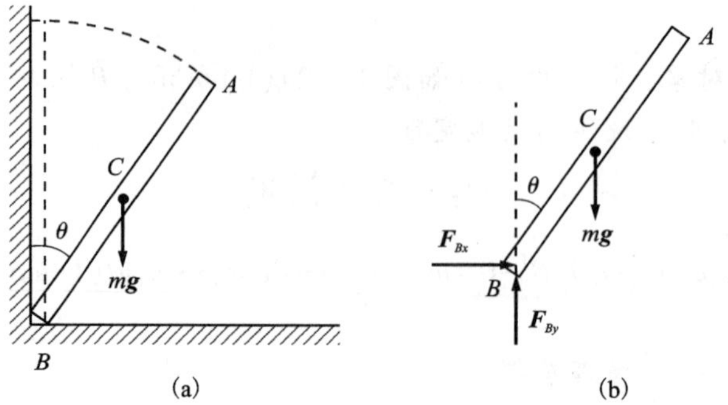

图 11-25

将式(11-43)对 t 求导得

$$\alpha=\frac{3g}{2l}\sin\theta$$

质心 C 的加速度为

$$\boldsymbol{a}_C=\boldsymbol{a}_C^{\tau}+\boldsymbol{a}_C^{n}=\boldsymbol{a}_{Cx}+\boldsymbol{a}_{Cy}$$

其中

$$a_C^{\tau}=\frac{l}{2}\alpha,\ a_C^{n}=\frac{1}{2}\omega^2$$

将 $\boldsymbol{a}_C$ 投影到水平与铅直轴上，得

$$a_{Cx}=\frac{l}{2}\alpha\cos\theta-\frac{l}{2}\omega^2\sin\theta$$

$$a_{Cy}=-\frac{l}{2}\alpha\sin\theta-\frac{l}{2}\omega^2\cos\theta$$

杆 AB 受力如图 11-25(b)所示，由质心运动定理，有

$$ma_{Cx}=F_{Bx}$$

$$ma_{Cy}=F_{By}-mg$$

解得

$$F_{Bx}=\frac{3}{4}mg\sin\theta(3\cos\theta-2) \tag{11-44}$$

$$F_{By}=mg-\frac{3}{4}mg(3\sin^2\theta+2\cos\theta-2)$$

(2)当 B 端脱离墙时，有 $F_{Bx}=0$，代入式(11-44)得

$$\theta_1=arccos\ \frac{2}{3}$$

此即脱离墙时的 θ_1 角值。此时杆的角速度为

$$\omega_1=\sqrt{\frac{3g}{l}(1-\cos\theta_1)}=\sqrt{\frac{g}{l}}$$

(3)B 端脱离墙后，杆 AB 作平面运动。由于水平方向不受力，因此在水平方向质心运动守恒。由于在杆 AB 脱离墙后瞬时杆 AB 质心 C 的速度为

$$v_{C1}=\frac{l}{2}\omega_1=\frac{1}{2}\sqrt{gl},\ v_{C1x}=v_{C1}\cos\theta_1=\frac{1}{3}\sqrt{gl}$$

因此在此后任一瞬时总有

$$v_{Cx}=v_{C1x}=\frac{1}{3}\sqrt{gl}$$

当杆着地时，AB 水平，此时点 B、C 速度及杆角速度如图 11-26 所示。由 $\boldsymbol{v}_C=\boldsymbol{v}_B+\boldsymbol{v}_{CB}$ 投影到铅直方向，得

$$v_{Cy}=v_{CB}=\omega\cdot\frac{l}{2}$$

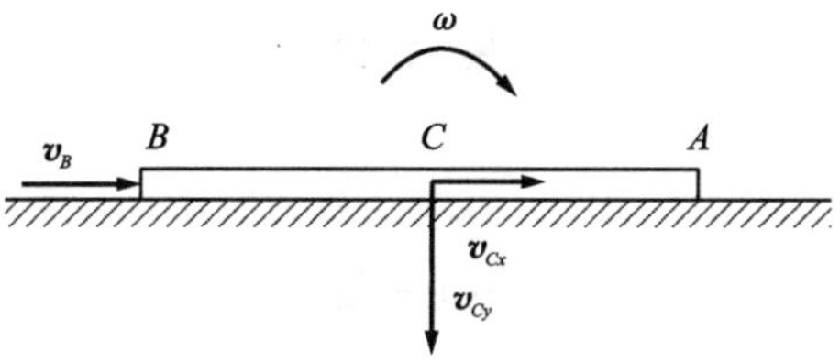

图 11-26

在杆由铅直位置运动到水平位置过程中，只有重力做功。杆初始静止，$T_1=0$，由动能定理，有

$$\frac{1}{2}m(v_{Cx}^2+v_{Cy}^2)+\frac{1}{2}J_C\omega^2=mg\frac{l}{2}$$

将 $v_{Cx}=\frac{\sqrt{gl}}{3}$，$J_C=\frac{ml^2}{12}$，$J_C=\frac{ml^2}{12}$代入上式后，得

$$\omega=\sqrt{\frac{8g}{3l}}$$

从而

$$v_{Cy}=\frac{l}{2}\sqrt{\frac{8g}{3l}}=\sqrt{\frac{2}{3}gl}$$

质心 C 的速度为

$$v_C=\sqrt{v_{Cx}^2+v_{Cy}^2}=\frac{1}{3}\sqrt{7gl}$$

本题也可以用其他方法求解。如第一阶段可用定轴转动时的动量矩定理求出角加速度 α，再积分求得角速度。

在解题过程中要注意以下几点：①本题过程分为两个阶段，因此两次应用了动能定理。②杆离开墙的条件是墙对杆的水平分力为零，要利用这一条件求脱离角 θ_1。③杆离开墙后是平面运动，不再是定轴转动。④由于杆离开墙后水平方向不受力，因此要想到水平方向质心运动守恒。⑤要正确补充运动学条件，建立 v_{Cy} 与 ω 之间的关系，这样在动能定理中才能只有一个未知量。

例 11-16　如图 11-27 所示，三角柱体 ABC 质量为 M，放置于光滑水平面上。质量为 m 的均质圆柱体沿斜面 AB 向下滚动而不滑动。若斜面倾解为 θ，求三角柱体的加速度。

解：设三角柱体向左滑动的速度为 v，圆柱体质心 O 相对三角柱的速度为 u。根据速度合

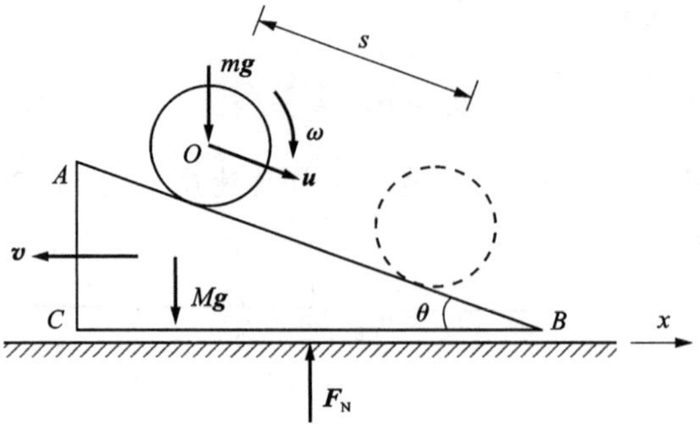

图 11-27

成定理，O 点的绝对速度

$$\boldsymbol{v}_0=\boldsymbol{v}+\boldsymbol{u}$$

其大小为

$$v_0=\sqrt{v^2+u^2-2vu\cos\theta}$$

设系统开始时静止，受力分析如图 11-27 所示。根据动量守恒定理，有

$$P_x=-Mv+m(u\cos\theta-\boldsymbol{v})=0$$

得

$$u=\frac{M+m}{m\cos\theta}v \tag{11-45}$$

系统的动能

$$T_2=\frac{1}{2}Mv^2+\frac{1}{2}mv_0^2+\frac{1}{2}J_0\omega^2$$

其中 $J_0=\frac{1}{2}mr^2$，$\omega=\frac{u}{r}$，代入上式，得

$$T_2=\frac{1}{2}Mv^2+\frac{1}{2}m(v^2+u^2-2vu\cos\theta)+\frac{1}{4}mu^2$$

在运动过程中，作用于系统的力只有重力 mg 做功，故

$$W=mgs\sin\theta$$

由动能定理，得

$$\frac{1}{2}mv^2+\frac{1}{2}m(v^2+u^2-2vu\cos\theta)+\frac{1}{4}mu^2=mgs\sin\theta \tag{11-46}$$

将式(11-45)代入式(11-46)，得

$$\frac{M+m}{4m\cos^2\theta}[3(M+m)-2m\cos^2\theta]v^2=mgs\sin\theta$$

上式两边对时间 t 求导，且由于$\frac{\mathrm{d}\boldsymbol{v}}{\mathrm{d}t}=a$，$\frac{\mathrm{d}s}{\mathrm{d}t}=u=\frac{M+m}{m\cos\theta}v$，可得三角柱体的加速度为

$$a=\frac{mg\sin 2\theta}{3M+m+2m\sin^2\theta}$$

§11-6　分析与讨论

摩擦力的功

一般情况下，物体运动时不可避免受到摩擦力作用，摩擦力与物体的相对位移反向，做负功。下面分三种情况讨论摩擦力的功。

(1) 只滑不滚

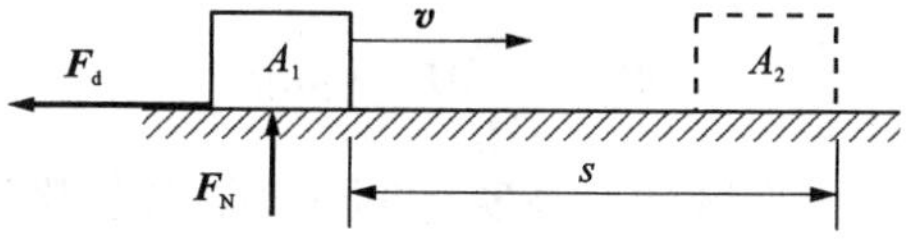

图 11-28

当物体在接触面上滑动(图 11-28)，此时动滑动摩擦力为

$$F_d = f_d F_N$$

式中，f_d 为动滑动摩擦系数；F_N 为接触面法向约束力。

当物体滑动距离为 s 时，根据式(11-9)，摩擦力的功为

$$W = -\int_{A_1}^{A_2} F_d \mathrm{d}s = -\int_{A_1}^{A_2} f_d F_N \mathrm{d}s = -f_d F_N s \tag{11-47}$$

注意，以上结果是地面作用在物块上的摩擦力的功，而物块作用在地面上的摩擦力的功等于零。

例如，图示 11-29(a)所示飞轮绕 O_2 轴逆时针转动。杆 O_1A 在水平力 $\boldsymbol{P}$ 作用下与飞轮接触。飞轮与杆受力如图 11-29(b)、11-29(c)所示。其中滑动摩擦力 $\boldsymbol{F}$ 做功为 $W_1 = -F \cdot R\varphi$，作用在杆上的滑动摩擦力 $\boldsymbol{F}'$ 做功为零，作用在滑轮上和杆上的法向力的功都为零。

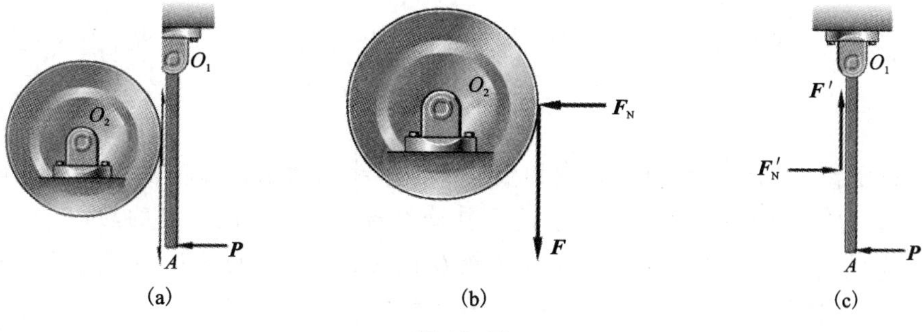

图 11-29

(2) 又滚又滑

以圆轮为例，当圆轮在接触面上既滑动又滚动时(图 11-30)，摩擦力包括动滑动摩擦力

和滚动摩阻力偶两部分。设圆轮滑动距离为 s，最大滚动摩阻力偶矩为 $M_{r,\max}$，接触点的速度为 v_I，转动的角速度为 ω，滚过的圆心角为 φ，则摩擦力的功为

$$W=-\int_{A_1}^{A_2}F_d\mathrm{d}s-\int_{\varphi_1}^{\varphi_2}M_{r,\,mas}\mathrm{d}\varphi$$

$$=-\int_{t_1}^{t_2}f_dF_N\boldsymbol{v}_I\mathrm{d}t-\int_{t_1}^{t_2}M_{r,\,mas}\omega\mathrm{d}t \qquad (11-48)$$

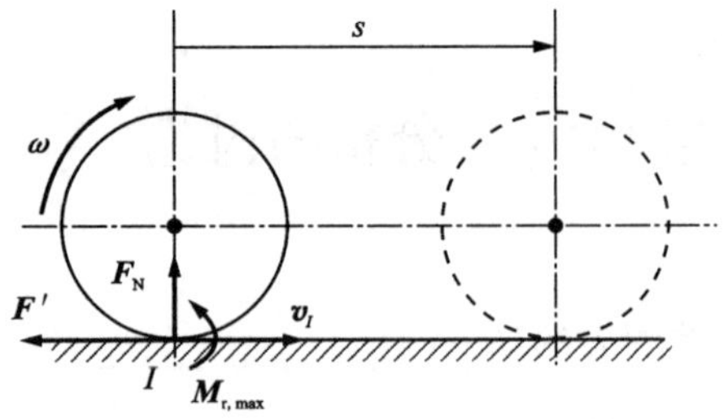

图 11-30

(3) 只滚不滑

仍以圆轮为例，当圆轮只滚不滑，即纯滚动时，接触点为速度瞬心，即 $\boldsymbol{v}_I=0$，由式(11-28)可得

$$W=-\int_{t_1}^{t_2}M_{r,\,mas}\omega\mathrm{d}t \qquad (11-49)$$

式(11-49)说明滑动摩擦力不做功。在实际问题中，若忽略滚动摩阻作用，则 $W=0$。因此，不计滚动摩阻时，摩擦力做功为零，此时接触点可视为理想约束。

习　题

11-1　计算图题 11-1 所示各均质物体的动能，质量同为 m，其中图题 11-1(a)～题 11-1(c)为绕固定轴 O 转动，角速度为 ω；图题 11-1(d)为半径 R 的圆盘在水平面上作纯滚动，质心速度为题 11-1。

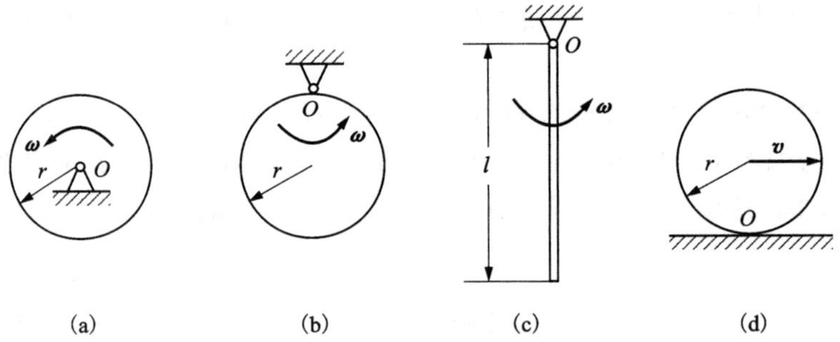

图题 11-1

11-2　链条传动机构的大链轮以角速度 ω 转动，半径为 R，对转轴的转动惯量为 J_1；小链轮的半径 r，对转轴的转动惯量为 J_2；链条质量为 m。试计算此系统的动能。

11-3　长为 l、重为 P 的均质杆 OA 以球铰 O 固定，并以等角速度 ω 绕铅直线转动，如图题 11-3 所示。如杆与铅直线的夹角为 α，求杆的动能。

11-4　如图题 11-4 所示，杆 AB 长 400 mm，其端点 B 沿与水平面成 $\alpha=30°$ 夹角的平面运动，端点 A 沿半径 $OA=600$ mm 的圆弧运动。已知均质杆 OA 和杆 AB 的质量分别为 M 和 $2M$，当杆 AB 水平时，$OA\perp AB$。杆 OA 转动角速度为 $\omega=2$ rad/s。试求此时系统的动能。(质量的单位为 kg)

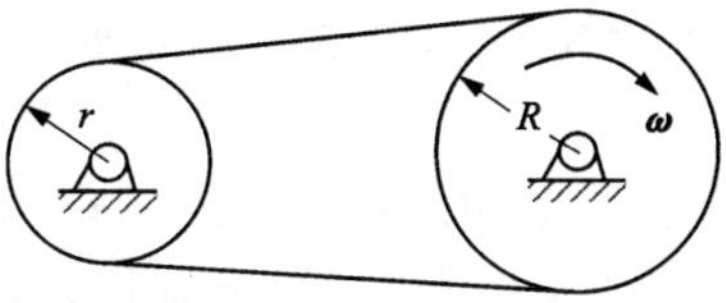

图题 11-2

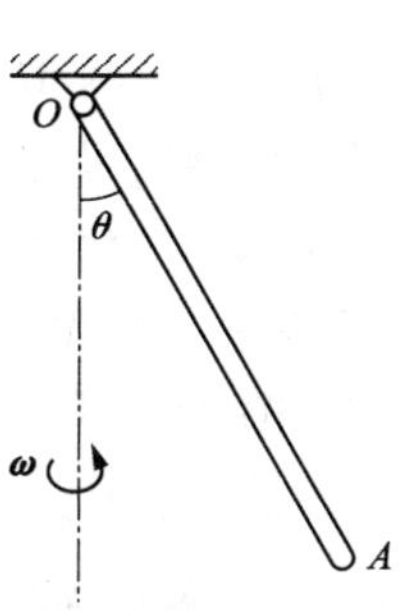

图题 11-3

11-5　如图题 11-5 所示，已知滑道运动的速度为 $\boldsymbol{v}$；均质圆盘的质量为 m，半径为 R，$\theta=30°$；M 点为固定于圆盘上的销钉。求圆盘的动能。

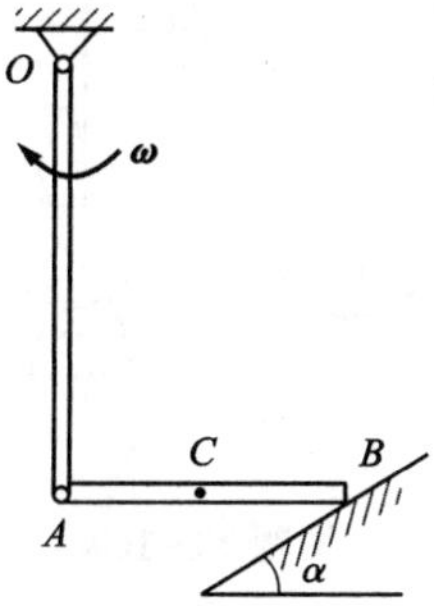

图题 11-4

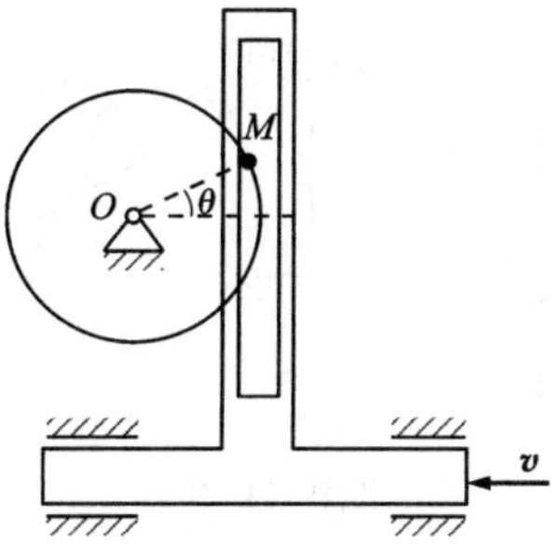

图题 11-5

11-6　荡秋千时，初始人和秋千都不动，整个系统的动能为零。后来秋千愈荡愈高，整个系统的动能愈来愈大。试分析系统动能的增大是什么力作了功?

11-7　如图题 11-7 所示，摆锤质量为 m，$OA=r_0$。求摆锤由 A 至最低位置 B，以及由 A 经过 B 到 C 的过程中摆锤重力所做的功。

11-8　质量为 50 kg 的物块 M 在 $\varphi=0°$ 时无初速度地释放，这时弹簧具有原长，如图题 11-8 所示。杆自重及摩擦均不计。求 $\varphi=90°$ 及 $\varphi=180°$ 时物块的速度。

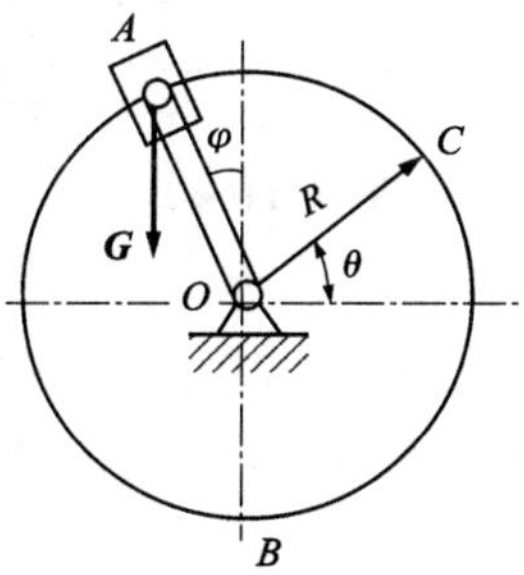

图题 11-7

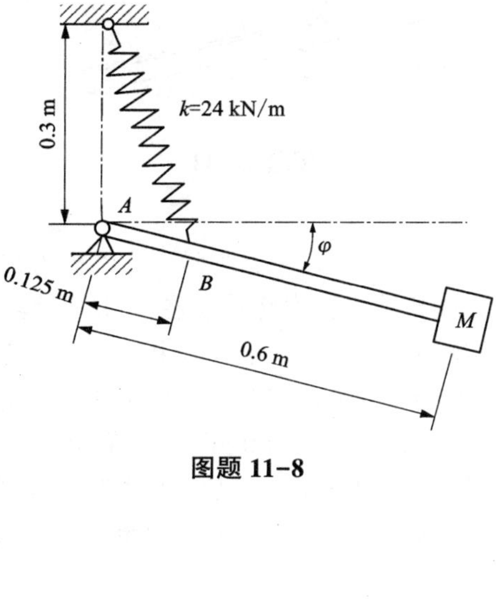

图题 11-8

11-9 重 $P_1=10$ N 的重物 M_1 可沿垂直杆 AB 移动，而重 $P_2=30$ N 的重物 M_2 可沿与水平面倾斜 $\alpha=30°$ 的斜面移动，如图题 11-9 所示。两重物用不可伸长的无重绳连接，绳绕过小滑轮 O。设初瞬时重物 M_1 的重心位于距滑轮轴 O 最短距离 $a=0.5$ m 的位置，并自静止状态开始运动。忽略摩擦求物体 M_1 下落的最大距离。

11-10 图题 11-10 所示滑轮组中悬挂两个重物，其中 M_1 质量为 m_1，M_2 重为质量为 m_2。定滑轮 O_1 的半径为 r_1，重为质量为 m_3；动滑轮 O_2 的半径为 r_2，重为质量为 m_4。两轮都视为均质圆盘。如绳重和摩擦略去不计，并设 $m_1 \geqslant \frac{1}{2}(m_2+m_4)$。求重物 M_1 由静止下降距离 h 时的速度。

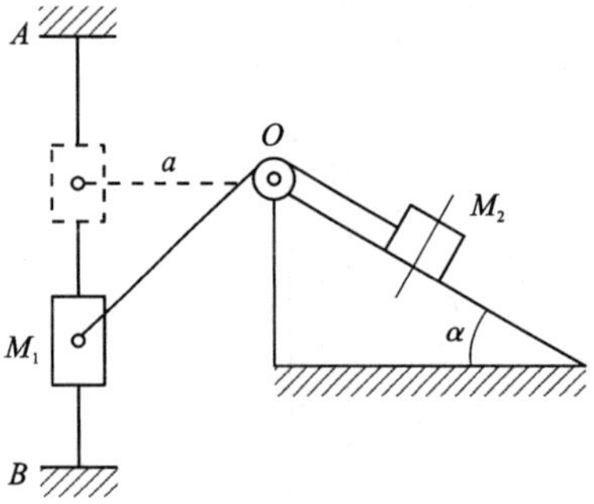

图题 11-9

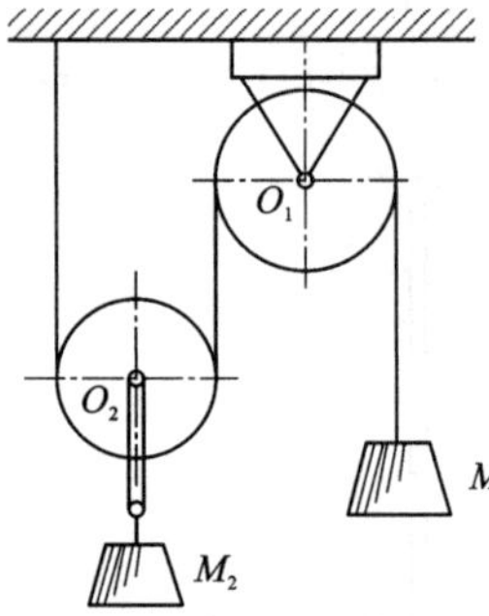

图题 11-10

11-11 有一飞轮，由静止开始，沿与水平面成 15°角的轨道滚下，如图题 11-11 所示。轴的直径 $d=60$ mm。如在 6 s 内滚动 3 m，试求飞轮对轮心的回转半径。

11-12 曲柄 OA 重 P_1，连杆 BD 重 P_2，$OA=r$，$BA=a$，$BD=l$。曲柄和连杆都是均质杆。初瞬时，曲柄 OA 位于铅垂位置，如图题 11-12 所示。如曲柄在铅垂位置受微小扰动后运动，求曲柄在重力作用下在铅直平面内转过 90°时的角速度。

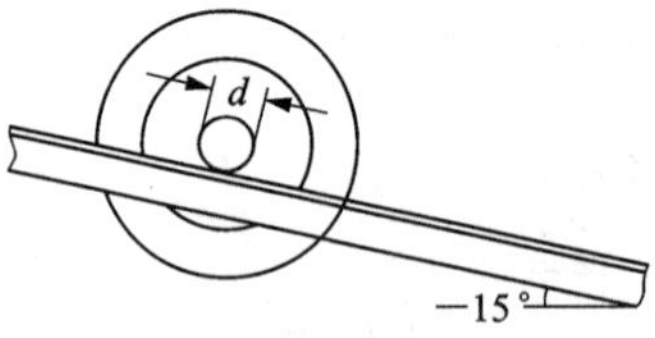

图题 11-11

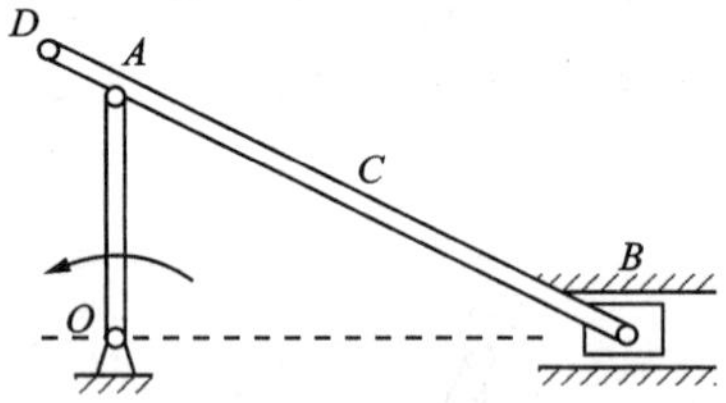

图题 11-12

11-13 如图题 11-13 所示，平面机构由两匀质杆 AB、BO 构成，两杆的质量均为 m，长度均为 l，在铅垂平面内运动。在杆 AB 上作用一不变的力偶矩 M，从图示位置由静止开始运动。不计摩擦，试求当滚子 A 即将碰到铰支座 O 时 A 端的速度。

11-14 如图题 11-14 所示的机构中，均质连杆 AB 质量为 4 kg，长 $l=600$ mm。均质圆盘质量为 6 kg，半径 $r=100$ mm。弹簧刚度为 $k=2$ N/mm，不计套筒 A 及弹簧的质量。如连杆在图示位置被无初速度释放后，A 端沿光滑杆滑下，圆盘作纯滚动。求：(1) 当 AB 到达水平位置而接触弹簧时，圆盘与连杆的角速度；(2) 弹簧的最大压缩量 δ。

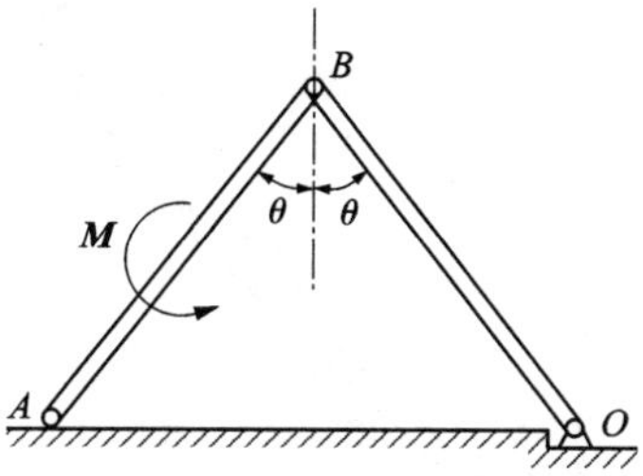

图题 11-13

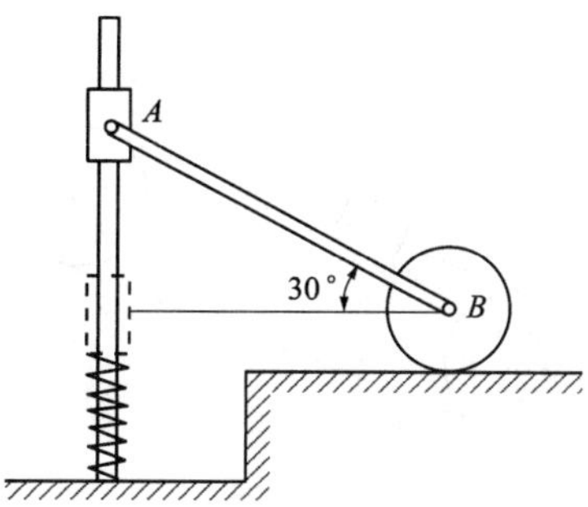

图题 11-14

11-15　电动提升机构如图题 11-15 所示。起动时电机的平均转矩为 M，小齿轮和联轴器等对轴 CD 的转动惯量为 J_2，大齿轮和鼓轮对轴 AB 的转动惯量为 J_1，鼓轮的半径 R。已知齿轮的传动比 $\dfrac{\omega_2}{\omega_1}=i$，被提升的重物的质量为 m，各处摩擦不计。试求起动阶段重物的加速度。

11-16　行星齿轮转动机构放在水平面内，如图题 11-16 所示。已知动齿轮半径为 r，重为 P，可看成均质圆盘；曲柄 OA 重 Q，可看成为均质杆；定齿轮半径为 R。今在曲柄上作用一不变的力偶，其矩为 M，使机构由静止开始运动。求曲柄转过 φ 角后的角速度和角加速度。

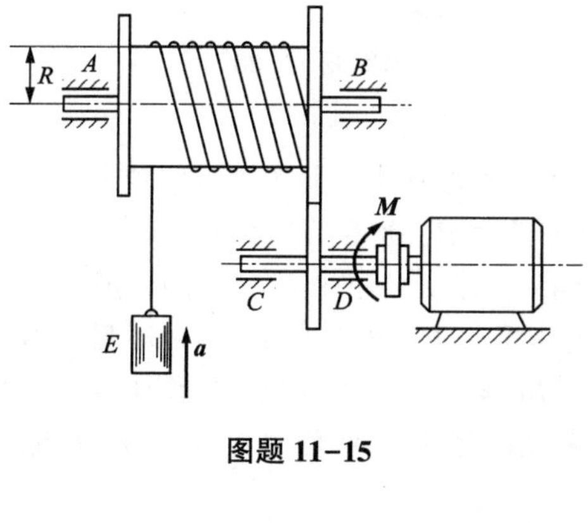

图题 11-15

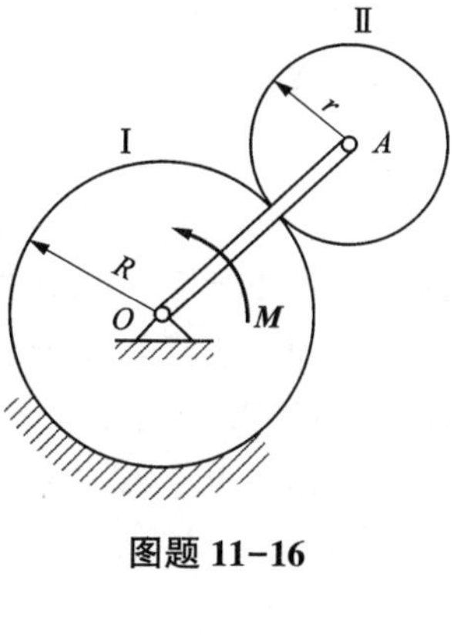

图题 11-16

11-17　图题 11-17 所示带式运输机的轮 B 受一不变的力矩 M 作用，使胶带运输机由静止开始运动。若被提升物体 A 的重量为 P，轮 B 和轮 C 的半径均为 r，重量均为 Q，并视为均质圆柱。运输机胶带与水平线成 θ 角，它的质量忽略不计，胶带与轮之间没有相对滑动。求物体 A 移动距离 s 时的速度。

11-18　两根均质直杆组成的机构及尺寸如图题 11-18 所示。OA 杆的质量是 AB 杆质量的两倍，各处摩擦不计。如机构在图示位置由静止释放，求当 OA 杆转到铅垂位置时，AB 杆 B 端的速度。

11-19　长为 $2a$ 的均质杆 AB，其 A 端为铰链支座，如图所示。开始时杆 AB 自水平位置无初速地释放。当杆 AB 运动到竖直位置时，A 端铰链突然脱落。求：(1)在以后的运动中，杆的角速度和杆中心的运动轨迹；(2)当杆的中心下降 h 距离后，杆一共转了几圈？

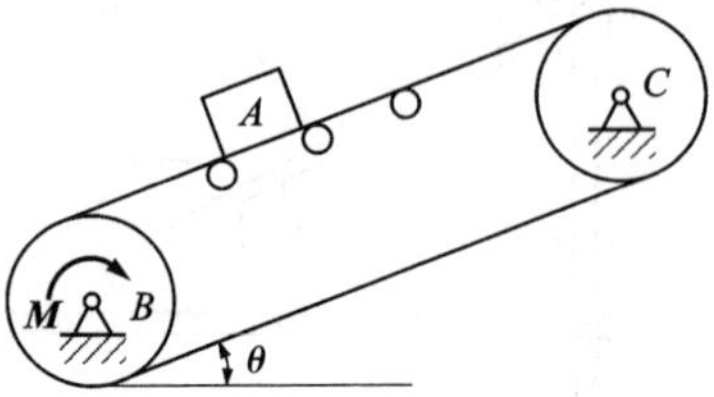

图题 11-17

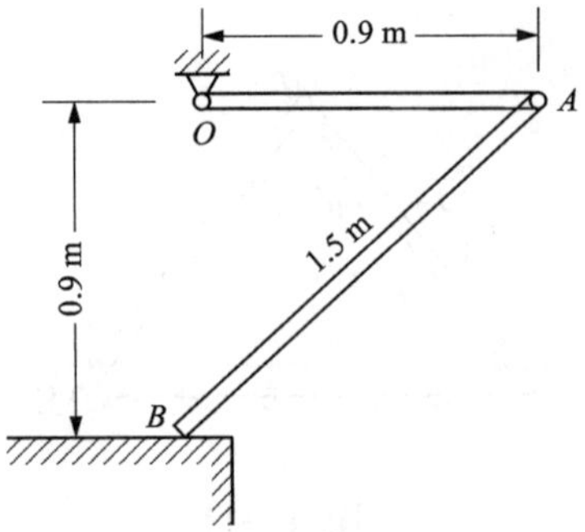

图题 11-18

11-20　图题 11-20 所示两种支持情况的均质正方形板，边长均为 a，质量均为 m。初始时均处于静止状态；受某干扰后均沿顺时针方向倒下。若不计摩擦，求当 OA 边处于水平位置时，两方板的角速度。

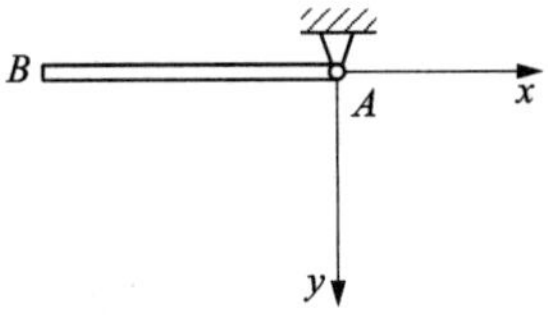

图题 11-19

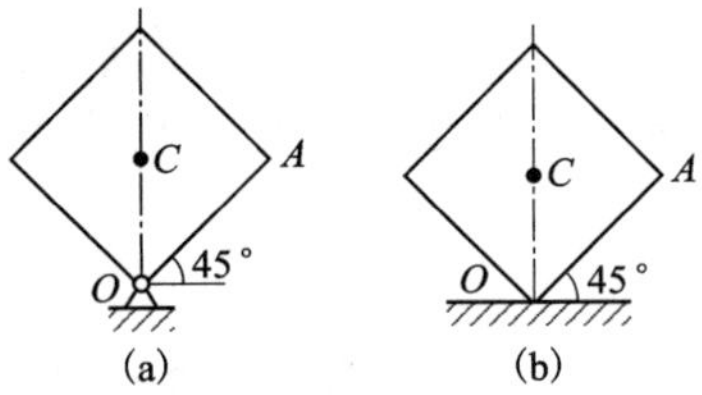

图题 11-20

11-21　均质细杆长 l，质量为 m_1，上端 B 靠在光滑的墙上，下端 A 以铰链与均质圆柱的中心相连，如图题 11-21 所示。圆柱质量为 m_2，半径为 R，放在粗糙的地面上，自图示位置由静止开始滚动而不滑动，杆与水平线的交角 $\theta=45°$。求 A 点在初瞬时的加速度。

11-22　如图题 11-22 所示，无重杆一端固连一重为 P_2 的小球 B，另一端用铰接于棱柱体 A 的中心 C。棱柱体重 P_1，放在光滑水平面上。$BC=l$，略去摩擦和小球的半径。假定开始释放时杆处于水平位置，且系统保持静止。求杆 BC 摆至铅垂位置时小球 B 和物体 A 的速度。

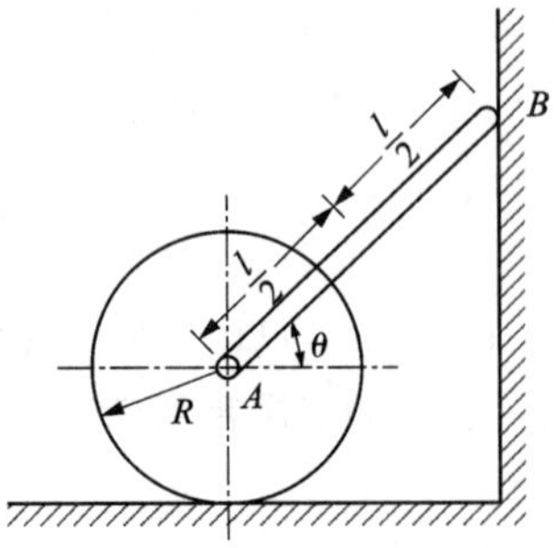

图题 11-21

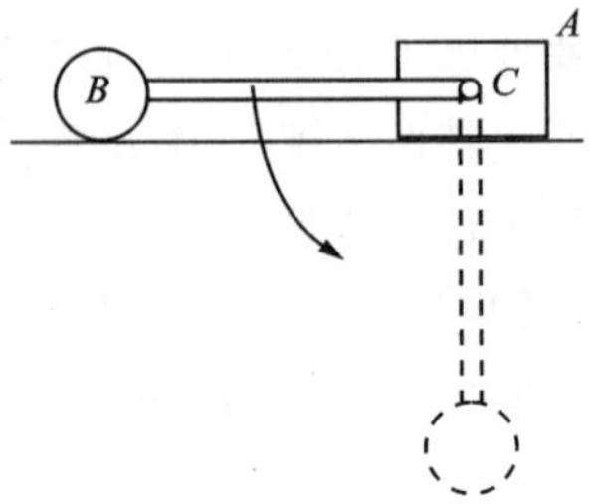

图题 11-22

11-23　均质细杆长 l，其 B 端置于光滑水平面上，A 端则靠在光滑墙上，且杆与地面成倾角 α。如杆自此位置静止开始下滑，试求：(1) 杆与墙分离时，杆与地面的倾角 α_1；(2) 杆 AB 落地时(即杆 AB 变成水平位置)的角速度 ω_{AB}。

11-24　如图题 11-24 所示，半径为 r 的均质圆柱体，初始时静止在台边上，且 $\alpha=0$，受到小扰动后无滑动地滚下。求圆柱离开水平台面时的角度 α 和这时的角速度 ω。

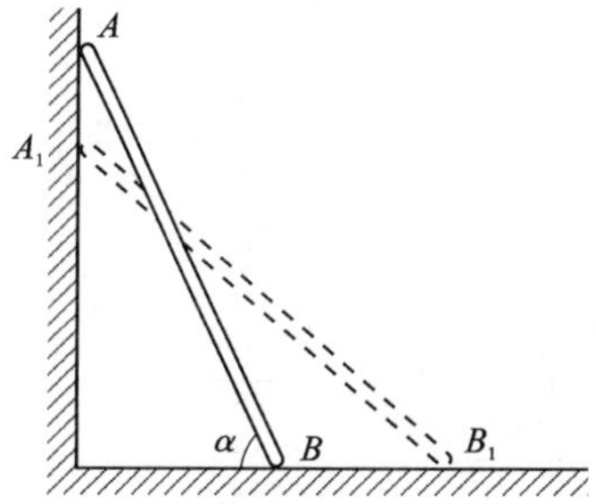

图题 11-23

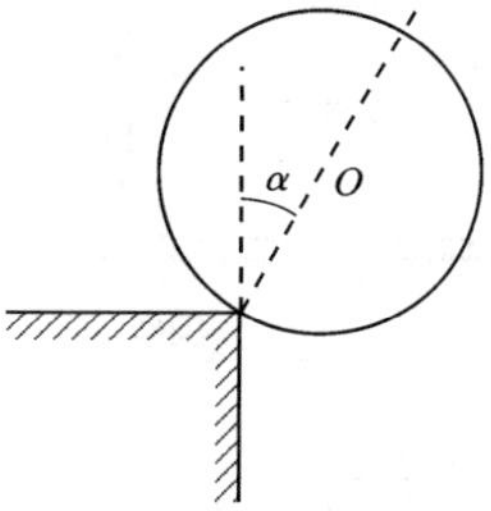

图题 11-24

11-25　均质实心圆球 C 静止地放在另一个固定圆球 O 的顶端。如使球 C 在此位置受微小扰动，则球将开始滚下。试证当两球的公共法线与竖直线所成的角 φ(如图题 11-25 所示)满足关系 $2\sin(\varphi-\lambda)=5\sin\lambda\cdot(3\cos\varphi-2)$ 时，球将开始滑动。式中 λ 为摩擦角。

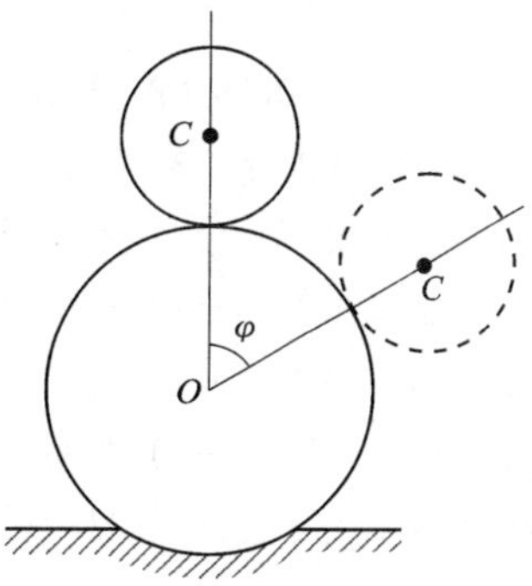

图题 11-25

11-26　均质直杆 OA，长为 l，在水平面上能绕固定端点 O 自由转动，并驱动一个在杆前的小球 C，如图题 11-26 所示。球与杆的质量相同。开始时小球静止在杆前并离 O 点很近，同时杆以某一角速度旋转。假定所有接触都是光滑的，求当小球离开杆端 A 的瞬时，小球的绝对速度与杆所成的角度。

11-27　长 l 的均质杆能在空间自由地绕球铰链 O 旋转，如图题 11-27 所示。初始时将杆放在水平位置，并在水平面内给杆一初始角速度 ω_0。求在以后的运动中杆与竖直线所成的最小角度 θ。

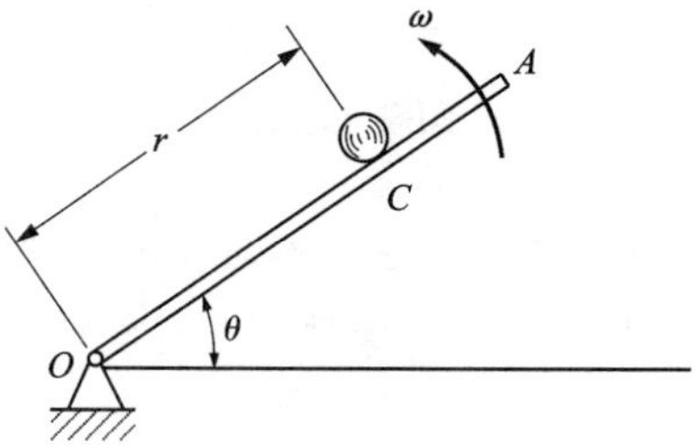

图题 11-26

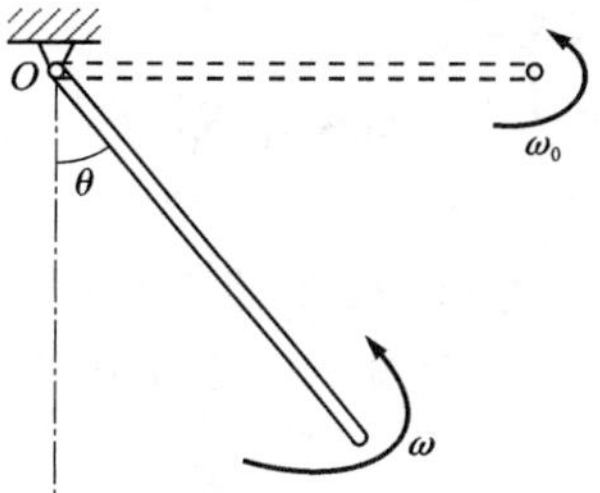

图题 11-27

11-28　在车床上车削直径 $D=48$ mm 的工件，如图题 11-28 所示。主切削力 $P_z=7840$ N。若主轴转速为 240 r/min，电动机转速为 1420 r/min，主传动系统的总效率 $\eta=0.75$。求机床主轴、电动机轴分别受的力矩及电动机实际输出的功率。

11-29　如图题 11-29 所示，单级齿轮减速箱的电动机的功率 $N=7.5$ kW，转速 $n=1450$ r/min。已知齿轮的齿数 $z_1=20$，$z_2=50$，减速箱的机械效率 $\eta=0.9$。试求输出轴Ⅱ所传递的力矩和功率。

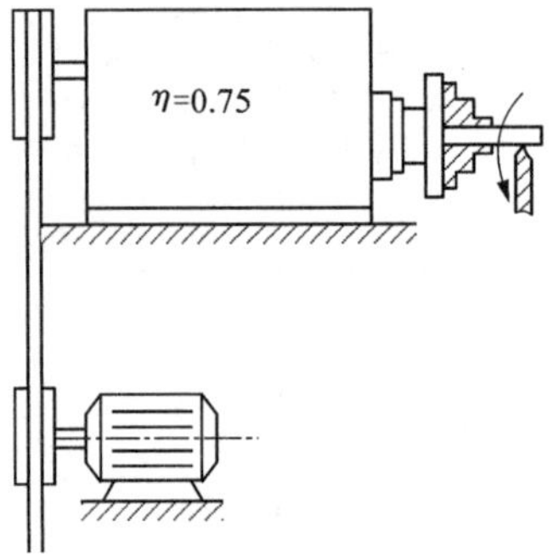

图题 11-28

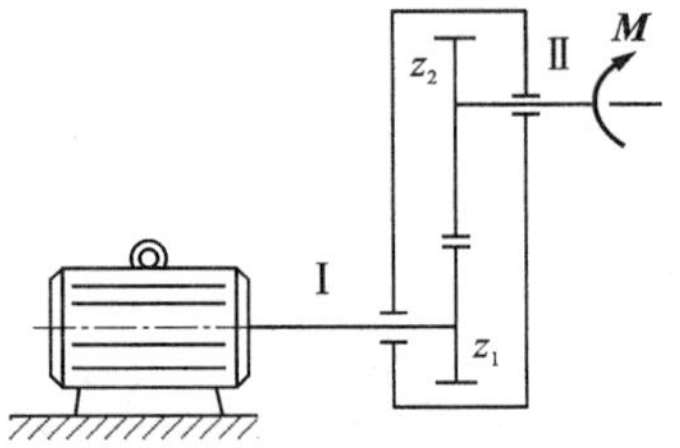

图题 11-29

11-30　如图题 11-30 所示，重物 M 的质量为 m，用线悬于固定点 O，线长为 l。起初线与铅直线交成 θ 角，重物初速度等于零。重物运动后，线 OM 碰到铁钉 O_1，其位置由极坐标 $h=OO_1$ 和 β 角确定。铁钉和重物的尺寸忽略不计。求：(1) θ 角至少应多大，重物可绕铁钉划过一圆周轨迹；(2) 线 OM 在碰到铁钉后和碰到前瞬时张力的变化。

11-31　正方形均质板的质量为 40 kg，在铅垂平面内以三根软绳拉住，板的边长 $b=$ 100 mm，如图题 11-31 所示。求：(1) 当软绳 FG 剪断后，木板开始运动的加速度以及 AD 和 BE 两绳的张力；(2) 当 AD 和 BE 两绳位于铅垂位置时，板中心 C 的加速度和两绳的张力。

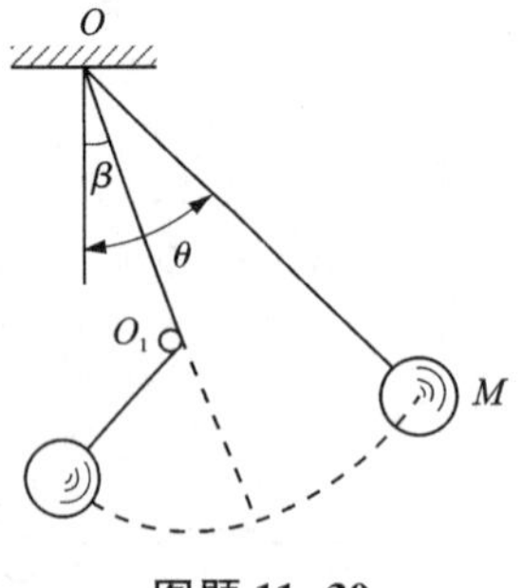

图题 11-30

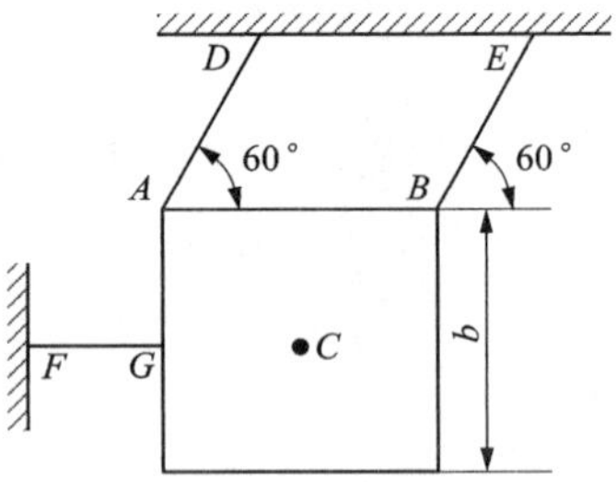

图题 11-31

11-32　图题 11-32 所示三棱柱 A 沿三棱柱 B 的光滑斜面滑动，A 和 B 的质量各为 m_1 和 m_2，三棱柱 B 的斜面与水平面成 θ 角。如开始时物系静止，忽略摩擦，求运动时三棱柱 B 的加速度。

11-33　如图题 11-33 所示，轮 A 和 B 可视为均质圆盘，半径均为 R，质量均为 m_1。绕在两轮上的绳所中间连着物块 C，设物块 C 的质量为 m_2，且放在理想光滑的水平面上。今在轮 A 上作用一不变力偶 M，求轮 A 与物块之间那段绳所的张力。

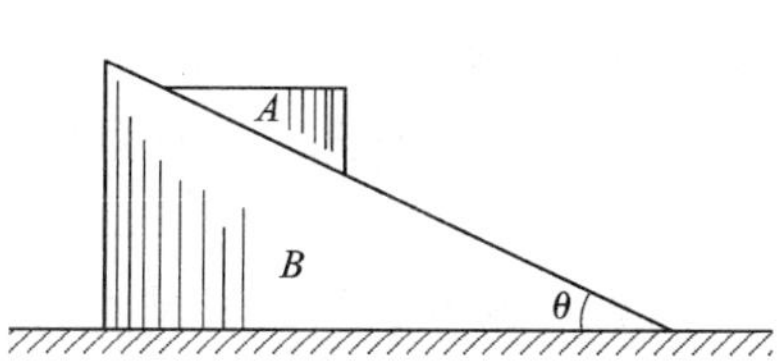

图题 11-32

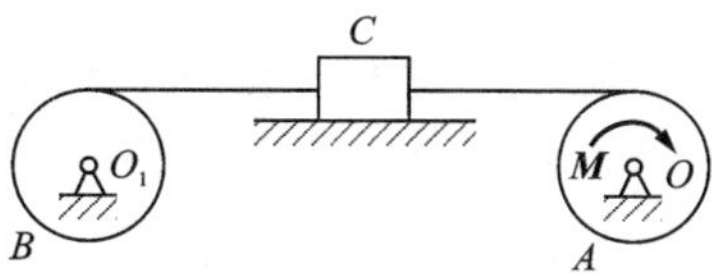

图题 11-33

11-34　图题 11-34 所示为曲柄滑槽机构，均质曲柄 OA 绕水平轴 O 做匀速转动。已知曲柄 OA 的质量为 m_1，$OA=r$，滑槽 BC 的质量为 m_2(重心在点 D)。滑块 A 的重量和各处摩擦不计。求当曲柄转至图示位置时，滑槽 BC 的加速度，轴承 O 的约束反力以及作用在曲柄上的力偶矩 M。

11-35　图题 11-35 所示机构中，物块 A、B 的质量均为 m，两均质圆轮 C、D 的质量均为 $2m$，半径均为 R。C 轮铰接于无重悬臂梁 CK 上，D 为动滑轮，梁的长度为 $3R$，绳与轮间无滑动。系统由静止开始运动，求：(1)A 物块上升的加速度；(2)HE 段绳的拉力；(3)固定端 K 处的约束反力。

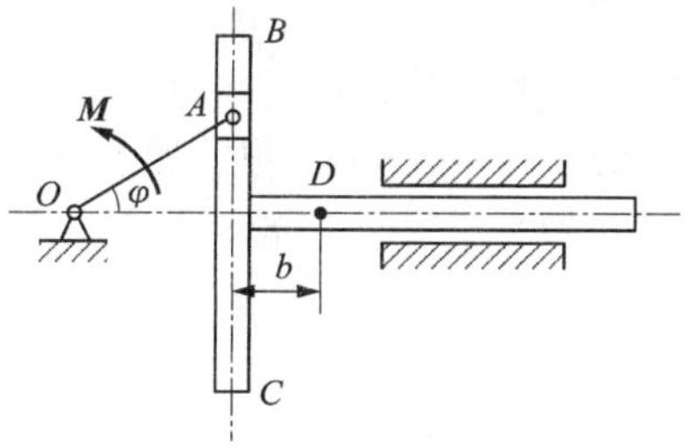

图题 11-34

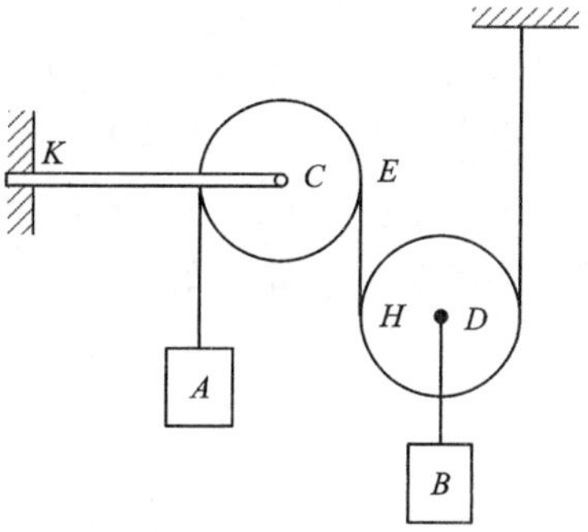

图题 11-35

11-36　图题 11-36 示弹簧两端各系以重物 A 和 B，放在光滑的水平面上。其中重物 A 的质量为 m_1，重物 B 的质量为 m_2；弹簧的原长为 l_0，刚性系数为 k。若将弹簧拉长到 l 然后无初速度地释放，当弹簧回到原长时，重物 A 和 B 的速度各为多少？

11-37　质量为 m_0 的物体上刻有半径为 r 的半圆槽，放在光滑水平面上，原处于静止状态。有一质量为 m 的小球自 A 处无初速度地沿光滑半圆槽下滑，如图题 11-37 所示。若 $m_0=3m$，求小求滑到 B 处时相对于物体的速度以及槽对小球的正压力。

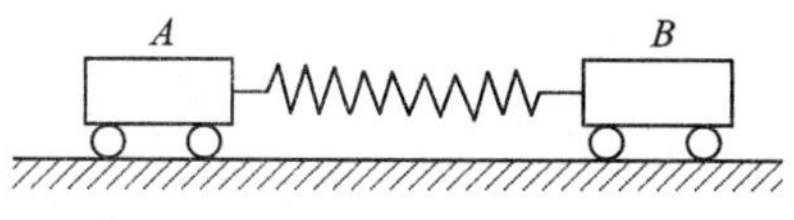

图题 11-36

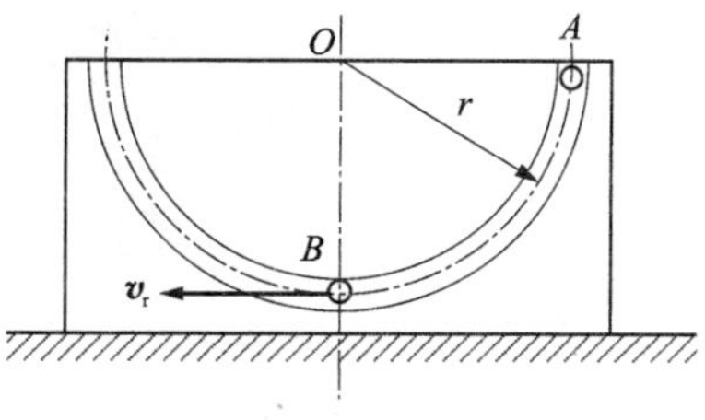

图题 11-37

11-38　图题 11-38 所示均质杆 AB 长为 $2l$，质量为 m，初始时位于水平位置。如 A 端脱落，杆 AB 可绕通过 B 端的轴转动。当杆转到铅垂位置时，B 端也脱落。不计各种阻力，求杆 AB 在 B 端脱落后的速度以及质心的轨迹。

11-39　如图题 11-39 所示，质量为 m、半径为 r 的均质圆柱，开始时其质心位于与 OB 同一高度的点 C。设圆柱由静止开始沿斜面滚动而不滑动，当它滚到半径为 R 的圆弧 AB 上时，求在任意位置上对圆弧的正压力和摩擦力。

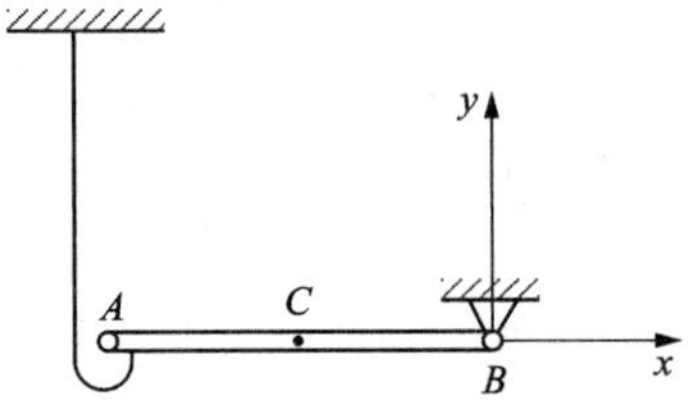

图题 11-38

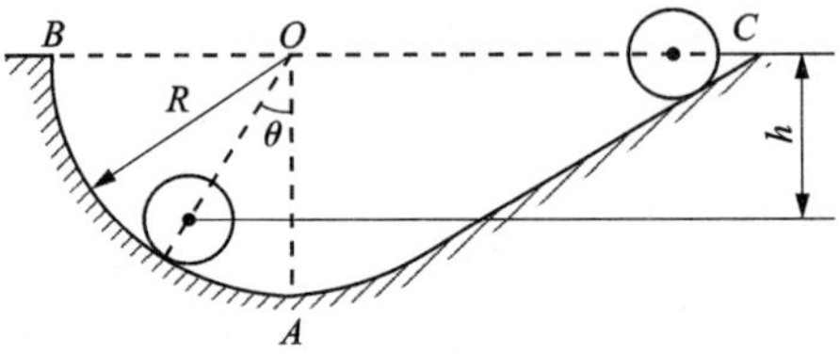

图题 11-39

11-40　一滚子 A 重为 Q，沿倾角为 θ 的斜面向下滚动而不滑动，如图题 11-40 所示。滚子借一跨过滑轮 B 的绳提升一重量为 P 的物体，同时滑轮 B 绕 O 轴转动；滚子与滑轮 B 的重量相等，半径相等，且都为均质圆盘。求滚子重心的加速度和系在滚子上绳的张力。

11-41　如图题 11-41 所示的系统中，$m_A = m_B = 5$ kg，$k = 7$ N/cm，均质圆盘 A 只能在斜面上做纯滚动。今将圆盘从静平衡位置向下移过 10 cm 后放开，求当圆盘回到静平衡位置时斜面的速度。

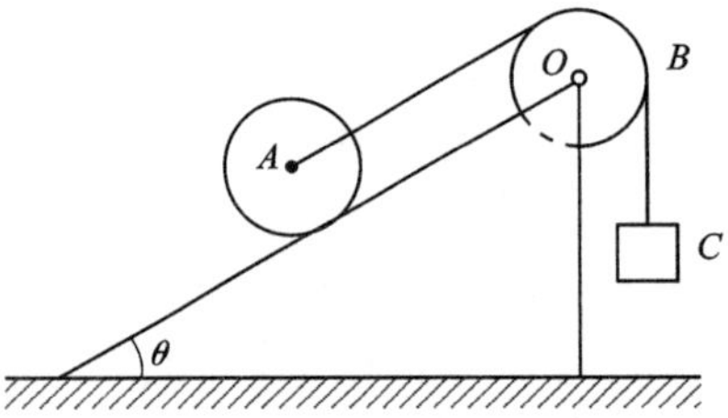

图题 11-40

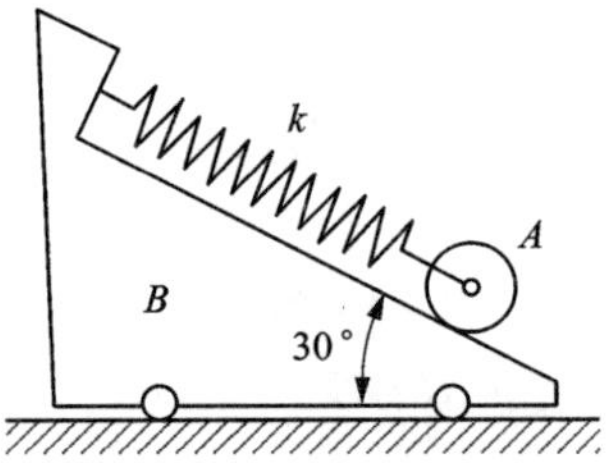

图题 11-41

第12章

达朗贝尔原理

达朗贝尔原理是研究非自由质点和质点系动力学问题的一种方法，此方法将动力学问题从形式上转化为静力学平衡问题求解，故又称为**动静法**。达朗贝尔原理在工程技术中得到广泛应用，对于已知系统的运动，求系统的约束力时显得特别方便。同时达朗贝尔原理也是分析力学的两个基本原理之一。

§12-1　达朗贝尔原理

1. 惯性力的概念：质点的达朗贝尔原理

设质点的质量为 m，在主动力 $\boldsymbol{F}$、约束力 $\boldsymbol{F}_{\mathrm{N}}$ 的作用下沿曲线运动。某瞬时，质点的加速度为 $\boldsymbol{a}$，如图 12-1(a)所示。由牛顿第二定理有

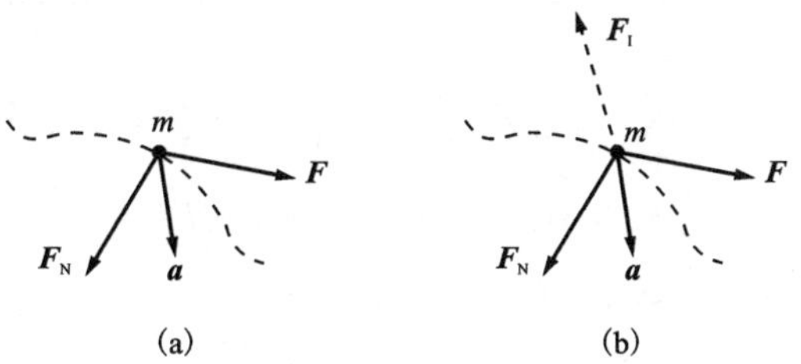

图 12-1

$$\boldsymbol{F}+\boldsymbol{F}_{\mathrm{N}}=m\boldsymbol{a}$$

将上式移项得

$$\boldsymbol{F}+\boldsymbol{F}_{\mathrm{N}}-m\boldsymbol{a}=0$$

令

$$\boldsymbol{F}_{\mathrm{I}}=-m\boldsymbol{a} \tag{12-1}$$

则有

$$\boldsymbol{F}+\boldsymbol{F}_{\mathrm{N}}+\boldsymbol{F}_{\mathrm{I}}=0 \tag{12-2}$$

式(12-1)中 $\boldsymbol{F}_{\mathrm{I}}$ 具有与力相同的纲量，其大小等于质点的质量与加速度的乘积，负号表示 $\boldsymbol{F}_{\mathrm{I}}$ 的方向与加速度 $\boldsymbol{a}$ 的方向相反[如图 12-1(b)]。由于力 $\boldsymbol{F}_{\mathrm{I}}$ 与质点的质量(惯性)有关，所以称为质点的惯性力。

式(12-2)与汇交力系平衡方程的矢量表达式相同，故该式也可解释为：在质点上假想地加上惯性力 $\boldsymbol{F}_{\mathrm{I}}$ 之后，作用在质点上的主动力 $\boldsymbol{F}$、约束力 $\boldsymbol{F}_{\mathrm{N}}$ 与惯性力 $\boldsymbol{F}_{\mathrm{I}}$ 构成平衡力系。这就是**质点的达朗贝尔原理**。根据该原理，质点的动力学问题可从形式上转化为静力平衡问题，用静力学的方法求解。

应当注意到，惯性力 $\boldsymbol{F}_{\mathrm{I}}$ 并不是作用在研究对象上的真实力，而是假想地加上去的力，是虚构的力。这样做的目的是使得质点上的主动力 $\boldsymbol{F}$、约束力 $\boldsymbol{F}_{\mathrm{N}}$ 与惯性力 $\boldsymbol{F}_{\mathrm{I}}$ 构成形式上的平衡力系，将动力学问题转化为静力学问题，用静力学平衡方程来求解。

例 12-1　如图 12-2 所示，质量为 m 的物块 A，沿半径为 R 的光滑圆形轨道从最高点无初速滑下。求物块 A 与圆形轨道没有脱离的图示位置轨道对物块 A 的约束力。

解：取物块 A 为研究对象，并视为质点。作用在物块上的力有重力 mg，约束力 $\boldsymbol{F}_{\mathrm{N}}$。

质点 A 做圆周运动，有切向加速度 $\boldsymbol{a}_{\tau}$，法向加速度 $\boldsymbol{a}_{n}$，因此有切向惯性力 $\boldsymbol{F}_{\mathrm{I}}^{\tau}$，法向惯性力 $\boldsymbol{F}_{\mathrm{I}}^{n}$。设物块速度为 v，则

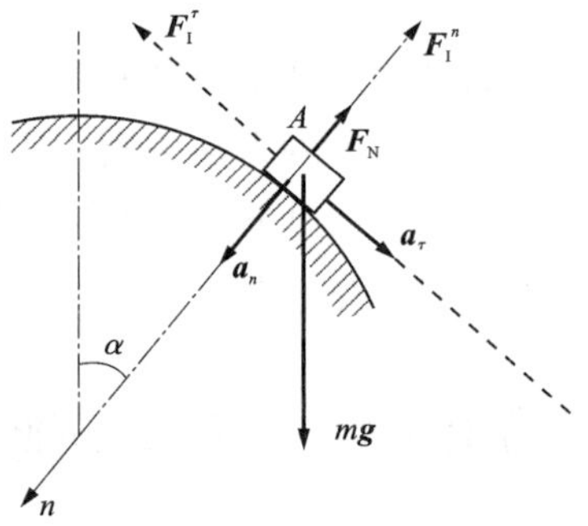

图 12-2

$$F_{\mathrm{I}}^{\tau}=ma_{\tau}=m\frac{\mathrm{d}v}{\mathrm{d}t} \tag{12-3}$$

$$F_{\mathrm{I}}^{n}=ma_{n}=m\frac{v^{2}}{r} \tag{12-4}$$

按质点的达朗贝尔原理，将惯性力假想地加在质点上，则质点受力如图 12-2 所示。由静力学平衡方程

$$\sum F_{\tau}=0,\ mg\sin\alpha-F_{\mathrm{I}}^{\tau}=0 \tag{12-5}$$

$$\sum F_{n}=0,\ mg\cos\alpha-F_{\mathrm{N}}-F_{\mathrm{I}}^{n}=0 \tag{12-6}$$

将式(12-3)、式(12-4)代入式(12-5)、式(12-6)，得

$$g\sin\alpha-\frac{\mathrm{d}\boldsymbol{v}}{\mathrm{d}t}=0 \tag{12-7}$$

$$mg\cos\alpha-F_{\mathrm{N}}-m\frac{v^{2}}{R}=0 \tag{12-8}$$

将式(12-7)积分，得

$$\frac{\mathrm{d}v}{\mathrm{d}t}=\frac{\mathrm{d}v}{\mathrm{d}\alpha}\frac{\mathrm{d}\alpha}{\mathrm{d}t}=\frac{v}{R}\frac{\mathrm{d}v}{\mathrm{d}\alpha}=g\sin\alpha$$

$$v^{2}=2gR(1-\cos\alpha)$$

将上式代入式(12-8)，得

$$F_{\mathrm{N}}=mg(3\cos\alpha-2)$$

---

2. 质点系的达朗贝尔原理

根据质点的达朗贝尔原理可以得到质点系的达朗贝尔原理。

设由 n 个质点组成的非自由质点系，其中第 i 个质点 M_i 的质量为 m_i。在该质点上作用有主动力 $\boldsymbol{F}_i$，约束力 $\boldsymbol{F}_{\mathrm{N}i}$，其加速度为 $\boldsymbol{a}_i$。质点的惯性力 $\boldsymbol{F}_{\mathrm{I}i}=-m_i\boldsymbol{a}_i$，将惯性力 $\boldsymbol{F}_{\mathrm{I}i}$ 假想地加在该质点上。根据质点的达朗贝尔原理，有

$$\boldsymbol{F}_i+\boldsymbol{F}_{\mathrm{N}i}+\boldsymbol{F}_{\mathrm{I}i}=0$$

即第 i 个质点上的主动力 $\boldsymbol{F}_i$、约束力 $\boldsymbol{F}_{\mathrm{N}i}$、惯性力 $\boldsymbol{F}_{\mathrm{I}i}$ 组成平衡力系。由于质点系中每一个质点都有这样的平衡力系，所以质点系总体或部分上的所有力系也为平衡力系。

由此，**质点系的达朗贝尔原理**表述为：在质点系运动的每一瞬时，作用于质点系上的所有主动力、约束力与假想地加在质点系上各质点的惯性力组成平衡力系。

一般情况下，质点系各质点的主动力、约束力、惯性力组成一空间平衡力系。空间平衡力系向任一点 O 简化的主矢量和主矩都等于零，应有

$$\sum \boldsymbol{F}_i+\sum \boldsymbol{F}_{\mathrm{N}i}+\sum \boldsymbol{F}_{\mathrm{I}i}=0 \tag{12-9}$$

$$\sum \boldsymbol{M}_O(\boldsymbol{F}_i)+\sum \boldsymbol{M}_O(\boldsymbol{F}_{\mathrm{N}i})+\sum \boldsymbol{M}_O(\boldsymbol{F}_{\mathrm{I}i})=0 \tag{12-10}$$

或写成

$$\boldsymbol{F}_{\mathrm{FR}}+\boldsymbol{F}_{\mathrm{NR}}+\boldsymbol{F}_{\mathrm{IR}}=0 \tag{12-11}$$

$$\boldsymbol{M}_{\mathrm{F}O}+\boldsymbol{M}_{\mathrm{N}O}+\boldsymbol{M}_{\mathrm{I}O}=0 \tag{12-12}$$

式中，$\boldsymbol{F}_{\mathrm{FR}}$、$\boldsymbol{F}_{\mathrm{NR}}$、$\boldsymbol{F}_{\mathrm{IR}}$ 分别为质点系主动力、约束力、惯性力的主矢；$\boldsymbol{M}_{\mathrm{F}O}$、$\boldsymbol{M}_{\mathrm{N}O}$、$\boldsymbol{M}_{\mathrm{I}O}$ 分别为质点系主动力、约束力、惯性力对 O 点的主矩。

在具体计算时，一般取直角坐标系，将矢量方程投影到坐标轴上，得六个投影形式的静力学平衡方程

$$\left\{\begin{aligned}
&\sum F_{ix}+\sum F_{\mathrm{N}ix}+\sum F_{\mathrm{I}ix}=0\\
&\sum F_{iy}+\sum F_{\mathrm{N}iy}+\sum F_{\mathrm{I}iy}=0\\
&\sum F_{iz}+\sum F_{\mathrm{N}iz}+\sum F_{\mathrm{I}iz}=0\\
&\sum M_x(\boldsymbol{F}_i)+\sum M_x(\boldsymbol{F}_{\mathrm{N}i})+\sum M_x(\boldsymbol{F}_{\mathrm{I}i})=0\\
&\sum M_y(\boldsymbol{F}_i)+\sum M_y(\boldsymbol{F}_{\mathrm{N}i})+\sum M_y(\boldsymbol{F}_{\mathrm{I}i})=0\\
&\sum M_z(\boldsymbol{F}_i)+\sum M_z(\boldsymbol{F}_{\mathrm{N}i})+\sum M_z(\boldsymbol{F}_{\mathrm{I}i})=0
\end{aligned}\right. \tag{12-13}$$

若质点系各质点的主动力、约束力、惯性力在同一平面上，则得三个投影形式的平衡方程

$$\left\{\begin{aligned}
&\sum F_{ix}+\sum F_{\mathrm{N}ix}+\sum F_{\mathrm{I}ix}=0\\
&\sum F_{iy}+\sum F_{\mathrm{N}iy}+\sum F_{\mathrm{I}iy}=0\\
&\sum M_O(\boldsymbol{F}_i)+\sum M_O(\boldsymbol{F}_{\mathrm{N}i})+\sum M_O(\boldsymbol{F}_{\mathrm{I}i})=0
\end{aligned}\right. \tag{12-14}$$

例 12-2 如图 12-3(a)所示，已知重物 A、重物 B 的重量 $G_A=G_B=G$，定滑轮 C 重量不计，斜面倾角为 α，细绳绕过定滑轮与重物 A、B 相连。各处摩擦不计，求重物 A 下降的加速度及轴 O 的约束力。

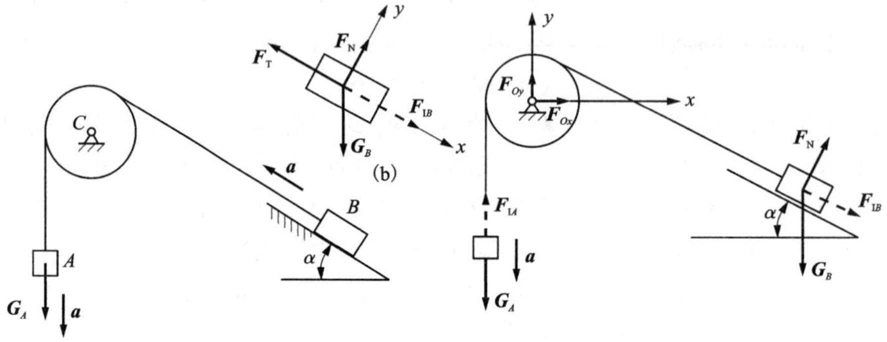

(a) (c)

图 12-3

解： 取重物 A、B，滑轮 C、细绳所组成的系统为研究对象。质点系所受的外力有重物的重力 G_A、G_B，斜面对重物 B 的约束力 F_N，定滑轮中心 O 的约束力 F_{Ox}、F_{Oy}。

重物 A、重物 B 作加速运动，有惯性力

$$F_{IA}=F_{IB}=\frac{G}{g}a$$

惯性力方向如图 12-3(b)所示。

由达朗贝尔原理，重力、约束力、惯性力组成平衡力系。受力图如 12-3(b)、12-3(c)所示。

由静力学平衡方程

$$\sum F_x=0,\ F_{Ox}+F_{IB}\cos\alpha+F_N\sin\alpha=0 \tag{12-15}$$

$$\sum F_y=0,\ F_{Oy}+F_{IA}+F_N\cos\alpha-\boldsymbol{G}_A-\boldsymbol{G}_B-F_{IB}\sin\alpha=0 \tag{12-16}$$

$$\sum M_O(F)=0,\ G_AR-F_{IA}R-F_{IB}R-\boldsymbol{G}_BR\sin\alpha=0 \tag{12-17}$$

式中，$F_N=G_B\cos\alpha$。

将惯性力 $F_{IA}=F_{IB}=\dfrac{G}{\boldsymbol{g}}a$ 和重力 $G_A=G_B=G$ 代入式(12-15)~式(12-17)，得

$$a=\frac{g}{2}(1-\sin\alpha)$$

$$F_{Ox}=-\frac{G}{2}(1+\sin\alpha)\cos\alpha$$

$$F_{Oy}=\frac{G}{2}(1+\sin\alpha)^2$$

例 12-3 细长的均质杆 OA 长度为 l，质量为 m。其端点 O 与铅直轴以铰链相连，此轴以匀角速度 ω 转动，如图 12-4(a)所示。求杆 OA 与铅垂线的夹角 φ 与 ω 间的关系，以及铰链 O 的约束力。

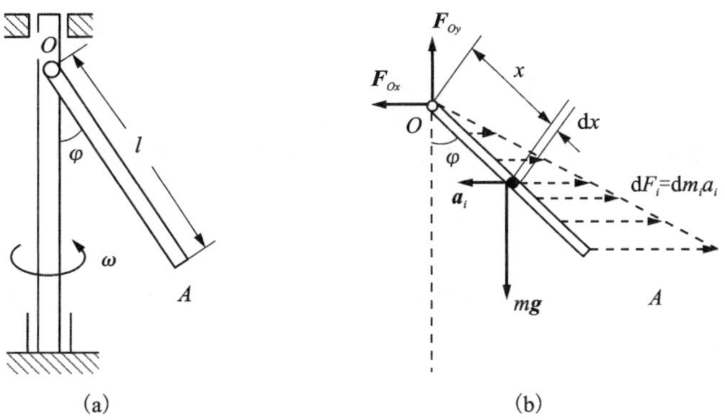

图 12-4

解：取绕铅垂轴线以角速度 ω 定轴转动的杆 OA 为研究对象，研究转动的任意瞬时，受力如图 12-4(b)所示。

虚加惯性力：OA 杆上离 O 为 x 处取一微段 $\mathrm{d}x$，其加速度 $a_i = x\sin\varphi\omega^2$，惯性力 $\mathrm{d}F_i = \mathrm{d}m_i \cdot a_i = \frac{m}{l}\mathrm{d}x \cdot a_i = \frac{m}{l}\omega^2\sin\varphi x\mathrm{d}x$，方向垂直于铅垂轴线。$OA$ 杆上各点的惯性力都在垂直于铅垂轴线方向，大小随 x 线性变化，如图 12-4(b)所示。

列平衡方程

$$\sum M_O(\bar{F}) = 0, \int_0^l \mathrm{d}F_i \cdot x\cos\varphi - mg \cdot \frac{l}{2}\sin\varphi = 0$$

即

$$\int_0^l \frac{m}{l}\omega^2\sin\varphi\cos\varphi x^2\mathrm{d}x - \frac{l}{2}mg\sin\varphi = 0$$

解得

$$\cos\varphi = \frac{3g}{2l\omega^2}$$

列出另外两个力的投影方程，可求出 O 的约束力。

§ 12-2　刚体惯性力系的简化

刚体由无数个质点组成，在每个质点上假想地加上该质点的惯性力，即在整个刚体上组成一个惯性力系。一般情况下，刚体上的惯性力系是一个复杂的空间力系，将刚体的惯性力系向刚体上的某点简化，得刚体惯性力系主矢 $\boldsymbol{F}_{\mathrm{IR}}$ 和惯性力系主矩 $\boldsymbol{M}_{\mathrm{I}}$。用惯性力系主矢和主矩代替惯性力系，将使问题得以大大简化。一般把刚体惯性力系的主矢 $\boldsymbol{F}_{\mathrm{IR}}$ 简称为刚体的**惯性力**，把刚体惯性力系向某点简化的主矩 $\boldsymbol{M}_{\mathrm{I}}$ 简称为**惯性力偶**。由静力学任意力系的简化理论可知，主矢的大小和方向与简化中心的选取无关，主矩的大小和方向与简化中心的选取有关。因此，对单个刚体而言，不同简化中心的选取对应不同的惯性力系的简化结果，具体应用时则对应不同的惯性力和惯性力偶的施加方式。

在刚体动力学中，通常选择刚体的质心 C 为简化中心，则得到惯性力系的主矢、主矩为

$$\begin{cases}\boldsymbol{F}_{\mathrm{IR}}=\sum \boldsymbol{F}_{\mathrm{I}i}=\sum(-m_i\boldsymbol{a}_i)=-\sum(m_i\boldsymbol{a}_i)=-M\boldsymbol{a}_C\\ \boldsymbol{M}_{\mathrm{I}C}=\sum \boldsymbol{M}_C(\boldsymbol{F}_{\mathrm{I}i})=\sum \boldsymbol{M}_C(-m_i\boldsymbol{a}_i)=-\sum(\boldsymbol{r}_{iC}\times m_i\boldsymbol{a}_i)\end{cases}$$

以下分别研究单个刚体在平动、定轴转动和一般的平面运动时惯性力系的简化。

1. 刚体作平动

根据平动的定义，刚体上各点的加速度都与质心 C 的加速度相等，即 $\boldsymbol{a}_i=\boldsymbol{a}_C$，如图 12-5 所示。取质心 C 为简化中心，有

惯性力主矢

$$\boldsymbol{F}_{\mathrm{IR}}=-M\boldsymbol{a}_C \tag{12-18}$$

惯性力主矩

$$M_{\mathrm{IC}}=-\sum(\boldsymbol{r}_{iC}\times m_i\boldsymbol{a}_i)=-\sum(m_i\boldsymbol{r}_{iC})\times\boldsymbol{a}_C=0 \tag{12-19}$$

式中，$\boldsymbol{r}_{iC}$ 为第 i 个质点到质心 C 的矢径，按质心定义有 $\sum m_i\boldsymbol{r}_{iC}=Mr_{CC}=0$。

对单个作平动的刚体，平动刚体的惯性力等于刚体的质量 M 与质心加速度 $\boldsymbol{a}_C$ 的乘积，方向与 $\boldsymbol{a}_C$ 的方向相反。假想地加在质心 C 上，平动刚体的惯性力偶矩为零。

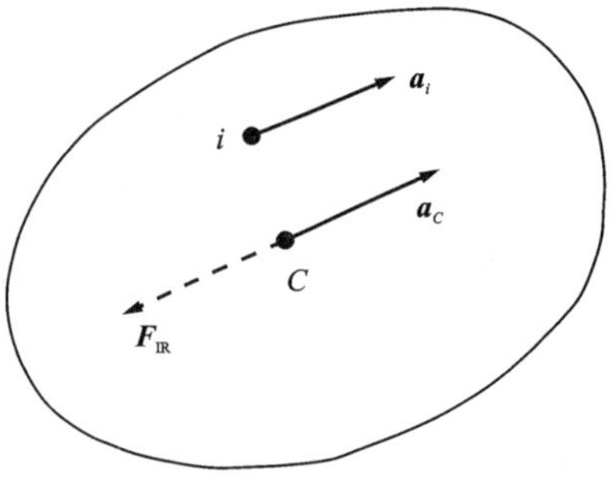

图 12-5

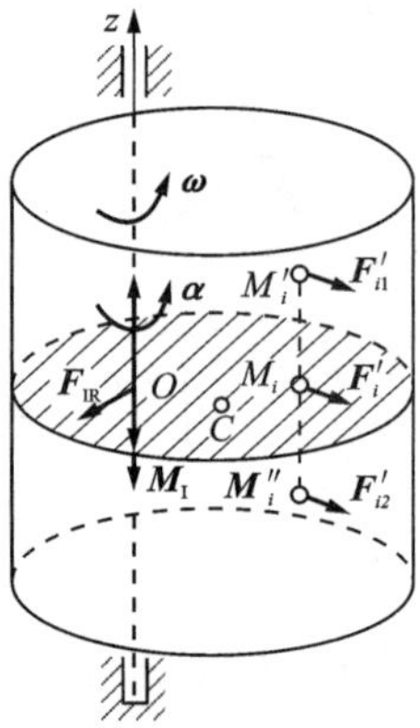

图 12-6

2. 刚体做定轴转动

这里只讨论具有质量对称平面的刚体，且刚体绕垂直于质量对称平面的固定轴转动的情况。如图 12-6 所示，刚体绕垂直于质量对称平面 S(即图 12-6 的阴影平面)的固定轴 z 转动，z 轴与 S 平面的交点为 O。设刚体绕 z 轴转动的角速度为 ω，角加速度为 α。

由对称性可知，刚体上每一个质点 M_i'，必有一个关于 S 平面对称的、质量相等的另一个质点 M_i''。由运动学可知，处在平行于转轴的直线上的所有点的加速度均相等。因此质点 M_i' 和 M_i'' 的惯性力 $\boldsymbol{F}_{i1}'=-m_i'\boldsymbol{a}_i'$ 和 $\boldsymbol{F}_{i2}'=-m_i'\boldsymbol{a}_i'$ 也相等，并可将它们合成后作用于对称平面内的 M_i 点。由此可知，具有质量对称平面的刚体绕垂直于该平面的固定轴转动，可以简化为质量对称平面绕平面上固定点 O 的转动，而刚体上的惯性力系可以简化为该平面上的平面任意力系。

现在把平面图形内的惯性力系向 z 轴与对称平面的交点 O 进行简化，可得作用于简化中

心 O 的一个力 $\boldsymbol{F}_{\mathrm{IR}}$ 和图形平面上的一个力偶 M_{I}。如图 12-7 所示。这个力等于刚体的惯性力系的主矢量，即

$$\boldsymbol{F}_{\mathrm{IR}} = \sum \boldsymbol{F}_{\mathrm{I}i} = -\sum m_i \boldsymbol{a}_i = -M\boldsymbol{a}_C \quad (12-20)$$

实际应用时，可将 $\boldsymbol{a}_C$ 分解为 $\boldsymbol{a}_C^{\tau}$ 及 $\boldsymbol{a}_C^{n}$，故惯性力系的主矢量 $\boldsymbol{F}_{\mathrm{IR}}$ 也可分解为 $\boldsymbol{F}_{\mathrm{IR}}^{t} = -M\boldsymbol{a}_C^{\tau}$ 和 $\boldsymbol{F}_{\mathrm{IR}}^{n} = -M\boldsymbol{a}_C^{n}$。

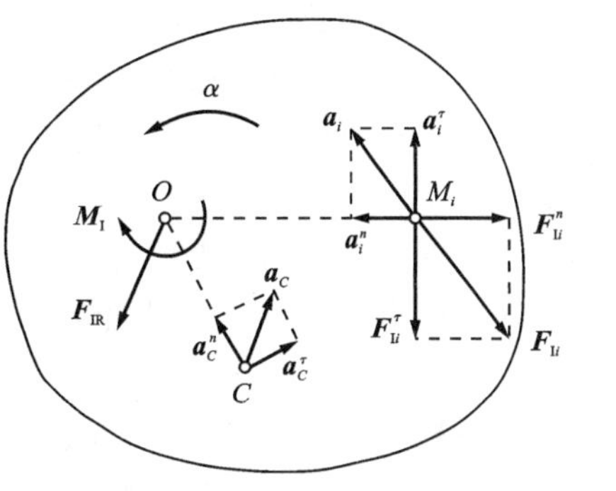

图 12-7

为了确定这个力偶矩，将每一个质点的惯性力分解为切向惯性力 $\boldsymbol{F}_{\mathrm{I}i}^{\tau}$ 和法向惯性力 $\boldsymbol{F}_{\mathrm{I}i}^{n}$，其方向分别与质点的切向加速度和法向加速度相反，其大小为

$$F_{\mathrm{I}i}^{\tau} = m_i r_i \alpha, \quad F_{\mathrm{I}i}^{n} = m_i r_i \omega^2$$

因为各质点的法向惯性力对 O 点的力矩均为零，故得惯性力系对 O 点的主矩为

$$M_{\mathrm{I}O} = \sum M_O(\boldsymbol{F}_{\mathrm{I}i}) = -\sum m_i r_i^2 \alpha = -J_O \alpha \quad (12-21)$$

式中，$J_O = \sum m_i r_i^2$ 为刚体对转轴 Oz 的转动惯量；α 为刚体的角加速度，负号表示主矩与角加速度 α 转向相反。

于是得到结论：具有质量对称平面的刚体，绕与质量对称平面垂直的定轴 Oz 作转动时，刚体的惯性力等于刚体的质量与质心加速度的乘积，方向与质心加速度的方向相反，假想地加在转轴 O 上。刚体的惯性力偶等于刚体对转轴 Oz 的转动惯量与角加速度的乘积，方向与角加速度方向相反，假想地加在刚体的质量对称平面上。

特殊情况下：

(1) 当转轴通过质心时，$a_C = 0$，惯性力 $F_{\mathrm{IR}} = 0$。

(2) 当刚体匀速转动时，$\alpha = 0$，惯性力偶 $M_{\mathrm{I}O} = 0$。

(3) 当转轴通过质心且匀速转动时，$a_C = 0$，$\alpha = 0$，惯性力 $\boldsymbol{F}_{\mathrm{IR}} = 0$，惯性力偶 $M_{\mathrm{I}O} = 0$。

3. 刚体作平面运动

这里只讨论刚体具有质量对称平面，且该平面与刚体的运动平面平行的情形，如图 12-8 所示。与讨论上述刚体定轴转动的情况相同，首先可以将空间的惯性力系简化为质量对称平面上的平面力系，然后取质心 C 为简化中心。由于刚体的平面运动可以分解为随质心 C 的平动和绕质心 C 的转动，故惯性力系向质心 C 简化可得主矢 $\boldsymbol{F}_{\mathrm{IR}}$ 和主矩 $M_{\mathrm{I}C}$

$$\boldsymbol{F}_{\mathrm{IR}} = -M\boldsymbol{a}_C, \quad M_{\mathrm{I}C} = -J_C \alpha \quad (12-22)$$

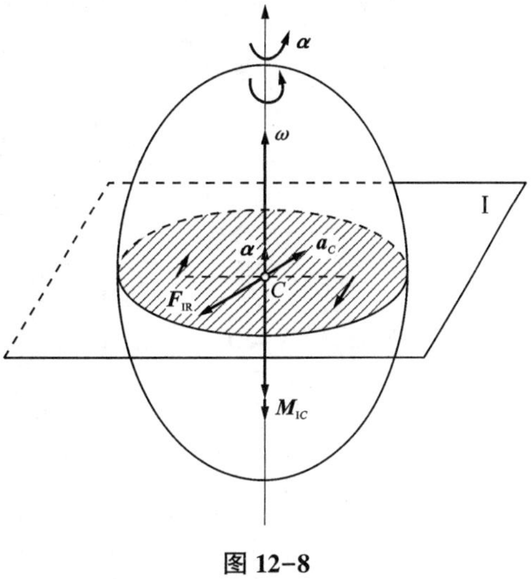

图 12-8

得到结论：具有质量对称平面的刚体作

平行于质量对称平面的运动时，刚体的惯性力等于刚体的质量与质心加速度的乘积，方向与质心加速度方向相反，假想地加在质心 C 上。刚体的惯性力偶等于刚体对垂直于质量对称平面的质心轴的转动惯量与角加速度的乘积，方向与角加速度方向相反，假想地加在刚体的质量对称平面上。

刚体定轴转动是刚体平面运动的特殊情况，因此，刚体定轴转动的惯性力 $\boldsymbol{F}_{\mathrm{IR}}=-M\boldsymbol{a}_C$ 也可以假想地加在质心 C 上。此时惯性力偶等于刚体对质心轴 C 的转动惯量 J_C 与角加速度的乘积。

例 12-4 如图 12-9(a)所示，已知均质矩形板重为 G，边长为 b、h。该板用三根细绳固定，绳 1 和绳 2 平行，长度相等，与水平线 O_1O_2 的夹角为 φ；绳 3 水平。求绳 3 突然被剪断时，板的加速度，及绳 1、绳 2 的拉力。

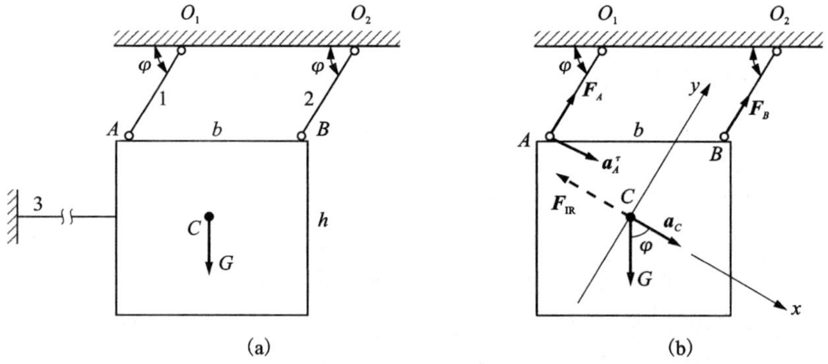

图 12-9

解： 板的受力图如 12-9(b)所示。由图可知，绳 3 突然断裂，板开始平动。初瞬时板上任一点的速度 $v=0$，加速度 $a_C\neq0$。质心 C 的加速度 a_C 与板上 A 点的加速度相同。

$$a_C=a_A^{\tau},\ a_A^{\tau}\perp O_1A,\ a_C\perp O_1A$$

板的惯性力为 $F_{\mathrm{IR}}=Ma_C=\dfrac{G}{g}a_C$（方向与质心 C 加速度方向相反），假想地加在质心 C 上。

取板为研究对象列平衡方程

$$\sum F_x=0\ ,\ G\cos\varphi-F_{\mathrm{IR}}=0$$

即

$$G\cos\varphi-\frac{G}{g}a_C=0$$

解得

$$a_C=g\cos\varphi$$

$$\sum M_A(\boldsymbol{F})=0,\ F_B b\sin\varphi-\frac{1}{2}Gb+\frac{1}{2}F_{\mathrm{IR}}b\cos\varphi-\frac{1}{2}F_{\mathrm{IR}}h\sin\varphi=0$$

解得

$$F_B=\frac{1}{2}G\left(\sin\varphi+\frac{h}{b}\cos\varphi\right)$$

$$\sum F_y=0,\ F_A+F_B-F_{\mathrm{p}}\sin\varphi=0$$

解得

$$F_A=\frac{F_{\mathrm{p}}}{2}\left(\sin\varphi-\frac{h}{b}\cos\varphi\right)$$

例 10-5　均质圆柱体重为 P，半径为 R，无滑动地沿倾斜平板由静止自 O 点开始滚动，如图 12-10(a)所示。平板对水平线的倾角为 θ，板的重力略去不计。试求 $OA=S$ 时平板在 O 点的约束力。

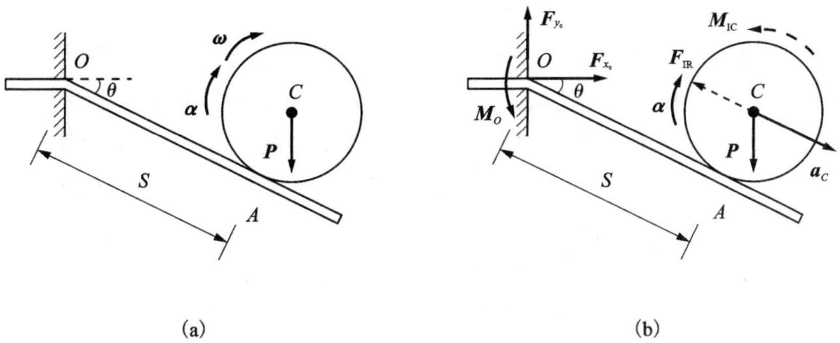

图 12-10

解：(1)用动能定理求速度、加速度

圆柱体在固定面上作平面运动。在初始位置时，处于静止状态，故 $T_1=0$；在末位置时，设角速度为 ω，角加速度为 α，则 $v_C=R\omega$，动能为

$$T_2=\frac{1}{2}\frac{P}{g}v_C^2+\frac{1}{2}\frac{P}{2g}R^2\omega^2=\frac{3P}{4g}v_C^2$$

主动力的功

$$\sum W^F=PS\cdot\sin\theta$$

由动能定理 $T_2-T_1=\sum W^F$ 得

$$\frac{3P}{4g}v_C^2-0=PS\cdot\sin\theta\Rightarrow v_C^2=\frac{4}{3}gS\cdot\sin\theta$$

对 t 求导数，有

$$a_C=\frac{2}{3}g\sin\theta,\ \alpha=\frac{2g}{3R}\sin\theta$$

(2)用达朗贝尔原理求约束力

取系统为研究对象，虚加惯性力 $\boldsymbol{F}_{IR}$ 和惯性力偶 $\boldsymbol{M}_{IC}$，如图 12-10(b)所示。

$$F_{IR}=\frac{P}{g}a_C=\frac{2P}{3}\sin\theta$$

$$M_{IC}=\frac{1}{2}\frac{P}{g}R^2\frac{2g}{3R}\sin\theta=\frac{PR}{3}\sin\theta$$

列出平衡方程

$$\sum F_x=0,\ F_{x_O}-\frac{2P}{3}\sin\theta\cdot\cos\theta=0$$

$$\sum F_y=0,\ F_{y_O}-P+\frac{2P}{3}\sin\theta\cdot\sin\theta=0$$

$$\sum M_O(\boldsymbol{F})=0,\ M_O+\frac{P}{3}R\sin\theta+\frac{2P}{3}\sin\theta\cdot R-PS\cos\theta-P\sin\theta\cdot R=0$$

解得

$$F_{x_O}=\frac{P}{3}\sin 2\theta,\ F_{y_O}=P\left(1-\frac{2}{3}\sin^2\theta\right)M_O=P\cos\theta\cdot S$$

例 12-6 如图 12-11(a)所示，已知机构在水平面内运动，轮 A 半径为 r，曲柄 OA 长为 $3r$。轮 A 与曲柄 OA 同为均质，质量同为 m。在 OA 上作用一力偶矩为 M 的力偶。带动轮 A 在圆形轮道上作纯滚动。机构由静止开始运动，求该瞬时轮 A 与轨道间的摩擦力 F_S，轮 A 的角加速度 α_A。

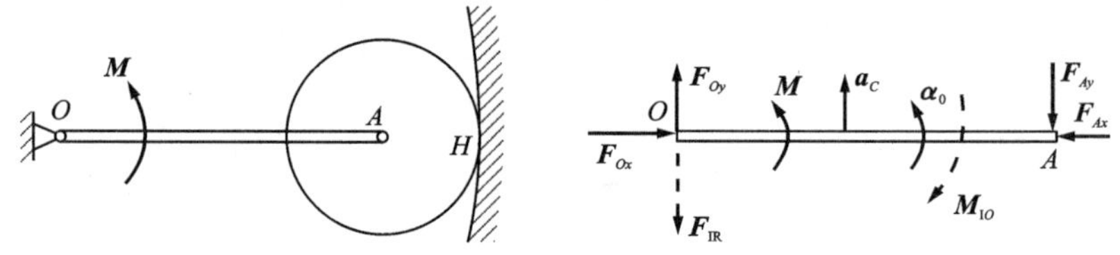

图 12-11

解：①取曲柄 OA 为研究对象。杆 OA 做定轴转动，由静止开始运动，故角速度 $\omega_O=0$，角加速度为 $\alpha_O\neq0$。

杆 OA 质心 C 的加速度为 $a_C=a_C^\tau=\frac{3r}{2}\alpha$，杆 OA 的惯性力为 $F_{IR}=ma_C=\frac{3}{2}mr\alpha$，假想地加在转轴 O 上。

杆 OA 的惯性力偶为 $M_{IO}=J_O\alpha=\frac{1}{3}m(3r)^2\alpha$。杆 OA 受力如图 12-11(b)所示。列平衡方程为

$$\sum M_O(\boldsymbol{F})=0,\ M-M_{IO}-3rF_{Ay}=0 \tag{12-23}$$

②取轮为研究对象。轮作平面运动，由静止开始运动。故轮心 A 的速度 $v_A=0$，轮的角速度 $\omega_A=0$，轮心 A 的加速度

$$a_A=a_A^\tau=3r\alpha$$

轮的角速度

$$\alpha_A=\frac{a_A^\tau}{r}=3\alpha$$

轮的惯性力 $F_{IR}=ma_A=3mr\alpha$，假想地加在质心 A 上。

轮的惯性力偶

$$M_{IA}=J_A\alpha_A=\frac{1}{2}mr^2(3\alpha)=\frac{3}{2}mr^2\alpha$$

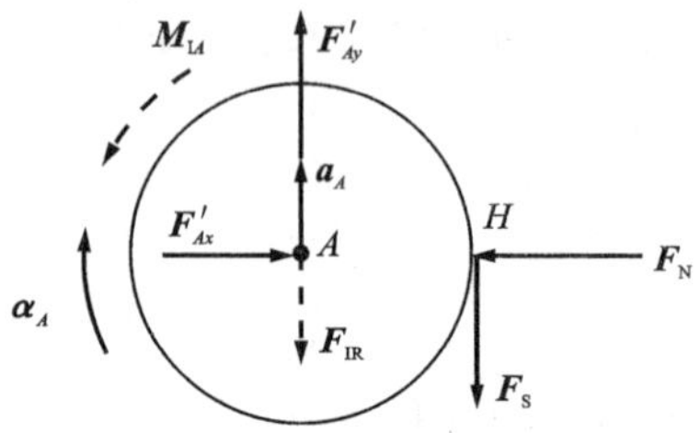

图 12-12

轮的受力如图 12-12 所示。列平衡方程

$$\sum M_H(\boldsymbol{F})=0,\ M_{IA}+R_{IA}r-F_{Ay}r=0 \tag{12-24}$$

$$\sum M_A(\boldsymbol{F}) = 0,\ M_{IA} - F_s r = 0 \tag{12-25}$$

③求解未知量。

由式(12-23)、式(12-24)消去 F_{Ay}，得

$$\alpha = \frac{2M}{33mr^2}$$

$$\alpha_A = 3\alpha = \frac{2M}{11mr^2}$$

由式(12-25)，得

$$F_s = \frac{M_{IA}}{r} = \frac{\frac{3}{2}mr^2 d_O}{r} = \frac{3}{2}mr\alpha_O = \frac{M}{11r}$$

再列杆 OA，轮 A 的其余平衡方程，可求得全部约束力 F_{Ox}、F_{Oy}、F_{Ax}、F_{Ay}、F_N。

通过以上例题分析，可以看出质点系达朗贝尔原理的平衡方程实际上是动量定理和以固定点为矩心的动量矩定理的另一形式。对于具有质量对称平面的刚体，且刚体在平行于质量对称面的平面上运动的情况，达朗贝尔原理的平衡方程实际上是刚体平面运动微分方程的另一形式。应用达朗贝尔原理求解动力学问题，可以灵活应用静力学的全部解题技巧。如可以选择不同的投影坐标，选择不同的矩心；可以列一个力矩方程，也可以列几个力矩方程；可以选取整体为研究对象，也可以拆开取单个物体为研究对象。这些解题方法，对动力学方程而言有些是复杂的，有些是不适用的，这就显示了达朗贝尔原理的优越性。

§12-3　刚体绕定轴转动时轴承的动约束力

在上节讨论的刚体绕定轴转动的惯性力问题，是刚体具有质量对称平面，且转轴垂直于质量对称平面的特殊情况。本节讨论刚体绕定轴转动的一般情况，即刚体没有质量对称平面，或转轴不垂直于质量对称平面的情况。

在机械传动装置中，刚体绕定轴转动，刚体和轴由轴承支承，若刚体不转动而处于静平衡状态，轴承 A、B 对轴的支承力称为**静约束力**。若刚体转动，如图 12-13 所示，则刚体上各质点有加速度、虚加惯性力。由达朗贝尔原理可知，轴承 A、B 有由惯性力引起的支承力。由惯性力引起的轴承支承力称为**动约束力**。轴承的总约束力等于静约束力与动约束力之和。

轴承动约束力与转动刚体上各点的加速度大小有关，与转动刚体的质量分布不均有关，与转动刚体的制造、安装误差有关。动约束力越大，越容易引起机器运行中的振动、噪声和发热，越容易引起机器构件的损坏。因此研究产生动约束力的原因，设法减小或消除动约束力，在工程中具有重要意义。

1. 一般情况下定轴转动刚体惯性力系的简化

设刚体的质量为 M，以角速度 ω 和角加速度 α 绕 Oz 轴转动，如图 12-14 所示。取 $Oxyz$

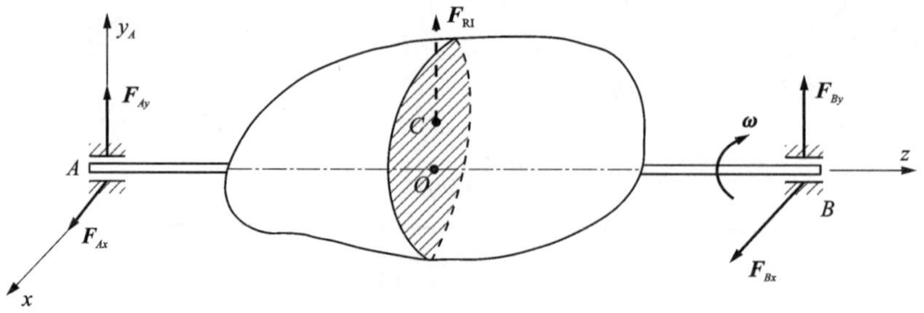

图 12-13

坐标系，其中 z 轴与转轴重合。转动刚体上任一质点 M_i 的质量为 m_i，坐标为 (x_i, y_i, z_i)，矢径为

$$\boldsymbol{r}_i = x_i\boldsymbol{i}+y_i\boldsymbol{j}+z_i\boldsymbol{k}$$

M_i 质点的速度 $\boldsymbol{v}_i$，切向加速 $\boldsymbol{a}_{it}$ 和法向加速度 $\boldsymbol{a}_{in}$ 的矢量表达式为

$$\boldsymbol{v}_i = \boldsymbol{\omega}\times\boldsymbol{r}_i = \omega\boldsymbol{k}\times(x_i\boldsymbol{i}+y_i\boldsymbol{j}+z_i\boldsymbol{k}) = -\omega y_i\boldsymbol{i}+\omega x_i\boldsymbol{j}$$

$$\boldsymbol{a}_{it} = \boldsymbol{\alpha}\times\boldsymbol{r}_i = \alpha\boldsymbol{k}\times(x_i\boldsymbol{i}+y_i\boldsymbol{j}+z_i\boldsymbol{k}) = -\alpha y_i\boldsymbol{i}+\alpha x_i\boldsymbol{j}$$

$$\boldsymbol{a}_{in} = \boldsymbol{\omega}\times\boldsymbol{r}_i = \omega\boldsymbol{k}\times(-\omega y_i\boldsymbol{i}+\omega x_i\boldsymbol{j}) = -\omega^2 x_i\boldsymbol{i}-\omega^2 y_i\boldsymbol{j}$$

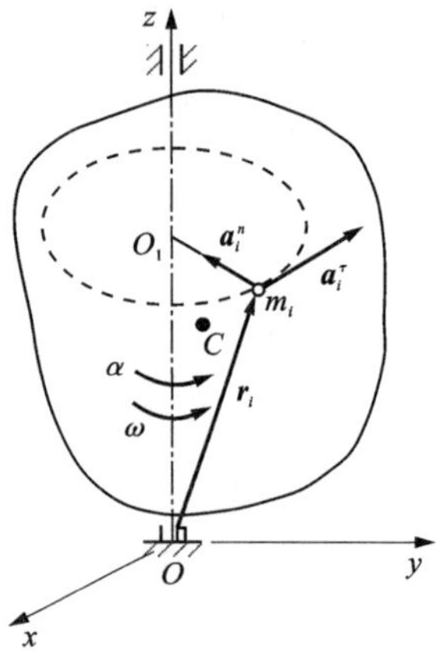

图 12-14

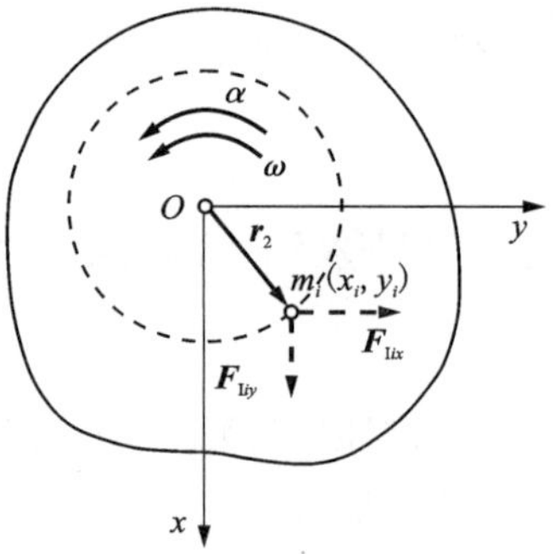

图 12-15

M_i 质点的加速度在直角坐标轴上的投影为

$$\begin{cases} a_{ix} = a_{itx}+a_{inx} = -\alpha y_i-\omega^2 x_i \\ a_{iy} = a_{ity}+a_{iny} = \alpha x_i-\omega^2 y_i \\ a_{iz} = 0 \end{cases} \tag{12-26}$$

如图 12-15 所示，质点的惯性力 $\boldsymbol{F}_{Ii}$ 在 x、y 轴上的投影为

$$\begin{cases} F_{Iix} = -m_i a_{ix} = \alpha y_i m_i+\omega^2 x_i m_i \\ F_{Iiy} = -m_i a_{iy} = -\alpha x_i m_i+\omega^2 y_i m_i \end{cases}$$

对于整个刚体，惯性力系的主矢 $\boldsymbol{F}_{IR}$ 在 x、y 轴上的投影为

$$\begin{cases} F_{IRx} = \sum F_{Iix} = \alpha \sum m_i y_i + \omega^2 \sum m_i x_i = M(\alpha y_C + \omega^2 x_C) \\ F_{IRy} = \sum F_{Iiy} = -\alpha \sum m_i x_i + \omega^2 \sum m_i y_i = M(-\alpha x_C + \omega^2 y_C) \end{cases}$$

由式(12-26)，刚体质心 C 的加速度为

$$\begin{cases} a_{Cx} = -\alpha y_C - \omega^2 x_C \\ a_{Cy} = \alpha x_C - \omega^2 y_C \end{cases} \tag{12-27}$$

刚体惯性力系主矢为

$$\boldsymbol{F}_{IR} = F_{IRx}\boldsymbol{i} + F_{IRy}\boldsymbol{j} = -M(a_{Cx}\boldsymbol{i} + a_{Cy}\boldsymbol{j}) = -M\boldsymbol{a}_C \tag{12-28}$$

定轴转动刚体惯性力系对坐标原点 O 的主矩 $\boldsymbol{M}_{IO}$ 在三个坐标轴上的投影为

$$\begin{aligned} M_{IOx} &= \sum(-z_i F_{Iiy}) = \alpha \sum m_i z_i x_i - \omega^2 \sum m_i y_i z_i \\ &= J_{zx}\alpha - J_{yz}\omega^2 \\ M_{IOy} &= \sum(z_i F_{Iix}) = \alpha \sum m_i y_i z_i + \omega^2 \sum m_i z_i x_i \\ &= J_{yz}\alpha + J_{zx}\omega^2 \\ M_{IOz} &= \sum(x_i F_{Iiy} - y_i F_{Iix}) = -\alpha(\sum m_i x_i^2 + \sum m_i y_i^2) \\ &= -\alpha \sum m_i r_i^2 = -J_z \alpha \end{aligned} \tag{12-29}$$

2. 惯性积与惯性主轴

式(12-17)中

$$J_{yz} = \sum m_i y_i z_i$$

称为刚体对轴 y、轴 z 的惯性积。

$$J_{zx} = \sum m_i z_i x_i$$

称为刚体对轴 z、轴 x 的惯性积。

$$J_z = \sum m_i(x_i^2 + y_i^2) = \sum m_i r_i^2$$

称为刚体对轴 z 的转动惯量。

惯性积与转动惯量有相同的量纲，但转动惯量恒为正，惯性积可为正、为负、或为零。在一般情况下，对于任意一个坐标系，刚体的惯性积是不等于零的，其数值可用惯性积的定义式转换为积分等方法计算。可以证明，在刚体中总可以找到一个特殊的坐标系，使刚体对这个坐标系的两个惯性积为零。两个惯性积为零的共用坐标轴称为该刚体的**惯性主轴**。

如图 12-16 所示，刚体绕 Oz 轴转动，Oz 轴是刚体的对称轴。由对称关系知，刚体内质量为 m 坐标为(x, y, z)的质点，必有另一质点质量也为 m、坐标为$(-x, -y, z)$，使得 $mxz+m(-x)z=0$，$myz+m(-y)z=0$，即有 $J_{xz} = \sum mxz = 0$，$J_{yz} = \sum myz = 0$。因此刚体的对称轴 Oz 为惯性主轴。

如图 12-17 所示，刚体有质量对称平面，转轴 Oz 垂直于质量对称平面。由对称关系知，刚体内质量为 m 坐标为(x, y, z)的质点，必有另一质点质量也为 m、坐标为$(x, y, -z)$，使得 $mxz+mx(-z)=0$，$myz+my(-z)=0$，即有 $J_{xz} = \sum mxz = 0$，$J_{yz} = \sum myz = 0$。因此与刚体质量对称平面垂直的轴都是惯性主轴。通过质心 C 的惯性主轴叫**中心惯性主轴**。

如图 12-18 所示，以质心 C 为坐标原点的三个坐标轴$(x,\ y,\ z)$都垂直于刚体的一个质量对称平面，因此三个坐标轴$(x,\ y,\ z)$都是惯性主轴，同时也是中心惯性主轴。

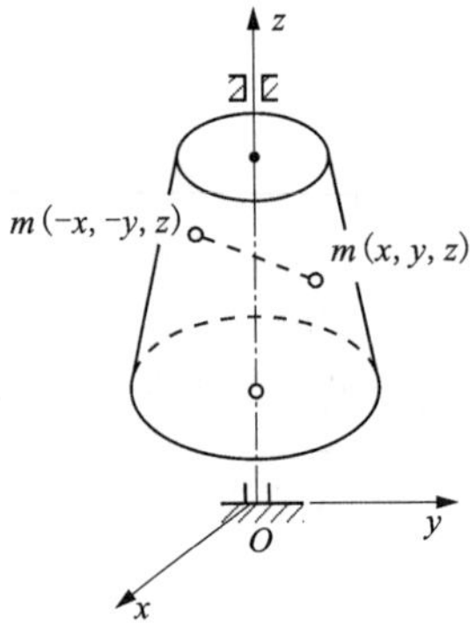

图 12-16

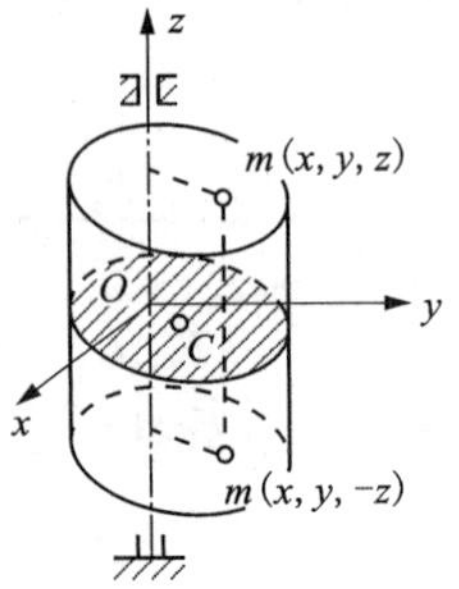

图 12-17

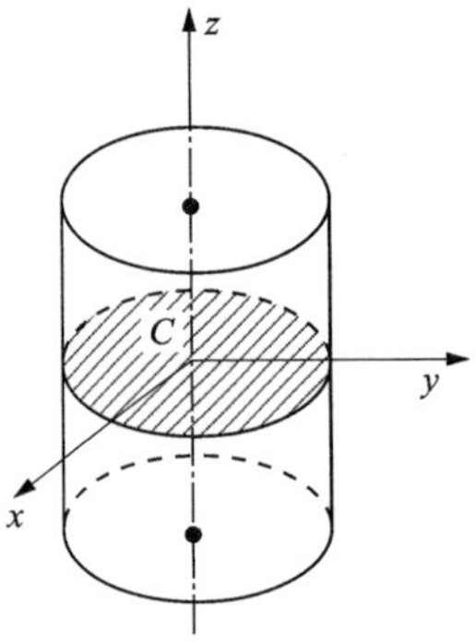

图 12-18

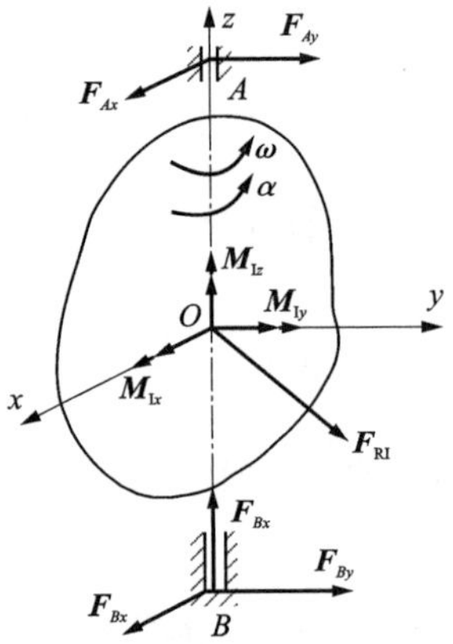

图 12-19

3. 轴承动约束力的计算

由刚体的惯性力 $\boldsymbol{F}_{\mathrm{IR}}$ 和惯性力偶 $\boldsymbol{M}_{IO}$ 引起的轴承约束力称为动约束力。

由式(12-28)和式(12-29)，刚体绕定轴转动的惯性力系向转轴上某点 O 简化。有

$$\begin{cases}\boldsymbol{F}_{\mathrm{IR}}=-M\boldsymbol{a}\\ M_{\mathrm{I}x}=J_{xz}\alpha-J_{yz}\omega^2\\ M_{\mathrm{I}y}=J_{yz}\alpha+J_{xz}\omega^2\\ M_{\mathrm{I}z}=-J_z\alpha\end{cases}\tag{12-30}$$

将 $\boldsymbol{F}_{\mathrm{IR}}$、$M_{\mathrm{I}x}$、$M_{\mathrm{I}y}$、$M_{\mathrm{I}z}$ 虚加在简化中心 O 上，此时轴承 A、B 有动约束力 F_{Ax}、F_{Ay}、F_{Bx}、F_{By}。其受力如图 12-19 所示。

由平衡方程有

$$\begin{cases}\sum F_x = 0,\ F_{Ax} + F_{Bx} + F_{IRx} = 0\\ \sum F_y = 0,\ F_{Ay} + F_{By} + F_{IRy} = 0\\ \sum M_{Bx} = 0,\ -F_{Ay}\cdot AB - F_{IRy}\cdot OB + M_{Ix} = 0\\ \sum M_{By} = 0,\ F_{Ax}\cdot AB + F_{IRx}\cdot OB + M_{Iy} = 0\\ \sum M_{Bz} = 0,\ M_z + M_{Iz} = 0\end{cases} \tag{12-31}$$

从式(12-31)解得

$$\begin{cases}F_{Ax} = -\dfrac{1}{AB}(F_{IRx}\cdot OB + M_{Iy})\\ F_{Ay} = -\dfrac{1}{AB}(F_{IRy}\cdot OB - M_{Ix})\\ F_{Bx} = -\dfrac{1}{AB}(F_{IRx}\cdot OA - M_{Iy})\\ F_{By} = -\dfrac{1}{AB}(F_{IRy}\cdot OA + M_{Ix})\\ M_z = -M_{Iz} = J_z\alpha\end{cases} \tag{12-32}$$

式(12-32)中，F_{Ax}、F_{Ay}、F_{Bx}、F_{By} 为刚体定轴转动时轴承的动约束力。M_z 是保证刚体作加速转动的主动力偶矩。

实际问题中(如机械传动)通常刚体(如转子)以匀角速度转动，即角加速度 $\alpha=0$，角速度 $\omega=$常数。此时由式(12-30)和式(12-32)有

$$\begin{cases}F_{Ax} = -\dfrac{1}{AB}(M\cdot OB\cdot x_C - J_{xz})\omega^2\\ F_{Ay} = -\dfrac{1}{AB}(M\cdot OB\cdot y_C - J_{yz})\omega^2\\ F_{Bx} = -\dfrac{1}{AB}(M\cdot OA\cdot x_C + J_{xz})\omega^2\\ F_{By} = -\dfrac{1}{AB}(M\cdot OA\cdot y_C + J_{yz})\omega^2\end{cases} \tag{12-33}$$

式中，M 为刚体的质量；x_C，y_C 为刚体质心 C 的坐标。

例 12-7　如图 12-20 所示，一均质圆盘有质量对称平面，转轴垂直于质量对称平面，但不通过质心 C。已知圆盘的质量 $M=20$ kg，偏心矩 $e=0.1$ mm，质心 C 到轴承 AB 的距离为 $\dfrac{1}{2}L$。当圆盘以匀速转动 $n=12000$ r/min 时，求轴承 A、B 的动约束力。

解：取动坐标系 $Oxyz$ 固连于圆盘上，z 轴与转轴重合。z 轴与质量对称平面的交点 O 为坐标原点。设轴承 A、B 的约束力沿坐标轴 x、y 方向。动约束力为 $F_{Ax,\mathrm{d}}$、$F_{Ay,\mathrm{d}}$、$F_{Bx,\mathrm{d}}$、$F_{By,\mathrm{d}}$，因只计算动约束力。故不考虑重力等主动力。

圆盘做匀速转动，动约束力由式(12-33)计算，则

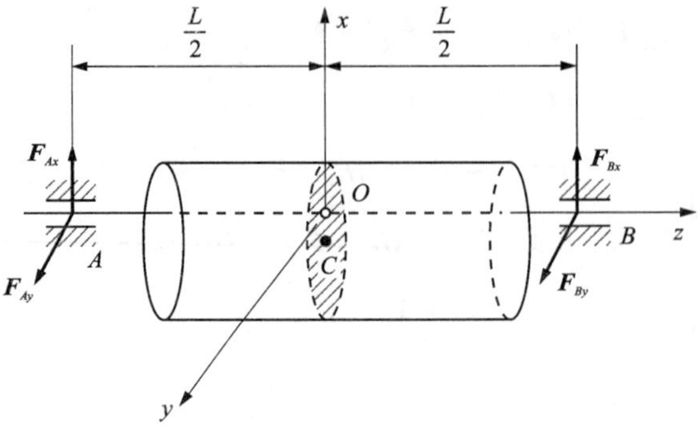

图 12-20

角速度

$$\omega=\frac{n\pi}{30}=400\pi(\mathrm{rad/s})$$

质心坐标

$$x_C=-e,\ y_C=0,\ z_C=0$$

转轴 z 的惯性主轴

$$J_{yz}=0,\ J_{xz}=0$$

代入式(12-33)得

$$\begin{cases}F_{Ax,\mathrm{d}}=F_{Bx,\mathrm{d}}=-\dfrac{1}{L}M\dfrac{L}{2}x_C\omega^2=\dfrac{1}{2}Me\omega^2=1579(\mathrm{N})\\ F_{Ay,\mathrm{d}}=F_{By,\mathrm{d}}=0\end{cases}$$

当圆盘不转动时，主动力为重力 $Mg=20\times9.8$ N。轴承 A、B 的静约束力为

$$F_{Ax,\mathrm{st}}=F_{Bx,\mathrm{st}}=\frac{1}{2}Mg=98(\mathrm{N})$$

故

$$\frac{F_{Ax,\mathrm{d}}}{F_{Ax,\mathrm{st}}}=\frac{1579}{98}=16.11$$

可见，圆盘高速转动，仅因转轴 z 不通过质心 C，有微小的偏心距 $e=0.1$ mm，则动约束力 $F_{Ax,\mathrm{d}}$ 是静约束力 $F_{Ax,\mathrm{st}}$ 的 16 倍。

例 12-8 如图 12-21(a)所示，均质圆盘安装在转轴 AB 上，圆盘的轴线 z' 与转轴 AB 成角 $\gamma=1°$。已知圆盘质量 $M=20$ kg，半径 $R=20$ cm，质心 C 在转轴上；两轴承之间的距离 $AB=1$ m，$OB=OA=0.5$ m。当圆盘的转速 $n=12000$ r/min 时，求轴承的动约束力。

解：取动坐标系 $Oxyz$ 固结于圆盘上，质心 C 为坐标原点，故圆盘惯性力 $\boldsymbol{F}_{\mathrm{IR}}=0$。又圆盘匀速转动，角加速度 $\alpha=0$，轴承 A、B 动约束力可由式(12-33)计算。

首先，计算惯性积 J_{xz}，J_{yz}。

过圆质心 O 作中心惯性主轴 x'，y'，z'。其中 y' 与 y 重合。由于 y 轴是圆盘对于 O 点惯性主轴，故 $J_{yz}=0$。

按如图 12-21(b)进行坐标变换，将坐标变换式代入惯性积定义式，有

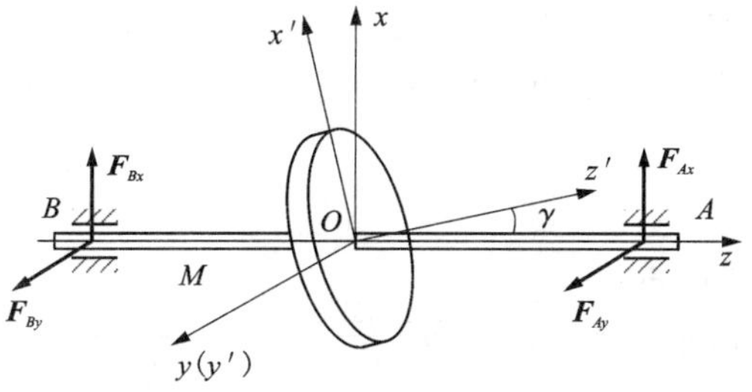

(a)

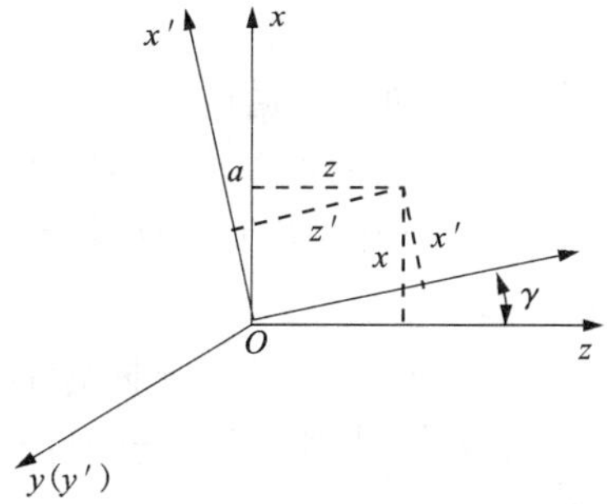

(b)

图 12-21

$$J_{xz} = \sum mxz = \sum m(z'\cos\gamma - x'\sin\gamma)(z'\sin\gamma + x'\cos\gamma)$$
$$= \sin\gamma\cos\gamma\sum m(x'^2 - z'^2) + (\cos^2\gamma - \sin^2\gamma)\sum mx'z'$$

由于 z' 轴(或 x' 轴)是圆盘的惯性主轴，又 $\sum mz'x' = 0$，于是

$$\sum m(x'^2 - z'^2) = \sum m(y'^2 + x'^2) - \sum m(z'^2 + y'^2) = J'_z - J'_x = \frac{1}{4}MR^2$$

又 γ 很小，$\sin\gamma\approx\gamma$，$\cos\gamma\approx1$，得

$$J_{xz} = -\frac{1}{4}MR^2\gamma$$

将 $J_{xz} = -\frac{1}{4}MR^2\gamma$，$J_{yz}=0$，$\omega=\frac{n\pi}{30}=400\pi$ rad/s 代入式(12-33)，得动约束力

$$F_{Ay,\mathrm{d}} = F_{By,\mathrm{d}} = 0$$
$$F_{Ax,\mathrm{d}} = -F_{Bx,\mathrm{d}} = -\frac{1}{AB}J_{xz}\omega^2 = \frac{1}{4}MR^2\gamma\omega^2 = 5512(\mathrm{N})$$

易求得静约束力为

$$F_{Ax,\mathrm{st}} = F_{Bx,\mathrm{st}} = \frac{1}{2}Mg = 98(\mathrm{N})$$
$$\frac{F_{Ax,\mathrm{d}}}{F_{Ax,\mathrm{st}}} = \frac{5512}{98} \approx 56.2$$

可见，圆盘虽只有 $\gamma=1°$ 的微小偏斜，但因为高速旋转，动约束力是静约束力的 56.2 倍。在机械工程当中，动约束力往往是引起传动轴破坏的主要原因。同时，又由于圆盘转动，动约束力的方向周期性变化，引起机器振动。

4. 静平衡与动平衡

由式(12-33)，令 $F_{Ax}=F_{Bx}=F_{Ay}=F_{By}=0$，可得

$$x_C=0,\ y_C=0$$
$$J_{xz}=0,\ J_{yz}=0$$

前一条件要求 z 轴通过质心 C，后一条件要求 z 轴是刚体的惯性主轴。因此得出：刚体定

轴转动时轴承动约束力等于零的条件是：**转轴是刚体的中心惯性主轴**。显然，当转轴垂直于刚体的质量对称平面，且通过质心 C 时，转轴必是刚体的中心惯性主轴，轴承动约束力为 0。由于机械制造或工艺的误差，一般并不能保证转轴垂直于刚体的质量对称平面，且通过质心 C，此时，轴承可能出现较大的动约束力。

(1)静平衡

当转轴通过质心 C 时，刚体惯性力系的主矢 $\boldsymbol{F}_{IR}=0$。此时，若转动刚体仅受重力作用，则刚体可在任何位置保持静止，这种现象称为**静平衡**。调整转动刚体的静平衡，通常可在静平衡架上进行。如图 12-22 所示。圆盘转子放在静平衡架的水平切口上，如果圆盘转子的质心 C 不在转轴上，则转子将转到质心 C 在最低处停止。这时可在质心 C 的相反方向的适当位置增加一些质量，或在质心的方向除去一些质量。这样反复进行实验，直到转子质心 C 位于轴线上，转子随遇平衡为止。

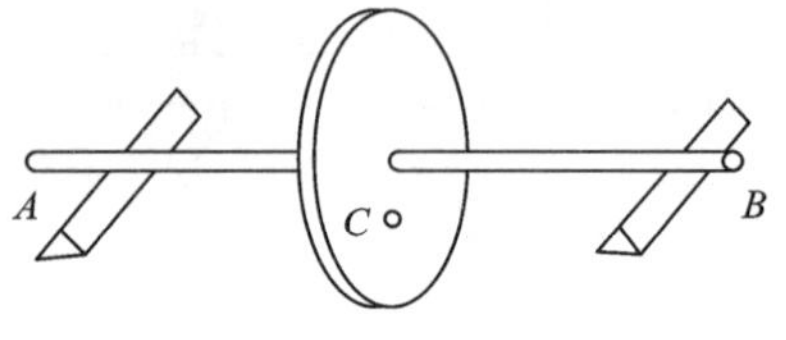

图 12-22

(2)动平衡

当刚体绕其转轴匀速转动时，刚体的惯性力系主矢 $\boldsymbol{F}_{IR}=0$，惯性力系主矩 $\boldsymbol{M}_{IO}=0$，则轴承不会产生动约束力，这种情况称为**动平衡**。如前所述，满足动平衡的转动刚体必然满足静平衡，但一般满足静平衡的转动刚体不一定满足动平衡。如图 12-23 所示，两圆盘固连于转轴组成一转动刚体。圆盘 1 的质心为 C_1，圆盘 2 的质心为 C_2。若两圆盘的质量同为 m，C_1 与 C_2 到转轴的距离同为 e，该转动刚体是静平衡的。若匀速转动，则转动刚体 C_1 有惯性力 F_{I1}，C_2 有惯性力 F_{I2}。F_{I1}、F_{I2} 组成惯性力偶矩 M_I。这将使轴承 A、B 的动约束力不为零，因此不能满足动平衡条件。

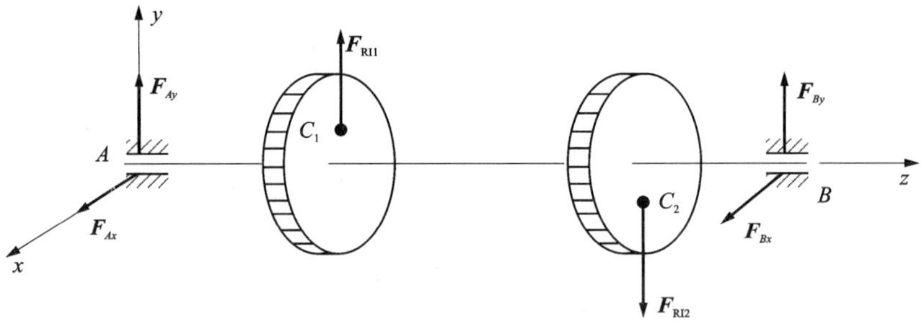

图 12-23

工程中由于转动刚体材料的不均匀性和不可避免的制造、安装误差等，动平衡条件往往难以满足。对于高速转动的转子，通常要在专门的动平衡试验设备上进行动平衡试验。根据试验结果，在转动刚体的适当位置附加或除去一些质量，使转轴成为中心惯性主轴，达到动平衡，以尽量减少或消除轴承的动约束力。

§12-4　分析与讨论

应用达朗贝尔原理求解动力学问题的灵活性

应用达朗贝尔原理求解动力学问题，可以灵活应用静力学的全部解题技巧。如可以选择不同的投影坐标，也可以选择不同的矩心；可以列一个力矩方程，也可以列几个力矩方程；可以选取整体为研究对象，也可以拆开取单个物体为研究对象。

例 12-9　在图 12-24(a)所示机构中，均质杆 AB 的质量为 m，斜面倾角为 θ。设滑块 A 的重量不计，滑槽摩擦不计。求当剪断绳子 OB 的瞬时，杆 AB 的角加速度。

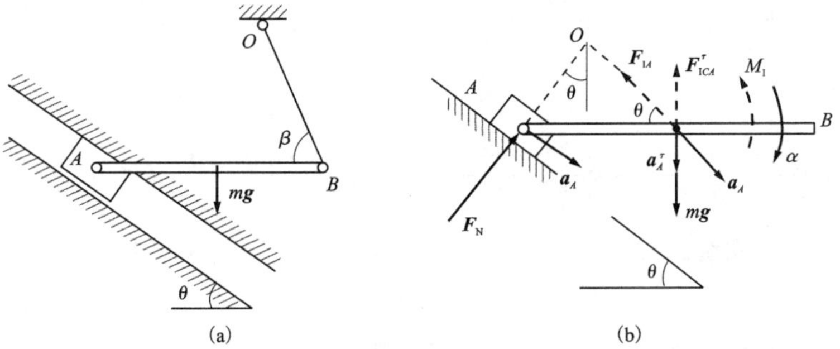

图 12-23

解：取杆 AB 为研究对象，研究绳子 OB 突然断了的初始瞬时。杆 AB 受重力 mg 和约束力 F_N 作用。

虚加惯性力：杆 AB 作平面运动，角加速度 α，质心加速度

$$\boldsymbol{a}_C=\boldsymbol{a}_A+\boldsymbol{a}_{CA}^n+\boldsymbol{a}_{CA}^\tau$$

式中，$\boldsymbol{a}_A$ 为滑块 A 的加速度。

初始瞬时

$$\omega=0,\ a_{CA}^n=0,\ a_{CA}^\tau=\frac{l}{2}\alpha$$

故惯性力

$$\boldsymbol{F}_\mathrm{I}=m\boldsymbol{a}_C=\boldsymbol{F}_{\mathrm{I}A}+\boldsymbol{F}_{\mathrm{IC}A}^n+\boldsymbol{F}_{\mathrm{IC}A}^\tau,\ M_\mathrm{I}=J_C\alpha=\frac{ml^2}{12}\alpha$$

式中，$F_{\mathrm{I}A}=ma_A$，$F_{\mathrm{IC}A}^n=0$，$F_{\mathrm{IC}A}^\tau=ma_{CA}^\tau=m\dfrac{l}{2}\alpha$。其受力如图 12-24(b)所示。

列平衡方程，取 F_{IA}、F_N 两个力的交点 O 为矩心

$$\sum M_O(\boldsymbol{F})=0,\ M_\mathrm{I}+(F_{\mathrm{IC}A}-mg)\left(\frac{l}{2}-\frac{l}{2}\sin^2\theta\right)=0$$

将惯性力代入，解得

$$\alpha=\frac{6\cos^2\theta}{(1+3\cos^2\theta)}\cdot\frac{g}{l}$$

习　题

12-1　物块 A 放在倾角 θ 的斜面上，物块与斜面间摩擦系数为 f。如斜面向右加速运动，则加速度 a 为何值时，物块 A 不致沿斜面滑动。

12-2　设飞机爬高时以匀速度 a 与平面成仰角 β 做直线运动，已知装在飞机上的单摆的悬线与铅垂线所成的偏角为 α，摆锤的质量为 m，试求此时飞机的加速度 a 和悬线中的张力 T。

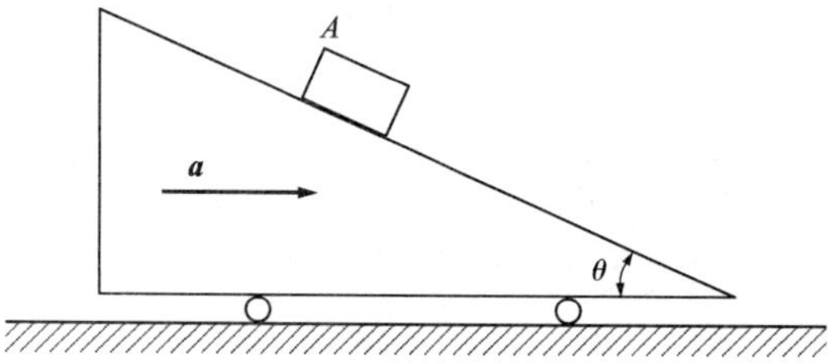

图题 12-1

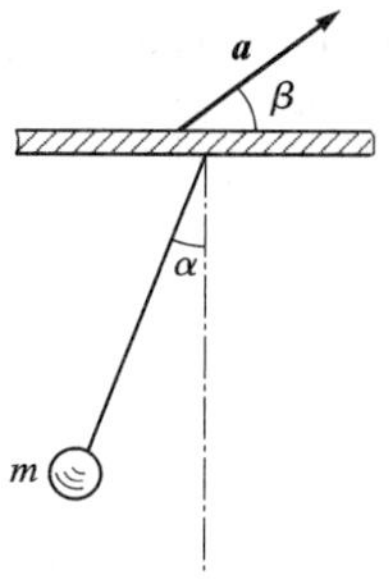

图题 12-2

12-3　移动门重 G=600 N，其滑靴 A 和 B 可沿固定水平梁滑动。若动摩擦系数 f=0. 25，欲使门的加速度为 $\boldsymbol{a}$=0. 49 m/s^2，求水平作用力 F_P 应有的值及梁在 A 和 B 处的反力。

12-4　图题 12-4 所示小车加速度 a 的值超过一定数值时，加速度控制器中 OB 杆的接头 B 便和框架 E 脱开，切断控制电路，使车速降低。调节螺丝 D，改变弹簧压力，便能改变所限制的加速度值。若已知均质杆 OB 的质量为 0. 5 kg，弹簧压缩量为 5 mm，O 端铰接，且要求车的加速度 a=10 m/s^2 时，触点 B 刚好脱开，求弹簧应有的刚性系数(图中长度单位为 mm)。

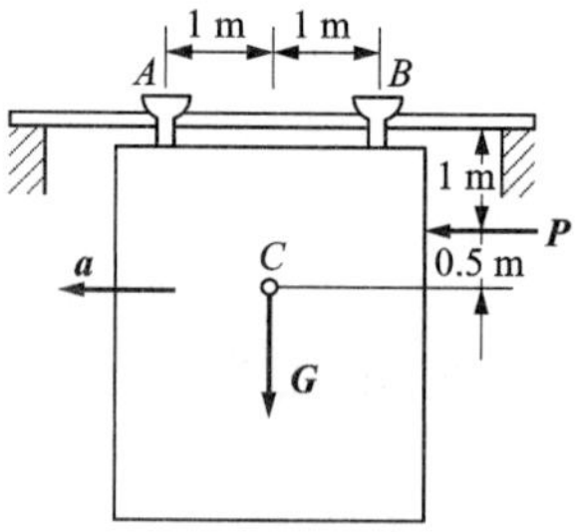

图题 12-3

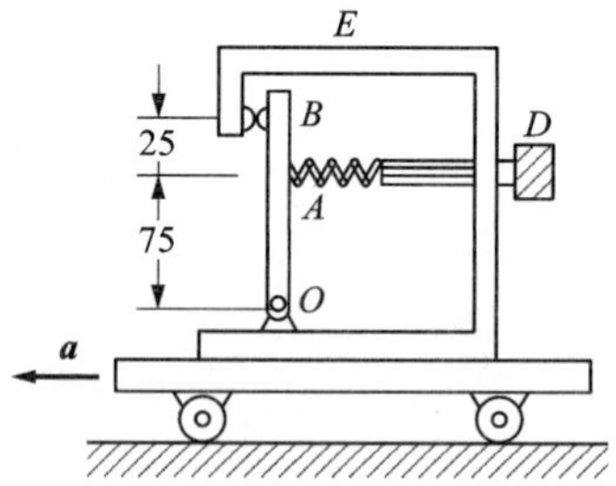

图题 12-4

12-5　均质薄板 $ABCD$ 质量为 50 kg，用三根不可伸长的金属杆 AE、BF 和 CH 悬于图题 12-5 所示位置。若杆 AE 突然被除去，试求此瞬时，平板的加速度和杆 BF 和 CH 的张力。

12-6　偏心凸轮绕 O 轴以匀角速 ω 转动，推动顶杆 AB 沿铅垂滑道运动，且顶杆部放有一质量为 m 的物体。设凸轮偏心距 OC=e，开始时轮心 C 在铅垂线上。求物块在图示位置对顶杆的压力，以及使物体不脱离开顶杆的 ω 的最大值。

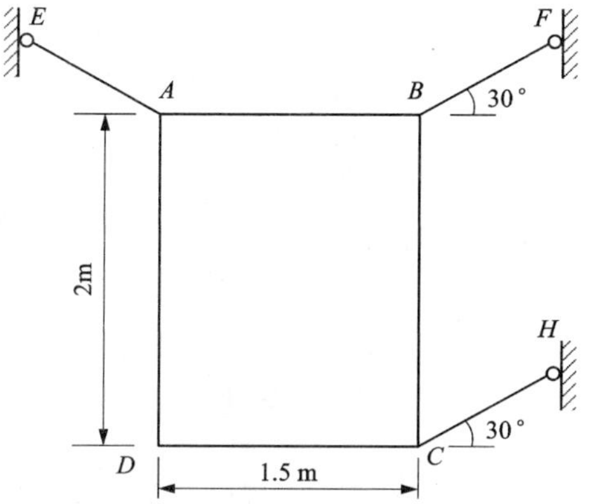

图题 12-5

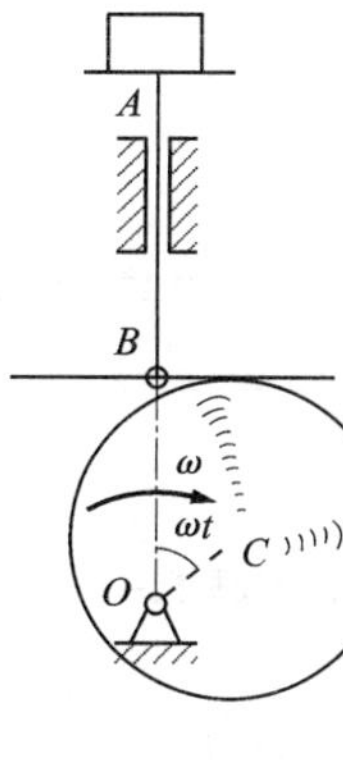

图题 12-6

12-7　运送货物的小车装载着质量为 M 的货箱如图题 12-7 所示。货箱可视为均质长方体，侧面宽 $d=1$ m，高 $h=2$ m，货箱一小车间的摩擦系数 $f=0.35$。试求安全运送时所许可的小车的最大加速度。

12-8　正方形薄板 $ABED$，边长为 a，重量为 P，可在铅垂平面内绕轴 A 转动。在其顶点 E 系一无重绳子 EH，使 AB 边在水平位置，如图题 12-8 所示。如将绳 EH 剪断，求此瞬时板的角加速度及轴 A 处的约束力。

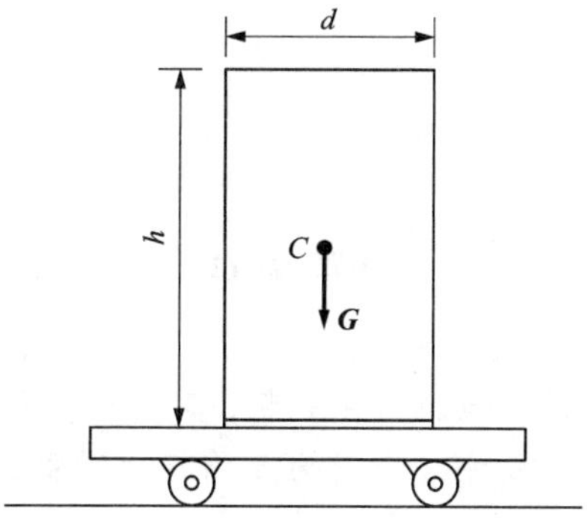

图题 12-7

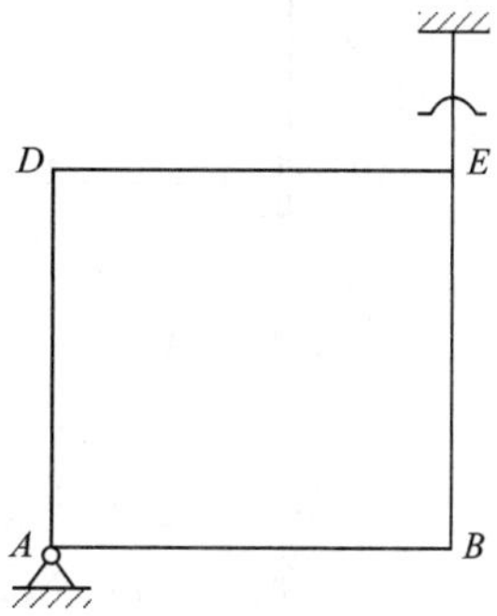

图题 12-8

12-9　均质杆长 l 重 W，被铰链 A 和绳子支持，如图题 12-9 所示。若连接 B 点的绳子突然断掉，试求：(1) 铰链支座 A 的约束反力。(2) B 点的加速度。

12-10　质量为 m，长为 l 的均质杆 AB 的一端 A 焊接于半径为 r 的圆盘边缘上，如图题 12-10 所示。今盘以角加速度 α 绕中心 O 转动。图示位置角速度为 ω，求此时 AB 杆上 A 端由于转动所受的力。

12-11　均质杆 CD 长 $2l$，重 P，以匀角速度 ω 绕铅垂轴 AB 转动。杆与铅垂轴交成 α 角，其重心在轴上承受轴承 A、B 处的反力。轴尺寸如图题 12-11 所示。

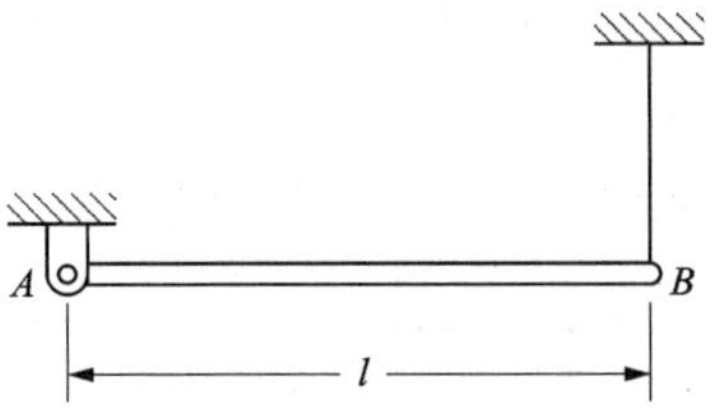

图题 12-9

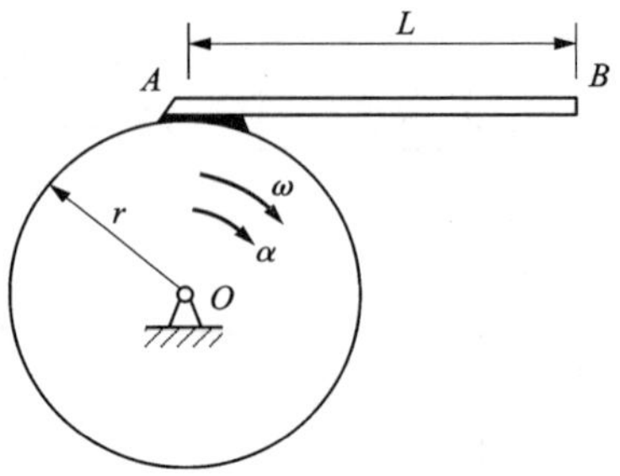

图题 12-10

12-12　图题 12-12 所示刚体系统中，重物 A、滚轮 C 及滑轮 O 的重量都是 P，滑轮半径为 r，滚轮半径为 R，$R=2r$；绳不可伸长，与滑轮之间无相对滑动，弹簧刚度系数为 k，弹簧原长为 l_0；轮 C 沿固定面纯滚动，初始系统静止，弹簧无变形。用动静法求重物 A 下落一段距离 x 时代加速度 a_A，轮 C 所受摩擦力 F_S 及水平段绳子的拉力 F_{T2}。

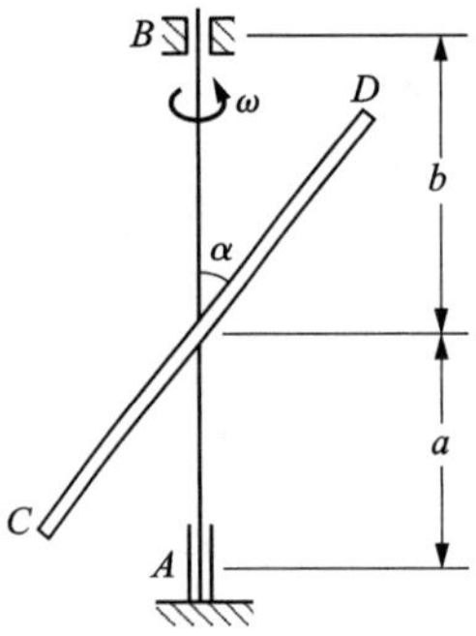

图题 12-11

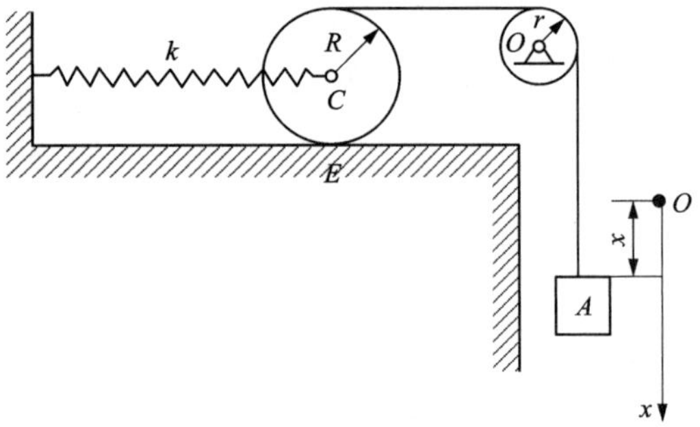

图题 12-12

12-13　两细长的均质杆，长各为 a 和 b，互成直角地固结在一起，其顶点 O 则与铅直轴以铰链相连。此轴以匀角速度 ω 转动，如图题 12-13 所示。求长为 a 的杆距铅垂线的扁角 φ 与 ω 间的关系。

12-14　图题 12-14 所示打桩机支架重 $G=20$ kN，重心在 C 点。已知 $a=4$ m，$b=1$ m，$h=10$ m；锤的质量为 $m=700$ kg；绞车鼓轮质量为 $m_1=500$ kg，半径 $r=0.28$ m，回转半径 $\rho=0.2$ m；钢索与水平面夹角 $\alpha=60°$。鼓轮上作用着转矩 $M=2000$ N·m，若不计滑轮的大小和质量，求支座 A 和 B 的反力。

12-15　质量 $m=50$ kg 的均质细直杆 AB 一端 A 搁在光滑水平面上，另一端 B 由质量可不计的绳子系在固定点 D。ABD 在同一铅直平面内。已知：杆 AB 长 $l=2.5$ m，绳 BD 长 $b=1$ m，D 点高出地面 $h=2$ m。当绳处于水平位置时，杆由静止开始落下，求在此瞬时：(1) 杆的角加速度；(2) 绳子 BD 的拉力；(3) A 点反力。

12-16　图题 12-16 所示位于铅垂面内的曲柄连杆滑块机构中，均质直杆 $OA=r$，$AB=2r$，质量分别为 m 及 $2m$，滑块质量为 m。曲柄 OA 匀速转动，角速度 ω_0。在图示瞬时，滑块

运行阻力为 F。不计摩擦，求滑块的约束力及 OA 上的驱动力偶矩 M_0。

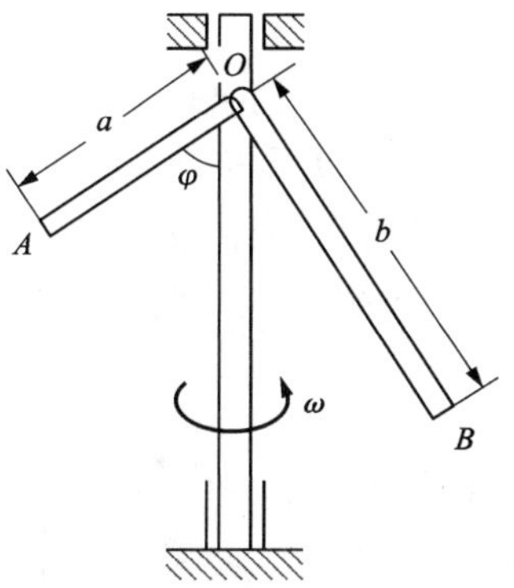

图题 12-13

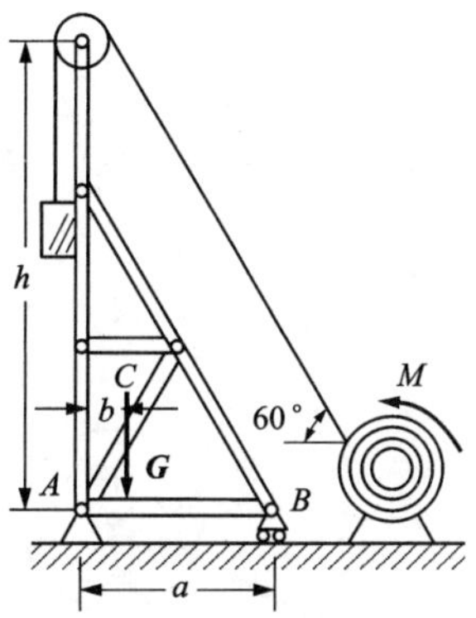

图题 12-14

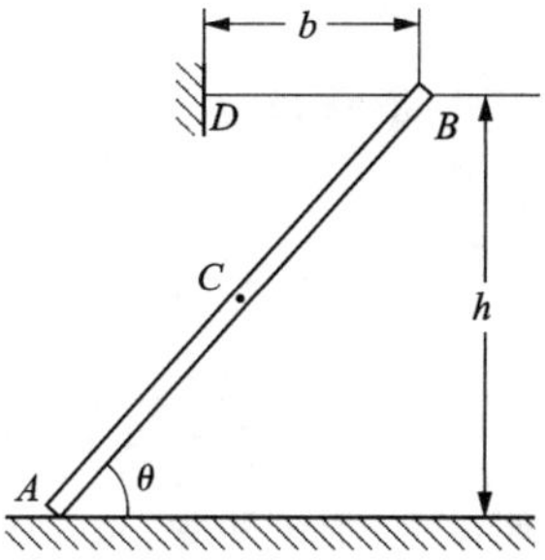

图题 12-15

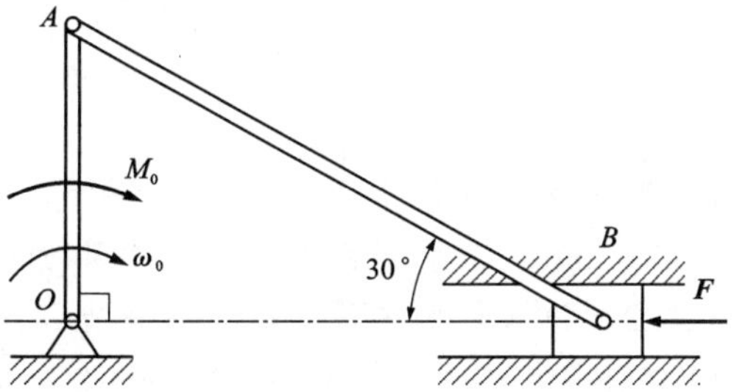

图题 12-16

12-17　质量 $m=45.4$ kg 的均质细直杆 AB 下端 A 搁在光滑水平面上，上端 B 用质量可以忽略不计的绳子 BD 系在固定点 D。杆长 $l=3.05$ m，绳长 $h=1.22$ m。当绳子铅直时，杆对水平面的倾角 $\theta=30°$，A 点速度 $v_A=2.44$ m/s，向左运动，A 点加速度 $a_A=0$。求在该瞬时：(1)杆的角加速度；(2)须加在 A 端的水平力 F_P；(3)绳子拉力 F_T。

12-18　均质辊子质量 $m=20$ kg，被水平绳拉着沿水平面作纯滚动。绳子跨过滑轮 B，在另一端系有质量 $m_1=10$ kg 的重物 A。滑轮和绳的质量以及水平面的滚阻都忽略不计，求滚子中心 C 的加速度。

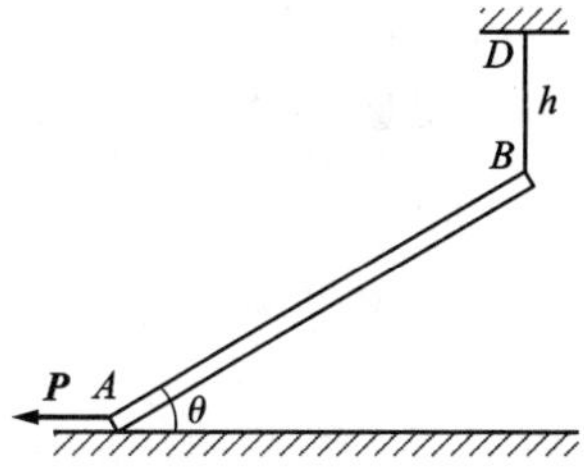

图题 12-17

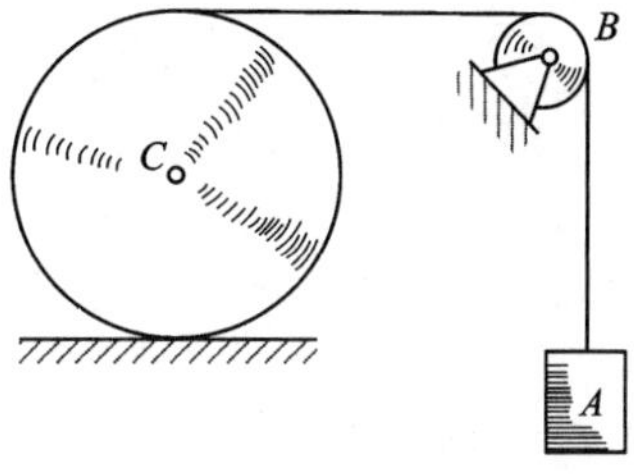

图题 12-18

12-19　均质圆盘和均质薄圆环质量都是 m，外径相同，用细杆 AB 铰接于中心。设系统沿倾角是 α 的斜面作无滑动的滚动。细杆和圆环上辐条的质量都可以不计，滚阻不计。求杆 AB 的加速度、杆的内力以及斜面对圆盘和圆环的反力。

12-20　一辊子 A 沿倾角为 α 的斜面向下作纯滚动，如图题 12-20 所示。辊子借一跨过滑轮 B 的绳子提升一质量为 m 的物体 E，同时带动滑轮 B 绕 O 轴转动。辊子和滑轮可看作均质圆盘，半径为 r，质量 m_1。滑轮与绳子间无滑动，绳子质量不计，滚阻不计。试求：(1) 辊子 A 质心的加速度；(2) CD 段绳子的拉力；(3) 轴承 O 处的反力；(4) 辊子 A 受的摩擦力。

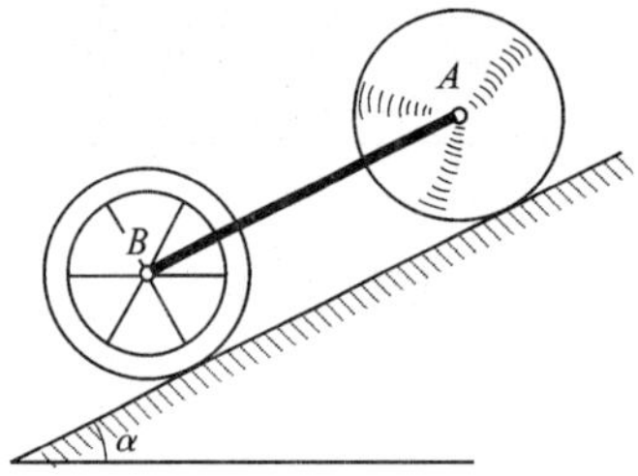

图题 12-19

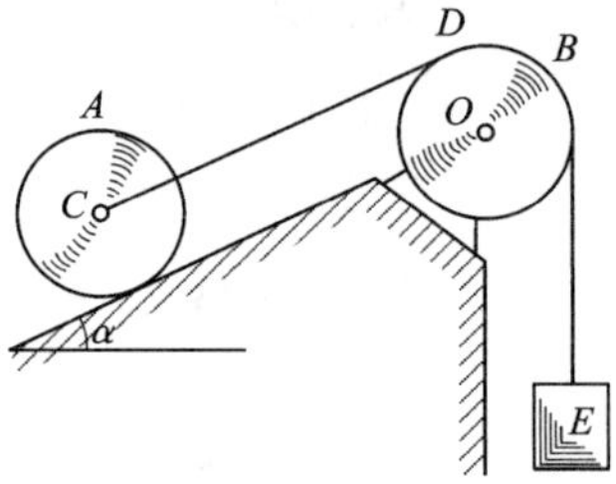

图题 12-20

12-21　质量为 20 kg 的砂轮因安装不正，其重心偏离转轴距为 $e=0.1$ mm。试求当转速 $n=10000$ r/min 时，作用于轴承 A、B 的附加动反力。

12-22　汽轮机的转子由转轴及其上四个叶轮组成。已知叶轮质量分别为 $m_1=900$ kg，$m_2=1300$ kg，$m_3=500$ kg，$m_4=1000$ kg。以 A 点为原点其质心坐标分别为：$C_1(0, 0, 140)$；$C_2(1, 0, 300)$；$C_3(0, 0, 520)$；$C_4(0, 1, 770)$，单位为 mm。已知转轴工作长度 $AB=1000$ mm，质量 $m=1300$ kg，质心坐标为 $C(0, 0, 500)$，转子转速 $n=3000$ r/min。求两轴承的静反力和附加反力。

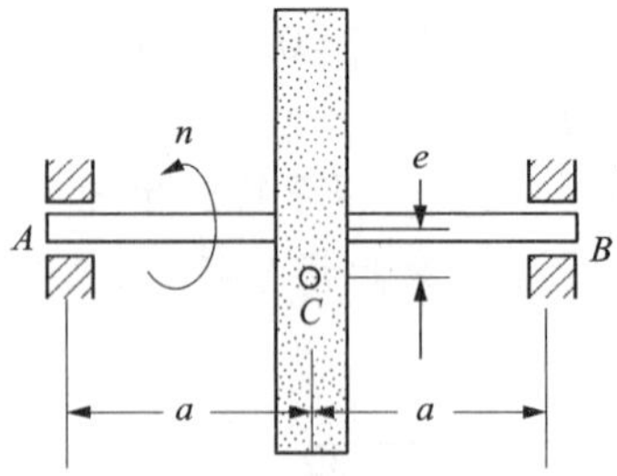

图题 12-21

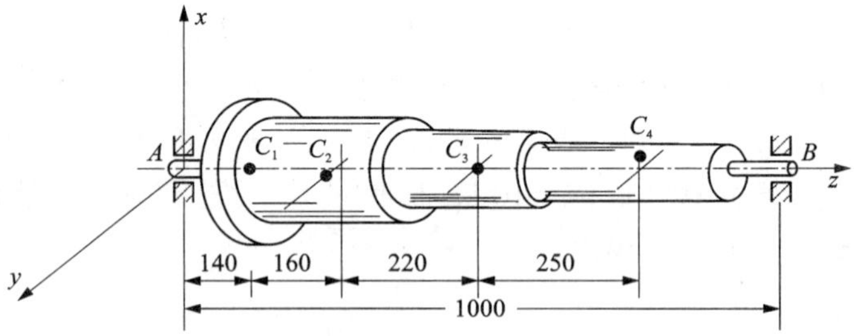

图题 12-22

12-23　图示均质细直杆 AB，长 l，质量为 m，杆与 x 轴成 α 角，求杆在图示位置对 x 轴和 y 的惯性积 J_{xy}。

12-24　均质圆盘以匀角速度 ω 绕通过盘心的铅垂轴转动，圆盘平面的法线与转轴交成 $(90°-\alpha)$ 角，如图题 12-24 所示。已知两轴承 A 和 B 与圆盘中心相距各为 m 和 n；圆盘半径为 R，重为 P。该坐标系与圆盘团结，x 轴沿一直径方向，z 轴与转轴重合。求两轴承 A 和 B 的动反力在图示 $Oxyz$ 坐标系上的投影。

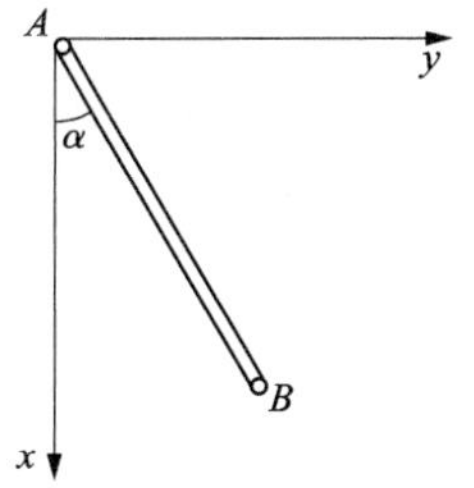

图题 12-23

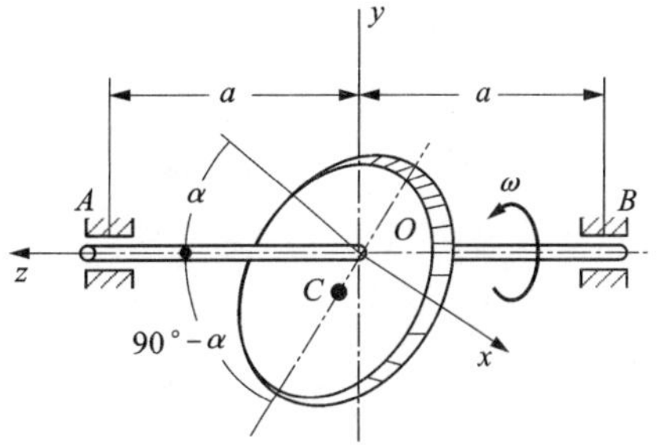

图题 12-24

12-25　质量可不计的刚性轴上用质量可不计的细杆固连着几个质量各等于 m 的球，当轴以匀角速度 ω 转动时，试判断下列各情况中哪些满足动平衡？哪些只满足静平衡？哪些都不满足？

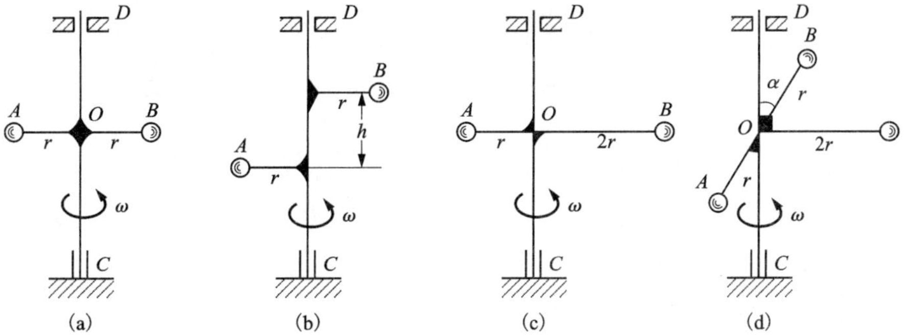

图题 12-25

第四篇

分析力学基础

分析力学是一般力学的一个分支，在力学的各个学科中占有重要地位。分析力学与牛顿力学都研究宏观物体机械运动的一般规律。

牛顿力学以力、位移、速度、加速度等矢量为基本量。一般取单个质点或刚体为研究对象，列出动力学方程，通过建立坐标将矢量往坐标轴上投影的方法求解，故又称矢量力学。对质点或刚体个数少的不复杂的力学系统，应用这种方法可以得到满意的结果，且直观性较强。但对于质点或刚体个数较多的复杂系统的力学问题，取单个物体为研究对象就会出现约束力多、方程多、求解困难的问题。

分析力学取标量形式的能量和功为基本量，采用广义坐标、广义速度、虚位移等描述系统的运动状态，从能量和功的基本量出发，取整个系统为研究对象，建立系统受力之间的联系，引入理想约束的概念，避免复杂系统中各质点或刚体之间的众多约束力问题，使求解更便捷、更规范。因此分析力学在处理复杂系统的力学问题，以及过渡到非力学现象方面比牛顿力学更优越。

分析力学的奠基人是拉格朗日，他在 1788 年发表了名称为《分析力学》的著作。在该著作中，拉格朗日以能量和功为基本量，使用数学分析方法导出了具有普遍意义的拉格朗日动力学方程，开创了力学的新的重要分支。因此，该力学分支就称为分析力学。

本篇介绍分析力学的一些基本概念，如：约束、约束方程、自由度、广义坐标、虚位移等，讨论分析静力学、分析动力学方程的建立和求解方法，分析运动学则在附录 A 中介绍。

第13章

分析静力学

分析静力学以虚位移、虚功为基本量，根据虚功原理建立任意质点系的平衡方程。故虚功原理又称**虚位移原理**。

在第一篇牛顿力学的静力学中，以平衡时力系的主矢、主矩为零，建立了平衡条件。这样的平衡条件对于刚体和刚体系的平衡是充分和必要的，但对于任意质点系的平衡只是必要的，而不一定是充分的。牛顿静力学又称矢量静力学（或几何静力学）。分析静力学（虚位移原理）给出的平衡条件对于任一质点系、刚体系都是充分的和必要的，是解决任意质点系（包括可变形系统）平衡问题的普遍方法，对于复杂系统的平衡问题求解比矢量静力学更方便。

虚位移原理是力学领域中的一个重要原理，不仅能够解决系统的平衡问题，它与达朗贝尔原理相结合可以导出质点系动力学普遍方程和拉格朗日方程，从而得出求解质点系动力学问题的普遍方法。虚位移原理在变形体力学，如材料力学、弹性力学中也有广泛应用。

§13-1　分析力学基本概念

1. 约束、约束方程

在刚体静力学中，已经建立了约束的概念，并着重从约束对研究物体的作用力（约束力）的观念出发，对约束进行了分类讨论。

本章着重从运动学的观念，重新讨论约束及约束的分类。本章将**约束**定义为：事先给定的，对质点或质点系位置或运动的限制条件。例如图 13-1 所示的单摆，摆锤 A 被刚性摆杆限制在 xy 平面内绕固定点 O 做圆周运动。摆杆 OA 是摆锤 A 的约束。

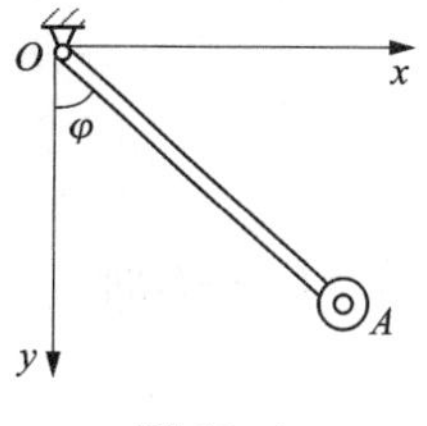

图 13-1

约束对质点或质点系位置和运动的限制，可以用几何学和运动学知识写成具体的数学方程式。这样的数学方程式叫**约束方程**。

如图 13-2 所示，曲柄滑块结构中，曲柄 OA 长 r，连杆 AB 长 l。则机构的约束方程为

$$x_A^2+y_A^2=r^2$$
$$z_A=0$$
$$(x_B-x_A)^2+(y_B-y_A)^2=l^2$$
$$z_B=0$$
$$y_B=0$$

如图 13-3 所示，滑块 A 可在直杆 OB 上滑动，同时 OB 杆以匀角速度 ω 绕 O 点转动。则质点 A 的约束方程为

$$y_A=x_A\tan\omega t$$
$$z_A=0$$

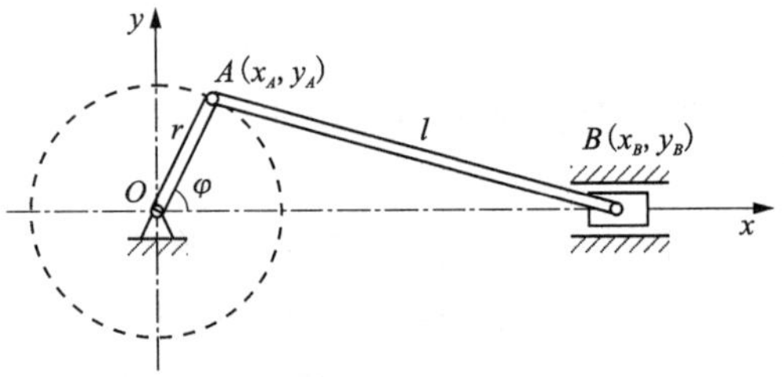

图 13-2

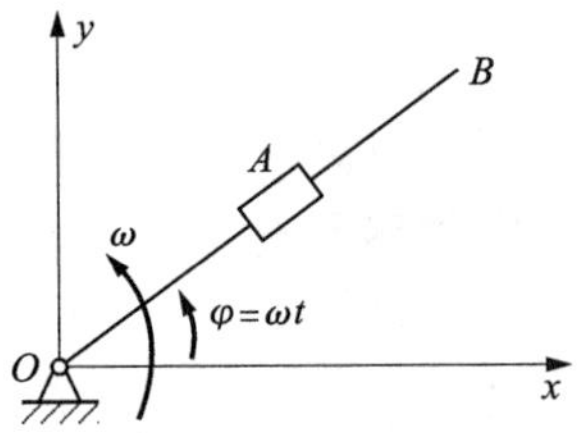

图 13-3

如图 13-4 所示，滑块 A 沿直线轨道以匀速 $\boldsymbol{v}$ 滑动，摆锤 B 通过长为 l 的刚性杆与滑块 A 铰接，并绕 A 摆动。则系统的约束方程为

$$y_A=0$$
$$z_A=0$$
$$(x_B-vt)^2+y_B^2=l^2$$
$$z_B=0$$

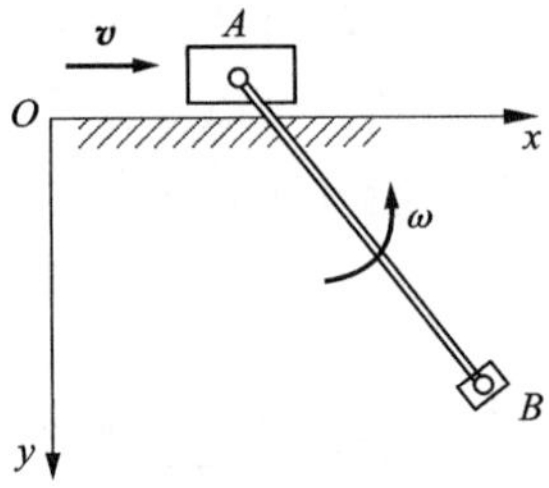

图 13-4

如图 13-5 所示，质点 A、B 由长度为 l 的刚杆 AB 连接，在 Oxy 平面内运动。设 A 点的速度 v_A 的方向始终限制为 AB 连杆方向，系统的约束方程为

$$(x_B-x_A)^2+(y_B-y_A)^2=l^2$$
$$z_A=0$$
$$z_B=0$$
$$\frac{\dot{y}_A}{\dot{x}_A}=\frac{y_B-y_A}{x_B-x_A}$$

如图 13-6 所示，均质圆轮半径为 r，沿固定直线轨道作纯滚动。则圆轮的约束方程为

$$y_c=r$$
$$\dot{x}_c-r\dot{\varphi}=0$$

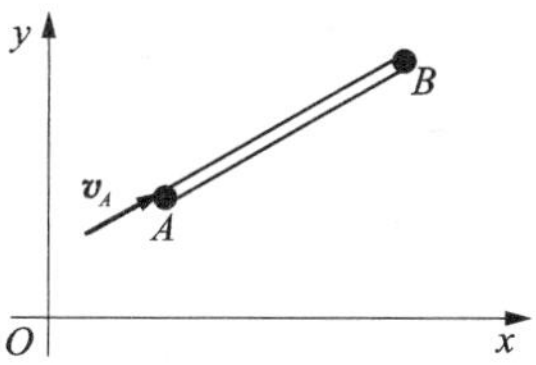

图 13-5

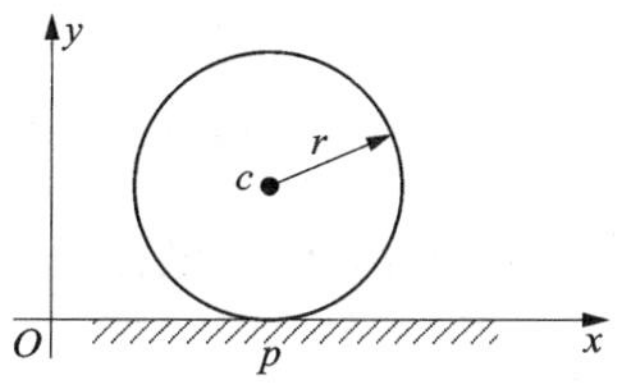

图 13-6

2. 约束的分类

在第一篇静力学中，笔者按约束对研究物体的作用力特点对约束进行了分类。这里按约束对研究物体(质点)位置和运动限制的特点进行分类。

(1)几何约束与运动约束

约束方程中不含坐标对时间的导数，则这类约束叫**几何约束**。几何约束只限制系统中各质点在空间的位置，而不限制其运动速度。如图 13-1～图 13-3 所示。几何约束方程的一般形式为

$$f(x_1, y_1, z_1, \cdots, x_n, y_n, z_n, t)=0 \tag{13-1}$$

约束方程中含有坐标对时间的导数，则这类约束叫**运动约束**。运动约束不仅限制系统中各个质点的位置，也限制其运动速度。如图 13-4～图 13-6 所示。运动约束方程的一般形式为

$$f(x_1, y_1, z_1, \cdots, x_n, y_n, z_n, \dot{x}_1, \dot{y}_1, \dot{z}_1, \cdots, \dot{x}_n, \dot{y}_n, \dot{z}_n, t)=0 \tag{13-2}$$

(2)完整约束与非完整约束

几何约束和可积分为有限形式的运动约束统称为**完整约束**。如图 13-1、图 13-2、图 13-3、图 13-6 所示。在图 13-6 中，运动约束方程 $\dot{x}_c-r\dot{\varphi}=0$ 通过积分可变为 $x_c-r\varphi=0$。不可积分的运动约束称为**非完整约束**，如图 13-5 所示。

(3)定常约束与非定常约束

约束方程中不显含时间 t 的约束叫**定常约束**，如图 13-1、图 13-2、图 13-5 所示。定常约束方程的一般形式为

$$f(x_1, y_1, z_1, \cdots, x_n, y_n, z_n, \dot{x}_1, \dot{y}_1, \dot{z}_1, \cdots, \dot{x}_n, \dot{y}_n, \dot{z}_n)=0 \tag{13-3}$$

约束方程中显含时间 t 的约束叫**非定常约束**，如图 13-3、图 13-4 所示。非定常约束方程的一般形式为

$$f(x_1, y_1, z_1, \cdots, x_n, y_n, z_n, \dot{x}_1, \dot{y}_1, \dot{z}_1, \cdots, \dot{x}_n, \dot{y}_n, \dot{z}_n, t)=0 \tag{13-4}$$

(4)双面约束与单面约束

用等号表示的约束方程叫**双面约束**，双面约束既能限制质点某一方向的位置和运动，也能限制其相反方向的位置和运动，如图 13-1～图 13-6 所示。

用不等号表示的约束方程叫**单面约束**，单面约束能限制质点某一方向的位置和运动，但不能限制其相反方向的位置和运动。如图 13-7 所示，用细绳连接的小球，其约束方程

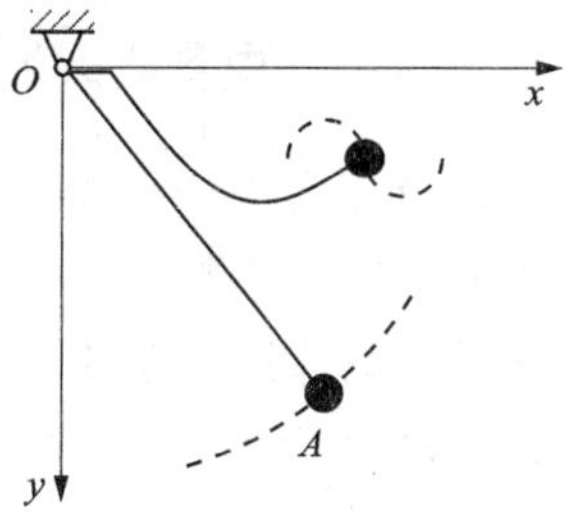

图 13-7

为 $x_A^2+y_A^2 \leqslant l^2$。当 $x^2+y^2<l^2$ 时，质点 A 不受约束，为自由质点。

一个系统的约束方程有时可以同时满足上述几种类型。图 13-1、图 13-2 为双面、定常、几何、完整约束。图 13-5 为双面、定常、运动、非完整约束。

3. 质点系的自由度、广义坐标

(1) 自由度

在主动力作用下，能做任意运动的质点叫自由质点，例如在空中飞行的鸟。确定一个自由质点的位置要有 x，y，z 三个独立参数（x，y，z 中的每一个都可以独立变动）。即一个自由质点有三个自由度。由 n 个质点组成的质点系中，若每一个质点都是自由的，确定质点系的位置需要 $3n$ 个独立参数。即 n 个自由质点组成的质点系有 $3n$ 个自由度。

受到约束的质点叫非自由质点。例如，质点 M 被限制在 Oxy 平面上运动，则质点 M 有约束方程 $z_M=0$（即在运动中，质点 M 的 z 坐标只能为零，不能取其他值），能独立变动的参数只有 x，y，即质点 M 有两个自由度。

如图 13-1 所示的单摆，摆锤 A 只能在 Oxy 平面上运动，摆杆约束摆锤 A 只能绕 O 做圆周运动。摆锤 A 的约束方程有两个：$x_A^2+y_A^2=l^2$ 和 $z_A=0$。则确定摆锤 A 的位置就只有一个独立变动参数。若选 x_A 为独立变动参数，则 $y_A=\sqrt{l^2-x_A^2}$ 不能独立变动，即摆锤 A 只有一个自由度。

由以上分析可知，系统中一个约束方程减少一个自由度，s 个约束方程减少 s 个自由度。n 个质点组成的质点系受到双面、完整约束，有 $s(s<3n)$ 个约束方程，则质点系的自由度为

$$k=3n-s \tag{13-5}$$

(2) 广义坐标

确定质点系位置的独立参数叫**广义坐标**。在双面、完整约束的情况下，质点系广义坐标的数目等于质点系的自由度数目。若质点系的自由度为 $k(k=3n-s)$，则质点系的广义坐标有 k 个，记做 $(q_1, q_2, \cdots, q_k)$。广义坐标可以是长度坐标（如 x，s，r），也可以是角度坐标（如 θ，φ），或其他有实际意义的参数。选择什么样的参数作为广义坐标来确定质点系的位置，视质点系约束的具体情况而定。

例如图 13-1 所示的单摆，可选择 x_A 为广义坐标，则 $y_A=\sqrt{l^2-x_A^2}$；也可以选 φ 为广义坐标，则摆锤 A 的直角坐标表为 $x_A=l\sin\varphi$，$y_A=l\cos\varphi$。若摆锤 A 可以绕 O 作 360°圆周运动，则不能选 x_A 为广义坐标。因为此时 $y_A=\pm\sqrt{l^2-x_A^2}$，对应 x 值，y 不是单值的，此时只能取 φ 为广义坐标，即 $q_1=\varphi$。

4. 将质点系中各质点的直角坐标表示为广义坐标的函数

由 n 个非自由质点组成的质点系可以由 $3n$ 个直角坐标加 s 个约束方程来确定其位置，也可以由 k 个广义坐标 $(q_1, q_2, \cdots, q_k)$ 确定其位置。因为广义坐标的个数少于直角坐标的个数，且广义坐标是确定质点系位置的个数最少的独立参数，所以用广义坐标确定质点系的位置进行运动学、静力学、动力学方面的计算具有优越性。

为方便计算，一般将质点系中每一个质点 M_i 的直角坐标 (x_i, y_i, z_i) 表示为广义坐标的函数，对于双面、定常、完整约束记作

$$x_i = x_i(q_1,\ q_2,\ \cdots,\ q_k)$$
$$y_i = y_i(q_1,\ q_2,\ \cdots,\ q_k) \tag{13-6}$$
$$z_i = z_i(q_1,\ q_2,\ \cdots,\ q_k)$$

写成矢径式为

$$\boldsymbol{r}_i = \boldsymbol{r}_i(q_1,\ q_2,\ \cdots,\ q_k) \tag{13-7}$$

对于双面、非定常、完整约束记作

$$x_i = x_i(q_1,\ q_2,\ \cdots,\ q_k,\ t)$$
$$y_i = y_i(q_1,\ q_2,\ \cdots,\ q_k,\ t) \tag{13-8}$$
$$z_i = z_i(q_1,\ q_2,\ \cdots,\ q_k,\ t)$$

写成矢径式为

$$\boldsymbol{r}_i = \boldsymbol{r}_i(q_1,\ q_2,\ \cdots,\ q_k,\ t) \tag{13-9}$$

例 13-1　如图 13-8 所示的双摆，摆锤 A、摆锤 B 由刚性杆连接。设杆 OA 长为 l_1，杆 AB 长为 l_2，系统在 xOy 平面内运动，试将质点 A、质点 B 的直角坐标表示为广义坐标的函数。

解：系统有两个质点 A、B，即 $n=2$，约束方程有

$$z_A = 0$$
$$x_A^2 + y_A^2 = l_1^2$$
$$(x_B - x_A)^2 + (y_B - y_A)^2 = l_2^2$$
$$z_B = 0$$

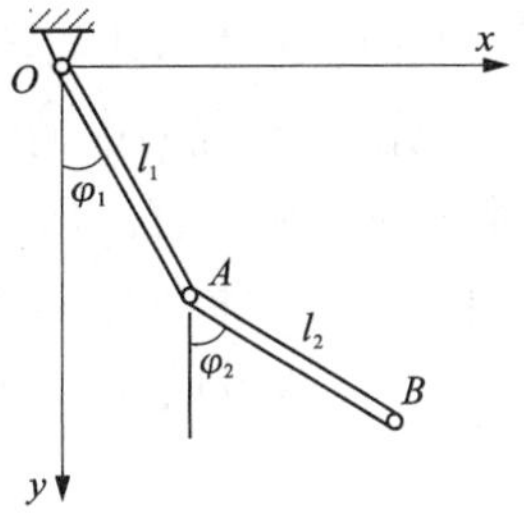

图 13-8

即 $s=4$。系统的自由度

$$k = 3n - s = 3\times 2 - 4 = 2$$

选取两个广义坐标 φ_1、φ_2，质点 A、B 的直角坐标可表示为广义坐标的函数，即

$$x_A = l_1 \sin\varphi_1$$
$$y_A = l_1 \cos\varphi_1$$
$$x_B = l_1 \sin\varphi_1 + l_2 \sin\varphi_2$$
$$y_B = l_1 \cos\varphi_1 + l_2 \cos\varphi_2$$

---

5. 虚位移

某瞬时，在不破坏系统约束的条件下，质点系或其中各个质点可能发生的任何微小的位移，称为该质点系的虚位移。

如图 13-9 所示，小车静止在直线轨道上，根本没有产生位移，但可以假想地给小车一个向左（或向右）的虚位移 δx。又如图 13-10 所示，曲柄滑块机构在力偶矩 M 和力 F 的作用下处于静止状态，根本没有位移。但可以假想地给曲柄 OA 绕 O 点有一个顺时针（或逆时针）的虚位移 $\delta\varphi$，同时滑块 B 有一个向右（或向左）的虚位移 δx。

虚位移是可能实现的，但不一定真正发生的、想象的位移。它与时间无关，与作用力无关，用记号“δ”表示。如（$\delta\boldsymbol{r}$，δx，δy，…，$\delta\varphi$）。“δ”是数学中的变分符号，在本书所讨论的问题中，变分“δ”的运算与微分“d”的运算相类似。

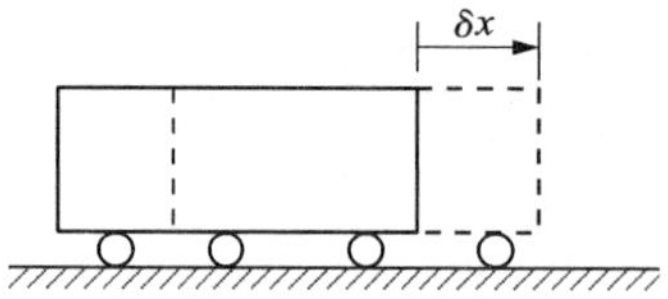

图 13-9

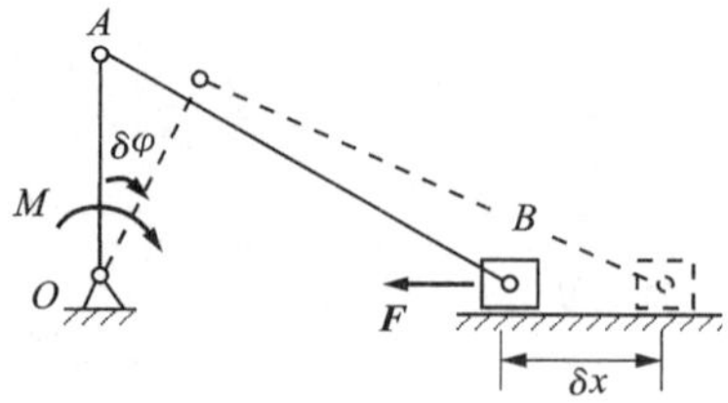

图 13-10

质点或质点系在主动力作用下，在一定的时间间隔内所实际发生的真实位移叫**实位移**。微小的实位移用微分符号“d”表示。如($\mathrm{d}\boldsymbol{r}$，$\mathrm{d}x$，$\mathrm{d}y$，…，$\mathrm{d}\varphi$)。

实位移与虚位移都是约束所允许的位移，但实位移与时间有关，与作用力有关，与初始条件有关，方向是唯一的。虚位移与时间无关，与作用力无关，与初始条件无关，是假想的，是纯几何概念；其方向至少有两个(正、反向)，甚至无穷多个。如图 13-11 所示，一质点 M 被约束在曲面 S 上。该瞬时质点的实位移一定是沿该点的切平面上的某一方向，而虚位移 $\delta\boldsymbol{r}$ 则可以在该点的切平面上的任意方向，可以有无穷多个($\delta\boldsymbol{r}_1$，$\delta\boldsymbol{r}_2$，$\delta\boldsymbol{r}_3$，…，$\delta\boldsymbol{r}_n$)。

在双面、定常、几何约束情况下，约束的性质与时间无关，微小的实位移是虚位移中的一个。但在非定常约束的情况下，微小的实位移不一定是虚位移中的一个。如图 13-12 所示，绳索的一端系着一质点 M，另一端跨过定滑轮系在一个以速度 $\boldsymbol{v}$ 运动的物体上。质点 M 一边摆动一边随着绳索运动，该瞬时质点 M 的虚位移在垂直于绳索的方向，而实位移一定不在同一方向(假设质点 M 为双面约束)。

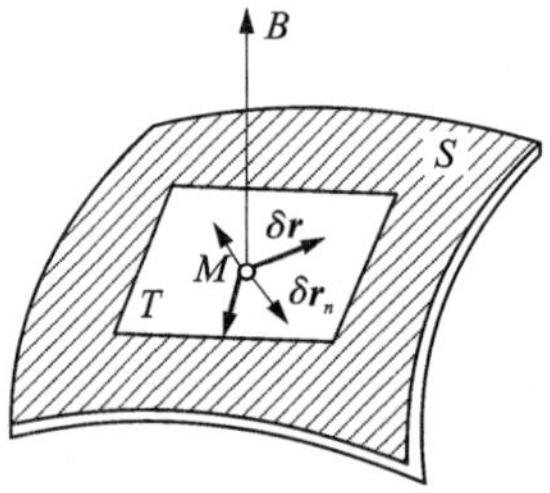

图 13-11

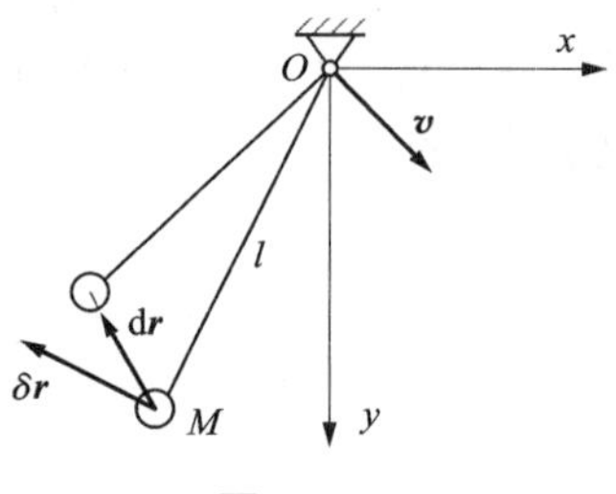

图 13-12

6. 质点系中各质点虚位移的关系

非自由质点系(或刚体系)由约束连接为一个系统，系统中各质点的位置和运动是相互制约的，是相互有一定关系的。假设给系统中某质点有一个虚位移，则系统中其他各质点按约束限制条件有相应的虚位移。系统中各质点的虚位移关系可用如下两种方法确定。

(1)解析法

根据式(13-6)、式(13-7)，质点系各质点的位置可用广义坐标确定，质点系各质点的直角坐标可表示为广义坐标的函数。

设质点系由 n 个质点组成，具有 k 个自由度，所受的约束都为双面、定常的几何约束。对式(13-6)、式(13-7)作一阶变分(与微分运算相似)，则第 i 个质点的直角坐标虚位移

$(\delta x_i, \delta y_i, \delta z_i)$可表示为广义虚位移$(\delta q_1, \delta q_2, \delta q_3, \cdots, \delta q_k)$的函数。即

$$\begin{cases}\delta x_i = \dfrac{\partial x_i}{\partial q_1}\delta q_1 + \dfrac{\partial x_i}{\partial q_2}\delta q_2 + \cdots + \dfrac{\partial x_i}{\partial q_k}\delta q_k = \sum\limits_{j=1}^{k} \dfrac{\partial x_i}{\partial q_j}\delta q_j \\ \delta y_i = \dfrac{\partial y_i}{\partial q_1}\delta q_1 + \dfrac{\partial y_i}{\partial q_2}\delta q_2 + \cdots + \dfrac{\partial y_i}{\partial q_k}\delta q_k = \sum\limits_{j=1}^{k} \dfrac{\partial y_i}{\partial q_j}\delta q_j \quad (j = 1, 2, \cdots, k) \\ \delta z_i = \dfrac{\partial z_i}{\partial q_1}\delta q_1 + \dfrac{\partial z_i}{\partial q_2}\delta q_2 + \cdots + \dfrac{\partial z_i}{\partial q_k}\delta q_k = \sum\limits_{j=1}^{k} \dfrac{\partial z_i}{\partial q_j}\delta q_j \end{cases} \tag{13-10}$$

或写为

$$\delta \boldsymbol{r}_i = \frac{\partial \boldsymbol{r}_i}{\partial q_1}\delta q_1 + \frac{\partial \boldsymbol{r}_i}{\partial q_2}\delta q_2 \cdots \frac{\partial \boldsymbol{r}_i}{\partial q_k}\delta q_k = \sum_{j=1}^{k} \frac{\partial \boldsymbol{r}_i}{\partial q_j}\delta q_j \quad (j = 1, 2, \cdots, k) \tag{13-11}$$

若已知质点系的约束方程或联系广义坐标与多余坐标约束方程，对约束方程求一阶变分，也能得到各虚位移之间的关系式。

通过求变分确定质点系各点虚位移关系的方法叫解析法。

(2)几何法

在双面、定常、几何约束的情况下，质点系微小的实位移是虚位移之一，各质点之间的虚位移与各点之间的实位移关系相同。而微小的实位移与该点的速度成正比，即 $\mathrm{d}\boldsymbol{r}=\boldsymbol{v}\mathrm{d}t$。所以，各质点之间的虚位移关系与各质点之间的速度关系相同，即点的虚位移可类比该点的速度。(例如，$\delta x \longrightarrow v_x \quad \delta\varphi \longrightarrow \omega$)

通过分析质点位移或速度关系来确定各点之间的虚位移关系的方法叫几何法。

例 13-2　如图 13-13 所示，杆 AB 通过铰链与 A、B 滑块相连，滑块 A、B 分别靠在光滑的墙面和水平地面上。设 AB 杆长为 l，试确定 A、B 两点虚位移的关系。

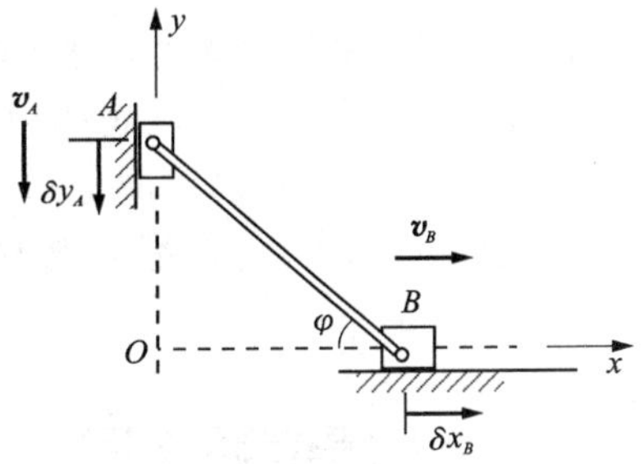

图 13-13

解：AB 杆不可伸长，给 B 点一个虚位移 δx_B，则 A 点就有确切的虚位移 δy_A。下面分别用解析法和几何法求虚位移 δy_A、δx_B 的关系。

①解析法：建立图 13-13 所示直角坐标，选择广义坐标 φ。各点的直角坐标表示为广义坐标的函数

$$y_A = l\sin\varphi$$
$$x_B = l\cos\varphi$$

求变分，将直角坐标虚位移表示为广义坐标虚位移，并注意到图中 δy_A 方向与 y 轴正方向相反

$$\delta y_A = -l\cos\varphi\delta\varphi$$
$$\delta x_B = -l\sin\varphi\delta\varphi$$

于是

$$\frac{\delta y_A}{\delta x_B} = \cot\varphi$$

②几何法：虚位移之比等于对应的虚速度比，即

$$\frac{\delta y_A}{\delta x_B}=\frac{v_A}{v_B}$$

由速度投影定理

$$v_A\sin\varphi=v_B\cos\varphi$$

联立求得

$$\frac{\delta y_A}{\delta x_B}=\cot\varphi$$

---

7. 虚功

作用在质点上的力在该质点虚位移上所做的功称为**虚功**。虚位移是假设的，虚功也是假设的，用 δW 表示。虚功的计算与力在实位移上所做的功的计算方法相同，即

$$\delta W_i=\boldsymbol{F}_i\cdot\delta\boldsymbol{r}_i \tag{13-12}$$

8. 理想约束

在质点系的任何虚位移中，约束力所作虚功之和为零的约束称为**理想约束**。数学表达式为

$$\sum_{i=1}^{n}\boldsymbol{F}_{N_i}\cdot\delta\boldsymbol{r}_i=0\quad(i=1,\ 2,\ \cdots,\ n) \tag{13-13}$$

式中，$\boldsymbol{F}_{N_i}$ 为第 i 个质点所受的约束力；$\delta\boldsymbol{r}_i$ 为第 i 个质点的虚位移。

由于在定常约束的情况下，微小的实位移是虚位移之一，所以在动能定理一章中所述的理想约束也为本章所定义的理想约束。即，光滑固定面、光滑铰链、固定铰支座、不可伸长的绳索、二力杆，以及在固定面上只滚不滑的圆轮都是理想约束。在一般情况下，工程中各构件之间的连接(约束)许多都可视为理想约束。

§13-2 虚位移原理

1. 虚位移原理

具有定常理想约束的质点系，在给定位置上能继续保持静止平衡的必要与充分条件是：作用于该质点系的所有主动力在系统的任何一组虚位移中所做的虚功之和为零。这是约翰·伯努利在 1717 年提出的**虚位移原理**，其数学表示为

$$\sum_{i=1}^{n}\delta W_{F_i}=\sum_{i=1}^{n}\boldsymbol{F}_i\cdot\delta\boldsymbol{r}_i=0 \tag{13-14}$$

式中，$\boldsymbol{F}_i$ 表示作用于系统中质点 M_i 上的主动力；$\delta\boldsymbol{r}_i$ 表示力 $\boldsymbol{F}_i$ 作用点的虚位移。

$\boldsymbol{F}_i$、$\delta\boldsymbol{r}_i$ 可用直角坐标投影值表示

$$\boldsymbol{F}_i=X_i\boldsymbol{i}+Y_i\boldsymbol{j}+Z_i\boldsymbol{k}$$

$$\delta \boldsymbol{r}_i = \delta x_i \boldsymbol{i} + \delta y_i \boldsymbol{j} + \delta z_i \boldsymbol{k}$$

因此，虚位移原理也可写成如下形式

$$\sum_{i=1}^{n} \delta W_{F_i} = \sum_{i=1}^{n} (X_i \delta x_i + Y_i \delta y_i + Z_i \delta z_i) = 0 \tag{13-15}$$

式(13-14)、式(13-15)也称为虚功方程。

2. 虚位移原理的意义

虚位移原理是静力学最普遍的原理，由它可以推导出全部静力学的平衡方程。虚位移原理的形式，即式(13-14)、式(13-15)构成分析静力学的全部内容。

虚位移原理从功的观点来研究力学系统的平衡，而矢量静力学从力的观点来研究平衡。虚位移原理在处理系统平衡时不是孤立地、静止地研究平衡这一特定状态，而是改变这一状态(给出虚位移)，从变革比较中认识平衡的规律。这一观点在认识事物本质时是十分重要的。

3. 虚位移原理的应用

根据虚位移原理，取整个系统为研究对象，建立系统主动力之间的平衡关系，代入式(13-14)、式(13-15)求解。当要求系统的某个约束力时，可以去除该约束，代之以相应的约束力，把约束力当成主动力，代入式(13-14)、式(13-15)求解。当系统中有非理想约束时，可以把非理想约束力(例如摩擦力，弹簧力)看作主动力，使非理想约束变为理想约束，同样可以用式(13-14)、式(13-15)求解。

(1)应用虚位移原理求系统主动力之间的关系

例 13-3　如图 13-14 所示机构，已知各无重刚性杆长为 $OD=BD=l_1$，$AD=l_2$。AB 杆与水平面成 θ 角，作用在 A 处的力 F_P 垂直于 AB 杆，作用在 B 处的力 F_Q 沿水平方向，机构在图示位置平衡。用虚位移原理求机构平衡时主动力的比值 F_P/F_Q。

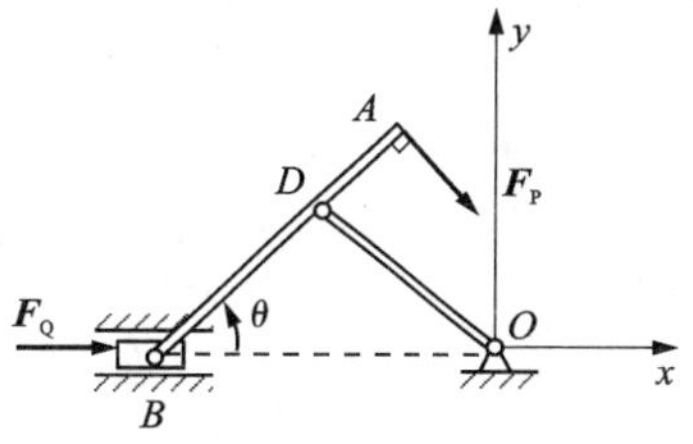

图 13-14

解：取整个系统为研究对象。系统只有一个自由度。给 B 一个虚位移 δx_B，则 A 点有相应的虚位移 δr_A，将 δr_A 分解为 δx_A，δy_A，将作用力 $\boldsymbol{F}_P$ 分解为 $\boldsymbol{F}_{Px}$，F_{Py}。

由虚位移原理

$$F_Q \delta x_B + F_{Px} \delta x_A + F_{Py} \delta y_A = 0 \tag{13-16}$$

用解析法求各虚位移之间的关系。

建立图 13-14 所示直角坐标，取 θ 为广义坐标，有

$$\begin{cases} x_B=-2l_1\cos\theta \\ x_A=-2l_1\cos\theta+(l_1+l_2)\cos\theta=-(l_1-l_2)\cos\theta \\ y_A=(l_1+l_2)\sin\theta \\ \delta x_B=2l_1\sin\theta\delta\theta \\ \delta x_A=(l_1-l_2)\sin\theta\delta\theta \\ \delta y_A=(l_1+l_2)\cos\theta\delta\theta \\ F_{P_x}=F_P\sin\theta \\ F_{P_y}=-F_P\cos\theta \end{cases} \tag{13-17}$$

将式(13-17)代入式(13-16)有

$$F_Q\cdot 2l_1\sin\theta\delta\theta+F_P\sin\theta(l_1-l_2)\sin\theta\delta\theta-F_P\cos\theta(l_1+l_2)\cos\theta\delta\theta=0 \tag{13-18}$$

整理得

$$\frac{F_P}{F_Q}=\frac{2l_1\sin\theta}{l_2+l_1\cos 2\theta}$$

本例用解析法较易，用几何法较难。因为在图13-14所示直角坐标中，写出各点直角坐标表达式较直观，用几何法分析 AB 杆上 A 点的位移方向相对麻烦一些。

例13-4 如图13-15所示机构，已知 $OC=CA$，$F_B=200$ N，弹簧的弹性系数 $k=10$ N/cm，图示平衡位置 $\varphi=30°$，$\theta=60°$，弹簧已伸长 $\delta=2$ cm，OA 水平。试用虚位移原理求机构平衡时 F_Q 力的大小。

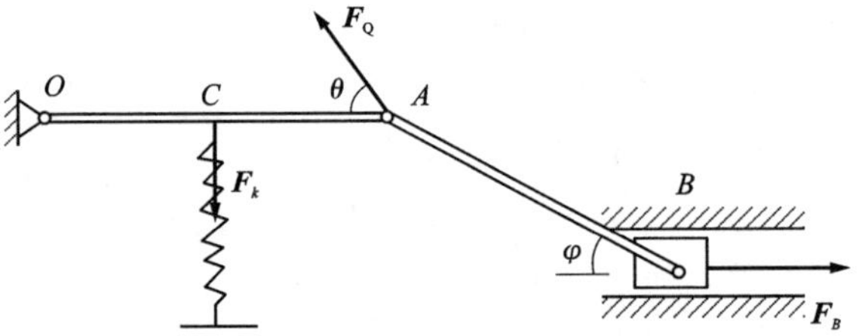

图13-15

解：由于机构有弹簧，在受力分析时，先去掉弹簧，用弹性力 F_k 代替。系统的受力如图13-15所示。系统的自由度 $k=1$。给 B 点虚位移 δr_B，则 A 点有虚位移 δr_A，$\delta r_A\perp OA$；C 点有虚位移 δr_C，$\delta r_C\perp OC$。

由虚位移原理

$$F_B\delta r_B+F_k\delta r_C-F_Q\delta r_A\sin\theta=0 \tag{13-19}$$

注意：由于虚位移是无限小量，故弹性力的虚功按常力的功计算。

用几何法求 δr_B、δr_A、δr_C 之间的关系。

AB 杆作平面一般运动，由速度投影定理

$$\begin{cases}\delta r_B\cos\varphi=\delta r_A\sin\varphi\\ \delta r_B=\delta r_A\tan\varphi\\ \delta r_C=\dfrac{1}{2}\delta r_A\end{cases}\tag{13-20}$$

将式(13-20)代入虚功方程式(13-19)得

$$F_B\delta r_A\tan\varphi+\frac{1}{2}F_k\delta r_A-F_Q\delta r_A\sin\theta=0$$

式中，$F_B=200(\mathrm{N})$；$F_k=k\delta=10\times2=20(\mathrm{N})$。

得
$$F_Q=\left(\frac{1}{2}F_k+F_B\tan\varphi\right)\frac{1}{\sin\theta}=144.9(\mathrm{N})$$

本例用几何法求解较易，用解析法求解较难。因为要建立直角坐标，表达 C 点、A 点、B 点的直角坐标与广义坐标的关系，需要使机构处于一般位置，即 OA 不能水平。

例 13-5　如图 13-16 所示机构，已知曲柄 OA 长为 $r=20$ cm。$O_1B=3r$，$BC=4r$。曲柄上作用力偶矩 $M_0=100$ Nm。滑块 C 上作用力为 $\boldsymbol{F}_C$。求机构在图示位置处于静止平衡时，力 $\boldsymbol{F}_C$ 的大小。

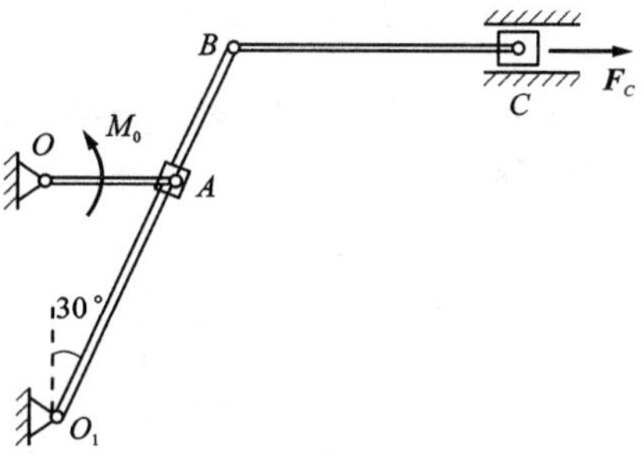

图 13-16

解: 取整个系统为研究对象。机构的自由度 $k=1$，约束为理想约束。给 OA 杆绕 O 点一个虚位移 $\delta\varphi$，则滑块 C 有相应的虚位移 δx_C，由虚位移原理有

$$M_0\delta\varphi-F_C\delta x_C=0(\text{或 }M_0\omega_0-F_Cv_C=0)\tag{13-21}$$

用几何法求虚位移 $\delta\varphi$、δx_C 之间的关系。

由于虚位移的关系对应于速度的关系，即 $\delta\varphi\to\omega_0$，$\delta x_C\to\boldsymbol{v}_C$。由滑块 A 处的动点动系关系有

$$v_e=v_a\sin30^\circ=\frac{1}{2}\boldsymbol{v}_a=\frac{1}{2}r\omega_0$$

$$\omega_1=\frac{v_e}{O_1A}=\frac{\frac{1}{2}r\omega_0}{2r}=\frac{1}{4}\omega_0$$

$$v_B=O_1B\omega_1=3r\,\frac{1}{4}\omega_0=\frac{3}{4}r\omega_0$$

由 BC 杆、B 点和 C 点之间速度关系，即速度投影定理有

$$v_B\cos30^\circ=\boldsymbol{v}_C$$

$$v_C=\frac{\sqrt{3}}{2}v_B=\frac{\sqrt{3}}{2}\,\frac{3}{4}r\omega_0=\frac{3\sqrt{3}}{8}r\omega_0$$

即

$$\delta x_C=\frac{3\sqrt{3}}{8}r\delta\varphi$$

代入虚功方程式(13-21)，得

$$M_0\delta\varphi-F_C\frac{3\sqrt{3}}{8}r\delta\varphi=0$$

$$F_C=\frac{M_0}{\frac{3\sqrt{3}}{8}r}=\frac{8M_0}{3\sqrt{3}r}=\frac{8\times100\times10^2}{3\sqrt{3}\times20}=769.8(\mathrm{N})$$

由以上几例分析可知，对于一个自由度的系统，各点虚位移之间的关系采用几何法(即速度分析法)较为简便。

(2)用虚位移原理求结构的约束力

对于结构，自由度 $k=0$ 时，不能有虚位移(约束不允许)。为应用虚位移原理求结构的约束力，可以去掉某个约束代之以相应的约束力，使结构变为机构。即将相应的约束力当主动力看，与其他已知的主动力共同使机构处于静止平衡。

例 13-6　如图 13-17 所示结构，已知 $F=200$ N，$M=100$ N·m。求 C 的约束力和固定端 A 铅直方向的约束力。

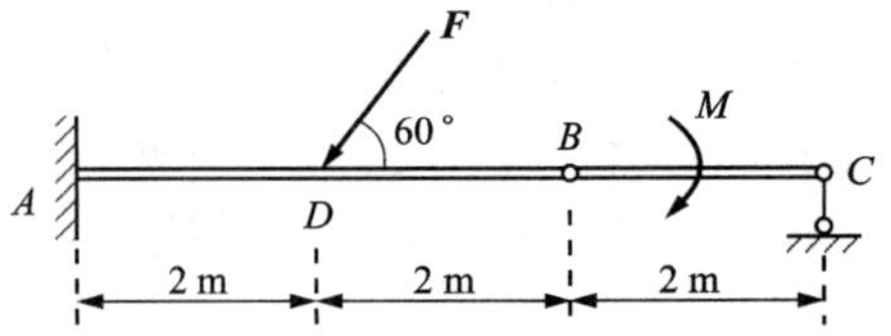

图 13-17

解：①求 C 的约束力。

先去掉 C 处的活动支座约束以约束力 F_C 代替，则 BC 杆可绕 B 转动。给 BC 杆一个虚位移 $\delta\varphi$，则 C 点有虚位移 $\delta y_C=CB\delta\varphi=2\delta\varphi$，如图 13-18(a)所示。

由虚位移原理

$$-M\delta\varphi+F_C\delta y_C=0$$

$$F_C=\frac{M\delta\varphi}{\delta y_C}=\frac{M\delta\varphi}{2\delta\varphi}=\frac{M}{2}=50(\mathrm{N})$$

②求 A 端铅直方向约束力 F_{Ay}。

去除 A 端 y 方向的约束，以约束力 F_{Ay} 代替，给 A 点铅直向上的虚位移 δy_A。由图 13-18(b)所示关系，AB 杆向上平动，虚位移关系为

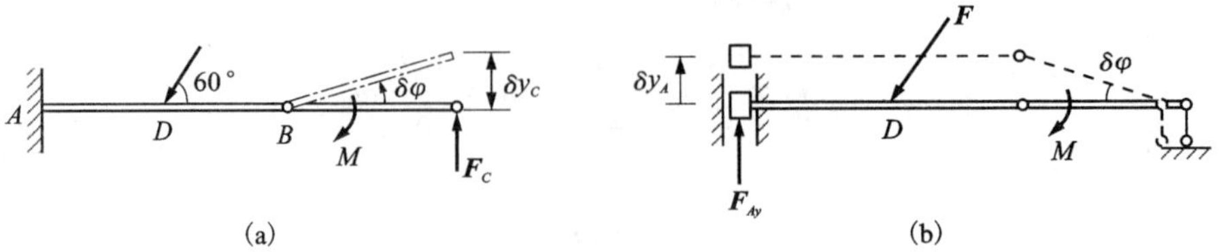

图 13-18

$$\delta y_A = \delta y_D = \delta y_B,\ \delta\varphi = \frac{\delta y_B}{BC} = \frac{\delta y_B}{2} = \frac{\delta y_A}{2}$$

由虚位移原理

$$F_{Ay}\delta y_A - F\sin 60°\delta y_D + M\delta\varphi = 0$$

$$F_{Ay} = \frac{F\sin 60°\delta y_D - M\delta\varphi}{\delta y_A} = \frac{200\times\frac{\sqrt{3}}{2}\delta y_A - 100\frac{\delta y_A}{2}}{\delta y_A} = 123.2(\mathrm{N})$$

例 13-7　图 13-19 所示为刚架 ADB。已知力 F_P，力偶矩 M，长度 a。求支座 B 的约束力。

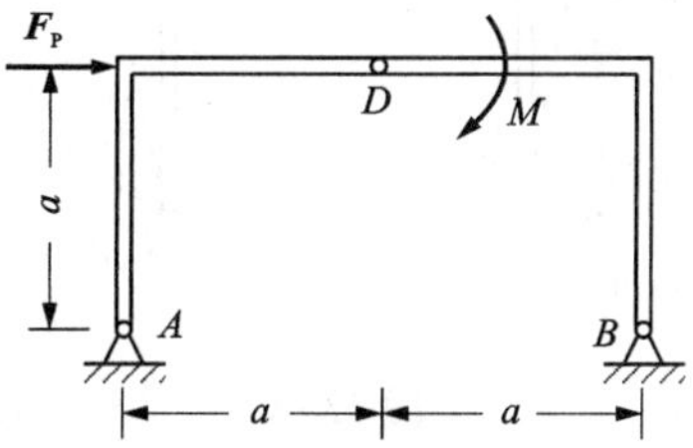

图 13-19

解：固定铰支座 B 可以看成由两个相互垂直的活动铰组成。

①求支座 B 的垂直约束力 F_{By}。

可去除铅垂方向活动铰，以约束力 F_{By} 代替，如图 13-20(a)所示。给 B 一个向上的虚位移 δy_B，则机构虚位移如图 13-20(a)中虚像所示，有

$$\begin{cases}\delta r_P = a\delta\varphi \\ \delta y_B = 2a\delta\varphi\end{cases} \tag{13-22}$$

由虚位移原理有

$$F_{By}\delta y_B - M\delta\varphi - F_p\delta r_p = 0$$

$$F_{By}2a\delta\varphi - M\delta\varphi - F_p a\delta\varphi = 0$$

解得

$$F_{By} = \frac{m + F_p a}{2a}$$

②求支座 B 的水平约束力 F_{Bx}。

可去除水平方向活动铰，以约束力 F_{Bx} 代替，如图 13-20(b)所示。图中虚线表示机构虚位移位置。C 为 DB 杆的速度瞬心。

各点虚位移的关系为

$$\begin{cases}\delta r_P = a\delta\varphi \\ \delta r_D = AD\delta\varphi = DC\delta\theta \\ AD = DC,\ \delta\varphi = \delta\theta \\ \delta r_B = 2a\delta\theta = 2a\delta\varphi\end{cases} \tag{13-23}$$

由虚位移原理有

$$F_P\delta r_P+F_{Bx}\delta \boldsymbol{r}_B-M\delta\theta=0 \tag{12-24}$$

将式(13-23)代入式(12-24)，得

$$F_{Bx}=\frac{M-F_Pa}{2a}$$

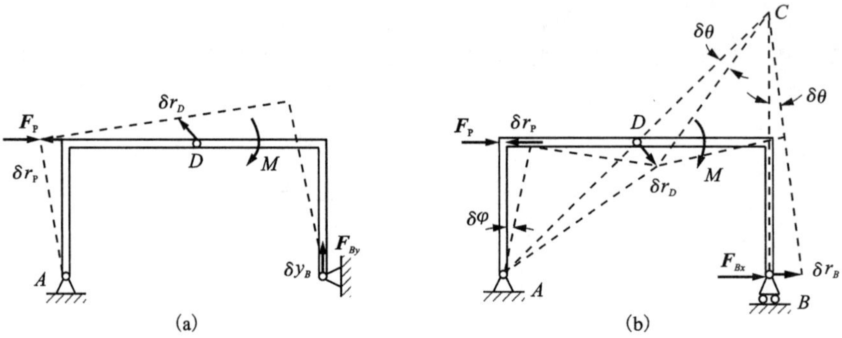

图 13-20

例 13-8 如图 13-21(a)所示，静定平面的桁架，各杆长均为 a，C 点受水平力 F_P。求杆 1、杆 3、杆 5 所受的力。

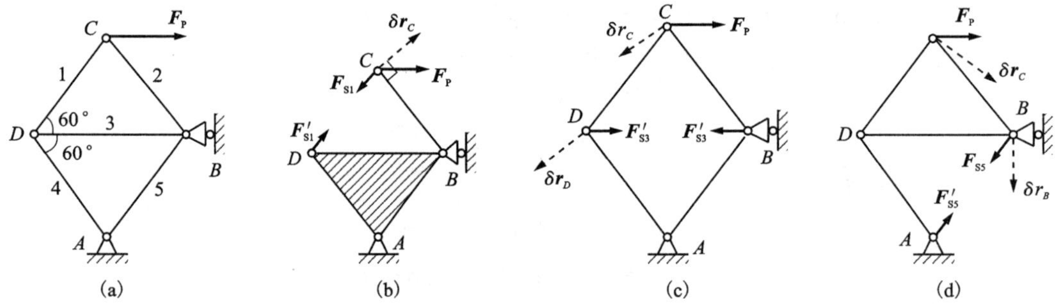

图 13-21

解： 桁架中各杆均为二力杆，要求某杆所受的力，应先将该杆拆除，代之以该杆对节点的作用力，然后用虚位移原理求解。

①求杆 1 所受的力。

拆除杆 1，其受力如图 13-21(b)所示。ABD 为静定结构，不能有虚位移。BC 杆可绕 B 点转动。给 BC 杆绕 B 点一个虚转角 $\delta\varphi$，则 C 点的虚位移 $\delta r_C=a\delta\varphi$，$\delta r_C\perp BC$。

由虚位移原理

$$F_P\delta r_C\sin 60°-F_{S1}\delta r_C\sin 60°=0$$

得

$$F_{S1}=F_P$$

②求杆 3 所受的力。

拆除杆 3，其受力如图 13-21(c)所示。*AB* 杆为静定结构，*BC* 杆可绕 *B* 转动，*AD* 杆可绕 *A* 转动，*DC* 杆作平行移动。$\delta r_C \perp BC$，$\delta r_D \perp AD$。

DC 杆平行移动，有

$$\delta r_C = \delta r_D$$

由虚位移原理

$$-F_{S3}\delta r_D \sin 60° - F_P \delta r_C \sin 60° = 0$$

得

$$F_{S3} = -F_P$$

③求杆 5 所受的力。

拆除杆 5，其受力如图 13-21(d)所示。*AD* 杆可绕 *A* 转动，*B* 点可沿铅垂方向移动。刚体 *DCB* 作平面运动，且 *D* 为速度瞬心。$\delta r_B \perp DB$，$\delta r_C \perp DC$。根据 *BC* 两点的速度投影定理有

$$\delta r_B \cos 30° = \delta r_C \cos 30°$$

即

$$\delta r_B = \delta \boldsymbol{r}_C$$

由虚位移原理

$$F_{S5}\delta r_B \cos 30° - F_P \delta r_C \cos 30° = 0$$

得

$$F_{S5} = -F_P$$

杆 2、杆 4 所受的力可按上述类似分析方法求得。

§13-3 以广义坐标表示的虚位移原理——广义力

在以直角坐标表示的虚位移原理的解析表达式(13-15)中，有 $3n$ 个虚位移。由于这些虚位移中只有 $3n-s$ 个是独立的，所以解题时要找到虚位移之间的关系，将那些不独立的虚位移用独立的虚位移表示，才能由虚功方程正确地导出平衡方程。通过直角坐标形式的约束方程，完全可以由自由度数目拟定独立的直角坐标，并找到各坐标变分(虚位移)之间的相互关系，但应统一用直角坐标描述约束的局限性。如果在式(13-15)中，用独立的广义坐标的变分来表示 $3n$ 个不完全独立的直角坐标的变分，就可以避免上述问题。下面一般地讨论这个问题。

设受完整、定常约束的系统有 k 个自由度，则有 k 个广义坐标，用$(q_1, q_2, \cdots, q_k)$表示。将式(13-10)代入式(13-15)，有

$$\begin{aligned}\sum_{i=1}^{n}\delta W_F &= \sum_{i=1}^{n}\left(X_i\sum_{j=1}^{k}\frac{\partial x_i}{\partial q_j}\delta q_j + Y_i\sum_{j=1}^{k}\frac{\partial y_i}{\partial q_j}\delta q_j + Z_i\sum_{j=1}^{k}\frac{\partial z_i}{\partial q_j}\delta q_j\right)\\ &= \sum_{j=1}^{k}\left[\sum_{i=1}^{n}\left(X_i\frac{\partial x_i}{\partial q_j} + Y_i\frac{\partial y_i}{\partial q_j} + Z_i\frac{\partial z_i}{\partial q_j}\right)\right]\delta q_j\end{aligned}$$

令方括号中的

$$\sum_{i=1}^{n}\left(X_i\frac{\partial x_i}{\partial q_j}+Y_i\frac{\partial y_i}{\partial q_j}+Z_i\frac{\partial z_i}{\partial q_j}\right)=F_{Qj}\quad(j=1,2,\cdots,k)\tag{13-25}$$

则可表示为

$$\sum_{i=1}^{n}\delta W_F=\sum_{j=1}^{k}F_{Qj}\,\delta q_j\tag{13-26}$$

式(13-26)用独立的广义坐标的变分来表示主动力的虚功之和。其中的 F_{Qj} 称为与第 j 个广义坐标 q_j 相对应的**广义力**。当广义坐标的变分 δq_j 是线位移时，F_{Qj} 具有力的量纲；当 q_j 是角位移时，F_{Qj} 具有力矩的量纲。

由于式(13-26)中的广义坐标的变分 δq_j 是独立的，所以虚位移原理 $\sum\limits_{i=1}^{n}\delta W_F=\sum\limits_{j=1}^{k}F_{Qj}\delta q_j=0$ 可表示为

$$F_{Q1}=F_{Q2}=\cdots=F_{Qk}=0\tag{13-27}$$

这说明，**具有定常、双面、几何、理想、约束的质点系保持静止平衡的必要与充分条件是系统的所有广义力都等于零。**

求广义力的方法通常有如下三种。

①用定义求广义力。即

$$F_{Q_j}=\sum_{i=1}^{n}\left(X_i\frac{\partial x_i}{\partial q_j}+Y_i\frac{\partial y_i}{\partial q_j}\delta+Z_i\frac{\partial z_i}{\partial q_j}\right)\quad(j=1,2,\cdots,k)$$

②因广义坐标 $q_1, q_2, \cdots, q_k$ 是互相独立的，令第 j 个广义坐标的虚位移 $\delta q_j\neq0$，其余 $k-1$ 个广义坐标的变分都等于零。相当于系统只有一个自由度，只有 q_j 能变动，其他 q_j 之外的广义坐标不变动。于是，式(13-26)为

$$\sum_{i=1}^{n}\delta W_{Fj}=F_{Qj}\delta q_j$$

由此得出

$$F_{Qj}=\frac{\sum\limits_{i=1}^{n}\delta W_{Fj}}{\delta q_j}\tag{13-28}$$

式中，δW_{Fj} 为仅由于虚位移 δq_j 引起的系统外力的虚功。

③当主动力都是有势力时，质点系的势能可表达为广义坐标的函数

$$V=V(x_1, y_1, z_1, \cdots, x_n, y_n, z_n)=V(q_1, q_2, \cdots, q_k)$$

各有势力在直角坐标轴上的投影 X_i、Y_i、Z_i 与质点系势能 V 的关系为

$$X_i=-\frac{\partial V}{\partial x_i},\ Y_i=-\frac{\partial V}{\partial y_i},\ Z_i=-\frac{\partial V}{\partial z_i}\tag{13-29}$$

将式(13-29)代入广义力的表达式，得出

$$F_{Q_j}=-\sum\left(\frac{\partial V}{\partial x_1}\frac{\partial x_i}{\partial q_j}+\frac{\partial V}{\partial y_1}\frac{\partial y_i}{\partial q_j}+\frac{\partial V}{\partial z_1}\frac{\partial z_i}{\partial q_j}\right)$$

上式等号右边部分正好等于$-\dfrac{\partial V}{\partial q_j}$，所以

$$F_{Q_j}=-\frac{\partial V}{\partial q_j} \tag{13-30}$$

即，当主动力有势时，广义力 F_{Q_j} 等于势能函数 V 对相应广义坐标 q_j 的偏导数冠以负号。当系统平衡时，$F_{Q_j}=0$。因此

$$\frac{\partial V}{\partial q_j}=0 \quad j=1,\ 2,\ \cdots,\ k \tag{13-31}$$

式(13-31)称为**质点系的势能驻值原理**。由上述推导可知，式(13-31)与经典力学中消去了理想约束力的平衡条件等价。

例 13-9　如图 13-22 所示，无重杆 OA 和 AB 以光滑铰链相连，O 端为固定铰链。杆长 $OA=a$，$AB=b$。今在 A 点作用一铅垂向下的力 F_P，在自由端作用一水平力 $\boldsymbol{F}$，在 AB 杆上作用力偶 M。当系统在铅垂平面内处于平衡时，求杆 OA 和 AB 分别与铅垂线所成的夹角 θ_1、θ_2。

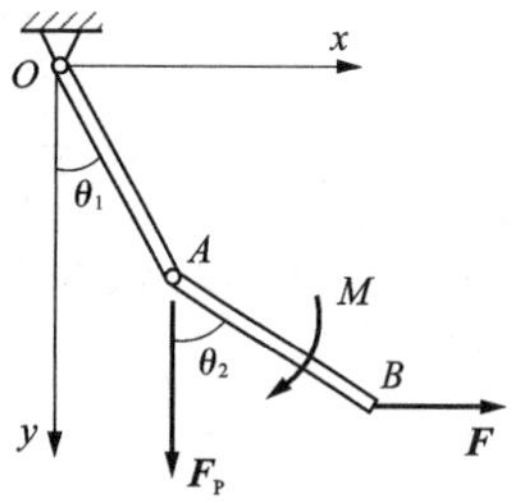

图 13-22

解：系统为理想约束，有两个自由度，取广义坐标为 θ_1、θ_2。

(1) 解法一

由图示

$$y_A=a\cos\theta_1 \tag{13-32}$$

$$x_B=a\sin\theta_1+b\sin\theta_2 \tag{13-33}$$

对广义坐标求偏导数

$$\frac{\partial y_A}{\partial\theta_1}=-a\sin\theta_1 \tag{13-34}$$

$$\frac{\partial x_B}{\partial\theta_1}=a\cos\theta_1 \tag{13-35}$$

$$\frac{\partial x_B}{\partial\theta_2}=b\cos\theta_2 \tag{13-36}$$

由广义力的定义式

$$F_{Q1}=F_P\frac{\partial y_A}{\partial\theta_1}+F\frac{\partial x_B}{\partial\theta_1}=-F_Pa\sin\theta_1+Fa\cos\theta_1 \tag{13-37}$$

$$F_{Q2}=F\frac{\partial x_B}{\partial\theta_2}+(-M)\frac{\partial\theta_2}{\partial\theta_2}=Fb\cos\theta_2-M \tag{13-38}$$

平衡条件为 $F_{Q1}=0$，$F_{Q2}=0$

即

$$-F_Pa\cos\theta_1+Fa\cos\theta_1=0 \tag{13-39}$$

$$Fb\sin\theta_2-M=0 \tag{13-40}$$

解得

$$\tan\theta_1=\frac{F}{F_P},\ \cos\theta_2=\frac{M}{Fb}$$

(2)解法二

系统的虚功为

$$\delta W=F_{\mathrm{P}}\delta y_A+F\delta x_B-M\delta\theta_2 \tag{13-41}$$

先令 $\delta\theta_1\neq0$，$\delta\theta_2=0$，相应的虚位移如图 13-23 所示。该瞬时 A 点虚位移 δr_A；θ_2 保持不变，相当于系统只有一个自由度；AB 杆随 A 点作平动，即 $\delta r_A=\delta r_B$。对应于 $\delta\theta_1$，对式(13-32)、式(13-33)求变分

$$\delta y_A=\frac{\partial y_A}{\partial\theta_1}=-a\sin\theta_1\delta\theta_1$$

$$\delta x_B=\frac{\partial x_B}{\partial\theta_1}=a\cos\theta_1\delta\theta_1 \tag{13-42}$$

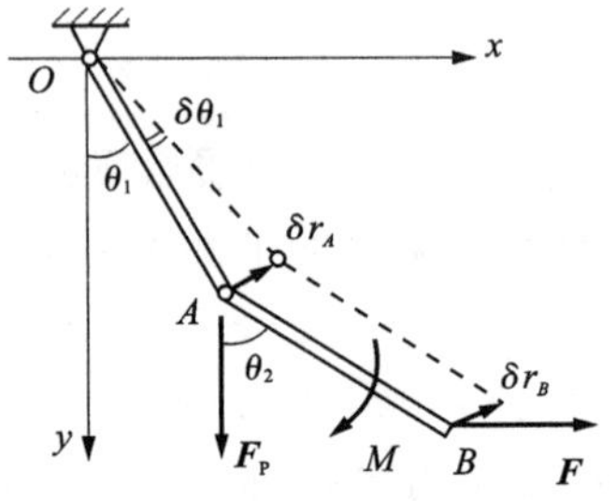

图 13-23

将式(13-42)代入式(13-41)有

虚功

$$\delta W_1=-F_{\mathrm{P}}a\sin\theta_1\delta\theta_1+Fa\cos\theta_1\delta\theta_1$$

广义力

$$F_{Q1}=\frac{\delta W_1}{\delta\theta_1}=-F_{\mathrm{P}}a\sin\theta_1+Fa\cos\theta_1$$

由平衡条件 $F_{Q1}=0$，得

$$\tan\theta_1=\frac{F}{F_{\mathrm{P}}}$$

再令 $\delta\theta_1=0$，$\delta\theta_2\neq0$，即 OA 杆固定，AB 杆绕 A 点有虚位移 $\delta\theta_2$，相应的虚位移如图 13-24 所示。对应于 $\delta\theta_2$，对式(13-32)、式(13-33)求变分有

$$\delta y_A=\frac{\partial y_A}{\partial\theta_2}=0$$

$$\delta x_B=\frac{\partial x_B}{\partial\theta_2}=b\cos\theta_2\delta\theta_2 \tag{13-43}$$

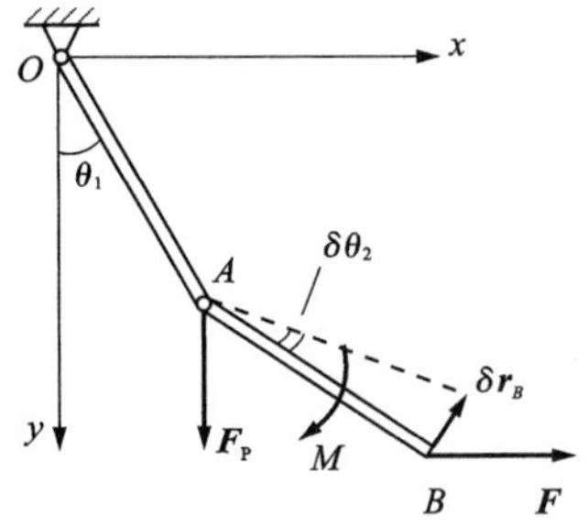

图 13-24

将式(13-43)代入式(13-41)有

虚功

$$\delta W_2=Fb\cos\theta_2\delta\theta_2-M\delta\theta_2$$

广义力

$$F_{Q2}=\frac{\delta W_2}{\delta\theta_2}=Fb\cos\theta_2-M$$

由平衡条件 $F_{Q2}=0$，得

$$\cos\theta_2=\frac{M}{Fb}$$

例 13-10　如图 13-25 所示，绳的两端分别连接重为 F_1、F_2 的重物 A、B。重物放在倾角为 α_1、α_2 的斜面上，绳绕过定滑轮 O_1、O_2 和动滑轮 O_3 在动滑轮上挂一重为 F_3 的重物 C。若 $F_1=100$ N，$F_2=800$ N，$F_3=250$ N，$\alpha_1=60°$，$\alpha_2=30°$。求系统平衡时重物 A、B 所受的摩擦力。

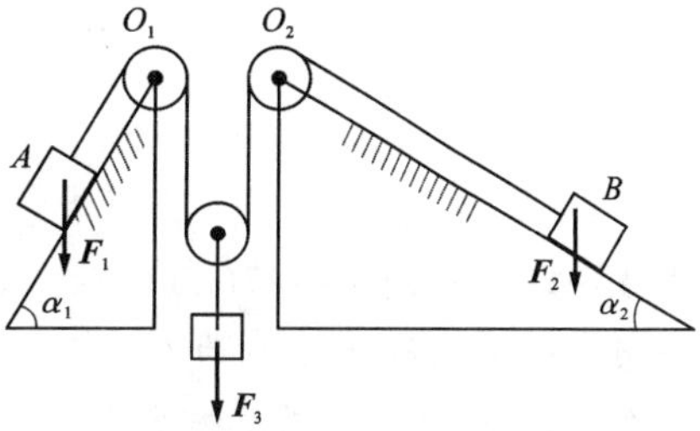

图 13-25

解：由于重物 A、B 有虚位移时，斜面上的摩擦力要做功，所以斜面不是理想约束。取摩擦力作为主动力，则系统的约束成为理想约束，可应用虚位移原理。

当动滑轮平衡时，两边绳的拉力应为 $\dfrac{F_3}{2}=125$ N，左边重物 A 对绳的拉力为 $F_1\sin\alpha_1=100\times\sin 60°=86.6$ N，此时 $\dfrac{F_3}{2}>F_1\sin\alpha$。重物 A 有向上滑动的趋势，所以重物 A 所受摩擦力 F_{S1} 方向向下。同样，可分析重物 B 平衡时，重物 B 所受摩擦力 F_{S2} 向上。

可以看出，系统有两个自由度 $k=2$。选择重物 A 沿斜面向上为一个广义坐标 x_1，重物 B 沿斜面向下为另一个广义坐标 x_2，如图 13-26 所示。则对应的广义虚位移有 δx_1、δx_2。

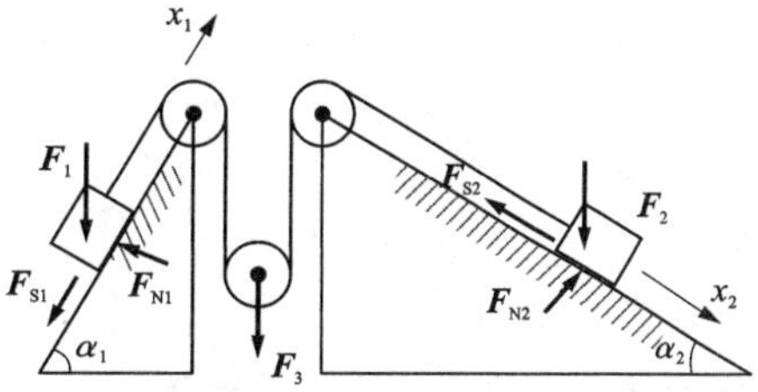

图 13-26

由几何法求广义力 F_{Q1}，F_{Q2}。

令 $\delta x_1\neq 0$，$\delta x_2=0$，即令重物 A 沿斜面向上有虚位移 δx_2，重物 A 固定不动。此时系统相当于只有一个自由度，重物 C 的虚位移为 $\delta x_3=\dfrac{1}{2}\delta x_1$。广义力

$$F_{Q1}=\frac{\delta W_1}{\delta x_1}=\frac{-F_1\sin\alpha_1\delta x_1-F_{S1}\delta x_1+F_3\delta x_3}{\delta x_1}=-F_1\sin\alpha_1-F_{S1}+\frac{1}{2}F_3$$

再令 $\delta x_1=0$，$\delta x_2\neq 0$，即令重物 B 沿斜面向下有虚位移 δx_2，重物 A 固定不动。则有 $\delta x_3=\dfrac{1}{2}\delta x_2$。广义力

$$F_{Q2}=\frac{\delta W_2}{\delta x_2}=\frac{F_2\sin\alpha_2\delta x_2-F_{S2}\delta x_2-F_3\delta x_3}{\delta x_2}=F_2\sin\alpha_2-F_{S2}-\frac{1}{2}F_3$$

根据平衡条件有

$$F_{Q1}=-F_1\sin\alpha_1-F_{S1}+\frac{1}{2}F_3=0$$

$$F_{Q2}=F_2\sin\alpha_2-F_{S2}-\frac{1}{2}F_3=0$$

由上式解得

$$F_{S1}=-F_1\sin\alpha_1+\frac{1}{2}F_3=38.4(\mathrm{N})$$

$$F_{S2}=F_2\sin\alpha_2-\frac{1}{2}F_3=275(\mathrm{N})$$

例 13-11 如图 13-27(a)所示，在铅垂面上运动的机构，杆长 $OA=BA=L$。弹簧连接在两杆中点，弹簧的刚性系数为 k。当 $\varphi=\varphi_0$ 时，弹簧为原长。在节点 A 用细绳挂一重物 C。杆重和各处的摩擦不计。求系统平衡时，重物 C 的重量 F_C。

解：系统具有一个自由度。取 φ 为广义坐标，主动力为重力 F_C。弹性力 F_D、F_E 都是有势力，如图 13-27(b)所示

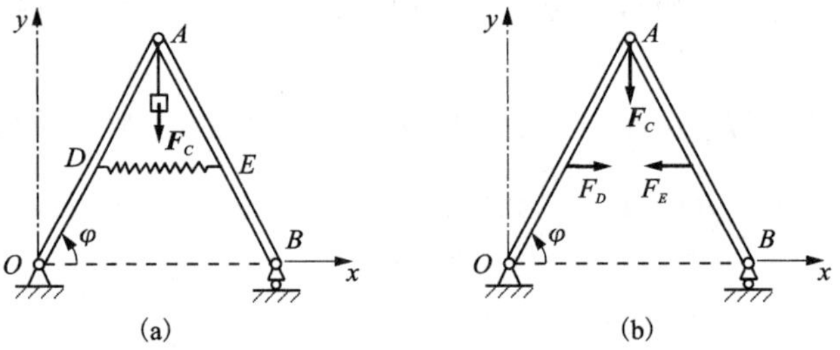

图 13-27

系统的势能有

重力势能：取 Ox 轴为零位置

$$V_1=F_Cl\sin\varphi$$

弹性势能：取原长为零位置

$$V_2=\frac{k\delta^2}{2}=\frac{k}{2}\left[\frac{l}{2}(\cos\varphi-\cos\varphi_0)\right]^2=\frac{k}{8}l^2(\cos\varphi-\cos\varphi_0)^2$$

系统的势能为

$$V=V_1+V_2=F_Cl\sin\varphi+\frac{k}{8}l^2(\cos\varphi-\cos\varphi_0)^2$$

广义力

$$F_Q=-\frac{\partial V}{\partial\varphi}=-\left[F_Cl\cos\varphi+\frac{k}{4}l^2(\cos\varphi-\cos\varphi_0)(-\sin\varphi)\right]$$

平衡条件为

$$F_Q=0$$

即

$$-\left[F_Cl\cos\varphi+\frac{k}{4}l^2(\cos\varphi-\cos\varphi_0)(-\sin\varphi)\right]=0$$

得

$$F_C=\frac{k}{4}l(\cos\varphi-\cos\varphi_0)\tan\varphi$$

§13-4　保守系统平衡的稳定性

1. 稳定的概念

系统处于静止平衡状态，它们的受力关系满足平衡方程，但同一系统的各种静止平衡状态相互又有不同。如有的能够抵抗微小干扰，有的不能抵抗微小干扰。一般地，静止平衡状态可分为三种，即**稳定平衡、不稳定平衡**和**随遇平衡**。例如：如图 13-28 所示，一均质小球在铅垂面内沿曲面运动，小球可在 A、B、C 三个位置处于静止平衡。若小球受微小干扰，在 A 处，小球经过若干次微小的往复滚动后，最终仍在 A 处平衡，这种平衡称为稳定平衡。在 B 处，小球偏离后，不可能回到 B 处，称为不稳定平衡。在 C 处，小球偏离后，在另一位置平衡，也不能回到 C 处，称为随遇平衡。随遇平衡属于不稳定平衡。稳定或不稳定是平衡状态的一种属性，它可以表达系统是否具有抵抗干扰的能力。

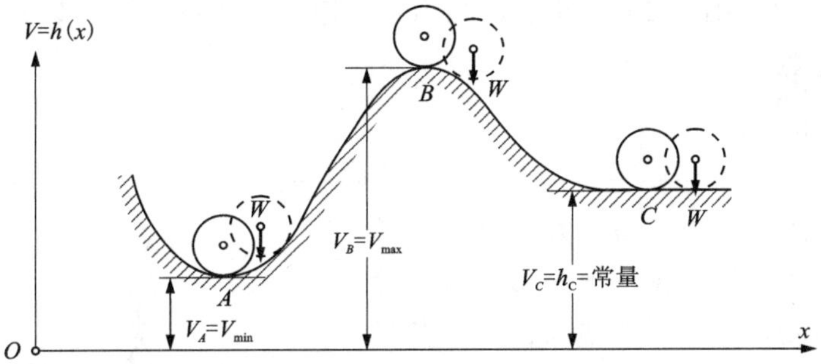

图 13-28

2. 稳定性的判别

研究平衡的稳定性具有重要的实际意义。一般情况下，机构要求在稳定平衡的位置上工作。因此，除了研究系统平衡的受力条件外，还要研究系统平衡的位置和平衡的稳定性。稳定性的严格定义与判别准则的证明涉及较多的数学和力学知识，且与本课程主旨关联不大，此处仅从工程实践的角度对平衡状态稳定性的判别加以阐述。

由图 13-28 可知，小球在 A 处其势能具有极小值；在 B 处，其势能具有极大值；在 C 处(水平位置时)其势能为常数。由此可以推测，保守系统平衡的稳定性与势能是否取极值有关。可以证明，具有双面、定常、几何理想约束，且主动力都为有势力的质点系，其所有满足约束的平衡位置中，只有使系统的总势能取极小值的位置是稳定平稳位置。此为**最小势能原理**。在分析力学范围内，该原理由拉格朗日提出，并由狄利克雷及李雅普诺夫证明。

根据最小势能原理，判别平衡稳定性的准则为：

稳定平衡，势能增量：$\Delta V>0$；

不稳定平衡，势能增量：$\Delta V<0$；

随遇平衡，势能增量：$\Delta V=0$。

3. 一个自由度质点系平衡稳定性的判别

对于只有一个自由度的质点系，$k=1$，选择一个广义坐标 q。系统的势能是广义坐标的函数，即 $V=V(q)$。根据高等数学中一元函数增量的计算法则

$$\Delta V=V(q_0+\mathrm{d}q)-V(q_0)=\left(\frac{\mathrm{d}V}{\mathrm{d}q}\right)_{q_0}\mathrm{d}q+\frac{1}{2!}\left(\frac{\mathrm{d}^2V}{\mathrm{d}q^2}\right)_{q_0}(\mathrm{d}q)^2+\frac{1}{3!}\left(\frac{\mathrm{d}^3V}{\mathrm{d}q^3}\right)_{q_0}(\mathrm{d}q)^3+\cdots$$

式中，q_0 为系统平衡位置的广义坐标值。

因为在 q_0 位置平衡，有平衡条件 $\frac{\partial V}{\partial q}=\left(\frac{\mathrm{d}V}{\mathrm{d}q}\right)_{q_0}=0$，于是 ΔV 的正负号由高次项的正负号判定。其判别准则为：

若 $\frac{\mathrm{d}V}{\mathrm{d}q}=0$ 且 $\frac{\mathrm{d}^2V}{\mathrm{d}q^2}>0$，则为稳定平衡；

若 $\frac{\mathrm{d}V}{\mathrm{d}q}=0$ 且 $\frac{\mathrm{d}^2V}{\mathrm{d}q^2}<0$，则为不稳定平衡；

若 $\frac{\mathrm{d}V}{\mathrm{d}q}=0$ 且 $\frac{\mathrm{d}^2V}{\mathrm{d}q^2}=0$，则为 ΔV 的正负（平衡的稳定性）需要根据 $V=V(q)$ 在 q_0 处更高阶导数的正负号进行判定。

若 $V=$常数随遇平衡。

例 13-12 如图 13-29 所示，质量为 m，长为 l 的均质杆 AB，其两端能在水平和铅垂的光滑轨道中滑动。设弹簧的刚度系数为 k，当杆在铅锤位置时，弹簧为原长。不计滑块 A、B 自重，求系统的平衡位置和平衡的稳定性。

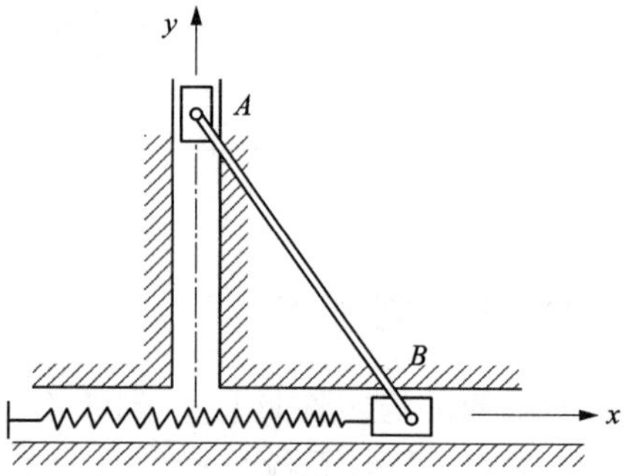

图 13-29

解： 主动力有重力和弹性力，故为保守系统。选 O 点为重力势能零点。在任意位置时，有

重力势能

$$V_1=mg\frac{1}{2}l\cos\theta$$

弹性势能

$$V_2=\frac{1}{2}k\delta^2=\frac{1}{2}kl^2\sin^2\theta$$

总势能

$$V=V_1+V_2=\frac{1}{2}mgl\cos\theta+\frac{1}{2}kl^2\sin^2\theta$$

在平衡位置有广义力

$$F_Q=-\frac{\mathrm{d}V}{\mathrm{d}\theta}=0$$

即

$$\frac{\mathrm{d}V}{\mathrm{d}\theta}=-\frac{1}{2}mgl\sin\theta+kl^2\sin\theta\cos\theta$$
$$=\left(kl\cos\theta-\frac{1}{2}mg\right)l\sin\theta=0$$

由此得

$$\sin\theta=0,\ \cos\theta=\frac{mg}{2\,kl}$$

求得平衡位置

$$\theta_1=0,\ \theta_2=\pm\arccos\left(\frac{mg}{2kl}\right)$$

判别平衡位置的稳定性

$$\frac{\mathrm{d}^2V}{\mathrm{d}\theta^2}=-\frac{1}{2}mgl\cos\theta+kl^2\cos^2\theta-kl^2\sin^2\theta$$
$$=kl^2\cos 2\theta-\frac{1}{2}mgl\cos\theta$$

当 $\theta_1=0$ 时，杆在铅垂位置平衡，有

$$\left(\frac{\mathrm{d}^2V}{\mathrm{d}\theta^2}\right)_{\theta=\theta_1=0}=kl^2-\frac{1}{2}mgl$$

①若 $kl^2-\frac{1}{2}mgl>0$ 有 $\frac{\mathrm{d}^2V}{\mathrm{d}\theta^2}>0$，即弹簧刚度 $k>\frac{mg}{2l}$ 时，杆在铅锤位置($\theta_1=0$)为稳定平衡。

②若 $kl^2-\frac{1}{2}mgl<0$ 有 $\frac{\mathrm{d}^2V}{\mathrm{d}\theta^2}<0$，即弹簧刚度 $k<\frac{mg}{2l}$ 时，杆在铅锤位置为不稳定平衡。

当 $\theta_2=\arccos(\frac{mg}{2\,kl})$ 时，杆在 θ_2 位置平衡，有

$$\left(\frac{\mathrm{d}^2V}{\mathrm{d}\theta^2}\right)_{\theta=\theta_2}=\left[kl^2(2\cos^2\theta-1)-\frac{1}{2}mgl\cos\theta\right]_{\theta=\theta_2}=kl^2\left[\left(\frac{mg}{2\,kl}\right)^2-1\right]=kl^2(\cos^2\theta_2-1)$$

由于 $|\cos\theta_2|\leqslant 1$，$\frac{\mathrm{d}^2V}{\mathrm{d}\theta^2}<0$，此杆在 θ_2 位置时为不稳定平衡。

③若恰好 $kl^2-\frac{1}{2}mgl=0$，即 $k=\frac{mg}{2l}$，有 $\theta_1=\theta_2=0$，且 $\frac{\mathrm{d}V}{\mathrm{d}\theta}=\frac{\mathrm{d}^2V}{\mathrm{d}\theta^2}=\frac{\mathrm{d}^3V}{\mathrm{d}\theta^3}=0$，进一步可算得 $\frac{\mathrm{d}^4V}{\mathrm{d}\theta^4}<0$，此杆在 $\theta_1=\theta_2=0$ 位置时为不稳定平衡。

§13-5　分析与讨论

关于牛顿定律与虚位移原理的等价性

虚位移原理作为分析力学的基本原理并不需要证明，但为了能体会分析力学与矢量力学两种体系在基本原理上的一致性，以下从牛顿定律出发说明虚位移原理的必要性和充分性。

分析静力学中的平衡概念，是指质点系内每一质点相对惯性系原来静止，在主动力系作用下仍保持静止的状态，与矢量静力学中的平衡概念相同。但矢量静力学仅讨论刚体的平衡，而分析静力学讨论范围更广的一般质点系。

(1)由平衡方程推导出虚位移原理

设质点系中第 i 个点所受的主动力的合力为 $\boldsymbol{F}_i$，约束力的合力为 $\boldsymbol{F}_{\mathrm{N}_i}$。由于质点系平衡，质点系中每个质点也平衡。因此，对于第 i 个质点

$$\boldsymbol{F}_i+\boldsymbol{F}_{\mathrm{N}i}=0$$

任意给质点系一组虚位移，第 i 个质点的虚位移为 $\delta\boldsymbol{r}_i$，则

$$(\boldsymbol{F}_i+\boldsymbol{F}_{\mathrm{N}i})\cdot\delta\boldsymbol{r}_i=0$$

把质点系中各质点的上式相加，得出

$$\sum_{i=1}^{n}(\boldsymbol{F}_i+\boldsymbol{F}_{\mathrm{N}i})\cdot\delta\boldsymbol{r}_i=0$$

如果质点系所有约束为理想约束，则

$$\sum_{i=1}^{n}\delta W_{\mathrm{N}i}=\sum_{i=1}^{n}\boldsymbol{F}_{\mathrm{N}i}\cdot\delta\boldsymbol{r}_i=0$$

故所有主动力的虚功之和必定为零，即

$$\sum_{i=1}^{n}\delta W_{Fi}=\sum_{i=1}^{n}\boldsymbol{F}_i\cdot\delta\boldsymbol{r}_i=0$$

这就说明虚位移原理是质点系平衡的必要条件。

(2)由虚位移原理推导出平衡方程

假设满足条件 $\sum_{i=1}^{n}\delta W_{Fi}=\sum_{i=1}^{n}\boldsymbol{F}_i\cdot\delta\boldsymbol{r}_i=0$，则质点系在主动力作用下由静止进入运动，质点系将产生实位移 $\mathrm{d}\boldsymbol{r}_i$，系统动能将有增量 $\mathrm{d}T$。根据动能定理

$$\mathrm{d}T=\sum_{i=1}^{n}(\boldsymbol{F}_i+\boldsymbol{F}_{\mathrm{N}i})\cdot\mathrm{d}\boldsymbol{r}_i>0$$

由于质点系的约束是定常理想约束，所以，实位移 $\mathrm{d}\boldsymbol{r}_i$ 是虚位移 $\delta\boldsymbol{r}_i$ 中的一个。选择实位移 $\mathrm{d}\boldsymbol{r}_i$ 为虚位移 $\delta\boldsymbol{r}_i$，有

$$\sum_{i=1}^{n}(\boldsymbol{F}_i+\boldsymbol{F}_{\mathrm{N}i})\cdot\delta\boldsymbol{r}_i>0$$

又由于质点系的约束是理想约束，有

$$\sum_{i=1}^{n}\boldsymbol{F}_{\mathrm{N}i}\cdot\delta\boldsymbol{r}_i=0$$

因此

$$\sum_{i=1}^{n}\delta W_{Fi}=\sum_{i=1}^{n}\boldsymbol{F}_i\cdot\delta\boldsymbol{r}_i>0$$

这与前设条件矛盾，所以质点系必定保持静止平衡，而不可能从静止进入运动，这就说明满足虚位移原理则质点系一定平衡，充分性得证。

因此虚位移原理与牛顿力学原理完全等效。但与矢量静力学中包括主动力与约束力在内的力系平衡条件不同，虚位移原理通过虚功建立的平衡条件中，只规定了主动力必须遵循的规律，而完全避免了理想约束力的出现。

习　题

13-1　已知图题 13-1 所示曲柄连杆机构处于平衡，在销钉 A 及活塞 C 上分别作用有力 F_Q 与 F_P，求 F_P 与 F_Q 的比值(角 φ、θ 均为已知)。

13-2　在曲柄式压榨机 ABC 的中间销钉 B 上作用水平力 F_P，此力作用于平面 ABC 内。如 $AB=BC$，角 $ABC=2\alpha$，铰链中的摩擦和杆重不计。求在图示位置平衡时，杆 BC 的端点 C 所受的铅垂压力 F_Q。

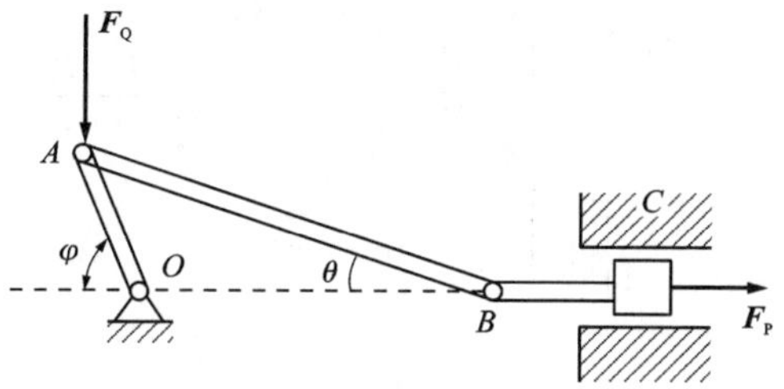

图题 13-1

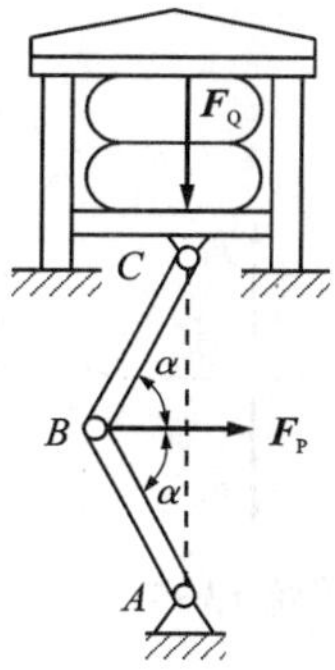

图题 13-2

13-3　在图题 13-3 所示机构中，曲柄 OA 上作用一力偶，其矩为 M。另在滑块 D 上作用一水平力 F_P，有关尺寸及角度如图示，杆重均不计。求当机构在图示位置平衡时，F_P 与力偶矩 M 之间的关系。

13-4　在连杆机构中，当曲柄 OC 绕 O 轴摆动时，滑块 A 沿曲柄自由滑动，带动 AB 杆在铅垂导槽 K 内移动。已知：$OC=a$，$OK=l$；在 C 点垂直于曲柄作用一力 F，在 B 点 BA 作用一力 F_P；杆重均不计。求机构平衡时，力 F_P 与 F 的关系。

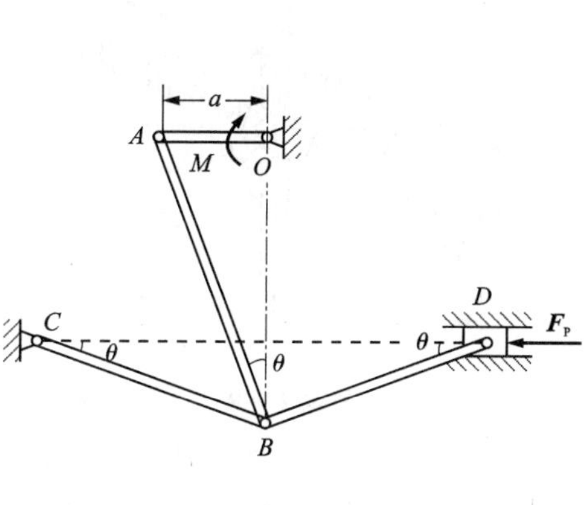

图题 13-3

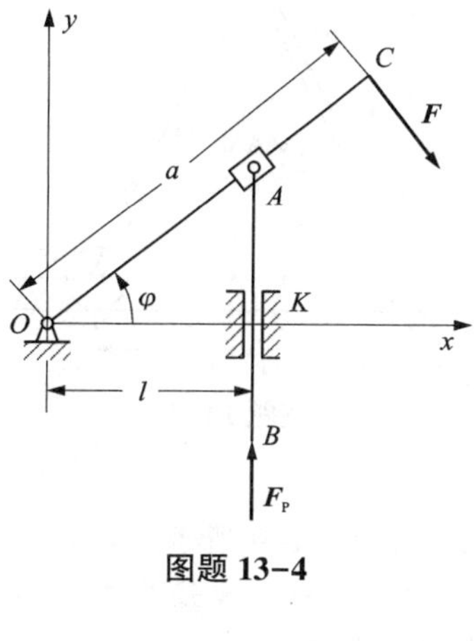

图题 13-4

13-5　一铰接六边形 $ABCDEG$ 由六根相同的均质杆所组成。每杆重为 F_P，且六杆同在一铅垂平面内。六边形的 AB 边固定于水平位置，而其余各边的位置对 AB 的中垂线成对称。欲使该机构保持平衡，应在 ED 杆中点向上作用多大的铅垂力 F_Q？

13-6　图题 13-6 所示机构中，杆 BCE、ACF、ED、FD 用铰 C、F、D、E 连接。其中，B 为铰链，A 处与滑块铰接，D 点上作用水平力 F_P。$AC=BC=EC=FC=DE=DF=l$，杆重不计。求保持机构平衡的力 F_Q 的大小。

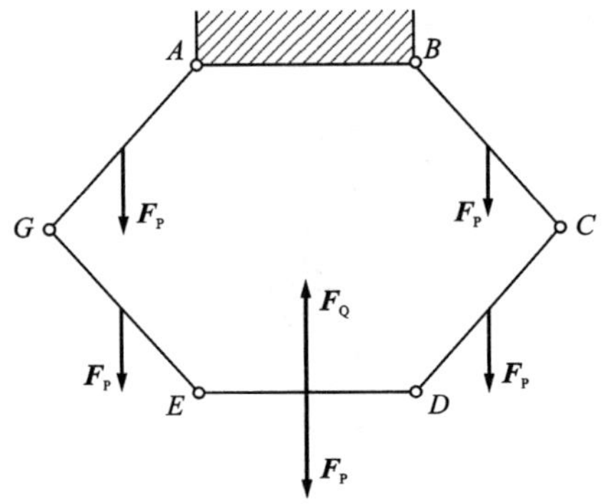

图题 13-5

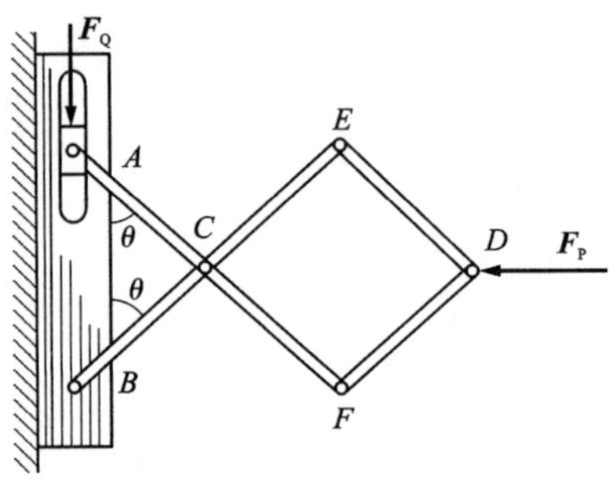

图题 13-6

13-7　两相等长杆 AB 和 BC 在 B 点用铰链连接，在杆的点 D 和点 E 处水平连一弹簧，弹簧的刚性系数为 k。当距离 $AC=a$ 时，弹簧内拉力为零。设 $AB=l$，$BD=b$，杆重不计。如在 C 点作用一水平力 F_P，杆系处于平衡。求距离 AC 之值 x。

13-8　滑块 D 活套在光滑直杆 AB 上，与另一滑块铰接，该滑块可沿光滑铅直槽滑动。已知 $\theta=0$ 位置时弹簧不受力，弹簧刚性系数 $k=5$ kN/m。求在 θ 位置时，为维护平衡应加力偶矩 M 的大小。

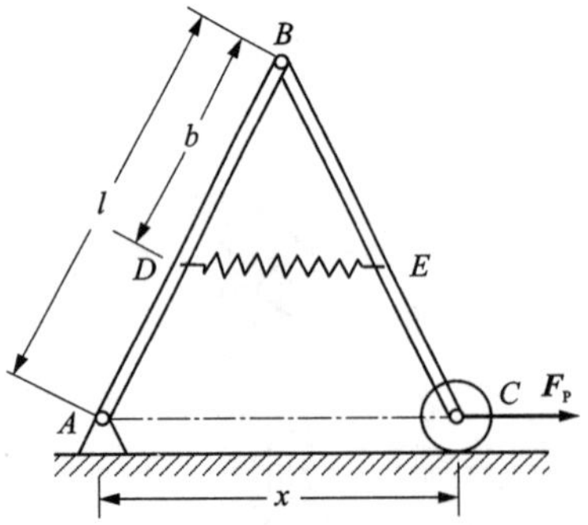

图题 13-7

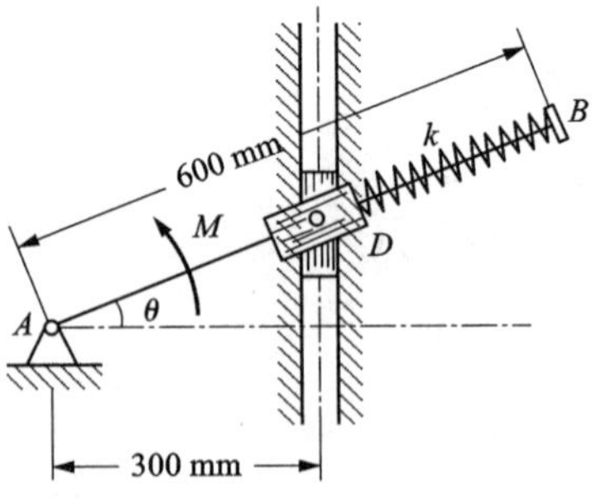

图题 13-8

13-9　图题 13-9 所示系统中两弹簧 AB 及 BC 的刚性系数均为 k，除连接 C 点的两杆长度为 l 外，其余各杆长度均为 $2l$。不考虑各杆的重量和变形。当未加 F_P 力时弹簧不受力，且 $\varphi=\varphi_0$，求平衡位置角 φ 的值。

13-10　两均质直杆以铰链 A 铰接并分别跨于一光滑的不动圆柱上。圆柱的半径为 r，杆

长为 $2a$，试求平衡时杆与铅垂线的夹角 θ。

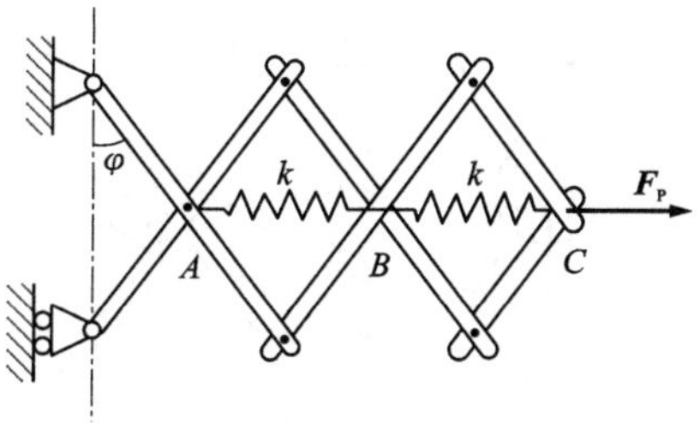

图题 13-9

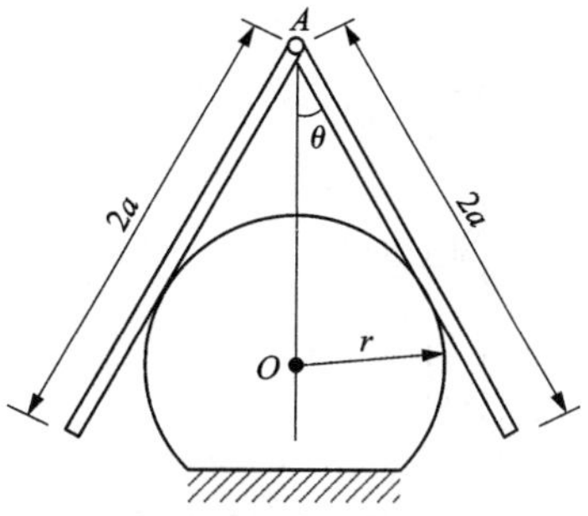

图题 13-10

13-11　图题 13-11 所示的倒摆系统中，$AC=h=450$ mm，$AD=l=200$ mm。球与杆总重 $G=3$ kN，重心在 C。两弹簧的刚性系数均为 k，当杆竖直时弹簧不受力。假定弹簧能受压，且杆只能在铅直平面内摆动。求使系统的铅直位置成为稳定平衡位置所需弹簧的刚性系数。

13-12　杆 AB 可在 A 端转动，在 B 端连有重 G 的锤 B，并用刚性系数为 k 的弹簧 BC 系在固定点 C 上，AC 为铅垂线。当 $\varphi=0$ 时，弹簧不受力。杆重不计，求杆的平衡位置。

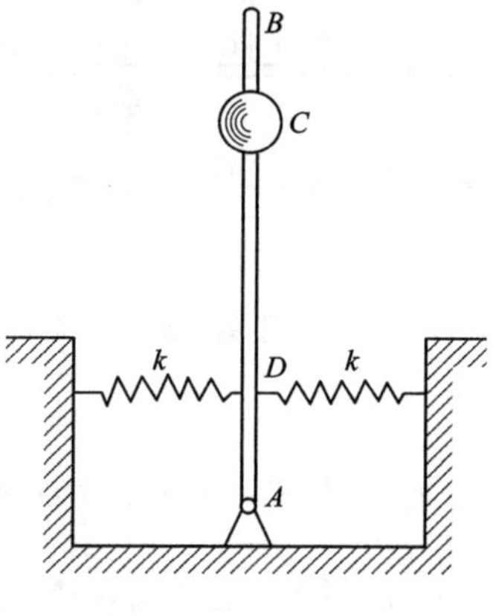

图题 13-11

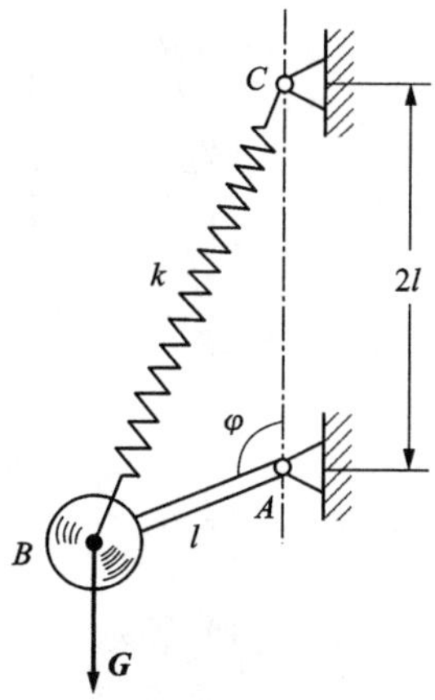

图题 13-12

13-13　图题 13-13 所示均质连杆的质量为 10 kg，长度为 0. 6 m。弹簧未拉伸时位置在 $\theta=0°$，已知 $k=200$ N/m。求平衡位置 θ 的值。

13-14　图题 13-14 所示菱形四边形铰链机构的各杆部长 l，由顶点 A 悬挂。在铰链 C、D 处各有重 F_G 球。在 A、B 间有刚度系数是 k 的弹簧，当 $\varphi=45°$时弹簧中无力作用，用弹簧能受压。设 $G<2lk$，杆的重量不计。求机构的平衡位置。

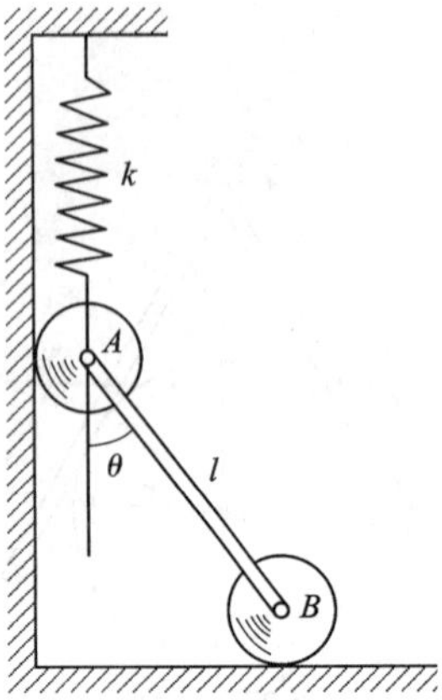

图题 13-13

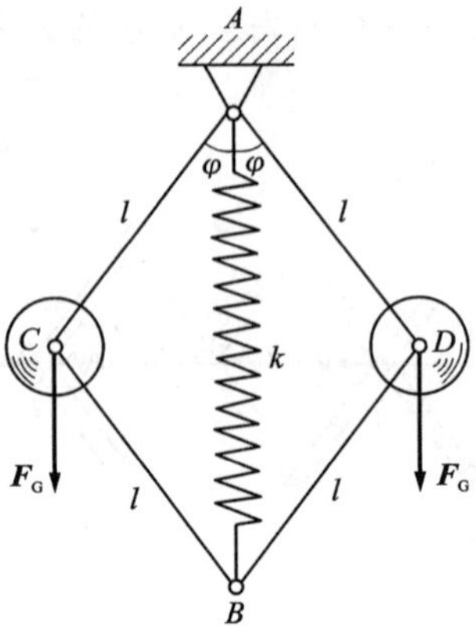

图题 13-14

13-15　三杆长均为 l，在 OA 杆作用一力偶矩 M。A、B 铰链上各作用有铅直向下的力 F_{P1}、F_{P2}，在滑块 C 上作用有水平 F_{P3}。不计杆重及摩擦，试求系统平衡方程。

13-16　已知 $F_{P1}=800$ N，$F_{P2}=600$ N。试求组合梁在 A、D、G 处的约束力。

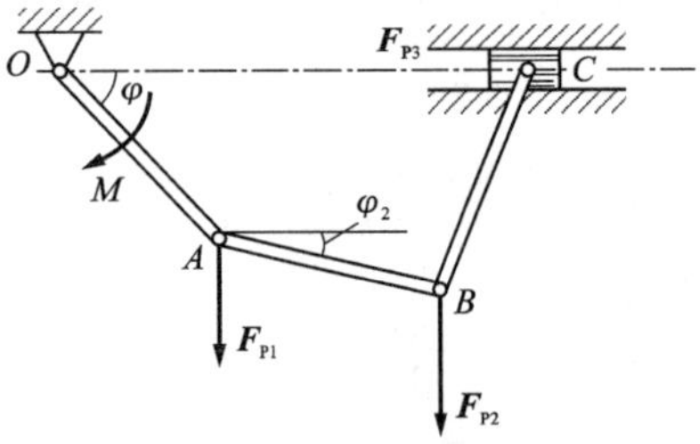

图题 13-15

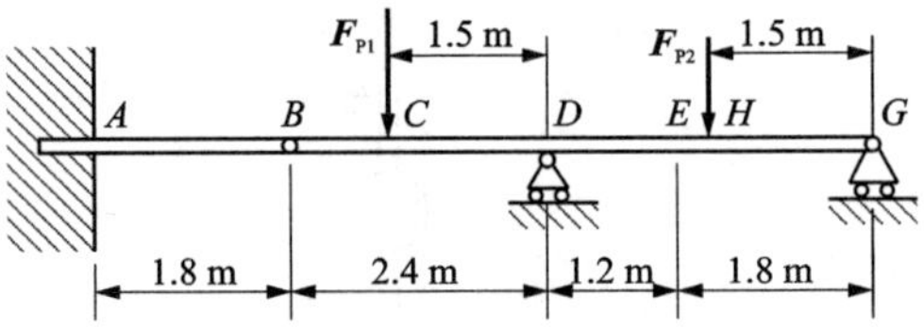

图题 13-16

13-17　已知 $AB=BC=AC=a$，$AD=DC=\frac{\alpha}{\sqrt{2}}$，载荷为 F_P。试求平面桁架 BD 杆的内力。

13-18　如图题 13-18 所示静定连续梁(图中尺寸以 m 计)。已知 $q=1.5$ kN/m，$F=4$ kN，$M=2$ kN·m。用虚位移原理求 A、B、C、E 处支座的约束力。

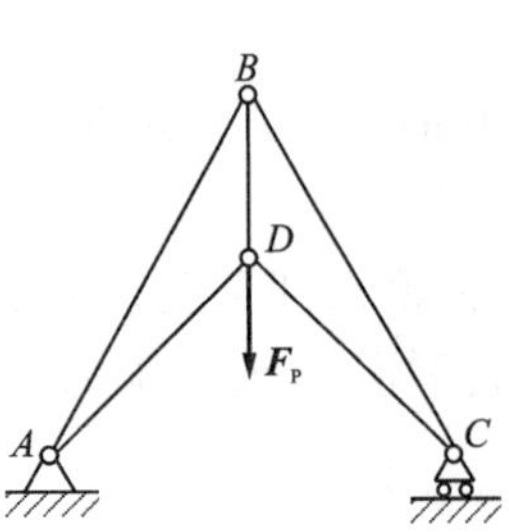

图题 13-17

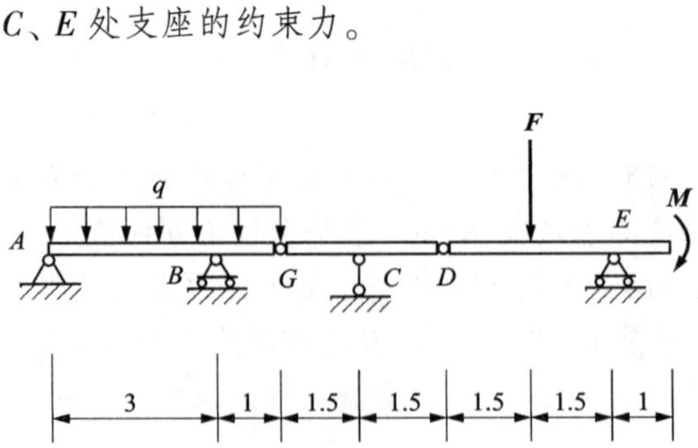

图题 13-18

13-19　如图题 13-19 所示静定连续梁(图中尺寸以 m 计)。已知 $q=2$ kN/m，$F=5$ kN，$M=12$ kN·m。用虚位移原理求固定端 A 处的约束力和约束力偶。

13-20　如图题 13-20 所示为一组合结构。已知 $F_1=4$ kN，$F_2=5$ kN，用虚位移原理求杆 1、2 的内力。

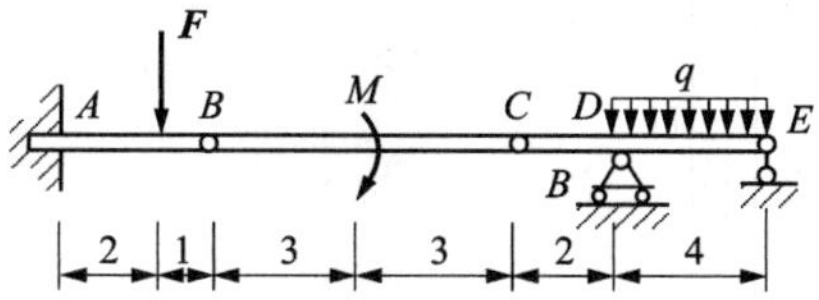

图题 13-19

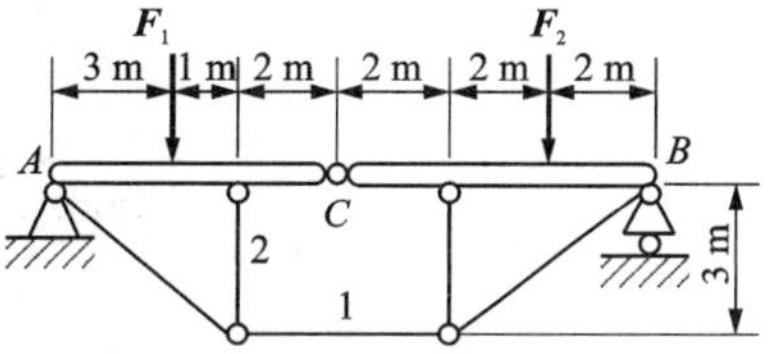

图题 13-20

13-21　多铰框架桥的载荷如图题 13-21 所示。已知 $F=2$ kN，不计构件自重。用虚位移原理求铰支座 A、B 处的约束力。

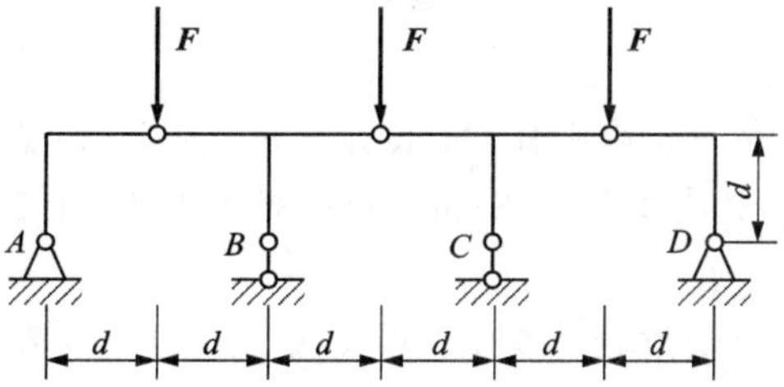

图题 13-21

13-22　用虚位移原理求如图所示桁架中两杆 1、2 的内力。

13-23　图题 13-23 所示为车库大门结构原理。高为 h 的均质库门 AB 重量为 P，其上端 A 可沿库顶水平槽滑动，下端 B 与无重杆 OB 铰接，并由弹簧 CB 拉紧；弹簧原长为 $r-a$，$OB=r$。不计各处摩擦，则弹簧的刚度系数 k 为多大时才可使库门在关闭位置处($\theta=0$)不因 B 端有微小位移干扰而自动弹起。

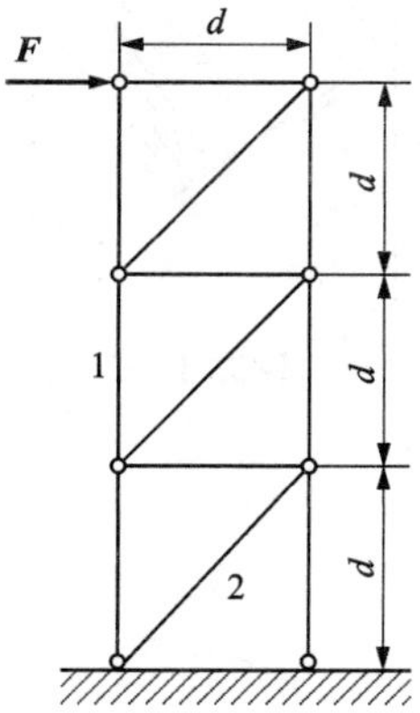

图题 13-22

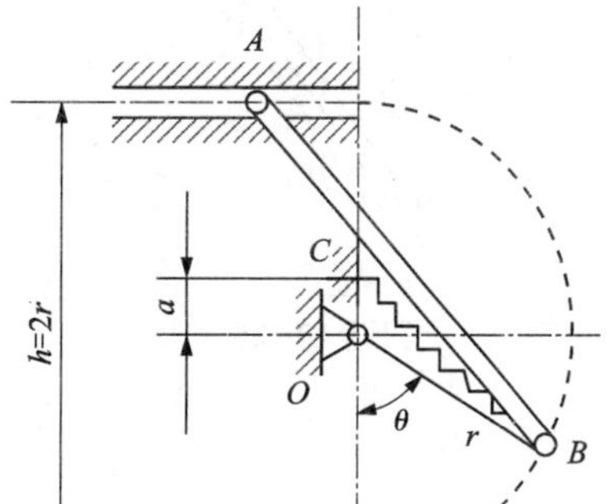

图题 13-23

13-24　图题 13-24 所示系统中，已知均质杆 AB 的质量为 20 kg。当 $\theta=20°$ 时，求保持平衡所需要的物块质量 m，并判断其平衡稳定性。

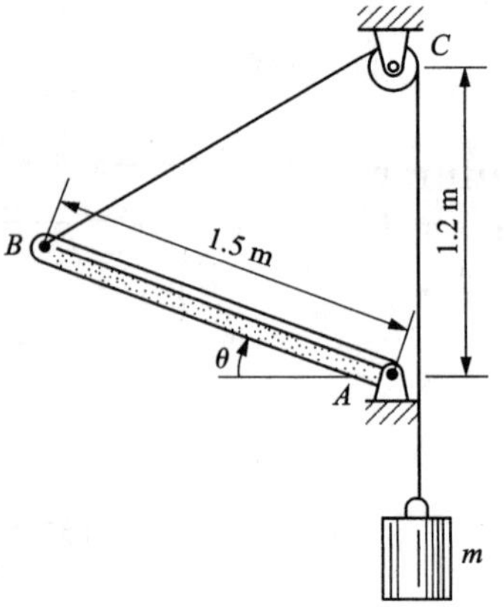

图题 13-24

13-25　如图题 13-25 所示，均质杆 OA 长为 3 m，质量 $m=2$ kg；其底端用铰链 O 支承，上端 A 连有弹簧，弹簧的刚度系数 $k=4$ N/m。若弹簧原长 $l_0=1.2$ m，求平衡时的 θ 角，并讨论平衡的稳定性。

13-26　图题 13-26 所示均质物体重 P，用长为 l 的绳子支承。假设墙是光滑的，求系统保持平衡时的 θ 角，并判断其平衡是否稳定。

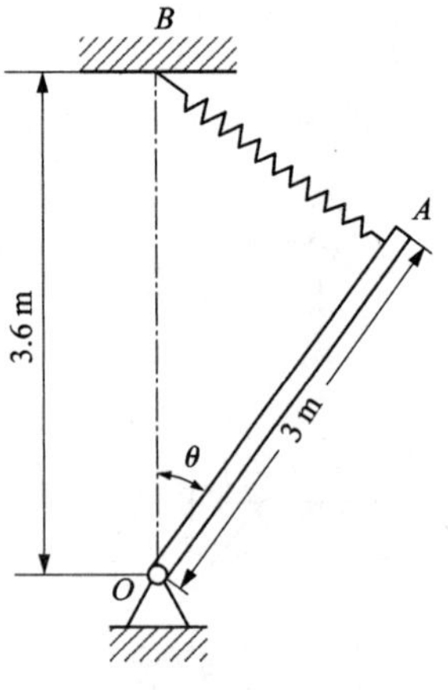

图题 13-25

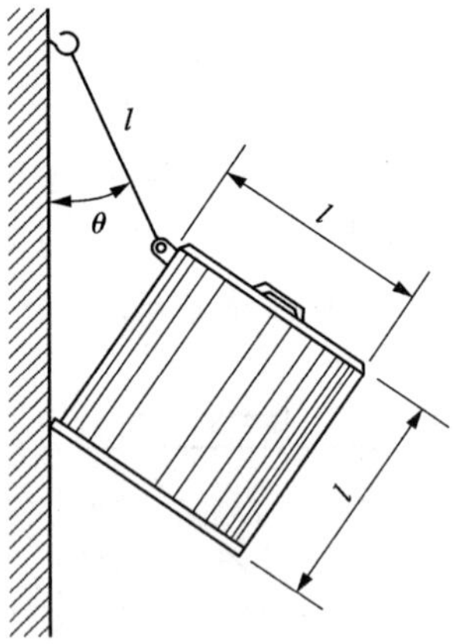

图题 13-26

第14章

分析动力学基础

前面所叙述的达朗贝尔原理和虚位移原理是分析力学的两个基本原理。本章将这两个基本原理相结合，导出动力学普遍方程和拉格朗日方程，它们是分析动力学的基础。

§14-1 动力学普遍方程

如图 14-1 所示，设有一运动着的质点系由 n 个质点组成，约束都是理想的。质点系中第 i 个质点的质量为 m_i，作用有主动力 $\boldsymbol{F}_i$，约束力 $\boldsymbol{F}_{Ni}$，加速度为 $\boldsymbol{a}_i$。先应用达朗贝尔原理，在第 i 个质点上虚加惯性力 $\boldsymbol{F}_{Ii}=-m_i\boldsymbol{a}_i$，则有

$$\boldsymbol{F}_i+\boldsymbol{F}_{N_i}-m_i\boldsymbol{a}_i=0$$

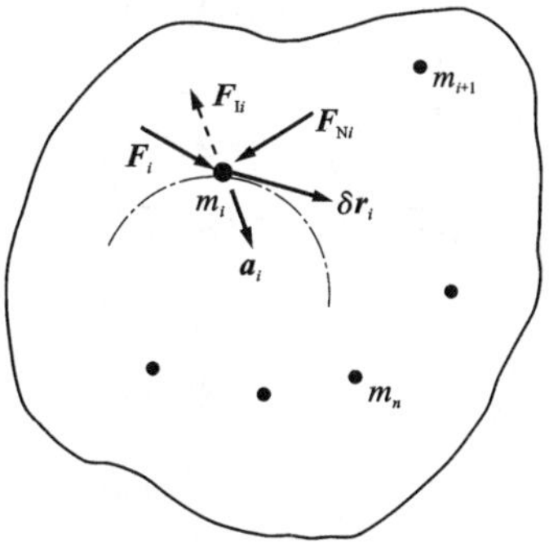

图 14-1

对于整个系统有

$$\sum_{i=1}^{n}(\boldsymbol{F}_i+\boldsymbol{F}_{N_i}-m_i\boldsymbol{a}_i)=0$$

然后用虚位移原理，给第 i 个质点虚位移 $\delta\boldsymbol{r}_i$，则

$$(\boldsymbol{F}_i+\boldsymbol{F}_{N_i}-m_i\boldsymbol{a}_i)\delta\boldsymbol{r}_i=0$$

对于整个系统有

$$\sum_{i=1}^{n}(\boldsymbol{F}_i+\boldsymbol{F}_{N_i}-m_i\boldsymbol{a}_i)\delta\boldsymbol{r}_i=0$$

由于系统中的约束都为理想约束，约束力的虚功之和为零，则

即

$$\sum_{i=1}^{n}\boldsymbol{F}_{N_i}\delta\boldsymbol{r}_i=0$$

因此

$$\sum_{i=1}^{n}(\boldsymbol{F}_i-m_i\boldsymbol{a}_i)\delta\boldsymbol{r}_i=0 \tag{14-1}$$

或

$$\sum_{i=1}^{n}(\boldsymbol{F}_i+\boldsymbol{F}_{\mathrm{I}i})\delta\boldsymbol{r}_i=0 \tag{14-2}$$

写成直角坐标式有

$$\sum_{i=1}^{n}[(X_i-m_i\ddot{x}_i)\delta x_i+(Y_i-m_i\ddot{y}_i)\delta y_i+(Z_i-m_i\ddot{z}_i)\delta z_i]=0 \tag{14-3}$$

式(14-3)或式(14-1)、式(14-2)称为**动力学普遍方程**，又称为**达朗贝尔-拉格朗日方程**。

动力学普遍方程可表述为：具有理想约束的质点系，在运动中的任一瞬时，作用于质点系上的所有主动力和虚加的惯性力与在质点系的任何虚位移中的虚功之和为零。

动力学普遍方程适用于定常与非定常，完整与非完整系统，只要求视系统的约束为理想约束。对于非定常约束，只要将约束条件在该瞬时视为时间被“凝固”(即 $\delta t=0$)。对于非理想约束，只要将非理想约束的约束力(如摩擦力)作为主动力，就可应用动力学普遍方程。

动力学普遍方程主要应用于以下方面：

①建立具有任何自由度的质点系的运动微分方程。

②已知作用在质点系上的主动力求系统中各质点的加速度。

例 14-1 如图 14-2(a)所示，已知重物 A 重 G_A，均质圆轮 C 重 G_C，半径 r。绳和定滑轮 B 质量不计，轮 C 作纯滚动。求重物 A 的加速度 $\boldsymbol{a}_A$。

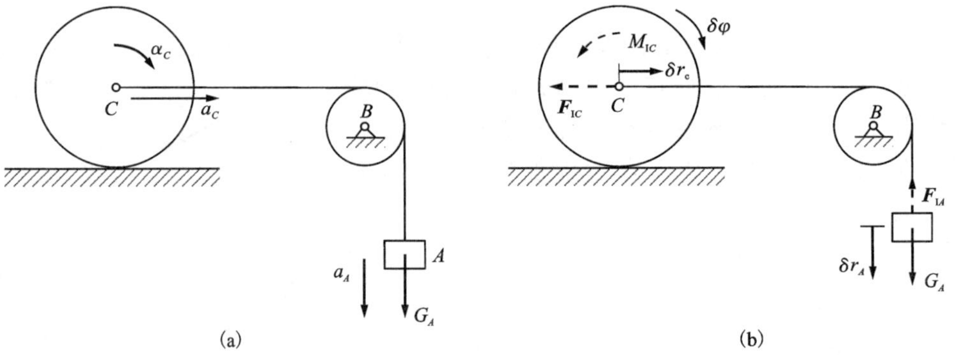

图 14-2

解：本系统为一个自由度，约束为理想约束。求加速度 a_A，可以用动能定理、刚体平面运动微分方程等方法求解。现用动力学普遍方程求解。

设重物 A 有向下的加速度 a_A，圆轮轮心 C 有加速度 $a_C=a_A$。圆轮有角加速度 $\alpha_C=\dfrac{a_A}{r}$。虚加惯性力 $F_{\mathrm{I}A}=\left|-\dfrac{F_{\mathrm{P}}}{g}a_A\right|$，$F_{\mathrm{I}C}=\left|-\dfrac{F_{\mathrm{P}}}{g}a_C\right|$，$M_{\mathrm{I}C}=|-J_C\alpha_C|$。惯性力大小取绝对值，方向与加速度方向相反，如图 14-2(b)所示。

给重物 A 向下的虚位移 δr_A，则圆轮轮心 C 有虚位移，且 $\delta r_C=\delta r_A$，圆轮有虚转角 $\delta\varphi=\dfrac{\delta r_A}{r}$。应用动力学普遍方程式(14-3)，有

$$\sum_{i=1}^{n}(\boldsymbol{F}_i-\boldsymbol{F}_{\mathrm{I}i})\cdot\delta r_i=(G_A-F_{\mathrm{I}A})\delta r_A-F_{\mathrm{IC}}\delta r_C-M_{\mathrm{IC}}\delta\varphi=0$$

即

$$\left(G_A-\frac{G_A}{g}a_A\right)\delta r_A-\frac{G_C}{g}a_A\delta r_A-\frac{1}{2}\frac{G_C}{g}r^2\frac{a_A}{r}\frac{\delta r_A}{r}=0$$

解得

$$a_A=\frac{2G_A}{2G_A+3G_C}g$$

例 14-2　如图 14-3(a)所示，已知三角块的质量为 m_1，倾角为 θ，作用力 $\boldsymbol{F}$。重物 B 的质量为 m_2，弹簧的刚度系数为 k，原长为 L_0。系统各处的摩擦力不计，试用动力学普遍方程建立系统的运动微分方程。

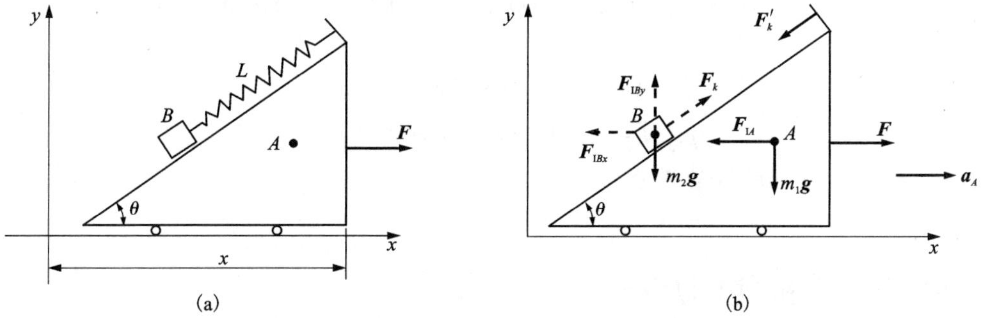

图 14-3

解：系统约束都为理想约束，系统有两个自由度，取广义坐标为 x，L。系统的直角坐标为

$$\begin{aligned}x_A&=x-c_1\\x_B&=x-L\cos\theta\\y_B&=c_2-L\sin\theta\end{aligned}\tag{14-4}$$

式中，c_1、c_2 为常数。

系统中各物体的加速度为

$$\begin{aligned}\ddot{x}_A&=\ddot{x}\\\ddot{x}_B&=\ddot{x}-\ddot{L}\cos\theta\\\ddot{y}_B&=-\ddot{L}\sin\theta\end{aligned}\tag{14-5}$$

在系统各物体上虚加惯性力大小为

$$\begin{aligned}F_{\mathrm{I}A}&=|m_1\ddot{x}|\\F_{\mathrm{I}Bx}&=|m_2\ddot{x}_B|=|m_2(\ddot{x}-\ddot{L}\sin\theta)|\\F_{\mathrm{I}By}&=|m_2\ddot{y}_B|=|m_2\ddot{L}\sin\theta|\end{aligned}\tag{14-6}$$

$F_{\mathrm{I}A}$，$F_{\mathrm{I}Bx}$，$F_{\mathrm{I}By}$ 的方向如图 14-3(b)所示。系统的主动力有 F、m_1g、m_2g。弹簧力 $F_k=k(L-L_0)$，方向如图 14-2(b)所示。

使系统有虚位移 δx(水平向右)，δL(沿斜面向下)。则有

$$\begin{aligned}&\delta r_A=\delta x\\&\delta x_B=\delta x-\delta L\cos\theta\\&\delta y_B=|-\delta L\sin\theta|\end{aligned}\tag{14-7}$$

由动力学普遍方程式(14-3)有

$$F\delta x-F_k\delta L+m_2g\delta y_B-F_{IA}\delta x-F_{IBx}\delta x_B-F_{IBy}\delta y_B=0$$

整理得

$$[F-m_1\ddot{x}-m_2(\ddot{x}-\ddot{L}\cos\theta)]\delta x+[-k(L-L_0)+m_2g\sin\theta+$$
$$m_2(\ddot{x}-\ddot{L}\cos\theta)\cos\theta-m_2\ddot{L}\sin\theta]\delta L=0$$

因虚位移 δx、δL 是互相独立的虚位移，且 $\delta x\neq 0$，$\delta L\neq 0$，故

$$F-m_1\ddot{x}-m_2(\ddot{x}-\ddot{L}\cos\theta)=0$$
$$-k(L-L_0)+m_2g\sin\theta+m_2(\ddot{x}-\ddot{L}\cos\theta)\cos\theta-m_2\ddot{L}\sin\theta=0$$

或写成

$$\begin{aligned}&(m_1+m_2)\ddot{x}-m_2\ddot{L}\cos\theta=F\\&m_2(\ddot{L}-\ddot{x}\cos\theta)=m_2g\sin\theta-k(L-L_0)\end{aligned}\tag{14-8}$$

式(14-8)即为系统的运动微分方程。

§14-2 拉格朗日方程

动力学普遍方程式(14-3)是用直角坐标表达的，质点系中各质点的直角坐标由约束方程联系，而不是独立坐标。式(14-3)中的 δx_i、δy_i、δz_i 不是独立虚位移。解题时，要消去这些不独立的虚位移，才能得到独立的方程。将动力学普遍方程式(14-3)中的直角坐标变换成广义坐标，用广义坐标的虚位移来表示直角坐标虚位移。因为广义坐标是确定质点系位置的独立的、个数最少的坐标，所以由广义坐标表示的质点系运动微分方程组，其方程是互相独立的。方程的个数也是最少的。这就是本节讨论的第二类拉格朗日方程，简称拉格朗日方程。

1. 拉格朗日方程的推导

由动力学普遍方程式(14-1)展开有

$$\sum_{i=1}^{n}\boldsymbol{F}_i\cdot\delta\boldsymbol{r}_i-\sum_{i=1}^{n}m\boldsymbol{a}_i\cdot\delta\boldsymbol{r}_i=0\tag{14-9}$$

式(14-9)中左边第一项表示质点系主动力的虚功之和，可用广义力的形式表述，即

$$\sum_{i=1}^{n}\boldsymbol{F}_i\cdot\delta\boldsymbol{r}_i=\sum_{i=1}^{n}F_{Qj}\delta q_j\tag{14-10}$$

广义力

$$F_{Qj}=\sum_{i=1}^{n}F_i\frac{\partial\boldsymbol{r}_i}{\partial q_j}\tag{14-11}$$

式(14-4)中左边第二项表示质点系惯性力的虚功之和

$$\sum_{i=1}^{n} m_i \boldsymbol{a}_i \cdot \delta \boldsymbol{r}_i = \sum_{i=1}^{n} m_i \boldsymbol{a}_i \cdot \sum_{j=1}^{k} \frac{\partial \boldsymbol{r}_i}{\partial q_j} \delta q_j = \sum_{j=1}^{k} \sum_{i=1}^{n} \left(m_i \boldsymbol{a}_i \cdot \frac{\partial \boldsymbol{r}_i}{\partial q_j} \right) \delta q_j \tag{14-12}$$

对式(14-12)，括号中的项进行类似于分部积分的运算有

$$m_i \boldsymbol{a}_i \cdot \frac{\partial \boldsymbol{r}_i}{\partial q_j} = \frac{\mathrm{d}}{\mathrm{d}t}\left(m_i \boldsymbol{v}_i \cdot \frac{\partial \boldsymbol{r}_i}{\partial q_j} \right) - m_i \boldsymbol{v}_i \cdot \frac{\mathrm{d}}{\mathrm{d}t} \frac{\partial \boldsymbol{r}_i}{\partial q_j} \tag{14-13}$$

式(14-13)中有如下关系式

$$\frac{\partial \boldsymbol{r}_i}{\partial q_j} = \frac{\partial \dot{\boldsymbol{r}}_i}{\partial \dot{q}_j} = \frac{\partial \boldsymbol{v}_i}{\partial \dot{q}_j} \tag{14-14}$$

$$\frac{\mathrm{d}}{\mathrm{d}t} \frac{\partial \boldsymbol{r}_i}{\partial q_j} = \frac{\partial \dot{\boldsymbol{r}}_i}{\partial q_i} = \frac{\partial \boldsymbol{v}_i}{\partial q_j} \tag{14-15}$$

式(14-14)、式(14-15)称为拉格朗日关系式(后面再证明)。将拉格朗日关系式代入式(14-13)得

$$\begin{aligned} m_i \boldsymbol{a}_i \cdot \frac{\partial \boldsymbol{r}_i}{\partial q_j} &= \frac{\mathrm{d}}{\mathrm{d}t}\left(m_i \boldsymbol{v}_i \cdot \frac{\partial \boldsymbol{r}_i}{\partial q_j} \right) - m_i \boldsymbol{v}_i \cdot \frac{\mathrm{d}}{\mathrm{d}t} \frac{\partial \boldsymbol{r}}{\partial q_j} \\ &= \frac{\mathrm{d}}{\mathrm{d}t}\left(m_i \boldsymbol{v}_i \cdot \frac{\partial \boldsymbol{v}_i}{\partial \dot{q}_j} \right) - m_i \boldsymbol{v}_i \cdot \frac{\partial \boldsymbol{v}_i}{\partial q_j} \\ &= \frac{\mathrm{d}}{\mathrm{d}t} \frac{\partial}{\partial \dot{q}_j}\left(\frac{m_i v_i^2}{2} \right) - \frac{\partial}{\partial q_j}\left(\frac{m_i v_i^2}{2} \right) \\ &= \frac{\mathrm{d}}{\mathrm{d}t} \frac{\partial T_i}{\partial \dot{q}_j} - \frac{\partial T_i}{\partial q_j} \end{aligned} \tag{14-16}$$

式中，$T_i = \dfrac{m_i \boldsymbol{v}_i^2}{2}$为质点的动能。

由式(14-12)、式(14-16)有

$$\sum_{i=1}^{n} m_i \boldsymbol{a}_i \cdot \delta \boldsymbol{r}_i = \sum_{j=1}^{k} \left(\sum_{i=1}^{n} \frac{\mathrm{d}}{\mathrm{d}t} \frac{\partial T_i}{\partial \dot{q}_j} - \frac{\partial T_i}{\partial q_j} \right) \delta q_j = \sum_{j=1}^{k} \left(\frac{\mathrm{d}}{\mathrm{d}t} \frac{\partial T}{\partial \dot{q}_j} - \frac{\partial T}{\partial q_j} \right) \delta q_j \tag{14-17}$$

将式(14-10)、式(14-17)代入式(14-9)有

$$\begin{gathered} \sum_{j=1}^{k} F_{Q_j} \delta q_j - \sum_{j=1}^{k} \left(\frac{\mathrm{d}}{\mathrm{d}t} \frac{\partial T_i}{\partial \dot{q}_j} - \frac{\partial T}{\partial q_j} \right) \delta q_j = 0 \\ \sum_{k=1}^{k} \left[F_{Q_j} - \left(\frac{\mathrm{d}}{\mathrm{d}t} \frac{\partial T}{\partial \dot{q}_j} - \frac{\partial T}{\partial q_j} \right) \right] \delta q_j = 0 \end{gathered} \tag{14-18}$$

广义坐标虚位移 δq_j 是任意的，故有

$$F_{Q_j} - \left(\frac{\mathrm{d}}{\mathrm{d}t} \frac{\partial T}{\partial \dot{q}_j} - \frac{\partial T}{\partial q_j} \right) = 0 \tag{14-19}$$

或

$$\frac{\mathrm{d}}{\mathrm{d}t} \frac{\partial T}{\partial \dot{q}_j} - \frac{\partial T}{\partial q_j} = F_{Q_j} \quad (j=1,\ 2,\ \cdots,\ k) \tag{14-20}$$

式(14-19)或式(14-20)称为**第二类拉格朗日方程**，简称拉格朗日方程。这是用广义坐

标表示的二阶常微分方程。微分方程的数目与质点系的自由度相等。

2. 拉格朗日关系式的证明

由动力学普遍方程推出的拉格朗日方程中所用到的两个关系式，称为拉格朗日关系式。即式(14-14)、式(14-15)，现证明如下。

设有一理想、完整约束的非自由质点系，有 k 个自由度。用 k 个广义坐标(q_1, q_2, …, q_k)表示质点的位置，则系统中任一质点的位置矢径为

$$\boldsymbol{r}_i=\boldsymbol{r}_i(q_1,\ q_2,\ \cdots,\ q_k,\ t)\quad (i=1,\ 2,\ \cdots,\ k)$$

其虚位移为

$$\delta\boldsymbol{r}_i=\sum_{j=1}^{k}\frac{\partial\boldsymbol{r}_i}{\partial q_j}\delta q_j\quad (j=1,\ 2,\ \cdots,\ k)$$

其速度为

$$\boldsymbol{v}_i=\dot{\boldsymbol{r}}_i=\sum_{j=1}^{k}\left(\frac{\partial\boldsymbol{r}_i}{\partial q_j}\dot{q}_j+\frac{\partial\boldsymbol{r}_i}{\partial t}\right)\tag{14-21}$$

式中，$\dot{q}_j$ 称为广义速度

对式(14-21)中的任一广义速度 $\dot{q}_j$ 求偏导数，有

$$\frac{\partial\boldsymbol{v}_i}{\partial\dot{q}_j}=\frac{\partial\dot{\boldsymbol{r}}_i}{\partial\dot{q}_j}=\frac{\partial}{\partial\dot{q}_j}\left[\sum_{j=1}^{k}\left(\frac{\partial\boldsymbol{r}_i}{\partial q_j}\dot{q}_j+\frac{\partial\boldsymbol{r}_i}{\partial t}\right)\right]=\frac{\partial\boldsymbol{r}_i}{\partial q_i}\tag{14-22}$$

即

$$\frac{\partial\boldsymbol{v}_i}{\partial\dot{q}_j}=\frac{\partial\dot{\boldsymbol{r}}_i}{\partial\dot{q}_j}=\frac{\partial\boldsymbol{r}_i}{\partial q_j}$$

上式即为式(14-14)，得证。

对式(14-21)中的任一广义坐标 q_j 求偏导数，有

$$\frac{\partial\boldsymbol{v}_i}{\partial q_j}=\frac{\partial\dot{\boldsymbol{r}}_i}{\partial q_j}=\frac{\partial}{\partial q_j}\left[\sum_{j=1}^{k}\left(\frac{\partial\boldsymbol{r}_i}{\partial q_j}\dot{q}_j+\frac{\partial\boldsymbol{r}_i}{\partial t}\right)\right]=\sum_{j=1}^{k}\left(\frac{\partial^2\boldsymbol{r}_i}{\partial q_j\partial q_j}\dot{q}_j+\frac{\partial^2\boldsymbol{r}_i}{\partial q_j\partial t}\right)\tag{14-23}$$

直接由矢径 $\boldsymbol{r}_i$ 对任一广义坐标 q_j 求偏导数，然后再对时间 t 求导，有

$$\frac{\mathrm{d}}{\mathrm{d}t}\left(\frac{\partial\boldsymbol{r}_i}{\partial q_j}\right)=\sum_{j=1}^{k}\left(\frac{\partial^2\boldsymbol{r}_i}{\partial q_j\partial q_j}\dot{q}_j+\frac{\partial^2\boldsymbol{r}_i}{\partial q_j\partial t}\right)\tag{14-24}$$

比较式(14-23)、式(14-24)，得

$$\frac{\partial\boldsymbol{v}_i}{\partial q_j}=\frac{\partial\dot{\boldsymbol{r}}_i}{\partial q_j}=\frac{\mathrm{d}}{\mathrm{d}t}\frac{\partial\boldsymbol{r}_i}{\partial q_j}$$

上式即为式(14-15)，得证。

3. 拉格朗日方程的应用

拉格朗日方程的应用与动力学普遍方程相同，即

①建立质点系的运动微分方程；

②已知作用在系统上的主动力，求各质点的加速度。

求解时的关键是系统广义力 F_{Q_j} 的计算和系统动能 T 的计算。

例 14-3　如图 14-4 所示，质量为 m_1 的均质圆轮可绕水平轴 O 转动。轮上跨过一不可伸长的绳子，绳子的一端悬挂一质量为 m_2 的重物，另一端连接在铅垂的弹簧上。设弹簧的刚度系数为 k，试建立系统的运动微分方程。

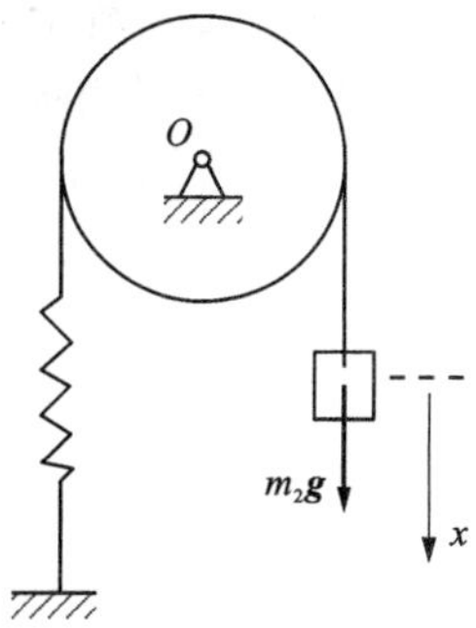

图 14-4

解：取整体为研究对象，该系统属于完整系统，系统的自由度 $k=1$。系统所受的主动力有轮和重物的重力，以及弹簧的恢复力。取重物相对于静平衡位置的距离 x 为广义坐标，那么系统的动能为

$$\begin{aligned} T &= \frac{1}{2}J_0\omega^2+\frac{1}{2}m_2\dot{x}^2 \\ &= \frac{1}{4}m_1R^2\left(\frac{\dot{x}}{R}\right)^2+\frac{1}{2}m_2\dot{x}^2 \\ &= \frac{1}{4}(m_1+2m_2)\dot{x}^2 \end{aligned} \tag{14-25}$$

计算广义力。设弹簧的静伸长为 δ_0，根据静平衡时的平衡方程，得

$$m_2g=k\delta_0 \tag{14-26}$$

给系统一个虚位移 δx，则作用在系统上的主动力的虚功之和为

$$\delta W=m_2g\delta x-k(\delta_0+x)\delta x=-kx\delta x \tag{14-27}$$

于是广义力为

$$F_Q=\frac{\delta W}{\delta x}=-kx \tag{14-28}$$

将系统动能函数 T 和广义力 F_Q 代入拉格朗日方程，有

$$\frac{\mathrm{d}}{\mathrm{d}t}\left(\frac{\partial T}{\partial \dot{x}}\right)-\frac{\partial T}{\partial x}=F_Q \tag{14-29}$$

计算下列有关各项

$$\begin{aligned} &\frac{\partial T}{\partial \dot{x}}=\frac{1}{2}(m_1+2m_2)\dot{x} \\ &\frac{\mathrm{d}}{\mathrm{d}t}\frac{\partial T}{\partial \dot{x}}=\frac{1}{2}(m_1+2m_2)\ddot{x} \\ &\frac{\partial T}{\partial x}=0 \end{aligned} \tag{14-30}$$

将式(14-28)、式(14-30)代入式(14-29)，得

$$\frac{1}{2}(m_1+2m_2)\ddot{x}=-kx$$

或写成

$$\ddot{x}+\frac{2k}{m_1+2m_2}x=0$$

上式为该系统的运动微分方程。

例 14-4 如图 14-5 所示，在水平面内，两平行齿条夹一半径为 r 的齿轮。设每根齿条质量均为 m_1，齿轮质量为 m_2，且沿轮缘均匀分布。两齿条上分别作用有沿齿条指向相反的力 F_1 和 F_2，试求齿轮的角加速度和轮心 C 的加速度。

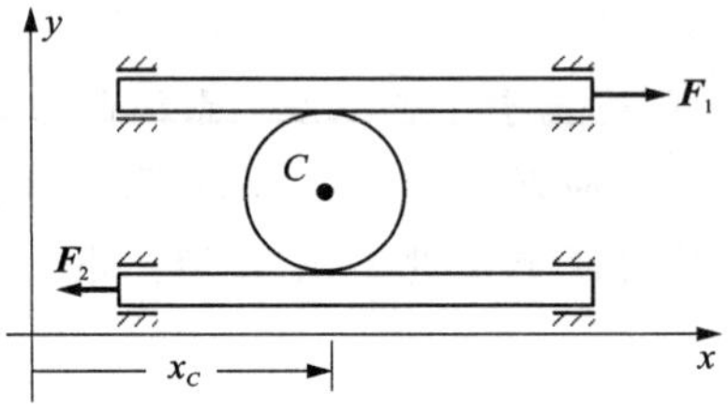

图 14-5

解：此机构具有两个自由度。选取齿轮质心 C 的坐标 x_C 及齿轮绕质心 C 的转角 φ 为广义坐标，则 $\dot{x}_C$ 和 $\dot{\varphi}$ 分别为他们的速度和角速度。故上、下齿条坐标分别为

$$x_1=x_C+r\varphi,\ x_2=x_C-r\varphi \tag{14-31}$$

上、下齿条速度分别为

$$\dot{x}_1=\dot{x}_C+r\dot{\varphi},\ \dot{x}_2=\dot{x}_C-r\dot{\varphi} \tag{14-32}$$

系统动能为

$$\begin{aligned}T&=\frac{m_1}{2}\dot{x}_1^2+\frac{m_1}{2}\dot{x}_2^2+\frac{m_2}{2}\dot{x}_C^2+\frac{m_2}{2}r^2\dot{\varphi}^2\\&=\frac{m_1}{2}[(\dot{x}_C+r\dot{\varphi})^2+(\dot{x}_C-r\dot{\varphi})^2]+\frac{m_2}{2}(\dot{x}_C^2+r^2\dot{\varphi}^2)\\&=\frac{1}{2}(2m_1+m_2)(\dot{x}_C^2+r^2\dot{\varphi}^2)\end{aligned} \tag{14-33}$$

主动力 F_1 和 F_2 作的虚功为

$$\begin{aligned}\delta W&=F_1\delta x_1-F_2\delta x_2=F_1(\dot{x}_C+r\dot{\varphi})-F_2(\dot{x}_C-r\dot{\varphi})\\&=(F_1-F_2)\delta x_C+(F_1+F_2)r\delta\varphi\end{aligned} \tag{14-34}$$

对应于坐标 x_C 和 φ 的广义力 F_Q 和 F_Q 为

令 $\delta x_C\neq0$ $\delta\varphi=0$，由式(14-34)有

$$F_{QC}=\frac{\delta W_{xC}}{\delta x_C}=F_1-F_2 \tag{14-35}$$

令 $\delta x_C=0$ $\delta\varphi\neq0$，由式(14-34)有

$$F_{Q\varphi}=\frac{\delta W_{\varphi}}{\delta\varphi}=(F_1+F_2)r \tag{14-36}$$

将式(14-34)、式(14-35)～式(14-36)代入拉格朗日方程，得系统的运动微分方程

$$(2m_1+m_2)\ddot{x}_C=F_1-F_2$$

$$(2m_1+m_2)r^2\ddot{\varphi}=(F_1+F_2)r$$

由此得轮心加速度和角加速度

$$\ddot{x}_C=\frac{F_1-F_2}{(2m_1+m_2)}$$

$$\ddot{\varphi}=\frac{(F_1+F_2)}{(2m_1+m_2)r}$$

由上述计算结果可以看出，当 $F_1=F_2$ 时，齿轮质心加速度为零。

例 14-5　如图 14-6(a)所示，质量为 m_1 的滑块上，具有半径为 R 的圆槽。质量为 m_2，半径为 r 的均质圆柱在槽中滚动而不滑动。在水平力 $F=F_0\sin\omega t$ 和刚度系数为 k 的弹簧的弹力作用下，滑块沿光滑水平面滑动。弹簧轴线水平。试建立系统的运动微分方程。

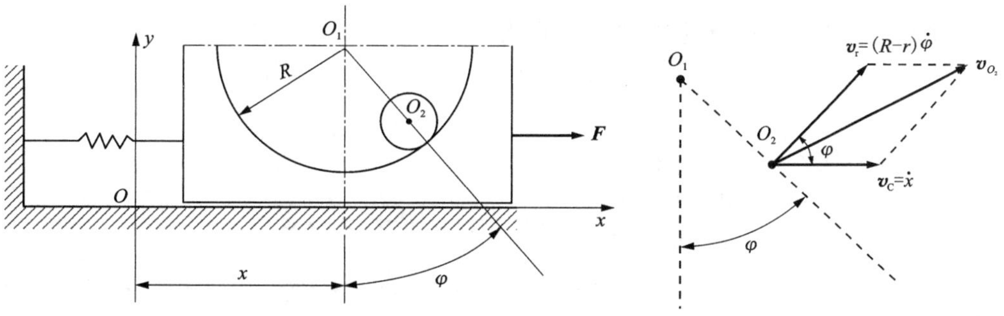

(a)　　　　(b)

图 14-6

解：滑块的水平位置用一个参数确定后，还要用一个参数来确定圆柱在滑块槽中的滚动，系统的位置才能完全确定。故系统有两个自由度，$k=2$。取广义坐标 $q_1=x$，$q_2=\varphi$，x 轴的原点取在弹簧的原长位置。

1. 求系统的动能

系统的动能为滑块的平动动能和圆柱平面运动的动能之和。

$$T=\frac{1}{2}m_1\dot{x}^2+\frac{1}{2}m_2v_{O_2}^2+\frac{1}{2}J_{O_2}\omega^2 \tag{14-37}$$

由点的合成运动知，圆柱中心 O_2 的速度等于牵连速度 $\dot{x}$ 和相对速度$(R-r)\varphi$ 的矢量和，如图 14-6(b)所示，其大小为

$$v_{O_2}^2=\dot{x}^2+(R-r)^2\varphi^2+2(R-r)\varphi\dot{x}\cos\varphi \tag{14-38}$$

圆柱的角速度

$$\omega=\frac{(R-r)\varphi}{r} \tag{14-39}$$

将式(14-38)和式(14-39)代入式(14-37)得

$$T=\frac{1}{2}(m_1+m_2)\dot{x}^2+\frac{3}{4}m_2(R-r^2)\dot{\varphi}^2+m_2(R-r^2)\dot{x}\dot{\varphi}\cos\varphi \tag{14-40}$$

2. 求系统的广义力

给 $\delta x \neq 0$，$\delta\varphi = 0$，有

$$
\begin{aligned}
&(-kx+F_0\sin\omega t)\delta x = F_{Q_x}\delta x \\
&F_{Q_x} = -kx+F_0\sin\boldsymbol{\omega}t
\end{aligned}
\tag{14-41}
$$

再给 $\delta\varphi \neq 0$，$\delta x = 0$，有

$$
F_{Q_\varphi} = -m_2 g(R-r)\sin\varphi \tag{14-42}
$$

3. 应用拉格朗日方程求解

第一个广义坐标 $q_1 = x$，其拉格朗日方程为

$$
\frac{\mathrm{d}}{\mathrm{d}t}\frac{\partial T}{\partial \dot{x}} - \frac{\partial T}{\partial x} = F_{Q_x} \tag{14-43}
$$

把式(14-40)代入第一项，得出

$$
\begin{aligned}
\frac{\mathrm{d}}{\mathrm{d}t}\frac{\partial T}{\partial \dot{x}} &= \frac{\mathrm{d}}{\mathrm{d}t}[(m_1+m_2)\dot{x}+m_2(R-r)\dot{\varphi}\cos\varphi] \\
&= (m_1+m_2)\ddot{x}+m_2(R-r)\ddot{\varphi}\cos\varphi - m_2(R-r)\dot{\varphi}^2\sin\varphi
\end{aligned}
\tag{14-44}
$$

而

$$
\frac{\partial T}{\partial x} = 0
$$

代入式(14-43)，得

$$
(m_1+m_2)\ddot{x}+m_2(R-r)\ddot{\varphi}\cos\varphi - m_2(R-r)\dot{\varphi}^2\sin\varphi = -kx+F_0\sin\omega t \tag{14-45}
$$

第二个广义坐标 $q_2 = \varphi$，其拉格朗日方程为

$$
\frac{\mathrm{d}}{\mathrm{d}t}\frac{\partial T}{\partial \dot{\varphi}} - \frac{\partial T}{\partial \varphi} = F_{Q_\varphi} \tag{14-46}
$$

把式(14-40)代入第一项，得

$$
\begin{aligned}
\frac{\mathrm{d}}{\mathrm{d}t}\frac{\partial T}{\partial \dot{\varphi}} &= \frac{\mathrm{d}}{\mathrm{d}t}\left[\frac{3}{2}m_2(R-r)^2\dot{\varphi}+m_2(R-r)\dot{x}\cos\varphi\right] \\
&= \frac{3}{2}m_2(R-r)^2\ddot{\varphi}+m_2(R-r)\ddot{x}\cos\varphi - m_2(R-r)\dot{x}\dot{\varphi}\sin\varphi
\end{aligned}
\tag{14-47}
$$

由于动能 T 中显含广义坐标 φ，所以式(14-46)的第二项为。

$$
\frac{\partial T}{\partial \varphi} = -m_2(R-r)\dot{x}\dot{\varphi}\sin\varphi \tag{14-48}
$$

代入式(14-46)，得

$$
\frac{3}{2}(R-r)\ddot{\varphi}+\ddot{x}\cos\varphi = -g\sin\varphi \tag{14-49}
$$

系统的运动微分方程为式(14-45)、式(14-49)，即

$$
(m_1+m_2)\ddot{x}+m_2(R-r)\ddot{\varphi}\cos\varphi - m_2(R-r)\dot{\varphi}^2\sin\varphi = -kx+F_0\sin\omega t
$$

$$
\frac{3}{2}(R-r)\ddot{\varphi}+\ddot{x}\cos\varphi = -g\sin\varphi
$$

§14-3　拉格朗日方程的首次积分

由拉格朗日方程得出的是系统的 k 个二阶运动微分方程，表达的是系统中各质点的加速度（或角加速度）与其他参数的关系。如果要求系统中各质点某瞬时的速度和位置（即运动方程），则需要对拉格朗日方程求积分。在很多情况下，拉格朗日方程是二阶非线性微分方程，求积分是非常困难的。但在有些情况下，可以求得拉格朗日方程的首次积分（即第一次积分），使二阶微分方程降为一阶微分方程。下面就来讨论这一方法。

1. 动能表达式的分析

一般情况下，具有完整约束的质点系的任一点的矢径 $\boldsymbol{r}_i$ 可表达为广义坐标和时间的函数

$$\boldsymbol{r}_i=\boldsymbol{r}_i(q_1,\ q_2,\ \cdots,\ q_k,\ t)\ (i=1,\ 2,\ \cdots,\ n)$$

各点的速度为

$$\boldsymbol{v}_i=\frac{\mathrm{d}\boldsymbol{r}_i}{\mathrm{d}t}=\sum_{j=1}^{k}\frac{\partial \boldsymbol{r}_i}{\partial q_j}\dot{q}_j+\frac{\partial \boldsymbol{r}_i}{\partial t}$$

质点系的动能为

$$T=\sum_{i=1}^{n}\frac{1}{2}m_i\boldsymbol{v}_i\cdot\boldsymbol{v}_i=\frac{1}{2}\sum_{i=1}^{n}m_i\sum_{j=1}^{k}\sum_{l=1}^{k}\frac{\partial \boldsymbol{r}_i}{\partial q_j}\cdot\frac{\partial \boldsymbol{r}_i}{\partial q_l}\dot{q}_j\dot{q}_l$$
$$+\sum_{i=1}^{n}m_i\sum_{j=1}^{k}\frac{\partial \boldsymbol{r}_i}{\partial q_j}\cdot\frac{\partial \boldsymbol{r}_i}{\partial t}\dot{q}_j+\frac{1}{2}\sum_{i=1}^{n}m_i\frac{\partial \boldsymbol{r}_i}{\partial t}\cdot\frac{\partial \boldsymbol{r}_i}{\partial t} \tag{14-50}$$

可见，质点系的动能 T 由三部分组成：第一部分是广义速度的二次齐次函数，用 T_2 表示；第二部分是广义速度的一次齐次函数，用 T_1 表示；第三部分是广义速度的零次式，用 T_0 表示。所以

$$T=T_2+T_1+T_0$$

当系统具有完整、定常约束时，矢径 $\boldsymbol{r}_i$ 仅是广义坐标的函数。所以，动能表达式中只有第一项

$$T=T_2=\frac{1}{2}\sum_{i=1}^{n}m_i\sum_{j=1}^{k}\sum_{l=1}^{k}\frac{\partial \boldsymbol{r}_i}{\partial q_j}\cdot\frac{\partial \boldsymbol{r}_i}{\partial q_l}\dot{q}_j\dot{q}_l$$
$$=\frac{1}{2}\sum_{j=1}^{k}\sum_{l=1}^{k}\left(\sum_{i=1}^{n}m_i\frac{\partial \boldsymbol{r}_i}{\partial q_j}\cdot\frac{\partial \boldsymbol{r}_i}{\partial q_l}\right)\dot{q}_j\dot{q}_l$$
$$=\frac{1}{2}\sum_{j=1}^{k}\sum_{l=1}^{k}m_{jl}\dot{q}_j\dot{q}_l \tag{14-51}$$

即动能 $T=T_2$ 是广义速度 $\dot{q}_j$ 的二次齐次函数。根据欧拉齐次函数定理和上式得出

$$\sum_{j=1}^{k}\frac{\partial T_2}{\partial \dot{q}_j}\dot{q}_j=\sum_{j=1}^{k}\sum_{i=1}^{k}m_{jl}\dot{q}_j\dot{q}_l=2T_2 \tag{14-52}$$

当主动力有势时，质点系的势能是广义坐标的函数，$V=V(q_1,\ q_2,\ \cdots,\ q_k)$。拉格朗日函数

$$L=T-V=L(q_1, q_2, \cdots, q_k, \dot{q}_1, \dot{q}_2, \cdots, \dot{q}_k) \tag{14-53}$$

2. 能量积分

式(14-53)对时间求导，得

$$\frac{\mathrm{d}L}{\mathrm{d}t}=\sum_{j=1}^{k}\frac{\partial L}{\partial q_j}\dot{q}_j+\frac{\partial L}{\partial \dot{q}_j}\dot{q}_j \tag{14-54}$$

对于保守系统有拉格朗日方程

$$\frac{\mathrm{d}}{\mathrm{d}t}\frac{\partial L}{\partial \dot{q}_j}-\frac{\partial L}{\partial q_j}=0 \text{ 即} \frac{\mathrm{d}}{\mathrm{d}t}\frac{\partial L}{\partial \dot{q}_j}=\frac{\partial L}{\partial q_j} \tag{14-55}$$

代入上式，得

$$\frac{\mathrm{d}L}{\mathrm{d}t}=\sum_{j=1}^{k}\left(\frac{\mathrm{d}}{\mathrm{d}t}\frac{\partial L}{\partial \dot{q}_j}\dot{q}_j+\frac{\partial L}{\partial \dot{q}_j}\ddot{q}_j\right)=\sum_{j=1}^{k}\frac{\mathrm{d}}{\mathrm{d}t}\left(\frac{\partial L}{\partial \dot{q}_j}\dot{q}_j\right) \tag{14-56}$$

移项后，得

$$\begin{gathered}\sum_{j=1}^{k}\frac{\mathrm{d}}{\mathrm{d}t}\left(\frac{\partial L}{\partial q_j}\dot{q}_j\right)-\frac{\mathrm{d}l}{\mathrm{d}t}=0\\ \frac{\mathrm{d}}{\mathrm{d}t}\left(\sum_{j=1}^{k}\frac{\partial L}{\partial \dot{q}_j}\dot{q}_j-L\right)=0\end{gathered} \tag{14-57}$$

所以

$$\sum_{j=1}^{k}\frac{\partial L}{\partial \dot{q}_j}\dot{q}_j-L=\text{常数} \tag{14-58}$$

对于保守系统，由式(14-52)得$\frac{\partial L}{\partial \dot{q}_j}=\frac{\partial T}{\partial \dot{q}_j}$，再把式(14-51)代入式(14-57)，得

$$\sum_{j=1}^{k}\frac{\partial L}{\partial \dot{q}_j}\dot{q}_j-L=2T-(T-V)=T+V=\text{常数} \tag{14-59}$$

以上即保守系统的机械能守恒定律，称为**拉格朗日方程的能量积分**。

3. 循环积分

如果在拉格朗日函数 L 中不显含某些广义坐标，这些广义坐标就称为循环坐标。设系统有 r 个循环坐标($q_1, q_2, \cdots, q_r$)，则

$$\frac{\partial L}{\partial q_j}=0 \quad (j=1, 2, \cdots, r)$$

把上式代入保守系统的拉格朗日方程式(14-54)，得

$$\frac{\mathrm{d}}{\mathrm{d}t}\frac{\partial L}{\partial q_j}=0 \qquad (j=1, 2, \cdots, r)$$

所以

$$\frac{\partial L}{\partial \dot{q}_j}=\frac{\partial T}{\partial \dot{q}_j}=\alpha_j=\text{常数} \quad (j=1, 2, \cdots, r) \tag{14-60}$$

这就是**拉格朗日方程的循环积分**，式中 α_j 称为广义动量。

例 14-6　如图 14-7(a)所示，飞轮在水平面内绕铅垂轴 O 转动，轮辐上套一滑块 A，并以弹簧与轴心相连。已知，飞轮的转动惯量为 J_0，滑块的质量为 m，弹簧的刚性系数为 k，弹簧的原长为 l。求系统的运动微分方程和首次积分。

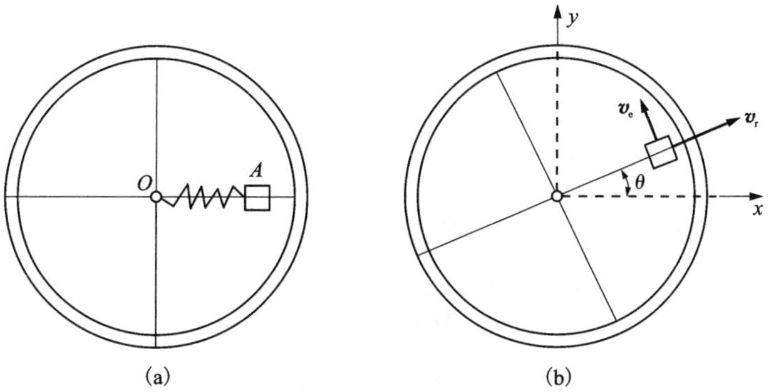

图 14-7

解：系统有两个自由度，取飞轮的转角 θ 和弹簧的变形量 r 为广义坐标。系统的动能：
飞轮的动能为

$$T_1=\frac{1}{2}J_0\dot{\theta}^2$$

滑块的动能为

$$T_2=\frac{1}{2}mv^2$$

设 v 为滑块的绝对速度，v_r 为滑块的相对速度 $v_r=\dot{r}$，v_e 为滑块的牵连速度 $v_e=(l+r)\dot{\theta}^2$，如图 14-7(b)所示。由于 $v_r\perp v_e$，有 $v^2=v_r^2+v_e^2=\dot{r}^2+(l+r)^2\dot{\theta}^2$，故系统的总动能为

$$T=T_1+T_2=\frac{1}{2}J_0\dot{\theta}^2+\frac{1}{2}m\dot{r}^2+\frac{1}{2}m(l+r)^2\dot{\theta}^2$$

系统为保守系统，势能为

$$V=\frac{1}{2}kr^2$$

拉格朗日函数为

$$L=T-V=\frac{1}{2}J_0\dot{\theta}^2+\frac{1}{2}m\dot{r}^2+\frac{1}{2}m(l+r)^2\dot{\theta}^2-\frac{1}{2}kr^2$$

由拉格朗日方程[式(14-61)、式(14-62)]，得出系统的运动微分方程[式(16-63)、式(16-64)]

$$\frac{\mathrm{d}}{\mathrm{d}t}\left(\frac{\partial L}{\partial\dot{\theta}}\right)-\frac{\partial L}{\partial\theta}=0 \tag{14-61}$$

$$\frac{\mathrm{d}}{\mathrm{d}t}\left(\frac{\partial L}{\partial\dot{r}}\right)-\frac{\partial L}{\partial r}=0 \tag{14-62}$$

$$\frac{\mathrm{d}}{\mathrm{d}t}[J_0\dot{\theta}+m(l+r)^2\dot{\theta}]=0 \tag{14-63}$$

$$m\ddot{r}-m(l+r)\dot{\theta}^2+kx=0 \tag{14-64}$$

系统满足能量积分和循环积分条件，即系统的约束为定常、完整、理想约束，主动力都为有势力。又$\frac{\partial L}{\partial \theta}=0$，$\theta$为循环坐标。比较式(14-61)、式(14-63)有循环积分

$$J_0\dot{\theta}+m(l+r)^2\dot{\theta}=C_1 \tag{14-65}$$

由机械能守恒有

$$T+V=\text{常数}$$

$$\frac{1}{2}J_0\dot{\theta}^2+\frac{1}{2}m\dot{r}^2+\frac{1}{2}m(l+r)^2\dot{\theta}^2+\frac{1}{2}kr^2=C_2 \tag{14-66}$$

整理式(14-65)、式(14-66)得首次积分

$$\dot{\theta}=\frac{C_1}{J_0+m(l+r)^2}$$

$$\frac{1}{2}m\dot{r}^2+\frac{1}{2}kr^2+\frac{1}{2}[J_0+m(l+r)^2]\dot{\theta}^2=C_2$$

式中，C_1和C_2为积分常数，由初始条件确定。

习　题

14-1　一绳跨过两个定滑轮A、B并绕过一动滑轮C，不在滑轮上的各段绳子都是铅垂的。动滑轮上挂有质量为$m=4$ kg的重物，绳的两端则挂有质量各为$m_1=m_2=2$ kg的重物。如有滑轮与绳的质量及轴上的摩擦均略去不计，试求这三个重物的加速度。

14-2　一物体A重为F_P，当其下降时，借一不可伸长的绳子跨过定滑轮D，并绕在定轴C固结的B轮上，使轮C沿水平轨道纯滚动。B轮半径为R，轴C的半径为r，二者总重为F_Q。设与图面垂直的轴O的回转半径为ρ，设滑轮D及绳子重量不计，求重物A的加速度。

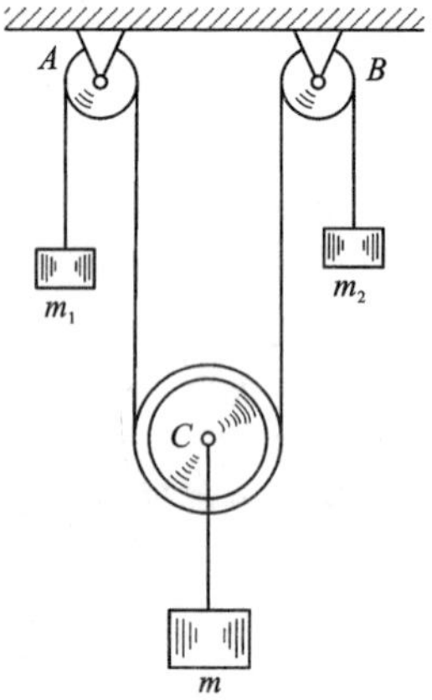

图题 14-1

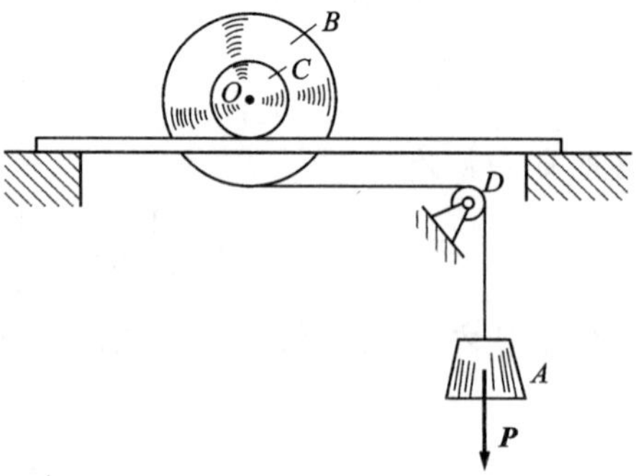

图题 14-2

14-3　椭圆规机构在水平面内由曲柄OC带动。曲柄和规尺AB都可以看作均质细杆，

质量分别为 m 和 $2m$，且长度 $OC=AC=BC=a$，滑块 A 和 B 的质量都等于 m_1。已知曲柄上作用着不变转矩 M_0。不计各处摩擦，试求曲柄的角加速度。

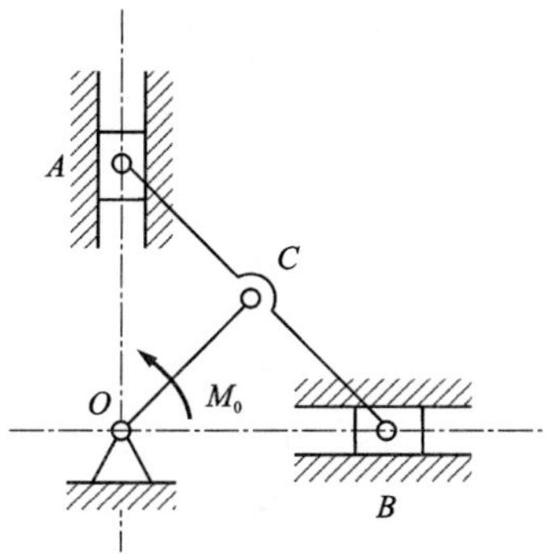

图题 14-3

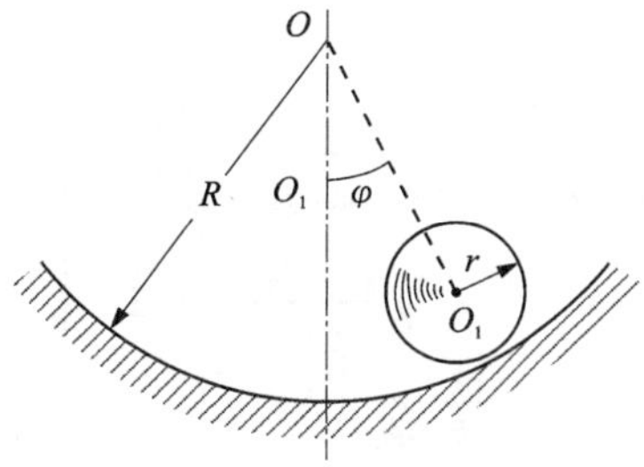

图题 14-5

14-4　应用拉格朗日方程推导单摆运动微分方程。假定摆锤质量 m、杆长 l 已知。试分别以下列参数为广义坐标：

(1) 转角 φ；(2) 水平坐标 x；(3) 铅垂坐标 y。

14-5　均质圆柱半径为 r，重 F_P，在半径为 R 的固定面内滚动而不滑动。试用拉格朗日方程写出圆柱体在其平衡位置附近作微幅振动的运动微分方程。

14-6　质量为 m 的单摆绕在一半径为 r 的固定圆柱上，如图题 14-6 所示。设在平衡位置时绳的下垂部分长为 l，不计绳的质量。试写出摆的运动微分方程。

14-7　图题 14-7 所示系统中重物 A 的质量 $m_1=1$ kg。滑轮 B 视为均质圆盘，质量 $m_2=2$ kg。鼓轮 D 由两个不同半径的同心均质圆盘固连在一起构成，总质量 $m_3=4$ kg。其对质心 C 的回转半径为 r。弹簧水平，其刚性系数 $k=400$ N/m。设鼓轮的运动为纯滚动，滚阻不计，绳子与滑轮间无滑动，略去绳子、弹簧的质量及转轴 B 处的摩擦。试写出系统的运动微分方程。

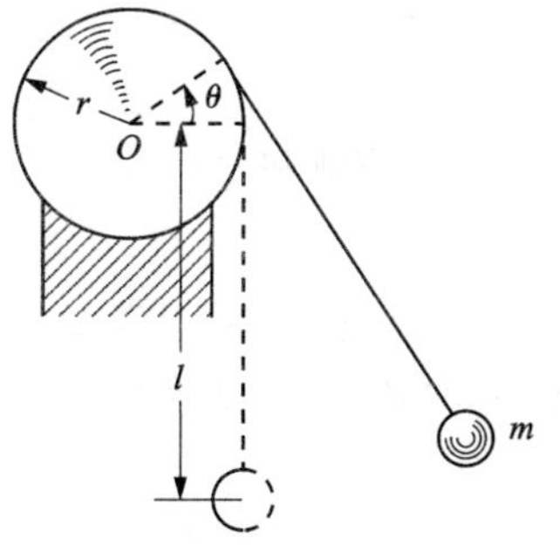

图题 14-6

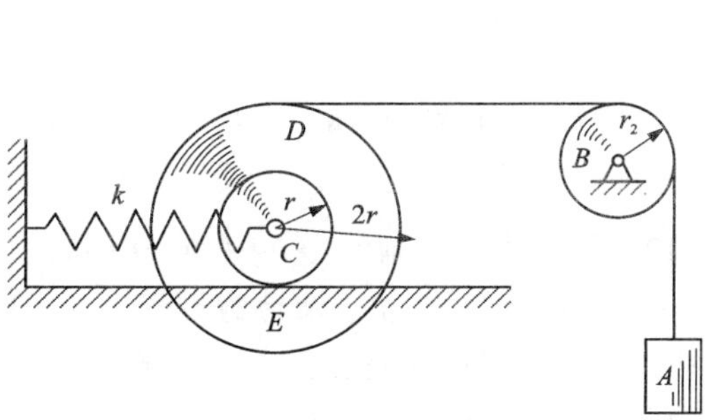

图题 14-7

14-8　振动记录仪如图题 14-8 所示。惯性体的质量为 m，下降支持在弹簧常数为 k_1 的弹簧上。上端铰接在指针 AOB 的 B 点，指针与外壳之间通过弹簧常数 k_2 的弹簧相连。设指针 AOB 对 O 轴的转动惯量为 J，$OB=b$，$OA=a$，试写出该系统的运动微分方程。

14-9　质量为 m_1 和 m_2 的两物体分别以弹簧常数为 k_1 和 k_2 的弹簧铅垂悬挂，如图题 14-9 所示。试写出两物体的运动微分方程。

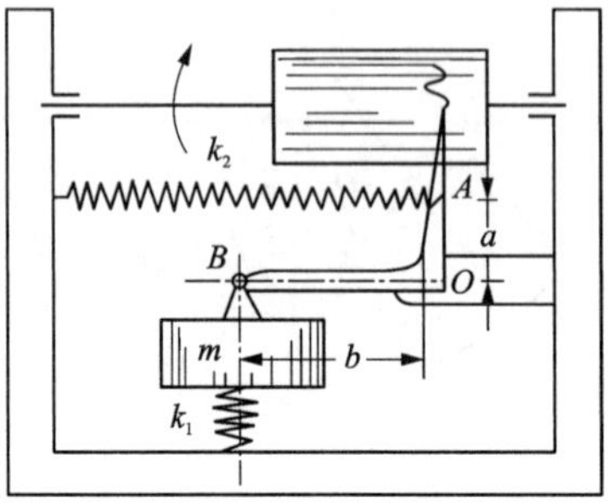

图题 14-8

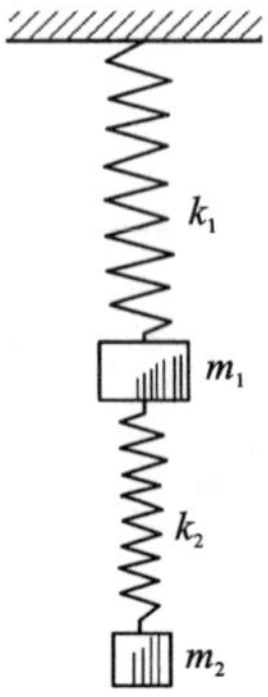

图题 14-9

14-10　设有一与弹簧相连的滑块 A，其质量为 m_1。它可沿光滑水平面无摩擦地来回滑动，弹簧的弹簧常数为 k；在滑块 A 上固连一单摆，如图题 14-10 所示。已知摆长为 l，质量为 m_2。试列出该系统的运动微分方程。

14-11　车厢的振动可以简化为支承于两个弹簧上的物体在铅垂平面内的运动，如图题 14-11 所示。设支承于弹簧上的物体的质量为 m，相对于质心的转动惯量为 $m\rho^2$ 两弹簧的弹簧常数分别为 k_1 和 k_2，质心距前后两轮轴的距离分别为 l_1 和 l_2。试列出其运动微分方程。

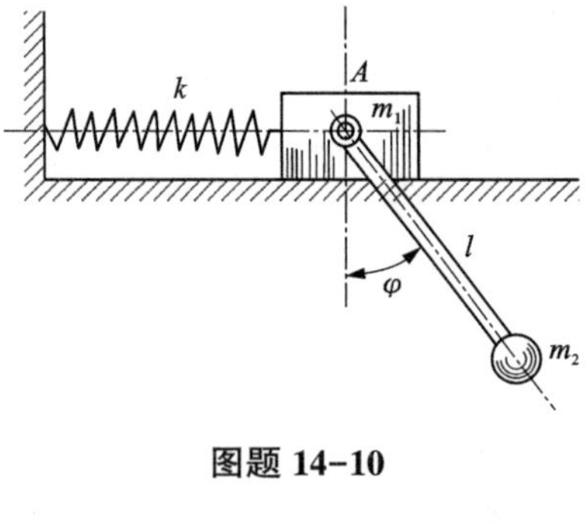

图题 14-10

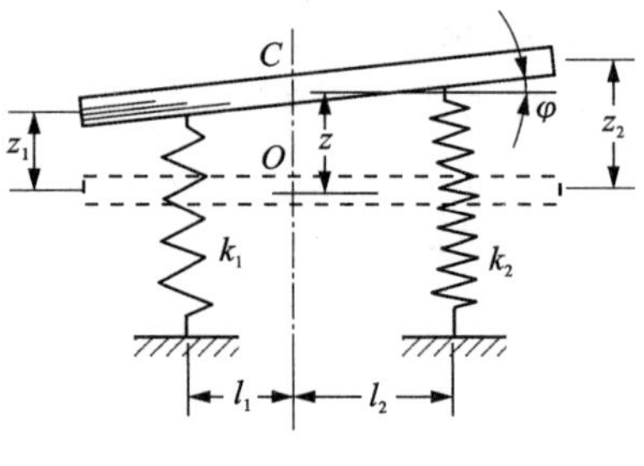

图题 14-11

14-12　飞轮在水平面内绕铅垂轴 O 转动，轮辐上套一滑块 A，并以弹簧与轴心相连。已知：飞轮的转动惯量为 J_o，滑动的质量为 m，弹簧的弹簧常数为 k，弹簧长原长为 l。试以飞轮的转角 θ 和弹簧的伸长 x 为广义坐标，写出系统运动微分方程。

14-13　绕在转动物体 A 上的绳子，跨过质量为 M 的定滑轮与质量为 m 的重物 B 相连。已知转动物体 A 的质量为 m'，半径为 r，对于轴心的回动半径为 ρ，绳与滑轮之间无滑动。若由静止开始，在何种情况下物体向上运动？

14-14　质量为 m，半径为 r 的均质圆轮沿水平地面作纯滚动。在其中心 O 上铰接一长为 $3r$ 的均质直杆 OA，杆可绕 O 轴(垂直于圆轮平面)在铅垂平面内摆动，杆的质量为 m。假定铰链是光滑的，求系统作微幅摆动时微分方程。

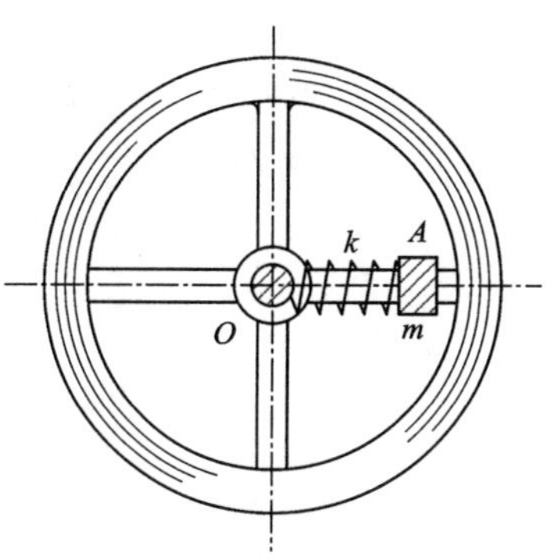

图题 14-12

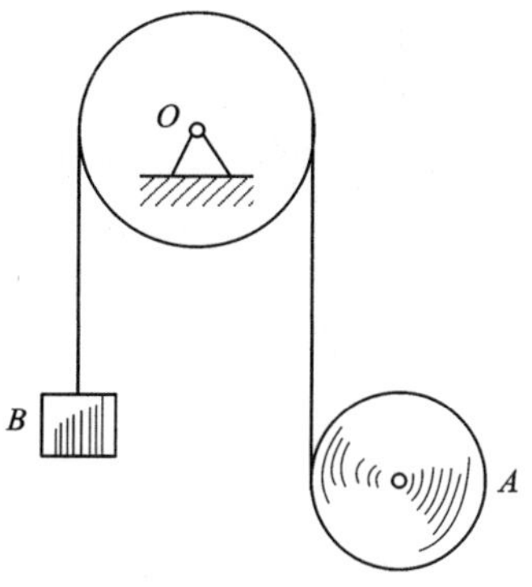

图题 14-13

14-15　一均质圆盘半径为 R，质量为 M，可绕自身水平轴 O 转动。在圆盘的圆周上有一长为 l 的细绳 AB 悬挂一质量为 m 的质点，试写出该系统的运动微分方程。

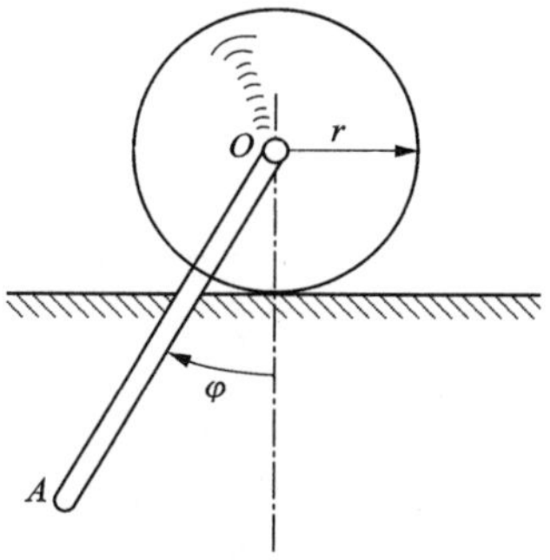

图题 14-14

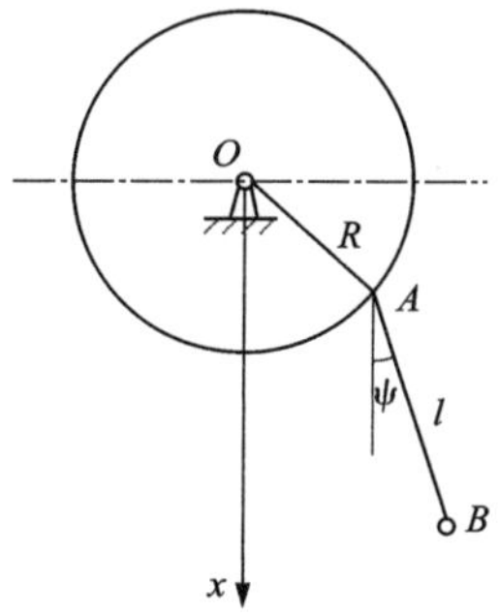

图题 14-15

14-16　一车在斜面上无滑动地滚动，斜面与水平面成 α 角，同时另一圆柱体在车板上做无滑动地滚动。已知车的质量为 M；车轮为均质圆盘，质量为 m；圆柱体的质量为 M_1。求车的加速度。

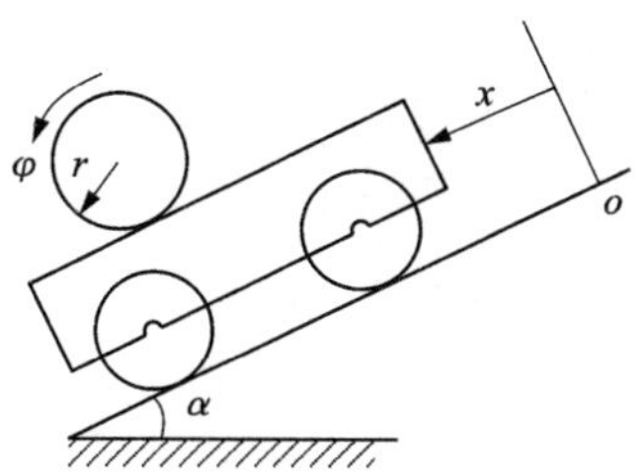

图题 14-16

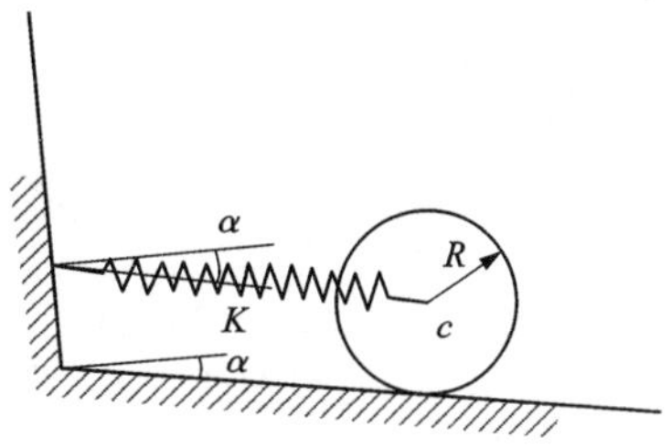

图题 14-17

14-17　一均质圆质量为 M，半径为 R，在铅垂平面内沿倾斜线作纯滚动。一无质量的弹簧与圆盘中心相连，弹簧刚性系数为 k，原长为 l_0。试写出系统的动能 T。若存在能量积分，试写出能量积分，并求出圆盘作微小振动的周期。

14-18　一均质杆被限制在铅垂平面内运动，其一端只能沿水平直线按预定规律 $f(t)$ 运动。这里 $f(t)$ 是该点到直线上固定点 O 的距离。试证明此系统存在能量积分，且能量积分为：$m\dot{f}(t)-ml\dot{\theta}\sin\theta=E$，其中 l 为均质杆长。

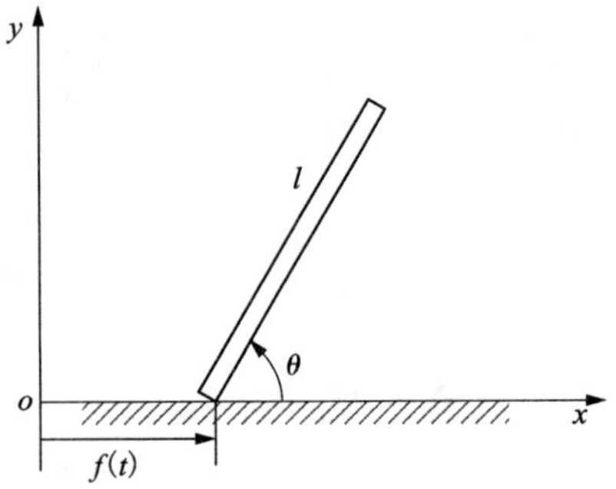

图题 14-18

第五篇

动力学专题

第三篇中研究了动力学的几个定理，以及一些简单动力学问题的求解方法。由于实际工程问题往往很复杂，在研究这些问题时，除了分析、抽象出合适的力学模型以外，还必须根据实际情况作出一些必要的假设，使所得到的力学模型简化，便于求解。本篇以碰撞和单自由度系统的振动为例，说明工程具体问题的分析和处理方法，以便进一步理解、掌握理论力学的基本理论和基本方法。

第15章

碰　撞

碰撞是工程中的一种常见现象。连续的碰撞会引起机件的损坏，造成事故，但锻造机械、铆钉枪、打桩机等设备则是利用碰撞时产生的巨大碰撞力来工作的。本章将在一定的简化条件下，应用动量定理和动量矩定理对碰撞的各种简单形式进行分析研究，并介绍碰撞过程中动能损失的确定方法和撞击中心的概念。

§15-1　概述

1. 碰撞及碰撞力

物体在运动时遇到障碍或受到外力的冲击，以致在非常短促的时间内速度突然发生有限的改变，这种现象称为**碰撞**。例如，两车相撞、飞机着陆、敲钉打桩、锤锻冲压、篮球碰板后弹回、一个运动的物体突然受到约束等。

碰撞的特点是持续的时间非常短促，通常以千分之一或万分之一秒计。有资料表明，两个直径各为 25 mm 的黄铜球以 72 mm/s 的相对速度发生碰撞时，其碰撞时间约为 2×10^{-4} s。在这极短促的时间内速度发生有限的改变，物体产生很大的加速度，因而作用于物体上的力的数值非常大。例如，一只质量为 1.8 kg 的飞鸟与飞行速度为 800 km/h 的飞机相撞，碰撞力可达 3.56×10^{5} N，是鸟重的 2 万倍。这种在碰撞过程中出现的物体相互作用的巨大力称为**碰撞力**或**瞬时力**。

碰撞时，发生碰撞的物体会产生塑性变形，碰撞物体的机械能会有损失，并转化为热或其他形式的能。例如陨石与地球碰撞时发光、发声，同时产生塑性变形。

由于碰撞是在极短促的时间内发生的，碰撞力的变化非常复杂，不易测定它的瞬时值。但碰撞力的冲量是一个有限值，运动物体的动量只发生有限的改变。在处理碰撞问题时，为了使问题的研究得以简化，常作下述两个基本假设：

(1) 由于碰撞力比平常力(如重力等)大得多，所以在碰撞过程中，平常力和它的冲量可以忽略不计。

(2) 由于碰撞时间极短，而速度是有限量，所以两者的乘积，即物体在碰撞时间内的位移可以略去不计，可以认为物体在碰撞开始时与碰撞结束时处于同一位置。

由于受到碰撞冲量的作用，物体在运动前后的速度发生改变，于是动量和动量矩定理成为研究碰撞问题的基本理论。

2. 碰撞过程

两物体碰撞时，碰撞物体表面在接触点的公法线称为**碰撞线**。如果碰撞时两物体的质心都位于碰撞线上则称为**对心碰撞**，如图 15-1(a)所示；物体的质心不在碰撞线上的碰撞则称为**偏心碰撞**，如图 15-1(b)所示。在对心碰撞的前提下，碰撞前如两物体质心的速度矢都沿碰撞线，则称为**对心正碰撞**，如图 15-1(c)所示；否则为**对心斜碰撞**，如图 15-1(d)所示。

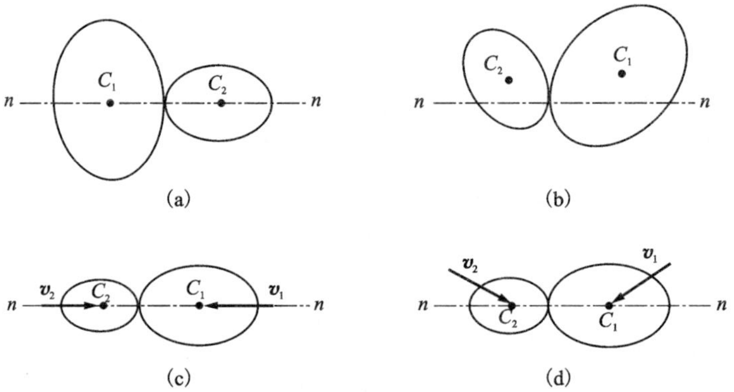

图 15-1

下面以两物体的对心正碰撞为例说明碰撞的两个阶段。

第一阶段：从碰撞的物体开始接触起，由于存在相对速度，两物体相互挤压引起变形，直到两物体沿碰撞线方向无相对速度，具有同一速度为止，称为**变形阶段**。

第二阶段：从变形阶段的结束瞬时开始，由于物体具有弹性，两物体变形由大变小，逐渐分离，部分地恢复原来形状，直到碰撞终了为止，称为**恢复阶段**。如图 15-2 所示。

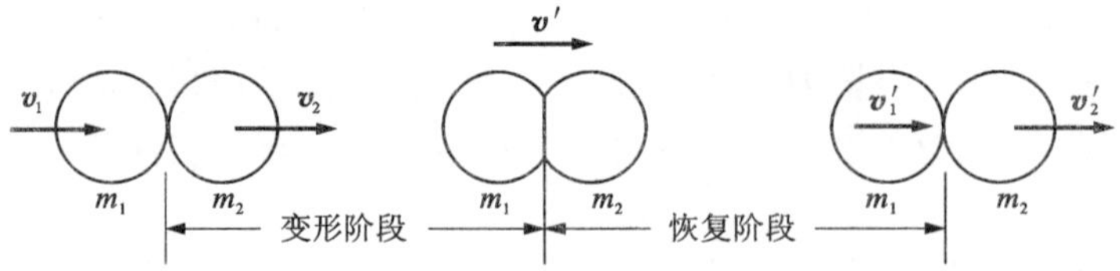

图 15-2

3. 恢复因数

牛顿在研究正碰撞的规律时发现，对于材料确定的物体，不论碰撞前后的速度如何，两物体碰撞前后相对速度大小的比值几乎是不变的。该比值称为**恢复因数**，以 e 表示，即

$$e=\left|\frac{v'}{v}\right|=\frac{|v_2'-v_1'|}{|v_1-v_2|} \tag{15-1}$$

式中，v_1、v_2 和 v_1'、v_2'分别是两物体碰撞前后的速度。

在一般情况下，发生碰撞的物体将损失动能，即物体在碰撞结束时的相对速度 v' 小于碰撞开始时的相对速度 v。故一般情况下，$e<1$。

恢复因数 e 可由实验测定。将被测的材料制成小球和比小球大许多倍的平板，平板作为固定水平面。使小球自高度 h_1 自由落下，与平板进行正碰撞后，回跳至高度 h_2，如图 15-3 所示。

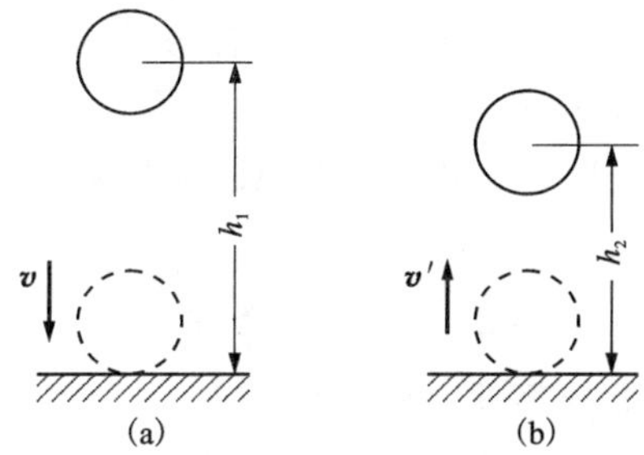

图 15-3

以 v 和 v'分别表示小球在碰撞前后的速度，则

$$v_1=\sqrt{2gh_1}\qquad v'=\sqrt{2gh_2}$$

于是得到恢复系数

$$e=\frac{v'}{v}=\sqrt{\frac{h_2}{h_1}}\tag{15-2}$$

材料的恢复系数 e 值决定于碰撞物材料的弹性、塑性、表面硬度和机械性质。如果 $e=1$，称为**完全弹性碰撞**，即碰撞变形在第二阶段能完全恢复；如果 $e=0$，称为**塑性碰撞**，即碰撞后两物结合在一起，不再分离而具有同一速度；如果 $0<e<1$，称为**弹性碰撞**，碰撞变形在第二阶段能部分恢复。几种材料恢复系数 e 值见附录 C。

4. 碰撞时的动力学基本定理

由于碰撞过程短，瞬时碰撞力很难测量，且碰撞过程有机械能损失，因此碰撞过程不便应用动力学基本方程求解，也不能应用动能定理。但碰撞前后的动量变化是有限量，也容易得到，所以采用动量定理和动量矩定理的积分形式来确定力的作用与运动变化的关系比较方便。

(1) 碰撞时的动量定理

设质点的质量为 m，碰撞前的速度为 $\boldsymbol{v}$，碰撞后的速度为 $\boldsymbol{v}'$，则质点的动量定理为

$$m\boldsymbol{v}'-m\boldsymbol{v}=\int_0^t \boldsymbol{F}\mathrm{d}t=\boldsymbol{I}\tag{15-3}$$

式中，$\boldsymbol{I}$ 为碰撞冲量，非碰撞力的冲量忽略不计。

对于碰撞的质点系，作用在第 i 个质点上的碰撞冲量可分为外碰撞冲量 $\boldsymbol{I}_i^{(e)}$ 和内碰撞冲量 $\boldsymbol{I}_i^{(i)}$，则式(15-3)有

$$m_i\boldsymbol{v}_i'-m_i\boldsymbol{v}_i=\boldsymbol{I}_i^{(e)}+\boldsymbol{I}_i^{(i)}$$

设质点系有 n 个质点，对于每个质点都可列出如上方程。将 n 个方程相加，得

$$\sum_{i=1}^{n} m_i \boldsymbol{v}'_i - \sum_{i=1}^{n} m_i \boldsymbol{v}_i = \sum_{i=1}^{n} \boldsymbol{I}_i^{(e)} + \sum_{i=1}^{n} \boldsymbol{I}_i^{(i)}$$

因为内力总是成对出现，故内碰撞冲量的矢量和等于零，即 $\sum \boldsymbol{I}_i^{(i)} = 0$，于是得

$$\sum_{i=1}^{n} m_i \boldsymbol{v}'_i - \sum_{i=1}^{n} m_i \boldsymbol{v}_i = \sum_{i=1}^{n} \boldsymbol{I}_i^{(e)} \tag{15-4}$$

式(15-4)即为碰撞过程的质点系动量定理，或称为**冲量定理**，即质点系在碰撞前后动量的变化，等于作用于质点系的外碰撞冲量的主矢。在形式上，它与用于非碰撞过程的动量定理一样，但式(15-4)中不包括非碰撞力的冲量。

根据质心运动定理，质点系的动量可用质点系的总质量 m 与质心速度的乘积计算，于是式(15-4)可写成

$$m\boldsymbol{v}'_C - m\boldsymbol{v}_C = \sum \boldsymbol{I}_i^{(e)} \tag{15-5}$$

式中，$\boldsymbol{v}_C$ 和 $\boldsymbol{v}'_C$分别是碰撞前后质点系质心的速度。

应用式(15-3)~式(15-5)时，一般采用坐标轴投影的形式。

(2)碰撞时的动量矩定理

质点系动量矩定理一般的表达式为微分形式，即

$$\frac{\mathrm{d}}{\mathrm{d}t}\boldsymbol{L}_O = \sum_{i=1}^{n} \boldsymbol{M}_O(\boldsymbol{F}_i^{(e)}) = \sum_{i=1}^{n} \boldsymbol{r}_i \times \boldsymbol{F}_i^{(e)}$$

式中，$\boldsymbol{L}_O$ 为质点系对于定点 O 的动量矩矢；$\sum \boldsymbol{r}_i \times \boldsymbol{F}_i^{(e)}$ 为作用于质点系的外力对点 O 的主矩。

上式可写成

$$\mathrm{d}\boldsymbol{L}_O = \sum_{i=1}^{n} \boldsymbol{r}_i \times \boldsymbol{F}_i^{(e)} \mathrm{d}t = \sum_{i=1}^{n} \boldsymbol{r}_i \times \mathrm{d}\boldsymbol{I}_i^{(e)}$$

对上式积分，得

$$\int_{\boldsymbol{L}_{O1}}^{\boldsymbol{L}_{O2}} \mathrm{d}\boldsymbol{L}_O = \sum_{i=1}^{n} \int_0^t \boldsymbol{r}_i \times \mathrm{d}\boldsymbol{I}_i^{(e)}$$

或

$$\boldsymbol{L}_{O2} - \boldsymbol{L}_{O1} = \sum_{i=1}^{n} \int_0^t \boldsymbol{r}_i \times \mathrm{d}\boldsymbol{I}_i^{(e)} \tag{15-6}$$

一般情况下，式(15-6)中 $\boldsymbol{r}_i$ 是未知的变量，故难以积分。但在碰撞过程中，按基本假设，各质点的位置都是不变的，因此碰撞力作用点的矢径 $\boldsymbol{r}_i$ 是个恒量，于是有

$$\boldsymbol{L}_{O2} - \boldsymbol{L}_{O1} = \sum_{i=1}^{n} \boldsymbol{r}_i \times \int_0^t \mathrm{d}\boldsymbol{I}_i^{(e)}$$

或

$$\boldsymbol{L}_{O2} - \boldsymbol{L}_{O1} = \sum_{i=1}^{n} \boldsymbol{r}_i \times \boldsymbol{I}_i^{(e)} = \sum_{i=1}^{n} \boldsymbol{M}_O(\boldsymbol{I}_i^{(e)}) \tag{15-7}$$

式中，$\boldsymbol{L}_{O1}$ 和 $\boldsymbol{L}_{O2}$ 分别是碰撞前后质点系对点 O 的动量矩；$\boldsymbol{I}_i^{(e)}$ 是外碰撞冲量。

式(15-7)是用于碰撞过程的动量矩定理，或称为**冲量矩定理**：即质点系在碰撞前后对点 O 的动量矩的变化，等于作用于质点系的外碰撞冲量对同一点的主矩。式(15-7)不包括非碰撞力的冲量矩。

同样，在应用式(15-7)时，一般也采用坐标轴投影形式。

§15-2 两物体的对心碰撞

1. 对心正碰撞

(1) 碰撞后的速度

质量 m_1 的小球以速度 $\boldsymbol{v}_1$ 和质量 m_2 的小球以速度 $\boldsymbol{v}_2$ 发生对心正碰撞，如图 15-4 所示。只有当 $v_1>v_2$、或 $v_2=0$，或者两球相向运动时，碰撞才可能发生。取碰撞线为 x 坐标，向右为正。

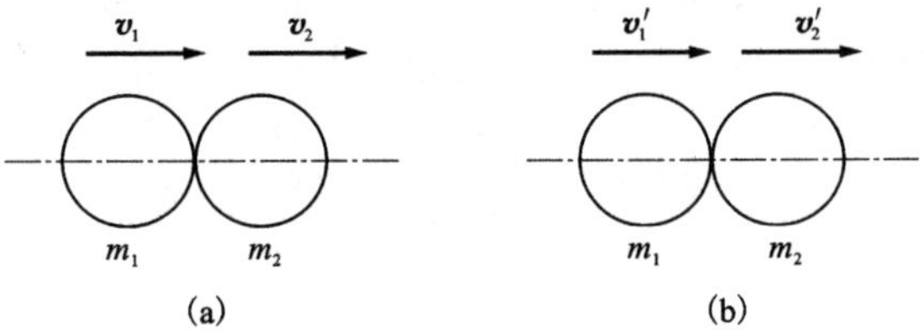

图 15-4

取两球构成的质点系为研究对象，相互作用的碰撞力是内力。根据动量守恒定理，考虑速度均沿同一直线，有

$$m_1v_1+m_2v_2=m_1v_1'+m_2v_2'$$

根据恢复因数定义，即式(15-1)联立可解出

$$\left.\begin{aligned}v_1'&=v_1-(1+e)\frac{m_2}{m_1+m_2}(v_1-v_2)\\v_2'&=v_2-(1+e)\frac{m_1}{m_1+m_2}(v_2-v_1)\end{aligned}\right\}\tag{15-8}$$

当完全弹性碰撞时，$e=1$，则

$$\left.\begin{aligned}v_1'&=v_1-\frac{2m_2}{m_1+m_2}(v_1-v_2)\\v_2'&=v_2-\frac{2m_1}{m_1+m_2}(v_2-v_1)\end{aligned}\right\}\tag{15-9}$$

如果 $m_1=m_2$，则有 $v_1'=v_2$，$v_2'=v_1$，即两球在碰撞结束时交换了速度。

当塑性碰撞时，$e=0$，则

$$v'=v_1'=v_2'=\frac{m_1v_1+m_2v_2}{m_1+m_2}\tag{15-10}$$

即碰撞结束时两物体以同一速度一起运动。

(2) 碰撞时动能的损失

在一般情况下，碰撞物体由于碰撞所产生的变形不能完全恢复，并且要发声、发热，引起一部分动能的损失，故 $0<e<1$。

设小碰撞开始时动能为 T_1，碰撞结束时动能为 T_2，则动能损失为 ΔT

$$\Delta T = T_1 - T_2 = \left(\frac{1}{2}m_1 v_1^2 + \frac{1}{2}m_2 v_2^2\right) - \left(\frac{1}{2}m_1 v_1'^2 + \frac{1}{2}m_2 v_2'^2\right)$$

$$= \frac{1}{2}m_1(v_1^2 - v_1'^2) + \frac{1}{2}m_2(v_2^2 - v_2'^2)$$

$$= \frac{1}{2}m_1(v_1 - v_1')(v_1 + v_1') + \frac{1}{2}m_2(v_2 - v_2')(v_2 + v_2')$$

将式(15-10)及(15-1)移项后，代入上式可得

$$\Delta T = (1-e^2)\frac{m_1 m_2}{2(m_1+m_2)}(v_1 - v_2)^2 \tag{15-11}$$

由式(15-11)可见，恢复因数 e 愈小，动能损失愈大。恢复系数表征了两物体在碰撞过程中动能恢复的程度，如 $e=1$，则 $\Delta T=0$，无动能损失；如 $e=0$，则

$$\Delta T = \frac{m_1 m_2}{2(m_1+m_2)}(v_1 - v_2)^2 \tag{15-12}$$

例 15-1 一自动生产线上的工件重 $G_1 = 500$ N，以水平速度 $\boldsymbol{v}_1 = 3$ m/s 冲击撞在静止的挡板上，如图 15-5 所示。挡板重 $G_2 = 1000$ N，工件与挡板的恢复因数 $e=0.6$；受冲击后，挡板向右滑动将弹簧压缩。求冲击刚结束时，工件与挡板的速度，以及冲击过程的动能损失。

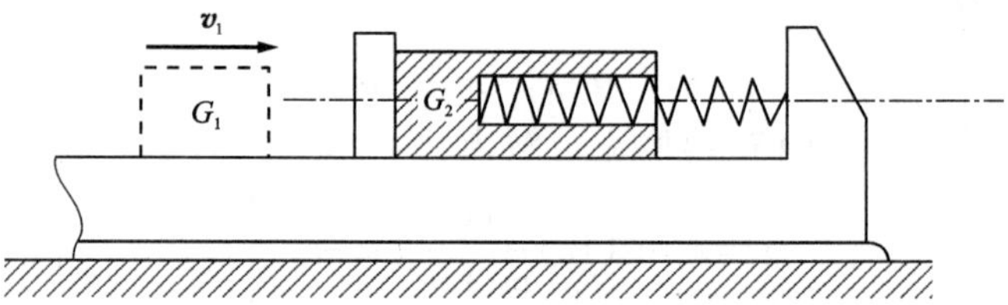

图 15-5

解：取工件与挡板作为研究对象，取 x 轴坐标向右为正。冲击前工件具有 v_1，挡板的 $v_2=0$。冲击刚结束时，工件速度为 v_1'，挡板速度为 v_2'。

由动量守恒

$$m_1 v_1 + 0 = m_1 v_1' + m_2 v_2' \tag{15-13}$$

恢复因数

$$e = \frac{v_2' - v_1'}{\boldsymbol{v}_1 - 0} = 0.6 \tag{15-14}$$

将数据代入式(15-13)、式(15-14)，得

$$v_1' = -0.2(\mathrm{m/s}),\ v_2' = 1.6(\mathrm{m/s})$$

将数据代入式(15-11)，得冲击过程的动能损失为

$$\Delta T = (1-e^2)\frac{G_1 G_2}{2(G_1+G_2)g}(v_1 - v_2)^2 = 97.96(\mathrm{J})$$

---

2. 对心斜碰撞

设质量分别为 m_1、m_2 的两球，其质心在同一平面内运动。碰撞前的质心速度分别为 v_1、v_2，如图 15-6(a)所示。碰撞前两球质心速度矢不在两球接触点的公法线(即质心的连线)上，即为对心斜碰撞的情形。设两球光滑，因而碰撞冲量沿接触面的公法线与两球的对心正碰撞相似[图 15-6(b)]。求碰撞后的质心速度 v_1'、v_2'[图 15-6(c)]。

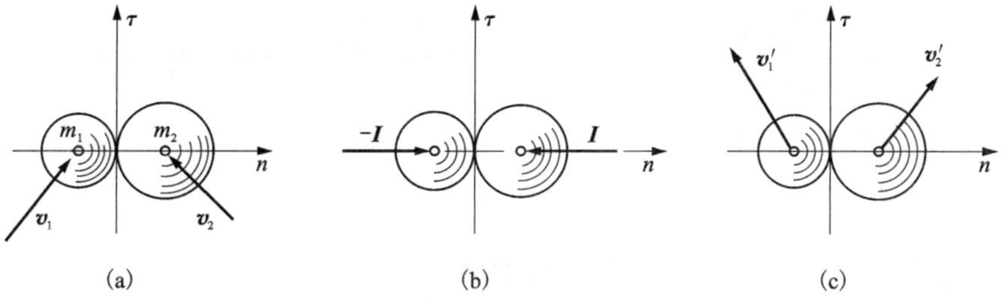

图 15-6

取 n、τ 轴分别沿接触面的公法线和公切线。两球组成一质点系，因不受外碰撞冲量作用，故碰撞前后的动量相等。于是由式(15-6)可得

$$m_1v_{1n}+m_2v_{2n}=m_1v_{1n}'+m_2v_{2n}' \tag{15-15}$$

$$m_1v_{1\tau}+m_2v_{2\tau}=m_1v_{1\tau}'+m_2v_{2\tau}' \tag{15-16}$$

由于两球相互作用的碰撞冲量 $\boldsymbol{I}$ 和 $-\boldsymbol{I}$ 沿公法线方向，两球在公切线方向均不受冲量作用，因此碰撞前后两者各自的动量在公切线方向分别相等，从而有

$$v_{1\tau}'=v_{1\tau},\ v_{2\tau}'=v_{2\tau}$$

将上式代入式(15-15)，可知式(15-16)为恒等式，说明碰撞后两球的速度在公切线上的投影不变。

根据定义，恢复因数 e 等于碰撞后与碰撞前的法向相对速度的大小之比，联立式(15-15)可得

$$\left.\begin{aligned} v_{1n}'&=v_{1n}-(1+e)\frac{m_2}{m_1+m_2}(v_{1n}-v_{2n}) \\ v_{2n}'&=v_{2n}-(1+e)\frac{m_1}{m_1+m_2}(v_{2n}-v_{1n}) \end{aligned}\right. \tag{15-17}$$

和

$$e=\frac{v_{2n}'-v_{1n}'}{v_{1n}-v_{2n}} \tag{15-18}$$

式中，v_{1n}'、v_{2n}'和 v_{1n}、v_{2n} 分别为速度 v_1'、v_2'和 v_1、v_2 在公法线方向的投影。

由式(15-17)和(15-18)求得 $v_{1\tau}'$、v_{1n}'及 $v_{2\tau}'$、v_{2n}'后，便可进一步求得碰撞后两球的质心速度的大小和方向。

例 15-2 设小球与固定面作斜碰撞，如图 15-7(a)所示。设碰撞前后小球速度方向与固定面法线间的夹角分别为 α、β，且固定面光滑，试计算其恢复因数。

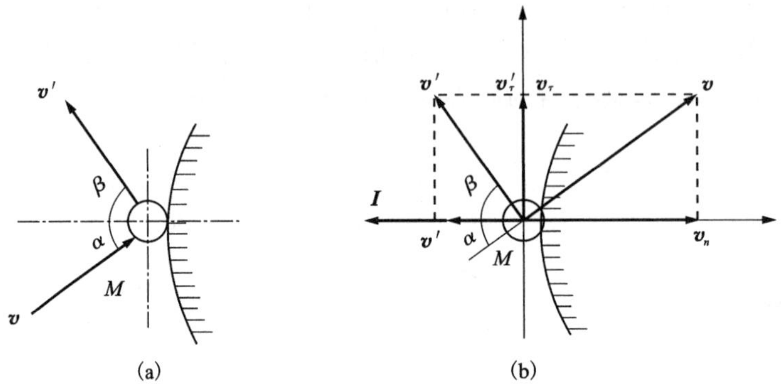

图 15-7

解：因固定面光滑，即没有摩擦，故小球碰撞前后的速度 v 和 v' 的切向分量应相同，如图 15-7(b)所示。即

$$v'_\tau = v_\tau \tag{15-19}$$

恢复因数应为小球在碰撞前后的速度在法线方向的投影之比，即

$$e = -\frac{v'_n}{v_n} \tag{15-20}$$

因速度的投影为

$$\begin{cases} v_n = v\cos\alpha \\ v_\tau = v\sin\alpha \end{cases};\quad \begin{cases} v'_n = -v'\cos\beta \\ v'_\tau = v'\sin\beta \end{cases}$$

故由式(15-19)和式(15-20)有

$$v'\sin\beta = v\sin\alpha$$

$$v'\cos\beta = ev\cos\alpha$$

两式相除，得

$$e = \frac{\tan\alpha}{\tan\beta}$$

当完全弹性碰撞时，即 $e=1$，则 $\tan\alpha=\tan\beta$，有 $\alpha=\beta$；当塑性碰撞时，即 $e=0$，则 $\tan\beta\to\infty$，有 $\beta=\dfrac{\pi}{2}$。

例 15-3 球 B 用绳索悬于固定支点 O，与它大小相同、质量相等的球 A 自高度 $h=1$ m 沿绳索的方向自由落下撞击球 B，如图 15-8(a)所示。设两球为光滑完全弹性碰撞，求碰撞后两球的速度。

解：碰撞前球 A 的速度

$$v_1 = \sqrt{2gh} = \sqrt{2\times 9.8\times 1} = 4.43(\text{m/s})$$

球 B 处于静止，其速度 $v_2=0$。

取两球接触面的公法线和公切线为 n、τ 轴，如图 15-8(b)所示。由直角三角形 ABD 可

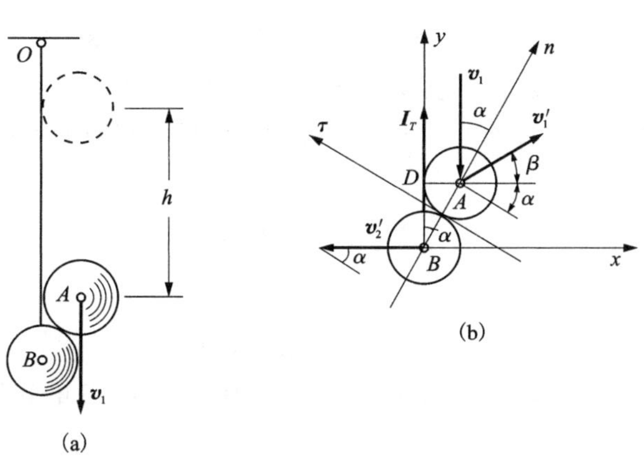

图 15-8

求得 $\alpha=30°$。因球 B 受绳索约束，其碰撞后的速度 v_2'的方向只能是水平向左。设球 A 碰撞后的速度 v_1'的方向与水平线成角 β。

由两球组成的质点系知，受到的外力冲量 $\boldsymbol{I}_T$ 沿垂轴 y 方向，因此沿水平轴 x 方向碰撞前后的动量相等，即

$$m_1v_1'\cos\beta-m_2v_2'=0 \tag{15-21}$$

式(15-21)中有未知量 v_1'、v_2'和 β，须有两个关系式才能求解。为此，取球 A 为研究对象。因碰撞冲量沿公法线方向 n，故碰撞前后沿公切线方向 τ 的动量也相等，即

$$m_1v_1'\cos(\alpha+\beta)=m_1v_1\sin\alpha \tag{15-22}$$

又因碰撞是完全弹性的，即恢复因数 $e=1$，且由式(15-12)得

$$e=\frac{-v_2'\sin\alpha-v_1'\sin(\alpha+\beta)}{-\boldsymbol{v}_1\cos\alpha} \tag{15-23}$$

代入已知量 e、v_1 及 α，且 $m_1=m_2$，联立求解上列三个方程式，得

$$v_1'=3.19(\mathrm{m/s})$$
$$\beta=16.1°$$
$$v_2'=3.07(\mathrm{m/s})$$

§15-3 刚体的偏心碰撞

刚体的偏心碰撞一般比较复杂，但如果刚体具有质量对称平面，则碰撞前刚体平行于此平面运动；当碰撞冲量也作用在对称平面内时，碰撞结束后，刚体仍将保持在此平面内运动。下面讨论这种简单情形。

无论刚体原来的运动形式是平动、定轴转动或平面运动，当受到碰撞冲量作用时，在一般情形下，刚体的质心速度将发生急剧改变。根据式(15-5)可得直角坐标轴 x、y 的投影式

$$\begin{cases} mv_{Cx}'-mv_{Cx}=\sum I_x \\ mv_{Cy}'-mv_{Cy}=\sum I_y \end{cases} \tag{15-24}$$

式中，I_x、I_y 为作用于刚体的碰撞冲量在坐标轴上的投影；m 为刚体的质量。

刚体绕定轴转动时，碰撞前后角速度的改变与碰撞冲量矩的关系可直接引用式(15-7)。刚体相对于随质心平动坐标系转动的角速度的改变与碰撞冲量对质心的矩之间的关系，具有与式(15-7)相似的形式，即

$$\boldsymbol{L}_{C2}-\boldsymbol{L}_{C1}=\sum \boldsymbol{M}_C(\boldsymbol{I}_i^{(e)})$$

对于上述平面问题可表示为

$$J_C\omega_2-J_C\omega_1=\sum M_C(I_i^{(e)}) \tag{15-25}$$

式中，ω_1、ω_2 分别为碰撞前后刚体的角速度，J_C 为刚体对质心 C 的转动惯量；$M_C(\boldsymbol{I}_i^{(e)})$ 为碰撞冲量对质心的矩。

将式(15-24)和(15-25)结合起来即为刚体平面运动微分方程的积分形式，可用于解决刚体平面运动的碰撞问题。

在偏心碰撞过程中，刚体的运动形式常发生改变。应用时须着重分析碰撞后刚体的运动形式。若碰撞是弹性的，除了列出动力学方程式外，还应列出恢复因数的关系式(15-1)或式(15-18)，才能求得问题的全部解答。

例 15-5 飞机着陆时，水平速度 $v=40$ m/s，经过 $t=0.1$ s 后，轮子开始滚而不滑，如图 15-9 所示。设轮子半径为 $R=800$ mm，平均变形为 $\delta=50$ mm，转动惯量 $J_O=70$ kg · m^2。不考虑铅垂方向的运动，并设碰撞是塑性的。求此时摩擦力 F 的平均值。

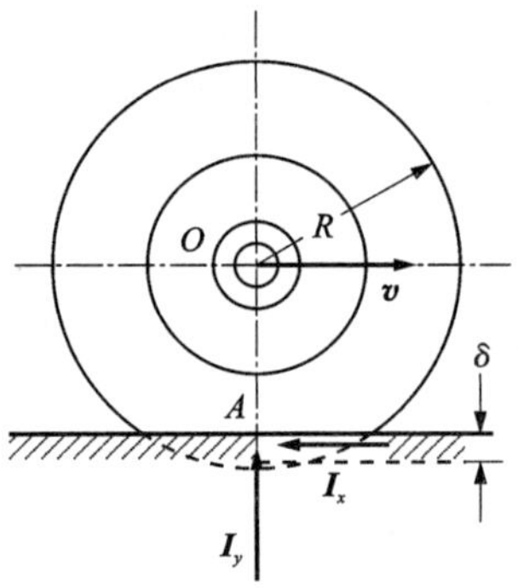

图 15-9

解: 飞机着陆时，轮胎与地面发生碰撞，轮胎由碰撞前的平动改变为碰撞后的平面运动，角速度为 ω。由式(15-25)有

$$J_O\omega-0=I_x(R-\delta)$$

平均摩擦力为

$$F^*=\frac{I_x}{t}$$

假定 t 秒内飞机水平速度未有显著变化，可近似地认为

$$\omega=\frac{v}{R-\delta}$$

得

$$F^*=\frac{J_O\omega}{t(R-\delta)}=\frac{J_Ov}{t(R-\delta)^2}=\frac{70\times40}{0.1\times0.75^2}=50(\text{kN})$$

摩擦力的瞬时最大值显然要更大，为了避免损坏轮胎，着陆时可事先利用空气气流使轮子有一个初角速度。

例 15-6 质量为 m、边长为 a 的均质立方体，以匀速度 v_0 沿光滑水平面向左滑动。在某瞬时，棱边 A 突然碰到小台阶。设碰撞是塑性的，且 A 处的总碰撞冲量在垂直于棱边并通过物体质心 C 的平面内，如图 15-10(a)所示。求物体在碰撞后能绕棱边 A 翻转 90°所需的最小速度 v_0。

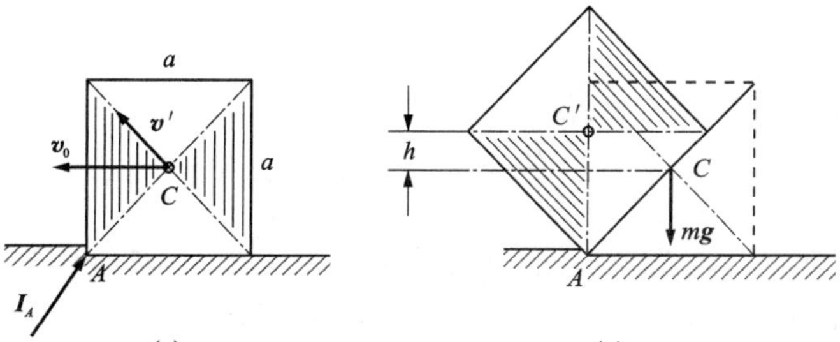

(a) (b)

图 15-10

解: 本题可采取两个步骤。先根据碰撞理论求碰撞后物体的角速度，然后用动能定理求物体翻转 90°所需的初角速度，最终求得 v_0。

碰撞后因棱边 A 被突然固定，物体由平动变为绕定轴转动。考虑物体只在棱边 A 处受到碰撞冲量 $\boldsymbol{I}_A$ 的作用，因而可以应用对棱边 A 的动量矩定理来求碰撞后物体的角速度 ω。

碰撞前物体对棱边 A 的动量矩为 $mv_0\dfrac{a}{2}$，碰撞后物体对棱边 A 的动量矩为

$$J_A\omega = J_A\omega = \left[\frac{1}{6}ma^2 + m\left(\frac{\sqrt{2}}{2}a\right)^2\right]\omega = \frac{2}{3}ma^2\omega$$

式中，J_A 为物体对棱边 A 的转动惯量。

因为碰撞冲量 $\boldsymbol{I}_A$ 对棱边 A 的矩等于零，所以物体在碰撞前后对棱边 A 的动量矩相等，即

$$\frac{2}{3}ma^2\omega = mv_0\frac{a}{2}$$

得

$$\omega = \frac{mv_0 a}{2J_A} = \frac{3v_0}{4a}$$

碰撞过程结束时，物体仍在图 15-10(a)所示的位置，但具有绕棱边 A 转动的角速度 ω。翻转 90°后，物体的位置如图 15-10(b)所示，其动能用 T 表示。由动能定理

$$T - T_0 = \sum W$$

其中

$$T_0 = \frac{1}{2}\boldsymbol{J}_A\omega^2 = \frac{1}{2}\times\frac{2}{3}ma^2\left(\frac{3v_0}{4a}\right)^2 = \frac{3}{16}mv_0^2$$

重力在有限位移 h 上的功

$$W = -mgh = -mg\left(\frac{\sqrt{2}}{2}a - \frac{1}{2}a\right) = -\frac{\sqrt{2}-1}{2}mga$$

于是

$$T = T_0 + W = \frac{3}{16}mv_0^2 - \frac{\sqrt{2}-1}{2}mga$$

只有当动能 T 稍大于零，物体才可能向前翻转 90°。因此

$$v_0 \geqslant \sqrt{\frac{8(\sqrt{2}-1)}{3}ga}$$

即碰撞前物体的最小速度

$$v_{0\min}=\sqrt{\frac{8(\sqrt{2}-1)}{3}ga}=1.05\sqrt{ga}$$

例 15-7 质量为 m 的均质杆 AB 长为 l，与铅垂线成角 θ，在铅垂平面内作平动，当一端 A 触及水平面时，杆的速度为 $\boldsymbol{v}_0$，如图 15-11(a)所示。假设水平面光滑，且碰撞是完全弹性的，试求杆所受的碰撞冲量，并分析杆在碰撞后的运动。

解： 由于水平面光滑，碰撞时水平面作用于杆 AB 的端点 A 的碰撞冲量 $\boldsymbol{I}$ 沿铅垂方向，即沿接触点的公法线方向 n，如图 15-11(b)所示。因此，杆 AB 的质心 C 在公切线方向 τ 的运动守恒。

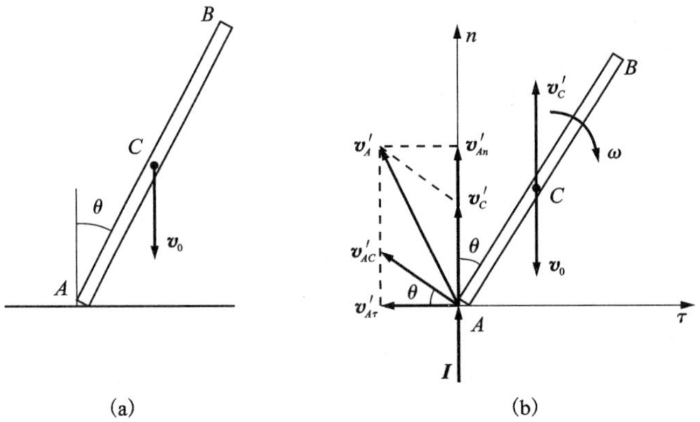

图 15-11

由于杆 AB 在碰撞前以速度 v 作铅垂平动，故碰撞后杆的质心速度 v_C 仍然在铅垂方向，设反弹向上，如图 15-11(b)所示。杆 AB 由碰撞前的平动变为碰撞后的平面运动。

根据式(15-5)和(15-25)，有

$$mv_C'-(-mv_0)=I \tag{15-26}$$

$$J_C\omega-0=I\cdot\frac{l}{2}\sin\theta \tag{15-27}$$

上列两方程式中有 v_C、ω 和 I 三个未知量，须建立一个关系式才能求解。

由完全弹性碰撞条件知，恢复因数 $e=1$。刚体偏心碰撞时，恢复因数为碰撞后与碰撞前碰撞点法线方向相对速度之比。根据式(15-12)有

$$e=\frac{v_{Dn}'-v_{An}'}{v_{An}-v_{Dn}}$$

因水平面 D 是固定不动的，故上式中的 $v_{Dn}=v_{Dn}'=0$。又因碰撞前杆 AB 作平动，故 $v_{An}=v_0$，代入上式，得

$$v_{An}'=-v_0$$

负号表示 v_{An}' 与 v_0 的方向相反，如图 15-11(b)所示。

又因碰撞后杆 AB 作平面运动，由速度合成定理

$$v_A' = v_C' + v_{CA}'$$

其中 $v_{CA}' = \frac{l}{2}\omega$。将上式向轴 n 投影，得

$$v_{An}' = v_C' + \frac{l}{2}\omega\sin\theta$$

以 $\boldsymbol{v}_{An}'$ 的值 $\boldsymbol{v}_0$ 代入上式，于是有

$$v_0 = v_C' + \frac{l}{2}\omega\sin\theta \tag{15-28}$$

联立求解式(15-26)～式(15-28)，得

$$\omega = \frac{12\sin\theta}{1+3\sin^2\theta}\cdot\frac{v_0}{l}$$

$$v_C' = \frac{1-3\sin^2\theta}{1+3\sin^2\theta}\cdot v_0$$

$$I = \frac{2mv_0}{1+3\sin^2\theta}$$

$\boldsymbol{\omega}$ 的转向和 $\boldsymbol{v}_C'$、$\boldsymbol{I}$ 的方向如图 15-11(b) 所示。

§15-4 碰撞冲量对绕定轴转动刚体的作用——撞击中心

1. 刚体角速度的变化

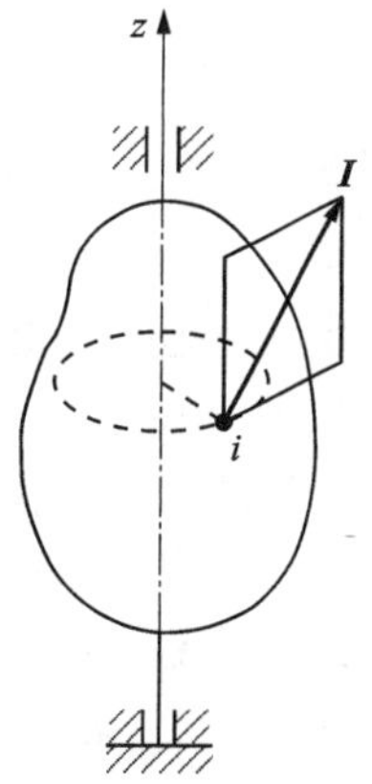

图 15-12

设绕定轴转动的刚体受到外碰撞冲量的作用，如图 15-12 所示。根据冲量矩定理在 z 轴上的投影式，有

$$L_{z2} - L_{z1} = \sum_{i=1}^{n} M_z(\boldsymbol{I}_i^{(e)})$$

式中，L_{z1} 和 L_{z2} 是刚体在碰撞前后对 z 轴的动量矩。

设 ω_1 和 ω_2 分别为这两个瞬时的角速度，J_z 是刚体对于转轴的转动惯量，则

$$J_z\omega_2 - J_z\omega_1 = \sum_{i=1}^{n} M_z(\boldsymbol{I}_i^{(e)})$$

角速度的变化为

$$\omega_2 - \omega_1 = \frac{\sum M_z(\boldsymbol{I}_i^{(e)})}{J_z} \tag{15-29}$$

2. 支座的反碰撞冲量——撞击中心

绕定轴转动的刚体受到外碰撞冲量 $\boldsymbol{I}$ 作用时，轴承与轴之间将发生碰撞。

设刚体有质量对称平面，且绕垂直于对称面的轴转动，受到的外碰撞冲量 $\boldsymbol{I}$ 作用在对称面内，如图 15-13 所示。如果图示平面图形是刚体的对称面，则刚体的质心 C 必在图面内。

取 O 轴通过质心 C，x 轴与 y 轴垂直。应用冲量定理有

$$mv'_{Cx}-mv_{Cx}=I_x+I_{Ox}$$
$$mv'_{Cy}-mv_{Cy}=I_y+I_{Oy}$$

式中，m 为刚体质量；v_{Cx}、v'_{Cx} 和 v_{Cy}、v'_{Cy} 分别为碰撞前后质心速度沿 x、y 轴的投影。

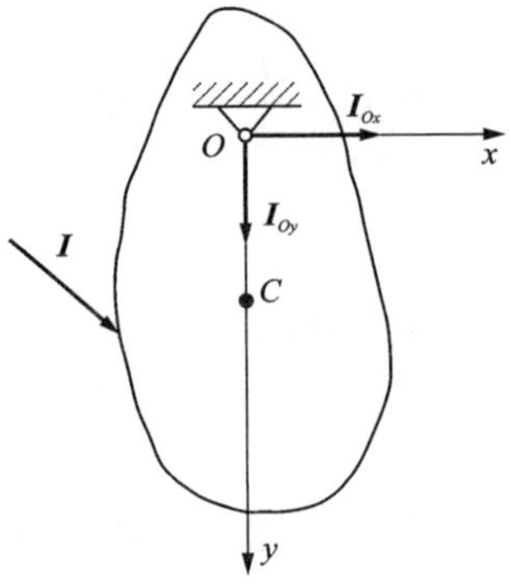

图 15-13

若图示位置是发生碰撞的位置，则有 $v'_{Cy}=v_{Cy}=0$，于是

$$\begin{cases}I_{Ox}=m(v'_{Cx}-v_{Cx})-I_x\\ I_{Oy}=-I_y\end{cases}\tag{15-30}$$

由此可见，一般情况下，在轴承处将引起碰撞冲量。若要使得轴承处引起碰撞冲量等于零，则必须

$$I_y=0;\ I_x=m(v'_{Cx}-v_{Cx})$$

这就是说，如果外碰撞冲量 $\boldsymbol{I}$ 作用在物体对称平面内，并且满足以上两个条件，则轴承反碰撞冲量等于零，即轴承处不发生碰撞。

由 $I_y=0$，即要求外碰撞冲量与 y 轴垂直，即 $\boldsymbol{I}$ 必须垂直于支点 O 与质心 C 的连线，如图 15-14 所示。

由 $I_x=ma(\omega_2-\omega_1)$，将式(15-29)代入，得

$$ma\frac{Il}{J_z}=I$$

式中，$l=OK$，点 K 是外碰撞冲量 $\boldsymbol{I}$ 的作用线与线 OC 的交点。解得

$$l=\frac{J_z}{ma}\tag{15-31}$$

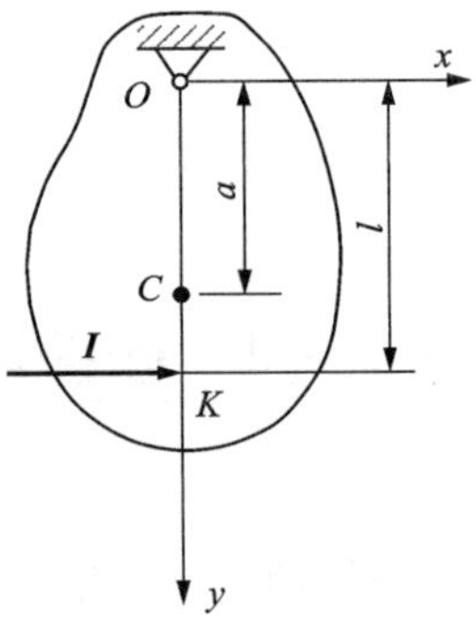

图 15-14

满足式(15-31)的点 K 称为**撞击中心**。

结论：当外碰撞冲量作用于物体的对称平面内的撞击中心，且垂直于支点与质心的连线时，在支点处不引起碰撞冲量。

根据上述结论，设计材料撞击试验机的摆锤时，应该把撞击试件的刃口设在摆的撞击中心，避免轴承承受撞击载荷。

例 15-9 质量为 m 的均质杆 OA 为 l，可绕通过点 O 并垂于图面的轴 O_z 转动，如图 15-15 所示。平面 Oxy 内作用一垂直于杆且过质心 C 的碰撞冲量 $\boldsymbol{I}$。若碰撞前杆处于铅垂静止位置，求碰撞后杆的角速度及碰撞时作用于轴 O 上的碰撞冲量。如果欲使轴承处碰撞冲量为零，$\boldsymbol{I}$ 应作用于杆的何处?

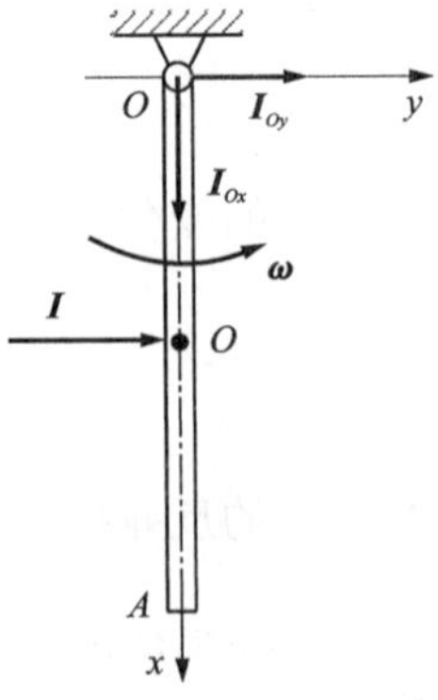

图 15-15

解：(1) 计算碰撞后杆的角速度 ω

由式(15-15)，有

$$\omega-\omega_0=\frac{\sum M_z(I_i^{(e)})}{J_z}$$

因 $\omega_0=0$，故有

$$\omega=\frac{I\cdot\dfrac{l}{2}}{\dfrac{1}{3}ml^2}=\frac{3I}{2\,ml}$$

(2) 求 $\boldsymbol{I}_{Ox}$ 及 $\boldsymbol{I}_{Oy}$

作用于杆的碰撞冲量有 $\boldsymbol{I}$ 及轴承 O 处的反力碰撞冲量 $\boldsymbol{I}_{Ox}$、$\boldsymbol{I}_{Oy}$。根据碰撞时的动量方程式(15-24)有

$$I+I_{Oy}=m\,\frac{l}{2}\omega$$

得

$$I_{Oy}=m\,\frac{1}{2}\omega-I=m\,\frac{1}{2}\cdot\frac{3I}{2ml}-I=-\frac{1}{4}I$$

负号表示与图示假设方向相反。

因铅垂方向无碰撞冲量，故

$$I_{Ox}=0$$

(3) 确定撞击中心的位置

由式(15-31)得

$$h=\frac{J_z}{ma}=\frac{\dfrac{1}{3}ml^2}{m\,\dfrac{l}{2}}=\frac{2}{3}l$$

即当 $\boldsymbol{I}$ 垂直于杆的轴线且作用于距点 O 为 $\frac{2}{3}l$ 处时，轴承处于无碰撞冲量作用。

§15-5 分析与讨论

1. 打桩机与锻床的工作原理

打桩机与锻床是工程中常见的两种机械。

打桩机在工作过程中，锤和桩碰撞后一起向下运动，故可视为塑性碰撞。碰撞后希望桩和锤具有较大的动能，以克服泥土阻力达到最大下沉量，故碰撞的动能损失量愈小愈好。

金属锻造过程中，碰撞的动能损失全部被金属变形所吸收，是机械的有用功，故希望碰撞动能损失量越大越好。

由式(15-12)知，如两碰撞物体之一，在塑性碰撞前处于静止，$v_2=0$，则

$$\Delta T=\frac{m_1m_2}{2(m_1+m_2)}v_1^2=\frac{m_2}{(m_1+m_2)}\left(\frac{1}{2}m_1v_1^2\right)=\frac{T_1}{1+(m_1/m_2)} \tag{15-32}$$

即动能损失量的大小，取决于比值 m_1/m_2。在不同工作情况的机械中，机械效率 η 与碰撞的动能损失量 ΔT 存在着一定的关系。

①打桩机的机械效率。设锤的质量 m_1，桩的质量 m_2，如图 15-16(a)所示。有

$$\eta=\frac{T_2}{T_1}=1-\frac{\Delta T}{T_1}=1-\frac{1}{1+(m_1/m_2)}=\frac{1}{1+(m_2/m_1)} \tag{15-33}$$

为了使桩下沉较多，需要锤和桩有较大的动能来克服土壤地基阻力功，故应使锤重、桩轻；比值 m_2/m_1 越小，打桩机的效率越高。

②锻锤的机械效率。设锻锤的质量 m_1，锻件砧座质量 m_2。当锻件的砧座静止不动，且为塑性碰撞时，$v_2=0$，$e=0$。则

$$\eta=\frac{\Delta T}{T_1}=\frac{1}{1+(m_1/m_2)} \tag{15-34}$$

当 $m_2\gg m_1$ 时，η 接近于 1。为了使原有动能更多地用于锻锤作有用功，应选用比锤重很多倍的砧座，如图 15-16(b)所示。

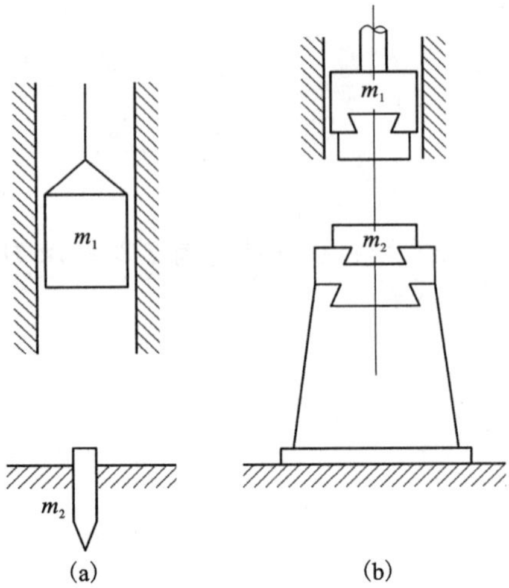

图 15-16

为了降低整个锻床的重量，可以采用另一种办法，既无砧座锤锻法。

根据碰撞理论，如果使砧座有一向上的运动速度，而锻锤的向下速度可以相应地减小，相对速度仍保持不变使总动能减小，效率提高。这种方法称为双锻锤法，如图 15-17 所示。

以砧座的质量与锻锤的质量相同为例，$m_1=m_2=m$，使 $v_1=-v_2$，则总动能

$$T_1=\frac{1}{2}mv_1^2+\frac{1}{2}mv_2^2=mv_1^2$$

动能损失

$$\Delta T=\frac{m_1m_2}{2(m_1+m_2)}(1-e^2)(v_1-v_2)^2=m(1-e^2)v_1^2$$

锻锤效率

$$\eta=\frac{\Delta T}{T_1}=(1-e^2)$$

此效率和静止的、质量为无穷大的砧座的效率相同。故采用运动的砧座，使其具有和锻锤相反方向的速度，可使整个结构重量大为降低。

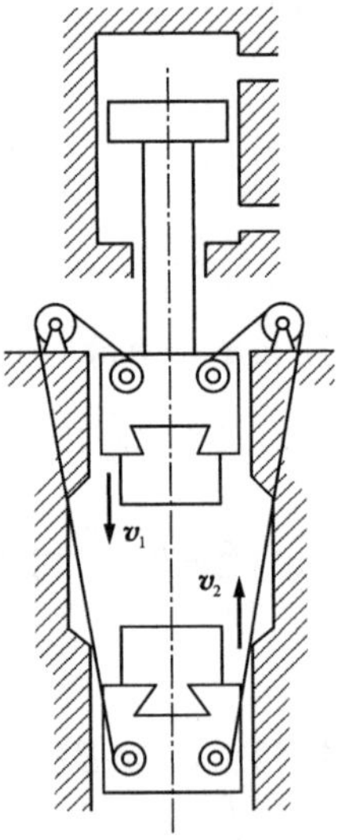

图 15-17

2. 碰撞过程中普通力的碰撞冲量忽略不计

根据碰撞过程的基本假设，碰撞过程中不计普通力的碰撞冲量。但约束力的碰撞冲量不能忽略，比如铰链的碰撞冲量必须要考虑。如果约束力是有限量，例如摩擦力，则应该做普通力来处理。

例 15-8 绕其一端 A 转动的均质杆 AB 从水平位置无初速地转动到铅直位置时，撞击一均质圆球，撞击点 D 位于杆长的 2/3 处，如图 15-18 所示。设圆球与杆质量均为 m，圆球半径为 R，杆长 $l=3R$。杆 AB 与圆球间的碰撞恢复因数为 0.5，球与水平面间的滑动摩擦因数为 1/7，滚阻忽略不计。求：(1)碰撞结束时杆 AB 的角速度和球心 O 的速度；(2)铰链 A 的碰撞冲量；(3)经过多长时间后球在水平面作纯滚动？(球对质心轴的转动惯量 $J_O=2mR^2/5$)

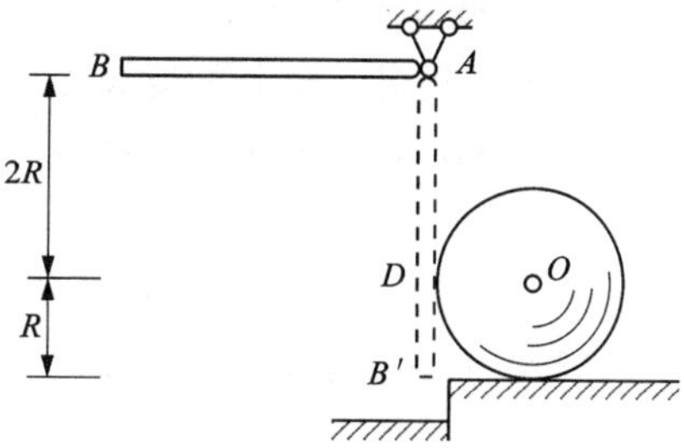

图 15-18

解：取杆 AB 为研究对象，由动能定理

$$\frac{1}{2}J_A\omega_0^2=\frac{1}{2}mgl$$

碰撞前杆 AB 的角速度

$$\omega_0=\sqrt{\frac{3g}{l}}=\sqrt{\frac{g}{R}}$$

①取杆 AB 与球一起为研究对象，如图 15-19(a)所示。由于不计普通力的碰撞冲量，系统的外碰撞冲量 I_A 一定通过铰链 A。故碰撞前后系统对点 A 的动量矩不变，且碰撞结束后球的角速度为零。设碰撞结束后杆的角速度为 ω，球心的速度为 v，则

$$J_A\omega_0=J_A\omega+mv\frac{2}{3}l \tag{15-35}$$

恢复因数

$$e=\frac{v-\dfrac{2}{3}l\omega}{\dfrac{2}{3}l\omega_0}=\frac{1}{2} \tag{15-36}$$

联立式(15-35)、式(15-36)两式，由于杆长 $l=3R$，有

$$\omega=\frac{1}{7}\sqrt{\frac{3g}{l}}=\frac{1}{7}\sqrt{\frac{g}{R}},\ v=\frac{3}{7}\sqrt{3gl}=\frac{9}{7}\sqrt{gR}$$

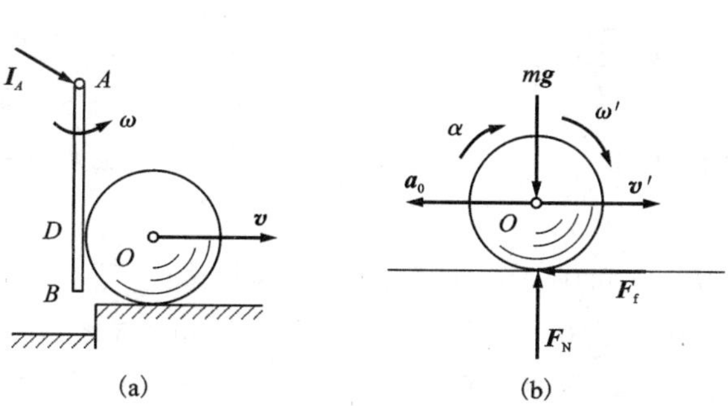

图 15-19

②由于碰撞点 D 为杆的撞击中心，故 $I_A=0$

③碰撞结束后，球心以速度 v 向前运动，球的角速度为零。由于受到摩擦力的作用，球心将减速运动；同时，球会加速又滚又滑向前运动。取球为研究对象，分析受力，分析运动，如图 15-19(b)所示。根据刚体平面运动动力学方程，有

$$\begin{aligned} ma_O &= F_f \\ J_O\alpha &= F_f R \end{aligned} \tag{15-37}$$

由于摩擦力为滑动摩擦力，故 $F_f=f\cdot F_N=mgf$。与式(15-37)联立求得

$$a_O=gf,\ \alpha=\frac{5gf}{2R}$$

设任意瞬时球心的速度为 v'，球的角速度为 ω'，有

$$\begin{aligned} v' &= v-a_0 t \\ \omega' &= \omega+\alpha t \end{aligned} \tag{15-38}$$

当任意瞬时球心的速度和球的角速度满足 $\boldsymbol{v}'=R\omega'$ 时，球将作纯滚动。将式(15-38)代入求得碰撞结束后到球开始做纯滚动的时间为

$$t=\frac{6}{7}\sqrt{\frac{3l}{g}}=\frac{18}{7}\sqrt{\frac{R}{\boldsymbol{g}}}$$

习　题

15-1　一重量为 G_1 的重物 A，自高 h 处于无初速下落，打在平板 B 上，如图题 15-1 所示。板 B 重 G_2，装在弹簧上。设恢复因数 $e=0$，试求碰撞结束时 A、B 的速度。

15-2　两球重量相等，用长细绳悬挂，如图题 15-2 所示。球 A 由 $\theta_1=45°$ 的位置自由摆下，撞在球 B 上，使球 B 升高到 $\theta_2=30°$ 的位置，求恢复因数。

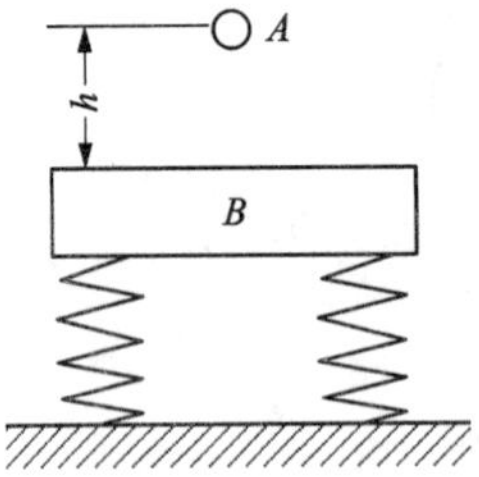

图题 15-1

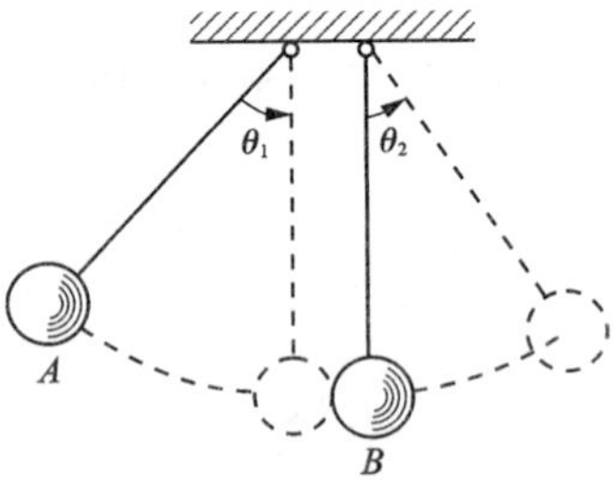

图题 15-2

15-3　打桩机锤重 $F_{G1}=4410$ N，自高 $h=2$ m 处无初速下落，打击在木桩上；木桩重 $F_{G2}=490$ N，恢复因数 $e=0$；在 10 次打击中，桩下沉 15 cm，求地基平均阻力。

15-4　图题 15-4 示两车厢各重 490 kN，$v_1=2$ m/s，$v_2=0$。缓冲器由每车上一个刚性系数 $k=39.2$ kN/cm 的弹簧构成。当两车厢作碰撞接搭时，求每个弹簧的最大变形和车厢之间的最大冲击力。

15-5 质量为 m 的小球置于光滑的水平桌面上，某瞬时在球上作用一方向水平的碰撞冲量 I。设桌面至地面的高度为 h，球与光滑地板的恢复因数为 e。设空气阻力和球的大小不计。求球在地板上最初两个落点之间的距离 AB。

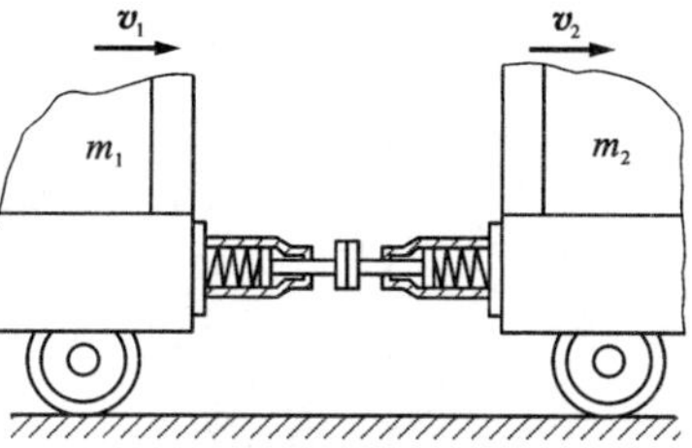

图题 15-4

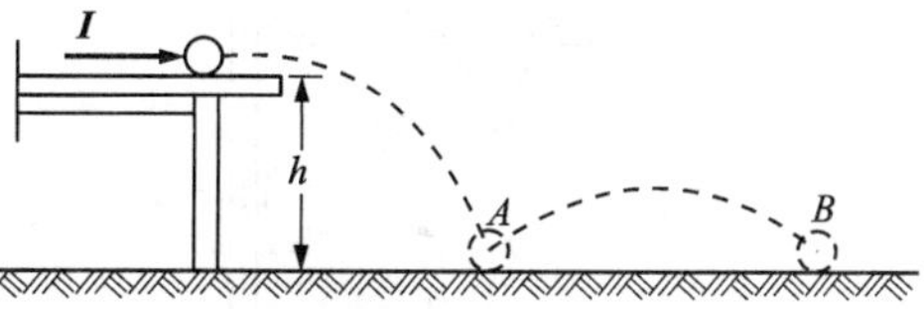

图题 15-5

15-6 一锤头重 $F_{G1}=19.6$ kN，砧座重 $F_{G2}=392$ kN。打击前锤头具有动能 $T_0=49$ kN · m，恢复因数 $e=0.4$。试求锻锤的机械效率及锤击后的动能损失。

15-7 图题 15-7 所示无砧座模锻锤。上锤头具有方向向下的速度 $v_1=6$ m/s，下锤头具有方向向上的速度 $v_2=1.5$ m/s，同时打击锻件。已知打击总能量，即上下两锤头动能之和 $T_0=24500$ kN · m，打击结束时上下两锤头速度皆为零。求上下锤头的重量及上下锤头的打击能量。

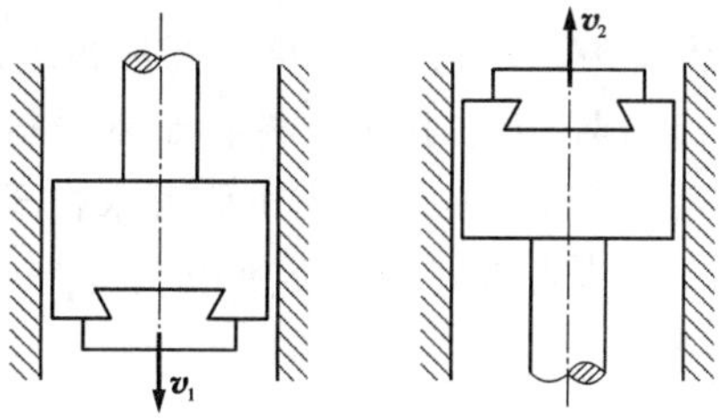

图题 15-7

15-8 锻压机锤重 12 kN，要求热锻时锤锻的效率到达 0.96，则砧座的重量应为多大？

15-9 在水平面上，球 A 以速度 $v_1=3$ m/s 撞击静止的球 B，v_1 的方向与接触点的公法线成角 $\alpha=60°$，如图题 15-9 所示。设两球大小相同，质量相等，且表面光滑，恢复因数 $e=0.5$。求碰撞后两球的速度。

15-10 一个质量 2 kg 的小球 A 以速度 $v_1=10$ m/s 向左运动，撞在一质量 5 kg 的静止物块 B 的斜面上。设斜面的倾角 $\alpha=60°$，物块与水平面的接触光滑。若恢复因数 $e=0.75$，求碰撞后物块和球的速度。

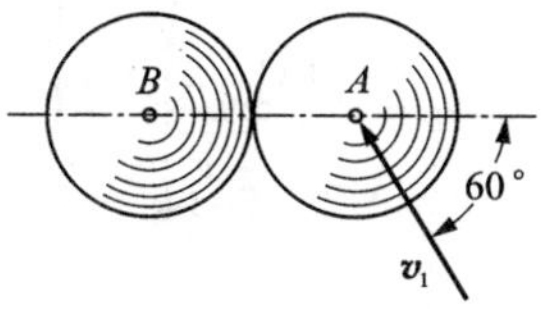

图题 15-9

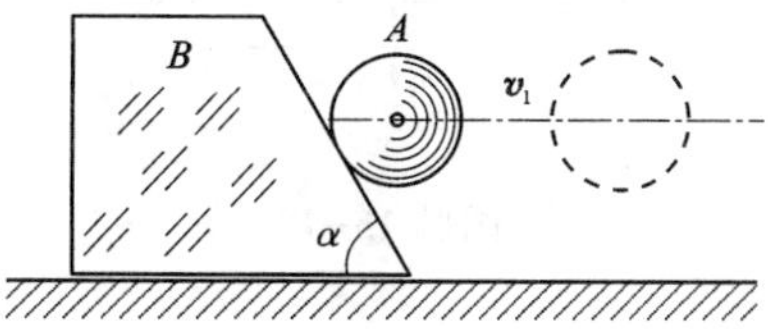

图题 15-10

15-11 带有 n 个齿的凸轮驱使桩锤运动。设凸轮与锤相撞前锤是静止的，而凸轮的角速度为 ω_1。若凸轮半径为 R，对轴 O 的转动惯量为 J_O，锤的质量为 m。设碰撞是塑性的，求碰撞后凸轮的角速度 ω_2、锤的速度 v 及碰撞时凸轮与锤间的碰撞冲量的大小 I。

15-12 质量为 M 的均质杆长为 l，可绕通过 O 的水平轴动。杆由水平位置自由落下，到达铅垂位置撞上一个质量为 m 的重物，使它沿粗糙的水平滑动。设动摩擦系数为 f'。若碰撞是塑性的，求重物滑行的路程。

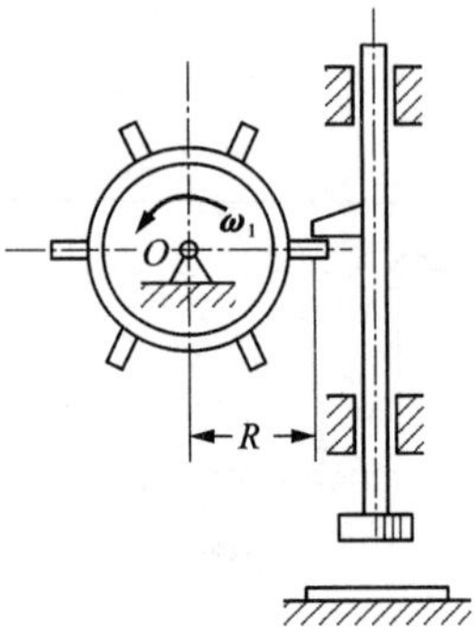

图题 15-11

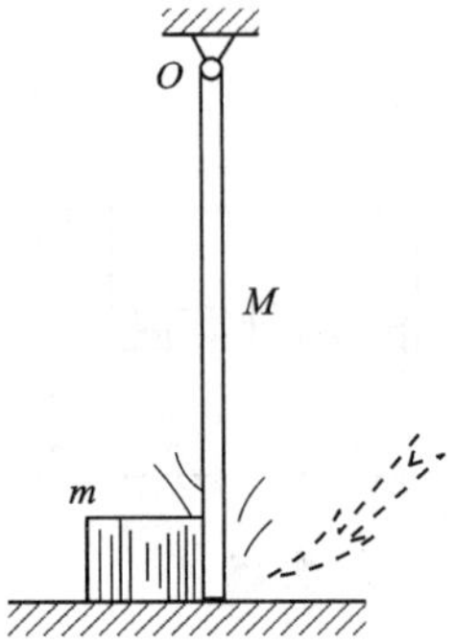

图题 15-12

15-13　均质杆长 $2l$ 以垂直于杆的速度 v 平动，突然与支座 A 发生碰撞。设碰撞是塑性的，已知 $AC=l/2$。求碰撞后杆的角速度 ω。

15-14　射击摆为一悬挂于水平轴 O 且填满砂土的筒，当子弹穿入砂筒时使摆轴 O 转过一偏角 α，测量偏角的大小即可求出子弹的速度。若已知摆的质量为 M，绕轴 O 的转动惯量为 J_O，摆的重心到轴 O 的距离为 h，子弹的质量为 m，子弹穿入砂筒后到轴 O 的距离为 a，试证弹速为

$$v=\frac{J_O+ma^2}{ma}\sqrt{\frac{(Mh+ma)g}{J_O+ma^2}}\cdot 2\sin\frac{\alpha}{2}$$

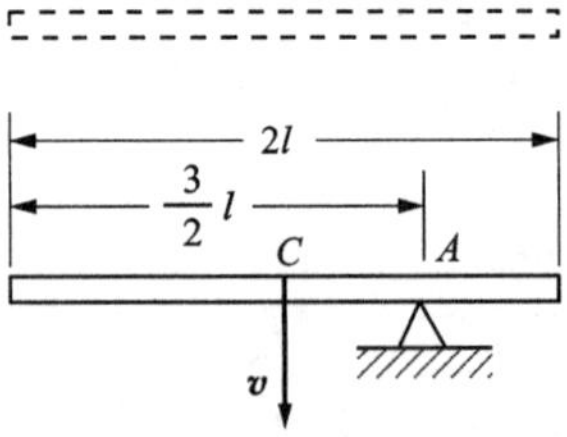

图题 15-13

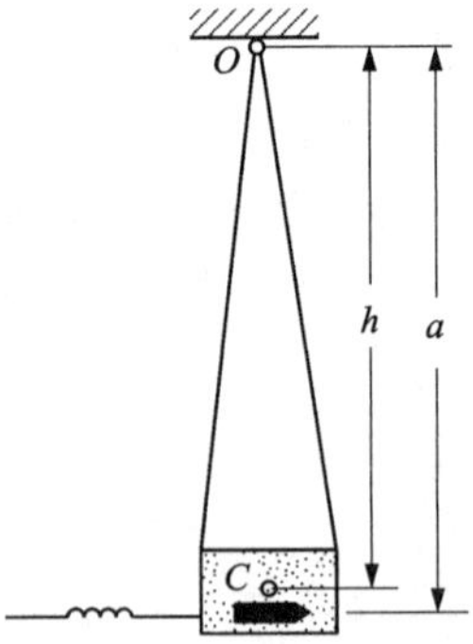

图题 15-14

15-15　在以匀速 v 运动的小车上，有一边长为 a 的立方块，如图题 15-15 所示。当小车突然停止时，方块将绕其底面一棱边翻转。设碰撞是塑性的，方块的质量为 M。求翻转瞬时的角速度、小车作用于方块的碰撞冲量以及方块的动能损失。

15-16　乒乓球半径 r，以速度 v 落到台面上。v 与铅垂线成 α 角，此时球有绕水平横轴（方向与 v 垂直）的速度 ω_0。假定球与台面相撞后，因瞬时摩擦作用，接触点水平速度突然变为零，设恢复因数为 e，求回弹角 β。

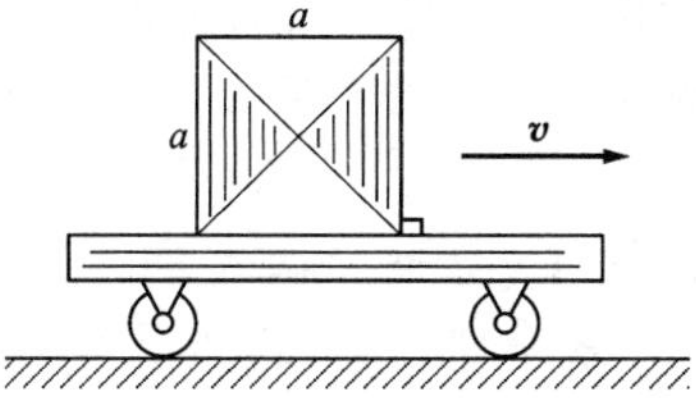

图题 15-15

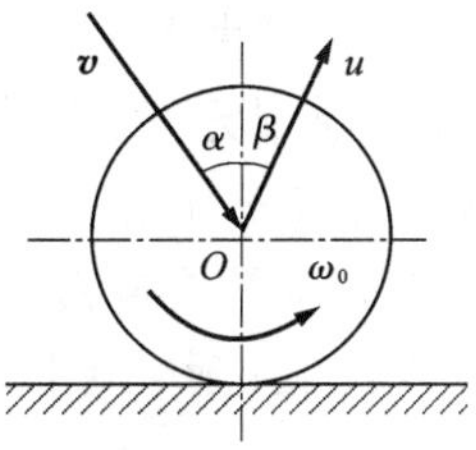

图题 15-16

15-17 质量 $M=10$ kg，半径 $r=300$ mm 的均质圆柱体，其质心以匀速度 $v_C=2$ m/s 沿水平面运动，圆柱作无滑动的滚动，突然与一高度 $h=60$ mm 的台阶相撞，如图题 15-17 所示。设碰撞是塑性的，求碰撞后圆柱体的质心速度、圆柱的角速度和碰撞冲量。

15-18 均质细直杆长为 l，其一端 A 置于墙根，在图题 15-18 所示位置自静止倒下。当到达水平位置时与一支座 D 相碰。设碰撞是完全弹性的，要求碰撞后杆回跳时保持水平(即角速度为零)，试确定点 A 至点 D 之间的距离 d。

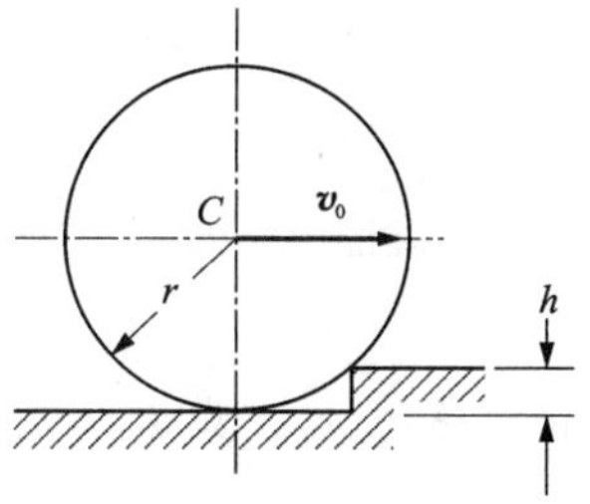

图题 15-17

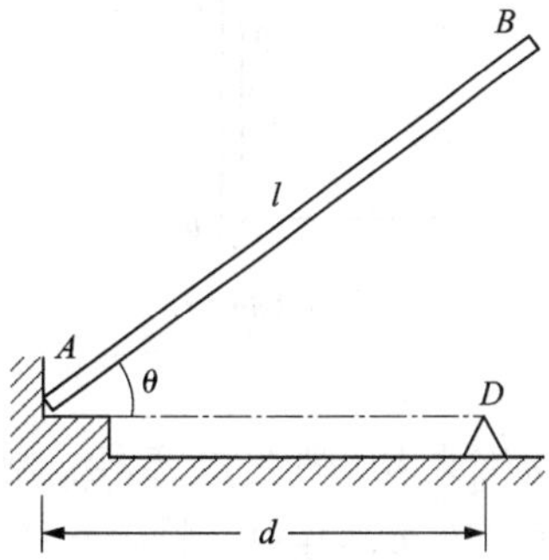

图题 15-18

15-19 一均质矩形木箱在图题 15-19 所示位置无初速地释放，木箱的棱边 B 与地板相撞。设地板足够粗糙，能阻止木箱滑动，且碰撞是塑性的。求碰撞时使棱边 A 不致跳起的比值 b/a 的最大值。

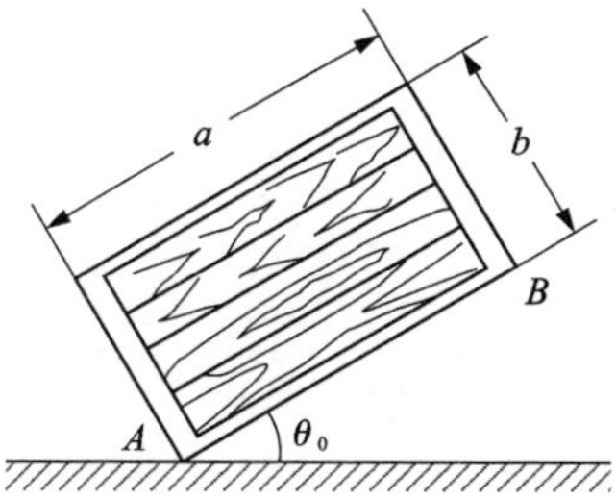

图题 15-19

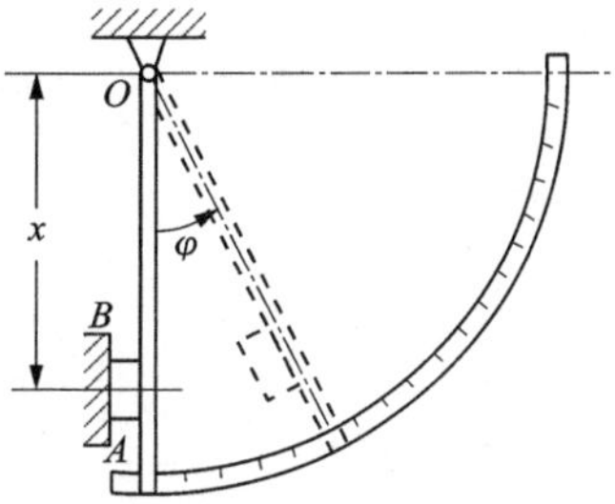

图题 15-20

15-20　在测定材料恢复因数的仪器示意图题 15-20 中，A、B 为被测材料的样块。杆在重力作用下自水平位置自由落下，样块 A 撞击 B 后杆弹回到与铅垂线成角 φ 处，求恢复因数 e。又问在碰撞时，欲使轴承 O 不产生反力冲量，样块 A 到转轴的距离 x 应为多少？（设杆长为 l，样块 A 的质量忽略不计。）

15-21　在光滑的水平滑道内有一质量为 $2m$ 的滑块 A。滑块上又铰接一长为 l、质量为 m 的均质直杆 AB。当静止时，在杆 AB 的端点 B 给予一水平冲量 I。问给予多大的冲量才能使杆 AB 转到水平位置。

15-22　冲击试验机的摆锤由均质杆和均质圆盘构成，杆的质量 5 kg，圆盘的质量 15 kg，半径 $r=0.2$ m。当摆锤自高处下摆撞击试件时，受到试件的碰撞冲量 I。若要求轴承 O 处的反力冲量为零，则杆的长度 l 为多少合适？

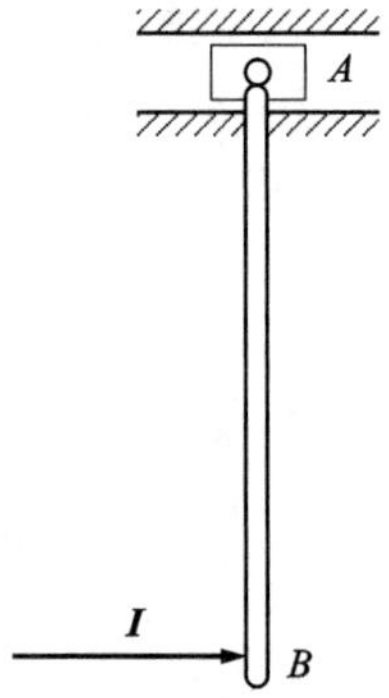

图题 15-21

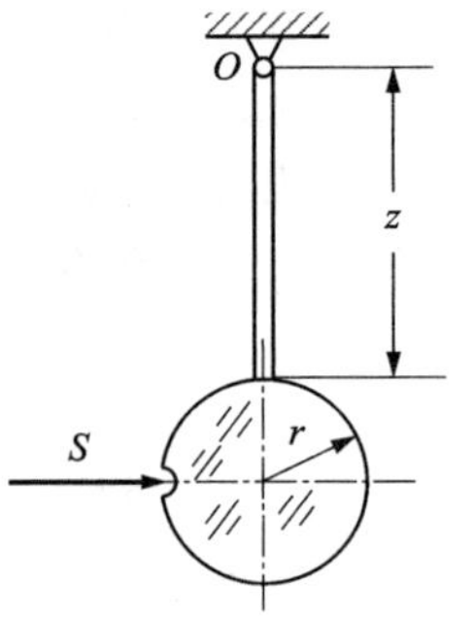

图题 15-22

15-23　AB 及 BC 两匀质直杆，刚性连接如图题 15-23 所示。设 $l_{AB}=l_{BC}=l$，且 $m_{BC}=2m_{AB}$。求 A 端为铰支悬挂时，撞击中心的位置。

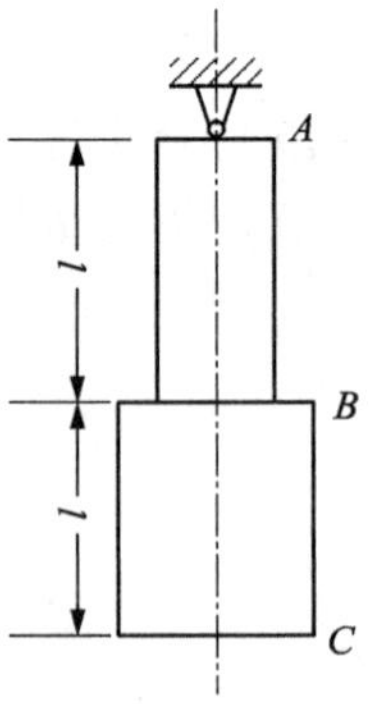

图题 15-23

第16章

机械振动基础

振动是自然界和工程中普遍存在的现象，例如地震、波浪、汽车、汽轮机、电机的振动等。振动是有害的，它可以损坏机器，影响机床的加工精度和工件的表面粗糙度；汽车的振动会使乘客感到不舒服；振动的噪音更会影响健康。但振动也是有利的，如琴弦的适宜振动能发出悦耳的音乐，利用摆的振动制造钟表，振动打桩机、振动筛等根据振动原理制造的机械等。因此，研究振动有着很重要的现实意义。

振动的理论和应用研究已经积累了大量的资料，形成了一门独立的学科。本章只研究质点系各质点围绕其稳定平衡位置往复运动的机械振动，且只讨论单自由度线性振动问题。这些内容是研究机械振动问题的基础，同时具有一定的工程意义。

§16-1　单自由度系统的自由振动

1. 单自由度系统与线性振动

工程实际问题往往很复杂，为了便于研究，需要把实际的振动系统进行简化，得到力学模型。图 16-1(a)所示为电机和支撑梁所组成的系统，当梁的质量很小而弹性较大时，梁的质量可以略去不计。此时，系统中梁的作用就相当于一根弹簧，电机可简化为一集中质量。系统简化为如图 16-1(b)所示的力学模型，称为**质量-弹簧系统**，它是最简单的振动系统。这种振动系统中振体的位置只需一个坐标就可以确定，故称为**单自由度系统**。

图 16-1

如果振动系统比较复杂，振体的位置需由多个独立的坐标确定，则为多自由度系统。如图 16-2 所示，研究汽车的振动时，如果忽略汽车的侧向摆动，则汽车只在铅垂面内振动，系统的位置需要两个独立的坐标才能确定，故为二自由度振动系统。如果要考虑汽车的侧向摆动和前后桥的振动，则汽车系统的自由度就更多了。

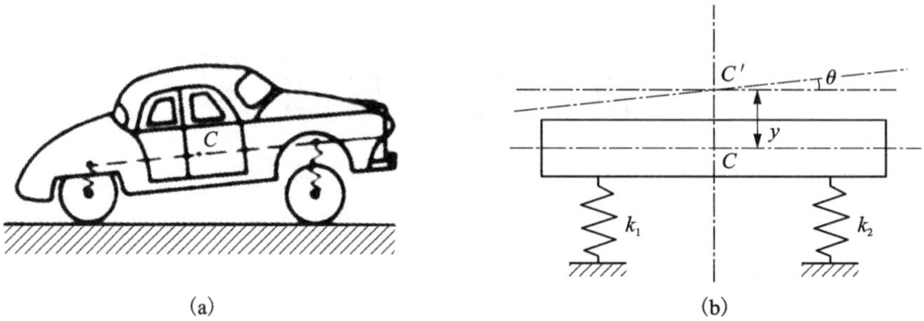

图 16-2

实际问题中振动系统的振体总会受到介质的阻力作用，使得振体的振动逐渐消弭，如气体、液体，或弹性材料中分子的阻力等。此时系统仍可简化为质量-弹簧系统，但须加上表示阻力的器件，成为有阻尼自由振动的力学模型。

由于工程实际中的振动大多是微幅振动，当振体的速度和位移较小时，可以认为弹性力是位移的一次函数，阻尼力是速度的一次函数。在这些条件下，系统的振动可以用常系数线性微分方程来描述，称为**线性振动**。

工程中有很多振动问题是不能线性化的，这些问题可参阅有关振动力学书籍。

2. 无阻尼系统自由振动

(1) 自由振动微分方程

质量-弹簧系统如图 16-3 所示。取重物的平衡位置点 O 为坐标原点，x 轴正向向下，重物在任一瞬时位置的坐标为 x，此时弹簧力

$$F_k=-k\delta=-k(\delta_{st}+x)$$

式中，k 为弹簧刚性系数；δ_{st} 为弹簧的静变形，根据静力平衡有 $mg=k\delta_{st}$。

根据质点动力学基本方程有

$$m\frac{d^2x}{dt^2}=mg-k(\delta_{st}+x)$$

即

$$m\frac{d^2x}{dt^2}+kx=0 \tag{16-1}$$

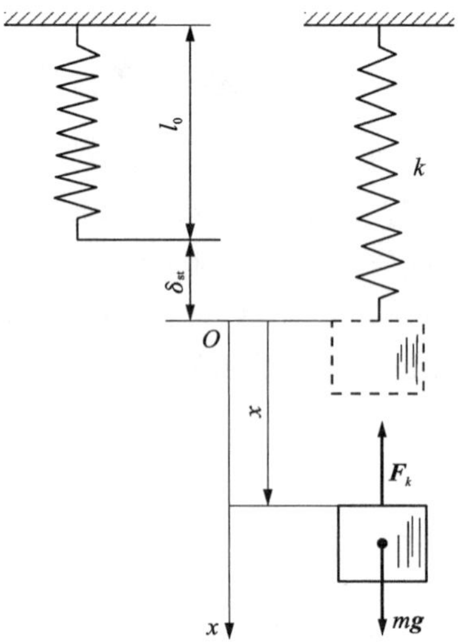

图 16-3

作用于质量-弹簧系统上的重力是一个常力，常力大小只影响弹簧的静变形，即只改变振子的平衡位置。取平衡位置为坐标原点时，不同常力作用下的系统运动微分方程相同。将式(16-1)改写为

$$\frac{d^2x}{dt^2}+\omega_n^2x=0 \tag{16-2}$$

其中

$$\omega_n=\sqrt{\frac{k}{m}} \tag{16-3}$$

式(16-2)为**无阻尼自由振动微分方程的标准形式**。它是一个二阶齐次线性常微分方程，特征根为

$$\lambda_{1,2}=\pm\omega_n i \quad (i=\sqrt{-1})$$

其解为

$$x=C_1\cos\omega_n t+C_2\sin\omega_n t \tag{16-4}$$

式中，C_1、C_2为由初始条件确定和积分常数。

令

$$A=\sqrt{C_1^2+C_2^2},\ \tan\theta=\frac{C_1}{C_2}$$

则式(16-4)写为

$$x=A\sin(\omega_n t+\theta) \tag{16-5}$$

式(16-5)表明无阻尼自由振动是**简谐振动**，如图 16-4 所示。其中 A 称为**振幅**，$\omega_{nt}+\theta$ 称为**相位或相位角**，θ 称为**初相位**。给出初始条件 $t=0$，$x=x_0$，$\dot{x}=v_0$，求得

$$A=\sqrt{x_0^2+\left(\frac{v_0}{\omega_n}\right)^2},\ C_1=x_0,\ C_2=\frac{v_0}{\omega_n} \tag{16-6}$$

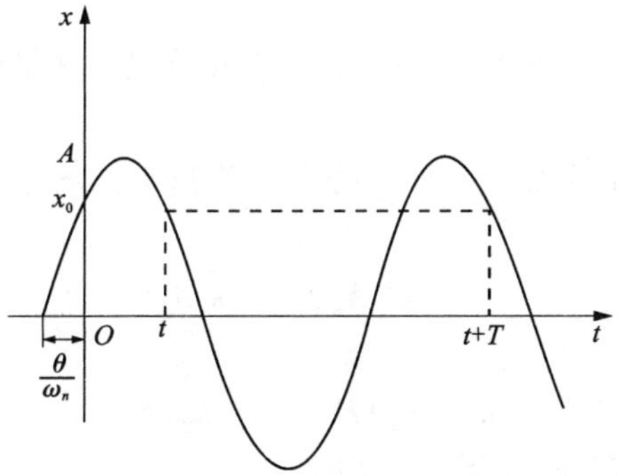

图 16-4

(2)固有频率

设 T 为无阻尼自由振动的周期，则

$$[\omega_n(t+T)+\theta]-(\omega_n t+\theta)=2\pi$$

由此解得

$$T=\frac{2\pi}{\omega_n},\ \omega_n=\frac{2\pi}{T}=2\pi f \tag{16-7}$$

式中，$f=1/T$ 称为振动**频率**，表示每秒钟振动的次数，单位为 1/s，用 Hz(赫兹)表示；$\omega_n=$

$2\pi f$ 表示 2π 秒内振动的次数，故称 ω_n 为**圆频率**，单位为弧度/秒(rad/s)。

据式(16-3)有

$$\omega_n=\sqrt{\frac{k}{m}} \tag{16-8}$$

式(16-8)表明，自由振动的圆频率 ω_n 只与表征系统本身的特性的质量为 m、刚度系数 k 有关，而与运动的初始条件无关、即 ω_n 是振动系统的固有特征，故称为**固有圆频率**，通常简称**固有频率**，它反映了系统固有的动力学特征。求解系统的固有频率是振动问题的一个十分重要的任务。

例 16-1 两弹簧的弹簧刚度分别为 k_1、k_2，振体质量 m。试求图 16-5 所示情况下系统振动的固有频率：(1)两弹簧并联，如图 16-5(a)所示；(2)两弹簧串联，如图 16-5(b)所示。

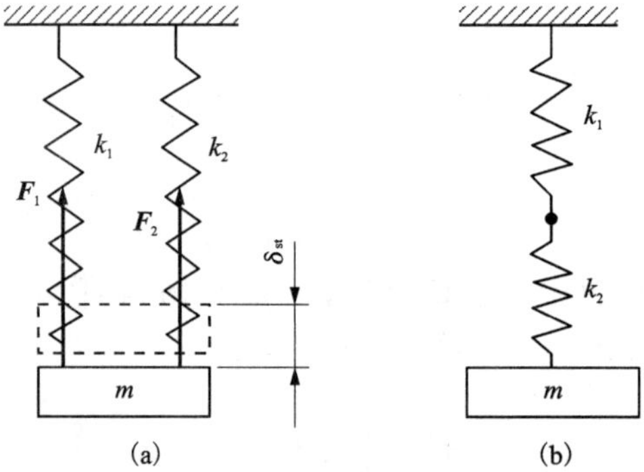

图 16-5

解：设想以一根等效弹簧去代替弹簧的不同连接情况，这根等效弹簧所应具有的刚度称为等效刚度，用 k_{eq} 表示。

(1)弹簧并联。此时两弹簧在任一瞬时的变形量相等，如图 16-6(a)所示。用 δ_{st} 表示静变形，有

$$F_1=k_1\delta_{st},\ F_2=k_2\delta_{st}$$

故

$$mg=F_1+F_2=(k_1+k_2)\delta_{st}$$

考虑物块在等效弹簧作用下平衡，又应有

$$mg=k_{eq}\delta_{st}$$

比较上两式，有

$$k_{eq}=k_1+k_2$$

即**两弹簧并联时，其等效弹簧刚度等于两个弹簧刚度之和**。这一结论还可推广到多个弹簧并联的情况，即 $k_{eq}=\sum_{i=1}^{n}k_i$。由此，有

$$\omega_n=\sqrt{\frac{k_{eq}}{m}}=\sqrt{\frac{k_1+k_2}{m}}$$

(2)弹簧串联。此时各弹簧所受的力相等，等于物块的重力 mg，两弹簧伸长分别为

$$\delta_{st1}=\frac{mg}{k_1},\ \delta_{st2}=\frac{mg}{k_2}$$

其总的静伸长为

$$\delta_{st}=\delta_{st1}+\delta_{st2}=mg\left(\frac{1}{k_1}+\frac{1}{k_2}\right)$$

设串联弹簧系统的等效弹簧刚度为 k_{eq}，则

$$\delta_{st}=\frac{mg}{k_{eq}}$$

比较两式得

$$\frac{1}{k_{ed}}=\frac{1}{k_1}+\frac{1}{k_2}\text{或 } k_{eq}=\frac{k_1\cdot k_2}{k_1+k_2}$$

即**两弹簧串联时，其等效弹簧刚度的倒数等于两个弹簧刚度倒数之和**。该结论也可推广到多个串联弹簧的情形，即 $\frac{1}{k_{eq}}=\sum_{i=1}^{n}\frac{1}{k_i}$。由此有

$$\omega_n=\sqrt{\frac{k_{eq}}{m}}=\sqrt{\frac{k_1\cdot k_2}{m(k_1+k_2)}}$$

---

(3)计算固有频率的能量法

无阻尼自由振动是仅在恢复力作用下的运动。由于恢复力是有势力，故在无阻尼自由振动中机械能守恒。根据振动方程

$$x=A\sin(\omega_n t+\theta)$$

其速度为

$$v=\frac{\mathrm{d}x}{\mathrm{d}t}=\omega_n A\cos(\omega_n t+\theta)$$

故任一瞬时其动能为

$$T=\frac{1}{2}mv^2=\frac{1}{2}m\omega_n^2A^2\cos^2(\omega_n t+\theta)$$

取平衡位置为零势能位置，如图 16-3 所示。其静变形由全部重力引起时，其总势能

$$V=\frac{1}{2}kx^2=\frac{1}{2}kA^2\sin^2(\omega_n t+\theta)$$

物块处于平衡位置时，其速度达最大值，物块具有最大动能

$$T_{max}=\frac{1}{2}m\omega_n^2A^2$$

当物块处于偏离振动中心的极端位置时，其速度为零，位移最大，系统具有最大势能

$$V_{max}=\frac{1}{2}kA^2$$

根据机械守恒定律，有

$$T_{max}=V_{max}$$

故对于弹簧质量系统，有

$$\omega_n=\sqrt{\frac{k}{m}}$$

求其他类型的振动系统固有频率，可用上述类似方法求解。

例 16-2 某多体系统如图 16-6 所示。均质轮半径 R，质量 m_1；物块 D 重 m_2，用无重 CD 杆在 C 端铰接于轮心。不计质量的绳子与刚度系数为 k 的无重弹簧绕过轮 C 分别连接在固定点 A 和 B。设绳与轮间无滑动，求系统振动微分方程。

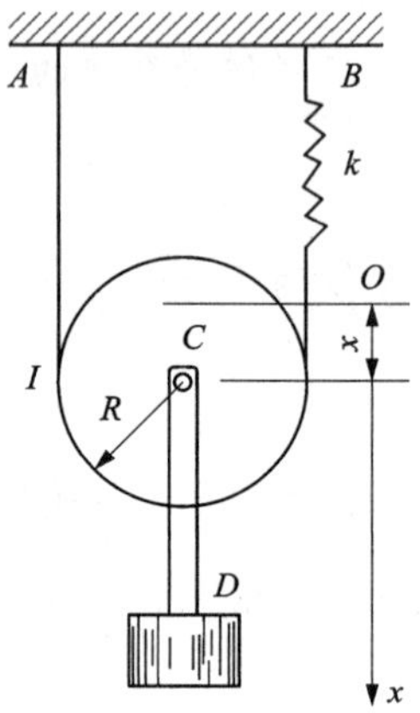

图 16-6

解：以 x 向下为正，原点 O 取在质心 C 的静平衡位置。因仅有势力做功，系统机械能守恒。轮沿上 I 点为轮 C 的速度瞬心，有

$$T=\frac{1}{2}m_1\dot{x}^2+\frac{1}{2}\ \frac{1}{2}m_1R^2\left(\frac{\dot{x}}{R}\right)^2+\frac{1}{2}m_2\dot{x}^2=\frac{1}{4}(3m_1+2m_2)\dot{x}^2$$

以平衡位置为重力与弹力的零势能位置。考虑到每当轮心 C 位移 x，弹簧将伸长 $2x$，系统势能为

$$V=\frac{k}{2}(2x)^2=2\ kx^2$$

系统的运动为简谐振动，$\dot{x}_{\max}=A\omega_n$，故

$$T_{\max}=\frac{1}{4}(3m_1+2m_2)A^2\omega_n^2,\ V_{\max}=2\ kA^2$$

由于 $T_{\max}=V_{\max}$，系统的固有频率为

$$\omega_n=\sqrt{\frac{8k}{3m_1+2m_2}}$$

(4) 其他类型的单自由度振动系统

除上述弹簧-质量系统外，工程中还有扭振系统、多体系统等其他单自由度振动系统。虽然系统形式各异，但所建立的微分方程却具有相同的形式。建立微分方程的方法为前述动力学各章所介绍的方法，现举例如下。

例 16-3 扭振系统如图 16-7 所示，圆盘对中心轴的转动惯量为 J_0，刚性固结在扭杆的一端。扭杆的刚性系数为 k_n，是使圆盘产生单位扭转角所需的力矩。求圆盘由于初始扰动后转动的运动微分方程。

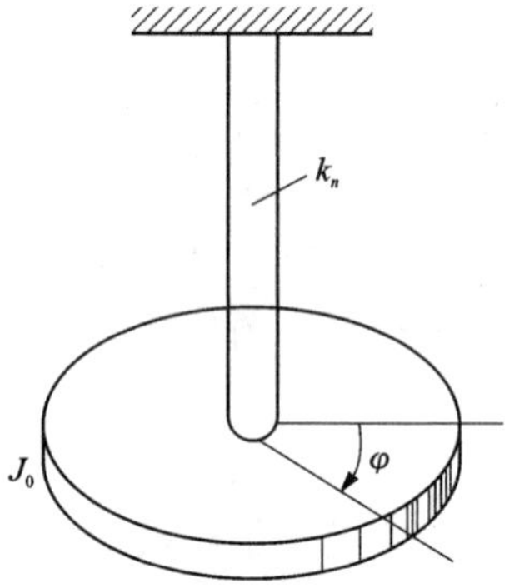

图 16-7

解：因为扭振恢复力矩大小与扭转角正比，方向与扭转角方向相反，由对于其中心轴 A 的动量矩定理，有

$$J_0\frac{\mathrm{d}^2\varphi}{\mathrm{d}t^2}=-k_n\varphi$$

令 $\omega_n=\frac{k_n}{J_0}$，得圆盘的扭转振动微分方程为

$$\frac{\mathrm{d}^2\varphi}{\mathrm{d}t^2}+\omega_n^2\varphi=0$$

此式与式(16-2)形式完全相同。

3. 有阻尼自由振动

（1）阻尼

无阻尼自由振动是一种理想化的模型，实际中的振动系统不可避免地存在诸如介质阻力、结构材料的内阻力、干摩擦阻力等，这些阻力又称**阻尼**。由于阻尼的存在，系统不断消耗能量，若无外界能量补充，振动将不断衰减。阻尼较大时，将不发生振动。

当振动速度不大时，由于介质黏性引起的阻尼近似与速度的一次方成正比，这样的阻尼称为**黏性阻尼**。设质点的运动速度为 v，则黏性阻尼的阻力 F_c 可表示为

$$F_c=-cv \tag{16-9}$$

式中，c 称为**黏性阻尼系数**，负号表示阻力与速度反向。

（2）有阻尼自由振动微分方程

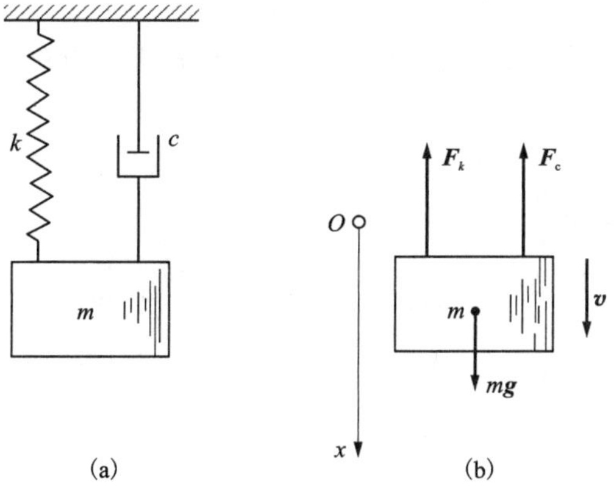

图 16-8

有阻尼自由振动的力学模型由图 16-8（a）所示。图中 k 表示弹性元件，m 表示惯性元件，c 表示阻尼元件。振子的受力如图 16-8（b）所示。于是运动微分方程为

$$m\frac{\mathrm{d}^2x}{\mathrm{d}t^2}=mg-k(\delta_{\mathrm{st}}+x)-c\frac{\mathrm{d}x}{\mathrm{d}t}$$

静止时

$$mg=k\delta_{\mathrm{st}}$$

令

$$\omega_n^2=\frac{k}{m},\ \zeta=\frac{c}{2\sqrt{mk}}=\frac{c}{2m\omega_n} \tag{16-10}$$

ζ 是一相对阻尼系数，称为**阻尼比**，是反映阻尼特性的重要参数。将微分方程改写为

$$\frac{\mathrm{d}^2x}{\mathrm{d}t^2}+2\zeta\omega_n\frac{\mathrm{d}x}{\mathrm{d}t}+\omega_n^2x=0 \tag{16-11}$$

式（16-12）即为**有阻尼自由振动微分方程**的标准形式。这是一个二阶齐次常系数线性微分方程，特征方程及特征根为

$$\lambda^2+2\zeta\omega_n\lambda+\omega_n^2=0$$

$$\lambda_{1,2}=-\zeta\omega_n\pm\omega_n\sqrt{\zeta^2-1}$$

故通解为

$$x=C_1e^{\lambda_1 t}+C_2e^{\lambda_2 t} \tag{16-12}$$

(3)阻尼对自由振动的影响

由于特征根为实数与复数时运动规律各异，故以下按 $\zeta<1$，$\zeta>1$ 和 $\zeta=1$ 三种不同情形分别进行讨论。

①欠阻尼($\zeta<1$)情况。

此时，阻尼系数 $c<2\sqrt{mk}$，

$$\lambda_{1,2}=-\zeta\omega_n\pm i\omega_n\sqrt{1-\zeta^2}$$

为一对共轭虚复根，其中 $i=\sqrt{-1}$。据欧拉公式，式(16-13)可写为

$$x=e^{-\zeta\omega_n t}(C_1\cos\omega_d t+C_2\sin\omega_d t) \tag{16-13}$$

式中，$\omega_d=\omega_n\sqrt{1-\zeta^2}$ 是**有阻尼自由振动的圆频率**；A 和 θ 仍是由初始条件确定的常数。

给出初始条件：

$$t=0,\ x=x_0,\ \dot{x}=\dot{x}_0$$

代入式(16-14)，可得系统的位移响应为

$$x=e^{-\zeta\omega_n t}\left(x_0\cos\omega_d t+\frac{\dot{x}_0+\zeta\omega_n x_0}{\omega_d}\sin\omega_d t\right) \tag{16-14}$$

根据三角函数关系，也可以写成

$$x=Ae^{-\zeta\omega_n t}\sin(\omega_d t+\theta) \tag{16-15}$$

其中

$$\begin{cases} A=\sqrt{x_0^2+\dfrac{(\dot{x}_0+\zeta\omega_n x_0)^2}{\omega_d}} \\ \tan\theta=\dfrac{\omega_d x_0}{\dot{x}_0+\zeta\omega_n x_0} \end{cases} \tag{16-16}$$

式(16-15)即为有阻尼自由振动表达式，其振幅如图 16-9(a)所示。由图可知其振幅随时间不断衰减，称为**衰减振动**，又称**有阻尼自由振动**。

由式(16-16)知，衰减振动的振幅逐渐减小，不是周期振动；但它仍是围绕平衡位置的往复运动，具有振动的特性。质点从一个最大偏离位置到下一个最大偏离位置所需的时间称为**衰减振动的周期**，记为 T_d，如图 16-9(a)所示。

由式(16-15)有

$$T_d=\frac{2\pi}{\omega_d}=\frac{2\pi}{\omega_n\sqrt{1-\zeta^2}} \tag{16-17}$$

这种性质称为等时性。借用周期这一术语，称该时间间隔 T_d 为**阻尼振动周期或自然周期**。显然它大于无阻尼振动周期 T。必须指出，衰减振动的周期只能说明它具有等时性，并不意味着它具有周期性。

由式(16-15)知，欠阻尼系统自由振动的振幅为 $Ae^{-\zeta\omega_n t}$。设 t 瞬时振动达某一最大偏离

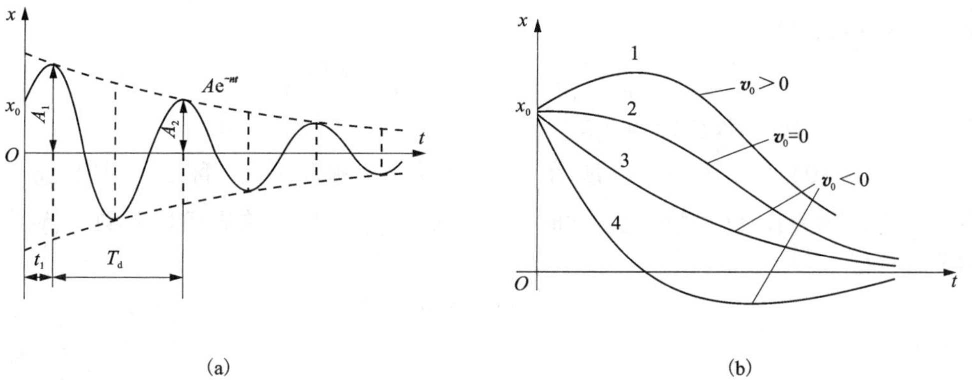

图 16-9

值 $A_i=Ae^{-\zeta\omega_n t_i}$，经一个周期 T_d 后，系统又到达另一个仅次于前的最大偏离值 $A_{i+1}=Ae^{-\zeta\omega_n(t_i+T_d)}$。故两个相邻振幅之比为

$$\frac{A_i}{A_{i+1}}=\frac{Ae^{-\zeta\omega_n t_i}}{Ae^{-\zeta\omega_n(t_i+T_d)}}=e^{\zeta\omega_n T_d} \tag{16-18}$$

这个比值称为**振幅衰减率**，它表明振幅按几何级数在减小，并很快趋于零。

比较有阻尼和无阻尼两种情况下周期、频率和圆频率的大小，由式(16-17)有

$$T_d=\frac{T}{\sqrt{1-\zeta^2}}$$

$$f_d=f\sqrt{1-\zeta^2}$$

$$\omega_d=\omega_n\sqrt{1-\zeta^2}$$

因为 $\zeta<1$，故

$$T_d<T,\ f_d<f,\ \omega_d<\omega_n$$

即阻尼使自由振动的频率减小，周期增大。当阻尼较小时可近似认为 $\omega_d=\omega_n$，$T_d=T$。

综上所述，欠阻尼自由振动中，阻尼对频率与周期影响较小，但对振幅影响较大，使振幅呈几何级数下降。例如，当 $\zeta=0.05$ 时，$\omega_d=0.99875\omega$，$T_d=1.00125T$，$A_{i+1}=0.7301A_i$；经 10 个周期后振幅只有原振幅的 4.3%。

对式(16-18)取自然对数得

$$\delta=\ln\frac{A_i}{A_{i+1}}=\zeta\omega_n T_d=\frac{2\pi\zeta}{\sqrt{1-\zeta^2}} \tag{16-19}$$

δ 称为**对数衰减率**。可见，振幅对数衰减率仅取决于阻尼比。当阻尼很小时，式(16-19)可近似取为

$$\delta\approx 2\pi\zeta \tag{16-20}$$

上式说明对数衰减率 δ 是阻尼比的 2π 倍，故 δ 也反映了系统的阻尼特性。

②过阻尼($\zeta>1$)与临界阻尼($\zeta=1$)情况。

当 $\zeta>1$ 时，称为过阻尼情况。此时 $c>2\sqrt{mk}$，特征方程为两个不相等的实根。即

$$\lambda_{1,2}=-\zeta\omega_n\pm\omega_n\sqrt{\zeta^2-1}$$

由式(16-14)，得

$$x=-\mathrm{e}^{-\zeta\omega_n t}(C_1\mathrm{e}^{\omega_n\sqrt{\zeta^2-1}t}+C_2\mathrm{e}^{-\omega_n\sqrt{\zeta^2-1}t}) \tag{16-21}$$

式中，C_1、C_2 为由初始条件确定的常量。

运动图线($x_0>0$)如图 16-10(b)所示。此时不再具有振动特性，称为非周期运动。

当 $\zeta=1$ 时，称为临界阻尼情况。此时 $c=2\sqrt{mk}=c_c$，c_c 称为**临界阻尼系数**。特征方程有两个相等的实根

$$\lambda_1=\lambda_2=-\omega_n$$

其通解为

$$x=\mathrm{e}^{-\omega_n t}(C_1+C_2t) \tag{16-22}$$

式中，C_1、C_2 亦为由初始条件确定的常数。当 $t\to0$ 时，$x\to0$。其运动图线与过阻尼时的图 16-10(b)相似，临界阻尼情况同样是非周期运动。

例 16-4 质量为 m 的小球，置于长 l 的细杆的端点。细杆 O 端为铰接，如图 16-10(a)所示。杆在 A 点与弹簧和阻尼装置相连。弹簧刚度为 k，黏性阻尼系数为 c。杆的质量略去不计，求系统的振动微分方程及临界阻尼系数。

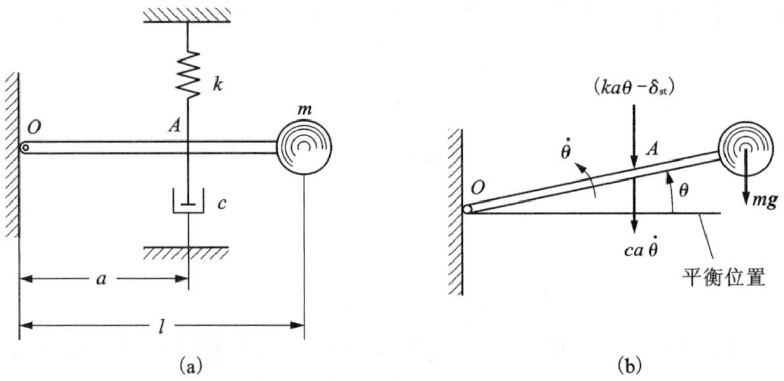

图 16-10

解：根据对 O 点的动量矩定理，有

$$ml^2\ddot\theta=-mgl-c\dot{a}\theta a-k(a\theta-\delta_{st})\cdot a$$

因平衡时有

$$mgl=k\delta_{st}a$$

故系统运动微分方程为

$$\ddot\theta+\frac{ca^2}{ml^2}\dot\theta+\frac{ka^2}{ml^2}\theta=0$$

其特征方程为

$$\lambda_2+\frac{ca^2}{ml^2}\lambda+\frac{ka^2}{ml^2}=0$$

特征根为

$$\lambda_{1,2}=-\frac{ca^2}{2ml^2}\pm\frac{1}{2}\sqrt{\left(\frac{ca^2}{ml^2}\right)^2-4\frac{ka^2}{ml^2}}$$

临界阻尼时，方程有两个相等的实根，应有

$$\left(\frac{ca^2}{ml^2}\right)^2-4\frac{ka^2}{ml^2}=0$$

由此解得临界阻尼系数为

$$c=\frac{2l\sqrt{mk}}{a}$$

例 16-5　如图 16-8(a)所示弹簧质量系统，物块质量 $m=0.05$ kg，弹簧刚度 $k=2000$ N/m。使系统产生自由振动，测得其相邻两个振幅之比为 $A_i/A_{i+1}=100/98$，求系统的临界阻尼系数与阻尼系数各为多少？

解：对数减缩率为

$$\delta=\ln\frac{A_i}{A_{i+1}}=\ln\frac{100}{98}=0.0202$$

则阻尼比为

$$\zeta=\frac{\delta}{2\pi}=0.003215$$

系统的临界阻尼系数为

$$c_C=2\sqrt{mk}=2\sqrt{0.05\times2000}=20(\text{N}\cdot\text{s/m})$$

系统的阻尼系数为

$$c=\zeta\cdot c_c=0.0643(\text{N}\cdot\text{s/m})$$

§16-2　单自由度系统的受迫振动

工程中的自由振动，都会由于阻力的作用逐渐衰减，趋于静止。但当系统还受到其他外力的持续作用，不断从外界获得能量时，振动将继续进行。在外激励下所产生的振动称为**受迫振动**。如高频疲劳试验机就是由交流电通过电磁铁产生交变的电磁力引发系统振动的。外激励最基本的形式为简谐激励，本节只研究简谐激励的响应。

1. 无阻尼受迫振动

(1)无阻尼受迫振动微分方程

图 16-11 所示的振动系统，在简谐激振力 $\boldsymbol{F}$ 作用下作受迫振动，其中

$$F=H\sin(\omega T+\varphi) \tag{16-23}$$

式中，H 为激振力的力幅，是激振力的最大值；ω 是激振力的圆频率；φ 是激振力的初位相。

取静平衡位置为坐标原点，弹性力为

$$F_k=k(x+\delta_{\text{st}})$$

振动微分方程为

$$m\frac{d^2x}{dt^2}=mg-k(x+\delta_{st})+H\sin(\omega t+\varphi)$$

静平衡时

$$mg=k\delta_{st}$$

设

$$\omega_n^2=k/m,\ h=H/m \qquad (16-24)$$

得

$$\frac{d^2x}{dt^2}+\omega_n^2x=h\sin(\omega t+\varphi) \qquad (16-25)$$

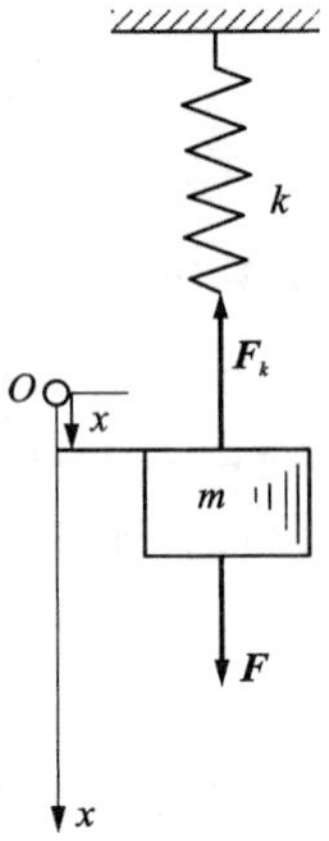

图 16-11

式(16-25)为**无阻尼受迫振动微分方程**的标准形式，是二阶常系数非齐次线性微分方程。其解为两部分组成，即

$$x=x_1+x_2$$

式中 x_1 为方程(16-25)的齐次通解，x_2 为非齐次特解。

据式(16-5)有

$$x_1=A\sin(\omega_n t+\theta)$$

设特解 x_2 形式如下

$$x_2=b\sin(\omega_t+\varphi)$$

其中 b 为待定常数，将 x_2 代入式(16-25)中得

$$-b\omega^2\sin(\omega t+\varphi)+b\omega_n^2\sin(\omega t+\varphi)=h\sin(\omega t+\varphi)$$

当 $\omega\neq\omega_n$ 时，解得

$$b=\frac{h}{\omega_n^2-\omega^2} \qquad (16-26)$$

故全解为

$$x=A\sin(\omega_n t+\theta)+\frac{h}{\omega_n^2-\omega^2}\sin(\omega t+\varphi) \qquad (16-27)$$

即无阻尼受迫振动由频率为固有频率的自由振动，与频率为激振力频率的受迫振动的两个谐振动合成。

由于实际问题中存在阻尼，自由振动部分总会逐渐衰减下去。故关于稳态的受迫振动，主要研究其振幅，着重分析共振现象。

(2)无阻尼受迫振动的振幅及共振现象

由式(16-27)知，系统的受迫振动为谐振动，振动频率为激振力的频率。由式(16-26)可知振幅大小与运动初始条件无关，而与振动系统的固有频率 ω_n、激振力的力幅和激振力的频率有关。下面据式(16-26)讨论受迫振动的振幅与激振力频率的关系。

①当 $\omega\to0$，即此时激振力周期趋于无穷大，激振力为一恒力，不发生振动。此时的 b 实际上是静力作用下的静变形，用 b_0 表示

$$b_0=\frac{h}{\omega_n^2}=\frac{H}{k} \qquad (16-28)$$

②当 $0<\omega<\omega_n$，则由式(16-26)知，b 随 ω 由零增大而单调上升，当激振力频率无限接近

固有频率 ω_n 时，受迫振动的振幅将趋于无穷大。

③当 $\omega>\omega_n$，由式(16–26)有 $b<0$，即此时振子向着 x 轴负方向运动，相位角应加上或减去 180°；b 的大小随 ω 增大而减小，当 ω 趋于∞，振幅趋于零。

上述分析可由图 16–12(a)曲线表示，该曲线称为振幅频率曲线或共振曲线；图 16–12(b)为其相应的无量纲的图形。

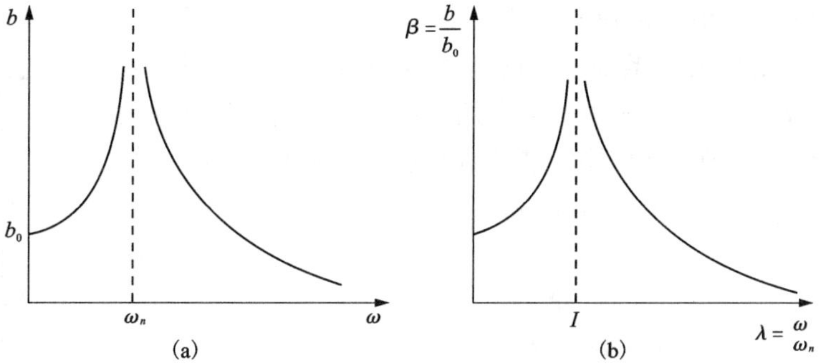

图 16–12

④共振现象。当 $\omega=\omega_n$，即激振力频率等于系统的固有频率时，振幅 b 在理论上应趋于无穷大，这种现象称为**共振**。实际上，当 $\omega=\omega_n$ 时，式(16–26)无意义。此时

$$x_2=Bt\cos(\omega_n t+\varphi)$$

将上式代入式(16–25)中，得

$$B=-\frac{h}{2\omega_n}$$

故共振时受迫振动的运动规律为

$$x_2=-\frac{h}{2\omega_n}t\cos(\omega_n t+\varphi) \tag{16-29}$$

其幅值为

$$b=\frac{h}{2\omega_n}t$$

即当 $\omega=\omega_n$ 时系统共振，振幅随时间无限增大，运动图线如图 16–13 所示。

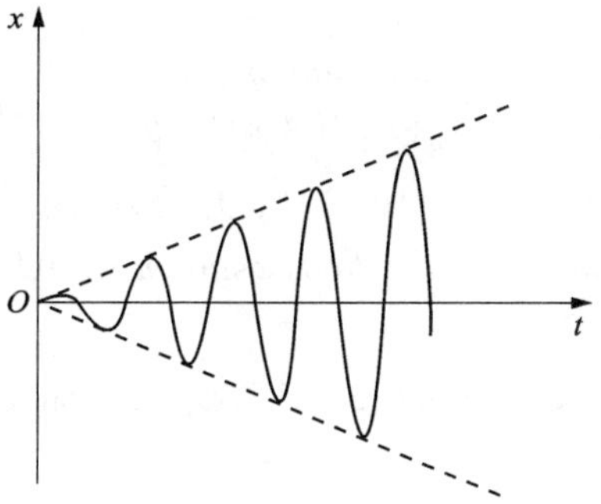

图 16–13

实际上系统都存在阻尼，振幅不能达到无限大。但一般来说共振时的振幅都相当大，往往使机器结构等产生过大的变形以至破坏。避免共振发生是工程实际中的一个非常重大的课题。为此在设计厂房时，应使其固有频率与厂房机器的转速不相近，避免厂房建筑因共振而发生强烈振动。我们也可利用共振原理测定结构物的固有频率。

2. 有阻尼受迫振动

(1)有阻尼受迫振动微分方程

图 16-14 为有阻尼振动系统，设物块质量为 m，其上作用力有重力 mg、弹性力 $\boldsymbol{F}_k$、黏性阻尼力 $\boldsymbol{F}_c$ 及简谐激振力 $\boldsymbol{F}$。取图示坐标，原点 O 为平衡位置，x 轴正向向下。各力在坐标轴上的投影为

$$F_k=-k(\delta_{st}+x)$$

$$F_c=-c\frac{dx}{dt}$$

$$F=H\sin\omega t$$

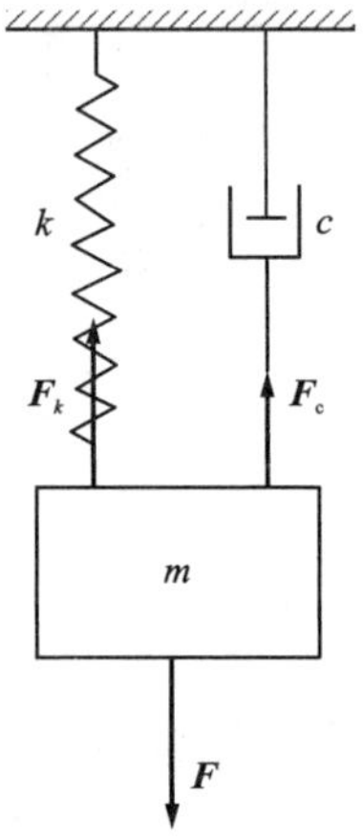

图 16-14

考虑到静平衡时

$$mg=k\delta_{st}$$

振动微分方程为

$$m\frac{d^2x}{dt^2}=-kx-c\frac{dx}{dt}+H\sin\omega t$$

令 $\omega_n^2=\dfrac{k}{m}$，$\zeta=\dfrac{c}{2m\omega_n}$，$h=\dfrac{H}{m}$，则

$$\frac{d^2x}{dt^2}+2\zeta\omega_n\frac{dx}{dt}+\omega_n^2x=h\sin\omega t \tag{16-30}$$

式(16-30)为**有阻尼受迫振动微分方程**的标准形式，是二阶线性常系数非齐次微分方程。其解由两部分组成

$$x=x_1+x_2$$

式中，x_1 为方程(16-30)的齐次对解。当为欠阻尼即 $\zeta<1$ 时，有

$$x_1=Ae^{-\zeta\omega_nt}\sin(\omega_dt+\theta)$$

式中，x_2 为方程(16-30)的特解。

设其有下列形式

$$x_2=b\sin(\omega t-\varphi)$$

式中，φ 为受迫振动的相位落后于激振力的相位角。

用比较系数法求解，将此式代入式(16-30)，并将方程右端项改写为如下形式

$$h\sin\omega t=h\sin[(\omega t-\varphi)+\varphi]=h\cos\varphi\sin(\omega t-\varphi)+h\sin\varphi\cos(\omega t-\varphi)$$

合并相同谐波的系数有

$$[b(\omega_n^2-\omega^2)-h\cos\varphi]\sin(\omega t-\varphi)+(2\zeta\omega_nh\omega-h\sin\varphi)\cos(\omega t-\varphi)=0$$

上式对任意瞬时都成立，故

$$b(\omega_n^2-\omega^2)-h\cos\varphi=0$$

$$2\zeta\omega_nb\omega-h\sin\varphi=0$$

联解得

$$
\begin{cases}
b=\dfrac{h}{\sqrt{(\omega_n^2-\omega^2)^2+4\zeta^2\omega_n^2\omega^2}} \\
\tan\varphi=\dfrac{2\zeta\omega_n\omega}{\omega_n^2-\omega^2}
\end{cases}
\tag{16-31}
$$

于是齐次方程式(16-30)的通解为

$$
x=Ae^{-\zeta\omega_n t}\sin(\omega_d t+\theta)+b\sin(\omega t-\varphi) \tag{16-32}
$$

式中，A、θ 为由运动初始条件确定的积分常数。

式(16-32)表明，有阻尼受迫振动由两部分叠加组成，第一部分为衰减振动 x_1，第二部分为受迫振动 x_2。由于阻尼的存在，第一部分的振动很快随时间衰减掉。这一显著衰减的过程，称为**过渡过程**。一般过渡过程很短，所以又称为**瞬态过程**。其后系统基本按受迫振动的规律进行振动，故称过渡之后的过程为**稳态过程**。值得重点研究的是稳态过程的振动。

由式(16-32)可见，稳态过程的振动仍然是简谐振动。其频率 ω 等于激振力的频率。而振幅和初位相比无阻尼受迫振动要复杂得多，以下着重研究这两方面特性。

(2)有阻尼受迫振动的幅频曲线与相频曲线

由式(16-31)第一式可见，受迫振动的振幅不仅与激振力的力幅有关，还与激振力的频率、振动系统的系数 m、k 和阻尼系数 c 有关。为了去除系统量纲的影响，一般性地研究受迫振动的振幅、初位相与频率间的关系，采用无量纲形式来研究。横轴表示**频率比** $\lambda=\omega/\omega_n$，纵轴表示振幅比 $\beta=b/b_0$，其中 $b_0=h/\omega_n^2$ 为静偏离。式(16-31)可写为

$$
\begin{cases}
\beta=\dfrac{b}{b_0}=\dfrac{1}{\sqrt{(1-\lambda^2)^2+4\zeta^2\lambda^2}} \\
\tan\varphi=\dfrac{2\zeta\lambda}{1-\lambda^2}
\end{cases}
\tag{16-33}
$$

作出不同阻尼条件下振幅频率关系曲线(简称位移幅频特性曲线)，如图 16-15 所示。

由式(16-33)第一式及图 16-16 可以看出阻尼对振幅的影响程度与频率的关系。

①当 $\omega\ll\omega_n$，即干扰力频率很低时，不论阻尼的大小，$\beta\approx1$，强迫振动的振幅 b 与静偏离 b_0 很接近。这时可忽略系统阻尼，作为无阻尼受迫振动处理。

②当 $\omega\to\omega_n$，即干扰力频率十分接近系统的固有频率时，$\lambda\to1$，振幅显著地增大。这时阻尼对振幅有明显的影响，增大阻尼时，振幅显著地下降。令 $\dfrac{d\beta}{d\lambda}=0$，则

$$
\omega=\omega_n\sqrt{1-2\zeta^2}
$$

此时，振幅 b 有最大值 b_{max}，频率 ω 称为**共振频率**。在共振频率下的振幅为

$$
b_{max}=\frac{b_0}{2\zeta\sqrt{1-\zeta^2}}
$$

在许多实际问题中，阻尼比很小，$\zeta\ll1$。例如 $\zeta=0.05$ 时，有 $\omega=\omega_n\sqrt{1-2\zeta^2}=0.998\omega_n$，可以认为，在 $\omega=\omega_n$ 时振幅极大。其极大值为

$$
b_{max}\approx\frac{b_0}{2\zeta}
$$

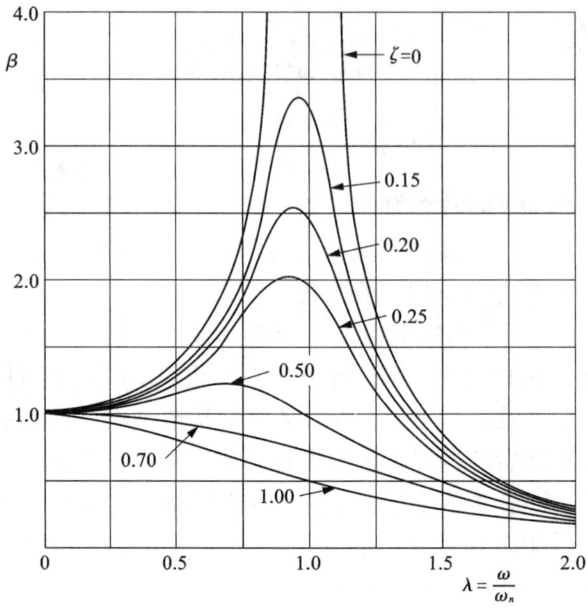

图 16-15

③当 $\omega \gg \omega_n$，即干扰力频率远大于系统的固有频率时，阻尼对受迫振动的振幅影响也较小。这时可以忽略阻尼，作为无阻尼自由振动系统处理。

至于有阻尼受迫振动相位与频率关系，据式(16-32)知，有阻尼受迫振动的相位总比激振力落后一个相位角 φ(φ 称为**相位差**)。式(16-31)第二式表明了相位差 φ 随激振力频率的变化关系。由式(16-33)第二式做出的图 16-16 可见，相位差总是在 0 到 180°区间变化，是单调上升的。共振时 $\omega/\omega_n=1$，有 $\varphi=90°$，各阻尼值的相频曲线均交于该点。当越过共振区后，随着受迫振动频率 ω 的增加，相位差 φ 趋近于 180°，这时激振力与位移相位相反。

(3)临界转速问题

工程中的回转机械在运转时常由于转轴的弹性或转子偏心而发生振动，当转速到达某一特定值时，振动异常激烈，振幅突然加大；离开这一转速，振幅很快减小。使转子发生激烈振动的特定转速称为**临界转速**。

设有质量为 m 的电动机安装在简支梁的中央，如图 16-17(a)所示。转子以匀角速度 ω 转动。梁的作用相当于弹簧，其弹簧常数 k 可由在 $m\boldsymbol{g}$ 作用下的静挠度 δ_{st} 求得，为 $k=\dfrac{mg}{\delta_{st}}$。由于转子不平衡，相当于在与转动轴相距 r 处，有一质量为 m_1 的偏心物块 A。

设阻尼力 $\boldsymbol{F}_c$ 与速度一次方成正比，梁本身重量略去不计。取电机在平衡位置时的轴心 O 为 x 坐标的原点，轴心任一瞬时位置 C 的坐标为 x，如图 16-17(b)所示。任一瞬时其上作用有重力，弹性力

$$F_k=-k(\delta_{st}+x)$$

阻尼力

$$F_c=-c\dot{x}$$

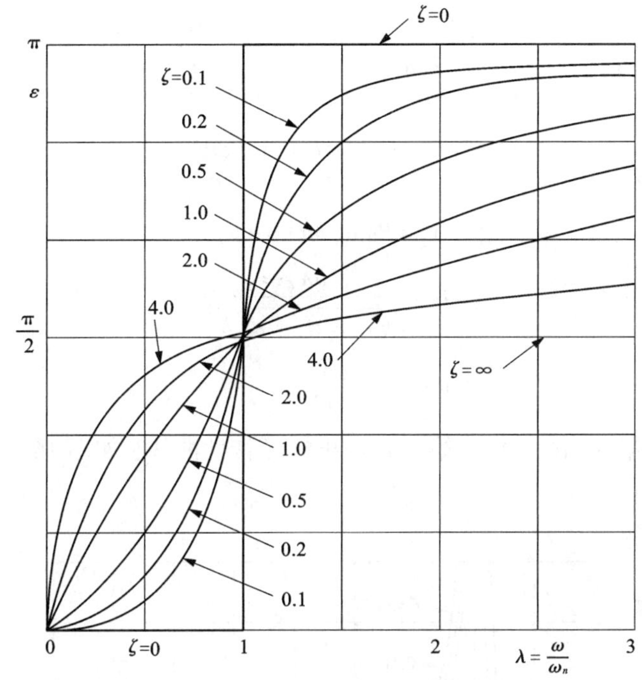

图 16-16

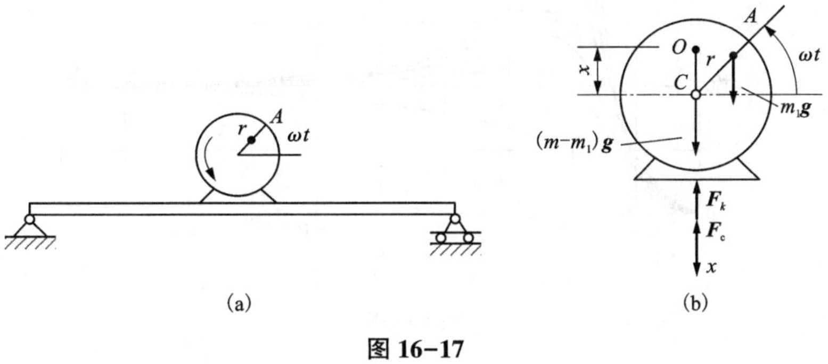

图 16-17

且静止时有

$$mg = k\delta_{st}$$

偏心块的坐标为

$$x_A = x - r\sin \omega t$$

据质心运动定理在 x 轴投影有

$$(m-m_1)\ddot{x}+m_1(\ddot{x}+r\omega^2\sin \omega t) = mg-k(\delta_{st}+x)-c\dot{x}$$

上式化简后得

$$\ddot{x}+\frac{c}{m}\dot{x}+\frac{k}{m}x = -\frac{m_1}{m}r\omega^2\sin \omega t$$

令

$$\zeta=\frac{c}{2m\omega_n},\ \omega_n^2=\frac{k}{m},\ b=\frac{m_1}{m}r$$

有

$$\ddot{x}+2\zeta\omega_n\dot{x}+\omega_n^2x=b\omega^2\sin(\omega t+\pi)$$

其受迫振动的解为

$$x_2=B\sin(\boldsymbol{\omega}t+\pi-\varphi)$$

$$\left.\begin{aligned}B&=\frac{b\lambda^2}{\sqrt{(1-\lambda^2)^2+4\zeta^2\lambda^2}}\\ \tan\varphi&=\frac{2\zeta\lambda}{1-\lambda^2}\end{aligned}\right\}\qquad(16-34)$$

其中 $\lambda=\omega/\omega_n$，据式(16−34)中第一式作出幅频特性曲线，如图 16−18 所示。当阻尼比 ζ 较小时，

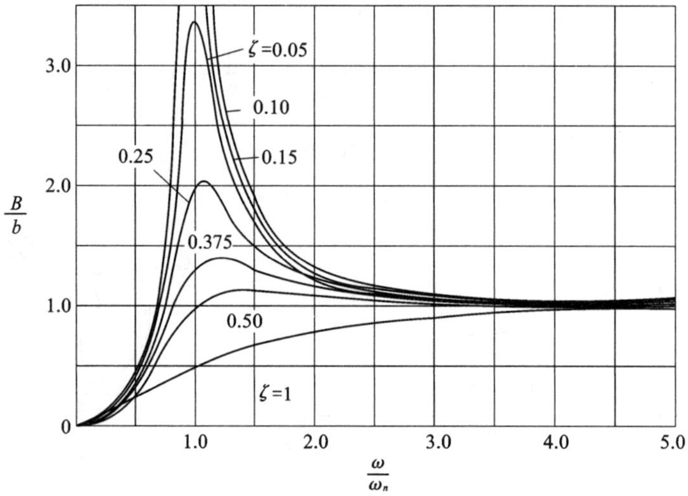

图 16−18

在 $\lambda=1$ 附近，$\beta=B/b$ 的值急剧增大，振幅出现很大的峰值，即发生**共振**。这与图 16−15 所示相同。但现在由于干扰力的最大值 $m_1r\omega^2/m$ 与 ω^2 成正比，即随 ω 而变，不再是常量，因此与图 16−17 又有不同之处。如当 $\lambda\to0$ 时，$\beta=B/b\approx0$，即振幅 $B\to0$；当 $\lambda\gg1$ 时，振幅 $B\to b$。

凡有转子的系统，发生共振时的转速称为临界转速。设计时应注意选择安装参数，使转速远离系统的临界转速。

(4)减振与隔振

工程中的振动现象不可避免，为减少振动的不利影响，可采用下述方法。

①查找并设法消除或减弱产生振动的振源。如对电动机、汽轮机机等转子进行动平衡试验来消除或减弱振动。

②使工程结构物远离振源。如建造房屋时，尽可能远离大型振动设备及繁忙的铁道、公路。

③避免共振。设计厂房或机器零件时，不应使其固有频率与振源频率相近。

④采用其他手段减振。如消振器、减振器等。

当振源无法消除或远离时，应采取隔振措施。隔振可分为两种：一种是隔离振源，使之不向周围传播，称为主动（或积极）隔振。如将大型锻床与地基间垫以隔振材料，减小振动的传播。另一种是被动（或消积）隔振，将必须防振的物体与振源隔开，免受振动的影响。如精密仪器底下垫上橡胶或泡沫塑料，汽车上的测量仪器用橡皮绳吊起来，等等。以下分别简介其理论。

主动隔振。力学模型如图 16-19 所示。由振源产生的激振力

$$F=H\sin \omega t$$

按有阻尼受迫振动理论，物块的振幅为

$$b=\frac{b_0}{\sqrt{(1-\lambda^2)^2+4\zeta^2\lambda^2}}$$

物块振动时传递到地基的力为两部分合成，即弹簧变形后作用于地基的力及阻尼元件作用于地基的力

$$F_k=kx=kb\sin(\omega t-\varphi)\text{ 和 }F_c=c\dot{x}=cb\omega\cos(\omega t-\varphi)$$

这两力的相位相差 90°，频率相同。据物理中振动合成知识，可合成为一同频率的合力。其合力最大值为

$$F_{\mathrm{Nmax}}=\sqrt{F_{k\max}^2+F_{c\max}^2}=\sqrt{k^2b^2+c^2b^2\omega^2}=kb\sqrt{1+4\zeta^2\lambda^2}$$

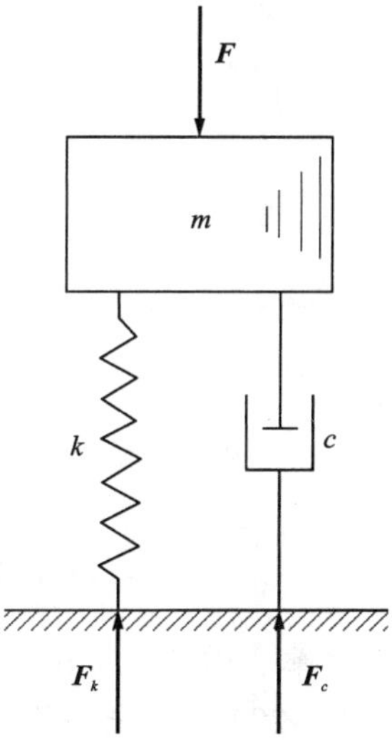

图 16-19

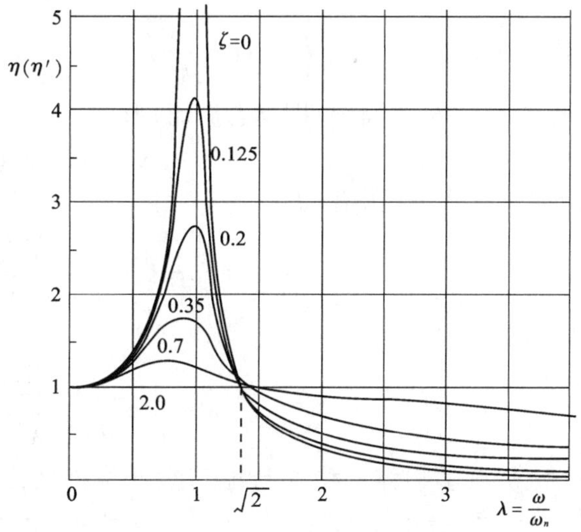

图 16-20

该最大值与激振力 F 的幅值之比为

$$\eta=\frac{F_{\mathrm{Nmax}}}{H}=\sqrt{\frac{1+4\zeta^2\lambda^2}{(1-\lambda^2)^2+4\zeta^2\lambda^2}} \tag{16-35}$$

式中，η 称为力的传递率，它与阻尼和激振频率有关。

图 16-20 为不同阻尼情况下传递率 η 与频率比 λ 之间的关系曲线。由式(16-35)可见，$\eta<1$ 时才能达到隔振的目的。又如图 16-20 可见，当 $\lambda>\sqrt{2}$ 即 $\omega>\sqrt{2}\omega_n$ 时，才可能有 $\eta<1$，即要求系统固有频率越小越好。因此，欲隔开振源不使之传播时，所选弹簧刚度要小；若所选弹簧刚度较大，则会有 $\lambda>\sqrt{2}$，这时不但不能隔振，加大阻尼后反而使振幅增大。

被动隔振。其力学模型如图 16-21 所示。物块为被隔振物体，设地基的振动为简谐振动，为 $x_1=\mathrm{d}\sin\omega t$。因为搁置在其上物体的振动是由地基的振动引起的，故这种激振称为位移激振。物块绝对位移为 $x-x_1$，作用于其上的弹簧力为

$$-k(x-x_1-\delta_{st})$$

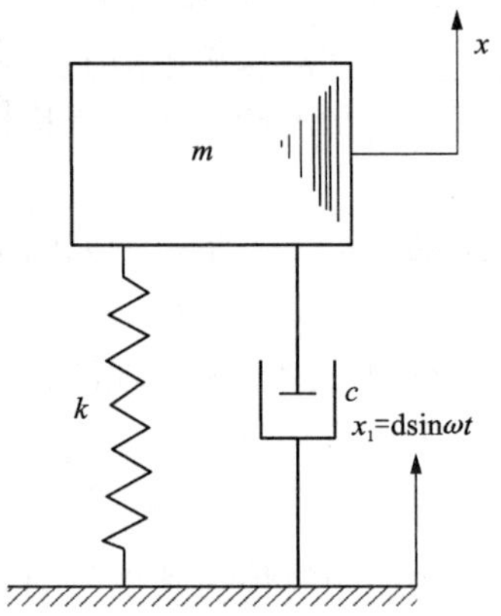

图 16-21

阻尼力为

$$-c(\dot{x}-\dot{x}_1)$$

质点运动微分方程为

$$m\ddot{x}=-k(x-x_1-\delta_{st})-c(\dot{x}-\dot{x}_1)-mg$$

整理得

$$m\ddot{x}+c\dot{x}+kx=kx_1+c\dot{x}_1$$

将 x_1 表达式代入，有

$$m\ddot{x}+c\dot{x}+kx=k\mathrm{d}\sin\omega t+c\omega\mathrm{d}\cos\omega t$$

将上述右端合成得

$$m\ddot{x}+c\dot{x}+kx=H\sin(\omega t+\theta) \tag{16-36}$$

其中 $H=\mathrm{d}\sqrt{k^2+c^2\omega^2}$，$\theta=\arctan\dfrac{c\omega}{k}$

设式(16-36)的特解(即稳态振动)形如

$$x=b\sin(\omega t-\varphi)$$

将此式代入方程中解得：

$$b=\mathrm{d}\sqrt{\frac{k^2+c^2\omega^2}{(k-m\omega^2)^2+c^2\omega^2}} \tag{16-37}$$

写成无量纲形式为

$$\eta'=\frac{b}{\mathrm{d}}=\sqrt{\frac{1+4\zeta^2\lambda^2}{(1-\lambda^2)^2+4\zeta^2\lambda^2}} \tag{16-38}$$

式中，η' 是振动物体的位移与地基激振位移之比，称为**位移传递率**。由于式(16-38)与式(16-35)完全相同，其位移传递率曲线图与力传递率曲线图(图 16-20)也完全一样。由此可知，被动隔振问题中，对隔振元件的要求与主动隔振是一样的。

§16-3　分析与讨论

1. 关于固有频率

由固有频率的定义 $\omega_n=\sqrt{k/m}$ 可知，固有频率是系统的固有属性，与外界条件以及系统是否振动着都没有关系。求固有频率的方法有以下几种。

(1) 微分方程法

微分方程法，即根据动力学原理列写系统振动微分方程。如把方程写成式(16-2)或式(16-12)的标准形式，则振动方程中振体位移项前面的系数即为固有频率的平方 ω_n^2。

(2) 能量法

用能量法求系统的固有频率在本章第一节已经详细叙述，这里不再重复。

(3) 等效质量与等效刚度法

当系统最大动能和最大势能无法确定的时候，可以采用等效质量与等效刚度法。下面以具体例题说明。

例 16-6　如图 16-22 所示扭振系统，质量为 M 的振体通过两焊接刚杆与弹簧相连。已知刚杆质量为 m，长为 l，在距离弹簧端 $\frac{1}{3}$ 处与基座铰接。求该系统微幅振动的固有频率。

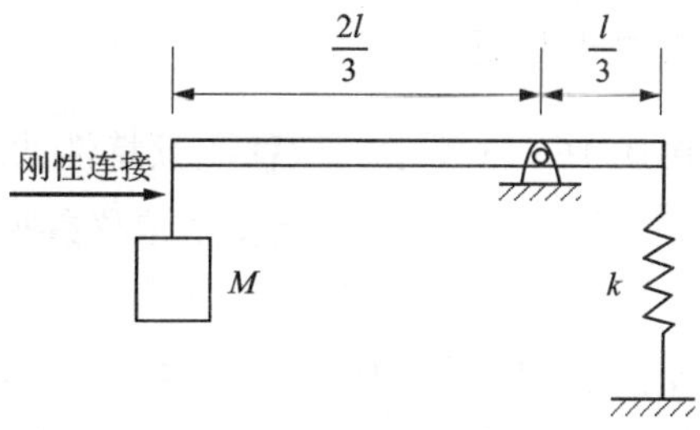

图 16-22

解：以刚杆微幅摆的摆角 θ 为广义坐标，则系统势能

$$U=\frac{1}{2}k\left(\frac{l}{3}\theta\right)^2=\frac{1}{2}\left(\frac{1}{9}kl^2\right)\theta^2$$

对比势能定义，得等效刚度为

$$k_e=\frac{1}{9}kl^2$$

系统动能

$$T=\frac{1}{2}M\left(\frac{2}{3}l\dot{\theta}\right)^2+\frac{1}{2}\left(\frac{1}{9}ml^2\right)\dot{\theta}^2=\frac{1}{2}\left(\frac{1}{9}ml^2+\frac{4}{9}Ml^2\right)\dot{\theta}^2$$

对比动能定义，得等效转动惯量为

$$I_{eq}=\frac{1}{9}ml^2+\frac{4}{9}Ml^2$$

将等效刚度与等效转动惯量代入固有频率表达式，可得

$$\omega_n=\sqrt{\frac{k_{eq}}{I_{eq}}}=\sqrt{\frac{k}{m+4M}}$$

（4）静变形法

系统不受外力作用时，根据静力平衡，有 $mg=k\delta_{st}$。将其代入式（16-8）固有频率表达式中，即得

$$\omega_n=\sqrt{\frac{g}{\delta_{st}}} \tag{16-39}$$

故可通过重力作用下的静变形 δ_{st} 求系统的固有频率。以车厢为例，满载比空载时支承车厢的弹簧静变形大些，因此满载时固有频率 ω_n 小。又如梁上有一集中质量，如图 16-23 所示。如果能测出梁在该点的静挠度，即静变形，当不计梁的自重时，便可求得该系统的固有频率。注意式（16-39）中 δ_{st} 必须由全部重力引起。

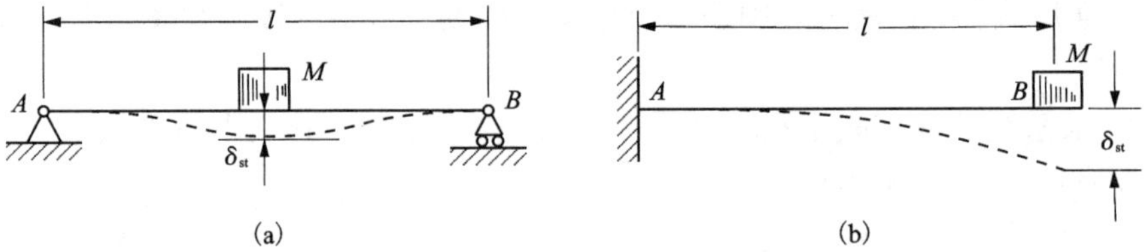

图 16-23

2. 关于共振

由图 16-15 所示的位移幅频特性曲线可知，当激励频率 ω 接近系统固有频率 ω_n 时，即干即频率比 $\lambda\approx1$ 时，系统发生位移共振。此时共振激励频率为

$$\omega=\omega_n\sqrt{1-2\zeta^2}$$

由上式可知，位移共振频率略低于系统的固有频率。将系统稳态位移响应分别求一阶和二阶导数，可得稳态速度和加速度响应。类似地，可求出速度共振的激励频率恰好就是系统的固有频率，即

$$\omega=\omega_n$$

而加速度共振点频率为

$$\omega=\frac{\omega_n}{\sqrt{1-2\zeta^2}}$$

即加速度共振频率略高于系统固有频率。

对于常见的小阻尼比系统，上述几种共振频率差异很小。为统一起见，定义系统共振频率为 $\omega=\omega_n$。显然，速度共振频率恰好就是共振频率，速度共振精确地反映了系统的共振特性。

由式（16-30），有阻尼系统受迫振动微分方程

$$m\ddot{x}+c\dot{x}+kx=h\sin\omega t$$

改写为

$$\underbrace{(-m\ddot{x})}_{\text{惯性力}}+\underbrace{(-c\dot{x})}_{\text{阻尼力}}+\underbrace{(-kx)}_{\text{弹性恢复力}}+\underbrace{h\sin\omega t}_{\text{激振力}}=0$$

共振时，如图 16-24 所示，有

激振力

$$h\sin \omega t$$

弹性恢复力

$$-kx=-kb\sin(\omega t-\pi/2)$$

阻尼力

$$-c\dot{x}=-cb\omega\sin \omega t$$

惯性力

$$-m\ddot{x}=-mb\omega^2\sin(\omega t+\pi/2)$$

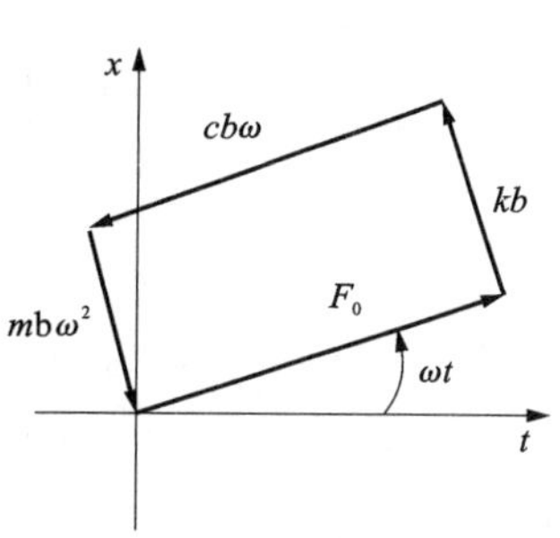

图 16-24

因此，系统在共振时，弹性恢复力与惯性力相平衡，激振力全部用于克服阻尼力，系统基本呈阻尼特性。

习　题

16-1　图题 16-1 所示各物块的质量均为 m，每根弹簧的刚度均为 k。如各物块都作自由振动，则其周期各为多少？（物块与固定面间的摩擦不计）

16-2　一质量未知的托盘悬挂在弹簧上，当盘上放质量为 m_1 的物体时，测得的周期为 T_1；如盘上放一质量为 m_2 的物体时，测得其周期为 T_2。求弹簧常数。

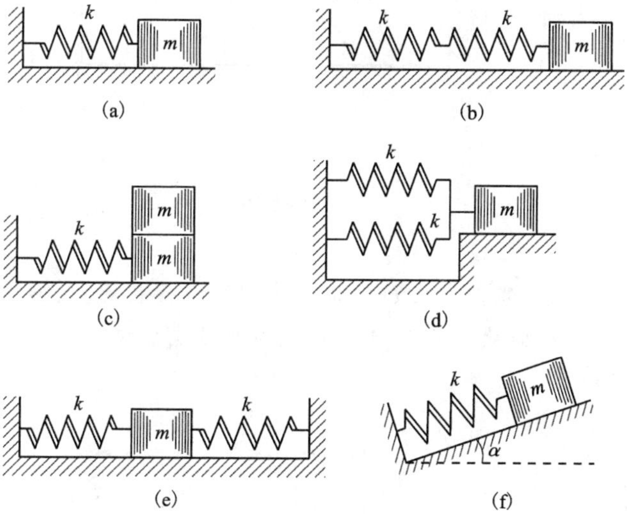

图题 16-1

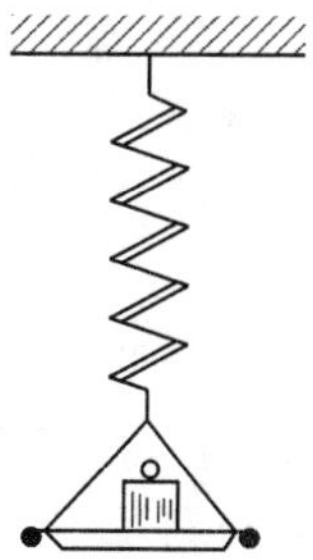

图题 16-2

16-3　图题 16-3 所示质量为 m 的重物，初速为零，自高度 $h=1$ m 处落下，打在水平梁的中部后与梁不再分离。梁的两端固定，在此重物静力的作用下，该梁中点的静止挠度 δ_0 等于 5 mm。如以重物在梁上的静止平衡位置 O 为原点，作出铅直向下的轴 y，梁的重量不计。试写出重物的运动方程。

16-4　质量为 m 的小车在斜面上自高度 h 处滑下，与缓冲器相碰，如图题 16-4 所示。缓冲弹簧的刚性系数为 k，斜面倾角为 θ。求小车碰着缓冲器后自由振动的周期与振幅。

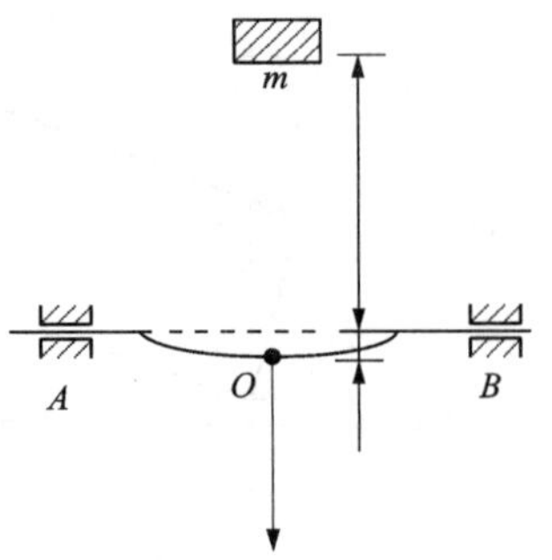

图题 16-3

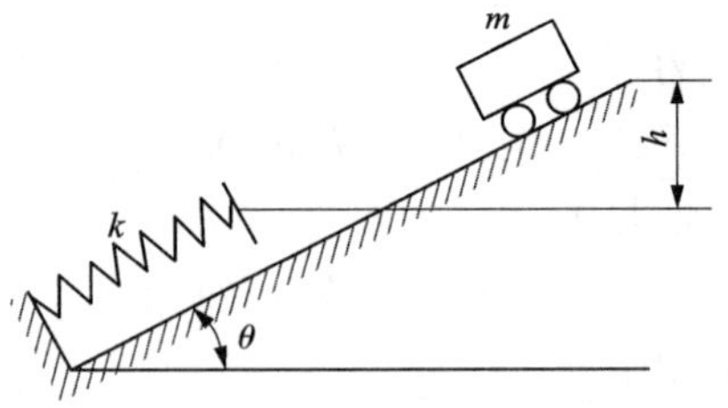

图题 16-4

16-5　在图题 16-5 所示系统中，均质圆轮的质量为 M，半径为 r。其上绕一不可伸长的绳子，绳一端挂重物 A，其质量为 m。一弹簧刚度为 k 的弹簧一端连于轮的 E 点，一端固定于墙上，处于水平位置，$OE=e$。图示位置是系统的平衡位置，试求系统微幅振动的周期。

16-6　一圆柱体，直径为 d，质量为 m，可在水平面上只滚动而不滑动。两弹簧刚度为 k 的弹簧与圆柱联结，如图题 16-6 所示。求圆柱微振动的周期。

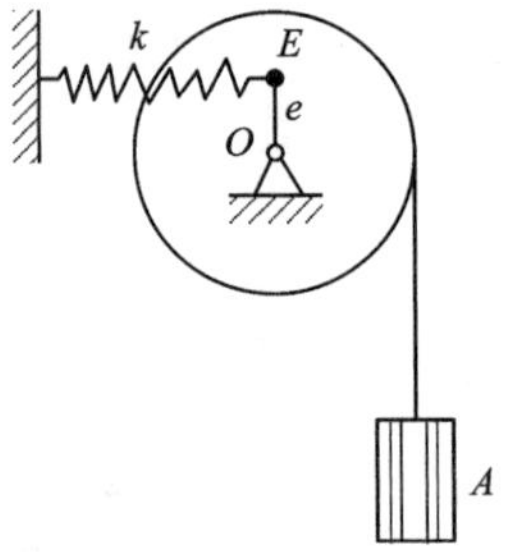

图题 16-5

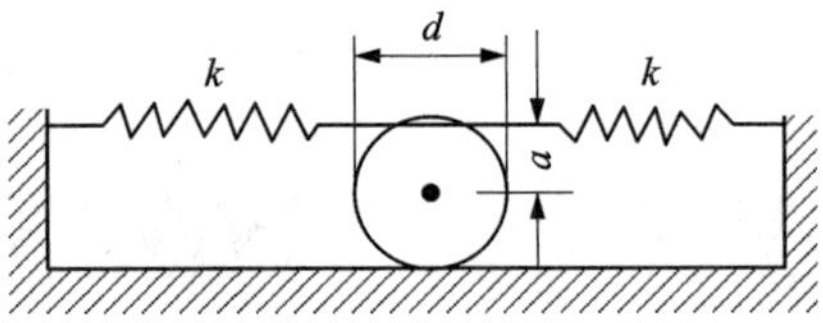

图题 16-6

16-7　电动机重 P，安置在梁 OA 的 A 端，梁长为 l，O 端以固定铰链连接在墙上，B 处为一弹性支座。若支座 B 的刚性系数为 k，不考虑梁的重量和变形及其他阻力，试求电动机自由振动频率和支座 B 的位置 x 之间的关系。

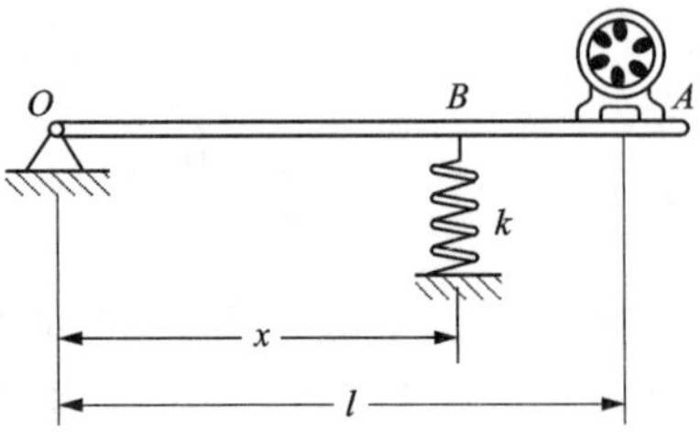

图题 16-7

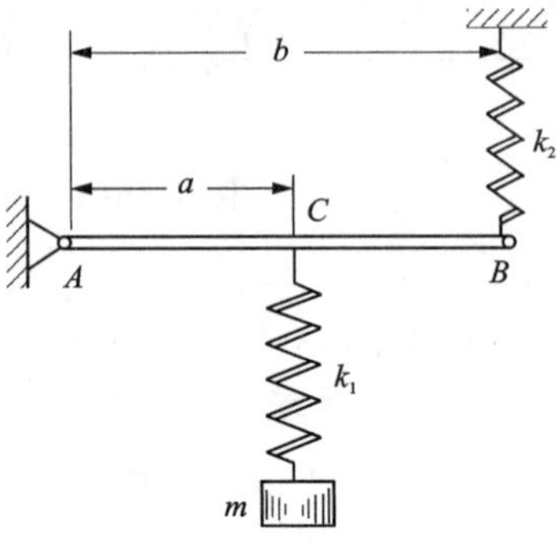

图题 16-8

16-8　质量为 m 的物体悬挂如图题 16-8 所示。设杆 AB 质量不计，两个弹簧的弹簧常数分别为 k_1 和 k_2，$AC=a$ 和 $AB=b$。求物体自由振动的频率。

16-9　图题 16-9 所示均质滚子质量 $m=10$ kg，半径 $r=0.25$ m，能在斜面上保持纯滚动；弹簧刚度系数 $k=20$ N/m，阻尼器阻尼系数 $c=10$ N·s/m。试求：(1) 无阻尼的固有频率；(2) 阻尼比；(3) 有阻尼的固有频率；(4) 此阻尼系统自由振动的周期。

16-10　图题 16-10 所示振动系统每振动一次的振幅顺次为 75 mm、60 mm、48 mm 和 310.4 mm。已知 $m=20$ kg，$k=800$ N/m。试求：(1) 阻尼比 c/c_{cr}；(2) 黏滞阻力系数 c。

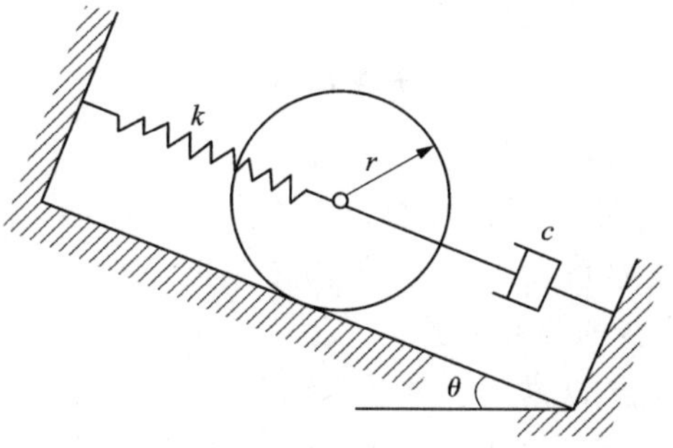

图题 16-9

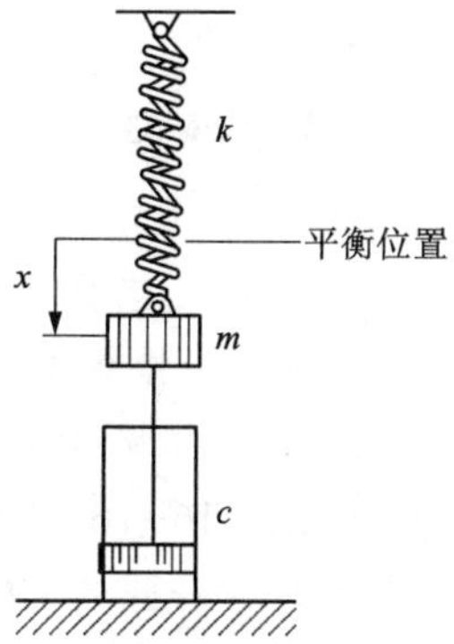

图题 16-10

16-11　简化后的振动系统如图题 16-11 所示。A 端为铰链。设阻尼力与速度的一次方成正比，黏滞阻力系数为 c，弹簧常数为 k。试求：(1) 振体 m 振动微分方程；(2) 系统的固有频率。

16-12　质量弹簧系统如图题 16-12 所示。已知物体的质量 $m=2$ kg，弹簧常数 $k=2$ N/mm。作用在物体上的干扰力 $S=16\sin 60t$，式中 t 以 s 计，S 以 N 计；物体所受的阻力 $R=cv$，其中 $c=25.6$ N·s/mm。试求：(1) 无阻尼时，物体受迫振动方程和动力放大系数 β；(2) 有阻尼时，物体的受迫振动方程和动力放大系数 β。

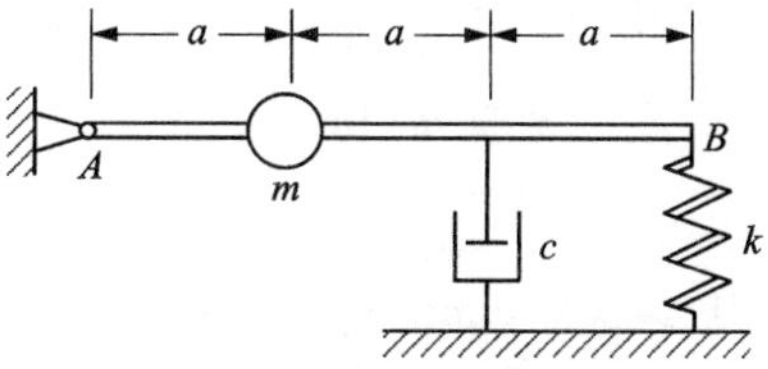

图题 16-11

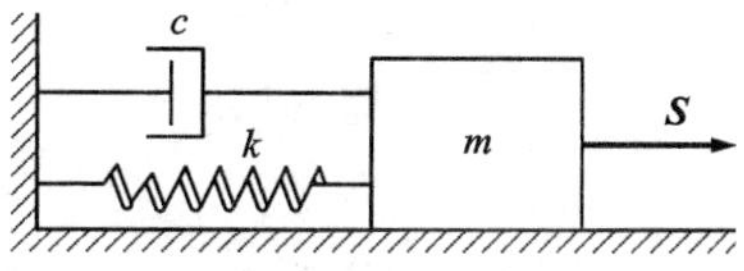

图题 16-12

16-13　某装置简化为在车轮上安装一质量弹簧系统，物块 B 的质量为 m，弹簧刚度系数为 k，如图题 16-13 所示。在某瞬时 ($t=0$) 车轮由水平路面进入曲线路面，并继续以等速 v 行驶。该曲线路面按 $y_1=d\sin\dfrac{\pi}{l}x_1$ 的规律起伏，坐标原点和坐标系 $O_1x_1y_1$ 的位置如图。求：(1) 物块 B 的受迫运动方程；(2) 轮 A 的临界速度。

16-14　电动机质量 $m=30$ kg，安装在刚性系数 $k=294$ kN/m 的水平梁上。转子上有一偏心质量 $m_1=0.2$ kg，转轴距 $e=13$ mm。若电机转子的角度 $\omega=90$ rad/s，梁的质量略去不计。试求电动机的受迫振动的振幅，以及电动机的临界转速。

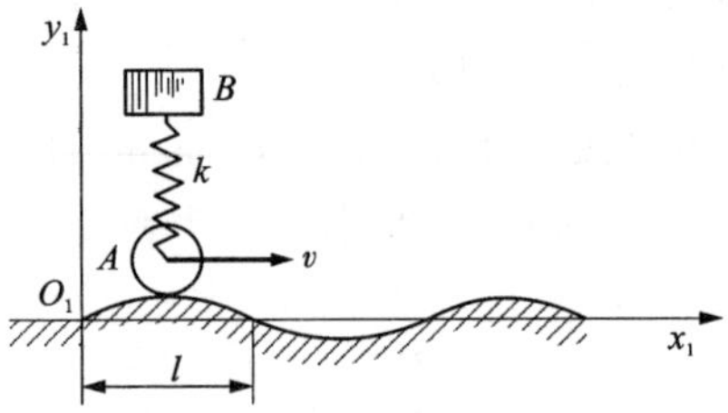

图题 16-13

图题 16-14

16-15　曲柄长 a，以匀角速 ω 转动，带动滑道作铅垂简谐运动，其规律为 $O_1C=a\sin\omega t$。物块 M 挂在弹簧 AB 上，弹簧上端固连在滑道上。设物块重 4 N，弹簧刚度为 40 N/m。若 $a=20$ mm，$\omega=7$ rad/s。求物块 M 的受迫振动规律和曲柄的临界转速。

16-16　已知图题 16-16 所示结构，其杠杆可绕点 O 转动，重量忽略不计。质点 A 质量为 m，在杠杆的点 C 加一弹簧 CD 垂直于 OC，刚性系数为 k。在点 D 加一铅直方向干扰位移 $y=b\sin\omega t$。求结构的受迫振规律。

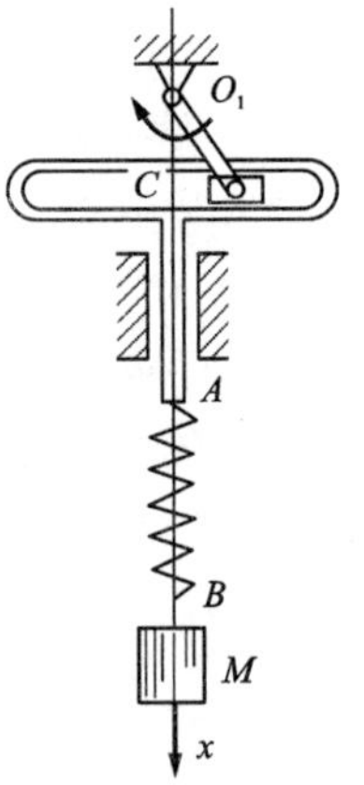

图题 16-15

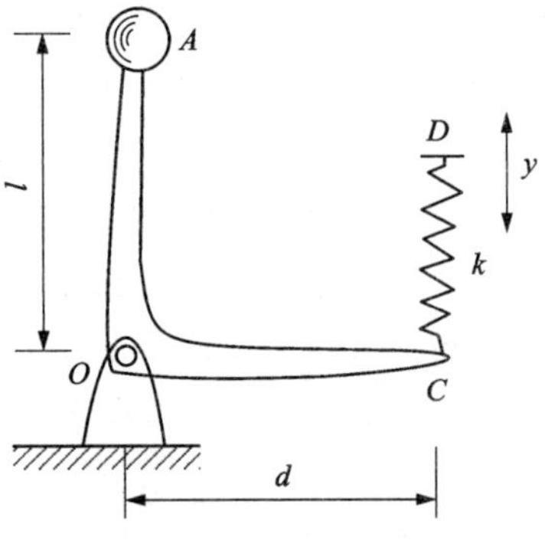

图题 16-16

16-17　电动机的质量 20 kg，支承在弹簧常数各为 0.14 kN/mm 的两弹簧上。电动机不均衡相当于在离转动轴 12 mm 处有一质量为 0.3 kg 的重物。电动机的转速 1400 r/min。(1)假定无阻尼；(2)阻尼比(c/c_{cr})等于 0.125。求强迫振动的振幅。

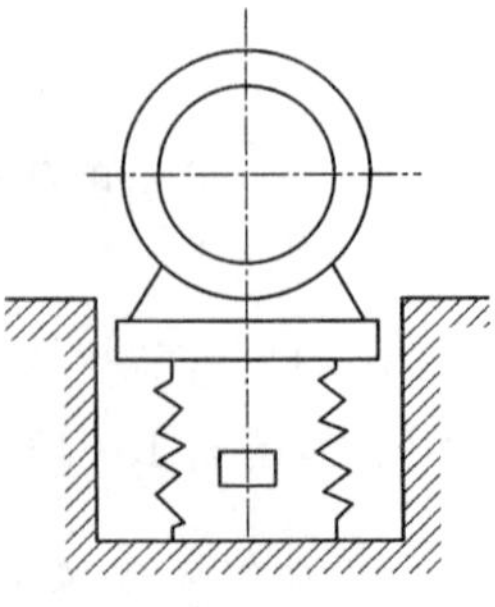

图题 16-17

附录A

A-1 刚体系的约束与自由度

点(本章称为质点)没有形状和尺寸，点的运动可分解为沿坐标轴(x，y，z)的3个移动。因此一个自由质点有3个自由度。

刚体由任意两点间距离始终保持不变的无数个质点组成，既有形状又有几何尺寸。刚体的运动可分解为沿坐标轴(x，y，z)的3个移动和绕坐标轴(x，y，z)的3个转动。如图A-1所示，刚体A沿x轴移动$\boldsymbol{r}_x$，绕x轴转动φ_x。因此一个自由刚体有6个自由度(三个移动，三个转动)。

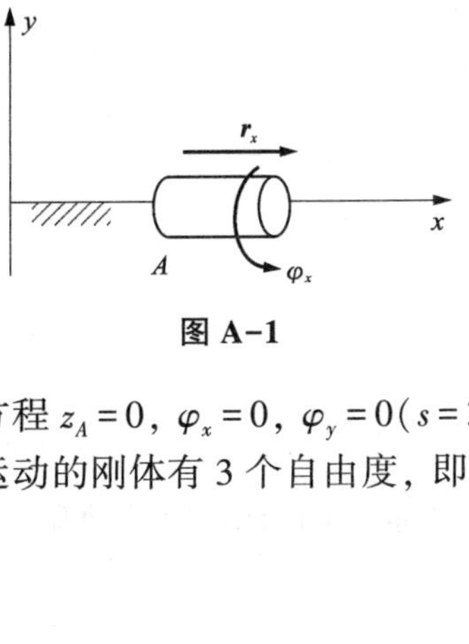

图 A-1

受到约束的刚体叫非自由刚体，其自由度要减少。如图A-2所示。被限制在xOy平面上运动的刚体，有约束方程$z_A=0$，$\varphi_x=0$，$\varphi_y=0(s=3)$。确定刚体位置有三个独立参数(x_A，y_A，φ_z)，则一个作平面运动的刚体有3个自由度，即$k=6n-s=6\times1-3=3$。

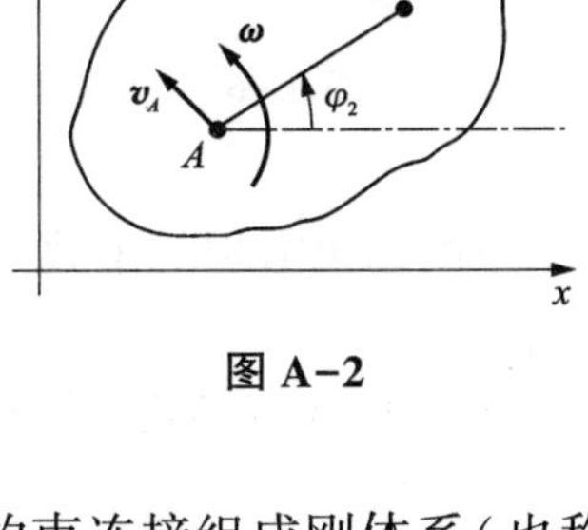

图 A-2

假设由n个刚体通过不同的约束连接组成刚体系(也称机构)。刚体系的自由度可以按下式计算

$$k=6n-s\text{(空间运动)}$$
$$k=3n-s\text{(平面运动)}$$

式中，k 为刚体系的自由度；n 为刚体系中刚体的个数；s 为刚体系中约束方程的个数。

在做平面运动的刚体系中，各类约束的约束方程个数为：

固定铰支座、中间铰：限制刚体的两个移动，$s=2$。

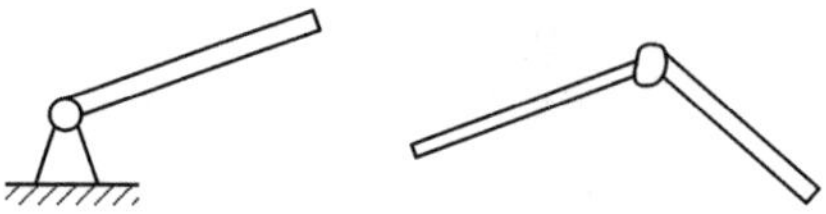

图 A-3

滑块：限制一个移动和一个转动，$s=2$。

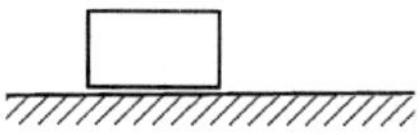

图 A-4

点接触：限制一个移动，$s=1$。

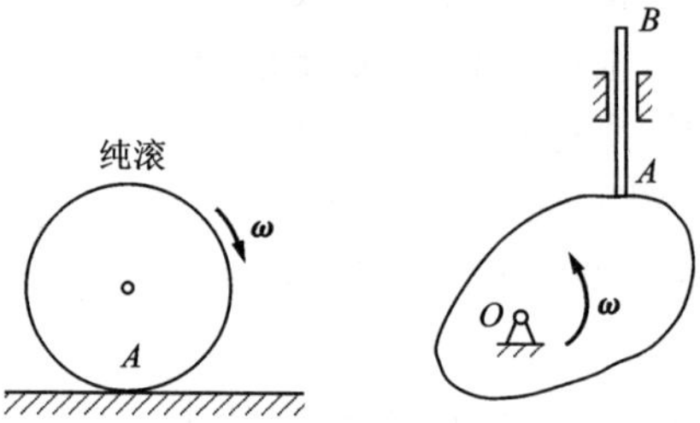

图 A-5

固定端：限制两个移动和一个转动，$s=3$。

图 A-6

做空间运动的刚体系中，各类约束的约束方程的个数 s 可根据约束所能限制的运动情况确定(可参考有关著作)。

在刚体静力学中所定义的静定结构、超静定结构、机构等可由刚体系的自由度 k 判定。$k<0$ 超静定结构、$k=0$ 静定结构、$k>0$ 机构。

刚体系的自由度数目与其广义坐标的数目相等。在对机构进行运动学分析时，一般应选取适当的广义坐标，写出约束方程，进而求机构中各构件或点的位置、速度和加速度。有时

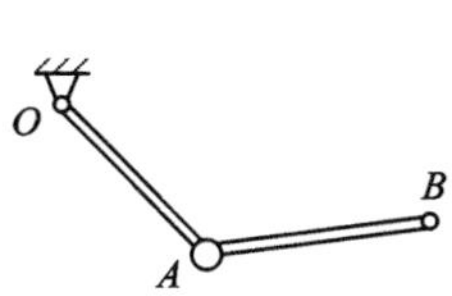

图 A-7　$k=2>0$ 机构

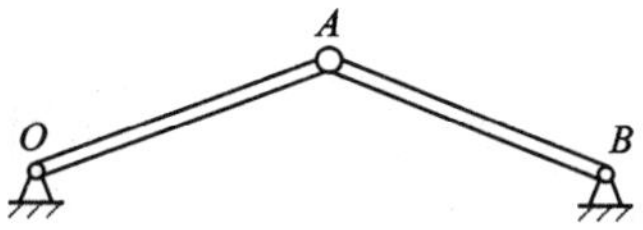

图 A-8　$k=0$ 静定结构

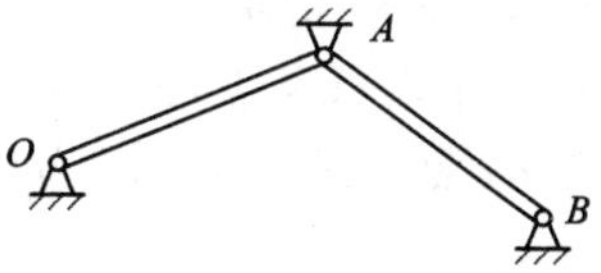

图 A-9　$k<0$ 超静定结构

在计算具体问题时，为避免数学表达式过于烦琐，常在 k 个广义坐标之外，再选若干个非独立坐标，称为**多余坐标**。设多余坐标为 r 个，则可同时列出 r 个联系广义坐标和多余坐标的约束方程。

例 A-1　如图 A-10 所示曲柄滑块机构，已知 $OA=r$，$AB=l$。写出机构的自由度、广义坐标。将直角坐标表示为广义坐标的函数。

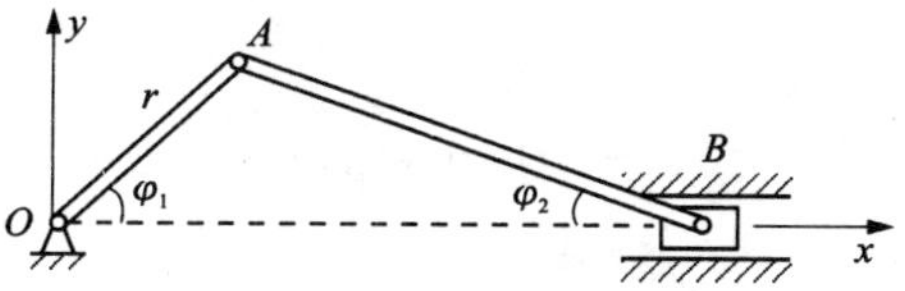

图 A-10

解：刚体系有 OA 杆、AB 杆、滑块 B 三个刚体，$n=3$。有固定铰 O、铰 A、铰 B、滑块四个约束。$s=4\times2=8$。自由度 $k=3n-s=3\times3-8=1$。

选择 φ_1 为广义坐标，φ_2 为多余坐标。联系 φ_1 与 φ_2 的约束方程为

$$r\sin\varphi_1=l\sin\varphi_2$$

直角坐标为

$$x_A=r\cos\varphi_1$$

$$x_B=r_1\cos\varphi_1+l\cos\varphi_2$$

$$y_A=r\sin\varphi_1$$

$$y_B=0$$

例 A-2 如图 A-11 所示，已知 $OO_1=l_0$，$OA=r$，$O_1B=l_1$，$BC=l_2$。写出机构的自由度、广义坐标，将点的直角表示为广义坐标的函数。

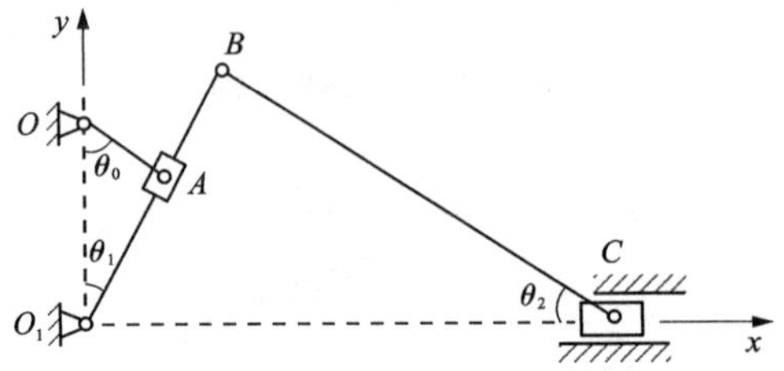

图 A-11

解： 刚体系中有 OA 杆、O_1B 杆、BC 杆、滑块 A、滑块 C 等 5 个刚体，约束有 O、O_1、A、B、C 等 5 个铰，以及 A、C 两个滑块。平面机构 $k=3n-s=3\times15-14=1$。

建立图 A-11 所示直角坐标，选 θ_0 为广义坐标，θ_1、θ_2 为多余坐标。在 $\triangle OAO_1$ 中，由正弦定理有

$$\frac{r}{\sin\theta_1}=\frac{l_0}{\sin(\pi-\theta_0-\theta_1)}=\frac{l_0}{\sin(\theta_0+\theta_1)}$$

得到约束方程为

$$r\sin(\theta_0+\theta_1)=l_0\sin\theta_1$$
$$l_1\cos\theta_1=l_2\sin\theta_2$$

将各点的直角坐标表示为广义坐标的函数

$$x_A=r\sin\theta_0$$
$$y_A=-r\cos\theta_0$$
$$x_B=l_1\sin\theta_1$$
$$y_B=l_1\cos\theta_1$$
$$x_C=l_1\sin\theta_1+l_2\cos\theta_2$$
$$y_C=0$$

刚体系的自由度、广义坐标、直角坐标表示为广义坐标的函数，也可以由上节所述的质点系的自由度、广义坐标的方法进行分析，所得结果是相同的。

A-2 广义速度广义加速度

对于受双面、完整约束的质点系、刚体系，系统的自由度为 k，则可选 k 个广义坐标(必要时再选取 r 个多余坐标，并同时列出 r 个联系广义坐标与多余坐标的约束方程)将系统中的直角坐标表示为广义坐标的函数

$$x_i=x_i(q_1, q_2, \cdots, q_i, t) \quad (i=1, 2, \cdots, n)$$
$$y_i=y_i(q_1, q_2, \cdots, q_j, t) \quad (j=1, 2, \cdots, k)$$
$$z_i=z_i(q_1, q_2, \cdots, q_j, t)$$

或写成矢径形式

$$\boldsymbol{r}_i = r_i(q_1,\ q_2,\ \cdots,\ q_j,\ t)$$

将广义坐标 q 对时间参数 t 的一阶导数 $\dot{q}$ 称为**广义速度**。系统中，第 i 个质点的速度矢量 $\boldsymbol{v}_i$ 可根据上式求得，即

$$\boldsymbol{v}_i = \dot{\boldsymbol{r}}_i = \sum_{j=1}^{k} \frac{\partial \boldsymbol{r}_i}{\partial q_j}\dot{q}_j + \frac{\partial \boldsymbol{r}_i}{\partial t} \tag{A-1}$$

如写成直角坐标投影形式，则有关系式

$$\begin{aligned} \dot{x}_i &= \sum_{j=1}^{k} \frac{\partial x_i}{\partial q_j}\dot{q}_j + \frac{\partial x_i}{\partial t} \\ \dot{y}_i &= \sum_{j=1}^{k} \frac{\partial y_i}{\partial q_j}\dot{q}_j + \frac{\partial y_i}{\partial t} \\ \dot{z}_i &= \sum_{j=1}^{k} \frac{\partial z_i}{\partial q_j}\dot{q}_j + \frac{\partial z_i}{\partial t} \end{aligned} \tag{A-2}$$

若约束是定常的，那么速度矢量 $\boldsymbol{v}_i$ 将是广义速度的线性奇次式(因矢径 $\boldsymbol{r}_i$ 与时间参数 t 无关)

$$\boldsymbol{v}_i = \sum_{j=1}^{k} \frac{\partial \boldsymbol{r}_i}{\partial q_j}\dot{q}_j \tag{A-3}$$

写成直角坐标的投影

$$\begin{aligned} \dot{x}_i &= \sum_{j=1}^{k} \frac{\partial x_i}{\partial q_j}\dot{q}_j \\ \dot{y}_i &= \sum_{j=1}^{k} \frac{\partial y_i}{\partial q_j}\dot{q}_j \\ \dot{z}_i &= \sum_{j=1}^{k} \frac{\partial z_i}{\partial q_j}\dot{q}_j \end{aligned} \tag{A-4}$$

从式(A-3)、式(A-4)可以看出，任一点的速度 v_i 是其广义速度 $\dot{q}_i$ 的线性函数。

将广义坐标 q 对时间参数 t 的二阶导数 $\ddot{q}_i$ 称为**广义加速度**。那么系统中第 i 个质点的加速度矢量 $\boldsymbol{a}_i$ 根据式(A-1)对时间求全导数，得

$$\boldsymbol{a}_i = \dot{\boldsymbol{v}}_i = \sum_{j=1}^{k} \frac{\partial \boldsymbol{r}_i}{\partial q_j}\ddot{q}_j + \sum_{l=1}^{k}\sum_{j=1}^{k} \frac{\partial^2 \boldsymbol{r}_i}{\partial q_l \partial q_j}\dot{q}_l\dot{q}_j + 2\sum_{j=1}^{k} \frac{\partial^2 \boldsymbol{r}_i}{\partial q_l \partial t}\dot{q}_j + \frac{\partial^2 \boldsymbol{r}_i}{\partial t^2} \tag{A-5}$$

写成直角坐标得投影有

$$\begin{aligned} \ddot{x} &= \sum_{j=1}^{k} \frac{\partial x_i}{\partial q_j}\ddot{q}_j + \sum_{l=1}^{k}\sum_{j=1}^{k} \frac{\partial^2 x_i}{\partial q_l \partial q_j}\dot{q}_l\dot{q}_j + 2\sum_{j=1}^{k} \frac{\partial^2 x_i}{\partial q_l \partial t}\dot{q}_j + \frac{\partial^2 x_i}{\partial t^2} \\ \ddot{y} &= \sum_{j=1}^{k} \frac{\partial y_i}{\partial q_j}\ddot{q}_j + \sum_{l=1}^{k}\sum_{j=1}^{k} \frac{\partial^2 y_i}{\partial q_l \partial q_j}\dot{q}_l\dot{q}_j + 2\sum_{j=1}^{k} \frac{\partial^2 y_i}{\partial q_l \partial t}\dot{q}_j + \frac{\partial^2 y_i}{\partial t^2} \\ \ddot{z} &= \sum_{j=1}^{k} \frac{\partial z_i}{\partial q_j}\ddot{q}_j + \sum_{l=1}^{k}\sum_{j=1}^{k} \frac{\partial^2 z_i}{\partial q_l \partial q_j}\dot{q}_l\dot{q}_j + 2\sum_{j=1}^{k} \frac{\partial^2 z_i}{\partial q_l \partial t}\dot{q}_j + \frac{\partial^2 z_i}{\partial t^2} \end{aligned} \tag{A-6}$$

若约束是定常的，则在式(A-5)和式(A-6)中，带有对时间参数 t 求偏导的各项均为零。

A-3 分析运动学应用

运动学就是要研究质点系，分析刚体系中各质点的位置、速度、加速度。一般情况是已知质点系、刚体系中某些点或某些刚体的运动规律，求解另一些点或另一些刚体的运动规律。用分析法求解运动学问题的基本步骤如下。

①确定质点系、刚体系的自由度，选择广义坐标和必要的多余坐标。

②写出联系广义坐标和多余坐标的约束方程。

③建立直角坐标系，将各质点的直角坐标表示为广义坐标和多余坐标的函数。

④将上述约束方程、直角坐标方程对时间求一阶导数、二阶导数。

⑤求解待定的运动学参数。

例 A-3 如图 A-12 所示机构，已知曲柄 $OA=r$，杆 $BC=2r$，$AB=AC=r$。曲柄 OA 绕 O 点匀速转动。ω 为常数。$\varphi_0=\omega t$。求：(1)杆 BC 的角速度 ω_1，角加速度 α_1；(2) C 点的速度 $\boldsymbol{v}_C$，加速度 $\boldsymbol{\alpha}_C$。

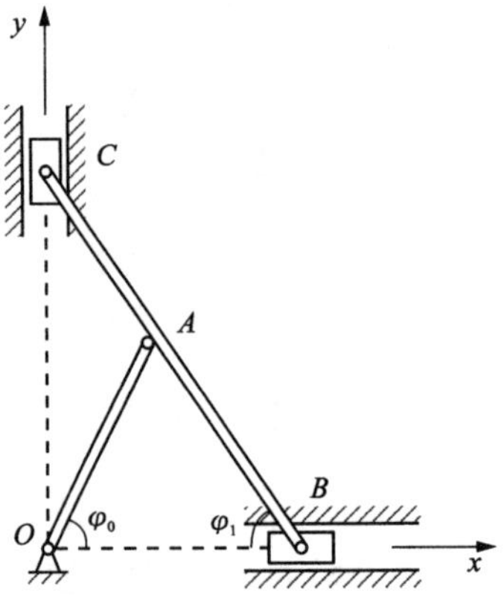

图 A-12

解：由图 A-12 可知，机构的自由度 $k=1$。建立图示直角坐标，取 φ_0 为广义坐标，φ_1 为多余坐标，约束方程为

$$\varphi_0=\varphi_1=\omega t$$

$$\varphi_{BC}=\pi-\varphi_1=\pi-\omega t$$

AB 杆的角速度

$$\omega_1=\frac{\mathrm{d}\varphi_{BC}}{\mathrm{d}t}=-\omega$$

$$\alpha_1=\frac{\mathrm{d}\omega_1}{\mathrm{d}t}=\frac{\mathrm{d}\omega}{\mathrm{d}t}=0$$

C 点的直角坐标表示为广义坐标的函数

$$y_C=2r\sin\varphi_1$$

$$x_C=0$$

C 点的速度和加速度

$$v_c=\dot{y}_C=2r\omega_1\cos\varphi_1=-2r\omega\cos\omega t$$

$$a_C=\dot{v}_C=-2r\frac{\mathrm{d}\omega_1}{\mathrm{d}t}\cos\omega t+2r\omega^2\sin\omega t=2r\omega^2\sin\omega t$$

例 A-4 如图 A-13 所示结构，已知曲柄 OA 绕 O 匀速转动，角速度为 ω_0，长度为 $OA=r$。$OO_1=l=\sqrt{3}r$，$O_1B=l_1=3r$，$BC=l_2=3\sqrt{3}r$。求当 $\theta_0=90°$时，杆 OB_1 的角速度 ω_1，角加速度 α_1；杆 BC 的角速度 ω_2，角加速度 a_2；滑块 C 的速度 $\boldsymbol{v}_C$，加速度 α_C。

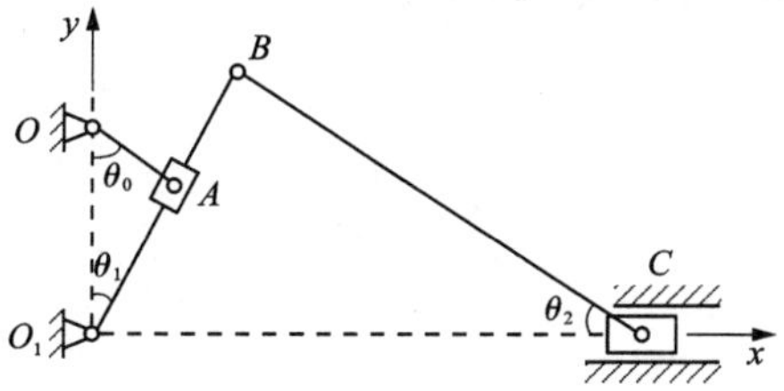

图 A-13

解：本题已在例 A-2 中进行过分析，其约束方程为

$$r\sin(\theta_0+\theta_1)=l_0\sin\theta_1 \tag{A-7}$$

$$l_1\cos\theta_1=l_2\sin\theta_2 \tag{A-8}$$

$$x_C=l_1\sin\theta_1+l_2\cos\theta_2 \tag{A-9}$$

由机构分析

$$\omega_0=\dot{\theta}_0,\ \omega_1=\dot{\theta}_1,\ \omega_2=\dot{\theta}_2$$

$$a=\ddot{\theta}_0=0,\ a_1=\ddot{\theta}_1,\ a_2=\ddot{\theta}_2$$

当 $\theta_0=90°$时

$$\theta_1=30°,\ \theta_2=30°$$

将式(A-7)对时间 t 求一阶导数

$$r\cos(\theta_0+\theta_1)\cdot(\dot{\theta}_0+\dot{\theta}_1)=l_0\cos\theta_1\cdot\dot{\theta}_1 \tag{A-10}$$

得

$$\dot{\theta}_1=\frac{r\cos(\theta_0+\theta_1)\cdot\dot{\theta}_0}{l_0\cos\theta_1-r\cos(\theta_0+\theta_1)}$$

当 $\theta_0=90°$时，$\theta_1=-\frac{1}{4}\omega_0$，即 $\omega_1=-\frac{1}{4}\omega_0$

将式(A-10)对时间 t 求一阶导数

$$-r\sin(\theta_0+\theta_1)\cdot(\dot{\theta}_0+\dot{\theta}_1)^2+r\cos(\theta_0+\theta_1)\cdot(\ddot{\theta}_0+\ddot{\theta}_1)=-l_0\sin\theta_1\cdot\dot{\theta}_1^2+l_0\cos\theta_1\cdot\ddot{\theta}_1$$

得

$$\ddot{\theta}_1=\frac{-r\sin(\theta_0+\theta_1)\cdot(\dot{\theta}_0+\dot{\theta}_1)^2+r\cos(\theta_0+\theta_1)\cdot\ddot{\theta}_0+l_0\sin\theta_1\cdot\dot{\theta}_1^2}{l_0\cos\theta_1-r\cos(\theta_0+\theta_1)}$$

当 $\theta_0=90°$时，由式求得 $\ddot{\theta}_1=-\frac{\sqrt{3}}{8}\omega_0^2$

即

$$a_1=\ddot{\theta}_1=-\frac{\sqrt{3}}{8}\omega_0^2$$

将式(A-8)对时间 t 求一阶导数

$$-l_0\sin\theta_1\cdot\dot{\theta}_1=l_2\cos\theta_2\cdot\dot{\theta}_2$$

$$\dot{\theta}_2=\frac{-l_1\sin\theta_1\cdot\dot{\theta}_1}{l_2\cos\theta_2} \tag{A-11}$$

当 $\theta_0=90°$时，$\theta_1=30°$，$\theta_2=30°$；$\dot{\theta}_1=-\frac{1}{4}\omega_0$

得

$$\dot{\theta}_2=\frac{1}{12}\omega_0$$

即

$$\omega_2=\dot{\theta}_2=\frac{1}{12}\omega_0$$

将式(A-11)对时间 t 求一阶导数

$$-l_1\cos\theta_1\cdot\dot{\theta}_1^2-l_1\sin\theta_1\cdot\ddot{\theta}_1=-l_2\sin\theta_2\cdot\dot{\theta}_2^2+l_2\cos\theta_2\cdot\ddot{\theta}_2$$

$$\ddot{\theta}_2=\frac{-l_1\cos\theta_1\cdot\dot{\theta}_1^2-l_1\sin\theta_1\cdot\dot{\theta}_1+l_2\sin\theta_2\cdot\dot{\theta}_2^2}{l_2\cos\theta_2}$$

当 $\theta_0=90°$时，$\theta_1=30°$；$\theta_2=30°$，$\dot{\theta}_1=-\frac{1}{4}\omega_0$，$\dot{\theta}_2=-\frac{1}{12}\omega_0$，$\ddot{\theta}_2=-\frac{\sqrt{3}}{8}\omega_0^2$

得

$$\ddot{\theta}_2=\frac{5\sqrt{3}}{216}\omega_0^2$$

即

$$a_1=\ddot{\theta}_2=\frac{5\sqrt{3}}{216}\omega_0^2$$

将式(A-9)对时间 t 求一阶导数

$$\dot{x}_C=l_1\cos\theta_1\cdot\dot{\theta}_1-l_2\sin\theta_2\cdot\dot{\theta}_2 \tag{A-12}$$

当 $\theta_0=90°$时，$v_C=\dot{x}_C=-\frac{\sqrt{3}}{2}r\omega_0$

将式(A-12)对时间 t 求一阶导数

$$\ddot{x}_C=-l_1\sin\theta_1\cdot\dot{\theta}_1^2+l_1\cos\theta_1\cdot\ddot{\theta}_1-l_2\cos\theta_2\cdot\dot{\theta}_2^2-l_2\sin\theta_2\cdot\ddot{\theta}_2$$

当 $\theta_0=90°$时

$$a_C=\ddot{x}_C=-\frac{19}{24}r\omega_0^2$$

例 A-5 如图 A-14 所示机构。已知 $OA=l_1$，$AB=l_2$，$BO_1=l_3$，$OO_1=l_4$。OA 杆绕 O 匀速转动，角速度为 ω_1。求杆 AB、杆 BO_1 的角速度 ω_2、ω_3，以及角加速度 α_2、α_3。

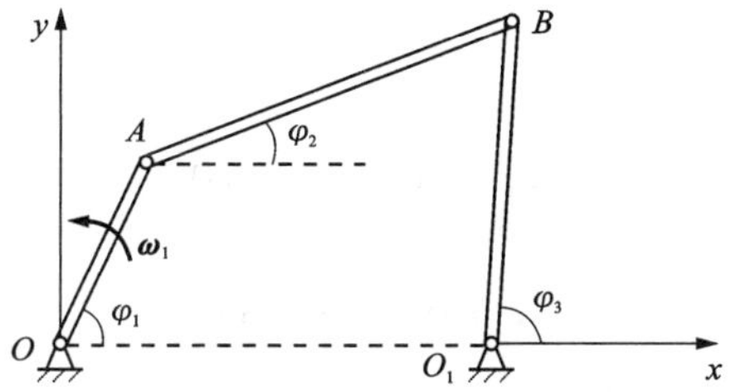

图 A-14

解：机构有3个刚体杆 OA、杆 AB、杆 BO，即 $n=3$；有 O、A、B、O_1 四个铰，$s=4\times2=8$，故自由度 $k=3n-s=3\times3-8=1$。

取 φ_1 为广义坐标，φ_2、φ_3 为多余坐标。联系广义坐标与多余坐标的约束方程为

$$l_1\sin\varphi_1+l_2\sin\varphi_2=l_3\sin\varphi_3 \tag{A-13}$$

$$l_1\cos\varphi_1+l_2\cos\varphi_2=l_4+l_3\cos\varphi_3 \tag{A-14}$$

因为只求角速度、角加速度，不求点的速度、加速度，故各质点的直角坐标可不列式子。

将式(A-13)、式(A-14)分别对时间 t 求一阶导数得

$$l_1\omega_1\cos\varphi_1+l_2\omega_2\cos\varphi_2=l_3\omega_3\cos\varphi_3 \tag{A-15}$$

$$-l_1\omega_1\sin\varphi_1-l_2\omega_2\sin\varphi_2=-l_3\omega_3\sin\varphi_3 \tag{A-16}$$

联立式(A-15)、式(A-16)，得

$$\omega_2=-\frac{l_1\sin(\varphi_1-\varphi_3)}{l_2\sin(\varphi_2-\varphi_3)}\omega_1$$

$$\omega_3=\frac{l_1\sin(\varphi_1-\varphi_2)}{l_3\sin(\varphi_3-\varphi_2)}\omega_1$$

式(A-15)、式(A-16)分别对时间 t 求一阶导数，得

$$l_1\dot{\omega}_1\cos\varphi_1-l_1\omega_1^2\sin\varphi_1+l_2\dot{\omega}_2\cos\varphi_2-l_2\omega_2^2\sin\varphi_2=l_3\dot{\omega}_3\cos\varphi_3-l_3\omega_3^2\sin\varphi_3 \tag{A-17}$$

$$l_1\dot{\omega}_1\sin\varphi_1+l_1\omega_1^2\cos\varphi_1+l_2\dot{\omega}_2\sin\varphi_2+l_2\omega_2^2\cos\varphi_2=l_3\dot{\omega}_3\sin\varphi_3+l_3\omega_3^2\cos\varphi_3 \tag{A-18}$$

联立式(A-17)、式(A-18)，得

$$\alpha_2=\frac{\omega_1^2l_1\cos(\varphi_1-\varphi_3)+\omega_2^2l_2\cos(\varphi_2-\varphi_3)-\omega_3^2l_3}{l_2\sin(\varphi_2-\varphi_3)}$$

$$\alpha_3=\frac{\omega_1^2l_1\cos(\varphi_1-\varphi_2)+\omega_2^2l_2-\omega_3^2l_3\cos(\varphi_3-\varphi_2)}{l_3\sin(\varphi_3-\varphi_2)}$$

例 A-6 如图 A-15 所示机构。半圆凸轮的半径为 r，在直线轨道上向右平移，其速度为 v，加速度为 a。求推杆 AB 的速度、加速度。

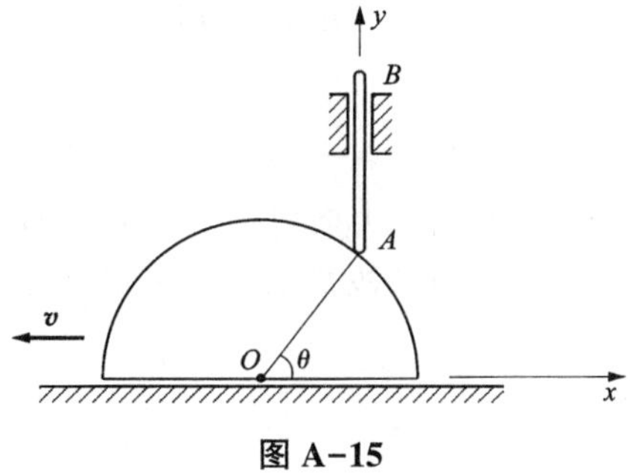

图 A-15

解：机构有两个刚体，$n=2$；约束为滑块水平直线移动，$s_1=2$。推杆 AB 为铅直平移 $s_2=2$。推杆尖端 A 在凸轮上点接触，$s_3=1$。$s=s_1+s_2+s_3=5$。自由度 $k=3n-s=1$

选择广义坐标 θ，建立图示直角坐标，将质

点的直角坐标表示为广义坐标的函数

凸轮

$$x_0=-r\cos\theta,\ y_0=0 \tag{A-19}$$

推杆

$$x_A=0,\ y_A=r\sin\theta \tag{A-20}$$

将坐标对时间求导

$$v=\dot{x}_0=r\sin\theta\cdot\dot{\theta},\ a=\ddot{x}_0=r\dot{\theta}^2\cos\theta+r\ddot{\theta}\sin\theta$$

$$v_A=\dot{y}_A=r\cos\theta\cdot\dot{\theta},\ a_A=\ddot{y}_A=-r\dot{\theta}^2\sin\theta+r\ddot{\theta}\cos\theta$$

由 v、v_A 两式联立，消去 $\dot{\theta}$

得

$$v_A=v\cot\theta \tag{A-21}$$

由 a、a_A 两式消去 $\dot{\theta}^2$，$\ddot{\theta}$，或式(A-21)对时间求导得

$$a_A=\dot{v}_A=a\cot\theta-\frac{\boldsymbol{v}^2}{r}\csc\theta$$

习　题

A-1　质量为 m_1、m_2 和 m_3 的三个质点，用长为 l_1、l_2 和 l_3 的三根轻杆相连，取(x_1，y_1；x_2，y_2；x_3，y_3)为坐标，试写出系统的约束方程。

A-2　一均质细长杆，质量为 m，长为 l，其端点沿 x 轴、y 轴不脱离，取(x_1，y_1，z_1；x_2，y_2，z_2)为坐标，试写出细杆的约束方程。

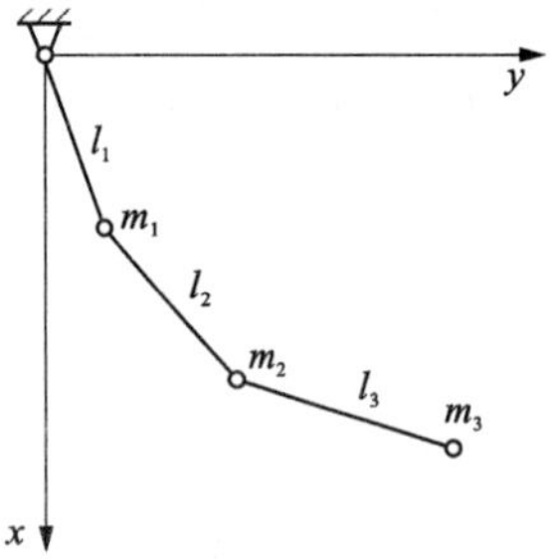

图题 A-1 图

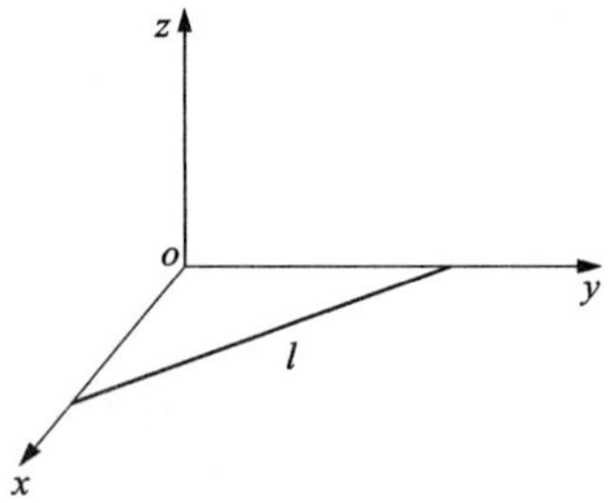

图 A-2 图

A-3　在图题 A-3 所示四杆机构中，试写出系统的约束方程，确定系统的自由度。

A-4　滑轮组上的四个质点 m_1、m_2、m_3、m_4 作铅垂直线运动，滑轮半径和绳长都已知。试确定系统的自由度数目，并选出几组合适的广义坐标。

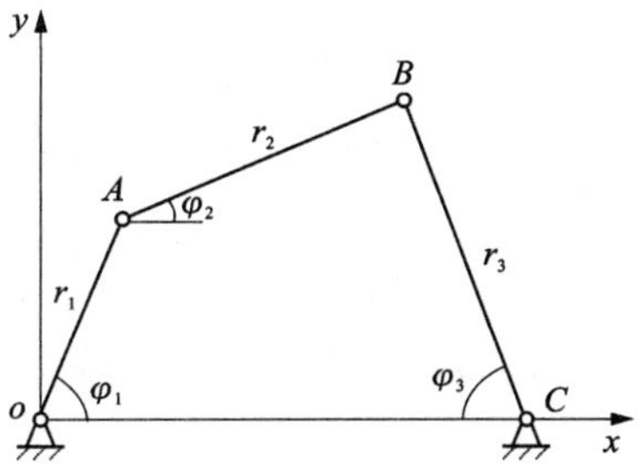

图题 A-3 图

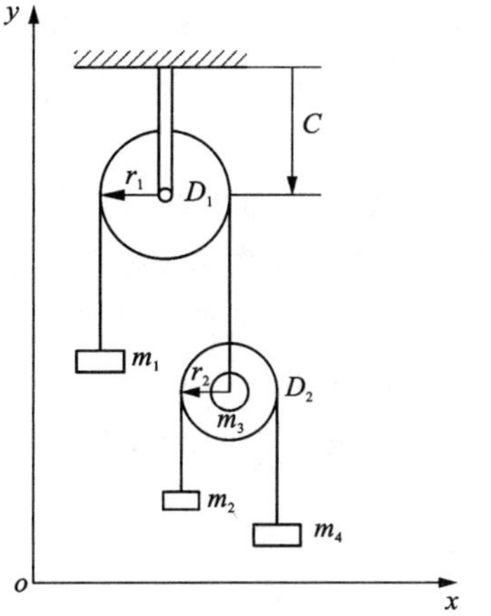

图 A-4 图

A-5　三个质量相同的质点，用四根无重等长为 l 的直杆铰接在同一平面上。试写出系统的约束方程，并确定系统的自由度数目。

A-6　试判定图题 A-6 所示平面机构的自由度。若以 φ、θ、ψ、ρ 为坐标，设 $AB=a$，$CD=b$，$AD=l$。试写出它们之间的约束方程。

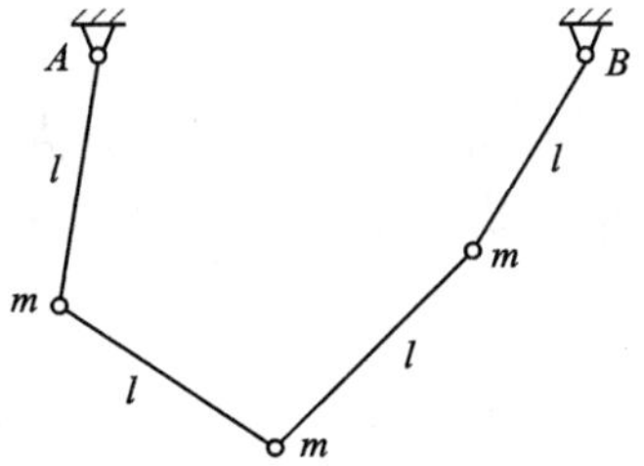

图题 A-5 图

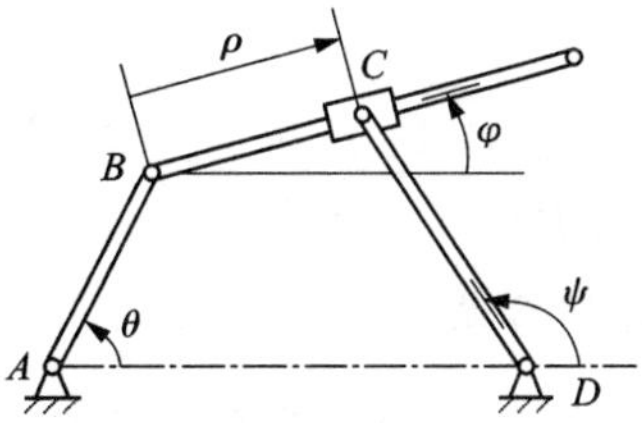

图 A-6 图

A-7　图题 A-7 所示平面机构中，$OA=O'B=r$，$BD=l$，$OO'=a$。O' 到滑枕 CD 的垂直距离为 b。(1) 确定该机构的自由度；(2) 若以 φ，θ，ψ，ρ 为坐标，试写出它们之间的约束方程。

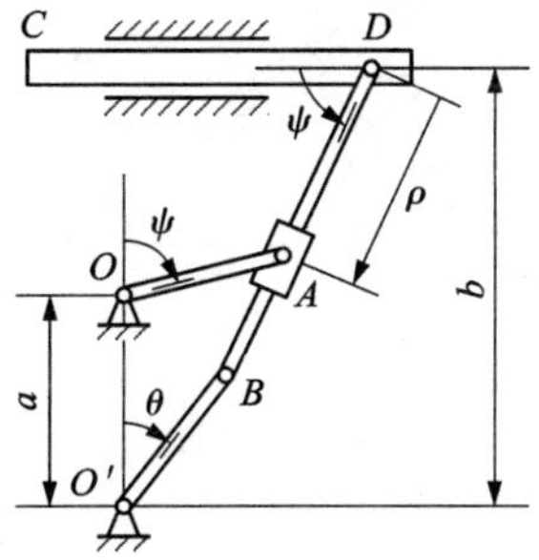

图题 A-7 图

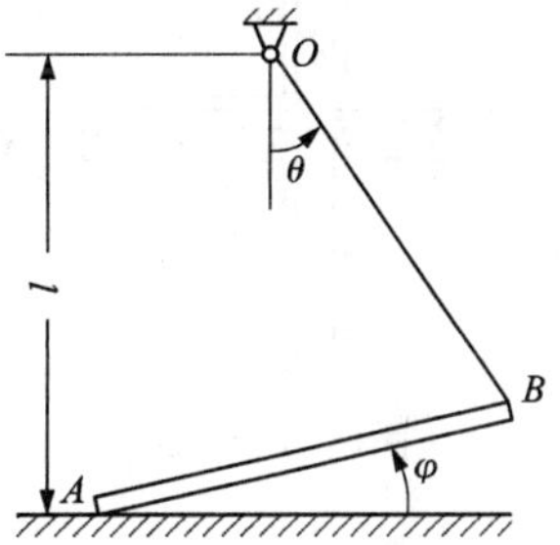

图 A-8 图

A-8　在铅垂平面上运动的杆 AB 长 l，一端 B 以长 l 的软绳 OB 拉住，另一端沿光滑的水平轨道运动，如图题 A-8 所示。若以 θ，φ 为坐标，试确定该机构的自由度，写出它们之间的约束方程。

A-9　图题 A-9 所示直杆 OA 长 l，O 端以球铰固定。杆上点 $B(OB=b)$ 栓一长 h 的软绳固接于点 C，初瞬时 OA 在水平位置，BC 在铅垂位置。若以 θ，φ，x_A，y_A，z_A 为坐标，试确定 OA 杆的自由度及坐标间的约束方程。

A-10　图题 A-10 中三杆均以平面铰连接。初瞬时，杆 O_1C 在水平位置，杆 ABC 和杆 O_2B 在铅垂位置。设 $O_1C=l$，$O_2B=BC=b$。试确定坐标 φ，θ，ψ 间的约束方程，并确定机构的自由度。

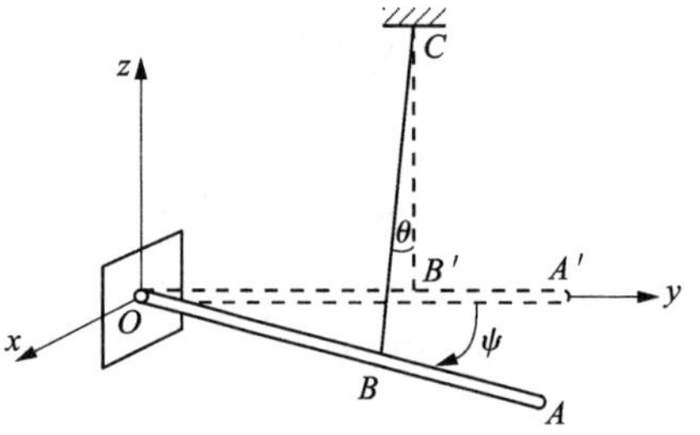

图题 A-9 图

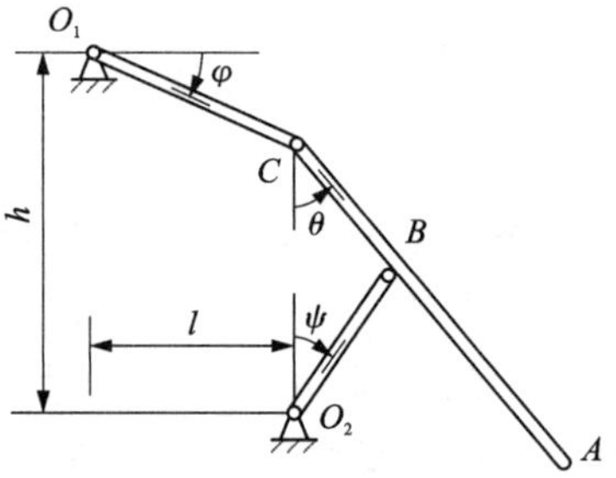

图 A-10 图

A-11　图题 A-11 所示为一椭圆规。直尺 PN 上的销子 A、B 在相互垂直的槽内滑动。(1) 设 $AB=b$，$AP=c$，试写出点 P 在直角坐标系 (Oxy) 中的轨迹方程；(2) 若点 B 以匀速 v_B 向左运动，求点 P 的速度和加速度。

A-12　如图题 A-12 所示曲柄 OA 和摇杆 $O'B$ 以滑块 A 连接。设 $OA=a$，$OO'=b$，$\dfrac{b}{a}=n$ $(n>1)$。若曲柄以匀角速度 ω 转动，求：(1) 杆 $O'B$ 的角速度和角加速度；(2) 滑块 A 相对杆 $O'B$ 的速度和加速度。

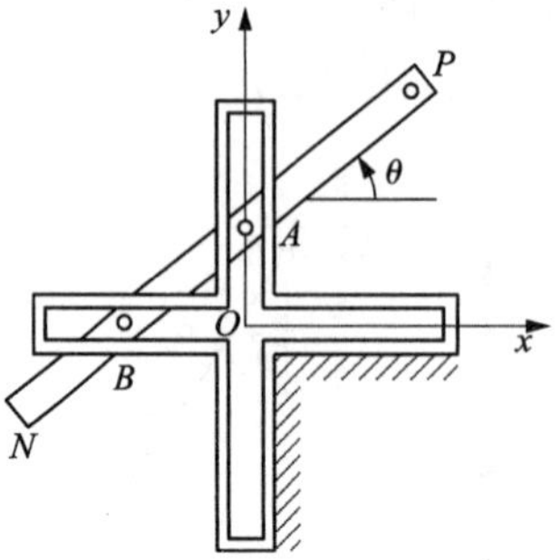

图题 A-11 图

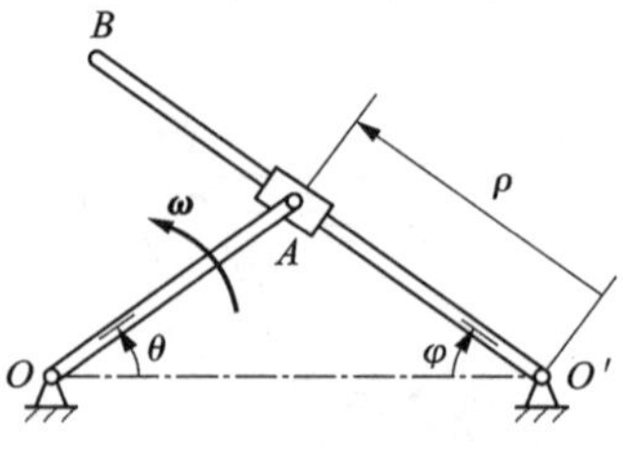

图 A-12 图

A-13　如图题 A-13 所示长 $4l$ 的杆 AB 绕 A 端转动，其滑槽内的滑块 P 被一固定于 C 的长 $3l$ 的绳索 CBP 拉向 B 端。要使滑块在槽内保持匀速 v 运动，杆 AB 的角速度和角加速度应等于多少。

A−14　如图题 A−14 所示牛头刨床机构。当曲柄 OA 绕轴 O 转动时，通过滑块 A 带动摇杆 O_1B 绕 O_1 轴往复摆动，同时通过销子 B 带动滑枕 CD 往复运动。求当曲柄以匀角速 ω 转动时滑枕的速度和加速度。

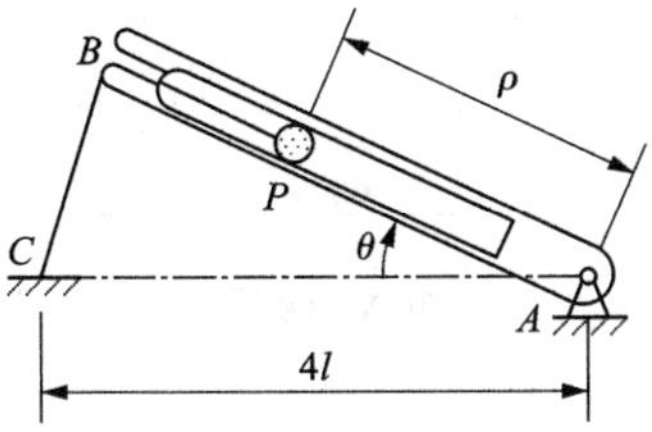

图题 A−13 图

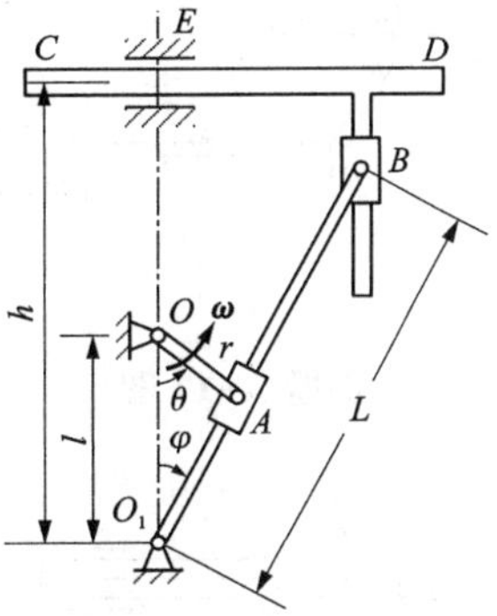

图 A−14 图

A−15　如图题 A−15 所示，导槽 BC 于 EG 间有一销子 P，导槽 BC 运动时，带动 P 在固定导槽 EG 内运动。已知 AB、CD 长为 r，以 $\varphi=\varphi_0\sin\omega t$ 的规律左右摆动。设 $r=20$ cm，$\varphi_o=60°$，$\omega=1$ rad/s。求当 $\varphi=30°$时，P 在导槽 EG 及 BC 中运动的速度和加速度。

A−16　如图题 A−16 所示机构中圆盘绕其中心 O_1 以匀角速 ω_1 转动；同时通过圆盘销子 P_1 与导槽 CD 带动水平杆 AB 往复运动，并通过杆 AB 上的销子 P_2 带动 O_2E 左右摆动。已知 $r=20$ cm，$l=30$ cm，$b=40$ cm。求当 $\theta=30°$时杆 O_2E 的角速度和角加速度。

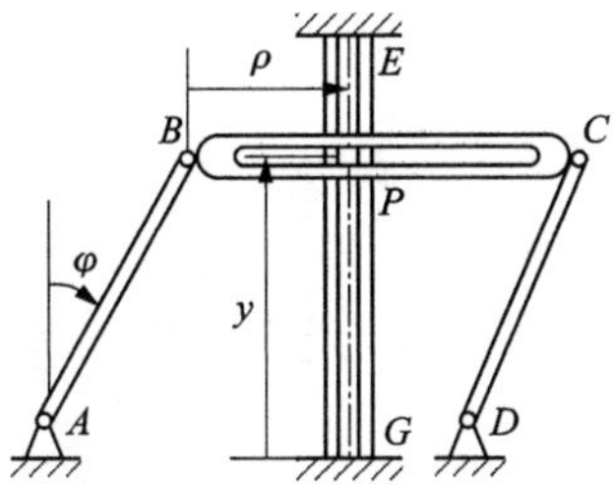

图题 A−15 图

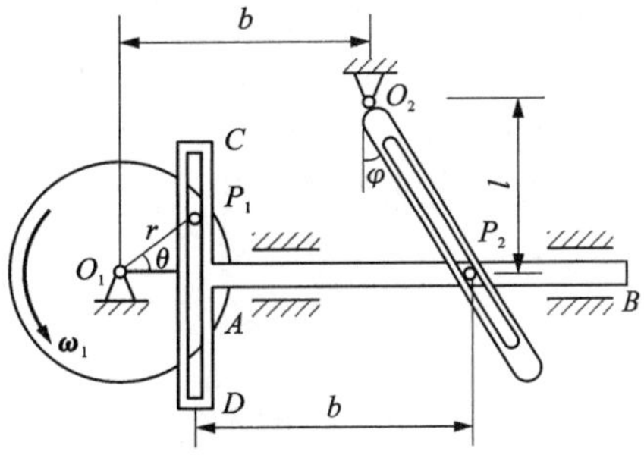

图 A−16 图

A−17　如图题 A−17 所示，AC、DG、BD、CE、GH、HK 六杆铰链连接。已知杆 HK 角速度为 ω，角加速度为零，求图示位置杆 AC 的角速度和角加速度。

A−18　如图题 A−18 所示，已知杆 AB 匀角速 $\omega=5$ rad/s 转动。求图示位置杆 BD 的角速度和角加速度。

A−19　如图题 A−19 所示，已知杆 O_1A 角速度为 ω，角加速度为零。求图示位置水平杆的速度和加速度。

A−20　如图题 A−20 所示，四连杆机构处于任意位置，杆 AB，BC，CD 相对铅垂线的角度坐标分别为 θ，ψ 和 φ，试求出角度坐标间的约束方程，并求任意位置杆 CD 的角速度和角加速度。

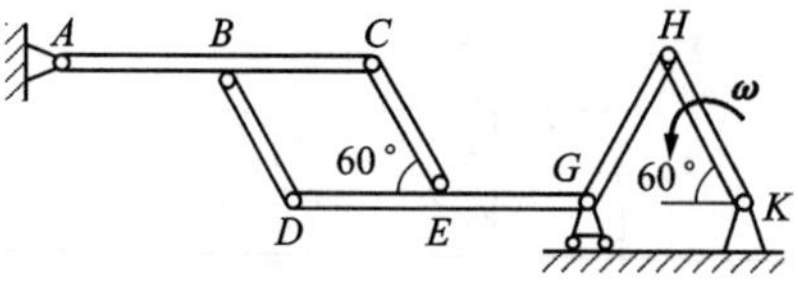

图题 A-17 图

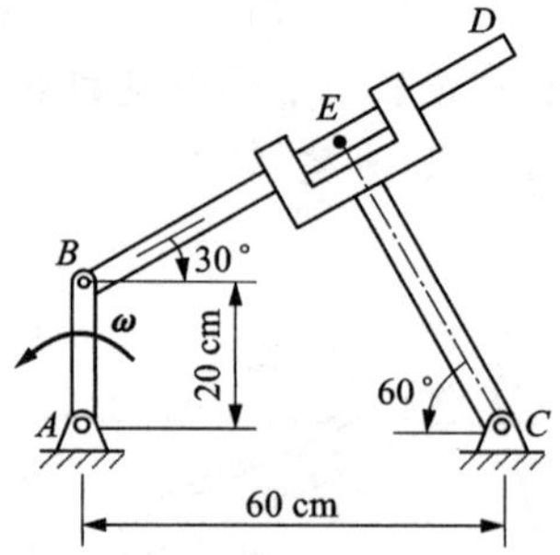

图 A-18 图

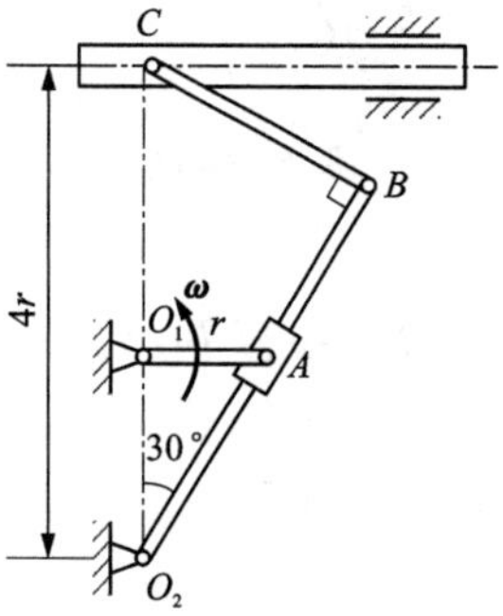

图题 A-19 图

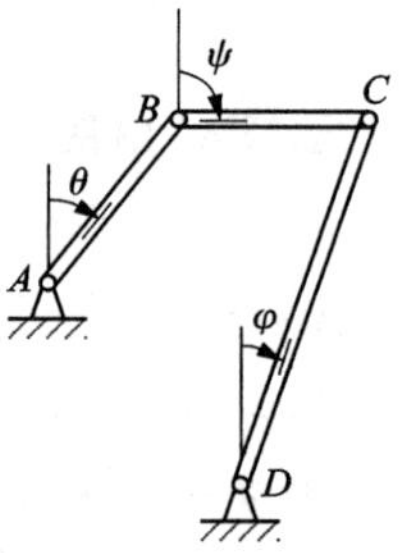

图 A-20 图

附录B

简单均质几何体的重心和转动惯量

物体	简图	重心 C 的位置	转动惯量与惯性积
细直杆	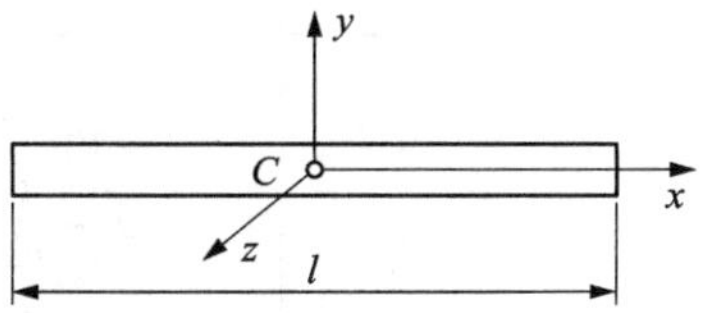	杆的中点	$J_x=0$ $J_y=J_z=\frac{1}{12}ml^2$
任意三角板	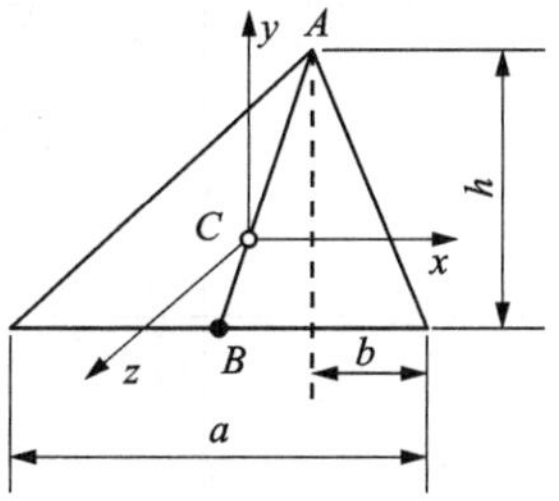	底边中线 AB $\frac{2}{3}$处	$J_x=\frac{1}{18}mh^2$ $J_y=\frac{1}{18}m(a^2+b^2-ab)$ $J_z=\frac{1}{18}m(a^2+b^2+h^2-ab)$ $J_{xy}=\frac{1}{36}mh(2b-a)$
矩形板	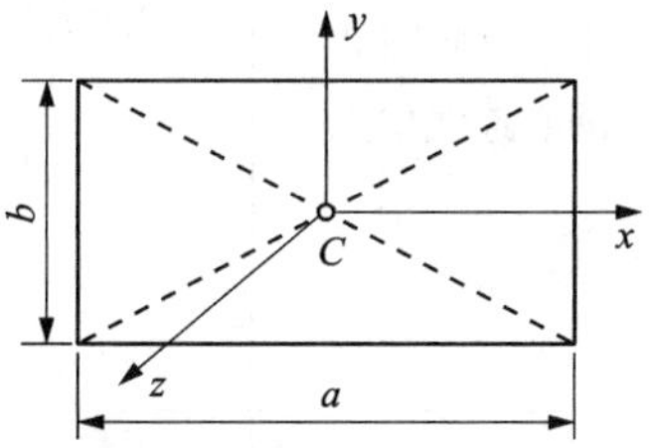	对角线的中点	$J_x=\frac{1}{12}mb^2$ $J_y=\frac{1}{12}ma^2$ $J_z=\frac{1}{12}m(a^2+b^2)$
圆板	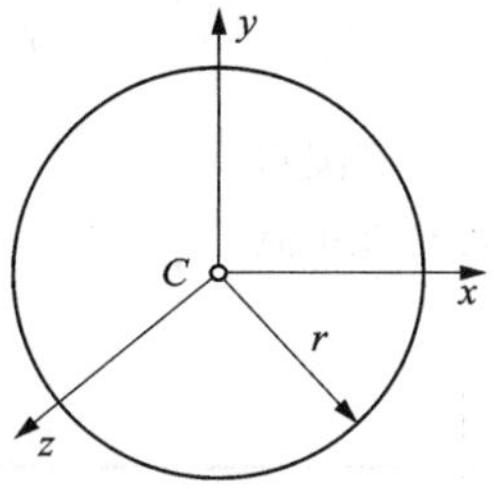	圆心	$J_x=\frac{1}{4}mr^2$ $J_y=\frac{1}{4}mr^2$ $J_z=\frac{1}{4}mr^2$

续表

物体	简图	重心 C 的位置	转动惯量与惯性积
半圆板	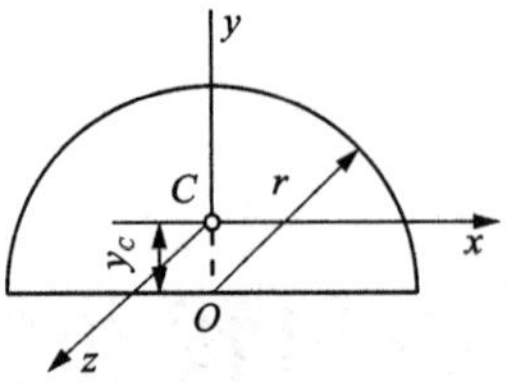	$y_C=\frac{4r}{3\pi}$	$J_x=\frac{1}{36\pi^2}mr^2(9\pi^2-64)$ $J_y=\frac{1}{4}mr^2$ $J_z=\frac{1}{18\pi^2}mr^2(9\pi^2-32)$
椭圆板	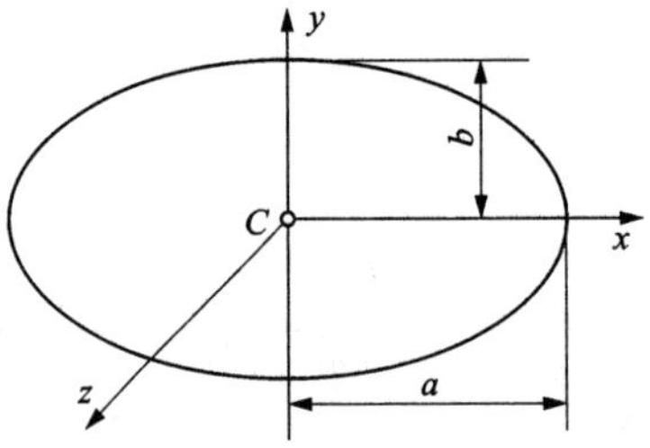	椭圆中心	$J_x=\frac{1}{4}mb^2$ $J_y=\frac{1}{4}ma^2$ $J_z=\frac{1}{4}m(a^2+b^2)$
长方体	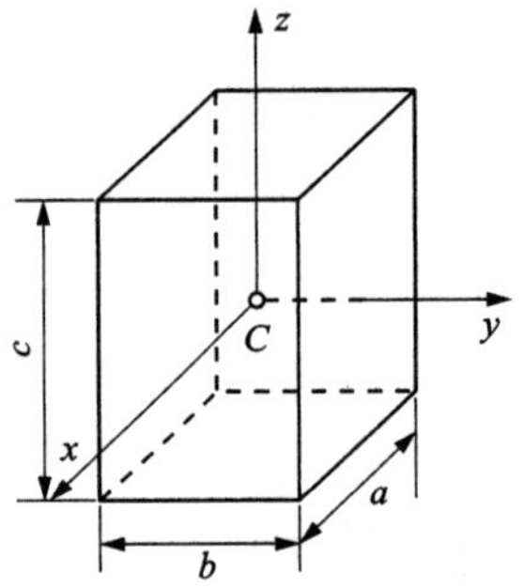	对角线交点	$J_x=\frac{1}{12}m(b^2+c^2)$ $J_y=\frac{1}{12}m(c^2+a^2)$ $J_z=\frac{1}{12}m(a^2+b^2)$
圆柱体	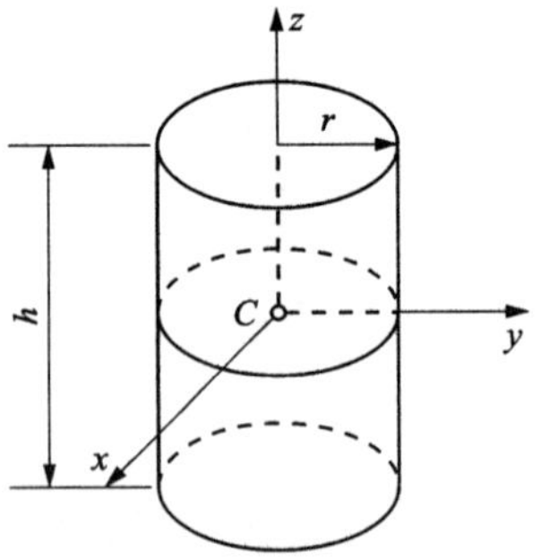	上、下底圆的圆心连线中点	$J_x=J_y=\frac{1}{12}m(3r^2+h^2)$ $J_z=\frac{1}{2}mr^2$
中空圆柱体	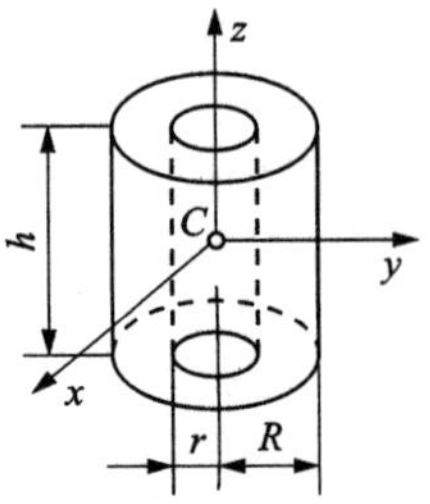	上、下底圆的圆心连线中点	$J_x=J_y$ $=\frac{1}{12}m(3R^2+3r^2+h^2)$ $J_z=\frac{1}{12}m(R^2+r^2)$

续表

物体	简图	重心 C 的位置	转动惯量与惯性积
圆环 $R>r$	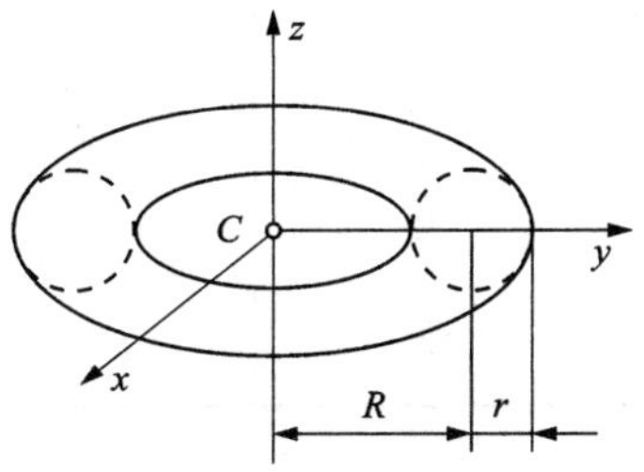	圆环中心线的圆心	$J_x=J_y=\frac{1}{2}m\left(R^2+\frac{5}{4}r^2\right)$ $J_z=m\left(R^2+\frac{3}{4}r^2\right)$
圆锥体	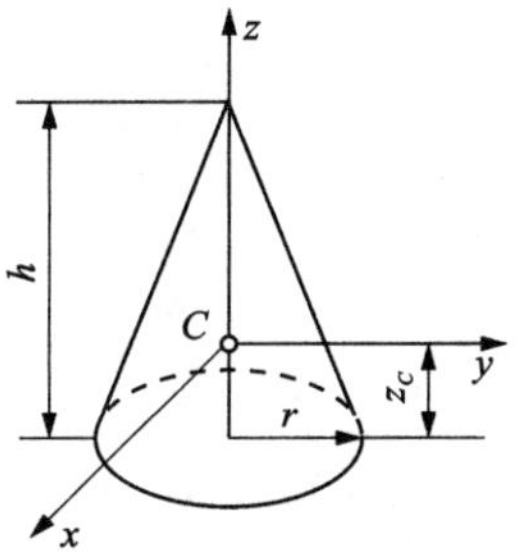	$z_C=\frac{1}{4}h$	$J_x=J_y=\frac{3}{80}m(4r^2+h^2)$ $J_z=\frac{3}{10}mr^2$
球形体	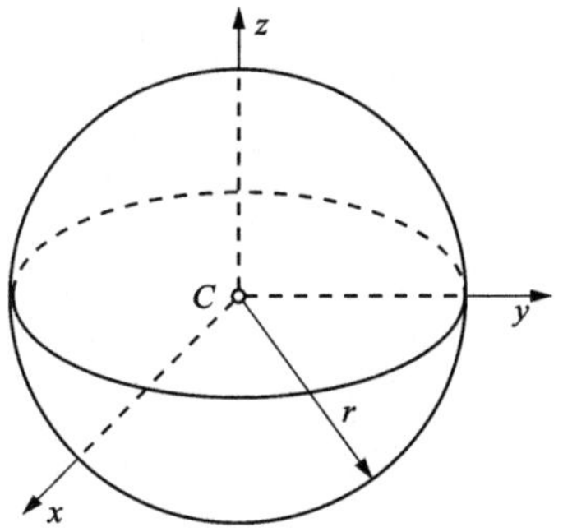	球心	$J_x=J_y=J_z=\frac{2}{5}mr^2$
椭球体	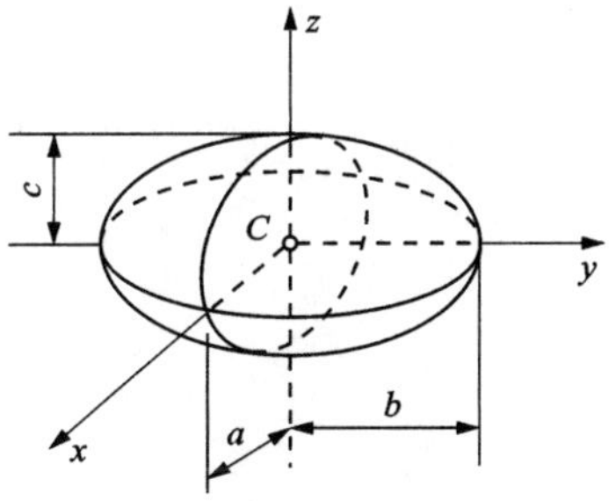	椭球中心	$J_x=J_y=\frac{1}{5}m(b^2+c^2)$ $J_z=\frac{1}{5}m(a^2+b^2)$
半球体	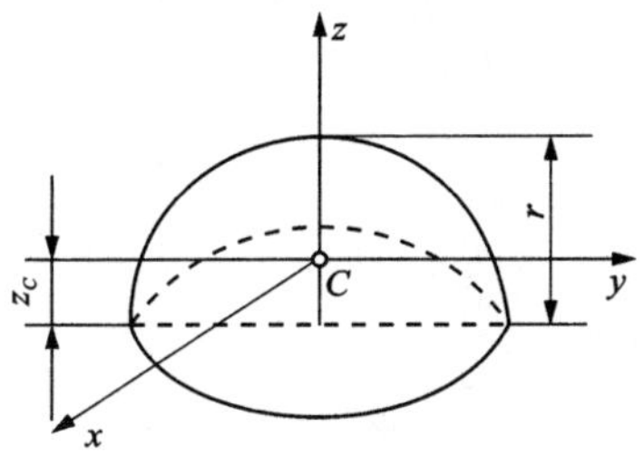	$z_C=\frac{3}{8}r$	$J_x=J_y=\frac{83}{320}mr^2$ $J_z=\frac{2}{5}mr^2$

续表

物体	简图	重心 C 的位置	转动惯量与惯性积
半球形壳	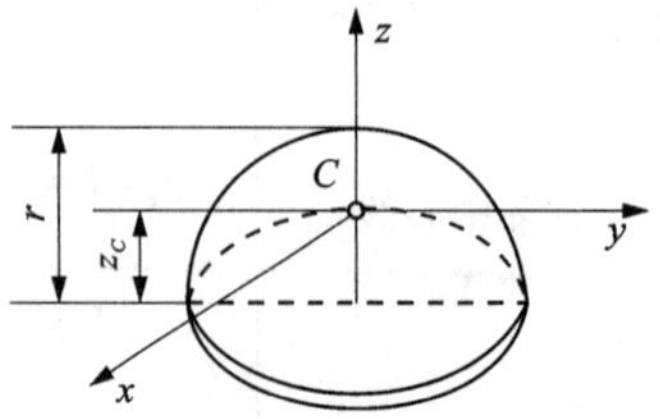	$z_C=\frac{r}{2}$	$J_x=J_y=\frac{5}{12}mr^2$ $J_z=\frac{2}{3}mr^2$

附录C

常见材料的摩擦系数

材料名称	静摩擦系数(f_S)		动摩擦系数(f)	
	无润滑剂	有润滑剂	无润滑剂	有润滑剂
钢-钢	0.15	0.1~0.12	0.15	0.05~0.1
钢-软钢			0.2	0.1~0.2
钢-铸铁	0.3		0.18	0.05~0.15
钢-青铜	0.15	0.1~0.15	0.15	0.1~0.15
钢-橡胶	0.9		0.6~0.8	
软钢-铸铁	0.2		0.18	0.05~0.15
软钢-青铜	0.2		0.18	0.07~0.15
铸铁-青铜			0.15~0.2	0.07~0.15
铸铁-皮革	0.3~0.5	0.15	0.6	0.15
铸铁-橡胶			0.8	0.5
铸铁-铸铁		0.18	0.15	0.07~0.12
青铜-青铜		0.1	0.2	0.07~0.1
木材-木材	0.4~0.6	0.1	0.2~0.5	0.07~0.15

附录D

几种材料恢复因数 e 值表

铁～铅	铅～铅	钢～钢	铁～铁	木～胶木	玻璃～玻璃
0. 14	0. 20	0. 56	0. 66	0. 26	0. 94

参考答案

参考答案

参考文献

[1] 邹春伟. 理论力学[M]. 北京：中国铁道出版社，2008.

[2] 哈尔滨工业大学理论力学教研室编. 理论力学Ⅰ、Ⅱ[M]. 7版. 北京：高等教育出版社，2009.

[3] 梅凤翔. 工程力学上、下册[M]. 北京：高等教育出版社，2003.

[4] 梅凤翔，尚玫. 理论力学Ⅰ、Ⅱ[M]. 北京：高等教育出版社，2012.

[5] 刘又文，彭献. 理论力学[M]. 北京：高等教育出版社，2006.

[6] 刘延柱. 理论力学[M]. 北京：高等教育出版社，2000.

[7] 范钦珊. 理论力学[M]. 北京：高等教育出版社，2000.

[8] 萧龙翔，贾启芬，邓惠和. 理论力学[M]. 天津：天津大学出版社，1995.

[9] 郝桐. 理论力学[M]. 2版. 北京：高等教育出版社，1991.

[10] 肖锡武，徐昭光，吴永桥. 理论力学题解[M]. 武汉：华中科技大学出版社，2002.

[11] 程靳，程燕平. 理论力学学习辅导[M]. 北京：高等教育出版社，2003.

[12] P Beer, E R Johnston. Vector Mechanics for Engineers, Dynamics[M]. NYC：McGraw-Hill Companies Inc, 1999.